완벽대비

과년도 출제문제 중심
에너지관리 기사 필기

서상희 저

1. 출제기준에 따른 필기 과목별 수록
2. 각 과목별 핵심 이론정리 및 예상문제 수록
3. 예상문제 및 과년도 문제 상세한 설명 및 풀이
4. 최근 5년간 과년도 출제문제 및 CBT복원문제 수록

동일출판사

머리말 PREFACE

　산업이 발전하면서 에너지를 사용하는 산업시설이 많아지고 에너지 소비도 급격히 증가하고 있지만, 우리나라는 대부분의 에너지를 외국에서 수입하여 사용하는 해외 의존도가 세계 최고의 수준입니다. 이에 따라 에너지 절약 및 온실가스 배출을 감축시키는 것이 범국가적인 과제가 되었고, 관련 장치 및 설비분야가 급속히 발전하면서 에너지 분야에 대한 관심과 기술인력 수요가 증가하고 있으며 에너지관리기사 자격증을 취득하려는 공학도와 관련 기술인이 증가하는 추세에 있습니다.

　이에 저자는 수험생들의 효과적인 공부와 짧은 시간동안 필기시험 준비를 할 수 있도록 관련 자료를 준비하고 정리하여 에너지관리기사필기 교재를 아래와 같은 부분에 중점을 두어 출간하게 되었습니다.

첫째, 한국산업인력공단 에너지관리기사 필기시험 출제기준에 맞추어 과목별 분류 및 각 단원의 핵심적인 이론내용과 예상문제를 수록하였습니다.
둘째, 각 단원별 예상문제는 과년도문제를 분석하여 많은 유형의 문제를 수록하여 실제 시험에 적응성을 높였습니다.
셋째, 예상문제 및 과년도 출제문제마다 상세한 해설 및 계산공식과 함께 풀이과정을 수록하여 필기시험을 완벽히 준비하고 실기시험도 준비할 수 있는 기초를 마련할 수 있도록 하였습니다.
넷째, 저자가 직접 카페를 개설, 관리하여 온라인상으로 질의 및 답변과 함께 수험정보를 공유할 수 있는 공간을 마련하였습니다.

　끝으로 이 책으로 에너지관리기사 필기시험을 준비하는 수험생 여러분들께 합격의 영광이 함께 하기 바라며, 교재가 출판될 수 있도록 많은 도움과 지원을 주신 분들과 동일출판사에 감사를 드립니다.

저자 씀

저자 카페 : 네이버 – 자격증을 공부하는 모임(cafe.naver.com/gas21)

:: 목차 Contents

제 1 과목　연소 공학

제1장 연소 이론 ··· 2
1. 연소 기초 ··· 2
   1.1 연소(燃燒)의 정의 ···························· 2
   1.2 연료의 종류 및 특성 ························· 3
   1.3 연료 분석 ······································ 10
   1.4 연소의 종류와 상태 ························ 13
   1.5 연소속도 등 ·································· 15
   □ 출제예상문제 ···································· 17
2. 연소 계산 ··· 33
   2.1 연소현상 이론 ······························· 33
   2.2 이론산소량 및 이론공기량 ··············· 35
   2.3 공기비 및 실제 공기량 ···················· 38
   2.4 이론 연소가스량 ···························· 41
   2.5 연소가스 성분 ······························· 45
   2.6 저위발열량과 이론공기량, 이론 습배기
       가스량과의 관계 ······························ 46
   2.7 발열량 및 연소효율 ························ 47
   2.8 화염온도 ······································· 49
   2.9 화염전파 이론 ······························· 50
   □ 출제예상문제 ···································· 52

제2장 연소 설비 ··· 87
1. 연소장치의 개요 ································· 87
   1.1 연료별 연소장치 ···························· 87
   1.2 연소 방법 ······································ 93
   1.3 연소기의 부품 ······························· 95
   1.4 연료 저장 및 공급 장치 ················· 96
   □ 출제예상문제 ·································· 100
2. 통풍장치 ··· 112
   2.1 통풍방법 ····································· 112
   2.2 통풍장치 ····································· 113
   2.3 송풍기의 종류 및 특징 ·················· 115
   □ 출제예상문제 ·································· 117
3. 공해 방지 장치 ································· 123
   3.1 공해물질의 종류 ·························· 123
   3.2 공해오염 물질의 농도측정 ············· 124
   3.3 공해방지장치의 종류 및 특징 ········· 125
   3.4 저공해 및 고부하 연소기술 ············ 129
   □ 출제예상문제 ·································· 130

제3장 연소안전 및 안전장치 ···················· 138
1. 연소안전장치 ···································· 138
   1.1 점화장치 ····································· 138
   1.2 화염 검출장치 ····························· 138
   1.3 연소제어장치 ······························ 139
   1.4 연료차단장치 ······························ 140
   1.5 경보장치 ····································· 140
2. 화재 및 폭발 ···································· 141
   2.1 화재 및 폭발 이론 ······················· 141
   2.2 가스폭발 ····································· 142
   2.3 자연발화 ····································· 143
   □ 출제예상문제 ·································· 144

제 2 과목　열역학

제1장 열역학의 기초사항 ························· 148
1. 열역학적 상태량 ······························· 148
   1.1 물질의 성질 및 상태량 ·················· 148
   1.2 단위(Unit) ··································· 149
   1.3 온도(temperature) ······················· 150
   1.4 압력(pressure) ···························· 151
   1.5 비중, 밀도, 비체적 ······················· 151
   □ 출제예상문제 ·································· 153
2. 일 및 에너지 ···································· 158
   2.1 일(work) ····································· 158
   2.2 열에너지 ····································· 159
   2.3 비열 및 열용량 ···························· 160
   2.4 현열과 잠열 ································ 161
   2.5 동력 ·· 162
   □ 출제예상문제 ·································· 163

제2장 열역학 법칙 ···································· 173
1. 열역학 제1법칙 ································· 173
   1.1 내부에너지 ·································· 173
   1.2 엔탈피 ·· 174
   1.3 에너지식 ····································· 174
   1.4 절대일 및 공업일 ························· 175
   □ 출제예상문제 ·································· 176
2. 열역학 제2법칙, 열역학 제3법칙 ······· 182
   2.1 엔트로피 ····································· 182
   2.2 열역학 제3법칙 ···························· 184

목차 Contents

- ▫ 출제예상문제 ·········· 185
- **제3장 이상기체 및 관련 사이클** 193
  - 1. 기체의 상태 변화 ·········· 193
    - 1.1 기체의 기초 법칙 ·········· 193
    - 1.2 이상기체의 상태변화 ·········· 195
    - ▫ 출제예상문제 ·········· 200
  - 2. 기체동력기관의 기본 사이클 ·········· 217
    - 2.1 기체 사이클의 특성 ·········· 217
    - 2.2 기체 사이클의 비교 ·········· 220
    - ▫ 출제예상문제 ·········· 224
- **제4장 증기 및 증기동력 사이클** 237
  - 1. 증기의 성질 ·········· 237
    - 1.1 증기 ·········· 237
    - 1.2 증기의 상태변화 ·········· 238
    - 1.3 증기의 열적상태량 ·········· 240
    - 1.4 증기표와 증기 선도 ·········· 241
    - 1.5 증기의 유동 ·········· 242
    - ▫ 출제예상문제 ·········· 243
  - 2. 증기 동력기관 ·········· 256
    - 2.1 증기 동력 사이클의 종류 및 특성 ·········· 256
    - 2.2 증기 소비율, 열 소비율 ·········· 259
    - ▫ 출제예상문제 ·········· 200
- **제5장 냉동 사이클** 268
  - 1. 냉매 ·········· 268
    - 1.1 냉매의 종류 ·········· 268
    - 1.2 냉매의 열역학적 특성 ·········· 268
  - 2. 냉동 사이클 ·········· 269
    - 2.1 냉동 사이클의 종류 ·········· 269
    - 2.2 냉동능력, 냉동률, 성능계수(COP) ·········· 271
    - ▫ 출제예상문제 ·········· 273

제 3 과목 계측방법

- **제1장 계측의 원리** ·········· 284
  - 1. 단위계와 표준 ·········· 284
    - 1.1 단위 및 단위계 ·········· 284
    - 1.2 차원 및 차원식 ·········· 286
  - 2. 측정의 종류와 방식 ·········· 288
    - 2.1 측정의 종류 ·········· 288
    - 2.2 측정의 방식과 특성 ·········· 288
  - 3. 측정의 오차 ·········· 289
    - 3.1 오차의 종류 ·········· 289
    - 3.2 측정의 정도 ·········· 290
    - ▫ 출제예상문제 ·········· 291
- **제2장 계측의 구성 및 제어** 295
  - 1. 계측계의 구성 ·········· 295
    - 1.1 계측계의 개요 ·········· 295
    - 1.2 계측계의 구성요소 ·········· 295
    - 1.3 계측의 변환 ·········· 296
    - 1.4 신호전달 방식 ·········· 297
  - 2. 측정의 제어회로 및 장치 ·········· 298
    - 2.1 자동제어 ·········· 298
    - 2.2 제어동작의 특성 ·········· 299
    - 2.3 보일러의 자동제어 ·········· 302
    - ▫ 출제예상문제 ·········· 305
- **제3장 유체측정** ·········· 316
  - 1. 압력 ·········· 316
    - 1.1 압력의 측정 방법 및 분류 ·········· 316
    - 1.2 1차 압력계 ·········· 318
    - 1.3 2차 압력계 ·········· 321
    - 1.4 진공계 ·········· 323
    - ▫ 출제예상문제 ·········· 325
  - 2. 유량 ·········· 336
    - 2.1 유량측정 방법 ·········· 336
    - 2.2 직접식 유량계 ·········· 337
    - 2.3 간접식 유량계 ·········· 338
    - ▫ 출제예상문제 ·········· 344
  - 3. 액면 ·········· 356
    - 3.1 액면 측정 방법 ·········· 356
    - 3.2 액면계의 종류 및 특징 ·········· 356
    - ▫ 출제예상문제 ·········· 359
  - 4. 가스 ·········· 361
    - 4.1 가스의 분석 방법 ·········· 361
    - 4.2 화학적 분석계 ·········· 362
    - 4.3 물리적 분석계 ·········· 364
    - ▫ 출제예상문제 ·········· 368

제4장 열 측정 375
1. 온도 375
   - 1.1 온도 측정방법 375
   - 1.2 접촉식 온도계 375
   - 1.3 비접촉식 온도계 382
   - ☐ 출제예상문제 385
2. 습도 398
   - 2.1 습도와 노점 398
   - 2.2 습도계의 종류 및 특징 399
3. 열량 401
   - 3.1 열량계의 종류 및 특징 401
   - ☐ 출제예상문제 402

제 4 과목 열설비 재료 및 관계법규

제1장 요로(窯爐) 408
1. 요로의 개요 408
   - 1.1 요로의 정의 및 분류 408
   - 1.2 요의 종류 및 특징 409
   - ☐ 출제예상문제 413
2. 로의 종류 및 특징 418
   - 2.1 철강용 로의 구조 및 특징 418
   - 2.2 제강용로의 구조 및 특징 419
   - 2.3 주물용해로의 구조 및 특징 420
   - 2.4 금속가열 열처리로의 구조 및 특징 421
   - 2.5 축요의 구조 및 특징 421
   - ☐ 출제예상문제 422

제2장 내화물, 단열재, 보온재 428
1. 내화물 428
   - 1.1 내화물 일반 428
   - 1.2 내화물의 종류 및 특성 432
   - ☐ 출제예상문제 437
2. 단열재 448
   - 2.1 단열재의 일반 448
   - 2.2 단열재의 종류 및 특성 448
3. 보온재 449
   - 3.1 보온(냉)재의 일반 449
   - 3.2 보온(냉)재의 종류 및 특성 450
   - 3.3 보온재 시공 방법 453
   - 3.4 보온효율 계산 453
   - ☐ 출제예상문제 455

제3장 배관 및 밸브 463
1. 배관 463
   - 1.1 배관자재 및 용도 463
   - 1.2 신축 이음(expansion joint) 467
   - 1.3 관 지지구 468
   - 1.4 패킹 469
2. 밸브 471
   - 2.1 밸브의 종류 및 용도 471
   - 2.2 특수 용도 밸브 473
   - ☐ 출제예상문제 475

제4장 에너지관계 법규 482
1. 에너지법 및 에너지 이용 합리화법 482
   - 1.1 에너지법 482
   - 1.2 에너지이용 합리화법 484
   - ☐ 출제예상문제 493
2. 열사용기자재 관리규정 510
   - 2.1 열사용기자재 510
   - 2.2 특정 열사용 기자재 511
   - 2.3 검사대상기기 512
   - 2.4 검사대상기기 관리자 515
3. 신재생에너지 관련법 517
   - 3.1 신·재생에너지 개발 이용 보급 촉진법 517
   - 3.2 저탄소 녹색성장 기본법 519
   - ☐ 출제예상문제 521

제 5 과목 열설비설계

제1장 열설비 530
1. 열설비 일반 530
   - 1.1 보일러의 개요 530
   - 1.2 원통형 보일러 532
   - 1.3 수관식(water tube) 보일러 536
   - 1.4 주철제 및 특수 보일러 539
   - 1.5 부속장치의 종류 및 역할 540
   - 1.6 열교환기의 종류 및 특징 548
   - ☐ 출제예상문제 549
2. 열설비 설계 563
   - 2.1 열사용 기자재의 용량 563

- 2.2 열 설비 ················· 565
- 2.3 관의 설계 및 규정 ········· 566
- 2.4 용접 및 리벳 이음의 설계 ···· 570
- ☐ 출제예상문제 ············· 572
- 3. 보일러 설치 기준 ············ 586
  - 3.1 설치 장소 ··············· 586
  - 3.2 급수장치 ··············· 588
  - 3.3 압력방출장치 ············ 590
  - 3.4 수면계 ················· 593
  - 3.5 계측기 ················· 594
  - 3.6 밸브 및 분출 밸브 ········ 598
  - 3.7 운전 성능 ··············· 599
  - 3.8 수압시험 ··············· 601
  - ☐ 출제예상문제 ············· 602
- 4. 열전달 ··················· 608
  - 4.1 열전달 이론 ············· 608
  - 4.2 열교환기의 전열량 ········ 611
  - ☐ 출제예상문제 ············· 613
- 5. 열정산 ··················· 625
  - 5.1 보일러 열정산 ··········· 625
  - 5.2 열효율 ················· 627
  - ☐ 출제예상문제 ············· 629

제2장 수질관리 ················ 632
- 1. 급수의 성질 ··············· 632
  - 1.1 수질의 기준 ············· 632
  - 1.2 불순물의 형태 ··········· 634
  - 1.3 불순물에 의한 장애 ······· 635
- 2. 급수처리 ················· 636
  - 2.1 보일러 급수처리법 ········ 636
  - 2.2 보일러수의 분출 ·········· 639
  - ☐ 출제예상문제 ············· 641

제3장 안전관리 ················ 648
- 1. 보일러 정비 ··············· 648
  - 1.1 보일러의 분해 및 정비(보일러 청소) ·· 648
  - 1.2 보일러의 보존 ··········· 651
- 2. 사고 예방 및 진단 ··········· 652
  - 2.1 보일러 및 압력용기 사고원인 및 대책 ············ 652
  - 2.2 보일러 및 압력용기 취급 요령 ···· 660
  - ☐ 출제예상문제 ············· 666

부록 과년도문제

2021~2022년 2회까지
- 2021년 1회 에너지관리기사필기 ········ 680
- 2021년 2회 에너지관리기사필기 ········ 701
- 2021년 4회 에너지관리기사필기 ········ 722
- 2022년 1회 에너지관리기사필기 ········ 745
- 2022년 2회 에너지관리기사필기 ········ 768

부록 CBT 복원문제

2022년~2024년
- 2022년 에너지관리기사필기 01 ········ 792
- 2023년 에너지관리기사필기 01 ········ 814
- 2023년 에너지관리기사필기 02 ········ 837
- 2024년 에너지관리기사필기 01 ········ 859
- 2024년 에너지관리기사필기 02 ········ 884
- 2025년 에너지관리기사필기 01 ········ 905
- 2025년 에너지관리기사필기 02 ········ 927

∷ 출제기준_필기

직무분야	환경·에너지	중직무분야	에너지·기상	자격종목	에너지관리기사	적용기간	2024. 1. 1 ~ 2027.12.31

○ 직무내용 : 각종 산업, 건물 등에 동력이나 냉·난방을 위한 열을 공급하기 위하여 보일러 등 열사용 기자재 및 신재생 에너지 설비의 설계, 제작, 설치, 시공, 감독을 하고 보일러 및 관련 장비를 안전하고 효율적으로 운전할 수 있도록 지도, 점검, 진단, 보수 등의 업무를 수행하는 직무

필기검정방법	객관식	문제수	100	시험시간	2시간 30분

필기과목명	문제수	주요항목	세부항목	세세항목
연소공학	20	1. 연소이론	1. 연소기초	1. 연소의 정의 2. 연료의 종류 및 특성 3. 연소의 종류와 상태 4. 연소 속도 등
			2. 연소계산	1. 연소현상 이론 2. 이론 및 실제 공기량, 배기가스량 3. 공기비 및 완전연소 조건 4. 발열량 및 연소효율 5. 화염온도 6. 화염전파이론 등
		2. 연소설비	1. 연소 장치의 개요	1. 연료별 연소장치 2. 연소 방법 3. 연소기의 부품 4. 연료 저장 및 공급장치
			2. 연소 장치 설계	1. 고부하 연소기술 2. 저공해 연소기술 3. 연소부하산출
			3. 통풍장치	1. 통풍방법 2. 통풍장치 3. 송풍기의 종류 및 특징
			4. 공해방지장치	1. 공해 물질의 종류 2. 공해오염 물질의 농도측정 3. 공해방지장치의 종류 및 특징
		3. 연소안전 및 안전장치	1. 연소안전장치	1. 점화장치 2. 화염검출장치 3. 연소제어장치 4. 연료차단장치 5. 경보장치
			2. 연료누설	1. 외부누설 2. 내부누설
			3. 화재 및 폭발	1. 화재 및 폭발 이론 2. 가스폭발 3. 유증기폭발 4. 덕트폭발 5. 자연발화

출제기준_필기

필기과목명	문제수	주요항목	세부항목	세세항목
열역학	20	1. 열역학의 기초사항	1. 열역학적 상태량	1. 온도 2. 비체적, 비중량, 밀도 3. 압력
			2. 일 및 에너지	1. 열과 일당량 2. 동력
		2. 열역학 법칙	1. 열역학 제1법칙	1. 내부에너지 2. 엔탈피 3. 에너지식
			2. 열역학 제2법칙	1. 엔트로피 2. 유효에너지와 무효에너지
		3. 이상기체 및 관련사이클	1. 기체의 상태변화	1. 정압 및 정적 변화 2. 등온 및 단열변화 3. 폴리트로픽 변화
			2. 기체동력기관의 기본 사이클	1. 기체사이클의 특성 2. 기체사이클의 비교
		4. 증기 및 증기동력사이클	1. 증기의 성질	1. 증기의 열적상태량 2. 증기의 상태변화
			2. 증기동력기관	1. 증기 동력사이클의 종류 2. 증기 동력사이클의 특성 및 비교 3. 열효율, 증기소비율, 열소비율 4. 증기표와 증기선도
		5. 냉동사이클	1. 냉매	1. 냉매의 종류 2. 냉매의 열역학적 특성
			2. 냉동사이클	1. 냉동사이클의 종류 2. 냉동사이클의 특성 3. 냉동능력, 냉동률, 성능계수(C.O.P) 4. 습공기선도
계측방법	20	1. 계측의 원리	1. 단위계와 표준	1. 단위 및 단위계 2. SI 기본단위 3. 차원 및 차원식
			2. 측정의 종류와 방식	1. 측정의 종류 2. 측정의 방식과 특성
			3. 측정의 오차	1. 오차의 종류 2. 측정의 정도(精度)
		2. 계측계의 구성 및 제어	1. 계측계의 구성	1. 계측계의 구성 요소 2. 계측의 변환
			2. 측정의 제어회로 및 장치	1. 자동제어의 종류 및 특성 2. 제어동작의 특성 3. 보일러의 자동 제어

∷ 출제기준_필기

필기과목명	문제수	주요항목	세부항목	세세항목
		3. 유체 측정	1. 압력	1. 압력 측정방법 2. 압력계의 종류 및 특징
			2. 유량	1. 유량 측정방법 2. 유량계의 종류 및 특징
			3. 액면	1. 액면 측정방법 2. 액면계의 종류 및 특징
			4. 가스	1. 가스의 분석 방법 2. 가스분석계의 종류 및 특징
		4. 열 측정	1. 온도	1. 온도 측정방법 2. 온도계의 종류 및 특징
			2. 열량	1. 열량 측정방법 2. 열량계의 종류 및 특징
			3. 습도	1. 습도 측정방법 2. 습도계의 종류 및 특징
열설비 재료 및 관계 법규	20	1. 요로	1. 요로의 개요	1. 요로의 정의 2. 요로의 분류 3. 요로일반
			2. 요로의 종류 및 특징	1. 철강용로의 구조 및 특징 2. 제강로의 구조 및 특징 3. 주물용해로의 구조 및 특징 4. 금속가열열처리로의 구조 및 특징 5. 축요의 구조 및 특징
		2. 내화물, 단열재, 보온재	1. 내화물	1. 내화물의 일반 2. 내화물의 종류 및 특성
			2. 단열재	1. 단열재의 일반 2. 단열재의 종류 및 특성
			3. 보온재	1. 보온(냉)재의 일반 2. 보온(냉)재의 종류 및 특성
		3. 배관 및 밸브	1. 배관	1. 배관자재 및 용도 2. 신축이음 3. 관 지지구 4. 패킹
			2. 밸브	1. 밸브의 종류 및 용도
		4. 에너지관계법규	1. 에너지 이용 및 신재생에너지 관련 법령에 관한 사항	1. 에너지법, 시행령, 시행규칙 2. 에너지이용 합리화법, 시행령, 시행규칙 3. 신에너지 및 재생에너지개발·이용·보급 촉진법, 시행령, 시행규칙 4. 에너지, 이용합리화, 신재생 에너지 관련 고시 5. 저탄소녹색성장기본법, 시행령, 시행규칙

필기과목명	문제수	주요항목	세부항목	세세항목
			5. 신재생 및 기타 에너지	1. 신재생 에너지의 개요	1. 신재생 에너지의 종류 및 특징 2. 신재생 에너지 이용 원리 및 보급사업 3. 기타 에너지원 종류 및 특성

필기과목명	문제수	주요항목	세부항목	세세항목
			2. 신재생 설비 기초일반	1. 태양광 설비 2. 태양열 설비 3. 지열 설비 4. 풍력 설비 5. 수력 설비 6. 바이오 설비 7. 폐기물회수 설비 8. 연료전지 설비
열설비 설계	20	1. 열설비	1. 열설비 일반	1. 보일러의 종류 및 특징 2. 보일러 부속장치의 역할 및 종류 3. 열교환기의 종류 및 특징 4. 기타 열사용 기자재의 종류 및 특징
			2. 열설비 설계	1. 열사용 기자재의 용량 2. 열설비 3. 관의 설계 및 규정 4. 용접 및 리벳이음의 설계
			3. 열전달	1. 열전달 이론 2. 열관류율 3. 열교환기의 전열량
			4. 열정산	1. 입열, 출열 2. 손실열 3. 열효율
		2. 수질관리	1. 급수의 성질	1. 수질의 기준 2. 불순물의 형태 3. 불순물에 의한 장애
			2. 급수 처리	1. 보일러 외처리법 2. 보일러 내처리법 3. 보일러수의 분출
		3. 안전관리	1. 보일러 정비	1. 보일러의 분해 및 정비 2. 보일러의 보존
			2. 사고 예방 및 진단	1. 보일러 및 압력용기 사고원인 및 대책 2. 보일러 및 압력용기 취급 요령

에너지관리기사 자격검정 현황

종목명	연도	필기			실기		
		응시	합격	합격률[%]	응시	합격	합격률[%]
에너지관리기사	2024	6,995	2,406	34.4%	5,455	1,486	27.2%
에너지관리기사	2023	8,997	3,041	33.8%	5,209	2,052	39.4%
에너지관리기사	2022	7,187	2,529	35.2%	4,240	1,126	26.6%
에너지관리기사	2021	5,497	2,149	39.1%	2,815	622	22.1%
에너지관리기사	2020	3,409	1,299	38.1%	2,242	1,210	54%
에너지관리기사	2019	3,534	1,527	43.2%	2,260	1,221	54%
에너지관리기사	2018	2,947	1,229	41.7%	1,776	617	34.7%
에너지관리기사	2017	2,666	956	35.9%	1,450	886	61.1%
에너지관리기사	2016	2,611	981	37.6%	1,168	722	61.8%
에너지관리기사	2015	2,180	651	29.9%	1,212	790	65.2%
에너지관리기사	2014	1,988	563	28.3%	1,208	185	15.3%
에너지관리기사	2013	1,749	479	27.4%	1,013	206	20.3%
에너지관리기사	2012	1,597	371	23.2%	655	245	37.4%
에너지관리기사	2011	1,358	350	25.8%	893	338	37.8%
에너지관리기사	2010	1,268	449	35.4%	664	156	23.5%
에너지관리기사	2009	805	218	27.1%	283	80	28.3%
에너지관리기사	2008	590	185	31.4%	337	191	56.7%
에너지관리기사	2007	477	189	39.6%	394	185	47%
에너지관리기사	2006	564	201	35.6%	548	82	15%
에너지관리기사	2005	575	157	27.3%	387	65	16.8%
에너지관리기사	2004	509	151	29.7%	370	157	42.4%
에너지관리기사	2003	461	150	32.5%	398	55	13.8%
에너지관리기사	2002	449	108	24.1%	352	91	25.9%
에너지관리기사	2001	688	177	25.7%	377	142	37.7%
에너지관리기사	1977~2000	38,159	11,579	30.3%	11,880	3,571	30.1%
소 계		97,260	32,095	33%	47,586	16,481	34.6%

Engineer
Energy Management

제 **1** 과목

연소 공학

제1장 연소 이론

1 연소 기초

1.1 연소(燃燒)의 정의

(1) 연소의 정의

연소란 가연성 물질이 공기 중의 산소와 반응하여 빛과 열을 발생하는 화학반응을 말한다.

(2) 연소의 3요소

① **가연성 물질** : 산화(연소)하기 쉬운 물질로서 일반적으로 연료로 사용하는 것으로 다음과 같은 구비조건을 갖추어야 한다.
  ㉮ 발열량이 크고 열전도율이 작을 것
  ㉯ 산소와 친화력이 좋고 표면적이 넓을 것
  ㉰ 활성화 에너지가 작을 것
  ㉱ 건조도가 높을 것(수분 함량이 적을 것)

② **산소 공급원** : 연소를 도와주거나 촉진시켜 주는 조연성 물질로 공기, 자기연소성 물질, 산화제 등이 있다.

③ **점화원** : 가연물에 활성화 에너지를 주는 것으로 점화원의 종류에는 전기불꽃(아크), 정전기, 단열압축, 마찰 및 충격불꽃 등이 있다.
  ㉮ 강제점화 : 혼합기(가연성 기체 + 공기)에 별도의 점화원을 사용하여 화염핵이 형성되어 화염이 전파되는 것으로 전기불꽃 점화, 열면 점화, 토치 점화, 플라스마 점화 등이 있다.
  ㉯ 최소 점화에너지 : 가연성 혼합기체를 점화시키는 데 필요한 최소에너지로 다음과 같을 때 낮아진다.

ⓐ 연소 속도가 클수록
ⓑ 열전도율이 적을수록
ⓒ 산소 농도가 높을수록
ⓓ 압력이 높을수록
ⓔ 가연성 기체의 온도가 높을수록(혼합기의 온도가 상승할수록)

- **최소 점화에너지 측정(전기 스파크에 의한 측정)**

$$E = \frac{1}{2} C \cdot V^2 = \frac{1}{2} Q \cdot V$$

여기서, C : 콘덴서 용량, V : 전압, Q : 전기량

1.2 연료의 종류 및 특성

(1) 연료(燃料)

공기 또는 산소 중에서 지속적으로 산화반응을 일으켜 빛과 열을 발생시키고, 이때 발생된 빛과 열을 경제적으로 이용할 수 있는 물질을 말한다.

① **연료의 구비조건**
㉮ 공기 중에서 연소하기 쉬울 것
㉯ 저장 및 취급이 용이할 것
㉰ 발열량이 클 것
㉱ 구입하기 쉽고 경제적일 것
㉲ 인체에 유해성이 없을 것
㉳ 휘발성이 좋고 내한성이 우수할 것

② **연료의 분류**
㉮ 산출형태에 의한 분류 : 1차 연료(천연산), 2차 연료(합성연료)
㉯ 성상에 의한 분류 : 고체연료, 액체연료, 기체연료, 특수연료
㉰ 용도에 의한 분류 : 산업용, 운수용, 발전용, 가정용

③ **연료의 조성** : 연료의 주성분은 탄소(C), 수소(H), 산소(O)이며 질소(N), 유황(S), 수분(W), 회분(A)이 소량 포함되어 있다.
㉮ 가연성분(원소) : 탄소(C), 수소(H), 유황(S)
㉯ 불순물 : 산소(O), 질소(N), 황(S), 수분(W), 회분(A) 등

④ 연료 사용의 원칙
　㉮ 사용연료를 완전연소 시킬 것
　㉯ 연소 시 발생한 연소열을 최대한으로 이용할 것
　㉰ 연소열의 손실은 최소한으로 할 것
　㉱ 잔염(殘炎), 여열(餘熱)을 최대한 이용할 것

(2) 연료의 종류 및 특성

① **고체 연료** : 고체 상태의 연료로 목재, 석탄, 코크스, 목탄 등이 있다.
　㉮ 분류
　　ⓐ 1차 연료 : 무연탄, 역청탄, 갈탄, 목재 등
　　ⓑ 2차 연료 : 코크스, 미분탄, 목탄(숯) 등
　㉯ 특징
　　ⓐ 장점
　　　㉠ 노천 야적이 가능하다.
　　　㉡ 저장 및 취급이 편리하다.
　　　㉢ 구입이 쉽고, 가격이 저렴하다.
　　　㉣ 연소장치가 간단하고, 특수목적에 이용된다.
　　ⓑ 단점
　　　㉠ 완전연소가 곤란하다.
　　　㉡ 연소효율이 낮고 고온을 얻기 곤란하다.
　　　㉢ 회분이 많고 처리가 곤란하다.
　　　㉣ 착화 및 소화가 어렵다.
　　　㉤ 연소조절이 어렵다.
　㉰ 석탄
　　ⓐ 석탄의 분류 : 발열량(탄화도), 점결성, 입도, 연료비, 산지별, 용도
　　ⓑ 석탄의 탄화도 : 석탄의 성분이 변화되는 진행정도(이탄 → 갈탄(아탄) → 역청탄(유연탄) → 무연탄 → 흑연)를 말하며 탄화도가 증가함에 따라 수분, 휘발분이 감소하고 고정탄소의 성분이 증가한다. 탄화도 증가에 따른 석탄의 일반적인 특성은 다음과 같다.
　　　㉠ 발열량이 증가한다.　　㉡ 연료비가 증가한다.
　　　㉢ 열전도율이 증가한다.　㉣ 비열이 감소한다.
　　　㉤ 연소속도가 늦어진다.　㉥ 인화점, 착화온도가 높아진다.
　　　㉦ 수분, 휘발분이 감소한다.

ⓒ 휘발분 : 시료를 노(爐)에 넣어 공기와 차단하고 925±5[℃]에서 7분간 가열했을 때의 감소량
　　　ⓓ 고정탄소 = 100 − (수분+회분+휘발분)
　　　ⓔ 연료비 : 고정탄소와 휘발분의 비

$$연료비 = \frac{고정탄소\,[\%]}{휘발분\,[\%]}$$

　㉣ **코크스(cokes)** : 역청탄(점결탄)을 1,000[℃] 내외에서 건류하여 만들어지는 2차 연료로, 제조방법에 따라 다음과 같이 분류된다.
　　　ⓐ 제사 코크스 : 코크스 제조가 목적으로, 고온 건류로 만들어지며 제철공업용 및 주물용으로 사용한다.
　　　ⓑ 반성 코크스 : 타르 제조목적으로 저온 건류로 만들어지며, 휘발분을 10[%] 정도 함유하고 있다.
　　　ⓒ 가스 코크스 : 연료용으로 사용할 수 있는 가스를 제조하는 것을 목적으로 하는 것이다.
　㉤ **목탄(숯)** : 목재를 건류하여 얻는 것으로, 고정탄소분이 많이 포함되어 있다.

② **액체연료** : 액체 상태의 연료로 석유류(가솔린, 등유, 경유, 중유 등)가 대표적이다.
　㉮ 분류
　　　ⓐ 1차 연료 : 원유, 오일샌드, 유모혈암 등
　　　ⓑ 2차 연료 : 가솔린, 등유, 경유, 중유 등
　㉯ 특징
　　　ⓐ 장점
　　　　㉠ 완전연소가 가능하고 발열량이 높다.
　　　　㉡ 연소효율이 높고 고온을 얻기 쉽다.
　　　　㉢ 연소조절이 용이하고 회분이 적다.
　　　　㉣ 품질이 균일하고 저장, 취급이 편리하다.
　　　　㉤ 파이프라인을 통한 수송이 용이하다.
　　　ⓑ 단점
　　　　㉠ 연소온도가 높아 국부과열의 위험이 크다.
　　　　㉡ 화재, 역화의 위험성이 높다.
　　　　㉢ 일반적으로 황 성분을 많이 함유하고 있다.
　　　　㉣ 버너의 종류에 따라 연소 시 소음이 발생한다.

㉰ 가솔린(gasoline) : 비점 150[℃] 이하의 탄화수소($C_8 \sim C_{11}$) 혼합물로 휘발성 액체이다. 액체는 물보다 가볍고 증기는 공기보다 무거우며 인화점 −20[℃]~−43[℃], 착화온도 300[℃] 정도이다.

㉱ 등유(kerosene) : 비점 150[℃]~300[℃] 정도의 탄화수소($C_9 \sim C_{18}$) 혼합물로 인화점 40[℃]~70[℃], 착화온도 220[℃] 전후이다. 연료용(백등유, 다등유)으로 사용된다.

㉲ 경유(diesel oil) : 비점 200[℃]~350[℃] 정도의 탄화수소($C_{15} \sim C_{20}$) 혼합물로 인화점 50[℃]~70[℃], 착화점 약 220[℃] 전후로 디젤기관의 연료로 사용된다.

㉳ 중유(heavy oil) : 비점 300[℃] 이상인 갈색 또는 암갈색의 액체로 다음과 같이 분류된다.

ⓐ 정제과정에 의한 분류 : 직류 중류, 분해 중유
ⓑ 점도에 의한 분류 : A중유, B중유, C중유
ⓒ 유황분 함량에 의한 분류 : A급(1호, 2호), B급C급(1호, 2호, 3호, 4호)의 7종으로 구분
ⓓ 유동점은 응고점보다 2.5[℃] 높게, 예열온도는 인화점보다 5[℃] 낮게 조정한다.
ⓔ 중유 점도의 영향

점도가 높은 경우	점도가 낮은 경우
① 오일 공급(송유)이 곤란하다. ② 무화불량으로 불완전연소 발생 ③ 버너 선단에 카본 부착 ④ 연소상태 불량 ⑤ 화염 스파크 발생	① 연료소비량 증가 ② 불완전연소 발생 ③ 역화의 원인

ⓕ 중유 첨가제의 종류
㉠ 연소 촉진제 : 분무를 양호하게 하여 연소를 촉진시킨다.
㉡ 안정제(슬러지 분산제) : 슬러지 생성을 방지한다.
㉢ 탈수제 : 연료 속의 수분을 분리 제거한다.
㉣ 회분 개질제 : 재(회분)의 융점을 높여 고온부식을 방지한다.
㉤ 유동점 강하제 : 유동점을 낮추어 저온에서도 유동성을 양호하게 한다.

ⓖ 중유 중의 함유 성분의 영향
㉠ 바나듐(V) : 연소 중에 오산화바나듐(V_2O_5)으로 되어 고온의 전열면에 부착하여 고온부식의 원인이 된다.
㉡ 황(S) : 황(S)성분이 연소하여 아황산가스(SO_2)가 되고, 일부는 산화해서 무수황산(SO_3)으로 되고, 이것이 수분과 반응하여 황산(H_2SO_4)으로 되어

저온 전열면에 부착하여 저온부식의 원인이 된다.
ⓒ 수분(W) : 발열량을 감소시키고 진동 연소의 원인이 되며, 저온 부식을 촉진시킨다.
ⓔ 회분 : 발열량이 감소하며 분진발생으로 공해 문제를 유발한다.

ⓗ 탄수소비(C/H)의 영향

구 분	C/H비 증가	C/H비 감소
발열량	감소	증가
공기량	감소	증가
비중	증가	감소
화염방사율	증가	감소
배기가스량	감소	증가
인화점	높아진다.	낮아진다.
동점도	증가	감소

③ **기체연료** : 기체 상태의 연료로 액화석유가스, 도시가스 등이 있다.
㉮ 분류
ⓐ 1차 연료 : 천연가스(NG)
ⓑ 2차 연료 : LPG, LNG, 고로가스, 발생로 가스, 석탄가스, 수성가스 등
㉯ 특징
ⓐ 장점
㉠ 연소효율이 높고 연소 제어가 용이하다.
㉡ 회분 및 황 성분이 없어 전열면 오손이 없다.
㉢ 적은 공기비로 완전연소가 가능하다.
㉣ 저발열량의 연료로 고온을 얻을 수 있다.
㉤ 완전연소가 가능하여 공해문제가 없다.
ⓑ 단점
㉠ 저장 및 수송이 어렵다.
㉡ 가격이 비싸고 시설비가 많이 소요된다.
㉢ 누설 시 화재, 폭발의 위험이 크다.
㉰ 액화석유가스
ⓐ LP가스의 정의 : Liquefied Petroleum Gas의 약자이다.
ⓑ LP가스의 조성 : 석유계 저급 탄화수소의 혼합물로 탄소 수가 3개에서 5개 이하의 것으로 프로판(C_3H_8), 부탄(C_4H_{10}, 프로필렌(C_3H_6), 부틸렌(C_4H_8), 부타디엔(C_4H_6) 등이 포함되어 있다.

ⓒ 제조법
- ㉠ 습성천연가스 및 원유에서 회수 : 압축냉각법(농후한 가스에 적용), 흡수유에 의한 흡수법, 활성탄에 의한 흡착법(희박한 가스에 적용)
- ㉡ 제유소 가스에서 회수 : 원유 정제공정에서 발생하는 가스에서 회수
- ㉢ 나프타 분해 생성물에서 회수 : 나프타를 이용하여 에틸렌 제조 시 회수
- ㉣ 나프타의 수소화 분해 : 나프타를 이용하여 LPG 생산이 주 목적

ⓓ LP가스의 일반 특징
- ㉠ LP가스는 공기보다 무겁다.
- ㉡ 액상의 LP가스는 물보다 가볍다.
- ㉢ 액화, 기화가 쉽다.
- ㉣ 기화하면 체적이 커진다.
- ㉤ 기화열(증발잠열)이 크다.
- ㉥ 무색, 무취, 무미하다.
- ㉦ 용해성이 있다.
- ㉧ 정전기 발생이 쉽다.

ⓔ LP가스의 연소 특징
- ㉠ 타 연료와 비교하여 발열량이 크다.
- ㉡ 연소 시 공기량이 많이 필요하다.
- ㉢ 폭발범위(연소범위)가 좁다.
- ㉣ 연소 속도가 느리다.
- ㉤ 발화온도가 높다.

● 탄화수소에서 탄소(C)수가 증가할수록 나타나는 현상
① 증가하는 것 : 비등점, 융점, 비중, 발열량
② 감소하는 것 : 증기압, 발화점, 폭발하한값, 폭발범위값, 증발잠열, 연소속도

㉴ 도시가스 : 도시가스의 원료로 사용되는 것의 종류 및 특징은 다음과 같다.
- ⓐ 천연가스(NG : Natural Gas) : 지하에서 발생하는 탄화수소를 주성분으로 하는 가연성가스이다. 메탄(CH_4), 에탄(C_2H_6), 프로판(C_3H_8), 부탄(C_4H_{10}) 등의 저급 탄화수소가 주성분이나 질소(N_2), 탄산가스(CO_2), 황화수소(H_2S)를 포함하고 있으며, 유전가스에서 생산되는 천연가스에는 수분(H_2O)을 포함하고 있다. 황화수소(H_2S)는 연소에 의해 유독한 아황산가스(SO_2)를 생성하기 때문에 탈황시설에서 제거하여야 하며, 탄산가스(CO_2)는 수분 존재 시에 배관을 부식시키므로 탈황공정에서 동시에 제거한다. 특징으로는 다음과 같다.
  - ㉠ 도시가스 원료 : C/H 비가 3이므로 그대로 도시가스로 공급할 수 있고 일반적으로 가스제조 장치는 필요 없다. 천연가스 발열량보다 낮은 저 발열량의 도시가스로 공급하는 경우 공기와 혼합 또는 개질장치에 의해 발열량을 조정하여 공급하여야 한다.
  - ㉡ 정제 : 제진, 탈유, 탈 탄산, 탈황, 탈습 등 전처리 공정에 해당하는 정제설

비가 필요하다.
　　ⓒ 공해 : 사전에 불순물이 제거된 상태이기 때문에 대기오염, 수질오염 등 환경문제 영향이 적다.
　　ⓔ 저장 : 천연가스는 상온에서 기체이므로 가스 홀더 등에 저장하여야 한다.
ⓑ 액화천연가스(LNG : Liquefied Natural Gas) : 지하에서 생산된 천연가스를 −161.5[℃]까지 냉각, 액화한 것이다. 액화 전에 황화수소(H_2S), 탄산가스(CO_2), 중질 탄화수소 등이 정제 제거되었기 때문에 LNG는 불순물을 전혀 포함하지 않는 청정가스이다. 천연가스의 주성분인 메탄(CH_4)은 액화하면 체적이 약 1/600로 감소하며, 액화된 천연가스는 선박을 이용하여 대량으로 수송할 수 있다. 특징으로는 다음과 같다.
　　㉠ 불순물이 제거된 청정연료로, 환경문제가 없다.
　　㉡ LNG 수입기지에 저온 저장설비 및 기화장치가 필요하다.
　　㉢ 불순물을 제거하기 위한 정제설비는 필요하지 않다.
　　㉣ 초저온 액체로 설비재료의 선택과 취급에 주의를 요한다.
　　㉤ 냉열 이용이 가능하다.
ⓒ 나프타(Naphtha : 납사) : 나프타란 일반적으로 시판되는 석유 제품명이 아니고, 원유를 상압에서 증류할 때 얻어지는 비점이 200[℃] 이하인 유분(액체 성분)으로 경질의 것을 라이트 나프타, 중질의 것을 헤비 나프타라 부른다. 나프타의 노시가스 원료로서의 특성은 다음과 같다.
　　㉠ 나프타는 가스화가 용이하기 때문에 높은 가스화 효율을 얻을 수 있다.
　　㉡ 타르, 카본 등 부산물이 거의 생성되지 않는다.
　　㉢ 가스 중에는 불순물이 적어서 정제설비를 필요로 하지 않는 경우가 많다.
　　　(단, 헤비 나프타의 경우 정제설비가 필요할 수 있다.)
　　㉣ 대기오염, 수질오염의 환경문제가 적다.
　　㉤ 취급과 저장이 모두 용이하다.
ⓓ 기타
　　㉠ 석탄가스 : 석탄을 1,000[℃] 내외로 건류할 때 얻어지는 가스로, 메탄(CH_4)과 수소(H_2)가 주성분이며 발열량이 5,000[kcal/m^3] 정도이다.
　　㉡ 고로가스 : 용광로에서 얻어지는 부산물 가스로, 다량의 질소와 일산화탄소(CO)로 구성되며, 발열량이 900[kcal/m^3]로 낮다.
　　㉢ 수성가스 : 고온의 코크스에 수증기를 작용시켜 제조되는 가스로, 일산화탄소(CO)와 수소(H_2)가 주성분이며 발열량이 2,700[kcal/m^3] 정도이다.
　　㉣ 증열 수성가스 : 수성가스에 석유를 열분해하여 만든 발열량이 높은 가스를

혼합하여 발열량을 증가시킨 것으로 발열량이 5,000[kcal/m³] 정도이다.
　㉰ 발생로가스 : 적열상태로 가열한 탄소분이 많은 고체 연료에 공기나 산소를 공급하여 불완전연소로 얻은 가스로, 질소함유량이 높고 발열량이 1,100 [kcal/m³] 정도이다.

1.3 연료 분석

(1) 고체 연료 분석

① **시료 채취 방법** : 층별 시료 채취, 2단 시료 채취, 계통적 시료 채취

② **시료 제조**
　㉮ 분쇄 : 실내 건조장치(35[℃])에서 건조하고 분쇄기를 사용하여 19[mm] 이하로 분쇄
　㉯ 축분 : 분석용 시료를 만들기 위하여 총 시료를 감량하는 조작
　　ⓐ 방법 : 단위 시료 축분법, 2분기법, 삽(교호 셔블)법, 원추 4분법
　　ⓑ 조제 : 축분 도중 시료가 200[g] 정도 되면 전량을 250메쉬(mesh) 이하로 분쇄하여 인도자용, 인수자용, 보관 또는 심판용 등 3개를 조제한다.

③ **측정 방법**
　㉮ 예비건조 수분 측정법 : 실내에서 자연건조나 건조 장치에서 예비 건조시켜 건조 감량에서 예비건조수분을 산출한다.

$$\text{예비건조수분}[\%] = \frac{\text{건조감량}}{\text{시료 무게}} \times 100$$

　㉯ 전수분 측정법 : 예비건조 수분을 측정한 시료를 규정된 온도(석탄 107±2[℃], 코크스 150±5[℃])로 열 건조 후 산출한다.

$$\text{전수분}[\%] = \text{예비건조수분}[\%] + \text{열건조감량}[\%] \times \frac{100 - \text{예비 건조 감량}[\%]}{100}$$

　㉰ 습분 측정법 : 항습기 중에 정치해서 그 습도와 평행상태에서 감량을 측정해서 산출한다.

$$\text{습분}[\%] = \text{예비건조수분}[\%] + \text{항습기 중에서 감량}[\%] \times \frac{100 - \text{예비 건조 수분}[\%]}{100}$$

④ 석탄류 시험 방법
  ㉮ 공업분석 : 수분, 회분, 휘발분을 정량하고 고정탄소를 산출하는 것
  ㉯ 공업분석 순서 및 측정 항목
    ⓐ 수분 : 107±2[℃]에서 1시간 건조시켜 시료 무게에 대한 건조감량의 비[%]로 표시

$$수분[\%] = \frac{건조감량}{시료무게} \times 100$$

    ⓑ 회분 : 공기 중에서 800±10[℃] 가열 회화하여 시료 무게에 대한 회량의 비[%]로 표시

$$회분[\%] = \frac{회량}{시료무게} \times 100$$

    ⓒ 휘발분 : 925±20[℃]에서 7분간 가열하여 시료 무게에 대한 가열감량의 비[%]를 구하고 여기에 정량한 수분[%]을 감한 것으로 표시

$$휘발분[\%] = \frac{가열감량}{시료무게} \times 100 - 수분[\%]$$

    ⓓ 고정탄소 : 시료무게 100[%]에서 수분[%], 회분[%], 휘발분[%]을 제외한 값으로 표시

    고정탄소[%] = 100 − (수분[%] + 회분[%] + 휘발분[%])
    (코크스 고정탄소[%] = 100 − (회분[%]+휘발분[%]))

> ● **연료비** : 고정탄소와 휘발분의 비
> $$연료비 = \frac{고정탄소}{휘발분}$$

⑤ 원소 분석
  ㉮ 석탄의 원소분석 방법
    ⓐ 탄소, 수소 : 세필드법, 리비히법
    ⓑ 질소 : 켈달법
    ⓒ 전황분 : 에슈카법, 연소 용량법, 산소 봄브법
    ⓓ 불연성 황분 : 연소 중량법, 연소용량법

㉴ 연소성 황 산출법

연소성 황 = 전체 황 $\times \dfrac{100}{100-수분}$ - 불연성 황

전체황성분[%] = $\left\{ \dfrac{(본시험\ 황산바륨 - 공시험\ 황산바륨) \times 13.74}{시료} \times \dfrac{100}{100-수분} \right\}$

(2) 액체 연료 분석

① 비중 시험 방법
㉮ 비중병법 : 정확한 측정이 가능하다.
㉯ 비중 부칭법(비중계법) : 점도가 낮은 것의 측정에 적합
㉰ 비중 천칭법 : 점도가 높은 것의 측정에 적합
㉱ 치환법 : 중점도 및 고점도의 측정에 적합

② 인화점 시험
㉮ 개방식
  ⓐ 클리블랜드식(Cleveland type) : 아스팔트 중유류를 제외한 인화점이 80[℃] 이상의 윤활유에 적용
  ⓑ 태그식(tag type) : 인화점이 80[℃] 이하인 휘발성 가연물질에 적용
㉯ 밀폐식
  ⓐ 태그식(tag type) : 인화점이 80[℃] 이하인 석유제품(솔벤트) 등에 적용(연료유에는 적용이 안 됨)
  ⓑ 아벨 펜스키식(abel pensky type) : 인화점이 50[℃] 이하인 석유제품(공업용 휘발유, 등유, 기타 도료용 용제)에 적용
  ⓒ 펜스키 마텐스식(Pensky-Martens type) : 인화점이 50[℃] 이상인 석유제품(등유, 경유, 중유 등의 연료유 및 윤활유)에 적용

③ 점도 측정
㉮ 점도 : 유체의 끈끈한 성질의 정도를 나타내는 것
㉯ 단위
  ⓐ 절대점도 : 정지 상태에서 측정된 점도로 [kg/m·s], [g/cm·s]를 사용하며 CGS 단위를 푸아즈(Poise)로 표시한다.
  ⓑ 동점도 : 절대점도를 유체의 밀도로 나눈 값으로 [m^2/s], [cm^2/s]를 사용하며 CGS 단위를 스토크스(Stokes)로 표시한다.

④ 유황분 시험
   ㉮ 램프식 : 황 성분이 0.002[%] 이상의 정량에 사용하는 부피법과 황 성분이 0.002[%] 이상의 가솔린 정량에 사용하는 중량법으로 구분한다.
   ㉯ 봄브식 : 램프식으로 시험할 수 없는 석유류에 사용한다.
   ㉰ 연소관식 : 경유 등의 전황분을 정량하는 공기법과 램프식으로 시험할 수 없는 경유, 중유 등의 전황분을 정량하는 산소법으로 구분한다.

(3) 기체 연료 분석

① 비중 시험
   ㉮ 분젠 실링법 : 분젠 실링 비중계를 이용하여 측정한다.
   ㉯ 라이트법 : 라이트식 가스 비중계를 이용하여 측정한다.

② 성분 분석
   ㉮ 화학적 가스분석계 : 흡수분석법(오르사트식, 헴펠식), 연소열법
   ㉯ 물리적 가스분석계 : 열전도율식 CO_2계, 밀도식 CO_2계, 자기식 O_2계, 가스 크로마토그래피법

1.4 연소의 종류와 상태

(1) 연소의 형태 분류

① **표면연소** : 고체 가연물이 열분해나 증발을 하지 않고 표면에서 산소와 반응하여 연소하는 것으로 목탄(숯), 코크스 등의 연소가 이에 해당된다.

② **분해연소** : 충분한 착화에너지를 주어 가열분해에 의해 연소하며, 휘발분이 있는 고체연료(종이, 석탄, 목재 등) 또는 증발이 일어나기 어려운 액체연료(중유 등)가 이에 해당된다.

③ **증발연소** : 가연성 액체의 표면에서 기화되는 가연성 증기가 착화되어 화염을 형성하고, 이 화염의 온도에 의해 액체 표면이 가열되어 액체의 기화를 촉진시켜 연소를 계속하는 것으로 가솔린, 등유, 경유, 알코올, 양초 등이 이에 해당된다.

④ **확산연소** : 가연성 기체를 대기 중에 분출 확산시켜 연소하는 것으로, 기체연료의 연소가 이에 해당된다.

⑤ **자기연소** : 가연성 고체가 자체 내에 산소를 함유하고 있어 공기 중의 산소를 필요로 하지 않고 그 자체의 산소로 연소하는 것으로 셀룰로이드류, 질산 에스테르류, 히드라진 등 제5류 위험물이 이에 해당된다.

(2) 인화점 및 발화점

① **인화점(인화온도)** : 가연성 물질이 공기 중에서 점화원에 의하여 연소할 수 있는 최저의 온도로 위험성의 척도이다.

② **발화점(발화온도)** : 가연성 물질이 공기 중에서 온도를 상승시킬 때 점화원 없이 스스로 연소를 개시할 수 있는 최저의 온도로 착화점, 착화온도라 한다.
  ㉮ 발화의 4대 요소 : 온도, 압력, 조성, 용기의 크기
  ㉯ 발화점에 영향을 주는 인자(요소)
    ⓐ 가연성 가스와 공기와의 혼합비   ⓑ 발화가 생기는 공간의 형태와 크기
    ⓒ 기벽의 재질과 촉매 효과   ⓓ 가열속도와 지속시간
    ⓔ 점화원의 종류와 에너지 투여법
  ㉰ 발화점이 낮아지는 조건
    ⓐ 압력이 높을 때   ⓑ 발열량이 높을 때
    ⓒ 열전도율이 작을 때   ⓓ 산소와 친화력이 클 때
    ⓔ 산소농도가 높을 때   ⓕ 분자구조가 복잡할수록
    ⓖ 반응활성도가 클수록
  ㉱ 착화열 : 연료를 초기 온도에서부터 착화온도까지 가열하는 데 필요한 열량
  ㉲ 자연발화온도(AIT : autoignition temperature) : 가연혼합기를 넣은 용기를 어느 일정한 온도로 유지하면서 어느 정도 시간이 흐르면 혼합기가 자연적으로 발화하는 현상으로 다음의 조건일 때 AIT는 감소한다.
    ⓐ 압력이 증가하면 감소한다.
    ⓑ 산소량이 증가하면 감소한다.
    ⓒ 유기화합물의 동족열 물질은 분자량이 증가할수록 감소한다.
  ㉳ 착화지연(발화지연) : 어느 온도에서 가열하기 시작하여 발화에 이르기까지의 시간
    ⓐ 고온, 고압일수록 발화지연은 짧아진다.
    ⓑ 가연성가스와 산소의 혼합비가 완전 산화에 가까울수록 발화지연은 짧아진다.

③ 발화의 형태(종류)
　㉮ 자연발화의 형태
　　ⓐ 분해열에 의한 발열 : 과산화수소, 염소산칼륨, 셀룰로이드류, 니트로셀룰로스(질화면) 등
　　ⓑ 산화열에 의한 발열 : 건성유, 원면, 석탄, 고무분말, 액체산소, 발연질산 등
　　ⓒ 중합열에 의한 발열 : 시안화수소, 산화에틸렌, 염화비닐(CH_2CHCl), 부타디엔(C_4H_6) 등
　　ⓓ 흡착열에 의한 발열 : 활성탄, 목탄 분말 등
　　ⓔ 미생물(박테리아)에 의한 발열 : 먼지, 퇴비 등
　㉯ 자연발화의 방지법
　　ⓐ 통풍이 잘 되게 한다.
　　ⓑ 저장실의 온도를 낮춘다.
　　ⓒ 습도가 높은 것을 피한다.
　　ⓓ 열의 축적을 방지한다.

1.5 연소속도 등

(1) 연소속노

가연물과 산소와의 반응속도(분자간의 충돌속도)를 말하는 것으로 화염면이 그 면에 직각으로 미연소부에 진입하는 속도이다. 즉 미연혼합기에 대한 화염면의 상대속도이다.

(2) 연소속도에 영향을 주는 인자(요소)

① **기체의 확산 및 산소와의 혼합**

② **연소용 공기 중 산소의 농도** : 산소 농도가 클수록 연소속도가 빨라진다.

③ **연소 반응물질 주위의 압력** : 압력이 높을수록 연소속도가 빨라진다.

④ **온도** : 온도가 상승하면 연소속도가 빨라진다.

⑤ **촉매** : 활성화 에너지를 감소시켜 반응속도를 증가시키는 정촉매와 활성화 에너지를 증가시켜 반응속도를 감소시키는 부촉매로 구분할 수 있다.

(3) 기체연료의 층류 연소속도 측정 방법

① **비눗방울(soap bubble)법**

미연소 혼합기로 비눗방울을 만들어 그 중심에서 전기점화를 시키면 화염은 구상화염으로 바깥으로 전파되고 비눗방울은 연소의 진행과 함께 팽창된다. 이때 점화전후의 비눗방울 체적, 반지름을 이용하여 연소속도를 측정한다.

② **슬롯 버너(slot burner)법**

균일한 속도분포를 갖는 노즐을 이용하여 V자형의 화염을 만들고, 미연소 혼합기 흐름을 화염이 둘러싸여 있어 혼합기가 화염대에 들어갈 때까지 혼합기의 유선은 직선을 유지한다.

③ **평면화염 버너(flat flame burner)법**

미연소 혼합기의 속도분포를 일정하게 하여 유속과 연소속도를 균형화 시켜 유속으로 연소속도를 측정한다.

④ **분젠 버너(bunsen burner)법**

단위화염 면적당 단위시간에 소비되는 미연소 혼합기의 체적을 연소속도로 정의하여 결정하며, 오차가 크지만 연소속도가 큰 혼합기체에 편리하게 이용된다.

● 미연소 혼합기에서 최고속도를 나타내는 공기비는 1.1 부근이다.

출제예상문제
Expected problems

01 연소의 정의를 가장 옳게 나타낸 것은?
① 연료가 환원하면서 발열하는 현상
② 온도가 높은 분위기 속에서 산소와 화합하여 빛과 열을 발생하는 현상
③ 물질의 산화로 에너지의 전부가 직접 빛으로 변하는 현상
④ 화학변화에서 산화로 인한 흡열반응

해설 연소의 정의 : 가연성 물질이 공기 중의 산소와 반응하여 빛과 열을 발생하는 화학반응으로 연소의 3요소는 가연성 물질, 산소 공급원, 점화원이 해당된다.
답 ②

02 연소에 대한 설명 중 틀린 것은?
① 연소의 목적은 연소에 의해 생기는 열을 이용하는 것이다.
② 연료의 성분은 주로 탄소와 수소이며 공기 중의 산소와 반응한다.
③ 연소가 일어나기 위해서는 착화온도 이하에서 충분한 산소의 공급이 있어야 한다.
④ 가연물질이 공기 중의 산소와 반응을 일으키며 산화열을 발생시키는 현상을 연소라 한다.

해설 연소가 일어나기 위해서는 인화온도 이상이 유지되어야 한다.
답 ③

03 연소의 3요소에 해당하지 않는 것은?
① 가연물   ② 인화점
③ 산소공급원   ④ 점화원

해설 연소의 3요소 : 가연물, 산소공급원, 점화원 **답** ②

04 연료의 연소에 대한 3대 반응에 속하지 않는 것은?
① 산화반응   ② 환원반응
③ 이온화반응   ④ 열분해반응

해설 연소의 3대 반응 : 열분해반응, 산화반응, 환원반응
답 ③

05 가연물이 되기 쉬운 조건으로 옳은 것은?
① 산소와 친화력이 적을 것
② 열전도율이 클 것
③ 발열량이 적을 것
④ 활성화 에너지가 적을 것

해설 가연물의 구비조건
㉮ 발열량이 크고, 열전도율이 작을 것
㉯ 산소와 친화력이 좋고 표면적이 넓을 것
㉰ 활성화 에너지가 적을 것
㉱ 건조도가 높을 것(수분 함량이 적을 것) **답** ④

06 점화원에 대한 설명에서 옳은 것은?
① 전기기기의 불꽃은 점화원이 될 수 없다.
② 수증기는 점화원이 될 수 없다.
③ 금속의 충격에 의한 불꽃은 점화원이 될 수 없다.
④ 정전기에 의한 불꽃은 점화원이 될 수 없다.

해설 점화원 : 연소반응에 필요한 에너지를 공급하는 것으로 전기불꽃(아크), 정전기, 단열압축, 마찰 및 충격에 의한 불꽃, 산화열 등이 있다.
답 ②

07 연소를 계속 유지시키는 데 필요한 조건을 바르게 나타낸 것은?
① 연료에 산소를 공급하고 착화온도 이하로 억제한다.
② 연료에 발화온도 미만의 저온 분위기를 유지시킨다.
③ 연료에 산소를 공급하고 착화온도 이상으로 유지한다.
④ 연료에 공기를 접촉시켜 연소속도를 서하시킨다.

해설 연료의 연소를 계속 유지시키려면 연료에 산소(또는 공기)를 공급하고 착화온도 이상으로 유지하여야 한다. **답** ③

08 최소 점화에너지에 대한 설명으로 틀린 것은?

① 혼합기의 종류에 의해서 변한다.
② 불꽃 방전 시 일어나는 에너지의 크기는 전압의 제곱에 비례한다.
③ 최소 점화에너지는 연소속도 및 열전도가 작을수록 큰 값을 갖는다.
④ 가연성 혼합기체를 점화시키는 데 필요한 최소에너지를 최소 점화에너지라 한다.

해설 (1) 최소 점화에너지(MIE) : 가연성 혼합가스에 전기적 스파크로 점화시킬 때 점화하기 위한 최소한의 전기적 에너지로 전압의 제곱에 비례한다.
(2) 최소점화에너지가 낮아지는 조건
  ㉮ 연소속도가 클수록
  ㉯ 열전도율이 적을수록
  ㉰ 산소농도가 높을수록
  ㉱ 압력이 높을수록
  ㉲ 가연성 기체의 온도가 높을수록 **답** ③

09 다음 중 일반적으로 연료가 갖추어야 할 구비조건이 아닌 것은?

① 연소 시 배출물이 많아야 한다.
② 저장과 운반이 편리해야 한다.
③ 사용 시 위험성이 적어야 한다.
④ 취급이 용이하고 안전하며 무해하여야 한다.

해설 연료(fuel)의 구비조건
  ㉮ 공기 중에서 연소하기 쉬울 것
  ㉯ 저장 및 운반, 취급이 용이할 것
  ㉰ 발열량이 클 것
  ㉱ 구입하기 쉽고 경제적일 것
  ㉲ 인체에 유해성이 없을 것
  ㉳ 휘발성이 좋고 내한성이 우수할 것
  ㉴ 연소 시 회분 등 배출물이 적을 것 **답** ①

10 연료로서 갖추어야 할 조건으로 옳지 않은 것은?

① 저장, 운반 등의 취급이 용이하고 안전성이 높아야 한다.
② 연소반응에서 공기와의 혼합범위를 넓게 조정할 수 있어야 한다.
③ 황 등의 가연성 물질이 포함되어 단위질량당 발열량을 높일 수 있어야 한다.
④ 가격이 경제적이고 공급이 안정적이어야 한다.

해설 가연성 원소 중 탄소(C)와 수소(H)의 함유량이 높아야 하지만 황(S)은 연소 후 황 화합물(아황산가스 [SO_2] 등)을 생성하여 연소장치 및 시설에 저온부식의 원인이 되므로 함유량이 낮아야 한다. **답** ③

11 연료를 상태에 따라 분류한 것으로 옳은 것은?

① 무연탄, 중유, 경유 및 휘발유
② 도시가스, 석유 및 석탄
③ 고체연료, 액체연료 및 기체연료
④ 천연가스, 석유, 무연탄 및 유연탄

해설 연료의 분류
  ㉮ 상태 : 고체연료, 액체연료, 기체연료
  ㉯ 생산 형태 : 1차 연료(천연산), 2차 연료(인공 연료)
  ㉰ 용도 : 산업용, 운수용, 가정용 **답** ③

12 연료를 구성하는 가연원소로만 나열된 것은?

① 질소, 탄소, 산소
② 질소, 수소, 황
③ 탄소, 질소, 불소
④ 탄소, 수소, 황

해설 ㉮ 가연원소 : 탄소(C), 수소(H), 황(S)
㉯ 연료의 주성분 : 탄소(C), 수소(H) **답** ④

13 품질이 좋은 고체연료의 조건으로 옳은 것은?

① 회분이 많을 것 ② 고정탄소가 많을 것
③ 황분이 많을 것 ④ 수분이 많을 것

[해설] 연료 성분 중 회분(灰分), 황분, 수분은 불순물에 해당되므로 연료 중에 함유량이 적고, 고정탄소가 많아야 품질이 좋은 연료가 될 수 있다. 답 ②

14 고체 연료의 일반적인 특징을 옳게 설명한 것은?
① 완전연소가 가능하며 연소효율이 높다.
② 연료의 품질이 균일하다.
③ 점화 및 소화가 쉽다.
④ 주성분은 C, H, O이다.

[해설] 고체연료의 특징
(1) 장점
  ㉮ 노천 야적이 가능하다.
  ㉯ 저장 및 취급이 편리하다.
  ㉰ 구입이 쉽고, 가격이 저렴하다.
  ㉱ 연소장치가 간단하고, 특수목적에 이용된다.
(2) 단점
  ㉮ 완전연소가 곤란하다.
  ㉯ 연소효율이 낮고 고온을 얻기 곤란하다.
  ㉰ 회분이 많고 처리가 곤란하다.
  ㉱ 점화 및 소화가 어렵다.
  ㉲ 연소조절이 어렵다. 답 ④

15 고체연료의 일반적인 특징에 대한 설명으로 틀린 것은?
① 회분이 많고 발열량이 적다.
② 연소효율이 낮고 고온을 얻기 어렵다.
③ 점화 및 소화가 곤란하고 온도조절이 곤란하다.
④ 완전연소가 가능하고 연료의 품질이 균일하다.

[해설] 고체연료는 완전연소가 곤란하고 연료의 품질이 불균일하다. 답 ④

16 다음 중 석탄을 분류하는 방법으로 틀린 것은?
① 형상   ② 점결성
③ 발열량 ④ 입도

[해설] 석탄을 분류하는 방법 : 점결성, 발열량, 입도, 산지별, 연료비, 용도 등 답 ①

17 고체연료인 석탄의 성질에 대한 설명 중 틀린 것은?
① 휘발분이 증가하면 비열이 증가한다.
② 탄수소비가 증가하면 비열도 상승한다.
③ 열전도율은 $0.12 \sim 0.29$[kcal/m·h·℃] 정도로 작다.
④ 탄화도가 진행하면 착화온도가 상승하는 경향이 있다.

[해설] 탄수소비(C/H)가 증가하는 것은 탄소량이 많아지고, 수소량은 감소하는 것이다. 일반적으로 탄소량이 많으면 비열은 감소한다. 답 ②

18 탄화도의 크기 순서에 따른 석탄의 분류로서 옳은 것은?
① 무연탄 > 역청탄 > 갈탄 > 토탄
② 역청탄 > 갈탄 > 무연탄 > 토탄
③ 역청탄 > 무연탄 > 갈탄 > 토탄
④ 갈탄 > 역청탄 > 무연탄 > 토탄

[해설] 탄화도는 석탄의 성분이 변화되는 진행정도를 말하는 것으로 탄화도에 따라 토탄 → 갈탄(아탄) → 역청탄(유연탄) → 무연탄 → 흑연 순서로 변화하며 석탄의 탄화도가 클수록 발열량과 연료비가 증가한다. 답 ①

19 탄화도를 기준으로 석탄을 분류할 때 탄화도 증가에 따라 석탄의 성질은 일반적으로 어떻게 변화하는가?
① 휘발성이 증가한다.
② 고정탄소량이 감소한다.
③ 발열량이 증가한다.
④ 착화온도가 낮아진다.

[해설] (1) 탄화도 : 석탄의 성분이 변화되는 진행 정도를 말한다.
(2) 탄화도 증가에 따라 나타나는 특성(성질)
  ㉮ 발열량이 증가한다.

㉯ 연료비가 증가한다.(휘발분이 감소하고, 고정탄소량이 증가한다.)
㉰ 열전도율이 증가한다.
㉱ 비열이 감소한다.
㉲ 연소속도가 늦어진다.
㉳ 수분, 휘발분이 감소한다.
㉴ 인화점, 착화온도가 높아진다. 目 ③

20 고체연료의 연료비를 식으로 바르게 나타낸 것은?

① 연료비 = $\dfrac{회분 [\%]}{휘발분 [\%]}$

② 연료비 = $\dfrac{고정탄소 [\%]}{회분 [\%]}$

③ 연료비 = $\dfrac{고정탄소 [\%]}{휘발분 [\%]}$

④ 연료비 = $\dfrac{가연성분 중 탄소 [\%]}{유리수소 [\%]}$

[해설] 연료비는 고정탄소와 휘발분의 비이다.
∴ 연료비 = $\dfrac{고정탄소}{휘발분}$ 目 ③

21 석탄류 중 연료비가 가장 높은 것은?
① 갈탄 ② 무연탄
③ 반역청탄 ④ 반무연탄

[해설] 각 연료의 연료비

종류	연료비
무연탄	12 이상
역청탄(유연탄)	1~7
갈탄	1 이하

※ 연료비는 고정탄소와 휘발분의 비이다.
∴ 연료비 = $\dfrac{고정탄소}{휘발분}$ 目 ②

22 석탄의 성분 중에서 휘발분이 연소에 미치는 영향을 서술한 것이다. 틀린 것은?
① 착화가 용이하다.
② 연소 속도가 빠르다.
③ 불꽃이 짧게 된다.
④ 검은 연기를 내기 쉽다.

[해설] 휘발분의 영향
㉮ 연소 시 매연(그을음)이 발생된다.
㉯ 점화(착화)가 쉽고 연소속도가 빠르다.
㉰ 불꽃이 장염이 되기 쉽다.
㉱ 역화(back fire)를 일으키기 쉽다.
㉲ 발열량이 감소한다. 目 ③

23 석탄에 함유되어 있는 성분 중 ⓐ 수분, ⓑ 휘발분, ⓒ 황분이 연소에 미치는 영향으로 가장 적합하게 각각 나열한 것은?
① ⓐ 매연발생 ⓑ 대기오염 ⓒ 착화 및 연소 방해
② ⓐ 발열량 감소 ⓑ 매연발생 ⓒ 연소기관의 부식
③ ⓐ 연소방해 ⓑ 발열량 감소 ⓒ 매연발생
④ ⓐ 매연발생 ⓑ 발열량 감소 ⓒ 점화방해

[해설] 석탄에 함유되어 있는 성분의 영향
㉮ 수분 : 완전연소가 되지 않으므로 발열량이 감소한다.
㉯ 휘발분 : 점화가 쉽고 연소속도가 빠르지만 연소 시 매연(그을음)이 발생되며, 역화를 일으키기 쉽게 된다.
㉰ 황분 : 황 화합물이 생성되어 저온 부식의 원인이 된다. 目 ②

24 연료 중에 회분이 많을 경우 연소에 미치는 영향으로 옳은 것은?
① 발열량이 증가한다.
② 연소상태가 고르게 된다.
③ 클링커의 발생으로 통풍을 방해한다.
④ 완전연소되어 잔류물을 남기지 않는다.

[해설] 연료 중에 회분(灰分)이 많을 경우 연소 후 재발생이 많아지고 재가 연화, 용융되어 발생하는 클링커로 인해 통풍을 방해한다. 目 ③

25 석탄 보일러에서 회분의 부착손상이 가장 심한 곳은?
① 과열기 ② 공기 예열기
③ 절탄기 ④ 보일러 본체

[해설] 연도에 설치하는 여열 회수 장치 중 보일러에 가장 가깝게 설치되는 과열기가 회분의 영향을 많이 받을 수 있다. 답 ①

26 석탄에 함유되어 있는 수분이 연소에 미치는 나쁜 영향을 설명한 것으로 틀린 것은?

① 착화가 늦어진다.
② 연소가 완전히 이루어지지 않는다.
③ 화격자 밑으로 떨어지는 재(ash) 중 미연분을 없앤다.
④ 연소장치에 의해서는 석탄을 보내는 것이 불량으로 되어 화층에 지장을 준다.

[해설] 석탄에 함유된 수분의 영향
㉮ 착화가 늦어진다.
㉯ 불완전연소가 발생한다.
㉰ 석탄 공급 불량으로 화층에 나쁜 영향을 준다. 답 ③

27 코크스 고온 건류온도[℃]는?

① 500~600[℃]
② 1,000~1,200[℃]
③ 1,500~1,800[℃]
④ 2,000~2,500[℃]

[해설] 코크스로 건류온도
㉮ 고온건류 : 1,000~1,200[℃]
㉯ 저온건류 : 500~600[℃]

[참고] 건류 : 공기의 공급이 없는 상태에서 가열하여 열분해를 시키는 조작 답 ②

28 액체연료가 갖는 일반적인 특징이 아닌 것은?

① 연소온도가 높기 때문에 국부과열을 일으키기 쉽다.
② 발열량은 높지만 품질이 일정하지 않다.
③ 화재, 역화 등의 위험이 크다.
④ 연소할 때 소음이 발생한다.

[해설] 액체연료의 특징
(1) 장점
㉮ 완전연소가 가능하고 발열량이 높다.
㉯ 연소 효율이 높고 고온을 얻기 쉽다.
㉰ 연소 조절이 용이하고 회분이 적다.
㉱ 품질이 균일하고 저장, 취급이 편리하다.
㉲ 파이프라인을 통한 수송이 용이하다.
(2) 단점
㉮ 연소 온도가 높아 국부과열의 위험이 크다.
㉯ 화재, 역화의 위험성이 높다.
㉰ 일반적으로 황 성분을 많이 함유하고 있다.
㉱ 버너의 종류에 따라 연소 시 소음이 발생한다. 답 ②

29 액체 연료의 장점에 대한 일반적인 설명 중 옳지 않은 것은?

① 화재, 역화 등의 위험이 적다.
② 회분이 거의 없다.
③ 연소효율 및 열효율이 좋다.
④ 저장운반이 용이하다.

[해설] 액체연료는 화재, 역화의 위험성이 높다. 답 ①

30 액체 연료 중 비중이 가장 낮은 것은?

① 중유   ② 등유
③ 경유   ④ 가솔린

[해설] 액체 연료의 비중

명 칭	비 중
가솔린	0.65~0.75
등유	0.79~0.85
경유	0.83~0.88
중유	0.83~0.97

답 ④

31 경유에 포함된 탄화수소 중 세탄가가 높은 순서대로 나타낸 것은?

① 노말 파라핀 > 나프텐 > 올레핀
② 노말 파라핀 > 올레핀 > 나프텐
③ 올레핀 > 노말 파라핀 > 나프텐
④ 올레핀 > 나프텐 > 노말 파라핀

[해설] 세탄가 : 경유의 자기착화성을 나타내는 지수로 세탄가가 높으면 착화하는 성질이 좋은 것으로 노말(n)-파라핀계 탄화수소가 높고, 나프텐계, 올레핀계 탄화수소로 낮아진다. 답 ①

32 액체연료 중 고온 건류하여 얻은 타르계 중유의 특징에 대한 설명으로 틀린 것은?

① 화염의 방사율이 크다.
② 황의 영향이 적다.
③ 슬러지를 발생시킨다.
④ 단위 용적당의 발열량이 극히 적다.

해설 타르계 중유의 특징
㉮ 종류 : 고온 타르, 저온 타르, 석유계 타르
㉯ 화염 방사율이 크다.
㉰ 유황의 영향이 적다.(피해가 적다.)
㉱ 슬러지(침전물, 찌꺼기)가 생성된다. 답 ④

33 중유의 성질에 대한 설명 중 옳은 것은?

① 점도에 따라 1, 2, 3급 중유로 구분한다.
② 원소 조성은 H가 가장 많다.
③ 비중은 약 0.72~0.76 정도이다.
④ 인화점은 약 60~150[℃] 정도이다.

해설 중유의 성질
㉮ 중유(heavy oil)는 비점이 300[℃] 이상인 갈색 또는 암갈색의 액체로 탄소(C)를 가장 많이 함유하고 있다.
㉯ 정제 과정에 의한 분류 : 직류 중유, 분해 중유
㉰ 점도에 의한 분류 : A 중유 < B 중유 < C 중유
㉱ 유황분 함량에 의한 분류 : A급(1호, 2호), B급, C급(1호, 2호, 3호, 4호)의 7종으로 구분
㉲ 비중 : 0.856~1
㉳ 인화점 : 약 60~150[℃] 정도 답 ④

34 중유에 대한 일반적인 설명으로 틀린 것은?

① A 중유는 C 중유보다 점성이 작다.
② A 중유는 C 중유보다 수분 함유량이 작다.
③ 중유는 점도에 따라 A급, B급, C급으로 나뉜다.
④ C 중유는 소형 디젤기관 및 소형 보일러에 사용된다.

해설 C 중유는 보일러 연료로 사용되지만 소형 디젤기관의 연료로는 점도가 높아 부적합하다. 답 ④

35 중유를 A급, B급, C급으로 구분하는 기준은 무엇인가?

① 발열량 ② 인화점 ③ 착화점 ④ 점도

해설 점도에 의한 분류 : A 중유 < B 중유 < C 중유 답 ④

36 액체연료의 유동점은 응고점보다 몇 [℃] 높은가?

① 1.5 ② 2.0 ③ 2.5 ④ 3.0

해설 중유의 유동점 및 예열온도
㉮ 유동점 : 응고점보다 2.5[℃] 높다.
㉯ 예열온도 : 인화점보다 5[℃] 낮게 조정 답 ③

37 중유의 점도가 높아질수록 연소에 미치는 영향에 대한 설명으로 틀린 것은?

① 오일탱크로부터 버너까지의 이송이 곤란해진다.
② 기름의 분무현상(atomization)이 양호해진다.
③ 버너 화구(火口)에 유리탄소가 생긴다.
④ 버너의 연소상태가 나빠진다.

해설 중유 점도의 영향
(1) 점도가 높을 때의 영향
 ㉮ 오일 공급(송유)이 곤란하다.
 ㉯ 무화불량으로 불완전연소 발생
 ㉰ 버너 선단에 카본(C) 부착
 ㉱ 연소상태 불량
 ㉲ 화염 스파크 발생
(2) 점도가 낮을 때의 영향
 ㉮ 연료소비량 증가 ㉯ 불완전연소 발생
 ㉰ 역화의 원인 답 ②

38 중유에는 여러 가지 목적 때문에 각종 첨가제를 가한다. 다음 중 그 사용목적을 잘못 기술한 것은?

① 탈수제 : 수분을 분리시킨다.
② 안정제 : 연소를 촉진시킨다.
③ 연소 촉진제 : 분무를 순조롭게 한다.
④ 회분 개질제 : 회분의 융점을 높이 하여 고온부식을 억제한다.

해설▶ 중유 첨가제의 종류
㉮ 연소 촉진제 : 분무를 양호하게 하여 연소를 촉진시킨다.
㉯ 안정제(슬러지 분산제) : 슬러지 생성을 방지한다.
㉰ 탈수제 : 연료속의 수분을 분리 제거한다.
㉱ 회분 개질제 : 재(회분)의 융점을 높여 고온부식을 방지한다.
㉲ 유동점 강하제 : 유동점을 낮추어 저온에서도 유동성을 양호하게 한다. 답 ②

39 중유에 수분이 혼입되었을 때의 영향으로 잘못된 것은?
① 열 손실이 된다.
② 연소 중 맥동연소를 일으킨다.
③ 저장 중 현탁 부유물(emulsion sludge)을 형성한다.
④ 발열량이 증가된다.

해설▶ 중유에 수분이 혼입되었을 때의 영향
㉮ 발열량 감소 및 열 손실
㉯ 연소 중 진동(맥동)연소의 원인
㉰ 저장 중 퇴적물(현탁 부유물) 생성
㉱ 저온부식을 촉진 답 ④

40 중유의 탄수소비가 증가함에 따른 발열량의 변화는?
① 감소한다.
② 증가한다.
③ 무관하다.
④ 초기에는 증가하다가 점차 감소한다.

해설▶ 탄수소비(C/H)가 증가하는 것은 탄소량이 많고 수소량이 적은 경우로 그 관계는 다음과 같다.

구 분	C/H비 증가	C/H비 감소
발열량	감소	증가
공기량	감소	증가
비중	증가	감소
화염방사율	증가	감소
배기가스량	감소	증가
인화점	높아진다.	낮아진다.
동점도	증가	감소

답 ①

41 기체연료의 일반적인 특징에 대한 설명으로 틀린 것은?
① 화염온도의 상승이 비교적 용이하다.
② 연소 후에 유해성분의 잔류가 거의 없다.
③ 연소장치의 온도 및 온도분포의 조절이 어렵다.
④ 액체연료에 비해 연소 공기비가 적다.

해설▶ 기체연료의 특징
(1) 장점
㉮ 연소효율이 높고 연소제어가 용이하다.
㉯ 회분 및 황 성분이 없어 전열면 오손이 없다.
㉰ 적은 공기비로 완전연소가 가능하다.
㉱ 저 발열량의 연료로 고온을 얻을 수 있다.
㉲ 완전연소가 가능하여 공해문제가 없다.
(2) 단점
㉮ 저장 및 수송이 어렵다.
㉯ 가격이 비싸고 시설비가 많이 소요된다.
㉰ 누설 시 화재, 폭발의 위험이 크다. 답 ③

42 기체연료의 특징으로 틀린 것은?
① 연소효율이 높다.
② 고온을 얻기 쉽다.
③ 단위 용적당 발열량이 크다.
④ 누출되기 쉽고 폭발의 위험성이 크다.

해설▶ 단위 체적(용적)당 발열량이 높은 것은 모든 기체 연료에 적용되는 사항이 아니다. 답 ③

43 액화석유가스의 성질에 대한 설명 중 틀린 것은?
① 가스의 비중은 공기보다 무겁다.
② 상온, 상압에서는 액체이다.
③ 천연고무를 잘 용해시킨다.
④ 물에는 잘 녹지 않는다.

해설▶ 액화석유가스의 일반 특징
㉮ LP가스는 공기보다 무겁다.
㉯ 액상의 LP가스는 물보다 가볍다.
㉰ 액화, 기화가 쉽다.
㉱ 기화하면 체적이 커진다.
㉲ 기화열(증발잠열)이 크다.
㉳ 물에는 잘 녹지 않으며 무색, 무취, 무미하다.

㈎ 천연고무, 윤활유, 구리스 등에 용해성이 있다.
㈏ 정전기 발생이 쉽다.
※ 상온, 상압에서 액화석유가스는 기체 상태이다.
답 ②

44 액화석유가스(LPG)가 증발할 때 흡수한 열은?

① 현열 ② 잠열
③ 융해열 ④ 화학반응열

해설 액화석유가스(LPG)는 액체 상태이고 액체가 증발할 때 흡수하는 열은 잠열(증발잠열)에 해당된다.
답 ②

45 포화탄화수소계의 기체 연료에서 탄소 원자수($C_1 \sim C_4$)가 증가할 때에 대한 설명으로 옳은 것은?

① 연료 중의 수소분이 증가한다.
② 연소범위가 넓어진다.
③ 발열량[J/m^3]이 감소한다.
④ 발화온도가 낮아진다.

해설 탄화수소에서 탄소(C) 수가 증가할 때 나타나는 현상
㈎ 증가하는 것 : 비등점, 융점, 비중, 발열량
㈏ 감소하는 것 : 증기압, 발화온도, 폭발하한값, 폭발범위값, 증발잠열, 연소속도
※ 연료 중의 수소분(수소비율)은 감소한다.
- 메탄(CH_4)의 수소분 = $\frac{4}{16}$ = 0.25
- 프로판(C_3H_8)의 수소분 = $\frac{8}{44}$ = 0.181
- 부탄(C_4H_{10})의 수소분 = $\frac{10}{58}$ = 0.172
답 ④

46 각종 천연가스(유전가스, 수용성가스, 탄전가스 등)의 성분 중 대부분을 차지하는 것은?

① CH_4 ② C_2H_6
③ C_3H_8 ④ C_4H_{10}

해설 천연가스(NG)의 주성분은 메탄(CH_4)이고 에탄(C_2H_6) 및 프로판(C_3H_8), 부탄(C_4H_{10})이 소량 함유되어 있다.
답 ①

47 천연가스는 약 몇 [℃]에서 액화되는가?

① -122[℃] ② -132[℃]
③ -152[℃] ④ -162[℃]

해설 천연가스(또는 LNG)의 주성분은 메탄(CH_4)이고 메탄의 비등점은 대기압상태에서 -161.5[℃]이므로 비등점 이하로 냉각하면 액화된다.
답 ④

48 일반적인 천연가스에 대한 설명으로 가장 거리가 먼 것은?

① 주성분은 메탄이다.
② 발열량이 비교적 높다.
③ 프로판가스보다 무겁다.
④ LNG는 대기압 하에서 비등점이 -162[℃]인 액체이다.

해설 천연가스(natural gas)의 주성분은 메탄(CH_4)으로 분자량이 16이므로 분자량이 44인 프로판(C_3H_8)보다 가볍다.
답 ③

49 석탄가스에 대한 설명으로 틀린 것은?

① 주성분은 수소와 메탄이다.
② 저온건류 가스와 고온건류 가스로 분류된다.
③ 탄전에서 발생되는 가스이다.
④ 제철소의 코크스 제조 시 부산물로 생성되는 가스이다.

해설 석탄가스 : 석탄을 1,000[℃] 내외로 건류할 때 얻어지는 가스로 메탄(CH_4)과 수소(H_2)가 주성분이며, 발열량이 5,000[$kcal/m^3$] 정도이다.
답 ③

50 다음 중 부생가스가 아닌 것은?

① 코크스로가스 ② 고로가스
③ 발생로가스 ④ 전로가스

해설 부생(副生)가스의 종류
㈎ 코크스로 가스 : 유연탄을 건류하여 코크스로 만들 때 발생되는 가스 발열량은 약 4,400[$kcal/m^3$]이다.

㉯ 고로가스 : 고로에 철광석과 코크스를 장입해 선철을 제조하는 과정에서 코크스가 연소해 철광석과 환원작용으로 발생하는 가스로 발열량은 약 750[kcal/m^3]이다.
㉰ 전로가스 : 제강공장의 전로에 용선을 장입하고 산소를 취입하는 과정에서 용선 중의 탄소가 산소와 반응해 발생되는 가스로 발열량은 약 2,000 [kcal/m^3]이다. 답 ③

51 부생(副生)가스 중 CH_4와 H_2가 주성분인 가스는?

① 수성가스 ② 코크스로 가스
③ 고로 가스 ④ 전로 가스

해설 코크스로 가스 : 메탄(CH_4)과 수소(H_2)가 주성분으로 석탄을 코크스로에서 건류시킬 때 발생되는 가스이다. 코크스를 주 제품으로 하고, 가스를 부제품으로 하는 경우가 대부분이다. 답 ②

52 고로가스의 주요 가연분(可燃分)은?

① 수소 ② 탄소
③ 탄화수소 ④ 일산화탄소

해설 고로가스 : 용광로에서 얻어지는 부산물 가스로 다량의 질소와 일산화탄소(CO)로 구성되며, 발열량이 900[kcal/m^3]로 낮다. 답 ④

53 다음 중 공기보다 비중이 커서 누설이 되면 낮은 곳에 고여 인화폭발의 원인이 되는 가스는?

① 수소 ② 메탄
③ 일산화탄소 ④ 프로판

해설 각 가스의 분자량 및 비중

명칭	분자량	비중
수소(H_2)	2	0.069
메탄(CH_4)	16	0.55
일산화탄소(CO)	28	0.966
프로판(C_3H_8)	44	1.52

※ 가스 비중 = $\dfrac{분자량}{공기의\ 평균\ 분자량(29)}$ 답 ④

54 석탄, 코크스, 목재 등을 적열상태로 가열하고, 공기로 불완전연소시켜 얻는 연료는?

① 석탄가스 ② 수성가스
③ 발생로가스 ④ 증열수성가스

해설 발생로가스 : 적열상태로 가열한 탄소분이 많은 고체 연료에 공기나 산소를 공급하여 불완전연소로 얻은 가스로 발열량이 1,100[kcal/m^3] 정도이다. 성분은 CO 24[%], H_2 13[%], CH_4 3[%], N_2 55[%], CO_2 5[%]로 질함유량이 높다. 답 ③

55 제조 기체연료에 포함된 성분이 아닌 것은?

① C ② H_2
③ CH_4 ④ N_2

해설 제조 기체연료의 성분은 수소(H_2), 일산화탄소(CO), 탄화수소류(C_mH_n), 산소(O_2), 질소(N_2), 이산화탄소(CO_2) 등이다. 답 ①

56 어떤 기체연료의 고발열량이 24,160[kcal/kg]이고 표준상태에서 중량이 1.96[kg]이었다. 다음 중 이 기체는?

① 메탄 ② 에탄
③ 프로판 ④ 부탄

해설 표준상태에서 중량 1.96[kg]은 기체연료 1[L]의 무게이고, 1몰의 체적은 22.4[L]에 해당된다.

∴ 기체연료 1[L]당 무게 = $\dfrac{분자량}{22.4}$ 에서

∴ 기체연료의 분자량 = 1[L]당 무게 × 22.4
  = 1.96 × 22.4 = 43.904

∴ 분자량이 약 44에 해당하는 기체는 프로판(C_3H_8)이다. 답 ③

57 도시가스의 호환성을 판단하는 데 사용되는 지수는?

① 웨버 지수(Webbe index)
② 듀롱 지수(Dulong index)
③ 릴리 지수(Lily index)
④ 젤도비치 지수(Zeldovich index)

해설 웨버 지수(Webbe index) : 가스의 발열량을 가스비중의 제곱근으로 나눈 값으로 도시가스의 호환성을 판단하는 지수이다.

$$WI = \frac{H_g}{\sqrt{d}}$$

H_g : 도시가스의 발열량[kcal/m³]
d : 도시가스의 비중   **답** ①

58 로트에서 고체연료 시료채취 방법이 아닌 것은?

① 이단 시료 채취
② 계통 시료 채취
③ 층별 시료 채취
④ 계단 시료 채취

해설 고체연료 시료채취방법 : 계통 시료 채취, 층별 시료 채취, 2단 시료 채취   **답** ④

59 석탄의 공업분석 시 필수적으로 측정하는 항이 아닌 것은?

① 수분   ② 황분
③ 휘발분   ④ 회분

해설 석탄의 공업 분석 시 측정항목 : 수분, 회분, 휘발분, 고정탄소   **답** ②

60 공업 분석법에 따라 성분을 정량할 때의 순서로 옳은 것은?

① 수분 → 휘발분 → 회분 → 고정탄소
② 수분 → 회분 → 휘발분 → 고정탄소
③ 휘발분 → 수분 → 고정탄소 → 회분
④ 수분 → 휘발분 → 고정탄소 → 회분

해설 공업분석 순서 : 수분 → 회분 → 휘발분 → 고정탄소   **답** ②

61 다음 중 고체연료의 공업분석에서 계산으로 산출되는 것은?

① 회분   ② 수분
③ 휘발분   ④ 고정탄소

해설 고체연료의 공업분석 항목 및 산출식
㉮ 수분 함유율[%] 산출식
$$\therefore 수분 = \frac{건조감량}{시료무게} \times 100$$
㉯ 회분 함유율[%] 산출식
$$\therefore 회분 = \frac{잔류회분량}{시료무게} \times 100$$
㉰ 휘발분 함유율[%] 산출식
$$\therefore 휘발분 = \left(\frac{가열감량}{시료무게} \times 100\right) - 수분(\%)$$
㉱ 고정탄소[%] 산출식
$$\therefore 고정탄소 = 100 - \{수분[\%] + 회분[\%] + 휘발분[\%]\}$$
  답 ④

62 고체연료의 공업분석에서 고정탄소를 산출하는 식은?

① 고정탄소[%]
= 100 − {수분[%]+회분[%]+휘발분[%]}
② 고정탄소[%]
= 100 − {수분[%]+회분[%]+질소[%]}
③ 고정탄소[%]
= 100 − {수분[%]+회분[%]+황분[%]}
④ 고정탄소[%]
= 100 − {수분[%]+황분[%]+휘발분[%]}

해설 고정탄소[%] 산출식
∴ 고정탄소 = 100−{수분[%]+회분[%]+휘발분[%]}   **답** ①

63 석탄을 공업 분석하였더니 수분이 3.35[%], 휘발분이 2.65[%], 회분이 25.5[%]이었다. 고정탄소분은 몇 [%]인가?

① 37.6   ② 49.4
③ 59.8   ④ 68.5

해설 고정탄소 = 100 − (수분+회분+휘발분)
= 100−(3.35+25.5+2.65)
= 68.50[%]   **답** ④

64 석탄을 연료 분석한 결과 다음과 같은 결과를 얻었다면 고정탄소분은 약 몇 %인가?

[수 분]	– 시료량 : 1.0030[g]
	건조감량 : 0.0232[g]
[회 분]	– 시료량 : 1.0070[g]
	잔류회분량 : 0.2872[g]
[휘발분]	– 시료량 : 0.9998[g]
	가열감량 : 0.3432[g]

① 21.72   ② 32.53
③ 37.15   ④ 53.17

해설 ㉮ 수분의 함유율 계산

$$\therefore 수분 = \frac{건조감량}{시료무게} \times 100$$

$$= \frac{0.0232}{1.0030} \times 100 = 2.313 ≒ 2.31[\%]$$

㉯ 회분의 함유율 계산

$$\therefore 회분 = \frac{잔류회분량}{시료무게} \times 100$$

$$= \frac{0.2872}{1.0070} \times 100 = 28.52[\%]$$

㉰ 휘발분의 함유율 계산

$$\therefore 휘발분 = \left(\frac{가열감량}{시료무게} \times 100\right) - 수분[\%]$$

$$= \left(\frac{0.3432}{0.9998} \times 100\right) - 2.31$$

$$= 32.02[\%]$$

㉱ 고정탄소 계산

$$\therefore 고정탄소 = 100 - (수분+회분+휘발분)$$
$$= 100 - (2.31+28.52+32.02)$$
$$= 37.15[\%]$$ **답** ③

65 고체연료의 연료비(fuel ratio)를 옳게 나타낸 것은?

① $\dfrac{휘발분}{고정탄소}$ ② $\dfrac{고정탄소}{휘발분}$

③ $\dfrac{탄소}{수소}$ ④ $\dfrac{수소}{탄소}$

해설 ㉮ 연료비 : 고정탄소와 휘발분의 비

$$\therefore 연료비 = \frac{고정탄소}{휘발분}$$

㉯ 고정탄소 = 100 − (수분[%] + 회분[%] + 휘발분[%])
   답 ②

66 석탄을 공업 분석하여 휘발분 33.1[%], 회분 14.8[%], 수분 5.7[%]의 결과를 얻었다. 이 석탄의 연료비는?

① 1.4   ② 3.1
③ 8.1   ④ 46.4

해설 ㉮ 고정탄소 계산

$$\therefore 고정탄소 = 100 - (수분+회분+휘발분)$$
$$= 100 - (5.7+14.8+33.1)$$
$$= 46.4[\%]$$

㉯ 연료비 계산

$$\therefore 연료비 = \frac{고정탄소}{휘발분} = \frac{46.4}{33.1} = 1.401$$
   답 ①

67 석탄을 분석하니 다음과 같았다면 연료비는 약 얼마인가?

| 휘발분 : 30[%], 회분 : 10[%], 수분 : 5[%] |

① 1.4   ② 1.6
③ 1.8   ④ 2.0

해설 ㉮ 고정탄소 계산

$$\therefore 고정탄소 = 100 - (수분+회분+휘발분)$$
$$= 100 - (5+10+30) = 55[\%]$$

㉯ 연료비 계산

$$\therefore 연료비 = \frac{고정탄소}{휘발분} = \frac{55}{30} = 1.833$$ **답** ③

68 연료비가 크면 나타나는 일반적인 현상이 아닌 것은?

① 고정탄소량이 증가한다.
② 불꽃은 짧은 단염이 된다.
③ 매연의 발생이 적다.
④ 착화온도가 낮아진다.

해설 연료비 = $\dfrac{고정탄소}{휘발분}$ 에서 연료비가 큰 것은 고정탄소가 많이 함유된 것이고, 휘발분이 감소하므로 착화온도는 높아진다.   **답** ④

69 고체연료의 전황분 측정방법에 해당되는 것은?

① 에슈카법　② 세필드 고온법
③ 중량법　　④ 리비히법

[해설] 석탄의 원소분석 방법
㉮ 탄소, 수소 : 세필드법, 리비히법
㉯ 질소 : 켈달법
㉰ 전황분 : 에슈카법, 연소 용량법, 산소 봄브법
㉱ 불연성 황분 : 연소 중량법, 연소용량법　**답 ①**

70 수분이 3[%], 회분이 23[%] 함유된 석탄 1,000[g]을 완전연소시켜 연소가스를 염화바륨($BaCl_2$) 용액에 통과시킨 결과 0.0525[g]의 황산바륨을 얻었다. 공시험 결과 황산바륨이 0.0025[g]이었다면 이 석탄의 전황분은 약 얼마인가? (단, 분자량 및 원자량은 $BaCl_2$ 208.24, $BaSO_4$ 233.4, Cl_2 71, S 32이다.)

① 0.687[%]　② 0.707[%]
③ 0.892[%]　④ 0.928[%]

[해설]
$$전황분 = \left\{ \frac{(본시험\ 황산바륨 - 공시험\ 황산바륨) \times 13.74}{시료} \times \frac{100}{100 - 수분} \right\}$$
$$= \left\{ \frac{(0.0525 - 0.0025) \times 13.74}{1.000} \times \frac{100}{100 - 3} \right\}$$
$$= 0.708[\%]　\text{답 ②}$$

71 석탄을 분석한 결과가 아래와 같을 때 연소성 황은 몇 [%]인가?

탄소 68.52[%],	수소 5.79[%],
전체 황 0.72[%],	불연성 황 0.21[%],
회분 23.21[%],	수분 2.45[%]

① 0.82[%]　② 0.70[%]
③ 0.65[%]　④ 0.53[%]

[해설]
$$연소성\ 황 = 전체\ 황 \times \frac{100}{100 - 수분} - 불연성\ 황$$
$$= 0.72 \times \frac{100}{100 - 2.45} - 0.21$$
$$= 0.528[\%]　\text{답 ④}$$

72 일반적인 유류의 비중시험 방법이 아닌 것은?

① 비중 점도법
② 치환법
③ 비중 천칭법
④ 비중 부칭법

[해설] 액체연료의 비중시험법 : 치환법, 비중 천칭법, 비중 부칭법, 비중병법　**답 ①**

73 다음 중 액체연료 관리를 위해 최저의 온도로 위험도를 표시하는 인화점 시험 방법이 아닌 것은?

① 태그식(Tag type) 시험법
② 봄브식(Bomb type) 시험법
③ 클리블랜드식(Cleveland type) 시험법
④ 아벨 펜스키식(Abel pensky type) 시험법

[해설] 인화점 시험방법의 종류
㉮ 개방식 : 클리블랜드식, 태그법
㉯ 밀폐식 : 태그법, 아벨 펜스키식, 펜스키마르텐식
답 ②

74 인화점이 50[℃] 이상인 원유, 경유 등에 사용되는 인화점 시험방법은?

① 태그 밀폐식
② 아벨펜스키 밀폐식
③ 클리블랜드 개방식
④ 펜스키마텐스 밀폐식

해설 인화점 시험방법의 종류

구 분		인화점
개방식	클리블랜드식	80[℃] 이상
	태그법	80[℃] 이하
밀폐식	태그법	80[℃] 이하
	아벨 펜스키식	50[℃] 이하
	펜스키마텐스식	50[℃] 이상

※ 태그 개방식은 휘발성 가연물질에 해당 **답** ④

75 다음 중 액체연료의 점도와 관련이 없는 것은?
① 캐논-펜스케(Cannon-Fenske)
② 몰리에(Mollier)
③ 스토크스(Stokes)
④ 푸아즈(Poise)

해설 액체 연료의 점도와 관련이 있는 것
㉮ 푸아즈(Poise) : 절대점도(μ)를 나타내는 것으로 단위는 [g/cm·s]이다.
㉯ 스토크스(Stokes) : 동점도(ν)를 나타내는 것으로 단위는 [cm²/s]이다.
㉰ 캐논-펜스케 : 점도측정기 **답** ②

76 다음 중 석유제품에 포함된 황분에 대한 시험방법이 아닌 것은?
① 램프식   ② 봄브식
③ 연소관식   ④ 태그식

해설 유황분 시험방법 분류
㉮ 램프식 : 황 성분이 0.002[%] 이상의 정량에 사용하는 부피법과 황 성분이 0.002[%] 이상의 가솔린 정량에 사용하는 중량법으로 구분
㉯ 봄브식 : 램프식으로 시험할 수 없는 석유류에 사용
㉰ 연소관식 : 경유 등의 전황분을 정량하는 공기법과 램프식으로 시험할 수 없는 경유, 중유 등의 전황분을 정량하는 산소법으로 구분 **답** ④

77 숯이나 코크스 등에서 일어나는 일반적인 연소형태는?
① 표면연소   ② 분해연소
③ 증발연소   ④ 확산연소

해설 연소의 형태 분류
㉮ 표면연소 : 목탄(숯), 코크스 등의 연소
㉯ 분해연소 : 휘발분이 있는 고체연료(종이, 석탄, 목재 등) 또는 증발이 일어나기 어려운 액체연료(중유 등)의 연소
㉰ 증발연소 : 가솔린, 등유, 경유, 알코올, 양초 등의 연소
㉱ 확산연소 : 기체연료의 연소
㉲ 자기연소 : 셀룰로이드류, 질산에스테르류, 히드라진 등 제5류 위험물의 연소 **답** ①

78 고체연료의 일반적인 연소형태로 볼 수 없는 것은?
① 증발연소   ② 유동층 연소
③ 표면연소   ④ 분해연소

해설 고체연료의 연소형태 종류 : 표면연소(목탄, 코크스), 분해연소(종이, 석탄, 목재), 증발연소(양초)
※ 유동층 연소는 고체연료의 연소방법 분류에 해당된다. **답** ②

79 연소과정에 대한 설명으로 틀린 것은?
① 무연탄은 주로 증발연소를 한다.
② 석탄, 목재 같은 연료가 연소 초기에 화염을 내면서 연소하는 과정을 분해연소라 한다.
③ 표면연소는 연소반응이 고체 표면에서 일어난다.
④ 연소속도는 산화반응 속도라고도 할 수 있다.

해설 무연탄은 고체연료로, 분해연소를 한다. **답** ①

80 기체연료의 연소 형태로서 가장 옳은 것은?
① 확산연소   ② 증발연소
③ 표면연소   ④ 분해연소

해설 연료 종류 별 연소의 형태
㉮ 고체연료 : 표면연소, 분해연소, 증발연소
㉯ 액체연료 : 분해연소(중유), 증발연소
㉰ 기체연료 : 확산연소 **답** ①

81 가연성 액체에서 발생한 증기의 공기 중 농도가 연소범위 내에 있을 경우 불꽃을 접근시키면 불이 붙는데 이때 필요 최저 온도를 무엇이라고 하는가?

① 기화온도　　② 인화온도
③ 착화온도　　④ 임계온도

해설 인화점 및 발화점(착화점)
㉮ 인화점(인화온도) : 가연물질이 공기 중에서 점화원에 의하여 연소를 시작하는 최저 온도이다.
㉯ 발화점(발화온도) : 가연물질이 공기 중에서 점화원 없이 스스로 연소를 시작하는 최저 온도로 착화점, 착화온도라 한다.　　**답** ②

82 액체의 인화점에 영향을 미치는 요인으로 가장 거리가 먼 것은?

① 온도
② 압력
③ 발화지연시간
④ 용액의 온도

해설 인화점(인화온도) : 가연물질이 공기 중에서 점화원에 의하여 연소를 시작하는 최저 온도로 액체 가연물의 인화점은 비중, 점도가 낮을수록 주위온도와 용액의 온도, 압력이 높을수록 낮아진다.　　**답** ③

83 착화온도(ignition temperature)에 대하여 가장 바르게 설명한 것은?

① 연료가 인화하기 시작하는 온도이다.
② 외부로부터 열을 받아 연료가 연소하기 시작하는 온도이다.
③ 외부로부터 열을 받지 않아도 연소를 개시할 수 있는 최저온도이다.
④ 연료가 발화하기 시작하는 온도이다.

해설 착화점(착화온도) : 가연물질이 공기 중에서 점화원 없이 스스로 연소를 시작하는 최저 온도로 발화점, 발화온도라 한다.　　**답** ③

84 착화열에 대한 설명으로 옳은 것은?

① 연료가 착화해서 발생하는 전 열량
② 외부로부터의 점화에 의하지 않고 스스로 연소하여 발생하는 열량
③ 연료 1[kg]이 착화하여 연소할 때 발생하는 총 열량
④ 연료를 최초의 온도로부터 착화온도까지 가열하는 데 사용된 열량

해설 착화온도 및 착화열
① 착화온도(착화점) : 가연물질이 공기 중에서 점화원 없이 스스로 연소를 시작하는 최저 온도로 발화점, 발화온도라 한다.
② 착화열 : 연료를 최초의 온도로부터 착화온도까지 가열하는 데 사용된 열량　　**답** ④

85 다음 중 착화온도(ignition temperature)가 가장 낮은 연료는?

① 수소　　② 목재
③ 코크스　　④ 프로판

해설 각 연료의 착화온도

명칭	착화온도
수소(H_2)	530[℃]
목재	250~300[℃]
코크스	500~600[℃]
프로판(C_3H_8)	460~520[℃]

답 ②

86 다음 중 착화온도가 낮아지는 요인이 아닌 것은?

① 산소농도가 높을수록
② 분자구조가 간단할수록
③ 압력이 높을수록
④ 발열량이 높을수록

해설 착화온도가 낮아지는 조건
㉮ 압력이 높을 때　　㉯ 발열량이 높을 때
㉰ 열전도율이 작을 때　㉱ 산소와 친화력이 클 때
㉲ 산소농도가 높을 때　㉳ 분자구조가 복잡할수록
㉴ 반응활성도가 클수록　　**답** ②

87 최소 착화에너지(MIE)의 특징에 대한 설명으로 옳은 것은?

① 최소 착화에너지는 압력증가에 따라 감소한다.
② 질소농도의 증가는 최소 착화에너지를 감소시킨다.
③ 산소농도가 많아지면 최소 착화에너지는 증가한다.
④ 일반적으로 분진의 최소 착화에너지는 가연성가스보다 작다.

해설 (1) 최소 착화에너지(MIE) : 가연성 혼합가스에 전기적 스파크로 점화시킬 때 점화하기 위한 최소한의 전기적 에너지를 말하는 것이다.
(2) 최소 점화에너지가 낮아지는 조건
 ㉮ 연소속도가 클수록
 ㉯ 열전도율이 적을수록
 ㉰ 산소농도가 높을수록
 ㉱ 압력이 높을수록
 ㉲ 가연성 기체의 온도가 높을수록   **답** ①

88 디젤 엔진에서 흡기온도가 상승하면 착화지연시간은 어떻게 되는가?

① 감소한다.   ② 증가한다.
③ 감소한 후 증가한다.   ④ 불변이다.

해설 흡기온도(흡입하는 공기의 온도)가 상승하면 착화지연시간은 짧아진다(감소한다).   **답** ①

89 연소를 계속 유지시키는 데 필요한 조건에 대한 설명으로 옳은 것은?

① 연료에 산소를 공급하고 착화온도 이하로 억제한다.
② 연료에 발화온도 미만의 저온 분위기를 유지시킨다.
③ 연료에 산소를 공급하고 착화온도 이상으로 유지한다.
④ 연료에 공기를 접촉시켜 연소속도를 저하시킨다.

해설 연소를 계속 유지시키는 데 필요한 것은 연료에 산소(공기)를 공급하고 착화온도 이상으로 유지시키는 것이다. (착화온도 이하로 유지하면 연소가 정지되며 저온으로 유지시키면 연소속도가 감소하여 불완전연소가 될 수 있다.)   **답** ③

90 다음 중 연소속도와 가장 밀접한 관계가 있는 것은?

① 염의 발생속도   ② 착화속도
③ 산화속도   ④ 환원속도

해설 연소속도 : 가연물과 산소와의 반응속도(산화속도)로 화염면이 그 면에 직각으로 미연소부에 진입하는 속도이다.   **답** ③

91 일반적인 정상연소에 있어서 연소 속도를 지배하는 주된 요인은?

① 화학반응의 속도
② 공기 중 산소의 확산속도
③ 연료의 착화온도
④ 배기가스 중의 CO_2 농도

해설 연소속도에 영향을 주는 인자(요소)
 ㉮ 기체의 확산 및 산소와의 혼합
 ㉯ 연소용 공기 중 산소의 농도 : 산소 농도가 클수록 연소속도가 빨라진다.
 ㉰ 연소 반응물질 주위의 압력 : 압력이 높을수록 연소속도가 빨라진다.
 ㉱ 온도 : 온도가 상승하면 연소속도가 빨라진다.
 ㉲ 촉매   **답** ②

92 온도가 높고 압력이 커질수록 연소속도는 어떻게 변하는가?

① 빨라진다.   ② 느려진다.
③ 불변이다.   ④ 상관없다.

해설 온도가 높고 압력이 커질수록 연소속도는 빨라진다.   **답** ①

93 연소 생성물(CO_2, N_2) 등의 농도가 높아지면 연소속도에 미치는 영향은?

① 연소속도가 빨라진다.
② 연소속도가 저하된다.
③ 연소속도가 변화 없다.
④ 처음에는 저하되나 나중에는 빨라진다.

해설 연소 생성물(CO_2, N_2)은 불연성 기체로 농도가 높아지면 상대적으로 혼합기의 농도가 낮아져 연소속도가 저하된다. **답** ②

94 다음 중 층류연소속도의 측정방법이 아닌 것은?

① 슬롯노즐 버너법
② 적하수은법
③ 비누거품법
④ 평면화염 버너법

해설 층류 연소속도 측정 방법
㉮ **비눗방울(soap bubble)법** : 미연소 혼합기로 비눗방울을 만들어 그 중심에서 전기점화를 시키면 화염은 구상화염으로 바깥으로 전파되고 비눗방울은 연소의 진행과 함께 팽창된다. 이때 점화 전후의 비눗방울 체적, 반지름을 이용하여 연소속도를 측정한다.
㉯ **슬롯 버너(slot burner)법** : 균일한 속도분포를 갖는 노즐을 이용하여 V자형의 화염을 만들고, 미연소 혼합기 흐름을 화염이 둘러싸고 있어 혼합기가 화염대에 들어갈 때까지 혼합기의 유선은 직선을 유지한다.
㉰ **평면화염 버너(flat flame burner)법** : 미연소 혼합기의 속도분포를 일정하게 하여 유속과 연소속도를 균형화 시켜 유속으로 연소속도를 측정한다.
㉱ **분젠 버너(bunsen burner)법** : 단위화염 면적당 단위시간에 소비되는 미연소 혼합기의 체적을 연소속도로 정의하여 결정하며, 오차가 크지만 연소속도가 큰 혼합기체에 편리하게 이용된다.
답 ②

2 연소 계산

2.1 연소현상 이론

(1) 연료 중 가연성분

연료 성분 중 가연성분은 탄소(C), 수소(H), 황(S)이며 불순물(불연성 물질)로는 회분(A), 수분(W) 등이 포함되어 있다. 가연 물질로는 탄소(C), 수소(H)가 해당되며, 황(S) 성분은 연소 시 황 화합물을 생성하여 악영향을 미치므로 제거한다.

(2) 완전연소 반응식

완전연소 반응식은 표준상태(STP 상태 : 0[℃], 1기압)에서 가연성 물질이 산소(공기)와 반응하여 완전연소 하는 것으로 가정하여 계산한다.

(3) 고체 및 액체 연료

① 탄소(C)

㉮ 반응식 :	C	+ O_2	→	CO_2
㉯ 중량비 :	12[kg]	32[kg]		44[kg]
㉰ 체적비 :	22.4[Nm^3]	22.4[Nm^3]		22.4[Nm^3]
㉱ 탄소 1[kg]당 질량 :	1[kg]	2.67[kg]		3.667[kg]
㉲ 탄소 1[kg]당 체적 :	1[kg]	1.867[Nm^3]		1.867[Nm^3]

② 수소(H_2)

㉮ 반응식 :	H_2	+ $\frac{1}{2}O_2$	→	H_2O
㉯ 중량비 :	2[kg]	16[kg]		18[kg]
㉰ 체적비 :	22.4[Nm^3]	11.2[Nm^3]		22.4[Nm^3]
㉱ 수소 1[kg]당 질량 :	1[kg]	8[kg]		9[kg]
㉲ 수소 1[kg]당 체적 :	1[kg]	5.6[Nm^3]		11.2[Nm^3]

③ 유황(S)

㉮ 반응식 :	S	+ O_2	→	SO_2
㉯ 중량비 :	32[kg]	32[kg]		64[kg]

㉢ 체적비 :   22.4[Nm³]   22.4[Nm³]   22.4[Nm³]
㉣ 유황 1[kg]당 질량 :   1[kg]   1[kg]   2[kg]
㉤ 유황 1[kg]당 체적 :   1[kg]   0.7[Nm³]   0.7[Nm³]

(4) 기체 연료(탄화수소)

① 프로판(C_3H_8)

㉮ 반응식 : C_3H_8 + $5O_2$ → $3CO_2$ + $4H_2O$
㉯ 중량비 :   44[kg]   5×32[kg]   3×44[kg]   4×18[kg]
㉰ 체적비 :   22.4[Nm³]   5×22.4[Nm³] 3×22.4[Nm³] 4×22.4[Nm³]
㉱ 프로판 1[kg]당 질량 : 1[kg]   3.636[kg]   3[kg]   1.636[kg]
㉲ 프로판 1[kg]당 체적 : 1[kg]   2.545[Nm³]   1.527[Nm³]   2.036[Nm³]
㉳ 프로판 1[Nm³]당 체적 : 1[Nm³]   5[Nm³]   3[Nm³]   4[Nm³]

② 부탄(C_4H_{10})

㉮ 반응식 : C_4H_{10} + $6.5O_2$ → $4CO_2$ + $5H_2O$
㉯ 중량비 :   58[kg]   6.5×32[kg]   4×44[kg]   5×18[kg]
㉰ 체적비 :   22.4[Nm³]   6.5×22.4[Nm³] 4×22.4[Nm³] 5×22.4[Nm³]
㉱ 부판 1[kg]당 질량 : 1[kg]   3.586[kg]   3.034[kg]   1.552[kg]
㉲ 부판 1[kg]당 체적 : 1[kg]   2.51[Nm³]   1.545[Nm³]   1.931[Nm³]
㉳ 부판 1[Nm³]당 체적 : 1[Nm³] 6.5[Nm³]   4[Nm³]   5[Nm³]

③ 메탄(CH_4)

㉮ 반응식 : CH_4 + $2O_2$ → CO_2 + $2H_2O$
㉯ 중량비 :   16[kg]   2×32[kg]   44[kg]   2×18[kg]
㉰ 체적비 :   22.4[Nm³]   2×22.4[Nm³]   22.4[Nm³]   2×22.4[Nm³]
㉱ 메탄 1[kg]당 질량 : 1[kg]   4[kg]   2.75[kg]   2.25[kg]
㉲ 메탄 1[kg]당 체적 : 1[kg]   2.8[Nm³]   1.4[Nm³]   2.8[Nm³]
㉳ 메탄 1[Nm³]당 체적 : 1[Nm³] 2[Nm³]   1[Nm³]   2[Nm³]

● 탄화수소(C_mH_n)의 완전연소 반응식

$$C_mH_n + \left(m + \frac{n}{4}\right)O_2 \rightarrow mCO_2 + \frac{n}{2}H_2O$$

2.2 이론산소량 및 이론공기량

(1) 산소량 및 이론공기량 계산

공기 중 산소는 체적[Nm^3]으로 21[%], 질량[kg]으로 23.2[%] 존재하므로 완전연소 반응식에서 이론산소량(O_0)에 체적 및 질량 비율로 나누어주면 이론공기량(A_0)이 계산된다.

① 연료 1[kg]당 이론산소량[kg] 및 이론공기량[kg] 계산 → 단위[kg/kg]
② 연료 1[kg]당 이론산소량[Nm^3] 및 이론공기량[Nm^3] 계산 → 단위[Nm^3/kg]
③ 연료 1[Nm^3]당 이론산소량[kg] 및 이론공기량[kg] 계산 → 단위[kg/Nm^3]
④ 연료 1[Nm^3]당 이론산소량[Nm^3] 및 이론공기량[Nm^3] 계산 → 단위[Nm^3/Nm^3]

(2) 고체 및 액체연료 이론산소량 계산

① **연료 1[kg]당 이론산소량(O_0) 계산**

㉮ O_0[산소 Nm^3/연료 kg] $= 1.867C + 5.6\left(H - \dfrac{O}{8}\right) + 0.7S$
 $= 1.867C + 5.6H - 0.7(O - S)$

㉯ O_0[산소 kg/연료 kg] $= 2.67C + 8\left(H - \dfrac{O}{8}\right) + S$
 $= 2.67C + 8H - (O - S)$

② **유효수소** : 연료 속에 산소가 함유되어 있을 경우에는 수소 중의 일부는 이 산소와 반응하여 결합수(H_2O)를 생성하므로 수소의 전부가 연소하지 않고 이 산소의 상당량만큼의 수소 $\left(\dfrac{1}{8}O\right)$가 연소하지 않는다. 그러므로 실제로 연소할 수 있는 수소는 $\left(H - \dfrac{O}{8}\right)$에 해당되며, 이것을 유효수소라 한다.

(3) 기체연료 이론산소량 계산

$$O_0[Nm^3/Nm^3] = 0.5H_2 + 0.5CO + 2CH_4 + 3C_2H_4 + 5C_3H_8 + \cdots + \left(m + \dfrac{n}{4}\right)C_mH_n - O_2$$

① **프로판(C_3H_8) 1[kg]당 이론산소량[kg] 계산**

$$C_3H_8 + 5O_2 \rightarrow 3CO_2 + 4H_2O$$
$$44[kg] : 5 \times 32[kg] = 1[kg] : x(O_0)[kg]$$

∴ 이론산소량(O_0) 계산 : $x = \dfrac{1 \times 5 \times 32}{44} = 3.636[kg/kg]$

② 프로판(C_3H_8) 1 [kg]당 이론산소량[Nm^3] 계산

$$C_3H_8 + 5O_2 \rightarrow 3CO_2 + 4H_2O$$
$$44[kg] : 5 \times 22.4[Nm^3] = 1[kg] : x(O_0)[Nm^3]$$

∴ 이론산소량(O_0) 계산 : $x(O_0) = \dfrac{1 \times 5 \times 22.4}{44} = 2.545 [m^3/kg]$

③ 프로판(C_3H_8) 1 [Nm^3]당 이론산소량[kg] 계산

$$C_3H_8 + 5O_2 \rightarrow 3CO_2 + 4H_2O$$
$$22.4[Nm^3] : 5 \times 32[kg] = 1[Nm^3] : x(O_0)[kg]$$

∴ 이론산소량(O_0) 계산 : $x[kg/Nm^3] = \dfrac{1 \times 5 \times 32}{22.4} = 7.143 [kg/Nm^3]$

④ 프로판(C_3H_8) 1 [Nm^3]당 이론산소량[Nm^3] 계산

$$C_3H_8 + 5O_2 \rightarrow 3CO_2 + 4H_2O$$
$$22.4[Nm^3] : 5 \times 22.4[Nm^3] = 1[Nm^3] : x(O_0)[Nm^3]$$

∴ 이론산소량(O_0) 계산 : $x[Nm^3/Nm^3] = \dfrac{1 \times 5 \times 22.4}{22.4} = 5 [Nm^3/Nm^3]$

(4) 고체 및 액체연료 이론공기량 계산

① $A_0[$공기$Nm^3/$연료$kg] = \dfrac{O_0}{0.21} = 8.89\,C + 26.67\left(H - \dfrac{O}{8}\right) + 3.33\,S$

② $A_0[$공기$kg/$연료$kg] = \dfrac{O_0}{0.232} = 11.49\,C + 34.5\left(H - \dfrac{O}{8}\right) + 4.31\,S$

(5) 기체연료 이론공기량 계산

$A_0[Nm^3/Nm^3] = 2.38(H_2 + CO) + 9.52CH_4 + 14.3C_2H_4 + 23.8C_3H_8 + \cdots - 4.76O_2$

① 프로판(C_3H_8) 1 [kg]당 이론공기량[kg] 계산

$$C_3H_8 + 5O_2 \rightarrow 3CO_2 + 4H_2O$$
$$44[kg] : 5 \times 32[kg] = 1[kg] : x(O_0)[kg]$$

∴ 이론공기량(A_0) 계산 : $A_0[kg/kg] = \dfrac{O_0}{0.232} = \dfrac{1 \times 5 \times 32}{44 \times 0.232} = 15.672 [kg/kg]$

② 프로판(C_3H_8) 1 [kg]당 이론공기량[Nm^3] 계산

$$C_3H_8 + 5O_2 \rightarrow 3CO_2 + 4H_2O$$
$$44[\text{kg}] : 5 \times 22.4[\text{Nm}^3] = 1[\text{kg}] : x(O_0)[\text{Nm}^3]$$

∴ 이론공기량(A_0) 계산 : $A_0[\text{Nm}^3/\text{kg}] = \dfrac{O_0}{0.21} = \dfrac{1 \times 5 \times 22.4}{44 \times 0.21} = 12.12[\text{Nm}^3/\text{kg}]$

③ 프로판(C_3H_8) 1 [Nm^3]당 이론공기량[kg] 계산

$$C_3H_8 + 5O_2 \rightarrow 3CO_2 + 4H_2O$$
$$22.4[\text{Nm}^3] : 5 \times 32[\text{kg}] = 1[\text{Nm}^3] : x(O_0)[\text{kg}]$$

∴ 이론공기량(A_0) 계산 : $A_0[\text{kg}/\text{Nm}^3] = \dfrac{O_0}{0.232} = \dfrac{1 \times 5 \times 32}{22.4 \times 0.232} = 30.79[\text{kg}/\text{Nm}^3]$

④ 프로판(C_3H_8) 1 [Nm^3]당 이론공기량[Nm^3] 계산

$$C_3H_8 + 5O_2 \rightarrow 3CO_2 + 4H_2O$$
$$22.4[\text{Nm}^3] : 5 \times 22.4[\text{Nm}^3] = 1[\text{Nm}^3] : x(O_0)[\text{Nm}^3]$$

∴ 이론공기량(A_0) 계산 : $A_0[\text{Nm}^3/\text{Nm}^3] = \dfrac{O_0}{0.21} = \dfrac{1 \times 5 \times 22.4}{22.4 \times 0.21} = 23.81[\text{Nm}^3/\text{Nm}^3]$

(6) 저위발열량에 의한 이론공기량(A_0) 간이식

① 로진(Rosin)의 식

$$A_0 = a \times \frac{H_l}{1,000} + b$$

구 분	a	b
고체연료	1.01	0.5
액체연료	0.85	2.0
기체연료	0.875	1.1

② 보이의 식

㉮ 석탄 : $A_0[\text{Nm}^3/\text{kg}] = 1.01 \times \dfrac{H_l + 550}{1000}$

㉯ 액체(중유) : $A_0[\text{Nm}^3/\text{kg}] = 12.38 \times \dfrac{H_l - 1100}{10000}$

㉣ 기체($H_l > 3,500[\text{kcal/Nm}^3]$) : $A_0[\text{Nm}^3/\text{kg}] = 11.05 \times \dfrac{H_l}{10,000} + 0.2$

(7) 함습 이론공기량(A_{0w})

연소용 공기 속에는 대기 중에 포함되어 있는 수분[Nm^3/Nm^3]이 있으므로 보정할 필요가 있는데 이 보정된 이론공기량을 말하며, 정미(正味) 이론공기량이라 한다.

$$A_{0w} = A_0 \times \dfrac{100}{100 - \text{습분}[\%]}$$

단위 – 고체 및 액체 : [Nm^3/kg], 기체 : [Nm^3/Nm^3]

2.3 공기비 및 실제 공기량

(1) 공기비

실제 연료의 연소 시 연료의 가연성분과 공기 중 산소와의 접촉이 원활하게 이루어지지 못하기 때문에 이론공기량만으로는 완전연소가 어렵다. 따라서 이론공기량보다 더 많은 공기를 공급하여 가연성분과 공기 중 산소와의 접촉이 원활하게 이루어지도록 해야 한다. 즉, 실제 연소에 있어서 연료를 완전연소 시키기 위해 실제적으로 공급하는 공기량을 실제 공기량(A)이라 하며, 실제 공기량(A)과 이론공기량(A_0)의 비를 공기비(m) 또는 과잉공기계수라 하며 다음과 같은 식이 성립된다.

$$\therefore m = \dfrac{A}{A_0} = \dfrac{A_0 + B}{A_0} = 1 + \dfrac{B}{A_0}$$

$$\therefore A = m \cdot A_0$$

여기서, m : 공기비(과잉공기계수)
A : 실제 공기량
A_0 : 이론공기량
B : 과잉공기량

① 배기가스 분석에 의한 공기비 계산
㉮ 산소 농도에 의한 계산

$$\therefore m = \dfrac{21}{21 - O_2}$$

㉯ 배기가스 분석에 의한 방법

ⓐ 완전연소의 경우 : 배기가스 중 일산화탄소(CO)가 포함되어 있지 않다.

$$\therefore m = \frac{N_2}{N_2 - 3.76\,O_2}$$

ⓑ 불완전연소의 경우 : 배기가스 중 일산화탄소(CO)가 포함되어 있다.

$$\therefore m = \frac{N_2}{N_2 - 3.76(O_2 - 0.5\,CO)}$$

여기서, N_2 : 배기가스 중 질소 함유율[%]
　　　　O_2 : 배기가스 중 산소 함유율[%]
　　　　CO : 배기가스 중 일산화탄소 함유율[%]

㉰ 배기가스 중 탄산가스 농도에 의한 방법

$$\therefore m = \frac{CO_2\mathrm{max}[\%]}{CO_2[\%]}$$

② 공기비와 관계된 사항

㉮ 공기비(m) : 실제 공기량과 이론공기량의 비

$$\therefore m = \frac{A}{A_0} = \frac{A_0 + B}{A_0} = 1 + \frac{B}{A_0}$$

㉯ 과잉공기량(B) : 실제 공기량과 이론공기량의 차

$$\therefore B = A - A_0 = (m-1)A_0$$

㉰ 과잉공기율[%] : 과잉공기량과 이론공기량의 비율[%]

$$\therefore 과잉공기율[\%] = \frac{B}{A_0} \times 100 = \frac{A - A_0}{A_0} \times 100 = (m-1) \times 100$$

㉱ 과잉공기비 : 과잉공기량과 이론공기량의 비

$$\therefore 과잉공기비 = \frac{B}{A_0} = \frac{A - A_0}{A_0} = (m-1)$$

③ 연료에 따른 공기비

㉮ 기체연료 : 1.1~1.3
㉯ 액체연료 : 1.2~1.4(미분탄 포함)

⑭ 고체연료 : 1.5~2.0(수분식), 1.4~1.7(기계식)

④ 공기비의 특성
  ㉮ 공기비가 클 경우
    ⓐ 연소실 내의 온도가 낮아진다.
    ⓑ 배기가스로 인한 열손실이 증가한다.
    ⓒ 연료 소비량이 증가한다.
    ⓓ 배기가스 중 질소화합물(NO_x)이 많아져 대기오염을 초래한다.
  ㉯ 공기비가 작을 경우
    ⓐ 불완전연소가 발생하기 쉽다. (고체 및 액체연료 : 매연발생, 기체연료 : CO 발생)
    ⓑ 연소효율이 감소한다.
    ⓒ 열손실이 증가한다.
    ⓓ 미연소 가스로 인한 역화의 위험이 있다.

(2) 실제 공기량 계산

실제연소에 있어서 연료를 완전연소 시키기 위해 실제적으로 공급하는 공기량을 실제 공기량(A)이라 하며, 이론공기량(A_0)에 과잉공기량(B)을 합한 것이다.

$$\therefore A = m \cdot A_0 = A_0 + B$$

● 실제 공기량(A) 계산에 절대온도(T)의 보정
$A = m \cdot A_0 + 1.61\,T \cdot m \cdot A_0$

(3) 완전연소의 조건

① 적절한 공기 공급과 혼합을 잘 시킬 것
② 연소실 온도를 착화온도 이상으로 유지할 것
③ 연소실을 고온으로 유지할 것
④ 연소에 충분한 연소실과 시간을 유지할 것

2.4 이론 연소가스량

이론 연소가스량은 이론공기량으로 연료를 완전연소할 때 발생하는 연소 가스량으로 가연성분이 연소 시 공급되는 공기 중에는 질소가 포함되어 있다. 그러나 질소 성분은 불연성 성질의 기체로 공기와 함께 연소실에 들어가 아무런 반응 없이 그대로 배기가스와 함께 배출된다. 공기 속의 산소와 질소의 체적비[%]는 21 : 79이므로 연소가스 속의 질소량은 산소량의 79/21배, 3.76배를 함유하게 된다.

(1) 이론 건연소 가스량(G_{0d})

이론 연소 가스 중 수증기가 포함되지 않은 가스량이다.

① 고체 및 액체연료

㉮ $G_{0d}[\text{Nm}^3/\text{kg}] = 8.89C + 21.1H - 2.63O + 3.33S + 0.8N$

㉯ $G_{0d}[\text{kg/kg}] = 12.49C + 26.5H - 3.31O + 5.31S + N$

㉰ (생성가스량 + 질소량)에 의한 방법

ⓐ $G_{0d}[\text{Nm}^3/\text{kg}] = G_{0W} - 1.244(9H + W)$

ⓑ $G_{0d}[\text{kg/kg}] = G_{0W} - (9H + W)$

여기서, G_{0W} : 이론 습배기 가스량, H : 연료 중의 수소량, W : 연료 중의 수분

② 기체연료

㉮ 부피 조성에 의한 방법

∴ $G_{0d}[\text{Nm}^3/\text{Nm}^3] = CO_2 + N_2 + 1.88H_2 + 2.88CO + 8.52CH_4 + 13.3C_2H_4 - 3.76O_2$

㉯ 단독성분 가스 계산 : 프로판(C_3H_8)의 경우

ⓐ 프로판(C_3H_8) 1[kg]당 이론 건연소 가스량[Nm³] 계산

$$C_3H_8 + 5O_2 + (N_2) \rightarrow 3CO_2 + 4H_2O + (N_2)$$
$$44[\text{kg}] : (3 \times 22.4 + 5 \times 22.4 \times 3.76)[\text{Nm}^3] = 1[\text{kg}] : x[\text{Nm}^3]$$
$$\therefore x = \frac{1 \times (3 \times 22.4 + 5 \times 22.4 \times 3.76)}{44} = 11.1[\text{Nm}^3/\text{kg}]$$

ⓑ 프로판(C_3H_8) 1[Nm³]당 이론 건연소 가스량[Nm³] 계산

$$C_3H_8 + 5O_2 + (N_2) \rightarrow 3CO_2 + 4H_2O + (N_2)$$
$$22.4[\text{Nm}^3] : (3 \times 22.4 + 5 \times 22.4 \times 3.76)[\text{Nm}^3] = 1[\text{Nm}^3] : x[\text{Nm}^3]$$
$$\therefore x = \frac{1 \times (3 \times 22.4 + 5 \times 22.4 \times 3.76)}{22.4} = 21.8[\text{Nm}^3/\text{Nm}^3]$$

(2) 이론 습연소 가스량(G_{0w})

이론 연소 가스 중 수증기가 포함된 가스량이다.

① 고체 및 액체 연료

㉮ $G_{0w}[Nm^3/kg] = 8.89C + 32.3H - 2.63O + 3.33S + 0.8N + 1.244W$

㉯ $G_{0w}[kg/kg] = 12.49C + 35.5H - 3.31O + 5.31S + N + W$

㉰ (생성가스량 + 질소량)에 의한 방법

ⓐ $G_{0w}[Nm^3/kg] = (1-0.21)A_0 + 1.867C + 11.2H + 0.7S + 0.8N + 1.244W$

ⓑ $G_{0w}[kg/kg] = (1-0.232)A_0 + 3.667C + 9H + 2S + N + W$

㉱ 발열량에 의한 이론 습연소 가스량을 구하는 간이식

ⓐ 로진(Rosin)의 공식

$$G_{0w} = a \times \frac{H_l}{1,000} + b$$

구 분	a	b
고체연료	0.89	1.5
액체연료	1.11	0
기체연료	0.725	1

ⓑ 보이 공식

㉠ 고체연료 : $G_{0w}[Nm^3/kg] = 0.905 \times \dfrac{H_l + 550}{10,000} + 1.17$

㉡ 액체연료 : $G_{0w}[Nm^3/kg] = 15.75 \times \dfrac{H_l + 550}{10,000} + 1.17$

㉢ 기체연료 : $G_{0w}[Nm^3/Nm^3] = 11.9 \times \dfrac{H_l}{10,000} + 0.5$

② 기체연료

㉮ 부피조성에 의한 방법

$G_{0w}[Nm^3/Nm^3] = CO_2 + N_2 + 2.88(H_2 + CO) + 10.5CH_4 + 15.3C_2H_4 - 3.76O_2 + W$

㉯ 단독성분 가스 계산법 : 프로판(C_3H_8)의 경우

ⓐ 프로판(C_3H_8) 1[kg]당 이론 습연소 가스량[Nm^3] 계산

$$C_3H_8 + 5O_2 + (N_2) \rightarrow 3CO_2 + 4H_2O + (N_2)$$

$44[kg] : (3 \times 22.4 + 4 \times 22.4 + 5 \times 22.4 \times 3.76)[Nm^3] = 1[kg] : x[Nm^3]$

$$\therefore x = \frac{1 \times (3 \times 22.4 + 4 \times 22.4 + 5 \times 22.4 \times 3.76)}{44} = 13.13 [\text{Nm}^3/\text{kg}]$$

ⓑ 프로판(C_3H_8) 1[Nm^3]당 이론 습연소 가스량[Nm^3] 계산

$$C_3H_8 + 5O_2 + (N_2) \rightarrow 3CO_2 + 4H_2O + (N_2)$$

$$22.4[\text{Nm}^3] : (3 \times 22.4 + 5 \times 22.4 \times 3.76)[\text{Nm}^3] = 1[\text{Nm}^3] : x[\text{Nm}^3]$$

$$\therefore x = \frac{1 \times (3 \times 22.4 + 4 \times 22.4 + 5 \times 22.4 \times 3.76)}{22.4} = 25.8 [\text{Nm}^3/\text{Nm}^3]$$

(3) 실제 건연소 가스량(G_d) 계산

실제 공기량으로 연료를 완전연소할 때 발생하는 연소 가스량으로 이론 건연소 가스량에 과잉공기량이 포함된 것이다.

① 고체 및 액체 연료

㉮ $G_d[\text{Nm}^3/\text{kg}] = (m - 0.21)A_0 + 1.867C + 0.7S + 0.8N$

$\qquad = m \cdot A_0 - 5.6H + 0.7O + 0.8N$

$\qquad = G_w - (11.2H + 1.244W)$

㉯ $G_d[\text{kg}/\text{kg}] = (m - 0.232)A_0 + 3.667C + 2S + N$

㉰ 배기가스 분석에 의한 방법

ⓐ 연소가스 중에 CO_2가 함유될 경우

$$\therefore G_d[\text{Nm}^3/\text{kg}] = \frac{1.867C}{CO_2}$$

ⓑ 오르쟈트 분석기를 사용하여 성분원소로 계산할 경우

$$\therefore G_d = \frac{1.867C + 0.7S}{CO_2}$$

ⓒ 연소가스 중에 CO가 있을 경우

$$\therefore G_d = \frac{1.867C + 0.7S}{CO_2 + CO}$$

㉱ 원소 분석결과 C, S와 연소가스분석으로 $(CO_2)_{max}$를 알고 있을 때

$$\therefore G_d = \frac{1.867C + 0.7S}{(CO_2)\text{max}}$$

② 기체연료

㉮ 실제 건연소 가스량(G_d) = 이론 건연소 가스량 + 과잉공기량
= 이론 건연소 가스량 + $\{(m-1) \times A_0\}$

$$\therefore G_d = G_{0d} + B = CO_2 + N_2 + \left\{(m-1) \times \frac{O_0}{0.21}\right\}$$

(4) 실제 습연소 가스량(G_w) 계산

① 고체 및 액체 연료

㉮ $G_w[\text{Nm}^3/\text{kg}] = (m - 0.21)A_0 + 1.867C + 11.2H + 0.7S + 0.8N + 1.244W$
$= m \cdot A_0 + 5.6H + 0.7O + 0.8N + 1.244W$

㉯ $G_w[\text{kg/kg}] = (m - 0.232)A_0 + 3.667C + 9H + 2S + N + W$

② 기체 연료

㉮ 실제 습연소 가스량(G_w) = 이론 습연소 가스량 + 과잉공기량
= 이론 습연소 가스량 + $\{(m-1) \cdot A_0\}$

(5) 최대 탄산가스율($CO_2\text{max}$) 계산

① 이론 건연소가스량에 대한 탄산가스량의 비율

$$\therefore CO_2\text{max}[\%] = \frac{CO_2 량}{\text{이론 건배기 가스량}(G_{0d})} \times 100$$

$$= \frac{1.867C + 0.7S}{8.89C + 21.1H - 2.63O + 3.33S + 0.8N} \times 100$$

② 배기가스 조성[%]으로부터 계산

㉮ 완전연소 시

$$\therefore CO_2\text{max} = \frac{21CO_2}{21 - O_2} = m \cdot CO_2$$

㉯ 불완전연소 시

$$\therefore CO_2\text{max} = \frac{21(CO_2 + CO)}{21 - O_2 + 0.395CO}$$

2.5 연소가스 성분

(1) 고체 및 액체연료의 연소가스 성분비율

① 실제 건연소가스량(G_d)에 의한 비율

㉮ $O_2[\%] = \dfrac{0.21(m-1)A_0}{G_d} \times 100$

㉯ $CO_2[\%] = \dfrac{1.867C + 0.7S}{G_d} \times 100$

㉰ $N_2[\%] = 100 - \{CO_2[\%] + O_2[\%]\}$

㉱ 불완전연소에 의한 CO가 있을 경우

$CO_2 + CO[\%] = \dfrac{1.867C + 0.7S}{G_d} \times 100$

② 실제 습연소가스량(G_w)에 의한 비율

㉮ $O_2[\%] = \dfrac{0.21(m-1)A_0}{G_w} \times 100$

㉯ $CO_2[\%] = \dfrac{1.867C + 0.7S}{G_w} \times 100$

㉰ $SO_2[\%] = \dfrac{0.7S}{G_w} \times 100$

㉱ $H_2O[\%] = \dfrac{1.244(9H + W)}{G_w} \times 100$

㉲ $N_2[\%] = \dfrac{0.79m \cdot A_0 + 0.8N}{G_w} \times 100$

$= 100 - \{O_2[\%] + CO_2[\%] + SO_2[\%] + H_2O[\%]\}$

(2) 기체연료의 연소가스 성분비율

① 실제 건연소가스량(G_d)에 의한 비율

㉮ $O_2[\%] = \dfrac{0.21(m-1)A_0}{G_d} \times 100$

㉯ $CO_2[\%] = \dfrac{CO + CO_2 + CH_4 + 2C_2H_4 + \ldots\ldots + m(C_mH_n)}{G_d} \times 100$

㉰ $N_2[\%] = 100 - [O_2 + CO_2]$

② 실제 습연소가스량(G_w)에 의한 비율

㉮ $O_2[\%] = \dfrac{0.21\,(m-1)\,A_0}{G_w} \times 100$

㉯ $CO_2[\%] = \dfrac{CO + CO_2 + CH_4 + 2C_2H_4 + \cdots\cdots + m(C_mH_n)}{G_w} \times 100$

㉰ $H_2O[\%] = \dfrac{H_2 + 2CH_4 + 2C_2H_4 + \cdots\cdots + mC_mH_n}{G_w} \times 100$

㉱ $N_2[\%] = 100 - [O_2 + CO_2 + H_2O]$

2.6 저위발열량(H_l)과 이론공기량(A_0), 이론 습배기가스량(G_{0w})과의 관계

(1) 고체연료

① 이론공기량

$$A_0[\text{Nm}^3/\text{kg}] = \dfrac{1.01\,(H_l + 550)}{10{,}000}$$

② 이론 습배기 가스량

$$G_{0w}[\text{Nm}^3/\text{kg}] = \dfrac{0.905\,(H_l + 550)}{10{,}000} + 1.17$$

(2) 액체연료

① 이론공기량

$$A_0[\text{Nm}^3/\text{kg}] = \dfrac{12.38\,(H_l - 1{,}100)}{10{,}000}$$

② 이론 습배기 가스량

$$G_{0w}[\text{Nm}^3/\text{kg}] = \dfrac{15.75\,(H_l + 550)}{10{,}000} + 1.17$$

(3) 기체연료

① 이론공기량

$$A_0[\text{Nm}^3/\text{Nm}^3] = 11.05 \times \frac{H_l}{10{,}000} + 0.2$$

② 이론 습배기 가스량

$$G_{0w}[\text{Nm}^3/\text{Nm}^3] = 11.9 \times \frac{H_l}{10{,}000} + 0.5$$

2.7 발열량 및 연소효율

(1) 발열량 계산

연료의 단위질량[kg] 또는 단위체적[m³]당 연료가 연소할 때 발생하는 열량을 말한다. 고위 발열량은 수증기의 증발잠열을 포함한 것이고, 저위 발열량은 수증기의 증발잠열을 제외한 것이다.

① 고체 및 액체 연료(단위 : [kcal/kg])

㉮ 연료의 성분으로부터 계산(원소분석에 의한 방법)

ⓐ 고위 발열량(총 발열량)

$$H_h = 8{,}100\,\text{C} + 34{,}000\left(\text{H} - \frac{\text{O}}{8}\right) + 2{,}500\,\text{S}$$

ⓑ 저위 발열량(진 발열량, 참 발열량)

$$H_l = 8{,}100\,\text{C} + 28{,}800\left(\text{H} - \frac{\text{O}}{8}\right) + 2{,}500\,\text{S} - 600\,\text{W}$$

㉯ 간이식으로부터 계산

ⓐ 고위 발열량(총 발열량)

$$H_h = H_l + 600\,(9\text{H} + \text{W})$$

ⓑ 저위 발열량(진 발열량, 참 발열량)

$$H_l = H_h - 600\,(9\text{H} + \text{W})$$

② **기체연료** : 프로판(C_3H_8)의 발열량 계산

$$C_3H_8 + 5O_2 \rightarrow 3CO_2 + 4H_2O + 530[kcal/mol]$$

㉮ 1[Nm^3]당 발열량 계산

$$22.4[Nm^3] : 530 \times 1,000[kcal] = 1[Nm^3] : x[kcal]$$

$$\therefore x = \frac{1 \times 530 \times 1,000}{22.4} = 23,660[kcal/Nm^3] \fallingdotseq 24,000[kcal/Nm^3]$$

㉯ 1[kg]당 발열량 계산

$$44[kg] : 530 \times 1,000[kcal] = 1[kg] : x[kcal]$$

$$\therefore x = \frac{1 \times 530 \times 1,000}{44} = 12,045[kcal/kg] \fallingdotseq 12,000[kcal/kg]$$

(2) 연소효율

① **열효율**(η) : 장치 내에 공급된 열량(Q_f)에 대한 유효하게 이용된 열량(Q_s)과의 비율이다.

$$\therefore \eta = \frac{Q_s}{Q_f} \times 100 = \left(1 - \frac{손실열}{입열}\right) \times 100 = \eta_c \times \eta_f$$

② **연소효율**(η_c) : 연료 단위량이 완전연소하였을 때 발생하는 열량(H_l)에 대한 실제로 발생한 열량(Q_r)과의 비율이다.

$$\therefore \eta_c = \frac{실제\ 발생열량\ (Q_r)}{완전연소\ 시\ 발생열량(저위발열량\ :\ H_l)} \times 100$$

③ **전열효율**(η_f) : 실제 발생한 열량(Q_r)에 대한 전열면을 통해 실제 이용된 열량(Q_e)과의 비율이다.

$$\therefore \eta_f = \frac{실제\ 이용된\ 열량\ (Q_e)}{실제\ 발생한\ 열량\ (Q_r)} \times 100$$

④ **열효율을 높이는 방법**

㉮ 손실 열이 적게 발생하도록 한다.
㉯ 장치의 설계조건에 맞도록 운전한다.
㉰ 전열량을 증가시킬 수 있는 방법을 선택한다.
㉱ 연속적인 조업으로 장치를 연속 가동한다.

2.8 화염온도

(1) 이론 연소온도 계산

연료를 연소 시 이론공기량만을 공급하여 완전연소시킬 때의 최고온도를 말한다.
$H_l = G \times C_p \times t$ 에서

$$\therefore t = \frac{H_l}{G \times C_p}$$

여기서, H_l : 연료의 저위발열량[kcal]
  G : 이론 연소가스량[Nm³]
  C_p : 연소가스의 정압비열[kcal/Nm³·℃]
  t : 이론 연소온도[℃]

(2) 실제 연소온도

연료를 연소 시 실제 공기량으로 연소할 때의 최고 온도를 말한다.

$$t_2 = \frac{H_l + 공기현열 - 손실열량}{G_S \times C_p} + t_1$$

여기서, t_2 : 실제연소온노[℃])
  G_s : 실제 연소가스량[Nm³]
  C_p : 연소가스의 정압비열[kcal/Nm³·℃]
  t_1 : 기준온도[℃]

(3) 연소온도를 높이는 방법

① 발열량이 높은 연료를 사용한다.
② 연료를 완전연소시킨다.
③ 가능한 한 적은 과잉공기를 사용한다.
④ 연료, 공기를 예열하여 사용한다.
⑤ 복사 전열을 감소시키기 위해 연소속도를 빨리할 것

2.9 화염전파 이론

(1) 화염(火炎)

가연성 기체가 연소에 의하여 고온으로 되어 발광(發光)하고 있는 부분이다.

(2) 화염의 구분

① **연소용 공기의 공급방법에 의한 구분**
   ㉮ 확산염(적화염) : 가연물의 표면에서 증발하는 가연성 기체가 공기와의 접촉면 또는 가연성 기체가 1차 공기와 혼합되지 않고 공기 중으로 유출하면서 연소하는 불꽃형태로 불꽃의 색은 적황색이고 화염의 온도는 비교적 저온이다.
   ㉯ 혼합기염(예혼합염) : 연소용 공기와 가연성 기체가 이미 혼합된 상태에서 생기는 불꽃
   ㉰ 전1차 공기염 : 연소용 공기를 100[%] 또는 그 이상을 1차 공기로 공급할 때 생기는 불꽃

② **연료 분출 흐름 상태에 의한 구분**
   ㉮ 층류염 : 가연성 기체가 염공에서 분출될 때 그 흐름이 층류인 경우의 화염으로 형상이 일정하고 안정적이다.
   ㉯ 난류염 : 가연성 기체가 염공에서 분출될 때 그 흐름이 난류인 경우의 화염으로 특유의 소리가 발생되고 화염면이 두꺼워지고 화염길이가 짧아지고 흩어진다.

③ **화염의 빛에 의한 구분**
   ㉮ 휘염 : 불꽃 중에 탄소가 많아 황색으로 빛나는 불꽃
   ㉯ 무휘염 : 수소(H_2), 일산화탄소(CO) 등의 불꽃처럼 빛이 나지 않는 불꽃

④ **화염 내의 반응에 의한 구분**
   ㉮ 산화염 : 산소(O_2), 이산화탄소(CO_2), 수증기를 함유한 것으로 내염의 외측을 둘러싸고 있는 청자색의 불꽃
   ㉯ 환원염 : 수소(H_2)나 불완전연소에 의한 일산화탄소(CO)를 함유한 것으로 청록색으로 빛나는 화염

(3) 노 내 화염의 색깔

① 공기량이 많은 경우 : 회백색

② 공기량이 부족한 경우 : 암적색

③ 공기량이 적당한 경우 : 엷은 주황색(오렌지색)

(4) 화염의 안정화

연소장치에서 화염을 안정하게 유지하면서 정상적인 연소가 이루어지도록 하는 것이다.

① **보염(保炎 : flame holding)** : 혼합기의 유속과 연소속도가 균형을 이루게 하는 것이며, 보염을 만드는 장치를 보염기라 한다.

② **화염을 안정화시키는 방법**
  ㉮ 파일럿 화염(보조화염)을 사용하는 방법
  ㉯ 선회기(순환류)를 이용하는 방법
  ㉰ 대항분류를 이용하는 방법
  ㉱ 가열된 고체면을 이용하는 방법
  ㉲ 예연소실을 이용하는 방법
  ㉳ 다공판을 이용하는 방법

출제예상문제
Expected problems

01 다음 원소 중 일반적인 연료의 주성분이 아닌 것은?
① C   ② H
③ O   ④ S

해설 ㉮ 가연성분 : 탄소(C), 수소(H), 황(S)
㉯ 연료의 주성분 : 탄소(C), 수소(H), 산소(O)
※ 황(S) 성분은 연소 후 황화물이 생성되어 연료로 사용하기에 부적합하다. **답** ④

02 물질을 연소시켜 생긴 화합물에 대한 설명으로 옳은 것은?
① 수소가 연소했을 때는 물로 된다.
② 황이 연소했을 때는 황화수소로 된다.
③ 탄소가 불완전연소했을 때는 탄산가스로 된다.
④ 탄소가 완전연소했을 때는 일산화탄소가 된다.

해설 물질을 연소시켜 생긴 화합물
㉮ 수소(H_2)의 완전연소반응식 :
$H_2 + \frac{1}{2}O_2 \rightarrow H_2O$[물(수증기)]
㉯ 황(S)의 완전연소반응식 :
$S + O_2 \rightarrow SO_2$[아황산가스]
㉰ 탄소(C)의 완전연소반응식 :
$C + O_2 \rightarrow CO_2$[이산화탄소(탄산가스)]
㉱ 탄소(C)의 불완전연소반응식 :
$C + \frac{1}{2}O_2 \rightarrow CO$[일산화탄소] **답** ①

03 연소반응에서 수소와 연소용 산소 및 연소가스(몰)의 몰수비[mol] 관계가 옳은 것은?
① 1 : 1 : 1   ② 1 : 2 : 1
③ 2 : 1 : 2   ④ 2 : 1 : 3

해설 수소(H_2)의 완전연소 반응식
$2H_2 + O_2 \rightarrow 2H_2O$
∴ 몰(mol)수비는 2 : 1 : 2이다. **답** ③

04 탄소(C) $\frac{1}{12}$[kmol]을 완전연소시키는 데 필요한 이론산소량은?
① $\frac{1}{12}$[kmol]   ② $\frac{1}{2}$[kmol]
③ 1[kmol]   ④ 2[kmol]

해설 탄소(C)의 완전연소 반응식
$C + O_2 \rightarrow CO_2$에서 탄소(C) 1[kmol] 연소 시 산소(O_2) 1[kmol]이 필요하므로 탄소(C) $\frac{1}{12}$[kmol]이 연소할 때 필요한 이론산소량은 $\frac{1}{12}$[kmol]이다. **답** ①

05 탄소 1[kg]을 완전연소시키는 데 필요한 산소량은 약 몇 [kg]인가?
① 1.67   ② 1.87
③ 2.67   ④ 3.67

해설 ㉮ 탄소(C)의 완전연소 반응식
$C + O_2 \rightarrow CO_2$
㉯ 이론산소량 계산
12[kg] : 32[kg] = [kg] : $x(O_0)$[kg]
∴ $x = \frac{1 \times 32}{12} = 2.667$[kg] **답** ③

06 탄소 1[kg]을 완전히 연소시키는 데 요구되는 이론산소량은?
① 약 0.82[Nm^3]   ② 약 1.23[Nm^3]
③ 약 1.87[Nm^3]   ④ 약 2.45[Nm^3]

해설 ㉮ 탄소(C)의 완전연소 반응식
$C + O_2 \rightarrow CO_2$
㉯ 이론산소량 계산
12[kg] : 22.4[Nm^3] = 1[kg] : $x(O_0)$[Nm^3]
∴ $x = \frac{1 \times 22.4}{12} = 1.867$[$Nm^3$] **답** ③

07 황 1[kg]을 완전연소시키는 데 필요한 산소의 양은 몇 [Nm³]인가? (단, S의 원자량은 32이다.)

① 0.70   ② 1.00
③ 2.63   ④ 3.33

해설 ㉮ 황(S)의 완전연소 반응식
$$S + O_2 \rightarrow SO_2$$
㉯ 이론산소량 계산
$$32[kg] : 22.4[Nm^3] = 1[kg] : x(O_0)[Nm^3]$$
$$\therefore x(O_0) = \frac{1 \times 22.4}{32} = 0.70[Nm^3]$$ **답** ①

08 어떤 연료를 분석한 결과를 탄소(C), 수소(H), 산소(O) 및 황(S) 등으로 나타낼 때 이 연료를 연소시키는 데 필요한 이론산소량(O_0)을 계산하는 식은? (단, 각 원소의 원자량은 산소 16, 수소 1, 탄소 12, 황 32이다.)

① $1.867\,C + 5.6\left(H + \dfrac{O}{8}\right) + 0.7\,S\,[Nm^3/kg\ 연료]$

② $1.867\,C + 5.6\left(H - \dfrac{O}{8}\right) + 0.7\,S\,[Nm^3/kg\ 연료]$

③ $1.867\,C + 11.2\left(H + \dfrac{O}{8}\right) + 0.7\,S\,[Nm^3/kg\ 연료]$

④ $1.867\,C + 11.2\left(H - \dfrac{O}{8}\right) + 0.7\,S\,[Nm^3/kg\ 연료]$

해설 연료 1[kg]당 이론산소량(O_0) 계산
① 산소 Nm³/연료kg
$$O_0 = 1.867\,C + 5.6\left(H - \frac{O}{8}\right) + 0.7\,S$$
$$= 1.867\,C + 5.6\,H - 0.7(O - S)$$
② 산소 kg/연료kg
$$O_0 = 2.67\,C + 8\left(H - \frac{O}{8}\right) + S$$
$$= 2.67\,C + 8\,H - (O - S)$$ **답** ②

09 고체 및 액체 연료의 계산식 중 "$H - \dfrac{O}{8}$"의 의미는?

① 수소와 산소의 결합상태
② 수소와 산소가 독립적으로 유리(遊離)되어 있는 것
③ 공기 중의 산소와 결합할 수 있는 유효수소의 양
④ 연소하지 않은 화합수

해설 유효수소 : 연료 속에 산소가 함유되어 있을 경우에는 수소 중의 일부는 이 산소와 반응하여 결합수(H_2O)를 생성하므로 수소의 전부가 연소하지 않고, 이 산소의 상당량만큼의 수소$\left(\dfrac{1}{8}O\right)$가 연소하지 않는다. 그러므로 실제로 연소할 수 있는 수소는 $\left(H - \dfrac{O}{8}\right)$에 해당되며, 이것을 유효수소라 한다.   **답** ③

10 연소에서 유효수소를 옳게 나타낸 것은?

① $\left(H + \dfrac{O}{8}\right)$ ② $\left(H + \dfrac{C}{12}\right)$

③ $\left(H - \dfrac{O}{8}\right)$ ④ $\left(H - \dfrac{C}{12}\right)$

해설 유효수소 : 연료 속에 산소가 함유되어 있을 경우 실제로 연소할 수 있는 수소로 $\left(H - \dfrac{O}{8}\right)$에 해당된다.   **답** ③

11 메탄(CH_4) 32[kg]을 연소시킬 때 이론적으로 필요한 산소량은 몇 [kmol]인가?

① 1   ② 2
③ 3   ④ 4

해설 메탄(CH_4)의 완전연소 반응식
$$CH_4 + 2O_2 \rightarrow CO_2 + 2H_2O$$
$$16[kg] : 2[kmol] = 32[kg] : x[kmol]$$
$$\therefore x = \frac{2 \times 32}{16} = 4[kmol]$$ **답** ④

12 프로판 1[Nm³]의 완전연소에 필요한 이론산소량[Nm³]은?

① 1   ② 2
③ 4   ④ 5

해설 ㉮ 프로판(C_3H_8)의 완전연소 반응식
$C_3H_8 + 5O_2 \rightarrow 3CO_2 + 4H_2O$
㉯ 이론산소량[Nm^3/Nm^3] 계산
$22.4[Nm^3] : 5 \times 22.4[Nm^3] = 1[Nm^3] : x(O_0)[Nm^3]$
$\therefore O_0 = \dfrac{1 \times 5 \times 22.4}{22.4} = 5[Nm^3]$ 답 ④

13 어떤 가스를 분석하였더니 [보기]와 같았다. 이 가스 1[Nm^3]를 연소시키는 데 필요한 이론산소량은 몇 [Nm^3]인가?

[보기] 수소 : 40[%], 일산화탄소 : 10[%]
메탄 : 10[%], 이산화탄소 : 10[%]
질소 : 25[%], 산소 : 5[%]

① 0.2 ② 0.4
③ 0.6 ④ 0.8

해설 ㉮ 가연성분의 완전연소 반응식과 함유율[%]
$H_2 + \dfrac{1}{2}O_2 \rightarrow H_2O$: 40[%]
$CO + \dfrac{1}{2}O_2 \rightarrow CO_2$: 10[%]
$CH_4 + 2O_2 \rightarrow CO_2 + 2H_2O$: 10[%]
㉯ 이론산소량(O_0) 계산 : 가스 성분에 포함된 산소는 제외하고 계산하여야 함
$\therefore O_0 = \{(0.5 \times 0.4) + (0.5 \times 0.1) + (2 \times 0.1)\} - 0.05$
$= 0.4[Nm^3/Nm^3]$ 답 ②

14 이론공기량에 대하여 가장 바르게 설명한 것은?

① 완전연소에 필요한 1차 공기량이다.
② 완전연소에 필요한 2차 공기량이다.
③ 완전연소에 필요한 최대 공기량이다.
④ 완전연소에 필요한 최소 공기량이다.

해설 이론공기량 : 단위량의 연료가 완전연소할 때 필요로 하는 최소 공기량이다. 답 ④

15 연소에 사용되는 일반 공기 성분의 체적비율은?

① 산소 21[%], 질소 79[%]
② 산소 23[%], 질소 77[%]
③ 산소 25[%], 질소 75[%]
④ 산소 30[%], 질소 70[%]

해설 연소 계산에서는 공기의 성분을 산소와 질소 2가지로 하며, 체적비율은 산소 21[%], 질소 79[%]로, 질량비율은 산소 23.2[%], 질소 76.8[%]로 계산한다. 답 ①

16 액체연료를 연소시키는 데 필요한 이론공기량을 옳게 표시한 것은?

① $L_0 = \dfrac{1}{0.232}\left\{2.667C + 8\left(H - \dfrac{O}{8}\right) + S\right\}$[kg/kg]

② $L_0 = \dfrac{1}{0.232}(2.667C + 8H - O + S)[Nm^3/kg]$

③ $L_0 = \dfrac{1}{0.21}(1.867C + 5.6H - 0.7O + 0.7S)$[kg/kg]

④ $L_0 = \dfrac{1}{0.21}(1.867C + 5.6H - 0.7O + 0.7S)[Nm^3/Nm^3]$

해설 이론공기량 계산식
$L_0[kg/kg] = \dfrac{1}{0.232} \times O_0$
$= \dfrac{1}{0.232} \times \left\{2.667C + 8 \times \left(H - \dfrac{O}{8}\right) + S\right\}$
$= 11.49C + 34.5 \times \left(H - \dfrac{O}{8}\right) + 4.3S$ 답 ①

17 고체 및 액체연료에서의 이론공기량을 중량[kg/kg]으로 구하는 식은? (단, C, H, O, S는 원자기호이다.)

① $1.867C + 5.6\left(H - \dfrac{O}{8}\right) + 0.7S$

② $2.67C + 8\left(H - \dfrac{O}{8}\right) + S$

③ $8.89C + 26.7\left(H - \dfrac{O}{8}\right) + 3.33S$

④ $11.49C + 34.5\left(H - \dfrac{O}{8}\right) + 4.3S$

해설 각 항목의 계산식
① 이론산소량[Nm³/kg] 계산식
② 이론산소량[kg/kg] 계산식
③ 이론공기량[Nm³/kg] 계산식
④ 이론공기량[kg/kg] 계산식 **답** ④

18 산소 1[Nm³]을 연소에 이용하려면 필요한 공기량[Nm³]은?
① 1.9   ② 2.8
③ 3.7   ④ 4.8

해설 공기 중에 산소는 체적비로 21[%] 함유한다.
$$\therefore 공기량 = \frac{산소량}{0.21} = \frac{1}{0.21} = 4.761[Nm^3]$$ **답** ④

19 탄소 1[kg]을 연소시키는 데 필요한 공기량은?
① 1.87[Nm³]   ② 3.93[Nm³]
③ 8.89[Nm³]   ④ 13.51[Nm³]

해설 ㉮ 탄소의 완전연소반응식
$C + O_2 \rightarrow CO_2$
㉯ 이론공기량[Nm³/kg] 계산
$12[kg] : 22.4[Nm^3] = 1[kg] : x(O_0)[Nm^3]$
$$\therefore A_0 = \frac{O_0}{0.21} = \frac{1 \times 22.4}{0.21 \times 12} = 8.888[Nm^3]$$ **답** ③

20 탄소 C[kg]을 완전연소시키는 데 필요한 공기량[Nm³/kg]을 옳게 나타낸 것은?
① $\frac{1}{0.21} \times 22.4 \times C$
② $\frac{1}{0.21} \times \frac{22.4}{12} \times C$
③ $\frac{1}{0.21} \times \frac{22.4}{6} \times C$
④ $\frac{1}{0.21} \times \frac{22.4}{24} \times C$

해설 ㉮ 탄소의 완전연소반응식
$C + O_2 \rightarrow CO_2$
㉯ 이론공기량[Nm³/kg] 계산
$12[kg] : 22.4[Nm^3] = C[kg] : x(O_0)[Nm^3]$
$$\therefore A_0 = \frac{O_0}{0.21} = \frac{C \times 22.4}{0.21 \times 12}$$
$$= \frac{1}{0.21} \times \frac{22.4}{12} \times C$$ **답** ②

21 수소 1[kg]을 완전연소 시키는 데 필요한 이론공기량[Nm³/kg]은?
① 6.67   ② 16.67
③ 26.67   ④ 36.67

해설 ㉮ 수소의 완전연소반응식
$H_2 + \frac{1}{2}O_2 \rightarrow H_2O$
㉯ 이론공기량[Nm³/kg] 계산
$2[kg] : \frac{1}{2} \times 22.4[Nm^3] = 1[kg] : x[Nm^3]$
$$\therefore A_0 = \frac{O_0}{0.21} = \frac{1 \times \frac{1}{2} \times 22.4}{0.21 \times 2}$$
$$= 26.666[Nm^3/kg]$$ **답** ③

22 황의 연소 반응식이 $S + O_2 \rightarrow SO_2$일 때의 이론공기량[Nm³/kg]은?
① 1.88   ② 2.38
③ 2.88   ④ 3.33

해설 황의 연소 반응식에서 이론공기량[Nm³/kg] 계산
$32[kg] : 22.4[Nm^3] = 1[kg] : x(O_0)[Nm^3]$
$$\therefore A_0 = \frac{O_0}{0.21} = \frac{1 \times 22.4}{32 \times 0.21}$$
$$= 3.333[Nm^3/kg]$$ **답** ④

23 어떤 연료의 성분이 다음과 같을 때 이론공기량[Sm³/kg]은? [C = 0.85, H = 0.13, O = 0.02]
① 8.24   ② 9.32
③ 10.96   ④ 11.98

해설
$$A_0 = 8.89C + 26.67\left(H - \frac{O}{8}\right) + 3.33S$$
$$= 8.89 \times 0.85 + 26.67 \times \left(0.13 - \frac{0.02}{8}\right)$$
$$= 10.956[Sm^3/kg]$$
답 ③

24 중량비로 조성이 C : 87[%], H : 10[%], S : 3[%]인 중유 1[kg]을 연소시킬 때 필요한 이론공기량은 얼마인가?
① 5.8[Sm³] ② 10.5[Sm³]
③ 23.8[Sm³] ④ 34.5[Sm³]

해설
$$A_0 = 8.89C + 26.67\left(H - \frac{O}{8}\right) + 3.33S$$
$$= 8.89 \times 0.87 + 26.67 \times 0.1 + 3.33 \times 0.03$$
$$= 10.501[Sm^3]$$
답 ②

25 연료의 중량분율이 [보기] 조성과 같은 갈탄을 연소시키기 위한 이론공기량은 약 몇 [Nm³/kg-갈탄]인가?

[보기] 탄소 : 0.30, 수소 : 0.025, 산소 : 0.10
질소 : 0.005, 황 : 0.01, 회분 : 0.06
수분 : 0.50

① 2.37 ② 2.67
③ 3.03 ④ 3.92

해설
$$A_0 = 8.89C + 26.67\left(H - \frac{O}{8}\right) + 3.33S$$
$$= 8.89 \times 0.30 + 26.67 \times \left(0.025 - \frac{0.10}{8}\right)$$
$$+ 3.33 \times 0.01$$
$$= 3.033[Sm^3/kg]$$
답 ③

26 다음 조성의 액체연료를 완전연소시키기 위해 필요한 이론공기량은 약 몇 [Sm³/kg]인가?

C : 0.70[kg], H : 0.10[kg], O : 0.05[kg]
S : 0.05[kg], N : 0.09[kg], ash : 0.01[kg]

① 8.9 ② 11.5
③ 15.7 ④ 18.9

해설 ㉮ 연료 조성으로 주어진 것을 합산하면 1[kg]이 되므로 각 조성의 연료량이 중량비율이 된다.
㉯ 이론공기량 계산
$$A_0 = 8.89C + 26.67\left(H - \frac{O}{8}\right) + 3.33S$$
$$= 8.89 \times 0.70 + 26.67 \times \left(0.10 - \frac{0.05}{8}\right)$$
$$+ 3.33 \times 0.05$$
$$= 8.889[Sm^3/kg]$$
답 ①

27 탄소(C) 84w[%], 수소(H) 12w[%], 수분 4w[%]의 중량조성을 갖는 액체연료에서 수분을 완전히 제거한 다음 1시간당 5[kg] 연소시키는 데 필요한 이론공기량은 약 몇 [m³/h]인가?

① 55.6 ② 65.8
③ 73.5 ④ 89.2

해설 ㉮ 수분을 완전히 제거한 상태의 탄소(C)와 수소(H)의 함유율 계산
$$\therefore C = \frac{84}{84+12} \times 100 = 87.5[\%]$$
$$\therefore H = \frac{12}{84+12} \times 100 = 12.5[\%]$$
㉯ 5[kg] 연소 시 이론공기량[Nm³/h] 계산
$$\therefore A_0 = 8.89C + 26.67\left(H - \frac{O}{8}\right) + 3.33S$$
$$= (8.89 \times 0.875 + 26.67 \times 0.125) \times 5$$
$$= 55.562[Nm^3/h]$$
답 ①

28 다음과 같은 조성을 가진 석탄의 완전연소에 필요한 이론공기량[kg/kg]은 약 얼마인가?

C : 64.0[%], H : 5.3[%], S : 0.1[%]
O : 8.8[%], N : 0.8[%], ash : 12.0[%]
water : 9.0[%]

① 7.5 ② 8.8
③ 9.7 ④ 10.4

해설
$$A_0 = 11.49C + 34.5\left(H - \frac{O}{8}\right) + 4.31S$$

$$= 11.49 \times 0.64 + 34.5 \times \left(0.053 - \frac{0.088}{8}\right)$$
$$+ 4.31 \times 0.001$$
$$= 8.806 [kg/kg]$$
답 ②

29 질량으로 C 84.1[%], H 15.9[%]의 조성을 가지는 탄화수소 연료의 분자량은 114이다. 이 연료 1[몰]의 완전연소에 필요한 공기의 몰 수는 약 얼마인가? (단, 원자량은 각각 C는 12, H는 1이다.)

① 40　　② 46
③ 60　　④ 64

해설 분자량이 114인 탄화수소는 옥탄(C_8H_{18})이고, 완전연소반응식은 $C_8H_{18} + 12.5O_2 \rightarrow 8CO_2 + 9H_2O$이다.

$$\therefore 공기몰 수 = \frac{산소몰 수}{공기 중 산소 체적 함유율}$$
$$= \frac{12.5}{0.21} = 59.523 [mol]$$
답 ③

30 상온, 상압에서 프로판-공기의 가연성 혼합기체를 완진연소시킬 때 프로판 1[kg]을 연소시키기 위하여 공기는 몇 [kg]이 필요한가? (단, 공기 중 산소는 23.15wt[%]이다.)

① 3.6　　② 15.7
③ 17.3　　④ 19.2

해설 ㉮ 프로판(C_3H_8)의 완전연소 반응식
$C_3H_8 + 5O_2 \rightarrow 3CO_2 + 4H_2O$
㉯ 이론공기량[kg/kg] 계산
$44[kg] : 5 \times 32[kg] = 1[kg] : x(O_0)[kg]$

$$\therefore A_0 = \frac{O_0}{0.2315} = \frac{1 \times 5 \times 32}{44 \times 0.2315}$$
$$= 15.707 [kg/kg]$$
답 ②

31 천연가스가 순수 메탄으로 구성되었다고 가정할 때, 1[kg]의 연료를 완전연소시키는 데 필요한 이론공기량은 약 몇 [kg]인가?

① 2.0　　② 9.5
③ 17.3　　④ 27.2

해설 ㉮ 메탄(CH_4)의 완전연소 반응식
$CH_4 + 2O_2 \rightarrow CO_2 + 2H_2O$
㉯ 이론공기량[kg/kg] 계산
$16[kg] : 2 \times 32[kg] = 1[kg] : x(O_0)[kg]$

$$\therefore A_0 = \frac{O_0}{0.232} = \frac{1 \times 2 \times 32}{16 \times 0.232}$$
$$= 17.241 [kg/kg]$$
답 ③

32 프로판(propane) 가스 1[kg]을 완전연소시킬 때 필요한 이론공기량[Sm^3/kg]은?

① 6　　② 8
③ 10　　④ 12

해설 ㉮ 프로판(C_3H_8)의 완전연소 반응식
$C_3H_8 + 5O_2 \rightarrow 3CO_2 + 4H_2O$
㉯ 이론공기량[Sm^3/kg] 계산
$44[kg] : 5 \times 22.4[Sm^3] = 1[kg] : x(O_0)[Sm^3]$

$$\therefore A_0 = \frac{O_0}{0.21} = \frac{1 \times 5 \times 22.4}{44 \times 0.21}$$
$$= 12.121 [Sm^3/kg]$$
답 ④

33 메탄올(CH_3OH) 1[kg]을 완전연소하는 데 필요한 이론공기량[Sm^3]은 약 얼마인가?

① 1.67　　② 8.89
③ 5.00　　④ 152.4

해설 ㉮ 메탄올(CH_3OH)의 완전연소 반응식
$CH_3OH + 1.5O_2 \rightarrow CO_2 + 2H_2O$
㉯ 이론공기량[Sm^3/kg] 계산
$32[kg] : 1.5 \times 22.4[Sm^3] = 1[kg] : x(O_0)[Sm^3]$

$$\therefore A_0 = \frac{O_0}{0.21} = \frac{1 \times 1.5 \times 22.4}{32 \times 0.21}$$
$$= 5 [Sm^3/kg]$$
답 ③

34 메탄가스 8[kg]을 연소시키는 데 소요되는 이론공기량은 약 몇 [Sm^3]인가?

① 46　　② 69
③ 86　　④ 107

해설 ㉮ 메탄(CH_4)의 완전연소 반응식
$CH_4 + 2O_2 \rightarrow CO_2 + 2H_2O$

㉰ 이론공기량 계산
16[kg] : 2×22.4[Sm³] = 8[kg] : x (O₀)[Sm³]

$$\therefore A_0 = \frac{O_0}{0.21} = \frac{8 \times 2 \times 22.4}{16 \times 0.21}$$
$$= 106.666[Sm^3]$$

답 ④

35 일산화탄소 1[Sm³]을 완전연소시키는 데 필요한 이론공기량[Sm³]은?

① 2.38 ② 2.67
③ 4.31 ④ 4.76

해설 ㉮ 일산화탄소(CO)의 완전연소 반응식
$$CO + \frac{1}{2}O_2 \rightarrow CO_2$$

㉯ 이론공기량 계산
$$22.4[Sm^3] : \frac{1}{2} \times 22.4[Sm^3]$$
$$= 1[Sm^3] : x(O_0)[Sm^3]$$
$$\therefore A_0 = \frac{O_0}{0.21} = \frac{1 \times \frac{1}{2} \times 22.4}{22.4 \times 0.21}$$
$$= 2.38[Sm^3]$$

답 ①

36 H₂ 50[%], CO 50[%]인 기체연료의 연소에 필요한 이론공기량[Sm³/Sm³]은 얼마인가?

① 0.50 ② 1.00
③ 2.38 ④ 3.30

해설 ㉮ 수소(H₂)와 일산화탄소(CO)의 완전연소 반응식
$$H_2 + \frac{1}{2}O_2 \rightarrow H_2O : 50[\%]$$
$$CO + \frac{1}{2}O_2 \rightarrow CO_2 : 50[\%]$$

㉯ 이론공기량 계산 : 체적으로 계산할 때 반응식에서 몰[mol]수가 필요한 산소량이고, 수소와 일산화탄소의 체적함유율이 각각 50[%]이므로

$$\therefore A_0 = \frac{O_0}{0.21} = \frac{\left(\frac{1}{2}+\frac{1}{2}\right) \times 0.5}{0.21}$$
$$= 2.38[Sm^3/Sm^3]$$

답 ③

37 프로판(C₃H₈) 1[Sm³]의 연소에 필요한 이론공기량[Sm³]은?

① 13.9 ② 15.6
③ 19.8 ④ 23.8

해설 ㉮ 프로판(C₃H₈)의 완전연소 반응식
$$C_3H_8 + 5O_2 \rightarrow 3CO_2 + 4H_2O$$

㉯ 이론공기량 계산
$$22.4[Sm^3] : 5 \times 22.4[Sm^3]$$
$$= 1[Sm^3] : x(O_0)[Sm^3]$$
$$\therefore A_0 = \frac{O_0}{0.21} = \frac{1 \times 5 \times 22.4}{22.4 \times 0.21}$$
$$= 23.809[Sm^3]$$

답 ④

38 CH₄ 1[Sm³]를 완전연소시키는 데 필요한 공기량은?

① 9.52[Sm³] ② 11.5[Sm³]
③ 13.5[Sm³] ④ 15.52[Sm³]

해설 ㉮ 메탄(CH₄)의 완전연소 반응식
$$CH_4 + 2O_2 \rightarrow CO_2 + 2H_2O$$

㉯ 메탄 1[Sm³] 당 이론공기량[Sm³] 계산
$$22.4[Sm^3] : 2 \times 22.4[Sm^3]$$
$$= 1[Sm^3] : x(O_0)[Sm^3]$$
$$\therefore A_0 = \frac{O_0}{0.21} = \frac{1 \times 2 \times 22.4}{22.4 \times 0.21}$$
$$= 9.523[Sm^3]$$

답 ①

39 부탄가스(C₄H₁₀) 2[m³]를 완전연소하는 데 필요한 이론공기량은 약 몇 [m³]인가?

① 32 ② 42
③ 52 ④ 62

해설 ㉮ 부탄(C₄H₁₀)의 완전연소 반응식
$$C_4H_{10} + 6.5O_2 \rightarrow 4CO_2 + 5H_2O$$

㉯ 이론공기량 계산
$$22.4[Sm^3] : 6.5 \times 22.4[Sm^3]$$
$$= 2[Sm^3] : x(O_0)[Sm^3]$$
$$\therefore A_0 = \frac{O_0}{0.21} = \frac{2 \times 6.5 \times 22.4}{22.4 \times 0.21}$$
$$= 61.904[Sm^3]$$

답 ④

40 다음의 혼합 가스 1[Nm³]의 이론공기량 [Nm³/Nm³]은?
(단, C_3H_8 : 70[%], C_4H_{10} : 30[%]이다.)

① 24 ② 26
③ 28 ④ 30

해설 단위부피[Nm³]당 이론공기량[Nm³] 계산
㉮ 프로판(C_3H_8) : 70[%]
$C_3H_8 + 5O_2 \rightarrow 3CO_2 + 4H_2O$
22.4[Nm³] : 5×22.4[Nm³]
= 1×0.7[Nm³] : x(O_0)[Nm³]
㉯ 부탄(C_4H_{10}) : 30[%]
$C_4H_{10} + 6.5O_2 \rightarrow 4CO_2 + 5H_2O$
22.4[Nm³] : 6.5×22.4[Nm³]
= 1×0.3[Nm³] : y(O_0)[Nm³]

$\therefore A_0 = \dfrac{O_0}{0.21} = \dfrac{x+y}{0.21}$
$= \left(\dfrac{1 \times 0.7 \times 5 \times 22.4}{22.4 \times 0.21}\right)$
$+ \left(\dfrac{1 \times 0.3 \times 6.5 \times 22.4}{22.4 \times 0.21}\right)$
= 25.952[Nm³/Nm³] **답** ②

41 분자식이 C_mH_n인 탄화수소가스 1[Nm³]를 완전연소시키는 데 필요한 이론공기량 [Nm³]은? (단, C_mH_n의 m, n은 상수이다.)

① $4.76m + 1.19n$ ② $1.19m + 4.7n$
③ $m + \dfrac{n}{4}$ ④ $4m + 0.5n$

해설 ㉮ 탄화수소(C_mH_n)의 완전연소 반응식
$C_mH_n + \left(m + \dfrac{n}{4}\right)O_2 \rightarrow mCO_2 + \dfrac{n}{2}H_2O$
㉯ 이론공기량[Nm³] 계산
$\therefore A_0 = \dfrac{O_0}{0.21} = \dfrac{m + \dfrac{n}{4}}{0.21}$
$= \dfrac{m}{0.21} + \dfrac{\dfrac{n}{4}}{0.21} = \dfrac{m}{0.21} + \dfrac{n}{4 \times 0.21}$
$= \dfrac{1}{0.21}m + \dfrac{1}{4 \times 0.21}n$
$= 4.76m + 1.19n$ **답** ①

42 부탄의 연소반응에 대한 설명으로 틀린 것은?

① 부탄 1[kg]을 연소시키기 위해서는 2.51[Sm³]의 산소가 필요하다.
② 부탄을 완전연소시키기 위해서는 질량으로 6.5배의 산소가 필요하다.
③ 부탄 1[m³]를 연소시키면 4[m³]의 탄산가스가 발생한다.
④ 부탄과 산소의 질량의 합은 탄산가스와 수증기의 질량의 합과 같다.

해설 ㉮ 부탄(C_4H_{10})의 완전연소반응식
$C_4H_{10} + 6.5O_2 \rightarrow 4CO_2 + 5H_2O$
㉯ 부탄 1[Sm³]를 완전연소시키기 위해서는 체적으로 6.5배의 산소가 필요하다.
㉰ 부탄 1[kg]을 완전연소시키기 위해서는 필요한 산소의 질량비 계산
58[kg] : 6.5×32[kg] = 1[kg] : x[kg]
$\therefore$ 질량비 (x) = $\dfrac{\text{산소의 질량}}{\text{부탄의 질량}}$
$= \dfrac{6.5 \times 32 \times 1}{58} = 3.586$[배] **답** ②

43 옥탄(C_8H_{18})이 연소할 때 이론적인 공기와 연료의 질량비는 약 얼마인가? (단, 공기의 분자량은 29, 공기 중의 산소는 21v[%]이다.)

① 1 : 1 ② 3 : 1
③ 15 : 1 ④ 47 : 1

해설 ㉮ 옥탄(C_8H_{18})의 완전연소 반응식
$C_8H_{18} + 12.5O_2 \rightarrow 8CO_2 + 9H_2O$
㉯ 공기 중 산소의 질량비율 계산
$\therefore O_2 w_t[\%] = \dfrac{32 \times 0.21}{29} \times 100 = 23.17[\%]$
㉰ 옥탄 1[kg]에 대한 공기의 질량[kg] 및 비율 계산
: 옥탄의 분자량은 114이므로
114[kg] : $\dfrac{12.5 \times 32}{0.2371}$ = 1[kg] : x(A_0)[kg]
$\therefore x = \dfrac{1 \times \dfrac{12.5 \times 32}{0.2371}}{114} = 14.798$[kg]
$\therefore$ 이론공기 : C_8H_{18} = 14.798 : 1 ≒ 15 : 1 **답** ③

44 다음 중 이론공기량[Sm³/Sm³]이 가장 큰 것은?

① 오일가스   ② 석탄가스
③ 천연가스   ④ 액화석유가스

해설 각 가스의 특징 및 성분
㉮ 오일가스 : 석유를 열분해법, 접촉분해법 및 부분 연소법 등으로 분해할 때 발생하는 가스로 수소(H_2)와 포화탄화수소가 주성분이다.
㉯ 석탄가스 : 석탄을 1,000[℃] 정도로 건류할 때 발생되는 가스로 수소(H_2)와 메탄(CH_4)이 주성분이다.
㉰ 천연가스 : 메탄(CH_4)이 주성분이다.
㉱ 액화석유가스 : 프로판(C_3H_8)과 부탄(C_4H_{10})이 주성분이다.
∴ 탄소수가 많은 액화석유가스가 이론공기량이 가장 많이 필요하다.   **답** ④

45 중유 연소에 필요한 이론공기량은 중유 1[kg]당 몇 [Nm³]인가? (단, 중유의 저위발열량 9,750[kcal/kg], 비중 0.95이다.)

① 약 8~9   ② 약 9~10
③ 약 10~11   ④ 약 11~12

해설 저위발열량과 이론공기량의 관계식으로 계산

$$\therefore A_0 = \frac{12.38(H_l - 1,100)}{10,000}$$
$$= \frac{12.38 \times (9,750 - 1,100)}{10,000}$$
$$= 10.708[Nm^3/kg]$$ **답** ③

46 공기비(m)에 대한 설명으로 옳은 것은?

① 연료를 연소시킬 경우 이론공기량에 대한 실제공급 공기량의 비이다.
② 연료를 연소시킬 경우 실제공급 공기량에 대한 이론공기량의 비이다.
③ 연료를 연소시킬 경우 1차 공기량에 대한 2차 공기량의 비이다.
④ 연료를 연소시킬 경우 2차 공기량에 대한 1차 공기량의 비이다.

해설 공기비는 이론공기량에 대한 실제공급 공기량의 비이다.

$$\therefore m = \frac{실제공기량(A)}{이론공기량(A_0)} = \frac{A_0 + B}{A_0}$$ **답** ①

47 공기비(m)에 대한 식으로 옳은 것은?

① $\dfrac{실제공기량}{이론공기량}$ ② $\dfrac{이론공기량}{실제공기량}$
③ $1 - \dfrac{과잉공기량}{이론공기량}$ ④ $\dfrac{실제공기량}{과잉공기량} - 1$

해설 공기비(공기 과잉계수) : 실제 공기량(A)과 이론공기량(A_0)의 비

$$\therefore m = \frac{실제공기량(A)}{이론공기량(A_0)} = \frac{A_0 + B}{A_0}$$ **답** ①

48 공기비(m)에 대한 설명으로 옳은 것은?

① 공기비는 이론공기량을 실제 공기량으로 나눈 값이다.
② 어떠한 연료든 연료를 연소시킬 경우 이론공기량보다 더 적은 공기량으로 완전연소가 가능하다.
③ 일반적으로 연료를 완전연소 시키기 위해 실제 공기량이 적을수록 좋으며 열효율도 증대된다.
④ 실제 공기비는 연료의 종류에 따라 다르며, 연료와 공기의 접촉면적 비율이 작을수록 커진다.

해설 각 항목의 옳은 설명
① 공기비는 실제 공기량을 이론공기량으로 나눈 값이다.

$$\therefore m = \frac{실제공기량(A)}{이론공기량(A_0)} = \frac{A_0 + B}{A_0}$$

② 어떠한 연료든 연료를 연소시킬 경우 이론공기량보다 더 많은 공기량일 때 완전연소가 가능하다.
③ 일반적으로 연료를 완전연소 시키기 위해 실제 공기량이 적당할수록 좋으며 열효율도 증대된다.   **답** ④

49 CH_4 45[%], H_2 30[%], CO_2 10[%], O_2 8[%], N_2 7[%]로 구성된 혼합기체연료 1[Nm^3]이 있을 때 이 혼합가스를 6[Nm^3]의 공기로 연소시킨다면 공기비는 약 얼마인가?

① 1.2 ② 1.3
③ 1.4 ④ 3.0

해설 ㉮ 혼합기체의 이론공기량 계산[Nm^3/Nm^3]
$$\therefore A_0 = 2.38(H_2+CO) + 9.52CH_4 - 4.76O_2$$
$$= 2.38 \times 0.3 + 9.52 \times 0.45 - 4.76 \times 0.08$$
$$= 4.617[Nm^3/Nm^3]$$
㉯ 공기비 계산 : 실제 공기량(A)이 6[Nm^3]이므로
$$\therefore m = \frac{A}{A_0} = \frac{6}{4.617} = 1.299$$ **답** ②

50 연소배기가스를 분석한 결과 O_2의 측정치가 4[%]일 때 공기비(m)는?

① 1.10 ② 1.24
③ 1.30 ④ 1.34

해설 $m = \dfrac{21}{21-O_2} = \dfrac{21}{21-4} = 1.235$ **답** ②

51 어떤 열 설비에서 연료가 완전연소하였을 경우에 배기가스 내의 잉여 산소농도가 10[%]이었다. 이때 이 연소기기의 공기비는 약 얼마인가?

① 1.0 ② 1.5
③ 1.9 ④ 2.5

해설 $m = \dfrac{21}{21-O_2} = \dfrac{21}{21-10} = 1.909$ **답** ③

52 어떤 중유연소 가열로의 발생가스를 분석했을 때 체적비로 CO_2가 12.0[%], O_2가 8.0[%], N_2가 80[%]인 결과를 얻었다. 이 경우의 공기비는? (단, 연료 중에는 질소가 포함되어 있지 않다.)

① 1.2 ② 1.4
③ 1.6 ④ 1.8

해설 $m = \dfrac{N_2}{N_2 - 3.76O_2} = \dfrac{80}{80 - 3.76 \times 8.0}$
$= 1.602$ **답** ③

53 어떤 중유 연소로의 연소 배기가스의 조성은 CO_2(SO_2를 포함) = 11.6[%], CO = 0[%], O_2 = 6.0[%], N_2 = 82.4[%]이고, 중유의 분석 결과는 탄소 84.6[%], 수소 12.9[%], 황 1.6[%], 산소 0.9[%]이며, 비중은 0.924이다. 이때 연소용 공기의 공기비(m)는?

① 1.000 ② 1.377
③ 1.972 ④ 2.524

해설 배기가스 성분에 의한 공기비 계산
$$\therefore m = \frac{N_2}{N_2 - 3.76O_2} = \frac{82.4}{82.4 - 3.76 \times 6}$$
$$= 1.377$$ **답** ②

54 연도가스 분석 결과가 CO_2 13[%], O_2 8[%], CO 0[%]일 때 공기과잉계수(m)은 얼마인가? (단, CO_{2max}는 21[%]이다.)

① 1.22 ② 1.42
③ 1.62 ④ 1.82

해설 $m = \dfrac{[CO_2]_{max}}{CO_2} = \dfrac{21}{13} = 1.615$ **답** ③

55 CO_{2max} = 19[%], CO_2 = 10[%], O_2 = 3.0[%]일 때 과잉공기계수(m)는 얼마인가?

① 1.25 ② 1.35
③ 1.46 ④ 1.90

해설 $m = \dfrac{[CO_2]_{max}}{CO_2} = \dfrac{19}{10} = 1.90$ **답** ④

56 연소가스 분석 결과 CO_2 농도가 CO_{2max} 값과 같을 때 공기비(m)는 얼마인가?

① 1.0 ② 1.1
③ 1.2 ④ 1.4

해설 연소가스 중 CO_2와 CO_{2max} 값에 의한 공기비 계산식 $m = \dfrac{[CO_2]_{max}}{CO_2}$ 에서 CO_2 농도와 CO_{2max} 값이 같은 경우 공기비는 1.0이다. **답** ①

57 공기비 2.3으로 연소시키는 석탄 연소로에서 실제 공기량이 11.96[Nm³/kg]일 때 이론 공기량은 약 몇 [Nm³/kg]인가?

① 5.2 ② 10.4
③ 13.8 ④ 27.5

해설 $m = \dfrac{A}{A_0}$ 에서

$\therefore A_0 = \dfrac{A}{m} = \dfrac{11.96}{2.3} = 5.2\ [Nm^3/kg]$ **답** ①

58 다음 중 공기 과잉률(과잉 공기율)을 나타내는 식은? (단, A는 실제 공기량, A_0는 이론 공기량이다.)

① $\dfrac{A_0}{A}$ ② $A_0 - A$
③ $\dfrac{A_0 - A}{A}$ ④ $\dfrac{A - A_0}{A_0}$

해설 과잉 공기율[%] : 과잉공기량(B)과 이론공기량(A_0)의 비율[%]

$\therefore$ 과잉공기율[%] $= \dfrac{B}{A_0} \times 100 = \dfrac{A - A_0}{A_0} \times 100$

$= (m - 1) \times 100$ **답** ④

59 시간당 100[mol]의 부탄(C_4H_{10})과 5,000[mol]의 공기를 완전연소시키는 경우의 과잉공기 백분율은?

① 51.6[%] ② 61.6[%]
③ 71.7[%] ④ 100[%]

해설 ㉮ 부탄의 완전연소 반응식
$C_4H_{10} + 6.5O_2 \rightarrow 4CO_2 + 5H_2O$

㉯ 부탄 100[mol]이 연소할 때 이론공기 [mol]수 계산

$\therefore A_0 = \dfrac{O_0}{0.21} = \dfrac{6.5 \times 100}{0.21} = 3,095.24\ [mol]$

㉰ 과잉공기 백분율 계산

$\therefore$ 과잉공기 백분율 $= \dfrac{A - A_0}{A_0} \times 100$

$= \dfrac{5,000 - 3,095.24}{3,095.24} \times 100$

$= 61.54\ [\%]$ **답** ②

60 어떤 연도가스의 조성이 아래와 같을 때 과잉 공기의 백분율은 얼마인가? (단, CO_2는 11.9[%], CO는 1.6[%], O_2는 4.1[%], N_2는 82.4[%]이고 공기 중 질소와 산소의 부피비는 79 : 21이다.)

① 15.7[%] ② 17.7[%]
③ 19.7[%] ④ 21.7[%]

해설 ㉮ 공기비 계산

$\therefore m = \dfrac{N_2}{N_2 - 3.76(O_2 - 0.5CO)}$

$= \dfrac{82.4}{82.4 - 3.76 \times (4.1 - 0.5 \times 1.6)}$

$= 1.177$

㉯ 과잉공기 백분율[%] 계산

$\therefore$ 과잉공기율 $= \dfrac{B}{A_0} \times 100$

$= (m - 1) \times 100$

$= (1.177 - 1) \times 100 = 17.7\ [\%]$ **답** ②

61 다음 중 공기과잉계수가 가장 적은 연료는?

① 무연탄 ② 갈탄
③ 가스류 ④ 유류

해설 연료에 따른 공기비(공기과잉계수)
㉮ 기체연료 : 1.1 ~ 1.3
㉯ 액체연료 : 1.2 ~ 1.4 (미분탄 포함)
㉰ 고체연료 : 1.5 ~ 2.0 (수분식), 1.4 ~ 1.7 (기계식) **답** ③

62 기체연료가 다른 연료보다 과잉공기가 적게 드는 가장 큰 이유는?

① 착화가 용이하기 때문에
② 착화온도가 낮기 때문에
③ 열전도도가 크기 때문에
④ 확산으로 혼합이 용이하기 때문에

해설 기체의 확산으로 공기와의 혼합이 다른 연료에 비해 용이하기 때문에 과잉공기가 적게 소요된다.

답 ④

63 과잉공기량이 많을 때 일어나는 현상으로 옳은 것은?

① 배기가스에 의한 열손실이 감소한다.
② 연소실의 온도가 높아진다.
③ 연료 소비량이 작아진다.
④ 불완전연소물의 발생이 적어진다.

해설 공기비의 영향
(1) 공기비가 클 경우(과잉공기량이 많을 때) 영향
  ㉮ 연소실 내의 온도가 낮아진다.
  ㉯ 배기가스로 인한 손실 열이 증가한다.
  ㉰ 배기가스 중 질소산화물(NO_x)이 많아져 대기오염 및 저온부식을 초래한다.
  ㉱ 연료소비량이 증가한다.
(2) 공기비가 작을 경우
  ㉮ 불완전연소가 발생하기 쉽다.
  ㉯ 연소효율이 감소한다.
  ㉰ 열손실이 증가한다.
  ㉱ 미연소 가스로 인한 역화의 위험이 있다.

답 ④

64 공기비(m)에 대한 설명으로 옳은 것은?

① 공기비가 크면 연소실 내의 연소온도는 높아진다.
② 공기비가 적으면 불완전연소의 가능성이 있어서 매연이 발생할 수 있다.
③ 공기비가 크면 SO_2, NO_2 등의 함량이 감소하여 장치의 부식이 줄어든다.
④ 연료의 이론연소에 필요한 공기량을 실제 연소에 사용한 공기량으로 나눈 값이다.

해설 각 항목의 옳은 설명
① 공기비가 크면 과잉공기량이 많아지고, 배기가스로 인한 손실 열의 증가로 연소실 내의 온도가 낮아진다.
③ 공기비가 크면 배기가스 중 질소산화물 등이 많아져 대기오염 및 저온 부식을 초래한다.
④ 공기비는 연료의 실제 연소에 필요한 공기량을 이론 연소에 필요한 공기량으로 나눈 값이다.

답 ②

65 탄소 100[kg]을 50[%]의 과잉공기로 완전 연소시키고자 할 때 공급하여야 할 공기의 양은 약 몇 [Nm^3]인가?

① 187   ② 280
③ 1,334   ④ 1,500

해설 ㉮ 탄소(C) 100[kg] 연소 시 이론공기량 계산
$C + O_2 \rightarrow CO_2$
12[kg] : 22.4[Nm^3] = 100[kg] : $x(O_0)$[Nm^3]
$\therefore A_0 = \dfrac{O_0}{0.21} = \dfrac{100 \times 22.4}{12 \times 0.21} = 888.888$[$Nm^3$]

㉯ 실제 공기량 계산
$\therefore A = m \times A_0 = 1.5 \times 888.888$
$= 1,333.333$[Nm^3]

답 ③

66 질량 조성비가 탄소 60[%], 질소 13[%], 황 0.8[%], 수분 5[%], 수소 8.6[%], 산소 5[%], 회분 7.6[%]인 고체연료 5[kg]을 공기비 1.1로 완전연소시키고자 할 때의 실제 공기량은 약 몇 [Nm^3]인가?

① 9.6   ② 41.2
③ 48.4   ④ 75.5

해설 ㉮ 이론공기량 계산
$\therefore A_0 = 8.89C + 26.67\left(H - \dfrac{O}{8}\right) + 3.33S$
$= \left\{8.89 \times 0.6 + 26.67 \times \left(0.086 - \dfrac{0.05}{8}\right) + 3.33 \times 0.008\right\} \times 5$
$= 37.437$[Nm^3]

㉯ 실제 공기량 계산
$\therefore A = m A_0 = 1.1 \times 37.437 = 41.18$[$Nm^3$]

답 ②

67 프로판가스(C_3H_8) 1[m^3]을 공기비 1.15로 완전연소시키는 데 필요한 공기량은 몇 [m^3]인가?

① 20.23[m^3] ② 23.8[m^3]
③ 27.37[m^3] ④ 30.7[m^3]

해설 ㉮ 프로판(C_3H_8)의 완전연소 반응식
 $C_3H_8 + 5O_2 \rightarrow 3CO_2 + 4H_2O$
㉯ 실제 공기량 계산 : 프로판 1[m^3]가 연소할 때 필요한 산소량은 연소반응식에서 산소몰[mol] 수와 같다.

$$\therefore A = m \times A_0 = m \times \frac{O_0}{0.21}$$
$$= 1.15 \times \frac{5}{0.21} = 27.38[m^3]$$ 답 ③

68 프로판(C_3H_8) 20vol[%], 부탄(C_4H_{10}) 80vol[%]의 혼합가스 1[L]를 완전연소하는 데 50[%]의 과잉공기를 사용하였다면 실제 공급된 공기량은? (단, 공기 중 산소는 21vol[%]로 가정한다.)

① 27[L] ② 34[L] ③ 44[L] ④ 51[L]

해설 ㉮ 프로판(C_3H_8)과 부탄(C_4H_{10})의 완전연소 반응식
 $C_3H_8 + 5O_2 \rightarrow 3CO_2 + 4H_2O$
 $C_4H_{10} + 6.5O_2 \rightarrow 4CO_2 + 5H_2O$
㉯ 실제 공기량 계산 : 혼합가스 1[L]가 연소할 때 필요한 산소량[L]은 연소반응식에서 산소몰[mol]수에 체적비를 곱한 값과 같고 과잉공기 50[%]는 공기비 1.5와 같다.

$$\therefore A = m \times A_0 = m \times \frac{O_0}{0.21}$$
$$= 1.5 \times \frac{(5 \times 0.2) + (6.5 \times 0.8)}{0.21}$$
$$= 44.285[L]$$ 답 ③

69 다음 표와 같은 조성을 갖는 수성가스를 20[%] 과잉공기로 연소시킬 때의 실제 공기량[Nm^3/Nm^3]은?

성분	CO_2	O_2	CO	H_2	CH_4	N_2
함량[%]	8.0	0.2	35.0	49.0	1.0	6.8

① 2.50 ② 4.91 ③ 6.57 ④ 8.46

해설 ㉮ 수성가스 이론공기량[Nm^3/Nm^3] 계산 : 산소가 포함되어 있으므로 이론산소량으로부터 계산한다.

$$\therefore A_0 = \frac{O_0}{0.21} = \frac{0.5(H_2 + CO) + 2CH_4 - O_2}{0.21}$$
$$= \frac{0.5 \times (0.49 + 0.35) + 2 \times 0.01 - 0.002}{0.21}$$
$$= 2.085[Nm^3/Nm^3]$$
㉯ 실제 공기량 계산
$$\therefore A = mA_0 = 1.2 \times 2.085$$
$$= 2.502[Nm^3/Nm^3]$$ 답 ①

70 도시가스의 조성을 조사하니 H_2 30v[%], CO 6v[%], CH_4 40v[%], CO_2 24v[%]이었다. 이 도시가스를 연소하기 위해 필요한 이론산소량보다 20[%] 많게 공급했을 때 실제 공기량은 약 몇 [Nm^3/Nm^3]인가? (단, 공기 중 산소는 21v[%]이다.)

① 2.6 ② 3.6
③ 4.6 ④ 5.6

해설 ㉮ 도시가스 이론공기량 계산
$$\therefore A_0 = 2.38(H_2 + CO) + 9.52CH_4$$
$$= 2.38 \times (0.3 + 0.06) + 9.52 \times 0.4$$
$$= 4.66[Nm^3/Nm^3]$$
㉯ 실제 공기량 계산
$$\therefore A = mA_0 = 1.2 \times 4.66 = 5.592[Nm^3/Nm^3]$$ 답 ④

71 보일러실에 자연환기가 안 될 때 실외로부터 공급하여야할 연소공기는 벙커C유 1[L]당 최소한 몇 [Nm^3]이 필요한가? (단, 벙커C유의 이론공기량은 10.24[Nm^3/kg], 비중은 0.96, 연소장치의 공기비는 1.3으로 한다.)

① 11 ② 13
③ 15 ④ 17

해설 ① 벙커C유의 비중이 0.96이므로 1[L]는 0.96[kg]에 해당된다.
② 연소용 공기량 계산
$$\therefore A = mA_o = 1.3 \times 0.96 \times 10.24$$
$$= 12.779[Nm^3]$$ 답 ②

72 탄소 86[%], 수소 11[%], 황 3[%]인 중유를 연소하여 분석한 결과 $CO_2 + SO_2$ 13[%], O_2 3[%], CO 0[%]이었다면 중유 1[kg] 당 소요 공기량은 약 몇 [Nm^3]인가?

① 10.1   ② 11.2
③ 12.3   ④ 13.4

해설 ㉮ 연소가스 중 질소 함유율 계산 : 주어진 연소가스 이외의 성분이 질소성분에 해당한다.
$$\therefore N_2 = 100 - (CO_2 + SO_2 + O_2 + CO)$$
$$= 100 - (13 + 3 + 0) = 84[\%]$$

㉯ 공기비 계산
$$\therefore m = \frac{N_2}{N_2 - 3.76 O_2} = \frac{84}{84 - 3.76 \times 3}$$
$$= 1.155$$

㉰ 이론공기량 계산
$$\therefore A_0 = 8.89C + 26.67\left(H - \frac{O}{8}\right) + 3.33S$$
$$= 8.89 \times 0.86 + 26.67 \times 0.11 + 3.33 \times 0.03$$
$$= 10.679[Nm^3/kg]$$

㉱ 소요공기량(실제 공기량) 계산
$$\therefore A = m \times A_0 = 1.155 \times 10.679$$
$$= 12.334[Nm^3/kg]$$ **답** ③

73 C 85[%], H 15[%]의 조성을 가진 중유를 10 [kg/h]의 비율로 연소시키는 가열로가 있다. 오르사트 분석 결과가 다음과 같았다면 연소 시 필요한 시간당 실제 공기량[Nm^3]은?

CO_2 : 12.5[%], O_2 : 3.2[%], N_2 : 84.3[%]

① 121   ② 124
③ 135   ④ 143

해설 ㉮ 연소가스 조성을 이용한 공기비 계산
$$\therefore m = \frac{N_2}{N_2 - 3.76 O_2} = \frac{84.3}{84.3 - 3.76 \times 3.2}$$
$$= 1.166 ≒ 1.17$$

㉯ 중유 10[kg/h]에 대한 이론공기량 계산
$$\therefore A_0 = 8.89C + 26.67\left(H - \frac{O}{8}\right) + 3.33S$$
$$= \{(8.89 \times 0.85) + (26.67 \times 0.15)\} \times 10$$
$$= 115.57[m^3/h]$$

㉰ 실제 공기량 계산
$$\therefore A = m A_0 = 1.17 \times 115.57$$
$$= 135.216[m^3/h]$$ **답** ③

74 순수한 CH_4를 건조공기로 연소시키고 난 기체 화합물을 응축기로 보내 수증기를 제거시킨 다음, 나머지 기체를 Orsat법으로 분석한 결과 부피비로 CO_2가 8.21[%], CO가 0.41 [%], O_2가 5.02[%], N_2가 86.36[%]이었다. CH_4 1[kmol] 당 약 몇 [kmol]의 건조공기가 필요한가?

① 7.3[kmol]   ② 8.5[kmol]
③ 10.3[kmol] ④ 12.1[kmol]

해설 ㉮ 연소가스 조성을 이용한 공기비 계산
$$\therefore m = \frac{N_2}{N_2 - 3.76(O_2 - 0.5CO)}$$
$$= \frac{86.36}{86.36 - 3.76 \times (5.02 - 0.5 \times 0.41)}$$
$$= 1.265$$

㉯ 건조공기량(실제 공기량) 계산 : 메탄(CH_4)의 완전연소 반응식 $CH_4 + 2O_2 \rightarrow CO_2 + 2H_2O$에서 메탄 1[kmol]이 연소할 때 산소는 2[kmol]이 필요하다
$$\therefore A = m A_0 = m \frac{O_0}{0.21} = 1.265 \times \frac{2}{0.21}$$
$$= 12.047[kmol]$$ **답** ④

75 연소 배기가스의 분석 결과 CO_2의 함량이 13.4 [%]이었다. 벙커 C유(55[L/h])의 연소에 필요한 공기량은 약 몇 [Nm^3/min]인가? (단, 벙커 C유의 이론공기량은 12.5[Nm^3/kg]이고, 밀도는 0.93[g/cm^3]이며 CO_{2max}은 15.5 [%]이다.)

① 12.33   ② 49.03
③ 53.12   ④ 73.99

해설 ㉮ 공기비 계산
$$\therefore m = \frac{[CO_2]_{max}}{CO_2} = \frac{15.5}{13.4}$$
$$= 1.1567 ≒ 1.16$$

② 실제 공기량 계산 : 벙커C유의 밀도 0.93[g/cm³]
= 0.93[kg/L]이다.

$$\therefore A = m A_0 = (1.16 \times 12.5) \times \frac{55 \times 0.93}{60}$$
$$= 12.36 [Nm^3/min]$$ 달 ①

76 순수한 CH_4를 건조공기로 연소시키고 난 기체 화합물을 응축기로 보내 수증기를 제거한 다음 나머지 기체를 Orsat법으로 분석한 결과 부피비로 CO_2 8.21[%], CO 0.91[%], O_2 5.02[%], N_2 85.86[%]이었다. CH_4 1[kmol]당 몇 [kmol]의 건조공기가 필요한가?

① 7.3   ② 8.5
③ 10.3 ④ 11.9

해설 ㉮ 메탄(CH_4)의 완전연소 반응식
$CH_4 + 2O_2 \rightarrow CO_2 + 2H_2O$
㉯ 1[kmol] 연소 시 이론공기량 계산
$$\therefore A_0 = \frac{O_0}{0.21} = \frac{2}{0.21} = 9.523 [kmol]$$
㉰ 배기가스 성분에 의한 공기비 계산
$$\therefore m = \frac{N_2}{N_2 - 3.76(O_2 - 0.5CO)}$$
$$= \frac{85.86}{85.86 - 3.76 \times (5.02 - 0.5 \times 0.91)}$$
$$= 1.2498 ≒ 1.25$$
㉱ 실제 공기량 계산
$$\therefore A = m A_0 = 1.25 \times 9.523$$
$$= 11.903 [kmol/kmol]$$ 달 ④

77 공기비가 1.3일 때 100[Sm^3]의 공기로 완전연소 시킬 수 있는 황(S)의 양은 약 몇 [kg]인가?

① 11.5   ② 23.1
③ 27.6   ④ 34.5

해설 ㉮ 황(S)의 완전연소 반응식
$S + O_2 \rightarrow SO_2$
㉯ 황 1[kg] 연소 시 이론공기량[Sm^3] 계산
32[kg] : 22.4[Sm^3] = 1[kg] : $x(O_0)$[Sm^3]

$$\therefore A_0 = \frac{O_0}{0.21} = \frac{1 \times 22.4}{32 \times 0.21} = 3.33 [Sm^3]$$
㉰ 공기비 1.3일 때의 이론공기량[Sm^3] 계산
$m = \frac{A}{A_0}$에서
$$\therefore A_0 = \frac{A}{m} = \frac{100}{1.3} = 76.923 [Sm^3]$$
㉱ 연소할 수 있는 황(S)의 양 계산
1[kg] : 3.33[Sm^3] = x[kg] : 76.923[Sm^3]
$$\therefore x = \frac{1 \times 76.923}{3.33} = 23.1 [kg]$$ 달 ②

78 체적이 0.3[m^3]인 용기 안에 메탄(CH_4)과 공기 혼합물이 들어있다. 공기는 메탄을 연소시키는 데 필요한 이론공기량보다 20[%]가 더 들어있고, 연소 전 용기의 압력은 300[kPa], 온도는 90[℃]이다. 연소 전 용기 안에 있는 메탄의 질량은 약 몇 [g]인가?

① 27.6   ② 33.7
③ 38.4   ④ 42.1

해설 ㉮ 메탄의 완전연소 반응식
$CH_4 + 2O_2 \rightarrow CO_2 + 2H_2O$
㉯ 연소 전 메탄과 공기 혼합물 중의 메탄 비율 계산
메탄 : 22.4[m^3]
공기량 : $\frac{2 \times 22.4}{0.21} \times 1.2 = 256 [m^3]$
$$\therefore 메탄 = \frac{22.4}{22.4 + 256} = 0.08$$
㉰ 연소 전 용기 안의 메탄 질량[g] 계산
$PV = GRT$에서
$$\therefore G = \frac{PV}{RT} = \frac{300 \times 0.3 \times 0.08}{\frac{8.314}{16} \times (273 + 90)} \times 1,000$$
$$= 38.17 [g]$$ 달 ③

79 보일러의 연소가스를 분석하는 주된 이유는?

① 연료 사용량을 알기 위하여
② 매연의 성분을 알기 위하여
③ 발열량을 알기 위하여
④ 과잉 공기비를 알기 위하여

해설 연소가스를 분석하는 주된 이유는 배기가스 성분으로부터 공기비(과잉 공기비)를 계산하기 위함이다.
답 ④

80 연소 배기가스 중의 O_2나 CO_2 함유량을 측정하는 경제적인 이유로 가장 적당한 것은?
① 연소 배가스량 계산을 위하여
② 공기비를 조절하여 열효율을 높이고 연료 소비량을 줄이기 위하여
③ 환원염의 판정을 위하여
④ 완전연소가 되는지 확인하기 위해서

해설 연소 배기가스 중의 O_2나 CO_2 함유량을 분석하여 공기비를 계산하여 연소상태를 파악하고, 적정 공기비를 유지시켜 열효율을 증가시키고, 연료소비량을 감소시킨다.
답 ②

81 공기와 연료의 혼합기체의 표시에 대한 설명 중 옳은 것은?
① 공기비(excess air ratio)는 연공비의 역수와 같다.
② 연공비(fuel air ratio)라 함은 가연 혼합기 중의 공기와 연료의 질량비로 정의된다.
③ 공연비(air fuel ratio)라 함은 가연 혼합기 중의 연료와 공기의 질량비로 정의된다.
④ 당량비(equivalence ratio)는 실제 연공비와 이론연공비의 비로 정의된다.

해설 각 항목의 옳은 설명
① 공기비 : 이론공기량에 대한 실제 공기량의 비
② 연공비 : 가연혼합기 중 연료와 공기의 질량비
③ 공연비 : 가연혼합기 중 공기와 연료의 질량비
답 ④

82 가연성 혼합기의 공기비가 1.0일 때 당량비는?
① 0 ② 0.5
③ 1.0 ④ 1.5

해설 당량비(equivalence ratio)는 실제 연공비와 이론연공비의 비이므로 공기비가 1이면 당량비도 1이 된다.
답 ③

83 CH_4 1 [mol]이 완전연소할 때의 AFR은 얼마인가?
① 9.5 ② 11.2
③ 15.8 ④ 21.3

해설 ㉮ 메탄의 완전연소 반응식
$CH_4 + 2O_2 \rightarrow CO_2 + 2H_2O$
㉯ AFR 계산
$$\therefore AFR = \frac{공기량}{연료량} = \frac{\frac{2}{0.21}}{1} = 9.523$$
답 ①

84 석탄을 완전연소시키기 위하여 필요한 조건에 대한 설명 중 틀린 것은?
① 공기를 적당하게 보내 피연물과 잘 접촉시킨다.
② 연료를 착화온도 이하로 유지한다.
③ 통풍력을 좋게 한다.
④ 공기를 예열한다.

해설 완전연소의 조건
㉮ 적절한 공기 공급과 혼합을 잘 시킬 것
㉯ 연소실 온도를 착화온도 이상으로 유지할 것
㉰ 연소실을 고온으로 유지할 것
㉱ 연소에 충분한 연소실과 시간을 유지할 것
답 ②

85 연소용 공기나 연료의 예열효과를 설명한 것 중 잘못된 것은?
① 착화열을 감소시켜 연료를 절약
② 연소실 온도를 높게 유지
③ 연소효율 향상과 연소상태의 안정
④ 더 적은 이론공기량으로도 연소 가능

해설 이론공기량보다 공기량이 적으면 불완전연소가 발생한다.
답 ④

86 연소가스가 30[℃], 101.325[kPa]에서 조성이 부피[%]로 CO_2 30[%], CO 5[%], O_2 10[%], N_2 55[%]로 되어 있다. 이것을 무게[%]로 환산하면 CO_2는 약 몇 [%]인가?

① 20 ② 30
③ 40 ④ 50

해설 ㉮ 연소가스의 평균분자량 계산
∴ $M = (44 \times 0.3) + (28 \times 0.05) + (32 \times 0.1) + (28 \times 0.55) = 33.2$
㉯ CO_2의 무게 비율[%] 계산
∴ $CO_2 = \dfrac{CO_2 \text{함유량}}{\text{연소가스 평균분자량}(M)} \times 100$
$= \dfrac{44 \times 0.3}{33.2} \times 100 = 39.759[\%]$ 답 ③

87 연소 배기가스 중 가장 많이 포함된 기체는?

① O_2 ② N_2
③ CO_2 ④ SO_2

해설 연료가 연소할 때 대기 중의 공기를 취하여 연소하며 공기 중 질소는 체적으로 79[%]를 차지하고, 질소는 불연성가스이므로 배기가스로 배출되므로 배기가스 중 가장 많이 포함된 기체는 질소(N_2)가 해당된다. 답 ②

88 보일러 연소 시 배기가스 성분 중 완전연소에 가까울수록 줄어드는 성분은?

① CO_2 ② H_2O
③ CO ④ N_2

해설 연료가 완전연소에 가까울수록 미연소 가스인 일산화탄소(CO), 수소(H_2)의 발생량은 적어진다. 답 ③

90 탄소 1[kg]을 이론공기량으로 완전연소시켰을 때 나오는 연소 가스량[Nm^3]은?

① 8.90[Nm^3] ② 1.87[Nm^3]
③ 16.67[Nm^3] ④ 22.40[Nm^3]

해설 (1) 이론공기량에 의한 탄소(C)의 완전연소반응식
$C + O_2 + (N_2) \rightarrow CO_2 + (N_2)$

(2) 연소 가스량(Nm^3) 계산 : 연소 가스량은 CO_2량과 공기 중 함유된 질소량(N_2)이 되며, 질소량은 산소량의 $\dfrac{79}{21}$ 배가 된다.
㉮ CO_2량 계산
12[kg] : 22.4[Nm^3] = 1[kg] : x (CO_2)[Nm^3]
㉯ N_2량 계산
12[kg] : 22.4[Nm^3] = 1[kg] : y (N_2)[Nm^3]
∴ $G_{0d} = CO_2 + N_2$
$= \left(\dfrac{1 \times 22.4}{12}\right) + \left(\dfrac{1 \times 22.4}{12} \times \dfrac{79}{21}\right)$
$= 8.888[Nm^3/kg]$ 답 ①

91 수소 1[kg]을 공기 중에서 연소시켰을 때 생성된 건연소 가스량은 약 몇 [m^3]인가? (단, 공기 중의 산소와 질소의 함유비는 21v[%]와 79v[%]이다.)

① 5.60 ② 21.07
③ 25.50 ④ 32.3

해설 ㉮ 이론공기량에 의한 완전연소 반응식
$H_2 + \dfrac{1}{2}O_2 + (N_2) \rightarrow H_2O + (N_2)$
㉯ 건연소 가스량[m^3] 계산 : 수분이 포함되지 않은 것으로 공기 중의 질소성분이 해당되며, 질소량은 산소량의 $\dfrac{79}{21}$ 배가 된다.
∴ 2[kg] : $\dfrac{1}{2} \times 22.4 \times \dfrac{79}{21}$[$m^3$] = 1[kg] : x[m^3]
∴ $x = \dfrac{1 \times \dfrac{1}{2} \times 22.4 \times \dfrac{79}{21}}{2}$
$= 21.066[m^3]$ 답 ②

92 황(S) 1[kg]을 이론공기량으로 완전연소시켰을 때 발생하는 연소 가스량[Nm^3]은?

① 0.70 ② 2.00
③ 2.63 ④ 3.33

해설 (1) 이론공기량에 의한 황(S)의 완전연소 반응식
$S + O_2 + (N_2) \rightarrow SO_2 + (N_2)$
(2) 연소 가스량[Nm^3] 계산 : 연소 가스량은 SO_2량과 공기 중 함유된 질소량(N_2)이 되며, 질소량은 산

소량의 $\frac{79}{21}$ 배가 된다.

㉮ SO₂량 계산
   32[kg] : 22.4[Nm³] = 1[kg] : x(SO₂)[Nm³]
㉯ N₂량 계산
   32[kg] : 22.4[Nm³] = 1[kg] : y(N₂)[Nm³]
   ∴ G_{0d} = SO₂ + N₂
   $= \left(\frac{1 \times 22.4}{32}\right) + \left(\frac{1 \times 22.4}{32} \times \frac{79}{21}\right)$
   $= 3.33$ [Nm³/kg]   답 ④

㉰ 액체연료 1[kg]당 이론 건연소가스량(G_{0d}) 계산
   ∴ $G_{0d} = 0.79 A_0 + 1.867\,C + 0.7\,S + 0.8\,N$
   $= (0.79 \times 9.103) + \left(1.867 \times \frac{1.2}{2.08}\right)$
   $+ \left(0.7 \times \frac{0.2}{2.08}\right) + \left(0.8 \times \frac{0.17}{2.08}\right)$
   $= 8.401$ [Nm³/kg]
㉱ 액체연료 2.08[kg]에 대한 이론 건연소가스량 계산
   ∴ $G_{0d} = 8.401 \times 2.08$
   $= 17.474$ [Nm³/kg]   답 ②

93 일산화탄소(CO) 1[Sm³]를 이론공기량으로 완전연소시켰을 때의 연소가스량[Sm³]은?

① 1.8   ② 2.9
③ 3.4   ④ 4.2

해설 ㉮ 일산화탄소(CO)의 완전연소 반응식
   CO + $\frac{1}{2}$O₂ + (N₂) → CO₂ + (N₂)
㉯ 이론 연소가스량 계산 : 연소가스 중 이산화탄소(CO₂)와 공기 중 질소(N₂)량이 해당된다.
   ∴ G_{0d} = CO₂량 + N₂량
   $= 1 + (0.5 \times 3.76) = 2.88$ [Sm³]   답 ②

94 다음과 같은 조성을 가진 액체 연료의 연소 시 생성되는 이론 건연소가스량은?

| 탄소 1.2[kg], 산소 0.2[kg], 질소 0.17[kg] |
| 수소 0.31[kg], 황 0.2[kg] |

① 13.5[Nm³]   ② 17.5[Nm³]
③ 21.4[Nm³]   ④ 29.4[Nm³]

해설 ㉮ 액체연료의 전체 무게 계산
   1.2 + 0.2 + 0.17 + 0.31 + 0.2 = 2.08[kg]
㉯ 이론공기량(A_0) 계산
   ∴ $A_0 = 8.89\,C + 26.67\left(H - \frac{O}{8}\right) + 3.33\,S$
   $= \left(8.89 \times \frac{1.2}{2.08}\right) + \left\{26.67 \times \left(\frac{0.31}{2.08} - \frac{\frac{0.2}{2.08}}{8}\right)\right\}$
   $+ \left(3.33 \times \frac{0.2}{2.08}\right)$
   $= 9.103$ [Nm³/kg]

95 탄소 0.87, 수소 0.1, 황 0.03의 조성을 가지는 연료가 있다. 이론 건배기가스량은 약 몇 [Nm³/kg]인가?

① 7.54   ② 8.84
③ 9.94   ④ 10.84

해설 ㉮ 이론습연소가스량 계산
   ∴ $G_{0w} = 8.89\,C + 32.3\,H - 2.63\,O + 3.33\,S$
   $+ 0.8\,N + 1.244\,W$
   $= 8.89 \times 0.87 + 32.3 \times 0.1$
   $+ 3.33 \times 0.03$
   $= 11.0642$ [Nm³/kg]
㉯ 이론건연소(건배기)가스량 계산
   ∴ $G_{0d} = G_{0w} - 1.244(9H + W)$
   $= 11.0642 - 1.244 \times 9 \times 0.1$
   $= 9.9446$ [Nm³/kg]   답 ③

96 C중유 1[kg]을 연소시켰을 때 생성되는 수증기 양은? (단, C중유의 수소함량은 11[%]로 하고, 기타 수분은 없는 것으로 가정한다.)

① 0.52[Nm³/kg]
② 0.75[Nm³/kg]
③ 1.00[Nm³/kg]
④ 1.23[Nm³/kg]

해설 $W_g = 1.244(9H + W)$
   $= 1.244 \times 9 \times 0.11 = 1.231$ [Nm³/kg]   답 ④

97 탄화수소인 C_mH_n 1 [Nm³]가 연소하였을 때 생성되는 H_2O의 양은 몇 [Nm³]인가?

① n ② $2n$
③ $\dfrac{n}{2}$ ④ $\dfrac{n}{4}$

해설 탄화수소의 완전연소 반응식
$$C_mH_n + \left(m + \dfrac{n}{4}\right)O_2 \rightarrow mCO_2 + \dfrac{n}{2}H_2O$$
답 ③

98 1[mol]의 프로판이 이론공기량으로 완전연소되면 연소가스는 몇 [mol]이 생성되는가?

① 6   ② 18.8
③ 23.8   ④ 25.8

해설 ㉮ 이론공기량에 의한 프로판(C_3H_8)의 완전연소반응식
　　$C_3H_8 + 5O_2 + (N_2) \rightarrow 3CO_2 + 4H_2O + (N_2)$
㉯ 연소가스 몰[mol]수 계산 : 질소량은 산소량의 3.76배이다.
　　∴ 연소가스 몰 수 = $CO_2 + H_2O + N_2$
　　　　　　　　　　= 3 + 4 + (5 × 3.76)
　　　　　　　　　　= 25.8[mol]
답 ④

99 CH_4 1[Nm³]가 완전연소할 때 생기는 H_2O의 양은?

① 0.8[kg]   ② 0.9[kg]
③ 1.6[kg]   ④ 1.8[kg]

해설 ㉮ 메탄(CH_4)의 완전연소 반응식
　　$CH_4 + 2O_2 \rightarrow CO_2 + 2H_2O$
㉯ H_2O의 양 계산
　　22.4[Nm³] : 2×18[kg] = 1[Nm³] : x [kg]
　　∴ $x = \dfrac{1 \times 2 \times 18}{22.4} = 1.607$[kg]
답 ③

100 연소 시 배기가스량을 구하는 식으로 옳은 것은? (단, G : 배기가스량, G_0 : 이론배가스량, A_0 : 이론공기량, m : 공기비이다.)

① $G = G_0 + (m-1)A_0$
② $G = G_0 + (m+1)A_0$
③ $G = G_0 - (m+1)A_0$
④ $G = G_0 + (1-m)A_0$

해설 배기가스량 = 이론배기가스량 + 과잉공기량
　　　　　　= 이론배기가스량+(공기비-1) × 이론공기
답 ①

101 고체 연료의 연소가스 관계식으로 맞는 것은? (단, G 연소가스량, G_0 이론연소가스량, m 공기비, L 실제 공기량, L_0 이론공기량, a 연소생성 수증기량이다.)

① $G_0 = L_0 + (1-a)$
② $G = G_0 - (L+L_0)$
③ $G = G_0 + (L-L_0)$
④ $G_0 = L_0 - (1+a)$

해설 연소가스량 = 이론연소가스량 + 과잉공기량
　　　　　　= 이론연소가스량+(실제공기량-이론공기량)
답 ③

102 메탄 1[Nm³]를 이론산소량으로 완전연소 시켰다고 하면 건연소가스량은 몇 [Nm³]인가?

① 0.5   ② 1
③ 2   ④ 3

해설 ㉮ 메탄의 완전연소 반응식
　　$CH_4 + 2O_2 \rightarrow CO_2 + 2H_2O$
㉯ 건연소 가스량 계산 : 연소가스 중 수분(H_2O)을 포함하지 않은 CO_2 가스량이다.
　　22.4[Nm³] : 22.4[Nm³] = 1[Nm³] : x (G_{od})[Nm³]
　　∴ $G_{0d} = \dfrac{1 \times 22.4}{22.4} = 1$[Nm³]
답 ②

103 프로판(C_3H_8) 5[Nm³]를 이론산소량으로 완전연소시켰을 때의 건연소가스량[Nm³]은?

① 5   ② 10
③ 15   ④ 20

해설 ㉮ 프로판의 완전연소 반응식
$C_3H_8 + 5O_2 \rightarrow 3CO_2 + 4H_2O$
㉯ 건연소 가스량 계산 : 연소가스 중 수분(H_2O)을 포함하지 않은 CO_2 가스량이다.
$22.4[Nm^3] : 3 \times 22.4[Nm^3]$
$= 5[Nm^3] : x(G_{0d})[Nm^3]$
$\therefore G_{0d} = \dfrac{5 \times 3 \times 22.4}{22.4} = 15[Nm^3]$ **답** ③

㉰ 실제 건연소가스량 계산
$\therefore G_d = G_{0d} + B = G_{0d} + (m-1)A_0$
$= 10.188 + (1.1-1) \times 10.856$
$= 11.273[Nm^3/kg]$ **답** ③

104 C_3H_8 1[Nm^3]를 완전연소했을 때의 건연소 가스량은 약 몇 [Nm^3]인가? (단, 공기 중 산소는 21v[%]이다.)
① 17.4 ② 19.8
③ 21.8 ④ 24.4

해설 ㉮ 공기 중 프로판의 완전연소 반응식
$C_3H_8 + 5O_2 + (N_2) \rightarrow 3CO_2 + 4H_2O + (N_2)$
㉯ 건연소 가스량 계산 : 연소가스 중 수분(H_2O)을 포함하지 않은 가스량이고, 질소는 산소량의 $3.76\left(=\dfrac{79}{21}\right)$배, 기체 1[$m^3$]당 체적으로 구할 경우 연소반응식에서 몰[mol] 수가 구하려고 하는 체적이다.
$\therefore G_{0d} = 3 + (5 \times 3.76)$
$= 21.8[Nm^3/Nm^3]$ **답** ③

106 메탄 1[Nm^3]를 이론산소량으로 완전연소시 켰을 때의 습연소 가스의 부피는 몇 [Nm^3]인가?
① 1 ② 2
③ 3 ④ 4

해설 ㉮ 메탄의 완전연소 반응식
$CH_4 + 2O_2 \rightarrow CO_2 + 2H_2O$
㉯ 연소가스 중 CO_2 량 계산
$22.4[Nm^3] : 22.4[Nm^3]$
$= 1[Nm^3] : x(CO_2)[Nm^3]$
$\therefore x = \dfrac{1 \times 22.4}{22.4} = 1[Nm^3]$
㉰ 연소가스 중 H_2O량 계산
$22.4[Nm^3] : 2 \times 22.4[Nm^3] = 1[Nm^3] : y(H_2O)[Nm^3]$
$\therefore y = \dfrac{1 \times 2 \times 22.4}{22.4} = 2[Nm^3]$
㉱ 습연소 가스량 계산 : 연소가스 중 CO_2와 H_2O량을 합한 것이다.
$\therefore G_{0w} = x + y = 1 + 2 = 3[Nm^3]$ **답** ③

105 C 85[%], H 12[%], S 3[%]의 조성으로 되어 있는 중유를 공기비 1.1로 연소할 때 건연소 가스량은 약 몇 [Nm^3/kg]인가?
① 9.7 ② 10.5
③ 11.3 ④ 12.1

해설 ㉮ 이론공기량 계산
$\therefore A_0 = 8.89C + 26.67\left(H - \dfrac{O}{8}\right) + 3.33S$
$= 8.89 \times 0.85 + 26.67 \times 0.12 + 3.33 \times 0.03$
$= 10.856[Nm^3/kg]$
㉯ 이론 건연소가스량 계산
$\therefore G_{0d} = 8.89C + 21.1H - 2.63O + 3.33S + 0.8N$
$= 8.89 \times 0.85 + 21.1 \times 0.12 + 3.33 \times 0.03$
$= 10.188[Nm^3/kg]$

107 다음과 같은 조성의 석탄가스를 연소시켰을 때의 이론 습연소 가스량[Nm^3/[Nm^3]]은?

성분	CO	CO_2	H_2	CH_4	N_2
부피[%]	8	1	50	37	4

① 5.61 ② 4.61
③ 3.94 ④ 2.94

해설 $G_{0w} = CO_2 + N_2 + 2.88(H_2 + CO) + 10.5CH_4$
$\quad + 15.3C_2H_4 - 3.76O_2 + W$
$= 0.01 + 0.04 + 2.88 \times (0.5 + 0.08)$
$\quad + 10.5 \times 0.37$
$= 5.605[Nm^3/Nm^3]$ **답** ①

108 부탄(C_4H_{10}) 1[kg]의 이론 습배기가스량은 약 몇 [Nm³/kg]인가?

① 10   ② 13   ③ 16   ④ 19

해설 ㉮ 부탄(C_4H_{10})의 완전연소 반응식
$C_4H_{10} + 6.5O_2 + (N_2) \rightarrow 4CO_2 + 5H_2O + (N_2)$
㉯ 이론 습배기가스량 계산 : 이론공기량으로 연소 시 연소가스 중 H_2O가 포함된 가스량이고, 질소량은 산소량의 $3.76\left(=\dfrac{79}{21}\right)$배이다.

C_4H_{10} : $4CO_2$: $5H_2O$: (N_2)
58[kg] : 4×22.4[Nm³] : 5×22.4[Nm³]
: $6.5\times 22.4\times 3.76$[Nm³]
1[kg] : CO_2[Nm³] : H_2O[Nm³] : (N_2)[Nm³]
$\therefore G_{0w} = CO_2 + H_2O + N_2$
$= \dfrac{(1\times 4\times 22.4) + (1\times 5\times 22.4) + (1\times 6.5\times 22.4\times 3.76)}{58}$
$= 12.914$[Nm³/kg]   **답** ②

109 탄소 12[kg]을 과잉공기계수 1.4의 공기로 완전연소시킬 때 발생하는 연소가스량은 약 몇 [Nm³]인가?

① 84   ② 107
③ 129   ④ 149

해설 ㉮ 실제 공기량에 의한 탄소(C)의 완전연소 반응식
$C + O_2 + (N_2) + B \rightarrow CO_2 + (N_2) + B$
㉯ 연소가스량 계산 : 탄소(C) 1[kmol](12[kg])이 산소와 반응하여 CO_2 1[kmol]이 생성되므로 실제 공기량과 연소가스량의 체적은 같다.
$\therefore A = m\times A_0 = 1.4\times \left(\dfrac{22.4}{0.21}\right)$
$= 149.33$[Nm³]   **답** ④

110 다음 조성의 발생로 가스를 15[%]의 과잉공기로 완전연소시켰을 때의 건연소가스량 [Sm³/Sm³]은? (단, 발생로 가스의 조성은 CO 31.3[%], CH_4 2.4[%], H_2 6.3[%], CO_2 0.7[%], N_2 59.3[%]이다.)

① 1.99   ② 2.54
③ 2.87   ④ 3.01

해설 ㉮ 발생로 가스 중 가연성분은 일산화탄소(CO), 메탄(CH_4), 수소(H_2)이다.
㉯ 가연성분의 완전연소 반응식
$CO + \dfrac{1}{2}O_2 \rightarrow CO_2$
$CH_4 + 2O_2 \rightarrow CO_2 + 2H_2O$
$H_2 + \dfrac{1}{2}O_2 \rightarrow H_2O$
㉰ 이론 건연소 가스량 계산
$\therefore G_{0d} = CO_2 + N_2 + 1.88H_2 + 2.88CO$
$\quad + 8.52CH_4 + 13.3C_2H_4 - 3.76O_2$
$= 0.007 + 0.593 + 1.88\times 0.063$
$\quad + 2.88\times 0.313 + 8.52\times 0.024$
$= 1.824$[Sm³/Sm³]
㉱ 과잉공기량 계산
$\therefore B = (m-1)\times \dfrac{O_0}{0.21} = (1.15 - 1)$
$\times \dfrac{(0.5\times 0.313) + (2\times 0.024) + (0.5\times 0.063)}{0.21}$
$= 0.168$[Sm³/Sm³]
㉲ 실제 건연소 가스량 계산
$\therefore G_d = G_{0d} + B = 1.824 + 0.168$
$= 1.992$[Sm³/Sm³]   **답** ①

111 프로판 1[Nm³]를 공기비 1.1로서 완전연소시킬 경우 건연소 가스량은 약 몇 [Nm³]인가?

① 20.2   ② 24.2
③ 26.2   ④ 33.2

해설 ㉮ 실제 공기량에 의한 프로판(C_3H_8)의 완전연소 반응식
$C_3H_8 + 5O_2 + (N_2) + B$
$\rightarrow 3CO_2 + 4H_2O + (N_2) + B$
㉯ 실제 건연소 가스량 계산
$\therefore G_d = G_{0d} + B$
$= CO_2 + N_2 + \left\{(m-1)\times \dfrac{O_0}{0.21}\right\}$
$= 3 + (5\times 3.76) + \left\{(1.1 - 1)\times \dfrac{5}{0.21}\right\}$
$= 24.18$[Nm³/Nm³]   **답** ②

112 아세틸렌(C_2H_2) 1[Nm^3]를 공기비 1.1로 완전연소시켰을 때의 건연소 가스량[Nm^3]은?

① 10.4　　② 11.4
③ 12.6　　④ 13.6

해설 ㉮ 실제 공기량에 의한 아세틸렌(C_2H_2)의 완전연소 반응식
$C_2H_2 + 2.5O_2 + (N_2) + B$
$\rightarrow 2CO_2 + H_2O + (N_2) + B$
㉯ 실제 건연소 가스량 계산
$\therefore G_d = G_{0d} + B$
$= CO_2 + N_2 + \left\{(m-1) \times \dfrac{O_0}{0.21}\right\}$
$= 2 + (2.5 \times 3.76) + \left\{(1.1-1) \times \dfrac{2.5}{0.21}\right\}$
$= 12.59[Nm^3/Nm^3]$　　**답** ③

113 연료 1[kg]당 소요 이론공기량이 10.25[Sm^3], 이론 배기가스량이 10.77[Sm^3], 공기비가 1.4일 때 실제 배기가스량은 약 몇 [Sm^3/kg]인가? (단, 수증기량은 무시한다.)

① 13　　② 14
③ 15　　④ 16

해설 ㉮ 과잉공기량(B) 계산
$\therefore B = (m-1) \times A_0$
$= (1.4-1) \times 10.25 = 4.1[Sm^3/kg]$
㉯ 실제 배기가스량(G_d) 계산
$\therefore G_d = $ 이론배기가스량 + 과잉공기량
$= 10.77 + 4.1 = 14.87[Sm^3/kg]$　　**답** ③

114 CO_2와 연료 중의 탄소분을 알고 있을 때 건연소가스량(G)을 구하는 식은?

① $\dfrac{1.867 \cdot C}{(CO_2)}[Nm^3/kg]$

② $\dfrac{(CO_2)}{1.867 \cdot C}[Nm^3/kg]$

③ $\dfrac{1.867 \cdot C}{21 \cdot (CO_2)}[Nm^3/kg]$

④ $\dfrac{21 \cdot (CO_2)}{1.867 \cdot C}[Nm^3/kg]$

해설 고체연료에서 연료 중의 성분비율에 따른 배기가스 중 CO_2의 비율 계산식
$CO_2(\%) = \dfrac{1.867C + 0.7S}{G'} \times 100$에서
건연소 가스량(G'[Nm^3/kg]) 계산식을 유도하면
$\therefore G' = \dfrac{1.867C + 0.7S}{CO_2}$에서 황 성분을 무시하면
$\therefore G' = \dfrac{1.867C}{CO_2}[Nm^3/kg]$　　**답** ①

115 원소 분석결과 C, S와 연소가스분석으로 $(CO_2)_{max}$를 알고 있을 때의 건연소가스량(G')을 구하는 식은?

① $G' = \dfrac{1.867C + 0.7S}{(CO_2)_{max}}$

② $G' = \dfrac{(CO_2)_{max}}{1.867C + 0.7S}$

③ $G' = \dfrac{1.867C + 3.33S}{(CO_2)_{max}}$

④ $G' = \dfrac{(CO_2)_{max}}{1.867C + 3.3S}$

해설 원소 분석결과 탄소(C), 황(S)과 연소가스분석으로 $(CO_2)_{max}$를 알고 있을 때 건연소가스량(G') 계산식
$\therefore G' = \dfrac{1.867C + 0.7S}{(CO_2)_{max}}$　　**답** ①

116 프로판가스 1[Nm^3]를 공기과잉률 1.1로 완전연소시켰을 때의 습연소가스량은 약 몇 [Nm^3]인가?

① 22.2　　② 24.2
③ 26.2　　④ 28.2

해설 ① 실제 공기량에 의한 프로판(C_3H_8)의 완전연소 반응식
$C_3H_8 + 5O_2 + (N_2) + B \rightarrow 3CO_2 + 4H_2O + (N_2) + B$
② 실제 습연소 가스량 계산
$\therefore G_w = G_{0w} + B$
$= CO_2 + H_2O + N_2 + \left\{(m-1) \times \dfrac{O_0}{0.21}\right\}$
$= 3 + 4 + (5 \times 3.76) + \left\{(1.1-1) \times \dfrac{5}{0.21}\right\}$
$= 28.18[Nm^3/Nm^3]$　　**답** ④

117 CH_4 가스 1[Nm³]을 30[%] 과잉공기로 연소시킬 때 실제 연소가스량은?

① 2.38[Nm³/Nm³]
② 13.36[Nm³/Nm³]
③ 23.1[Nm³/Nm³]
④ 82.31[Nm³/Nm³]

해설 ㉮ 실제 공기량에 의한 메탄(CH_4)의 완전연소 반응식
$CH_4 + 2O_2 + (N_2) + B \rightarrow CO_2 + 2H_2O + (N_2) + B$
㉯ 실제 습연소 가스량 계산
$\therefore G_w = G_{0w} + B$
$= CO_2 + H_2O + N_2 + \left\{(m-1) \times \dfrac{O_0}{0.21}\right\}$
$= 1 + 2 + (2 \times 3.76) + \left\{(1.3-1) \times \dfrac{2}{0.21}\right\}$
$= 13.377[Nm^3/Nm^3]$ **답** ②

118 수소 4[kg]을 과잉공기계수 1.4의 공기로 완전연소시킬 때 발생하는 연소가스 중의 산소량은?

① 3.20[kg]   ② 4.48[kg]
③ 6.40[kg]   ④ 12.8[kg]

해설 ㉮ 실제 공기량에 의한 수소(H_2)의 완전연소 반응식
$H_2 + \dfrac{1}{2}O_2 + (N_2) + B \rightarrow H_2O + (N_2) + B$
㉯ 이론산소량[kg] 계산
$2[kg] : \dfrac{1}{2} \times 32[kg] = 4[kg] : x(O_0)[kg]$
$\therefore O_0 = \dfrac{\dfrac{1}{2} \times 32 \times 4}{2} = 32[kg]$
㉰ 과잉공기량(B) 계산 : 공기 중 산소는 23.2[wt%]이다.
$\therefore B = (m-1) \times A_0 = (1.4-1) \times \dfrac{32}{0.232}$
$= 55.172[kg]$
㉱ 연소가스 중 산소량[kg] 계산
$\therefore O_2 = B \times 0.232$
$= 55.172 \times 0.232 = 12.79[kg]$ **답** ④

119 옥탄(C_8H_{18}) 1몰을 공기과잉률 2로 연소시킬 때 연소가스 중 산소의 몰분율은?

① 0.065   ② 0.073
③ 0.086   ④ 0.101

해설 ㉮ 옥탄(C_8H_{18})의 완전연소 반응식
$C_8H_{18} + 12.5O_2 + (N_2) + B$
$\rightarrow 8CO_2 + 9H_2O + (N_2) + B$
㉯ 옥탄 1몰 연소 시 산소는 12.5몰이 필요하고 과잉공기 100[%]는 연소가스로 배출되며, 이 중 산소는 12.5[mol]이 포함되어 있으며 질소는 산소의 3.76배$\left(=\dfrac{79}{21}\text{배}\right)$이다.
$\therefore \text{산소 몰분율} = \dfrac{\text{산소몰수}}{\text{연소가스몰수}}$
$= \dfrac{12.5}{8+9+(12.5 \times 3.76)+\left\{(2-1) \times \dfrac{12.5}{0.21}\right\}}$
$= 0.10119$ **답** ④

120 어떤 연소가스를 분석한 결과 질소 75v[%], 산소 8v[%], 이산화탄소 10v[%], 일산화탄소 7v[%]이었다. 이 연소가스의 겉보기 분자량은 약 얼마인가?

① 28.12   ② 28.88
③ 29.22   ④ 29.92

해설 $M = (28 \times 0.75) + (32 \times 0.08)$
$+ (44 \times 0.1) + (28 \times 0.07)$
$= 29.92$ **답** ④

121 연소가스가 30[℃], 101.325[kPa]에서 조성이 부피[%]로 CO_2 30[%], CO 5[%], O_2 10[%], N_2 55[%]로 되어 있다. 이것을 무게 [%]로 환산하면 CO_2는 약 몇 [%]인가?

① 20   ② 30
③ 40   ④ 50

해설 ㉮ 연소가스의 평균분자량 계산
$\therefore M = (44 \times 0.3) + (28 \times 0.05)$
$+ (32 \times 0.1) + (28 \times 0.55)$
$= 33.2$

㉯ 연소가스 중 CO_2의 무게 비율[%] 계산

$$\therefore CO_2 = \frac{44 \times 0.3}{33.2} \times 100 = 39.759[\%] \quad \text{답 ③}$$

122 압력 120[kPa], 온도가 40[℃]인 배기가스 분석결과 N_2 70v[%], CO_2 15v[%], O_2 11v[%], CO 4v[%]를 얻었을 때 혼합물 0.2[m^3]의 질량은 몇 [kg]인가?

① 0.28　　② 0.25
③ 0.13　　④ 0.01

해설 ㉮ 배기가스 평균분자량 계산
$M = (28 \times 0.7) + (44 \times 0.15)$
$\quad\quad + (32 \times 0.11) + (28 \times 0.04)$
$\quad = 30.84$

㉯ 혼합물 0.2[m^3]의 질량 계산
$PV = GRT$에서
$$\therefore G = \frac{PV}{RT} = \frac{120 \times 0.2}{\frac{8.314}{30.84} \times (273 + 40)}$$
$\quad = 0.284[kg]$ 　　　답 ①

123 연료의 연소 시 CO_{2max}[%]는 어느 때의 값인가?

① 이론공기량으로 연소 시
② 실제 공기량으로 연소 시
③ 과잉공기량으로 연소 시
④ 이론양보다 적은 공기량으로 연소 시

해설 이론공기량으로 연소할 때 연소가스량이 최소가 되므로 연소가스 중 CO_2의 함유율은 최대가 된다.
답 ①

124 연료 연소 시 탄산가스 최대치[CO_{2max}]가 가장 높은 것은?

① 연료유　　② 코크스로가스
③ 역청탄　　④ 탄소

해설 탄소가 완전연소하면 배기가스는 CO_2뿐이므로 배기가스 중 탄산가스 비율이 100[%]이므로 제시된 연료 중 비율이 가장 높다.　　답 ④

125 탄소(C) 86[%], 수소(H) 14[%]의 중유를 완전연소시켰을 때 CO_{2max}[%]는?

① 15.1　　② 17.2
③ 19.1　　④ 21.1

해설
$$CO_{2max} = \frac{1.867C + 0.7S}{8.89C + 21.1H - 2.63O + 3.33S + 0.9N} \times 100$$
$$= \frac{1.867 \times 0.86}{8.89 \times 0.86 + 21.1 \times 0.14} \times 100$$
$$= 15.148[\%] \quad \text{답 ①}$$

126 $(CO_2)_{max}$에 대한 식으로 맞는 것은?

① $(CO_2)_{max} = \dfrac{21(O_2)}{(CO_2) - 21}$

② $(CO_2)_{max} = \dfrac{21(CO_2)}{21 - (O_2)}$

③ $(CO_2)_{max} = \dfrac{21(O_2)}{21 - (CO_2)}$

④ $(CO_2)_{max} = \dfrac{21(CO_2)}{(O_2) - 21}$

해설 배기가스 조성[%]으로부터 $(CO_2)_{max}$ 계산
㉮ 완전연소 시
$$CO_{2max} = \frac{21\,CO_2}{21 - O_2} = m \cdot CO_2$$
㉯ 불완전연소 시
$$CO_{2max} = \frac{21(CO_2 + CO)}{21 - O_2 + 0.395\,CO}$$
답 ②

127 연도가스를 분석한 결과 값이 각각 CO_2 12.6[%], O_2 6.4[%]일 때 $(CO_2)_{max}$ 값은?

① 15.1[%]　　② 18.1[%]
③ 21.1[%]　　④ 24.1[%]

해설 배기가스 중 일산화탄소(CO)가 없으므로 완전연소가 된 것이다.
$$\therefore [CO_2]_{max} = \frac{21\,CO_2}{21 - O_2} = \frac{21 \times 12.6}{21 - 6.4}$$
$$= 18.123[\%] \quad \text{답 ②}$$

128 연도가스 분석결과 CO_2 12.0[%], O_2 6.0[%], CO 0.0[%]이라면 CO_{2max}는 몇 [%]인가?

① 13.8　② 14.8　③ 15.8　④ 16.8

해설 배기가스 중 일산화탄소(CO)가 없으므로 완전연소가 된 것이다.

$$\therefore [CO_2]_{max} = \frac{21\,CO_2}{21 - O_2} = \frac{21 \times 12.0}{21 - 6.0}$$
$$= 16.8[\%]$$ 답 ④

129 연소가스 분석결과 CO_2가 12.6[%]일 때 예상되는 O_2 농도는 몇 [%]인가?
(단, 연료의 CO_{2max} = 16.5[%]이다.)

① 3.5[%]　② 6.0[%]
③ 5.0[%]　④ 7.0[%]

해설 $[CO_2]_{max} = \frac{21\,CO_2}{21 - O_2}$ 에서

$$\therefore O_2 = 21 - \frac{21\,CO_2}{CO_{2max}} = 21 - \frac{21 \times 12.6}{16.5}$$
$$= 4.963[\%]$$ 답 ③

130 $[CO_2]_{max}$ 18.8[%], CO_2 14.2[%], CO 3[%] 일 때 연소가스 중의 O_2는 약 몇 [%]인가?

① 2.97　② 3.63
③ 4.53　④ 5.83

해설 $[CO_2]_{max} = \frac{21\,(CO_2 + CO)}{21 - O_2 + 0.395\,CO}$ 에서

$$\therefore O_2 = (21 + 0.395\,CO) - \frac{21\,(CO_2 + CO)}{[CO_2]max}$$
$$= (21 + 0.395 \times 3) - \frac{21 \times (14.2 + 3)}{18.8}$$
$$= 2.972[\%]$$ 답 ①

131 연료 조성이 C : 80[%], H_2 : 18[%], O_2 : 2[%]인 연료를 사용하여 10.2[%]의 CO_2가 계측되었다면 이때의 최대 탄산가스율은?
(단, 과잉공기량은 3[Nm³/kg]이다.)

① 12.78[%]　② 13.25[%]
③ 14.78[%]　④ 15.25[%]

해설 ㉮ 이론공기량(A_0) 계산

$$\therefore A_0 = 8.89C + 26.67\left(H - \frac{O}{8}\right) + 3.33S$$
$$= 8.89 \times 0.8 + 26.67 \times \left(0.18 - \frac{0.02}{8}\right)$$
$$= 11.845[Nm^3/kg]$$

㉯ 공기비 계산

$$\therefore m = \frac{A}{A_0} = \frac{A_0 + B}{A_0} = \frac{11.845 + 3}{11.845}$$
$$= 1.253$$

㉰ 최대 탄산가스율 계산

$$\therefore CO_{2max} = m\,CO_2 = 1.253 \times 10.2$$
$$= 12.78[\%]$$ 답 ①

132 다음 각 성분의 조성을 나타낸 식 중에서 틀린 것은? (단, m : 공기비, L_0 : 이론공기량, G : 가스량, G_0 : 이론 건연소 가스량이다.)

① $CO_2 = \frac{1.867\,C - (CO)}{G} \times 100$

② $O_2 = \frac{0.21\,(m-1)\,L_0}{G} \times 100$

③ $N_2 = \frac{0.8\,N + 0.79\,m\,L_0}{G} \times 100$

④ $(CO_2)_{max} = \frac{1.867\,C + 0.7\,S}{G_0} \times 100$

해설 $CO_2 = \frac{1.867\,C}{G} \times 100$ 답 ①

133 연소가스 조성에서 O_2를 옳게 나타낸 식은?
(단, L_0 : 이론공기량, G : 실제 습연소가스량, m : 공기비이다.)

① $\frac{L_0}{G} \times 100$

② $\frac{0.21\,L_0}{G} \times 100$

③ $\frac{(m-1)\,L_0}{G} \times 100$

④ $\frac{0.21\,(m-1)\,L_0}{G} \times 100$

해설 연소가스 산소 함유율 계산 : 공기 중 산소는 21vol[%]이고, 연소가스 중 과잉공기량(B)에 산소가 포함되어 있다.

∴ 연소가스 중 산소율
$$= \frac{\text{연소가스 과잉공기량 중 산소량}}{\text{실제 습연소가스량}} \times 100$$
$$= \frac{0.21 \times B}{G} \times 100$$
$$= \frac{0.21 \times (m-1) \times L_0}{G} \times 100 \quad \boxed{답} \ ④$$

134 메탄을 이론공기비로 연소시켰을 경우 생성물의 압력이 100[kPa]일 때 생성물 중 질소의 분압은 몇 [kPa]인가? (단, 메탄과 공기는 100[kPa], 25[℃]에서 공급되고 있다.)

① 6.2　　② 9.5
③ 18.7　　④ 71.5

해설 ㉮ 이론공기량에 의한 메탄(CH_4) 1[m^3]가 완전연소 시 연소생성물 계산
$CH_4 + 2O_2 + (N_2) \rightarrow CO_2 + 2H_2O + (N_2)$
∴ 메탄 1[m^3]가 이론공기량으로 연소할 때 CO_2는 1[m^3], H_2O는 2[m^3], 질소(N_2)는 산소량의 $\frac{79}{21}$ 배이므로 $2 \times \frac{79}{21} = 7.523$[$m^3$]이다.
∴ 연소생성물 $= 1 + 2 + 7.523 = 10.523$[m^3]
㉯ 질소의 분압 계산
∴ $PN_2 = $ 전압 $\times \frac{\text{질소부피}}{\text{전부피}}$
$= 100 \times \frac{7.523}{10.523} = 71.491$[kPa] $\boxed{답} \ ④$

135 고위발열량과 저위발열량의 차이는 어떤 성분과 관련이 있는가?

① 황　　② 탄소
③ 질소　　④ 수소

해설 고위발열량과 저위발열량의 차이는 연소 시 생성된 물의 증발잠열에 의한 것이고, 물(H_2O)은 수소와 산소로 이루어진 것이므로 연료 성분 중 수소가 관련이 있는 것이다. $\boxed{답} \ ④$

136 연료의 성분이 어떤 경우에 총(고위)발열량과 진(저위)발열량이 같아지는가?

① 수소만의 경우
② 수소와 일산화탄소인 경우
③ 일산화탄소와 메탄인 경우
④ 일산화탄소와 유황의 경우

해설 고위발열량과 저위발열량의 차이는 연소 시 생성된 물의 증발잠열에 의한 것이고, 물은 수소와 산소로 이루어진 것이므로 연료 성분 중 수소 원소가 없는 일산화탄소와 유황의 경우가 고위발열량과 저위발열량이 같아지는 경우이다. $\boxed{답} \ ④$

137 다음 중 연료의 발열량을 측정하는 방법이 아닌 것은?

① 열량계에 의한 방법
② 미분탄 연소방식에 의한 방법
③ 공업분석에 의한 방법
④ 원소분석에 의한 방법

해설 연료의 발열량을 측정하는 방법
㉮ 열량계에 의한 방법 : 봄브 열량계, 융커스식 열량계
㉯ 공업분석에 의한 방법
㉰ 원소분석에 의한 방법 $\boxed{답} \ ②$

138 고위발열량과 저위발열량의 차이는?

① 물의 증발잠열　　② 연료의 증발잠열
③ CO의 연소열　　④ H_2의 연소열

해설 고위발열량과 저위발열량의 차이는 연소 시 생성된 물의 증발잠열에 의한 것이고, 증발잠열이 포함된 것이 고위발열량, 증발잠열을 포함하지 않은 것이 저위발열량이다. $\boxed{답} \ ①$

139 표준상태에서 고위발열량과 저위발열량의 차이는?

① 80[cal/g]　　② 539[kcal/mol]
③ 9,200[kcal/g]　　④ 9,700[cal/mol]

해설 고위발열량과 저위발열량의 차이는 수소(H) 성분에 의한 것이고, 수소 1[mol]이 완전연소하면 $H_2O(g)$ 18[g]이 생성되며, 여기에 물의 증발잠열 539[cal/g]에 해당하는 열량이 차이가 된다.

$$H_2 + \frac{1}{2}O_2 \rightarrow H_2O$$

∴ 18[g/mol] × 539[cal/g] = 9,702[cal/mol]

답 ④

140 액체 연료의 발열량 산출식으로 옳은 것은? (단, H_L : 저위발열량, H_h : 고위발열량, 연료 1[kg] 중의 C, H, O, S이다.)

① $H_h = 33.9C + 144\left(H - \dfrac{O}{8}\right) + 10.5S$ [MJ/kg]

② $H_h = 33.9C + 119.6\left(H - \dfrac{O}{8}\right) + 9.3S$ [MJ/kg]

③ $H_L = 33.9C + 119.6\left(H + \dfrac{O}{8}\right) + 9.3S$ [MJ/kg]

④ $H_L = 33.9C + 142.0\left(H + \dfrac{O}{8}\right) + 9.3S$ [MJ/kg]

해설 액체 연료의 발열량 계산식

㉮ 고위발열량(H_h)

$$H_h = 8,100C + 34,200\left(H - \frac{O}{8}\right) + 2,500S \text{[kcal/kg]}$$
$$= 33.9C + 144\left(H - \frac{O}{8}\right) + 10.5S \text{[MJ/kg]}$$

㉯ 저위발열량(H_l)

$$H_l = 8,100C + 28,800\left(H - \frac{O}{8}\right) + 2,500 - 600W \text{[kcal/kg]}$$
$$= 33.9C + 119.6\left(H - \frac{O}{8}\right) + 10.5S \text{[kcal/kg]} - 2.5W \text{[MJ/kg]}$$

답 ①

141 탄소의 발열량은 약 몇 [kcal/kg]인가?

$$C + O_2 \rightarrow CO_2 + 97,600 \text{[kcal/kmol]}$$

① 8,133   ② 9,760
③ 48,800   ④ 97,600

해설 탄소 1[kmol]의 질량은 12[kg]이다.

$$\therefore H = \frac{97,600 \text{[kcal/kmol]}}{12 \text{[kg/kmol]}}$$
$$= 8,133.33 \text{[kcal/kg]}$$

답 ①

142 탄소 72.0[%], 수소 5.3[%], 황 0.4[%], 산소 8.9[%], 질소 1.5[%], 수분 0.9[%], 회분 11.0[%]의 조성을 갖는 석탄의 고위 발열량은?

① 4,990[kcal/kg]
② 5,890[kcal/kg]
③ 6,990[kcal/kg]
④ 7,266[kcal/kg]

해설 $H_h = 8,100C + 34,000\left(H - \dfrac{O}{8}\right) + 2,500S$

$$= 8,100 \times 0.72 + 34,000 \times \left(0.053 - \frac{0.089}{8}\right) + 2,500 \times 0.004$$
$$= 7,265.75 \text{[kcal/kg]}$$

답 ④

143 다음의 무게 조성을 가진 중유의 저위발열량은?

| C : 84[%], H : 13[%], O : 0.5[%] |
| S : 2[%], W : 0.5[%] |

① 약 8,600[kcal/kg]
② 약 10,547[kcal/kg]
③ 약 13,606[kcal/kg]
④ 약 17,606[kcal/kg]

해설 $H_l = 8,100C + 28,800\left(H - \dfrac{O}{8}\right) + 2,500S - 600W$

$$= 8,100 \times 0.84 + 28,800 \times \left(0.13 - \frac{0.005}{8}\right) + 2,500 \times 0.02 - 600 \times 0.005$$
$$= 10,577 \text{[kcal/kg]}$$

답 ②

144 아래 조건의 성분을 가진 중유가 있다. 연소효율이 95[%]라 한다면 중유 1[kg]당의 저위발열량은 얼마인가? (단, C : 86[%], H : 12[%], O : 0.4[%], S : 1.2[%], ash : 0.4[%]이다.)

① 9,987[kcal/kg]
② 9,916[kcal/kg]
③ 9,762[kcal/kg]
④ 9,340[kcal/kg]

해설 ㉮ 중유의 저위발열량 계산

$$\therefore H_l = 8,100\,C + 28,800\left(H - \frac{O}{8}\right) + 2,500\,S - 600\,W$$
$$= 8,100 \times 0.86 + 28,800 \times \left(0.12 - \frac{0.004}{8}\right) + 2,500 \times 0.012$$
$$= 10,437.6\,[\text{kcal/kg}]$$

㉯ 연소효율 95[%]일 때 저위발열량 계산

$$\therefore H_l' = H_l \times \eta_c$$
$$= 10,437.6 \times 0.95$$
$$= 9,915.72\,[\text{kcal/kg}] \quad \text{답} ②$$

145 고체, 액체 연료의 발열량 관계식이 맞는 것은? (단, H_l : 저위발열량, H_h : 고위발열량, 연료 1[kg] 중의 수소, 수분량을 각각 H, W라 한다.)

① $H_h = H_l - 2.5(9H - W)\,[\text{MJ/kg}]$
② $H_h = H_l - 2.5(9H + W)\,[\text{MJ/kg}]$
③ $H_l = H_h - 2.5(9H - W)\,[\text{MJ/kg}]$
④ $H_l = H_h - 2.5(9H + W)\,[\text{MJ/kg}]$

해설 고위발열량 및 저위발열량 계산식
㉮ 고위발열량
$H_h = H_l + 600(9H + W)\,[\text{kcal/kg}]$
$H_h = H_l + 2.5(9H + W)\,[\text{MJ/kg}]$
㉯ 저위발열량
$H_l = H_h - 600(9H + W)\,[\text{kcal/kg}]$
$H_l = H_h - 2.5(9H + W)\,[\text{MJ/kg}]$ 답 ④

146 고위발열량이 9,000[kcal/kg]인 연료 3[kg]이 연소할 때의 총저위발열량은 몇 [kcal]인가? (단, 이 연료 1[kg]당 수소분은 15[%], 수분은 1[%]의 비율로 들어있다.)

① 12,300 ② 24,552
③ 43,882 ④ 51,888

해설
$$H_l = H_h - 600(9H + W)$$
$$= \{9,000 - 600 \times (9 \times 0.15 + 0.01)\} \times 3$$
$$= 24,552\,[\text{kcal}] \quad \text{답} ②$$

147 중유 1[kg] 속에 수소 0.15[kg], 수분 0.003[kg]이 들어 있다면 이 중유의 고발열량이 10^4[kcal/kg]일 때, 이 중유 2[kg]의 총 저위발열량은 약 몇 [kcal]인가?

① 12,000 ② 16,000
③ 18,400 ④ 20,000

해설 중유 1[kg]에 수소(H) 0.15[kg], 수분(W) 0.003[kg] 함유되어 있는 것은 15[%], 0.3[%]와 같고, 중유 2[kg]에 대한 저위발열량을 계산하는 것이다.

$$\therefore H_l = H_h - 600(9H + W)$$
$$= \{10^4 - 600 \times (9 \times 0.15 + 0.003)\} \times 2$$
$$= 18,376.4\,[\text{kcal}] \quad \text{답} ③$$

148 중유 5[kg]을 완전연소시켰을 때 총 저위발열량은? (단, 중유의 고위발열량은 41,860[kJ/kg]이고, 중유 1[kg] 속에는 수소 0.2[kg], 수분 0.1[kg]이 함유되어 있다.)

① 185.4[MJ] ② 172.1[MJ]
③ 165.2[MJ] ④ 161.3[MJ]

해설 중유 1[kg]에 수소(H) 0.2[kg], 수증기(W) 0.1[kg] 함유되어 있는 것은 20[%], 10[%]와 같고, 41,860[kJ/kg] = 41.860[MJ/kg]이며, 중유 5[kg]에 대한 저위발열량을 계산하는 것이다.

$$\therefore H_l = H_h - 2.5(9H + W)$$
$$= \{41.860 - 2.5 \times (9 \times 0.2 + 0.1)\} \times 5$$
$$= 185.55\,[\text{MJ}] \quad \text{답} ①$$

149 표준상태인 공기 중에서 완전연소비로 아세틸렌이 함유되어 있을 때 이 혼합기체 1[L]당 발열량은 몇 [kJ]인가? (단, 아세틸렌의 발열량은 1,308[kJ/mol]이다.)

① 4.1   ② 4.6
③ 5.1   ④ 5.6

해설 ㉮ 혼합기체 중 아세틸렌의 함유율 계산
$C_2H_2 + 2.5O_2 \rightarrow 2CO_2 + H_2O$

$\therefore C_2H_2 \text{ 함유율} = \dfrac{C_2H_2 \text{량}}{C_2H_2 \text{량} + \text{공기량}}$

$= \dfrac{22.4}{22.4 + \dfrac{2.5 \times 22.4}{0.21}}$

$= 0.0775$

㉯ 아세틸렌(C_2H_2) 1[mol]의 체적은 22.4[L]이고 완전연소비로 혼합된 혼합기체 중 아세틸렌의 함유율은 0.0775이다.

∴ 혼합기체 1[L]당 발열량
$= \dfrac{1,308}{22.4} \times 0.0775 = 4.525[kJ]$ **답** ②

150 수소 31.9[%], 일산화탄소 6.3[%], 메탄 22.3[%], 에틸렌 3.9[%], 이산화탄소 3.8[%], 질소 31.8[%]의 조성을 갖는 가스 연료의 고위발열량은 약 몇 [MJ/Sm³]인가?

① 10.5   ② 11.3
③ 14.2   ④ 16.3

해설 $H_h = 12.68\,CO + 12.75\,H_2$
$\qquad + 39.84\,CH_4 + 63.87\,C_2H_4$
$= 12.68 \times 0.063 + 12.75 \times 0.319 + 39.84$
$\quad \times 0.223 + 63.87 \times 0.039$
$= 16.241[MJ/Sm^3]$ **답** ④

151 메탄의 반응식이 다음과 같을 때 총(고위) 발열량은 약 몇 [kcal/Sm³]인가?

$CH_4 + 2O_2 = CO_2 + 2H_2O[L] + 213,500[cal]$

① 5,720   ② 9,500
③ 12,300 ④ 16,100

해설 메탄 1[mol]의 발열량
213,500[cal] = 213.5[kcal/kmol],
1[mol]은 22.4[L]이고, 1[kmol]은 22.4[Sm³]에 해당된다.

$\therefore 22.4[Sm^3] : 213.5 \times 10^3[kcal] = 1[Sm^3] : x[kcal]$

$\therefore x = \dfrac{1 \times 213.5 \times 10^3}{22.4}$

$= 9,531.25[kcal/Sm^3]$ **답** ②

152 메탄(CH_4) 가스를 공기 중에 연소시키려 한다. CH_4의 저위발열량이 11,970[kcal/kg]이라면 고위발열량[kcal/kg]은 약 얼마인가? (단, 물의 증발잠열은 600[kcal/kg]으로 한다.)

① 13,320   ② 10,740
③ 2,450   ④ 1,210

해설 ㉮ 메탄(CH_4)의 완전연소 반응식
$CH_4 + 2O_2 \rightarrow CO + 2H_2O$

㉯ 메탄 1[kg] 연소 시 발생되는 수증기량 계산
$16[kg] : 2 \times 18[kg] = 1[kg] : x[kg]$

$\therefore x = \dfrac{1 \times 2 \times 18}{16} = 2.25[kg]$

㉰ 고위발열량 계산 : 메탄 연소 시 발생되는 수증기량과 증발잠열을 곱한 수치를 저위발열량에 더한 값이 고위발열량이 된다.

$\therefore H_h = 11,970 + (600 \times 2.25)$
$= 3,320[kcal/kg]$ **답** ①

153 다음 연료 중 저위발열량[MJ/kg]이 가장 높은 것은?

① 가솔린   ② 등유
③ 경유   ④ 중유

해설 각 연료의 저위발열량[MJ/kg]

구분	저위발열량[MJ/kg]
가솔린	약 47.7
등유	약 46 내외
경유	약 46 내외
중유	약 44 내외

답 ①

154 다음 기체 연료 중 단위질량당 고위발열량 [MJ/kg]이 가장 큰 것은?

① 메탄   ② 에탄
③ 프로판   ④ 수소

해설 단위질량 당 고위발열량[MJ/kg]

연료 성분	고위발열량[MJ/kg]
메탄(CH_4)	55.5
에탄(C_2H_6)	51.8
프로판(C_3H_8)	50.4
수소(H_2)	120.5

답 ④

155 다음 기체연료 중 단위 체적당 고위발열량이 가장 높은 것은?

① LNG   ② 수성가스
③ LPG   ④ 유(油)가스

해설 각 연료의 고발열량

구분	고위발열량[kcal/Nm³]
LNG	10,550
수성가스	2,800
LPG	24,000
오일가스	3,000~10,000

답 ③

156 다음 중 단위중량당[kg] 연료의 저위발열량이 가장 큰 기체는?

① 수소   ② 프로판
③ 메탄   ④ 에틸렌

해설 각 가스의 저위발열량[kcal/kg])

연료 명칭	발열량[kcal/kg])
수소(H_2)	34,150
프로판(C_3H_8)	11,080
메탄(CH_4)	11,950
에틸렌(C_2H_4)	11,270

답 ①

157 다음과 같은 조성을 갖는 석탄가스의 저위발열량[kJ/Nm³]은?

성분	CO	CO_2	H_2	CH_4	N_2
부피[%]	8	1	50	37	4

$$C(S) + O_2(g) = CO_2(g)\ 393.51[kJ/mol]$$
$$CO(g) + \frac{1}{2}O_2(g) = CO_2(g)\ 282.98[kJ/mol]$$
$$H_2(g) + \frac{1}{2}O_2(g) = H_2O(g)\ 241.82[kJ/mol]$$
$$CH_4(g) + 2O_2(g) = CO_2(g) + 2H_2O(g)\ 802.63[kJ/mol]$$

① 444   ② 1,327
③ 19,666   ④ 44,052

해설 1[mol]은 22.4[L], 1[kmol]은 22.4[Nm³]이며, 가연성 성분에 해당하는 비율만큼 열이 발생된다.

$$\therefore H_l = CO\ 발열량 + H_2\ 발열량 + CH_4\ 발열량$$
$$= \frac{282.98 \times 10^3 \times 0.08}{22.4} + \frac{241.82 \times 10^3 \times 0.5}{22.4}$$
$$+ \frac{802.63 \times 10^3 \times 0.37}{22.4}$$
$$= 19,666.13[kJ/Nm^3]$$

답 ③

158 메탄의 고발열량을 40[MJ/kg]라 할 때 메탄의 저발열량은 약 몇 [MJ/Nm³]인가?

① 22.1   ② 24.5
③ 26.3   ④ 28.6

해설 ㉮ 메탄(CH_4)의 완전연소반응식에서 메탄 1[kg] 연소 시 수증기량[kg] 계산
$$CH_4 + 2O_2 \rightarrow CO_2 + 2H_2O$$
$$16[kg] : 2 \times 18[kg] = 1[kg] : x(H_2O)[kg]$$
$$\therefore x(H_2O) = \frac{1 \times 2 \times 18}{16} = 2.25[kg]$$

㉯ 물의 증발잠열은
539[kcal/kg] = 2,257[kJ/kg] = 2.257[MJ/kg]이다.
∴ 메탄의 저위발열량 = 고위발열량 − 증발잠열
= 40 − (2.25 × 2.257)
= 34.92[MJ/kg]

㉰ 메탄 1[kg]을 체적[Nm³]으로 환산
$$16[kg] : 22.4[Nm^3] = 1[kg] : x[Nm^3]$$
$$\therefore x = \frac{1 \times 22.4}{16} = 1.4[Nm^3]$$

㉣ 저위발열량[MJ/kg] 단위에서 [MJ/Nm³] 단위로 환산

$$\therefore \frac{34.92\,[\text{MJ/kg}]}{1.4\,[\text{Nm}^3/\text{kg}]} = 24.942[\text{MJ/Nm}^3]$$ 답 ②

159 어떤 수성가스의 조성은 용적 [%]로 H₂ 50[%], CO 40[%], CO₂ 5[%], N₂ 5[%]이다. 0[℃], 1[atm]의 수성가스 1[m³]의 발열량을 아래 식을 이용하여 구하면 약 몇 [kcal]인가?

$$H_2 + \frac{1}{2}O_2 \to H_2O(L)$$
$$\Delta H = -68.32[\text{kcal/mol}]$$
$$CO + \frac{1}{2}O_2 \to CO_2$$
$$\Delta H = -67.63[\text{kcal/mol}]$$

① 2,733 ② −2,733
③ 135.95 ④ −135.95

해설 ㉮ 생성열(ΔH)과 발열량(Q)은 절대값은 같고 부호가 반대이다.
$\therefore Q$ = H₂ 발열량 + CO 발열량
  = (68.32×0.5) + (67.63×0.4)
  = 61.212[kcal/mol]
㉯ 수성가스(H₂ + CO) 1[m³] 발열량 계산 :
1[mol] = 22.4[L]이고, 1[kmol] = 22.4[m³]이므로
22.4[m³] : 61.212×1,000[kcal] = 1[m³] : $x(Q)$[kcal]

$$\therefore Q = \frac{1 \times 61.212 \times 1,000}{22.4}$$
$$= 2,732.678[\text{kcal/m}^3]$$ 답 ①

160 연료의 발열량이 H_L, 피열물에 준 열량이 Q_p일 때 열효율(E_t)은 다음 중 어느 식으로 나타낼 수 있는가?

① $1 - \dfrac{Q_p}{H_L}$ ② $H_L - Q_p$

③ $\dfrac{H_L}{H_L - Q_p}$ ④ $\dfrac{Q_p}{H_L}$

해설 열효율 = $\dfrac{\text{유효하게 사용된 열량}(Q_p)}{\text{이론적인 발열량}(H_L)}$ 답 ④

161 시간당 1,784[kg]의 석탄을 연소시켜 13,200 [kg/h]의 증기를 발생시키는 보일러의 효율은? (단, 석탄의 발열량은 6,040[kcal/kg]이고, 증기의 엔탈피는 742[kcal/kg], 급수의 엔탈피는 23[kcal/kg]이다.)

① 64[%] ② 74[%]
③ 88[%] ④ 94[%]

해설 $\eta = \dfrac{G_a \times (h_2 - h_1)}{G_f \times H_l} \times 100$

$= \dfrac{13,200 \times (742 - 23)}{1,784 \times 60,40} \times 100$

$= 88.07[\%]$ 답 ③

162 어떤 기관의 출력은 100[kW]이며 매 시간당 30[kg]의 연료를 소모한다. 연료의 발열량이 8,000[kcal/kg]이라면 이 기관의 열효율은 약 몇 [%]인가?

① 15 ② 36
③ 69 ④ 91

해설 1[kW]는 860[kcal/h]에 해당된다.
$\therefore \eta = \dfrac{\text{유효하게 사용된 열량}}{\text{공급열량}} \times 100$

$= \dfrac{100 \times 860}{30 \times 8,000} \times 100 = 35.833[\%]$ 답 ②

163 고체 연료를 사용하는 어느 열기관의 출력이 3,000[kW]이고 연료소비율이 매시간 1,400 [kg]일 때, 이 열기관의 열효율은? (단, 고체 연료의 중량비는 C = 81.5[%], H = 4.5[%], O = 8[%], S = 2[%], W = 4[%]이다.)

① 25[%] ② 28[%]
③ 30[%] ④ 32[%]

해설 ㉮ 고체연료의 저위발열량 계산

$$\therefore H_l = 8{,}100\,C + 28{,}800\left(H - \frac{O}{8}\right) + 2{,}500\,S - 600\,W$$

$$= 8{,}100 \times 0.815 + 28{,}800 \times \left(0.045 - \frac{0.08}{8}\right) + 2{,}500 \times 0.02 - 600 \times 0.04$$

$$= 7{,}635.5\,[\text{kcal/kg}]$$

㉯ 열효율 계산 : 1[kW] = 860[kcal]에 해당된다.

$$\therefore \eta = \frac{W}{G_f \times H_l} \times 100$$

$$= \frac{3{,}000 \times 860}{1{,}400 \times 7{,}635.5} \times 100$$

$$= 24.135\,[\%] \qquad \text{답 ①}$$

164 상당 증발량이 0.05[ton/min]의 보일러에 5,800[kcal/kg]의 석탄을 태우고자 한다. 보일러의 효율이 87[%]이라 할 때 필요한 화상 면적은? (단, 무연탄의 화상 연소율은 73 [kg/m²·h]이다.)

① 2.3[m²] ② 4.4[m²]
③ 6.7[m²] ④ 10.9[m²]

해설 ㉮ 연료사용량 계산

$$\eta = \frac{539\,G_e}{G_f H_l} \times 100 \text{에서}$$

$$\therefore G_f = \frac{539\,G_e}{H_l \eta} = \frac{539 \times (0.05 \times 10^3 \times 60)}{5{,}800 \times 0.87}$$

$$= 320.451\,[\text{kg/h}]$$

㉯ 화상면적 계산

$$\therefore 화상면적 = \frac{G_f}{화상 연소율}$$

$$= \frac{320.451}{73} = 4.389\,[\text{m}^2] \qquad \text{답 ②}$$

165 물 500[L]를 10[℃]에서 60[℃]로 1시간 가열하는 데 발열량이 50.232[MJ/kg]인 가스를 사용할 때 가스는 몇 [kg/h]가 필요한가? (단, 연소효율은 75[%]이다.)

① 2.61 ② 2.78
③ 2.91 ④ 3.07

해설 $\eta = \dfrac{G \cdot C \cdot \Delta t}{G_f \cdot H_l} \times 100$ 이고,

물의 비열은 4.189[kJ/kg·K]이다.

$$\therefore G_f = \frac{G \cdot C \cdot \Delta t}{H_l \cdot \eta}$$

$$= \frac{500 \times 4.189 \times (60 - 10)}{50.232 \times 0.75 \times 1{,}000}$$

$$= 2.779\,[\text{kg/h}] \qquad \text{답 ②}$$

166 출력 20[kW]의 화력발전소에 사용되는 중유의 발열량이 9,900[kcal/kg]일 때 중유 1kg의 출력[kW]은? (단, 열효율은 34[%]이다.)

① 3.91 ② 39.1 ③ 5.2 ④ 52

해설 1[kW]는 860[kcal]에 해당되므로 중유 1[kg]의 출력[kW]을 계산

$$\therefore 출력[\text{kW}] = \frac{발열량}{1[\text{kW}]당 열량} \times 열효율$$

$$= \frac{9{,}900}{860} \times 0.34 = 3.913\,[\text{kW}] \qquad \text{답 ①}$$

167 열기관이 135[kW]의 출력으로 10시간 운전하여 390[kg]의 연료를 소비하였다. 연료의 발열량을 40[MJ/kg]이라고 할 때 기관으로부터 방출된 열량은 약 몇 [MJ]인가?

① 4,860 ② 10,740
③ 15,600 ④ 20,460

해설 1[kW]는 3,600[kJ/h]이고 3.6[MJ/h]에 해당된다.

$$\therefore 방출열량 = 공급열량 - 사용열량$$
$$= (390 \times 40) - (135 \times 3.6 \times 10)$$
$$= 10{,}740\,[\text{MJ}] \qquad \text{답 ②}$$

168 연소효율은 실제의 연소에 의한 열량을 완전 연소 했을 때의 열량으로 나눈 것으로 정의할 때, 실제의 연소에 의한 열량을 계산하는 데 필요한 요소가 아닌 것은?

① 연소가스 유출 단면적
② 연소가스 밀도
③ 연소가스 열량
④ 연소가스 비열

해설 실제 연소열량 계산 시 필요 요소
㉮ 연소가스 유출 단면적
㉯ 연소가스 밀도
㉰ 연소가스 비열
답 ③

169 연소장치의 연소효율(E_c)식이 아래와 같을 때 H_2는 무엇을 의미하는가? (단, H_c : 연료의 발열량, H_1 : 연재 중의 미연탄소에 의한 손실이다.)

$$E_c = \frac{H_c - H_1 - H_2}{H_c}$$

① 전열 손실
② 현열 손실
③ 연료의 저발열량
④ 불완전연소에 따른 손실

해설 연소효율 = $\frac{\text{실제 연소 시 발열량}}{\text{이론적인 발열량}}$
= $\frac{\text{이론적인 발열량} - \text{손실열량}}{\text{이론적인 발열량}}$
= $1 - \frac{\text{손실열량(열손실 합계)}}{\text{이론적인 발열량(입열합계)}}$
= $\frac{H_c - H_1 - H_2}{H_c}$
답 ④

170 발열량이 5,000[kcal/kg]인 고체연료를 연소할 때 불완전연소에 의한 열 손실이 5[%], 연소재에 의한 열손실이 5[%]이었다면 연소효율은?
① 80[%] ② 85[%]
③ 90[%] ④ 95[%]

해설 $\eta = \left(1 - \frac{\text{열손실 합계}}{\text{입열합계}}\right) \times 100$
$= \left(1 - \frac{5,000 \times (0.05 + 0.05)}{5,000}\right) \times 100$
$= 90[\%]$
답 ③

171 열효율 향상 대책이 아닌 것은?
① 과잉공기를 증가시킨다.
② 손실 열을 가급적 적게 한다.
③ 전열량이 증가되는 방법을 취한다.
④ 장치의 최적 설계조건과 운전조건을 일치시킨다.

해설 열효율 향상 대책
㉮ 손실 열이 적게 발생하도록 한다.
㉯ 장치의 설계조건에 맞도록 운전한다.
㉰ 전열량을 증가시킬 수 있는 방법을 선택한다.
㉱ 연속적인 조업으로 장치를 연속 가동한다.
㉲ 적정 공기비를 유지하여 과잉공기를 적게 한다.
답 ①

172 연소관리에 있어서 과잉공기량 조절 시 다음 중 최소가 되게 조절하여야 할 것은? (단, L_s : 배가스에 의한 열손실량, L_i : 불완전연소에 의한 열손실량, L_c : 연소에 의한 열손실량, L_T : 열 복사에 의한 열손실량일 때를 나타낸다.)
① L_i ② $L_s + L_T$
③ $L_s + L_i$ ④ $L_i + L_c$

해설 연소관리 중 과잉공기량을 조절할 때 과잉공기량이 과대하면(공기비가 큰 경우) 배기가스량이 많아져 열손실이 증가하고, 반대로 과잉공기량이 적으면(공기비가 작은 경우) 불완전연소가 발생하여 열손실이 발생할 수 있다.
답 ③

173 화염온도를 높이려고 할 때의 조작방법으로 틀린 것은?
① 공기를 예열한다.
② 과잉공기를 사용한다.
③ 연료를 완전연소시킨다.
④ 노 벽 등의 열 손실을 막는다.

해설 화염온도(연소온도)를 높이는 방법
㉮ 발열량이 높은 연료를 사용한다.
㉯ 연료를 완전연소시킨다.

㉰ 가능한 한 적은 과잉공기를 사용한다.
㉱ 연료, 공기를 예열하여 사용한다.
㉲ 노 벽 등의 열손실을 차단한다.
㉳ 복사 전열을 감소시키기 위해 연소속도를 빨리 할 것

답 ②

174 이론 연소온도 t_r을 바르게 표시한 식은? (단, G : 습연소가스량, G' : 건연소가스량, H_l : 진발열량, Q : 예열량, C_{pm} : 가스의 평균비열)

① $t_r = \dfrac{H_l + Q}{G \cdot C_{pm} \cdot t_i}$

② $t_r = \dfrac{H_l + Q}{G' \cdot C_{pm} \cdot t_i}$

③ $t_r = \dfrac{H_l + Q}{G' \cdot C_{pm}}$

④ $t_r = \dfrac{H_l + Q}{G \cdot C_{pm}}$

해설 이론연소 온도 계산식

$$\therefore t_r = \dfrac{H_l + Q}{G \cdot C_{pm}}$$

답 ④

175 연소가스량 10[Sm³/kg], 비열 0.32[kcal/Sm³·℃]인 어떤 연료의 저위발열량이 6,500 [kcal/kg]이었다면 이론 연소온도는 약 몇 [℃]가 되겠는가?

① 1,000　　② 1,500
③ 2,000　　④ 2,500

해설
$$t = \dfrac{H_l}{G_s \times C_p} = \dfrac{6,500}{10 \times 0.32} = 2,031.25 [℃]$$

답 ③

176 저위발열량 93,766[kJ/Nm³]의 C_3H_8을 공기비 1.2로 연소시킬 때의 이론연소온도는 약 몇 [K]인가? (단, 배기가스의 평균비열은 1.653[kJ/Nm³·K]이고 다른 조건은 무시한다.)

① 1,656　　② 1,756
③ 1,856　　④ 1,956

해설 (1) 실제 공기량에 의한 프로판(C_3H_8)의 완전연소 반응식
$$C_3H_8 + 5O_2 + (N_2) + B$$
$$\rightarrow 3CO_2 + 4H_2O + (N_2) + B$$

(2) 프로판 1[Nm³]에 대한 연소가스 체적[Nm³] 계산
㉮ CO_2 계산
　22.4[Nm³] : 3×22.4[Nm³] = 1[Nm³] : CO_2[Nm³]
$$\therefore CO_2 = \dfrac{1 \times 3 \times 22.4}{22.4} = 3[Nm^3]$$

㉯ H_2O 계산
　22.4[Nm³] : 4×22.4[Nm³] = 1[Nm³] : H_2O[Nm³]
$$\therefore H_2O = \dfrac{1 \times 4 \times 22.4}{22.4} = 4[Nm^3]$$

㉰ N_2 계산
　공기 중 산소의 체적 함유율이 21[%]이므로 질소는 $\dfrac{79}{21} \times O_2 = 3.76 \times O_2$에 해당한다.
　22.4[Nm³] : 5×22.4[Nm³] = 1[Nm³] : O_2[Nm³]
$$\therefore N_2 = 3.76 \times O_2 = 3.76 \times \dfrac{1 \times 5 \times 22.4}{22.4}$$
$$= 18.8[Nm^3]$$

㉱ 과잉공기량(B) 계산
　이론공기량 중 과잉공기비에 해당한다.
$$\therefore B = 과잉공기비 \times A_0$$
$$= 과잉공기비 \times \dfrac{O_0}{0.21}$$
$$= 0.2 \times \dfrac{1 \times 5 \times 22.4}{22.4 \times 0.21}$$
$$= 4.76[Nm^3]$$

㉲ 연소가스량 계산
$$\therefore Gs = CO_2 + H_2O + N_2 + B$$
$$= 3 + 4 + 18.8 + 4.76$$
$$= 30.56[Nm^3/Nm^3]$$

별해 (2) 프로판 1[Nm³]당 실제 습연소가스량(G_w) 계산
$$\therefore G_w = (m - 0.21) \times A_0 + G_{ow}$$
$$= (1.2 - 0.21) \times \dfrac{5}{0.21} + (3 + 4)$$

$$= 30.571\,[\text{Nm}^3/\text{Nm}^3]$$

해설 (3) 이론연소온도 계산

$$\therefore T = \frac{H_l}{G_s \times C_p} = \frac{93,766}{30.56 \times 1.653}$$
$$= 1856.176\,[\text{K}]$$

답 ③

177 분젠(Bunsen) 버너에서 1차 공기 흡입구를 완전히 차단한 상태에서 주로 형성되는 화염의 종류는?

① 예혼합화염 ② 확산화염
③ 분무화염 ④ 액적화염

해설 확산화염(적화염) : 가연물의 표면에서 증발하는 가연성 기체가 공기와의 접촉면 또는 가연성 기체가 1차 공기와 혼합되지 않고 공기 중으로 유출하면서 연소하는 불꽃 형태로 불꽃의 색은 적황색이고 화염의 온도는 비교적 저온이다. **답** ②

178 기름 연소의 경우 공기량이 부족할 때 노 내 화염의 색깔은 주로 어떤 색을 띠는가?

① 청색 ② 백색
③ 오렌지색 ④ 암적색

해설 노 내 화염의 색깔
㉮ 공기량이 많은 경우 : 회백색
㉯ 공기량이 부족한 경우 : 암적색
㉰ 공기량이 적당한 경우 : 엷은 주황색(오렌지색)

답 ④

179 중유 연소에 있어서 화염이 불안정하게 되는 원인이 아닌 것은?

① 유압의 변동
② 노 내 온도가 높을 때
③ 연소용 공기의 과다(過多)
④ 물 및 기타 협잡물에 의한 분무의 단속(斷續)

해설 화염의 불안정 원인
㉮ 유압의 변동
㉯ 연소용 공기의 과다 및 과부족
㉰ 물 및 기타 협잡물에 의한 분무의 단속
㉱ 중유의 가열온도가 너무 높아서 배관 및 가열기 내에서 중유가 가스화 되어 있는 경우 **답** ②

연소 설비

1. 연소장치의 개요

1.1 연료별 연소장치

(1) 고체 연료 연소장치

① 화격자 연소장치
  ㉮ 수분 : 다수의 틈이 있는 화격자 위에 고체 연료를 고르게 깔고 연소용 공기를 불어 넣어 연소시키는 것으로 연료공급을 인력으로 하는 것이다.
  ㉯ 기계분 : 스토커(stoker) 연소장치라 하며, 석탄의 공급과 재처리를 기계적으로 한 형태로서 화격자 면적을 크게 할 수 있으므로 대용량 보일러에 적당하다.

● **스토커의 종류** : 산포식(상입식) 스토커, 쇄상식 스토커, 하입식 스토커, 계단식 스토커 등

② 미분탄 연소장치
  ㉮ 미분탄 버너의 종류
    ⓐ 편평류(扁平流) 버너 : 직류형과 교류형으로 구분되며 화염이 길게 형성되고 수관보일러에서 사용된다.
    ⓑ 선회류(旋回流) 버너 : 버너 선단에서 미분탄과 1차 공기가 선회류를 형성하며 혼합하고 2차 공기가 공급되면서 연소하는 것으로 중유와 병용해서 사용할 수 있다.
  ㉯ 특징
    ⓐ 적은 공기비로 완전연소가 가능하다.
    ⓑ 점화, 소화가 쉽고 부하 변동에 대응하기 쉽다.
    ⓒ 대용량에 적당하고, 사용 연료 범위가 넓다.
    ⓓ 설비비, 유지비가 많이 소요된다.
    ⓔ 집진장치가 필요하다.

ⓕ 연소실 면적이 크고, 폭발의 위험성이 있다.
㉣ 연소 방법
ⓐ U자형 연소 : 편평류 버너를 사용하여 연소로의 상부로부터 2차 공기와 같이 분사, 연소한다.
ⓑ L자형 연소 : 선회류 버너를 사용하여 연소로의 측벽에서 분사, 연소한다.
ⓒ 모서리 버너 연소 : 장방형의 연소로 네 모퉁이에서 분사, 연소한다.
ⓓ 특수 연소 : 슬래그 탭식, 클레이머식, 사이클론식
㉠ 슬래그 탭 연소 : 1차 연소로와 2차 연소로를 설치하여 연소한다.
㉡ 클레이머식 : 석탄을 연소로 상부에서 하부로 보내면서 연소가스의 일부를 예열공기로 유입시켜 석탄을 건조시키면서 하부의 충격 미분기로 석탄이 미분화되면서 연소시키는 것으로 구조가 간단하고 소요 동력이 적으며 수분이나 회분이 많은 연료도 사용할 수 있다.

③ **유동층 연소** : 화격자 연소와 미분탄 연소의 중간 형태

(2) 액체 연료 연소장치

① **기화 연소방식** : 경질유 등 휘발성이 높은 연료를 연소하는 방식이다.
㉮ 포트식 : 등유, 경유 등 휘발성이 높은 연료를 유면을 일정하게 유지하고 연소열로 유면이 가열되면 발생되는 증기가 연소하는 형식이다.
㉯ 심지식(wick type) : 연료를 심지로 빨아올려 대류나 복사열에 의하여 발생한 증기가 등심(심지)의 상부나 측면에서 연소하는 형식이다.
㉰ 증발식(evaporating type) : 액체 연료를 증발관 등에서 미리 증발시켜 기체연료와 같은 형태로 연소시키는 방법으로 형성된 화염은 확산화염이다.

② **무화(霧化) 연소** : 점도가 높은 중유(벙커-C유)를 노즐에서 고속으로 분출시켜 작은 입자상으로 미립화하여 표면적을 크게 하고, 공기와 혼합하기 쉽게 적당한 범위로 분산시켜 연소하는 방식이다.
㉮ 무화의 목적
ⓐ 단위 중량당 표면적을 크게 한다.
ⓑ 주위 공기와 혼합을 양호하게 한다.
ⓒ 연소효율을 향상시킨다.
ⓓ 연소실을 고부하로 유지한다.

④ 무화 방법
  ⓐ 유압 무화식 : 연료 자체에 압력을 주어 무화시키는 방법
  ⓑ 이류체 무화식 : 증기, 공기를 이용하여 무화시키는 방법
  ⓒ 회전 이류체 무화식 : 원심력을 이용하여 무화시키는 방법
  ⓓ 충돌 무화식 : 연료끼리 혹은 금속판에 충돌시켜 무화시키는 방법
  ⓔ 진동 무화식 : 초음파에 의하여 무화시키는 방법
  ⓕ 정전기 무화식 : 고압 정전기를 이용하여 무화시키는 방법

③ 오일 버너의 종류 및 특징
  ㉮ 유압식 버너 : 연료유를 가압하여 노즐을 이용, 고속 분사하여 무화시키는 방식이다.
    ⓐ 종류 : 환류형, 비환류형
    ⓑ 부하변동에 적응성이 적다.
    ⓒ 대용량에 적합하다.
    ⓓ 유량은 유압의 평방근에 비례한다.
    ⓔ 분사각도 : 40~90°
    ⓕ 사용유압 : 5~20[kgf/cm^2]
    ⓖ 유량 조절범위 : 환류식(1 : 3), 비환류식(1 : 6)
  ㉯ 저압 기류식 : 저압이 공기를 이용하여 무화시키는 방식이다.
    ⓐ 종류
      ㉠ 연동형[공기와 연료비 비례조절(1 : 6)]
      ㉡ 비연동형[공기와 연료비 별도 조절(1 : 5)]
    ⓑ 공기압력 : 0.05~0.2[kgf/cm^2]
    ⓒ 연료 유압 : 0.02~0.2[kgf/cm^2] 정도
    ⓓ 분무각도 : 30~60°
    ⓔ 유량 조절범위 1 : 5~1 : 6이다.
    ⓕ 소형설비에 사용한다.
    ⓖ 분무용 공기량은 이론공기량의 30~50[%] 정도
  ㉰ 고압 기류식 : 고압의 공기, 증기를 이용하여 무화시키는 방식이다.
    ⓐ 종류 : 증기분무식, 내부혼합식, 외부혼합식, 중간혼합식
    ⓑ 분무매체 : 공기, 증기(2~7[kgf/cm^2])
    ⓒ 연료유압 : 0.3~6[kgf/cm^2]
    ⓓ 분무각도 : 30°

ⓔ 유량 조절범위 1 : 10이다.

ⓕ 고점도 연료도 무화가 가능하다.

ⓖ 연소 시 소음 발생이 심하다.

ⓗ 부하 변동이 큰 곳에 적당하다.

㉣ 회전분무식(rotary type) : 분무컵을 고속으로 회전시켜 연료를 분출하고, 1차 공기를 이용하여 무화시키는 방식이다.

ⓐ 종류 : 직결식, 벨트식

ⓑ 분무각도 : 30~80°

ⓒ 유량 조절범위 1 : 5이다.

ⓓ 회전수 : 직결식(3,000~3,500[rpm]), 벨트식(7,000~10,000[rpm])

ⓔ 설비가 간단하고 자동화가 쉽다.

ⓕ 고점도 연료는 예열이 필요하다.

ⓖ 청소, 점검, 수리가 간편하다.

㉤ 건 타입(gun type) 버너 : 유압식과 공기분무식을 혼합한 것으로 소형으로 만들고, 연소 상태가 양호하다.

ⓐ 사용연료 : 등유, 경유

ⓑ 연료유압 : 7[kgf/cm^2] 이상

ⓒ 소형으로 전자동이 가능하다.

ⓓ 공기와 연료의 혼합을 촉진한다.

(3) 기체 연료 연소장치

① **가스버너의 특징**

㉮ 연소성능이 좋고, 고부하 연소가 가능하다.

㉯ 연소량 조절이 간단하고, 그 범위가 넓다.

㉰ 정확한 온도제어가 가능하다.

㉱ 버너 구조가 간단하며, 보수가 용이하다.

㉲ 배기가스 중 유해물질이 적어 공해 대책에 유리하다.

② **연소용 공기의 공급방식에 의한 분류**

㉮ 유도혼합식 버너 : 가스분출에 의한 흡인력 및 연소가스와 외기와의 온도차에 의한 통풍력으로 연소용 공기가 공급되는 버너이다.

ⓐ 적화식 버너 : 연소에 필요한 공기를 모두 2차 공기로 취하는 형식으로 확산화염을 형성하여 연소되므로 역화나 소화음이 없고 공기량을 조절할 필요가 없

다. 버너의 종류에는 파이프 버너, 어미식 버너, 충염 버너 등이 있다.
ⓑ 분젠식 버너 : 노즐에서 가스를 일정압력으로 분출시켜 공기구멍에서 연소용 공기(1차 공기)를 흡인하고 혼합관내에서 혼합된 후 이 혼합기를 염공에서 분출시켜 연소하는 방식이다. 버너종류에는 링(ring) 버너, 슬리트(slit) 버너 등이 있다.
ⓒ 전1차 공기식 : 연소에 필요한 공기를 모두 1차 공기를 취하는 방식으로 적외선 버너, 중압분젠버너 등이 있다.
ⓓ 세미 분젠식 : 분젠식과 전1차 공기식을 혼합한 것으로 1차 공기량을 40[%] 이하로 취하는 방식이다.
④ 강제혼합식 버너 : 송풍기에 의하여 연소용 공기가 압입되는 것으로 산업용 가스 보일러용 버너로 사용된다.
ⓐ 내부혼합식 : 가스와 공기를 미리 강제 혼합하는 방식으로 예혼합화염이 형성되며 고부하 연소에 적합하고 화염의 크기가 작아지는 경향이 있는 반면, 역화의 위험성이 있어 버너 상류 측에 역방지장치가 설치되어야 한다. 버너의 종류에는 고압버너, 표면 연소 버너, 리본(ribbon) 버너 등이 있다.
ⓑ 외부혼합식 버너 : 가스와 연소용 공기가 버너 출구에서 혼합을 개시하는 형식으로 역화의 위험이 없고 연소조절범위가 넓으며 연소용 공기를 예열하여 사용할 수 있지만 고부하 연소를 하기 어렵다. 버너의 종류에는 고속버너, 라디언트 튜브(radiant tube) 버너, 액중 연소 버너, 휘염 버너, 혼소 버너, 산업용 보일러 버너 등이 있다.
ⓒ 부분혼합식 버너 : 가스와 연소용 공기 일부를 혼합하여 버너에서 분출하고 나머지는 노즐 출구에서 혼합하는 형식이다.

③ 확산연소방식(외부 혼합식)
㉮ 종류
ⓐ 포트형(port type) : 가스와 공기를 고온으로 예열할 수 있고 가스를 노즐을 통해 연소실 내로 확산하면서 공기와 혼합하여 연소하는 형식이다.
ⓑ 버너형(burner type) : 안내날개에 의해 가스와 공기를 혼합시켜 연소실로 확산시키는 버너로 선회 버너와 방사형 버너로 구분된다.
㉯ 특징
ⓐ 조작범위가 넓으며 역화의 위험성이 없다.
ⓑ 가스와 공기를 예열할 수 있고 화염이 길다.
ⓒ 탄화수소가 적은 연료에 적당하다.

ⓓ 보일러용 연소장치의 종류
ⓐ 건 타입(gun type) 버너 : 센터 파이어형(center fire type)이라 하며 파이프 끝에 다수의 분사구를 갖는 가스 분사관을 공기노즐 중심에 설치한 것으로 가스 압력이 높은 경우에 사용한다.
ⓑ 링 타입(ring type) 버너 : 노벽의 버너 입구의 내측 주변에 원형의 연료관을 두고 다수의 분사 구멍을 만들어 유입되는 공기 기류 속에 가스를 분사시켜 연소한다.
ⓒ 스크롤형(scroll type) 버너 : 비교적 구멍이 큰 노즐이 방사형으로 되어 있기 때문에 가스공급압력이 낮은 경우나 발열량이 낮은 가스의 대량연소에 적합하다. 유류와 가스의 동시 연소가 가능하다.
ⓓ 다분기관형(multi spot type) 버너 : 다수의 분기관을 설치하여 가스압력이 낮은 경우에도 공기와 혼합이 양호하며 유류와 병용하여 사용할 수 있다.

ⓔ 노(爐)용 연소장치의 종류
ⓐ 직접가열 방식 : 대류 전열을 이용한 것으로 종류에는 고온 로(爐)용 가스버너(제철용 가열로에 사용), 바리에블 플레임 버너(워킹빔식 가열로에 사용), 고속 가스버너(강제 가열용), 흡인식 가스버너(석유 정제용 가열로에 사용) 등이 있다.
ⓑ 간접가열 방식 : 복사열을 이용한 것으로 종류에는 루프 가스버너(스파이널 버너), 라디언 튜브 방식 버너 등이 있다.

④ 예혼합 연소방식(내부혼합식)
㉮ 특징
ⓐ 가스와 공기의 사전 혼합형이다.
ⓑ 화염이 짧으며, 고온의 화염을 얻을 수 있다.
ⓒ 연소부하가 크고, 역화의 위험성이 크다.
ⓓ 조작범위가 좁고, 조작이 어렵다.

㉯ 부분 예혼합형 연소장치의 종류
ⓐ 저압 버너 : 분젠식 버너라 하며 가스를 노즐로부터 분출시켜 주위의 공기를 1차 공기로 흡입하는 방식으로 연소속도가 빠르고, 선화현상 및 소화음, 연소음이 발생한다. 일반 가스 기구에 사용된다. 1차 공기량을 40[%] 미만 취하는 방식을 세미 분젠식이라 한다.
ⓑ 고압 버너 : LPG, 부탄가스 등과 공기를 혼합하여 사용하는 버너로 가스압력을 0.2[MPa] 이상으로 한다.

ⓒ 송풍 버너 : 연수용 공기를 가압하여 연소하는 형식의 버너로 고압 버너와 마찬가지로 공기를 노즐로 분사함과 동시에 가스를 흡인 혼합하여 연소하는 형식이다.

㉢ 완전 예혼합형 연소장치의 종류

ⓐ 리텐션(retention) 가스 버너 : 버너 선단에 리텐션 링(retention ring)을 설치하여 파일럿 화염을 보호하며 화염안정범위를 넓게 한다.

ⓑ 링 리텐션(ring retention) 가스 버너 : 가스 유량이 많을 경우나 공간의 분포가 균일하여야 할 경우에 사용 가스 노즐이 여러 개가 있어 균일온도를 얻을 수 있다.

1.2 연소 방법

(1) 고체연료

① 연료성질에 의한 구분

㉮ 표면연소(surface combustion) : 공기 중의 산소가 고체연료 표면에서 연소반응을 일으키는 것으로 목탄, 코크스 등이 있다.

㉯ 증발연소(evaporating combustion) : 융점이 낮은 고체연료가 액상으로 용융되어 액체연료와 같이 증발하여 연소하는 것으로 증발온도가 열분해 온도보다 낮은 양초, 파라핀, 유황, 나프탈렌 등이 있다.

㉰ 연기연소(smolder combustion) : 열분해를 일으키기 쉬운 불안정한 물질로 열분해로 발생한 휘발분이 점화되지 않으면 다량의 연기를 발생하며 표면반응을 일으키면서 연소하는 것

② 연소방법에 의한 구분

㉮ 화격자 연소 : 수분과 기계분으로 구분하며, 대규모 연소시설에 사용하는 자동연소 장치를 스토커(stoker) 연소라 한다.

㉯ 미분탄(米粉炭) 연소 : 석탄을 200메쉬(mesh) 이하로 분쇄하여 연소 표면적을 넓혀 1차 공기와 함께 연소하는 방법으로 연소효율이 높다.

㉰ 유동층 연소 : 위 두 연소방식의 중간 형태로 화격자 하부에서 강한 공기를 송풍기로 불어 넣어 화격자 위의 탄층을 유동층에 가까운 상태로 형성하면서 700~900[℃] 정도의 저온에서 연소시키는 방법이다.

(2) 액체연료

① 연소 형태에 의한 구분

㉮ 액면연소(pool burning) : 액체 연료의 표면에서 연소하는 것으로 화염의 복사열 및 대류로 연료가 가열되어 발생된 증기가 공기와 혼합하여 연소하는 방법으로 경계층 연소, 전파연소, 포트연소(port burning)가 있다.

㉯ 등심연소(심지 연소 : wick combustion) : 연료를 심지로 빨아올려 대류나 복사열에 의하여 발생한 증기가 등심(심지)의 상부나 측면에서 연소하는 것으로 공급되는 공기의 유속이 낮을수록, 온도가 높을수록 화염의 높이는 높아진다.

㉰ 분무연소(spray combustion) : 액체연료를 노즐에서 고속으로 분출, 무화(霧化)시켜 표면적을 크게 하여 공기나 산소와의 혼합을 좋게 하여 연소시키는 것으로 공업적으로 많이 사용되는 방법이다.

㉱ 증발연소(evaporating combustion) : 액체연료를 증발관 등에서 미리 증발시켜 기체 연료와 같은 형태로 연소시키는 방법으로 형성된 화염은 확산화염이다.

② 연소 방법에 의한 구분

㉮ 분무연소(무화연소)

㉯ 증발연소

㉰ 심지 연소(등심연소)

(3) 기체 연료

① 반응체의 혼합 상태에 의한 구분

㉮ 예혼합연소(premixed combustion) : 기체 연료와 연소에 필요한 공기 또는 산소를 미리 혼합한 혼합기를 연소시키는 방법으로 화염면이라고 하는 고온의 반응면이 형성되어 자력으로 전파해나가는 특징이 있는 내부 혼합방식이다.

㉯ 확산연소(diffusion combustion) : 공기(또는 산소)와 기체 연료를 각각 연소실에 공급하고, 연료와 공기의 경계면에서 자연확산으로 연소할 수 있는 적당한 혼합기를 형성한 부분에서 연소가 일어나는 외부 혼합형이다.

② 반응대에서의 유동상태에 의한 구분

㉮ 층류 연소(laminar combustion) : 화염부근의 가스 흐름이 층류상태로 반응대가 얇게 형성된다.

㉯ 난류 연소(turbulent combustion) : 화염 부근의 가스 흐름이 난류 상태로 반응대의 형상 및 분포가 불규칙하게 변동한다.

③ 화염의 시간적 변화에 의한 구분
    ㉮ 정상연소(steady combustion) : 연소하는 혼합기의 상태, 가연성 기체, 산화제의 공급 상태, 화염 부근의 유동 상태 등이 정상 상태이다.
    ㉯ 비정상 연소(unsteady combustion) : 정상 연소가 아닌 상태의 것
④ 화염의 이동 상태에 의한 구분
    ㉮ 정재연소(stationary combustion) : 화염이 특정한 장소에 정지해 있는 상태의 것
    ㉯ 전파연소(propagation combustion) : 화염이 어느 속도로 이동하고 있는 상태의 것

1.3 연소기의 부품

(1) 고체연료

① **미분탄 제조 공정** : 연료탄 → 쇄탄 → 자기분리기(철편 제거) → 건조 → 미분쇄 → 이송 → 버너
② **분쇄기(mill)의 종류** : 충격식, 원심력식, 중력식, 스프링식

(2) 액체연료

① **보염장치** : 연료와 공기와의 혼합을 양호하게 하고, 확실한 착화와 화염의 안정을 도모하기 위하여 설치하는 장치이다.
    ㉮ 보염장치의 설치 목적
        ⓐ 화염의 형상 조절   ⓑ 안정된 착화 도모
        ⓒ 전열효율 촉진   ⓓ 공기와 연료의 혼합 촉진
    ㉯ 종류
        ⓐ 윈드 박스(wind box) : 압입통풍방식에서 버너를 장치하는 벽면에 설치되어 연소용 공기를 공급하는 밀폐된 상자로서 풍도(風道)에서 공기를 흡입하여 동압의 대부분을 정압으로 노 내에 유입시키는 역할을 하여 연료와 공기와의 혼합을 촉진시키는 것으로 내부에 다수의 안내 날개(guide vane)가 설치되어 있다.
        ⓑ 보염기(保炎器) : 버너 팁 선단에 부착하여 착화를 원활하게 하고, 화염의 안정된 연소를 도모하는 장치로 선회기를 설치하여 연소용 공기에 선회운동을 주어 원추상으로 분사시켜 내측에 저압 부분의 형성으로 저속영역을 만들어 착화를 쉽게 한다. 종류에는 선회기 방식, 보염판 방식으로 구별되며 선회기 방식은 축류식, 반경류식, 혼류식으로 분류된다.

ⓒ 버너 타일(burner tile) : 연료와 공기를 노 내에 분사하기 위하여 노벽에 설치한 목(burner throat)을 구성하는 내화재로 착화와 화염이 안정되도록 한다.

② **점화장치** : 점화 트랜스를 이용하여 10~15[V]의 전압에 의한 전기 스파크를 이용한 점화장치가 사용되며, 점화용 연료는 경유 또는 LPG가 사용된다.

1.4 연료 저장 및 공급 장치

(1) 고체연료

① **석탄의 저장방법**
- ㉮ 탄층의 높이는 옥외 저탄 시 4[m] 이하, 옥내 저탄 시 2[m] 이하로 한다.
- ㉯ 탄 종류, 채탄 시기, 인수 시기, 입도별로 구분하여 쌓는다.
- ㉰ 바닥면을 1/100~1/150 구배를 주어 배수를 용이하게 한다.
- ㉱ 풍화작용을 억제하기 위해 가급적 수분과 휘발분이 작고 입자가 큰 석탄을 선택한다.
- ㉲ 풍화작용은 외기온도 및 저장기간의 영향을 크게 받으므로 저장일은 30일 이내로 한다.
- ㉳ 지붕을 설치하여 한서를 방지한다.
- ㉴ 자연발화를 방지하기 위하여 30[m²]마다 1개소 이상의 통기구를 마련하여 발열 조치를 한다.
- ㉵ 탄층 1[m] 깊이의 온도를 60[℃] 이하가 되도록 한다.

② **풍화** : 연료 중에 휘발분이 공기 중의 산소와 화합하여 탄의 품질이 저하되는 현상
- ㉮ 휘발분 감소
- ㉯ 발열량 감소
- ㉰ 탄의 품질 저하
- ㉱ 탄 표면의 색이 변색

(2) 액체 연료

① **저장 방법** : 옥외, 옥내, 지하에 저장탱크를 설치하여 보관하며, 저장탱크는 위험물 안전관리법의 저장탱크 설치 기준을 준용하여 설치한다.
- ㉮ 저장탱크는 보일러 운전에 지장을 주지 않는 용량으로 한다.
- ㉯ 저장탱크에는 유량을 확인할 수 있는 액면계(유면계)를 설치하여야 한다.
- ㉰ 저장탱크에는 경보장치를 설치하여 내부 유량이 정상적인 양보다 초과 또는 부족하지 않도록 하여야 한다.

㉔ 저장탱크 하부에 체류하는 수분이나 슬러지 등 이물질을 배출할 수 있는 드레인 밸브를 설치한다.
㉕ 저장탱크에서 보일러로 공급되는 배관에는 여과기(strainer)를 설치하여야 한다.
㉖ 저장탱크에 가열장치를 설치할 경우 다음의 조치를 한다.
ⓐ 연료유 온도조절장치를 설치한다.
ⓑ 열원은 증기, 온수, 전기를 사용한다.
ⓒ 전기식 가열장치에는 과열방지조치를 한다.
ⓓ 온수, 증기를 사용하는 경우 겨울철 동결 우려가 있을 때 동결방지조치를 한다.
ⓔ 유출구 관에는 온도계를 설치한다.

② **급유계통(이송 순서)** : 저장탱크(storage tank) → 여과기 → 연료 이송펌프 → 서비스 탱크(service tank) → 유수 분리기 → 유예열기 → 급유 펌프 → 급유 온도계 → 유량계 → 전자밸브 → 버너

③ **저장탱크** : 저장 탱크를 지상 또는 지하에 설치하여 1~3주 정도 사용할 수 있는 양을 저장한다.

④ **서비스 탱크(service tank)** : 최대 연료 소비량의 2~3시간 정도의 연료를 저장할 수 있는 탱크로 보일러로부터 2[m] 이상, 버너 하단부에서 1.5[m] 이상 높이로 설치된다. 탱크 용량이 적어 오버플로우(overflow)될 수 있으므로 경보장치 및 자동 차단 장치를 설치하여야 한다.

⑤ **급유 펌프** : 연료의 이송, 분무압을 높이기 위하여 설치한다.
㉮ 급유 펌프는 점성을 가진 기름을 이송하므로 기어펌프나 스크루펌프 등을 주로 사용한다.
㉯ 급유 펌프의 용량은 서비스 탱크를 1시간 내에 급유할 수 있는 것으로 한다.
㉰ 펌프 구동용 전동기는 작동유의 점도를 고려하여 30[%] 정도 여유를 주어 선정한다.
㉱ 종류
ⓐ 수송 펌프(supply pump) : 저장탱크에서 서비스 탱크까지 연료유를 공급하는 펌프이다.
ⓑ 분연 펌프(feeding pump) : 서비스 탱크에서 버너까지 연료유를 공급하는 펌프로 버너 용량의 1.2~1.5배로 한다.

⑥ **여과기(strainer)** : 연료 공급관 중에 설치된 기기의 입구에 설치하여 연료 중에 혼합되어 있는 불순물을 제거하여 유량계, 펌프 등의 기기를 보호하고, 분무효과를 높여 연소를 양호하게 한다. 연료 펌프의 흡입 및 토출 측에 일반적으로 설치되며 흡입 측 여과기는 펌프를 보호하고 토출 측 여과기는 유량계 및 버너 등을 보호하는 역할을 한다.

⑦ 종류 : Y형 여과기, U형 여과기, V형 여과기

④ 여과망 크기

ⓐ 중유용 : 흡입 측(20~60[mesh]), 토출 측(60~120[mesh])

ⓑ 경유, 등유용 : 흡입 측(80~120[mesh]), 토출 측(100~250[mesh])

④ 여과기 설치

ⓐ 여과기 전·후에 압력계를 설치한다.

ⓑ 압력계의 눈금은 0.02[MPa] 이하의 압력을 구별할 수 있는 것으로 설치한다.

ⓒ 여과기는 사용압력의 1.5배 이상의 압력에 견딜 수 있는 것으로 설치한다.

ⓓ 여과기는 입구와 출구의 압력차가 0.02[MPa] 이상일 때 여과망을 점검(청소)해 주어야 한다.

⑦ **유예열기(oil preheater)** : 중유를 예열하여 점도를 낮추어 유동성과 무화를 양호하게 하여 버너의 연소효율을 좋게 하는 장치이다.

⑦ 열원에 의한 분류 : 증기 또는 온수식, 전기식, 전기 및 증기 혼합식

④ 사용 목적(연료 예열 목적)

ⓐ 점도를 낮춰 유동성을 높인다.   ⓑ 무화(분무)를 양호하게 유지

ⓒ 연료 이송을 양호하게 유지   ⓓ 점화효율 및 연소 효율 증대

④ 예열 온도 : 인화점보다 5[℃] 낮게(90±5[℃])

㉮ 예열온도에 따라 나타나는 현상

ⓐ 높을 때 : 관 내부에서 기름의 분해 및 분무상태, 분사각도가 불량해 진다.

ⓑ 낮을 때 : 불길이 한쪽으로 치우치고 그을음, 분진이 발생하고 무화상태가 불량해진다.

㉯ 전기식 유예열기 용량 계산식

$$[\text{kWh}] = \frac{G_f \cdot C_f \cdot \Delta t}{860 \cdot \eta}$$

여기서, G_f : 연료사용량[kg/h], C_f : 연료의 비열[kcal/kg·℃]

Δt : 유예열기 입·출구 온도차[℃], η : 유예열기 효율[%]

⑧ **전자밸브(solenoid valve)** : 화염 검출기, 증기 압력제한기, 저수위 경보기, 송풍기와 연결하여 이상 감수, 실화 및 과부하 시 연료를 차단하여 안전사고를 방지한다.

(3) 기체연료

① **LPG 저장방법**
  ㉮ 용기에 의한 저장 : 가스 소비량이 적은 경우 충전 용기를 여러 개 설치하여 자연기화 방법, 강제기화에 의해서 사용한다.
  ㉯ 횡형 원통형 탱크에 의한 저장 : 대량으로 사용하는 곳에 적당하다.
  ㉰ 구형 탱크에 의한 저장 : 소비량이 수백 톤 이상의 대량소비처에 적당하다.

② **도시가스 저장방법** : LNG의 경우 도시가스로 공급하기 위해서는 기화장치가 필요하며, 공급해야 할 도시가스를 일시 저장하는 시설을 가스 홀더(gas holder)라 한다.
  ㉮ LNG 기화장치의 종류
    ⓐ 오픈랙(open rack) 기화법 : 베이스로드용으로 수직 병렬로 연결된 알루미늄 합금제의 핀 튜브 내부에 LNG가, 외부에 바닷물을 스프레이하여 기화시키는 구조이다. 바닷물을 열원으로 사용하므로 초기시설비가 많으나 운전비용이 저렴하다.
    ⓑ 중간매체법 : 베이스로드용으로 프로판(C_3H_8), 펜탄(C_5H_{12}) 등을 사용한다.
    ⓒ 서브 머지드(submerged)법 : 피크로드용으로 액중 버너를 사용한다. 초기 시설비가 적으나 운전비용이 많이 소요된다. SMV(submerged vaporizer)식이라 한다.
  ㉯ 가스 홀더의 기능(역할)
    ⓐ 가스수요의 시간적 변동에 대하여 공급가스량을 확보한다.
    ⓑ 공급설비의 일시적 중단에 대하여 어느 정도 공급량을 확보한다.
    ⓒ 공급가스의 성분, 열량, 연소성 등의 성질을 균일화 한다.
    ⓓ 소비지역 근처에 설치하여 피크 시의 공급, 수송효과를 얻는다.
  ㉰ 가스 홀더의 종류 : 유수식, 무수식, 고압식(구형 가스 홀더)

출제예상문제
Expected problems

01 고체연료의 연소방식으로 옳은 것은?
① 포트식 연소 ② 화격자 연소
③ 심지식 연소 ④ 증발식 연소

해설 고체 연료(석탄)의 연소방식 : 화격자 연소방식, 미분탄 연소방식, 유동층 연소방식 **답** ②

02 고체 연료의 연소방식이 아닌 것은?
① 화격자 연소방식
② 확산 연소방식
③ 미분탄 연소방식
④ 유동층 연소방식

해설 고체 연료(석탄)의 연소방식 : 화격자 연소방식, 미분탄 연소방식, 유동층 연소방식
※ 확산 연소방식은 기체 연료의 연소방법이다. **답** ②

03 기계분(機械焚) 연소에 대한 설명으로 틀린 것은?
① 설비비 및 운전비가 높다.
② 산포식 스토커는 호퍼, 회전익차, 스크류 피이더가 주요 구성요소이다.
③ 고정화격자 연소의 경우 효율이 떨어진다.
④ 저질연료를 사용하여도 유효한 연소가 가능하다.

해설 기계분 연소의 특징
㉮ 연소효율이 높다.
㉯ 대용량에 적합하며, 인건비가 적게 소요된다.
㉰ 완전 자동화가 가능하다.
㉱ 설비비 및 유지비(운전비)가 많이 소요된다.
㉲ 수분(手焚)과 비교하여 부하변동에 대응하기 어렵다.
※ 형태에 따른 스토커의 종류 : 산포식 스토커, 쇄상식 스토커, 하입식 스토커, 계단식 스토커 **답** ③

04 저질탄 또는 조분탄의 연소방식이 아닌 것은?
① 분무식 ② 산포식
③ 쇄상식 ④ 계단식

해설 분무식 연소방식은 액체 연료를 공업적으로 가장 많이 사용하는 연소방식을 연료를 안개 모양으로 무화시켜 연소시키는 방법이다.
※ 스토커의 종류 : 산포식(상입식) 스토커, 쇄상식 스토커, 하입식 스토커, 계단식 스토커 등 **답** ①

05 산포식 스토커로 석탄을 연소시킬 때 연소층은 어떤 순서로 형성되는가?
① 건조층 → 환원층 → 산화층 → 회층
② 환원층 → 건조층 → 산화층 → 회층
③ 회층 → 건조층 → 환원층 → 산화층
④ 산화층 → 환원층 → 건조층 → 회층

해설 산포식 스토커 :
휘발분이 적은 연료에 사용하며 회전 날개식 급탄기로 석탄을 뿌리면 작은 덩어리는 가까운 쪽에, 큰 덩어리는 멀리 떨어져 연소되는 것으로 연소층은 건조층 → 환원층 → 산화층 → 회층 순서로 형성된다. **답** ①

06 화격자 연소방식 중 하입식 연소에 대한 설명으로 옳은 것은?
① 산화층에서는 코크스화한 석탄 입자 표면에 충분한 산소가 공급되어 표면연소에 의한 탄산가스가 발생한다.
② 코크스화한 석탄은 환원층에서 아래 산화층에서 발생한 탄산가스를 일산화탄소로 환원한다.
③ 석탄층은 연소가스에 직접 접하지 않고 상부의 고온 산화층으로부터 전도와 복사에 의해 가열된다.
④ 휘발분과 일산화탄소는 석탄층 위쪽에서 2차 공기와 혼합하여 기상 연소한다.

해설 하입식 화격자 연소방식 : 화격자 아래에서 석탄을 공급하는 방식으로 연료가 상부로 올라가면서 가열(건류)되며 이때 발생하는 휘발분은 공기와 혼합되어 고열부를 통과 하면서 완전연소할 수 있다.
답 ③

07 미분탄연소의 일반적인 특징에 대한 설명 중 틀린 것은?

① 사용 연료의 범위가 좁다.
② 소량의 과잉공기로 단시간에 완전연소가 되므로 연소효율이 높다.
③ 부하 변동에 대한 적응성이 좋다.
④ 회(灰), 먼지 등이 많이 발생하여 집진장치가 필요하다.

해설 미분탄 연소의 특징
㉮ 적은 공기비로 완전연소가 가능하다.
㉯ 점화, 소화가 쉽고 부하 변동에 대응하기 쉽다.
㉰ 대용량에 적당하고, 사용연료 범위가 넓다.
㉱ 연소실 공간을 유효하게 이용할 수 있다.
㉲ 설비비, 유지비가 많이 소요된다.
㉳ 회(灰), 먼지 등이 많이 발생하여 집진장치가 필요하다.
㉴ 연소실 면적이 크고, 폭발의 위험성이 있다.
답 ①

08 고체 연료의 연소방법 중 미분탄연소의 특징이 아닌 것은?

① 연소실의 공간을 유효하게 이용할 수 있다.
② 부하 변동에 대한 응답성이 우수하다.
③ 소형의 연소로에 적합하다.
④ 낮은 공기비로 높은 연소효율을 얻을 수 있다.

해설 미분탄 연소는 대용량에 적합하고, 사용연료 범위가 넓지만 중유 연소에 비해 소요 동력이 많이 필요하다.
답 ③

09 슬래그 연소의 특성이 아닌 것은?

① 과잉공기량이 적어 연소 배출가스에 의한 열손실이 적고, 높은 온도를 유지할 수 있어 보일러 열효율이 높다.
② fly ash가 적어 전열면의 오손이 적고, 재가 용융되므로 미연소물의 배출이 적다.
③ 노 내 분위기 온도를 고온으로 유지해야 하므로 특별한 구조가 필요하다.
④ 분쇄기가 필요해서 설비비와 유지비가 비싸다.

해설 (1) 슬래그 연소 : 미분탄의 연소장치 중 하나로 노 내의 온도를 재의 융점 이상으로 높여 재를 용융시켜 이를 노의 하부로 유출시키는 방법으로 연소하는 장치이다.
(2) 특징
㉮ 비산회(fly ash)가 적어 전열면 오손이 적다.
㉯ 재가 용융되므로 미연소물의 배출이 적고, 미연소에 의한 열손실이 적다.
㉰ 공기비가 적어 배기가스에 의한 손실열이 적다.
㉱ 가동시간이 길고, 노의 온도를 고온으로 유지할 수 있다.
㉲ 노 내 분위기 온도를 고온으로 유지해야 하므로 특별한 구조가 필요하다.
㉳ 노 내의 온도를 회의 용융온도보다 200[℃] 정도 높게 고온으로 유지해야 하므로 사용 연료에 제한이 있다.
답 ④

10 수분이나 회분을 많이 함유한 저품위 탄을 사용할 수 있으며 구조가 간단하고 소요 동력이 적게 드는 연소장치는?

① 슬래그탭식
② 클레이머식
③ 사이클론식
④ 각우식

해설 미분탄 연소방법의 분류 및 특징
㉮ U자형 연소 : 편평류 버너를 사용하여 연소로의 상부로부터 2차 공기와 같이 분사, 연소한다.
㉯ L자형 연소 : 선회류 버너를 사용하여 연소로의 측벽에서 분사, 연소한다.
㉰ 모서리 버너 연소 : 장방형의 연소로 네 모퉁이에서 분사, 연소한다.
㉱ 특수 연소 : 슬래그 탭식, 클레이머식, 사이클론식

※ 클레이머식 : 석탄을 연소로 상부에서 하부로 보내면서 연소가스의 일부를 예열공기로 유입시켜 석탄을 건조시키면서 하부의 충격 미분기로 석탄이 미분화되면서 연소시키는 것으로 구조가 간단하고 소요 동력이 적으며 수분이나 회분이 많은 연료도 사용할 수 있다. 답 ②

11 다음 [보기]의 특징을 가지는 고체연료 연소 방법은?

[보기]
- 미분쇄할 필요가 없다.
- 부하 변동에 따른 적응력이 좋지 않다.
- 도시 쓰레기 및 오물의 소각로로서 많이 사용된다.

① 유동층 연소 ② 화격자 연소
③ 미분탄 연소 ④ 스토커식 연소

해설 유동층 연소 : 화격자 연소와 미분탄 연소방식을 혼합한 형식으로 화격자 하부에서 강한 공기를 송풍기로 불어 넣어 화격자 위의 탄층을 유동층에 가까운 상태로 형성하면서 700~900[℃] 정도의 저온에서 연소시키는 방법이다.
㉮ 광범위한 연료에 적용할 수 있다.
㉯ 연소 시 화염층이 작아진다.
㉰ 클링커 장애를 경감할 수 있다.
㉱ 연소온도가 낮아 질소산화물의 발생량이 적다.
㉲ 화격자 단위면적당 열부하를 크게 얻을 수 있다.
㉳ 부하 변동에 따른 적응력이 떨어진다. 답 ①

12 액체 연료의 연소 방법으로 틀린 것은?

① 유동층연소 ② 등심연소
③ 분무연소 ④ 증발연소

해설 액체 연료의 연소방식
㉮ 기화연소방식 : 포트식, 심지식(등심연소), 증발식
㉯ 무화연소(분무연소)방식 : 유압식 버너, 기류식 버너, 회전분무식(회전컵식), 건타입 버너
※ 유동층식은 고체연료(석탄)의 연소방식이다. 답 ①

13 공업적으로 가장 많이 이용하고 있는 액체 연료의 연소방식은?

① 분무연소 ② 액면연소
③ 심지연소 ④ 증발연소

해설 액체연료를 공업적으로 가장 많이 사용하는 연소방식은 연료를 안개 모양으로 무화시켜 연소시키는 분무연소이다. 답 ①

14 액체를 미립화하기 위해 분무를 할 때 분무를 지배하는 요소로서 가장 거리가 먼 것은?

① 액류의 운동량
② 액류와 기체의 표면적에 따른 저항력
③ 액류와 액공 사이의 마찰력
④ 액체와 기체 사이의 표면장력

해설 분무를 지배하는 요소
㉮ 액류(연료)의 운동량
㉯ 액류(연료)와 기체의 표면적에 따른 저항력
㉰ 액류(연료)와 주위의 기체와의 마찰력
㉱ 액체와 기체 사이의 표면장력 답 ③

15 액체연료의 미립화 시 평균 분무입경에 직접적인 영향을 미치는 것이 아닌 것은?

① 액체 연료의 표면장력
② 액체 연료의 점성계수
③ 액체 연료의 탁도
④ 액체 연료의 밀도

해설 액체 연료 미립화 시 분무입경에 영향을 미치는 것 : 표면장력, 점성계수, 밀도, 마찰력, 저항력 답 ③

16 액체 연료 연소방식에서 연료를 무화시키는 목적으로 틀린 것은?

① 연소효율을 높이기 위하여
② 연소실의 열부하를 낮게 하기 위하여
③ 연료와 연소용 공기의 혼합을 고르게 하기 위하여
④ 연료 단위 중량당 표면적을 크게 하기 위하여

해설 무화의 목적
  ㉮ 단위 중량당 표면적을 크게 한다.
  ㉯ 주위 공기와 혼합을 양호하게 한다.
  ㉰ 연소효율을 향상시킨다.
  ㉱ 연소실을 고부하로 유지한다. 답 ②

17 중유 버너 연소에 있어서 중유의 무화방법으로서 잘못된 것은?
 ① 금속판에 연료를 고속으로 충돌시키는 방법
 ② 가열에 의해 가스화하는 방법
 ③ 압축공기를 사용하는 방법
 ④ 원심력을 사용하는 방법

해설 무화 방법의 종류
  ㉮ 유압 무화식 : 연료 자체에 압력을 주어 무화시키는 방법
  ㉯ 이류체 무화식 : 증기, 공기를 이용하여 무화시키는 방법
  ㉰ 회전 이류체 무화식 : 원심력을 이용하여 무화시키는 방법
  ㉱ 충돌 무화식 : 연료끼리 혹은 금속판에 충돌시켜 무화시키는 방법
  ㉲ 진동 무화식 : 초음파에 의하여 무화시키는 방법
  ㉳ 정전기 무화식 : 고압 정전기를 이용하여 무화시키는 방법 답 ②

18 중유를 버너로 연소시킬 때 다음 중 연소상태에 가장 적게 영향을 미치는 것은?
 ① 황분   ② 점도
 ③ 인화점   ④ 유동점

해설 중유의 연소상태에 영향을 주는 것 : 비중, 점도, 인화점, 유동점, 비열 등 답 ①

19 유압분무식 버너의 특징에 대한 설명 중 틀린 것은?
 ① 기름의 점도가 너무 높으면 무화가 나빠진다.
 ② 유지 및 보수가 간단하다.
 ③ 대용량의 버너 제작이 용이하다.
 ④ 분무 유량조절의 범위가 넓다.

해설 유압분무식 버너의 특징
  ㉮ 구조가 비교적 간단하다.
  ㉯ 부하변동에 적응성이 적다.
  ㉰ 무화매체가 필요 없고, 대용량에 적합하다.
  ㉱ 유량은 유압의 평방근에 비례한다.
  ㉲ 소음발생이 거의 없지만, 무화특성이 좋지 않다.
  ㉳ 종류에는 환류식과 비환류식이 있다.
  ㉴ 분사각도 : 40~90°
  ㉵ 사용유압 : 5~20[kgf/cm²]
  ㉶ 유량 조절범위가 좁다 : 환류식(1 : 3), 비환류식(1 : 6) 답 ④

20 다음 중 중유의 예열온도가 가장 높은 버너는?
 ① 회전식
 ② 고압기류식
 ③ 저압기류식
 ④ 유압식

해설 유압식 버너는 연료를 가압하여 연료자체의 압력으로 노즐에서 분출시켜 미립화시키는 형식으로 다른 분무매체를 사용하지 않으므로 중유의 예열온도는 다른 형식에 비해 높게 유지하여야 한다. 답 ④

21 0.05~0.2[kgf/cm²](5~20[kPa])의 공기를 사용하여 무화시키는 버너로서 연동형과 비연동형으로 구분되는 것은?
 ① 유압분무식
 ② 고압기류식
 ③ 저압기류식
 ④ 회전분무식

해설 저압 기류식 버너의 특징
  ㉮ 종류 : 연동형[공기와 연료비 비례조절(1 : 6)], 비연동형[공기와 연료비 별도 조절(1 : 5)]
  ㉯ 공기압력 : 0.05~0.2[kgf/cm²](5~20[kPa])
  ㉰ 연료 유압 : 0.02~0.2[kgf/cm²] 정도
  ㉱ 분무각도 : 30~60°
  ㉲ 유량 조절범위 1 : 5 ~ 1 : 6이다.
  ㉳ 소형 설비에 사용한다.
  ㉴ 분무용 공기량은 이론공기량의 30~50[%] 정도 소요된다. 답 ③

22 분무각도가 30° 정도로 작고 유량조절범위가 크며 점도가 높은 연료도 무화가 가능한 버너는?

① 고압기류식 버너
② 압력분무식 버너
③ 회전식 버너
④ 건 타입 버너

해설 고압 기류식 분무버너의 특징
㉮ 종류 : 증기분무식, 내부혼합식, 외부혼합식, 중간혼합식
㉯ 분무매체 : 공기, 증기(2~7[kgf/cm^2])
㉰ 연료유압 : 0.3~6[kgf/cm^2]
㉱ 분무각도 : 30°
㉲ 유량 조절범위 1 : 10이다.
㉳ 고점도 연료도 무화가 가능하다.
㉴ 연소 시 소음발생이 심하다.
㉵ 부하변동이 큰 곳에 적당하다.
㉶ 분무용 공기량은 이론공기량의 7~12[%] 정도 소요된다.   답 ①

23 액체연료 연소장치 중 회전식 버너의 특징에 대한 설명으로 틀린 것은?

① 분무각은 10~40° 정도이다.
② 유량조정범위는 1 : 5 정도이다.
③ 자동제어에 편리한 구조로 되어 있다.
④ 부속설비가 없으며 화염이 짧고 안정한 연소를 얻을 수 있다.

해설 회전식(rotary type) 버너의 특징
㉮ 분무컵을 고속으로 회전시켜 연료를 분출하고, 1차 공기를 이용하여 무화시키는 방식이다.
㉯ 사용유압은 0.3~0.5[kgf/cm^2] 정도이다.
㉰ 분무각은 30~80° 정도, 유량 조절범위는 1 : 5 정도이다.
㉱ 회전수는 직결식이 3,000~3,500[rpm], 벨트식이 7,000~10,000[rpm] 정도이다.
㉲ 설비가 간단하고 자동화가 쉽다.
㉳ 점도가 작을수록 분무상태가 좋아진다.
㉴ 고점도 연료는 예열이 필요하다.
㉵ 청소, 점검, 수리가 간편하다.   답 ①

24 로터리 버너(rotary burner)로 벙커C유를 연소시킬 때 분무가 잘되게 하기 위한 조치로서 가장 거리가 먼 것은?

① 점도를 낮추기 위하여 중유를 예열한다.
② 중유 중의 수분을 분리, 제거한다.
③ 버너 입구 배관부에 스트레이너를 설치한다.
④ 버너 입구의 오일 압력을 100[kPa] 이상으로 한다.

해설 로터리 버너(rotary burner : 회전식 버너)의 사용유압은 0.3~0.5[kgf/cm^2](30~50[kPa]) 정도이다.   답 ④

25 건 타입 버너에 대한 설명으로 옳은 것은?

① 연소가 다소 불량하다.
② 비교적 대형이며 구조가 복잡하다.
③ 버너에 송풍기가 장치되어 있다.
④ 보일러나 열교환기에는 사용할 수 없다.

해설 건 타입(gun type) 버너의 특징
㉮ 유압식과 공기분무식을 혼합한 것으로 연소상태가 양호하다.
㉯ 사용연료는 등유, 경유이다.
㉰ 연료유압은 7[kgf/cm^2] 이상이다.
㉱ 소형으로 전자동이 가능하다.
㉲ 버너에 송풍기가 장치되어 있어 공기와 연료의 혼합을 촉진한다.
㉳ 오일펌프 내에 있는 유량조절밸브에서 유량을 조절한다.   답 ③

26 부하변동에 따른 연료량의 조절범위가 가장 큰 버너의 형식은?

① 유압식 버너
② 회전식 버너
③ 고압공기 분무식 버너
④ 저압증기 분무식 버너

해설 버너 형식에 따른 연료량 조절범위

버너 형식	조절범위
유압식	1 : 3~1 : 6
회전식	1 : 5
고압공기 분무식	1 : 10
저압증기 분무식	1 : 5~1 : 6

답 ③

27 저위발열량이 9,750[kcal/kg]인 중유를 연소시키는 10[ton/h]의 증기보일러에 적합한 버너의 용량은 몇 [L/h]인가? (단, 중유 비중은 0.915, 보일러 효율은 88[%]이다.)

① 530.3 ② 604.2
③ 628.2 ④ 686.6

해설

$$\text{버너용량} = \frac{\text{증기발생에 필요한 열량}}{\text{연료의 저위발열량} \times \text{보일러 효율}}$$
$$= \frac{539 \times 10 \times 10^3}{9750 \times 0.915 \times 0.88}$$
$$= 686.562[L/h]$$

답 ④

28 기체연료 연소장치인 가스버너의 특징에 대한 설명으로 틀린 것은?

① 연소 성능이 좋고 고부하 연소가 가능하다.
② 연소조절이 용이하며 속도가 빠르다.
③ 연소의 조절범위가 좁고 보수가 어렵다.
④ 매연이 적어 공해 대책에 유리하다.

해설 가스버너의 특징
㉮ 연소성능이 좋고, 고부하 연소가 가능하다.
㉯ 연소량 조절이 간단하고, 그 범위가 넓다.
㉰ 정확한 온도제어가 가능하다.
㉱ 버너 구조가 간단하며, 보수가 용이하다.
㉲ 배기가스 중 유해물질이 적어 공해 대책에 유리하다.

답 ③

29 다음 중 분젠식 가스 버너가 아닌 것은?

① 링 버너 ② 적외선 버너
③ 슬릿 버너 ④ 블라스트 버너

해설 분젠식 가스 버너의 분류
㉮ 분젠식 : 링(ring) 버너, 슬릿(slit) 버너
㉯ 세미 분젠식
㉰ 전1차 공기식 : 적외선 버너, 중압 분젠 버너

답 ④

30 내화재로 만든 화구에서 공기와 가스를 따로 연소실에 송입하여 연소시키는 방식으로 대형 가마에 적합한 가스 연료 연소장치는?

① 포트형 버너 ② 방사형 버너
③ 건타입형 버너 ④ 선회형 버너

해설 포트형(port type) 버너 : 가스와 공기를 고온으로 예열할 수 있고 가스를 노즐을 통해 연소실 내로 확산하면서 공기와 혼합하여 연소하는 확산연소방식(외부혼합형)이다.

답 ①

32 보일러설비 계획 시 연소장치의 버너를 선정할 때 검토해야 할 사항으로 가장 거리가 먼 것은?

① 연료의 종류
② 안전밸브 여부
③ 유량조절 및 공기조절
④ 연소실의 분위기(압력, 온도조절)

해설 오일 버너 선정 시 고려(검토)해야 할 사항
㉮ 연료의 종류에 적합할 것
㉯ 버너 용량이 보일러 용량에 적합할 것
㉰ 부하변동에 대한 유량 조절범위를 고려할 것
㉱ 자동제어 방식에 적합한 버너형식을 고려할 것
㉲ 가열조건과 연소실 구조에 적합할 것

답 ②

33 액체연료에 대한 가장 적당한 연소방법은?

① 화격자연소 ② 스토커 연소
③ 버너 연소 ④ 확산연소

해설 연료 종류 별 연소방법
㉮ 고체연료 : 화격자연소, 미분탄연소(버너 연소)
㉯ 액체연료 : 버너 연소(분무연소), 증발 연소, 심지 연소
㉰ 기체연료 : 버너 연소(예혼합연소, 확산연소)

답 ③

34 등유, 경유 등의 휘발성이 큰 연료를 접시모양의 용기에 넣어 증발 연소시키는 방식은?

① 분해연소　　② 확산연소
③ 분무연소　　④ 포트식 연소

해설 포트식 연소(pot type combustion) : 휘발성이 큰 등유, 경유 등의 액면에서 증발한 연료의 기체성분이 주위의 공기와 혼합하면서 연소하는 방식이다.
답 ④

35 중유연료의 연소 시 무화에 수증기를 사용하는 경우에 대한 설명으로 틀린 것은?

① 고압무화가 가능하므로 무화 효율이 좋다.
② 고압무화할수록 무화 매체량이 적어도 되므로 대용량 보일러에 사용된다.
③ 고점도의 기름도 쉽게 무화시킬 수 있다.
④ 소형보일러 및 중소 요로(窯爐)용에는 공기무화보다 유리하다.

해설 소형보일러 및 중소 요로(窯爐)용에는 공기무화보다 불리하다.
답 ④

36 유류용 연소방법과 장치에 대한 설명으로 틀린 것은?

① 버너 팁의 탄화물의 부착은 불완전연소, 버너 팁 폐색의 원인이 된다.
② 연소실 측벽의 탄소상 물질이 부착되는 것은 버너 무화의 불량이다.
③ 화염이 스파크 모양의 섬광이 발생되는 것은 무화의 불량, 연료의 비중이 낮은 연료이다.
④ 화염의 불안정은 무화용 스팀공급의 부적정이 원인이다.

해설 화염이 스파크 모양의 섬광이 발생되는 것은 버너 속에 카본이 붙었을 때, 오일온도가 낮을 때, 분무공기압이 낮을 때, 버너타일이 맞지 않을 때 발생한다.
답 ③

37 기체연료의 연소방식을 크게 2가지로 분류한 것은?

① 등심연소와 분산연소
② 예혼합연소와 확산연소
③ 액면연소와 증발연소
④ 증발연소와 분해연소

해설 연료 종류별 연소방식 분류
㉮ 고체연료 : 미분탄연소, 화격자연소, 유동층연소
㉯ 액체연료 : 액면연소, 등심연소, 증발연소, 분무연소
㉰ 기체연료 : 예혼합연소, 확산연소
답 ②

38 예혼합연소의 특징에 대한 설명으로 옳은 것은?

① 역화의 위험성이 없다.
② 노(爐)의 체적이 커야 한다.
③ 연소실 부하율을 높게 얻을 수 있다.
④ 화염대에 해당하는 두께는 10~100[mm] 정도로 두껍다.

해설 예혼합연소(내부혼합식)의 특징
㉮ 가스와 공기의 사전 혼합형이다.
㉯ 화염이 짧으며, 고온의 화염을 얻을 수 있다.
㉰ 공기와 가스를 예열하여 사용할 수 없다.
㉱ 연소부하가 크고, 역화의 위험성이 크다. **답** ③

39 예혼합 연소방식의 특징으로 틀린 것은?

① 내부 혼합형이다.
② 불꽃의 길이가 확산 연소방식보다 짧다.
③ 가스와 공기의 사전 혼합형이다.
④ 역화의 위험이 없다.

해설 가스와 공기의 사전 혼합형이라 역화의 위험성이 크다.
답 ④

40 가스버너로 연료가스를 연소시키면서 가스의 유출속도를 점차 빠르게 하였다. 이때 어떤 현상이 발생하겠는가?

① 불꽃이 엉클어지면서 짧아진다.
② 불꽃이 엉클어지면서 길어진다.
③ 불꽃 형태는 변함없으나 밝아진다.
④ 별다른 변화를 찾기 힘들다.

해설 가스의 유출속도를 점차 빠르게 하면 난류현상으로 연소속도가 빨라지며 불꽃은 엉클어지면서 짧아진다. **답** ①

41 분젠 버너의 가스유속을 빠르게 했을 때 불꽃이 짧아지는 이유는?

① 층류 현상이 생기기 때문에
② 난류 현상으로 연소가 빨라지기 때문에
③ 가스와 공기의 혼합이 잘 안 되기 때문에
④ 유속이 빨라서 미처 연소를 못하기 때문에

해설 가스의 유출속도를 점차 빠르게 하면 난류현상으로 연소속도가 빨라지며 불꽃은 엉클어지면서 짧아진다. **답** ②

42 불꽃연소(Flaming combustion)에 대한 설명으로 틀린 것은?

① 연소사면체에 의한 연소이다.
② 연소속도가 느리다.
③ 연쇄반응을 수반한다.
④ 가솔린 등의 연소가 이에 해당한다.

해설 (1) 불꽃연소(Flaming combustion) : 가연성 물질에서 발생된 증기가 공기 중의 산소와 혼합기를 형성하여 연소하는 것으로 연소속도가 빠르고 불꽃과 열을 발생하면서 연소하는 것을 말한다.
(2) 불꽃연소의 특징 : ①, ③, ④ 외
  ㉮ 고체연료는 열분해, 액체연료는 증발에 의한 기체의 확산이 이루어져 연소상태가 매우 복잡하다.
  ㉯ 연료의 표면에서 불꽃이 발생하며 연소한다.
  ㉰ 연소속도가 매우 빠르다.
  ㉱ 단위시간당 방출열량이 크다. **답** ②

43 기체연료가 다른 연료에 비하여 연소용 공기가 적게 소요되는 가장 큰 이유는?

① 인화가 용이하므로
② 착화온도가 낮으므로
③ 열전도도가 크므로
④ 확산연소가 되므로

해설 확산연소로 연소용 공기(산소)와 혼합이 잘 이루어지기 때문에 연소용 공기가 적게 소요된다. **답** ④

44 다음 중 로내 상태가 산화성인가, 환원성인가를 확인하는 방법 중 가장 확실한 것은?

① 연소가스 중의 CO_2 함량을 분석한다.
② 화염의 색깔을 본다.
③ 노 내 온도 분포를 체크한다.
④ 연소가스 중의 CO 함량을 분석한다.

해설 환원염은 수소(H_2)나 불완전연소에 의한 일산화탄소(CO)를 함유한 것으로 청록색으로 빛나는 화염으로 연소가스 중의 일산화탄소(CO)의 함유량을 분석하여 일산화탄소가 함유되어 있으면 환원성 분위기, 함유되어 있지 않으면 산화성 분위기로 판단할 수 있다. **답** ④

45 보일러에서 보염장치를 설치하는 목적이 아닌 것은?

① 연소 화염을 안정시킨다.
② 안정된 착화를 도모한다.
③ 연소가스 체류 시간을 짧게 해 준다.
④ 저공기비 연소를 가능하게 한다.

해설 보염장치의 설치 목적
㉮ 화염의 형상 조절
㉯ 안정된 착화도모
㉰ 전열효율 촉진
㉱ 공기와 연료의 혼합 촉진 **답** ③

46 화염이 공급공기에 의해 꺼지지 않게 보호하며 선회기 방식과 보염판 방식으로 대별되는 장치는?

① 윈드박스
② 스테빌라이저
③ 버너타일
④ 콤버스터

해설 ▶ 보염장치의 종류 및 역할
- ㉮ 윈드박스(wind box) : 풍도(風道)에서 공기를 흡입하여 동압의 대부분을 정압으로 노 내에 유입시키는 역할을 하는 것이다.
- ㉯ 보염기(stabilizer) : 착화를 확실하게 하며 화염의 안정을 도모한다.
- ㉰ 버너타일(burner tile) : 연료와 공기를 노 내에 분사하기 위하여 노벽에 설치한 목(burner throat)을 구성하는 내화재로 착화와 화염이 안정되도록 한다. 답 ②

47 착화를 원활하게 하는 보염기(stabilizer)의 종류가 아닌 것은?
① 축류식 선회기   ② 반경류식 선회기
③ 대류식 선회기   ④ 혼류식 선회기

해설 ▶ 보염기(stabilizer) : 버너 팁 선단에 부착하여 착화를 원활하게 하고, 화염의 안정된 연소를 도모하는 장치로 선회기를 설치하여 연소용 공기에 선회운동을 주어 원추상으로 분사시켜 내측에 저압부분의 형성으로 저속영역을 만들어 착화를 쉽게 하는 것으로 선회기 방식, 보염판 방식으로 구별되며 선회기 방식은 축류식, 반경류식, 혼류식으로 분류된다. 답 ③

48 연소장치의 선회방식 보염기가 아닌 것은?
① 평행류식   ② 축류식
③ 반경류식   ④ 혼류식

해설 ▶ 선회기 방식의 종류 : 축류식, 반경류식, 혼류식
답 ①

49 석탄저장 시 자연발화 및 풍화작용에 유의하여 저탄집을 설치 운용하여야 한다. 다음 중 저탄 관리상 옳지 않은 설명은?
① 저탄장은 1/100~1/150의 경사를 두어 배수를 양호하게 하고 30[m²]마다 1개소 이상의 통기구를 마련한다.
② 자연발화를 억제하기 위해 탄층은 옥외 저탄 시 4[m] 이상, 옥내 저탄 시 2[m] 이상으로 가급적 높게 쌓는다.
③ 풍화작용을 억제하기 위해 가급적 수분과 휘발분이 작고 입자가 큰 석탄을 선택하여야 한다.
④ 풍화작용은 외기온도 및 저장기간의 영향을 크게 받으므로 저장일은 30일 이내로 한다.

해설 ▶ 석탄의 저장방법
- ㉮ 탄층의 높이는 옥외 저탄 시 4[m] 이하, 옥내 저탄 시 2[m] 이하로 한다.
- ㉯ 탄 종류, 채탄 시기, 인수 시기, 입도별로 구분하여 쌓는다.
- ㉰ 바닥면을 1/100~1/150 구배를 주어 배수를 용이하게 한다.
- ㉱ 풍화작용을 억제하기 위해 가급적 수분과 휘발분이 작고 입자가 큰 석탄을 선택한다.
- ㉲ 풍화작용은 외기온도 및 저장기간의 영향을 크게 받으므로 저장일은 30일 이내로 한다.
- ㉳ 지붕을 설치하여 한서를 방지한다.
- ㉴ 자연발화를 방지하기 위하여 30[m²]마다 1개소 이상의 통기구를 마련하여 발열조치를 한다.
- ㉵ 탄층 1[m] 깊이의 온도를 60[℃] 이하가 되도록 한다. 답 ②

50 저탄장에서 이용할 수 있는 석탄의 발화방지법에 대한 설명으로 가장 거리가 먼 것은?
① 공기와의 접촉을 피하도록 다진다.
② 새로운 탄과 오래된 탄을 혼합시켜 저장한다.
③ 탄층 중의 온도를 측정하여 60℃가 넘으면 다시 쌓는다.
④ 탄층의 중간에 속이 빈 철 파이프를 삽입하여 탄층을 냉각시킨다.

해설 ▶ 저탄장에서 석탄의 발화를 방지하기 위하여 새로운 탄과 오래된 탄을 구분하여 저장한다. 답 ②

51 석탄의 저장 시 자연발화를 방지하기 위하여 탄층 1[m] 깊이의 온도를 측정하여 몇 [℃] 이하가 되도록 하는 것이 가장 적당한가?
① 40   ② 60
③ 80   ④ 100

[해설] 자연발화를 방지하기 위하여 탄층 1[m] 깊이의 온도를 60[℃] 이하가 되도록 한다. **답** ②

52 다음 중 풍화의 영향이 크지 않은 것은?
① 석탄의 휘발분 ② 석탄의 고정탄소
③ 석탄의 회분   ④ 석탄의 수분

[해설] (1) 석탄의 풍화작용 : 연료 중의 휘발분이 공기 중의 산소와 화합하여 탄의 질이 저하되는 현상
(2) 풍화작용에 의하여 나타나는 현상
  ㉮ 휘발분이 감소한다.
  ㉯ 발열량이 감소한다.
  ㉰ 석탄 표면이 변색된다.
  ㉱ 석탄의 질이 저하되며, 분탄이 되기 쉽다.
답 ③

53 건조한 석탄층을 공기 중에 오래 방치할 때 일어나는 현상 중에서 틀린 것은?
① 공기 중 산소를 흡수하여 서서히 발열량이 감소한다.
② 점결탄의 경우 점결성이 감소한다.
③ 불순물이 증발하여 발열량이 증가한다
④ 산소에 의하여 산화와 직사광선으로 열을 발생하여 자연발화 할 수도 있다.

[해설] 연료 중의 휘발분이 공기 중의 산소와 화합하여 탄의 질이 저하되고 발열량이 감소한다. **답** ③

54 액체 연료의 저장방법으로 적절치 못한 것은?
① 통기관을 설치하여야 한다.
② 탱크의 강판두께는 3.2[mm] 이상이어야 한다.
③ 증발 소모가 적어야 한다.
④ 사각기둥형의 탱크를 사용하여야 한다.

[해설] 일반적으로 액체 연료를 저장하는 저장탱크는 지상형의 경우 입형 원통형이, 지하형의 경우 횡형 원통형이 사용된다. **답** ④

55 액체연료를 옥외 저장탱크에 저장할 때에 대한 설명으로 틀린 것은?
① 주위에 공지를 마련해야 한다.
② 탱크판 두께는 3.2[mm] 이상이어야 한다.
③ 상용압력의 1.5배 압력에 견디어야 한다.
④ 내부의 증발가스가 밖으로 나오는 것을 막아야 한다.

[해설] 내부의 증발가스가 밖으로 배출되도록 40[mm] 이상의 통기관을 설치하여야 한다. **답** ④

56 연소용 급유펌프에 대하여 틀리게 설명한 것은?
① 펌프를 통과하는 기름의 속도는 보통 0.9~2.1[m/min]이다.
② 펌프의 흡입 측에 기름 여과기를 설치한다.
③ 펌프 구동용 모터는 개폐식이 좋다.
④ 펌프의 토출 측에 기름 조절밸브를 부착시킨다.

[해설] 펌프 구동용 모터는 밀폐식이 좋다. **답** ③

57 유류 보일러 시스템에서 중유를 사용할 때 흡입 측의 여과망 눈 크기로 적합한 것은?
① 1~10mesh
② 20~60mesh
③ 100~150mesh
④ 300~500mesh

[해설] 여과망 크기
(1) 중유용
  ㉮ 흡입 측(20~60mesh)
  ㉯ 토출 측(60~120mesh)
(2) 경유, 등유용
  ㉮ 흡입 측(80~120mesh)
  ㉯ 토출 측(100~250mesh)
답 ②

58 유(油)가열기에 대한 설명 중 틀린 것은?
① 유가열기에는 전기식과 증기식이 있지만, 대용량의 경우에는 전기식의 것을 사용한다.
② 증기식 가열기 중 가장 널리 이용되는 형식은 다관식 열교환기이다.
③ 유가열기는 버너에 가까운 기름 배관에 설치한다.
④ 유가열기는 중유의 점도를 버너에 적합한 정도로 맞추기 위하여 사용한다.

해설 대용량의 경우에는 증기식의 것을 사용한다.
답 ①

59 유류 보일러에서 연료유의 예열온도가 낮을 때 발생될 수 있는 현상이 아닌 것은?
① 화염이 편류된다.
② 무화가 불량하게 된다.
③ 기름의 분해가 발생한다.
④ 그을음이나 분진이 발생한다.

해설 연료유(중유)의 예열온도 영향
(1) 예열온도가 너무 높을 때
　㉮ 배관 내에서 중유가 열분해를 일으킬 수 있다.
　㉯ 분무상태가 고르지 못할 수 있다.
　㉰ 카본(탄화물) 생성의 원인이 될 수 있다.
　㉱ 분사각도가 흐트러져 분무상태가 고르지 못할 수 있다.
　㉲ 역화의 원인이 될 수 있다.
(2) 예열온도가 너무 낮을 때
　㉮ 무화 불량의 원인이 된다.
　㉯ 그을음 생성 및 분진이 발생할 수 있다.
　㉰ 불길이 한쪽으로 흐른다(화염이 편류된다).
　㉱ 유동성이 좋지 못하다.
답 ③

60 액화 석유가스(LPG)의 관리 방법 중 틀린 것은?
① 찬 곳에 저장한다.
② 접속 부분의 누설 여부를 정기적으로 점검한다.
③ 용기 주위에 체류가스가 없도록 통풍을 잘 시킨다.
④ 용기의 온도가 60[℃] 이내가 되도록 한다.

해설 용기의 온도는 40[℃] 이하로 유지한다.
답 ④

61 일정한 체적의 저장용기에 담겨 있는 기체연료의 재고 관리상 측정해야 할 사항으로 가장 적당한 것은?
① 부피와 온도
② 압력과 부피
③ 온도와 압력
④ 압력과 습도

해설 일정한 체적의 저장용기에 담겨 있는 기체연료의 재고량은 압력으로 표시되고, 압력은 온도와 관계있으므로 온도와 압력을 수시로 확인하여야 한다.
답 ③

62 액화석유가스를 저장하는 가스설비의 내압 성능에 대한 설명으로 옳은 것은?
① 최대압력의 1.2배 이상의 압력으로 내압시험을 실시하여 이상이 없어야 한다.
② 최대압력의 1.5배 이상의 압력으로 내압시험을 실시하여 이상이 없어야 한다.
③ 상용압력의 1.2배 이상의 압력으로 내압시험을 실시하여 이상이 없어야 한다.
④ 상용압력의 1.5배 이상의 압력으로 내압시험을 실시하여 이상이 없어야 한다.

해설 LPG 가스설비의 성능
　㉮ 내압성능 : 상용압력의 1.5배 이상의 압력
　㉯ 기밀성능 : 상용압력 이상
답 ④

63 기체연료를 홀더에 저장하는 주목적은?
① 최소 보유시간을 위해서
② 품질을 균일하게 하고 압력을 일정하게 하기 위해서
③ 저장의 편리를 위해서
④ 보안상 안전을 도모하기 위해서

해설 도시가스 공급용 가스홀더의 기능(역할)
㉮ 가스수요의 시간적 변동에 대하여 공급가스량을 확보한다.
㉯ 공급설비의 일시적 중단에 대하여 어느 정도 공급량을 확보한다.
㉰ 공급가스의 성분, 열량, 연소성 등의 성질을 균일화한다.
㉱ 소비지역 근처에 설치하여 피크 시의 공급, 수송 효과를 얻는다.   **답** ②

64 다음 중 기체연료의 저장방식이 아닌 것은?
① 유수식　② 무수식
③ 고압식　④ 가열식

해설 기체연료의 저장방식(가스 홀더의 종류) : 유수식, 무수식, 고압식(구형 가스 홀더)   **답** ④

65 극저온으로 유지되는 압력용기 내에 LNG가 [그림]과 같이 저장되어 있을 때 액면계의 높이가 1[m] 낮아지도록 용기 밑 부분의 밸브를 열어 LNG를 뽑아낸다면 이때 방출되는 LNG의 질량은 약 몇 [kg]인가? (단, 용기의 단면적 10[m²], 온도와 압력 각각 186[K], 4.0[MPa]로 유지되며 LNG 액체 및 기체의 비체적은 각각 0.00408[m³/kg], 0.01156 [m³/kg]이다.)

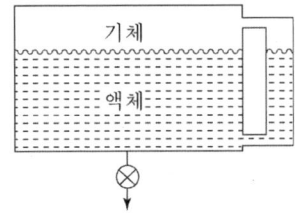

① 332　② 806
③ 1,586　④ 2,450

해설 ㉮ 방출된 LNG의 체적 계산
∴ V = 단면적 × 높이 = 10 × 1 = 10[m³]
㉯ 방출된 LNG 질량 계산 : 용기에서 방출된 LNG의 체적만큼 용기 상부에는 LNG 기체가 채워지므로 이 양을 제외하여야 한다.

∴ 질량[kg] = $\dfrac{\text{체적 [m}^3\text{]}}{\text{비체적 [m}^3/\text{kg]}}$

∴ 방출량 = 액체질량 - 기체질량
= $\dfrac{10}{0.00408} - \dfrac{10}{0.01156}$
= 1,585.928[kg]   **답** ③

2. 통풍장치

2.1 통풍방법

(1) 자연통풍

연돌에 의한 통풍방식으로 배기가스와 외부 공기와의 비중량 차에 의해서 통풍력이 발생되는 것이다.

① **특징**
  ㉮ 통풍력은 연돌의 높이, 배기가스의 온도, 외기온도 및 습도의 영향을 받는다.
  ㉯ 노 내 압력이 부압으로 형성된다.
  ㉰ 통풍력이 약해 구조가 복잡한 보일러는 부적당하다.
  ㉱ 배기가스 유속이 3~4[m/s] 정도이다.

(2) 강제통풍

송풍기를 이용하는 것으로 통풍력이 자유로이 가감되고 배기가스 온도에 영향을 받지 않으므로 연도에 폐열회수 장치를 설치하여 보일러 효율을 증가시킬 수 있는 방법으로 압입, 흡입, 평형통풍의 3종류로 분류할 수 있다.

① **압입 통풍** : 송풍기를 연소실 앞에 두고 연소용 공기를 대기압 이상의 압력으로 연소실에 밀어 넣는 방식으로 다음과 같은 특징이 있다.
  ㉮ 연소실 내의 압력이 정압으로 유지된다.
  ㉯ 연소용 공기를 예열할 수 있다.
  ㉰ 송풍기 고장이 적고, 점검 및 보수가 쉽다.
  ㉱ 동력소비가 흡입 통풍식보다 적다.
  ㉲ 배기가스 유속은 8[m/s] 이하이다.

② **흡입 통풍** : 송풍기를 연도 중에 설치하여 연소 배기가스를 직접 흡입하여 강제로 배출시키는 방법으로 다음과 같은 특징이 있다.
  ㉮ 연소실 내의 압력이 부압으로 유지된다.
  ㉯ 연소용 공기를 예열하여 사용하기 부적당하다.
  ㉰ 송풍기의 수명이 짧고 점검 보수가 어렵다.

㉣ 송풍기 소요 동력이 크다.
㉤ 배기가스 유속은 8~10[m/s] 정도이다.

③ **평형 통풍** : 압입통풍과 흡입통풍을 병행하는 방식으로 다음과 같은 특징이 있다.
㉮ 연소실 내의 압력을 정압이나 부압으로 조절할 수 있다.
㉯ 동력소비가 커 유지비가 많이 소요된다.
㉰ 초기 설비비가 많이 소요된다.
㉱ 강한 통풍력을 얻을 수 있다.
㉲ 배기가스 유속은 10[m/s] 이상이다.

2.2 통풍장치

(1) 연돌의 통풍력 계산

① **연돌의 통풍력이 증가되는 경우**
㉮ 연돌의 높이가 높을수록
㉯ 연돌의 단면적이 클수록
㉰ 연돌의 굴곡부가 적을수록
㉱ 배기가스 온도가 높을수록
㉲ 외기온도가 낮을수록

② **이론 통풍력 계산** : 연돌의 이론 통풍력은 배기가스와 대기의 비중량차에 의하여 다음과 같은 식으로 계산할 수 있다.

$$Z = H(\gamma_a - \gamma_g) = 273 H \left(\frac{\gamma_a}{T_a} - \frac{\gamma_g}{T_g} \right) = H \left(\frac{353}{T_a} - \frac{367}{T_g} \right)$$

여기서, Z : 이론 통풍력[mmH$_2$O] H : 연돌의 높이[m]
γ_a : 대기 비중량[kgf/m^3] γ_g : 배기가스 비중량[kgf/m^3]
T_a : 대기 절대온도[K] T_g : 배기가스 절대온도[K]

㉮ 이론 통풍력 약식
ⓐ 배기가스 비중량을 대기에 대한 비중량으로 주어지는 경우 : 대기(공기)의 비중량을 1로 놓고 배기가스 비중량을 대기의 몇 배 값으로 주어지는 경우

$$Z = 353 H \left(\frac{1}{T_a} - \frac{\gamma_g}{T_g} \right)$$

ⓑ 표준상태(STP 상태 : 0[℃], 1기압)에서 대기의 비중량은 1.294[kgf/Nm³], 배기가스 비중량은 액체연료가 1.34[kgf/m³], 기체연료가 1.25[kgf/m³]가 된다. 여기서, 배기가스의 평균 비중량을 1.3[kgf/m³]으로 가정하면 1.3×273 = 355가 된다.

$$\therefore Z = 355 H \left(\frac{1}{T_a} - \frac{1}{T_g} \right)$$

㉯ 연돌 내의 배기가스 온도는 연도 길이 또는 연돌 높이 1[m]당 0.3~0.5[℃] 정도의 온도 강하가 있다.

㉰ 일반적으로 연돌 높이는 주위 건물 높이의 2.5배 이상으로 한다.

③ **실제 통풍력 계산** : 연돌에서의 실제 통풍력은 이론 통풍력으로부터 연도 및 연돌내의 마찰저항, 곡부저항, 온도강하로 인한 통풍력이 감소된다. 이때 발생되는 통풍력 손실을 제외한 통풍력이 실제 통풍력이 되며 이론 통풍력의 80[%] 정도이다.

④ **통풍력 손실의 원인**

㉮ 연도의 굴곡부가 많을 때

㉯ 연도의 단면적이 급격히 변할 때

㉰ 연돌 및 연돌 벽면에 의한 마찰저항이 증가할 때

㉱ 연도 및 연돌에 틈이 생겨서 외기가 침입할 때

(2) 연돌의 높이 및 단면적 계산

① **연돌 높이** : 통풍력을 계산하는 공식으로부터 계산하면 된다.

$$H = \frac{Z}{\gamma_a - \gamma_g} = \frac{Z}{273 \left(\frac{\gamma_a}{T_a} - \frac{\gamma_g}{T_g} \right)} = \frac{Z}{\left(\frac{353}{T_a} - \frac{367}{T_g} \right)}$$

② **연돌의 상부 단면적 계산** : 연돌의 지름이 작으면 연돌 내의 배기가스 속도가 크게 되며 마찰 저항이 증가된다. 반대로 연돌의 지름이 너무 크면 바람이 강할 때 연돌 내로 역류하는 현상이 발생하므로 연돌의 단면적은 적절히 결정하여야 한다.

$$F = \frac{G(1 + 0.0037\,t)\left(\dfrac{760}{P_g}\right)}{3{,}600\,W}$$

여기서, F : 연돌의 상부 단면적[m²] G : 배기가스량[Nm³/h]
　　　　t : 배기가스의 온도[℃]　　 P_g : 배기가스 압력[mmHg]
　　　　W : 배기가스의 유속[m/s]

(3) 댐퍼(damper)

① **설치목적**
　㉮ 통풍력을 조절하여 연소 효율을 상승시킨다.
　㉯ 배기가스의 흐름을 조절한다.
　㉰ 배기가스의 흐름방향을 전환한다.

② **종류**
　㉮ 작동상태에 의한 분류 : 회전식 댐퍼, 승강식 댐퍼
　㉯ 형상에 의한 분류 : 버터플라이 댐퍼, 다익 댐퍼, 스플릿 댐퍼

2.3 송풍기의 종류 및 특징

(1) 원심식 송풍기

임펠러의 회전에 의한 원심력으로 공기를 공급하는 형식으로 터보형, 다익형(실리코형), 플레이트형으로 분류된다.

① **터보형** : 후향 날개를 16~24개 정도 설치한 형식으로 고압 대용량에 적합하고 작은 동력으로도 운전할 수 있는 송풍기이다.
　㉮ 효율이 높다.　　　　　　　㉯ 소요 동력이 적다.
　㉰ 높은 풍압을 얻을 수 있다.　㉱ 형상이 크고 가격이 비싸다.
　㉲ 주로 압입송풍기로 사용된다.

② **실로코형** : 전향날개의 대표적인 형태로 다익 송풍기라고도 하며 회전차의 지름이 작고 소형, 경량이다.
　㉮ 풍량이 많다.　　　　　　　㉯ 풍압이 낮다.
　㉰ 소요 동력이 많이 필요하다　㉱ 효율이 낮다.

㉮ 제작비가 저렴하다.

③ **플레이트형** : 방사형 날개를 6~12개 정도 설치한 형식이다.
㉮ 풍압이 비교적 낮은 편이다. ㉯ 효율은 비교적 높다.
㉰ 플레이트의 교체가 용이하다. ㉱ 흡입 송풍기로 적당하다.

(2) 축류식 송풍기

프로펠러형으로 축 방향으로 공기가 유입되고, 송출되는 형식이다.
① 환기용, 배기용으로 적당하다. ② 풍압이 낮다.
③ 소음 발생이 심하다. ④ 흡입 송풍기로 적당하다.

(3) 소요동력 계산

$$PS = \frac{P \cdot Q}{75\eta}, \quad kW = \frac{P \cdot Q}{102\eta}$$

여기서, P : 풍압[mmAq, kgf/m^2], Q : 풍량[m^3/s], η : 송풍기 효율[%]

(4) 원심식 송풍기 상사의 법칙

회전수 변화 및 임펠러 지름의 변화에 따른 풍량(Q), 풍압(P), 동력(L)의 변화관계를 나타낸 것이다.

① 풍량 $Q_2 = Q_1 \times \left(\dfrac{N_2}{N_1}\right) \times \left(\dfrac{D_2}{D_1}\right)^3$

② 풍압 $P_2 = P_1 \times \left(\dfrac{N_2}{N_1}\right)^2 \times \left(\dfrac{D_2}{D_1}\right)^2$

③ 동력 $L_2 = L_1 \times \left(\dfrac{N_2}{N_1}\right)^3 \times \left(\dfrac{D_2}{D_1}\right)^5$

여기서, Q_1, Q_2 : 변화 전후의 풍량[m^3/s]
　　　　P_1, P_2 : 변화 전후의 풍압[mmAq]
　　　　L_1, L_2 : 변화 전후의 동력[PS, kW]

출제예상문제
Expected problems

01 연소가스와 외부공기의 밀도 차에 의해서 생기는 압력차를 이용하는 통풍 방법은?
① 자연 통풍   ② 평행 통풍
③ 압입 통풍   ④ 유인 통풍

해설 자연통풍 : 연돌에 의한 통풍방식으로 배기가스와 외부 공기와의 비중량차(밀도 차)에 의해서 통풍력이 발생되는 것을 이용하는 방법이다. **답** ①

02 보일러 굴뚝의 통풍력을 발생시키는 방법이 아닌 것은?
① 연도에서 연소가스와 외부 공기의 밀도 차에 의해서 생기는 압력차를 이용하는 방법
② 벤투리관을 이용하여 배기가스를 흡입하는 방법
③ 압입 송풍기를 사용하는 방법
④ 흡입 송풍기를 사용하는 방법

해설 통풍력을 발생시키는 방법
(1) 자연통풍 : 배기가스와 외부 공기와의 비중량차(밀도 차)에 의해서 발생하는 압력차(통풍력)를 이용하는 방법
(2) 강제통풍 : 송풍기를 이용하는 것
  ㉮ 압입 통풍 : 압입 송풍기를 연소실 앞에 두고 연소용 공기를 대기압 이상의 압력으로 연소실에 밀어 넣는 방식
  ㉯ 흡입 통풍 : 흡입 송풍기를 연도 중에 설치하여 연소 배기가스를 직접 흡입하여 강제로 배출시키는 방법
  ㉰ 평형 통풍 : 압입통풍과 흡입통풍을 병행하는 방식 **답** ②

03 다음 중 공기예열기를 부착하여 통풍할 수 있는 특징을 가진 통풍방식은?
① 자연통풍   ② 압입(가압)통풍
③ 흡입(흡출)통풍   ④ 평형통풍

해설 압입(가압)통풍의 특징
㉮ 연소실 내의 압력이 정압으로 유지된다.
㉯ 연소용 공기를 예열할 수 있다.
㉰ 송풍기 고장이 적고, 점검 및 보수가 쉽다.
㉱ 동력소비가 흡입 통풍식보다 적다.
㉲ 배기가스 유속은 8[m/s] 이하이다. **답** ②

04 연소로에서의 흡출(吸出) 통풍에 대한 설명으로 옳지 않은 것은?
① 로안은 항시 부압(-)으로 유지된다.
② 흡출기로 배기가스를 방출하므로 연돌의 높이에 관계없이 연소할 수 있다.
③ 고온가스에 의한 송풍기의 재질이 견딜 수 있어야 한다.
④ 가열 연소용 공기를 사용하며 경제적이다.

해설 유인통풍(흡출통풍, 흡입통풍, 흡인통풍)의 특징
㉮ 연도의 끝이나 연돌하부에 송풍기를 설치한다.
㉯ 로 안이나 연도내의 압력은 대기압보다 낮은 부압으로 유지된다.
㉰ 연소용 공기를 예열할 수 없다.
㉱ 매연이나 부식성이 강한 배기가스가 통과하므로 송풍기의 고장이 자주 발생한다.
㉲ 송풍기의 수명이 짧고 점검 보수가 어렵다.
㉳ 송풍기 소요 동력이 크다.
㉴ 배기가스 유속은 8~10[m/s] 정도이다. **답** ④

05 통풍방식 중 평형통풍에 대한 설명으로 틀린 것은?
① 안정한 연소를 유지할 수 있다.
② 노 내 정압을 임의로 조절할 수 있다.
③ 중형 이상의 보일러에는 사용할 수 없다.
④ 통풍력이 커서 소음이 심하다.

해설 평형 통풍의 특징
㉮ 압입통풍과 흡입통풍을 병행하는 방식이다.
㉯ 대형보일러나 통풍력 손실이 큰 보일러에 사용한다.
㉰ 연소실 내의 압력을 정압이나 부압으로 조절할 수 있다.
㉱ 동력소비가 커 유지비가 많이 소요된다.
㉲ 초기 설비비가 많이 소요된다.

㉥ 강한 통풍력을 얻을 수 있다.
㉦ 배기가스 유속은 10[m/s] 이상이다. **답** ③

06 연돌의 이론 통풍력은?

① 비중량 차이 × 연돌 높이
② 비중 차이 × 연돌 높이
③ 압력 차이 × 연돌 높이
④ 온도 차이 × 연돌 높이

해설 연돌의 이론 통풍력은 배기가스와 대기의 비중량차에 연돌의 높이를 곱하여 계산한다. **답** ①

07 통풍력의 단위로 사용하기에 가장 적합한 것은?

① 수은주[mmHg]   ② 수주[mmH$_2$O]
③ 수주[mH$_2$O]   ④ kgf/cm^2

해설 통풍력의 단위로는 수주[mmH$_2$O], SI단위로 [Pa], [kPa]를 사용한다. **답** ②

08 통풍력이 수주 35[mm]일 때의 풍압은 약 몇 [kgf/cm^2]인가?

① 0.35   ② 0.035
③ 0.0035 ④ 0.00035

해설 1atm = 10,332[mmAq] = 1.0332[kgf/cm^2]이다.

∴ 풍압 = $\frac{35}{10{,}332} \times 1.0332$
     = 0.0035[kgf/cm^2] **답** ③

09 연돌 내의 배기가스 밀도가 ρ_1[kg/m^3], 외기 밀도가 ρ_2[kg/m^3], 연돌의 높이가 H[m]일 때 연돌의 이론 통풍력 Z[Pa]은? (단, g는 중력가속도이다.)

① $Z = (\rho_1 - \rho_2) \div H \times g$
② $Z = (\rho_1 + \rho_2) \times H \times g$
③ $Z = (\rho_2 - \rho_1) \div H \times g$
④ $Z = (\rho_2 - \rho_1) \times H \times g$

해설 연돌의 이론 통풍력 : 외기와 배기가스의 밀도(또는 비중량) 차에 연돌의 높이를 곱하여 계산
㉮ SI단위[Pa] : $Z = (\rho_2 - \rho_1) \times H \times g$
㉯ 공학단위[mmAq] : $Z = (\rho_2 - \rho_1) \times H$ **답** ④

10 연돌에 의한 통풍력에 대한 설명으로 옳은 것은?

① 연돌 높이의 평방근에 비례한다.
② 연돌 높이의 제곱에 비례한다.
③ 연돌 높이에 반비례한다.
④ 연돌 높이에 비례한다.

해설 연돌에 의한 통풍력 계산식
$Z = H(\gamma_a - \gamma_g)$
 $= 273 H \left(\dfrac{\gamma_a}{T_a} - \dfrac{\gamma_g}{T_g} \right)$
 $= H \left(\dfrac{353}{T_a} - \dfrac{367}{T_g} \right)$

∴ 연돌에 의한 통풍력은 연돌 높이(H)에 비례한다. **답** ④

11 굴뚝의 이론통풍력(Z_t)을 다음 식으로 표시할 때 δ는 어떤 값인가? (단, 식에서 T는 절대온도[K], H는 굴뚝높이[m], γ는 비중량 [kgf/m^3], 첨자 a, g는 공기, 배기가스를 의미한다.)

$$Z_t = 353 \left\{ \left(\dfrac{1}{T_a} \right) - \left(\dfrac{\delta}{T_g} \right) \right\} \cdot H \,[\text{mmH}_2\text{O}]$$

① 표준상태 하의 $\dfrac{\gamma_a}{\gamma_g}$

② 표준상태 하의 $\dfrac{\gamma_g}{\gamma_a}$

③ 배기상태 하의 $\dfrac{\gamma_g}{\gamma_a}$

④ 배기상태 하의 $\dfrac{\gamma_a}{\gamma_g}$

해설 δ는 표준상태 하의 공기의 비중량에 대한 배기가스의 비중량비에 해당된다. **답** ②

12 연돌의 높이 100[m], 배기가스의 평균온도 210[℃], 외기온도 20[℃], 대기의 비중량 $\gamma_1 = 1.29$[kgf/Nm³], 배기가스의 비중량 $\gamma_2 = 1.35$[kgf/Nm³]일 때 연돌의 통풍력은?

① 15.9[mmH₂O] ② 16.4[mmH₂O]
③ 43.9[mmH₂O] ④ 52.7[mmH₂O]

해설
$$Z = 273 H \left(\frac{\gamma_1}{T_1} - \frac{\gamma_2}{T_2} \right)$$
$$= 273 \times 100 \times \left(\frac{1.29}{273+20} - \frac{1.35}{273+210} \right)$$
$$= 43.890 [\text{mmH}_2\text{O}]$$
답 ③

13 연돌의 평균가스온도가 300[℃], 외기온도(대기온도)가 27[℃]일 때 통풍력으로서 20[mmH₂O]를 얻기 위해 필요한 연돌의 높이는 약 몇 [m]인가?

① 23.1 ② 28.3
③ 31.7 ④ 35.5

해설
$Z = 355 H \left(\frac{1}{T_a} - \frac{1}{T_g} \right)$에서
$$\therefore H = \frac{Z}{355 \times \left(\frac{1}{T_a} - \frac{1}{T_g} \right)}$$
$$= \frac{20}{355 \times \left(\frac{1}{273+27} - \frac{1}{273+300} \right)}$$
$$= 35.474 [\text{m}]$$
답 ④

14 비중량이 0.3[kgf/m³]인 연소가스가 연돌높이 20[m]를 지나 외기온도 20[℃]의 대기로 방출될 때 이론 통풍력은 약 몇 [kgf/m²]인가? (단, 1[atm]은 10,332[kgf/m²]이고, 대기의 R값은 29.27[kgf · m/kg · K]이다.)

① 9 ② 12
③ 15 ④ 18

해설 ㉮ 20[℃]의 대기 비중량 계산
$PV = GRT$에서
$$\therefore \gamma_a = \frac{G}{V} = \frac{P}{RT} = \frac{10{,}332}{29.27 \times (273+20)}$$
$$= 1.2047 [\text{kgf/m}^3]$$
㉯ 이론 통풍력 계산
$$\therefore Z = H(\gamma_a - \gamma_g)$$
$$= 20 \times (1.2047 - 0.3)$$
$$= 18.094 [\text{mmAq}]$$
$$= 18.094 [\text{kgf/m}^3]$$
답 ④

15 연돌의 입구 온도가 200[℃], 출구 온도가 30[℃]일 때, 배출가스의 대수평균온도는 약 몇 [℃]인가?

① 85[℃] ② 90[℃]
③ 109[℃] ④ 115[℃]

해설 ㉮ 대수평균온도 계산
$$\therefore t_{g_m} = \frac{t_1 - t_2}{\ln \frac{t_1}{t_2}} = \frac{200-30}{\ln \frac{200}{30}} = 89.609 [\text{℃}]$$
㉯ 산술평균온도 계산
$$\therefore t_{g_m} = \frac{t_1 + t_2}{2} = \frac{200+30}{2} = 115 [\text{℃}]$$
답 ②

16 연소장치의 연돌통풍에 대한 설명 중 틀린 것은?

① 연돌의 단면적은 연도의 경우와 마찬가지로 연소량과 가스의 유속에 관계한다.
② 연돌의 통풍력은 외기온도가 높아짐에 따라 통풍력이 감소하므로 주의가 필요하다.
③ 연돌의 통풍력은 공기의 습도 및 기압에 관계없이 외기온도에 따라 달라진다.
④ 연돌의 설계에서 연돌 상부 단면적을 하부 단면적보다 작게 한다.

해설 연돌의 통풍력은 굴뚝 높이, 공기 및 배기가스의 온도, 비중량의 영향을 받으며 공기의 습도, 기압에 영향을 받는다.
답 ③

17 연소실에서 연소된 연소가스의 자연통풍력을 증가시키는 방법으로 틀린 것은?

① 연돌의 높이를 높게 하면 증가한다.
② 배기가스의 비중량이 클수록 증가한다.
③ 배기가스 온도가 높아지면 증가한다.
④ 연도의 길이가 짧을수록 증가한다.

해설 연돌의 통풍력이 증가되는 경우
㉮ 연돌의 높이가 높을수록
㉯ 연돌의 단면적이 클수록
㉰ 연돌의 굴곡부가 적을수록
㉱ 배기가스 온도가 높을수록
㉲ 외기온도가 낮을수록
㉳ 습도가 낮을수록
㉴ 연도의 길이가 짧을수록
㉵ 배기가스의 비중량이 작을수록, 외기의 비중량이 클수록   **답** ②

18 연돌의 통풍력은 외기온도에 따라 변화한다. 만일 다른 조건이 일정하게 유지되고 외기온도만 높아진다면 통풍력은 어떻게 되겠는가?

① 통풍력은 증가한다.
② 통풍력은 변화하지 않는다.
③ 통풍력은 감소한다.
④ 통풍력은 증가하다 감소한다.

해설 외기온도가 낮을수록 통풍력은 증가되는 경우이므로 다른 조건은 일정하게 유지되고 외기온도가 상승하면 통풍력은 감소한다.   **답** ③

19 연돌의 통풍력에 관한 다음 설명 중 가장 부적절한 것은?

① 일반적으로 직경이 크면 통풍력이 크게 된다.
② 일반적으로 높이가 증가하면 통풍력도 증가한다.
③ 연돌의 내면에 요철이 적은 쪽이 통풍력이 크다.
④ 연돌의 벽에서 배기가스의 열방사가 많은 편이 통풍력이 크다.

해설 연돌에서 배기가스의 열방사가 많으면 배기가스의 온도가 낮아져 통풍력은 감소된다.   **답** ④

20 다음 중 통풍력을 약화시키는 원인이 아닌 것은?

① 연도에 공기예열기 및 배플(baffle)이 있을 때
② 연도의 굴곡 변화가 급할 때
③ 연도의 단면적이 적을 때
④ 연도가 너무 짧을 때

해설 통풍력 손실의 원인
㉮ 연도의 굴곡부가 많을 때
㉯ 연도의 단면적이 급격히 변할 때
㉰ 연돌 및 연돌 벽면에 의한 마찰저항이 증가할 때
㉱ 연도 및 연돌에 틈이 생겨서 외기가 침입할 때   **답** ④

21 연소실 연도의 단면적 크기를 정할 때 중요성이 가장 적게 강조되는 것은?

① 연도 내부를 통과하는 연소가스량
② 연소가스의 통과속도
③ 연돌의 통풍력
④ 대기 온도

해설 연도의 단면적 크기를 정할 때 고려할 사항
㉮ 연도 내부를 통과하는 연소가스량
㉯ 연소가스의 통과속도
㉰ 연돌의 통풍력
㉱ 연소가스의 온도   **답** ④

22 연돌의 출구가스 유속을 W[m/s], 출구가스의 온도를 t[℃], 전연소가스량을 G[Nm³/h]라 할 때 연돌의 상부 단면적 F[m²]을 구하는 식은?

① $F = \dfrac{t(1 + 0.0037\,G)}{3{,}600\,W}$

② $F = \dfrac{t(1 + 0.0037\,W)}{3{,}600\,G}$

③ $F = \dfrac{W(1 + 0.0037\,t)}{3{,}600\,G}$

④ $F = \dfrac{G(1 + 0.0037\,t)}{3{,}600\,W}$

해설 배기가스 압력이 대기압 일 때 연돌의 상부 단면적 계산식

$$\therefore F = \frac{G(1 + 0.0037t)}{3,600\,W}$$ **답** ④

23 배기가스 출구 연도에 댐퍼를 부착하는 주된 이유가 아닌 것은?

① 통풍력을 조절한다.
② 과잉공기를 조절한다.
③ 배기가스의 흐름을 차단한다.
④ 주연도, 부연도가 있는 경우에는 가스의 흐름을 바꾼다.

해설 (1) 연도에 댐퍼(damper)를 설치하는 목적
 ㉮ 통풍력 조절로 연소효율 증대
 ㉯ 배기가스 흐름을 조절
 ㉰ 주연도, 부연도의 가스흐름 전환
(2) 종류
 ㉮ 작동상태에 의한 분류 : 회전식 댐퍼, 승강식 댐퍼
 ㉯ 형상에 의한 분류 : 버터플라이 댐퍼, 다익(시로코형) 댐퍼, 스플릿 댐퍼 **답** ②

24 보일러 송풍기의 형식 중 원심식 송풍기가 아닌 것은?

① 다익형   ② 리버스형
③ 프로펠러형 ④ 터보형

해설 원심식 송풍기의 종류
 ㉮ 터보형 : 후향 날개를 16~24개 정도 설치한 형식
 ㉯ 다익형(실로코형) : 전향날개를 많이 설치한 형식
 ㉰ 플레이트형 : 방사형 날개를 6~12개 정도 설치한 형식
※ 리버스형은 원심식 송풍기의 한 종류로 날개 모양이 S자형의 반전한 원호로 이루어져 있다. 프로펠러형은 축류식에 해당된다. **답** ③

25 실로코(sirocco) 송풍기의 특징이 아닌 것은?

① 축류식이다.   ② 다익식이다.
③ 풍압이 낮다. ④ 경량이다.

해설 실로코형 송풍기 : 원심송풍기로서 다익 송풍기라 하며 회전차의 지름이 작고 소형, 경량인 송풍기로 전향 날개를 많이 설치한 것으로 특징은 다음과 같다.
 ㉮ 풍량이 많으나 풍압이 낮다.
 ㉯ 효율이 낮다.
 ㉰ 소요 동력이 많이 필요하다.
 ㉱ 제작비가 저렴하다. **답** ①

26 보일러의 흡인통풍(Induced draft) 방식에 가장 많이 사용되는 송풍기의 형식은?

① 플레이트형
② 터보형
③ 축류형
④ 다익형

해설 플레이트형 송풍기의 특징
 ㉮ 방사형 날개를 6~12개 정도 설치한 형식이다.
 ㉯ 풍압이 비교적 낮은 편이다.
 ㉰ 효율은 비교적 높은 편이다.
 ㉱ 플레이트의 교체가 용이하다.
 ㉲ 흡인통풍 방식 송풍기로 적당하다. **답** ①

27 송풍기의 출구 풍압을 h[mmAq], 송풍량을 V[m³/min], 송풍기 효율을 [η]으로 표기하면 송풍기 마력 [N]은 어떻게 표시되는가?

① $N = \dfrac{h^2 V}{60 \times 75 \times \eta}$

② $N = \dfrac{h V}{60 \times 75 \times \eta}$

③ $N = \dfrac{h V \eta}{60 \times 75}$

④ $N = \dfrac{\eta}{60 \times 75 \times h V}$

해설 송풍기 축동력 계산식
 ㉮ 마력(PS) : $N = \dfrac{h V}{60 \times 75 \times \eta}$
 ㉯ 킬로와트 : $kW = \dfrac{h V}{60 \times 102 \times \eta}$ **답** ②

28 연소가스량이 1,500[m³/min]이고, 송풍기에 의한 압력수두가 10[mmH₂O], 송풍기 효율이 0.6인 경우 송풍기 소요동력은 약 몇 [PS]인가?

① 2.23 ② 5.56
③ 8.56 ④ 10.23

해설 $PS = \dfrac{PQ}{75\eta}$

$= \dfrac{10 \times 1,500}{75 \times 0.6 \times 60} = 5.555 \text{[PS]}$ **답** ②

29 송풍기 압력이 20[kPa], 연소가스량이 1,500[m³/min], 송풍기 효율이 0.7일 때 송풍기의 실제 소요동력은 몇 [kW]인가? (단, 송풍기의 여유율은 0.1이다.)

① 550 ② 700
③ 714 ④ 786

해설 $kW = \dfrac{PQ}{102\eta} \times \alpha$

$= \dfrac{\left(\dfrac{20}{101.325} \times 10,332\right) \times 1,500}{102 \times 0.7 \times 60} \times 1.1$

$= 785.474 \text{[kW]}$

별해 1[kW] = 3,600[kJ/h]에 해당되고,
[Pa] = [N/m²], [kJ] = [kN · m]이므로
[kN/m²] × [m³/h] = [kN · m/h] = [kJ/h]에 해당된다.

∴ $kW = \dfrac{PQ}{3,600\eta} \times \alpha = \dfrac{20 \times 1,500 \times 60}{3,600 \times 0.7} \times 1.1$

$= 785.714 \text{[kW]}$ **답** ④

30 연소기에 부착된 터보형 송풍기의 풍압이 200[mmH₂O]이었다. 회전수를 1,750[rpm]에서 2,200[rpm]으로 상승시키면 풍압은 약 몇 [mmH₂O]가 되는가?

① 251 ② 287
③ 316 ④ 397

해설 $P_2 = P_1 \times \left(\dfrac{N_2}{N_1}\right)^2 = 200 \times \left(\dfrac{2,200}{1,750}\right)^2$

$= 316.081 \text{[mmH}_2\text{O]}$ **답** ③

참고 터보형(원심식) 송풍기 상사의 법칙

㉮ 풍량 $Q_2 = Q_1 \times \left(\dfrac{N_2}{N_1}\right) \times \left(\dfrac{D_2}{D_1}\right)^3$

㉯ 풍압 $P_2 = P_1 \times \left(\dfrac{N_2}{N_1}\right)^2 \times \left(\dfrac{D_2}{D_1}\right)^2$

㉰ 동력 $L_2 = L_1 \times \left(\dfrac{N_2}{N_1}\right)^3 \times \left(\dfrac{D_2}{D_1}\right)^5$

31 보일러의 연소용 공기 압입 터보형 송풍기가 풍압이 부족하여 송풍기의 회전수를 1,800[rpm]에서 2,100[rpm]으로 올렸다. 이때 회전수 증가에 의한 풍압은 약 몇 [%] 상승하겠는가?

① 14[%] ② 16[%]
③ 36[%] ④ 42[%]

해설 ㉮ 변경된 풍압 계산

∴ $P_2 = P_1 \times \left(\dfrac{N_2}{N_1}\right)^2 = P_1 \times \left(\dfrac{2,100}{1,800}\right)^2$

$= 1.36 P_1$

㉯ 풍압 증가율[%] 계산
∴ 풍압 증가율 = (1.36 − 1) × 100 = 36[%] **답** ③

32 통풍압력을 2배로 높이려면 원심형 송풍기의 회전수를 몇 배로 높여야 하는가? (단, 다른 조건은 동일하다고 본다.)

① 1 ② $\sqrt{2}$
③ 2 ④ 4

해설 터보형(원심식) 송풍기 상사의 법칙에서

풍압 $P_2 = P_1 \times \left(\dfrac{N_2}{N_1}\right)^2$ 이다.

∴ $\left(\dfrac{N_2}{N_1}\right)^2 = \dfrac{P_2}{P_1}$ 에서 P_2는 처음 압력(P_1)의 2배에 해당되므로 $P_2 = 2P_1$으로 할 수 있다.

∴ $\dfrac{N_2}{N_1} = \sqrt{\dfrac{P_2}{P_1}} = \sqrt{\dfrac{2P_1}{P_1}} = \sqrt{2}$

∴ 원심 송풍기에서 통풍압력을 2배로 높이려면 회전수는 $\sqrt{2}$ 배로 증가시키면 된다. **답** ②

3 공해 방지 장치

3.1 공해물질의 종류

(1) 대기오염 물질의 종류

① 입자상 물질 : 매연, 그을음(soot) 등
② 일산화탄소 및 탄화수소(HC)
③ 황산화물(SO_x)
④ 질소산화물(NO_x)

(2) 매연 발생원인

① 통풍이 부족하거나 과대할 때
② 무리한 연소를 할 때
③ 연소실 온도가 낮을 때
④ 연소실 용적이 적을 때
⑤ 연소장치와 연료가 맞지 않을 때
⑥ 연소장치가 불량한 때
⑦ 공기비가 맞지 않을 때
⑧ 취급자의 취급이 잘못되었을 때

(3) 질소산화물의 생성을 억제하는 방법

① 저공기비로 연소한다.
② 열부하를 감소시킨다.
③ 공기온도를 저하시킨다.
④ 2단 연소법을 사용한다.
⑤ 배기가스를 재순환시킨다.
⑥ 물이나 증기를 분사한다.
⑦ 저 NO_x 버너를 사용한다.
⑧ 연료를 전처리하여 사용한다.

(4) 질소산화물을 경감시키는 방법

① 연소온도를 낮게 유지한다.
② 노 내 압을 낮게 유지한다.
③ 연소가스 중 산소농도를 저하시킨다.
④ 노 내 가스의 잔류시간을 감소시킨다.
⑤ 과잉공기량을 감소시킨다.
⑥ 질소성분 함유량이 적은 연료를 사용한다.

3.2 공해오염 물질의 농도측정

(1) 링겔만(Ringelmann) 농도표에 의한 매연 측정

① 링겔만 매연 농도표는 No.0~5번까지 6종으로 구분하고 번호 1의 증가에 따라 매연 농도는 20[%]씩 증가한다.

농도번호(No.)	0도	1도	2도	3도	4도	5도
농도율(%)	0	20	40	60	80	100
연기 색	무색	엷은 회색	회색	엷은 흑색	흑색	암흑색

② 매연농도 측정방법
   ㉮ 연돌과 관측자의 거리 : 30~39[m]
   ㉯ 매연농도표 위치 : 관측자로부터 16[m]
   ㉰ 배기가스 색과 농도표 비교 : 연돌 상부로부터 30~45[cm]

③ 관측요령
   ㉮ 태양을 정면으로 받지 않을 것
   ㉯ 배경이 밝은 위치에서 관측할 것
   ㉰ 개인 오차가 없도록 여러 사람이 측정할 것

④ 매연 농도율 계산

$$농도율\,[\%] = \frac{총\ 매연값}{측정시간} \times 20$$

(2) 바카라치 스모그 테스터(bacharach smoke tester)

일정 면적을 갖는 여과지에 연도가스를 흡입 펌프를 사용하여 통과시켜서 여과지 표면에 부착된 부유탄소입자들의 색 농도를 육안(또는 광도계를 사용)으로 표준번호를 붙인 색 농도표와 비교하여 매연 농도번호를 표시하는 방법으로 보일러 운전 중 매연농도는 스모크 스케일 4 이하이다.

(3) 광학식 매연 농도계

연돌 한쪽에 광원을 놓고 반대쪽에 광원으로부터의 광량변화를 측정하는 광전관, 광전지 등을 놓고 빛의 투과율을 측정하여 매연 농도를 측정하는 방법이다.

(4) 지표상의 최고착지농도(C_{max}) 계산식

$$C_{max} = \frac{2q}{e\pi U H_e^2}\left(\frac{C_z}{C_y}\right)$$

● 지표상의 최고착지농도(C_{max})는 유효 굴뚝높이(H_e)의 2승에 반비례한다.

3.3 공해방지장치의 종류 및 특징

(1) 집진장치 선정 시 고려사항

① 분진의 입도 및 분포
② 집진기의 처리효율
③ 집진장치에 의한 압력손실
④ 제거하여야 할 분진의 양
⑤ 집진시설 관리 및 유지비
⑥ 집진 후 폐기물의 처리문제

(2) 집진장치의 분류

① 물의 사용여부에 의한 분류
  ㉮ 건식집진장치
  ㉯ 습식집진장치

② 집진방법에 의한 분류
  ㉮ 중력식
  ㉯ 관성력식
  ㉰ 원심력식
  ㉱ 여과식
  ㉲ 세정식
  ㉳ 전기식

(3) 건식 집진장치의 종류 및 특징

① 중력식
  ㉮ 원리 : 중력에 의하여 배기가스 중의 입자를 자연 침강에 의하여 분리, 포집하는 방식이다.
  ㉯ 종류 : 중력 침강식, 다단 침강식
  ㉰ 특징
    ⓐ 구조가 간단하다.
    ⓑ 압력손실이 비교적 적다.
    ⓒ 설비비 및 유지비가 적게 든다.

ⓓ 고온가스 처리가 용이하다.
ⓔ 집진기 효율이 낮다.
ⓕ 미세입자 포집이 어렵다.
ⓖ 부하 및 유량 변동에 적응성이 낮다.
ⓗ 취급입자 : 20~100[μ]
ⓘ 압력손실 : 10~15[mmH_2O]
ⓙ 집진효율 : 40~60[%]

② **관성력 집진장치**
㉮ 원리 : 기류에 급격한 방향 전환을 주어 배기가스 중의 함진 입자의 관성력에 의하여 분리하는 방식이다.
㉯ 종류
ⓐ 집진방법에 의한 분류 : 충돌식, 반전식
ⓑ 방해판 수에 의한 분류 : 일단형, 다단형
ⓒ 형식에 의한 분류 : 곡관형, 루버형, 포켓형
㉰ 특징
ⓐ 구조가 간단하고 취급이 쉽다.   ⓑ 유지비가 적게 소요된다.
ⓒ 다른 집진장치의 전처리용으로 사용된다.   ⓓ 집진효율이 낮다.
ⓔ 미세한 입자의 포집효율이 낮다.   ⓕ 취급입자 : 50~100[μ]
ⓖ 압력손실 : 30~70[mmH_2O]   ⓗ 집진효율 : 50~70[%]

③ **원심력 집진장치**
㉮ 원리 : 함진가스에 선회운동을 주어 입자에 원심력을 작용시켜 입자를 분리하는 방식이다.
㉯ 종류
ⓐ 사이클론식, 멀티클론식(멀티론)
ⓑ 접선유입식, 축류식
㉰ 특징
ⓐ 구조가 간단하고 취급이 용이하다.   ⓑ 유지비가 적게 소요된다.
ⓒ 고온가스의 처리가 가능하다.   ⓓ 설치장소에 구애받지 않는다.
ⓔ 집진효율이 높다.   ⓕ 압력손실이 크다.
ⓖ 취급입자 : 3~100[μ]   ⓗ 압력손실 : 50~150[mmH_2O]
ⓘ 집진효율 : 사이클론식(50~70[%]), 멀티클론식(70~95[%])

④ 여과 집진장치
  ㉮ 원리 : 함진가스를 여과재(filter)에 통과시켜 입자를 분리, 포집하는 방식이다.
  ㉯ 종류 : 원통식, 평판식, 역기류 분사형
  ㉰ 특징
    ⓐ 집진효율이 높다.
    ⓑ 설비비용이 많이 소요된다.
    ⓒ 백(bag)이 마모되기 쉽다.
    ⓓ 100[℃] 이상 고온가스, 습가스 처리가 부적당하다.
    ⓔ 취급입자 : 0.1~20[μ]
    ⓕ 압력손실 : 100~200[mmH_2O]
    ⓖ 집진효율 : 90~99[%]

(4) 습식 집진장치의 종류 및 특징

① 세정식
  ㉮ 원리 : 분진이 포함된 배기가스를 세정액이나 액막 등에 충돌시키거나 접촉시켜 액체에 의해 포집하는 방식이다.
  ㉯ 종류
    ⓐ 유수식 : S형, 임펠러형, 회전형, 분수형 및 나선 가이드베인형
    ⓑ 가압수식 : 벤투리 스크러버, 제트 스크러버, 사이클론 스크러버, 중선납(세성탑)
    ⓒ 회전식 : 타이젠 와셔, 충격식 스크러버

② 가압수식 집진장치의 종류 및 특징
  ㉮ 벤투리 스크러버 : 함진가스를 벤투리관의 목 부분에서 유속을 60~90[m/s] 정도로 빠르게 하여 주변의 노즐을 통하여 물이 흡입, 분사되게 하여 액적과 입자가 충돌하여 포집한다. 특징으로는 다음과 같다.
    ⓐ 소형으로 대용량 가스처리가 가능하다.
    ⓑ 제진효율이 가장 높다.
    ⓒ 설치면적이 적게 소요된다.
    ⓓ 먼지 및 가스의 동시제거가 가능하다.
    ⓔ 압력손실이 크고, 세정액이 다량으로 소비된다.
    ⓕ 동력비가 많아 운전비용이 많이 소요된다.
    ⓖ 먼지부하 및 가스유동에 민감하다.

ⓗ 취급입자 : 0.1~100[μ]
ⓘ 압력손실 : 100~200[mmH$_2$O]
ⓙ 집진효율 : 80~95[%]

㉯ 사이클론 스크러버 : 가압한 물을 원심력에 의해 노즐에 분무하여 함진가스 내로 통과시켜 집진하는 방식으로 특징은 다음과 같다.
ⓐ 집진효율이 높다.
ⓑ 구조가 간단하며, 이용성 가스에 효과적이다.
ⓒ 대용량 가스 처리가 가능하다.
ⓓ 분무 노즐이 막힐 염려가 없다.
ⓔ 높은 수압을 필요로 하므로 동력소비가 많다.
ⓕ 사이클론 지름을 크게 하면 효율이 저하한다.
ⓖ 취급입자 : 5~100[μ]
ⓗ 압력손실 : 100~200[mmH$_2$O]
ⓘ 집진효율 : 75~95[%]

㉰ 제트 스크러버 : 이젝터(ejector)를 사용하여 물을 고압으로 분무시켜 먼지를 물방울 속에 접촉 포집하는 방식으로 특징은 다음과 같다.
ⓐ 송풍기가 필요 없다.
ⓑ 가스 측 저항이 적고, 제진효율이 좋다.
ⓒ 용수 소요량이 많아 동력비용 및 유지비가 비싸다.
ⓓ 대량 가스처리에 부적합하다.

(5) 전기 집진장치

① **원리** : 양전극 사이에 코로나 방전이 일어나 방전극 주위의 기체는 이온화되고, (−)이온화된 가스입자는 강한 전장의 작용으로 (+)극을 향하여 운동하고, 그 사이를 흐르는 가스 속의 고체 분진은 (−)로 대전되어 집진극에 모여 표면에 퇴적한다.

② **특징**

㉮ 제진효율이 가장 높다.
㉯ 압력손실이 적고, 미세한 입자 제거에 용이하다.
㉰ 대량의 가스를 취급할 수 있다.
㉱ 보수비, 운전비가 적다.
㉲ 설치 소요면적이 크고, 설비비가 많이 소요된다.
㉳ 부하 변동에 적응이 어렵다.

③ 성능
　㉮ 취급입자 : 0.05~20[μ]
　㉯ 압력손실 : 건식(10[mmH$_2$O]), 습식(20[mmH$_2$O])
　㉰ 집진효율 : 90~99.9[%]

④ **종류** : 코트렐 집진기

3.4 저공해 및 고부하 연소기술

(1) 에멀전(emulsion) 연소

에멀전 연소는 기름-알코올과 같이 기름에 알코올이 소립자 형태로 균일하게 분포된 상태에서의 연소방식으로 NO$_x$의 발생량을 억제할 수 있다.

(2) 펄스(pulse) 연소

가솔린 기관 내의 연소와 같이 흡기, 연소, 팽창, 배기 과정을 반복하며 간헐적인 연소를 일정 주기 반복하여 연소시키는 방식이다.

(3) 촉매연소

백금, 팔라듐, 로듐 등의 촉매를 이용하여 화염을 발생하지 않으면서 착화온도 이하에서 연소시키는 방법으로 저NO$_x$ 연소를 실현한 방식이다.

(4) 고농도 산소연소

공기 중의 산소농도 21[%]보다 높은 상태로 연소시키는 방법으로 화염의 온도가 높아지고, 배기가스량이 감소한다.

(5) 산소희박연소

연소용 공기의 산소농도가 공기 중의 산소농도보다 낮은 상태의 연소로 배기가스 중에 포함된 산소를 이용하는 경우가 해당된다.

출제예상문제
Expected problems

01 고부하 연소 중 내연기관의 동작과 같은 흡입, 연소, 팽창, 배기를 반복하면서 연소를 일으키는 것은?
① 펄스 연소   ② 에멀전 연소
③ 촉매 연소   ④ 고농도 산소연소

해설 펄스 연소(pulse combustion) : 연소실에 가스와 공기의 혼합물이 단속적으로 공급되어 폭발 연소를 반복시키는 연소방식이다. **답** ①

02 연소가스의 성분 중 대기오염 물질이 아닌 것은?
① 입자상 물질   ② 이산화탄소
③ 황산화물   ④ 질소산화물

해설 대기오염 물질의 종류
㉮ 입자상 물질 : 매연, 그을음 등
㉯ 일산화탄소 및 탄화수소
㉰ 황산화물(SO_x)
㉱ 질소산화물(NO_x) **답** ②

03 연료 사용설비의 배기가스에 대한 대기오염을 방지하는 방법으로 가장 거리가 먼 것은?
① 집진장치를 설치한다.
② 공기비를 높인다.
③ 연료유의 불순물을 제거한다.
④ 연소장치를 정기적으로 청소한다.

해설 대기오염을 방지하는 방법
㉮ 집진장치를 설치한다.
㉯ 연료유의 불순물을 제거한다.
㉰ 연소장치를 정기적으로 청소한다.
㉱ 적절한 공기비를 유지한다.
㉲ 부하변동을 적게 한다.
㉳ 적절한 운전 조작을 한다. **답** ②

04 보일러 가동 시 환경오염에 문제가 되는 매연이 발생하게 되는 원인으로 볼 수 없는 것은?
① 연소실 용적이 작을 때
② 연소실 온도가 높을 때
③ 무리하게 연소하였을 때
④ 통풍력이 부족하거나 과대할 때

해설 매연 발생의 원인
㉮ 통풍력이 과대, 과소할 때
㉯ 무리한 연소를 할 때
㉰ 연소실의 온도가 낮을 때
㉱ 연소실의 크기가 작을 때
㉲ 연료의 조성이 맞지 않을 때
㉳ 연소장치가 불량할 때
㉴ 운전 기술이 미숙할 때 **답** ②

05 매연 생성에 가장 큰 영향을 미치는 것은?
① 연소 속도   ② 발열량
③ 공기비   ④ 착화온도

해설 매연 발생(생성)원인 중에 가장 큰 영향을 미치는 것은 공기비로 공기비가 작아 연소에 필요한 공기량이 부족하여 불완전연소될 때 매연이 가장 많이 발생한다. **답** ③

06 다음 중 매연의 방지조치로서 옳지 않은 것은?
① 공기비를 최소화하여 연소한다.
② 보일러에 적합한 연료를 선택한다.
③ 연료가 연소하는 데 충분한 시간을 준다.
④ 연소실 내의 온도가 내려가지 않도록 공기를 적정하게 보낸다.

해설 매연의 방지조치
㉮ 통풍력을 적절히 조절할 것
㉯ 무리한 연소를 하지 않을 것
㉰ 연소장치, 연소실을 개선시킬 것
㉱ 품질이 좋은 연료를 선택할 것
㉲ 연소실의 온도를 적절히 유지할 것
㉳ 집진장치를 설치하여 매연을 제거할 것 **답** ①

07 중유 연소과정에서 발생하는 그을음의 주 원인은?

① 연료 중 불순물의 연소 때문에 발생
② 연료 중 미립탄소의 불완전연소 때문에 발생
③ 연료 중 회분과 수분의 중합 때문에 발생
④ 연료 중의 파라핀 성분 때문에 발생

해설 그을음 : 불완전연소에 의하여 발생하는 것으로 주성분은 탄소(C)이다. **답** ②

08 보일러 연소 시 그을음의 발생 원인이 아닌 것은?

① 통풍력이 부족한 경우
② 연소실의 온도가 낮은 경우
③ 연소장치가 불량인 경우
④ 연소실의 면적이 큰 경우

해설 그을음(매연) 발생원인
㉮ 통풍이 부족하거나 과대할 때
㉯ 무리한 연소를 할 때
㉰ 연소실 온도가 낮을 때
㉱ 연소실 용적이 적을 때
㉲ 연소장치와 연료가 맞지 않을 때
㉳ 연소장치가 불량한 때
㉴ 공기비가 맞지 않을 때
㉵ 취급자의 취급이 잘못되었을 때 **답** ④

09 중유를 연소시킬 때 그을음(soot)의 발생방지 대책으로 가장 옳은 것은?

① 공기비를 1.5 이상으로 한다.
② 무화입자를 작게 한다.
③ 노 내 압(爐內壓)을 높인다.
④ 황분이 많은 연료를 사용한다.

해설 중유를 연소시킬 때 발생하는 그을음(soot)은 미립탄소의 불완전연소 때문에 발생하는 입자상의 탄소로 중유를 무화시킬 때 무화입자를 작게 하여 완전연소가 될 수 있도록 하는 것이 발생방지 대책에서 가장 옳은 방법이다. **답** ②

10 C중유 사용 시 그을음이 많이 나오기 때문에 원인을 체크하고 있다. 다음 방법 중 틀린 것은?

① 화염이 닿고 있지 않은지 점검한다.
② 연소실 온도가 너무 높지 않은지 점검한다.
③ 연소실 열부하가 많지 않은지 점검한다.
④ 통풍력이 부족하지 않은지 점검한다.

해설 그을음(soot)은 미립탄소의 불완전연소 때문에 발생하는 입자상의 탄소(C)로 연소실의 온도가 높게 유지되면 불완전연소보다 완전연소가 이루어진다. **답** ②

11 연료를 공기 중에서 연소시킬 때 질소산화물에서 가장 많이 발생하는 오염 물질은?

① NO   ② NO_2
③ N_2O ④ NO_3

해설 질소산화물(NO_x)은 연료가 연소할 때 공기 중의 질소와 산소가 반응하여 발생되는 것으로 산화질소(NO)가 가장 많이 발생한다. **답** ①

12 다음 중 질소산화물(NO_x)의 발생 원인에 직접 관계되는 것은?

① 연료중의 질소분 연소
② 연소실의 연소온도가 높다.
③ 연료의 불완전연소
④ 연료중의 회분이 많다.

해설 질소산화물(NO_x)은 연료가 연소할 때 공기 중의 질소와 산소가 반응하여 발생되는 것으로 연소온도가 높고, 과잉공기량이 많을 때 발생량이 증가한다. **답** ②

13 연소가스 중의 질소산화물 생성을 억제하기 위한 방법으로 틀린 것은?

① 2단 연소   ② 고온 연소
③ 농담 연소   ④ 배가스 재순환 연소

해설 질소산화물의 생성을 억제하는 방법
㉮ 저공기비로 연소한다.
㉯ 열 부하를 감소시킨다.
㉰ 공기온도를 저하시킨다.
㉱ 2단 연소법을 사용한다.
㉲ 배기가스를 재순환시킨다.
㉳ 물이나 증기를 분사한다.
㉴ 저NOx 버너를 사용한다.
㉵ 연료를 전처리하여 사용한다. 답 ②

14 연소 시 생성되는 열 생성 NOx(thermal NOx)의 억제 방법이 아닌 것은?
① 물 분사법　　② 2단 연소법
③ 배가스 재순환법　④ 수증기 분사법

해설 (1) 질소산화물(NOx)의 분류
㉮ 열 생성 NOx(thermal NOx) : 공기 중의 질소가 1,800[K] 이상의 고온에서 생성되는 질소산화물
㉯ 연료기원 NOx(fuel NOx) : 연료 중에 포함된 질소화합물이 연소과정에서 생성되는 질소산화물
(2) 열 생성 NOx의 생성을 억제하는 방법
㉮ 희박 예혼합 연소를 하여 화염온도를 1,800[K] 이하로 유지한다.
㉯ 물의 증발잠열과 수증기의 현열 상승으로 화염의 열을 빼앗아 온도상승을 억제한다.
㉰ 화염의 최고온도를 저하시키기 위하여 화염을 분할시키거나, 막상으로 얇게 늘려 연소한다.
㉱ 팬을 이용하여 배기가스를 연소실 상부로 재순환시켜 최고화염온도와 산소농도를 억제한다. 답 ②

15 질소산화물을 경감시키는 방법으로 틀린 것은?
① 과잉공기량을 감소시킨다.
② 연소온도를 낮게 유지한다.
③ 노 내 가스의 잔류시간을 늘려준다.
④ 질소 성분을 함유하지 않은 연료를 사용한다.

해설 질소산화물을 경감시키는 방법
㉮ 연소온도를 낮게 유지한다.
㉯ 노 내 압을 낮게 유지한다.
㉰ 연소가스 중 산소농도를 저하시킨다.
㉱ 노 내 가스의 잔류시간을 감소시킨다.
㉲ 과잉공기량을 감소시킨다.
㉳ 질소성분 함유량이 적은 연료를 사용한다. 답 ③

16 배연탈초(排煙脫硝)기술 중 건식법의 선택적 환원법에 사용되는 것은?
① 일산화탄소　　② 수소
③ 암모니아　　　④ 탄화수소

해설 배연탈초(排煙脫硝)기술 : 연소 배기가스 중 질소화합물(NOx)을 질소로 만들어 제거하는 기술로 암모니아를 사용하는 건식법과 알칼리를 사용하는 습식법이 있다. 답 ③

17 배기가스 질소산화물 제거방법 중 건식법에서 사용되는 환원제가 아닌 것은?
① 질소가스　　② 암모니아
③ 탄화수소　　④ 일산화탄소

해설 건식법에서 사용하는 환원제의 종류 : 암모니아(NH_3), 탄화수소(HC), 일산화탄소(CO), 황화수소(H_2S), 수소(H_2) 등 답 ①

18 다음 중 고체나 액체 연료의 성분에 소량 함유되어 있고, 연소된 물질은 유독성 물질로 철판 부식 및 대기오염의 원인이 되는 성분은?
① 탄소　　② 수소
③ 황　　　④ 질소

해설 황(S)성분의 영향 : 황 성분이 많은 연료가 연소되어 황 화합물(SO_x)이 생성되어 대기오염의 원인이 되고, 연소가스 중 아황산가스(SO_2)는 과잉공기와 반응하여 무수황산(SO_3)으로 된다. 이 무수황산은 다시 연소가스 중의 수증기(H_2O)와 반응하여 황산(H_2SO_4)이 되어 저온의 전열면 등에 응축되어 심한 부식을 일으키며 이를 저온부식이라 한다. 답 ③

19 SO_x에 관한 설명으로 틀린 것은?

① 대기 중에서는 SO_2가 SO_3로, SO_3는 SO_2로 다시 변한다.
② 액체연료 연소 시 온도가 높을수록 SO_3의 생산량은 적다.
③ 대기 중에 존재하는 황 화합물 중에서 가장 많은 것은 SO_2이다.
④ SO_x는 연소 시 직접 생기는 수도 있고, SO_2가 산화하여 생기는 수도 있다.

해설 대기 중에 존재하는 SO_2는 다른 물질과 반응하여 황산입자와 황산염과 같은 화합물을 만들어 내므로 대기 중의 양은 적다. **답** ③

20 다음 중 매연 측정을 위해 사용하는 것은?

① 보염장치
② 링겔만 농도표
③ 레드우드 점도계
④ 사이클론 장치

해설 링겔만 매연 농도표는 배출가스의 매연 농도를 측정하는 것으로 No. 0~5번까지 6종으로 구분하고 번호 1의 증가에 따라 매연 농도는 20[%]씩 증가한다.

∴ 농도율[%] = $\dfrac{\text{총 매연값}}{\text{측정시간}} \times 20$ **답** ②

21 링겔만 농도표는 어떤 목적으로 사용되는가?

① 연돌에서 배출되는 매연농도 측정
② 보일러수의 pH 측정
③ 연소가스 중의 탄산가스 농도 측정
④ 연소가스 중의 SO_x 농도 측정

해설 링겔만 매연 농도표 : 연돌에서 배출되는 배기가스의 매연 농도를 측정한다. **답** ①

22 링겔만 매연 농도표를 이용한 측정방법에 대한 설명으로 틀린 것은?

① 6개의 농도표와 배출 매연의 색을 연돌 출구에서 비교하는 것이다.
② 농도표는 측정자로부터 23[m] 떨어진 곳에 설치한다.
③ 연돌 출구로부터 30~45[cm] 정도 떨어진 연기를 관측한다.
④ 연기의 흐르는 방향의 직각의 위치에서 측정한다.

해설 매연 농도표의 위치는 측정자로부터 16[m] 떨어진 곳에 설치한다. **답** ②

23 연돌에서 배출되는 연기와 농도를 1시간 동안 측정한 결과가 [보기]와 같을 때 매연의 농도율[%]은?

[보기] 측정결과	
• 농도 4도 : 10분	• 농도 3도 : 15분
• 농도 2도 : 15분	• 농도 1도 : 20분

① 25[%]   ② 35[%]
③ 45[%]   ④ 55[%]

해설
농도율[%] = $\dfrac{\text{총 매연값}}{\text{측정시간}} \times 20$
= $\dfrac{(4 \times 10) + (3 \times 15) + (2 \times 15) + (1 \times 20)}{10 + 15 + 15 + 20} \times 20$
= 45[%] **답** ③

24 유효 굴뚝높이(H_e)와 지표상의 최고농도($C_{\max}$)와의 관계에 있어서 일반적으로 H_e가 2배가 될 때 $C_{\max}$는?

① 2배   ② 4배
③ $\dfrac{1}{2}$ ④ $\dfrac{1}{4}$

해설 지표상의 최고착지농도(C_{max}) 계산식

$$C_{max} = \frac{2q}{e\pi UH_e^2}\left(\frac{C_z}{C_y}\right)$$

∴ 지표상의 최고착지농도(C_{max})는 유효 굴뚝높이(H_e)의 2승에 반비례한다. 그러므로 유효 굴뚝높이가 2배가 되면 C_{max}는 $\frac{1}{4}$로 된다. **답** ④

25 집진장치의 선택을 위한 고려사항으로 거리가 먼 것은?

① 분진의 색상
② 설치 장소
③ 예상 집진효율
④ 분진의 입자 크기

해설 집진장치 선정 시 고려사항
㉮ 분진의 입도 및 분포
㉯ 집진기의 처리효율
㉰ 집진장치에 의한 압력손실
㉱ 제거하여야 할 분진의 양
㉲ 집진시설 설치장소 및 관리 유지비
㉳ 집진 후 폐기물의 처리 문제 **답** ①

26 분리하는 방식에 따라 구분되는 집진장치의 종류가 아닌 것은?

① 건식 ② 습식
③ 전기식 ④ 전자식

해설 집진장치의 분류
㉮ 건식 집진장치
㉯ 습식 집진장치
㉰ 전기식 집진장치 **답** ④

27 다음 중 건식집진장치가 아닌 것은?

① 사이클론(cyclone)
② 백 필터(bag filter)
③ 멀티클론(multiclone)
④ 사이클론 스크러버(cyclone scrubber)

해설 집진장치의 분류 및 종류
㉮ 건식 집진장치 : 중력식, 관성력식, 원심력식(사이클론, 멀티클론), 여과식(백필터) 등
㉯ 습식 집진장치 : 벤투리 스크러버, 제트 스크러버, 사이클론 스크러버, 충전탑(세정탑) 등
㉰ 전기식 집진장치 : 코트렐 집진기 **답** ④

28 다음 분진의 중력침강속도에 대한 설명 중 틀린 것은?

① 중력가속도에 비례한다.
② 입자직경의 제곱에 비례한다.
③ 점도에 반비례한다.
④ 밀도차에 반비례한다.

해설 ㉮ 중력침강속도 계산식

$$V_g = \frac{(\rho_p - \rho_a)d^2 g}{18\mu}$$

V_g : 중력침강속도[m/s]
ρ_p : 입자의 밀도[kg/m³]
ρ_a : 가스의 밀도[kg/m³]
d : 입자의 지름[m]
g : 중력가속도[9.8m/s²]
μ : 입자의 점도[kg/m·s]

㉯ 중력침강속도는 밀도차(ρ), 중력가속도(g), 입자지름(d)의 제곱에 비례하고, 입자 점도(μ)에 반비례한다. **답** ④

29 함진가스를 집진기 내에 충돌시키거나 급격한 기류의 방향전환을 주어 분진을 포집하는 집진기는?

① 멀티클론 집진기
② 관성력 집진기
③ 중력 집진기
④ 코트렐 집진기

해설 관성력 집진장치 : 기류에 급격한 방향 전환을 주어 배기가스 중의 함진 입자의 관성력에 의하여 분리하는 방식으로 함진가스의 속도는 충돌 전에 함진 입자의 성상에 따라 적당한 속도로 하고 충돌 후에는 배기가스의 속도가 느릴수록 집진율이 높아진다. **답** ②

30 관성력 집진장치의 집진율을 높이는 방법이 아닌 것은?
① 방해판이 많을수록 제진효율이 우수하다.
② 충돌 직전 처리가스 속도가 느릴수록 좋다.
③ 출구가스속도가 느릴수록 미세한 입자가 제거된다.
④ 기류의 방향 전환각도가 작고, 전환회수가 많을수록 제진효율이 증가한다.

해설 관성력 집진장치의 집진율을 높이기 위해서 함진가스의 속도는 충돌 전에 함진 입자의 성상에 따라 적당한 속도로 하고 충돌 후에는 배기가스의 속도가 느릴수록 집진율이 높아진다. **답** ②

31 분진을 포함하고 있는 가스를 선회시켜 입자에 원심력을 주어 분리시키는 방법으로서 고성능 집진장치의 전처리용으로 주로 사용되는 것은?
① 전기식 집진장치
② 벤투리 스크러버
③ 사이클론 집진장치
④ 백필터 집진장치

해설 원심력 집진장치 : 함진가스에 선회운동을 주어 입자에 원심력을 작용시켜 입자를 분리하는 방식으로 사이클론식과 멀티클론식이 있다. **답** ③

32 집진장치 중 하나인 사이클론의 특징으로 틀린 것은?
① 원심력 집진장치이다.
② 다량의 물 또는 세정액을 필요로 한다.
③ 함진가스의 충돌로 집진기의 마모가 쉽다.
④ 사이클론 전체로서의 압력손실은 입구 헤드의 4배 정도이다.

해설 사이클론의 특징
㉮ 건식 집진장치 중 원심력식에 해당된다.
㉯ 원통의 마모 발생이 일어날 수 있다.
㉰ 소형일수록 성능이 향상된다.
㉱ 포집 입경이 30~60[μm]이다.
㉲ 집진효율이 85~95[%] 정도로 공장용 집진장치로 사용된다.
㉳ 압력손실은 100~200[mmAq] 정도이다.
㉴ 처리가스량이 많아질수록 내통지름이 증대되어 미세한 입자의 분리가 어렵게 될 가능성이 있다. **답** ②

33 보일러의 배출가스용 집진장치 중 재나 매연의 입경이 비교적 크고, 대용량의 설비에 적절한 것은?
① 멀티 사이클론 집진장치
② 코트렐 집진기
③ 여과집진장치
④ 습식집진장치

해설 멀티 사이클론 집진장치 : 원심력식 집진장치로 집진효율을 높이고 함진가스의 처리량을 증가시키기 위하여 소구경의 사이클론을 병렬로 여러 개 설치한 것으로 미세한 입자의 포집이 가능하다. 멀티클론, 멀티론이라고 한다. **답** ①

34 다음 집진장치 중에서 미립자 크기에 관계없이 집진효율이 가장 높은 장치는?
① 세정 집진장치   ② 여과 집진장치
③ 중력 집진장치   ④ 원심력 집진장치

해설 여과 집진장치 : 함진가스를 여과재(filter)에 통과시켜 분진입자를 분리, 포착시키는 집진장치로 백 필터(bag filter)가 대표적이다. 집진효율이 양호하지만 고온가스, 습가스 처리에는 부적합하다. **답** ②

35 습한 함진가스에 가장 부적당한 집진장치는?
① 사이클론   ② 멀티클론
③ 여과식 집진기   ④ 스크러버

해설 여과식 집진기(장치) : 함진가스를 여과재(filter)에 통과시켜 입자를 분리, 포집하는 여과식 집진기는 습한 함진가스를 처리하기가 부적당하다. **답** ③

36 여과 집진장치의 효율을 높이기 위한 조건이 아닌 것은?

① 처리가스의 온도는 250[℃]를 넘지 않도록 한다.
② 고온가스를 냉각할 때는 산노점 이하를 유지하여야 한다.
③ 미세입자포집을 위해서는 겉보기여과속도가 작아야 한다.
④ 높은 집진율을 얻기 위해서는 간헐식 털어내기 방식을 선택한다.

해설 고온가스를 냉각할 때는 산(酸)노점(이슬점) 이하를 유지하면 여과포의 눈막힘 현상이 발생하거나 저온 부식의 우려가 있으므로 반드시 산노점 이상의 온도를 유지하여야 한다. **답** ②

37 백 필터(bag-filter)에 대한 설명으로 틀린 것은?

① 여과면의 가스 유속은 미세한 더스트일수록 적게 한다.
② 더스트 부하가 클수록 집진율은 커진다.
③ 여포재에 더스트 일차 부착층이 형성되면 집진율은 낮아진다.
④ 백의 밑에서 가스백 내부로 송입하여 집진한다.

해설 여포재(여과재) 충전층 내에 더스트 일차 부착층이 형성되면 충전층 내의 공간이 작아져서 집진효율이 높아지나 과도하게 부착되면 붙어있던 분진이 다시 떨어져 집진효율이 낮아진다. **답** ③

38 여과 집진장치의 여과재 중 내산성, 내 알칼리성 모두 좋은 성질을 지닌 것은?

① 데트론   ② 사란
③ 비닐론   ④ 글라스

해설 여과 집진장치의 여과재 종류 : 목면, 양모, 유리섬유(글라스울), 테프론, 비닐론, 나일론 등 **답** ③

39 세정식 집진장치에서 분리되는 원리로서 가장 거리가 먼 것은?

① 액방울, 액막과 같은 작은 매진과 관성에 의한 충돌 부착
② 큰 매진의 확산에 의한 부착
③ 습기 증가로 입자의 응집성 증가에 의한 부착
④ 매진을 핵으로 한 증기의 응결

해설 세정식 집진장치 원리 : 분진이 포함된 배기가스를 세정액이나 액막 등에 충돌시키거나 접촉시켜 액체에 의해 포집하는 방식이다. **답** ②

40 세정식 집진장치의 집진형식에 따른 분류가 아닌 것은?

① 유수식   ② 가압수식
③ 회전식   ④ 관성식

해설 세정식 집진장치 종류
㉮ 유수식 : S형, 임펠러형, 회전형, 분수형 및 나선 가이드베인형
㉯ 가압수식 : 벤투리 스크러버, 제트 스크러버, 사이클론 스크러버, 충전탑(세정탑)
㉰ 회전식 : 타이젠 와셔, 충격식 스크러버 **답** ④

41 습식 집진방식으로서 집진율은 비교적 우수하나 압력손실이 큰 집진형식은?

① 다단침강식
② 가압수식
③ 백필터식
④ 코트렐식

해설 가압수식 집진장치
㉮ 원리 : 가압한 물을 분사시키고 이것이 확산에 의해 배기가스 중의 분진을 포집하는 방식이다.
㉯ 종류 : 벤투리 스크러버, 제트 스크러버, 사이클론 스크러버, 충전탑(세정탑) **답** ②

42 전기식 집진장치에 대한 설명 중 틀린 것은?
① 포집입자의 직경은 30~50[μm] 정도이다.
② 집진효율이 90~99.9[%]로서 높은 편이다.
③ 광범위한 온도범위에서 설계가 가능하다.
④ 낮은 압력손실로 대량의 가스처리가 가능하다.

해설 전기식 집진장치 특징
㉮ 집진효율이 90~99.9[%]로서 가장 높다.
㉯ 압력손실이 적고, 미세한 입자 제거에 용이하다.
㉰ 대량의 가스를 취급할 수 있다.
㉱ 보수비, 운전비가 적다.
㉲ 설치 소요면적이 크고, 설비비가 많이 소요된다.
㉳ 부하변동에 적응이 어렵다.
㉴ 포집입자의 지름은 0.05~20[μm] 정도이다.
답 ①

43 집진장치에 대한 설명 중 틀린 것은?
① 전기집진기는 방전극을 부(負), 집진극을 양(陽)으로 한다.
② 전기집진은 쿨롱(Coulomb)력에 의해 포집된다.
③ 소형 사이클론을 직렬시킨 원심력 분리장치를 멀티스크러버(multi scrubber)라 한다.
④ 여과집진기는 함진가스를 여과재에 통과시키면 입자를 분리하는 장치이다.

해설 소형 사이클론을 병렬로 다수 설치하여 가스 통로에 가이드 베인을 설치하고 원심력을 주어 집진효율을 증대시킨 것을 멀티사이클론(multi cyclone)이라 한다.
답 ③

44 보일러 집진장치의 입구와 출구의 함진농도를 측정한 결과 각각 10[g/Nm³], 0.03[g/Nm³]이었다. 집진율[%]은 얼마인가?
① 93.5   ② 97.9
③ 98.3   ④ 99.7

해설 $\eta = \left(\dfrac{\text{입구농도} - \text{출구농도}}{\text{입구농도}}\right) \times 100$
$= \left(\dfrac{10 - 0.03}{10}\right) \times 100 = 99.7[\%]$
답 ④

45 열병합 발전소에서 배기가스를 사이클론에서 전처리하고 전기 집진장치에서 먼지를 제거하고 있다. 사이클론 입구, 전기집진기 입구와 출구에서의 먼지농도가 각각 95, 10, 0.5[g/Nm³]일 때 종합 집진율은?
① 85.7[%]   ② 90.8[%]
③ 95.0[%]   ④ 99.5[%]

해설 $\eta = \left(\dfrac{\text{입구농도} - \text{출구농도}}{\text{입구농도}}\right) \times 100$
$= \left(\dfrac{95 - 0.5}{95}\right) \times 100 = 99.473[\%]$
답 ④

46 95[%] 효율을 가진 집진장치계통을 요구하는 어느 공장에서 35[%] 효율을 가진 전처리 장치를 이미 설치하였다. 주 처리 장치는 몇 [%] 효율을 가진 것이어야 하는가?
① 60.00   ② 85.76
③ 92.31   ④ 95.45

해설 $\eta_t = \eta_1 + \eta_2(1-\eta_1)$에서
$\therefore \eta_2 = \dfrac{\eta_t - \eta_1}{1-\eta_1} \times 100$
$= \dfrac{0.95 - 0.35}{1 - 0.35} \times 100 = 92.307[\%]$
답 ③

제3장 연소안전 및 안전장치

1 연소안전장치

1.1 점화장치

(1) 점화장치 취급 일반사항

① 점화용 변압기의 1차 측 전기배선, 케이블 및 절연 애자의 손상과 접속의 헐거움 등을 점검한다.
② 점화용 변압기 부착상태를 점검한다.
③ 점화용 전극의 방전부 간격, 노즐과의 거리, 상하 위치 및 전극봉의 구부러짐 등을 점검한다.
④ 점화용 전극 지지애자의 오염, 파손 및 고정 장치의 이상 유무를 점검한다.
⑤ 노즐 끝에 카본의 부착 및 고착 상태를 점검한다.
⑥ 점화 버너 부착 상태를 점검한다.
⑦ 점화 버너에 공기를 공급하는 배관 상태를 점검한다.
⑧ 점화용 연료의 압력, 점화염의 길이 및 불꽃 세기 등을 점검한다(점화용 연료의 압력이 저하하면 점화화염이 짧아지고 점화가 지연되어 역화의 위험성이 있다).

1.2 화염 검출장치

(1) 화염 검출기의 기능

연소실 내의 연소 상태를 감시하여 실화 및 소화 시 연료 전자 밸브를 차단하여 미연소 가스로 인한 폭발사고를 방지하기 위한 장치이다.

(2) 종류

① 플레임 아이(flame eye)
화염이 발광체임을 이용하여 화염의 방사선을 감지하여 화염의 유무를 검출한다.
- ㉮ 황화카드뮴(CdS) 셀 : 경유 버너에 사용
- ㉯ 황화납(PbS) 셀 : 오일, 가스에 사용
- ㉰ 적외선 광전관 : 적외선을 이용
- ㉱ 자외선 광전관 : 오일, 가스에 사용

② 플레임 로드(flame rod)
화염의 이온화 현상에 의한 전기 전도성을 이용하여 화염의 유무를 검출한다.

③ 스택 스위치(stack switch)
화염의 발열 현상을 이용한 것으로 감온부는 연도에 바이메탈을 설치한 검출기이다. 화염 검출의 응답이 느려 버너 분사, 정지에 시간이 많이 걸리므로 주로 소용량 보일러에 사용된다.

1.3 연소제어장치

(1) 공연비 제어장치
보일러 부하 변동에 따라 공기와 연료량을 조절하여 적정 공기비가 유지될 수 있도록 하는 장치이다.

(2) 연소제어장치
발생증기의 압력에 따라 공급 연료의 양을 조절하고, 이와 함께 공연비 제어도 함께 이루어지도록 한 장치이다.

① 제어방법
- ㉮ 위치제어 : 2위치 제어(on – off 제어), 3위치 제어(high – low–off)
- ㉯ 전자식 : 비례제어, PID 제어, 피드포워드(feed forward) 제어

② 모듈레이팅(modulating) 제어
공기와 연료비 조절기를 이용하여 적절한 공연비를 유지하는 시스템으로 연소용 공기 덕트에 설치된 유량계에 의해 유량을 측정한 후 부하 변동에 맞추어 공기 조절기

를 제어한다. 부하가 증가할 때 연료 조절 밸브는 공기량에 맞추어 연료량을 제어하며, 부하가 감소하면 반대로 연료량에 따라 공기량을 맞춘다.

1.4 연료차단장치

(1) 연료차단장치 역할(기능)

버너 가까이에 설치된 밸브로 압력상승, 저수위, 불착화 및 실화 등 정상적인 상태가 유지되지 않을 때 밸브를 차단하여 사고를 사전에 방지하는 장치이다.

(2) 종류

① 전동식 밸브
② 전자밸브(solenoid valve)

(3) 연료차단장치가 작동되는 경우

① 버너의 연소상태가 정상이 아닌 경우
② 저수위 안전장치가 작동하였을 때
③ 증기압력제한기가 작동하였을 때
④ 액체연료의 공급압력이 낮을 때
⑤ 관류보일러, 가스용 보일러에서 급수가 부족한 경우
⑥ 송풍기가 작동되지 않을 때

1.5 경보장치

(1) 저수위 안전장치(저수위 경보장치)

동내 수위가 안전저수위가 되기 전에 자동적으로 경보(연료 차단 전 50~100초 간)를 발하고, 연료 공급을 차단시켜 이상감수로 인한 안전사고를 방지한다.

(2) 종류

① 기계식
플로트(float)의 위치 변위를 이용하여 밸브를 작동시켜 경보가 울린다.

② 전기식
  ㉮ 플로트식 : 플로트의 위치 변화에 따라 수은 스위치를 작동시키는 맥도널식과 플로트의 위치 변화에 따라 자석의 위치 변위로 수은 스위치를 작동시키는 마그네틱식이 있다.
  ㉯ 전극식 : 보일러 수(水)의 전기 전도성을 이용한 것이다.

2. 화재 및 폭발

2.1 화재 및 폭발 이론

(1) 폭발범위

공기에 대한 가연성가스의 혼합농도의 체적비율(%)로 폭발범위 상한계와 하한계의 차이로 폭발범위 내에서만 폭발(연소)이 일어난다.

① 구분
  ㉮ 폭발범위 상한계 : 폭발할 수 있는 가연성 가스의 최고 농도이다.
  ㉯ 폭발범위 하한계 : 폭발할 수 있는 가연성 가스의 최저 농도이다.

② 폭발범위에 영향을 주는 요소
  ㉮ 온도 : 온도가 높아지면 폭발범위는 넓어지고, 온도가 낮아지면 폭발범위는 좁아진다.
  ㉯ 압력 : 압력이 상승하면 폭발범위는 넓어진다. (단, CO는 압력상승 시 폭발범위가 좁아지며, H_2는 압력상승 시 폭발범위가 좁아지다가 계속 압력을 올려 10[atm] 이상으로 되면 폭발범위가 넓어진다.)
  ㉰ 불연성 기체 : CO_2, N_2 등 불연성 가스는 공기와 혼합하여 산소 농도를 낮추며 이로 인해 폭발범위는 좁아진다.
  ㉱ 산소 : 공기 중에 산소 농도나 분압이 증가하면 폭발범위는 넓어진다.

(2) 가연성 혼합기체의 폭발범위 계산

르샤틀리에 공식을 이용하여 계산한다.

$$\frac{100}{L} = \frac{V_1}{L_1} + \frac{V_2}{L_2} + \frac{V_3}{L_3} + \frac{V_4}{L_4} + \cdots$$

여기서, L : 혼합가스의 폭발한계치

V_1, V_2, V_3, V_4 : 각 성분 체적[%]

L_1, L_2, L_3, L_4 : 각 성분 단독의 폭발한계치

(3) 위험도

폭발범위 상한과 하한의 차이를 폭발범위 하한값으로 나눈 것으로 H로 표시한다.

$$H = \frac{U - L}{L}$$

여기서, H : 위험도, U : 폭발범위 상한 값, L : 폭발범위 하한 값

2.2 가스폭발

(1) BLEVE 및 증기운 폭발

① BLEVE(Boiling Liquid Expanding Vapor Explosion : 비등 액체 팽창 증기 폭발)

가연성 액체 저장탱크 주변에서 화재가 발생하여 기상부의 탱크가 국부적으로 가열되면 그 부분이 강도가 약해져 탱크가 파열된다. 이때 내부의 액화가스가 급격히 유출 팽창되어 화구(fire ball)를 형성하여 폭발하는 형태를 말한다.

② 증기운 폭발(UVCE : Unconfined Vapor Cloud Explosion)

대기 중에 대량의 가연성가스나 인화성 액체가 유출시 다량의 증기가 대기 중의 공기와 혼합하여 폭발성의 증기운(vapor cloud)을 형성하고 이때 착화원에 의해 화구(fire ball)를 형성하여 폭발하는 형태를 말한다.

(2) 폭굉(detonation)

① 폭굉의 정의

가스 중의 음속보다도 화염 전파속도가 큰 경우로서 파면선단에 충격파라고 하는 압력파가 생겨 격렬한 파괴작용을 일으키는 현상이다.

㉮ 폭속(폭굉이 전하는 속도) : 가스의 경우 1,000~3,500[m/s] (정상연소 : 0.1~10[m/s])

㉯ 밀폐용기 내에서 폭굉이 발생하는 경우 파면압력은 정상연소 때보다 2배가 된다.
㉰ 폭굉파가 벽에 충돌하면 파면압력은 약 2.5배 치솟는다.
㉱ 폭굉파는 반응 후 온도와 압력이 상승하나, 연소파는 반응 후 온도는 상승하지만 압력은 일정하다.

② **폭굉범위**

폭발한계 내에서도 특히 폭굉을 생성하는 조성의 한계를 말하며, 폭발범위 내에 존재한다.

③ **폭굉 유도거리**

최초의 완만한 연소가 격렬한 폭굉으로 발전될 때까지의 거리로 다음과 같을 때 폭굉 유도거리가 짧아진다.

㉮ 정상 연소속도가 큰 혼합가스일수록
㉯ 관 속에 방해물이 있거나 관 지름이 가늘수록
㉰ 압력이 높을수록
㉱ 점화원의 에너지가 클수록

2.3 자연발화

(1) 자연발화의 형태

① **분해열에 의한 발열** : 과산화수소, 염소산칼륨, 셀룰로이드류, 니트로셀룰로스(질화면) 등

② **산화열에 의한 발열** : 건성유, 원면, 석탄, 고무 분말, 액체 산소, 발연 질산 등

③ **중합열에 의한 발열** : 시안화수소, 산화에틸렌, 염화비닐(CH_2CHCl), 부타디엔(C_4H_6) 등

④ **흡착열에 의한 발열** : 활성탄, 목탄 분말 등

⑤ **미생물(박테리아)에 의한 발열** : 먼지, 퇴비 등

(2) 자연발화의 방지법

① 통풍이 잘되게 한다.
② 저장실의 온도를 낮춘다.
③ 습도가 높은 것을 피한다.
④ 열의 축적을 방지한다.

출제예상문제
Expected problems

01 다음 연소범위에 대한 설명 중 틀린 것은?
① 연소 가능한 상한치와 하한치의 값을 가지고 있다.
② 연소에 필요한 혼합 가스의 농도를 말한다.
③ 연소 범위가 좁으면 좁을수록 위험하다.
④ 연소 범위의 하한치가 낮을수록 위험도는 크다.

해설 연소범위는 공기 중에서 가연성가스가 연소할 수 있는 농도를 나타내는 것으로, 연소범위가 좁으면 연소할 수 있는 범위가 좁은 것이므로 위험성은 낮다. (연소범위가 넓은 것이 위험성이 큰 것이다.) **답** ③

02 공기보다 비중이 커서 누설이 되면 낮은 곳에 고여 인화폭발의 원인이 되는 가스는?
① 수소   ② 메탄
③ 일산화탄소   ④ 프로판

해설 각 기체의 분자량

명칭	분자량
수소(H_2)	2
메탄(CH_4)	16
일산화탄소(CO)	28
프로판(C_3H_8)	44

※ 분자량이 공기의 평균분자량 29보다 큰 가스가 공기보다 비중이 커서 누설이 되면 낮은 곳에 체류한다. **답** ④

03 가연성 혼합 가스의 폭발한계 측정에 영향을 주는 요소로서 가장 거리가 먼 것은?
① 점화에너지   ② 온도
③ 용기의 두께   ④ 산소 농도

해설 가연성 혼합 가스의 폭발한계 측정에 영향을 주는 요소 : 점화에너지, 온도, 산소 농도(불연성 가스의 농도), 압력 **답** ③

04 가연성 혼합기의 폭발 방지를 위한 방법으로 가장 거리가 먼 것은?
① 산소 농도의 최소화
② 불활성 가스의 치환
③ 불활성 가스의 첨가
④ 이중 용기 사용

해설 가연성 혼합기의 폭발 방지를 위한 방법
㉮ 산소 농도의 최소화
㉯ 불활성 가스의 치환
㉰ 불활성 가스의 첨가
㉱ 전기 기기를 방폭구조 사용
㉲ 정전기 제거 **답** ④

05 공기와 혼합 시 가연범위(폭발범위)가 가장 넓은 것은?
① 메탄   ② 프로판
③ 메틸알코올   ④ 아세틸렌

해설 공기 중에서 폭발범위

명칭	폭발범위[%]
메탄(CH_4)	5~15
프로판(C_3H_8)	2.2~9.5
메틸알코올(CH_3OH)	7.3~36
아세틸렌(C_2H_2)	2.5~81

※ 가연성 가스 중 공기 중에서 폭발범위가 가장 넓은 것은 아세틸렌이다. **답** ④

06 다음 기체 중 폭발범위가 가장 넓은 것은?
① 수소   ② 메탄
③ 프로판   ④ 벤젠

해설 각 기체의 공기 중에서 폭발범위

명칭	폭발범위[%]
수소(H_2)	4~75
메탄(CH_4)	5~15
프로판(C_3H_8)	2.1~9.5
벤젠(C_6H_6)	1.4~7.1

답 ①

07 부탄가스의 폭발하한값은 1.8v[%]이다. 크기가 10×20×3[m]인 실내에서 부탄의 질량이 최소 약 몇 [kg]일 때 폭발할 수 있는가? (단, 실내 온도는 25[℃]이다.)
① 24.1 ② 26.1
③ 28.5 ④ 30.5

해설 ㉮ 폭발하한값에 해당하는 부탄가스 체적 계산
∴ $V = (10 \times 20 \times 3) \times 0.018 = 10.8[m^3]$
㉯ 대기압, 25[℃] 상태에서의 부탄 질량 계산
$PV = GRT$에서
∴ $G = \dfrac{PV}{RT} = \dfrac{101.3 \times 10.8}{\dfrac{8.314}{58} \times (273 + 25)}$
$= 25.611[kg]$
∴ 25.611[kg] 이상일 때 폭발할 수 있다. **답** ②

08 메탄 50v[%], 에탄 25v[%], 프로판 25v[%]이 섞여 있는 혼합 기체의 공기 중에서의 연소하한계는 몇 [%]인가? (단, 메탄, 에탄, 프로판의 연소하한계는 각각 5v[%], 3v[%], 2.1v[%]이다.)
① 2.3 ② 3.3
③ 4.3 ④ 5.3

해설 르샤틀리에 의 혼합가스 폭발범위 계산식
$\dfrac{100}{L} = \dfrac{V_1}{L_1} + \dfrac{V_2}{L_2} + \dfrac{V_3}{L_3}$ 에서
∴ $L = \dfrac{100}{\dfrac{V_1}{L_1} + \dfrac{V_2}{L_2} + \dfrac{V_3}{L_3}} = \dfrac{100}{\dfrac{50}{5} + \dfrac{25}{3} + \dfrac{25}{2.1}}$
$= 3.307[\%]$ **답** ②

09 수소의 연소하한계는 4v[%]이고, 연소상한계는 75v[%]이다. 수소 가스의 위험도는 얼마인가?
① 15.75 ② 16.75
③ 17.75 ④ 18.75

해설 $H = \dfrac{U - L}{L} = \dfrac{75 - 4}{4} = 17.75$ **답** ③

10 다음 중 기상 폭발에 해당되지 않는 것은?
① 가스 폭발 ② 분무 폭발
③ 분진 폭발 ④ 수증기 폭발

해설 폭발 물질에 의한 구분
㉮ 기체상태의 폭발 : 혼합가스의 폭발, 분해 폭발, 분무 폭발, 분진 폭발 등
㉯ 액체 및 고체 상태 폭발 : 증기 폭발, 금속선 폭발, 고체상전이 폭발, 혼합 위험성 물질 폭발, 폭발성 화합물 폭발 등 **답** ④

11 다음 중 분해 폭발성 물질이 아닌 것은?
① 아세틸렌 ② 에틸렌
③ 히드라진 ④ 수소

해설 분해폭발 물질 : 아세틸렌(C_2H_2), 산화에틸렌(C_2H_4O), 히드라진(N_2H_4), 오존(O_3) 등 **답** ④

12 가스 시설에 대한 위험 장소의 분류에 속하지 않는 것은?
① 0종 장소 ② 1종 장소
③ 2종 장소 ④ 3종 장소

해설 가스시설 위험장소 분류 : 0종, 1종, 2종 **답** ④

13 다음 중 BLEVE(Boiling Liquid Expanding Vapour Explosion)현상을 가장 올바르게 설명한 것은?
① 물이 점성이 크고 뜨거운 기름 표면 아래서 끓을 때 연소를 동반하지 않고 over flow되는 현상
② 물이 연소유(oil)의 뜨거운 표면에 들어갈 때 발생되는 over flow되는 현상
③ 탱크 바닥에 물과 기름의 에멀전이 섞여 있을 때 물의 비등으로 인하여 급격하게 over flow되는 현상
④ 과열 상태의 탱크에서 내부의 액화 가스가 분출하여 기화되어 착화되었을 때 폭발하는 현상

해설 BLEVE 현상 : 가연성 액체 저장탱크 주변에서 화재가 발생하여 기상부의 탱크가 국부적으로 가열되면 그 부분이 강도가 약해져 탱크가 파열된다. 이때 내부의 액화가스가 급격히 유출 팽창되어 화구(fire ball)를 형성하여 폭발하는 형태를 말한다.　답 ④

14 가스의 연소 시 연소파의 유무 및 전파속도에 따라 연소상태를 몇 가지 유형으로 구분하는데 다음 중 연소파의 전파속도가 초음속이 되는 경우는?

① 폭발연소
② 충격파 연소
③ 디플러그레이션
④ 데토네이션

해설 데토네이션(detonation) : 폭굉이라 하며, 가스 중의 음속보다도 화염의 전파속도가 큰 경우로 파면선단에 충격파라고 하는 압력파가 생겨 격렬한 파괴 작용을 일으키는 현상으로 가스의 경우 1,000~3,500[m/s]로 초음속에 해당된다.　답 ④

15 폭굉(detonation)현상에 대한 설명으로 옳지 않은 것은?

① 확산이나 열전도의 영향을 주로 받는 기체 역학적 현상이다.
② 물질 내에 충격파가 발생하여 반응을 일으키고, 또한 반응을 유지하는 현상이다.
③ 충격파에 의해 유지되는 화학 반응 현상이다.
④ 반응의 전파속도가 그 물질 내에서 음속보다 빠른 것을 말한다.

해설 폭굉(detonation)의 정의 : 가스 중의 음속보다도 화염 전파속도가 큰 경우로서 파면선단에 충격파라고 하는 압력파가 생겨 격렬한 파괴작용을 일으키는 현상이다.　답 ①

16 증기운 폭발의 특징에 대한 설명으로 틀린 것은?

① 폭발보다 화재가 많다.
② 연소 에너지의 약 20[%]만 폭풍파로 변한다.
③ 증기운의 크기가 클수록 점화될 가능성이 커진다.
④ 점화 위치가 방출점에서 가까울수록 폭발 위력이 크다.

해설 증기운 폭발의 특징
㉮ 증기운의 크기가 증가하면 점화 확률이 커진다.
㉯ 폭발보다는 화재가 일반적이다.
㉰ 연소에너지의 약 20[%]만 폭풍파로 변한다.
㉱ 방출점으로부터 먼 지점에서의 증기운의 점화는 폭발의 충격을 증가시킨다.　답 ④

17 가연성 혼합기의 폭발 방지를 위한 방법으로 가장 거리가 먼 것은?

① 산소 농도의 최소화
② 불활성 가스 치환
③ 불활성 가스의 첨가
④ 이중용기 사용

해설 가연성 혼합기의 폭발방지대책(예방대책)
㉮ 혼합 가스의 폭발범위 외의 농도 유지
㉯ 불활성 가스로 치환(비활성화 : interning, purge)하여 최소 산소농도(MOC) 이하로 낮춘다.
㉰ 점화원 관리
㉱ 정전기 제거　답 ④

Engineer
Energy Management

제 2 과목

열역학

제1장 열역학의 기초사항

1 열역학적 상태량

1.1 물질의 성질 및 상태량

(1) 계(system)

물질의 일정한 양 또는 한정된 공간 내의 구역이다.

① **개방 시스템** : 동작물질이 계와 주위의 경계를 통하여 열과 일을 주고받으면서 유동하는 시스템

② **밀폐 시스템** : 열이나 일은 전달하지만 동작물질이 유동하지 않는 시스템

③ **단열 시스템** : 경계를 통하여 열의 출입이 없는 시스템

④ **고립 시스템** : 경계를 통하여 일, 열 등 어떠한 형태의 에너지와 물질도 통과할 수 없는 시스템

(2) 과정

계 내의 물질이 한 상태에서 다른 상태로 변할 때 연속된 상태 변화의 경로(path)를 뜻한다.

① **가역과정** : 과정을 여러 번 진행해도 결과가 동일하며 자연계에 아무런 변화도 남기지 않는 것(카르노 사이클, 노즐에서의 팽창, 마찰이 없는 관 내 흐름)

② **비 가역과정** : 계의 경계를 통하여 이동할 때 자연계에 변화를 남기는 것(온도차로 생기는 열전달, 압축 및 자유 팽창, 혼합 및 화학반응, 전기적 저항, 마찰, 확산 및 삼투압 현상)

(3) 상태량 및 비상태량

① **상태량** : 계의 상태에 이르는 과정과 경로에 관계없는 것으로 변화된 후의 상태만을

정하는 양으로 상태함수라 한다.

⑦ **강도성 상태량(intensive property)** : 물질의 양(질량)에 관계없이 강도(세기)만을 고려한 것으로 압력, 온도, 전압, 높이, 점도, 몰분율 등으로 시강변수, 강도변수라 한다.

④ **용량성 상태량(extensive property)** : 물질의 양(질량)에 비례하는 성질의 상태량으로 체적, 내부에너지, 엔탈피, 엔트로피, 전기저항 등으로 종량성 상태량, 시량성 성질이라 한다.

② **비상태량** : 상태가 변화할 때 과정과 경로에 따라 그 변화량이 변화하는 것으로 열량, 일량 등으로 경로함수, 도정함수라 한다.

1.2 단위(Unit)

(1) 단위의 종류

① **기본단위** : 물리량을 나타내는 기본적인 것으로 7가지로 구분된다.

기본량	길이	질량	시간	전류	물질량	온도	광도
기본단위	m	kg	s	A	mol	K	cd

② **유도단위** : 기본단위의 조합 또는 기본단위 및 다른 유도단위의 조합에 의하여 형성된 단위로 면적[m^2], 부피[m^3], 속도[m/s] 등이다.

③ **보조단위** : 기본단위 및 유도단위를 정수배 또는 정수분하여 표기하는 것으로 [cm], [mm], [km] 등이다.

④ **특수단위** : 특수한 계량의 용도에 사용되는 단위로 점도, 경도, 충격치, 인장강도 등이다.

(2) 절대단위와 공학단위(중력단위)

① **절대단위** : 단위 기본량을 질량, 길이, 시간으로 하여 이들의 단위를 사용하여 유도된 단위

② **공학단위(중력단위)** : 질량 대신 중량을 사용한 단위(중력가속도가 작용하고 있는 상태)

③ **SI 단위** : System International Unit의 약자로 국제단위계이다.

주요 물리량의 단위 비교

물리량	SI 단위	공학단위
힘	N (= kg · m/s^2)	kgf
압력	Pa (= N/m^2)	kgf/m^2
열량	J (= N · m)	kcal
일	J (= N · m)	kgf · m
에너지	J (= N · m)	kgf · m
동력	W (= J/s)	kgf · m/s

1.3 온도(temperature)

(1) 섭씨온도

표준 대기압상태에서 물의 어는 점(氷點)을 0[℃], 끓는 점(批點)을 100[℃]로 정하고, 이 사이를 100등분하여 하나의 눈금을 1[℃]로 표시하는 온도이다.

(2) 화씨온도

표준 대기압 상태에서 물의 어는 점(氷點)을 32[℉], 끓는 점(批點)을 212[℉]로 정하고, 이 사이를 180등분하여 하나의 눈금을 1[℉]로 표시하는 온도이다.

(3) 섭씨온도와 화씨온도의 관계

① $℃ = \dfrac{5}{9}(℉ - 32)$

② $℉ = \dfrac{9}{5}℃ + 32$

(4) 절대온도

기체의 압력이 0이 되어 기체 분자의 운동이 정지되는 온도로 자연계에서는 그 이하의 온도로 내릴 수 없는 최저의 온도를 절대온도라 한다.

① 켈빈온도[K] = $t[℃] + 273$ $K = \dfrac{t[℉] + 460}{1.8} = \dfrac{℉R}{1.8}$

② 랭킨온도[℉R] = $t[℉] + 460$ $℉R = 1.8 \times (t[℃] + 273) = 1.8 \cdot K$

1.4 압력(pressure)

(1) 표준대기압(atmospheric)

0[℃], 위도 45° 해수면, 중력가속도 9.80665[m/s²]을 기준으로 수은주의 높이가 760[mm]일 때의 압력으로 1[atm]으로 표시한다.

1[atm = 760[mmHg] = 76[cmHg] = 0.76[mHg] = 29.9[inHg] = 760[torr]
    = 10,332[kgf/m²] = 1.0332[kgf/cm²] = 10.332[mH₂O] = 10,332[mmH₂O]
    = 101325[N/m²] = 101325[Pa] = 101.325[kPa] = 0.101325[MPa]
    = 1.01325[bar] = 1,013.25[mbar] = 14.7[lb/in²] = 14.7[psi]

(2) 게이지압력

대기압을 기준으로 압력계에 지시된 것으로 압력 단위 뒤에 "G", "g"를 사용하거나 생략한다.

(3) 진공압력

대기압을 기준으로 대기압 이하의 압력을 말하며, 압력 단위 뒤에 "V", "v"를 사용한다.

(4) 절대압력

절대진공(완전진공)을 기준으로 한 압력으로 압력 단위 뒤에 "abs", "a"를 사용한다.

절대압력 = 대기압 + 게이지압력 = 대기압 − 진공압력

> ● 공학단위와 SI 단위의 관계
> 1 [MPa] = 10.1968 [kgf/cm²] ≒ 10 [kgf/cm²]
> 1 [kPa] = 101.968 [mmH₂O] ≒ 100 [mmH₂O]

1.5 비중, 밀도, 비체적

(1) 비중

① **기체 비중** : 표준상태에서 공기와의 질량비를 말하며 1보다 크면 공기보다 무겁고, 1보다 작으면 공기보다 가벼운 것이다.

$$기체\ 비중 = \frac{기체\ 분자량(질량)}{공기의\ 평균\ 분자량(29)}$$

② **액체 비중** : 4[℃] 물과의 밀도비를 말한다.

$$액체비중 = \frac{t[℃]의\ 물질의\ 밀도}{4[℃]\ 물의\ 밀도}$$

(2) 가스 밀도

단위 체적당 가스의 질량이다.

$$가스\ 밀도[g/L,\ kg/m^3] = \frac{분자량}{22.4}$$

(3) 가스 비체적

단위 질량당 가스의 체적 또는 밀도의 역수이다.

$$가스\ 비체적[L/g,\ m^3/kg] = \frac{22.4}{분자량} = \frac{1}{밀도}$$

출제예상문제
Expected problems

01 다음 중 열역학적 성질이 아닌 것은?
① 일   ② 내부에너지
③ 엔트로피   ④ 비체적

해설 열역학적 성질 : 어떤 물질이 열에 의하여 변화를 일으킬 수 있는 관계로 온도, 내부에너지, 엔탈피, 엔트로피, 비체적, 비열 등이 해당된다. **답** ①

02 시스템의 경계를 통하여 일, 열 등 어떠한 형태의 에너지와 물질도 통과할 수 없는 시스템은?
① 밀폐 시스템   ② 개방 시스템
③ 고립 시스템   ④ 단열 시스템

해설 계(system) : 물질의 일정한 양이나 한정된 공간 내의 구역이다.
㉮ 개방 시스템 : 동작물질이 계와 주위의 경계를 통하여 열과 일을 주고받으면서 유동하는 시스템
㉯ 밀폐 시스템 : 열이나 일은 전달하지만 동작물질이 유동하지 않는 시스템
㉰ 단열 시스템 : 경계를 통하여 열의 출입이 없는 시스템
㉱ 고립 시스템 : 경계를 통하여 일, 열 등 어떠한 형태의 에너지와 물질도 통과할 수 없는 시스템 **답** ③

03 다음 과정 중 가역적인 과정이 아닌 것은?
① 마찰로 인한 손실이 없다.
② 작용 물체는 전 과정을 통하여 항상 평형 상태에 있다.
③ 과정은 이를 조절하는 값을 무한소만큼씩 변화시켜도 역행할 수는 없다.
④ 과정은 어느 방향으로나 진행될 수 있다.

해설 과정 : 계 내의 물질이 한 상태에서 다른 상태로 변할 때 연속된 상태 변화의 경로(path)를 뜻한다.
㉮ 가역과정 : 과정을 여러 번 진행해도 결과가 동일하며 자연계에 아무런 변화도 남기시 않는 것(카르노 사이클, 노즐에서의 팽창, 마찰이 없는 관 내 흐름)
㉯ 비 가역과정 : 계의 경계를 통하여 이동할 때 자연계에 변화를 남기는 것(온도차로 생기는 열 전달, 압축 및 자유 팽창, 혼합 및 화학반응, 전기적 저항, 마찰, 확산 및 삼투압 현상) **답** ③

04 다음 중 상태함수가 아닌 것은?
① U(내부에너지)
② H(엔탈피)
③ Q(열)
④ G(깁스 자유에너지)

해설 (1) 상태함수 : 계의 상태에 이르는 과정과 경로에 무관한 것으로 상태량이라 한다.
㉮ 강도성 상태함수 : 물질의 양(질량)에 관계없이 강도(세기)만을 고려한 것으로 압력, 온도, 전압, 높이, 점도 등으로 시강변수, 강도변수라 한다.
㉯ 용량성 상태함수 : 물질의 양(질량)에 비례하는 성질의 상태량으로 체적, 내부에너지, 엔탈피, 엔트로피, 전기저항 등으로 종량성 상태량, 시량성 성질이라 한다.
(2) 비상태함수 : 상태가 변화할 때 과정과 경로에 따라 그 변화량이 변화하는 것으로 열량, 일량 등으로 경로함수, 도정함수라 한다. **답** ③

05 어떤 상태에서 질량이 반으로 줄면 강도성질(intensive property) 상태량의 값은?
① 반으로 줄어든다.
② 2배로 증가한다.
③ 4배로 증가한다.
④ 변하지 않는다.

해설 강도성질 : 물질의 양(질량)에 관계없는 성질로 물질의 강도(세기)만을 고려한 것으로 온도, 압력, 전압, 높이, 점도, 몰분율 등으로 시강변수, 강도변수라 한다. **답** ④

06 시량적 성질(extensive property)에 해당하는 것은?

① 체적　　　　② 조성
③ 압력　　　　④ 절대온도

해설 시량적 성질 : 물질의 무게(질량)에 비례하는 성질의 상태량으로 체적, 내부에너지, 엔탈피, 엔트로피, 전기저항 등이 있다. 용량성 상태량, 종량성 상태량이라 한다.　　**답** ①

07 다음 중 경로에 의존하는 값은?

① 엔트로피　　　② 위치에너지
③ 엔탈피　　　　④ 일

해설 비상태량 : 상태가 변화할 때 과정과 경로에 따라 그 변화량이 변화하는 것으로 열량, 일량 등으로 경로함수, 도정함수라 한다.　　**답** ④

08 정상상태(steady state) 흐름에 대한 설명으로 옳은 것은?

① 특정 위치에서만 물성 값을 알 수 있다.
② 모든 위치에서 열역학적 함수 값이 같다.
③ 열역학적 함수 값은 시간에 따라 변하기도 한다.
④ 입구와 출구에서의 유체 물성이 시간에 따라 변하지 않는다.

해설 정상상태(steady state) 흐름 : 유체가 흐름 상태일 때 흐름과 관계되는 물성(압력, 속도, 온도, 밀도 등)이 시간이 경과하여도 변하지 않는 흐름이다.　　**답** ④

09 SI 단위계의 기본 단위에 해당하지 않는 것은?

① 광도[cd]　　　② 열량[kcal]
③ 전류[A]　　　④ 물질량[mol]

해설 기본단위의 종류

기본량	길이	질량	시간	전류	물질량	온도	광도
기본단위	m	kg	s	A	mol	K	cd

답 ②

10 중력단위 1 [kgf]를 SI단위로 환산하면?

① 0.102[N]　　② 1.02[N]
③ 9.8[N]　　　④ 98[N]

해설 $1[kgf] = 1[kg] \times 9.8[m/s^2]$
　　　$= 9.8[kg \cdot m/s^2] = 9.8[N]$　　**답** ③

11 1Newton[N]의 힘은?

① $1[g] \times 1[m/s^2]$
② $1[kg] \times 1[m/s^2]$
③ $1[lb] \times 1[m/s^2]$
④ $1[kg] \times 1[cm/s^2]$

해설 1뉴턴(Newton)[N]은 질량 1[kg]의 물체가 $1[m/s^2]$의 가속도를 받았을 때의 힘이다.　　**답** ②

12 온도와 관련된 설명으로 옳지 않은 것은?

① 온도 측정의 타당성에 대한 근거는 열역학 제0법칙이다.
② 온도가 0[℃]에서 10[℃]로 변화하면, 절대온도는 0[K]에서 283.15[K]로 변화한다.
③ 섭씨온도는 물의 어는점과 끓는점을 기준으로 삼는다.
④ SI단위계에서 온도의 단위는 켈빈 단위를 사용한다.

해설 온도가 0[℃]에서 10[℃]로 변화한 것은 절대온도는 273.15[K]에서 283.15[K]로 변화한 것이다. 그러므로 변화된 온도는 10[℃], 10[K]에 해당된다.　　**답** ②

13 30[℃]를 랭킨온도로 나타내면 몇 [°R]인가?

① 456　　　　② 460
③ 546　　　　④ 640

해설 $°R = (t[℃] + 273) \times 1.8$
　　　$= (30 + 273) \times 1.8 = 545.4[°R]$　　**답** ③

14
600[°R]을 절대온도로 나타내면 약 몇 [K]인가?

① 273　　② 333
③ 372　　④ 393

해설 $K = \dfrac{°R}{1.8} = \dfrac{600}{1.8} = 333.33[K]$　　**답** ②

15
화씨[°F]와 섭씨[°C]의 눈금이 같게 되는 온도는 몇 [°C]인가?

① 40　　② 20
③ -20　　④ -40

해설 $°F = \dfrac{9}{5}°C + 32$에서 [°F]와 [°C]가 같으므로 x로 놓으면 $x = \dfrac{9}{5}x + 32$가 된다.

$\therefore x - \dfrac{9}{5}x = 32$, $x\left(1 - \dfrac{9}{5}\right) = 32$

$\therefore x = \dfrac{32}{1 - \dfrac{9}{5}} = -40$　　**답** ④

16
다음 중 가장 높은 온도는?

① 20[°C]　　② 295[K]
③ 530[°R]　　④ 68[°F]

해설 각 온도를 섭씨온도[°C]로 환산하여 비교
① 20[°C]
② °C = K - 273 = 295[K] - 273 = 22[°C]
③ °C = K - 273 = $\dfrac{°R}{1.8}$ - 273
　　= $\dfrac{530}{1.8}$ - 273 = 21.44[°C]
④ °C = $\dfrac{5}{9}$ × (°F - 32)
　　= $\dfrac{5}{9}$ × (68 - 32) = 20[°C]　　**답** ②

17
절대온도 1[K] 만큼의 온도차는 섭씨온도로 몇 [°C]의 온도차와 같은가?

① 1[°C]　　② $\dfrac{5}{9}$[°C]
③ 273[°C]　　④ 274[°C]

해설 절대온도 1[K] 만큼의 온도차는 섭씨온도로 1[°C]의 온도차와 같다. (섭씨온도로 1[°C] 만큼의 온도차는 절대온도로 1[K]의 온도차와 같다.)　　**답** ①

18
압력을 나타내는 관계식으로 잘못된 것은?

① 1[Pa] = 1[N/m²]
② 1[bar] = 10³[Pa]
③ 1[atm] = 1.01325[bar]
④ 절대압력 = 대기압력 + 게이지 압력

해설 1[atm] = 760[mmHg] = 76[cmHg]
　　= 0.76[mHg] = 29.9[inHg] = 760[torr]
　　= 10,332[kgf/m²] = 1.0332[kgf/cm²]
　　= 10.332[mH₂O] = 10,332[mmH₂O]
　　= 101,325[N/m²] = 101,325[Pa]
　　= 101.325[kPa] = 0.101325[MPa]
　　= 1,013,250[dyne/cm²] = 1.01325[bar]
　　= 1,013.25[mbar] = 14.7[lb/in²] = 14.7[psi]
※ 1.01325[bar] = 101,325[Pa]이므로
1[bar] = 10⁵[Pa]에 해당된다.　　**답** ②

19
어떤 용기 내의 기체의 압력이 계기압력으로 P_g이다. 대기압을 P_a라고 할 때, 기체의 절대압력은?

① $P_g - P_a$　　② $P_g + P_a$
③ $P_g \times P_a$　　④ P_g / P_a

해설 절대압력 = 대기압(P_a) + 계기압력(P_g)　　**답** ②

20
압력게이지에 나타내는 압력은 어느 것인가?

① 절대압력
② 대기압
③ 절대압력 - 대기압
④ 절대압력 + 대기압

해설 압력 게이지에 나타나는 압력은 게이지 압력이고, '절대압력 = 대기압 + 게이지 압력'이다.
∴ 게이지 압력 = 절대압력 – 대기압 답 ③

21 대기압이 100[kPa]일 때 계기압력이 300[kPa]이었다. 이때 절대압력은 몇 [kPa]인가?

① 101 ② 201
③ 400 ④ 490

해설 절대압력 = 대기압 + 계기압력
= 100 + 300 = 400[kPa] 답 ③

22 진공압력 740[mmHg]는 절대압력으로 약 몇 [kPa]인가?

① 1.89 ② 2.67
③ 74.0 ④ 98.7

해설 절대압력 = 대기압 – 진공압력
$= 101.325 - \left(\dfrac{740}{760} \times 101.325\right)$
$= 2.666[kPa]$ 답 ②

23 실내의 기압계는 1.013[bar]를 지시하고 있다. 진공도가 20[%]인 용기 내의 절대압력은 몇 [kPa]인가?

① 20.26 ② 64.72
③ 81.04 ④ 121.56

해설 ㉮ 진공도에서 진공압력 계산식
진공도[%] $= \dfrac{진공압력}{대기압} \times 100$
∴ 진공압력 = 대기압 × 진공도
㉯ 절대압력 계산 : 1[atm] = 1.013[bar] = 101.3[kPa]
절대압력 = 대기압 – 진공압력
= 대기압 – (대기압 × 진공도)
= 1.013 – (1.013 × 0.2)
= 0.8104[bar]
㉰ [kPa] 단위로 환산
∴ 환산압력 $= \dfrac{0.8104}{1.013} \times 101.3$
$= 81.04[kPa]$ 답 ③

24 보일러의 게이지 압력이 800[kPa]일 때 수은기압계가 856[mmHg]를 지시했다면 보일러 내의 절대압력은 약 몇 [kPa]인가?

① 810 ② 914
③ 1,320 ④ 1,656

해설 절대압력 = 대기압 + 게이지 압력
$= \left(\dfrac{856}{760} \times 101.325\right) + 800$
$= 914.123[kPa]$ 답 ②

25 체적이 6[m³]일 때 무게가 4,800[kgf]인 유체의 비중은?

① 0.6 ② 0.7
③ 0.8 ④ 0.9

해설 $s = \dfrac{W}{V} = \dfrac{4,800}{6 \times 1,000} = 0.8$ 답 ③

26 공기의 기체상수가 0.287[kJ/kg·K]일 때 표준상태(0[℃], 1기압)에서 밀도는 약 몇 [kg/m³]인가?

① 1.29 ② 1.87
③ 2.14 ④ 2.48

해설 $PV = GRT$에서
∴ $\rho = \dfrac{G}{V} = \dfrac{P}{RT} = \dfrac{101.3}{0.287 \times 273}$
$= 1.2928[kg/m^3]$ 답 ①

27 공기 온도가 15[℃], 대기압이 758.7[mmHg]인 때에 습도계로 공기 중의 분압이 9.5[mmHg]임을 알았다. 건조공기의 밀도는 얼마인가? (단, 0[℃], 760[mmHg] 때의 건조공기의 밀도는 1.293[kg/m³]이다.)

① 1.02[kg/m³] ② 1.21[kg/m³]
③ 1.40[kg/m³] ④ 1.61[kg/m³]

해설 $PV = GRT$에서

$$\therefore \rho = \frac{G}{V} = \frac{P}{RT}$$

$$= \frac{\frac{758.7 - 9.5}{760} \times 10{,}332}{\frac{848}{29} \times (273 + 15)}$$

$$= 1.209 [\text{kg/m}^3]$$

답 ②

28 체적이 3[L], 질량이 15[kg]인 물질의 비체적 [cm³/g]은?

① 0.2 ② 1.0
③ 3.0 ④ 5.0

해설 ㉮ 비체적[m³/kg]은 단위체적[m³]당 질량[kg]이다.
㉯ 비체적 계산 : 1[L]은 1,000[cm³], 1[kg]은 1,000[g]에 해당된다.

$$\therefore v = \frac{V}{m} = \frac{3 \times 10^3}{15 \times 10^3} = 0.2 [\text{cm}^3/\text{g}]$$

답 ①

29 지름 3[m]인 완전한 구(sphere)형의 풍선 안에 6[kg]의 기체가 있다. 기체의 비체적 [m³/kg]은?

① $\frac{\pi}{4}$ ② $\frac{\pi}{2}$
③ $\frac{3\pi}{4}$ ④ π

해설 ㉮ 비체적[m³/kg]은 단위체적[m³]당 질량[kg]이다.
㉯ 구형의 풍선 체적 계산

$$\therefore V = \frac{\pi}{6} \times D^3 = \frac{\pi}{6} \times 3^3 = \frac{27\pi}{6}$$

㉰ 비체적 계산

$$\therefore v = \frac{V}{m} = \frac{\frac{27\pi}{6}}{6} = \frac{27\pi}{6 \times 6} = \frac{27\pi}{36} = \frac{3\pi}{4}$$

답 ③

2. 일 및 에너지

2.1 일(work)

(1) 힘(F : Force, Weight)

물체의 정지 또는 일정한 운동 상태로 변화를 가져오는 힘의 주체이다.

① **SI 단위** : 질량 1[kg]인 물체가 1[m/s^2]의 가속도를 받았을 때의 힘으로 N(Newton)으로 표시한다.

$$1[N] = 1[kg \cdot m/s^2]$$
$$1[dyne] = 1[g \cdot cm/s^s]$$

② 공학단위 : 질량 1[kg]인 물체가 9.8[m/s^2]의 중력가속도를 받았을 때의 힘으로 [kgf]로 표시한다.

$$1[kgf] = 1[kg] \times 9.8[m/s^2] = 9.8[kg \cdot m/s^2] = 9.8[N]$$

(2) 일(work)

물체에 힘 F가 작용하여 길이 L만큼 이동시킬 때 이루어지는 것

$$일(W) = 힘(F) \times 길이(L)$$

① **SI 단위**
- MKS 단위 : 1[N · m] = 1[J]
- CGS 단위 : 1[dyne · cm] = 1[erg]

② **공학단위**
- MKS 단위 : 1[kgf · m]
- CGS 단위 : 1[gf · cm]

2.2 열에너지

(1) 열량의 단위

① kcal : 물 1[kg]을 1[℃] 상승시키는 데 소요되는 열량

② BTU : 물 1[lb]를 1[℉] 상승시키는 데 소요되는 열량

③ CHU : 물 1[lb]를 1[℃] 상승시키는 데 소요되는 열량

(2) 에너지(Energy)

일을 할 수 있는 능력으로 외부에 행한 일로 표시되며 단위는 일의 단위와 같다. 위치에너지(E_p)와 운동에너지(E_k)로 구분한다.

① SI 단위
- 위치에너지 $E_p = m \cdot g \cdot h[J]$
- 운동에너지 $E_k = \frac{1}{2} \cdot m \cdot V^2[J]$

② 공학단위
- 위치에너지 $E_p = G \cdot h[\text{kgf} \cdot \text{m}]$
- 운동에너지 $E_k = \frac{G \cdot V^2}{2g}[\text{kgf} \cdot \text{m}]$

> ● 일(W)과 열(Q)의 관계
> 열역학 제1법칙에 의하여 일이 열로 전환할 수 있고, 열이 일로 전환할 수 있으며 이때 일과 열 사이에는 일정한 비례 관계가 성립한다.
> ① SI 단위 : $Q = W$
>   여기서 Q : 열량[kJ], W : 일량[kJ]
>   ※ SI 단위에서는 열과 일은 같은 단위[kJ]를 사용한다.
> ② 공학단위 : $Q = A \cdot W$, $W = J \cdot Q$
>   여기서, Q : 열량[kcal]
> W : 일량[kgf·m],
> A : 일의 열당량($\frac{1}{427}$[kcal/kgf·m])
> J : 열의 일당량(427[kgf·m/kcal])

2.3 비열 및 열용량

(1) 비열

어떤 물질 1[kg]을 온도 1[℃] 상승시키는 데 소요되는 열량이다.

① **정압비열**(C_p) : 압력이 항상 일정한 상태에서 측정된 비열

② **정적비열**(C_v) : 체적이 항상 일정한 상태에서 측정된 비열

● 비열이 큰 물질은 온도를 상승시키기 어렵고, 반대로 상승된 온도는 잘 내려가지 않는다.

(2) 비열비

① **비열비** : 정압비열(C_p)과 정적비열(C_v)의 비로 비열비(k)는 항상 1보다 크다.

$$k = \frac{C_p}{C_v} > 1 \quad (C_p > C_v \text{이다.})$$

㉮ 1원자 분자 : 1.66　　㉯ 2원자 분자 : 1.4
㉰ 3원자 분자 : 1.33　　㉱ 0[℃]에서 공기의 경우 : 1.4

② **정압비열과 정적비열의 관계**
　㉮ SI단위

$$C_p - C_v = R, \quad C_p = \frac{k}{k-1}R, \quad C_v = \frac{1}{k-1}R$$

여기서, C_p : 정압비열[kJ/kg・K]　　C_v : 정적비열[kJ/kg・K]
　　　　R : 기체상수($\frac{8.314}{M}$[kJ/kg・K])　　k : 비열비

　㉯ 공학단위

$$C_p - C_v = AR, \quad C_p = \frac{k}{k-1}AR, \quad C_v = \frac{1}{k-1}AR$$

여기서, C_p : 정압비열[kcal/kgf・K]　　C_v : 정적비열[kcal/kgf・K]
　　　　A : 일의 열당량($\frac{1}{427}$[kcal/kgf・m])　k : 비열비
　　　　R : 기체상수($\frac{848}{M}$[kgf・m/kg・K])

(3) 열용량

어떤 물체의 온도를 1[℃] 상승시키는 데 소요되는 열량을 말하며, 단위는 [kcal/℃], [cal/℃]로 표시된다.

$$열\ 용량 = G \cdot C_p$$

여기서, G : 중량[kgf]
C_p : 정압비열[kcal/kgf·℃]

(4) 열평형

온도가 서로 다른 물질이 접촉하면 고온은 저온이 되고, 저온은 고온이 되어서 결국 시간이 흐르면 두 물질의 온도는 같게 된다. 이것을 열평형이 되었다고 하며, 열역학 제0법칙, 열평형의 법칙이라 한다.

$$t_m = \frac{G_1 \cdot C_1 \cdot t_1 + G_2 \cdot C_2 \cdot t_2}{G_1 \cdot C_1 + G_2 \cdot C_2}$$

여기서, t_m : 평균온도[℃]
$G_1,\ G_2$: 각 물질의 중량[kgf]
$C_1,\ C_2$: 각 물질의 비열[kcal/kgf·℃]
$t_1,\ t_2$: 각 물질의 온도[℃]

2.4 현열과 잠열

(1) 현열(감열)

물질이 상태변화는 없이 온도변화에 총 소요된 열량이다.

$$Q = G \cdot C \cdot \Delta t$$

여기서, Q : 현열[kcal]
G : 물체의 중량[kgf]
C : 비열[kcal/kgf·℃]
Δt : 온도 변화[℃]

(2) 잠열(숨은열)

물질이 온도변화는 없이 상태 변화에 총 소요된 열량으로 증발열, 융해열, 승화열이 해당된다.

$$Q = G \cdot \gamma$$

여기서, Q : 잠열[kcal]
  G : 물체의 중량[kgf]
  γ : 잠열량[kcal/kgf]

① **물의 증발잠열** : 539[kcal/kgf]

② **얼음의 융해잠열** : 79.68[kcal/kgf]

2.5 동력

(1) 동력의 정의

단위시간 동안 한 일의 비율이다.

(2) 단위

① 1[PS] = 75[kgf · m/s] = 632.3[kcal/h] = 0.735[kW] = 2,664[kJ/h]

② 1[kW] = 102[kgf · m/s] = 860[kcal/h] = 1.36[PS] = 3,600[kJ/h]

③ 1[HP] = 76[kgf · m/s] = 640.75[kcal/h] = 2,685[kJ/h]

출제예상문제
Expected problems

01 $\int F \cdot dx$는 어떤 에너지를 나타내는 식인가? (단, F는 힘을 나타낸다.)
① 일 ② 열
③ 유동일 ④ 위치에너지

해설 일(work) : 물체에 힘(F)이 작용하여 일정 길이(dx)만큼 이동시킬 때 이루어지는 것 **답** ①

02 9.8[N]의 물체가 100[m]의 높이에서 지상으로 떨어졌을 때 발생하는 열량은 약 몇 [J]인가?
① 834 ② 980
③ 1,034 ④ 1,234

해설 위치에너지 계산
$\therefore E_p = F \times h = 9.8 \times 100 = 980 [\text{N} \cdot \text{m}]$
$= 980[\text{J}]$ **답** ②

03 지름 25[cm]의 피스톤이 9[atm]의 압력에 대항하여 15[cm] 움직였을 때 한 일은 약 몇 [L · atm]인가?
① 66.27 ② 88.54
③ 98.86 ④ 105.04

해설 $W = P \times V$
$= 9 \times \left(\frac{\pi}{4} \times 0.25^2 \times 0.15\right) \times 10^3$
$= 66.267[\text{L} \cdot \text{atm}]$ **답** ①

04 직경 40[cm]의 피스톤이 800[kPa]의 압력에 대항하여 20[cm] 움직였을 때 한 일은 약 몇 [kJ]인가?
① 20.1 ② 63.6
③ 254 ④ 1,350

해설 $W = P \times V$
$= 800 \times \frac{\pi}{4} \times 0.4^2 \times 0.2 = 20.106[\text{kJ}]$ **답** ①

05 지름 4[cm]의 피스톤 위에 추가 올려져 있고, 기체가 실린더 속에 가득 차 있다. 기체를 가열하여 피스톤과 추가 50[cm] 위로 올라간다면 기체가 한 일은 몇 [J]인가? (단, 추와 피스톤의 무게를 합하면 30[N]이고, 마찰은 없다.)
① 1.53 ② 7.5
③ 15 ④ 147

해설 ㉮ 피스톤에 작용하는 압력 계산
$\therefore P = \frac{F}{A} = \frac{30}{\frac{\pi}{4} \times 0.04^2}$
$= 23,873.241[\text{N/m}^2] = 23,873.241[\text{Pa}]$
㉯ 기체가 한 일의 양 계산
$\therefore W = P \times V$
$= 23,873.241 \times \left(\frac{\pi}{4} \times 0.04^2 \times 0.5\right)$
$= 14.999[\text{N} \cdot \text{m}] = 14.999[\text{J}]$ **답** ③

06 200[kg]의 물체가 10[m]의 높이에서 지면으로 떨어졌다. 최초의 위치에너지가 모두 열로 변했다면 약 몇 [kcal]의 열이 발생하겠는가?
① 2.5 ② 3.6
③ 4.7 ④ 5.8

해설 ㉮ 위치에너지 계산
$\therefore E_p = G \times h$
$= 200 \times 10.0 = 2,000[\text{kgf} \cdot \text{m}]$
㉯ 위치에너지를 열량으로 환산
$\therefore Q = A \times E_p$
$= \frac{1}{427} \times 2,000 = 4.683[\text{kcal}]$ **답** ③

07 높이 50[m]인 폭포에서 물이 낙하할 때 위치에너지가 운동에너지로 변했다가 다시 열에너지로 변한다면 물의 온도는 얼마나 올라가는가?

① 0.02[℃]   ② 0.12[℃]
③ 0.22[℃]   ④ 0.32[℃]

해설 ㉮ 물 1[kgf]이 낙하할 때 위치에너지로 계산
∴ $E_p = G \times h$
   $= 1 \times 50 = 50$[kgf·m]
㉯ 위치에너지의 열량을 환산
∴ $Q_1 = A \times E_p$
   $= \dfrac{1}{427} \times 50 = 0.117$[kcal]
㉰ 물의 위치에너지(Q_1)와 물의 온도변화에 소요된 열량($G \times C \times \Delta t$)은 같으므로
$Q_1 = G \times C \times \Delta t$이다.
∴ $\Delta t = \dfrac{Q_1}{G \times C}$
   $= \dfrac{0.117}{1 \times 1} = 0.117$[℃]   **답** ②

08 질량 500[kg]인 추를 10[m] 낙하시킬 때 하는 일이 모두 질량 5[kg], 비열 2[kJ/kg·℃]인 액체에 가해지면 이 액체의 온도는 몇 [℃] 상승되는가? (단, 마찰 손실과 열 손실은 없다.)

① 4.9   ② 45.9
③ 53.6   ④ 60.4

해설 ㉮ 500[kg]인 추가 낙하할 때 위치에너지 계산
∴ $E_p = G \times h$
   $= 500 \times 9.8 \times 10 \times 10^{-3} = 49$[kJ]
㉯ 추의 위치에너지(E_p)와 액체의 온도 변화에 소요된 열량은 같으므로 $Q = 49$[kJ]이다.
∴ $Q = m \times C \times \Delta t$
∴ $\Delta t = \dfrac{Q}{m \times C} = \dfrac{49}{5 \times 2} = 4.9$[℃]   **답** ①

09 어느 용기에서 압력(P)과 체적(V)의 관계는 $P = (50V + 10) \times 10^2$[kPa]과 같을 때 체적이 2[m³]에서 4[m³]로 변하는 경우 일량은 몇 [MJ]인가? (단, 체적의 단위는 [m³]이다.)

① 32   ② 34
③ 36   ④ 38

해설 주어진 식에 처음의 부피 2[Nm³], 변화 후의 부피 4[Nm³]를 적분하여 일량을 계산한다.
∴ $W = \int_2^4 P dV = \int_2^4 (50V + 10) dV$
   $= \left[\dfrac{1}{2} \times 50 V^2 + 10 V\right]_2^4 \times 10^2$
   $= \left[\dfrac{1}{2} \times 50 \times (4^2 - 2^2) + 10 \times (4-2)\right] \times 10^2$
   $= 32,000$[kN·m]
   $= 32,000$[kJ] $= 32$[MJ]   **답** ①

10 비열에 대한 설명으로 틀린 것은?

① 비열은 1[℃]의 온도를 변화시키는 데 필요한 단위질량당의 열량이다.
② 정압비열은 압력이 일정할 때 기체 1[kg]을 1[℃] 높이는 데 필요한 열량이다.
③ 기체의 정압비열과 정적비열은 일반적으로 같지 않다.
④ 정압비열은 정적비열보다 클 수도, 작을 수도 있다.

해설 정압비열은 정적비열보다 항상 크다.   **답** ④

11 이상기체의 비열에는 정적비열(C_v)과 정압비열(C_p)이 있다. 이들 사이의 관계가 옳은 것은?

① 정적비열과 정압비열의 비는 항상 1이다.
② 정적비열은 정압비열과 항상 같다.
③ 정적비열은 정압비열보다 항상 크다.
④ 정적비열은 정압비열보다 항상 적다.

해설 ㉮ 비열비 : 정압비열과 정적비열의 비로 항상 1보다 크다.
$$\therefore k = \frac{C_p}{C_v} > 1$$
㉯ 정압비열은 정적비열보다 항상 크다. (정적비열은 정압비열보다 항상 적다.) **답** ④

12 상온에서 비열비 C_p / C_v 값이 가장 큰 기체는?

① He ② O_2
③ CO_2 ④ CH_4

해설 비열비
㉮ 1원자 분자(C, S, Ar, He 등) : 1.66
㉯ 2원자 분자(O_2, N_2, H_2, CO, 공기 등) : 1.4
㉰ 3원자 분자(CO_2, SO_2, NO_2 등) : 1.33 **답** ①

13 이상기체의 정압비열(C_p)과 정적비열(C_v)의 관계로 옳은 것은? (단, R은 기체상수이다.)

① $C_p + C_v = R$ ② $C_p - C_v = R$
③ $\frac{C_p}{C_v} = R$ ④ $C_p \cdot C_v = R$

해설 이상기체의 정압비열, 정적비열의 관계식
㉮ 정압비열, 정적비열, 기체상수 : $C_p - C_v = R$
㉯ 정압비열 : $C_p = \frac{k}{k-1} R$
㉰ 정적비열 : $C_v = \frac{1}{k-1} R$ **답** ②

14 헬륨의 기체상수는 2.08[kJ/kg·K]이고, 정압비열 C_p는 5.24[kJ/kg·K]일 때 이 가스의 정적비열(C_v) 값은?

① 7.20kJ/kg·K ② 5.07kJ/kg·K
③ 3.16kJ/kg·K ④ 2.18kJ/kg·K

해설 $C_p - C_v = R$에서
$\therefore C_v = C_p - R$
$= 5.24 - 2.08 = 3.16$[kJ/kg·K] **답** ③

15 비열비 $k = 1.3$이고 정적비열이 0.65[kJ/kg·K]이면 이 기체의 기체상수는 얼마인가?

① 0.195[kJ/kg·K]
② 0.5[kJ/kg·K]
③ 0.845[kJ/kg·K]
④ 1.345[kJ/kg·K]

해설 ㉮ 정압비열 계산
$k = \frac{C_p}{C_v}$ 에서
$\therefore C_p = k \times C_v = 1.3 \times 0.65 = 0.845$
㉯ 기체상수 계산
$\therefore R = C_p - C_v = 0.845 - 0.65$
$= 0.195$[kJ/kg·K] **답** ①

16 산소 117.6[kg]과 질소 98[kg]으로 혼합된 기체의 정압비열은 약 몇 [kJ/kg·K]인가? (단, 산소의 정압비열은 0.908[kJ/kg·K] 이고, 질소의 정압비열은 1.005[kJ/kg·K] 이다.)

① 0.823 ② 0.883
③ 0.912 ④ 0.952

해설 ㉮ 산소(O_2)와 질소(N_2)의 [kmol] 수 계산
$\therefore$ 산소 $= \frac{W}{M} = \frac{117.6}{32} = 3.675$[kmol]
$\therefore$ 질소 $= \frac{W}{M} = \frac{98}{28} = 3.5$[kmol]
㉯ 혼합기체의 정압비열 계산
$C_p =$ (산소 $C_p \times$ 몰비율) + (질소 $C_p \times$ 몰비율)
$= \left(0.908 \times \frac{3.675}{3.675 + 3.5}\right) + \left(1.005 \times \frac{3.5}{3.675 + 3.5}\right)$
$= 9.553$[kJ/kg·K] **답** ④

17 "어떤 물체의 온도를 1[℃] 높이는 데 필요한 열량"으로 정의되는 것은?

① 열관류량 ② 열전도율
③ 열전달률 ④ 열용량

해설 열용량 : 어떤 물체의 온도를 1[℃] 상승시키는 데 소요되는 열량을 말하며, 단위는 [kcal/℃], [cal/℃]로 표시된다. **답** ④

18 25[℃]의 철(Fe) 35[kg]을 온도 76[℃]로 올리는 데 소요열량이 675[kcal]이다. 이 철의 비열(a)과 열용량(b)은?

① a : 0.38[kcal/kg・℃], b : 13.2[kcal/℃]
② a : 2.64[kcal/kg・℃], b : 9.25[kcal/℃]
③ a : 0.38[kcal/kg・℃], b : 9.25[kcal/℃]
④ a : 0.26[kcal/kg・℃], b : 13.2[kcal/℃]

해설 ㉮ 철의 비열 계산 : 현열식 $Q = G \times C \times \Delta t$ 에서

$$\therefore C = \frac{Q}{G \times \Delta t} = \frac{675}{35 \times (76-25)}$$
$$= 0.378 \fallingdotseq 0.38 [kcal/kg \cdot ℃]$$

㉯ 철의 열용량 계산
$$\therefore 열용량 = G \times C = 35 \times 0.38$$
$$= 13.3 [kcal/℃]$$
답 ①

19 "2개의 물체가 또 다른 물체와 서로 열평형을 이루고 있으면 그들 상호 간에도 서로 열평형 상태에 있다."라는 것은 열역학 몇 법칙인가?

① 열역학 제0법칙 ② 열역학 제1법칙
③ 열역학 제2법칙 ④ 열역학 제3법칙

해설 열역학 제0법칙 : 온도가 서로 다른 물질이 접촉하면 고온은 저온이 되고, 저온은 고온이 되어서 결국 시간이 흐르면 두 물질의 온도는 같게 된다. 이것을 열평형이 되었다고 하며, 열평형의 법칙이라 한다.
답 ①

20 물체 A와 B가 각각 물체 C와 열평형을 이루었다면 A와 B도 서로 열평형을 이룬다는 열역학 법칙은?

① 제0법칙 ② 제1법칙
③ 제2법칙 ④ 제3법칙

해설 열역학 법칙
㉮ 열역학 제0법칙 : 열평형의 법칙
㉯ 열역학 제1법칙 : 에너지보존의 법칙
㉰ 열역학 제2법칙 : 방향성의 법칙
㉱ 열역학 제3법칙 : 어떤 계 내에서 물체의 상태변화 없이 절대온도 0도에 이르게 할 수 없다.
답 ①

21 85[℃]의 물 120[kg]의 온탕에 10[℃]의 물 140[kg]을 혼합하면 약 몇 [℃]의 물이 되는가?

① 44.6 ② 56.6
③ 66.9 ④ 70.0

해설 $t_m = \dfrac{G_1 C_1 t_1 + G_2 C_2 t_2}{G_1 C_1 + G_2 C_2}$

$$= \frac{140 \times 1 \times 10 + 120 \times 1 \times 85}{140 \times 1 + 120 \times 1}$$
$$= 44.615[℃]$$
답 ①

22 80[℃]의 물 50[kg]과 10[℃]의 물 100[kg]을 혼합하면 이 혼합된 물의 온도는 약 몇 [℃]인가? (단, 물의 비열은 4.2[kJ/kg・K]이다.)

① 33[℃] ② 40[℃]
③ 45[℃] ④ 50[℃]

해설 $t_m = \dfrac{G_1 C_1 t_1 + G_2 C_2 t_2}{G_1 C_1 + G_2 C_2}$

$$= \frac{50 \times 4.2 \times 80 + 100 \times 4.2 \times 10}{50 \times 4.2 + 100 \times 4.2}$$
$$= 33.333[℃]$$
답 ①

23 온도 250[℃], 질량 50[kg]인 금속을 20[℃]의 물속에 넣었다. 최종 평형 상태에서의 온도가 30[℃]이면 물의 양은 약 몇 [kg]인가? (단, 열손실은 없으며, 금속의 비열은 0.5[kJ/kg・K], 물의 비열은 4.18[kJ/kg・K]이다.)

① 108.3 ② 131.6
③ 167.7 ④ 182.3

해설 $t_m = \dfrac{G_1 C_1 t_1 + G_2 C_2 t_2}{G_1 C_1 + G_2 C_2}$ 에서

$$\therefore G_2 = \frac{t_m \cdot G_1 \cdot C_1 - G_1 \cdot C_1 \cdot t_1}{C_2 \cdot t_2 - t_m \cdot C_2}$$
$$= \frac{30 \times 50 \times 0.5 - 50 \times 0.5 \times 250}{4.18 \times 20 - 30 \times 4.18}$$
$$= 131.578[kg]$$
답 ②

24
단열처리된 밀폐용기 내에 물이 0.09[m³] 채워져 있을 때 800[℃]의 철 3[kg]을 넣어 평형온도 20[℃]로 되었다면 이때 물의 온도 상승은 약 얼마인가? (단, 철의 비열은 0.46[kJ/kg·℃]이며, 물의 비열은 4.2[kJ/kg·℃]이다.)

① 2.85[℃]   ② 19.61[℃]
③ 27.65[℃]   ④ 47.36[℃]

해설 ㉮ 처음 상태 물의 온도 계산 : 물 0.09[m³]는 90[L]이며, 물의 비중은 1이므로 90[kg]에 해당된다.

$$t_m = \frac{G_1 C_1 t_1 + G_2 C_2 t_2}{G_1 C_1 + G_2 C_2}$$ 에서

$$\therefore t_1 = \frac{\{t_m(G_1 C_1 + G_2 C_2)\} - G_2 C_2 t_2}{G_1 C_1}$$

$$= \frac{\{20 \times (90 \times 4.2 + 3 \times 0.46)\} - 3 \times 0.46 \times 800}{90 \times 4.2}$$

$$= 17.152[℃]$$

㉯ 물의 온도 상승 계산
∴ 상승온도 = 평형온도 - 처음상태의 온도
= 20 - 17.152 = 2.848[℃] **답** ①

25
60[℃]의 물 200[kg]과 100[℃]의 포화증기를 적당량 혼합하여 90[℃]의 물이 되었을 때 혼합하여야 할 포화증기의 양은 약 몇 [kg]인가? (단, 물의 비열은 4.18[kJ/kg·K]이며, 100[℃]에서의 증발잠열은 2,257[kJ/kg]이다.)

① 2.5   ② 10.9
③ 28.2   ④ 66.7

해설 물(G_w)이 얻은 열량과 포화증기(G_v)가 잃은 열량(잠열+현열)은 같으므로 다음의 식이 성립된다.

$$G_w \times C_w \times (t_m - t_1)$$
$$= G_v \times \gamma + G_v \times C_v \times (t_2 - t_m)$$
$$200 \times 4.18 \times (90 - 60)$$
$$= G_v \times 2,257 + G_v \times 4.18 \times (100 - 90)$$
$$25,080 = G_v \times (2,257 + 41.8)$$

$$\therefore G_v = \frac{25,080}{2,257 + 41.8} = 10.91[kg]$$ **답** ②

26
압력 200[kPa], 온도 25[℃]의 물이 시간당 200[kg]씩 혼합실에 들어가 압력 200[kPa]의 건포화 수증기와 혼합되어 45[℃]의 물로 배출된다. 시간당 수증기 공급량을 몇 [kg] 하여야 하는가? (단, 압력 200[kPa]에서 포화온도가 120[℃], 포화수증기의 엔탈피는 2,703[kJ/kg]이고 열손실은 없으며 액체상태 물의 평균비열은 4.18[kJ/kg·K]이다.)

① 7.25   ② 5.55
③ 5.13   ④ 4.25

해설 물(G_w)이 얻은 열량과 포화증기(G_v)가 잃은 열량(잠열+현열)은 같으므로 다음의 식이 성립된다.

$$G_w \times C_w \times (t_m - t_1)$$
$$= G_v \times \gamma + G_v \times C_v \times (t_2 - t_m)$$
$$200 \times 4.18 \times (45 - 25)$$
$$= G_v \times 2,703 + G_v \times 4.18 \times (120 - 45)$$
$$16,720 = G_v \times (2,703 + 313.5)$$

$$\therefore G_v = \frac{16,720}{2,703 + 313.5} = 5.542[kg]$$ **답** ②

27
물질의 상변화와 관계있는 열량을 무엇이라 하는가?

① 잠열   ② 비열
③ 현열   ④ 반응열

해설 현열과 잠열
㉮ 현열(감열) : 물질이 상태변화는 없이 온도변화에 총 소요된 열량
㉯ 잠열 : 물질이 온도변화는 없이 상태변화에 총 소요된 열량으로 증발열, 융해열, 승화열이 해당된다. **답** ①

28
대기압에서 물의 증발잠열은 약 얼마인가?

① 334[kJ/kg]   ② 539[kJ/kg]
③ 1,000[kJ/kg]   ④ 2,264[kJ/kg]

해설 대기압 상태에서 물의 증발잠열(온도기준)

구분	[kJ/kg]	[kcal/kg]
0℃	2,501.4	597.5
100℃	2,257.0	539.1

답 ④

29 비열이 0.473[kJ/kg·K]인 철 10[kg]의 온도를 20[℃]에서 80[℃]로 높이는 데 필요한 열량은 몇 [kJ]인가?

① 28　　② 60
③ 284　　④ 600

해설 $Q = G \cdot C \cdot \Delta t$
$= 10 \times 0.473 \times (80 - 20) = 283.8[kJ]$　답 ③

30 공기 50[kg]을 일정 압력 하에서 100[℃]에서 700[℃]까지 가열할 때 엔탈피 변화는 얼마인가? (단, C_p = 1.0[kJ/kg·K], C_v = 0.71[kJ/kg·K]이다.)

① 600[kJ]　　② 21,300[kJ]
③ 30,000[kJ]　　④ 42,600[kJ]

해설 $Q = G \cdot C_p \cdot \Delta T$
$= 50 \times 1 \times \{(273+700) - (273+100)\}$
$= 30,000[kJ]$　답 ③

31 일정 정압비열(C_p = 1.0[kJ/kg·K])을 가정하고, 공기 100[kg]을 400[℃]에서 120[℃]로 냉각할 때 엔탈피 변화는?

① -24,000[kJ]　　② -26,000[kJ]
③ -28,000[kJ]　　④ -30,000[kJ]

해설 $Q = G \cdot C_p \cdot \Delta T$
$= 100 \times 1 \times \{(273+400) - (273+120)\}$
$= 28,000[kJ]$
∴ 냉각과정은 열량을 제거하여야 하므로 엔탈피 변화는 -28,000[kJ]이다.　답 ③

32 압력이 P로 일정한 용기 내에 이상기체 1[kg]이 들어 있고, 이 이상기체를 외부에서 가열하였다. 이때 전달된 열량은 Q이며, 온도가 T_1에서 T_2로 변화하였고, 기체의 부피가 V_1에서 V_2로 변화하였다. 공기의 정압비열 C_p는 어떻게 계산되는가?

① $C_p = Q/P$
② $C_p = Q/(T_2 - T_1)$
③ $C_p = Q/(V_2 - V_1)$
④ $C_p = P \times (V_2 - V_1)/(T_1 - T_2)$

해설 정압과정의 가열량 계산식 $Q = m C_p (T_2 - T_1)$에서 이상기체 질량(m)은 1[kg]이므로 생략한다.
∴ $C_p = \dfrac{Q}{T_2 - T_1}$　답 ②

33 정압과정으로 5[kg]의 공기에 20[kcal]의 열이 전달되어, 공기의 온도가 10[℃]에서 30[℃]로 올랐다. 이 온도 범위에서 공기의 평균 비열[kJ/kg·K]을 구하면?

① 0.152　　② 0.321
③ 0.463　　④ 0.837

해설 1[kcal]는 4.185[kJ]이므로 공급열량 단위를 [kcal]에서 [kJ]로 변경하여 계산하고,
$Q = G \cdot C \cdot (T_2 - T_1)$이다.
∴ $C = \dfrac{Q}{G(T_2 - T_1)}$
$= \dfrac{20 \times 4.185}{5 \times \{(273+30) - (273+10)\}}$
$= 0.837[kJ/kg \cdot K]$　답 ④

34 1기압 30[℃]의 물 3[kg]을 1기압 건포화 증기로 만들려면 약 몇 [kJ]의 열량을 가하여야 하는가? (단, 30[℃]와 100[℃] 사이의 물의 평균 정압비열은 4.19[kJ/kg·K], 1기압 100[℃]에서의 증발잠열은 2,257[kJ/kg], 1기압 30[℃] 물의 엔탈피는 126[kJ/kg]이다.)

① 4,130　　② 5,100
③ 6,240　　④ 7,650

해설 ㉮ 30[℃] 물을 100[℃]까지 가열한 열량 계산
∴ $Q_1 = G \cdot C \cdot \Delta t$
$= 3 \times 4.19 \times (100 - 30) = 879.9[kJ]$

㉯ 100[℃] 물을 100[℃] 건포화증기로 만들기 위한 가열량 계산
∴ $Q_2 = G \cdot r = 3 \times 2{,}257 = 6{,}771$ [kJ]
㉰ 합계 열량 계산
∴ $Q = Q_1 + Q_2 = 879.9 + 6{,}771$
   $= 7{,}650.9$ [kJ]   **답 ④**

35 20[℃]의 물 10[kg]을 대기압 하에서 100[℃]의 수증기로 완전히 증발시키는 데 필요한 열량은 약 몇 [kJ]인가? (단, 수증기의 증발 잠열은 2,257[kJ/kg]이고 물의 평균비열은 4.2[kJ/kg · K]이다.)

① 800   ② 6,190
③ 25,930   ④ 61,900

해설 ㉮ 20[℃] 물을 100[℃]까지 가열한 열량 계산
∴ $Q_1 = GC\Delta t = 10 \times 4.2 \times (100-20)$
   $= 3{,}360$ [kJ]
㉯ 100[℃] 물을 100[℃] 건포화증기로 만들기 위한 가열량 계산
∴ $Q_2 = Gr = 10 \times 2{,}257 = 22{,}570$ [kJ]
㉰ 합계 열량 계산
∴ $Q = Q_1 + Q_2 = 3{,}360 + 22{,}570$
   $= 25{,}930$ [kJ]   **답 ③**

36 공기 10[Nm³]을 1기압의 등압 하에서 0[℃]로부터 80[℃]로 가열하는 데 필요한 열량은 약 몇 [kcal]인가? (단, 공기의 정압비열은 0.24[kcal/kg · ℃]이고, 정적비열은 0.17[kcal/kg · ℃]이며, 공기의 분자량은 28.96[kg/kmol]이다.)

① 238   ② 248
③ 258   ④ 268

해설 ㉮ 공기 10[Nm³]의 질량(중량) 계산 :
[Nm³]는 표준상태(0[℃], 1기압)의 체적을 의미하고 1기압은 10,332[kgf/m²]이다.
$PV = GRT$
∴ $G = \dfrac{PV}{RT} = \dfrac{10{,}332 \times 10}{\dfrac{848}{28.96} \times 273} = 12.924$ [kg]

㉯ 가열 열량 계산
∴ $Q = G \times C_p \times \Delta t$
   $= 12.924 \times 0.24 \times (80-0)$
   $= 248.14$ [kcal]   **답 ②**

37 기체 2[kg]을 압력이 일정한 과정으로 50[℃]에서 150[℃]로 가열할 때, 필요한 열량은 몇 [kJ]인가? (단, 이 기체의 정적비열은 3.1[kJ/kg · K]이고, 기체상수는 2.1[kJ/kg · K]이다.)

① 210   ② 310
③ 620   ④ 1,040

해설 ㉮ 정압비열 계산
$C_p - C_v = R$에서
∴ $C_p = R + C_v = 2.1 + 3.1 = 5.2$ [kJ/kg · K]
㉯ 가열 열량 계산
∴ $Q = G \cdot C_p \cdot (T_2 - T_1)$
   $= 2 \times 5.2 \times \{(273+150) - (273+50)\}$
   $= 1{,}040$ [kJ]   **답 ④**

38 질소 1.36[kg]이 압력 600[kPa] 하에서 팽창하여 체적이 0.01[m³] 증가하였다. 팽창 과정에서 20[kJ]의 열이 공급되었고 최종 온도가 93[℃]이었다면 초기 온도는 약 몇 [℃]인가? (단, 정적비열은 0.74[kJ/kg · K]이다.)

① 112   ② 107
③ 79   ④ 74

해설 ㉮ 정압비열 계산
$R = C_p - C_v$에서
∴ $C_p = R + C_v = \dfrac{8.314}{28} + 0.74$
   $= 1.0369 ≒ 1.037$ [kJ/kg · K]
㉯ 초기온도 계산
$Q = G \times C_p \times (T_2 - T_1)$에서
∴ $T_1 = T_2 - \dfrac{Q}{G \times C_p}$
   $= (273+93) - \dfrac{20}{1.36 \times 1.037}$
   $= 351.81$ [K] $- 273 = 78.81$ [℃]   **답 ③**

39 질량 m[kg]의 이상기체로 구성된 밀폐계가 A[kJ]의 열을 받아 $0.5A$[kJ]의 일을 하였다면, 이 기체의 온도변화는 몇 [K]인가? (단, 이 기체의 정적비열 C_v[kJ/kg·K], 정압비열은 C_p[kJ/kg·K]이다.)

① $\dfrac{A}{mC_v}$ ② $\dfrac{A}{mC_p}$

③ $\dfrac{A}{2mC_v}$ ④ $\dfrac{A}{2mC_p}$

해설 SI단위에서 열량(Q)과 일량(W)의 단위는 [kJ]을 사용한다.
∴ $Q = m \times C_v \times \Delta T$에서 $Q = W$이므로
$W = m \times C_v \times \Delta T$이다.
∴ $\Delta T = \dfrac{W}{m \times C_v} = \dfrac{0.5A}{m \times C_v} = 0.5 \times \dfrac{A}{mC_v}$
$= \dfrac{1}{2} \times \dfrac{A}{mC_v} = \dfrac{A}{2mC_v}$ 답 ③

40 초기조건이 1[atm], 60[℃]인 공기를 정적과정을 통해 가열한 후 정압에서 냉각과정을 통하여 5[atm], 60[℃]로 냉각할 때 이 과정에서 전체 열량의 변화는 약 몇 [kcal/kmol]인가? (단, C_v : 5[kcal/kmol·℃], C_p : 7[kcal/kmol·℃]이며, 이상기체로 가정한다.)

① −964 ② −1,964
③ −2,664 ④ −3,664

해설 ㉮ 정적과정으로 가열한 후 온도계산 : 정압에서 냉각과정을 통해 5[atm]이 되었으므로 초기조건에서 가열한 후 압력은 5[atm]이 된다.
$\dfrac{P_1 V_1}{T_1} = \dfrac{P_2 V_2}{T_2}$에서 $V_1 = V_2$이므로
∴ $T_2 = \dfrac{P_2 T_1}{P_1}$
$= \dfrac{5 \times (273 + 60)}{1} = 1{,}665$[K]
㉯ 공기 1[kmol]에 대한 가열 열량 계산
∴ $Q_1 = C_v \times (T_2 - T_1)$
$= 5 \times \{1{,}665 - (273 + 60)\}$
$= 6{,}660$[kcal/kmol]
㉰ 정압 냉각과정에서 제거할 열량 계산
∴ $Q_2 = -C_p \times (T_2 - T_1)$
$= -7 \times \{1{,}665 - (273 + 60)\}$
$= -9{,}324$[kcal/kmol]
※ 냉각, 제거할 열량이므로 계산식에 "−" 부호를 붙인 것임
㉱ 전체 열량 변화 계산
∴ $Q = Q_1 + Q_2$
$= 6{,}660 + (-9{,}324) = -2{,}664$ 답 ③

41 정압과정으로 5[kg]의 공기에 20[kcal]의 열이 전달되어 공기의 온도가 10[℃]에서 30[℃]로 올랐다. 이 온도 범위에서 공기의 평균 비열[kJ/kg·K]은 얼마인가?

① 0.152 ② 0.321
③ 0.463 ④ 0.837

해설 ㉮ 1[kcal]는 약 4.184[kJ]에 해당되고, 5[kg] 공기에 전달된 열량은 20[kcal]이다.
㉯ 평균비열[kJ/kg·K] 계산
$Q = GC\Delta T$에서
∴ $C = \dfrac{Q}{G \times \Delta T}$
$= \dfrac{20}{5 \times \{(273+30) - (273+10)\}} \times 4.184$
$= 0.8368$[kJ/kg·K] 답 ④

42 어떤 기체의 정압비열이 다음 식으로 표현될 때 32[℃]와 800[℃] 사이에서의 이 기체의 평균 정압 비열(C_p)은? (단, C_p의 단위는 [kJ/mol·℃], T의 단위는 [℃]이다.)

$$C_p = 35.35 + 2.409 \times 10^{-2} T - 0.9033 \times 10^{-5} T^2$$

① 35.35 ② 43.36
③ 57.43 ④ 95.84

해설 $C_{pm} = \dfrac{1}{\Delta T} \int_{T_1}^{T_2} (35.35 + 2.409 \times 10^{-2} T$
$- 0.9033 \times 10^{-5} T^2) dT$

$$= \frac{1}{800-32} \times [\{35.35 \times (800-32)\}$$
$$+ \left\{\frac{2.409 \times 10^{-2}}{2} \times (800^2 - 32^2)\right\}$$
$$- \left\{\frac{0.9033 \times 10^{-5}}{3} \times (800^3 - 32^3)\right\}]$$
$$= \frac{1}{768} \times (27,148.8 + 7,696.466 - 1,541.533)$$
$$= 43.364 [kJ/mol \cdot ℃] \qquad 답 ②$$

43 공기 1[mol]을 400[℃]에서 1,000[℃]까지 가열할 때 다음의 비열식을 이용하여 엔탈피 차 ΔH를 구하면 약 몇 [cal]인가? (단, 비열 C_p의 단위는 [cal/mol·℃]이고, 온도 T의 단위는 [℃]이다.)

$$C_p = 6.917 + \frac{0.09911}{10^2}T + \frac{0.07627}{10^5}T^2 - \frac{0.4696}{10^9}T^3$$

① 2,680 ② 3,680
③ 4,690 ④ 5,690

해설 ㉮ 평균정압비열 계산
$$C_{p_m} = \frac{1}{\Delta T}\int_{T_1}^{T_2}(6.917 + \frac{0.09911}{10^2}T + \frac{0.07627}{10^5}T^2 - \frac{0.4696}{10^9}T^3)dT$$
$$= \frac{1}{1,000-400} \times [\{6.917 \times (1,000-400)\}$$
$$+ \left\{\frac{0.09911}{10^2 \times 2} \times (1,000^2 - 400^2)\right\}$$
$$+ \left\{\frac{0.07627}{10^5 \times 3} \times (1,000^3 - 400^3)\right\}$$
$$- \left\{\frac{0.4696}{10^9 \times 4} \times (1,000^4 - 400^4)\right\}]$$
$$= \frac{1}{600} \times (4,150.2 + 416.262 + 237.9624 - 114.39456)$$
$$= \frac{1}{600} \times 4,690.02984$$
$$= 7.8167164 \, [cal/mol \cdot ℃]$$

㉯ 엔탈피 차(ΔH) 계산
$$\therefore \Delta H = G \times C_{p_m} \times \Delta T$$
$$= 1 \times 7.8167164 \times (1,000 - 400)$$
$$= 4,690.029 [cal] \qquad 답 ③$$

44 1[kWh]는 몇 [kcal]에 해당하는가?
① 560 ② 650
③ 860 ④ 950

해설 동력
㉮ 1[PS] = 75[kgf·m/s] = 632.2[kcal/h]
   = 0.735[kW] = 2,646[kJ/h]
㉯ 1[kW] = 102[kgf·m/s] = 860[kcal/h]
   = 1.36[PS] = 3,600[kJ/h]
㉰ 1[HP] = 76[kgf·m/s] = 640.75[kcal/h]
   = 0.745[kW] = 2,685[kJ/h] 답 ③

45 어떤 연료 1[kg]당 발열량이 6,320[kcal]이다. 이 연료 50[kg/h]을 연소시킬 때 발생하는 열이 모두 일로 전환된다면 이때 발생하는 동력은?
① 300[PS] ② 400[PS]
③ 500[PS] ④ 600[PS]

해설 ㉮ 1[PS] = 632.2[kcal/h]이다.
㉯ 발생하는 동력 계산
$$\therefore PS = \frac{공급열량[kcal/h]}{1[PS]당\,열량[kcal/h]}$$
$$= \frac{50 \times 6,320}{632.2} = 499.841[PS] \qquad 답 ③$$

46 저위발열량 40,000[kJ/kg]인 연료를 쓰고 있는 열기관에서 이 열이 전부 일로 바뀌고, 연료소비량이 20[kg/h]이라면 발생되는 동력은 약 몇 [kW]인가?
① 110 ② 222
③ 316 ④ 820

해설 ㉮ 1[kW] = 860[kcal/h] = 3,600[kJ/h]이다.

㉯ 발생되는 동력 계산

$$\therefore [kW] = \frac{공급열량[kJ/h]}{1[kW]당\ 열량[kJ/h]}$$

$$= \frac{20 \times 40,000}{3,600} = 222.222[kW] \quad \text{답 ②}$$

47 발전소 보일러실에서 소비되는 석탄의 양이 6시간 동안 20[톤]이라고 한다. 석탄 1[kg]의 연소에 의한 발열량은 29,300[kJ]이다. 석탄에서 얻을 수 있는 열의 20[%]가 전기에너지로 변한다고 하면 이 발전소에서 발전되는 전력은 몇 [kW]인가?

① 5,426　　② 10,862
③ 23,220　　④ 32,560

해설 ㉮ 1[kW] = 860[kcal/h] = 3,600[kJ/h]이다.
㉯ 발생되는 동력 계산

$$\therefore [kW] = \frac{공급열량[kJ/h]}{1[kW]당\ 열량[kJ/h]}$$

$$= \frac{20 \times 1,000 \times 29,300 \times 0.2}{3,600 \times 6}$$

$$= 5,425.925[kW] \quad \text{답 ①}$$

48 비열이 3.2[kJ/kg·℃]인 액체 10[kg]을 20[℃]로부터 80[℃]까지 전열기로 가열시키는 데 필요한 소요전력량은 몇 [kWh]인가? (단, 전열기의 효율은 90[%]이다.)

① 0.46　② 0.59　③ 480　④ 530

해설 ㉮ 1[kW] = 860[kcal/h] = 3,600[kJ/h]이다.
㉯ 소요 전력량 계산

$$\therefore [kWh] = \frac{G \times C \times \Delta t}{W \times \eta}$$

$$= \frac{10 \times 3.2 \times (80-20)}{3,600 \times 0.9}$$

$$= 0.592[kWh] \quad \text{답 ②}$$

49 출력이 100[kW]인 디젤 발전기에서 시간당 25[kg]의 연료를 소모한다. 연료의 발열량이 42,000[kJ/kg]일 때 이 발전기의 전환효율은 얼마인가?

① 34[%]　② 40[%]　③ 60[%]　④ 66[%]

해설 ㉮ 1[kW] = 860[kcal/h] = 3,600[kJ/h]이다.
㉯ 발전기 전환효율 계산

$$\therefore \eta = \frac{실제\ 소요동력}{공급열량} \times 100$$

$$= \frac{100 \times 3,600}{25 \times 42,000} \times 100$$

$$= 34.285[\%] \quad \text{답 ①}$$

50 저발열량 11,000[kcal/kg]인 연료를 연소시켜서 900[kW]의 동력을 얻기 위해서는 매분당 약 몇 [kg]의 연료를 연소시켜야 하는가? (단, 연료는 완전연소되며 발생한 열량의 50[%]가 동력으로 변환된다고 가정한다.)

① 1.37　② 2.34　③ 3.82　④ 4.17

해설 ㉮ 1[kW] = 860[kcal/h] = 3,600[kJ/h]이다.
㉯ 연소 연료량[kg/min] 계산 : 기관의 효율 계산식

$$\eta = \frac{실제\ 소요동력}{공급열량} \times 100에서$$

공급열량은 '연료량×연료의 저발열량'이다.

$$\therefore 연료량 = \frac{실제\ 소요동력}{저발열량 \times 변환효율 \times 기관의\ 효율}$$

$$= \frac{900 \times 860}{11,000 \times 0.5 \times 1 \times 60}$$

$$= 2.345[kg/min] \quad \text{답 ②}$$

51 전열기를 사용하여 물 5[L]의 온도를 15[℃]에서 80[℃]까지 올리려고 한다. 전열기의 용량은 0.7[kW]이고 투입된 에너지가 모두 물에 전달된다고 하면 가열에 요구되는 시간은 약 몇 분인가? (단, 가열 중에 외부로의 열손실은 없다고 가정하며, 물의 비열은 4.179[kJ/kg·K]이다.)

① 17.26　　② 21.74
③ 27.52　　④ 32.34

해설 1[kW] = 3,600[kJ/h]이고, 물의 비중은 1이다.

$$\therefore 가열시간 = \frac{필요열량}{시간당\ 공급열량}$$

$$= \frac{5 \times 1 \times 4.179 \times (80-15)}{0.7 \times 3,600} \times 60$$

$$= 32.337\ 분 \quad \text{답 ④}$$

제2장 열역학 법칙

1. 열역학 제1법칙

1.1 내부에너지

(1) 열역학 제1법칙

에너지 보존의 법칙이라고도 하며, 기계적 일이 열로 변하거나, 열이 기계적 일로 변할 때 이들의 비는 일정한 관계가 성립된다.

① SI 단위

$$Q = W$$

여기서, Q : 열량[kJ], W : 일량[kJ]

● SI 단위에서는 열과 일은 같은 단위[kJ]를 사용한다.

② 공학단위

$$Q = A \cdot W, \quad W = J \cdot Q$$

여기서, Q : 열량[kcal], W : 일량[kgf·m]

A : 일의 열당량($\frac{1}{427}$[kcal/kgf·m])

J : 열의 일당량(427[kgf·m/kcal])

③ **제1종 영구기관** : 입력보다 출력이 더 큰 기관으로 효율이 100[%] 이상인 기관으로 열역학 제1법칙에 위배되며 실현 불가능한 기관이다.

(2) 내부에너지

외부로부터 한 계에 열이나 일이 가할 때 그 계가 외부와 열의 수수가 없고 외부에 일을 하지 않았다면 이 에너지는 그 계의 내부에 저장된다. 이때 내부에 저장된 에너지를 내부에너지라 한다.

$$\text{내부에너지} = \text{계의 총에너지} - \text{기계적 에너지}$$

● 기계적 에너지는 위치에너지, 운동에너지 등이다.

1.2 엔탈피

(1) 엔탈피

어떤 물체가 갖는 단위질량당의 열량으로 내부에너지와 유동일에 해당하는 외부에너지의 합이다.

① SI 단위

$$h = U + P \cdot v$$

여기서, h : 엔탈피[kJ/kg] U : 내부에너지[kJ/kg]
P : 압력[kPa] v : 비체적[m³/kg]

② 공학단위

$$h = U + A \cdot P \cdot v$$

여기서, h : 엔탈피[kcal/kgf] U : 내부에너지[kcal/kgf]
A : 일의 열당량($\frac{1}{427}$[kcal/kgf·m])
P : 압력[kgf/m²] v : 비체적[m³/kgf]

1.3 에너지식

(1) 비유동과정에 대한 일반 에너지식

밀폐된 계에 열을 공급하면 온도는 상승하며 동시에 일을 하게 된다. 질량 1[kg] 물체에 열에너지 dq[kJ]을 공급할 때 내부에너지가 du[kJ]만큼 증가하였고, 외부에 대하여 dW[N·m]의 일의 하였을 때 열에너지 변화는 다음과 같다.

$$dq = du + dW = du + Pdv \,[\text{kJ/kg}]$$

(2) 정상유동에서의 일반 에너지식

외부에서 유동계에 가한 열과 계가 외부에 대해 한 일은 같다.

$$h_1 + \frac{U_1^2}{2} + gZ_1 + Q = h_2 + \frac{U_2^2}{2} + gZ_2 + W_s$$

$$\therefore Q = (h_2 - h_1) + \frac{1}{2}(U_2^2 - U_1^2) + g(Z_2 - Z_1) + W_s$$

$$= \Delta h + \frac{1}{2}\Delta U^2 + g\Delta Z + W_s$$

1.4 절대일 및 공업일

(1) $P - v$ 선도

세로축에 압력(P)을, 가로축에 비체적(v)을 표시하여 유체가 팽창 및 압축할 때의 상태량을 표시하는 선도이다.

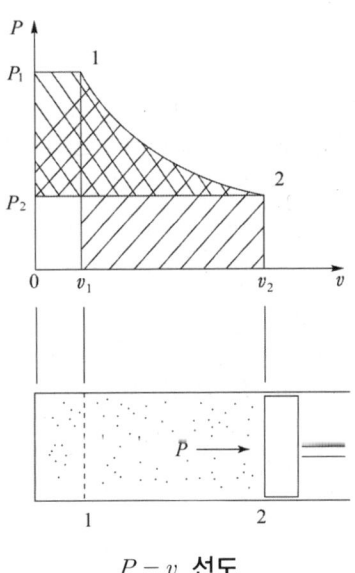

$P - v$ 선도

(2) 절대일(absolute work)

실린더 내의 기체와 같이 팽창하면서 외부에 한 일로서 팽창일, 비유동일이라 하며, $P - v$ 선도에서 면적 $1-2-v_2-v_1$에 해당된다.

$$W_a = \int_1^2 P \cdot dv$$

(3) 공업일(technical work)

실린더 내의 기체와 같이 압축 시 행해지는 일로서 압축일, 유동일이라 하며, $P - v$ 선도에서 면적 $1-2-P_2-P_1$에 해당된다.

$$W_t = -\int_1^2 v \cdot dP$$

출제예상문제
Expected problems

01 "일과 열은 서로 변환될 수 있다"는 것과 가장 관계가 깊은 법칙은?
① 열역학 제1법칙
② 열역학 제2법칙
③ 줄(Joule)의 법칙
④ 푸리에(Fourier)의 법칙

해설 열역학 제1법칙 : 에너지 보존의 법칙이라 하며, 기계적 일이 열로 변하거나 열이 기계적 일로 변할 때 이들의 비는 일정한 관계가 성립된다. 답 ①

02 열역학적 계에 대한 에너지 보존의 법칙에 해당하는 것은?
① 열역학 제0법칙　② 열역학 제1법칙
③ 열역학 제2법칙　④ 열역학 제3법칙

해설 열역학 법칙
㉮ 열역학 제0법칙 : 열평형의 법칙
㉯ 열역학 제1법칙 : 에너지 보존의 법칙
㉰ 열역학 제2법칙 : 방향성의 법칙
㉱ 열역학 제3법칙 : 어떤 계 내에서 물체의 상태변화 없이 절대온도 0도에 이르게 할 수 없다. 답 ②

03 열역학 제1법칙은 무엇에 관한 내용인가?
① 열의 전달　② 온도의 정의
③ 엔탈피의 정의　④ 에너지의 보존

해설 열역학 제1법칙을 에너지 보존의 법칙이라 한다. 답 ④

04 열역학 제1법칙에 대한 설명이 아닌 것은?
① 일과 열 사이에는 에너지 보존의 법칙이 성립한다.
② 에너지는 따로 생성되지도 소멸되지도 않는다.
③ 열은 그 자신만으로는 저온 물체에서 고온 물체로 이동할 수 없다.
④ 일과 열 사이의 에너지는 한 형태에서 다른 형태로 바뀔 뿐이다.

해설 ③번 항목 : 열역학 제2법칙에 대한 설명 답 ③

05 열역학 제1법칙에 관한 설명은?
① 에너지는 여러 가지 형태를 가질 수 있지만 에너지의 총량은 일정하다.
② 열이 고온부로부터 저온부로 이동하는 현상은 비가역적인 현상이다.
③ 고립계인 이 우주의 엔트로피는 계속 증가한다.
④ 절대온도 0[K]일 때 엔트로피는 0이다.

해설 열역학 제1법칙은 일과 열은 서로 전환이 가능하며, 이때 에너지 총량은 일정한 것을 설명하는 것으로 에너지보존의 법칙이라 한다. 답 ①

06 열의 일당량(또는 일상당량)으로 옳은 것은?
① 427[kcal/kgf·m]
② 427[kgf·m/kcal]
③ 632.3[kcal/kgf·m]
④ 632.3[kgf·m/kcal]

해설 ㉮ J : 열의 일당량(427[kgf·m/kcal])
㉯ A : 일의 열당량($\frac{1}{427}$[kcal/kgf·m]) 답 ②

07 5[kcal]의 열을 전부 일로 변환하면 몇 [kgf·m]인가?
① 50[kgf·m]　② 100[kgf·m]
③ 327[kgf·m]　④ 2,135[kgf·m]

해설 $W = J \cdot Q = 427 \times 5 = 2,135$[kgf·m] 답 ④

08 제1종 영구 운동기관이 불가능한 것과 관계 있는 법칙은?

① 열역학 제0법칙 ② 열역학 제1법칙
③ 열역학 제2법칙 ④ 열역학 제3법칙

해설 제1종 영구 운동기관 : 입력보다 출력이 더 큰 기관으로 효율이 100[%] 이상인 기관으로 열역학 제1법칙에 위배되며 실현 불가능한 기관이다. **답** ②

09 열역학 제1법칙을 식으로 표현한 것은? (단, q, L, P, V, U는 각각 열량, 외부에 한 일량, 압력, 비체적, 내부에너지를 표현한다.)

① $dq = dU + APdV$
② $dq = dU - APdV$
③ $dq = dU - AVdP$
④ $dq = dU + AdV$

해설 엔탈피 = 내부에너지(U) + 외부에너지($APdV$) **답** ①

10 이상기체의 내부에너지 변화 dU를 옳게 나타낸 것은? (단, C_p는 정압비열, C_v는 정적비열, T는 온도이다.)

① $C_p dT$ ② $C_v dT$
③ $C_p/C_v\ dT$ ④ $C_v C_p dT$

해설 내부에너지 : 물체 내부에 저장되어 있는 에너지로 내부에너지 변화 $dU = C_v dT$ 이다. **답** ②

11 비열이 일정한 이상기체 1[kg]이 팽창할 때 성립하는 식은? (단, P는 압력, V는 체적, T는 온도, C_p는 정압비열, C_v는 정적비열, U는 내부에너지이다.)

① $\Delta U = C_p \Delta T$ ② $\Delta U = C_p \Delta V$
③ $\Delta U = C_v \Delta T$ ④ $\Delta U = C_v \Delta P$

해설 내부에너지 : 물체 내부에 저장되어 있는 에너지로 내부에너지 변화 $\Delta U = C_v \Delta T$이다. 그러므로 내부에너지 변화(ΔU)는 온도만의 함수이다. **답** ③

12 물을 20[℃]에서 50[℃]까지 가열하는 데 사용된 열의 대부분은 무엇으로 변환되는가?

① 물의 내부에너지
② 물의 운동에너지
③ 물의 유동에너지
④ 물의 위치에너지

해설 내부에너지 변화(ΔU)는 온도만의 함수이므로 20[℃]에서 50[℃]까지 가열하는 데 사용된 열은 내부에너지로 변환된다. **답** ①

13 밀폐계가 3[bar]의 압력으로 유지하면서 체적이 0.2[m³]에서 0.5[m³]로 증가하였고 과정 간 내부에너지는 10[kJ]만큼 증가하였다. 이때 과정 간 계의 이동열량은 몇 [kJ]인가?

① 90   ② 100
③ 9   ④ 10

해설 1[atm] = 1.01325[bar] = 101.325[kPa]이다.
∴ $dq = dU + PdV$
$= 10 + \left(\dfrac{3}{1.01325} \times 101.325\right) \times (0.5 - 0.2)$
$= 100[\text{kJ}]$ **답** ②

14 기체상수가 0.287[kJ/kg·K]인 이상기체의 정압비열이 1.0[kJ/kg·K]이다. 온도가 10[℃]만큼 상승하면 내부에너지는 얼마나 증가하는가?

① 0.287[kJ/kg]   ② 1.0[kJ/kg]
③ 2.87[kJ/kg]   ④ 7.13[kJ/kg]

해설 ㉮ 정적비열(C_v) 계산
$C_p - C_v = R$에서
∴ $C_v = C_p - R$
$= 1 - 0.287 = 0.713[\text{kJ/kg·K}]$
㉯ 내부에너지 변화량 계산 : 온도가 10[℃] 상승한 것은 절대온도로 10[K] 상승한 것과 같다.
∴ $dU = C_v dT$
$= 0.713 \times 10 = 7.13[\text{kJ/kg}]$ **답** ④

15 부피가 일정한 공간 내에서 공기 10[kg]을 온도 20[℃]에서 100[℃]까지 가열하는 경우 내부에너지 변화량은 몇 [kJ]인가? (단, 공기의 정적비열은 0.71[kJ/kg·K]이고, 정압비열은 1.0[kJ/kg·K]이다.)

① 514   ② 568
③ 800   ④ 932

해설) $dU = m \cdot C_v \cdot dT$
$= 10 \times 0.71 \times \{(273+100) - (273+20)\}$
$= 568[kJ]$ 답 ②

16 정적비열이 0.17[kcal/kg·℃]인 공기 2[kg]이 피스톤이 부착된 실린더 내에 있다. 피스톤을 통하여 실린더 내의 공기로 20,000[kgf·m]의 일이 전달되어 공기의 온도가 25[℃]로부터 150[℃]로 상승되었다. 이때 열량은 어떻게 되는가? (단, 1[kcal]는 427[kgf·m]이다.)

① 실린더 내의 공기로 4.3[kcal]가 전달된다.
② 실린더 내의 공기로부터 4.3[kcal]가 방출된다.
③ 실린더 내의 공기로 89.3[kcal]가 전달된다.
④ 실린더 내의 공기로부터 89.3[kcal]가 방출된다.

해설) ㉮ 실린더 내로 전달된 열량 계산
$\therefore Q_1 = A \cdot W$
$= \dfrac{1}{427} \times 20,000 = 46.838[kcal]$
㉯ 온도 상승에 소요된 열량 계산
$\therefore Q_2 = m \cdot C_v \cdot \Delta t$
$= 2 \times 0.17 \times (150 - 25) = 42.5[kcal]$
㉰ 실린더로 전달된 열량(Q_1)과 온도 상승에 소요된 열량(Q_2)은 같아야 한다.
$\therefore Q = Q_1 - Q_2$
$= 46.838 - 42.5 = 4.338[kcal]$
$\therefore$ 실린더 내의 공기로부터 4.3[kcal]가 방출된다.   답 ②

17 엔탈피에 대한 설명 중 잘못된 것은?
① 열역학적으로 경로함수이다.
② 정압 과정에서는 엔탈피 변화량이 열량을 나타낸다.
③ $H = U + PV$로 정의된다.
④ 이상기체의 엔탈피는 온도만의 함수이다.

해설) 엔탈피는 열역학적으로 상태량을 나타내는 상태함수이다.   답 ①

18 엔탈피는 내부에너지와 무엇을 더한 것인가?
① 엑서지   ② 엔트로피
③ 유동일   ④ 잠열

해설) 엔탈피는 내부에너지와 외부에너지의 합이고, 외부에너지는 유동일(Pv)에 해당된다.
$\therefore h = U + P \cdot v$ 답 ③

19 어느 열기관이 외부로부터 Q의 열을 받아서 외부에 100[kJ]의 일을 하고 내부에너지가 200[kJ] 증가하였다면 받은 열(Q)은 얼마인가?

① 100[kJ]   ② 200[kJ]
③ 300[kJ]   ④ 400[kJ]

해설) 계가 받은 열량(계에 가한 열량) 계산
$\therefore Q = U + W = 200 + 100 = 300[kJ]$ 답 ③

20 밀폐계가 300[kPa]의 압력을 유지하면서 체적이 0.2[m³]에서 0.5[m³]로 증가하였고 이 과정에서 내부에너지는 10[kJ] 증가하였다. 이때 계가 받은 열량은 몇 [kJ]인가?

① 9   ② 80
③ 90   ④ 100

해설) ㉮ 계가 한 일량 계산
$\therefore W = P(V_2 - V_1)$
$= 300 \times (0.5 - 0.2) = 90[kJ]$
㉯ 계가 받은 열량(계에 가한 열량) 계산
$\therefore Q = U + W = 10 + 90 = 100[kJ]$ 답 ④

21 일정한 압력 300[kPa]로 체적 0.5[m³]의 공기가 외부로부터 160[kJ]의 열을 받아 그 체적이 0.8[m³]로 팽창하였다. 내부에너지의 증가는 얼마인가?

① 30[kJ]　　② 70[kJ]
③ 90[kJ]　　④ 160[kJ]

해설 ㉮ 외부에너지 변화량 계산
$$\therefore dW = P(v_2 - v_1)$$
$$= 300 \times (0.8 - 0.5) = 90 [kJ]$$
㉯ 내부에너지 변화량(dU) 계산 : 외부로부터 받은 열량 160[kJ]이 엔탈피 변화량이다.
$$dh = dU + dW 에서$$
$$\therefore dU = dh - dW$$
$$= 160 - 90 = 70 [kJ/kg]$$　**답** ②

22 어느 가스에 50[kcal]의 열량을 주었더니 외부에 대하여 5,000[kgf·m]의 일을 하였다. 이 사이의 내부에너지 증가는 얼마인가?

① 38.29[kcal]　　② 61.71[kcal]
③ 88.52[kcal]　　④ 99.49[kcal]

해설 엔탈피(dh) = 내부에너지(U) + 외부에너지(APV)에서
$$\therefore dU = dh - APV$$
$$= 50 - \frac{1}{427} \times 5,000 = 38.29 [kcal]$$　**답** ①

23 어떤 기체가 압력 300[kPa], 체적 2[m³]의 상태로부터 압력 500[kPa], 체적 3[m³]의 상태로 변화하였다. 이 과정 중에 내부에너지의 변화가 없다고 하면 엔탈피의 변화량은?

① 570[kJ]　　② 870[kJ]
③ 900[kJ]　　④ 975[kJ]

해설 엔탈피(dh) = 내부에너지(U) + 외부에너지(PV)에서 내부에너지 변화가 없다.
$$\therefore dh = P_2 V_2 - P_1 V_1$$
$$= 500 \times 3 - 300 \times 2 = 900 [kJ]$$　**답** ③

24 가스가 40[kJ]의 열량을 받음과 동시에 외부에 30[kJ]의 일을 했다. 이때 가스의 내부에너지 변화량은?

① 10[kJ] 증가　　② 10[kJ] 감소
③ 30[kJ] 증가　　④ 30[kJ] 감소

해설 엔탈피(dh) = 내부에너지(U) + 외부에너지(PV)에서
$$\therefore dU = dh - PV = 40 - 30 = 10 [kJ]$$
$$\therefore \text{내부에너지 변화량은 10[kJ] 증가이다.}$$　**답** ①

25 압력 35[kgf/cm²], 온도 241.41[℃]인 물 1[kg]이 증발하는 동안 비체적이 0.00123[m³/kg]에서 0.0582[m³/kg]로 증가하고 엔탈피의 값은 420.25[kcal/kg] 증가하였다. 1[kg]의 물로 구성되는 정지계의 내부에너지 변화[kcal/kg]는?

① 352.53　　② 373.55
③ 397.26　　④ 408.87

해설 ㉮ 외부에너지 변화량(dW) 계산
$$\therefore dW = AP(v_2 - v_1)$$
$$= \frac{1}{427} \times 35 \times 10^4 \times (0.0582 - 0.00123)$$
$$= 46.696 [kcal/kg]$$
㉯ 내부에너지 변화량(dU) 계산
$$dh = dU + dW 에서$$
$$\therefore dU = dh - dW = 420.25 - 46.696$$
$$= 373.554 [kcal/kg]$$　**답** ②

26 가역과정에서 열역학적 비유동계 에너지의 일반식은?

① $\delta Q = dU + PV$
② $\delta Q = dU - PV$
③ $\delta Q = dU + PdV$
④ $\delta Q = dU - PdV$

해설 비유동과정에 대한 일반 에너지식
㉮ $\delta Q = dU + PdV$
㉯ $\delta Q = dh - VdP$　**답** ③

27 정상상태에 있는 열린계(open system)에 대한 에너지식을 다음과 같이 표현할 경우 밑줄 친 부분에 들어가야 할 변수의 의미에 해당하는 것은? (단, ΔU는 속도변화, ΔZ는 기준면으로부터의 높이 변화, Q는 계에 가해진 열량, W_s는 압축일이다.)

$$Q = \Delta \underline{\quad\quad} + \frac{1}{2}\Delta U^2 + g\Delta Z + W_s$$

① 내부에너지
② 깁스(Gibbs) 자유에너지
③ 엔트로피
④ 엔탈피

해설 정상상태의 일반 에너지식 : 외부에서 유동계에 가한 열과 계가 외부에 대해 한 일은 같다.

$$h_1 + \frac{U_1^2}{2} + gZ_1 + Q = h_2 + \frac{U_2^2}{2} + gZ_2 + W_s$$

$$\therefore Q = (h_2 - h_1) + \frac{1}{2}(U_2^2 - U_1^2) + g(Z_2 - Z_1) + W_s$$

$$= \Delta h + \frac{1}{2}\Delta U^2 + g\Delta Z + W_s \qquad \text{답 ④}$$

28 유동하는 기체의 압력을 P, 속력을 V, 밀도를 ρ, 중력가속도 g, 높이를 z, 절대온도 T, 정적비열 C_v라고 할 때, 기체의 단위질량당 역학적 에너지에 포함되지 않는 것은?

① $\dfrac{P}{\rho}$ ② $\dfrac{V^2}{2}$
③ gz ④ $C_v T$

해설 정상유동에서의 일반 에너지식에서 유입되는 에너지와 유출되는 에너지는 같다.

$$u_1 + P_1 v_1 + \frac{V_1^2}{2} + gz + Q = u_2 + P_2 v_2 + \frac{V_2^2}{2} + W$$

여기서 비체적 $v[\text{m}^3/\text{kg}] = \dfrac{1}{\rho}$이므로

$$u_1 + \frac{P_1}{\rho_1} + \frac{V_1^2}{2} + gz + Q = u_2 + \frac{P_2}{\rho_2} + \frac{V_2^2}{2} + W$$

답 ④

29 외부에서 가열되는 수평 코일 속을 물이 흐르고 있다. 입구의 압력과 온도가 2[MPa], 71[℃]이고 출구에서는 100[kPa], 105[℃]라면 물 1[kg]당 코일에 가해진 열량은 몇 [kJ]인가? (단, 입구속도는 0.1524[m/s]이고, 출구속도는 5.24[m/s]이며, 산정 소요표는 다음과 같다.)

구분	71[℃] 물	100[kPa], 105[℃]수증기
h[kJ/kg]	297	2,680

① 297 ② 2,383
③ 2,680 ④ 2,977

해설 정상류의 일반 에너지식

$$Q = (h_2 - h_1) + \frac{w_2^2 - w_1^2}{2} + g\Delta Z + W_t \text{에서}$$

$\Delta Z = 0$으로 판단하고, W_t는 생략하면 된다.

$$\therefore Q = (2,680 - 297) + \frac{5.24^2 - 0.1524^2}{2} \times \frac{1}{1,000}$$

$$= 2,383.013[\text{kJ}] \qquad \text{답 ②}$$

30 다음 중 $P-v$ 선도($P-v$ chart)에 관한 것은?

① 온도 – 엔트로피 선도
② 압력 – 비체적 선도
③ 온도 – 비체적 선도
④ 엔탈피 – 엔트로피 선도

해설 $P-v$ 선도 : 세로축에 압력(P)을, 가로축에 비체적(v)을 표시하여 유체가 팽창 및 압축할 때의 상태량을 표시하는 선도이다. 답 ②

31 폐쇄계에서 경로 A → C → B를 따라 100[J]의 열이 계로 들어오고 40[J]의 일을 외부에 할 경우 B → D → A를 따라 계가 되돌아올 때 계가 30[J]의 일을 받는다면 이 과정에서 계는 얼마의 열을 방출 또는 흡수하는가?

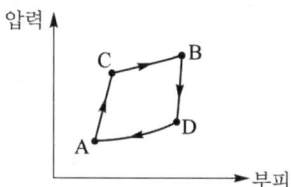

① 30[J] 흡수　　② 30[J] 방출
③ 90[J] 흡수　　④ 90[J] 방출

해설 공급받은 열량과 계에서 이루어진 일과 방출열량은 같아야 하므로 100-40 = 60[J]의 열을 방출하여야 하는데 30[J]의 열을 받으므로 결국 90[J] 열을 방출하여야 한다.　　**답** ④

32 이상기체에 대하여 절대일과 공업일(개방계의 일)에 대한 설명으로 틀린 것은?

① 절대일은 $\int Pdv$이다.
② 공업일은 $\int vdP$이다.
③ 절대일과 공업일은 항시 다른 값을 갖는다.
④ 절대일에서 공업일을 뺀 값은 엔탈피 변화에서 내부에너지 변화를 뺀 값과 같다.

해설 정온변화일 때 절대일(W_a)과 공업일(W_t)은 같고, 나머지 과정에서는 다른 값을 갖는다.　　**답** ③

2 열역학 제2법칙, 열역학 제3법칙

2.1 엔트로피

(1) 열역학 제2법칙

열은 고온도의 물질로부터 저온도의 물질로 옮겨질 수 있지만, 그 자체는 저온도의 물질로부터 고온도의 물질로 옮겨갈 수 없다. 또 일이 열로 바뀌는 것은 쉽지만 반대로 열이 일로 바뀌는 것은 힘을 빌리지 않는 한 불가능한 일이다. 이와 같이 열역학 제2법칙은 에너지 변환의 방향성을 명시한 것으로 방향성의 법칙이라 한다.

① **클라시우스(Clausius) 표현** : 열 자체는 다른 물체에 변화를 전혀 주지 않고 저온체의 물질에서 고온체의 물질로 이동할 수 없다.

② **켈빈 플랭크(Kelvin Plank) 표현** : 어느 열원에서 열을 공급받아 방출하면서 열을 일로 바꿀 수 없다(효율이 100[%]인 열기관을 만들 수 없다).

③ **오스트왈드(Ostwald) 표현** : 외부에서 외력 없이 어느 열원에서 열을 공급받아 이 전부를 외부에 변화를 주지 않고 일로 변환할 수 없다. 즉 제2종 영구기관은 존재가 불가능하다.

● **제2종 영구기관**
입력과 출력이 같은 기관으로 효율이 100[%]인 것으로 열역학 제2법칙에 위배된다.

(2) 엔트로피(entropy)

엔트로피는 온도와 같이 감각으로 느낄 수도 없고, 에너지와 같이 측정할 수도 없는 것으로 어떤 물질에 열을 가하면 엔트로피는 증가하고 냉각시키면 감소하는 물리학상의 상태량이다.

$$\Delta S = \int_{1}^{2} \frac{dQ}{T} [\text{kJ/kg} \cdot \text{K}]$$

$$dS = \frac{dQ}{T}$$

● 가역 단열변화는 엔트로피가 일정하고, 비가역 단열변화는 엔트로피가 증가한다.

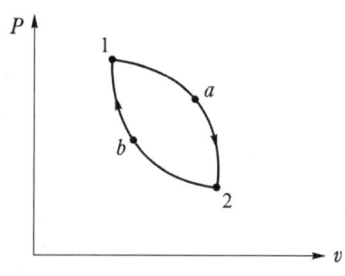

가역 사이클의 $P-v$ 선도

① 완전가스의 엔트로피 상태변화
　㉮ P, v, T 상태함수로 표시
　　ⓐ P와 v의 함수

$$\Delta s = s_2 - s_1 = C_p \ln \frac{v_2}{v_1} + C_v \ln \frac{P_2}{P_1}$$

　　ⓑ T와 v의 함수

$$\Delta s = s_2 - s_1 = C_v \ln \frac{T_2}{T_1} + R \ln \frac{v_2}{v_1}$$

　　ⓒ T와 P의 함수

$$\Delta s = s_2 - s_1 = C_p \ln \frac{T_2}{T_1} - R \ln \frac{P_2}{P_1}$$

　㉯ 완전가스의 엔트로피 변화
　　ⓐ 정압 변화

$$\Delta S = C_p \ln \frac{T_2}{T_1} = C_p \ln \frac{v_2}{v_1}$$

　　ⓑ 정적 변화

$$\Delta S = C_v \ln \frac{T_2}{T_1} = C_v \ln \frac{P_2}{P_1}$$

　　ⓒ 정온 변화

$$\Delta S = R \ln \frac{v_2}{v_1} = R \ln \frac{P_1}{P_2}$$

ⓓ 단열 변화 : 등 엔트로피(엔트로피 불변)이다(비가역 단열변화 : 엔트로피 증가)
　　ⓔ 폴리트로픽 변화

$$\Delta S = C_n \ln \frac{T_2}{T_1} = C_v(n-k) \ln \frac{v_1}{v_2}$$
$$= C_v \frac{n-k}{n} \ln \frac{P_2}{P_1} = C_v \frac{n-k}{n-1} \ln \frac{T_2}{T_1}$$

② 비가역과정에서의 엔트로피
　㉮ 열 이동 : 엔트로피가 증가한다.
　㉯ 마찰 : 엔트로피는 0보다 크다.
　㉰ 교축(throttling) : 교축과정에서는 온도와 압력이 감소하므로 엔트로피는 0보다 크다.

2.2 열역학 제3법칙

어느 열기관에서나 절대온도 0도를 만들 수 없다. 그러므로 100[%]의 열효율을 가진 기관은 불가능하다.

출제예상문제
Expected problems

01 공급받은 열을 모두 일로 바꿀 수 없다는 것은 다음 중 어느 열역학 법칙과 가장 관련이 있는가?
① 제0법칙 ② 제1법칙
③ 제2법칙 ④ 제3법칙

해설 열역학 제2법칙 : 열은 고온도의 물질로부터 저온도의 물질로 옮겨질 수 있지만, 그 자체는 저온도의 물질로부터 고온도의 물질로 옮겨갈 수 없다. 또 일이 열로 바뀌는 것은 쉽지만 반대로 열이 일로 바뀌는 것은 힘을 빌리지 않는 한 불가능한 일이다. 이와 같이 열역학 제2법칙은 에너지 변환의 방향성을 명시한 것으로 방향성의 법칙이라 한다. 답 ③

02 열역학 제2법칙과 관계가 가장 먼 것은?
① 열은 온도가 높은 곳에서 낮은 곳으로 흐른다.
② 전열선에 전기를 가하면 열이 나지만 전열선을 가열하여도 전력을 얻을 수 없다.
③ 열기관의 효율에 대한 이론적인 한계를 결정한다.
④ 전체 에너지양은 항상 보존된다.

해설 ④번 항목 : 에너지보존의 법칙(열역학 제1법칙)의 설명 답 ④

03 열역학 제2법칙에 관한 다음 설명 중 옳지 않은 것은?
① 100[%]의 열효율을 갖는 열기관은 존재할 수 없다.
② 단일열원으로부터 열을 전달받아 사이클 과정을 통해 모두 일로 변화시킬 수 있는 열기관이 존재할 수 있다.
③ 열은 저온으로부터 고온부로 자연적으로 전달되지는 않는다.
④ 고립계에서 엔트로피는 항상 증가하거나 일정하게 보존된다.

해설 열역학 제2법칙 : 단일열원으로부터 열을 전달받아 사이클 과정을 통해 모두 일로 변화시킬 수 있는 열기관이 존재할 수 없다. 즉 100[%]의 열효율을 갖는 열기관은 존재할 수 없다. 답 ②

04 다음 중 열역학 2법칙과 관련된 것은?
① 상태 변화 시 에너지는 보존된다.
② 일을 100[%] 열로 변환시킬 수 있다.
③ 사이클 과정에서 시스템(계)이 한 일은 시스템이 받은 열량과 같다.
④ 열은 저온부로부터 고온부로 자연적으로 (저절로) 전달되지 않는다.

해설 열역학 제2법칙 : 열은 고온도의 물질로부터 저온도의 물질로 옮겨질 수 있지만, 그 자체는 저온도의 물질로부터 고온도의 물질로 옮겨갈 수 없다. 답 ④

05 열역학 제2법칙의 내용과 직접적인 관련이 없는 것은?
① 엔트로피의 정의
② 비가역과정의 생성 엔트로피
③ 자연 발생적인 열의 흐름 방향
④ 내부에너지의 정의

해설 내부에너지는 열역학 제1법칙과 관계있다. 답 ④

06 열역학 제2법칙에 대한 설명이 아닌 것은?
① 제2종 영구기관의 제작은 불가능하다.
② 고립계의 엔트로피는 감소하지 않는다.
③ 열은 자체적으로 저온에서 고온으로 이동이 곤란하다.
④ 열과 일은 변환이 가능하며, 에너지 보존의 법칙이 성립한다.

해설 에너지보존의 법칙은 열역학 제1법칙에 해당된다. 답 ④

07 열역학 제2법칙을 설명한 것이 아닌 것은?
① 사이클로 작동하면서 하나의 열원으로부터 열을 받아서 이 열을 전부 일로 바꾸는 것은 불가능하다.
② 에너지는 한 형태에서 다만 다른 형태로 바뀔 뿐이다.
③ 제2종 영구기관을 만든다는 것은 불가능하다.
④ 주위에 아무런 변화를 남기지 않고 열을 저온의 열원으로부터 고온의 열원으로 전달하는 것은 불가능하다.

해설 ②번 항목은 열역학 제1법칙인 에너지보존의 법칙 설명이다. **답** ②

08 열역학 제2법칙에 대한 두 가지 켈빈 플랑크 진술과 클라시우스 진술에 대한 설명으로 맞는 것은?
① 켈빈 플랑크 진술은 성적계수가 무한대인 냉동기를 만들 수 없다는 것이다.
② 클라시우스의 진술은 열효율이 100[%]인 열기관을 만들 수 없다는 것이다.
③ 클라시우스의 진술은 고온에서 공급된 열의 일부는 항상 저온으로 빠져 나간다는 것이다.
④ 두 진술은 근본적으로 동등한 의미를 갖는다.

해설 열역학 제2법칙의 표현
㉮ 켈빈 플랑크 : 자연계에 아무런 변화를 남기지 않고 어느 열원의 열을 계속해서 일로 바꿀 수 없다. 고온물체의 열을 일로 계속 바꾸려면 저온물체로 열을 방출하여야 한다(열효율이 100[%]인 열기관을 만들 수 없다).
㉯ 클라시우스 : 열은 스스로 다른 물체에 아무런 변화도 주지 않고 저온물체에서 고온물체로 이동하지 않는다(성적계수가 무한대인 냉동기를 만드는 것은 불가능하다). **답** ④

09 하나의 열원으로부터 열을 공급받아 이를 일로 계속적으로 바꾸는 영구기관은 어느 법칙에 위배되는가?
① 열역학 제0법칙 ② 열역학 제1법칙
③ 열역학 제2법칙 ④ 질량 보존의 법칙

해설 영구기관
㉮ 제1종 영구 운동기관 : 입력보다 출력이 더 큰 기관으로 효율이 100[%] 이상인 기관으로 열역학 제1법칙에 위배되며 실현 불가능한 기관이다.
㉯ 제2종 영구기관 : 입력과 출력이 같은 기관으로 효율이 100[%]인 것으로 열역학 제2법칙에 위배된다. **답** ③

10 열역학 제2법칙과 가장 직접적인 관련이 있는 물리량은?
① 엔트로피 ② 엔탈피
③ 열량 ④ 내부에너지

해설 엔트로피(entropy) : 엔트로피는 온도와 같이 감각으로 느낄 수도 없고, 에너지와 같이 측정할 수도 없는 것으로 어떤 물질에 열을 가하면 엔트로피는 증가하고 냉각시키면 감소하는 물리학상의 상태량이다. **답** ①

11 엔트로피에 대한 설명으로 틀린 것은?
① 엔트로피는 분자들의 무질서도 척도가 된다.
② 엔트로피는 상태함수이다.
③ 우주의 모든 현상은 총 엔트로피가 증가하는 방향으로 진행되고 있다.
④ 자유팽창 종류가 다른 가스의 혼합, 액체 내의 분자의 확산 등의 과정에서 엔트로피가 변하지 않는다.

해설 가역과정일 경우 엔트로피 변화는 없지만, 자유팽창 종류가 다른 가스의 혼합, 액체 내의 분자의 확산 등의 비가역과정일 때는 엔트로피가 증가한다. **답** ④

12 어떤 가역 열기관이 400[℃]에서 1,000[kJ]을 흡수하여 일을 생산하고 100[℃]에서 열을 방출한다. 이 과정에서 전체 엔트로피 변화는 약 몇 [kJ/K]인가?
① 0 ② 2.5
③ 3.3 ④ 4

해설 가역과정에서는 엔트로피는 불변이므로 엔트로피의 변화는 0이 된다. **답** ①

13 물 1[kg]이 50[℃]의 포화액 상태로부터 동일 압력에서 건포화증기로 증발할 때까지 2,280[kJ]을 흡수하였다. 이때 엔트로피의 증가는 몇 [kJ/K]인가?
① 7.06 ② 15.3
③ 22.3 ④ 47.6

해설 $\Delta s = \dfrac{dQ}{T} = \dfrac{2,280}{273+50} = 7.058[kJ/K]$ **답** ①

14 물의 기화열은 1기압에서 2,257[kJ/kg]이다. 1기압 하에서 포화 수 1[kg]을 포화수증기로 만들 때 물의 엔트로피의 변화는 몇 [kJ/K]인가?
① 0 ② 6.05
③ 539 ④ 2257

해설 물이 1기압(대기압) 상태에서 기화되는 온도는 100[℃]이다.
$\therefore \Delta s = \dfrac{dQ}{T} = \dfrac{2,57}{273+100} = 6.05[kJ/K]$ **답** ②

15 임의의 가역 사이클에서 성립되는 Clausius의 적분은 어떻게 표현되는가?
① $\oint \dfrac{dQ}{T} > 0$ ② $\oint \dfrac{dQ}{T} < 0$
③ $\oint \dfrac{dQ}{T} = 0$ ④ $\oint \dfrac{dQ}{T} \geq 0$

해설 클라시우스(Clausius)의 사이클 간 적분
㉮ 가역과정 : $\oint \dfrac{dQ}{T} = 0$
㉯ 비가역과정 : $\oint \dfrac{dQ}{T} < 0$ **답** ③

16 이상 및 실제 사이클 과정 중 항상 성립하는 것은? (단, Q는 시스템에 가해지는 열량, T는 절대온도이다.)
① $\oint \dfrac{\delta Q}{T} = 0$ ② $\oint \dfrac{\delta Q}{T} > 0$
③ $\oint \dfrac{\delta Q}{T} \geq 0$ ④ $\oint \dfrac{\delta Q}{T} \leq 0$

해설 클라시우스(Clausius)의 사이클 간 적분에서 가역과정 $\oint \dfrac{\delta Q}{T} = 0$, 비가역과정 $\oint \dfrac{\delta Q}{T} < 0$이므로 이상 및 실제 사이클 과정에서 항상 성립하는 것은 $\oint \dfrac{\delta Q}{T} \leq 0$이다. **답** ④

17 압력이 100[kPa]인 공기를 정적과정으로 200[kPa]의 압력이 되었다. 그 후 정압과정으로 비체적이 1[m³/kg]에서 2[m³/kg]으로 변하였다고 할 때 이 과정 동안의 총 엔트로피의 변화량은 약 몇 [kJ/kg·K]인가?
(단, 공기의 정적비열은 0.7[kJ/kg·K], 정압비열은 1.0[kJ/kg·K]이다.)
① 0.31 ② 0.52
③ 1.04 ④ 1.18

해설 변화과정 중 압력(P)과 비체적(v)이 변화였으므로 P와 v의 함수로부터 엔트로피 변화량을 계산한다.
$\therefore \Delta S = C_p \ln \dfrac{v_2}{v_1} + C_v \ln \dfrac{P_2}{P_1}$
$= 1.0 \times \ln \dfrac{2}{1} + 0.7 \times \ln \dfrac{200}{100}$
$= 1.178[kJ/kg \cdot K]$ **답** ④

18 온도 300[K]인 공기를 가열하여 600[K]가 되었다. 초기상태 공기의 비체적을 1[m³/kg], 최종상태 공기의 비체적을 2[m³/kg]이라고 할 때, 이 과정 동안 엔트로피의 변화량은 약 몇 [kJ/kg·K]인가? (단, 공기의 정적비열은 0.7[kJ/kg·K], 기체상수는 0.3[kJ/kg·K]이다.)

① 0.3 ② 0.5
③ 0.7 ④ 1.0

해설 T와 v의 함수에서 엔트로피 변화량 계산

$$\therefore \Delta s = C_v \ln \frac{T_2}{T_1} + R \ln \frac{v_2}{v_1}$$
$$= 0.7 \times \ln \frac{600}{300} + 0.3 \times \ln \frac{2}{1}$$
$$= 0.693 [kJ/kg \cdot K]$$ 답 ③

19 이상기체 1[kg]이 A상태(T_A, P_A)에서 B상태(T_B, P_B)로 변화하였다. 정압비열 C_p가 일정할 경우 엔트로피의 변화 Δs를 옳게 나타낸 것은?

① $\Delta s = C_p \ln \dfrac{T_A}{T_B} + R \ln \dfrac{P_B}{P_A}$

② $\Delta s = C_p \ln \dfrac{T_B}{T_A} + R \ln \dfrac{P_B}{P_A}$

③ $\Delta s = C_p \ln \dfrac{T_A}{T_B} - R \ln \dfrac{P_A}{P_B}$

④ $\Delta s = C_p \ln \dfrac{T_B}{T_A} - R \ln \dfrac{P_B}{P_A}$

해설 T와 P의 함수로부터 엔트로피 변화량

$$\Delta s = s_2 - s_1 = \int_1^2 ds$$
$$= C_p \ln \frac{T_2}{T_1} - R \ln \frac{P_2}{P_1}$$ 답 ④

20 공기 1[kg]이 온도 27[℃]로부터 300[℃]까지 가열되며, 이때 압력이 400[kPa]에서 300[kPa]로 강하시키는 경우의 엔트로피 변화량은 몇 [kJ/kg·K]인가? (단, 공기의 정압비열은 1.005[kJ/kg·K]이며, 공기에 대한 가스 상수는 0.287[kJ/kg·K]이다.)

① 0.362 ② 0.533
③ 0.733 ④ 0.957

해설 T와 P의 함수로부터 엔트로피 변화량 계산

$$\therefore \Delta s = C_p \ln \frac{T_2}{T_1} - R \ln \frac{P_2}{P_1}$$
$$= 1.005 \times \ln \frac{273+300}{273+27} - 0.287 \times \ln \frac{300}{400}$$
$$= 0.7329 [kJ/kg \cdot K]$$ 답 ③

21 이상기체의 단위 질량당 내부에너지 u, 엔탈피 h, 엔트로피 s에 관한 다음의 관계식 중에서 모두 옳은 것은? (단, T는 온도, P는 압력, v는 비체적을 나타낸다.)

① $Tds = du - vdP$, $Tds = dh - Pdv$
② $Tds = du + Pdv$, $Tds = dh - vdP$
③ $Tds = du - vdP$, $Tds = dh + pdv$
④ $Tds = du + Pdv$, $Tds = dh + vdP$

해설 엔트로피 변화량 계산식
㉮ T와 v의 함수로 표시
   $\therefore dq = du + Pdv = C_v dT + Pdv = Tds$
㉯ T와 P의 함수로 표시
   $\therefore dq = dh - vdP = C_v dT - vdP = Tds$
㉰ P와 v의 함수로 표시
   $\therefore dq = dh - vdP = C_p dT - vdP = Tds$ 답 ②

22 27[℃]의 물 1[g]을 1[atm] 하에서 100[℃]의 물이 되도록 가열할 때 엔트로피의 변화는 몇 [cal/K]인가? (단, 물은 액체 상태로 상변화는 일어나지 않는다.)

① 0.118 ② 0.218
③ 0.318 ④ 0.418

해설 압력이 1[atm]으로 변화가 없으므로 정압과정에 해당된다.

$$\therefore \Delta s = GC_p \ln\left(\frac{T_2}{T_1}\right)$$
$$= 1 \times 1 \times \ln\frac{273+100}{273+27}$$
$$= 0.2177[\text{cal/K}]$$

답 ②

23 공기 2[kg]이 압력 400[kPa], 온도 10[℃]인 상태로부터 정압 하에서 온도가 200[℃]로 변화할 때 엔트로피 변화량은? (단, 정압비열은 1.003[kJ/kg · K], 정적비열은 0.716 [kJ/kg · K]이다.)

① 0.51[kJ/K]
② 1.03[kJ/K]
③ 136.12[kJ/K]
④ 190.63[kJ/K]

해설 정압과정의 엔트로피 변화량 계산

$$\therefore \Delta S = G \times C_p \times \ln\left(\frac{T_2}{T_1}\right)$$
$$= 2 \times 1.003 \times \ln\left(\frac{273+200}{273+10}\right)$$
$$= 1.0303[\text{kJ/K}]$$

답 ②

24 400[K], 1[MPa]의 이상기체 1[kmol]이 700 [K], 1[MPa]으로 팽창할 때 엔트로피 변화는 몇 [kJ/K]인가? (단, 정압비열 C_p는 28 [kJ/kmol · K]이다.)

① 15.7 ② 19.4
③ 24.3 ④ 39.4

해설 1[MPa]의 이상기체가 1[MPa]으로 팽창하였으므로 이 과정은 정압과정이다.

$$\therefore \Delta s = GC_p \ln\left(\frac{T_2}{T_1}\right)$$
$$= 1 \times 28 \times \ln\left(\frac{700}{400}\right)$$
$$= 15.669[\text{kJ/K}]$$

답 ①

25 압력을 일정하게 유지하면서 15[kg]의 이상기체를 300[K]에서 500[K]까지 가열하였다. 엔트로피 변화는 몇 [kJ/K]인가? (단, 기체상수는 0.189[kJ/kg · K], 비열비는 1.289이다.)

① 5.273 ② 6.459
③ 7.441 ④ 8.175

해설 ㉮ 정압비열 계산

$$\therefore C_p = \frac{k}{k-1}R = \frac{1.289}{1.289-1} \times 0.189$$
$$= 0.8429[\text{kJ/kg} \cdot \text{K}]$$

㉯ 정압과정의 엔트로피 변화량 계산

$$\therefore \Delta S = G \times C_p \times \ln\left(\frac{T_2}{T_1}\right)$$
$$= 15 \times 0.8429 \times \ln\left(\frac{500}{300}\right)$$
$$= 6.4586[\text{kJ/kg} \cdot \text{K}]$$

답 ②

26 이상기체 5[kg]이 250[℃]에서 120[℃]까지 정적과정으로 변화한다. 엔트로피 감소량은 약 몇 [kJ/K]인가? (단, 정적비열은 0.653 [kJ/kg · K]이다.)

① 0.933 ② 0.439
③ 0.274 ④ 0.187

해설
$$\Delta S = mC_v\ln\frac{T_2}{T_1} = 5 \times 0.653 \times \ln\frac{273+120}{273+250}$$
$$= -0.933[\text{kJ/K}]$$

답 ①

27 15[℃]인 공기 4[kg]이 일정한 체적을 유지하며 400[kJ]의 열을 받는 경우 엔트로피 변화량은 약 몇 [kJ/K]인가? (단, 공기의 정적비열은 0.71[kJ/kg · K]이다.)

① 1.13 ② 26.7
③ 100 ④ 400

해설 ㉮ 400[kJ]의 열을 받았을 때 온도 계산
$Q = m \times C_v \times (T_2 - T_1)$에서

$$\therefore T_2 = \frac{Q}{m \times C_v} + T_1$$
$$= \frac{400}{4 \times 0.71} + (273+15) = 428.845[K]$$

㉯ 정적과정의 엔트로피 변화량 계산

$$\therefore \Delta S = m\, C_v \ln \frac{T_2}{T_1}$$
$$= 4 \times 0.71 \times \ln \frac{428.845}{273+15}$$
$$= 1.1307[kJ/K] \qquad \text{답 ①}$$

28 이상기체 1[kg]의 압력과 체적이 각각 P_1, V_1에서 P_2, V_2로 등온 가역적으로 변할 때 엔트로피 변화(ΔS)는? (단, R은 기체상수이다.)

① $\Delta S = R \ln \frac{P_1}{P_2}$ ② $\Delta S = \frac{V_1}{V_2} \ln R$

③ $\Delta S = R \ln \frac{V_1}{V_2}$ ④ $\Delta S = \frac{P_1}{P_2} \ln R$

해설 정온과정의 엔트로피 변화 계산식

$$\therefore \Delta S = R \ln \frac{v_2}{v_1} = R \ln \frac{P_1}{P_2} \qquad \text{답 ①}$$

29 기체상수가 R인 이상기체가 일정 온도 하에서 가역 팽창하여 압력이 처음 상태의 1/2배로 되었다. 단위 질량당 엔트로피 변화량은?

① $\frac{R}{2} \ln 2$ ② $R \ln 2$

③ $2R$ ④ $2R \ln 2$

해설
$$\Delta S = R \ln \frac{V_2}{V_1} = R \ln \frac{P_1}{P_2}$$
$$= R \ln \frac{1}{\frac{1}{2}} = R \ln 2 \qquad \text{답 ②}$$

30 이상기체 1몰이 23[℃]에서 부피가 23[L]에서 45[L]로 등온가역 팽창하였을 때 엔트로피 변화는 몇 [J/K]인가?
(단, $\overline{R} = 8.314[kJ/kmol \cdot K]$이다.)

① -5.58 ② 5.58
③ -1.67 ④ 1.67

해설 $\overline{R} = 8.314[kJ/kmol \cdot K] = 8.314[J/mol \cdot K]$

$$\therefore \Delta S = \overline{R} \ln \frac{V_2}{V_1} = 8.314 \times \ln \frac{45}{23} = 5.58[J/K]$$

답 ②

31 공기가 압력 1[MPa], 체적 0.4[m³]인 상태에서 50[℃]의 등온과정으로 팽창하여 체적이 4배로 되었다. 엔트로피의 변화는 약 몇 [kJ/K]인가?

① 1.72 ② 5.46
③ 7.32 ④ 8.83

해설 ㉮ 처음상태(1[MPa], 0.4[m³], 50[℃])의 공기 질량 계산

$PV = GRT$ 에서

$$\therefore G = \frac{PV}{RT}$$
$$= \frac{1 \times 1,000 \times 0.4}{\frac{8.314}{29} \times (273+50)} = 4.319[kg]$$

㉯ 엔트로피의 변화량 계산

$$\therefore \Delta S = GR \ln \left(\frac{V_2}{V_1} \right)$$
$$= 4.319 \times \frac{8.314}{29} \times \ln \left(\frac{4 \times 0.4}{0.4} \right)$$
$$= 1.716[kJ/K] \qquad \text{답 ①}$$

32 압력 300[kPa]인 이상기체 150[kg]이 있다. 온도를 일정하게 유지하면서 압력을 100[kPa]로 변화시킬 때 엔트로피[kJ/K] 변화는? (단, 기체의 정적비열은 1.735[kJ/kg·K], 비열비는 1.299이다.)

① 62.7 ② 73.1
③ 85.5 ④ 97.2

해설 ㉮ 기체상수 계산

$C_v = \dfrac{1}{k-1} R$에서

$\therefore R = \dfrac{C_v}{\dfrac{1}{k-1}} = \dfrac{1.735}{\dfrac{1}{1.299-1}}$

$= 0.5187 [kJ/kg \cdot K]$

㉯ 정온과정의 엔트로피 변화 계산

$\therefore \Delta S = GR \ln \dfrac{P_1}{P_2}$

$= 150 \times 0.5187 \times \ln \dfrac{300}{100}$

$= 85.477 [kJ/K]$ **답 ③**

33 이상적인 가역 단열변화에서 엔트로피는 어떻게 되는가?

① 감소
② 증가
③ 불변
④ 일정하지 않음

해설 가역 단열과정에서 엔트로피는 변화가 없다. (등엔트로피 과정) **답 ③**

34 단열계에서 엔트로피 변화에 대한 설명 중 맞는 것은?

① 가역변화 시 계의 전 엔트로피는 증가된다.
② 가역변화 시 계의 전 엔트로피는 감소한다.
③ 가역변화 시 계의 전 엔트로피의 변하지 않는다.
④ 가역변화 시 계의 전 엔트로피의 변화량은 비가역변화 시보다 일반적으로 크다.

해설 가역 단열과정에서 엔트로피는 변화가 없다. (등엔트로피 과정) **답 ③**

35 단열 비가역 변화를 할 때 전체 엔트로피는 어떻게 변하는가?

① 감소한다.
② 증가한다.
③ 변화가 없다.
④ 주어진 조건으로는 알 수 없다.

해설 가역과정일 경우 엔트로피 변화는 없지만, 자유팽창 종류가 다른 가스의 혼합, 액체 내의 분자의 확산 등의 비가역과정일 때는 엔트로피가 증가한다. **답 ②**

36 300[℃], 200[kPa]인 공기가 탱크가 밀폐되어 대기 공기로 냉각되었다. 이 과정에서 탱크 내 공기 엔트로피의 변화량을 ΔS_1, 대기 공기의 엔트로피의 변화량을 ΔS_2라 할 때 엔트로피 증가의 원리를 옳게 나타낸 것은?

① $\Delta S_1 + \Delta S_2 \leq 0$
② $\Delta S_1 + \Delta S_2 < 0$
③ $\Delta S_1 + \Delta S_2 > 0$
④ $\Delta S_1 + \Delta S_2 = 0$

해설 엔트로피 증가의 원리 : 비가역변화를 하는 경우 엔트로피는 항상 증가한다는 것으로 $\Delta S_1 + \Delta S_2 > 0$으로 표시할 수 있다. **답 ③**

37 이상기체 5[kg]이 350[℃]에서 150[℃]까지 "$PV^{1.3} = $ 상수"에 따라 변화하였다. 엔트로피의 변화는? (단, 가스의 정적비열은 0.653 [kJ/kg·K]이고, 비열비(k)는 1.4이다.)

① 1.69[kJ/K]
② 1.52[kJ/K]
③ 0.85[kJ/K]
④ 0.42[kJ/K]

해설 "$PV^{1.3} = $ 상수"는 폴리트로픽 과정이므로

$$\therefore \Delta s = GC_v \frac{n-k}{n-1} \ln \frac{T_2}{T_1}$$
$$= 5 \times 0.653 \times \frac{1.3-1.4}{1.3-1} \times \ln \frac{273+150}{273+350}$$
$$= 0.4213 [kJ/K] \qquad \text{답 ④}$$

38 이상기체가 정압과정으로 온도가 150[℃] 상승하였을 때, 엔트로피 변화는 정적과정으로 동일 온도만큼 상승하였을 때 엔트로피의 변화의 몇 배인가? (단, k는 비열비이다.)

① $\dfrac{1}{k}$ ② k

③ 1 ④ $k-1$

해설 ㉮ 정압과정의 엔트로피 변화량 계산식
$$\Delta s_1 = C_p \ln \frac{T_2}{T_1}$$
㉯ 정적과정의 엔트로피 변화량 계산식
$$\Delta s_2 = C_v \ln \frac{T_2}{T_1}$$
㉰ 정적과정 대비 정압과정의 엔트로피 변화비율 계산
$$\therefore \frac{\Delta s_1}{\Delta s_2} = \frac{C_p \ln \frac{T_2}{T_1}}{C_v \ln \frac{T_2}{T_1}} = \frac{C_p}{C_v} = k$$

∴ 동일한 온도만큼 변화할 때 정압과정의 엔트로피는 정적과정의 엔트로피에 비열비(k)에 해당하는 비율만큼 변화한다. **답 ②**

39 교축과정(throttling process)에서 생기는 현상과 무관한 것은?

① 엔탈피 일정
② 압력 강하
③ 온도 강하 또는 상승
④ 엔트로피 일정

해설 교축과정은 비가역과정이므로 엔트로피는 증가한다. **답 ④**

40 다음은 열역학 기본법칙을 설명한 것이다. 0법칙, 1법칙, 2법칙, 3법칙 순으로 옳게 나열된 것은?

㉠ 에너지보존에 관한 법칙이다.
㉡ 에너지 전환 방향에 관한 법칙이다.
㉢ 절대온도 0K에서 완전 결정질의 절대 엔트로피는 0이다.
㉣ 시스템 A가 시스템 B와 열적 평형을 이루고 동시에 시스템 C와도 열적 평형을 이룰 때 시스템 B와 C의 온도는 동일하다.

① ㉠ - ㉡ - ㉢ - ㉣
② ㉣ - ㉠ - ㉡ - ㉢
③ ㉢ - ㉣ - ㉠ - ㉡
④ ㉡ - ㉢ - ㉣ - ㉠

해설 각 항목의 열역학 법칙
㉠ 열역학 제1법칙 설명
㉡ 열역학 제2법칙 설명
㉢ 열역학 제3법칙 설명
㉣ 열역학 제0법칙 설명 **답 ②**

이상기체 및 관련 사이클

1. 기체의 상태 변화

1.1 기체의 기초 법칙

(1) 아보가드로의 법칙

모든 기체 1[g] 분자는 표준상태(0[℃], 1기압)에서 22.4[L]의 부피를 차지하며, 그 속에는 6.02×10^{23}개의 분자가 들어 있다.

① 1[g] 분자 = 1[g-mol] = $\dfrac{\text{질량 [W]}}{\text{분자량 [M]}} = \dfrac{\text{체적 [L]}}{22.4 \text{[L]}} = \dfrac{\text{분자수}}{6.02 \times 10^{23}}$

② 주요 원소기호 및 원자량, 분자량

호칭	수소	헬륨	탄소	질소	산소	나트륨	황	염소	아르곤
원소기호	H	He	C	N	O	Na	S	Cl	Ar
원자량	1	4	12	14	16	23	32	35.5	40
분자기호	H_2	He	C	N_2	O_2	Na	S	Cl_2	Ar
분자량	2	4	12	28	32	23	32	71	40

(2) 보일-샤를의 법칙

① **보일의 법칙** : 일정온도 하에서 일정량의 기체가 차지하는 부피는 압력에 반비례한다.

$$P_1 \cdot V_1 = P_2 \cdot V_2$$

② **샤를의 법칙** : 일정압력 하에서 일정량의 기체가 차지하는 부피는 절대온도에 비례한다.

$$\frac{V_1}{T_1} = \frac{V_2}{T_2}$$

③ **보일-샤를의 법칙** : 일정량의 기체가 차지하는 부피는 압력에 반비례하고, 절대온도에 비례한다.

$$\frac{P_1 \cdot V_1}{T_1} = \frac{P_2 \cdot V_2}{T_2}$$

여기서, P_1 : 변하기 전의 절대압력 P_2 : 변한 후의 절대압력
V_1 : 변하기 전의 부피 V_2 : 변한 후의 부피
T_1 : 변하기 전의 절대온도[K] T_2 : 변한 후의 절대온도[K]

(3) 이상기체 상태 방정식

① 이상기체의 성질

㉮ 보일-샤를의 법칙을 만족한다.
㉯ 아보가드로의 법칙에 따른다.
㉰ 내부에너지는 온도만의 함수이다.
㉱ 온도에 관계없이 비열비는 일정하다.
㉲ 기체의 분자력과 크기도 무시되며 분자간의 충돌은 완전 탄성체이다.
㉳ 줄의 법칙이 성립한다.

② 이상기체 상태 방정식

㉮ 절대단위

$$PV = nRT, \quad PV = \frac{W}{M}RT, \quad PV = Z\frac{W}{M}RT$$

여기서, P : 압력[atm] V : 체적[L]
n : 몰[mol]수 R : 기체상수(0.082[L·atm/mol·K])
M : 분자량[g] W : 질량[g]
T : 절대온도[K] Z : 압축계수

㉯ SI단위

$$PV = GRT$$

여기서, P : 압력[kPa·a] V : 체적[m^3]
G : 질량[kg] T : 절대온도[K]
R : 기체상수($\frac{8.314}{M}$[kJ/kg·K])

㉰ 공학단위

$$PV = GRT$$

여기서, P : 압력[kgf/m^2 · a] V : 체적[m^2]
G : 중량[kgf] T : 절대온도[K]
R : 기체상수($\frac{848}{M}$[kgf · m/kg · K])

(4) 실제기체 상태 방정식(Van der Walls 식)

① 실제기체가 1[mol]의 경우 : $\left(P + \dfrac{a}{V^2}\right)(V-b) = RT$

② 실제기체가 n[mol]의 경우 : $\left(P + \dfrac{n^2 \cdot a}{V^2}\right)(V - n \cdot b) = nRT$

여기서, a : 기체분자 간의 인력[atm · L^2/mol^2]
b : 기체분자 자신이 차지하는 부피[L/mol]

> ● 실제기체가 이상기체의 방정식을 만족하는 조건
> 압력은 낮고(저압), 온도는 고온인 상태

1.2 이상기체의 상태변화

(1) 이상기체의 상태변화

① 정압변화(isobaric change)

㉮ P, v, T 상호관계 ($P_1 = P_2$)

$$\frac{v_1}{T_1} = \frac{v_2}{T_2}$$

㉯ 절대일(팽창일)[kJ/kg]

$$W_a = \int_1^2 Pdv = P(v_2 - v_1) = R(T_2 - T_1)$$

㉰ 공업일(압축일)[kJ/kg]

$$W_t = -\int_1^2 vdP = 0 \ (\because dP = 0)$$

㉣ 내부에너지 변화[kJ/kg]

$$du = u_2 - u_1 = C_v(T_2 - T_1)$$

㉤ 엔탈피 변화[kJ/kg]

$$dh = h_2 - h_1 = C_p(T_2 - T_1)$$

㉥ 열량[kJ/kg]

$$\Delta q = h_2 - h_1 = C_p(T_2 - T_1)$$

● 정압변화에서는 공업일은 없고, 계에 공급한 열량 전부가 엔탈피변화로 나타난다.

② **정적변화(isometric change)**

㉮ P, v, T 상호관계($v_1 = v_2$)

$$\frac{P_1}{T_1} = \frac{P_2}{T_2}$$

㉯ 절대일(팽창일)[kJ/kg]

$$W_a = \int_1^2 P dv = 0 \; (\because dv = 0)$$

㉰ 공업일(압축일)[kJ/kg]

$$W_t = -\int_1^2 v dP = -v(P_2 - P_1) = v(P_1 - P_2) = R(T_1 - T_2)$$

㉱ 내부에너지 변화[kJ/kg]

$$du = u_2 - u_1 = C_v(T_2 - T_1)$$

㉲ 엔탈피 변화[kJ/kg]

$$dh = C_p(T_2 - T_1)$$

㉳ 열량[kJ/kg]

$$\Delta q = du + P dv = dh - v dP$$

$$\therefore {}_1q_2 = \Delta u = u_2 - u_1$$

● 정적변화에서는 절대일량은 없고, 공급열량 전부가 내부에너지 변화로 표시된다.

③ 정온변화(isothermal change)
　㉮ P, v, T 상호관계 ($T_1 = T_2$)

$$\frac{P_1}{P_2} = \frac{v_2}{v_1}$$

　㉯ 절대일(팽창일)[kJ/kg]

$$W_a = \int_1^2 P dv = R T_1 \ln\frac{v_2}{v_1} = R T_1 \ln\frac{P_1}{P_2} = P_1 v_1 \ln\frac{v_2}{v_1} = P_1 v_1 \ln\frac{P_1}{P_2}$$

　㉰ 공업일(압축일)[kJ/kg]

$$W_t = -\int_1^2 v dP = -P_1 v_1 \int_1^2 \frac{dP}{P} = R T \ln\frac{P_1}{P_2} = R T \ln\frac{v_2}{v_1}$$

$$\therefore W_a = W_t = C$$

　㉱ 내부에너지 변화

$$du = u_2 - u_1 = \int_1^2 C v dT = C_v (T_2 - T_1) = 0$$

　㉲ 엔탈피 변화[kJ/kg]

$$dh = h_2 - h_1 = \int_1^2 C p dT = C_p (T_2 - T_1) = 0$$

　㉳ 열량[kJ/kg]

$$\Delta q = R T \ln\frac{v_2}{v_1} = R T \ln\frac{P_1}{P_2}$$

● 정온변화에서는 공급한 열량 모두가 일로 변환이 가능하다.

④ 단열변화(adiabatic change)
　㉮ P, v, T 상호관계

$$\frac{T_2}{T_1} = \left(\frac{v_1}{v_2}\right)^{k-1} = \left(\frac{P_2}{P_1}\right)^{\frac{k-1}{k}}$$

④ 절대일(팽창일)[kJ/kg]

$$W_a = \frac{1}{k-1}(P_1V_1 - P_2V_2) = \frac{P_1V_1}{k-1}\left[1 - \frac{T_2}{T_1}\right]$$

$$= \frac{P_1V_1}{k-1}\left[1 - \left(\frac{V_1}{V_2}\right)^{k-1}\right] = \frac{P_1V_1}{k-1}\left[1 - \left(\frac{P_2}{P_1}\right)^{\frac{k-1}{k}}\right]$$

㉰ 공업일(압축일)[kJ/kg]

$$W_t = \frac{k}{k-1}P_1v_1\left(1 - \frac{T_2}{T_1}\right)$$

∴ $W_t = k\,W_a$ (단열변화에서 공업일은 절대일에 비열비를 곱한 값과 같다.)

㉱ 내부에너지 변화

$$du = C_v(T_2 - T_1) = -W_a$$

㉲ 엔탈피 변화[kJ/kg]

$$dh = C_p(T_2 - T_1) = -W_t$$

㉳ 열량[kJ/kg]

$\Delta q = 0$ (단열변화에서는 열의 이동이 없다.)

⑤ 폴리트로픽 변화(polytropic change)

㉮ P, v, T 상호관계

$$\frac{T_2}{T_1} = \left(\frac{v_1}{v_2}\right)^{n-1} = \left(\frac{P_2}{P_1}\right)^{\frac{n-1}{n}}$$

㉯ 절대일(팽창일)[kJ/kg]

$$W_a = \frac{1}{n-1}(P_1v_1 - P_2v_2) = \frac{R}{n-1}(T_1 - T_2)$$

㉰ 공업일(압축일)[kJ/kg]

$$W_t = \frac{n}{n-1}(P_1v_1 - P_2v_2) = \frac{nR}{n-1}(T_1 - T_2) = n\,W_a$$

㉔ 내부에너지 변화

$$du = u_2 - u_1 = C_v(T_2 - T_1)$$

㉕ 엔탈피 변화[kJ/kg]

$$dh = h_2 - h_1 = C_p(T_2 - T_1)$$

㉖ 열량[kJ/kg]

$$\Delta q = Cn(T_2 - T_1) = \left(\frac{n-k}{n-1}\right)C_v(T_2 - T_1)$$

(2) 이상기체의 상태변화 선도

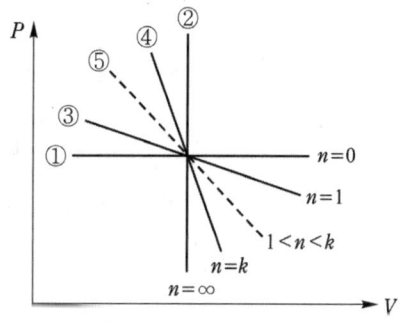

① 정압(등압) 변화   ② 정적(등적) 변화   ③ 정온(등온) 변화
④ 단열변화   ⑤ 폴리트로픽 변화

출제예상문제
Expected problems

01 보일(Boyle)의 법칙을 나타내는 식으로 옳은 것은? (단, T는 온도, V는 부피, P는 압력, C는 일정을 의미한다.)

① $\dfrac{T}{V} = C$ ② $\dfrac{V}{T} = C$

③ $PV = C$ ④ $\dfrac{PV}{T} = C$

해설 보일(boyle)의 법칙 : 일정온도 하에서 일정량의 기체가 차지하는 부피는 압력에 반비례한다.
$P_1 V_1 = P_2 V_2$이므로 $PV = C$ **답** ③

02 "압력이 일정할 때 기체의 부피는 온도에 비례하여 변한다."라는 법칙은 무슨 법칙인가?

① Boyle의 법칙
② Gay Lussac의 법칙
③ Joule의 법칙
④ Boyle-Charles의 법칙

해설 압력이 일정할 때 기체의 부피(또는 비체적)는 온도에 비례하는 것을 샤를(Charles)의 법칙 또는 게이루삭(Gay Lussac)의 법칙이라 한다. **답** ②

03 보일-샤를의 법칙의 정의로 옳은 것은?

① 기체의 체적은 절대온도에는 비례하지만 압력에는 관계가 없다.
② 기체의 체적은 절대온도 및 압력에 관계가 없다.
③ 기체의 체적은 압력에는 비례하고, 절대온도에는 반비례한다.
④ 기체의 체적은 절대온도에는 비례하고, 압력에는 반비례한다.

해설 보일-샤를의 법칙 : 일정량의 기체가 차지하는 부피는 압력에 반비례하고, 절대온도에 비례한다. **답** ④

04 어느 기체가 압력이 500[kPa]일 때의 체적이 50[L] 이었다. 이 기체의 압력을 2배로 증가시키면 체적은 몇 [L]인가? (단, 온도는 일정한 상태이다.)

① 100 ② 50
③ 25 ④ 12.5

해설 $\dfrac{P_1 V_1}{T_1} = \dfrac{P_2 V_2}{T_2}$에서 $T_1 = T_2$이다.

$\therefore V_2 = \dfrac{P_1 V_1}{P_2} = \dfrac{500 \times 50}{2 \times 500} = 25[L]$ **답** ③

05 온도 100[℃], 압력 200[kPa]의 공기(이상기체)가 정압과정으로 최종온도가 200[℃]가 되었을 때 공기의 부피는 처음 부피의 약 몇 배가 되는가?

① 1.12 ② 1.27
③ 1.52 ④ 2

해설 $\dfrac{P_1 V_1}{T_1} = \dfrac{P_2 V_2}{T_2}$에서 $P_1 = P_2$이다.

$\therefore V_2 = \dfrac{T_2}{T_1} \times V_1 = \dfrac{273 + 200}{273 + 100} \times V_1$
$= 1.268 V_1$ **답** ②

06 보일러에서 송풍기 입구의 공기가 15[℃], 100[kPa] 상태에서 공기예열기로 매분 500[m³]가 들어가 일정한 압력 하에서 140[℃]까지 온도가 올라갔을 때 출구에서의 공기유량은 몇 [m³/min]인가? (단, 이상기체로 가정한다.)

① 617[m³/min] ② 717[m³/min]
③ 817[m³/min] ④ 917[m³/min]

해설 $\dfrac{P_1 V_1}{T_1} = \dfrac{P_2 V_2}{T_2}$ 에서 $P_1 = P_2$ 이다.

∴ $V_2 = \dfrac{T_2 \times V_1}{T_1} = \dfrac{(273+140) \times 500}{273+15}$
$= 717.013 [\text{m}^3/\text{min}]$ 답 ②

07 피스톤이 장치된 용기 속의 온도 30[℃], 압력 200[kPa], 체적 $V_1[\text{m}^3]$의 이상기체가 압력이 일정한 과정으로 체적이 원래의 3배로 되었을 때 이 기체의 온도는 약 몇 [℃]인가?

① 30[℃]　　② 90[℃]
③ 636[℃]　　④ 910[℃]

해설 $\dfrac{P_1 V_1}{T_1} = \dfrac{P_2 V_2}{T_2}$ 에서 $P_1 = P_2$ 이다.

∴ $T_2 = \dfrac{T_1 \times V_2}{V_1} = \dfrac{(273+30) \times 3V_1}{V_1}$
$= 909[\text{K}] - 273 = 636[℃]$ 답 ③

08 300[K], 100[kPa]에서 어떤 기체의 부피가 500[m³]라면 400[K], 150[kPa]에서 부피는 약 얼마인가?

① 666[m³]　　② 444[m³]
③ 333[m³]　　④ 222[m³]

해설 $\dfrac{P_1 V_1}{T_1} = \dfrac{P_2 V_2}{T_2}$ 에서

∴ $V_2 = \dfrac{P_1 \times V_1 \times T_2}{P_2 \times T_1} = \dfrac{100 \times 500 \times 400}{150 \times 300}$
$= 444.444[\text{m}^3]$ 답 ②

09 체적 4[m³], 압력 1[kgf/cm²·g], 온도 32[℃]인 기체를 체적 5[m³], 온도 100[℃]로 변화하였을 때 압력은 게이지 압력으로 몇 [kgf/cm²]인가?

① 0.956　　② 1.106
③ 1.281　　④ 1.447

해설 $\dfrac{P_1 V_1}{T_1} = \dfrac{P_2 V_2}{T_2}$ 에서

∴ $P_2 = \dfrac{P_1 \times V_1 \times T_2}{V_2 \times T_1}$
$= \dfrac{(1+1.0332) \times 4 \times (273+100)}{5 \times (273+32)}$
$= 1.9892[\text{kgf/cm}^2 \cdot \text{a}] - 1.0332$
$= 0.956[\text{kgf/cm}^2]$ 답 ①

10 이상기체에 대한 설명 중 틀린 것은?

① 분자와 분자 사이의 거리가 매우 멀다.
② 분자 사이의 인력이 없다.
③ 압축성 인자가 1이다.
④ 내부에너지는 온도와 무관하고 압력과 부피의 함수로 이루어진다.

해설 이상기체의 성질
㉮ 보일-샤를의 법칙을 만족한다.
㉯ 아보가드로의 법칙에 따른다.
㉰ 내부에너지는 온도만의 함수이다.
㉱ 온도에 관계없이 비열비는 일정하다.
㉲ 기체의 분자력과 크기도 무시되며 분자간의 충돌은 완전 탄성체이다.
㉳ 분자와 분자 사이의 거리가 매우 멀다.
㉴ 분자 사이의 인력이 없다.
㉵ 압축성 인자가 1이다. 답 ④

11 이상기체에 대한 설명으로 가장 거리가 먼 것은?

① 기체분자 간의 인력을 무시할 수 있고, 이상기체의 상태방정식을 만족하는 기체
② Boyle-Charles의 법칙 $(PV/T = \text{const})$을 만족하는 기체
③ 분자 간에 완전 탄성충돌을 하는 기체
④ 일상생활에서 실제로 존재하는 기체

해설 일상생활에서 실제로 존재하는 기체를 실제기체라 한다. 답 ④

12 일반 기체상수의 단위를 바르게 나타낸 것은?

① kJ/K ② kJ/kg
③ kJ/kmol ④ kJ/kmol·K

해설 일반 기체상수 단위
㉮ 공학단위 : [kgf·m/kg·K]
㉯ SI 단위 : [kJ/kg·K], [kJ/kmol·K]   **답** ④

13 CH_4의 기체상수는 약 몇 [kJ/kg·K]인가?

① 0.018 ② 0.132
③ 0.189 ④ 0.52

해설 메탄(CH_4)의 분자량은 16이다.
$$\therefore R = \frac{8.314}{M} = \frac{8.314}{16} = 0.519 [kJ/kg \cdot K]$$ **답** ④

14 기체의 분자량이 2배로 증가하면 기체상수는 어떻게 되는가?

① 2배 ② 4배
③ 1/2배 ④ 불변

해설 이상기체 상태방정식 $PV=GRT$에서 기체상수 $R = \frac{8.314}{M}$ [kJ/kg·K]이다. 그러므로 기체상수(R)는 분자량(M)에 반비례하므로 기체의 분자량이 2배 증가하면 기체상수는 1/2배로 된다. **답** ③

15 N_2와 O_2의 기체상수는 각각 0.297[kJ/kg·K] 및 0.260[kJ/kg·K]이다. N_2가 0.7[kg], O_2가 0.3[kg]인 혼합 가스의 기체상수는 약 몇 [kJ/kg·K]인가?

① 0.213 ② 0.254
③ 0.286 ④ 0.312

해설 ㉮ 질소(N_2)와 산소(O_2)의 몰[mol]수 계산
$$\therefore 질소\ 몰수 = \frac{700}{28} = 25 [mol]$$
$$\therefore 산소\ 몰수 = \frac{300}{32} = 9.375 [mol]$$
㉯ 질소(N_2)와 산소(O_2)의 체적비 계산
$$\therefore 질소 = \frac{질소\ 몰수}{혼합가스\ 몰수} \times 100$$
$$= \frac{25}{25 + 9.375} \times 100 = 72.727 [\%]$$
$$\therefore 산소 = \frac{산소몰수}{혼합가스\ 몰수} \times 100$$
$$= \frac{9.375}{25 + 9.375} \times 100 = 27.273 [\%]$$
㉰ 혼합가스 기체상수 계산
$$\therefore R = (0.297 \times 0.72727) + (0.260 \times 0.27273)$$
$$= 0.2869 [kJ/kg \cdot K]$$ **답** ③

16 40[atm·abs], 27[℃]에서 600[L]의 용기에 산소(O_2)가 들어 있다. 이때 산소는 몇 [kg]이 충전되어 있는가? (이 조건에서 산소는 이상기체라고 한다.)

① 34.31[kg] ② 15.61[kg]
③ 407.2[kg] ④ 31.2[kg]

해설 $PV = \frac{W}{M}RT$에서
$$\therefore W = \frac{PVM}{RT} = \frac{40 \times 600 \times 32}{0.082 \times (273+27) \times 10^3}$$
$$= 31.219 [kg]$$ **답** ④

17 온도 30[℃], 압력 350[kPa]에서 비체적이 0.449[m³/kg]인 이상기체의 기체상수는 몇 [kJ/kg·K]인가?

① 0.143 ② 0.287
③ 0.518 ④ 2.077

해설 $PV = GRT$에서 비체적 $v = \frac{V}{G}$이다.
$$\therefore R = \frac{PV}{GT} = \frac{V}{G} \times \frac{P}{T} = v \times \frac{P}{T}$$
$$= 0.449 \times \frac{350}{273+30}$$
$$= 0.5186 [kJ/kg \cdot K]$$ **답** ③

18 이상기체 1[kmol]을 1.013[bar], 18[℃]에서 먼저 정압으로 냉각한 후 정적에서 가열하여 5.06[bar], 16[℃]가 되게 하였다. 이 기체의 마지막 상태에서 부피는 약 몇 [m³]인가?

① 23.7　　　　② 22.4
③ 10.74　　　④ 4.74

해설 5.06[bar], 16[℃] 상태의 이상기체 1[kmol]에 대한 부피를 구하는 것이고, 이때의 기체상수는 8.314 [kJ/kmol·K]이다.
$PV = GRT$에서

$$\therefore V = \frac{GRT}{P} = \frac{1 \times 8.314 \times (273+16)}{\frac{5.06}{1.013} \times 101.3}$$

$= 4.748 [m^3]$　　　　**답 ④**

19 40[m³]의 실내에 있는 공기의 질량은 몇 [kg]인가? (단, 이 공기의 압력은 100[kPa], 온도는 27[℃]이며, 공기의 기체상수는 0.287 [kJ/kg·K]이다.)

① 93　　　　② 46
③ 10　　　　④ 2

해설 $PV = GRT$에서

$$\therefore G = \frac{PV}{RT} = \frac{100 \times 40}{0.287 \times (273+27)}$$

$= 46.457 [kg]$　　　　**답 ②**

20 2[kg]의 기체를 1.1[bar], 20[℃]에서 체적이 0.2[m³]이 될 때까지 등온압축 하고자 한다. 이때 기체의 비열을 $C_p = 0.92$[kJ/kg·K], $C_v = 0.66$[kJ/kg·K]이라 하면 최종 압력은 몇 [bar]인가?

① 5.65　　　　② 6.87
③ 7.48　　　　④ 7.62

해설 ㉮ 기체상수(R) 계산 : $C_p - C_v = R$이므로
$\therefore R = C_p - C_v$
$\quad = 0.92 - 0.66 = 0.26$[kJ/kg·K]

㉯ 등온압축 후 압력 계산
$PV = GRT$에서
$$\therefore P = \frac{GRT}{V} = \frac{2 \times 0.26 \times (273+20)}{0.2}$$
$= 761.8$[kPa]

㉰ 압력 환산 : 1[atm] = 101.325[kPa] = 1.01325[bar]이다.
$$\therefore P = \frac{761.8 \,[kPa]}{101.325 \,[kPa]} \times 1.01325 [bar]$$
$= 7.618$[bar]　　　　**답 ④**

21 20[℃], 500[kPa]의 공기가 들어있는 2 [m³] 체적인 탱크가 있다. 탱크 속의 공기 압력을 일정하게 유지하면서 온도 40[℃]가 되도록 하려면 몇 [kg]의 공기를 밖으로 내보내야 하는가? (단, 공기의 기체상수는 0.287 [kJ/kg·K]이다.)

① 0.76　　　　② 0.99
③ 1.14　　　　④ 11.9

해설 ㉮ 40[℃] 상태에서의 공기 체적 계산
$\dfrac{P_1 V_1}{T_1} = \dfrac{P_2 V_2}{T_2}$에서 $P_1 = P_2$이다.
$$\therefore V_2 = \frac{T_2 V_1}{T_1} = \frac{(273+40) \times 2}{273+20}$$
$= 2.136 [m^3]$

㉯ 탱크의 체적은 일정하므로 온도 상승에 따른 공기 체적 증가에 해당하는 양[kg]을 내보내야 압력이 500[kPa] 상태로 유지된다.
$PV = GRT$에서
$$\therefore G = \frac{PV}{RT} = \frac{500 \times (2.136-2)}{0.287 \times (273+40)}$$
$= 0.7569$[kg]　　　　**답 ①**

22 전체적이 5,660[L]일 때 산소 4.54[kg], 질소 6.80[kg], 수소 2.27[kg]로 이루어진 기체 혼합물의 60[℃]에서 전압은 약 몇 [kPa]인가? (단, 분자량은 산소 32, 질소 28, 수소 2이고 이상기체 혼합물이라 가정한다.)

① 134　　　　② 268
③ 743　　　　④ 6,655

해설 ㉮ 각 기체의 합계 몰수 계산
$$\therefore n = \frac{W}{M} = \frac{4.54}{32} + \frac{6.80}{28} + \frac{2.27}{2}$$
$$= 1.5197 ≒ 1.52[kmol]$$
㉯ 혼합물의 전압[kPa] 계산
$PV = nRT$에서
$$\therefore P = \frac{nRT}{V}$$
$$= \frac{(1.52 \times 10^3) \times 0.082 \times (273+60)}{5,660} \times 101.3$$
$$= 742.838[kPa]$$ 답 ③

23 용기 속에 절대압력이 850[kPa], 온도가 52[℃]인 이상기체가 49[kg] 들어있다. 이 기체의 일부가 누출되어 용기 내 절대압력이 415[kPa], 온도 27[℃]가 되었다면 밖으로 누출된 기체는 약 몇 [kg]인가?
① 10.4 ② 23.1
③ 25.9 ④ 47.6

해설 ㉮ 처음 상태의 조건으로 기체상수(R) 계산 : 체적에 대한 언급이 없으므로 1[m³]로 계산
$PV = GRT$에서
$$\therefore R = \frac{PV}{GT} = \frac{850 \times 1}{49 \times (273+52)}$$
$$= 0.0533[kJ/kg \cdot K]$$
㉯ 용기 내 잔량 계산 : 415[kPa], 온도 27[℃] 상태
$$\therefore G = \frac{PV}{RT} = \frac{415 \times 1}{0.0533 \times (273+27)}$$
$$= 25.953[kg]$$
㉰ 누출된 기체 계산
∴ 누출량 = 충전량 – 잔량 누출량
= 49 – 25.953 = 23.047[kg] 답 ②

24 고체 용기가 압력 300[kPa], 온도 31[℃]의 가스로 충만되어 있다. 그 가스의 일부를 빼내었더니 용기 내의 압력이 100[kPa]이고, 온도는 10[℃]가 되었다면, 빠져나간 가스량은 전체 가스량의 약 몇 [%]인가? (단, 가스는 이상기체로 간주한다.)
① 36[%] ② 52[%]
③ 64[%] ④ 73[%]

해설 ㉮ 현재 충전된 가스량 계산
$PV = GRT$에서
$$\therefore G_1 = \frac{P_1 V}{RT_1} = \frac{300 \times V}{8.314 \times (273+31)}$$
$$= 0.1187\,V[kg]$$
㉯ 잔량 계산
$$\therefore G_2 = \frac{P_2 V}{RT_2} = \frac{100 \times V}{8.314 \times (273+10)}$$
$$= 0.0425\,V[kg]$$
㉰ 빠져나간 가스량[%] 계산
∴ 빠져나간 가스량[%]
$$= \frac{G_1 - G_2}{G_1} \times 100$$
$$= \frac{0.1187 - 0.0425}{0.1187} \times 100$$
$$= 64.195[\%]$$ 답 ③

25 50[℃], 3[MPa] 상태의 1[m³] 질소 기체를 6[MPa]로 압축시켜 온도를 –50[℃]로 냉각시킬 때 최종상태의 체적은 약 몇 [m³]인가? (단, 초기상태의 압축성인자는 1.001이고, 최종상태의 압축성인자는 0.93이다.)
① 0.25 ② 0.32
③ 0.53 ④ 0.79

해설 $PV = ZGRT$에서 $V = \frac{ZGRT}{P}$이다.
$$\therefore \frac{V_2}{V_1} = \frac{\dfrac{Z_2 G_2 R T_2}{P_2}}{\dfrac{Z_1 G_1 R T_1}{P_1}}\text{에서}$$
$G_1 = G_2$, R은 동일하다.
$$\therefore V_2 = V_1 \times \frac{\dfrac{Z_2 T_2}{P_2}}{\dfrac{Z_1 T_1}{P_1}}$$
$$= 1 \times \frac{\dfrac{0.93 \times (273-50)}{6 \times 1,000}}{\dfrac{1.001 \times (273+50)}{3 \times 1,000}}$$
$$= 0.3207[m^3]$$ 답 ②

26 110[kPa], 20[℃]의 공기가 정압과정으로 온도가 50[℃]만큼 상승한 다음(즉 70[℃]가 됨), 등온과정으로 압력이 반으로 줄어들었다. 최종 비체적은 최초 비체적의 약 몇 배인가?

① 0.585   ② 1.17
③ 1.71   ④ 2.34

해설 $PV = GRT$ 에서

$v[\mathrm{m^3/kg}] = \dfrac{V}{G} = \dfrac{RT}{P}$ 이다.

$\therefore \dfrac{v_2}{v_1} = \dfrac{\dfrac{R_2 T_2}{P_2}}{\dfrac{R_1 T_1}{P_1}}$ 에서 $R_1 = R_2$ 이다.

$\therefore \dfrac{v_2}{v_1} = \dfrac{\dfrac{T_2}{P_2}}{\dfrac{T_1}{P_1}} = \dfrac{P_1 T_2}{P_2 T_1}$

$= \dfrac{110 \times (273+70)}{\left(110 \times \dfrac{1}{2}\right) \times (273+20)}$

$= 2.341$ **답** ④

27 Van der Waals 상태방정식을 옳게 표현한 것은? (단, a와 b는 상수이다.)

① $PV = RT$
② $\left(P + \dfrac{a}{V^2}\right)(V-b) = RT$
③ $PV = RT + bP$
④ $\left(P + \dfrac{a}{TV^2}\right)(V+b) = RT$

해설 반데르 발스의 실제기체 상태방정식

㉮ 1몰인 상태 : $\left(P + \dfrac{a}{V^2}\right)(V-b) = RT$

㉯ n몰인 상태 :
$\left(P + \dfrac{n^2 \cdot a}{V^2}\right)(V - n \cdot b) = nRT$

a : 기체분사 간의 인력(atm·L²/mol²)
b : 기체분자 자신이 차지하는 부피(L/mol)

답 ②

28 실제기체가 이상기체의 방정식을 근사적으로 만족하는 경우는?

① 압력이 높고 온도가 낮을 때
② 압력과 온도가 낮을 때
③ 압력이 낮고 온도가 높을 때
④ 압력과 온도가 높을 때

해설 실제기체가 이상기체의 방정식을 만족하는 조건 : 고온, 저압 **답** ③

29 다음 상태 중에서 이상기체 상태방정식으로 공기의 비체적을 계산할 때 오차가 가장 작은 것은?

① 1[MPa], −100[℃]
② 1[MPa], 100[℃]
③ 0.1[MPa], −100[℃]
④ 0.1[MPa], 100[℃]

해설 실제기체가 이상기체 상태방정식을 만족할 수 있는 조건이 압력은 낮고, 온도는 높을 때이므로 예제에 주어진 조건 중 압력이 낮고, 온도가 높은 경우는 ④번 항목이다. **답** ④

30 전압은 분압의 합과 같다는 법칙은?

① 아마겟의 법칙   ② 뤼삭의 법칙
③ 달톤의 법칙   ④ 헨리의 법칙

해설 달톤의 분압법칙 : 혼합기체가 나타내는 전압은 각 성분 기체 분압의 총합과 같다. **답** ③

31 공기가 표준대기압 하에 있을 때 산소의 분압은 몇 [kPa]인가?

① 1.0   ② 21.3
③ 80.0   ④ 101.3

해설 표준대기압은 101.325[kPa]이고 공기 중 산소의 체적비율은 21[%]이다.

$\therefore P_{O_2} =$ 전압 × 체적비
$= 101.325 \times 0.21 = 21.278 \mathrm{[kPa]}$ **답** ②

32 압력이 200[kPa]로 일정한 상태로 유지되는 실린더 내의 이상기체가 체적 0.3[m³]에서 0.4[m³]로 팽창될 때 이상기체가 한 일의 양은 몇 [kJ]인가?

① 20　　② 40
③ 60　　④ 80

해설) $W_a = P(V_2 - V_1)$
$= 200 \times (0.4 - 0.3) = 20 [kJ]$　　답 ①

33 압력 200[kPa], 체적 1.66[m³]의 상태에 있는 기체가 정압조건에서 초기 체적의 $\frac{1}{2}$로 줄었을 때 이 기체가 행한 일은 약 몇 [kJ]인가?

① −166　　② −198.5
③ −236　　④ −245.5

해설) $W_t = P(V_2 - V_1)$
$= 200 \times \left(\frac{1.66}{2} - 1.66\right) = 166 [kJ]$　　답 ①

34 이상기체 2[kg]을 정압과정으로 50[℃]에서 150[℃]로 가열할 때, 필요한 열량은 약 몇 [kJ]인가? (단, 이 기체의 정적비열은 3.1 [kJ/kg·K]이고, 기체상수는 2.1[kJ/kg·K]이다.)

① 210　　② 310
③ 620　　④ 1,040

해설) ㉮ 정압비열 계산
　$C_p - C_v = R$에서
　∴ $C_p = R + C_v = 2.1 + 3.1 = 5.2 [kJ/kg·K]$
㉯ 필요열량 계산
　∴ $Q = m \times C_p \times (T_2 - T_1)$
　$= 2 \times 5.2 \times \{(273+150) - (273+50)\}$
　$= 1,040 [kJ]$　　답 ④

35 200[℃], 2[MPa]의 질소 5[kg]을 정압과정으로 체적이 1/2이 될 때까지 냉각하는 데 필요한 열량은 약 얼마인가? (단, 질소의 비열비는 1.4, 기체상수는 0.297[kJ/kg·K]이다.)

① −822[kJ]　　② −1,230[kJ]
③ −1,630[kJ]　　④ −2,450[kJ]

해설) ㉮ 질소의 정압비열 계산
　∴ $C_p = \frac{k}{k-1} R = \frac{1.4}{1.4-1} \times 0.297$
　$= 1.0395 [kJ/kg·K]$
㉯ 체적이 1/2이 될 때까지 냉각한 온도 계산
　$\frac{P_1 V_1}{T_1} = \frac{P_2 V_2}{T_2}$에서 $P_1 = P_2$이고,
　$V_2 = \frac{1}{2} V_1$이다.
　∴ $T_2 = \frac{V_2 T_1}{V_1} = \frac{\frac{1}{2} \times V_1 \times (273+200)}{V_1}$
　$= 236.5 [K]$
㉰ 냉각열량 계산
　∴ $Q = m C_p (T_2 - T_1)$
　$= 5 \times 1.0395 \times (236.5 - (273+200))$
　$= -1,229.208 [kJ]$　　답 ②

36 공기 30[kg]을 일정 압력 하에 100[℃]에서 900[℃]까지 가열할 때 공기의 정압비열을 0.241[kcal/kg·℃], 정적비열을 0.127[kcal/kg·℃]라고 하면 엔탈피 변화는 약 몇 [kcal]인가?

① 36.8　　② 216.9
③ 3,048　　④ 5,784

해설) $\Delta h = m \times C_p \times (T_2 - T_1)$
$= 30 \times 0.241 \times (900 - 100)$
$= 5,784 [kcal]$　　답 ④

37 일정 정압비열(C_p=1.0[kJ/kg·K])을 가정하고, 공기 100[kg]을 400[℃]에서 120[℃]로 냉각할 때 엔탈피 변화는?

① -24,000[kJ] ② -2,000[kJ]
③ -28,000[kJ] ④ -30,000[kJ]

해설 $\Delta h = m \times C_p \times (T_2 - T_1)$
$= 100 \times 1.0 \times \{(273+120) - (273+400)\}$
$= -28,000$[kJ]   **답** ③

38 15[Nm³]의 공기가 동일한 압력으로 0[℃]에서 100[℃]로 되었다면 엔탈피 변화량은 약 몇 [kJ]인가? (단, 공기의 기체상수는 0.287 [kJ/kg·K], 정압비열은 1.0[kJ/kg·K]로 한다.)

① 1,530[kJ] ② 1,940[kJ]
③ 4,660[kJ] ④ 10,440[kJ]

해설 ㉮ 15[Nm³]의 공기 질량 계산
$PV = GRT$에서
$\therefore G = \dfrac{PV}{RT} = \dfrac{101.325 \times 15}{0.287 \times 273} = 19.398$[kg]

㉯ 정압과정에서의 엔탈피 변화량 계산
$\therefore \Delta h = m \times C_p \times (T_2 - T_1)$
$= 19.398 \times 1.0$
$\quad \times \{(273+100) - (273+0)\}$
$= 1,939.8$[kJ]   **답** ②

39 동일한 압력에서 100[℃], 3[kg]의 수증기와 0[℃], 3[kg]의 물의 엔탈피 차는 몇 [kJ]인가? (단, 평균 정압비열은 4.184[kJ/kg·K]이고, 100[℃]에서 증발잠열은 2,250[kJ/kg]이다.)

① 638   ② 1,918
③ 2,668 ④ 8,005

해설 100[℃] 수증기는 0[℃]부터 가열되어 수증기가 된 것으로 판단하고, 물의 경우 0[℃] 상대로 있으므로 온도변화는 없다.

$\therefore \Delta h$ = 물의 현열 + 수증기 잠열
$= (3 \times 4.184 \times 100) + (3 \times 2,250)$
$= 8,005.2$[kJ]   **답** ④

40 표에 나타낸 물성치를 갖는 기체 0.1[kmol]의 온도를 298[K]에서 308[K]로 일정 압력 하에서 증가시키는 데 필요한 에너지는 몇 [J]인가?

온도[K]	내부에너지[J/kmol]	엔탈피[J/kmol]
298	0	24.78×10⁵
308	2.917×10⁵	28.53×10⁵

① 2.75×10^4 ② 2.917×10^4
③ 3.75×10^4 ④ 4.325×10^4

해설 $q = m \times (h_2 - h_1)$
$= 0.1 \times \{(28.53 \times 10^5) - (24.78 \times 10^5)\}$
$= 37,500$[J] $= 3.75 \times 10^4$[J]   **답** ③

41 정압과정(constant pressure process)에서 한 계(system)에 전달된 열량은 그 계의 어떠한 성질 변화와 같은가?

① 내부에너지 ② 엔트로피
③ 엔탈피   ④ 퓨개시티

해설 정압(등압)과정에서 계에 전달된 열량(가열량)은 엔탈피 변화량과 같다.   **답** ③

42 CO_2 50[kg]을 50[℃]에서 250[℃]로 가열할 때 내부에너지의 변화는 몇 [kJ]인가? (단, 정적비열 C_v는 0.67[kJ/kg·K]이다.)

① 134   ② 168
③ 3,200 ④ 6,700

해설 $du = m \times C_v \times (T_2 - T_1)$
$= 50 \times 0.67 \times \{(273+250) - (273+50)\}$
$= 6,700$[kJ]   **답** ④

43 체적 20[m³]의 용기 내에 공기가 채워져 있으며, 이때 온도는 25[℃]이고, 압력은 200[kPa]이다. 용기 내의 공기온도를 65[℃]까지 가열시키는 경우에 소요 일량은 약 몇 [kJ]인가? (단, R = 0.287[kJ/kg·K], C_v = 0.71[kJ/kg·K]이다.)

① 240　　② 330
③ 1,330　　④ 2,840

해설 ㉮ 20[m³]의 용기 속의 공기 무게 계산
$PV = GRT$에서
$$\therefore G = \frac{PV}{RT} = \frac{200 \times 20}{0.287 \times (273+25)}$$
$$= 46.769[kg]$$
㉯ 가열량 계산
$$\therefore Q_a = m \times C_v \times (T_2 - T_1)$$
$$= 46.769 \times 0.71$$
$$\times \{(273+65) - (273+25)\}$$
$$= 1,328.239[kJ]$$
답 ③

44 초기조건이 100[kPa], 60[℃]인 공기를 정적과정을 통해 가열한 후 정압에서 냉각과정을 통하여 500[kPa], 60[℃]로 냉각할 때 이 과정에서 전체 열량의 변화는 약 몇 [kJ/kmol]인가? (단, 정적비열은 20[kJ/kmol·K], 정압비열은 28[kJ/kmol·K]이며, 이상기체로 가정한다.)

① -964　　② -1,964
③ -10,656　　④ -20,656

해설 (1) 정적(일정 부피)상태에서의 가열량 계산
㉮ 정적상태에서 가열한 후 온도 계산 : 정적상태에서 가열한 후 압력은 500[kPa]로 상승한 것이다.
$$\frac{P_1 V_1}{T_1} = \frac{P_2 V_2}{T_2}$$에서 $V_1 = V_2$이다.
$$\therefore T_2 = \frac{P_2 T_1}{P_1} = \frac{500 \times (273+60)}{100}$$
$$= 1,665[K]$$
㉯ 가열량 계산
$$\therefore Q_1 = C_v(T_2 - T_1)$$
$$= 20 \times \{1,665 - (273+60)\}$$
$$= 26,640[kJ/mol]$$

(2) 정압(일정 압력 : 500[kPa]) 상태에서의 냉각열량 계산
$$\therefore Q_2 = C_p(T_2 - T_1)$$
$$= 28 \times \{1,665 - (273+60)\}$$
$$= 37,296[kJ/mol]$$
(3) 전체 열량 변화 계산
$$\therefore Q = Q_1 - Q_2 = 26,640 - 37,296$$
$$= -10,656[kJ/mol]$$
답 ③

45 밀폐 시스템 내의 이상기체에 대하여 단위 질량당 일(W)이 다음과 같은 식으로 표시될 때 이 식은 어떤 과정에 대하여 적용할 수 있는가? (단, R은 기체상수, T는 온도, V는 체적이다.)

$$W = RT \ln \frac{V_2}{V_1}$$

① 단열과정　　② 등압과정
③ 등온과정　　④ 등적과정

해설 등온과정의 압축일 : $P_1 V_1 = RT$이므로
$$W = P_1 V_1 \ln\left(\frac{P_1}{P_2}\right) = P_1 V_1 \ln\left(\frac{V_2}{V_1}\right)$$
$$= RT \ln\left(\frac{P_1}{P_2}\right) = RT \ln\left(\frac{V_2}{V_1}\right)$$
※ 등온과정에서 팽창일(W_a)과 압축일(W_t)은 같다.
답 ③

46 용적 0.02[m³]의 실린더 속에 압력 1[MPa], 온도 25[℃]의 공기가 들어 있다. 이 공기가 일정 온도 하에서 압력 200[kPa]까지 팽창하였을 경우 공기가 행한 일의 양은 약 몇 [kJ]인가? (단, 공기는 이상기체이다.)

① 2.3　　② 3.2
③ 23.1　　④ 32.2

해설
$$W_a = P_1 V_1 \ln\left(\frac{P_1}{P_2}\right)$$
$$= 1 \times 10^3 \times 0.02 \times \ln\left(\frac{1 \times 10^3}{200}\right)$$
$$= 32.188 \ [kJ]$$
답 ④

47 피스톤과 실린더로 구성된 밀폐된 용기 내에 일정한 질량의 이상기체가 차 있다. 초기 상태의 압력은 2[atm], 체적은 0.5[m³]이다. 이 시스템의 온도가 일정하게 유지되면서 팽창하여 압력이 1[atm]이 되었다. 이 과정 동안에 시스템이 한 일은 몇 [kJ]인가?

① 64　　② 70
③ 79　　④ 83

해설 1[atm] = 101.325[kPa]이다.

$$\therefore W_a = P_1 V_1 \ln\left(\frac{P_1}{P_2}\right)$$

$$= (2 \times 101.325) \times 0.5 \times \ln\left(\frac{2 \times 101.325}{1 \times 101.325}\right)$$

$$= 70.233[kJ]$$

답 ②

48 15[℃]의 공기 1[kg]을 부피 $\frac{1}{4}$로 압축할 경우 등온 압축에서의 소요일량은 약 몇 [kgf·m]인가?(단, 공기의 기체상수는 29.3[kgf·m/kg·K]이다.)

① 265　　② 610
③ 5,080　　④ 11,700

해설 $W_t = RT_1 \ln\left(\frac{V_2}{V_1}\right)$

$$= 29.3 \times (273 + 15) \times \ln\left(\frac{\frac{1}{4}}{1}\right)$$

$$= -11,698.106[kgf \cdot m]$$

※ "-" 부호는 등온과정이므로 압축 시 발생하는 열을 제거하는 것을 표시한 것이다. **답** ④

49 기체를 압축기를 통하여 P_1에서 P_2까지 압축하는 데 필요한 일을 최소로 하려면 다음 중 어느 과정이 가장 적합하겠는가?

① 가역 단열 압축($k = 1.4$)
② 폴리트로픽 압축($PV^{1.2}$=일정)
③ 비가역 단열 압축
④ 등온 압축

해설 온도가 일정한 등온과정에서 압축일과 팽창일은 같고, 내부에너지와 엔탈피 변화는 없다. **답** ④

50 이상기체가 V_1, P_1으로부터 V_2, P_2까지 등온팽창하였다. 이 과정 중에 일어난 내부에너지 변화량 ΔU, 엔탈피 변화량 ΔH, 엔트로피 변화량 ΔS를 옳게 나타낸 것은?

① $\Delta U > 0$, $\Delta H > 0$, $\Delta S > 0$
② $\Delta U = 0$, $\Delta H = 0$, $\Delta S < 0$
③ $\Delta U = 0$, $\Delta H > 0$, $\Delta S < 0$
④ $\Delta U = 0$, $\Delta H = 0$, $\Delta S > 0$

해설 등온과정의 상태량
㉮ 내부에너지 변화량 : 내부에너지 변화량이 없다.
㉯ 엔탈피 변화량 : 엔탈피 변화량이 없다.
㉰ 엔트로피 변화량 : $\Delta S > 0$ **답** ④

51 실린더 내에 있는 온도 300[K]의 공기 1[kg]을 등온 압축할 때 냉각된 열량이 114[kJ]이다. 공기의 초기 체적이 V라면 최종 체적은 약 얼마가 되는가? (단, 이 과정은 이상기체의 가역과정이며, 공기의 기체상수는 0.287[kJ/kg·K]이다.)

① $0.27V$　　② $0.38V$
③ $0.46V$　　④ $0.59V$

해설 ㉮ 초기 체적을 V_1, 최종체적을 V_2라 하면 등온과정의 압축일 계산식 $W_t = RT_1 \ln\frac{V_2}{V_1}$이다.

$$\therefore \ln\frac{V_2}{V_1} = \frac{W_t}{RT_1}$$

$$= \frac{-114}{0.287 \times 300} = -1.324$$

㉯ 체적변화 계산

$\ln\frac{V_2}{V_1} = -1.324$는 $\frac{V_2}{V_1} = e^{-1.324}$이다.

$\therefore V_2 = e^{-1.324} \times V_1 = 0.266 V_1$ **답** ①

52 다음 중 단열과정(adiabatic process)은?
① 압력이 일정한 과정
② 내부에너지가 일정한 과정
③ 행한 일이 없는 과정
④ 경계를 통한 열전달이 없는 과정

해설 이상기체의 상태변화의 종류
㉮ 정온(등온)변화 : 온도가 일정한 상태에서의 변화
㉯ 정압(등압)변화 : 압력이 일정한 상태에서의 변화
㉰ 정적(등적)변화 : 체적이 일정한 상태에서의 변화
㉱ 단열변화(등엔트로피 변화) : 열 출입이 없는 상태에서의 변화
㉲ 폴리트로픽 변화 : 변화 중의 압력과 비체적이 $Pv^n = C$(일정)한 상태의 변화 **답** ④

53 이상기체에 대한 가역 단열과정에서 온도(T), 압력(P), 부피(V)의 관계를 표시한 것으로 옳은 것은? (단, γ는 비열비이다.)

① $\dfrac{T_1}{T_2} = \left(\dfrac{P_1}{P_2}\right)^{\frac{\gamma-1}{\gamma}}$ ② $\dfrac{P_1}{P_2} = \left(\dfrac{V_1}{V_2}\right)^2$

③ $\dfrac{T_1}{T_2} = \left(\dfrac{V_1}{V_2}\right)^{\gamma-1}$ ④ $\dfrac{P_1}{P_2} = \dfrac{V_2}{V_1}$

해설 단열과정의 온도(T), 압력(P), 부피(V)의 관계식

$\dfrac{T_2}{T_1} = \left(\dfrac{P_2}{P_1}\right)^{\frac{\gamma-1}{\gamma}} = \left(\dfrac{V_1}{V_2}\right)^{\gamma-1}$ 이다.

$\therefore \dfrac{T_1}{T_2} = \left(\dfrac{P_1}{P_2}\right)^{\frac{\gamma-1}{\gamma}} = \left(\dfrac{V_2}{V_1}\right)^{\gamma-1}$ **답** ①

54 1[mol]의 이상기체가 40[℃], 35[atm]으로부터 1[atm]까지 단열 가역적으로 팽창하였다. 최종 온도는 약 몇 [K]가 되는가? (단, 비열비는 1.67이다.)
① 75   ② 88
③ 98   ④ 107

해설
$\dfrac{T_2}{T_1} = \left(\dfrac{P_2}{P_1}\right)^{\frac{k-1}{k}}$ 에서

$\therefore T_2 = T_1 \times \left(\dfrac{P_2}{P_1}\right)^{\frac{k-1}{k}}$

$= (273 + 40) \times \left(\dfrac{1}{35}\right)^{\frac{1.67-1}{1.67}}$

$= 75.174$[K] **답** ①

55 −30[℃]로 냉각한 200[atm]의 질소를 단열적으로 5[atm]까지 팽창했을 때의 온도는? (단, 이상기체의 가역공정이고 질소의 $\dfrac{C_p}{C_v}$는 1.41이다.)
① 6[℃]   ② 83[℃]
③ −170[℃]   ④ −190[℃]

해설
$\dfrac{T_2}{T_1} = \left(\dfrac{P_2}{P_1}\right)^{\frac{k-1}{k}}$ 에서

$\therefore T_2 = T_1 \times \left(\dfrac{P_2}{P_1}\right)^{\frac{k-1}{k}}$

$= (273 - 30) \times \left(\dfrac{5}{200}\right)^{\frac{1.41-1}{1.41}}$

$= 83.130$[K]$ - 273 = -189.869$[℃] **답** ④

56 압력 1[MPa], 온도 400[℃]의 이상기체 2[kg]이 가역단열과정으로 팽창하여 압력이 500[kPa]로 변화한다. 이 기체의 최종 온도는 약 몇 [℃]인가? (단, 이 기체의 정적비열은 3.12[kJ/kg·K], 정압비열은 5.21[kJ/kg·K]이다.)
① 237   ② 279
③ 510   ④ 622

해설 ㉮ 비열비 계산

$\therefore k = \dfrac{C_p}{C_v} = \dfrac{5.21}{3.12} = 1.669 ≒ 1.67$

㉯ 단열압축 후 온도 계산
$$\frac{T_2}{T_1} = \left(\frac{P_2}{P_1}\right)^{\frac{k-1}{k}} 에서$$
$$\therefore T_2 = T_1 \times \left(\frac{P_2}{P_1}\right)^{\frac{k-1}{k}}$$
$$= (273+400) \times \left(\frac{500}{1,000}\right)^{\frac{1.67-1}{1.67}}$$
$$= 509.615[K] - 273 = 236.615[℃]$$
답 ①

57 온도가 293[K]인 이상기체를 단열 압축하여 체적을 1/6로 하였을 때 가스의 온도는 약 몇 [K]인가? (단, 가스의 정적비열(C_v)은 0.7 [kJ/kg·K], 정압비열(C_p)은 0.98[kJ/kg·K]이다.)

① 393 ② 493
③ 558 ④ 600

해설 ㉮ 비열비 계산
$$\therefore k = \frac{C_p}{C_v} = \frac{0.98}{0.7} = 1.4$$

㉯ 단열압축 후 온도 계산
$$\frac{T_2}{T_1} = \left(\frac{V_1}{V_2}\right)^{k-1} 에서$$
$$\therefore T_2 = T_1 \times \left(\frac{V_1}{V_2}\right)^{k-1}$$
$$= 293 \times \left(\frac{1}{\frac{1}{6}}\right)^{1.4-1} = 599.968[K]$$ 답 ④

58 어느 기체 혼합물을 10[kPa], 20[℃], 0.2[m³]인 초기상태로부터 0.1[m³]으로 실린더 내에서 가역단열 압축할 때 최종상태의 온도는 약 몇 [K]인가? (단, 이 혼합가스의 정적비열은 0.7157[kJ/kg·K], 기체상수는 0.2695 [kJ/kg·K]이다.)

① 381 ② 387
③ 397 ④ 400

해설 ㉮ 정압비열 계산
$C_p - C_v = R$에서
$$\therefore C_p = R + C_v$$
$$= 0.2695 + 0.7157 = 0.9852[kJ/kg·K]$$

㉯ 비열비 계산
$$\therefore k = \frac{C_p}{C_v} = \frac{0.9852}{0.7157} = 1.376$$

㉰ 최종 상태온도 계산
$$\frac{T_2}{T_1} = \left(\frac{V_1}{V_2}\right)^{k-1} 에서$$
$$\therefore T_2 = T_1 \times \left(\frac{V_1}{V_2}\right)^{k-1}$$
$$= (273 + 20) \times \left(\frac{0.2}{0.1}\right)^{1.376-1}$$
$$= 380.237[K]$$

별해 ㉮ 정적비열과 비열비, 기체상수의 관계식
$C_v = \frac{1}{k-1} R$에서
$$\therefore k - 1 = \frac{1}{C_v} \times R$$
$$= \frac{1}{0.7157} \times 0.2695 = 0.376$$

㉯ 최종 상태온도 계산
$$\frac{T_2}{T_1} = \left(\frac{V_1}{V_2}\right)^{k-1} 에서$$
$$\therefore T_2 = T_1 \times \left(\frac{V_1}{V_2}\right)^{k-1}$$
$$= (273 + 20) \times \left(\frac{0.2}{0.1}\right)^{0.376}$$
$$= 380.237[K]$$ 답 ①

59 1[mol]의 이상기체가 25[℃], 2[MPa]로부터 100[kPa]까지 단열가역적으로 팽창하였을 때 최종온도는 약 몇 [K]인가? (단, 정적비열 C_v는 $\frac{3}{2}R$이다.)

① 90 ② 80
③ 70 ④ 60

해설 ㉮ 정압비열 계산
$C_p - C_v = R$와 $C_v = \frac{3}{2}R$에서

$$\therefore C_p = R + C_v = \frac{2}{2}R + \frac{3}{2}R = \frac{5}{2}R$$

㉯ 비열비 계산

$$\therefore k = \frac{C_p}{C_v} = \frac{\frac{5}{2}R}{\frac{3}{2}R} = 1.666 \fallingdotseq 1.67$$

㉰ 최종온도 계산

$$\frac{T_2}{T_1} = \left(\frac{P_2}{P_1}\right)^{\frac{k-1}{k}} \text{에서}$$

$$\therefore T_2 = T_1 \times \left(\frac{P_2}{P_1}\right)^{\frac{k-1}{k}}$$

$$= (273 + 25) \times \left(\frac{100}{2,000}\right)^{\frac{1.67-1}{1.67}}$$

$$= 89.587[K]$$

답 ①

60 체적 4[m³], 온도 290[K]의 어떤 기체가 가역 단열과정으로 압축되어 체적 2[m³], 온도 340[K]로 되었다. 이상기체라고 가정하면 기체의 비열비는 약 얼마인가?

① 1.091 ② 1.229
③ 1.407 ④ 1.667

해설 $\frac{T_2}{T_1} = \left(\frac{V_1}{V_2}\right)^{k-1}$ 에서 양변에 ln을 취하면

$\ln\left(\frac{T_2}{T_1}\right) = (k-1) \times \ln\left(\frac{V_1}{V_2}\right)$ 이 된다.

$$\therefore k = \frac{\ln\left(\frac{T_2}{T_1}\right)}{\ln\left(\frac{V_1}{V_2}\right)} + 1 = \frac{\ln\left(\frac{340}{290}\right)}{\ln\left(\frac{4}{2}\right)} + 1$$

$$= 1.229$$

답 ②

61 30[℃]에서 150[L]의 이상기체를 20[L]로 가역 단열 압축시킬 때 온도가 230[℃]로 상승하였다. 이 기체의 정적 비열은 약 몇 [kJ/kg·K]인가? (단, 기체상수는 0.287[kJ/kg·K]이다.)

① 0.17 ② 0.24
③ 1.14 ④ 1.47

해설 ㉮ 단열변화의 P, V, T 관계식

$\frac{T_2}{T_1} = \left(\frac{V_1}{V_2}\right)^{k-1}$ 에서 양변에 ln을 취하면

$\ln\left(\frac{T_2}{T_1}\right) = (k-1) \times \ln\left(\frac{V_1}{V_2}\right)$ 이 된다.

$$\therefore k = \frac{\ln\left(\frac{T_2}{T_1}\right)}{\ln\left(\frac{V_1}{V_2}\right)} + 1$$

$$= \frac{\ln\left(\frac{273+230}{273+30}\right)}{\ln\left(\frac{150}{20}\right)} + 1 = 1.25$$

㉯ 정압비열, 정적비열, 기체상수, 비열비 관계식에서

$k = \frac{C_p}{C_v}$ 에서 $C_p = k \times C_v$ 을 $C_p - C_v = R$ 식의 C_p에 대입하면 $k \times C_v - C_v = R$이 되고, 이것은 $C_v(k-1) = R$이 된다.

$$\therefore C_v = \frac{R}{k-1} = \frac{0.287}{1.25-1} = 1.148$$

답 ③

62 이상기체를 가역단열과정으로 압축하여 그 체적이 1/2 로 감소하였다. 이때 최종 압력의 최초 압력에 대한 비(ratio)는? (단, 비열비는 1.4이다.)

① 2.80 ② 2.64
③ 2.00 ④ 1.40

해설 ㉮ 가역단열과정의 P, V, T 관계

$$\frac{T_2}{T_1} = \left(\frac{V_1}{V_2}\right)^{k-1} = \left(\frac{P_2}{P_1}\right)^{\frac{k-1}{k}} \text{에서}$$

$$\therefore \left(\frac{V_1}{V_2}\right)^{k-1} = \left(\frac{1}{\frac{1}{2}}\right)^{1.4-1} = 1.3195$$

$$\therefore \left(\frac{P_2}{P_1}\right)^{\frac{k-1}{k}} = \left(\frac{P_2}{P_1}\right)^{\frac{1.4-1}{1.4}} = \left(\frac{P_2}{P_1}\right)^{0.2857}$$

㉯ 최종압력의 최초압력에 대한 비(ratio) 계산

$$\left(\frac{V_1}{V_2}\right)^{k-1} = \left(\frac{P_2}{P_1}\right)^{\frac{k-1}{k}} \text{에서}$$

$$1.3195 = \left(\frac{P_2}{P_1}\right)^{0.2857}$$

$$\therefore \left(\frac{P_2}{P_1}\right) = \sqrt[0.2857]{1.3195} = 2.639 \quad \blacksquare \ ②$$

63 이상기체를 가역단열 팽창시킨 후의 온도는?
① 처음상태보다 낮게 된다.
② 처음상태보다 높게 된다.
③ 변함이 없다.
④ 높을 때도 있고, 낮을 때도 있다.

해설 단열과정의 P, V, T 관계식

$$\frac{T_2}{T_1} = \left(\frac{V_1}{V_2}\right)^{k-1} = \left(\frac{P_2}{P_1}\right)^{\frac{k-1}{k}}$$ 에서 가역단열 팽창 후의 체적(V_2)은 커지고 압력(P_2)은 낮아지므로 나중 온도(T_2)는 처음상태(T_1)보다 낮게 된다.

$$\therefore T_2 = T_1 \times \left(\frac{V_1}{V_2}\right)^{k-1} = T_1 \times \left(\frac{P_2}{P_1}\right)^{\frac{k-1}{k}} \quad \blacksquare \ ①$$

64 비열비 k가 1.41인 이상기체가 1[MPa], 600 [L]로부터 단열가역과정으로 100[kPa]로 변할 때 이 과정에서 한 일은 약 몇 [kJ]인가?
① 526 ② 625
③ 715 ④ 825

해설
$$W_a = \frac{P_1 V_1}{k-1}\left[1 - \left(\frac{P_2}{P_1}\right)^{\frac{k-1}{k}}\right]$$
$$= \frac{1{,}000 \times 0.6}{1.41-1} \times \left[1 - \left(\frac{100}{1{,}000}\right)^{\frac{1.41-1}{1.41}}\right]$$
$$= 714.232[kJ] \quad \blacksquare \ ③$$

65 압력과 온도가 각각 300[kPa], 300[℃]인 공기 3[kg]이 단열변화하여 체적이 5배로 되었을 때 외부에 대한 일은 약 몇 [kJ]인가? (단, 비열비는 1.4이고, 기체상수 R은 0.287 [kJ/kg · K]이다.)
① 476 ② 584
③ 638 ④ 933

해설 ㉮ 단열변화 후의 온도 계산
$$\frac{T_2}{T_1} = \left(\frac{V_1}{V_2}\right)^{k-1}$$ 에서
$$\therefore T_2 = T_1 \times \left(\frac{V_1}{V_2}\right)^{k-1}$$
$$= (273+300) \times \left(\frac{1}{5}\right)^{1.4-1} = 301[K]$$

㉯ 외부에 대한 일 계산
$$\therefore W_a = \frac{1}{k-1} m R (T_1 - T_2)$$
$$= \frac{1}{1.4-1} \times 3 \times 0.287$$
$$\times \{(273+300) - 301\}$$
$$= 585.48[kJ] \quad \blacksquare \ ②$$

66 27[℃], 100[kPa]에 있는 이상기체 1[kg]을 1[MPa]까지 가역단열압축 하였다. 이때 소요된 일의 크기는 몇 [kJ]인가? (단, 이 기체의 비열비는 1.4, 기체상수는 0.287[kJ/kg · K]이다.)
① 100 ② 200
③ 300 ④ 400

해설 ㉮ 단열압축 후 온도계산
$$\frac{T_2}{T_1} = \left(\frac{P_2}{P_1}\right)^{\frac{k-1}{k}}$$ 에서
$$\therefore T_2 = T_1 \times \left(\frac{P_2}{P_1}\right)^{\frac{k-1}{k}}$$
$$= (273+27) \times \left(\frac{1{,}000}{100}\right)^{\frac{1.4-1}{1.4}}$$
$$= 579.21[K]$$

㉯ 소요일 계산 : 가역단열 압축은 밀폐계인 압축기에서 일어나는 것이므로 절대일로 계산한다.
$$\therefore W_a = \frac{1}{k-1} R (T_1 - T_2)$$
$$= \frac{1}{1.4-1} \times 0.287 \times (300 - 579.21)$$
$$= -200.333[kJ]$$
※ "−" 부호는 압축을 의미함. $\quad \blacksquare \ ②$

67 1[kmol]의 이상기체(C_p는 7[kcal/kmol·K], C_v는 5[kcal/kmol·K])가 단열 가역적으로 P_1은 10[atm], V_1은 600[L]에서 P_2는 1[atm]으로 변한다. 이 과정에 대한 일(W) 및 내부에너지 변화(ΔU)를 계산하면?

① $W = 175 \times 10^3$[cal], $\Delta U = 175 \times 10^3$[cal]
② $W = 175 \times 10^3$[cal], $\Delta U = -175 \times 10^3$[cal]
③ $W = 0$[cal], $\Delta U = 175 \times 10^3$[cal]
④ $W = -175 \times 10^3$[cal], $\Delta U = 0$[cal]

해설 ㉮ 비열비 계산
$$\therefore k = \frac{C_p}{C_v} = \frac{7}{5} = 1.4$$

㉯ 단열과정의 팽창일 계산 :
1[atm]은 10,332[kgf/m²]에 해당된다.
$$\therefore W_a = A\frac{P_1 V_1}{k-1}\left[1 - \left(\frac{P_2}{P_1}\right)^{\frac{k-1}{k}}\right]$$
$$= \frac{1}{427} \times \frac{10 \times 10{,}332 \times 0.6}{1.4 - 1}$$
$$\times \left[1 - \left(\frac{1 \times 10{,}332}{10 \times 10{,}332}\right)^{\frac{1.4-1}{1.4}}\right]$$
$$= 174.961\text{[kcal]} ≒ 175\text{[kcal]}$$
$$= 175 \times 10^3\text{[cal]}$$

㉰ 내부에너지 변화 계산
$$\therefore \Delta U = C_v(T_2 - T_1) = -W_a$$
$$\therefore \Delta U = -175 \times 10^3\text{[cal]} \qquad 답 ②$$

68 1[kgf/cm²], 60[℃]에서 질소 2.3[kg], 산소 1.8[kg]의 기체 혼합물이 등 엔트로피 상태로 압축되어 3.5[kgf/cm²]로 되었다. 이때 내부에너지 변화는 약 몇 [kcal]인가? (단, 정적비열은 0.17[kcal/kg·℃]이고, 비열비는 1.4이다.)

① 80　　② 100
③ 110　　④ 120

해설 ㉮ 변화 후 온도 계산 : 등 엔트로피 과정은 단열과정이므로
$$\frac{T_2}{T_1} = \left(\frac{P_2}{P_1}\right)^{\frac{k-1}{k}} \text{에서}$$

$$\therefore T_2 = T_1 \times \left(\frac{P_2}{P_1}\right)^{\frac{k-1}{k}}$$
$$= (273 + 60) \times \left(\frac{3.5}{1}\right)^{\frac{1.4-1}{1.4}}$$
$$= 476.312\text{[K]}$$

㉯ 내부에너지 변화량 계산
$$\therefore \Delta U = GC_v(T_2 - T_1)$$
$$= (2.3 + 1.8) \times 0.17$$
$$\times \{476.312 - (273 + 60)\}$$
$$= 99.888\text{ [kcal]} \qquad 답 ②$$

69 압력이 0.1[MPa], 체적이 3[m³]인 273.15[K]의 공기가 이상적으로 단열압축되어 그 체적이 1/3으로 되었다. 엔탈피의 변화량은 약 몇 [kJ]인가? (단, 공기의 기체상수는 0.287 [kJ/kg·K], 비열비는 1.4이다.)

① 480　　② 580
③ 680　　④ 780

해설 ㉮ 0.1[MPa], 3[m³], 273.15[K]의 공기질량 계산
$PV = GRT$에서
$$\therefore G = \frac{PV}{RT} = \frac{0.1 \times 10^3 \times 3}{0.287 \times 273.15} = 3.83\text{[kg]}$$

㉯ 정압비열 계산
$$\therefore C_p = \frac{k}{k-1} \times R$$
$$= \frac{1.4}{1.4-1} \times 0.287 = 1.0045\text{[kJ/kg·K]}$$

㉰ 단열압축 후 온도 계산
$$\frac{T_2}{T_1} = \left(\frac{V_1}{V_2}\right)^{k-1} \text{에서}$$
$$\therefore T_2 = T_1 \times \left(\frac{V_1}{V_2}\right)^{k-1}$$
$$= 273.15 \times \left(\frac{3}{3 \times \frac{1}{3}}\right)^{1.4-1}$$
$$= 423.89\text{[K]}$$

㉱ 엔탈피 변화량 계산
$$\therefore \Delta h = G \times C_p \times (T_2 - T_1)$$
$$= 3.83 \times 1.0045 \times (423.89 - 273.15)$$
$$= 579.932\text{[kJ]} \qquad 답 ②$$

70 이상기체로 구성된 밀폐계의 과정을 표시한 것으로 틀린 것은? (단, Q는 열량, H는 엔탈피, W는 일, U는 내부에너지이다.)

① 등온과정에서 $Q = W$
② 단열과정에서 $Q = -W$
③ 정압과정에서 $Q = \Delta H$
④ 정적과정에서 $Q = \Delta U$

해설 단열과정은 열의 출입이 없는 과정이므로 $Q=0$이다.
답 ②

71 1.5[MPa], 250[℃]의 공기 5[kg]이 $PV^{1.3}$ 값이 일정한 과정에 따라 팽창비가 5가 될 때까지 팽창하였다. 이때 내부에너지의 변화는 약 몇 [kJ]인가? (단, 공기의 정적비열은 0.72[kJ/kg·K]이다.)

① $-1,002$ ② -721
③ -144 ④ -72

해설 ㉮ $PV^n = C$는 폴리트로픽 과정이고, 팽창 후의 온도(T_2) 계산

$$\frac{T_2}{T_1} = \left(\frac{V_1}{V_2}\right)^{n-1} 에서$$

$$\therefore T_2 = T_1 \times \left(\frac{V_1}{V_2}\right)^{n-1}$$

$$= (273+250) \times \left(\frac{1}{5}\right)^{1.3-1} = 322.71[K]$$

㉯ 내부에너지 변화 계산
$$\therefore \Delta u = GC_v(T_2 - T_1)$$
$$= 5 \times 0.72 \times \{322.71 - (273+250)\}$$
$$= -721.04[kJ]$$
답 ②

72 실린더 내의 공기가 n이 1.25인 폴리트로픽 과정으로 500[kPa]에서 300[kPa]까지 변화하면 과정 간에 열과 온도는 어떻게 변하는가? (단, 공기의 비열비는 1.4, 정적비열은 0.718[kJ/kg·K]이다.)

① 열을 방출하고 온도는 내려간다.
② 열을 흡열하고 온도는 내려간다.
③ 열을 방출하고 온도는 올라간다.
④ 열을 흡열하고 온도는 올라간다.

해설 ㉮ 변화 후 온도 계산

$$\frac{T_2}{T_1} = \left(\frac{P_2}{P_1}\right)^{\frac{n-1}{n}} 에서$$

$$\therefore T_2 = T_1 \times \left(\frac{P_2}{P_1}\right)^{\frac{n-1}{n}}$$

$$= T_1 \times \left(\frac{300}{500}\right)^{\frac{1.25-1}{1.25}} = 0.9\,T_1$$

∴ 온도는 내려간다.

㉯ 절대일량 계산 : 밀폐계(실린더)에서의 과정이므로 절대일 공식을 적용함

$W = \dfrac{R}{n-1} \times (T_1 - T_2)$에서 변화 후 온도 T_2가 내려가기 때문에 일량은 "−"값이 나오고, "−"는 흡열하였다는 의미이다.
답 ②

73 "$PV^n = $일정"인 과정에서 밀폐계가 하는 일을 나타낸 식은?

① $P_2V_2 - P_1V_1$
② $\dfrac{P_1V_1 - P_2V_2}{n-1}$
③ $\dfrac{P_2V_2^{n-1} - P_1V_1^{n-1}}{n-1}$
④ $P_1V_1^n(V_2 - V_1)$

해설 폴리트로픽 과정($PV^n = \text{const}$)에서 절대일

$$\therefore W_a = \int_1^2 PdV = \frac{R}{n-1}(T_1 - T_2)$$
$$= \frac{1}{n-1}(P_1V_1 - P_2V_2)$$
$$= \frac{RT_1}{n-1}\left(1 - \frac{T_2}{T_1}\right)$$
답 ②

74 $PV^n = C$에서 이상기체의 등온변화인 경우 폴리트로픽 지수(n)는?

① ∞ ② 1.4
③ 1   ④ 0

[해설] 폴리트로픽 과정의 폴리트로픽 지수(n)
- ㉮ 정압과정(등압변화) : $n=0$
- ㉯ 정온과정(등온변화) : $n=1$
- ㉰ 폴리트로픽 과정 : $1<n<k$
- ㉱ 단열과정(등엔트로피 과정) : $n=k$
- ㉲ 정적과정(등적변화) : $n=\infty$

답 ③

75 이상기체의 상태변화와 관련하여 폴리트로픽(Polytropic) 지수 n에 대한 설명 중 옳은 것은?

① $n=0$이면 단열변화
② $n=1$이면 등온변화
③ $n=$비열비이면 정적변화
④ $n=\infty$이면 등압변화

[해설] 폴리트로픽 과정의 폴리트로픽 지수(n)
- ㉮ $n=0$: 정압과정
- ㉯ $n=1$: 정온과정
- ㉰ $1<n<k$: 폴리트로픽 과정
- ㉱ $n=k$: 단열과정(등 엔트로피 과정)
- ㉲ $n=\infty$: 정적과정

답 ②

76 그림은 단열, 등압, 등온, 등적을 나타내는 압력(P) – 부피(V), 온도(T) – 엔트로피(S) 선도이다. 각 과정에 대한 설명으로 옳은 것은?

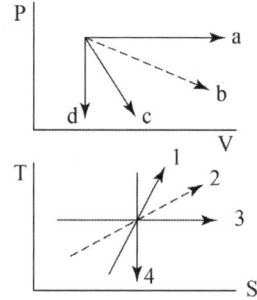

① a는 등적과정이고, 4는 가역단열과정이다.
② b는 등온과정이고, 3은 가역단열과정이다.
③ c는 등적과정이고, 2는 등압과정이다.
④ d는 등적과정이고, 4는 가역단열과정이다.

[해설] (1) $P-V$ 선도
- ㉮ a : 등압(정압)과정($n=0$)
- ㉯ b : 폴리트로픽 과정($1<n<k$)
- ㉰ c : 가역단열과정($n=k$)
- ㉱ d : 등적(정적)과정($n=\infty$)
- ㉲ a와 b 사이 : 등온(정온)과정($n=1$)

(2) $T-S$ 선도
- ㉮ 1 : 등적(정적)과정($v=C$)
- ㉯ 2 : 등압(정압)과정($P=C$)
- ㉰ 3 : 등온(정온)과정($T=C$)
- ㉱ 4 : 가역단열과정($Pv^k=C$)
- ㉲ 3과 4 사이 : 폴리트로픽 과정($Pv^n=C$)

답 ④

2. 기체동력기관의 기본 사이클

2.1 기체 사이클의 특성

(1) 사이클과 열효율

① **사이클(cycle)**: 유체가 연속적으로 변화를 하고 경로를 거쳐 처음 상태로 복귀할 때 변화가 연속적으로 반복하는 현상

㉮ 가역 사이클: 이론적인 사이클로 실제 불가능한 사이클로 손실, 마찰, 와류가 존재하지 않는 사이클이다.

㉯ 비 가역 사이클: 손실, 마찰, 와류가 존재하는 것으로 실제적인 사이클이다.

② **열효율**: 공급받은 열량에 대한 외부에 행한 유효일의 비

(2) 열기관의 열효율과 성적계수

① **열기관(heat engine)**: 고 열원으로부터 열을 공급받아 기계적인 일로 변환시키는 기관이다.

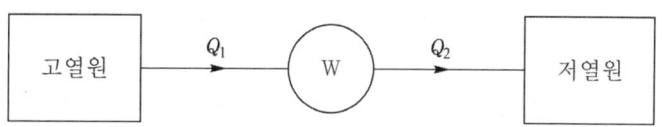

$$\eta[\%] = \frac{\text{유효하게 사용된 열량}}{\text{공급열량}} \times 100$$

$$= \frac{W}{Q_1} \times 100 = \frac{Q_1 - Q_2}{Q_1} \times 100 = \left(1 - \frac{Q_2}{Q_1}\right) \times 100$$

$$= \frac{T_1 - T_2}{T_1} \times 100 = \left(1 - \frac{T_2}{T_1}\right) \times 100$$

여기서, Q_1 : 공급열량 Q_2 : 방출열량
W : 유효하게 사용된 일의 열당량($Q_1 - Q_2$)
T_1 : 공급절대온도[K] T_2 : 방출절대온도[K]

② **냉동기(refrigerator)** : 저열원의 열을 흡수 제거하는 것을 주 목적으로 하는 기관이다.

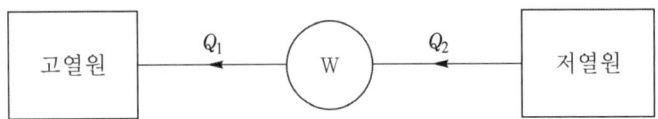

$$COP_R = \frac{저열원으로부터\ 흡수하는\ 열량}{외부에서\ 공급받는\ 일의\ 열상당량}$$

$$= \frac{Q_2}{W} = \frac{Q_2}{Q_1 - Q_2} = \frac{T_2}{T_1 - T_2}$$

여기서, Q_1 : 고열원으로 버리는 열량
　　　　Q_2 : 저열원으로부터 흡수하는 열량
　　　　W : 압축기 소요일량($Q_1 - Q_2$)

③ **히트펌프(heat pump)** : 고열원에 열을 공급하는 것이 주목적인 기관이다.

$$COP_H = \frac{고열원으로부터\ 방출하는\ 열량}{외부에서\ 공급받은\ 일의\ 열상당량}$$

$$= \frac{Q_1}{W} = \frac{Q_1}{Q_1 - Q_2} = \frac{T_1}{T_1 - T_2} = 1 + COP_R$$

● 동일 조건에서 작동하는 히트펌프의 성적계수는 냉동기의 성적계수보다 항상 1만큼 크다.

(3) 카르노 사이클(Carnot cycle)

프랑스의 Sadi Carnot가 제안한 가장 이상적인 사이클로 열기관 사이클의 이론적 비교의 기준이 되는 것으로 열역학 제2법칙과 엔트로피의 기초가 되는 사이클로 2개의 정온과정과 2개의 단열과정으로 구성된다.

① **카르노 사이클의 작동순서**
　㉮ 카르노 사이클의 순서 : 정온팽창 → 단열팽창 → 정온압축 → 단열압축
　㉯ 역 카르노 사이클 : 카르노 사이클과 반대방향으로 작용하는 것으로 저열원으로부터 Q_2의 열의 흡수하여 고열원에 Q_1의 열을 공급하는 것으로 냉동기의 이상적 사이클이다.

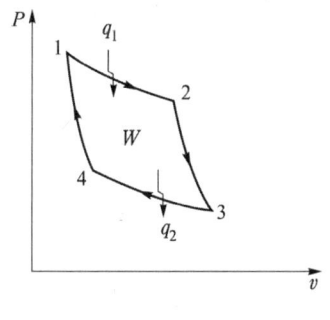
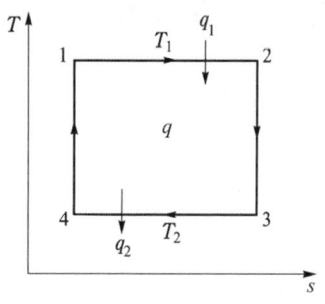

$P-v$ 선도 $T-s$ 선도

카르노 사이클

② 작동과정

㉮ 정온팽창 과정(1 → 2 과정)

$$q_1 = GRT_1 \ln \frac{v_2}{v_1} = GRT \ln \frac{P_1}{P_2}$$

㉯ 단열팽창 과정(2 → 3 과정)

$$\frac{T_3}{T_2} = \left(\frac{v_2}{v_3}\right)^{k-1}$$

㉰ 정온압축 과정(3 → 4 과정)

$$q_2 = GRT_2 \ln \frac{v_3}{v_4} = GRT_2 \ln \frac{P_4}{P_3}$$

㉱ 단열압축 과정(4 → 1 과정)

$$\frac{T_4}{T_1} = \left(\frac{v_1}{v_4}\right)^{k-1}$$

③ 열효율

$$\eta_c = \frac{W}{Q_1} = \frac{Q_1 - Q_2}{Q_1} = 1 - \frac{Q_2}{Q_1} = \frac{T_1 - T_2}{T_1} = 1 - \frac{T_2}{T_1}$$

2.2 기체 사이클의 비교

(1) 기체 동력 사이클

① **오토 사이클(Otto cycle)** : 가솔린 기관 즉 전기점화 기관의 기본 사이클로서 동작가스에 대한 열의 출입이 정적 하에서 이루어지므로 정적 사이클이라 한다. 고속 가솔린 기관의 기본 사이클이며 2개의 정적과정과 2개의 단열과정으로 이루어진다.

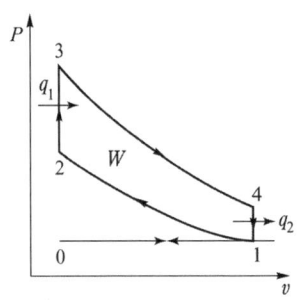 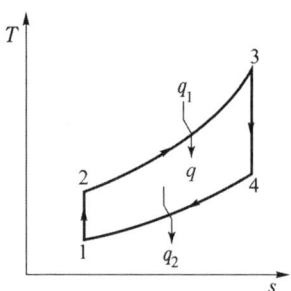

0 → 1 : 흡입과정   1 → 2 : 단열압축과정   2 → 3 : 정적가열과정(폭발)
3 → 4 : 단열팽창과정   4 → 1 : 정적방열과정   1 → 0 : 배기과정

오토 사이클

㉮ 가열량
$$q_1 = C_v(T_3 - T_2)$$

㉯ 방열량
$$q_2 = C_v(T_4 - T_1)$$

㉰ 이론 열효율
$$\eta_o = \frac{W}{q_1} = \frac{q_1 - q_2}{q_1} = 1 - \frac{q_2}{q_1} = 1 - \left(\frac{T_4 - T_1}{T_3 - T_2}\right)$$
$$= 1 - \left(\frac{T_4}{T_3}\right) = 1 - \left(\frac{1}{\gamma}\right)^{k-1} = 1 - \gamma\left(\frac{1}{\gamma}\right)^k$$

● 오토 사이클의 열효율은 압축비(γ)의 함수이고, 압축비가 크면 효율은 증가한다.

㉣ 평균 유효압력

$$P_{me} = P_1 \times \frac{\alpha - 1}{k - 1} \times \frac{\gamma^k - \gamma}{\gamma - 1}$$

여기서, α : 압력비$\left(\dfrac{P_3}{P_2}\right)$, γ : 압축비$\left(\dfrac{v_1}{v_2}\right)$, k : 비열비

② **디젤 사이클(Diesel cycle)** : 압축착화기관인 저속 디젤기관의 기본 사이클로 정적과정 1개, 정압과정 1개, 단열과정 2개로 이루어진 사이클이다. 각 행정은 단열압축 - 정압가열(급열) - 단열팽창 - 정적방열순서로 이루어진다.

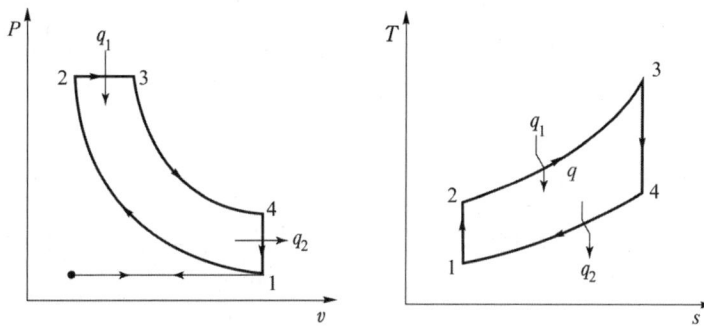

0 → 1 : 흡입과정   1 → 2 : 단열압축과정   2 → 3 : 정압가열과정
3 → 4 : 단열팽창과정   4 → 1 : 정적방열과정   1 → 0 : 배기과정

디젤 사이클

㉮ 가열량

$$q_1 = C_p(T_3 - T_2)$$

㉯ 방열량

$$q_2 = C_v(T_4 - T_1)$$

㉰ 압축비 : 흡입과정 후 비체적(v_1)과 단열압축 후의 비체적(v_2)과의 비이다.

$$\epsilon = \frac{v_1}{v_2} = \left(\frac{P_2}{P_1}\right)^{\frac{1}{k}}$$

㉱ 자난비(cut-off ratio) : 정압가열 후의 비체적(v_3)과 단열압축 후의 비체적(v_2)과의 비로 체절비, 단절비라 한다.

$$\sigma = \frac{v_3}{v_2} = \frac{T_3}{T_2} = \frac{T_3}{T_1 \times \epsilon^{k-1}}$$

㉤ 이론 열효율

$$\eta_d = \frac{W}{q_1} = \left\{ 1 - \left(\frac{1}{\epsilon}\right)^{k-1} \times \left(\frac{\sigma^k - 1}{k(\sigma - 1)}\right) \right\}$$

● 디젤 사이클에서 효율은 압축비(ϵ)와 차단비(σ)의 함수이므로 압축비가 크고 차단비(체절비)가 작을수록 효율이 증가한다.

③ **사바테 사이클(Sabathe cycle)** : 2개의 단열과정과 2개의 정적과정 및 1개의 정압과정으로 이루어진 사이클로 고속 디젤기관(무기분사 : 無氣噴射)의 기본 사이클이다. 가열과정은 정적가열과정(연소과정)과 정압가열과정에 해당된다.

(2) 가스 터빈 사이클

① **브레이턴(Brayton) 사이클** : 2개의 단열과정(단열압축, 단열팽창)과 2개의 정압과정(정압가열, 정압방열)으로 이루어진 가스터빈의 이상 사이클로 정압가열과정에 연소가 이루어져 정압연소 사이클로 불린다.

㉮ 가열량

$$q_1 = C_p(T_3 - T_2)$$

㉯ 방열량

$$q_2 = C_p(T_4 - T_1)$$

㉰ 압력비

$$\phi = \frac{P_2}{P_1}$$

㉱ 이론 열효율

$$\eta = 1 - \frac{q_2}{q_1} = 1 - \frac{T_4 - T_1}{T_3 - T_2} = 1 - \left(\frac{1}{\phi}\right)^{\frac{k-1}{k}}$$

● 브레이턴 사이클의 열효율은 압력비(ϕ)만의 함수이므로 압축 압력이 높을수록 효율이 좋다.

② **에릭슨(Ericsson) 사이클** : 2개의 등온과정과 2개의 정압과정으로 구성된 가스 사이클의 이상 사이클로 실현이 불가능한 사이클이다.

③ **스털링(stirling) 사이클** : 2개의 등온과정과 2개의 정적과정으로 이루어진 외연기관의 이론 사이클이다.

(3) 각 사이클의 효율 비교

① **최저온도 및 압력, 공급열량과 압축비가 같은 경우** :
오토 사이클 > 사바테 사이클 > 디젤 사이클

② **최저온도 및 압력, 공급열량과 최고압력이 같은 경우** :
디젤 사이클 > 사바테 사이클 > 오토 사이클

출제예상문제
Expected problems

01 공기 표준 사이클에 대한 가정에 해당되지 않는 것은?
① 공기는 밀폐 시스템을 이루거나 정상 상태 유동에 의한 사이클로 구성한다.
② 공기는 이상기체이고 대부분의 경우 비열은 일정한 것으로 간주한다.
③ 연소과정은 고온 열원에서의 열전달과정이고, 배기과정은 저온열원으로의 열전달로 대치된다.
④ 각 과정은 가역 또는 비가역 과정이며 운동에너지와 위치에너지는 무시된다.

해설 공기 표준 사이클의 가정
㉮ 동작물질은 완전가스(이상기체)로 취급하는 공기로 되어 있고 비열은 항상 일정하다.
㉯ 공기는 밀폐 시스템에서 외부로 열을 받고, 외부로 배출된다.
㉰ 압축과 팽창과정은 등 엔트로피 과정(단열과정)이다.
㉱ 연소과정 중 열해리 현상은 발생하지 않는다.
㉲ 각 과정은 모두 가역과정이며, 운동에너지와 위치에너지는 무시된다. 답 ④

02 카르노(Carnot) 사이클에 관한 설명으로 옳은 것은?
① 효율이 카르노 사이클보다 더 높은 사이클이 있다.
② 과정 중에 등 엔트로피 과정이 있다.
③ 카르노 사이클은 외부에서 열을 받고 일을 하지만 열을 방출하지는 않는다.
④ 외부와의 열 교환 과정은 유한 온도차에 의한 열전달을 통해 이루어진다.

해설 카르노(Carnot) 사이클의 원리
㉮ 열기관의 이상 사이클로 효율이 최대를 갖는다.
㉯ 고온부에서 열을 받아 저온부로 열을 방출하면서 일을 한다.
㉰ 동작물질의 온도를 열원의 온도와 같게 한다.
답 ②

03 열기관 사이클 중 가장 이상적인 사이클은?
① 랭킨 사이클 ② 재열 사이클
③ 카르노 사이클 ④ 재생 사이클

해설 카르노 사이클(Carnot cycle) : 2개의 단열과정과 2개의 등온과정으로 구성된 열기관의 이론적인 사이클이다. 답 ③

04 카르노 사이클을 이루는 네 개의 가역과정이 아닌 것은?
① 가역 단열팽창 ② 가열 단열압축
③ 가역 등온압축 ④ 가역 등압팽창

해설 카르노 사이클의 과정
㉮ 가역 등온압축 과정
㉯ 가역 단열압축 과정
㉰ 가역 등온팽창 과정
㉱ 가역 단열팽창 과정
답 ④

05 다음은 열역학적 사이클에서 일어나는 여러 가지의 과정이다. 이상적인 카르노(Carnot) 사이클에서 일어나는 과정을 옳게 나열한 것은?

| ㉠ 등온 압축 과정 | ㉡ 정적 팽창 과정 |
| ㉢ 정압 압축 과정 | ㉣ 단열 팽창 과정 |

① ㉠, ㉡ ② ㉡, ㉢
③ ㉢, ㉣ ④ ㉠, ㉣

해설 카르노 사이클의 순환과정

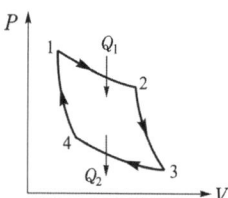

㉮ 1 → 2 과정 : 정온(등온)팽창과정(열공급)
㉯ 2 → 3 과정 : 단열팽창과정
㉰ 3 → 4 과정 : 정온(등온)압축과정(열방출)
㉱ 4 → 1 과정 : 단열압축과정
※ 단열과정에서는 엔트로피 변화가 없는 등 엔트로피과정이 된다.   달 ④

06 그림과 같은 카르노 열기관의 사이클 $P-V$ 선도에서 d → a 과정이 나타내는 것은?

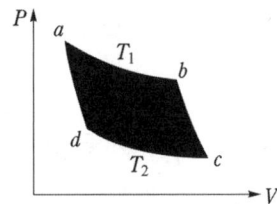

① 등적과정 ② 등 엔탈피과정
③ 등 엔트로피과정 ④ 등온과정

해설 카르노 사이클의 순환과정
㉮ a → b 과정 : 정온(등온)팽창과정(열 공급)
㉯ b → c 과정 : 단열팽창과정
㉰ c → d 과정 : 정온(등온)압축과정(열방출)
㉱ d → a 과정 : 단열압축과정
※ 단열과정에서는 엔트로피변화가 없는 등 엔트로피 과정이 된다.   달 ③

07 카르노 사이클의 열효율을 나타낸 것 중 틀린 것은? (단, Q_2는 온도 T_2인 저온부 방출열량이며, W는 출력일이다.)

① $\dfrac{W}{Q_1}$ ② $\dfrac{Q_1 - Q_2}{Q_1}$

③ $1 - \dfrac{T_2}{T_1}$ ④ $\dfrac{T_1 - T_2}{T_1 + T_2}$

해설 카르노(Carnot) 사이클의 열효율 계산식

$$\therefore \eta = \dfrac{W}{Q_1} = \dfrac{Q_1 - Q_2}{Q_1} = \dfrac{T_1 - T_2}{T_1}$$

$$= 1 - \dfrac{T_2}{T_1}$$ 달 ④

08 카르노 사이클(Carnot cycle)이 고온 열원에서 1,000[kJ]을 흡수하여 저온 열원에 400[kJ]을 방출하였다. 효율은 몇 [%]인가?

① 40 ② 50
③ 60 ④ 70

해설 $\eta = \dfrac{W}{Q_1} \times 100 = \dfrac{Q_1 - Q_2}{Q_1} \times 100$

$= \dfrac{1,000 - 400}{1,000} \times 100 = 60[\%]$ 달 ③

09 500[K]의 고온 열 저장조와 300[K]의 저온 열 저장조 사이에서 작동되는 열기관이 낼 수 있는 최대 효율은?

① 100[%] ② 80[%]
③ 60[%] ④ 40[%]

해설 $\eta = \dfrac{W}{Q_1} \times 100 = \dfrac{T_1 - T_2}{T_1} \times 100$

$= \dfrac{500 - 300}{500} \times 100 = 40[\%]$ 달 ④

10 360[℃]와 25[℃] 사이에서 작동하는 열기관의 최대 이론 열효율은 약 얼마인가?

① 0.450 ② 0.529
③ 0.635 ④ 0.735

해설 $\eta = \dfrac{T_1 - T_2}{T_1} = 1 - \dfrac{T_2}{T_1}$

$= 1 - \dfrac{273 + 25}{273 + 360} = 0.5292$ 달 ②

11 저열원 10[℃], 고열원 600[℃] 사이에 작용하는 카르노 사이클에서 사이클 당 방열량이 3.5[kJ]이면 사이클 당 실제 일의 양은 약 몇 [kJ]인가?

① 3.5 ② 5.7
③ 6.8 ④ 7.3

해설 ㉮ 카르노 사이클 효율 계산

$$\therefore \eta = \frac{T_1 - T_2}{T_1} = 1 - \frac{T_2}{T_1} = 1 - \frac{273+10}{273+600}$$
$$= 0.676$$

㉯ 사이클 당 공급열량[kJ] 계산

$$\eta = \frac{Q_1 - Q_2}{Q_1} = 1 - \frac{Q_2}{Q_1}$$ 에서

$$\therefore Q_1 = \frac{Q_2}{1-\eta} = \frac{3.5}{1-0.676} = 10.8[kJ]$$

㉰ 사이클 당 실제 일의 양 계산

$$\therefore W = Q_1 - Q_2 = 10.8 - 3.5 = 7.3[kJ]$$

답 ④

12 430[K]에서 500[kcal]의 열을 공급받아 300[K]에서 방열시키는 카르노 사이클의 열효율[%]과 일량[kJ]으로서 옳은 것은?

① 2.02[%], 151[kJ]
② 30.2[%], 632.3[kJ]
③ 69.8[%], 151[kJ]
④ 69.8[%], 632.3[kJ]

해설 ㉮ 열효율[%] 계산

$$\therefore \eta = \frac{W}{Q_1} \times 100 = \frac{T_1 - T_2}{T_1} \times 100$$
$$= \frac{430-300}{430} \times 100 = 30.232[\%]$$

㉯ 일량[kJ] 계산 : 1[kcal]는 약 4.185[kJ]에 해당된다.

$$\therefore W = Q_1 \times \eta$$
$$= (500 \times 4.185) \times 0.30232$$
$$= 632.604[kJ]$$

답 ②

13 800[K]의 고열원과 400[K]의 저열원 사이에서 작동하는 카르노 사이클에 공급하는 열량이 사이클 당 400[kJ]이라 할 때 1사이클 당 외부에 하는 일은 몇 [kJ]인가?

① 150
② 200
③ 250
④ 300

해설 $\eta = \frac{W}{Q_1} = \left(1 - \frac{T_2}{T_1}\right)$ 에서 일량(W)은

$$\therefore W = Q_1 \times \left(1 - \frac{T_2}{T_1}\right)$$
$$= 400 \times \left(1 - \frac{400}{800}\right) = 200[kJ]$$

답 ②

14 Carnot 사이클로 작동하는 가역기관이 800[℃]의 고온열원으로부터 5,000[kW]의 열을 받고 30[℃]의 저온 열원에 열을 배출할 때 동력은 약 몇 [kW]인가?

① 440
② 1,600
③ 3,590
④ 4,560

해설 $\eta = \frac{W}{Q_1} = \left(1 - \frac{T_2}{T_1}\right)$ 에서 동력(W)은

$$\therefore W = Q_1 \times \left(1 - \frac{T_2}{T_1}\right)$$
$$= 5,000 \times \left(1 - \frac{273+30}{273+800}\right)$$
$$= 3,588.07[kW]$$

답 ③

15 카르노 사이클로 작동되는 효율 28[%]인 기관이 고온체에서 100[kJ]의 열을 받아들일 때 방출열량은 몇 [kJ]인가?

① 17
② 28
③ 44
④ 72

해설 $\eta = \frac{W}{Q_1} = \frac{Q_1 - Q_2}{Q_1} = 1 - \frac{Q_2}{Q_1}$ 에서

$$\therefore Q_2 = (1-\eta) \times Q_1$$
$$= (1-0.28) \times 100 = 72[kJ]$$

답 ④

16 가역적으로 움직이는 열기관이 300[℃]의 고열원으로부터 200[kJ]의 열을 흡수하여 40[℃]의 저열원으로 열을 배출하였다. 이때 40[℃]의 저열원으로 배출한 열량은 약 몇 [kJ]인가?

① 27
② 45
③ 73
④ 109

해설 ㉮ 열기관이 한 일량[kJ] 계산
$$\eta = \frac{W}{Q_1} = \left(1 - \frac{T_2}{T_1}\right) \text{에서}$$
$$\therefore W = Q_1 \times \left(1 - \frac{T_2}{T_1}\right)$$
$$= 200 \times \left(1 - \frac{273 + 40}{273 + 300}\right) = 90.75[kJ]$$
㉯ 배출한 열량[kJ] 계산
$W = Q_1 - Q_2$ 에서
$$\therefore Q_2 = Q_1 - W$$
$$= 200 - 90.75 = 109.25[kJ] \quad \text{답 ④}$$

17 200[℃]의 고온 열원과 30[℃]의 저온 열원 사이에서 작동하는 카르노 사이클이 하는 일이 10[kJ]이라면 저온에서 방출되는 열은 얼마인가?

① 10.0[kJ] ② 15.6[kJ]
③ 17.8[kJ] ④ 27.8[kJ]

해설 ㉮ 카르노 사이클의 효율 계산
$$\therefore \eta = \frac{T_1 - T_2}{T_1}$$
$$= \frac{(273 + 200) - (273 + 30)}{273 + 200} = 0.3594$$
㉯ 공급되는 열량 계산
$$\eta = \frac{W}{Q_1} \text{에서}$$
$$\therefore Q_1 = \frac{W}{\eta} = \frac{10}{0.3594} = 27.824[kJ]$$
㉰ 저온에서 방출되는 열량 계산
$W = Q_1 - Q_2$ 에서
$$\therefore Q_2 = Q_1 - W = 27.824 - 10$$
$$= 17.824[kJ] \quad \text{답 ③}$$

18 300[℃]의 고온 열원에서 600[kW]의 열량을 얻는 카르노 기관에서 저온 열원의 온도를 20[℃]라 할 때 기관의 출력과 저온 열원에 주는 열량을 구하면 각각 얼마인가?

① 출력 : 293[kW], 열량 : 40[kW]
② 출력 : 560[kW], 열량 : 40[kW]
③ 출력 : 293[kW], 열량 : 307[kW]
④ 출력 : 560[kW], 열량 : 307[kW]

해설 ㉮ 기관의 출력 계산
$$\eta = \frac{W}{Q_1} = \left(1 - \frac{T_2}{T_1}\right) \text{에서 출력}(W)\text{은}$$
$$\therefore W = Q_1 \times \left(1 - \frac{T_2}{T_1}\right)$$
$$= 600 \times \left(1 - \frac{273 + 20}{273 + 300}\right)$$
$$= 293.193[kW]$$
㉯ 저온 열원에 주는 열량 계산 : 방출 열량
$$\eta = \frac{W}{Q_1} = 1 - \frac{Q_2}{Q_1} = 1 - \frac{T_2}{T_1} \text{에서}$$
$$\frac{Q_2}{Q_1} = 1 - \left(1 - \frac{T_2}{T_1}\right) \text{이다.}$$
$$\therefore Q_2 = \left\{1 - \left(1 - \frac{T_2}{T_1}\right)\right\} \times Q_1$$
$$= \left\{1 - \left(1 - \frac{273 + 20}{273 + 300}\right)\right\} \times 600$$
$$= 306.806[kW] \quad \text{답 ③}$$

19 온도가 400[℃]인 열원과 300[℃]인 열원 사이에서 작동하는 카르노 열기관이 있다. 이 열기관에서 방출되는 300[℃]의 열은 또 다른 카르노 열기관으로 공급되어, 300[℃]의 열원과 100[℃]의 열원 사이에서 작동한다. 이와 같은 복합 카르노 열기관의 전체 효율은 약 몇 [%]인가?

① 44.57[%] ② 59.43[%]
③ 74.29[%] ④ 29.72[%]

해설
$$\eta = \frac{W}{Q_1} \times 100 = \frac{T_1 - T_2{'}}{T_1} \times 100$$
$$= \frac{(273 + 400) - (273 + 100)}{273 + 400} \times 100$$
$$= 44.576[\%] \quad \text{답 ①}$$

20 고열원이 400[℃], 저열원이 15[℃]인 카르노 열기관에서 저열원의 온도를 15[℃]로 유지하면서 열효율을 70[%]로 증가시키려면 고열원의 온도는 몇 [℃]가 되어야 하는가?

① 587 ② 687
③ 787 ④ 887

해설 $\eta = 1 - \dfrac{T_2}{T_1}$ 에서

$\therefore T_1 = \dfrac{T_2}{1-\eta} = \dfrac{273+15}{1-0.7} = 960[K] - 273$
$= 687[℃]$

답 ②

21 열기관의 효율을 면적의 비로 표시할 수 있는 선도는?

① $H-S$ 선도 ② $T-S$ 선도
③ $T-V$ 선도 ④ $P-T$ 선도

해설 열기관의 절대온도와 엔트로피 선도($T-S$ 선도)는 사각형으로 표시되므로 효율을 면적비로 표시할 수 있다.

답 ②

22 카르노(Carnot) 냉동 사이클의 설명 중 틀린 것은?

① 성능계수가 가장 좋다.
② 실제적인 냉동 사이클이다.
③ 카르노(Carnot) 열기관 사이클의 역이다.
④ 냉동 사이클의 기준이 된다.

해설 카르노(Carnot) 냉동 사이클은 이론적인 사이클이다.

답 ②

23 −10[℃]와 20[℃] 사이에서 작동하는 카르노 냉동 사이클의 성능계수(COP_R)는?

① 5.75 ② 6.75
③ 7.83 ④ 8.76

해설 $COP_R = \dfrac{Q_2}{W} = \dfrac{T_2}{T_1-T_2}$
$= \dfrac{273-10}{(273+20)-(273-10)}$
$= 8.76$

답 ④

24 열펌프(heat pump) 사이클에 대한 성능계수(COP)는 다음 중 어느 것을 입력 일(work input)로 나누어 준 것인가?

① 고온부 방출열
② 저온부 흡수열
③ 고온부가 가진 총 에너지
④ 저온부가 가진 총 에너지

해설 열펌프(heat pump)는 고열원에 열을 공급하는 것이 주 목적인 기관이다.

$\therefore COP_H = \dfrac{\text{고열원으로부터 방출하는 열량}}{\text{외부에서 공급받은 일의 열상당량}}$

$= \dfrac{Q_1}{W} = \dfrac{Q_1}{Q_1-Q_2}$

$= \dfrac{T_1}{T_1-T_2} = 1 + COP_R$

답 ①

25 열펌프의 성능계수를 나타낸 식은? (단, Q_1은 고열원의 열량, Q_2는 저열원의 열량이다.)

① $\dfrac{Q_1}{Q_1-Q_2}$ ② $\dfrac{Q_2}{Q_1-Q_2}$
③ $\dfrac{Q_1-Q_2}{Q_1}$ ④ $\dfrac{Q_1-Q_2}{Q_2}$

해설 열 펌프(heat pump)는 고열원에 열을 공급하는 것이 주목적인 기관이다.

$\therefore COP_H = \dfrac{\text{고열원으로부터 방출하는 열량}}{\text{외부에서 공급받은 일의 열상당량}}$

$= \dfrac{Q_1}{W} = \dfrac{Q_1}{Q_1-Q_2}$

$= \dfrac{T_1}{T_1-T_2} = 1 + COP_R$

답 ①

26 기체 동력 사이클과 가장 거리가 먼 것은?

① 증기원동소
② 가스 터빈
③ 불꽃점화 자동차 기관
④ 디젤 기관

해설 증기원동소는 증기를 이용한 랭킨 사이클이다.

답 ①

27 열효율이 압축비만으로 결정되며 동력 사이클이라고도 하는 사이클은? (단, 비열비는 일정하다.)
① 오토 사이클 ② 에릭슨 사이클
③ 스털링 사이클 ④ 브레이턴 사이클

해설) 오토 사이클(Otto cycle) : 전기점화기관의 이상 사이클로 일정체적 상태에서 열 공급과 방출이 이루어지는 동력 사이클이다. 답 ①

28 가솔린 기관의 이론 표준 사이클인 오토 사이클(Otto cycle)에 대한 설명 중 옳은 설명을 모두 나타낸 것은?

㉠ 압축비가 증가할수록 열효율이 증가한다.
㉡ 가열과정은 일정한 체적 하에서 이루어진다.
㉢ 팽창과정은 단열상태에서 이루어진다.

① ㉠, ㉡ ② ㉠, ㉢
③ ㉡, ㉢ ④ ㉠, ㉡, ㉢

해설) 오토 사이클(Otto cycle) : 전기 점화 기관(가솔린 기관)의 이상 사이클로 가열과정(폭발)은 정적 하에서, 동력이 발생되는 팽창과정은 단열상태에서 이루어진다. 압축비가 클수록 열효율은 증가하므로 열효율은 압축비의 함수이다. 답 ④

29 불꽃점화 기관의 이상 사이클인 오토 사이클에 대한 설명으로 틀린 것은?
① 등 엔트로피 압축, 정적 가열, 등 엔트로피 팽창, 정적 방열의 네 과정으로 구성된다.
② 작동유체의 비열비가 클수록 열효율이 높아진다.
③ 압축비가 높을수록 열효율이 높아진다.
④ 2행정 기관이 4행정 기관보다 효율이 높다.

해설) 2행정 기관은 흡입 및 배기가 원활히 이루어지지 않아 4행정 기관에 비해 효율이 좋지 않다. 답 ④

30 다음 그림은 Otto cycle의 $P-V$ 도표를 나타낸 것이다. 이 중 일(work) 생산과정에 해당하는 것은?

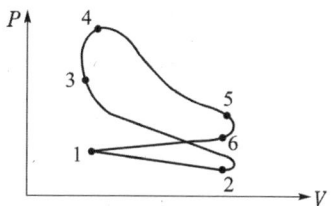

① 2 → 3 ② 3 → 4
③ 4 → 5 ④ 5 → 6

해설) 오토 사이클(Otto cycle) : 전기 점화 기관의 이상 사이클로 일정체적 상태에서 열 공급과 방출이 이루어지는 동력 사이클로 각 과정은 다음과 같다.
㉮ 1 → 2 : 흡입 과정
㉯ 2 → 3 : 단열압축 과정
㉰ 3 → 4 : 정적가열 과정(폭발)
㉱ 4 → 5 : 단열팽창 과정(동력발생)
㉲ 5 → 6 : 정적방열 과정
㉳ 6 → 1 : 배기 과정 답 ③

31 그림과 같이 작동하는 열기관 사이클(cycle)은? (단, γ는 비열비이고, P는 압력, V는 체적, T는 온도, S는 엔트로피이다.)

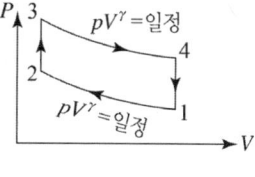

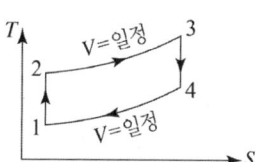

① 스털링(Stirling) 사이클
② 브레이턴(Brayton) 사이클
③ 오토(Otto) 사이클
④ 카르노(Carnot) 사이클

해설 ㉮ 오토 사이클(Otto cycle) : 전기점화기관(가솔린 기관)의 이상 사이클로 가열과정(폭발)은 정적 하에서, 동력이 발생되는 팽창과정은 단열상태에서 이루어진다. 압축비가 클수록 열효율은 증가하므로 열효율은 압축비의 함수이다. 일정한 체적(정적)에서 열 방출을 한다.

㉯ 오토(Otto) 사이클 순환 과정
ⓐ 1 → 2 과정 : 단열압축 과정
ⓑ 2 → 3 과정 : 정적가열 과정(폭발)
ⓒ 3 → 4 과정 : 단열팽창 과정
ⓓ 4 → 1 과정 : 정적방열 과정 **답** ③

32 그림은 공기 표준 Otto cycle이다. 효율 η에 관한 식으로 틀린 것은? (단, γ은 압축비, k는 비열비이다.)

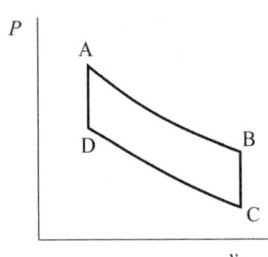

① $\eta = 1 - \left(\dfrac{T_B - T_C}{T_A - T_D}\right)$

② $\eta = 1 - \gamma \left(\dfrac{1}{\gamma}\right)^k$

③ $\eta = 1 - \left(\dfrac{P_B - P_C}{P_A - P_D}\right)$

④ $\eta = 1 - \left(\dfrac{T_B}{T_A}\right)$

해설 오토 사이클(Otto cycle)의 이론 열효율

$\eta = \dfrac{W}{q_1} = \dfrac{q_1 - q_2}{q_1} = 1 - \dfrac{q_2}{q_1}$

$= 1 - \left(\dfrac{T_B - T_C}{T_A - T_D}\right) = 1 - \left(\dfrac{T_B}{T_A}\right)$

$= 1 - \left(\dfrac{1}{\gamma}\right)^{k-1} = 1 - \gamma \left(\dfrac{1}{\gamma}\right)^k$ **답** ③

33 오토사이클에서 동작 가스의 가열 전, 후 온도가 600[K], 1,200[K]이고 방열 전, 후의 온도가 800[K], 400[K]일 경우의 이론 열효율은 몇 [%]인가?

① 28.6 ② 33.3
③ 39.4 ④ 42.6

해설 $\eta = \dfrac{W}{q_1} \times 100 = \left\{1 - \left(\dfrac{T_B - T_C}{T_A - T_D}\right)\right\} \times 100$

$= \left\{1 - \left(\dfrac{800 - 400}{1,200 - 600}\right)\right\} \times 100$

$= 33.333[\%]$ **답** ②

34 불꽃 점화 기관의 기본 사이클인 오토 사이클에서 압축비가 10이고, 기체의 비열비는 1.4일 때 이 사이클의 효율은 약 몇 [%]인가?

① 43.6 ② 51.4
③ 60.2 ④ 68.5

해설 $\eta = \left\{1 - \left(\dfrac{1}{\gamma}\right)^{k-1}\right\} \times 100$

$= \left\{1 - \left(\dfrac{1}{10}\right)^{1.4-1}\right\} \times 100 = 60.189[\%]$ **답** ③

35 Otto cycle에서 압축비가 8일 때 열효율은 약 몇 [%]인가? (단, 비열비는 1.4이다.)

① 26.4 ② 36.4
③ 46.4 ④ 56.4

해설 $\eta = \left\{1 - \left(\dfrac{1}{\gamma}\right)^{k-1}\right\} \times 100$

$= \left\{1 - \left(\dfrac{1}{8}\right)^{1.4-1}\right\} \times 100 = 56.47[\%]$ **답** ④

36 이상 오토사이클의 열효율이 56.6[%]라면 압축비는 약 얼마인가? (단, 유체의 비열비는 1.4로 일정하다.)

① 2 ② 4
③ 6 ④ 8

해설 오토 사이클(Otto cycle) 열효율 계산식

$\eta = 1 - \left(\dfrac{1}{\gamma}\right)^{k-1}$ 에서 $1 - \eta = \left(\dfrac{1}{\gamma}\right)^{k-1}$ 이므로

각각에 수치를 대입하면 $1 - 0.566 = \left(\dfrac{1}{\gamma}\right)^{1.4-1}$ 이고

$0.434 = \left(\dfrac{1}{\gamma}\right)^{0.4}$ 이다.

$\therefore \dfrac{1}{\gamma} = \sqrt[0.4]{0.434} = 0.124086$

$\therefore \gamma = \dfrac{1}{0.124086} = 8.058$ **답** ④

37
15[%] 실린더 극간(cylinder clearance)을 갖는 Otto 사이클의 효율은? (단, k는 1.4이다.)

① 61.7[%]   ② 55.7[%]
③ 40.4[%]   ④ 72[%]

해설 ㉮ 압축비 계산 : 행정체적이 100[%]일 때 통극체적(실린더 극간)이 행정체적에 15[%]이다.

$\therefore \gamma = \dfrac{\text{실린더 체적}}{\text{통극체적}}$
$= \dfrac{\text{행정체적} + \text{통극체적}}{\text{통극체적}}$
$= \dfrac{1 + 0.15}{0.15} = 7.666 \fallingdotseq 7.67$

㉯ 이론 열효율 계산

$\therefore \eta = \left\{1 - \left(\dfrac{1}{\gamma}\right)^{k-1}\right\} \times 100$
$= \left\{1 - \left(\dfrac{1}{7.67}\right)^{1.4-1}\right\} \times 100$
$= 55.732[\%]$ **답** ②

38
$k = 1.3$의 고온공기를 작동 물질로 하는 압축비 5의 오토 사이클에 있어서 압축의 압력이 2.06[kgf/cm²], 최고압력이 54[kgf/cm²]일 때 평균유효압력은 몇 [kgf/cm²]인가?

① 5.94   ② 7.94
③ 11.88   ④ 13.85

해설 ㉮ 압축 후의 압력 계산

$\therefore P_2 = P_1 \times \gamma^k$
$= 2.06 \times 5^{1.3} = 16.692[\text{kgf/cm}^2]$

㉯ 압력비 계산

$\therefore \alpha = \dfrac{P_3}{P_2} = \dfrac{54}{16.692} = 3.235$

㉰ 평균유효압력 계산

$\therefore P_{me} = P_1 \times \dfrac{\alpha - 1}{k - 1} \times \dfrac{\gamma^k - \gamma}{\gamma - 1}$
$= 2.06 \times \dfrac{3.235 - 1}{1.3 - 1} \times \dfrac{5^{1.3} - 5}{5 - 1}$
$= 11.906[\text{kgf/cm}^2]$ **답** ③

39
압축비가 5인 Otto cycle 기관이 있다. 이 기관이 15~1700[℃]의 온도범위에서 작동할 때 최고 압력은 약 몇 [kPa]인가? (단, 최저 압력은 100[kPa], 비열비는 1.4이다.)

① 3,428   ② 2,650
③ 1,961   ④ 1,247

해설 ㉮ 압축 후의 온도 계산

$\therefore T_2 = T_1 \left(\dfrac{V_1}{V_2}\right)^{k-1} = T_1 \times \epsilon^{k-1}$
$= (273 + 15) \times 5^{1.4-1} = 548.25[\text{K}]$

㉯ 압축 후의 압력 계산

$\therefore P_2 = P_1 \left(\dfrac{V_1}{V_2}\right)^k = P_1 \times \epsilon^k$
$= 100 \times 5^{1.4} = 951.83[\text{kPa}]$

㉰ 최고압력 계산

$\therefore P_{\max} = P_2 \left(\dfrac{T_3}{T_2}\right) = 951.83 \times \dfrac{273 + 1,700}{548.25}$
$= 3,425.37[\text{kPa}]$ **답** ①

※ 압축비 기호를 감마(γ)와 입실론(ϵ)으로 사용하고 있음

40
디젤 사이클로 작동되는 디젤 기관의 각 행정의 순서를 옳게 나타낸 것은?

① 단열압축-정적급열-단열팽창-정적방열
② 단열압축-정압급열-단열팽창-정압방열
③ 등온압축-정적급열-등온팽창-정적방열
④ 단열압축-정압급열-단열팽창-정적방열

해설 디젤 사이클(diesel cycle) : 압축착화기관인 저속 디젤기관의 기본 사이클로 정적과정 1개, 정압과정 1개, 단열과정 2개로 이루어진 사이클이다. 각 행정은 단열압축 – 정압급열 – 단열팽창 – 정적방열순서로 이루어진다. 답 ④

41 디젤 사이클 과정에 대한 설명 중 잘못된 것은?

① 효율은 압축비만의 함수이다.
② 일정한 압력에서 열을 공급한다.
③ 일정 체적에서 열을 방출한다.
④ 등엔트로피 압축과정이 있다.

해설 디젤 사이클의 효율은 압축비와 체절비의 함수이다. 답 ①

42 공기를 작동 유체로 하는 그림과 같은 Diesel cycle의 온도 범위가 40~1,000[℃]일 때 압축비는 약 얼마인가? (단, 비열비는 1.4, 최고압력 P_2는 5[MPa], 최저압력 P_1는 100[kPa]이다.)

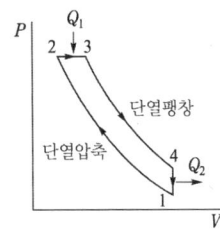
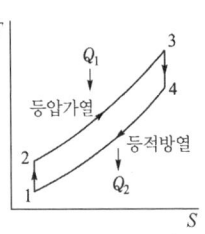

① 4.8 ② 16.4
③ 27.3 ④ 39.5

해설 $\epsilon = \left(\dfrac{P_2}{P_1}\right)^{\frac{1}{k}} = \left(\dfrac{5 \times 10^3}{100}\right)^{\frac{1}{1.4}} = 16.351$ 답 ②

43 그림은 디젤 사이클의 $P-V$선도이다. 단절비(cut-off ratio)에 해당하는 것은? (단, P는 압력, V는 체적이다.)

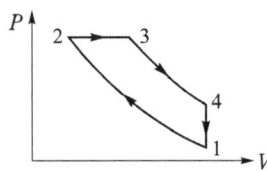

① $\dfrac{V_1}{V_2}$ ② $\dfrac{V_3}{V_2}$ ③ $\dfrac{V_4}{V_3}$ ④ $\dfrac{V_4}{V_2}$

해설 디젤 사이클의 차단비(cut-off ratio) : 등압가열 후의 비체적과 단열압축 후의 비체적과의 비로 체절비, 단절비라 한다.

$\therefore \sigma = \dfrac{V_3}{V_2} = \dfrac{T_3}{T_2} = \dfrac{T_3}{T_1 \times \epsilon^{k-1}}$ 답 ②

44 $k=1.4$의 공기를 작동유체로 하는 디젤엔진의 최고온도(T_3) 2500[K], 최저온도(T_1)가 300[K], 최고압력(P_3)가 4[MPa], 최저압력(P_1)이 100[kPa]일 때 차단비(cut off ratio : r_c)는 얼마인가?

① 2.4 ② 2.9 ③ 3.1 ④ 3.6

해설 ㉮ 압축비(ϵ) 계산

$\therefore \epsilon = \dfrac{V_1}{V_2} = \left(\dfrac{P_3}{P_1}\right)^{\frac{1}{k}} = \left(\dfrac{4 \times 1000}{100}\right)^{\frac{1}{1.4}}$
$= 13.942$

㉯ 차단비(r_c) 계산

$\therefore r_c = \dfrac{V_3}{V_2} = \dfrac{T_3}{T_2} = \dfrac{T_3}{T_1 \times \epsilon^{k-1}}$
$= \dfrac{2,500}{300 \times 13.942^{(1.4-1)}} = 2.904$ 답 ②

45 디젤 사이클에서 압축비가 20, 단절비(cut-off ratio)가 1.7일 때 열효율은 약 몇 [%]인가? (단, 비열비는 1.4이다.)

① 43 ② 66 ③ 72 ④ 84

해설
$$\eta_d = \left\{1 - \left(\frac{1}{\epsilon}\right)^{k-1} \times \left(\frac{\sigma^k - 1}{k(\sigma - 1)}\right)\right\} \times 100$$
$$= \left\{1 - \left(\frac{1}{20}\right)^{1.4-1} \times \left(\frac{1.7^{1.4} - 1}{1.4 \times (1.7 - 1)}\right)\right\} \times 100$$
$$= 66.07[\%]$$
답 ②

46 공기 표준 디젤 사이클에서 압축비가 17이고 단절비(cut-off ratio)가 3일 때의 열효율은 약 몇 [%]인가? (단, 공기의 비열비는 1.4이다.)

① 52 ② 58
③ 63 ④ 67

해설
$$\eta_d = \left\{1 - \left(\frac{1}{\epsilon}\right)^{k-1} \times \left(\frac{\sigma^k - 1}{k(\sigma - 1)}\right)\right\} \times 100$$
$$= \left\{1 - \left(\frac{1}{17}\right)^{1.4-1} \times \left(\frac{3^{1.4} - 1}{1.4 \times (3 - 1)}\right)\right\} \times 100$$
$$= 57.964[\%]$$
답 ②

47 공기를 작동유체로 하는 Diesel cycle이 온도범위가 32[℃]~3,200[℃]이고 이 cycle의 최고 압력이 6.5[MPa], 최초 압력이 160[kPa]일 경우 열효율은 약 얼마인가? (단, 공기의 비열비는 1.4이다.)

① 41.4[%] ② 46.5[%]
③ 50.9[%] ④ 55.8[%]

해설 ㉮ 압축비 계산
$$\therefore \epsilon = \left(\frac{P_2}{P_1}\right)^{\frac{1}{k}}$$
$$= \left(\frac{6.5}{0.16}\right)^{\frac{1}{1.4}} = 14.097 ≒ 14.1$$

㉯ 단절비 계산
$$\therefore \sigma = \frac{T_3}{T_1 \cdot \epsilon^{k-1}}$$
$$= \frac{273 + 3,200}{(273 + 32) \times 14.1^{1.4-1}} = 3.95$$

㉰ 열효율 계산
$$\therefore \eta_d = \left\{1 - \left(\frac{1}{\epsilon}\right)^{k-1} \times \frac{\sigma^k - 1}{k \times (\sigma - 1)}\right\} \times 100$$
$$= \left\{1 - \left(\frac{1}{14.1}\right)^{1.4-1} \times \frac{3.95^{1.4} - 1}{1.4 \times (3.95 - 1)}\right\} \times 100$$
$$= 50.91[\%]$$
답 ③

48 다음과 같은 압축비와 차단비를 가지고 공기로 작동되는 디젤 사이클 중에서 효율이 가장 높은 것은? (단, 공기의 비열비는 1.4이다.)

① 압축비 11, 차단비 2
② 압축비 11, 차단비 3
③ 압축비 13, 차단비 2
④ 압축비 13, 차단비 3

해설 디젤 사이클 효율 계산식
$$\therefore \eta_d = \left\{1 - \left(\frac{1}{\epsilon}\right)^{k-1} \times \left(\frac{\sigma^k - 1}{k(\sigma - 1)}\right)\right\}$$

∴ 디젤 사이클에서 효율은 압축비(ϵ)와 차단비(σ)의 함수이므로 압축비가 크고 차단비(체절비)가 작을수록 효율이 증가한다. **답 ③**

49 가스 사이클에 대한 설명으로 틀린 것은?

① 오토 사이클의 이론 열효율은 작동유체의 비열비와 압축비에 의해서 결정된다.
② 카르노 사이클의 실현을 위해서 고안된 사이클이 스털링 사이클이다.
③ 사바테 사이클의 가열과정은 정적과정에만 있다.
④ 디젤 사이클에서는 가열 시에 작동유체가 등압변화를 한다.

해설 사바테 사이클(Sabathe cycle) : 2개의 단열과정과 2개의 정적과정 및 1개의 정압과정으로 이루어진 사이클로 고속 디젤기관(무기분사:無氣噴射)의 기본 사이클이다. 가열과정은 정적가열과정(연소과정)과 정압가열과정에 해당된다. **답 ③**

50 브레이턴(Brayton) 사이클은 어떤 기관의 사이클인가?

① 가스터빈 기관 ② 증기 기관
③ 가솔린 기관 ④ 디젤 기관

해설 브레이턴(Brayton) 사이클 : 2개의 단열과정과 2개의 정압과정으로 이루어진 가스터빈의 이상 사이클이다. **답** ①

51 가스 터빈에 대한 이상적인 공기 표준 사이클로서 정압연소 사이클이라고도 하는 것은?

① Stirling 사이클
② Ericsson 사이클
③ Diesel 사이클
④ Brayton 사이클

해설 브레이턴(Brayton) 사이클 : 단열압축과정, 정압가열과정, 단열팽창과정, 정압방열과정 등 2개의 단열과정과 2개의 정압과정으로 이루어진 가스 터빈의 이상 사이클로 정압가열 과정에 연소가 이루어져 정압연소 사이클로 불린다. **답** ④

52 $T-S$ 선도에서 그림과 같은 사이클은 어느 사이클인가? (단, 2-3, 4-1 과정에서는 압력이 일정하다.)

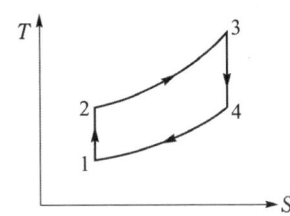

① 오토 사이클
② 디젤 사이클
③ 브레이턴 사이클
④ 랭킨 사이클

해설 브레이턴(Brayton) 사이클의 각 과정
㉮ 1 → 2 과정 : 단열압축과정
㉯ 2 → 3 과정 : 정압가열과정
㉰ 3 → 4 과정 : 단열팽창과정
㉱ 4 → 1 과정 : 정압방열(냉각)과정 **답** ③

53 그림과 같은 브레이턴 사이클에서 효율(η)은? (단, P는 압력, v는 비체적이며, T_1, T_2, T_3, T_4는 각각의 지점에서의 온도이다. 또한, q_{in}과 q_{out}은 사이클에서 열이 들어오고 나감을 의미한다.)

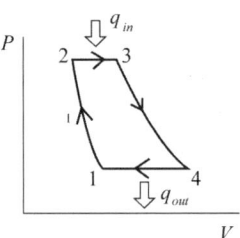

① $\eta = 1 - \dfrac{T_3 - T_2}{T_4 - T_1}$ ② $\eta = 1 - \dfrac{T_1 - T_2}{T_3 - T_4}$

③ $\eta = 1 - \dfrac{T_4 - T_1}{T_3 - T_2}$ ④ $\eta = 1 - \dfrac{T_3 - T_4}{T_1 - T_2}$

해설 (1) 브레이턴(Brayton) 사이클 : 2개의 단열과정과 2개의 정압과정으로 이루어진 가스 터빈의 이상 사이클이다.
(2) 작동순서
㉮ 1 → 2 과정 : 단열압축과정(압축기)
㉯ 2 → 3 과정 : 정압가열과정(연소기)
㉰ 3 → 4 과정 : 단열팽창과정(터빈)
㉱ 4 → 1 과정 : 정압방열과정
(3) 이론 열효율 : 브레이턴 사이클의 열효율은 압력비(ϕ)만의 함수이다.

$$\eta = 1 - \dfrac{q_{out}}{q_{in}} = 1 - \dfrac{T_4 - T_1}{T_3 - T_2} = 1 - \left(\dfrac{1}{\phi}\right)^{\frac{k-1}{k}}$$

답 ③

54 공기표준 브레이턴(Brayton) 사이클의 효율을 높이기 위한 방법으로 가장 적합한 것은?

① 공기압축기의 압력비를 증가시킨다.
② 압축기로 공급되는 공기의 온도를 높인다.
③ 연소기로 공급되는 공기의 온도를 낮춘다.
④ 터빈에서의 비가역성을 증대시킨다.

해설 브레이턴(Brayton) 사이클의 열효율

$$\eta = 1 - \frac{Q_2}{Q_1} = 1 - \left(\frac{1}{\phi}\right)^{\frac{k-1}{k}}$$

∴ 브레이턴 사이클의 열효율은 압력비(ϕ)만의 함수이므로 압력비가 높을수록 효율이 좋아진다.

답 ①

55 공기표준 브레이턴(Brayton) 사이클에서 등엔트로피 압축으로 1기압, 20[℃]의 공기를 다음 중 어느 압력까지 압축하였을 때 효율이 가장 높은가?

① 2기압 ② 3기압
③ 4기압 ④ 5기압

해설 브레이턴(Brayton) 사이클의 이론 열효율은 압력비가 높을수록 효율이 좋으므로 압축압력이 가장 높은 것이 효율이 가장 높다.

답 ④

56 공기로 작동되는 브레이턴 사이클에서 최고 및 최저 압력이 각각 6[atm], 1[atm]일 때의 이론 열효율은?

① 0.401 ② 0.541
③ 0.681 ④ 0.791

해설 ㉮ 압력비(ϕ) 계산

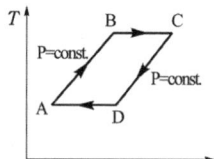

㉯ 이론 열효율 계산 : 공기로 작동되므로 공기의 비열비(k)는 1.4를 적용하여 계산

$$\therefore \eta = 1 - \left(\frac{1}{\phi}\right)^{\frac{k-1}{k}} = 1 - \left(\frac{1}{6}\right)^{\frac{1.4-1}{1.4}}$$
$$= 0.4006$$

답 ①

57 공기 표준 사이클(air standard cycle) 중 두 개의 등온과정과 두 개의 정압과정으로 구성된 사이클은?

① 디젤(Diesel) 사이클
② 사바테(Sabathe) 사이클
③ 에릭슨(Ericsson) 사이클
④ 스털링(Stirling) 사이클

해설 에릭슨(Ericsson) 사이클 : 2개의 등온과정과 2개의 정압과정으로 구성된 가스 사이클의 이상 사이클로 실현이 불가능한 사이클이다.

답 ③

58 그림과 같은 T – S 선도를 갖는 사이클은?

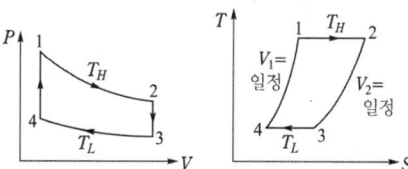

① Brayton 사이클
② Ericsson 사이클
③ Carnot 사이클
④ Stirling 사이클

해설 에릭슨(Ericsson) 사이클의 각 과정
㉮ A → B 과정 : 정압가열과정
㉯ B → C 과정 : 등온팽창과정
㉰ C → D 과정 : 정압방열(냉각)과정
㉱ D → A 과정 : 등온압축과정

답 ②

59 그림의 열기관 사이클(cycle)에 해당하는 것은?

① 스털링(stirling) 사이클
② 오토(otto) 사이클
③ 브레이턴(brayton) 사이클
④ 랭킨(rankine) 사이클

해설 스털링 사이클 : 2개의 등온과정과 2개의 정적과정으로 이루어진 외연기관의 이론 사이클이다.

답 ①

60 열역학 사이클에 대한 설명으로 틀린 것은?

① 오토사이클의 효율은 압축비만의 함수이다.
② 압축비가 증가하면 일반적으로 오토 사이클의 효율은 증가한다.
③ 디젤 사이클의 효율은 압축비와 차단비(cut-off ratio)의 함수이다.
④ 동일한 압축비에서는 디젤 사이클의 효율이 오토사이클의 효율보다 높다.

해설 ㉮ 오토 사이클의 효율

$$\therefore \eta_o = 1 - \left(\frac{1}{\epsilon}\right)^{k-1}$$

㉯ 디젤 사이클의 효율

$$\therefore \eta_d = 1 - \frac{1}{\epsilon^{k-1}} \times \frac{\sigma^k - 1}{k(\sigma - 1)}$$

㉰ 동일한 압축비에서는 오토 사이클이 디젤 사이클보다 효율이 높다.　　**답** ④

61 가열량 및 압축비가 같을 경우 사이클의 효율이 큰 것부터 작은 순서대로 옳게 나타낸 것은?

① 오토 사이클 > 디젤 사이클 > 사바테 사이클
② 사바테 사이클 > 오토 사이클 > 디젤 사이클
③ 디젤 사이클 > 오토 사이클 > 사바테 사이클
④ 오토 사이클 > 사바테 사이클 > 디젤 사이클

해설 각 사이클의 효율 비교
㉮ 최저온도 및 압력, 공급열량과 압축비가 같은 경우 : 오토 사이클 > 사바테 사이클 > 디젤 사이클
㉯ 최저온도 및 압력, 공급열량과 최고압력이 같은 경우 : 디젤 사이클 > 사바테 사이클 > 오토 사이클　　**답** ④

62 동일한 최고온도, 최저온도 사이에 작동하는 사이클 중 최대의 효율을 나타내는 사이클은?

① 오토 사이클
② 디젤 사이클
③ 카르노 사이클
④ 브레이턴 사이클

해설 동일한 조건에서 작동되는 사이클 중 최대의 효율을 갖는 것은 이상적인 사이클인 카르노 사이클이다.　　**답** ③

제4장 증기 및 증기동력 사이클

1. 증기의 성질

1.1 증기

(1) 물의 3중점

액체(물), 기체(수증기), 고체(얼음)가 공존하는 영역으로 물의 삼중점(평형온도)은 273.16K(0.01℃)이다.

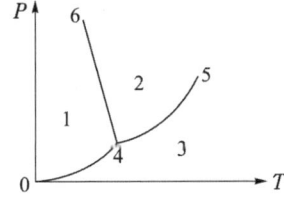

각 구역의 상태 및 상태점

① 1 구역 : 고체상태   ② 2 구역 : 액체상태
③ 3 구역 : 증기상태   ④ 점 4 : 삼중점
⑤ 점 5 : 임계점   ⑥ 선 4-6 : 융해곡선
⑦ 선 4-5 : 증발곡선   ⑧ 선 0-4 : 승화곡선

물의 압력 - 온도 선도

(2) 임계점

포화수가 증발현상 없이 증기로 변화할 때의 상태점을 임계점이라고 하며, 이때의 온도를 임계온도, 압력을 임계압력이라고 한다.

① 임계점의 특징
  ㉮ 포화수 간의 비중량이 같다.
  ㉯ 증발현상이 없다.
  ㉰ 증발잠열은 0이 된다.

② 물의 임계온도, 임계압력
  ㉮ 임계온도 : 374.15[℃]
  ㉯ 임계압력 : 225.65[kgf/cm² · a] (약 22.09[MPa · a])

(3) 증기(steam)

포화온도에 달한 포화수가 외부에서 열을 받아 증발하여 보일러 및 용기 내면에 작용하는 힘의 크기를 증기압력이라 한다. 증기압력이 높아지면 증기와 포화수 간의 비중량차가 작아져 증기 속에는 많은 수분이 포함된 습포화 증기가 되므로 이를 증기와 수분을 분리시키지 않으면 증기의 손실과 증기기관의 열효율이 낮게 된다.

1.2 증기의 상태변화

(1) 포화온도

어느 압력 하에서 물을 가열하면 그 이상 온도는 오르지 않는 상태점에 도달할 때의 온도를 말한다. 대기압 상태에서 100[℃]에 해당된다.

(2) 포화수(포화액)

포화온도에 도달해 있는 물이며, 포화수에 도달하면 심하게 요동치는 현상이 일어난다.

(3) 포화압력

포화온도에 대응하는 힘을 포화압력이라 한다.

(4) 비점

비등점, 끓는점이라 하며, 포화온도에 도달한 온도를 말한다.

(5) 포화증기

포화온도에 도달한 포화수가 증발하여 증기가 생성되는 것을 말한다.

① **습포화증기** : 포화액과 포화상태의 증기가 공존하고 있는 상태로 습증기라 한다.

② **건조도** : 증기 속에 함유되어 있는 물방울의 혼용률로 습증기 1[kg] 중에 포함되어 있는 건포화증기의 양을 습증기 1[kg]으로 나눈 값이다.(증기 1[kg] 안에 건조증기 x[kg] 있다고 할 때 나머지는 수분이므로 수분은 $(1-x)$[kg]이 된다. 이때의 x를 건도 또는 건조도라 하고 $(1-x)$를 습도라 한다.)

● 습증기 1[kg]중에 건조증기가 0.8[kg]이라 가정하면 건도는 0.8 또는 80[%], 습도는 0.2 또는 20[%]라 한다.

㉮ 건조도를 향상시키는 방법
ⓐ 기수분리기, 비수방지관을 설치한다.
ⓑ 증기관 내의 드레인을 제거한다.
ⓒ 고압의 증기를 저압으로 감압하여 사용한다.
ⓓ 증기 내에 있는 공기를 제거한다.

㉯ 증기 속의 수분의 영향
ⓐ 건조도(x) 저하 ⓑ 증기 손실 증가
ⓒ 배관 및 장치 부식 초래 ⓓ 증기 엔탈피 감소
ⓔ 수격작용 발생 ⓕ 증기기관 열효율 저하

(6) 건포화증기

건조도가 100[%]인 상태로 포화수의 증발이 모두 끝난 상태로 건증기라 한다. 포화수가 건포화증기로 될 때까지 소요된 열량을 증발잠열 또는 증발열이라 한다.

(7) 과열증기

건포화증기를 가열하여 압력은 오르지 않고 온도만 상승되는 증기이다.

① **과열도 = 과열증기 온도 − 포화증기 온도**

② **과열증기의 특징**
㉮ 증기의 마찰 손실이 적다.
㉯ 같은 압력의 포화증기에 비해 보유열량이 많다.
㉰ 증기 소비량이 적어도 된다.
㉱ 과열증기로 피 가열물을 가열할 경우 가열 표면의 온도가 불균일해진다.(과열증기와 포화증기가 열전달을 하기 때문에)
㉲ 가열장치에 큰 열응력이 발생한다.

③ **증기 압력이 상승할 때 나타나는 현상**
㉮ 포화수의 온도가 상승한다.
㉯ 포화수의 부피가 증가한다.
㉰ 포화수의 비중이 감소한다.
㉱ 물의 현열이 증가하고, 증기의 잠열이 감소한다.
㉲ 건포화증기 엔탈피가 증가한다.
㉳ 증기의 비체적이 감소한다.

1.3 증기의 열적상태량

(1) 열적상태량

① **포화액** : 일정 압력 하에서 그 압력에 해당하는 포화온도까지 가열하는 데 필요한 열량은 현열이며 내부에너지 증가에 소비된다.

② **포화증기** : 일정 압력 하에서 포화액을 건포화증기가 될 때까지 가열하는 데 필요한 열량으로 증발잠열에 해당된다.
  ㉮ 물의 증발잠열(조건 : 1기압, 100[℃]) : 539[kcal/kg](약 2,264[kJ/kg])
  ㉯ 물(수증기)의 증발잠열
   ⓐ 포화온도가 낮으면 증가한다. (또는 포화온도가 높으면 감소한다.)
   ⓑ 포화압력이 높으면 감소한다. (또는 포화압력이 낮으면 증가한다.)
   ⓒ 건포화증기와 포화액의 엔탈피 차이다.
   ⓓ 습포화증기와 포화액의 내부에너지 차이다.
   ⓔ 온도와 압력에 따라 증발잠열은 다르다.

③ **과열증기** : 건포화증기를 임의의 온도까지 과열시키는 데 필요한 열량으로 현열이다.

> ● **과열도** : 동일한 압력 하의 과열증기와 포화증기의 온도 차이다.
>   과열도 = 과열증기온도 − 포화증기온도

④ **포화증기 및 과열증기 엔탈피 계산식**
  ㉮ 포화증기 엔탈피 : $h'' = h' + \gamma$
  ㉯ 습포화증기 엔탈피 : $h_2 = h' + \gamma x = h' + (h'' - h')x$
  ㉰ 과열증기 엔탈피 : $h_3 = h'' + C(t_2 - t_1)$

여기서, h' : 포화수 엔탈피[kcal/kg]　　h'' : 포화증기 엔탈피[kcal/kg]
　　　　h_2 : 습포화증기 엔탈피[kcal/kg]　γ : 증발잠열[kcal/kg]
　　　　x : 건조도　　　　　　　　　　C : 과열증기 평균비열[kcal/kg·℃]
　　　　t_2 : 과열증기 온도[℃]　　　　t_1 : 포화증기 온도[℃]

(2) 교축과정

증기가 모세관, 오리피스 등과 같이 단면적이 급격히 축소되는 부분을 통과할 때 외부에 일을 하지 않고 압력이 강하하는 현상이다. 증기의 교축효과는 다음과 같다.

① 교축과정은 비가역과정이다.
② 압력이 감소한다.
③ 습증기는 건도가 증가한다.
④ 건도 1의 증기는 과열증기가 된다.
⑤ 엔탈피는 일정하고, 엔트로피는 증가한다.

> ● **줄-톰슨(Joule-Thomson) 효과**
> 압력과 온도가 높은 유체를 단열을 한 배관 중에 설치된 교축 밸브(throttling valve) 통과시켜 단열 팽창을 시키면 유체의 압력이 하강함과 동시에 온도가 감소하는 현상으로 이를 최초로 실험한 사람의 이름을 따서 줄-톰슨 효과라 한다.
>
> 줄-톰슨 계수에 따라 다음과 같이 온도 변화를 설명한다.
> ① 0보다 크면($\mu > 0$) 온도가 강하한다.
> ② 0보다 적으면($\mu < 0$) 온도가 상승한다.
> ③ 0과 같으면($\mu = 0$) 온도변화가 없다.

1.4 증기표와 증기 선도

(1) 증기표

포화증기의 경우 온도를 기준한 것과 압력을 기준으로 하여 비체적(v), 엔탈피(h), 엔트로피(s)가 표시되며 과열증기는 압력에 대한 온도를 기준으로 표시된다.

(2) 증기 선도

단면적 변화로 유체가 통과할 때 팽창에 의하여 열에너지 또는 압력에너지를 운동에너지로 변경시키는 장치이다.

① **압력-비체적($P-v$) 선도** : 압력과 비체적으로 표시되며 일의 양을 표시할 수 있다.

② **온도-엔트로피($T-s$) 선도** : 증기의 상태변화에 필요한 열량을 면적으로 표시할 수 있다.

③ **엔탈피-엔트로피($h-s$) 선도** : 몰리에(Mollier) 선도라 하며, 증기의 변화(등 엔탈피 변화, 등 엔트로피 변화)와 터빈 작동유체의 등 엔트로피 변화 및 교축변화 해석 등에 사용된다.

④ **압력-엔탈피($P-h$) 선도** : 일반적으로 냉동 사이클 해석에 사용된다.

1.5 증기의 유동

(1) 노즐(nozzle)

단면적 변화로 유체가 통과할 때 팽창에 의하여 열에너지 또는 압력에너지를 운동에너지로 변경시키는 장치이다.

(2) 노즐에서의 단열유동(노즐 출구의 유속계산)

① SI단위

$$w_2 = \sqrt{2 \times (h_1 - h_2)}$$

여기서, w_2 : 노즐 출구에서 유속[m/s]
  h_1 : 노즐 입구에서의 엔탈피[J/kg]
  h_2 : 노즐 출구에서의 엔탈피[J/kg]

● 노즐 입구의 속도(w_1)를 감안한 경우 출구속도 계산식
$w_2 = \sqrt{2(h_1 - h_2) + w_1^2}$

② 공학단위

$$w_2 = \sqrt{2gJ(h_1 - h_2)}$$

여기서, w_2 : 노즐 출구에서 유속[m/s]
  h_1 : 노즐 입구에서의 엔탈피[kcal/kg]
  h_2 : 노즐 출구에서의 엔탈피[kcal/kg]
  J : 열의 일당량(427[kgf·m/kcal])

(2) 마찰유동의 속도계수

$$\phi = \frac{w_2}{\sqrt{2 \times (h_1 - h_2)}}$$

여기서, ϕ : 속도계수
  w_2 : 노즐 출구에서 유속[m/s]
  h_1 : 노즐 입구에서의 엔탈피[J/kg]
  h_2 : 노즐 출구에서의 엔탈피[J/kg]

출제예상문제
Expected problems

01 물에 관한 다음 설명 중 틀린 것은?
① 물은 4[℃] 부근에서 비체적이 최대가 된다.
② 물이 얼어 고체가 되면 밀도가 감소한다.
③ 임계온도보다 높은 온도에서는 액상과 기상을 구분할 수 없다.
④ 액체 상태의 물을 가열하여 온도가 상승하는 경우, 이때 공급한 열을 현열이라고 한다.

해설 물은 4[℃] 부근에서 밀도가 최대가 되므로 비체적은 최소가 된다. **답** ①

02 물의 삼중점(triple point)의 온도는?
① 0[K] ② 273.16[℃]
③ 73[K] ④ 273.16[K]

해설 물의 삼중점 : 물, 수증기, 얼음이 공존하는 영역(평형온도)인 273.16[K](0.01[℃])이다. **답** ④

03 다음은 물의 압력-온도 선도를 나타낸다. 고체가 녹아 액체로 되는 상태를 가장 잘 나타내는 점 또는 선은?

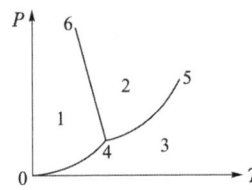

① 점 4 ② 선 4-6
③ 점 5 ④ 선 4-5

해설 물의 압력-온도 선도 구역 및 상태점
㉮ 1 구역 : 고체상태
㉯ 2 구역 : 액체상태
㉰ 3 구역 : 증기상태
㉱ 점 4 : 삼중점
㉲ 점 5 : 임계점
㉳ 선 4-6 : 융해곡선
㉴ 선 4-5 : 증발곡선
㉵ 선 0-4 : 승화곡선 **답** ②

04 증발잠열이 0[kcal/kg]이고, 액체와 기체의 구별이 없어지는 지점을 무엇이라고 하는가?
① 포화점 ② 임계점
③ 비등점 ④ 기화점

해설 임계점 : 포화수가 증발현상 없이 증기로 변화할 때의 상태점으로 액체와 기체의 구별이 없어지고 증발잠열이 0이 된다. **답** ②

05 물에 대한 임계점에서의 압력과 온도에 가장 가까운 것은?
① 22[MPa], 350.15[℃]
② 22.09[MPa], 374.15[℃]
③ 29.02[MPa], 350.15[℃]
④ 29.02[MPa], 374.15[℃]

해설 물의 임계압력, 임계온도
① 임계압력 : 225.65[kgf/cm² · a]
  (약 22.09[MPa · a])
② 임계온도 : 374.15[℃] **답** ②

06 물의 임계압력에서의 잠열은 몇 [kJ/kg]인가?
① 2,260 ② 418
③ 333 ④ 0

해설 임계점의 특징
㉮ 증기와 포화수 간의 비중량이 같다.
㉯ 증발현상이 없다.
㉰ 증발잠열은 0이 된다. **답** ④

07
한 용기 내에 적당량의 순수 물질 액체가 갇혀 있을 때, 어느 특정 조건 하에서 이 물질의 액체상과 기체상의 구별이 없어질 수 있다. 이러한 상태가 유지되기 위한 필요충분조건으로 옳은 것은?

① 임계압력보다 높은 압력, 임계온도보다 낮은 온도
② 임계압력보다 낮은 압력
③ 임계온도보다 낮은 온도
④ 임계압력보다 높은 압력, 임계온도보다 높은 온도

해설 물질의 액체상과 기체상의 구별이 없어질 수 있는 조건은 임계점 이상이다. 그러므로 임계압력보다 높은 압력, 임계온도보다 높은 온도이다. **답** ④

08
임계점(critical point)을 초과한 수증기의 성질을 설명한 것 중 틀린 것은?

① 임계온도 이상에서도 압력이 충분히 높으면 액화된다.
② 임계온도 이상에서도 압력이 충분히 낮으면 기화된다.
③ 임계압력 이상이라도 온도가 낮으면 액화된다.
④ 임계압력 이하에서는 온도가 높으면 기화된다.

해설 액화의 조건은 임계압력 이상, 임계온도 이하가 되어야 한다. **답** ①

09
다음 중 가스의 액화과정과 가장 관계가 먼 것은?

① 압축과정
② 등압냉각과정
③ 최종상태는 압축액 또는 포화혼합물 상태이다.
④ 등온팽창과정

해설 액화의 조건이 임계압력 이상, 임계온도 이하이므로 압축과 냉각과정이 필요하다. **답** ④

10
물을 계속 등압가열 할 때의 상태변화의 순서는?

① 압축수 → 습포화증기 → 포화수 → 건포화증기 → 과열증기
② 압축수 → 포화수 → 과열증기 → 습포화증기 → 건포화증기
③ 포화수 → 압축수 → 습포화증기 → 건포화증기 → 과열증기
④ 압축수 → 포화수 → 습포화증기 → 건포화증기 → 과열증기

해설 물을 일정한 압력(등압)상태에서 가열하는 경우 과냉각 압축수$(x=0)$ → 포화수$(x=0)$ → 습포화증기$(0<x<1)$ → 건포화증기$(x=1)$ → 과열증기$(x=1)$의 상태로 변화한다. **답** ④

11
증기에 대한 설명 중 틀린 것은?

① 동일압력에서 포화수보다 포화증기는 온도가 높다.
② 동일압력에서 건포화증기를 가열한 것이 과열증기이다.
③ 동일압력에서 과열증기는 건포화증기보다 온도가 높다.
④ 동일압력에서 습포화증기와 건포화증기는 온도가 같다.

해설 동일 압력에서 포화수와 포화증기의 온도는 같다. **답** ①

12
1[MPa]의 포화증기가 등온 상태에서 압력이 700[kPa]까지 내려갈 때 최종 상태는?

① 과열증기
② 습증기
③ 포화증기
④ 포화액

해설 등온상태에서 포화증기의 압력이 내려가면 비점이 낮아지므로 남아있는 잔류 열이 포화증기의 온도를 상승시켜 과열증기가 된다. 답 ①

13 포화액의 온도를 유지하면서 압력을 높이면 어떤 상태가 되는가?
① 습증기 ② 압축(과냉)액
③ 과열증기 ④ 포화액

해설 포화액의 온도를 유지하면서 압력을 높이면 비점이 높아지므로 포화액은 과냉각된 액체(과냉액)이 된다. 답 ②

14 증기의 기본적 성질에 대한 설명으로 틀린 것은?
① 물의 3중점은 물과 얼음과 증기의 3상이 공존하는 점이며 이 점의 온도는 0.01[℃](273.16[K])이다.
② 임계점에서는 액상과 기상의 구분이 없다.
③ 임계 압력 하에서의 증발열은 0이 된다.
④ 증발 잠열은 포화 압력이 높아질수록 커진다.

해설 포화압력이 높아질수록 포화액 선과 포화증기 선과의 사이(증발잠열에 해당)의 간격이 좁아져 증발잠열은 감소한다. 답 ④

15 습증기의 건도에 관한 설명으로 옳은 것은?
① 습증기 1[kg] 중에 포함되어 있는 액체의 양을 습증기 1[kg] 중에 포함된 건포화증기의 양으로 나눈 값
② 습증기 1[kg] 중에 포함되어 있는 건포화증기의 양을 습증기 1[kg] 중에 포함된 액체의 양으로 나눈 값
③ 습증기 1[kg] 중에 포함되어 있는 액체의 양을 습증기 1[kg]으로 나눈 값
④ 습증기 1[kg] 중에 포함되어 있는 건포화증기의 양을 습증기 1[kg]으로 나눈 값

해설 건조도[건도](x) : 증기 속에 함유되어 있는 물방울의 혼용률로 습증기 1[kg] 중에 포함되어 있는 건포화증기의 양을 습증기 1[kg]으로 나눈 값이다. 답 ④

16 건포화증기의 건도는 얼마인가?
① 0 ② 0.5
③ 0.7 ④ 1.0

해설 건조도[건도](x) : 증기 속에 함유되어 있는 물방울의 혼용률
㉮ 건조도(x)가 1인 경우 : 건포화증기
㉯ 건조도(x)가 0인 경우 : 포화수
㉰ 건조도(x)가 $0 < x < 1$ 인 경우 : 습증기
답 ④

17 습증기 영역에서 건도에 관한 설명으로 틀린 것은?
① 건도가 1에 가까워질수록 건포화증기 상태에 가깝다.
② 건도가 0에 가까워질수록 포화수 상태에 가깝다.
③ 건도가 x일 때 습도는 $x - 1$이다.
④ 건도가 1에 가까울수록 갖고 있는 열량이 크다.

해설 건도가 x일 때 습도는 $1 - x$가 된다. 답 ③

18 동일한 온도, 압력의 포화수 1[kg]과 포화증기 4[kg]을 혼합하였을 때 이 증기의 건도는?
① 20[%] ② 25[%]
③ 75[%] ④ 80[%]

해설 $x = \dfrac{G_w}{G_a} \times 100 = \dfrac{4}{4+1} \times 100 = 80[\%]$ 답 ④

19 포화증기를 일정한 압력 하에서 가열하면 어떤 상태가 되는가?

① 과열증기 ② 건포화증기
③ 습증기   ④ 포화액

해설 ㉮ 포화증기 : 포화온도에 도달한 포화수가 증발하여 증기가 생성되는 것이다.
㉯ 과열증기 : 건조증기를 다시 가열할 때 압력은 오르지 않고 온도만 상승되는 증기이다.
㉰ 포화액 : 포화온도에 도달해 있는 물이며, 포화수에 도달하면 심하게 요동치는 현상이 일어난다.
답 ①

20 다음 중 과열증기에 대한 설명으로 올바른 것은?

① 압력은 일정하고, 온도만이 증가된 상태의 증기
② 온도는 일정하고, 압력만이 증가된 상태의 증기
③ 온도와 압력이 모두 증가된 상태의 증기
④ 주어진 온도에서 증발이 일어났을 때의 증기

해설 과열증기 : 습포화증기를 가열하여 건조증기가 된 건증기를 다시 가열할 때 압력은 오르지 않고 온도만 상승되는 증기이다. **답** ①

21 다음 중 과열증기(superheated steam)의 상태가 아닌 것은?

① 주어진 압력에서 포화증기 온도보다 높은 온도
② 주어진 비체적에서 포화증기 압력보다 높은 압력
③ 주어진 온도에서 포화증기 비체적보다 낮은 비체적
④ 주어진 온도에서 포화증기 엔탈피보다 높은 엔탈피

해설 과열증기 : 건포화증기를 가열하면 수증기의 온도는 포화온도보다 높아지며 비체적은 증가한다. **답** ③

22 압력 1[MPa], 온도 210[℃]인 증기는 어떤 상태의 증기인가? (단, 1[MPa]에서의 포화온도는 179[℃]이다.)

① 과열증기   ② 포화증기
③ 건포화증기 ④ 습증기

해설 과열증기란 건포화증기에 열을 가하여 포화온도 이상의 온도가 된 증기이다. 그러므로 이 증기는 포화온도(179[℃]) 이상의 온도이므로 과열증기에 해당된다. **답** ①

23 과열증기의 특징에 대한 설명으로 옳은 것은?

① 관 내 마찰저항이 증가한다.
② 응축수로 되기 어렵다.
③ 표면에 고온부식이 발생하지 않는다.
④ 표면의 온도를 일정하게 유지한다.

해설 과열증기의 특징
㉮ 증기의 마찰손실이 적다.
  (관내 마찰저항이 감소한다.)
㉯ 같은 압력의 포화증기에 비해 보유열량이 많다.
㉰ 증기 소비량이 적어도 된다.
㉱ 과열증기와 포화증기가 열전달을 하므로 가열 표면의 온도가 불균일해진다. **답** ②

24 과열증기 사용 시 장점에 대한 설명으로 틀린 것은?

① 이론상의 열효율이 좋아진다.
② 고온부식이 발생하지 않는다.
③ 증기의 마찰저항이 감소된다.
④ 수격작용이 방지된다.

해설 과열증기 사용 시 장점
㉮ 증기의 마찰저항이 감소된다.
㉯ 수격작용이 방지된다.
㉰ 같은 압력의 포화증기에 비해 보유열량이 많으므로 증기 소비량이 적어도 된다.
㉱ 이론상 열효율이 좋아진다.

참고 과열증기 사용 시 단점
㉮ 피가열물의 온도분포가 달라져 제품의 질이 저하된다.

㉯ 장치의 온도분포가 일정하지 않아 큰 열응력이 발생할 수 있다.
㉰ 대기나 공간에 분사가 이루어지면 과열증기가 잠열을 방출하기 전에 대기로 달아나므로 증기의 열손실이 발생할 수 있다. 답 ②

25 다음 중 과열수증기(superheated steam)의 상태가 아닌 것은?

① 주어진 압력에서 포화증기 온도보다 높은 온도
② 주어진 체적에서 포화증기 압력보다 높은 압력
③ 주어진 온도에서 포화증기 체적보다 낮은 체적
④ 주어진 온도에서 포화증기 엔탈피보다 큰 엔탈피

해설 동일한 온도에서 과열수증기(과열증기)는 포화증기보다 비체적이 커지므로 체적이 증가한다. 답 ③

26 증기의 성질에 대한 설명으로 틀린 것은?

① 증기의 압력이 높아지면 증발열이 커진다.
② 증기의 압력이 높아지면 현열이 커진다.
③ 증기의 압력이 높아지면 엔탈피가 커진다.
④ 증기의 압력이 높아지면 포화온도가 높아진다.

해설 증기 압력이 상승할 때 나타나는 현상
㉮ 포화수의 온도가 상승한다.
㉯ 포화수의 부피가 증가한다.
㉰ 포화수의 비중이 감소한다.
㉱ 물의 현열이 증가하고, 증기의 잠열이 감소한다.
㉲ 건포화증기 엔탈피가 증가한다.
㉳ 증기의 비체적이 감소한다. 답 ①

27 동일한 압력 하의 과열증기와 포화증기의 온도 차이를 무엇이라 하는가?

① 건조도   ② 포화도
③ 과열도   ④ 습도

해설 과열도 = 과열증기온도 − 포화증기온도 답 ③

28 어느 과열증기의 온도가 325[℃]일 때 과열도를 구하면 약 몇 [℃]인가? (단, 이 증기의 포화 온도는 495[K]이다.)

① 93   ② 103
③ 113   ④ 123

해설 과열도 = 과열증기온도 − 포화증기온도
    = 325 − (495 − 273) = 103[℃] 답 ②

29 과열증기의 온도조절방법이 아닌 것은?

① 습증기의 일부를 과열기로 보내는 방법
② 연소가스의 유량을 가감하는 방법
③ 과열기 전용화로를 설치하는 방법
④ 과열증기의 일부를 배출하는 방법

해설 과열증기 온도 조절 방법
㉮ 연소 가스량을 가감하는 방법
㉯ 과열 저감기를 사용하는 방법
㉰ 저온가스를 재순환시키는 방법
㉱ 화염의 위치를 바꾸는 방법 답 ④

30 어떤 기압 하에서 포화수의 현열이 185.6[kcal/kg]이고, 같은 온도에서 증기 잠열이 414.4[kcal/kg]인 경우, 증기의 전 열량은? (단, 건조도는 1이다.)

① 228.8[kcal/kg]   ② 650.0[kcal/kg]
③ 879.3[kcal/kg]   ④ 600.0[kcal/kg]

해설 증기의 전열량 = 포화수 현열 + 증기 잠열
    = 185.6 + 414.4
    = 600.0[kcal/kg] 답 ④

31 온도 100[℃]인 5[kg]의 수증기의 엔탈피는 몇 [kcal]인가? (단, 증발잠열은 539.3[kcal/kg]이고, 기준은 0[℃]로 한다.)

① 639.3   ② 689.3
③ 2,067.9   ④ 3,196.5

해설 $h = C_w \times (h' + \gamma)$
    $= 5 \times (100 + 539.3) = 3,196.5[\text{kcal}]$ 답 ④

32 포화증기를 가역 단열 압축시켰을 때의 설명으로 옳은 것은?

① 압력과 온도가 올라간다.
② 압력은 올라가고 온도는 떨어진다.
③ 온도는 불변이며 압력은 올라간다.
④ 압력과 온도 모두 변하지 않는다.

해설 포화증기(습증기)를 단열과정(등 엔트로피 과정)으로 압축시키면 압력과 온도가 상승하여 과열증기가 되며, 엔탈피는 증가한다. **답** ①

33 대기압에서 물의 증발잠열은 약 얼마인가?

① 334[kJ/kg] ② 539[kJ/kg]
③ 1,000[kJ/kg] ④ 2,264[kJ/kg]

해설 대기압, 100[℃] 물의 증발잠열 :
539[kcal/kg](약 2,264[kJ/kg]) **답** ④

34 다음 중 물의 증발잠열에 관한 사항은?

① 포화압력이 낮으면 증가한다.
② 포화압력이 높으면 증가한다.
③ 포화온도가 높으면 증가한다.
④ 온도와 압력에 무관하다.

해설 물(수증기)의 증발잠열
㉮ 포화온도가 낮으면 증가한다.
　(또는 포화온도가 높으면 감소한다.)
㉯ 포화압력이 높으면 감소한다.
　(또는 포화압력이 낮으면 증가한다.)
㉰ 건포화증기와 포화액의 엔탈피 차이다.
㉱ 습포화증기와 포화액의 내부에너지 차이다.
㉲ 온도와 압력에 따라 증발잠열은 다르다.
　(1기압, 100[℃]의 증발잠열이 539[kcal/kg] 약 2,257[kJ/kg])이다.) **답** ①

35 어떤 압력의 포화수를 가열하여 동일한 압력의 건포화증기로 만들고자 한다. 이때 소요되는 증발열이 가장 큰 포화수는 다음 중 어떤 압력일 경우인가?

① 0.5[kgf/cm^2] ② 1.0[kgf/cm^2]
③ 10[kgf/cm^2] ④ 100[kgf/cm^2]

해설 압력이 증가하면 물의 현열이 증가하고, 증발 잠열이 감소하므로 증발잠열(증발열)이 가장 큰 것은 압력이 낮은 포화수가 해당된다. **답** ①

36 100[kPa], 100[℃]에서의 물의 증발잠열은 2,260[kJ/kg]이다. 100[kPa], 80[℃]에서의 증발잠열을 구하면 약 몇 [kJ/kg]인가? (단, 80[℃]에서 100[℃] 사이의 물과 수증기의 평균비열은 각각 4.18[kJ/kg·℃]와 1.92[kJ/kg·℃]이다.)

① 335 ② 2,060
③ 2,305 ④ 3,464

해설 수증기의 증발잠열은 포화온도가 감소하면 증가하고, 증가하는 증발잠열은 습포화증기와 포화액의 내부에너지 차이므로 물과 수증기의 평균 비열차와 온도변화를 곱한 값과 같게 된다.
$$\therefore \gamma' = \gamma + (\Delta C_m \times \Delta t)$$
$$= 2,260 + \{(4.18 - 1.92) \times (100 - 80)\}$$
$$= 2,305.2 [kJ/kg]$$ **답** ③

37 대기압 하에서 건도가 0.9인 증기 1[kg]이 가지고 있는 증발잠열은?

① 53.9[kcal] ② 100.3[kcal]
③ 485.1[kcal] ④ 539.2[kcal]

해설 대기압 하에서 증발잠열은 539[kcal/kg]이다.
∴ 증발잠열 = 대기압 상태의 증발잠열 × 건도
　　　　　= 539 × 0.9 = 485.1[kcal] **답** ③

38 건도가 x인 증기의 엔탈피(h_x)에 대한 표현식으로 옳은 것은? (단, 포화수와 건포화수 증기에 대한 엔탈피와 비체적을 각각 h', h''와 v', v''라 한다.)

① $h_x = h' + x(h' - h'')$
② $h_x = h' + x(h'' - h')$
③ $h_x = h'' + x(h' - h'')$
④ $h_x = h'' + x(h'' - h')$

해설 습증기 엔탈피(h_x)
= 포화수 엔탈피(h') + 증발잠열(γ) × 건조도(x)
∴ $h_x = h' + \gamma x = h' + x(h'' - h')$ **답** ②

39 보일러로부터 압력 1[MPa]로 공급되는 수증기의 건도가 0.95일 때 이 수증기 1[kg]당의 엔탈피는 약 몇 [kcal]인가? (단, 1[MPa]에서 포화액의 엔탈피는 181.2[kcal/kg], 포화증기의 엔탈피는 662.9[kcal/kg]이다.)
① 457.6 ② 638.8
③ 810.9 ④ 1,120.5

해설 $h_2 = h' + x(h'' - h')$
= 181.2 + 0.95 × (662.9 − 181.2)
= 638.815[kcal/kg] **답** ②

40 절대압력 800[kPa]인 증기의 엔탈피를 측정하니 2,724[kJ/kg]이었다. 이때 증기의 건도는 얼마인가? (단, 같은 압력 하에서의 건포화증기 엔탈피는 2,765[kJ/kg]이고, 포화수 엔탈피는 718.3[kJ/kg]이다.)
① 0.92 ② 0.94
③ 0.96 ④ 0.98

해설 $h_2 = h' + x(h'' - h')$에서
∴ $x = \dfrac{h_2 - h'}{h'' - h'} = \dfrac{2,724 - 718.3}{2,765 - 718.3}$
= 0.97996 **답** ④

41 압력이 1,000[kPa]이고 온도가 400[℃]인 과열증기의 엔탈피는 약 몇 [kJ/kg]인가? (단, 압력이 1,000[kPa]일 때 포화온도는 179.1[℃], 포화증기의 엔탈피는 2,775[kJ/kg]이고, 과열증기의 평균비열은 2.2[kJ/kg·K]이다.)
① 1,547 ② 2,452
③ 3,261 ④ 4,453

해설 $h_3 = h'' + C(t_2 - t_1)$
= 2,775 + 2.2 × (400 − 179.1)
= 3,260.98[kJ/kg] **답** ③

42 1[MPa], 200[℃]와 1[MPa], 300[℃]의 과열증기의 엔탈피는 각각 2,827[kJ/kg], 3,050[kJ/kg]이다. 이 구간에서의 평균정압비열은 몇 [kJ/kg·K]인가?
① 0.598 ② 2.23
③ 5.98   ④ 223

해설 $dQ = GC_{p_m} \Delta T$에서
∴ $C_{p_m} = \dfrac{dQ}{G \cdot \Delta T}$
$= \dfrac{3,050 - 2,827}{1 \times \{(273+300) - (273+200)\}}$
= 2.23[kJ/kg·K] **답** ②

43 30[℃]에서 기화잠열이 173[kJ/kg]인 어떤 냉매의 포화액-포화증기 혼합물 4[kg]을 가열하여 건도가 20[%]에서 30[%]로 증가되었다. 이 과정에서 냉매의 엔트로피 증가량은 몇 [kJ/K]인가?
① 69.2   ② 2.31
③ 0.228 ④ 0.057

해설 $\Delta S = \dfrac{dQ}{T} = \dfrac{G \times \gamma \times (x_2 - x_1)}{T}$
$= \dfrac{4 \times 173 \times (0.3 - 0.2)}{273 + 30}$
= 0.2283[kJ/K] **답** ③

44 온도 127[℃]에서 포화수 엔탈피는 560[kJ/kg], 포화증기의 엔탈피는 2,720[kJ/kg]일 때 포화수 1[kg]이 포화증기로 변화하는 데 따르는 엔트로피의 증가는 몇 [kJ/kg·K]인가?
① 1.4 ② 5.4 ③ 6.8 ④ 21.4

해설 증발과정의 엔트로피 증가
∴ $\Delta s = \dfrac{\gamma}{T_s} = \dfrac{2,720 - 560}{273 + 127}$
= 5.4[kJ/kg·K] **답** ②

45 다음 중 어떤 압력 상태의 과열 수증기 엔트로피가 가장 작은가? (단, 온도는 동일하다고 가정한다.)

① 5기압　　② 10기압
③ 15기압　　④ 20기압

해설 동일한 온도에서 과열 수증기의 엔트로피는 압력이 증가할수록 작아진다.　　**답** ④

46 압력 500[kPa], 온도 240[℃]인 과열증기와 압력 500[kPa]의 포화수가 정상상태로 흘러들어와 섞인 후 같은 압력의 포화증기 상태로 흘러나간다. 1[kg]의 과열증기에 대하여 필요한 포화수의 양을 구하면 약 몇 [kg]인가? (단, 과열증기의 엔탈피는 3,063[kJ/kg]이고, 포화수의 엔탈피는 636[kJ/kg], 증발열은 2,109[kJ/kg]이다.)

① 0.15　② 0.45　③ 1.12　④ 1.45

해설 과열증기와 포화수가 혼합하여 포화증기로 만드는 것이므로 과열증기가 잃은 엔탈피(Q_v)와 포화수가 얻은 열량(Q_w)은 같다.

∴ Q_v = 과열증기 엔탈피(h_3)
　　　－ 100[℃]증기엔탈피 ($h' + \gamma$)
∴ Q_w = 포화수 양(G_w) × 증발잠열(γ)
∴ $Q_v = Q_w$이므로 $h_3 - (h' + \gamma) = G_w \times \gamma$이다.

∴ $G_w = \dfrac{h_3 - (h' + \gamma)}{\gamma}$

$= \dfrac{3,063 - (636 + 2,109)}{2,109}$

$= 0.1507$[kg]　　**답** ①

47 압력 500[kPa], 온도 250[℃]의 과열증기 500[kg]에 동일압력의 주입수량 G_w[kg] 포화수를 주입하여 동일 압력의 건도 93[%]의 습증기를 얻었을 때, 주입수량 G_w는 약 얼마인가? (단, 압력 500[kPa], 온도 250[℃]의 과열증기 엔탈피는 3,347[kJ/kg], 동일압력에서 포화수의 엔탈피는 758[kJ/kg]이며, 이때 증발잠열은 2,108[kJ/kg]이다.)

① 80.6　② 160.1　③ 230.7　④ 268.7

해설 ㉮ 습증기 엔탈피 계산
∴ $h_2 = h' + \gamma x$
$= 758 + 2,108 \times 0.93$
$= 2718.44$[kcal/kg]

㉯ 주입수량 계산 : 250[℃] 과열증기(G_v) 엔탈피(h_3)와 혼합되는 물(G_w)의 엔탈피(h_1) 합계는 과열증기와 물이 혼합된 후의 습증기 엔탈피(h_2)와 같다.

∴ $G_v h_3 + G_w h_1 = (G_v + G_w) h_2$
∴ $G_v h_3 + G_w h_1 = G_v h_2 + G_w h_2$
∴ $G_w h_1 - G_w h_2 = G_v h_2 - G_v h_3$
∴ $G_w (h_1 - h_2) = G_v (h_2 - h_3)$

∴ $G_w = \dfrac{G_v (h_2 - h_3)}{h_1 - h_2}$

$= \dfrac{500 \times (2,718.44 - 3,347)}{758 - 2,718.44}$

$= 160.3$[kg]　　**답** ②

48 동일한 압력 하에서 포화수, 건포화증기의 비체적을 각각 v', v''로 하고 건도 x의 습증기의 비체적을 v_x 로 할 때 건도 x는 어떻게 표시되는가?

① $x = \dfrac{v'' - v'}{v_x + v'}$　　② $x = \dfrac{v_x + v'}{v'' - v'}$

③ $x = \dfrac{v'' - v'}{v_x + v''}$　　④ $x = \dfrac{v_x - v'}{v'' - v'}$

해설 습증기 비체적(v_x) 계산식
$v_x = v' + x(v'' - v')$에서
$x = \dfrac{v_x - v'}{v'' - v'}$ 이 된다.　　**답** ④

49 체적 0.4[m³]인 단단한 용기 안에 100[℃]의 물 2[kg]이 들어 있다. 이 물의 건도는 얼마인가? (단, 100[℃]의 물에 대해 v_f = 0.00104[m³/kg], v_g = 1.672[m³/kg]이다.)

① 11.9[%]　　② 10.4[%]
③ 9.9[%]　　④ 8.4[%]

해설 ㉮ 현재의 습증기 비체적 계산
∴ $v = \dfrac{V}{G} = \dfrac{0.4}{2} = 0.2$[m³/kg]

㉯ 증기의 건조도 계산
$v = v_f + x(v_g - v_f)$ 에서
$$\therefore x = \frac{v - v_f}{v_g - v_f} \times 100$$
$$= \frac{0.2 - 0.00104}{1.672 - 0.00104} \times 100$$
$$= 11.906[\%]$$ **답** ①

50 체적 500[L]인 탱크가 300[℃]로 보온되었고, 이 탱크 속에는 25[kg]의 습증기가 들어 있다. 이 증기의 건도를 구한 값은? (단, 증기표의 값은 300[℃]인 온도 기준일 때 $v' = 0.0014036[\text{m}^3/\text{kg}]$, $v'' = 0.02163[\text{m}^3/\text{kg}]$ 이다.)

① 62[%]   ② 72[%]
③ 82[%]   ④ 92[%]

해설 ㉮ 현재의 습증기 비체적 계산
$$\therefore v = \frac{V}{G} = \frac{0.5}{25} = 0.02[\text{m}^3/\text{kg}]$$
㉯ 증기의 건조도 계산
$v = v' + x(v'' - v')$ 에서
$$\therefore x = \frac{v - v'}{v'' - v'} \times 100$$
$$= \frac{0.02 - 0.0014036}{0.02163 - 0.0014036} \times 100$$
$$= 91.941[\%]$$ **답** ④

51 피스톤이 설치된 실린더에 압력 0.3[MPa], 체적 0.8[m³]인 습증기 4[kg]이 들어 있다. 압력이 일정한 상태에서 가열하여 습증기의 건도가 0.8이 되었을 때 수증기에 의한 일은 몇 [kJ]인가? (단, 0.3[MPa]에서 비체적은 포화액은 0.001[m³/kg], 건포화증기는 0.60 [m³/kg]이다.)

① 205.5   ② 237.2
③ 305.5   ④ 336.2

해설 ㉮ 현재의 습증기 비체적 계산
$$\therefore v_1 = \frac{V}{G} = \frac{0.8}{4} = 0.2[\text{m}^3/\text{kg}]$$

㉯ 습포화증기의 비체적 계산
$$\therefore v_2 = v' + x(v'' - v')$$
$$= 0.001 + 0.8 \times (0.6 - 0.001)$$
$$= 0.4802[\text{m}^3/\text{kg}]$$
㉰ 수증기가 한 일 계산
$$\therefore W = G \cdot P \cdot (v_2 - v_1)$$
$$= 4 \times 0.3 \times 10^3 \times (0.4802 - 0.2)$$
$$= 336.24[\text{kJ}]$$ **답** ④

52 50[℃]의 물의 포화액체와 포화증기의 엔트로피는 각각 0.703[kJ/kg · K], 8.07[kJ/kg · K]이다. 50[℃]의 습증기의 엔트로피가 4[kJ/kg · K]일 때 습증기의 건도는 약 몇 [%]인가?

① 31.7   ② 44.8
③ 51.3   ④ 62.3

해설 $x = \dfrac{s - s'}{s'' - s'} \times 100$
$$= \frac{4 - 0.703}{8.07 - 0.703} \times 100 = 44.753[\%]$$ **답** ②

53 압력이 10[kgf/cm²]인 증기의 엔트로피가 1.2[kcal/kg · K]일 때 이 증기의 엔탈피는 약 몇 [kcal/kg]인가? (단, 압력기준의 포화액 엔트로피 $s' = 0.5086[\text{kcal/kg} \cdot \text{K}]$, 포화증기 엔트로피 $s'' = 1.5745[\text{kcal/kg} \cdot \text{K}]$이고, 포화액 엔탈피 $h' = 181.19[\text{kcal/kg}]$, 포화증기 엔탈피 $h'' = 663.2[\text{kcal/kg}]$이다.)

① 129   ② 257
③ 363   ④ 494

해설 ㉮ 습증기의 건도 계산
$$\therefore x = \frac{s - s'}{s'' - s'}$$
$$= \frac{1.2 - 0.5086}{1.5745 - 0.5086} = 0.64865$$
㉯ 포화증기 엔탈피 계산
$$\therefore h_2 = h' + x(h'' - h')$$
$$= 181.19 + 0.64865 \times (663.2 - 181.19)$$
$$= 493.845[\text{kcal/kg}]$$ **답** ④

54 증기의 교축과정과 관계있는 것은?
① 습증기 구역에서 포화온도가 일정한 과정
② 습증기 구역에서 포화압력이 일정한 과정
③ 가역과정에서 엔트로피가 일정한 과정
④ 엔탈피가 일정한 비가역 정상류 과정

해설 증기의 교축과정은 비가역 과정으로 외부와의 열전달이 없고, 하는 일이 없고, 엔탈피가 일정한 과정으로 엔트로피는 항상 증가하고 압력은 강하한다. **답** ④

55 증기의 교축효과를 설명한 것으로 틀린 것은?
① 습증기가 건조된다.
② 압력은 감소한다.
③ 과열증기를 얻을 수 있다.
④ 온도의 변화에 의해 엔탈피가 변화한다.

해설 증기의 교축효과
㉮ 교축과정은 비가역과정이다.
㉯ 압력이 감소한다.
㉰ 습증기는 건도가 증가한다.
㉱ 건도 1의 증기는 과열증기가 된다.
㉲ 엔탈피는 일정하고, 엔트로피는 증가한다. **답** ④

56 다음 괄호 안에 들어갈 말로 옳은 것은?

> 일반적으로 교축(throttling) 과정에서는 외부에 대하여 일을 하지 않고, 열 교환이 없으며, 속도변화가 거의 없음에 따라 (   )는[은] 변하지 않는다고 가정한다.

① 엔탈피 ② 온도
③ 압력   ④ 엔트로피

해설 교축과정(throttling process)동안 온도와 압력은 감소하고, 엔탈피는 일정하고, 엔트로피는 증가한다. **답** ①

57 다음 중 이상적인 교축 과정(throttling process)은?
① 등온 과정   ② 등엔트로피 과정
③ 등엔탈피 과정 ④ 정압 과정

해설 이상적인 교축과정(throttling process)동안 온도와 압력은 감소하고, 엔탈피는 일정하고, 엔트로피는 증가한다. **답** ③

58 교축과정(throttling process)에서 생기는 현상과 무관한 것은?
① 엔탈피 일정
② 압력 강하
③ 온도 강하
④ 엔트로피 불변

해설 교축과정(throttling process)동안 엔트로피는 증가한다. **답** ④

59 스로틀링(throttling) 밸브를 이용하여 Joule-Thomson 효과를 보고자 한다. 이때 압력이 감소함에 따라 온도가 감소하는 경우는 Joule-Thomson 계수 μ가 어떤 값을 가질 때인가?
① $\mu = 0$ ② $\mu > 0$
③ $\mu < 0$ ④ $\mu = -1$

해설 줄-톰슨 계수(μ)
㉮ 0보다 크면($\mu > 0$) 온도가 강하한다.
㉯ 0보다 적으면($\mu < 0$) 온도가 상승한다.
㉰ 0과 같으면($\mu = 0$) 온도변화가 없다. **답** ②

60 20[MPa], 0[℃]의 공기를 100[kPa]로 교축(throttling)하였을 때의 온도는 약 몇 [℃]인가? (단, 엔탈피는 20[MPa], 0[℃]에서 439[kJ/kg], 100[kPa], 0[℃]에서 485[kJ/kg]이고, 압력이 100[kPa]인 등압과정에서 평균비열은 1.0[kJ/kg·℃]이다.
① -11   ② -22
③ -36   ④ -46

해설 교축과정은 단열팽창이며, 온도와 압력이 강하하며 엔탈피 변화 $\Delta h = C_p(T_2 - T_1)$이다.

$$\therefore T_2 = \frac{\Delta h}{C_p} + T_1 = \frac{439-485}{1} + (273+0)$$
$$= 227 [K]$$
$$\therefore t_2 = 227 - 273 = -46 [℃]$$
※ 평균비열은 1.0[kJ/kg·℃]는 1.0[kJ/kg·K]과 같다. 답 ④

61 직경이 일정한 수평관에 교축밸브가 장치되어 있으며 공기가 흐른다. 밸브 상류의 공기는 800[kPa], 30[℃] 이고 밸브 하류의 압력은 600[kPa]이다. 밸브가 잘 단열되어 있을 때 밸브 하류에서의 공기온도는 얼마인가? (단, 공기를 이상기체로 가정한다.)

① 70[℃] ② 30[℃]
③ 20[℃] ④ 0[℃]

해설 교축밸브를 통과하면 실제기체인 경우 압력과 온도가 강하되지만 이상기체인 경우 압력은 감소되지만 엔탈피와 온도의 변화는 없다. 그러므로 문제에서 공기를 이상기체로 가정하였으므로 교축밸브 통과 후의 온도는 30[℃]로 변함이 없다. 답 ②

62 어느 습증기(wet steam)의 상태를 다음과 같은 상태량으로 표시하였다. 습증기의 상태를 나타내지 못하는 것은?

① 온도와 압력
② 온도와 비체적
③ 압력과 비체적
④ 압력과 건도

해설 증기선도의 종류
㉮ 압력-비체적($P-v$) 선도
㉯ 온도-엔트로피($T-s$) 선도
㉰ 엔탈피-엔트로피($h-s$) 선도
㉱ 압력-엔탈피($P-h$) 선도 답 ①

63 그림의 압력 P에서 물 1[kg]이 압축액 1의 상태로부터 과열증기 4의 상태까지 가열되고 있다. 흡수한 전체 열량 중 과열에 소요된 열량을 표시하는 면적을 옳게 나타낸 것은?

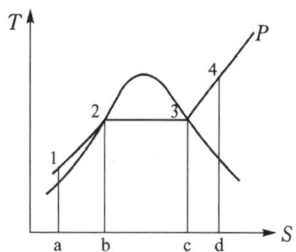

① 1-2-b-a   ② 2-3-c-b
③ 3-4-d-c   ④ 1-2-3-c-a

해설 ㉮ 포화액 가열에 소요된 열량 : 면적 1-2-d-a
㉯ 증발에 소요된 열량 : 면적 2-3-c-b
㉰ 과열에 소요된 열량 : 면적 3-4-d-c 답 ③

64 다음의 열역학 선도 중 몰리에 선도(Mollier chart)를 나타낸 것은?

① $P-V$ ② $T-S$
③ $H-P$ ④ $H-S$

해설 증기의 몰리에 선도(Mollier chart)는 종축에 엔탈피(H), 횡축에 엔트로피(S)의 양을 표시한다. 답 ④

65 다음 중 Mollier 선도를 이용하여 증기의 상태를 해석할 경우 가장 편리한 계산은?

① 터빈효율 계산
② 엔탈피 변화 계산
③ 사이클에서 압축비 계산
④ 증발시의 체적 증가량 계산

해설 증기의 몰리에 선도는 종축에 엔탈피(h), 횡축에 엔트로피(s)의 양을 표시한 것으로 증기의 엔탈피 변화를 계산하는 데 편리하다. 답 ②

66 Mollier chart에서 가역 단열과정은?

① 엔탈피축에 평행하다.
② 기울기가 (+)인 곡선이다.
③ 기울기가 (−)인 곡선이다.
④ 엔트로피축에 평행하다.

해설 몰리에 선도(Mollier chart)는 세로축에 엔탈피, 가로축에 엔트로피로 하는 $h-s$선도에서 가역단열과정은 엔트로피가 일정한 과정(등 엔트로피 과정)이므로 엔탈피 축에 평행(수직)하게 표시된다. **답** ①

67 노즐(nozzle)에 관한 설명으로 옳은 것은?

① 단면적의 변화로 유량을 증가시키는 장치이다.
② 단면적의 변화로 위치에너지를 증가시키는 장치이다.
③ 단면적의 변화로 엔탈피를 증가시키는 장치이다.
④ 단면적의 변화로 운동에너지를 증가시키는 장치이다.

해설 노즐(nozzle)은 단면적 변화로 유체가 통과할 때 팽창에 의하여 열에너지 또는 압력에너지를 운동에너지로 변경시키는 장치이다. **답** ④

68 엔탈피가 3,140[kJ/kg]인 과열증기가 노즐에서 저속상태로 들어와 출구에서 엔탈피가 3,010[kJ/kg]인 상태로 나갈 때 출구에서의 수증기 속도[m/s]는?

① 8　　　　② 25
③ 160　　　④ 510

해설 $w_2 = \sqrt{2 \times (h_1 - h_2)}$
$= \sqrt{2 \times (3140 - 3010) \times 1{,}000}$
$= 509.901 \text{[m/s]}$ **답** ④

69 비엔탈피가 326[kJ/kg]인 어떤 기체가 노즐을 통하여 단열적으로 팽창되어 비엔탈피가 322[kJ/kg]으로 되어 나간다. 유입 속도를 무시할 때 유출 속도는 몇 [m/s]인가?

① 4.4　　　② 22.6
③ 64.7　　　④ 89.4

해설 $w_2 = \sqrt{2 \times (h_1 - h_2)}$
$= \sqrt{2 \times (326 - 322) \times 1000}$
$= 89.44 \text{[m/s]}$ **답** ④

70 말단 확대 노즐 건조포화증기가 단열적으로 흘러가고, 그 사이에 엔탈피가 118[kcal/kg]만큼 감소한다. 노즐 입구에서의 속도가 무시할 수 있을 정도로 작을 때 노즐 출구에서의 속도는 약 몇 [m/s]인가?

① 996　　　② 1,294
③ 1,524　　④ 2,123

해설 $w_2 = \sqrt{2gJ(h_1 - h_2)}$
$= \sqrt{2 \times 9.8 \times 427 \times 118} = 993.763 \text{[m/s]}$
※ J : 열의 일당량(427[kgf · m/cal]) **답** ①

71 일정한 질량유량으로 수평하게 증기가 흐르는 노즐이 있다. 노즐 입구에서 엔탈피는 3,205[kJ/kg]이고, 증기속도는 15[m/s]이다. 노즐 출구에서의 증기 엔탈피가 2,994[kJ/kg]일 때 노즐 출구에서의 증기의 속도는 약 몇 [m/s]인가? (단, 정상상태로서 외부와의 열교환은 없다고 가정한다.)

① 500　　　② 550
③ 600　　　④ 650

해설 $w_2 = \sqrt{2(h_1 - h_2) + w_1^2}$
$= \sqrt{2 \times (3205 - 2994) \times 10^3 + 15^2}$
$= 649.788 \text{[m/s]}$ **답** ④

72 노즐을 통해 증기를 단열 팽창시켜 300 [m/s]의 속력을 얻기 위한 노즐 입구와 출구에서의 엔탈피 차이는 몇 [kJ/kg]인가?

① 15 ② 25
③ 35 ④ 45

해설) $w_2 = \sqrt{2 \times (h_1 - h_2) \times 1{,}000}$ 에서

$$\therefore (h_1 - h_2) = \frac{w_2^2}{2 \times 1{,}000}$$

$$= \frac{300^2}{2 \times 1{,}000} = 45 [kJ/kg] \quad \text{답 ④}$$

73 2.4[MPa], 450[℃]인 과열증기를 160[kPa]가 될 때까지 단열적으로 분출시킬 때 출구 속도는 960[m/s]이었다. 속도 계수는 얼마인가? (단, 초속은 무시하고 입구와 출구 엔탈피는 각각 h_1= 3,350[kJ/kg], h_2= 2,692 [kJ/kg]이다.)

① 0.225 ② 0.543
③ 0.769 ④ 0.837

해설) $\phi = \dfrac{\omega_2}{\sqrt{2 \times (h_1 - h_2)}}$

$$= \frac{960}{\sqrt{2 \times (3350 - 2692) \times 1{,}000}}$$

$$= 0.8368 \quad \text{답 ④}$$

2 증기 동력기관

2.1 증기 동력 사이클의 종류 및 특성

(1) 랭킨 사이클(Rankine cycle)

2개의 정압변화와 2개의 단열변화로 구성된 증기원동소(증기기관)의 이상 사이클로 보일러에서 발생된 증기를 증기터빈에서 단열팽창하면서 외부에 일을 한 후 복수기(condenser)에서 냉각되어 포화액이 된다. 포화액은 펌프에 의해 다시 보일러로 유입되는 과정을 순환하는 사이클이다.

① 랭킨 사이클의 구성 및 선도

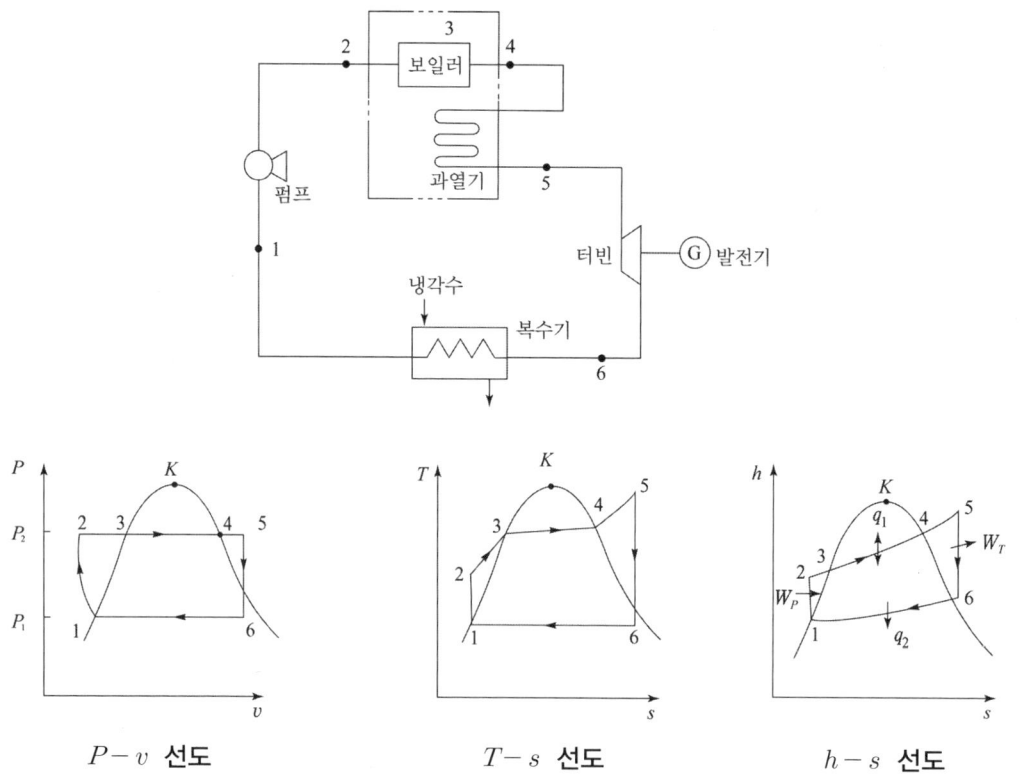

$P-v$ 선도 $T-s$ 선도 $h-s$ 선도

② 작동상태

㉮ 2 → 5 과정 : 펌프에서 압송된 급수를 보일러에서 정압상태로 가열하여 증기가 발생되고 발생된 증기를 과열기를 통해 과열증기로 된다.

㉯ 5 → 6 과정 : 터빈에서 과열증기는 단열팽창하여 일을 하고 습증기로 된다.
㉰ 6 → 1 과정 : 터빈에서 배출된 습증기는 복수기(condenser)에서 정압방열되어 포화수가 된다.
㉱ 1 → 2 과정 : 복수기에서 나오는 포화수를 펌프가 단열압축과정을 통하여 보일러로 급수한다.

③ 순환과정
   단열압축(펌프) – 정압가열(보일러) – 단열팽창(터빈) – 정압냉각(복수기)

④ 열량 및 이론 열효율
   ㉮ 보일러에 가해진 열량

   $$q_1 = \text{터빈 입구 엔탈피} - \text{보일러 입구 엔탈피} = h_5 - h_2$$

   ㉯ 복수기에서 방출된 열량

   $$q_2 = \text{터빈 출구 엔탈피} - \text{펌프 입구 엔탈피}$$
   $$= \text{복수기 입구 엔탈피} - \text{복수기 출구 엔탈피} = h_6 - h_1$$

   ㉰ 터빈이 하는 일

   $$W_T = \text{터빈 입구 엔탈피} - \text{터빈 출구 엔탈피} = h_5 - h_6$$

   ㉱ 펌프를 구동하는 데 필요한 일

   $$W_P = \text{펌프 출구 엔탈피} - \text{펌프 입구 엔탈피}$$
   $$= h_2 - h_1 = v'(P_2 - P_1)$$

   ㉲ 펌프 일을 고려한 이론 열효율

   $$\eta_R = \frac{W}{q_1} = \frac{W_T - W_P}{q_1} = \frac{(h_5 - h_6) - (h_2 - h_1)}{h_5 - h_2}$$

   ㉳ 펌프 일을 무시한 이론 열효율 : 펌프 일은 터빈 일에 비교해서 매우 적어 무시할 수 있다.

   $$\eta_R = \frac{W}{q_1} = \frac{W_T}{q_1} = \frac{h_5 - h_6}{h_5 - h_2} \fallingdotseq \frac{h_5 - h_1}{h_5 - h_2}$$

   여기서, W_T : 터빈이 하는 일[kJ] W_P : 펌프가 하는 일[kJ]
   h_1 : 펌프 입구 엔탈피[kJ/kg] h_2 : 보일러 입구 엔탈피[kJ/kg]
   h_5 : 터빈 입구 엔탈피[kJ/kg]) h_6 : 터빈 출구 엔탈피[kJ/kg]

㉑ 랭킨 사이클의 열효율을 높이는 방법
　ⓐ 보일러의 압력을 상승시킨다.
　ⓑ 증기를 고온으로 과열시킨다.
　ⓒ 터빈에서 배출되는 증기의 압력을 낮춘다.
　ⓓ 복수기의 압력을 낮춘다.
　ⓔ 고온 측과 저온 측의 온도차를 크게 한다.
　ⓕ 재열기를 사용하여 재열 사이클로 운전한다.

● 랭킨 사이클의 이론 열효율은 초압 및 초온이 높을수록, 배압(터빈 배출압력)이 낮을수록 증가한다.

(2) 재열 사이클

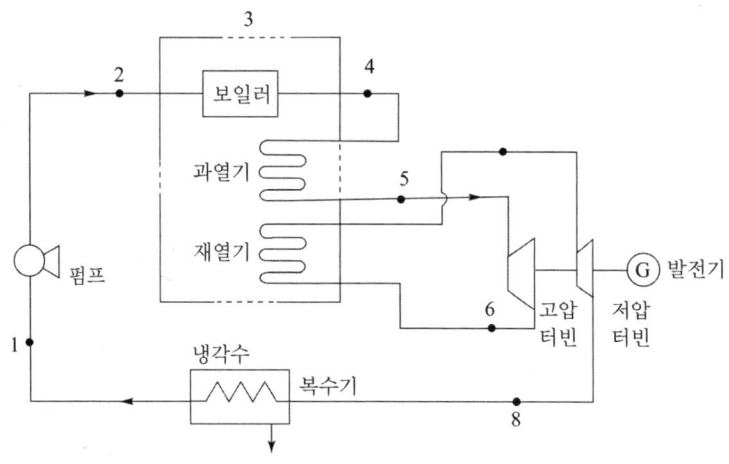

재열 사이클 구성

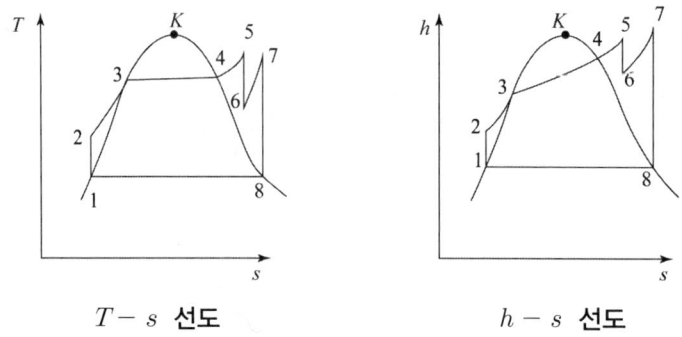

$T-s$ 선도　　　　　$h-s$ 선도

랭킨 사이클의 열효율을 증가시키기 위해 고안된 것으로 고압 터빈에서 단열 팽창한 증기를 재열기에서 정압 가열시켜 저압터빈에서 단열 팽창시켜 터빈 일을 증가시키는 사이클이다.

① **펌프 일을 고려한 이론 열효율**

$$\eta_{reh} = \frac{W_{net}}{q_1} = \frac{(h_5 - h_6) + (h_7 - h_8) - (h_2 - h_1)}{(h_5 - h_1) + (h_7 - h_6)}$$

② **펌프 일을 무시한 이론 열효율**

$$\eta_{reh} = \frac{(h_5 - h_6) + (h_7 - h_8)}{(h_5 - h_1) + (h_7 - h_6)}$$

(3) 재생사이클

팽창 도중의 증기를 터빈에서 추출하여 급수의 가열에 사용하므로 보일러에서 공급열량이 감소하여 열효율을 증가시킨 사이클이다.

2.2 증기 소비율, 열 소비율

① **증기 소비율** : 1[kWh] 또는 1[PSh]당 소비되는 증기의 양이다.

$$SR = \frac{860}{W_{net}} [\text{kg/kWh}] = \frac{632.3}{W_{net}} [\text{kg/PSh}]$$

② **열 소비율** : 1[kWh] 또는 1[PSh]당 증기에 의해 소비되는 열량

$$HR = \frac{1}{\text{이론 열효율}} = \frac{860}{\eta_{th}} [\text{kcal/kWh}] = \frac{632.3}{\eta_{th}} [\text{kg/PSh}]$$

출제예상문제
Expected problems

01 다음 중 수증기를 사용하는 증기동력 사이클은?
① 랭킨 사이클 ② 오토 사이클
③ 디젤 사이클 ④ 브레이턴 사이클

해설 랭킨 사이클 : 2개의 정압변화와 2개의 단열변화로 구성된 증기원동소의 이상 사이클로 보일러에서 발생된 증기를 증기터빈에서 단열팽창하면서 외부에 일을 한 후 복수기(condenser)에서 냉각되어 포화액이 된다. 화력발전소 등에 적용하는 사이클이다.
답 ①

02 다음의 공정도를 갖는 사이클의 명칭은?

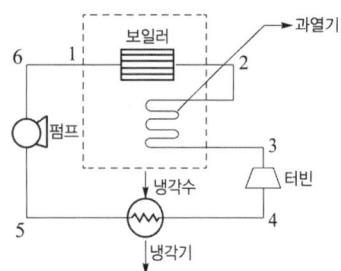

① Diesel cycle ② Carnot cycle
③ Otto cycle   ④ Rankine cycle

해설 랭킨 사이클(Rankine cycle) : 증기원동소(증기기관)의 이상 사이클로 보일러에서 발생된 증기를 증기터빈에서 단열팽창하면서 외부에 일을 한 후 냉각기(condenser)에서 냉각되어 포화액이 되며 포화액은 급수펌프에 의하여 다시 보일러로 유입되는 과정을 갖는 사이클이다.
답 ④

03 다음 사이클(cycle) 중 상변화를 동반하는 것은?
① 오토 사이클   ② 스털링 사이클
③ 랭킨 사이클   ④ 브레이턴 사이클

해설 랭킨 사이클 : 증기원동소(증기기관)의 이상 사이클로 증기와 물 사이의 상 변화를 갖는다.
답 ③

04 이상적인 증기동력 사이클인 랭킨 사이클을 이루는 과정이 아닌 것은?
① 펌프에서의 등엔트로피 압축
② 보일러에서의 정압 가열
③ 터빈에서의 등온 팽창
④ 응축기에서의 정압 방열

해설 랭킨 사이클의 작동유체 흐름 과정
㉮ 펌프 : 단열 압축(등엔트로피 압축)
㉯ 보일러 : 정압 가열
㉰ 터빈 : 단열 팽창
㉱ 응축기(복수기) : 정압 냉각(방열)
답 ③

05 랭킨 사이클의 순서를 차례대로 옳게 나열한 것은?
① 단열압축 → 정압가열 → 단열팽창 → 정압냉각
② 단열압축 → 등온가열 → 단열팽창 → 정적냉각
③ 단열압축 → 등적가열 → 등압팽창 → 정압냉각
④ 단열압축 → 정압가열 → 단열팽창 → 정적냉각

해설 랭킨 사이클의 작동순서 : 단열압축(펌프) → 정압가열(보일러) → 단열팽창(터빈) → 정압냉각(복수기)
답 ①

06 다음 그림은 어떤 사이클에 가장 가까운가?

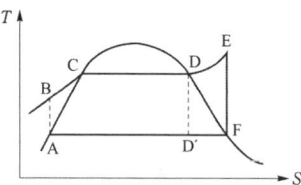

① 디젤 사이클   ② 냉동 사이클
③ 오토 사이클   ④ 랭킨 사이클

해설 랭킨 사이클 : 2개의 정압변화와 2개의 단열변화로 구성된 증기원동소의 이상 사이클이다.
㉮ A → B 과정 : 급수펌프의 단열 압축과정
㉯ B → E 과정 : 보일러에서 정압가열과정

㉰ E → F 과정 : 터빈에서 단열 팽창과정
㉱ F → A 과정 : 복수기에서 정압 방열(냉각)과정
답 ④

07 다음 랭킨 사이클(Rankine cycle)의 $T-S$ 선도에서 사선 부분 4-5-6-7은 무엇을 나타내는가?

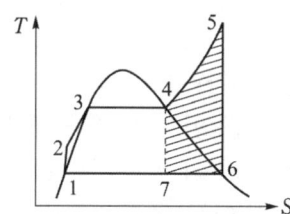

① 수증기의 과열에 의한 추가적 일(work)
② 수증기 과열을 위한 추가적 열량
③ 응축기에서 제거되어야 할 열량
④ 보일러(boiler)의 열 부하

해설 사선 부분 4-5-6-7 : 보일러에서 발생된 건포화증기를 과열기에서 가열하여 만들어진 고온, 고압의 과열증기가 추가적으로 한 일을 나타낸다. 답 ①

08 증기 동력 사이클 중 이상적인 랭킨(Rankine) 사이클에서 등엔트로피 과정이 일어나는 곳은?
① 펌프, 터빈
② 응축기, 보일러
③ 터빈, 응축기
④ 응축기, 펌프

해설 등엔트로피 과정은 가역단열과정에 해당되며 랭킨 사이클에서 가역단열과정이 일어나는 곳은 펌프와 터빈에 해당된다. 답 ①

09 1[atm]의 포화액을 10[atm]까지 단열압축 시키는 데 필요한 펌프의 일은? (단, v는 0.001[m³/kg]이다.)
① 92.97[kgf·m/kg]
② 96.05[kgf·m/kg]
③ 98.17[kgf·m/kg]
④ 101.17[kgf·m/kg]

해설
$$W_P = h_2 - h_1 = v \times (P_2 - P_1)$$
$$= 0.001 \times \{(10 \times 10,332) - (1 \times 10,332)\}$$
$$= 92.988[kgf \cdot m/kg]$$
답 ①

10 수증기의 내부에너지 및 엔탈피가 터빈 입구에서 각각 2,900[kJ/kg], 3,200[kJ/kg]이고 터빈 출구에서 2,300[kJ/kg], 2,500[kJ/kg]일 때 터빈의 출력은 몇 [kW]인가? (단, 터빈은 단열되어 있으며 발생되는 수증기의 질량 유량은 2[kg/s]이다.)
① 600
② 700
③ 1,200
④ 1,400

해설 터빈의 출력은 터빈입구와 출구의 엔탈피 차에 수증기 질량을 곱한 값과 같고, 1[W]는 1[J/s]이므로 1[kW]는 3,600[kJ/h]이다.
$$\therefore N_T = \frac{m(h_2 - h_3)}{3,600}$$
$$= \frac{2 \times 3,600 \times (3,200 - 2,500)}{3,600}$$
$$= 1,400[kW]$$
답 ④

11 이상적인 단순 랭킨사이클로 작동되는 증기 원동소에서 펌프 입구, 보일러 입구, 터빈 입구, 응축기 입구의 비엔탈피를 각각 h_1, h_2, h_3, h_4라고 할 때 열효율은?

① $1 - \dfrac{h_4 - h_1}{h_3 - h_2}$
② $1 - \dfrac{h_4 - h_2}{h_3 - h_2}$
③ $1 - \dfrac{h_4 - h_2}{h_3 - h_1}$
④ $1 - \dfrac{h_4 - h_1}{h_3 - h_1}$

해설
$$\eta = \frac{W}{Q_1} = \frac{W_T - W_P}{Q_1} = \frac{(h_3 - h_4) - (h_2 - h_1)}{h_3 - h_2}$$
$$= \frac{(h_3 - h_2) - (h_4 - h_1)}{h_3 - h_2} = 1 - \frac{h_4 - h_1}{h_3 - h_2}$$
$\therefore Q_1 = h_3 - h_2$, $Q_2 = h_4 - h_1$에 해당되므로 $W = Q_1 - Q_2$이다.
답 ①

12 그림은 랭킨사이클의 온도-엔트로피($T-S$)선도이다. h_1 = 192[kcal/kg], h_2 = 194[kJ/kg], h_3 = 2,802[kJ/kg], h_4 = 2,010[kJ/kg]이라면 열효율은 약 얼마인가?

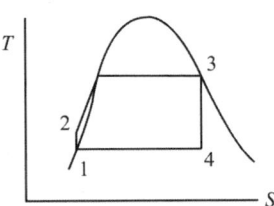

① 25.3[%]   ② 30.3[%]
③ 43.6[%]   ④ 49.7[%]

해설
$$\eta = \frac{W}{Q_1} \times 100 = \frac{W_T - W_P}{Q_1} \times 100$$
$$= \frac{(h_3 - h_4) - (h_2 - h_1)}{h_3 - h_2} \times 100$$
$$= \frac{(2,802 - 2,010) - (194 - 192)}{2,802 - 194} \times 100$$
$$= 30.291[\%]$$ 답 ②

13 다음 온도(T)-엔트로피(s) 선도에 나타난 랭킨(Rankine) 사이클의 효율을 바르게 나타낸 것은?

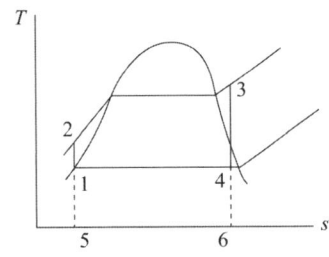

① $\dfrac{면적\ 1-2-3-4-1}{면적\ 5-2-3-6-5}$

② $1 - \dfrac{면적\ 1-2-3-4-1}{면적\ 5-2-3-6-5}$

③ $\dfrac{면적\ 1-4-6-5-1}{면적\ 5-2-3-6-5}$

④ $\dfrac{면적\ 1-2-3-4-1}{면적\ 5-1-4-6-5}$

해설 펌프일(W_P)을 무시한 열효율
$$\therefore \eta_R = \frac{터빈이\ 하는\ 일(W_T)}{공급열량(Q_1)}$$
$$= \frac{면적\ 1-2-3-4-1}{면적\ 5-2-3-6-5}$$ 답 ①

14 랭킨 사이클로 작동되는 증기원동소에 500[℃], 60[kgf/cm²]의 증기가 공급되고 응축기 압력은 0.5[kgf/cm²]일 때 이론 열효율은 몇 [%]인가? (단, 터빈입구 엔탈피 h_3는 820.6[kcal/kg], 터빈출구 엔탈피 h_4는 508.4[kcal/kg], 급수펌프 입구 엔탈피(응축기 출구) h_1은 32.55[kcal/kg], 0.5[kgf/cm²]에서 급수의 비체적은 0.01[m³/kg]이다.)

① 28.6   ② 38.5
③ 45.4   ④ 49.9

해설 ㉮ 펌프 일의 열당량 계산
$$W_P = A(P_2 - P_1)v$$
$$= \frac{1}{427} \times (60 \times 10^4 - 0.5 \times 10^4) \times 0.01$$
$$= 13.934\ [\text{kcal/kg}]$$

② 열효율 계산
$$\therefore \eta_R = \frac{(h_3 - h_4) - W_P}{(h_3 - h_1) - W_P} \times 100$$
$$= \frac{(820.6 - 508.4) - 13.934}{(820.6 - 32.55) - 13.934} \times 100$$
$$= 38.52[\%]$$

※ 급수펌프 출구(보일러 입구) 엔탈피가 주어지지 않아 공급열량을 터빈 입구 엔탈피와 급수펌프 입구 엔탈피 차에 급수펌프 일의 열당량을 제외하는 계산법으로 하였음.
∴ 공급열량 = (터빈 입구 엔탈피 - 급수펌프 입구 엔탈피) - 급수펌프 일의 열당량   답 ②

15 랭킨사이클에서 각 지점의 엔탈피가 다음과 같을 때 사이클의 효율은 약 얼마인가?

- 펌프 입구 : 190[kJ/kg]
  보일러 입구 : 200[kJ/kg]
- 터빈 입구 : 2,800[kJ/kg]
  응축기 입구 : 2,000[kJ/kg]

① 0.1   ② 0.25   ③ 0.3   ④ 0.5

해설
$$\eta_R = \frac{W_{net}}{Q_1} = \frac{W_T - W_P}{Q_1}$$
$$= \frac{(h_3 - h_4) - (h_2 - h_1)}{h_3 - h_2}$$
$$= \frac{(2,800 - 2,000) - (200 - 190)}{2,800 - 200}$$
$$= 0.303$$
답 ③

16 Rankine cycle로 작동되는 증기원동소에서 터빈 입구의 과열증기 온도는 500[℃], 압력은 2[MPa]이며, 터빈 출구의 압력은 5[kPa]이다. 펌프일을 무시하는 경우 이 cycle의 열효율은 몇 [%]인가? (단, 터빈 입구의 과열증기의 엔탈피는 3,465[kJ/kg]이고, 터빈 출구의 엔탈피는 2,556[kJ/kg]이며, 5[kPa]일 때 급수 엔탈피는 135[kJ/kg]이다.)

① 21.7
② 27.3
③ 36.7
④ 43.2

해설
$$\eta_R = \frac{\text{터빈이 이용한 열}}{\text{공급열}} \times 100$$
$$= \frac{(h_3 - h_4)}{(h_3 - h_1)} \times 100$$
$$= \frac{(3,465 - 2,556)}{(3,465 - 135)} \times 100$$
$$= 27.297[\%]$$
답 ②

17 랭킨 사이클로 작동되는 발전소의 효율을 높이려고 할 때 증기터빈의 초압과 배압은 어떻게 하여야 하는가?

① 초압과 배압 모두 올림
② 초압을 올리고 배압을 낮춤
③ 초압은 낮추고 배압을 올림
④ 초압과 배압 모두 낮춤

해설 $\eta_R = \frac{W_{net}}{Q_1} = \frac{W_T - W_P}{Q_1}$에서 보일러 압력(초압)이 높으면 발생증기 엔탈피가 커져 보일러의 가열량(Q_1)이 커지고, 복수기의 압력(배압)이 낮아지면 터빈의 일량(W_T)이 증가하여 랭킨사이클의 효율은 증가한다.
답 ②

18 이상적인 기본 랭킨(Rankine) 사이클의 열효율에 관한 다음 설명 중 옳은 것을 모두 나열한 것은?

㉠ 보일러(boiler) 압력이 높을수록 열효율이 높아진다.
㉡ 응축기(condenser) 압력이 낮을수록 열효율이 높아진다.

① ㉠
② ㉡
③ ㉠, ㉡
④ 모두 틀리다.

해설 랭킨 사이클의 열효율은 초압(보일러 압력)이 높을수록, 배압(응축기 압력)이 낮을수록 높아진다.
답 ③

19 다음 중 랭킨 사이클의 열효율을 높이는 방법으로 옳지 않은 것은?

① 복수기의 압력을 상승시킨다.
② 사이클의 최고 온도를 높인다.
③ 보일러의 압력을 상승시킨다.
④ 재열기를 사용하여 재열 사이클로 운전한다.

해설 랭킨 사이클의 열효율을 높이는 방법
㉮ 보일러의 압력을 상승시킨다.
㉯ 증기를 고온으로 과열시킨다.
㉰ 터빈에서 배출되는 증기의 압력을 낮춘다.
㉱ 복수기의 압력을 낮춘다.
㉲ 고온 측과 저온 측의 온도차를 크게 한다.
㉳ 재열기를 사용하여 재열 사이클로 운전한다.
답 ①

20 증기동력 사이클의 효율을 높이기 위하여 취하는 조치 중 가장 거리가 먼 것은?

① 작동유체의 순환량을 증가시킨다.
② 고온 측의 압력을 높인다.
③ 고온 측과 저온 측의 온도차를 크게 한다.
④ 필요에 따라서는 2유체 사이클로 한다.

해설 동일한 조건에서 작동유체의 순환량만 증가시키면 펌프의 일이 증가되어 효율은 감소한다.
답 ①

21 증기 동력 사이클의 구성 요소 중 복수기 (condenser)가 하는 역할은?

① 물을 가열하여 증기로 만든다.
② 터빈에 유입되는 증기의 압력을 높인다.
③ 증기를 팽창시켜서 동력을 얻는다.
④ 터빈에서 나오는 증기를 물로 바꾼다.

해설 복수기(condenser) 역할 : 터빈에서 나오는 증기를 냉각하여 응축수(포화액)로 바꾼다. **답** ④

22 랭킨(Rankine) 사이클에서 응축기의 압력을 낮출 때 나타나는 현상으로 옳은 것은?

① 이론 열효율이 낮아진다.
② 터빈 출구의 증기건도가 낮아진다.
③ 응축기의 포화온도가 높아진다.
④ 응축기 내의 절대압력이 증가한다.

해설 응축기의 압력을 낮출 때 나타나는 현상
㉮ 배출열량이 작아지고, 이론 열효율이 높아진다.
㉯ 응축기의 포화온도가 낮아진다.
㉰ 터빈에서의 엔탈피 낙차가 커진다.
㉱ 터빈 출구의 증기건도가 낮아지며, 습기가 증가한다. **답** ②

23 랭킨 사이클에서 압력 및 온도의 영향에 대한 설명으로 틀린 것은?

① 응축기 압력이 낮아지면 배출열량은 적어지고 열효율은 증가한다.
② 배기온도를 낮추면 터빈을 떠나는 습증기의 건도가 증가한다.
③ 보일러 압력이 높아지면 열효율이 증가한다.
④ 주어진 압력에서 과열도가 높을수록 출력이 증가한다.

해설 터빈의 배기온도를 낮추면 터빈을 떠나는 습증기의 건도가 감소되어 터빈 날개가 부식된다. **답** ②

24 랭킨 사이클에서 높은 압력으로 열효율을 증가시키고 저압 측에서 과도한 습도를 피하는 한편 터빈 일을 증가시키는 목적으로 고안된 사이클은?

① 브레이턴 사이클
② 재생 사이클
③ 재열 사이클
④ 카르노 사이클

해설 재열사이클 : 랭킨 사이클의 열효율을 증가시키기 위해 고안된 것으로 고압 터빈에서 단열팽창한 증기를 재열기에서 정압가열하여 저압터빈에서 단열팽창시켜 터빈일을 증가시키는 사이클이다. **답** ③

25 그림은 증기원동소의 재열 cycle을 $T-S$선도 상에 표시한 것이다. 재열과정은?

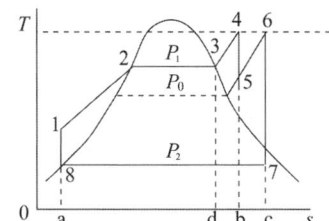

① $3 \rightarrow 4$ ② $5 \rightarrow 6$
③ $2 \rightarrow 3$ ④ $7 \rightarrow 1$

해설 재열 사이클 작동과정
㉮ $1 \rightarrow 4$: 정압가열과정 – 보일러에서 증기발생 과정
㉯ $4 \rightarrow 5$: 단열팽창과정 – 고압 터빈에서 단열팽창
㉰ $5 \rightarrow 6$: 정압가열과정 – 고압 터빈에서 송출한 과열증기를 과열기에서 정압가열하여 과열도가 큰 과열증기가 된다.
㉱ $6 \rightarrow 7$: 단열팽창과정 – 저압 터빈에서 단열팽창
㉲ $7 \rightarrow 8$: 정압냉각과정 – 복수기에서 정압냉각으로 포화수(응축수)가 된다.
㉳ $8 \rightarrow 1$: 단열압축과정 – 펌프로 보일러에 급수 **답** ②

26 다음 그림은 어떠한 사이클과 가장 가까운가?

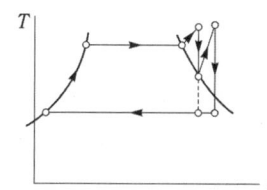

① 디젤(diesel) 사이클
② 재열(reheat) 사이클
③ 합성(composite) 사이클
④ 재생(regenerative) 사이클

해설 재열사이클 : 고압 터빈에서 단열팽창한 증기를 재열기에서 정압가열하여 저압터빈에서 단열팽창 시켜 터빈 일을 증가시키는 사이클이다. 답 ②

27 다음 $h-s$ 선도를 이용하여 재열 랭킨(Rankine)사이클의 효율을 바르게 표시한 것은?

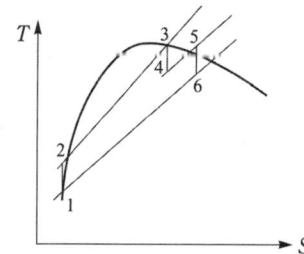

① $\dfrac{h_3 - h_2}{(h_6 - h_1) + (h_5 - h_4)}$

② $1 - \dfrac{h_3 - h_2}{(h_6 - h_1) + (h_5 - h_4)}$

③ $\dfrac{(h_3 - h_4) + (h_5 - h_6) - (h_2 - h_1)}{(h_3 - h_2) + (h_5 - h_4)}$

④ $\dfrac{(h_3 - h_4) + (h_5 - h_6) + (h_2 - h_1)}{(h_3 - h_2) + (h_5 - h_4)}$

해설 재열사이클의 열효율 : 주어진 $h-s$ 선도 기준

㉮ 펌프일 고려
$$\therefore \eta_{reh} = \dfrac{(h_3 - h_4) + (h_5 - h_6) - (h_2 - h_1)}{(h_3 - h_2) + (h_5 - h_4)}$$

㉯ 펌프일 무시
$$\therefore \eta_{reh} = \dfrac{(h_3 - h_4) + (h_5 - h_6)}{(h_3 - h_2) + (h_5 - h_4)}$$
답 ③

28 터빈에서 증기의 일부를 배출하여 급수를 가열하는 증기 사이클은?

① 사바테 사이클   ② 재생 사이클
③ 디젤 사이클   ④ 오토 사이클

해설 재생 사이클 : 팽창 도중의 증기를 터빈에서 추출하여 급수의 가열에 사용하는 사이클로 열효율이 랭킨 사이클에 비해 증가한다. 답 ②

29 재생 사이클을 보일러 및 증기동력 사이클에 채용하는 주된 이유는 무엇인가?

① 급수를 가열하여 열효율을 높이기 위하여
② 터빈 출구의 수증기의 건도를 높이기 위하여
③ 응축수를 이용하여 연소용 공기를 예열하기 위하여
④ 펌프 일을 감소시키기 위해서

해설 재생 사이클 : 팽창 도중의 증기를 터빈에서 추출하여 급수의 가열에 사용하므로 보일러에서 공급열량이 감소하여 열효율이 증가하는 사이클이다. 답 ①

30 재생 사이클의 장점과 거리가 먼 것은?

① 공기예열기(air pre-heater)가 필요하다.
② 추기에 의하여 보일러급수를 예열하므로 보일러에서 가열량을 감소시킨다.
③ 터빈 저압부가 과대해지는 것을 막을 수 있다.
④ 랭킨사이클에 비해 효율이 증가한다.

해설 공기예열기는 연소과정과 관계있는 것으로 재생사이클과는 직접 관련이 없다. 답 ①

31 그림은 재생 과정이 있는 랭킨 사이클이다. 추기에 의하여 급수가 가열되는 과정은?

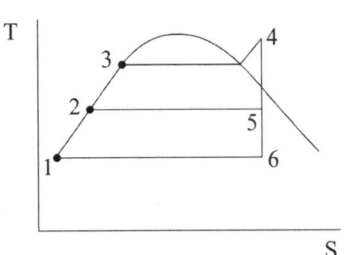

① 1 – 2 ② 4 – 5
③ 5 – 6 ④ 4 – 6

해설 재생 사이클 과정
㉮ 1 – 2 과정 : 추기에 의하여 급수가 가열
㉯ 4 – 5 과정 : 터빈에서의 단열팽창에 의하여 외부에 일을 하는 과정
㉰ 4 – 6 과정 : 터빈에서의 단열팽창과정 답 ①

32 증기 동력 사이클에서 열효율을 높이기 위하여 사용하는 방식으로 가장 적합한 것은?

① 재열–팽창 사이클
② 재생–흡열 사이클
③ 재생–재열 사이클
④ 재열–방열 사이클

해설 재열–재생 사이클 : 증기의 초압을 높이면서 팽창 후의 증기 건조도가 낮아지지 않도록 한 것으로 효율증대보다는 터빈의 복수장해를 방지하여 수명연장에 주안점을 둔 재열사이클과 배기의 열 급수의 예열에 재생시켜서 열효율을 개선하는 재생 사이클을 조합하여 효율을 향상시킨 사이클이다. 답 ③

33 엔탈피 25[kcal/kg]인 물을 보일러에서 가열하여 엔탈피 756[kcal/kg]인 증기로 만들어 10[ton/h]의 유량으로 증기 터빈에 송입하였더니 출구 엔탈피는 596[kcal/kg]이었다. 보일러의 가열량은 약 몇 [kcal/h]인가?

① 2.6×10^6 ② 7.3×10^6
③ 13.8×10^6 ④ 25.0×10^6

해설 $Q_1 = G \cdot (h_2 - h_1) = 10,000 \times (756 - 25)$
$= 731000 = 7.31 \times 10^6 [\text{kcal/h}]$ 답 ②

34 가스 터빈에 의한 발전기에서 발전기 출력이 14,070[kW], 열교환기 입구 가스온도는 470[℃], 출구 가스온도는 170[℃]이고 열효율은 22[%]이다. 만약 저위발열량이 40,000[kJ/kg]인 C 중유를 연료로 사용한다면 C 중유의 소요량은 몇 [kg/h]인가?

① 279 ② 752
③ 4,752 ④ 5,756

해설 1[kW]는 3,600[kJ/h]에 해당된다.
$\therefore G_f = \dfrac{Q}{H_l \times \eta} = \dfrac{14,070 \times 3,600}{40,000 \times 0.22}$
$= 5,755.9 [\text{kg/h}]$ 답 ④

35 저발열량 11,000[kcal/kg]인 연료를 연소시켜서 900[kW]의 동력을 얻기 위해서는 매 분당 약 몇 [kg]의 연료를 연소시켜야 하는가? (단, 연료는 완전연소되며 발생한 열량의 50[%]가 동력으로 변환된다고 가정한다.)

① 1.37 ② 2.34
③ 3.82 ④ 4.17

해설 1[kW]는 860[kcal/h]이고 분당 연료량을 구하여야 한다.
$\therefore G_f = \dfrac{Q}{H_l \times \eta} = \dfrac{900 \times 860}{11,000 \times 0.5 \times 60}$
$= 2.345 [\text{kg/min}]$ 답 ②

36 증기 터빈에 36[kg/s]의 증기를 공급하고 있다. 터빈의 출력이 3×10^4[kW]이면 터빈의 증기 소비율은 몇 [kg/kW·h]인가?

① 3.08 ② 4.32
③ 6.25 ④ 7.18

해설 증기 소비율 = $\dfrac{\text{시간당 공급 증기량}}{\text{터빈의 출력}}$

$= \dfrac{36 \times 3{,}600}{3 \times 10^4}$

$= 4.32 [\text{kg/kW} \cdot \text{h}]$ **답** ②

37 터빈에서 2[kg/s]의 유량으로 수증기를 팽창시킬 때 터빈의 출력이 1,200[kW]라면 열손실은 몇 [kW]인가? (단, 터빈 입구와 출구에서 수증기의 엔탈피는 각각 3,200[kJ/kg]와 2,500[kJ/kg]이다.)

① 600 ② 400
③ 300 ④ 200

해설 열손실 = 공급 엔탈피 − 터빈 출력
$= \{2 \times (3{,}200 - 2{,}500)\} - 1{,}200$
$= 200 [\text{kW}]$

※ [W] = [J/s]이므로 [kW] = [kJ/s]이다. **답** ④

제5장 냉동 사이클

1. 냉매

1.1 냉매의 종류

(1) 1차 냉매(직접 냉매)

냉동장치를 순환하면서 상태변화에 의한 잠열에 의하여 열을 운반하는 것으로 암모니아(NH_3), 프레온 등이다.

(2) 2차 냉매(간접 냉매)

브라인(brine)이라 하며, 배관을 순환하면서 온도변화에 의한 감열상태로 열을 운반하는 것으로 염화나트륨(NaCl), 염화칼슘($CaCl_2$), 염화마그네슘($MgCl_2$), 물(H_2O) 등이다.

1.2 냉매의 열역학적 특성

(1) 물리적 조건

① 대기압 이상, 상온에서 응축, 액화가 쉬울 것
② 응고점이 낮고 임계온도가 높을 것
③ 증발잠열이 크고 기체의 비체적이 적을 것
④ 오일과 냉매가 작용하여 냉동장치에 악영향을 미치지 않을 것
⑤ 점도가 적고, 전열이 양호하고 표면장력이 적을 것
⑥ 누설 발견이 쉬울 것
⑦ 수분 함유 시에도 장치 내 악영향을 미치지 않을 것
⑧ 비열비가 적을 것
⑨ 전기적 절연내력이 크고, 전기적 절연물질을 침식시키지 말 것
⑩ 열화, 폭발성이 없을 것

(2) 화학적 조건

① 화학적으로 결합이 양호하고 분해하지 말 것
② 패킹재료에 악영향을 미치지 말 것
③ 금속에 대한 부식성이 없을 것
④ 인화 및 폭발성이 없을 것

(3) 생물학적 조건

① 인체에 무해할 것
② 누설 시 냉장품에 손상을 주지 말 것
③ 악취가 없을 것

(4) 기타

① 경제적일 것(가격이 저렴할 것)
② 자동운전이 쉬울 것

2 냉동 사이클

2.1 냉동 사이클의 종류

(1) 역 카르노 사이클

카르노 사이클의 순환과정이 반대 방향인 것으로 냉동 사이클의 이론적인 사이클이다.

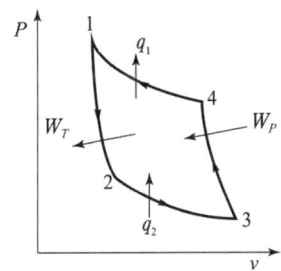 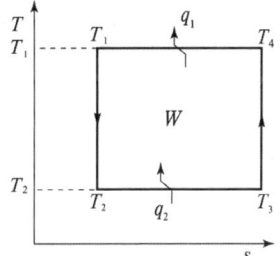

1 → 2 과정 : 단열팽창과정   2 → 3 과정 : 정온팽창과정(저열원에서 열량 흡수)
3 → 4 과정 : 단열압축과정   4 → 1 과정 : 정온압축과정(고열원에 열량 방출)

역 카르노 사이클

① 저온에서 흡수한 열량(냉동효과)

$$q_2 = P_2 v_2 \ln \frac{v_3}{v_2} = R T_2 \ln \frac{v_3}{v_2}$$

② 고온체에 방출한 열량(방출열량)

$$q_1 = P_1 v_1 \ln \frac{v_4}{v_1} = R T_1 \ln \frac{v_4}{v_1}$$

③ 성적계수(COP_R : Coefficient of Performance) : 저열원에서 흡수하는 열량(q_2)과 공급받는 일의 열상당량(W)의 비이다.

$$COP_R = \frac{저열원으로부터\ 흡수하는\ 열량}{외부에서\ 공급받는\ 일의\ 열상당량}$$
$$= \frac{q_2}{W} = \frac{q_2}{q_1 - q_2} = \frac{T_2}{T_1 - T_2}$$

(2) 증기압축 냉동 사이클

역 카르노 사이클의 단열과정(등 엔트로피 과정)은 이론적으로 가능하지만 실제로는 실현이 불가능하므로 교축단열팽창을 적용하여 냉동의 목적을 달성하는 사이클이다.

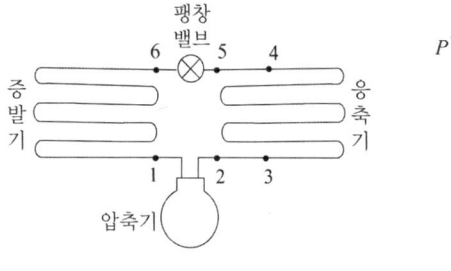
증기 압축 냉동 사이클 구성

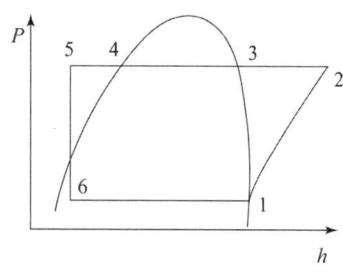
$p - h$ 선도

① **4대 구성요소** : 압축기, 응축기, 팽창밸브, 증발기

② **각 장치의 특징**

㉮ 압축기(단열압축과정) : 저온 저압의 냉매 가스를 응축, 액화하기 쉽도록 압축하여(고온, 고압) 응축기로 보내는 역할을 한다.

㉯ 응축기(정온응축과정) : 고온, 고압의 냉매 가스를 공기나 물을 이용하여 응축, 액화시키는 역할을 한다.

㉢ **팽창 밸브(단열팽창과정)** : 고온, 고압의 냉매액을 증발기에서 증발하기 쉽도록 하기 위하여 저온, 저압의 액으로 교축 팽창시키는 역할을 한다.

㉣ **증발기(정온팽창과정)** : 팽창 밸브에서 압력과 온도를 내린 저온, 저압의 액체 냉매가 피냉각 물체로부터 열을 흡수하여 증발함으로써 저온, 저압의 가스가 되어 냉동의 목적을 직접적으로 이루는 부분이다.

(3) 공기 압축 냉동 사이클

가스 터빈의 이론 사이클에 해당하는 브레이턴 사이클의 순환과정을 반대방향으로 행하는 것으로 역 브레이턴 사이클에 해당한다.

(4) 흡수식 냉동장치

① **4대 구성요소** : 흡수기, 발생기, 응축기, 증발기

② **냉매 및 흡수제의 종류**

냉 매	흡수제	냉 매	흡수제
암모니아(NH_3)	물(H_2O)	염화메틸(CH_3Cl)	사염화에탄
물(H_2O)	리튬브로마이드(LiBr)	톨루엔	파라핀유

2.2 냉동능력, 냉동률, 성능계수(COP)

(1) 냉동능력

① **1 한국 냉동톤** : 0[℃] 물 1톤(1,000[kg])을 0[℃] 얼음으로 만드는 데 1일 동안 제거하여야 할 열량을 말한다.

$$Q = G \cdot r = 1,000\,[\text{kg}] \times 79.68\,[\text{kcal/kg}] \times \frac{1\,[\text{일}]}{24\,[\text{h}]} = 3,320\,[\text{kcal/h}]$$

② **1 미국 냉동톤** : 32[°F] 물 2,000[lb]를 32[°F] 얼음으로 만드는 데 1일 동안 제거하여야 할 열량을 말한다.

$$Q = G \cdot r = 2,000\,[\text{lb}] \times 144\,[\text{BTU/lb}] \times \frac{1\,[\text{일}]}{24\,[\text{h}]}$$
$$= 12,000\,[\text{BTU/h}] \times \frac{1\,[\text{kcal}]}{3.968\,[\text{BTU}]} = 3,024\,[\text{kcal/h}]$$

(2) 냉동률

1PS의 동력으로 1시간에 발생하는 이론 냉동능력을 말한다.

(3) 성능계수

저온체에서 흡수 제거하는 열량(q_2)과 공급된 일(W)과의 비를 말한다.

$$COP_R = \frac{q_2}{W} = \frac{q_2}{q_1 - q_2} = \frac{T_2}{T_1 - T_2}$$

① 증기압축 냉동 사이클

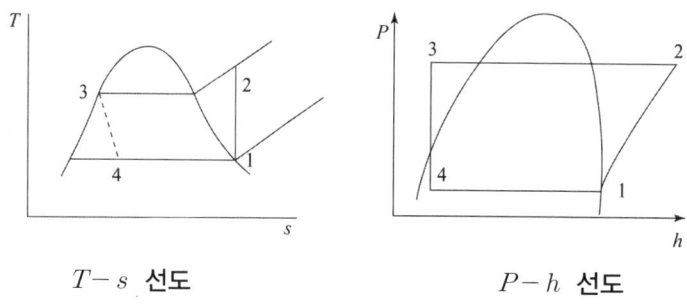

$T-s$ 선도 　　　　　　　$P-h$ 선도

㉮ 순환과정
- ⓐ 1 → 2 : 단열압축과정(압축기)　　ⓑ 2 → 3 : 정온응축과정(응축기)
- ⓒ 3 → 4 : 단열팽창과정(팽창밸브)　　ⓓ 4 → 1 : 정온팽창과정(증발기)

㉯ 성능계수

$$COP_R = \frac{Q_2}{W} = \frac{Q_2}{Q_1 - Q_2} = \frac{h_1 - h_4}{h_2 - h_1}$$

② 냉동기(refrigerator)와 열 펌프(heat pump)의 성능계수 비교

㉮ 냉동기 성능계수

$$COP_R = \frac{\text{저열원으로부터 흡수하는 열량}}{\text{외부에서 공급받는 일의 열상당량}}$$

$$= \frac{Q_2}{W} = \frac{Q_2}{Q_1 - Q_2} = \frac{T_2}{T_1 - T_2}$$

㉯ 열펌프(heat pump)의 성능계수

$$COP_H = \frac{\text{고열원으로부터 방출하는 열량}}{\text{외부에서 공급받은 일의 열상당량}}$$

$$= \frac{Q_1}{W} = \frac{Q_1}{Q_1 - Q_2} = \frac{T_1}{T_1 - T_2} = 1 + COP_R$$

출제예상문제
Expected problems

01 일반적으로 사용되는 냉매로 가장 거리가 먼 것은?
① 암모니아   ② 프레온
③ 이산화탄소   ④ 오산화인

해설 오산화인(P_2O_5) : 습기를 잘 빨아들이는 성질을 갖고 있어 흡습제로 사용된다.   답 ④

02 다음 중 일반적인 냉매로 쓰이지 않는 것은?
① 암모니아   ② CO
③ CO_2 ④ 할로겐화탄소

해설 일산화탄소(CO)는 비점이 −192[℃]이고, 가연성, 독성가스이기 때문에 냉매로는 부적합하다.   답 ②

03 다음 중 표준냉동 사이클에서의 냉동능력이 가장 좋은 냉매는?
① 암모니아   ② R − 12
③ R − 22   ④ R − 113

해설 암모니아(NH_3)의 증발잠열은 −15[℃] 기준으로 1,312.69[kJ/kg]으로 가장 큰 냉매이기 때문에 냉동능력이 가장 좋다.   답 ①

04 냉동 사이클에서 냉매의 구비조건으로 가장 거리가 먼 것은?
① 임계온도가 높을 것
② 증발잠열이 클 것
③ 인화 및 폭발의 위험성이 낮을 것
④ 저온, 저압에서 응축이 되지 않을 것

해설 냉매의 구비조건
㉠ 응고점이 낮고 임계온도가 높으며 응축, 액화가 쉬울 것
㉡ 증발잠열이 크고 기체의 비체적이 적을 것
㉢ 오일과 냉매가 작용하여 냉동장치에 악영향을 미치지 않을 것
㉣ 화학적으로 안정하고 분해하지 않을 것
㉤ 금속에 대한 부식성 및 패킹재료에 악영향이 없을 것
㉥ 인화 및 폭발성이 없을 것
㉦ 인체에 무해할 것(비독성 가스일 것)
㉧ 액체의 비열은 작고, 기체의 비열은 클 것
㉨ 경제적일 것(가격이 저렴할 것)
㉩ 비열비가 작을 것(비열비가 작아야 압축기 토출가스 온도가 낮아진다)   답 ④

05 냉동기의 냉매로서 갖추어야 할 요구조건으로 적당하지 않은 것은?
① 불활성이고 안정해야 한다.
② 비체적이 커야 한다.
③ 증발온도에서 높은 잠열을 가져야 한다.
④ 열전도율이 커야 한다.

해설 증기의 비체적이 작아야 냉매 순환량이 적고, 압축기 용량이 작아진다.   답 ②

06 냉매가 구비해야 할 조건 중 틀린 것은?
① 증발열이 클 것
② 비체적이 작을 것
③ 임계온도가 높을 것
④ 비열비(정압비열/정적비열)가 클 것

해설 비열비가 작아야 압축기 토출가스 온도가 낮아진다.   답 ④

07 카르노(Carnot) 냉동 사이클의 설명 중 틀린 것은?
① 가장 효율이 높다.
② 실제적인 냉동 사이클이다.
③ 카르노(Carnot) 열기관 사이클의 역이다.
④ 냉동 사이클의 기준이 된다.

해설 카르노(Carnot) 냉동 사이클은 카르노(Carnot) 열기관 사이클의 역으로 이론적인 사이클이다. 답 ②

08 냉동 사이클을 비교하여 설명한 것으로 잘못된 것은?

① 역Carnot 사이클이 최고의 COP를 나타낸다.
② 가역팽창 엔진을 가진 증기압축 냉동 사이클의 성능계수는 최고값에 접근한다.
③ 보통의 증기압축 사이클은 역Carnot 사이클의 COP보다 낮은 값을 갖는다.
④ 공기 냉동사이클이 가장 높은 효율을 나타낸다.

해설 공기압축 냉동사이클은 역 브레이턴 사이클로 이상적인 냉동사이클인 역카르노 냉동사이클보다 성적계수가 떨어진다. 답 ④

09 냉동 사이클의 성능계수와 동일한 온도 사이에서 작동하는 역 Carnot 사이클의 성능계수에 관계되는 사항으로서 옳은 것은? (단, T_H = 고온부, T_L = 저온부의 절대온도이다.)

① 냉동사이클의 성능계수가 역 Carnot 사이클의 성능계수보다 높다.
② 냉동사이클의 성능계수는 냉동사이클에 공급한 일을 냉동효과로 나눈 것이다.
③ 역 Carnot 사이클의 성능계수는

$$\frac{T_L}{T_H - T_L}$$ 로 표시할 수 있다.

④ 냉동사이클의 성능계수는 $\frac{T_H}{T_H - T_L}$ 로 표시할 수 있다.

해설 각 항목의 옳은 설명
① 냉동사이클의 이상적 사이클이 역 Carnot 사이클이므로 냉동사이클 성능계수와 역 Carnot 사이클의 성능계수는 같다.
② 냉동사이클의 성능계수는 냉동효과(저열원에서 흡수 제거한 열량)를 냉동 사이클에 공급한 일로 나눈 것이다.
④ 냉동 사이클 및 역 Carnot 사이클의 성능계수는 $\frac{T_L}{T_H - T_L}$ 로 표시할 수 있다. 답 ③

10 표준 증기압축 냉동사이클을 설명한 것으로 옳지 않은 것은?

① 압축과정에서는 기체상태의 냉매가 단열압축되어 고온고압의 상태가 된다.
② 증발과정에서는 일정한 압력상태에서 저온부로부터 열을 공급받아 냉매가 증발한다.
③ 응축과정에서는 냉매의 압력이 일정하며 주위로의 열방출을 통해 냉매가 포화액으로 변한다.
④ 팽창과정은 단열상태에서 일어나며, 대부분 등엔트로피 팽창을 한다.

해설 팽창과정은 고온, 고압의 냉매액을 증발기에서 증발하기 쉽도록 하기 위하여 저온, 저압의 액으로 교축팽창 시키는 역할을 하며, 엔탈피가 일정한 등엔탈피 과정이다. 답 ④

11 일반적으로 팽창밸브(expansion valve)에서의 냉매 상태 변화는 다음 중 어디에 속하는가?

① 등온팽창 과정   ② 정압팽창 과정
③ 등엔트로피 과정 ④ 등엔탈피 과정

해설 증기압축 냉동 사이클에서 팽창밸브에서는 단열팽창과정에 해당되므로 엔탈피가 일정한 등엔탈피 과정이 된다. 답 ④

12 다음 중 냉동 사이클의 운전 특성을 잘 나타내고 사이클의 해석을 하는 데 가장 많이 사용되는 선도는?

① 온도-체적 선도   ② 압력-엔탈피 선도
③ 압력-체적 선도   ④ 압력-온도 선도

해설 냉동 사이클의 운전특성을 해석하는 데 냉매의 압력(P)을 세로축에, 엔탈피(h)를 가로축으로 하는 $P-h$ 선도(냉동 분야에서는 Mollier chart라 한다.)를 가장 많이 사용하고 있다. 답 ②

13 다음 그림의 냉동 사이클에서 압축과정을 나타내는 구간은?

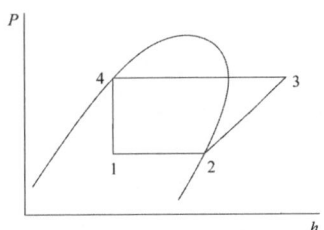

① 1 → 2
② 2 → 3
③ 3 → 4
④ 4 → 1

해설 증기압축 냉동 사이클의 순환과정
㉮ 1 → 2 : 증발과정(정온팽창과정)
㉯ 2 → 3 : 압축과정(단열압축과정)
㉰ 3 → 4 : 응축과정(정온응축과정)
㉱ 4 → 1 : 팽창과정(단열팽창과정) 답 ②

14 표준증기압축 냉동 시스템에 비교하여 흡수식 냉동 시스템의 주된 장점은 무엇인가?
① 압축에 소요되는 일이 줄어든다.
② 시스템의 효율이 상승한다.
③ 장치의 크기가 줄어든다.
④ 열교환기의 수가 줄어든다.

해설 흡수식 냉동장치의 장점
㉮ 압축기를 사용하지 않으므로 전력소비량이 적다.
㉯ 설비 내부의 압력이 진공상태로 압력이 높지 않아 위험성이 적다.
㉰ 흡수식 냉온수기 시스템의 경우 설비 하나로 냉방과 난방이 가능하다. 답 ①

15 공기 냉동 cycle은 어느 열기관의 역 cycle인가?
① Otto cycle
② Diesel cycle
③ Sabathe cycle
④ Brayton cycle

해설 역브레이턴 사이클(Brayton cycle) : 가스 터빈의 이론 사이클인 브레이턴 사이클을 반대방향으로 작동되도록 한 것으로 공기압축 냉동 사이클에 적용된다. 답 ④

16 냉동능력을 나타내는 단위로 0[℃]의 물을 24시간 동안에 0[℃]의 얼음으로 만드는 능력을 무엇이라 하는가?
① 냉동효과
② 냉동마력
③ 냉동톤
④ 냉동률

해설 냉동톤 : 0[℃] 물 1톤(1,000[kg])을 0[℃] 얼음으로 만드는 데 1일 동안 제거하여야 할 열량으로 3,320[kcal/h]에 해당된다. 답 ③

17 1 냉동톤이란 물 1톤을 24시간 동안 0[℃]의 얼음으로 냉동시키는 능력으로 정의된다. 물 1[kg]의 융해열이 79.68[kcal/kg]이라면 1 냉동톤은?
① 79.68[kcal/h]
② 1,912[kcal/h]
③ 2,400[kcal/h]
④ 3,320[kcal/h]

해설 1시간 동안 제거하여야 할 열량 계산
$$\therefore Q = G \cdot \gamma = 1,000 \times 79.68 \times \frac{1}{24}$$
$$= 3,320[kcal/h]$$ 답 ④

18 15[℃]의 물로부터 0[℃]의 얼음을 시간당 40[kg] 만드는 냉동기의 냉동톤은 약 얼마인가? (단, 얼음의 융해열은 80[kcal/kg]이고, 냉동톤은 3,320[kcal/h]로 한다.)
① 0.14
② 1.14
③ 2.14
④ 3.14

해설 ㉮ 제거하여야 할 열량 계산
$$\therefore Q_2 = 현열 + 잠열$$
$$= \{40 \times 1 \times (15-0)\} + (40 \times 80)$$
$$= 3,800[kcal]$$
㉯ 냉동기 냉동톤 계산
$$\therefore 냉동톤 = \frac{Q_2}{3,320} = \frac{3,800}{3,320} = 1.144$$ 답 ②

19 0[℃]의 물 1,000[kg]을 24시간 동안에 0[℃]의 얼음으로 냉각하는 냉동능력은 몇 [kW]인가? (단, 얼음의 융해열은 335[kJ/kg]이다.)

① 2.15   ② 3.88
③ 14   ④ 14,000

해설 1[kW] = 3,600[kJ/h]에 해당된다.

$$\therefore 냉동능력[kW] = \frac{Q_2}{1[kW] 당 [kJ]}$$

$$= \frac{1,000 \times 335}{3,600 \times 24}$$

$$= 3.877[kW] \quad \textbf{답} ②$$

20 증기압축 냉동 사이클에서 증발기 입·출구에서의 냉매의 엔탈피는 각각 29.2[kcal/kg], 306.8[kcal/kg]이다. 1시간에 1냉동 톤 당의 냉매 순환량[kg/h·RT]은 얼마인가? (단, 1냉동 톤은 3,320[kcal/h]로 한다.)

① 15.04   ② 11.96
③ 13.85   ④ 14.06

해설 냉매 순환량 = $\frac{냉동능력}{냉동력}$

$$= \frac{3320}{306.8 - 29.2}$$

$$= 11.959[kg/h \cdot RT] \quad \textbf{답} ②$$

21 성능계수가 5.0, 압축기에서 냉매의 단위 질량당 압축하는 데 요구되는 에너지는 200[kJ/kg]인 냉동기에서 냉동능력 1[kW]당 냉매의 순환량[kg/h]은?

① 1.8   ② 3.6
③ 5.0   ④ 20.0

해설 ㉮ 냉동력 계산

$COP_R = \frac{Q_2}{W}$ 에서

$\therefore Q_2 = COP_R \times W = 5 \times 200$
$= 1,000[kJ/kg]$

㉯ 냉매순환량 계산 : 1[kW] = 3,600[kJ/h]이다.

$$\therefore 냉매 순환량 = \frac{냉동능력}{냉동력}$$

$$= \frac{1 \times 3,600}{1,000}$$

$$= 3.6[kJ/h] \quad \textbf{답} ②$$

22 이상적인 증기압축식 냉동장치에서 압축기 입구를 1, 응축기 입구를 2, 팽창밸브 입구를 3, 증발기 입구를 4로 나타낼 때 온도(T)-엔트로피(S) 선도(수직축 T, 수평축 S)에서 수직선으로 나타나는 과정은?

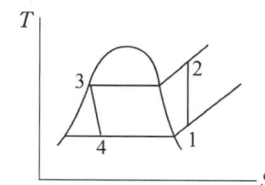

① 1 - 2 과정   ② 2 - 3 과정
③ 3 - 4 과정   ④ 4 - 1 과정

해설 냉동사이클 $T-s$ 선도 과정
㉮ 1 → 2 : 단열압축과정(압축기)
㉯ 2 → 3 : 정온응축과정(응축기)
㉰ 3 → 4 : 단열팽창과정(팽창밸브)
㉱ 4 → 1 : 정온팽창과정(증발기)   **답** ①

23 냉동(refrigeration) 사이클에 대한 성능계수(COP)는 다음 중 어느 것을 해 준 일(work input)로 나누어 준 것인가?

① 저온 측에서 방출된 열량
② 저온 측에서 흡수한 열량
③ 고온 측에서 방출된 열량
④ 고온 측에서 흡수한 열량

해설 냉동 사이클의 성능계수(COP) : 저온 측에서 흡수한 열량(Q_2)을 제거하기 위하여 압축기에서 해준 일(W)의 열상당량으로 나누어 준 것이다.

$$\therefore COP_R = \frac{Q_2}{W} = \frac{Q_2}{Q_1 - Q_2} = \frac{T_2}{T_1 - T_2} \quad \textbf{답} ②$$

24 그림과 같은 냉동기의 성능계수(COP)는 어떻게 나타낼 수 있겠는가?

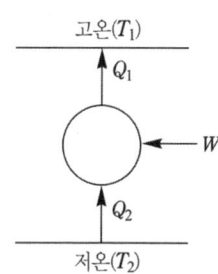

① $\dfrac{W}{Q_1}$ ② $\dfrac{Q_2}{W}$

③ $\dfrac{(T_1-T_2)}{T_2}$ ④ $\dfrac{T_1}{(T_2-T_1)}$

[해설] $COP_R = \dfrac{Q_2}{W} = \dfrac{Q_2}{Q_1-Q_2} = \dfrac{T_2}{T_1-T_2}$ 답 ②

25 그림과 같은 카르노 냉동 사이클에서 성적계수는 약 얼마인가?
(단, 각 사이클에서의 엔탈피(h)는
$h_1 \simeq h_4 = 98$ [kJ/kg]
$h_2 = 231$ [kJ/kg]
$h_3 = 282$ [kJ/kg]이다.)

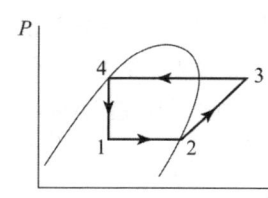

① 1.9   ② 2.3
③ 2.6   ④ 3.3

[해설] $COP_R = \dfrac{Q_2}{W} = \dfrac{h_2-h_1}{h_3-h_2}$
$= \dfrac{231-98}{282-231} = 2.607$ 답 ③

26 다음 $T-S$ 선도에서 냉동 사이클의 성능계수를 옳게 표시한 것은? (단, u는 내부에너지, h는 엔탈피를 나타낸다.)

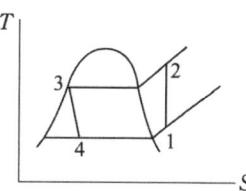

① $\dfrac{h_1-h_4}{h_2-h_1}$ ② $\dfrac{u_1-u_4}{u_2-u_1}$

③ $\dfrac{h_2-h_1}{h_1-h_4}$ ④ $\dfrac{u_2-u_1}{u_1-u_4}$

[해설] $COP_R = \dfrac{Q_2}{W} = \dfrac{Q_2}{Q_1-Q_2} = \dfrac{h_1-h_4}{h_2-h_1}$ 답 ①

27 증기압축 냉동 사이클에서 응축온도는 동일하고 증발온도가 다음과 같을 때 성능계수가 가장 큰 것은?

① -20[℃]   ② -25[℃]
③ -30[℃]   ④ -40[℃]

[해설] $COP_R = \dfrac{Q_2}{W} = \dfrac{Q_2}{Q_1-Q_2} = \dfrac{T_2}{T_1-T_2}$
∴ 응축온도(T_1)가 동일할 때 증발온도(T_2)가 높을수록 성능계수(COP_R)는 커진다.   답 ①

28 이상적인 증기압축 냉동 사이클에서 증발온도가 동일하고 응축온도가 아래와 같을 때 성능계수가 가장 큰 경우는?

① 15[℃]   ② 20[℃]
③ 30[℃]   ④ 25[℃]

[해설] $COP_R = \dfrac{Q_2}{W} = \dfrac{Q_2}{Q_1-Q_2} = \dfrac{T_2}{T_1-T_2}$
∴ 증발온도(T_2)가 동일할 때 응축온도(T_1)가 낮을수록 성능계수(COP_R)는 커진다.   답 ①

29 어떤 냉동기의 냉각수, 냉수의 온도 및 유량을 측정하였더니 다음 표와 같이 나타났다. 이 냉동기의 성능계수(COP)는?

항목	유량 [ton/h]	입구온도 [℃]	출구온도 [℃]
냉수	30	12	7
냉각수	47	29	33

① 3.65 ② 3.95
③ 4.25 ④ 4.55

해설 냉동기에서 흡수제거하여야 할 열량(Q_2)은 냉수가 순환되는 현열량과 같고, 고온부에 방출되는 열량(Q_1)은 냉각수가 순환되는 현열량과 같다.

$$\therefore COP_R = \frac{Q_2}{W} = \frac{Q_2}{Q_1 - Q_2}$$
$$= \frac{30 \times 10^3 \times 1 \times (12-7)}{\{47 \times 10^3 \times 1 \times (33-29)\} - \{30 \times 10^3 \times 1 \times (12-7)\}}$$
$$= 3.947$$

답 ②

30 냉동기가 저온에서 80[kcal]를 흡수하고 고온에서 120[kcal]를 방출할 때 성능계수(COP)는 얼마인가?

① 0 ② 1
③ 2 ④ 3

해설 $COP_R = \dfrac{Q_2}{W} = \dfrac{Q_2}{Q_1 - Q_2}$
$= \dfrac{80}{120 - 80} = 2$

답 ③

31 냉장고가 저온체에서 30[kW]의 열을 흡수하여 고온체로 40[kW]의 열을 방출한다. 이 냉장고의 성능계수는?

① 2 ② 3
③ 4 ④ 5

해설 $COP_R = \dfrac{Q_2}{W} = \dfrac{Q_2}{Q_1 - Q_2} = \dfrac{30}{40 - 30} = 3$

답 ②

32 30[℃]와 100[℃] 사이에서 냉동기를 가동시키는 경우 최대의 성능계수(COP)는 약 얼마인가?

① 2.33 ② 3.33
③ 4.33 ④ 5.33

해설 $COP_R = \dfrac{Q_2}{W} = \dfrac{T_2}{T_1 - T_2}$
$= \dfrac{273 + 30}{(273 + 100) - (273 + 30)}$
$= 4.328$

답 ③

33 0[℃]와 100[℃] 사이에서 조작되는 Carnot 냉동기의 성적계수(COP)는 얼마인가?

① 1.69 ② 2.73
③ 3.56 ④ 4.20

해설 $COP = \dfrac{Q_2}{W} = \dfrac{T_2}{T_1 - T_2}$
$= \dfrac{273}{(273 + 100) - 273} = 2.73$

답 ②

34 역 카르노 사이클로 작동하는 냉동사이클이 있다. 저온부가 −10[℃]로 유지되고, 고온부가 40[℃]로 유지되는 상태를 A상태라고 하고, 저온부가 0[℃], 고온부가 50[℃]로 유지되는 상태를 B상태라 할 때, 성능계수는 어느 상태의 냉동 사이클이 얼마나 높은가?

① A상태의 사이클이 약 0.8만큼 높다.
② A상태의 사이클이 약 0.2만큼 높다.
③ B상태의 사이클이 약 0.8만큼 높다.
④ B상태의 사이클이 약 0.2만큼 높다.

해설 A와 B의 성능계수 비교
㉮ A사이클 성능계수 계산
$\therefore COP_A = \dfrac{Q_2}{W} = \dfrac{T_2}{T_1 - T_2}$
$= \dfrac{273 - 10}{(273 + 40) - (273 - 10)}$
$= 5.26$

㉰ B사이클 성능계수 계산

$$\therefore COP_B = \frac{Q_2}{W} = \frac{T_2}{T_1 - T_2}$$
$$= \frac{273+0}{(273+50)-(273+0)} = 5.46$$

㉱ 성능계수 비교 : B 상태의 사이클이 약 0.2만큼 높다. **답 ④**

35 성능계수 3.4인 냉동기에서 냉동능력 1[kW]당 압축기의 구동 동력은 약 몇 [kW]인가?
① 0.29　② 1.14
③ 2.37　④ 3.06

해설 $COP_R = \frac{Q_2}{W}$ 에서

$$\therefore W = \frac{Q_2}{COP_R} = \frac{1}{3.4} = 0.294[kW]$$ **답 ①**

36 성능계수가 4.3인 냉동기가 시간당 30[MJ]의 열을 흡수한다. 이 냉동기를 작동하기 위한 동력은 약 몇 [kW]인가?
① 0.25　② 1.94
③ 6.24　④ 10.4

해설 $COP_R = \frac{Q_2}{W}$ 에서
1[kW]는 3,600[kJ/h] = 3.6[MJ/h]이다.

$$\therefore W = \frac{Q_2}{COP_R}$$
$$= \frac{30}{4.3 \times 3.6} = 1.937[kW]$$ **답 ②**

37 성적계수(COP_R)가 5.2인 증기압축 냉동기의 1냉동톤 당 이론압축기 구동마력(PS)은 약 얼마인가?
① 1　② 2
③ 3　④ 4

해설 ㉮ 1냉동톤은 3320[kcal/h], 1[PS]는 632.2[kcal/h]이다.
㉯ 압축기 구동마력[PS] 계산
$COP_R = \frac{Q_2}{W}$ 에서

$$\therefore W = \frac{Q_2}{COP_R} = \frac{3320}{5.2 \times 632.2}$$
$$= 1.009[PS]$$ **답 ①**

38 성능계수(coefficient of performance)가 2.5인 냉동기가 있다. 15냉동톤(refrigeration ton)의 냉동용량을 얻기 위해서 냉동기에 공급해야 할 동력[kW]은? (단, 1냉동톤은 3.861[kW]이다.)
① 20.5　② 23.2
③ 27.5　④ 29.7

해설 $COP_R = \frac{Q_2}{W}$ 에서

$$\therefore W = \frac{Q_2}{COP_R} = \frac{15 \times 3.861}{2.5}$$
$$= 23.166[kW]$$ **답 ②**

39 성능계수가 4.8인 증기압축 냉동기의 냉동능력 1[kW] 당 소요동력[kW]은?
① 0.21　② 1.0
③ 2.3　④ 4.8

해설 $COP_R = \frac{Q_2}{W}$ 에서

$$\therefore W = \frac{Q_2}{COP_R} = \frac{1}{4.8} = 0.208[kW]$$ **답 ①**

40 온도가 각각 −20[℃], 30[℃]인 두 열원 사이에서 작동하는 냉동 사이클이 이상적인 역카르노 사이클을 이루고 있다. 냉동기에 공급된 일이 15[kW]일 때 냉동용량(냉각열량)은 약 몇 [kW]인가?
① 2.5　② 3.0
③ 76　④ 91

해설 ㉮ 냉동기 성능계수 계산

$$\therefore COP_R = \frac{Q_2}{W} = \frac{T_2}{T_1 - T_2}$$
$$= \frac{273-20}{(273+30)-(273-20)} = 5.06$$

㉯ 냉동용량(냉각열량) 계산 : 냉동열량이 제거하여야 할 열량이다.

$$\therefore Q_2 = COP_R \times W = 5.06 \times 15$$
$$= 75.9 [kW]$$

답 ③

41 실온이 25[℃]인 방에서 카르노 사이클 냉동기가 작동하고 있다. 냉동 공간은 -30[℃]로 유지되며, 이 온도를 유지하기 위해 작동유체가 냉동 공간으로부터 100[kW]를 전열(혹은 흡열)하려 할 때 약 몇 [kW]의 일을 전동기가 해야 하는가?

① 22.6 ② 81.5
③ 207   ④ 414

해설 ㉮ 냉동기의 성능계수(COP_R) 계산

$$\therefore COP_R = \frac{Q_2}{W} = \frac{T_2}{T_1 - T_2}$$
$$= \frac{273-30}{(273+25)-(273-30)}$$
$$= 4.418$$

㉯ 전동기 용량 계산

$$COP_R = \frac{Q_2}{W}\text{에서}$$
$$\therefore W = \frac{Q_2}{COP_R} = \frac{100}{4.418} = 22.634[kW]$$

답 ①

42 역 카르노 사이클로 운전되는 냉방장치가 실내온도 10[℃]에서 30[kW]의 열량을 흡수하여 20[℃] 응축기에서 방열한다. 이때 냉방에 필요한 최소 동력은 약 몇 [kW]인가?

① 0.03 ② 1.06
③ 30   ④ 60

해설 $COP_R = \frac{Q_2}{W} = \frac{Q_2}{Q_1-Q_2} = \frac{T_2}{T_1-T_2}$ 에서

$$\frac{Q_2}{W} = \frac{T_2}{T_1 - T_2}\text{이다.}$$
$$\therefore W = \frac{Q_2 \times (T_1 - T_2)}{T_2}$$
$$= \frac{30 \times \{(273+20)-(273+10)\}}{273+10}$$
$$= 1.060[kW]$$

답 ②

43 역 카르노 사이클로 작동되는 냉동기가 20[kW]의 일을 받아서 저온체에서 20[kcal/s]의 열을 흡수한다면 고온체로 방출하는 열량은 약 몇 [kcal/s]인가?

① 14.8 ② 24.8
③ 34.8 ④ 44.8

해설 $COP_R = \frac{Q_2}{W} = \frac{Q_2}{Q_1-Q_2}$ 에서 $\frac{Q_2}{W} = \frac{Q_2}{Q_1-Q_2}$ 이고, 1[kW]는 860[kcal/h]이다.

$$\therefore Q_1 = \frac{WQ_2 + Q_2^2}{Q_2}$$
$$= \frac{\left(20 \times \frac{860}{3,600}\right) \times 20 + 20^2}{20}$$
$$= 24.777[kcal/s]$$

답 ②

44 카르노 사이클로 작동하는 냉동기를 사용하여 냉동실의 온도를 -8[℃]로 유지시키는 데 5.4×10^6[J/h]의 일이 소비되었다. 외기의 온도가 5[℃]라 할 때 냉동기에서 냉동톤[RT]은 약 얼마인가? (단, 1[RT]는 3,320 [kcal/h]이다.)

① 2.4   ② 5.8
③ 7.9   ④ 12.4

해설 ㉮ 냉동기 COP_R 계산

$$\therefore COP_R = \frac{Q_2}{W} = \frac{T_2}{T_1 - T_2}$$
$$= \frac{273-8}{(273+5)-(273-8)}$$
$$= 20.384$$

㉯ 냉동톤(RT) 계산

$COP_R = \dfrac{Q_2}{W}$ 에서 $Q_2 = COP_R \times W$ 이고,

1[cal] ≒ 4.2[J] 이다.

$\therefore RT = \dfrac{Q_2}{3,320} = \dfrac{20.384 \times 5.4 \times 10^6}{3,320 \times 10^3 \times 4.2}$

$= 7.893$[RT]   **답 ③**

45 열 펌프(heat pump) 사이클에 대한 성능계수(COP)는 다음 중 어느 것을 입력 일(work input)로 나누어 준 것인가?

① 저온부 압력
② 고온부 온도
③ 고온부 방출열
④ 저온부 부피

해설 열펌프의 성능계수

$\therefore COP_H = \dfrac{\text{고열원으로부터 방출하는 열량}}{\text{외부에서 공급받은 일의 열 상당량}}$

답 ③

46 열 펌프(heat pump)의 성능계수에 대한 설명으로 옳은 것은?

① 냉동 사이클의 효율과 같다.
② 저온체에서 흡수한 열량과 가해준 일의 비이다.
③ 고온체에 방출한 열량과 가해준 일의 비이다.
④ 저온체와 고온체의 절대온도만의 함수이다.

해설 열 펌프(heat pump)의 성능계수 : 고온체에 방출한 열량과 가해준 일의 비

$\therefore COP_H = \dfrac{Q_1}{W} = \dfrac{Q_1}{Q_1 - Q_2}$

$= \dfrac{T_1}{T_1 - T_2} = 1 + COP_R$ **답 ③**

47 어떤 열기관이 열 펌프와 냉동기로 작동될 수 있다. 동일한 고온열원과 저온열원에서 작동될 때, 열 펌프(heat pump)와 냉동기의 성능계수 COP는 다음과 같은 관계식으로 표시될 수 있다. ( ) 안에 알맞은 값은?

$$COP_\text{열펌프} = COP_\text{냉동기} + (\quad\quad)$$

① 0.0　　② 1.0
③ 1.5　　④ 2.0

해설 ㉮ 냉동기의 성능계수 $COP_R = \dfrac{Q_2}{W}$ 와 열펌프의 성능계수 $COP_H = \dfrac{Q_1}{W}$ 에서 $W = Q_1 - Q_2$ 이므로 $Q_1 = W + Q_2$ 이다.

㉯ 열펌프 성능계수 식 Q_1에 $W + Q_2$를 대입하면

$\therefore COP_H = \dfrac{Q_1}{W} = \dfrac{W + Q_2}{W} = \dfrac{W}{W} + \dfrac{Q_2}{W}$

$= 1 + \dfrac{Q_2}{W} = 1 + COP_R$ **답 ②**

48 냉동기에서의 성능계수 COP_R과 열 펌프에서의 성능계수 COP_H와의 관계식으로 옳은 것은?

① $COP_R = COP_H$
② $COP_R = COP_H + 1$
③ $COP_R = COP_H - 1$
④ $COP_R = 1 - COP_H$

해설 ㉮ 냉동기의 성능계수 $COP_R = \dfrac{Q_2}{W}$ 와 열 펌프의 성능계수 $COP_H = \dfrac{Q_1}{W}$ 에서 $W = Q_1 - Q_2$ 이므로 $Q_2 = Q_1 - W$ 이다.

㉯ 냉동기 성능계수 식 Q_2에 $Q_1 - W$를 대입하면

$\therefore COP_R = \dfrac{Q_2}{W} = \dfrac{Q_1 - W}{W} = \dfrac{Q_1}{W} - \dfrac{W}{W}$

$= \dfrac{Q_1}{W} - 1 = COP_H - 1$ **답 ③**

MEMO

Engineer
Energy Management

제 3 과목

계측방법

제1장 계측의 원리

1 단위계와 표준

1.1 단위 및 단위계

(1) 단위(unit)의 종류

① 기본단위 : 물리량을 나타내는 기본적인 단위로 7종으로 분류된다.

기본량	길이	질량	시간	전류	물질량	온도	광도
기본단위	m	kg	s	A	mol	K	cd

② 유도단위 : 기본단위의 조합 또는 기본단위 및 다른 유도단위의 조합에 의하여 형성된 단위로 면적[m^2], 부피[m^3], 속도[m/s] 등이 있다.
③ 보조단위 : 사용 외 편의상 기본단위 및 유도단위를 정수배 또는 정수분하여 표기하는 것으로 [cm], [mm], [km] 등으로 접두기호를 사용한다.
④ 특수단위 : 특수한 계량의 용도에 사용되는 단위로 점도, 경도, 충격치, 인장강도 등이 있다.

(2) 절대단위와 공학단위(중력단위)

① 절대단위 : 단위 기본량을 질량(M), 길이(L), 시간(T)으로 하여 이들의 단위를 사용하여 유도된 단위이다.
② 공학단위(중력단위) : 질량 대신 중량을 사용한 단위로 힘(F), 길이(L), 시간(T)을 기준으로 사용하는 단위이다.
③ SI 단위 : System International Unit의 약자로 국제단위계이다.

힘	N(Newton)	$1kg \cdot m/s^2$ → MKS 단위
	dyne	$1g \cdot cm/s^2$ → CGS 단위
압력	P(Pascal)	N/m^2
일, 에너지, 열량	J(Joule)	N·m
동력	W(Watt)	J/s

(3) 힘(F : Force, Weight)

물체를 정지 또는 일정한 운동 상태로 변화를 가져오는 주체이다.

① **SI 단위** : 질량 1[kg]인 물체가 1[m/s^2]의 가속도를 받았을 때의 힘으로, N(Newton)으로 표시한다.

$$1[N] = 1[kg \cdot m/s^2], \quad 1[dyne] = 1[g \cdot cm/s^2]$$

② **공학단위** : 질량 1[kg]인 물체가 9.8[m/s^2]의 중력가속도를 받았을 때의 힘으로 [kgf]로 표시한다.

$$1[kgf] = 1[kg] \times 9.8[m/s^2] = 9.8[kg \cdot m/s^2] = 9.8[N]$$

(4) 일과 에너지

① **일(work)** : 물체에 힘 F가 작용하여 길이 L만큼 이동시킬 때 이루어지는 것

$$일(W) = 힘(F) \times 길이(L)$$

㉮ SI 단위
- MKS 단위 : 1[N · m] = 1[J]
- CGS 단위 : 1[dyne · cm] = 1[erg]

㉯ 공학단위
- MKS 단위 : 1[kgf · m]
- CGS 단위 : 1[gf · cm]

② **에너지(Energy)** : 일을 할 수 있는 능력으로 외부에 행한 일로 표시되며, 위치에너지(E_p)와 V[m/s]의 속도로 움직일 때의 운동에너지(E_k)가 있다.

(5) 동력

① SI 단위

㉮ 1[W] = 1[J/s]

㉯ 1[kW] = 1[kJ/s] = 3,600[kJ/h] = 102[kgf · m/s] = 860[kcal/h] = 1.36[PS]

② 공학단위

㉮ 1[PS] = 75[kgf · m/s] = 632.2[kcal/h] = 0.735[kW] = 2,664[kJ/h]

㉯ 1[HP](horse power : 영국마력) = 76[kgf · m/s] = 640.75[kcal/h]
$$= 0.745[kW] = 2,685 [kJ/h]$$

주요 물리량의 단위 비교

물리량	SI 단위	공학단위
힘	N [kg·m/s²]	kgf
압력	Pa [N/m²]	kgf/m²
열량	J [N·m]	kcal
일	J [N·m]	kgf·m
에너지	J [N·m]	kgf·m
동력	W [J/s]	kgf·m/s

(6) 단위계

① **미터 단위계** : 길이를 [cm], [m], [km], 질량을 [g], [kg], 시간을 초[s], 분[min], 시간[h]으로 사용하는 단위이다.

㉮ CGS 단위 : 길이를 [cm], 질량을 [g], 시간을 초[s]로 표시

㉯ MKS 단위 : 길이를 [m], 질량을 [kg], 시간을 초[s]로 표시

② **야드 단위계** : 길이를 피트[ft], 야드[yd], 질량을 파운드[lb], 시간을 초[s], 분[min], 시간[h]으로 사용하는 단위이다.

1.2 차원 및 차원식

(1) 차원해석(dimensional analysis)

어떤 물리적 현상에 대한 단위의 변환, 관계식의 변수의 배열 등 물리량을 나타내는 방정식을 수학적인 방법으로 차원의 동차성의 원리를 이용하여 나타낸다.

● **동차성(同次性)의 원리**
모든 물리적인 관계를 나타내는 방정식은 좌변과 우변의 차원이 같아야 한다는 원리이다.

(2) 차원식

① 절대단위(MLT계) 차원 : 질량(M), 길이(L), 시간(T)

② 공학단위(FLT계) 차원 : 힘(F), 길이(L), 시간(T)

③ 무차원 수 = 물리량 수(n)−기본차원 수(m)

주요 물리량의 단위와 차원

물리량	단위		차원	
	절대단위(SI)	공학단위	절대단위(SI)	공학단위
길이	m	m	L	L
질량	kg	kgf·s²/m	M	$FL^{-1}T^2$
시간	s	s	T	T
힘	N, kg·m/s²	kgf	MLT^{-2}	F
면적	m²	m²	L^2	L^2
체적	m³	m³	L^3	L^3
속도	m/s	m/s	LT^{-1}	LT^{-1}
가속도	m/s²	m/s²	LT^{-2}	LT^{-2}
탄성계수	kg/m·s²	kgf/m²	$ML^{-1}T^{-2}$	FL^{-2}
밀도	kg/m³	kgf·s²/m⁴	ML^{-3}	$FL^{-4}T^2$
압력	kg/m·s²	kgf/m²	$ML^{-1}T^{-2}$	FL^{-2}
비중량	kg/m²·s²	kgf/m³	$ML^{-2}T^{-2}$	FL^{-3}
운동량	kg·m/s	kgf·s	MLT^{-1}	FT
각속도	rad/s	rad/s	T^{-1}	T^{-1}
회전력(토크)	kg·m²/s²	kgf·m	ML^2T^{-2}	FL
모멘트	kg·m²/s²	kgf·m	ML^2T^{-2}	FL
표면장력	N/m, kg/s²	kgf/m	MT^{-2}	FL^{-1}
동력	W, kg·m²/s³	kgf·m/s	ML^2T^{-3}	FLT^{-1}
점성계수	kg/m·s, N·s/m²	kgf·s/m²	$ML^{-1}T^{-1}$	$FL^{-2}T$
동점성계수	m²/s	m²/s	L^2T^{-1}	L^2T^{-1}
압력, 응력	Pa, N/m²	kgf/cm²	$ML^{-1}T^{-2}$	FL^{-2}
에너지, 일	J, N·m, kg·m²/s²	kgf·m	ML^2T^{-2}	FL

2 측정의 종류와 방식

2.1 측정의 종류

(1) 직접 측정법

길이, 시간, 무게 등과 같이 표준량에 측정량을 비교하여 그 측정값을 나타내는 방법이다.

(2) 간접 측정법

길이와 시간을 측정하여 속도[m/s]를 계산하고, 구의 지름을 측정하여 부피[m^3]를 계산하는 것과 같이 물리적 방법으로 측정하고자 하는 상태량을 환산하여 측정 대상물의 양을 계산하는 방법이다.

2.2 측정의 방식과 특성

(1) 편위법

부르동관 압력계, 스프링 저울, 전류계 등과 같이 측정량과 관계있는 다른 양으로 변환시켜 측정하는 방법으로 정도는 낮지만 측정이 간단하다.

(2) 영위법

천칭을 이용하여 질량을 측정하는 것과 같이 기준량과 측정하고자 하는 상태량을 비교 평형시켜 측정하는 방법이다.

(3) 치환법

다이얼 게이지를 이용하여 두께를 측정하는 것과 같이 지시량과 미리 알고 있는 다른 양으로부터 측정량을 나타내는 방법이다.

(4) 보상법

측정량과 거의 같은 미리 알고 있는 양을 준비하여 측정량과 그 미리 알고 있는 양의 차이로써 측정량을 알아내는 방법이다.

3. 측정의 오차

3.1 오차의 종류

(1) 오차

측정값과 참값과의 차이이다. (오차 = 측정값 − 참값)

$$오차율(\%) = \frac{측정값 - 참값}{측정값} \times 100$$

$$또는, 오차율(\%) = \frac{측정값 - 참값}{참값} \times 100$$

(2) 오차의 종류

① **과오에 의한 오차** : 측정자의 부주의나 과오 등과 같이 원인을 알 수 있는 오차로 제거가 가능하다.

② **우연 오차** : 우연하고도 필연적으로 생기는 오차로서 원인을 모르기 때문에 보정이 불가능하며, 여러 번 측정하여 평균값으로 처리한다.

③ **계통적 오차** : 측정값에 어떤 일정한 영향을 주는 원인에 의하여 생기는 오차로 원인을 알 수 있기 때문에 제거할 수 있다.
  ㉮ 계기오차 : 측정기가 불완전하거나 내부적 요인의 영향, 사용상의 제한 등으로 생기는 오차
  ㉯ 환경오차 : 온도, 압력, 습도 등 측정환경 변화에 의한 오차
  ㉰ 개인오차(판단오차) : 개인의 버릇에 의하여 발생하는 오차
  ㉱ 이론오차(방법오차) : 사용하는 공식, 계산 등으로 생기는 오차

(3) 기차와 공차

① **기차(器差)** : 계측기가 제작 당시부터 가지고 있는 고유의 오차이다.

$$E = \frac{I - Q}{I} \times 100$$

여기서, E : 기차[%]
  I : 시험용 미터의 지시량
  Q : 기준 미터의 지시량

② **공차(公差)** : 계측기기 고유오차의 최대 허용한도이다.
　㉮ 검정공차 : 계측기기의 검정을 받을 때의 허용기차
　㉯ 사용공차 : 계측기기 사용 시 계량법에서 허용하는 오차의 최대한도

3.2 측정의 정도

(1) 보정

측정값이 참값에 가깝게 하기 위해 수치적으로 가감하는 행위로 오차와 크기는 같으나 부호가 반대이다. (보정 = 참값 – 측정값)

(2) 정도와 감도

① **정도(精度)** : 측정결과에 대한 신뢰도를 수량적으로 표시한 척도이다.

② **감도** : 계측기가 측정량의 변화에 민감한 정도를 나타내는 값이다.
　㉮ 지시량의 변화와 측정량의 변화의 비로 나타낸다.

$$감도 = \frac{지시량의\ 변화}{측정량의\ 변화}$$

　㉯ 감도가 좋으면 측정시간이 길어지고, 측정범위는 좁아진다.

(3) 정밀도와 정확도

① **정밀도** : 같은 계기로서 같은 양을 몇 번이고 반복하여 측정하면 측정값은 흩어진다. 이 흩어짐이 작은 정도(程度)를 정밀도라 한다.

② **정확도** : 같은 조건 하에서 무한히 많은 회수의 측정을 하여 그 측정값을 평균값으로 계산하여도 참값에는 일치하지 않으며 이 평균값과 참값의 차를 쏠림(bias)이라 하고, 쏠림의 작은 정도를 정확도라 한다.

출제예상문제
Expected problems

01 다음 중 SI 기본단위를 바르게 표현한 것은?
① 길이 – 밀리미터 ② 질량 – 그램
③ 시간 – 분 ④ 전류 – 암페어

해설 ▶ 기본단위의 종류

기본량	길이	질량	시간	전류	물질량	온도	광도
기본단위	m	kg	s	A	mol	K	cd

답 ④

02 다음 중 기본단위의 정의가 잘못된 것은?
① "미터"는 빛이 진공에서 1/299,792,458초 동안 진행한 경로의 길이
② "초"는 세슘 133 원자의 바닥 상태에 있는 두 초미세 준위 사이의 전이에 대응하는 복사선의 9,192,631,770 주기의 지속시간
③ "켈빈"은 물의 삼중점에 해당하는 열역학적 온도의 1/273.16
④ "몰"은 수소 2[g]의 0.012 킬로그램에 있는 원자의 개수와 같은 수의 구성요소를 포함한 어떤 계의 물질량

해설 ▶ 몰(mol) : 탄소(C^{12})의 0.012[kg]에 함유되는 원자의 수와 같은 수의 요소입자를 함유하는 계의 물질량이 1몰(mol)이다. 답 ④

03 국제단위계(SI)에서 길이 단위의 설명으로 틀린 것은?
① 기본단위이다.
② 기호는 K이다.
③ 명칭은 미터이다.
④ 빛이 진공에서 1/229,792,458초 동안 진행한 경로의 길이이다.

해설 ▶ 길이의 기호는 '미터[m]'이다. 답 ②

04 국제단위계(SI)의 유도단위에 속하는 것은?
① 미터[m] ② 켈빈[K]
③ 칸델라[cd] ④ 라디안[rad]

해설 ▶ 유도단위 : 기본단위의 조합 또는 기본단위 및 다른 유도단위의 조합에 의하여 형성된 단위로 힘[N], 에너지[J], 동력[WE], 압력[Pa], 평면각[rad] 등으로 구분된다. 답 ④

05 다음 각 물리량에 대한 SI 유도단위의 기호로 틀린 것은?
① 압력 – 파스칼(pascal)
② 에너지 – 칼로리(calorie)
③ 일률 – 와트(watt)
④ 광선속 – 루멘(lumen)

해설 ▶ 에너지는 [J(Joule)]의 단위를 사용한다. 답 ②

07 다음 중 유도단위에 속하지 않는 것은?
① 비열 ② 압력
③ 습도 ④ 열량

해설 ▶ 습도는 특수단위에 해당된다. 답 ③

08 다음 중 1[N](뉴턴)에 대한 설명으로 옳은 것은?
① 질량 1[kg]의 물체에 가속도 1[m/s²]이 작용하여 생기게 하는 힘이다.
② 질량 1[g]의 물체에 가속도 1[cm/s²]이 작용하여 생기게 하는 힘이다.
③ 면적 1[cm²]에 1[kg]의 무게가 작용할 때의 응력이다.
④ 면적 1[cm²]에 1[g]의 무게가 작용할 때의 응력이다.

해설 SI단위 힘
㉮ 1[N](뉴턴) : 질량 1[kg]의 물체에 가속도 1[m/s²]이 작용하여 생기게 하는 힘이다.
㉯ 1[dyne] : 질량 1[g]의 물체에 가속도 1[cm/s²]이 작용하여 생기게 하는 힘이다. **답** ①

09 단위계에서 물리량을 차원으로 표시한 것으로 틀린 것은?
① 질량 : M ② 중량 : F
③ 길이 : L ④ 시간 : T

해설 단위계 기준
㉮ 중력단위 : 힘(F), 길이(L), 시간(T)
㉯ 절대단위 : 질량(M), 길이(L), 시간(T) **답** ②

10 압력의 차원을 절대단위계로 바르게 나타낸 것은?
① MLT^{-2} ② $ML^{-1}T^{-1}$
③ $ML^{-1}T^{-2}$ ④ $ML^{-2}T^{-2}$

해설 압력의 단위 및 차원
㉮ 절대단위 : [kg/m²] × [m/s²] = [kg/m·s²]
$= ML^{-1}T^{-2}$
㉯ 공학단위 : [kgf/m²] = FL^{-2} **답** ③

11 간접 계측 방법에 해당되는 것은?
① 압력을 분동식 압력계로 측정
② 질량을 천칭으로 측정
③ 길이를 줄자로 측정
④ 압력을 부르동관 압력계로 측정

해설 부르동관(bourdon tube) 압력계 : 곡관으로 이루어진 부르동관에 압력이 가해지면 곡률반경이 증대되고, 반대로 압력이 낮아지면 수축하는 것을 이용하여 압력을 지시하는 것으로 2차 압력계 중에서 탄성식 압력계에 해당된다. **답** ④

12 계측기기 측정법의 종류가 아닌 것은?
① 적산법   ② 영위법
③ 치환법   ④ 보상법

해설 측정방법
㉮ 편위법 : 부르동관 압력계와 같이 측정량과 관계있는 다른 양으로 변환시켜 측정하는 방법으로, 정도는 낮지만 측정이 간단하다.
㉯ 영위법 : 기준량과 측정하고자 하는 상태량을 비교 평형 시켜 측정하는 것으로, 천칭을 이용하여 질량을 측정하는 것이 해당된다.
㉰ 치환법 : 지시량과 미리 알고 있는 다른 양으로부터 측정량을 나타내는 방법으로, 다이얼 게이지를 이용하여 두께를 측정하는 것이 해당된다.
㉱ 보상법 : 측정량과 거의 같은 미리 알고 있는 양을 준비하여 측정량과 그 미리 알고 있는 양의 차이로써 측정량을 알아내는 방법이다. **답** ①

13 스프링식 저울의 경우 측정하고자 하는 물체의 무게가 작용하여 스프링의 변위가 생기고 이에 따라 바늘의 변위가 생겨 지시하는 양으로 물체의 무게를 알 수 있다. 이와 같은 측정 방법은?
① 편위법   ② 영위법
③ 치환법   ④ 보상법

해설 편위법 : 부르동관 압력계와 같이 측정량과 관계있는 다른 양으로 변환시켜 측정하는 방법으로 정도는 낮지만 측정이 간단하다. **답** ①

14 편위법에 의한 계측기기가 아닌 것은?
① 스프링 저울   ② 부르동관 압력계
③ 전류계   ④ 화학 천칭

해설 편위법 계측기기의 종류 : 부르동관 압력계, 스프링 저울, 전류계 등 **답** ④

15 측정하고자 하는 상태량과 독립적 크기를 조정할 수 있는 기준량과 비교하여 측정, 계측하는 방법은?
① 보상법   ② 편위법
③ 치환법   ④ 영위법

해설 영위법 : 기준량과 측정하고자 하는 상태량을 비교 평형 시켜 측정하는 것으로 천칭을 이용하여 질량을 측정하는 것이 해당된다. **답** ④

제1장 | 계측의 원리

16 다이얼 게이지를 이용하여 두께를 측정하는 방법 등이 이에 해당하며, 정확한 기준과 비교 측정하여 측정기 자신의 부정확한 원인이 되는 오차를 제거하기 위하여 사용되는 방법은?

① 편위법 ② 영위법
③ 치환법 ④ 보상법

해설 치환법 : 지시량과 미리 알고 있는 다른 양으로부터 측정량을 나타내는 방법으로 다이얼 게이지를 이용하여 두께를 측정하는 것이 해당된다. **답** ③

17 측정량과 크기가 거의 같은 미리 알고 있는 양의 분동을 준비하여 분동과 측정량의 차이로부터 측정량을 구하는 방식은?

① 편위법 ② 보상법
③ 치환법 ④ 영위법

해설 보상법 : 측정량과 거의 같은 미리 알고 있는 양을 준비하여 측정량과 그 미리 알고 있는 양의 차이로써 측정량을 알아내는 방법이다. **답** ②

18 오차의 정의로서 맞는 것은?

① 오차 = 측정값 − 참값
② 오차 = 참값 / 측정값
③ 오차 = 참값 + 측정값
④ 오차 = 측정값 × 참값

해설 오차는 측정값과 참값과의 차이이다.
∴ 오차 = 측정값 − 참값 **답** ①

19 원인을 알 수 없는 오차로서 측정할 때마다 측정값이 일정하지 않고 분포현상을 일으키는 오차는?

① 계량기 오차 ② 과오에 의한 오차
③ 계통직 오차 ④ 우연 오차

해설 우연 오차 : 오차의 원인을 모르기 때문에 보정이 불가능하며, 여러 번 측정하여 통계적으로 처리한다. **답** ④

20 동일 측정 조건하에서 어떤 일정한 영향을 주는 원인에 의하여 생기는 오차를 무슨 오차라고 하는가?

① 우연 오차 ② 계통 오차
③ 과실 오차 ④ 필연 오차

해설 계통 오차(systematic error) : 측정값에 어떤 일정한 영향을 주는 원인에 의하여 생기는 오차로 원인을 알 수 있기 때문에 제거할 수 있다. **답** ②

21 오차의 종류로서 계통 오차에 해당되지 않는 것은?

① 고유 오차 ② 개인 오차
③ 우연 오차 ④ 이론 오차

해설 계통 오차(systematic error)의 종류
㉮ 계기 오차(고유 오차) : 측정기가 불완전하거나 내부적 요인의 영향, 사용상의 제한 등으로 생기는 오차
㉯ 환경 오차 : 온도, 압력, 습도 등에 의한 오차
㉰ 개인 오차 : 개인의 버릇에 의한 오차
㉱ 이론 오차 : 공식, 계산 등으로 생기는 오차 **답** ③

22 제어용 밸브가 갖추어야 할 성질로서 가장 거리가 먼 것은?

① 히스테리시스가 있어야 한다.
② 선형성이 좋아야 한다.
③ 제어신호에 빠르게 응답하여야 한다.
④ 현장의 설치 및 작동에 적합하여야 한다.

해설 히스테리시스가 적어야 한다.

참고 히스테리시스(hysteresis) 오차 : 계측기를 구성하고 있는 톱니바퀴의 틈이나 운동부의 마찰 또는 탄성변형 등에 의하여 생기는 오차로 바이메탈 온도계, 벨로스 압력계 등에서 발생한다. **답** ①

23 계량 계측기의 교정을 나타내는 말은?
① 지시값과 표준기의 지시값 차이를 계산하는 것
② 지시값과 참값을 일치하도록 수정하는 것
③ 지시값과 오차값의 차이를 계산하는 것
④ 지시값과 참값의 차이를 계산하는 것

해설 교정 : 측정기의 지시값과 표준기의 지시값 차이를 계산하는 것 답 ①

24 미터 자체의 오차 또는 계측기가 가지고 있는 고유의 오차이며 제작 당시 가지고 있는 계통적인 오차는?
① 감차 ② 공차 ③ 기차 ④ 정차

해설 기차(器差) : 계측기가 제작 당시부터 어쩔 수 없이 가지고 있는 고유의 오차이다.
$$\therefore E = \frac{I - Q}{I} \times 100$$
여기서, E : 기차[%], I : 시험용 미터의 지시량
Q : 기준 미터의 지시량 답 ③

25 계측기 고유오차의 최대허용한도를 무엇이라고 하는가?
① 오차 ② 공차 ③ 기차 ④ 편차

해설 공차(公差) : 계측기기 고유 오차의 최대 허용한도로 검정공차와 사용공차로 구분한다. 답 ②

26 감도(sensitivity)에 대한 설명이 맞는 것은?
① 지시량 변화에 대한 측정량 변화의 비로 나타낸다.
② 감도가 좋으면 측정시간이 길어지고 측정범위는 좁아진다.
③ 계측기가 지시량의 변화에 민감한 정도를 나타내는 값이다.
④ 측정결과에 대한 신뢰도를 나타내는 척도이다.

해설 감도 : 계측기가 측정량의 변화에 민감한 정도를 나타내는 값으로 감도가 좋으면 측정시간이 길어지고, 측정범위는 좁아진다.
$$\therefore 감도 = \frac{지시량의\ 변화}{측정량의\ 변화}$$
답 ②

27 계측기의 성능을 나타내는 용어로서 가장 거리가 먼 것은?
① 정도 ② 감도 ③ 정밀도 ④ 편차

해설 계측기의 성능을 나타내는 용어
㉮ 정도 : 계측기의 측정 결과에 대한 신뢰도를 수량적으로 표시한 척도
㉯ 감도 : 계측기가 측정량의 변화에 민감한 정도를 나타내는 값으로 감도가 좋으면 측정시간이 길어지고, 측정범위는 좁아진다.
㉰ 정밀도 : 같은 계기로서 같은 양을 몇 번이고 반복하여 측정하면 측정값은 흩어진다. 이 흩어짐이 작은 정도(程度)를 정밀도라 한다.
㉱ 정확도 : 같은 조건하에서 무한히 많은 회수의 측정을 하여 그 측정값을 평균값으로 계산하여도 참값에는 일치하지 않으며 이 평균값과 참값의 차를 쏠림(bias)이라 하고, 쏠림의 작은 정도를 정확도라 한다. 답 ④

28 오차와 관련된 설명으로 틀린 것은?
① 흩어짐이 큰 측정을 정밀하다고 한다.
② 오차가 적은 계량기는 정확도가 높다.
③ 계측기가 가지고 있는 고유의 오차를 기차라고 한다.
④ 눈금을 읽을 때 시선의 방향에 따른 오차를 시차라고 한다.

해설 정밀성(도) : 같은 계기로서 같은 양을 몇 번이고 반복하여 측정하면 측정값은 흩어지며, 이 흩어짐이 작은 정도(程度)를 정밀도라 한다. 답 ①

29 계량 계측기기의 정도(精度)를 확보, 유지하기 위한 제도 중에서 강제 제도가 아닌 것은?
① 검정제도 ② 정기검사
③ 비교검사 ④ 수시검사

해설 계량 계측기기의 검사(계량에 관한 법률 제32조)와 관계된 사항 : 검정제도, 정기검사, 수시검사 답 ③

제2장 계측의 구성 및 제어

1. 계측계의 구성

1.1 계측계의 개요

(1) 계측기기의 구비조건

① 경년 변화가 적고 내구성이 있을 것 ② 견고하고 신뢰성이 있을 것
③ 정도가 높고 경제적일 것 ④ 구조가 간단하고 취급, 보수가 쉬울 것
⑤ 원격 지시 및 기록이 가능할 것 ⑥ 연속 측정이 가능할 것

(2) 계측기기 선택 시 고려사항

① 측정범위 ② 정도
③ 측정대상 및 사용조건 ④ 설치장소의 주위 여건

(3) 계측기기의 보전

① 정기점검 및 일상점검 ② 검사 및 수리
③ 시험 및 교정 ④ 예비부품, 예비 계측기기의 상비
⑤ 보전요원의 교육 ⑥ 관련 자료의 기록, 유지

1.2 계측계의 구성요소

(1) 계측계 구성

① **검출부** : 전달부나 수신부에 전달하기 위하여 검출된 정보를 신호로 변환하는 부분
② **전달부** : 검출부에서 입력된 신호를 변환하거나 크기를 바꾸어 수신부에 전달하는 역할을 하는 부분
③ **수신부** : 검출부 및 전달부의 신호를 받아 지시, 기록, 경보를 하는 부분

(2) 계측계 특성

① **정특성** : 측정량이 시간적인 변화가 없을 때 측정량의 크기와 계측기의 지시와의 대응관계를 말한다.

② **동특성** : 측정량이 시간에 따라 변동하고 있을 때 측정량의 변동에 대하여 계측기의 지시가 어떻게 변하는지의 대응관계를 말한다.

1.3 계측의 변환

(1) 기계적 변환

① 직선변위 → 회전변위로 변화 : 지렛대, 톱니바퀴, 나사, 탄성 지렛대 등
② 힘 → 직선 변위 토크 → 회전변위 변환 : 스프링과 중력을 이용하는 것
③ 온도 → 직선 변위 변환 : 바이메탈 온도계
④ 전류 → 힘 또는 토크로 변환 : 전기 계기

(2) 광학적 변환

① 광 지렛대를 이용한 변환
② 렌즈를 이용한 변환
③ 광파 간섭을 이용한 변환

(3) 유도적 변환

① 힘 → 직선 변위 변환 : 액주식 압력계
② 직선 변위 → 유량 변화로 변환 : 차압식 유량계

(4) 전기적 변환

① 저항 변환을 이용 : 스트레인 게이지, 저항 온도계
② 용량 변환을 이용 : 콘덴서의 용량을 변화
③ 압전기 변환을 이용 : 피에조 전기 압력계
④ 광전 변환을 이용 : 광전관
⑤ 열기전력 변환을 이용 : 열전대 온도계

1.4 신호전달 방식

(1) 신호(signal)

자동제어 회로에 있어서 일정한 방향으로 연속 전달되는 물리량으로 전압, 유압, 공기압, 전류변위, 전동기 회전수 등이 있다.
① **입력**(input signal) : 입력신호
② **출력**(output signal) : 출력신호

(2) 신호전달 방식의 종류 및 특징

① **공기압식** : 출력신호에 공기압을 이용하여 신호를 보내는 방식으로 분사식과 노즐 플래퍼식이 있다.
　㉮ 전송거리 : 100~150[m] 정도
　㉯ 공기압 : 0.2~1.0[kgf/cm^2] 정도
　㉰ 장점
　　ⓐ 배관이 용이하다.　　　　ⓒ 위험성이 없다.
　　ⓑ 보수가 비교적 용이하다.　ⓓ 자동제어에 용이하다.
　㉱ 단점
　　ⓐ 관로 저항으로 전송이 지연된다.　ⓑ 조작에 지연이 있다.
　　ⓒ 희망특성을 살리기 어렵다.

② **유압식** : 유압을 이용하여 각 제어계에 신호로 사용되며 파일럿 밸브식과 분사관식이 있다.
　㉮ 전송거리 : 300[m] 정도
　㉯ 장점
　　ⓐ 조작 속도가 크다.　　　　　ⓑ 조작력이 강하다.
　　ⓒ 희망특성의 것을 만들기 쉽다.　ⓓ 녹이 발생하지 않는다.
　㉰ 단점
　　ⓐ 인화의 위험성이 따른다.　ⓑ 주위온도 영향을 받는다.
　　ⓒ 유압원을 필요로 한다.　　ⓓ 기름의 유동 저항을 고려하여야 한다.

③ **전기식** : 제어장치에서 대부분의 신호전달 방식은 전기식이며, 전기식에는 "ON", "OFF" 동작을 행하는 압력스위치, 브리지나 전위차계 회로에 의한 것, 전자관 자동평형계기를 이용한 것 등 여러 가지가 있다.

㉮ 전송거리 : 300[m]~수 10[km]까지 가능
㉯ 장점
ⓐ 배선설치가 용이하다.　　ⓑ 신호 전달에 시간 지연이 없다.
ⓒ 복잡한 신호에 용이하다.　ⓓ 변수 간의 계산이 용이하다.
㉰ 단점
ⓐ 조작속도가 빠른 비례 조작부를 만들기가 곤란하다.
ⓑ 보수 및 취급에 기술을 요한다.
ⓒ 가격이 비싸다.
ⓓ 고온, 다습한 곳은 설치가 곤란하다.

2 측정의 제어회로 및 장치

2.1 자동제어

(1) 자동제어의 개요

① **제어의 정의** : 목적에 따라 조작이나 동작 등에 의해 상태를 일정하게 유지 및 변화시키거나 양을 증감시키는 조작을 하는 것이다.

② **제어의 구분**
㉮ 수동제어 : 사람이 직접 행하는 제어이다.
㉯ 자동제어 : 기계장치를 이용하여 자동적으로 행하는 제어이다.
　ⓐ 피드백 제어(feed back control : 폐(閉)회로) : 제어량의 크기와 목표값을 비교하여 그 값이 일치하도록 되돌림 신호(피드백 신호)를 보내어 수정동작을 하는 제어방식이다.
　ⓑ 시퀀스 제어(sequence control : 개(開)회로) : 미리 순서에 입각해서 다음 동작이 연속 이루어지는 제어로 자동판매기, 보일러의 점화 등이 있다.

(2) 블록선도

제어신호의 전달경로를 블록과 화살표를 이용하여 표시한 것이다.

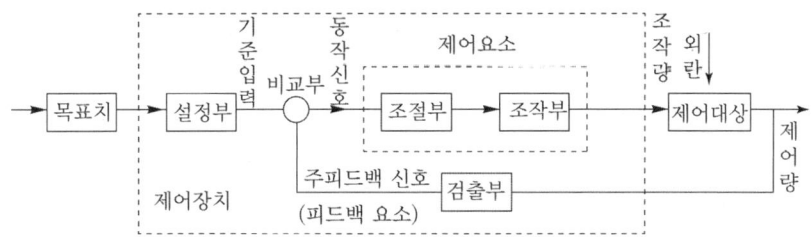

자동제어의 블록선도(피드백 제어 회로도)

2.2 제어동작의 특성

(1) 연속동작

① **P동작(비례동작 : proportional action)** : 동작신호에 대하여 조작량의 출력변화가 일정한 비례관계에 있는 제어동작이다.
  ㉮ 부하가 변화하는 등의 외란이 있으면 잔류편차(off set)가 발생한다.
  ㉯ 반응속도는 소(小) 또는 중(中)이다.
  ㉰ 반응온도 제어, 보일러 수위제어 등과 같이 부하변화가 작은 곳에 사용된다.
  ㉱ 비례대 : 동작신호의 폭을 조절기 전 눈금범위로 나눈 백분율[%]로 비례대를 좁게 하면 조작량(밸브의 움직임)이 커지며, 비례대가 좁게 되면 2위치 동작과 같게 된다.

$$\therefore 비례대(\%) = \frac{동작신호\ 폭(측정온도차)}{조절기\ 눈금(조절온도차)} \times 100$$

② **I 동작(적분동작 : integral action)** : 제어량에 편차가 생겼을 때 편차의 적분차를 가감하여 조작단의 이동 속도가 비례하는 동작으로 잔류편차가 남지 않는다.
  ㉮ 잔류편차(off set)가 제거된다.
  ㉯ 진동하는 경향이 있어 제어의 안정성이 떨어진다.

③ **D 동작(미분동작 : derivative action)** : 조작량이 동작신호의 미분치에 비례하는 동작으로 제어량의 변화속도에 비례한 정정동작을 한다.
  ㉮ 단독으로 사용되지 않고 언제나 비례동작과 함께 쓰인다.
  ㉯ 일반적으로 진동이 제어되어 빨리 안정된다.

④ **PI 동작(비례 적분 동작)** : 비례동작의 결점을 줄이기 위하여 비례동작과 적분동작을 합한 것이다.

㉮ 부하변화가 커도 잔류편차(off set)가 남지 않는다.
㉯ 전달 느림이나 쓸모없는 시간이 크면 사이클링의 주기가 커진다.
㉰ 부하가 급변할 때는 큰 진동이 생긴다.
㉱ 반응속도가 빠른 공정(process)이나 느린 공정(process)에서 사용된다.

⑤ **PD 동작(비례 미분 동작)** : 비례동작과 미분동작을 합한 것이다.

⑥ **PID 동작(비례 적분 미분 동작)** : 조절효과가 좋고 조절속도가 빨라 널리 이용된다.
㉮ 반응속도가 느리거나 빠름, 쓸모없는 시간이나 전달 느림이 있는 경우에 적용된다.
㉯ 제어계의 난이도가 큰 경우에 적합한 제어동작이다.

(2) 불연속 동작

① **2위치 동작(ON-OFF 동작)** : 조작량 또는 조작량을 제어하는 신호가 입력의 크기에 의해 정해진 ON(개(開)) 또는 OFF(폐(閉))의 동작 중 하나로 동작시키는 것으로 전자밸브(solenoid valve)의 동작이 해당된다.
㉮ 편차의 정(+), 부(-)에 의해 조작신호 최대, 최소가 되는 제어동작이다.
㉯ 시간 지연과 부하 변화가 크고 빈도가 많은 경우에 적합하다.
㉰ 항상 목표값과 제어 결과가 일치하지 않는 잔류편차(off set)가 발생한다.
㉱ 응답속도가 빠른 제어계에서는 부적합하다.

② **다위치 동작** : 제어량이 변화했을 때 제어장치의 조작 위치가 3위치 또는 그 이상의 위치에 있어 제어하는 것을 다위치 동작이라 하며, 이 단계가 많아지면 실질적으로 비례동작에 가까워진다. 이러한 다위치 동작은 대용량의 전기히터 등의 제어에 많이 사용되며 스텝 조절기에 의해 3단계 이상의 제어동작을 하게 된다.

③ **불연속 속도 동작(단속도 제어 동작)** : 2위치 동작이나 다위치 동작에서 조작량의 변화는 정해진 값만 취할 수밖에 없지만 불연속 속도 동작은 2위치 동작의 동작 간격에 해당하는 중립대를 갖는다. 불연속 속도 제어방식은 압력이나 액면제어 등과 같이 응답이 빠른 곳에는 유효하지만 온도 등과 같이 지연이 큰 곳에는 불안정해서 사용할 수 없다.

(3) 자동제어의 특성

① **응답** : 자동제어계의 어떤 요소에 대하여 입력을 원인이라 하면 출력은 결과가 되며, 이때의 출력을 입력에 대한 응답이라고 한다.

㉮ 과도응답 : 정상상태에 있는 요소의 입력 측에 어떤 변화를 주었을 때 출력 측에 생기는 변화의 시간적 경과를 말한다.
㉯ 스텝응답 : 입력을 단위량만큼 변화시켜 평형상태를 상실했을 때의 과도응답을 말한다.
㉰ 정상응답 : 과도응답에 대하여 제어계 또는 요소가 완전히 정상상태로 이루어졌을 때의 응답을 말한다.
㉱ 주파수 응답 : 사인파 상의 입력에 대한 자동제어계 또는 그 요소의 정상 응답을 주파수의 함수로 나타낸 것이다.

② 각 요소의 스텝 응답 특성
㉮ 비례요소 : 출력과 입력이 비례하는 요소를 말하며 스텝응답으로 나타난다.
㉯ 1차 지연 요소 : 입력이 급변하는 순간에서 출력은 변화하지만 지연이 있어 어느 시간 후에 정상 상태가 되는 특징을 갖고 있는 것을 말한다.

$$y = 1 - e^{-\frac{t}{T}}$$

여기서, y : 출력(1차 지연요소)
t : 소요된 시간
T : 시간정수(time constant)

㉰ 낭비시간(dead time) 요소 : 출력이 입력에 대하여 어떤 시간만큼 늦어지는 것과 같은 요소로 난방기가 가동되어도 일정 시간이 경과되어야만 실내온도가 상승되기 시작하는 시간을 말한다.
㉱ 적분요소 : 출력이 입력량의 총량으로 나타내는 것과 같은 요소로, 물탱크에서 유출량이 일정할 때 유입량이 증가됨에 따라 수위가 상승하여 평형을 이루지 못하고 넘치게 되는 것이 해당된다.
㉲ 고차 지연 요소 : 2차 지연 이상을 일으키는 것을 말한다.

● **2차 지연** : 2개의 용량으로 인한 지연을 말한다.

㉳ 시간응답 특성
ⓐ 지연시간(dead time) : 목표값의 50[%]에 도달하는 데 소요되는 시간
ⓑ 상승시간(rising time) : 목표값의 10[%]에서 90[%]까지 도달하는 데 소요되는 시간

ⓒ 오버슈트(over shoot) : 동작간격으로부터 벗어나 초과되는 오차를 말하며, 반대로 나타나는 오차를 언더슈트(under shoot)라 한다.
ⓓ 시간정수(time constant) : 목표값의 63[%]에 도달하기까지의 시간을 말하며, 어떤 시스템의 시정수를 알면 그 시스템에 입력을 가했을 때 언제쯤 그 반응이 목표치에 도달하는지 알 수 있으며 언제쯤 그 반응이 평형이 되는지를 알 수 있다.

$$\text{콘트롤러 난이도} = \frac{\text{낭비 시간}(L)}{\text{시간정수}(T)}$$

$\frac{L}{T}$값이 작을 경우(낭비시간[L]이 적고 시간정수[T]가 큰 경우) 오버슈트 (over shoot)가 작아지므로 제어하기 쉬워진다. (큰 경우 낭비시간이 많고 시간정수가 작으므로 제어하기 어렵다.)

2.3 보일러의 자동제어

(1) 보일러 자동제어의 목적

① 경제적인 열매체를 얻을 수 있다.
② 보일러의 운전을 안전하게 할 수 있다.
③ 효율적인 운전으로 연료비를 감소시킨다.
④ 인원 절감의 효과와 인건비가 절약이 된다.
⑤ 일정 기준의 증기를 공급할 수 있다.

(2) 인터록(inter lock)

① **인터록의 역할(기능)** : 어떤 일정한 조건이 충족되지 않으면 다음 단계의 동작이 작동하지 못하도록 저지하는 것으로 보일러의 안전한 운전을 위하여 반드시 필요한 것이다.

② **보일러 인터록의 종류**
㉮ 압력초과 인터록 : 증기압력이 일정 압력에 도달할 때 전자밸브를 닫아 보일러의 가동을 정지시키는 것으로 증기압력 제한기가 해당된다.
㉯ 저수위 인터록 : 보일러 수위가 안전 저수위에 도달할 때 전자밸브를 닫아 보일러 가동을 정지시키는 것으로 저수위 경보기가 해당된다.

㉰ 불착화 인터록 : 버너 착화 시 점화되지 않거나 운전 중 실화가 될 경우 전자밸브를 닫아 연료 공급을 중지하여 보일러 가동을 정지시기는 것으로 화염검출기가 해당된다.
㉱ 저연소 인터록 : 보일러 운전 중 연소상태가 불량하거나 저연소 상태로 유량조절 밸브가 조절되지 않으면 전자밸브를 닫아 보일러 가동을 정지시킨다.
㉲ 프리 퍼지 인터록 : 점화 전 일정 시간 동안 송풍기가 작동되지 않으면 전자밸브가 열리지 않아 점화가 되지 않는다.

(3) 보일러 각 부의 자동제어

① 보일러 자동제어의 명칭
㉮ A·B·C(automatic boiler control) : 보일러 자동제어
㉯ A·C·C(automatic combustion control) : 자동 연소제어
㉰ F·W·C(feed water control) : 급수제어
㉱ S·T·C(steam temperature control) : 증기 온도제어

보일러 자동제어

명 칭	제 어 량	조 작 량
자동연소제어(ACC)	증기압력	공기량 연료량
	노내압	연소가스량
급수제어(FWC)	보일러 수위	급수량
증기온도제어(STC)	증기온도	전열량
증기압력제어(SPC)	증기압력	연료공급량, 연소용 공기량

② **수위제어 장치** : 보일러 급수를 일정량씩 단속 또는 연속 공급하여 드럼 내의 수위를 항상 일정하게 유지하도록 하는 제어장치이다.
㉮ 단요소식(1 요소식) : 가장 간단한 수위제어 방식으로 보일러 드럼 내의 수위만을 검출하고 그 변화에 대하여 급수량을 조절하는 방식으로 잔류편차(off set)가 발생된다.
㉯ 2 요소식 : 드럼 내의 수위 외에 증기 유량을 검출하여 부하변동이 없어도 급수조절밸브의 개도를 조절하여 잔류편차(off set)를 줄이는 방법이다.
㉰ 3 요소식 : 드럼 내의 수위, 증기 유량 이외에 급수유량을 검출하여 목표치에 대한 편차에 따른 동작신호를 연산 조절하는 방식이나 구성이 복잡하고 보전관리에 기술을 요구함으로 고온, 고압, 대용량 보일러 이외에는 사용되지 않는다.

③ **화염검출장치** : 연소실 내의 연소상태를 감시하여 실화 및 소화 시 연료 전자밸브를 차단하여 미연소 가스로 인한 폭발사고를 방지하기 위한 장치이다.
   ㉮ 플레임 아이(flame eye) : 화염이 발광체임을 이용하여 화염의 방사선을 감지하여 화염의 유무를 검출한다.
      ⓐ 황화카드뮴(CdS) 셀 : 경유 버너에 사용
      ⓑ 황화납(PbS) 셀 : 오일, 가스에 사용
      ⓒ 적외선 광전관 : 적외선을 이용
      ⓓ 자외선 광전관 : 오일, 가스에 사용
   ㉯ 플레임 로드(flame rod) : 화염의 이온화 현상에 의한 전기 전도성을 이용하여 화염의 유무를 검출한다.
   ㉰ 스택 스위치(stack switch) : 화염의 발열 현상을 이용한 것으로 감온부는 연도에 바이메탈을 설치한 검출기이다. 화염 검출의 응답이 느려 버너 분사, 정지에 시간이 많이 걸리므로 주로 소용량 보일러에 사용된다.

출제예상문제
Expected problems

01 계측기의 구비조건으로 틀린 것은?
① 취급과 보수가 용이해야 한다.
② 견고하고 신뢰성이 높아야 한다.
③ 설치되는 장소의 주위 조건에 대하여 내구성이 있어야 한다.
④ 구조가 복잡하고, 전문가가 아니면 취급할 수 없어야 한다.

해설 계측기기의 구비조건
㉮ 경년 변화가 적고, 내구성이 있을 것
㉯ 견고하고 신뢰성이 있을 것
㉰ 정도가 높고 경제적일 것
㉱ 구조가 간단하고 취급, 보수가 쉬울 것
㉲ 원격 지시 및 기록이 가능할 것
㉳ 연속측정이 가능할 것   **답** ④

02 계측기의 보전관리 사항에 해당되지 않는 것은?
① 정기 점검과 일상 점검
② 정기적인 계측기의 교체
③ 보전 요원의 교육
④ 계측기의 시험 및 교정

해설 계측기기의 보전관리 사항
㉮ 정기점검 및 일상점검
㉯ 검사 및 수리
㉰ 시험 및 교정
㉱ 예비부품, 예비 계측기기의 상비
㉲ 보전요원의 교육
㉳ 관련 자료의 기록, 유지   **답** ②

03 자동제어 장치에서 조절계의 입력신호 전송방법에 따른 분류로 가장 거리가 먼 것은?
① 전기식   ② 수증기식
③ 유압식   ④ 공기압식

해설 신호전송 방식의 종류 : 공기압식, 유압식, 전기식
                                        답 ②

04 다음 각 신호의 전송방식과 신호전송거리로서 틀린 것은?
① 공기압 전송식 : 100[m] 정도
② 전기전송식 : 300~수[km]까지
③ 유압전송식 : 300[m] 이내
④ 수증기압 전송식 : 100[m] 정도

해설 ㉮ 신호전송 방식의 종류 : 공기압식, 유압식, 전기식
㉯ 신호전송 방식에 따른 신호전송거리

신호전송 방식	전송거리
공기압식	100~150[m] 정도
유압식	300[m] 정도
전기식	300[m]~수 10[km]

                                        답 ④

05 석유화학, 화약공장과 같은 화기의 위험성이 있는 곳에 사용되며 신뢰성이 높은 입력신호 전송방식은?
① 공기압식
② 유압식
③ 전기식
④ 유압식과 전기식의 결합방식

해설 공기압식의 특징
㉮ 배관과 보수가 비교적 용이하다.
㉯ 공기를 사용함으로 위험성이 없다.
㉰ 자동제어에 용이하다.
㉱ 관로 저항으로 전송이 지연된다.
㉲ 내열성이 우수하나 압축성이므로 신호전달에 지연이 된다.
㉳ 희망특성을 살리기 어렵다.
㉴ 신호 전송거리가 100~150[m] 정도이다. **답** ①

06 제어계기의 공기압 신호의 압력 범위는 어느 정도인가?
① 0~1.0[kgf/cm^2]
② 0~10[kgf/cm^2]
③ 1~3[kgf/cm^2]
④ 0.2~1.0[kgf/cm^2]

해설 공기압식의 압력 및 전송거리
㉮ 압력 : 0.2~1.0[kgf/cm²]
㉯ 전송거리 : 100~150[m] 답 ④

07 유압식 신호전달 방식의 특징에 대한 설명으로 틀린 것은?
① 비압축성이므로 조작속도 및 응답이 빠르다.
② 주위의 온도변화에 영향을 받지 않는다.
③ 전달의 지연이 적고 조작량이 강하다.
④ 인화의 위험성이 있다.

해설 유압식 신호전달 방식의 특징
㉮ 조작 속도가 크다.
㉯ 조작력이 강하다.
㉰ 희망특성의 것을 만들기 쉽다.
㉱ 녹이 발생하지 않는다.
㉲ 인화의 위험성이 따른다.
㉳ 주위온도 영향을 받는다.
㉴ 유압원을 필요로 한다.
㉵ 기름의 유동 저항을 고려하여야 한다. 답 ②

08 다음 중 전기식 제어방식의 특징으로 가장 거리가 먼 것은?
① 고온 다습한 주위환경에 사용하기 용이하다.
② 전송거리가 길고 전송지연이 생기지 않는다.
③ 신호처리나 컴퓨터 등과의 접속이 용이하다.
④ 배선이 용이하고 복잡한 신호에 적합하다.

해설 전기식 제어방식의 특징
㉮ 전송에 시간지연이 없다.
㉯ 컴퓨터와 같은 자동제어장치와 조합이 용이하다.
㉰ 조작력이 크게 요구될 때 사용된다.
㉱ 배선이 용이하고, 복잡한 신호에 적합하다.
㉲ 전송거리가 수 10[km]까지 가능하고, 무선 통신을 할 수 있다.
㉳ 폭발성 가연성 가스를 사용하는 곳에서는 방폭구조로 하여야 한다.
㉴ 고온, 다습한 주위환경에 사용하기 곤란하다.
㉵ 조절밸브 모터의 동작에 관성이 크게 작용한다.
㉶ 보수 및 취급에 기술을 요한다.
㉷ 조작속도가 빠른 비례 조작부를 만들기가 곤란하다. 답 ①

09 자동제어기기 중 전기식 조절기로서 동일 전송을 하기 위한 전기 신호값으로 가장 적당한 전류는?
① DC 4~20[mA]
② AC 4~20[mA]
③ DC 60~200[mA]
④ AC 60~200[mA] 답 ①

10 가스보일러의 자동연소제어에서 조작량에 해당되지 않는 것은?
① 연료량   ② 증기압력
③ 연소가스량   ④ 공기량

해설 가스보일러의 자동연소제어
㉮ 조작량 : 연료량, 연소가스량, 공기량
㉯ 제어량 : 증기압력 답 ②

11 중유를 사용하는 노 내의 온도를 일정하게 유지시키기 위한 제어량은?
① 노 내의 압력
② 중유의 유출압력
③ 중유의 유량
④ 노 내의 온도

해설 중유의 유량을 제어하여 로내의 온도를 일정하게 유지할 수 있다. 답 ③

12 열 설비에서 사용되는 자동제어 계의 동작순서로 옳은 것은?
① 조작 – 검출 – 판단(조절) – 비교 – 측정
② 비교 – 판단(조절) – 조작 – 검출
③ 검출 – 비교 – 판단(조절) – 조작
④ 판단 – 비교(조절) – 검출 – 조작

해설 자동제어계의 동작 순서
- ㉮ 검출 : 제어대상을 계측기를 사용하여 측정하는 부분
- ㉯ 비교 : 목표값(기준입력)과 주 피드백량과의 차를 구하는 부분
- ㉰ 판단 : 제어량의 현재값이 목표치와 얼마만큼 차이가 나는가를 판단하는 부분
- ㉱ 조작 : 판단된 조작량을 제어하여 제어량을 목표값과 같도록 유지하는 부분 답 ③

13 자동제어에서 미리 정해놓은 순서에 따라 제어의 각 단계가 순차적으로 진행되는 제어방식은?
① 피드백 제어   ② 시퀀스 제어
③ 서보 제어   ④ 프로세스 제어

해설 시퀀스 제어(sequence control) : 미리 순서에 입각해서 다음 동작이 연속 이루어지는 제어로 자동판매기, 보일러의 점화 등이 있다. 답 ②

14 블록선도는 무엇을 표시하는가?
① 제어회로의 기준압력을 표시한다.
② 제어편차의 증감크기를 표시한다.
③ 제어대상과 변수편차를 표시한다.
④ 제어신호의 전달경로를 표시한다.

해설 블록선도 : 자동제어에서 장치와 제어신호의 전달경로를 블록(block)과 화살표로 표시하는 것이다. 답 ④

15 송풍량을 200[Nm³/h]로 정하고 일정하게 공급하려고 할 때 가장 적당한 제어방식은?
① 비율 제어
② 프로그램(program) 제어
③ 추종(追從) 제어
④ 정치(定置) 제어

해설 정치(定置) 제어 : 목표값이 시간의 변화, 외부 조건의 영향을 받지 않고 일정한 값으로 제어되는 방식으로 보일러, 냉난방장치의 압력 제어, 급수탱크의 액면 제어 등에 사용되는 제어 방식이다. 답 ④

16 목표값이 시간에 따라 미리 결정된 일정한 제어는?
① 추종 제어   ② 비율 제어
③ 프로그램 제어 ④ 캐스케이드 제어

해설 프로그램 제어 : 목표값이 미리 정해진 계측에 따라 시간적 변화를 할 경우 목표값에 따라 변화하도록 하는 제어로 추치제어에 해당된다. 답 ③

17 1차 제어 장치가 제어량을 측정하여 제어명령을 발하고, 2차 제어 장치가 이 명령을 바탕으로 제어량을 조절하는 자동 제어는?
① 캐스케이드 제어
② 프로그램 제어
③ 정치 제어
④ 비율 제어

해설 캐스케이드 제어 : 두 개의 제어계를 조합하여 제어량의 1차 조절계를 측정하고 그 조작 출력으로 2차 조절계의 목표값을 설정하는 방법으로 단일 루프제어에 비해 외란의 영향을 줄이고 계 전체의 지연을 적게 하는 데 유효하기 때문에 출력 측에 낭비시간이나 지연이 큰 프로세스 제어에 이용되는 제어이다. 답 ①

18 자동제어계에서 제어량의 성질에 의한 분류에 해당되지 않는 것은?
① 서보 기구   ② 다수변 제어
③ 프로세스 제어 ④ 정치 제어

해설 제어량의 성질에 의한 자동제어 분류
- ㉮ 프로세스제어 : 공장 등에서 온도, 압력, 유량, 농도, 습도 등과 같은 상태량에 대한 제어방법이다.
- ㉯ 다수변 제어(다변수 제어) : 보일러에서 연료의 공급량, 공기 공급량, 증기압력, 급수량 등을 자동으로 제어할 때 발생증기량을 부하변동에 따라 항상 일정하게 유지시켜야 하며 이때 각 제어 사이에 매우 복잡한 자동제어가 발생하는 경우이다.
- ㉰ 서보기구 : 물체의 기계적 변위인 위치, 방위(방향), 자세 등을 제어량으로 하는 제어계로서 아날로그 공작기계 등에 적용한다. 답 ④

19 서보(servo)기구의 제어량에 해당되는 것은?
 ① 압력 ② 유량
 ③ 온도 ④ 물체의 방향

해설 서보(servo)기구 : 물체의 기계적 변위인 위치, 방위(방향), 자세 등을 제어량으로 하는 제어계로서 아날로그 공작기계 등에 적용한다. 답 ④

20 비례동작에 대하여 가장 바르게 설명한 것은?
 ① 조작부를 측정값의 크기에 비례하여 움직이게 하는 것
 ② 조작부를 편차의 크기에 비례하여 움직이게 하는 것
 ③ 조작부를 목표값의 크기에 비례하여 움직이게 하는 것
 ④ 조작부를 외란의 크기에 비례하여 움직이게 하는 것

해설 P동작(비례동작 : proportional action) : 동작신호에 대하여 조작량의 출력변화가 일정한 비례관계에 있는 제어동작이다. 답 ②

21 제어동작 중 정상편차(offset) 현상이 발생하는 것은?
 ① 온-오프(on-off)의 2위치 동작
 ② 비례동작(P 동작)
 ③ 비례적분동작(PI 동작)
 ④ 비례적분미분동작(PID 동작)

해설 비례동작(P 동작) : 동작신호에 대하여 조작량의 출력변화가 일정한 비례관계에 있는 제어로 잔류편차(off set, 정상편차)가 생긴다. 답 ②

22 밸브를 완전히 닫힌 상태로부터 완전히 열린 상태로 움직이는 데 필요한 오차의 크기를 의미하는 것은?
 ① 잔류편차 ② 비례대
 ③ 보정 ④ 조작량

해설 비례대(比例帶) : 조절계를 비례동작 시켰을 때 출력이 0~100[%] 변화하는 데 요하는 입력의 변화폭으로 퍼센트[%]로 나타낸다. 자동제어용 밸브일 때는 완전히 닫힌 상태로부터 완전히 열린 상태로 움직이는데 필요한 오차의 크기를 의미한다. 답 ②

23 조절기가 50~100[°F] 범위에서 온도를 비례제어하고 있을 때 측정온도가 66[°F]와 70[°F]에 대응할 때의 비례대는 몇 [%]인가?
 ① 8 ② 10
 ③ 12 ④ 14

해설 비례대 = $\dfrac{측정\ 온도차}{조절\ 온도차} \times 100$
 = $\dfrac{70-66}{100-50} \times 100 = 8[\%]$ 답 ①

24 P동작의 비례이득이 4일 경우 비례대는 몇 [%]인가?
 ① 20[%] ② 25[%]
 ③ 30[%] ④ 40[%]

해설 비례대 = $\dfrac{1}{비례이득(비례감도)} \times 100$
 = $\dfrac{1}{4} \times 100 = 25[\%]$ 답 ②

25 비례동작 제어장치에서 비례대(帶)가 40[%]일 경우 비례감도는 얼마인가?
 ① 0.5 ② 1 ③ 2.5 ④ 4

해설 비례감도 = $\dfrac{1}{비례대} = \dfrac{1}{0.4} = 2.5$ 답 ③

26 제어량에 편차가 생겼을 경우 편차의 적분차를 가감해서 조작량의 이동 속도가 비례하는 동작으로서 잔류편차가 제어되나 제어의 안정성은 떨어지는 특징을 가진 동작은?
 ① 비례동작 ② 적분동작
 ③ 미분동작 ④ 비례적분동작

해설 적분동작(I동작 : integral action) : 제어량에 편차가 생겼을 때 편차의 적분차를 가감하여 조작단의 이동 속도가 비례하는 동작으로 잔류편차가 남지 않는다. 진동하는 경향이 있어 제어의 안정성은 떨어진다. 유량제어나 관로의 압력제어와 같은 경우에 적합하다. 답 ②

27 적분동작의 특징에 대한 설명으로 틀린 것은?

① 잔류편차가 제어된다.
② 제어의 안전성이 떨어진다.
③ 일반적으로 진동하는 경향이 있다.
④ 편차의 크기와 지속시간이 반비례하는 동작이다.

해설 적분동작(I동작 : integral action) : 제어량에 편차가 생겼을 때 편차의 적분차를 가감하여 조작단의 이동 속도가 비례하는 동작으로 잔류편차가 남지 않는다. 진동하는 경향이 있어 제어의 안정성은 떨어진다. 유량제어나 관로의 압력제어와 같은 경우에 적합하다. 답 ④

28 조절계의 제어작동 중 제어편차에 비례한 제어동작은 잔류편차(off-set)가 생기는 결점이 있는데 이 잔류편차를 없애기 위한 제어동작은?

① 비례동작   ② 미분동작
③ 2위치동작 ④ 적분동작

해설 적분동작(I동작 : integral action) : 제어량에 편차가 생겼을 때 편차의 적분차를 가감하여 조작단의 이동 속도가 비례하는 동작으로 잔류편차가 남지 않는다. 진동하는 경향이 있어 제어의 안정성은 떨어진다. 유량제어나 관로의 압력제어와 같은 경우에 적합하다. 답 ④

29 적분 동작이 가장 많이 사용되는 제어는?

① 증기압력   ② 유량압력
③ 유량 제어 ④ 레벨 제어

해설 적분동작(I동작) : 제어량에 편차가 생겼을 때 편차의 적분차를 가감하여 조작단의 이동 속도가 비례하는 동작으로 잔류편차가 남지 않으며, 유량 제어나 관로의 압력제어와 같은 경우에 적합하다. 답 ③

30 자동제어에서 미분동작을 가장 바르게 설명한 것은?

① 조절계의 출력 변화가 편차에 비례하는 동작
② 조절계의 출력 변화의 속도가 편차에 비례하는 동작
③ 조절계의 출력 변화가 편차의 변화 속도에 비례하는 동작
④ 조작량이 어떤 동작 신호의 값을 경계로 하여 완전히 전개 또는 전폐되는 동작

해설 미분(D) 동작 : 조작량이 동작신호의 미분치에 비례하는 동작으로 비례동작과 함께 쓰이며 일반적으로 진동이 제어되어 빨리 안정된다. 답 ③

31 [보기]의 특징을 가지는 제어동작은?

[보기]
- 부하변화가 커도 잔류편차가 남지 않는다.
- 진동느낌이나 쓸모없는 시간이 크면 사이클링의 주기가 커진다.
- 급변할 때는 큰 진동이 생긴다.
- 반응속도가 빠른 프로세스나 느린 프로세스에 주로 사용된다.

① PID 동작   ② 뱅뱅 동작
③ PI 동작   ④ P 동작

해설 PI 동작(비례 적분 동작) : 비례동작의 결점을 줄이기 위하여 비례동작과 적분동작을 합한 것이다. 답 ③

32 비례-적분 제어동작에서 적분동작은 비례동작을 사용했을 때 발생하는 어떤 문제점을 제거하기 위한 것인가?

① 오프셋(off-set)
② 빠른 응답(quick response)
③ 지연(delay)
④ 외란(disturbance)

[해설] PI 동작(비례 적분 동작) : 비례동작의 결점인 오프셋(off-set)을 줄이기 위하여 비례동작과 적분동작을 합한 것이다. 답 ①

33 자동제어에서 동작신호의 미분값을 계산하여 이것과 동작신호를 합한 조작량 변화를 나타내는 동작은?

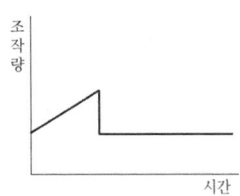

① D동작　　② P동작
③ PD동작　　④ PID동작

[해설] PD 동작(비례 미분 동작) : 비례동작과 미분동작을 합한 것이다. 답 ③

34 자동제어의 방식에서 PID 동작이라 함은?
① 비례동작
② 비례 적분 미분동작
③ 비례 적분동작
④ 미분 적분동작

[해설] PID 동작 : 비례 적분 미분 동작 답 ②

35 제어계의 난이도가 큰 경우 가장 적합한 제어동작은?
① 헌팅 동작　　② PID 동작
③ PD 동작　　④ ID 동작

[해설] PID 동작(비례 적분 미분 동작) : 조절효과가 좋고 조절속도가 빨라 널리 이용된다. 반응속도가 느리거나 빠름, 쓸모없는 시간이나 전달느림이 있는 경우에 적용되며, 제어계의 난이도가 큰 경우에 적합한 제어동작이다. 답 ②

36 자동제어에 관한 설명으로 틀린 것은?
① 궤한량(궤한율×증폭도)이 -1과 0 사이에 있을 때 계는 안정하다.
② 온・오프 제어계는 이론상 발진을 완전히 제거하지 못하는 결점이 있다.
③ 비례동작 제어계는 온・오프 제어계보다 항상 정밀제어가 가능하다.
④ 모든 제어계에 피드백이 활용되는 것은 아니다.

[해설] 비례동작에서 비례대를 좁게 하면 조작량(밸브의 움직임)이 커지며, 비례대가 좁게 되면 2위치 동작과 같게 된다. 답 ③

37 탱크의 액위를 제어하는 방법으로 주로 이용되며 뱅뱅 제어라고도 하는 것은?
① PD 동작　　② PI 동작
③ P 동작　　④ 온・오프 동작

[해설] 탱크의 액위가 일정량 이하로 내려가면 전자밸브(solenoid valve)에 전원을 투입(ON)하여 밸브가 열리고(개방), 액위가 일정량에 도달하면 전자밸브에 전원을 차단(OFF)하여 액위를 제어하는 방법으로 온-오프 동작(2위치 동작) 또는 뱅뱅 제어라 한다.

[참고] 불연속 동작에 해당하는 온・오프 동작(제어)를 뱅뱅 제어(동작)라 한다. 답 ④

38 제어 시스템에서 조작량이 제어 편차에 의해서 정해진 두 개의 값이 어느 편인가를 택하는 제어방식의 동작은?

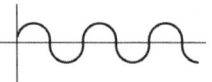

① 온오프 동작　　② 비례 동작
③ 적분 동작　　④ 미분 동작

[해설] ON-OFF 동작(2위치 동작) : 제어량이 설정치에서 벗어났을 때 조작부를 ON(개[開]) 또는 OFF(폐[閉])의 동작 중 하나로 동작시키는 것으로 조작신호가 최대, 최소가 되며 전자밸브(solenoid valve)의 동작이 대표적이다. 답 ①

39 자동제어계에서 응답을 나타낼 때 목표치를 기준한 앞뒤의 진동으로 시간의 지연을 필요로 하는 시간적 동작의 특성을 의미하는 것은?

① 동특성 　　② 스텝응답
③ 정특성 　　④ 과도응답

해설 정특성과 동특성
㉮ 정특성 : 시간에 관계없는 정적인 특성으로 입력과 출력이 안정되어 있을 때의 일정한 관계를 유지하는 성질
㉯ 동특성 : 시간적인 동작의 특성으로 입력을 변화시켰을 때 출력을 변화시키는 성질　　답 ①

40 출력이 일정한 값에 도달한 이후의 제어계의 특성을 무엇이라고 하는가?

① 과도 특성　　② 스텝 특성
③ 정상 특성　　④ 주파수 응답

해설 정상특성 : 자동제어계의 요소가 완전히 정상 상태로 이루어졌을 때 제어계의 응답으로 정상응답(ordinary response)이라고 한다.　　답 ③

41 여러 가지 주파수의 정현파(sin파)를 입력신호로 하여 출력의 진폭과 위상각의 지연으로부터 계의 동특성을 규명하는 방법은?

① 시정수　　② 주파수 응답
③ 프로그램 제어　　④ 비례 제어

해설 주파수 응답 : 사인파 상의 입력에 대한 자동제어계 또는 그 요소의 정상응답을 주파수의 함수로 나타낸 것이다.　　답 ②

42 1차 지연요소에서 시정수(T)가 클수록 어떻게 되는가?

① 응답속도가 느려진다.
② 응답속도가 빨라진다.
③ 응답속도가 일정해진다.
④ 시정수와 응답속도는 상관이 없다.

해설 1차 지연 요소 : 입력이 급변하는 순간에서 출력은 변화하지만 지연이 있어 어느 시간 후에 정상 상태가 되는 특징을 갖고 있는 것으로 시정수(T)가 클수록 응답속도가 느려진다.　　답 ①

43 데드타임(dead time) L과 시정수 T와의 비 L/T는 제어 난이도와 어떤 관계가 있는가?

① 무관하게 일정하다.
② 클수록 제어가 용이하다.
③ 조작 정도에 따라 다르다.
④ 작을수록 제어가 용이하다.

해설 ㉮ dead time(L) : 낭비시간, 지연시간으로 실내 난방의 경우 공조기가 가동되어도 일정시간이 경과 되어야만 실내온도가 상승되기 시작하는 시간이다.
㉯ time constant(T) : 시간정수라 하며, 최종값의 63[%]에 도달하기까지 시간이다.
㉰ L/T 값이 클 경우 응답속도가 느려지기 때문에 제어하기 어렵다. (반대로 작을수록 제어가 용이하다.)　　답 ④

44 1차 지연요소에서 시정수(time constant)란 최대 출력의 몇 [%]에 이를 때까지의 시간인가?

① 54[%]　　② 63[%]
③ 95[%]　　④ 99[%]

해설 time constant(T) : 시간정수라 하며 최종 값의 63[%]에 도달하기까지 시간이다.　　답 ②

45 제어 시스템에서 응답이 계단변화가 도입된 후에 얻게 될 최종적인 값을 얼마나 초과하게 되는지를 나타내는 척도는?

① 오프셋　　② 쇠퇴비
③ 오버슈트　　④ 응답시간

해설 오버슈트(over shoot) : 동작간격으로부터 벗어나 초과되는 오차를 말하며, 반대로 나타나는 오차를 언더슈트(under shoot)라 한다. 오버슈트는 자동제어계에서 안정성의 척도가 된다.　　답 ③

46 제어계가 불안정해서 제어량이 주기적으로 변화하는 좋지 못한 상태를 무엇이라 하는가?
① 오버슈트 ② 헌팅
③ 외란 ④ 스텝 응답

해설 헌팅(hunting : 난조) : 자동제어에서 시간 또는 신호의 지연이 큰 경우에 발생하는 것으로 제어의 지연에 의해 제어량이 주기적으로 변하여 난조상태로 되는 현상이다. **답** ②

47 보일러 자동제어의 장점으로 가장 거리가 먼 것은?
① 효율적인 운전으로 연료비가 절감된다.
② 보일러 설비의 수명이 길어진다.
③ 보일러 운전을 안전하게 한다.
④ 급수처리 비용이 증가한다.

해설 보일러 자동제어 목적(장점)
㉮ 경제적인 열매체를 얻을 수 있다.
㉯ 보일러의 운전을 안전하게 할 수 있다.
㉰ 효율적인 운전으로 연료비를 감소시킨다.
㉱ 인원 절감의 효과와 인건비가 절약이 된다.
㉲ 일정기준의 증기를 공급할 수 있다.
㉳ 보일러 설비의 수명이 길어진다. **답** ④

48 보일러에서 가장 기본이 되는 제어는?
① 수치 제어 ② 시퀀스 제어
③ 피드백 제어 ④ 자동 조절

참고 피드백 제어와 시퀀스 제어
① 피드백 제어(feed back control : 폐[閉]회로) : 제어량의 크기와 목표값을 비교하여 그 값이 일치하도록 되돌림 신호(피드백 신호)를 보내어 수정동작을 하는 제어방식으로 보일러에서 가장 기본이 되는 제어로 보일러 자동제어, 증기온도 제어, 급수 제어 등이 해당된다.
② 시퀀스 제어(sequence control : 개[開]회로) : 미리 순서에 입각해서 다음 동작이 연속 이루어지는 제어로 보일러의 점화, 자동판매기 등이 해당된다. **답** ③

49 보일러의 자동 가동장치에서 부속기기의 일련의 순서를 자동화하여 제어하는 방식은?
① 시퀀스 제어
② 피드백 제어
③ 캐스케이드 제어
④ 비율 제어

해설 시퀀스 제어(sequence control : 개(開)회로) : 미리 순서에 입각해서 다음 동작이 연속 이루어지는 제어로 보일러의 점화, 자동판매기 등이 해당된다. **답** ①

50 피드백 제어에 대한 설명으로 틀린 것은?
① 설비비의 고액 투입이 요구된다.
② 운영에 있어 고도의 기술이 요구된다.
③ 일부 고장이 있어도 전 생산에 영향이 없다.
④ 수리가 어렵다.

해설 피드백 제어(feed back control : 폐[閉]회로)는 제어량의 크기와 목표값을 비교하여 그 값이 일치하도록 되돌림 신호(피드백 신호)를 보내어 수정동작을 하는 제어방식으로 제어장치(방식)에 일부 고장이 있으면 전체 생산에 큰 영향을 미친다. **답** ③

51 보일러를 자동 운전할 경우 송풍기가 작동되지 않으면 연료공급 전자밸브가 열리지 않는 인터록의 종류는?
① 송풍기 인터록
② 전자 밸브 인터록
③ 프리 퍼지 인터록
④ 불착화 인터록

해설 보일러 인터록의 종류
㉮ 압력초과 인터록 : 증기압력이 일정압력에 도달할 때 전자밸브를 닫아 보일러의 가동을 정지시키는 것으로 증기압력 제한기가 해당된다.
㉯ 저수위 인터록 : 보일러 수위가 안전 저수위에 도달할 때 전자밸브를 닫아 보일러 가동을 정지시키는 것으로 저수위 경보기가 해당된다.
㉰ 불착화 인터록 : 버너 착화 시 점화되지 않거나 운전 중 실화가 될 경우 전자밸브를 닫아 연료 공

급을 중지하여 보일러 가동을 정지시키는 것으로 화염검출기가 해당된다.
㉣ 저연소 인터록 : 보일러 운전 중 연소상태가 불량하거나 저연소 상태로 유량조절 밸브가 조절되지 않으면 전자 밸브를 닫아 보일러 가동을 정지시킨다.
㉤ 프리 퍼지 인터록 : 점화 전 일정 시간 동안 송풍기가 작동되지 않으면 전자밸브가 열리지 않아 점화가 되지 않는다.
답 ③

52 보일러 자동제어를 의미하는 약칭은?
① A.B.C ② A.C.C
③ F.W.C ④ S.T.C

해설 보일러 자동제어(A · B · C)의 종류
㉮ 자동연소제어 : ACC
㉯ 급수제어 : FWC
㉰ 증기온도제어 : STC
㉱ 증기압력제어 : SPC
답 ①

53 보일러의 자동제어에 해당되지 않는 것은?
① 연소제어 ② 온도제어
③ 급수제어 ④ 용량제어

해설 보일러 자동제어(A · B · C)의 종류

명 칭	제어량	조작량
자동연소제어 (ACC)	증기압력	공기량, 연료량
	노내압	연소가스량
급수제어(FWC)	보일러 수위	급수량
증기온도제어 (STC)	증기온도	전열량
증기압력제어 (SPC)	증기압력	연료공급량, 연소용 공기량

답 ④

54 보일러의 자동제어 중에서 A.C.C가 나타내는 것은 무엇인가?
① 연소제어 ② 급수제어
③ 온도제어 ④ 유압제어
답 ①

55 보일러의 연소제어 시 제어량이 증기압력일 때 조작량은 다음 중 어느 것이 가장 적합한가?
① 급수량 및 공기량
② 공기량 및 연소가스량
③ 연료량 및 공기량
④ 연료량 및 연소가스량

해설 보일러 자동제어(A · B · C)의 종류

명 칭	제어량	조작량
자동연소제어 (ACC)	증기압력	공기량, 연료량
	노내압	연소가스량
급수제어(FWC)	보일러 수위	급수량
증기온도제어 (STC)	증기온도	전열량
증기압력제어 (SPC)	증기압력	연료공급량, 연소용 공기량

답 ③

56 노 내 압을 제어하는 데 필요하지 않는 조작은?
① 공기량 조작 ② 연료량 조작
③ 급수량 조작 ④ 댐퍼의 조작

해설 노 내 압을 제어하기 위해서는 조작량이 연소가스량이기 때문에 공기량, 연소가스 배출량, 댐퍼의 조작이 해당된다.
답 ③

57 제어대상과 그 제어장치를 짝지은 것 중 틀린 것은?
① 증기압력제어 : 압력조절기
② 공기·연료제어 : 모듀트럴 모터
③ 연소제어 : 맥도널
④ 노 내 압 조절 : 배기댐퍼조절장치

해설 연소제어장치 : 발생증기의 압력에 따라 공급 연료의 양을 조절하고, 이와 함께 공연비제어도 함께 이루어지도록 한 장치이다. 모듈레이팅(modulating) 제어장치 등이 해당된다.
※ 맥도널은 수위검출기 중 플로트식에 해당된다.
답 ③

58 수위제어방식이 아닌 것은?
① 1요소식 ② 2요소식
③ 3요소식 ④ 4요소식

해설 급수제어방법의 종류 및 검출대상(요소)

명칭	검출 대상
1요소식	수위
2요소식	수위, 증기량
3요소식	수위, 증기량, 급수유량

답 ④

59 단요소식(單要素式) 수위제어에 대한 설명으로 옳은 것은?
① 발전용 고압 대용량 보일러의 수위제어에 사용된다.
② 보일러의 수위만을 검출하여 급수량을 조절하는 방식이다.
③ 수위조절기의 제어동작에는 PID 동작이 채용된다.
④ 부하 변동에 의한 수위의 변화 폭이 아주 적다.

해설 단요소식(1요소식) 수위제어 : 가장 간단한 수위제어 방식으로 보일러 드럼 내의 수위만을 검출하고 그 변화에 대하여 급수량을 조절하는 방식으로 잔류편차(off set)가 발생된다. 답 ②

60 2요소식(二要素式)의 수위제어에 대한 설명으로 옳은 것은?
① 수위 쪽에 증기압력을 검출하여 급수량을 조절하는 방식이다.
② 수위의 역응답을 제거하기 위하여 사용하는 방식이다.
③ 구성이 단요소식(單要素式)에 비해 복잡하므로 자력(自力)제어는 불가능하다.
④ 부하(負荷)가 변동할 때 수위가 변화하여 급수량이 조절되는 것으로 부하변동에 의한 수위의 변화폭이 적다.

해설 2요소식(二要素式) : 드럼 내의 수위 외에 증기 유량을 검출하여 부하변동이 없어도 급수조절밸브의 개도를 조절하여 잔류편차(off set)를 줄이는 방법이다. 답 ④

61 코프스식 자동급수 조정장치는 다음 중 어느 것을 이용하는가?
① 공기의 열팽창
② 금속관의 열팽창
③ 액체의 열팽창
④ 증기압력의 변화

해설 열팽창관식 : 금속관 온도의 변화에 의한 신축(열팽창)을 이용한 것으로 코프스식 자동급수 조절장치가 있으며, 전기 등 동력을 사용하지 않아 자력식 제어장치라 한다. 답 ②

62 수위(水位)의 역응답(逆應答)에 대한 설명 중 틀린 것은?
① 증기유량이 증가하면 수위가 약간 상승하는 현상
② 증기유량이 감소하면 수위가 약간 하강하는 현상
③ 보일러 물속에 점유하고 있는 기포의 체적변화에 의해 발생하는 현상
④ 프라이밍(priming)이나 포밍(foaming)에 의해 발생하는 현상

해설 수위(水位)의 역 응답(逆應答) 현상 : 증기유량이 증가하면 수위가 약간 상승하고, 반대로 증기유량이 감소하면 수위가 약간 하강하는 현상으로 보일러 물속에 점유하고 있는 기포의 체적변화에 의해 발생한다.

참고 프라이밍(priming) 현상 : 급격한 증발현상으로 동수면에서 작은 입자의 물방울이 증기와 혼입하여 튀어오르는 현상이고, 포밍(foaming) 현상은 동저부에서 작은 기포들이 수면상으로 오르면서 물거품이 발생하여 수면에 달걀 모양의 기포가 덮이는 현상 답 ④

63 증기 압력제어의 병렬제어방식의 구성을 나타낸 것이다. ( ) 안에 알맞은 용어는?

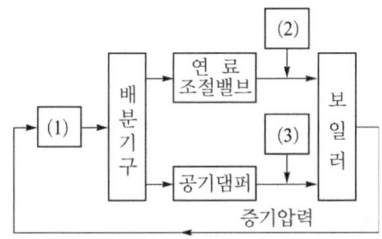

① (1) 동작신호 (2) 목표치 (3) 제어량
② (1) 조작량 (2) 설정신호 (3) 공기량
③ (1) 압력조절기 (2) 연료공급량 (3) 공기량
④ (1) 압력조절기 (2) 공기량 (3) 연료공급량

해설 증기압력 제어의 병렬제어 방식 : 증기압력에 따라 압력 조절기가 제어동작을 하여 그 출력신호를 배분기구(모츄럴 모터)에 의하여 연료 조절밸브 및 공기댐퍼에 분배하여 두 부분의 개도치를 동시에 조절하여 연료 공급량과 공기량을 조절하는 방식이다.   답 ③

64 자동연소 장치의 광전관 화염검출기가 정상적으로 작동하고 있는지를 간단히 점검할 수 있는 가장 좋은 방법은?

① 광전관 회로의 전류를 측정해 본다.
② 화염검출기(火炎檢出器) 앞을 가려본다.
③ 광전관 회로의 연결선을 제거해 본다.
④ 파일럿 버너(pilot burner)에 점화하여 본다.

해설 광전관 화염검출기(플레임 아이 : flame eye) : 화염이 발광체임을 이용하여 화염의 방사선을 감지하여 화염의 유무를 검출하는 것으로 화염검출기 앞을 가려 빛을 차단하면 연료전자밸브가 차단되고 보일러가 정지되어야 정상이다.   답 ②

65 화염검출방식으로 가장 거리가 먼 것은?

① 화염의 열을 이용
② 화염의 빛을 이용
③ 화염의 전기전도성을 이용
④ 화염의 색을 이용

해설 화염 검출기의 종류
㉮ 플레임 아이(flame eye) : 화염이 발광체임을 이용하여 화염의 방사선을 감지하여 화염의 유무를 검출한다.
㉯ 플레임 로드(flame rod) : 화염의 이온화 현상에 의한 전기 전도성을 이용하여 화염의 유무를 검출한다.
㉰ 스택 스위치(stack switch) : 연도에 바이메탈을 설치하여 연소가스의 발열체를 이용하여 화염유무를 검출한다.   답 ④

66 화염검출기 중 화염의 이온화를 이용한 것으로 가스 점화버너에 주로 사용하는 것은?

① CdS 광전도 셀
② 플레임 아이
③ 스택 스위치
④ 플레임 로드

해설 플레임 로드(flame rod) : 화염의 이온화 현상에 의한 전기 전도성을 이용하여 화염의 유무를 검출하는 것으로 가스버너에 사용한다.   답 ④

제3장 유체측정

1. 압력

1.1 압력의 측정 방법 및 분류

(1) 압력의 측정 방법

① **기기의 중량과 균형을 일치시켜 측정** : 액주식 압력계, 침종식 압력계, 자유 피스톤형 압력계, 링 밸런스식 압력계 등

② **압력 변화에 의한 탄성 변위를 이용** : 탄성식 압력계(부르동관식, 벨로스식, 다이어프램식, 캡슐식)

③ **물리적 현상을 이용** : 전기식 압력계(전기저항 압력계, 피에조 전기 압력계, 스트레인 게이지)

(2) 압력의 분류

① **측정방법에 의한 분류**

㉮ 표준대기압(atmospheric) : 0[℃], 위도 45° 해수면을 기준으로 지구중력이 9.806655[m/s^2]일 때 수은주 760[mmHg]로 표시될 때의 압력으로 1[atm]으로 표시한다.

$$1[atm] = 760[mmHg] = 76[cmHg] = 0.76[mHg] = 29.9[inHg] = 760[torr]$$
$$= 10,332[kgf/m^2] = 1.0332[kgf/cm^2] = 10.332[mH_2O]$$
$$= 10,332[mmH_2O] = 101,325[N/m^2] = 101,325[Pa] = 1,013.25[hPa]$$
$$= 101.325[kPa] = 0.101325[MPa] = 1.01325[bar] = 1,013.25[mbar]$$
$$= 14.7[lb/in^2] = 14.7[psi]$$

㉯ 게이지압력 : 대기압을 0으로 기준하여 압력계에 지시된 압력으로 압력단위 뒤에 "G", "g"를 사용하거나 생략한다.

㉰ 진공압력 : 대기압을 기준으로 대기압 이하의 압력으로 압력단위 뒤에 "V", "v"를 사용한다.

㉱ 절대압력 : 절대진공(완전진공)을 기준으로 그 이상 형성된 압력으로 압력단위 뒤에 "abs", "a"를 사용한다.

$$절대압력 = 대기압 + 게이지\ 압력 = 대기압 - 진공압력$$

㉲ 압력환산 방법

$$환산압력 = \frac{주어진\ 압력}{주어진\ 압력의\ 표준대기압} \times 구하려\ 하는\ 표준대기압$$

> ● **SI단위와 공학단위의 관계**
> ① $1\,[\text{MPa}] = 10.1968\,[\text{kgf/cm}^2] ≒ 10\,[\text{kgf/cm}^2]$
> $\quad 1\,[\text{kgf/cm}^2] = \dfrac{1}{10.1968}\,[\text{MPa}] ≒ \dfrac{1}{10}\,[\text{MPa}]$
> ② $1\,[\text{kPa}] = 101.968\,[\text{mmH}_2\text{O}] ≒ 100\,[\text{mmH}_2\text{O}]$
> $\quad 1\,[\text{mmH}_2\text{O}] = \dfrac{1}{101.968}\,[\text{kPa}] = \dfrac{1}{100}\,[\text{kPa}]$

② **작용상태에 의한 분류**
　㉮ 정압 : 유체가 정지하고 있는 상태에서 작용하는 압력
　㉯ 동압 : 유동하고 있는 상태에서 흐름방향에 작용하는 압력
　㉰ 전압 = 정압 + 동압

③ **압력상태에 의한 분류**
　㉮ 정압 : 대기압 이상으로 작용하고 있는 압력
　㉯ 부압 : 대기압 이하로 작용하고 있는 압력

(3) 측정방법에 따른 압력계 분류

① **1차 압력계** : 측정선으로 하는 압력과 평형하는 무게, 힘으로 직접 측정하는 것

② **2차 압력계** : 물질의 성질이 압력에 의해 받는 변화를 측정하고 그 변화율에 의해 압력을 지시하는 것

1.2 1차 압력계

(1) 액주식 압력계(manometer)

① **구조** : 유리관에 수은, 물, 기름 등의 액체를 넣어 압력차로 인하여 발생하는 액면의 높이차를 이용하여 압력을 구하는 것이다.

② **액주식 압력계용 액체의 구비조건**
- ㉮ 점성이 적을 것
- ㉯ 열팽창계수가 적을 것
- ㉰ 밀도변화가 적을 것
- ㉱ 모세관 현상 및 표면장력이 적을 것
- ㉲ 화학적으로 안정할 것
- ㉳ 휘발성 및 흡수성이 적을 것
- ㉴ 항상 액면은 수평을 만들고 높이를 정확히 읽을 수 있을 것

③ **종류**
- ㉮ 호루단형 : 유리관을 수직으로 세워 상부는 진공으로 하여 밀폐시키고 하부는 수은에 넣은 것으로 유리관에 올라간 수은의 높이로 압력이 측정되는 것으로 기압계로 사용된다.
- ㉯ 단관식 압력계 : 액체 용기에 유리관을 수직으로 연결한 것으로 상형압력계라 하며 차압을 측정하는 데 사용된다.
- ㉰ U자관 압력계 : 유리관을 U자형으로 구부려 만든 것으로 액주의 높이차를 확인하여 압력을 측정한다. 유리관 내부에는 수은, 기름, 물 등을 넣어 사용한다.
  - ⓐ 절대압력을 측정할 수 있다.
  - ⓑ 통풍계(draft gauge)로 사용할 수 있다.
  - ⓒ 정도 : ±0.5[mmH₂O]

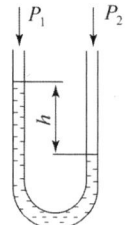

$$P_2 = P_1 + \gamma h$$

여기서, P_2 : 측정 절대압력[mmH₂O]
P_1 : 대기압[mmH₂O]
γ : 액체의 비중량[kgf/m³]
h : 액주 높이[m]

U자관 압력계

- ㉱ 경사관식 압력계 : 단관식의 원리를 이용한 것으로 수직관을 각도 θ만큼 경사지게 부착하여 압력을 측정한다.

ⓐ 통풍계(draft gauge)로 사용한다.
ⓑ 액주식 중에서 정도(0.05[mmH₂O])가 가장 좋다.
ⓒ 작은 압력을 정확하게 측정할 수 있어 실험실 등에서 사용한다.
ⓓ 측정범위 : 10~50[mmH₂O]

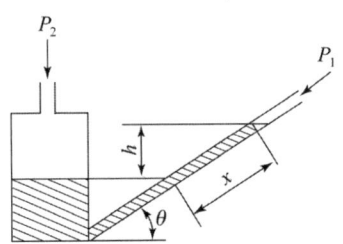

$P_2 = P_1 + \gamma x \sin\theta$, $x = \dfrac{h}{\sin\theta}$

여기서, P_2 : 경사관으로부터 작용하는 절대압력[mmH₂O]
P_1 : 대기압[mmH₂O]
x : 경사각 압력계의 눈금[m]
θ : 관의 경사각

경사관식 압력계

(2) 침종식 압력계

① **측정 원리** : 액체 중의 침종의 상하 이동으로 압력을 측정하는 것으로 아르키메데스의 원리를 이용한 것이다.

② **종류 및 측정범위**
㉮ 단종형 : 100[mmH₂O]
㉯ 복종형 : 5~30[mmH₂O]

③ **특징**
㉮ 진동이나 충격의 영향이 비교적 적다.
㉯ 미소 차압의 측정이 가능하다.
㉰ 저압의 가스 압력을 측정하는 데 사용된다.

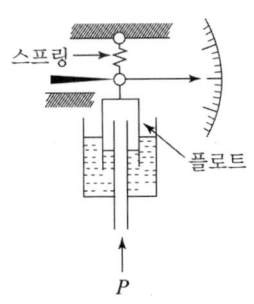
(a) 단종형 압력계

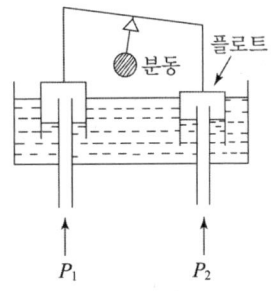
(b) 복종형 압력계

침종식 압력계

(3) 링 밸런스식 압력계

① **측정 원리** : 원형상의 관상부에 2개의 구멍을 뚫고 측정압력과 대기압의 도입관으로 하고, 도입관에 의해 양면에 압력이 가해져 압력이 불균형해지면 링이 회전하며, 그 회전각은 압력차에 비례한 것을 이용하여 압력차를 측정한다.

② **측정범위 및 정도**
  ㉮ 측정범위 : 25～3,000[mmH$_2$O]
  ㉯ 정도 : ±1～2[%]

③ **특징**
  ㉮ 원격 전송이 가능하다.
  ㉯ 회전력이 커서 기록이 용이하다.
  ㉰ 평형추의 증감, 취부장치의 이동으로 측정 범위 변경이 가능하다.
  ㉱ 액체 압력측정은 곤란하고 기체 압력측정에 이용된다.
  ㉲ 저압 가스의 압력 및 통풍계(draft gauge)로 사용된다.

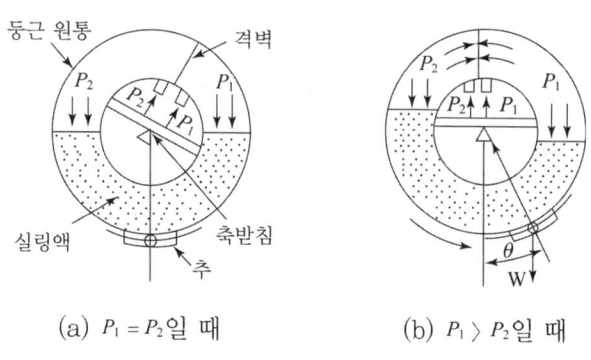

링밸런스식 압력계

(4) 분동식 압력계

① **측정 원리** : 측정하여야 할 압력은 오일(광유)에 의해 그 피스톤에 작용시키고 피스톤에 올려놓은 추와 평형이 되도록 한 후, 추와 피스톤 무게와 피스톤의 단면적에서 압력을 산출한다. 부유 피스톤형 압력계, 표준 분동식 압력계도 있다.

② **사용 액체의 종류 및 측정범위**
  ㉮ 경유 : 40～100[kgf/cm^2]
  ㉯ 스핀들유, 피마자유 : 100～1,000[kgf/cm^2]

㉻ 모빌유 : 3,000[kgf/cm²] 이상

㉺ 점도가 큰 오일을 사용하면 5,000[kgf/cm²]까지 가능하다.

③ **용도** : 탄성식 압력계의 교정용(검사용)으로 사용된다.

④ **압력계산**

$$P = \left\{ \frac{W+W'}{a} \right\}$$

여기서, P : 압력[kgf/cm²]　　　W : 추의 무게[kg]
　　　　W' : 피스톤의 무게[kg]　　a : 피스톤의 단면적[cm²]

1.3 2차 압력계

(1) 탄성식 압력계

① **부르동관(bourdon tube) 압력계** : 부르동관(곡관)에 압력이 가해지면 곡률반지름이 증대되고, 반대로 압력이 낮아지면 수축하는 원리를 이용한 것으로 2차 압력계 중에서 가장 대표적인 것이다.

㉮ 부르동관의 종류 : C자형, 스파이럴형(spiral type), 헬리컬형(helical type), 버튼형(torque-tube type)

㉯ 부르동관의 재질
　ⓐ 황동, 인청동, 청동 : 저압용에 사용
　ⓑ 니켈강, 스테인리스강 : 고압용에 사용

㉰ 측정범위 : 높은 압력(0~3,000[kgf/cm²])은 측정할 수 있지만 정도는 좋지 않다.

> ● **콤파운드 게이지(compound gauge)**
> 연성계라고 하며 부르동관을 이용한 것으로 대기압 이하의 압력(진공압력)과 대기압 이상의 압력(게이지 압력)을 측정할 수 있다.

② **다이어프램(diaphragm)식 압력계** : 탄성이 강한 얇은 판 양쪽의 압력이 서로 다르면 압력이 낮은 쪽으로 판이 굽는다. 이때 굽는 판의 크기는 압력차에 비례하므로 그 변위를 이용하여 압력을 측정한다.

㉮ 다이어프램 재질 : 천연고무, 합성고무, 특수고무, 테플론, 가죽, 인청동, 구리, 스테인리스강

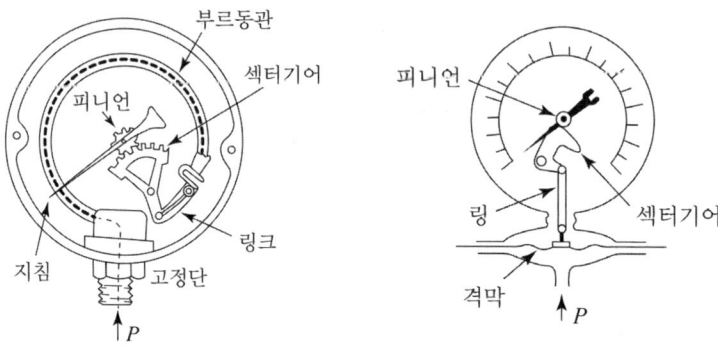

부르동관 압력계   다이어프램 압력계

    ㉯ 측정범위 : 20~5,000[mmH$_2$O]
    ㉰ 특징
     ⓐ 응답속도가 빠르나 온도의 영향을 받는다.
     ⓑ 극히 미세한 압력 측정에 적당하다.
     ⓒ 부식성 유체의 측정이 가능하다.
     ⓓ 압력계가 파손되어도 위험이 적다.
     ⓔ 먼지를 함유한 액체나 점도가 높은 액체의 측정에 적합하다.
     ⓕ 연소로의 통풍계(draft gauge)로 사용한다.

 ③ **벨로스(bellows)식 압력계** : 얇은 금속판으로 만들어진 원형의 주름통(벨로스)의 탄성을 이용하여 압력을 측정하는 것이다.

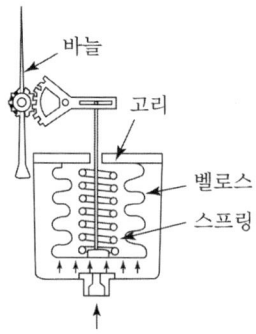

벨로스형 압력계

㉮ 재질 : 인청동, 스테인리스강
㉯ 측정범위 : 0.01~10[kgf/cm^2](0.1~1,000[kPa])
㉰ 특징
ⓐ 압력변동에 대한 적응성이 떨어진다.
ⓑ 유체 내의 먼지 등 이물질의 영향을 적게 받는다.
ⓒ 히스테리시스(hysteresis) 오차가 발생한다.
ⓓ 자동제어 장치의 압력 검출용 등에 사용한다.

④ **캡슐식** : 2개의 파상 격막을 이어 붙인 것으로 비교적 압력이 낮은 기압계 등에 사용된다.

(2) 전기식 압력계

① **전기저항 압력계** : 금속의 전기저항이 압력에 의해 변화되는 것을 이용한 압력계로 초고압 측정에 사용된다.

② **피에조 전기 압력계(압전기식)** : 수정이나 전기석 또는 로셀염 등의 결정체의 특정 방향에 압력이나 충격을 가하면 기전력이 발생하고 이때 발생한 기전력은 압력에 비례하는 것을 이용한 것으로 가스 폭발이나 급격한 압력 변화 등의 측정에 사용된다.

③ **스트레인 게이지** : 금속, 합금이나 반도체(금속 산화물) 등의 변형계 소자는 압력에 의해 변형을 받으면 전기저항이 변화하는 것을 이용한 것으로 급격한 압력 변화를 측정할 수 있다.

1.4 진공계

(1) 매클라우드(Macleod) 진공계

진공에 대한 일종의 폐관식 수은 마노미터(manometer)로 측정하려고 하는 기체를 압축하여 체적변화로부터 수은주를 읽어 진공압을 측정한다.

① 다른 진공계의 교정용으로 사용한다.
② 모세관 현상에 주의하여야 한다.
③ 점성이 있는 기체일 경우 오차가 발생한다.
④ 측정범위가 1×10^{-2}[Pa] 정도이다.

(2) 열전도형 진공계

기체의 열전도는 저압에서는 압력에 비례하는 것을 이용한 것이다.

① **피라니(Pirani) 진공계** : 필라멘트를 발열체 및 저항 온도계로 하는 것으로 진공 중에서 발열체로부터 외부로 도피되는 열은 필라멘트의 지름, 용기의 지름, 가스의 종류 및 온도 등에 따라서 다른 점을 이용한 것이다.

② **서미스터 진공계** : 필라멘트 대신 비즈상의 서미스터를 사용한 것으로 온도계수가 큰 것이 장점이지만 안정성은 떨어진다.

③ **열전대 진공계** : 필라멘트의 온도를 열전대(I-C 열전대)로 측정하는 것으로 견고하다.

(3) 전리 진공계(電離 眞空計)

열전자를 방사하는 음극의 주위에 정전위의 그리드를 놓고 그 주변에 부전위 이온 컬렉터를 놓은 3극 진공관을 이용한 것이다.

(4) 방전(防電)을 이용하는 진공계

진공의 인디게이터로 이용되는 가이슬러 관을 이용한 것이다.

출제예상문제
Expected problems

01 SI 단위표시에서 압력단위 표시방법으로 옳은 것은?

① $mmHg/cm^2$ ② cm^2/kg
③ kg/at ④ N/m^2

해설 압력의 정의 및 단위
㉮ 압력의 정의 : 단면면적에 작용하는 힘의 합이다.
㉯ SI 단위 : N/m^2 = Pa
㉰ 공학단위 : kgf/m^2 **답** ④

02 표준대기압 760[mmHg]을 SI 단위로 변환하면 몇 [kPa]인가?

① 1.0132 ② 10.132
③ 101.32 ④ 1013.2

해설 표준대기압1[atm]
= 760[mmHg] = 76[cmHg]
= 0.76[mHg] = 29.9[inHg] = 760[torr]
= 10,332[kgf/m^2] = 1.0332[kgf/cm^2]
= 10.332[mH_2O] = 10,332[mmH_2O]
= 101,325[N/m^2] = 101,325[Pa]
= 101.325[kPa] = 0.101325[MPa]
= 1,013,250[dyne/cm^2] = 1.01325[bar]
= 1,013.25[mbar] = 14.7[lb/in^2] = 14.7[psi]
※ [mH_2O]와 [mAq]는 동일한 단위임 **답** ③

03 1[kgf/cm^2]의 압력을 수주[mmH_2O]로 옳게 표시한 것은?

① 10^2 ② 10^{-3}
③ 10^4 ④ 10^{-4}

해설 1[kgf/cm^2] = 10[mH_2O] = 10,000[mmH_2O]
= 10^4[mmH_2O] **답** ③

04 절대압력 700[mmHg]는 약 몇 [kPa]인가?

① 93 ② 103
③ 113 ④ 123

해설 1[atm]은 760[mmHg]이고, [kPa] 단위에 해당하는 표준대기압은 101.325[kPa]이다.
∴ $P_a = \dfrac{700}{760} \times 101.325 = 93.325$[kPa] **답** ①

05 압력 게이지에 나타내는 압력은 어느 것인가?

① 절대압력
② 대기압
③ 절대압력 − 대기압
④ 절대압력 + 대기압

해설 절대압력 = 대기압 + 게이지압력
∴ 게이지압력 = 절대압력 − 대기압 **답** ③

06 압력계의 게이지 압력과 절대압력에 관한 식을 표시한 것으로 옳은 것은? (단, 게이지 압력은 A, 절대압력은 B, 대기압은 C이다.)

① $B = C \div A$ ② $B = C \times A$
③ $B = A - C$ ④ $B = A + C$

해설 절대압력(B) = 대기압(C) + 게이지압력(A)
= 대기압(C) − 진공압력 **답** ④

07 다음 중 진공도(P_{vac})에 대하여 옳게 표현한 식은? (단, P_{abs}는 절대압력, P_{atm}은 대기압이다.)

① $P_{vac} = P_{atm} - P_{abs}$
② $P_{vac} = P_{atm} + P_{abs}$
③ $P_{vac} = P_{abs} - P_{atm}$
④ $P_{vac} = \dfrac{P_{abs}}{P_{atm}}$

해설 절대압력(P_{abs}) = 대기압(P_{atm}) + 게이지압력(P_g)
= 대기압(P_{atm}) − 진공압력(P_{vac})
∴ 진공압력(P_{vac}) = 대기압(P_{atm}) − 절대압력(P_{abs})
답 ①

08 개방형 마노미터로 측정한 공기의 압력은 150[mmH₂O]이었다. 이 공기의 절대압력은 약 얼마인가?

① 150[kgf/m²]
② 150[kgf/m²]
③ 151.033[kgf/cm²]
④ 10,480[kgf/m²]

해설 1[atm] = 10.332[kgf/m²] = 1.0332[kgf/cm²]
= 10.332[mH₂O] = 10.332[mmH₂O]이므로 [mmH₂O]와 [kg/m²]는 단위 환산 없이 전환이 가능하다. 문제에서 주어진 마노미터 압력은 게이지 압력이다.
∴ 절대압력 = 대기압 + 게이지 압력
= 10,332 + 150 = 10,482[kg/m²]   **답** ④

09 절대압력 700[mmHg]는 약 몇 [kPa]인가?

① 93[kPa]   ② 103[kPa]
③ 113[kPa]   ④ 123[kPa]

해설 환산압력 = $\dfrac{\text{주어진 압력}}{\text{주어진 압력 단위의 표준대기압}} \times$ 구하려 하는 표준 대기압

= $\dfrac{700}{760} \times 101.325 = 93.325$[kPa]   **답** ①

10 국소대기압이 740[mmHg]인 곳에서 게이지압력이 0.4[kgf/cm²]일 때 절대압력[kgf/cm²]은?

① 1.0   ② 1.2   ③ 1.4   ④ 1.6

해설 절대압력 = 대기압 + 게이지압력
= $\left(\dfrac{740}{760} \times 1.0332\right) + 0.4$
= 1.406[kgf/cm²]   **답** ③

11 보일러 냉각기의 진공도가 700[mmHg]일 때 절대압은 몇 [kgf/cm² · a]인가?

① 0.02[kgf/cm² · a]
② 0.04[kgf/cm² · a]
③ 0.06[kgf/cm² · a]
④ 0.08[kgf/cm² · a]

해설 절대압력 = 대기압 − 진공압력
= $1.0332 - \left(\dfrac{700}{760} \times 1.0332\right)$
= 0.0815[kgf/cm² · a]   **답** ④

12 대기압이 758[mmHg]일 때 진공도 90[%]의 절대압력[kgf/cm²]을 계산하면?

① 0.927   ② 0.103
③ 0.002   ④ 0.836

해설 ㉮ 진공압력 압력 계산
∴ 진공도[%] = $\dfrac{\text{진공압력}}{\text{대기압}} \times 100$에서
∴ 진공압력 = 대기압 × 진공도
= $\left(\dfrac{758}{760} \times 1.0332\right) \times 0.9$
= 0.92743[kgf/cm²]

㉯ 절대압력 계산
∴ 절대압력 = 대기압 − 진공압력
= $\left(\dfrac{758}{760} \times 1.0332\right) - 0.92743$
= 0.10305[kgf/cm²]

※ 1[atm] = 760[mmHg] = 1.0332[kgf/cm²]
답 ②

13 압력계 선택 시 유의하여야 할 사항으로 틀린 것은?

① 진동이나 충격 등을 고려하여 필요한 부속품을 준비하여야 한다.
② 사용 목적에 따라 크기, 등급, 정도를 결정한다.
③ 사용 압력에 따라 압력계의 범위를 결정한다.
④ 사용 용도는 고려하지 않아도 된다.

해설 압력계 선택 시 사용용도 등은 고려하여야 한다.
답 ④

14 중력을 이용한 압력 측정기기는?

① 액주계   ② 부르동관
③ 벨로즈   ④ 다이어프램

해설, 액주계(manometer) : 유리관에 수은, 물, 기름 등의 액체를 넣어 압력차(중력)로 인하여 발생하는 액면의 높이차를 이용하여 압력을 측정하는 것으로 단관식, U자관식, 경사관식 등이 해당된다. 답 ①

15 액주식(液住式) 압력계가 아닌 것은?
① U자관 압력계
② 단관식 압력계
③ 링 밸런스식 압력계
④ 격막식(diaphragm) 압력계

해설, 액주식 압력계(manometer) 종류 : 단관식, U자관식, 경사관식, 링 밸런스식 답 ④

16 액주식 압력계에 사용되는 액체의 구비조건으로 틀린 것은?
① 온도변화에 의한 밀도 변화가 커야 한다.
② 액면은 항상 수평이 되어야 한다.
③ 점도와 팽창계수가 작아야 한다.
④ 모세관 현상이 적어야 한다.

해설, 액주식 액체의 구비조건
㉮ 점성(점도)이 적을 것
㉯ 열팽창계수가 적을 것
㉰ 밀도변화가 적을 것
㉱ 모세관 현상 및 표면장력이 적을 것
㉲ 화학적으로 안정할 것
㉳ 휘발성 및 흡수성이 적을 것
㉴ 항상 액면은 수평을 만들고 높이를 정확히 읽을 수 있을 것 답 ①

17 압력을 측정하는 계기가 그림과 같을 때 용기 안에 들어있는 물질로 맞는 것은?

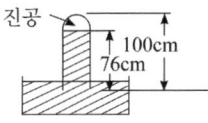

① 물
② 수은
③ 알코올
④ 공기

해설, 대기압 상태에서 수은주의 높이는 76[cm]이다. 답 ②

18 액주에 의한 압력측정에서 정밀측정을 위한 보정으로 적당하지 않은 것은?
① 모세관현상의 보정
② 높이의 보정
③ 중력의 보정
④ 온도의 보정

해설, 액주에 의한 압력측정은 액주계의 높이차를 직접 확인하여 압력을 측정하는 것이므로 높이의 보정은 필요로 하지 않는다. 답 ②

19 U자관 압력계에 대한 설명으로 틀린 것은?
① 주로 통풍력을 측정하는 데 사용된다.
② 정밀측정에 주로 사용된다.
③ 수은, 물, 기름 등을 넣어 한 쪽 또는 양쪽 끝에 측정압력을 도입한다.
④ 크기는 특수한 용도를 제외하고 2[m] 이내의 것이 사용된다.

해설, U자관 압력계 : 유리관을 U자형으로 구부려 만든 것으로 액주의 높이차를 확인하여 압력을 측정한다. 유리관 내부에는 수은, 기름, 물 등을 넣어 사용한다. 정도는 ±0.5[mmH₂O]로 통풍계(draft gauge)로 사용한다. 답 ②

20 U자관 압력계에 관한 설명으로 틀린 것은?
① 관 속에 수은, 물 등을 넣고 한 쪽 끝에 측정 압력을 도입하여 압력을 측정한다.
② 차압을 측정할 경우에는 한 쪽 끝에만 압력을 가한다.
③ 측정 시 메니스커스, 모세관현상 등의 영향을 받으므로 이에 대한 보정이 필요하다.
④ U자관의 크기는 특수한 용도를 제외하고는 보통 2[m] 정도의 것이 한도이다.

해설, 차압을 측정할 경우에는 U자관 양쪽 끝에 압력을 도입하여 측정한다. 답 ②

21 [그림]과 같은 U자관에서 유도되는 식은?

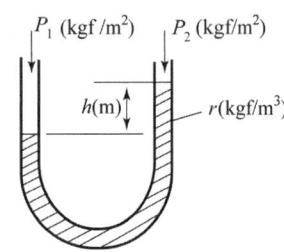

① $P_1 = P_2 - h$　② $h = \gamma(P_1 - P_2)$
③ $P_1 + P_2 = \gamma h$　④ $P_1 = P_2 + \gamma h$

해설 $P_1 - P_2 = \gamma h$이므로 $P_1 = P_2 + \gamma h$이다.

참고 $h = \dfrac{P_1 - P_2}{\gamma}$　　답 ④

22 마노미터의 종류 중 압력 계산 시 유체의 밀도에는 무관하고 단지 마노미터 액의 밀도에만 관계되는 마노미터는?

① open-end 마노미터
② sealed-end 마노미터
③ 차압(differential) 마노미터
④ open-end 마노미터와 sealed-end 마노미터

해설 차압(differential) 마노미터 : 두 개의 탱크나 배관에서 두 점 사이의 압력차를 측정하는 것으로 탱크나 배관 내의 유체의 밀도에는 무관하고 액주계(manometer) 액의 밀도에만 관계되는 것으로 시차 액주계(differential manometer)라 한다.　답 ③

23 U자관에 수은이 채워져 있다. 여기에 어떤 액체를 넣었는데 이 액체 20[cm]와 수은 4[cm]가 평형을 이루었다면 이 액체의 비중은? (단, 수은의 비중은 13.6이다.)

① 6.82　② 0.59
③ 2.72　④ 3.44

해설 $S_1 \cdot h_1 = S_2 \cdot h_2$이므로
$\therefore S_2 = \dfrac{S_1 \times h_1}{h_2} = \dfrac{13.6 \times 4}{20} = 2.72[\text{cm}]$　답 ③

24 다음 액주계에서 γ, γ_1이 비중을 표시할 때 압력(P_x)을 구하는 식은?

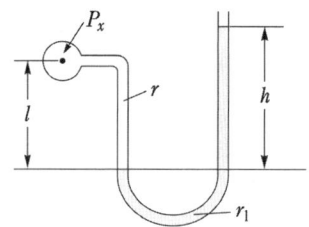

① $P_x = \gamma_1 h + \gamma l$　② $P_x = \gamma_1 h - \gamma l$
③ $P_x = \gamma_1 l - \gamma h$　④ $P_x = \gamma_1 l + \gamma h$

해설 $P_x + \gamma \cdot l = \gamma_1 \cdot h$이므로
$\therefore P_x = \gamma_1 \cdot h - \gamma \cdot l$　답 ②

25 수직관 속에 비중이 0.9인 기름이 흐르고 있다. 여기에 그림에서와 같이 액주계를 설치하였을 때 압력계의 지시값은 얼마인가?

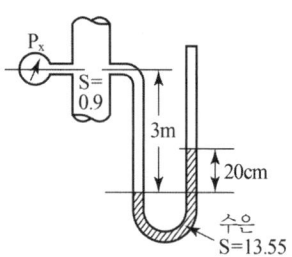

① $0.001[\text{kgf}/\text{cm}^2]$　② $0.01[\text{kgf}/\text{cm}^2]$
③ $0.1[\text{kgf}/\text{cm}^2]$　④ $1.0[\text{kgf}/\text{cm}^2]$

해설 $P_x = \gamma_2 h_2 - \gamma_1 h_1$
$= \{(13.55 \times 10^3 \times 0.2) - (0.9 \times 10^3 \times 3)\} \times 10^{-4}$
$= 0.001[\text{kgf}/\text{cm}^2]$　답 ①

26 물이 흐르고 있는 공정상의 두 지점에서 압력 차이를 측정하기 위해 그림과 같은 압력계를 사용하였다. 압력계 내 액의 비중은 1.1이고 양쪽 관의 높이가 그림과 같을 때 지점 (1)과 (2)에서의 압력 차이는 몇 [dyne/cm²]인가?

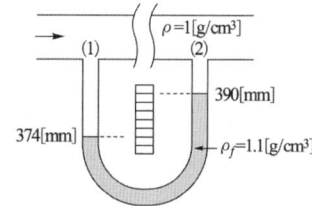

① 5 ② 48
③ 157 ④ 1568

해설 중력가속도(g)는 9.8[m/s²] = 980[cm/s²]이고, dyne = [g · cm/s²]이다.
∴ $P_1 - P_2 = (\rho_f - \rho) \times h$
$= \{(1.1-1) \times (39-37.4)\} \times 980$
$= 156.8 [dyne/cm^2]$ 답 ③

27 다음 압력계 중 정도(精度)가 가장 높은 것은?

① 경사관 압력계
② 분동식 압력계
③ 부르동관식 압력계
④ 다이어프램 압력계

해설 경사관식 액주압력계 : 수직관을 각도 θ만큼 경사지게 부착하여 작은 압력(미압)을 정확하게 측정할 수 있어 실험실 등에서 사용한다. 답 ①

28 보일러의 통풍 등 폐압력에 사용되며 미세압을 측정하는 데 가장 적당한 압력계는?

① 경사관식 액주형 압력계
② 분동식 액주형 압력계
③ 부르동관식 압력계
④ 단관식 압력계

해설 경사관식 압력계 특징
㉮ 통풍계(draft gauge)로 사용한다.
㉯ 액주식 중에서 정도(0.05[mmH₂O])가 가장 좋다.
㉰ 작은 압력을 정확하게 측정할 수 있어 실험실 등에서 사용한다.
㉱ 측정범위는 10~50[mmH₂O]이다. 답 ①

29 그림과 같은 경사관 압력계에서 P_1의 압력을 나타내는 식으로 옳은 것은? (단, γ는 액체의 비중량이다.)

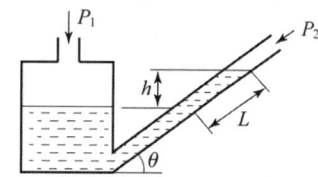

① $P_1 = \dfrac{P_2}{\gamma \times L}$
② $P_1 = P_2 + \gamma \times L \times \cos\theta$
③ $P_1 = P_2 + \gamma \times L \times \tan\theta$
④ $P_1 = P_2 + \gamma \times L \times \sin\theta$

해설 $P_1 = P_2 + \gamma \times h$
$= P_2 + \gamma \times L \times \sin\theta$ 답 ④

30 [그림]과 같은 경사관식 압력계에서 P_2는 50[kgf/m²]일 때 측정압력 P_1은 약 몇 [kgf/m²]인가? (단, 액체의 비중은 1이다.)

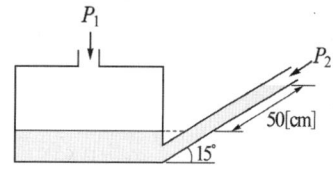

① 130 ② 180
③ 320 ④ 530

해설 $P_1 = P_2 + \gamma l \sin\theta$
$= 50 + (1000 \times 0.5 \times \sin 15)$
$= 179.409 [kgf/m^2]$ 답 ②

31 아르키메데스의 원리를 이용한 압력계는?

① 플로트식 ② 침종식
③ 단관식 ④ 링밸런스식

해설 ▶ 침종식 압력계의 원리 : 부력에 대한 아르키메데스의 원리 답 ②

32 진동, 충격의 영향이 적고, 미소 차압의 측정이 가능하며 저압가스의 유량을 측정하는 데 주로 사용되는 압력계는?

① 압전식 압력계
② 분동식 압력계
③ 침종식 압력계
④ 다이어프램 압력계

해설 ▶ 침종식 압력계의 특징
㉮ 액체 중의 침종의 상하 이동으로 압력을 측정하는 것으로 아르키메데스의 원리를 이용한 것이다.
㉯ 진동이나 충격의 영향이 비교적 적다.
㉰ 미소 차압의 측정이 가능하다.
㉱ 압력이 낮은 기체 압력을 측정하는 데 사용된다.
㉲ 측정범위는 단종식이 100[mmH$_2$O], 복종식이 5~30[mmH$_2$O]이다. 답 ③

33 침종식 압력계에 대한 설명으로 틀린 것은?

① 봉입액은 자주 세정 혹은 교환하여 청정하도록 유지한다.
② 압력 취출구에서 압력계까지 배관은 가능한 한 길게 한다.
③ 계기 설치는 똑바로 수평으로 하여야 한다.
④ 봉입액의 양은 일정하게 유지해야 한다.

해설 ▶ 압력 취출구에서 압력계까지 배관은 가능한 한 짧게 한다. 답 ②

34 침종식 압력계에 대한 설명 중 틀린 것은?

① 플로트(float) 편위는 액체의 내부압력에 비례한다.
② 편위를 직접 지시하거나 또는 그 위치를 전기적인 신호로 변환하여 원격 전송하는 방식이 가능하다.
③ 측정범위에 따라 내부의 액체로 오일 또는 수은 등을 선택할 수 없다.
④ 플로트의 내·외면에 압력을 설정할 수 있는 구조로 하여 차압계로도 사용할 수 있다.

해설 ▶ 측정범위에 따라 내부의 액체로 오일 또는 수은 등을 선택할 수 있다. 답 ③

35 환상천평식(링 밸런스식) 압력계에 대한 설명으로 옳은 것은?

① 경사관식 압력계의 일종이다.
② 히스테리시스 현상을 이용한 압력계이다.
③ 저압가스의 압력측정이나 드래프트 게이지로 주로 이용된다.
④ 압력에 따른 금속의 신축성을 이용한 것이다.

해설 ▶ 링 밸런스식 압력계의 특징
㉮ 원형상의 관상부에 2개의 구멍을 뚫고 측정압력과 대기압의 도입관으로 하고 도입관에 의해 양면에 압력이 가해져 압력이 불균형해 지면 링이 회전하며, 그 회전각은 압력차에 비례한 것을 이용하여 압력차를 측정한다.
㉯ 회전력이 커서 기록이 용이하고, 원격 전송이 가능하다.
㉰ 평형추의 증감, 취부장치의 이동으로 측정 범위 변경이 가능하다.
㉱ 액체 압력측정은 곤란하고 기체 압력측정에 이용된다.
㉲ 저압 가스의 압력 및 통풍계(draft gauge)로 사용된다. 답 ③

35 램, 실린더, 기름 탱크, 가압 펌프 등으로 구성되어 있으며, 탄성식 압력계의 일반 교정용으로 주로 사용되는 압력계는?

① 분동식 압력계
② 격막식 압력계
③ 벨로스식 압력계
④ 침종식 압력계

해설 분동식 압력계 : 탄성식 압력계의 교정에 사용되는 1차 압력계로 램, 실린더, 기름 탱크, 가압 펌프 등으로 구성되며, 사용 유체에 따라 측정범위가 다르게 적용된다. **답** ①

36 경유를 사용한 분동식 압력계의 사용압력 [kgf/cm²] 범위는?

① 40~100
② 100~300
③ 300~500
④ 500~1,000

해설 사용유체에 따른 측정범위
㉮ 경유 : 40~100[kgf/cm²]
㉯ 스핀들유, 피마자유 : 100~1,000[kgf/cm²]
㉰ 모빌유 : 3,000[kgf/cm²] 이상
㉱ 점도가 큰 오일을 사용하면 5,000[kgf/cm²]까지도 측정이 가능하다. **답** ①

37 자유 피스톤식 압력계에서 추와 피스톤의 무게 합이 30[kg]이고 피스톤 직경이 3[cm]일 때 절대압력은 몇 [kgf/cm²]인가? (단, 대기압은 1[kgf/cm²]으로 한다.)

① 4.244
② 5.244
③ 6.244
④ 7.244

해설 ㉮ 게이지 압력 계산 : 자유 피스톤식 압력계의 압력에 해당

$$\therefore P_g = \frac{W+W'}{A} = \frac{30}{\frac{\pi}{4} \times 3^2} = 4.244 [kgf/cm^2]$$

㉯ 절대압력 계산
∴ 절대압력 = 대기압 + 게이지 압력
= 1 + 4.244
= 5.244[kgf/cm² · a] **답** ②

38 부르동관 압력계로 측정한 압력이 5[kgf/cm²]이었다. 이때 부유 피스톤 압력계 추의 무게가 10[kg]이고, 펌프 실린더의 직경이 8[cm], 피스톤 지름이 4[cm]라면 피스톤의 무게는 약 몇 [kg]인가?

① 38.2
② 52.8
③ 72.9
④ 99.4

해설 $P = \frac{W+W'}{A}$ 에서

$$\therefore W' = (P \cdot A) - W = \left(5 \times \frac{\pi}{4} \times 4^2\right) - 10$$
$$= 52.831[kg]$$ **답** ②

39 탄성식 압력계에 속하지 않는 것은?

① 부자식 압력계
② 다이어프램 압력계
③ 벨로스식 압력계
④ 부르동관 압력계

해설 탄성식 압력계의 종류 : 부르동관식, 다이어프램식, 벨로스식, 캡슐식 **답** ①

40 탄성압력계에서 압력 검출단의 탄성체로 쓰이지 않는 것은?

① 다이어프램(diaphragm)
② 부르동관(bourdon tube)
③ 벨로스(bellows)
④ 바이메탈(bimetal)

해설 탄성압력계에서 압력 검출단의 탄성체
㉮ 부르동관 압력계 : 부르동관(bourdon tube)
㉯ 다이어프램 압력계 : 다이어프램(diaphragm)
㉰ 벨로스 압력계 : 벨로스(bellows)
※ 바이메탈(bimetal)은 바이메탈 온도계에 사용하는 것이다. **답** ④

41 다음 중 가장 높은 압력을 측정할 수 있는 압력계는?

① 부르동관(bourdon tube) 압력계
② 다이어프램(diaphragm) 압력계
③ 벨로스(bellows) 압력계
④ 링 밸런스(ring balance) 압력계

해설 부르동관(bourdon tube) 압력계 : 2차 압력계중 대표적인 것으로 측정범위가 0~3,000[kgf/cm²]으로 고압측정이 가능하다. **답** ①

42 부르동관식 압력계에서 부르동관의 재료로 가장 거리가 먼 것은?

① 납　　　　　② 인청동
③ 스테인리스강　　④ 황동

해설 부르동관의 재질
㉮ 저압용 : 황동, 인청동, 청동
㉯ 고압용 : 니켈강, 스테인리스강 **답** ①

43 다이어프램 압력계에 대한 설명으로 틀린 것은?

① 공업용의 측정범위는 10~300[mmHg]이다.
② 연소로의 드래프트(draft)계로서 사용된다.
③ 다이어프램으로는 고무, 양은, 인청동 등의 박판이 사용된다.
④ 감도가 좋고 정도(精度)는 1~2[%] 정도로 정확성이 높다.

해설 다이어프램(diaphragm)식 압력계 : 탄성이 강한 얇은 판 양쪽의 압력이 서로 다르면 압력이 낮은 쪽으로 판이 굽는다. 이때 굽는 판의 크기는 압력차에 비례하므로 그 변위를 이용하여 압력을 측정하는 것으로 측정범위는 20~5,000[mmH₂O]이다. **답** ①

44 연소가스의 통풍계로 주로 사용되는 압력계는?

① 다이어프램식 압력계
② 벨로스 압력계
③ 링밸런스식 압력계
④ 분동식 압력계

해설 다이어프램식 압력계의 용도 : 연소로의 통풍계(draft gauge)로 사용 **답** ①

45 다이어프램 압력계의 특징이 아닌 것은?

① 점도가 높은 액체에 부적합하다.
② 먼지가 함유된 액체에 적합하다.
③ 대기압과의 차가 적은 미소압력의 측정에 사용한다.
④ 다이어프램으로 고무, 스테인리스 등의 탄성체 박판이 사용된다.

해설 다이어프램식 압력계의 특징
㉮ 응답속도가 빠르나 온도의 영향을 받는다.
㉯ 극히 미세한 압력 측정에 적당하다.
㉰ 부식성 유체의 측정이 가능하다.
㉱ 압력계가 파손되어도 위험이 적다.
㉲ 먼지를 함유한 액체나 점도가 높은 액체의 측정에 적합하다.
㉳ 연소로의 통풍계(draft gauge)로 사용한다.
㉴ 다이어프램의 재료로는 고무, 인청동, 스테인리스 등의 박판이 사용된다.
㉵ 측정범위는 20~5,000[mmH₂O]이다. **답** ①

46 다이어프램 재질의 종류로 가장 거리가 먼 것은?

① 가죽　　　　② 스테인리스강
③ 구리　　　　④ 탄소강

해설 다이어프램의 재료로는 고무, 가죽, 구리, 인청동, 양은, 스테인리스 등의 박판이 사용된다. **답** ④

47 압력 측정범위가 0.1~1,000[kPa] 정도인 탄성식 압력계로서 진공압 및 차압 측정용으로 주로 사용되는 것은?

① 벨로스식 ② 부르동관식
③ 금속 격막식 ④ 비금속 격막식

해설 벨로스(bellows)식 압력계 : 얇은 금속판으로 만들어진 원형의 주름통(벨로우즈)의 탄성을 이용하여 압력을 측정하는 것이다. 벨로스의 재질은 인청동, 스테인리스강을 사용한다. **답** ①

48 벨로스식 압력계에 대한 설명 중 틀린 것은?

① 구조가 비교적 간단하다.
② 금속 벨로스의 압력에 의한 신축을 이용한 것이다.
③ 측정압력은 2.5~1,000[kgf/cm^2] 정도로 아주 넓다.
④ 재질로는 인청동, 스테인리스가 주로 사용된다.

해설 벨로스(bellows)식 압력계 특징
㉮ 압력변동에 대한 적응성이 떨어진다.
㉯ 유체 내의 먼지 등 이물질의 영향을 적게 받는다.
㉰ 히스테리시스(hysteresis)오차가 발생한다.
㉱ 자동제어 장치의 압력 검출용 등에 사용한다.
㉲ 압력 측정범위가 0.1~1,000[kPa] 정도이고, 진공압 및 차압 측정용으로 주로 사용된다. **답** ③

49 벨로스(Bellows) 압력계에서 Bellows 탄성의 보조로 코일 스프링을 조합하여 사용하는 주된 이유는?

① 감도를 증대시키기 위하여
② 측정압력 범위를 넓히기 위하여
③ 측정지연 시간을 없애기 위하여
④ 히스테리시스 현상을 없애기 위하여

해설 히스테리시스(hysteresis) 현상 : 계측기의 톱니바퀴 사이의 틈이나 운동부의 마찰 또는 탄성변형 등이 생기는 현상을 말하며, 이것에 의하여 생기는 오차를 히스테리시스 오차라 한다. **답** ④

50 압력측정 범위가 약 10~1,500[mmH$_2$O]인 탄성식 압력계는?

① 캡슐식 압력계
② 부르동관식 압력계
③ 링밸런스식 압력계
④ 다이어프램식 압력계

해설 캡슐식 압력계 : 탄성이 있는 파형 격막 2개를 붙인 것으로 측정범위가 약 10~1,500[mmH$_2$O] 정도로 기압계 등에 사용된다. **답** ①

51 다음 전기식 압력계의 특징에 대한 설명 중 틀린 것은?

① 원격측정이 가능하다.
② 반응속도가 느리다.
③ 지시 및 기록이 쉽다.
④ 정밀도가 좋다.

해설 전기식 압력계의 특징
㉮ 압력을 전기량으로의 변환을 이용한 것이다.
㉯ 정도(精度)가 높다.
㉰ 자동제어나 계측 및 기록 장치와 조합이 용이하다.
㉱ 반응속도가 빠르다(응답속도가 빠르다).
㉲ 장치가 비교적 소형으로 가볍다.
㉳ 종류에는 전기저항 압력계, 스트레인 게이지, 피에조 전기압력계 등이 있다. **답** ②

52 금속의 전기 저항값이 변화되는 것을 이용하여 압력을 측정하는 전기저항 압력계의 특성으로 맞는 것은?

① 응답속도가 빠르고 초고압에서 미압까지 측정한다.
② 구조가 간단하여 압력검출용으로 사용한다.
③ 먼지의 영향이 적고 변동에 대한 적응성이 적다.
④ 가스폭발 등 급속한 압력변화를 측정하는 데 사용한다.

해설 전기저항 압력계 : 도선에 압력이 가해지면 지름과 길이가 변하며 이때 도선 전체의 전기저항이 변화하는 현상을 이용한 것이다. 응답속도가 빠르고, 초고압에서 미압까지 측정할 수 있다.
※ 가스폭발 등 급속한 압력변화를 측정하는 데 사용하는 것은 피에조(압전기식) 전기압력계이다. 답 ①

53 기전력을 이용한 것으로서 응답이 빠르고 급격히 변화하는 압력의 측정에 적당한 압력계는?

① 스트레인 게이지(strain gauge)형
② 포텐시오메트릭(potentiometric)형
③ 커패시턴스(capacitance)형
④ 피에조 일렉트릭(piezoelectric)형

해설 피에조 전기 압력계(압전기식) : 수정이나 전기석 또는 로셀염 등의 결정체의 특정 방향에 압력이나 충격을 가하면 기전력이 발생하고 이때 발생한 기전력은 압력에 비례하는 것을 이용한 것으로 가스 폭발이나 급격한 압력 변화 등의 측정에 사용된다. 답 ④

54 압력 센서인 스트레인게이지의 응용 원리로 옳은 것은?

① 온도의 변화   ② 전압의 변화
③ 저항의 변화   ④ 금속선의 굵기 변화

해설 스트레인게이지 : 전기식 압력계로 압력변화에 따른 저항의 변화를 휘스톤브리지 회로를 이용하여 압력을 측정한다. 답 ③

55 다음 각 압력계에 대한 설명으로 틀린 것은?

① 벨로스 압력계는 탄성식 압력계이다.
② 다이어프램 압력계의 박판재료로 인청동, 고무를 사용할 수 있다.
③ 침종식 압력계는 압력이 낮은 기체의 압력 측정에 적당하다.
④ 탄성식 압력계의 일반교정용 시험기로는 전기식 표준압력계가 주로 사용된다.

해설 탄성식 압력계의 일반교정용 시험기로는 분동식 표준압력계가 주로 사용된다. 답 ④

56 진공에 대한 폐관식 압력계로서 측정하려고 하는 기체를 압축하여 수은주로 읽게 하여 그 체적변화로부터의 원래의 압력을 측정하는 형식의 진공계는?

① 늣슨(knudsen)식
② 피라니(pirani)식
③ 맥로우드(Mcleod)식
④ 벨로스(bellows)식

해설 맥로우드(Mcleod) 진공계 : 진공에 대한 일종의 폐관식 수은 마노미터(manometer)로 측정하려고 하는 기체를 압축하여 체적변화로부터 수은주를 읽어 진공압을 측정한다.
㉮ 다른 진공계의 교정용으로 사용한다.
㉯ 모세관 현상에 주의하여야 한다.
㉰ 점성이 있는 기체일 경우 오차가 발생한다.
㉱ 측정범위가 1×10^{-2}[Pa] 정도이다. 답 ③

57 주로 낮은 압력을 측정하는데 사용되는 피라니 게이지(Pirani gauge)의 원리는 압력에 따른 기체의 어떤 성질의 변화를 이용한 것인가?

① 비중   ② 열전도
③ 비열   ④ 압축인자

해설 피라니(pirani) 진공계 : 기체의 열전도는 저압에서는 압력에 비례하는 것을 이용한 진공계로 필라멘트를 발열체 및 저항 온도계로 하여 진공 중에서 발열체로부터 외부로 도피되는 열은 필라멘트의 지름, 용기의 지름, 가스의 종류 및 온도 등에 따라서 다른 점을 이용한 것이다. 답 ②

58 다음 중 가장 높은 진공도를 측정할 수 있는 계기는?

① Mcleed 진공계   ② Pirani 진공계
③ 열전대 진공계   ④ 전리 진공계

해설 진공계의 측정범위

명 칭		측정범위
매클라우드 진공계		10^{-4} [torr]
전리 진공계		10^{-10} [torr]
열전도형	피라니 진공계	$10 \sim 10^{-5}$ [torr]
	서미스터 진공계	–
	열전대 진공계	$1 \sim 10^{-3}$ [torr]

답 ④

59 다음 중 방전을 이용한 진공계는?

① 피라니
② 가이슬러관
③ 휘스톤 브리지
④ 서미스터

해설 가이슬러(Geissler)관 진공계 : 2개의 전극 사이에 수천~수만 볼트(V)의 전압을 걸면 관속의 기체의 압력에 의해 방전의 형과 색의 변화가 생기며 이것을 이용하여 진공압력을 측정하는 계기이다. **답** ②

2. 유량

2.1 유량측정 방법

(1) 연속의 방정식

질량 보존의 법칙을 유체의 흐름에 적용한 것으로 유입된 질량과 유출된 질량은 같다.
① 체적유량 계산 $Q = A_1 \cdot V_1 = A_2 \cdot V_2$
② 질량유량 계산 $M = \rho \cdot A_1 \cdot V_1 = \rho \cdot A_2 \cdot V_2$
③ 중량유량 계산 $G = \gamma \cdot A_1 \cdot V_1 = \gamma \cdot A_2 \cdot V_2$
여기서, Q : 체적 유량[m³/s] M : 질량 유량[kg/s]
        G : 중량 유량[kgf/s] ρ : 밀도[kg/m³]
        γ : 비중량[kgf/m³] A : 단면적[m²] V : 유속[m/s]

(2) 베르누이(Bernoulli) 방정식

'모든 단면에서 작용하는 위치수두, 압력수두, 속도수두의 합은 항상 일정하다'로 정의된다.

$$H = Z_1 + \frac{P_1}{\gamma} + \frac{V_1^2}{2g} = Z_2 + \frac{P_2}{\gamma} + \frac{V_2^2}{2g}$$

여기서, H : 전 수두 Z_1, Z_2 : 위치수두
       $\frac{P_1}{\gamma}, \frac{P_2}{\gamma}$: 압력수두 $\frac{V_1^2}{2g}, \frac{V_2^2}{2g}$: 속도수두

① 베르누이 방정식이 적용되는 조건
  ㉮ 임의의 두 점은 같은 유선상에 있다.
  ㉯ 정상 상태의 흐름이다.
  ㉰ 마찰이 없는 이상유체(비점성유체)의 흐름이다.
  ㉱ 비압축성 유체의 흐름이다.
  ㉲ 외력은 중력만 작용한다.

(3) 레이놀즈 수(Reynolds number)

실제 유체의 유동에서 관성력과 점성력의 비로 나타내는 무차원수로, 층류 흐름과 난류

흐름을 구별하는 데 이용한다.

$$Re = \frac{\rho \cdot D \cdot U}{\mu} = \frac{D \cdot U}{\nu} = \frac{4Q}{\pi \cdot D \cdot \nu} = \frac{4\rho \cdot Q}{\pi \cdot D \cdot \mu}$$

여기서, Re : 레이놀즈 수(Reynolds number) ρ : 밀도[kg/m³]
D : 관 지름[m] U : 유속[m/s]
μ : 점성계수[kg/m·s] ν : 동점성계수[m²/s]
Q : 유량[m³/s]

① 레이놀즈 수(Re)로 유체의 유동상태 구분
  ㉮ 층류 : $Re < 2,100$ (또는 2,300, 2,320) → 2,320은 임계 레이놀즈 수로 사용
  ㉯ 난류 : $Re > 4,000$
  ㉰ 천이구역 : $2,100 < Re < 4,000$

2.2 직접식 유량계

(1) 측정원리

유체의 부피나 질량을 직접 측정하는 방법으로 유체의 성질에 영향을 받는 경우가 적으나 압력변동이 있는 가압유체의 측정은 어렵다. 유체의 흐름에 따라 움직이는 운동체와 그 용적에 해당하는 일정한 부피를 갖는 공간을 만들어 그 속으로 유체를 연속으로 통과시키면서 운동체의 회전 횟수를 측정하여 체적유량을 적산(積算)하는 방법으로 용적식 유량계로 불린다.

(2) 특징

① 정도가 ±0.2~0.5[%]로 높아 상거래용으로 사용한다.
② 고점도의 유체나 점도 변화가 있는 유체의 측정에 적합하다.
③ 맥동현상과 압력손실이 적다.
④ 이물질의 혼입을 차단하기 위하여 입구에 스트레이너(strainer)를 설치한다.

(3) 종류 및 특징

① **오벌 기어(oval gear)식 유량계** : 2개의 타원형 기어가 서로 맞물려 유체의 흐름에 의하여 회전하며 기어의 회진수가 유량에 비례하는 것을 이용한 것으로 기어의 회전속도를 측정하여 유량을 측정하는 것으로 기체의 경우에는 부적합하여 주로 액체 유

량측정에 이용된다.

② **루츠(roots)형 유량계** : 구조가 오벌 기어식 유량계와 비슷하며 양회전자가 서로 굴림 접촉을 하지 않기 때문에 회전자에 기어가 없는 것이 다르다.

③ **로터리 피스톤식 유량계** : 입구에서 유입되는 유체에 의하여 회전자가 회전하며 유입 측에 충만되어 있는 유체를 유출구로 밀어 보내며 그 회전속도에서 유량을 구하는 형식이다. 주로 수도계량기 등에 사용한다.

④ **회전 원판형 유량계** : 둥근 축을 갖는 원판이 유량실의 중심에 위치하고 원판의 회전에 의하여 유체의 통과량을 측정한다.

⑤ **가스미터** : 습식 및 건식 가스미터

2.3 간접식 유량계

(1) 차압식 유량계

① **개요** : 배관 중에 단면적 변화가 있는 교축기구(조리개)를 설치해서 차압을 발생시키고, 이때 생기는 압력차를 액주계에서 측정하고 베르누이 방정식을 이용하여 유량을 계산하는 것이다.

② **측정원리** : 베르누이 방정식

③ **특징**
  ㉮ 관로에 오리피스, 플로 노즐, 벤투리 등이 설치되어 있다.
  ㉯ 규격품이라 정도(精度)가 좋다.
  ㉰ 유량은 압력차의 평방근에 비례한다.
  ㉱ 레이놀즈 수가 10^5 이상에서 유량계수가 유지된다.
  ㉲ 고온 고압의 액체, 기체를 측정할 수 있다.
  ㉳ 유량계 전후의 동일한 지름의 직선관이 필요하다.
  ㉴ 통과 유체는 동일한 유체이어야 하며, 압력손실이 크다.

④ **종류 및 특징**
  ㉮ **오리피스(orifice) 미터** : 배관의 단면적과 같은 원형판에 적당한 크기의 구멍(orifice)을 뚫어 설치한 것으로 특징은 다음과 같다.
    ⓐ 구조가 간단하고 제작이 용이하다.
    ⓑ 협소한 장소에 설치가 가능하다.

ⓒ 유량계수의 신뢰도가 크다.
　　ⓓ 경제적인 교축기구이다.
　　ⓔ 오리피스 교환이 용이하다.
　　ⓕ 동심 오리피스와 편심 오리피스가 있다.
　　ⓖ 압력손실이 가장 크다.
　　ⓗ 침전물의 생성 우려가 많다.
④ 플로 노즐(flow nozzle) : 조리개 부분을 유선형으로 가공하여 유체의 저항이 적게 발생하도록 한 것으로 특징은 다음과 같다.
　　ⓐ 고속, 고압의 유량측정에 적당하다.
　　ⓑ 레이놀즈 수가 높을 때 사용한다.
　　ⓒ 레이놀즈 수가 낮아지면 유량계수가 감소한다.
　　ⓓ 오리피스보다 구조가 복잡하고, 설계 및 가공이 어렵다.
　　ⓔ 침전물의 영향이 오리피스보다 적은 편이다.
　　ⓕ 가격, 압력손실이 차압식 유량계 중 중간정도이다.

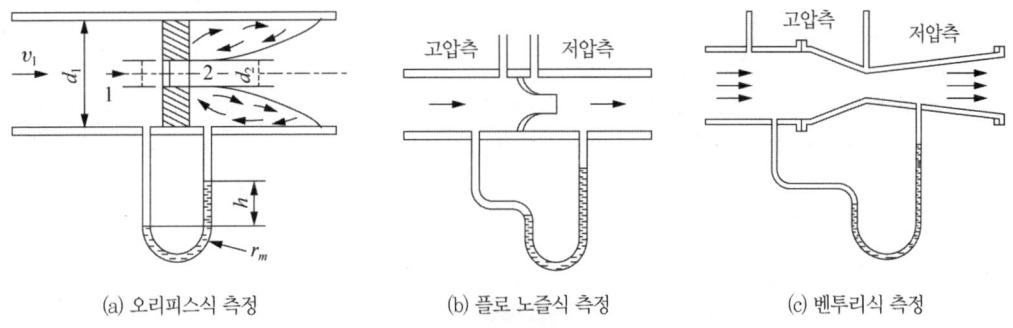

(a) 오리피스식 측정　　(b) 플로 노즐식 측정　　(c) 벤투리식 측정

차압식 유량계의 종류

④ 벤투리(venturi) 미터 : 조리개 부분을 유선형으로 만들어 축류의 영향도 비교적 적게 발생하도록 하고 조리개에 의한 압력손실을 최소화한 것으로 특징은 다음과 같다.
　　ⓐ 압력차가 적고 압력손실이 적다.
　　ⓑ 내구성이 좋고, 정밀도가 높다.
　　ⓒ 대형으로서 제작비가 비싸다.
　　ⓓ 구조가 복잡하다.
　　ⓔ 교환이 어렵다.

● 압력손실 순서 : 오리피스 > 플로노즐 > 벤투리

⑤ **유량계산**

$$Q = C \cdot A \sqrt{\frac{2g}{1-m^4} \times \frac{P_1 - P_2}{\gamma}} = C \cdot A \sqrt{\frac{2gh}{1-m^4} \times \frac{\gamma_m - \gamma}{\gamma}}$$

여기서, Q : 유량[m³/s] C : 유량계수
A : 단면적[m²] g : 중력가속도[9.8m/s²]
m : 교축비 $\left[\left(\dfrac{D_2^2}{D_1^2}\right) = \left(\dfrac{D_2}{D_1}\right)^2\right]$ h : 마노미터(액주계) 높이 차[m]
P_1 : 교축기구 입구 측 압력[kgf/m²]
P_2 : 교축기구 출구 측 압력[kgf/m²]
γ_m : 마노미터 액체 비중량[kgf/m³]
γ : 유체의 비중량[kgf/m³]

(2) 면적식 유량계

① **측정원리** : 배관 중에 있는 조리개 전후의 차압을 일정하게 유지할 수 있도록 조리개 면적의 변화로부터 유량을 측정하는 것이다.

② **종류** : 부자식(플로트식), 로터미터

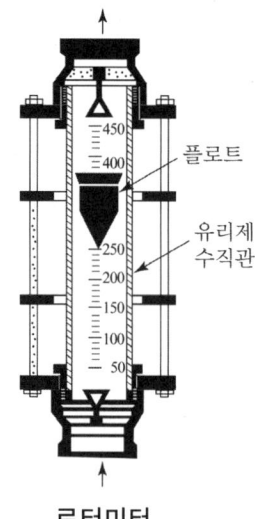

로터미터

③ 특징
　㉮ 유량에 따라 직선 눈금이 얻어진다.
　㉯ 유량계수는 레이놀즈 수가 낮은 범위까지 일정하다.
　㉰ 고점도 유체나 작은 유체에 대해서도 측정할 수 있다.
　㉱ 차압이 일정하면 오차의 발생이 적다.
　㉲ 측정하려는 유체의 밀도를 미리 알아야 한다.
　㉳ 압력손실이 적고 균등 유량을 얻을 수 있다.
　㉴ 슬러리나 부식성 액체의 측정이 가능하다.
　㉵ 정도는 ±1~2[%], 용량범위는 100~5,000[m³/h]이다.

(3) 유속식 유량계

① **피토관식 유량계** : 배관중의 유체의 전압과 정압과의 차이인 동압을 측정하여 베르누이 방정식에 의해 속도수두에서 유속을 구하고 그 값에 관로 단면적을 곱하여 유량을 측정하는 것이다.
　㉮ 특징
　　ⓐ 구조가 간단하고 제작비가 저렴하며 부착이 쉽다.
　　ⓑ 피토관을 유체의 흐름방향과 평행하게 설치하여야 한다.
　　ⓒ 유속이 5[m/s] 이하인 유체에는 측정이 불가능하다.
　　ⓓ 불순물(슬러지, 분진 등)이 많은 유체에는 측정이 불가능하다.
　　ⓔ 노즐 부분에 마모현상이 있으면 오차가 발생한다.
　　ⓕ 피토관은 유체의 압력에 견딜 수 있는 충분한 강도를 가져야 한다.
　　ⓖ 유량 측정은 간단하지만 사용방법이 잘못되면 오차 발생이 크다.
　　ⓗ 비행기의 속도 측정, 수력 발전소의 수량 측정, 송풍기의 풍량 측정에 사용된다.

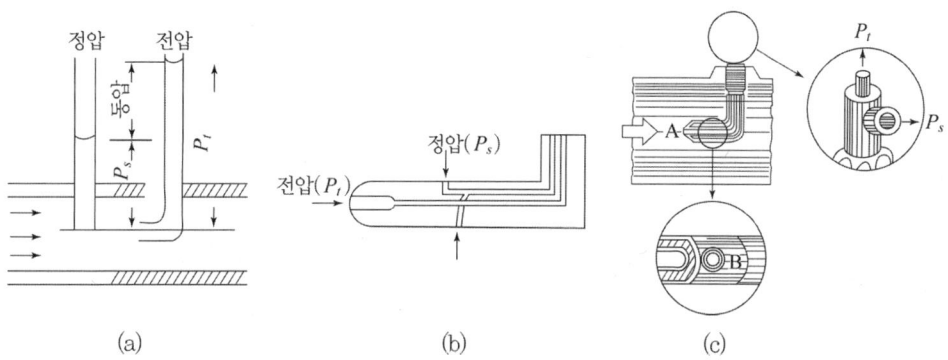

피토관식 유량계

㉯ 유량 계산식

$$Q = CA\sqrt{2g \times \frac{P_t - P_s}{\gamma}} = CA\sqrt{2gh \times \frac{\gamma_m - \gamma}{\gamma}}$$

여기서, Q : 유량[m³/s] C : 유량계수
A : 단면적[m²] γ_m : 마노미터 유체의 비중량[kgf/m³]
γ : 유체의 비중량[kgf/m³] h : 액주 높이차[m]
g : 중력가속도[9.8m/s²] P_t : 전압[kgf/m²]
P_s : 정압[kgf/m²]

> 유속 계산식 $V = C\sqrt{2gh} = C\sqrt{2g\dfrac{\Delta P}{\gamma}} = C\sqrt{2gh\dfrac{\gamma_m - \gamma}{\gamma}}$
> ∴ 유속(V)은 동압(ΔP)의 평방근에 비례한다.

② **임펠러식 유량계** : 유체가 흐르는 배관 중에 임펠러를 설치하여 유속 변화에 따른 임펠러의 회전수를 이용하여 유량을 측정하는 것이다.

③ **열선식 유량계** : 관로에 전열선을 설치하여 유체의 유속변화에 따른 온도 변화로 순간유량을 측정하는 유량계로 유체의 압력손실은 크지 않다. 미풍계, 토마스 유량계, 서멀(thermal) 유량계 등이 있다.

(4) 기타 유량계

① **전자식 유량계** : 도전성 액체에서 전자유도법칙에 의해 발생하는 기전력을 이용하여 순간 유량을 측정하는 유량계이다.

  ㉮ 측정원리 : 패러데이 법칙(전자유도법칙)
  ㉯ 특징
    ⓐ 도전성 액체에서 발생하는 기전력을 이용하여 순간 유량을 측정한다.
    ⓑ 측정관 내에 장애물이 없으며 압력손실이 거의 없다.
    ⓒ 액체의 온도, 압력, 밀도, 점도의 영향이 적으며 체적유량의 측정이 가능하다.
    ⓓ 유량계의 출력이 유량에 비례하며 응답이 매우 빠르다.
    ⓔ 관내에 적절한 라이닝 재질을 선정하면 슬러리나 부식성의 액체의 측정이 용이하다.
    ⓕ 가격이 고가이다.

② **와류식 유량계(vortex flow meter)** : 와류(소용돌이)를 발생시켜 그 주파수의 특성이 유속과 비례관계를 유지하는 것을 이용한 것이다.
  ㉮ 출력은 유량에 비례하며 유량측정범위가 넓다.
  ㉯ 구조가 간단하여 설치, 관리가 용이하다.
  ㉰ 유체의 압력이나 밀도에 관계없이 사용이 가능하다.
  ㉱ 가격이 비싸며 압력이 손실이 작고, 정도가 높다.
  ㉲ 슬러리가 많은 유체나 점도가 높은 액체에는 사용이 불가능하다.
  ㉳ 종류 : 델타 유량계, 스왈 유량계, 칼만 유량계

③ **초음파 유량계** : 초음파의 유속과 유체 유속의 합이 비례한다는 도플러 효과를 이용한 유량계이다.
  ㉮ 정확도가 아주 높은 편이다.
  ㉯ 측정체가 유체와 접촉하지 않는다.
  ㉰ 고온, 고압, 부식성 유체에도 사용이 가능하다.

출제예상문제
Expected problems

01 체적유량 $\overline{V}$[m³/s]의 올바른 표현식은? (단, A[m²]는 유로의 단면적, $\overline{U}$[m/s]는 유로단면의 평균속도이다.)

① $\overline{V} = \dfrac{\overline{U}}{A}$ ② $\overline{V} = \overline{U}A$

③ $\overline{V} = \dfrac{A}{\overline{U}}$ ④ $\overline{V} = \dfrac{1}{\overline{U}A}$

해설 체적유량 및 질량유량 계산식
㉮ 평균 체적유량 : $\overline{V} = \overline{U}A$
㉯ 평균 질량유량 : $W = \rho\overline{V} = \rho\overline{U}A$ **답** ②

02 다음 중 질량유량 W[kg/s]에 대하여 옳게 표현한 식은? (단, V[m³/s]는 부피유량, ρ[kg/m³]는 유체의 밀도이다.)

① $W = V \cdot \rho$ ② $W = \dfrac{V}{\rho}$

③ $W = \dfrac{1}{V\rho}$ ④ $W = \dfrac{\rho}{V}$

해설 ㉮ 체적유량 : $V = AU$
㉯ 질량유량 : $W = \rho V = \rho AU$ **답** ①

03 내경 10[cm]의 관에 물이 흐를 때 피토관에 의해 측정된 유속이 5[m/s]이라면 유량은?

① 19[kg/s]   ② 29[kg/s]
③ 39[kg/s]   ④ 49[kg/s]

해설 물의 밀도에 대한 언급이 없으므로 물의 밀도는 1,000 [kg/m³]를 적용하여 질량유량을 계산한다.
$\therefore m = \rho \times A \times V$
$= 1,000 \times \dfrac{\pi}{4} \times 0.1^2 \times 5$
$= 39.269 [\text{kg/s}]$ **답** ③

04 물탱크에서 수두 높이가 10[m], 오리피스의 지름이 10[cm]일 때 오리피스의 유량(Q)은 약 몇 [m³/s]인가?

① 0.11[m³/s]   ② 0.15[m³/s]
③ 0.24[m³/s]   ④ 0.52[m³/s]

해설 $Q = AV = \dfrac{\pi}{4} \times D^2 \times \sqrt{2gh}$
$= \dfrac{\pi}{4} \times 0.1^2 \times \sqrt{2 \times 9.8 \times 10}$
$= 0.1099 [\text{m}^3/\text{s}]$ **답** ①

05 직경 200[mm] 철관을 이용하여 매분 1,500 [L]의 물을 흘려보낼 때 철관 내의 유속은?

① 0.59[m/s]   ② 0.79[m/s]
③ 0.99[m/s]   ④ 1.19[m/s]

해설 $Q = A \times V = \dfrac{\pi}{4} \times D^2 \times V$에서
$\therefore V = \dfrac{4 \times Q}{\pi \times D^2} = \dfrac{4 \times 1.5}{\pi \times 0.2^2 \times 60}$
$= 0.795 [\text{m/s}]$ **답** ②

06 내경이 220[mm]이고, 강판 두께가 10[mm]인 파이프의 허용인장응력이 6[kgf/mm²]일 때, 이 파이프의 유량이 40[L/s]이다. 이때 평균유속은 약 몇 [m/s]인가? (단, 유량계수는 1이다.)

① 0.92   ② 1.05
③ 1.23   ④ 1.78

해설 $Q = CAV = C \times \dfrac{\pi}{4} \times D^2 \times V$이고,
물 40[L] $= 40 \times 10^{-3}$[m³]에 해당된다.
$\therefore V = \dfrac{4Q}{\pi CD^2} = \dfrac{4 \times 40 \times 10^{-3}}{\pi \times 1 \times 0.22^2}$
$= 1.052 [\text{m/s}]$ **답** ②

07 지름 5[cm]의 파이프를 사용하여 매시 4톤의 물을 공급하는 수도관이 있다. 이 수도관에서의 물의 속도는 몇 [m/s]인가? (단, 물의 비중은 1이다.)

① 0.12 ② 0.28
③ 0.56 ④ 8.1

해설 중량유량 $G = \gamma \times A \times V = \gamma \times \dfrac{\pi}{4} \times D^2 \times V$이고, 물의 비중이 1이므로 비중량($\gamma$)은 1,000[kgf/m³]. 공급하는 물은 시간당 4톤(4,000[kgf])에서 속도를 [m/s]로 구하기 위해 3,600으로 나누어준다.

$$\therefore V = \dfrac{4 \times G}{\gamma \times \pi \times D^2}$$
$$= \dfrac{4 \times 4 \times 1,000}{1,000 \times \pi \times 0.05^2 \times 3,600}$$
$$= 0.565 [\text{m/s}]$$

답 ③

08 유속을 일정하게 하고 관의 직경을 2배로 증가시켰을 경우 일반적으로 유량은 어떻게 변하는가?

① 2배로 증가 ② 4배로 증가
③ 8배로 증가 ④ 16배로 증가

해설 $Q = \dfrac{\pi}{4} \times D^2 \times V$에서 관의 지름($D$)만 2배로 증가시켰을 경우 유량 계산

$$\therefore Q_2 = \dfrac{\dfrac{\pi}{4} \times (2D_1)^2 \times V}{\dfrac{\pi}{4} \times D_1^2 \times V} \times Q_1 = 4Q_1$$

답 ②

09 그림에서 파이프의 지름이 각각 0.6[m], 0.4[m]이고 (1)에서의 유속이 8[m/s]이면 (2)에서의 유속은 약 몇 [m/s]인가?

(1) 0.6[m] → (2) 0.4[m] →

① 16 ② 18
③ 20 ④ 22

해설 연속의 방정식에서 $Q_1 = Q_2$이므로

$\dfrac{\pi}{4} D_1^2 V_1 = \dfrac{\pi}{4} D_2^2 V_2$이다.

$$\therefore V_2 = \dfrac{D_1^2 V_1}{D_2^2} = \dfrac{0.6^2 \times 8}{0.4^2} = 18[\text{m/s}]$$

답 ②

10 유량 7[m³/s]의 주철제 도수관의 지름[mm]은? (단, 평균 유속(V)은 3[m/s]이다.)

① 680 ② 1,312
③ 1,723 ④ 2,163

해설 $Q = \dfrac{\pi}{4} \times D^2 \times V$에서

$$\therefore D = \sqrt{\dfrac{4Q}{\pi V}} = \sqrt{\dfrac{4 \times 7}{\pi \times 3}} \times 1,000$$
$$= 1,723.627[\text{mm}]$$

답 ③

11 파이프의 내경 D[mm]를 유량 Q[m³/s]와 평균속도 V[m/s]로 표시한 식으로 옳은 것은?

① $D = 1,128 \sqrt{\dfrac{Q}{V}}$

② $D = 1,128 \sqrt{\dfrac{\pi V}{Q}}$

③ $D = 1,128 \sqrt{\dfrac{Q}{\pi V}}$

④ $D = 1,128 \sqrt{\dfrac{V}{Q}}$

해설 $Q = \dfrac{\pi}{4} \times D^2 \times V$에서

$$\therefore D[\text{mm}] = \sqrt{\dfrac{4Q}{\pi V}} \times 1,000$$
$$= \sqrt{\dfrac{4}{\pi}} \times 1000 \times \sqrt{\dfrac{Q}{V}}$$
$$= 1128.379 \times \sqrt{\dfrac{Q}{V}}$$
$$\therefore 1128 \sqrt{\dfrac{Q}{V}}$$

답 ①

12 지름 400[mm]인 관속을 5[kg/s]로 공기가 흐르고 있다. 관속의 압력은 200[kPa], 온도는 23[℃], 공기의 기체상수 R이 287[J/kg·K]라 할 때 공기의 평균 속도는 약 몇 [m/s]인가?

① 2.4　　　② 7.7
③ 16.9　　　④ 24.1

해설　㉮ 200[kPa], 23[℃] 상태의 공기 밀도 계산
$PV = GRT$에서
$$\therefore \rho = \frac{G}{V} = \frac{P}{RT} = \frac{200}{0.287 \times (273+23)}$$
$$= 2.354 [kg/m^3]$$
㉯ 공기의 평균속도 계산
$m = \rho AV$에서
$$\therefore V = \frac{m}{\rho A} = \frac{5}{2.354 \times \frac{\pi}{4} \times 0.4^2}$$
$$= 16.902 [m/s]$$
답 ③

13 베르누이 방정식을 적용할 수 있는 가정으로 옳게 나열된 것은?

① 무마찰, 압축성유체, 정상상태
② 비점성유체, 등속, 비정상상태
③ 뉴턴유체, 비압축성유체, 정상상태
④ 비점성유체, 비압축성유체, 정상상태

해설　베르누이 방정식이 적용되는 조건
㉮ 임의의 두 점은 같은 유선상에 있다.
㉯ 정상 상태의 흐름이다.
㉰ 마찰이 없는 이상유체(비점성유체)의 흐름이다.
㉱ 비압축성 유체의 흐름이다.
㉲ 외력은 중력만 작용한다.
답 ④

14 속도의 수두차를 측정하는 유량계가 아닌 것은?

① 피토관(Pito tube)
② 로터 미터(Rota meter)
③ 오리피스 미터(Orifice meter)
④ 벤투리 미터(Venturi meter)

해설　속도의 수두차를 측정하는 유량계는 차압식 유량계(오리피스 미터, 플로 노즐, 벤투리 미터), 유속식 유량계 중에 피토관이 해당되며, 측정 원리는 베르누이 방정식이다.
답 ②

15 층류와 난류를 판정할 때 레이놀즈수를 사용한다. 층류와 난류의 기준이 되는 임계 레이놀즈수는 얼마인가?

① 23　　　② 232
③ 2,320　　　④ 23,200

해설　레이놀즈수와 유체 흐름의 구분
(1) 레이놀즈수(Reynolds number) : 실제유체의 유동에서 관성력과 점성력의 비로 나타내는 무차원수이다.
(2) 레이놀즈수(Re)에 의한 유체의 유동상태 구분
㉮ 층류 : Re < 2,100 (또는 2,300, 2,320)
㉯ 난류 : Re > 4,000
㉰ 천이구역 : 2,100 < Re < 4,000
㉱ 임계 레이놀즈 수 : 2,320
답 ③

16 배관 내 유체의 흐름을 나타내는 무차원 수인 레이놀즈 수(Re)의 층류 흐름 기준은?

① Re < 1,000
② Re < 2,100
③ 2,100 < Re
④ 2,100 < Re < 4,000

해설　레이놀즈수(Re)에 의한 유체의 유동상태 구분
㉮ 층류 : 레이놀즈수(Re)가 2,100 이하이어야 한다.
㉯ 난류 : 레이놀즈수(Re)가 4,000 이상이어야 한다.
㉰ 천이구역 : 레이놀즈수(Re)가 2,100 이상, 4,000 이하이다.
답 ②

17 유체의 압력손실은 배관 설계 시 중요한 인자이다. 압력손실과의 관계로 틀린 것은?

① 압력손실은 관마찰계수에 비례한다.
② 압력손실은 유속의 제곱에 비례한다.
③ 압력손실은 관의 길이에 반비례한다.
④ 압력손실은 관의 내경에 반비례한다.

해설 달시-바이스 바하 방정식

$h_f = f \times \dfrac{L}{D} \times \dfrac{V^2}{2g}$ 에서 압력손실(h_f)은

㉮ 관마찰계수(f)에 비례한다.
㉯ 관의 길이(L)에 비례한다.
㉰ 유속(V)의 제곱에 비례한다.
㉱ 관 지름(D)에 반비례한다.
㉲ 관 내부 표면조도(표면 거칠기)에 영향을 받는다.
㉳ 유체의 밀도(ρ), 점도(μ)의 영향을 받는다.
㉴ 압력(P)의 영향은 받지 않는다.
(압력과는 무관하다.) 답 ③

18 용적식 유량계에 해당되는 것은?

① 피토관 ② 습식 가스미터
③ 로터미터 ④ 오리피스미터

해설 유량계의 구분 및 종류
㉮ 용적식 : 오벌기어식, 루트(roots)식, 로터리 피스톤식, 로터리 베인식, 습식가스미터, 막식 가스미터 등
㉯ 간접식 : 차압식, 유속식, 면적식, 전자식, 와류식 등 답 ②

19 용적식 유량계의 일반적인 특징에 대한 설명 중 틀린 것은?

① 정도(精度)가 높다.
② 고점도의 유체 측정이 가능하다.
③ 맥동에 의한 영향이 없다.
④ 구조가 간단하다.

해설 용적식 유량계의 일반적인 특징
㉮ 정도가 높아 상거래용(적산용)으로 사용된다.
㉯ 유체의 물성치(온도, 압력 등)에 의한 영향을 거의 받지 않는다.
㉰ 외부에너지의 공급이 없어도 측정할 수 있다.
㉱ 고점도의 유체나 점도 변화가 있는 유체에 적합하다.
㉲ 맥동의 영향을 적게 받고, 압력손실도 적다.
㉳ 이물질 유입을 차단하기 위하여 입구에 여과기(strainer)를 설치하여야 한다. 답 ④

20 오벌(oval)식 유량계의 특징에 대한 설명으로 틀린 것은?

① 타원형 치차의 맞물림을 이용하므로 비교적 측정정도가 높다.
② 기체유량 측정은 불가능하다.
③ 유량계의 앞부분(前部)에 여과기 전부(strainer)를 설치하지 않아도 된다.
④ 설치가 간단하고 내구력이 있다.

해설 오벌 기어(oval gear)식 유량계 : 2개의 타원형 기어가 서로 맞물려 유체의 흐름에 의하여 회전하며 기어의 회전수가 유량에 비례하는 것을 이용한 것으로 기어의 회전속도를 측정하여 유량을 측정한다. 기체의 경우에는 부적합하여 주로 액체 유량측정에 이용된다. 유량계의 앞부분(前部)에 여과기(strainer)를 설치하여 이물질이 유입되지 않도록 하여야 한다. 답 ③

21 가스미터의 표준기로도 이용되는 가스미터의 형식은?

① 오벌(oval)형
② 드럼(drum)형
③ 다이어프램(diaphragm)형
④ 로터리 피스톤(rotary piston)형

해설 드럼(drum)형 가스미터 : 습식 가스미터로 유입된 가스가 일정한 액면 안에 있는 계량통을 회전시켜 이 회전수로 가스 유량을 측정하는 것으로 정확한 계량이 가능하여 기준기로 많이 사용되나, 설치 공간이 크고 수위 조절 등의 관리가 필요하다. 답 ②

22 차압식 유량계의 측정에 대한 설명으로 틀린 것은?

① 연속의 법칙에 의한다.
② 플로트 형상에 따른다.
③ 차압기구는 오리피스이다.
④ 베르누이 정리를 이용한다.

해설 차압식 유량계
㉮ 측정원리 : 베르누이 정리(방정식)
㉯ 종류 : 오리피스 미터, 플로 노즐, 벤투리 미터

㉢ 측정방법 : 조리개 전후에 연결된 액주계의 압력차를 이용하여 유량을 측정(베르누이 정리와 연속의 법칙에 의하여 유량을 계산) 답 ②

23 차압식 유량계의 종류가 아닌 것은?
① 벤투리 ② 오리피스
③ 터빈유량계 ④ 플로노즐

해설 차압식 유량계 : 교축(throttle) 기구를 이용하여 유량을 측정하는 것으로 종류에는 오리피스미터, 플로노즐, 벤투리미터가 있다. 답 ③

24 차압식 유량계의 특징이 아닌 것은?
① 조리개 전후에는 지름이 동일한 직관이 필요하다.
② 고온, 고압의 유체를 측정할 수 있다.
③ 레이놀즈수 10^5 이하는 유량계수가 변화한다.
④ 압력손실이 작다.

해설 차압식 유량계의 특징
㉮ 관로에 오리피스, 플로 노즐 등이 설치되어 있다.
㉯ 규격품이라 정도(精度)가 좋다.
㉰ 유량은 압력차의 평방근에 비례한다.
㉱ 레이놀즈 수가 10^5 이상에서 유량계수가 유지된다.
㉲ 고온 고압의 액체, 기체를 측정할 수 있다.
㉳ 유량계 전후의 동일한 지름의 직선관이 필요하다.
㉴ 통과 유체는 동일한 유체이어야 하며, 압력손실이 크다. 답 ④

25 오리피스(orifice)유량계에 대한 설명으로 틀린 것은?
① 베르누이(bernoulli)의 정리를 응용한 계기이다.
② 기체와 액체에 모두 사용이 가능하다.
③ 유량계수 C는 유체의 흐름이 층류이거나 와류의 경우 모두 같고 일정하며 레이놀즈수에 무관하다.
④ 오리피스의 교축기구를 기하학적으로 닮은꼴이 되도록 정밀하게 끝맺음질 하면 정확한 측정값을 얻을 수 있다.

해설 유량계수는 층류, 와류 등의 영향을 받고, 레이놀즈 수와 직접 관계가 있다. 답 ③

26 고속, 고압 유체의 유량측정에 적당하며 레이놀즈 수가 높을 때 주로 사용되는 차압식 유량계는?
① 벤투리미터 ② 플로노즐
③ 오리피스 ④ 피토관

해설 플로노즐(flow nozzle)의 특징
㉮ 고속, 고압의 유량측정에 적당하다.
㉯ 레이놀즈수가 높을 때 사용한다.
㉰ 레이놀즈수가 낮아지면 유량계수가 감소한다.
㉱ 오리피스보다 구조가 복잡하고, 설계 및 가공이 어렵다.
㉲ 침전물의 영향이 오리피스보다 적은편이다.
㉳ 가격, 압력손실이 차압식 유량계 중 중간정도이다. 답 ②

27 조리개부가 유선형에 가까운 형상으로 설계되어 축류의 영향을 비교적 적게 받게 하고 조리개에 의한 압력손실을 최대한으로 줄인 조리개 형식의 유량계는?
① 원판(disk) ② 벤투리(Venturi)
③ 노즐(nozzle) ④ 오리피스(Orifice)

해설 벤투리(Venturi) 유량계의 특징
㉮ 압력차가 적고, 압력손실이 적다.
㉯ 내구성이 좋고, 정밀도가 높다.
㉰ 대형으로 제작비가 비싸다.
㉱ 구조가 복잡하다.
㉲ 교환이 어렵다. 답 ②

28 차압식 유량계의 압력손실의 크기를 바르게 나열한 것은?
① 오리피스 < 벤투리 < 플로노즐
② 벤투리 < 플로노즐 < 오리피스
③ 플로노즐 < 벤투리 < 오리피스
④ 벤투리 < 오리피스 < 플로노즐

해설 차입식 유량계에서 압력손실이 가장 큰 것은 오리피스미터, 가장 작은 것은 벤투리 미터이다. **답** ②

29 유량 측정에 쓰이는 Tap방식이 아닌 것은?
① 베나 탭
② 코너 탭
③ 압력 탭
④ 플랜지 탭

해설 차압을 취출하는 방법
㉮ 베나탭(vena tap) : 유입은 배관 안지름만큼의 거리, 유출측은 가장 낮은 압력이 걸리는 부분거리 (0.2~0.8D)
㉯ 플랜지탭(flange tap) : 교축기구 25.4[mm] 전후 거리로 75[mm] 이하의 관에 사용한다.
㉰ 코너탭(corner tap) : 교축기구 직전, 직후에 설치
답 ③

30 차압식 유량계에 관한 설명으로 옳은 것은?
① 유량은 교축기구 전후의 차압에 비례한다.
② 유량은 교축기구 전후의 차압의 평방근에 비례한다.
③ 유량은 교축기구 전후의 차압의 근사값이다.
④ 유량은 교축기구 전후의 차압에 반비례한다.

해설 차압식 유량계의 유량계산식
$$Q = C \cdot A \sqrt{\frac{2g}{1-m^4} \times \frac{P_1 - P_2}{\gamma}}$$
※ 차압식 유량계에서 유량은 차압의 평방근에 비례한다. **답** ②

31 관로(管路)에 설치된 오리피스 전후의 압력차는?
① 유량의 제곱에 비례한다.
② 유량의 제곱근에 비례한다.
③ 유량의 제곱에 반비례한다.
④ 유량의 제곱근에 반비례한다.

해설 차압식 유량계의 유량계산식
$$Q = C \cdot A \sqrt{\frac{2g}{1-m^4} \times \frac{P_1 - P_2}{\gamma}}$$ 에서
$$Q^2 = C^2 \cdot A \cdot \frac{2g}{1-m^4} \times \frac{P_1 - P_2}{\gamma}$$ 이다.

$$\therefore \frac{P_1 - P_2}{\gamma} = \frac{Q^2}{C^2 \cdot A \cdot \frac{2g}{1-m^4}}$$

$$\therefore P_1 - P_2 = \frac{\gamma \cdot Q^2}{C^2 \cdot A \cdot \frac{2g}{1-m^4}}$$

㉮ 차압식 유량계에서 유량은 차압의 제곱근(평방근)에 비례한다.
㉯ 차압식 유량계에서 오리피스 전후의 압력차는 유량의 제곱에 비례한다. **답** ①

32 차압식 유량계에서 교축 상류 및 하류에서의 압력이 P_1, P_2일 때 체적 유량이 Q_1이라면 압력이 각각 처음보다 2배 만큼씩 증가했을 때의 Q_2는 얼마인가?
① $Q_2 = \sqrt{2}\,Q_1$
② $Q_2 = 2Q_1$
③ $Q_2 = \frac{1}{2}Q_1$
④ $Q_2 = \frac{1}{\sqrt{2}}Q_1$

해설 ㉮ 차압식 유량계의 유량 계산식
$$\therefore Q = C \cdot A \sqrt{\frac{2g}{1-m^4} \times \frac{P_1 - P_2}{\gamma}}$$
㉯ 차압식 유량계에서 유량은 차압의 평방근에 비례하고 압력만 2배 증가하였으므로
$$\therefore Q_2 = \sqrt{\frac{\Delta P_2}{\Delta P_1}} \times Q_1 = \sqrt{2} \times Q_1$$
$$= \sqrt{2}\,Q_1 = \sqrt{2Q_1^2}$$ **답** ①

33 관로에 설치한 오리피스 전, 후의 차압이 1.936[mmH₂O]일 때 유량이 22[m³/h]이었다. 차압이 1.024[mmH₂O]이었을 때의 유량은 얼마인가?
① 15.4[m³/h]
② 16[m³/h]
③ 25[m³/h]
④ 28[m³/h]

해설 차압식 유량계에서 유량은 차압의 평방근에 비례한다.

$$\therefore Q_2 = \sqrt{\frac{\Delta P_2}{\Delta P_1}} \times Q_1 = \sqrt{\frac{1.024}{1.936}} \times 22$$
$$= 16 \, [\text{m}^3/\text{h}]$$

답 ②

34 차압식 유량계에서 압력차가 처음보다 2배 커지고, 관의 직경이 1/2로 되었다면, 나중 유량(Q_2)과 처음 유량(Q_1)의 관계로 가장 옳은 것은? (단, 나머지 조건은 모두 동일하다.)

① $Q_2 = 0.3535 \, Q_1$
② $Q_2 = \dfrac{1}{4} \, Q_1$
③ $Q_2 = 1.4142 \, Q_1$
④ $Q_2 = 0.707 \, Q_1$

해설 차압식 유량계 유량계산식

$$Q = C \cdot A \sqrt{\frac{2g}{1-m^4} \times \frac{P_1 - P_2}{\gamma}} \text{ 에서}$$

유량계수(C), 교축비(m), 유체의 비중량(γ)은 변화가 없으므로

$$\frac{Q_2}{Q_1} = \frac{\frac{\pi}{4} \times \left(\frac{1}{2}D_1\right)^2 \sqrt{2g\,2\Delta P}}{\frac{\pi}{4} \times D_1^2 \sqrt{2g\,\Delta P}}$$

$$\therefore Q_2 = \frac{\frac{\pi}{4} \times \left(\frac{1}{2}\right)^2 \times D_1^2 \times \sqrt{2g\,2\Delta P}}{\frac{\pi}{4} \times D_1^2 \times \sqrt{2g\,\Delta P}} \times Q_1$$

$$\therefore Q_2 = \left(\frac{1}{2}\right)^2 \times \sqrt{2} \times Q_1 = 0.3535 \, Q_1$$

답 ①

35 차압식 유량계에서 압력차가 처음보다 4배 커지고 관의 지름이 1/2로 되었다면 나중 유량(Q_2)과 처음 유량(Q_1)의 관계를 옳게 나타낸 것은?

① $Q_2 = 0.25 \times Q_1$
② $Q_2 = 0.35 \times Q_1$
③ $Q_2 = 0.5 \times Q_1$
④ $Q_2 = 0.71 \times Q_1$

해설 차압식 유량계 유량계산식

$$Q = C \cdot A \sqrt{\frac{2g}{1-m^4} \times \frac{P_1 - P_2}{\gamma}} \text{ 에서}$$

유량계수(C), 교축비(m), 유체의 비중량(γ)은 변화가 없으므로

$$\frac{Q_2}{Q_1} = \frac{\frac{\pi}{4} \times \left(\frac{1}{2}D_1\right)^2 \sqrt{2g\,4\Delta P}}{\frac{\pi}{4} \times D_1^2 \sqrt{2g\,\Delta P}}$$

$$\therefore Q_2 = \frac{\frac{\pi}{4} \times \left(\frac{1}{2}\right)^2 \times D_1^2 \times \sqrt{2g\,4\Delta P}}{\frac{\pi}{4} \times D_1^2 \times \sqrt{2g\,\Delta P}} \times Q_1$$

$$\therefore Q_2 = \left(\frac{1}{2}\right)^2 \times \sqrt{4} \times Q_1 = 0.5 \, Q_1$$

답 ③

36 입구의 지름이 40[cm], 벤투리목의 지름이 20[cm]인 벤투리미터기로 공기의 유량을 측정하여 물-공기 시차액주계가 300[mmH₂O]를 나타냈다. 이때 유량은? (단, 물의 밀도는 1,000[kg/m³], 공기의 밀도는 1.5[kg/m³], 유량계수는 1이다.)

① 4[m³/s]   ② 3[m³/s]
③ 2[m³/s]   ④ 1[m³/s]

해설 ㉮ 교축비(m) 계산

$$\therefore m = \left(\frac{D_2}{D_1}\right)^2 = \left(\frac{0.2}{0.4}\right)^2 = 0.25$$

㉯ 유량 계산

$$\therefore Q = C \cdot A \sqrt{\frac{2gh}{1-m^4} \times \frac{\gamma_m - \gamma}{\gamma}}$$

$$= 1 \times \frac{\pi}{4} \times 0.2^2$$
$$\times \sqrt{\frac{2 \times 9.8 \times 0.3}{1 - 0.25^4} \times \frac{1000 - 1.5}{1.5}}$$
$$= 1.969 \, [\text{m}^3/\text{s}]$$

※ 물과 공기의 밀도를 비중량값에 대입하여 계산하였음

답 ③

37 Venturi meter를 사용하여 상온의 물의 유량을 측정한다.
입구 지름 3.6[cm], 노즐 지름 1.8[cm]인 벤투리를 장치하여 수은 manometer를 읽어 78.7[mm]일 때 유량[cm³/s]은 약 얼마인가? (단, 벤투리 유출계수 0.98, 물의 비중 1, 수은의 비중 13.6이다.)

① 1,270 ② 1,102
③ 1,500 ④ 11,356

해설 ㉮ 교축비(m) 계산

$$\therefore m = \left(\frac{D_2}{D_1}\right)^2 = \left(\frac{1.8}{3.6}\right)^2 = 0.25$$

㉯ 유량[cm³/s] 계산 : CGS 단위로 적용하며 수은의 비중량(γ_m) 13.6[g/cm³] 물의 비중량(γ) 1[g/cm³]이다.

$$\therefore Q = CA\sqrt{\frac{2gh}{1-m^4} \times \frac{\gamma_m - \gamma}{\gamma}}$$

$$= 0.98 \times \frac{\pi}{4} \times 1.8^2$$

$$\times \sqrt{\frac{2 \times 980 \times 7.87}{1 - 0.25^4} \times \frac{13.6 - 1}{1}}$$

$$= 1,101.568 [cm^3/s] \quad \boxed{답} ②$$

38 유량 측정기기 중 유체가 흐르는 단면적이 변함으로써 직접 유체의 유량을 읽을 수 있는 기기, 즉 압력차를 측정할 필요가 없는 장치는?

① 피토 튜브
② 로터 미터
③ 벤투리 미터
④ 오리피스 미터

해설 면적식 유량계
㉮ 측정원리 : 배관 중에 있는 조리개 전후의 차압을 일정하게 유지할 수 있도록 조리개 면적의 변화로부터 유량을 측정하는 것이다.
㉯ 종류 : 부자식(플로트식), 로터 미터 $\boxed{답}$ ②

39 면적식 유량계(variable area flow meter)의 구성 장치로만 바르게 나열된 것은?

① 테이퍼관(taper tube), U자관
② U자관, 플로트(float)
③ 수평관, 조리개
④ 테이퍼관(taper tube), 플로트(float)

해설 면적식 유량계 : 배관 중에 있는 조리개 전후의 차압을 일정하게 유지할 수 있도록 조리개 면적의 변화로부터 유량을 측정하는 것으로 로터미터와 피스톤식이 있다. 로터미터의 구성 장치로 유리제 테이퍼관과 플로트(부자)가 있다. $\boxed{답}$ ④

40 면적식 유량계에 대한 설명으로 틀린 것은?

① 정도가 높아 정밀측정에 적합하다.
② 측정하려는 유체의 밀도를 미리 알아야 한다.
③ 압력손실이 적고 균등 유량을 얻을 수 있다.
④ 슬러리나 부식성 액체의 측정이 가능하다.

해설 면적식 유량계의 특징
㉮ 유량에 따라 직선 눈금이 얻어진다.
㉯ 유량계수는 레이놀즈수가 낮은 범위까지 일정하다.
㉰ 고점도 유체나 작은 유체에 대해서도 측정할 수 있다.
㉱ 차압이 일정하면 오차의 발생이 적다.
㉲ 측정하려는 유체의 밀도를 미리 알아야 한다.
㉳ 압력손실이 적고 균등 유량을 얻을 수 있다.
㉴ 슬러리나 부식성 액체의 측정이 가능하다.
㉵ 정도는 ±1~2[%] 정도로 정밀 측정에는 부적당하다. $\boxed{답}$ ①

41 다음 중 유체의 흐름 중에 프로펠러 등의 회전자를 설치하여 이것의 회전수로 유량을 측정하는 유량계의 종류는?

① 유속식 ② 전자식
③ 용적식 ④ 피토관식

해설 유속식 유량계 : 유체가 흐르는 관로에 프로펠러 등의 회전자를 설치하고 유속 변화에 따른 동압변화로 회전자를 회전시키며 회전수를 측정하여 유량을 측정한다. $\boxed{답}$ ①

42 어떤 관속을 흐르는 유체의 한 점에서의 속도를 측정하고자 할 때 가장 적당한 유속 측정 장치는?

① orifice meter ② pitot tube
③ rotameter   ④ venturi meter

해설 피토관(pitot tube)식 유량계 : 배관중의 유체의 전압과 정압과의 차이인 동압을 측정하여 베르누이 방정식에 의해 속도수두에서 유속을 구하고 그 값에 관로 단면적을 곱하여 유량을 측정하는 것이다. **답** ②

43 피토관의 장점이 아닌 것은?

① 제작비가 싸다.
② 구조가 간단하다.
③ 정도(精度)가 높다.
④ 부착이 용이하다.

해설 피토관의 특징
㉮ 구조가 간단하고 제작비가 저렴하며 부착이 쉽다.
㉯ 피토관을 유체의 흐름방향과 평행하게 설치하여야 한다.
㉰ 유속이 5[m/s] 이하인 유체에는 측정이 불가능하다.
㉱ 불순물(슬러지, 분진 등)이 많은 유체에는 측정이 불가능하다.
㉲ 노즐 부분에 마모현상이 있으면 오차가 발생한다.
㉳ 피토관은 유체의 압력에 견딜 수 있는 충분한 강도를 가져야 한다.
㉴ 유량 측정은 간단하지만 사용방법이 잘못되면 오차 발생이 크다.
㉵ 비행기의 속도 측정, 수력 발전소의 수량 측정, 송풍기의 풍량 측정에 사용된다. **답** ③

44 피토관(Pitot tube)의 사용 시 주의사항으로 틀린 것은?

① 5[m/s] 이하의 기체에는 적용할 수 없다.
② 더스트(dust), 미스트(mist) 등이 많은 유체에 적합하다.
③ 피토관의 헤드 부분은 유동 방향에 대해 평행하게 부착한다.
④ 흐름에 대해 충분한 강도를 가져야 한다.

해설 피토관(Pitot tube)의 사용 시 주의사항
㉮ 5[m/s] 이하의 기체에는 적용할 수 없다.
㉯ 피토관의 헤드 부분은 유동방향에 대해 평행하게 부착한다.
㉰ 유체 흐름에 대해 충분한 강도를 가져야 한다.
㉱ 더스트(dust), 미스트(mist) 등이 많은 유체에는 부적합하다.
㉲ 피토관 전에는 관지름의 20배 이상의 직관부가 필요하다. **답** ②

45 피토관의 전압을 P_t[kgf/m²], 정압을 P_s[kgf/m²], 유체의 비중량을 γ[kgf/m³], 중력 가속도를 g(9.8[m/s²])라고 하면 유속 V[m/s]를 구하는 식은?

① $V = \sqrt{2g(P_s - P_t)/\gamma}$
② $V = \sqrt{2g(P_t - P_s)/\gamma}$
③ $V = \sqrt{2g(P_s - P_t) \cdot \gamma}$
④ $V = \sqrt{2g(P_t - P_s) \cdot \gamma}$

해설 ㉮ 피토관의 유량식

$$Q = CA\sqrt{2g \times \frac{P_t - P_s}{\gamma}}$$
$$= CA\sqrt{2gh \times \frac{\gamma_m - \gamma}{\gamma}}$$

㉯ 유속을 구하는 식

$$V = \sqrt{2g \times \frac{P_t - P_s}{\gamma}}$$
$$= \sqrt{2gh \times \frac{\gamma_m - \gamma}{\gamma}}$$

답 ②

46 유속 측정을 위해 피토관을 사용하는 경우 양쪽 관 높이의 차(Δh)를 측정하여 유속(V)를 구하는데 이때 V는 Δh와 어떤 관계가 있는가?

① Δh에 비례
② Δh 제곱에 비례
③ $\sqrt{\Delta h}$에 비례
④ $\frac{1}{\Delta h}$에 비례

해설 피토관에서 유속 계산식 $V = C\sqrt{2g\Delta h}$이므로 V는 $\sqrt{\Delta h}$에 비례한다. **답** ③

47 관로의 유속을 피토관으로 측정할 때 수주의 높이가 30[cm]이었다. 이때 유속은 약 몇 [m/s]인가?

① 1.88　　② 2.42
③ 3.88　　④ 5.88

해설 $V = \sqrt{2gh}$
$= \sqrt{2 \times 9.8 \times 0.3} = 2.424[m/s]$　　답 ②

48 관로의 유속을 피토관으로 측정할 때 마노미터의 수주가 50[cm]이었다. 이때 유속은 약 몇 [m/s]인가?

① 3.13　　② 2.21
③ 1.0　　④ 0.707

해설 $V = \sqrt{2gh}$
$= \sqrt{2 \times 9.8 \times 0.5} = 3.1304[m/s]$　　답 ①

49 물속에 피토관을 설치하였더니 전압이 12[mH₂O], 정압이 6[mH₂O]이었다. 이때 유속은 약 몇 [m/s]인가?

① 12.4　　② 10.8
③ 9.8　　④ 7.6

해설 $V = \sqrt{2g \dfrac{P_t - P_s}{\gamma}}$
$= \sqrt{2 \times 9.8 \times \dfrac{12 \times 10^3 - 6 \times 10^3}{1,000}}$
$= 10.844[m/s]$　　답 ②

50 유속 5[m/s]의 물 흐름 속에 피토관을 세웠을 때 수주의 높이는 약 몇 [m]인가?

① 1.03　　② 1.28
③ 1.65　　④ 1.94

해설 $h = \dfrac{V^2}{2g} = \dfrac{5^2}{2 \times 9.8} = 1.275[m]$　　답 ②

51 온도 15[℃], 기압 760[mmHg]인 대기 속의 풍속을 피토관으로 측정하였더니 전압(全壓)이 대기압보다 52[mmH₂O] 높았다. 이때 풍속은 약 몇 [m/s]인가? (단, 피토관의 속도계수 C는 0.9, 공기의 기체상수 R은 29.27 [kgf·m/kg·K]이다.)

① 16　　② 26
③ 33　　④ 37

해설 ㉮ 15[℃], 대기압(760[mmHg]=10332[kgf/m²]) 상태의 공기의 비중량 계산
$PV = GRT$에서
$\therefore \gamma = \dfrac{G}{V} = \dfrac{P}{RT} = \dfrac{10332}{29.27 \times (273+15)}$
$= 1.225[kgf/m^3]$
㉯ 풍속 계산 : 52[mmH₂O] = 52[kgf/m²]와 같다.
$\therefore V = C\sqrt{2g\dfrac{P}{\gamma}}$
$= 0.9 \times \sqrt{2 \times 9.8 \times \dfrac{52}{1.225}}$
$= 25.959[m/s]$　　답 ②

52 피토관으로 측정한 동압이 10[mmH₂O]일 때 유속이 15[m/s]이었다면 동압이 20[mmH₂O]일 때의 유속은 약 몇 [m/s]인가? (단, 중력가속도는 9.8[m/s²]이다.)

① 18　　② 21.2
③ 30　　④ 40.2

해설 피토관에서 유속계산식 $V = C\sqrt{2g\dfrac{\Delta P}{\gamma}}$에서 유속($V$)은 동압($\Delta P$)의 평방근에 비례한다.
$\therefore 15^2[m/s] : 10[mmH_2O] = x^2[m/s] : 20[mmH_2O]$
$\therefore x = \sqrt{\dfrac{15^2 \times 20}{10}} = 21.213[m/s]$　　답 ②

53 월트만(waltman)식에 대한 설명으로 옳은 것은?
① 전자식 유량계의 일종이다.
② 용적식 유량계 중 박막식이다.
③ 유속식 유량계 중 터빈식이다.
④ 차압식 유량계 중 노즐식과 벤투리식을 혼합한 것이다.

해설 터빈식 유량계 : 날개에 부딪히는 유체의 운동량으로 회전체를 회전시켜 운동량과 회전량의 변화량으로 가스 흐름량을 측정하는 계량기로 측정범위가 넓고 압력손실이 적다. 답 ③

54 열선식 유량계에 대한 설명으로 틀린 것은?
① 열선의 전기저항이 감소하는 것을 이용한 유량계를 열선풍속계라 한다.
② 유체가 필요로 하는 열량이 유체의 양에 비례하는 것을 이용한 유량계는 토마스식 유량계이다.
③ 기체의 종류가 바뀌거나 조성이 변해도 정도가 높다.
④ 기체의 질량유량을 직접 측정이 가능하다.

해설 열선식 유량계 : 관로에 전열선을 설치하여 유체의 유속변화에 따른 온도 변화로 순간유량을 측정하는 유량계로 유체의 압력손실은 크지 않다. 미풍계, 토마스 유량계, 서멀(thermal) 유량계 등이 있다. 답 ③

55 보일러 공기예열기의 공기유량을 측정하는데 가장 적합한 유량계는?
① 면적식 유량계
② 열선식 유량계
③ 차압식 유량계
④ 용적식 유량계

해설 열선식 유량계는 공기예열기의 공기유량 등을 측정하는데 적합하다. 답 ②

56 유체의 흐름 중에 전열선을 넣고 유체의 온도를 높이는데 필요한 에너지를 측정하여 유체의 질량유량을 알 수 있는 것은?
① 토마스식 유량계
② 정전압식 유량계
③ 정온도식 유량계
④ 마그네틱식 유량계

해설 토마스식 유량계 : 유속식 유량계 중 열선식 유량계에 해당된다. 답 ①

57 전자유량계의 측정원리는?
① 베르누이(Bernoulli) 법칙
② 패러데이(Faraday) 법칙
③ 러더포드(Rutherford) 법칙
④ 줄(Joule) 법칙

해설 전자 유량계 : 측정원리는 패러데이 법칙(전자유도 법칙)으로 도전성 액체에서 발생하는 기전력을 이용하여 순간 유량을 측정한다. 답 ②

58 전자 유량계의 특징에 대한 설명으로 가장 거리가 먼 것은?
① 도전성 유체에 한하여 사용한다.
② 압력손실은 거의 없다.
③ 점도가 높은 유체는 사용하기 곤란하다.
④ 응답이 매우 빠르다.

해설 전자 유량계의 특징
㉮ 측정원리는 패러데이 법칙(전자유도법칙)으로 도전성 액체에서 발생하는 기전력을 이용하여 순간 유량을 측정한다.
㉯ 측정관 내에 장애물이 없으며 압력손실이 거의 없다.
㉰ 액체의 온도, 압력, 밀도, 점도의 영향이 적으며 체적유량의 측정이 가능하다.
㉱ 유량계의 출력이 유량에 비례하며 응답이 매우 빠르다.
㉲ 관내에 적절한 라이닝 재질을 선정하면 슬러리나 부식성의 액체의 측정이 용이하다.
㉳ 미소한 측정전압에 대하여 고성능 증폭기를 필요로 한다.
㉴ 가격이 고가이다. 답 ③

59 전자유량계에서 안지름이 4[cm]인 파이프에 3[L/s]의 액체가 흐르고, 자속밀도 1,000 [gauss]의 평등자계 내에 있다면 이때 검출되는 전압은 약 몇 [mV]인가? (단, 자속분포의 수정계수는 1이고, 액체의 비중은 1이다.)

① 5.5　　② 7.5
③ 9.5　　④ 11.5

해설 ㉮ 유체의 평균속도 계산

$$\therefore \overline{V} = \frac{Q}{\frac{\pi}{4} \times D^2} = \frac{3 \times 1000}{\frac{\pi}{4} \times 4^2}$$
$$= 238.732 [cm/s]$$

㉯ 검출 전압계산

$$\therefore E = \epsilon \times B \times D \times \overline{V} \times 10^{-5}$$
$$= 1 \times 1000 \times 4 \times 238.732 \times 10^{-5}$$
$$= 9.549 [mV]$$

답 ③

60 유체의 와류에 의해 측정하는 유량계는?

① 오벌(oval) 유량계
② 델타(delta) 유량계
③ 로터리 피스톤(rotary piston) 유량계
④ 로터미터(rotameter)

해설 와류식 유량계(vortex flow meter) : 와류(소용돌이)를 발생시켜 그 주파수의 특성이 유속과 비례관계를 유지하는 것을 이용한 것으로 델타 유량계, 스와르 유량계, 칼만 유량계 등이 있다.

답 ②

61 초음파 유량계의 원리는 무엇을 응용한 것인가?

① 제백 효과
② 도플러 효과
③ 바이메탈 효과
④ 펠티어 효과

해설 초음파 유량계 : 초음파의 유속과 유체 유속의 합이 비례한다는 도플러 효과를 이용한 유량계로 측정체가 유체와 접촉하지 않고, 정확도가 아주 높으며, 고온, 고압, 부식성 유체에도 사용이 가능하다.

답 ②

62 다음 중 유량계가 설치된 전·후에 직관부를 설치하여야 하는 유량계가 아닌 것은?

① 터빈식 유량계
② 차압식 유량계
③ 델타 유량계
④ 면적식 유량계

해설 면적식 유량계는 배관 중에 있는 조리개 전후의 차압을 일정하게 유지할 수 있도록 조리개 면적의 변화로부터 유량을 측정하는 것으로 유량계 전·후에 직관부(직선 배관부분) 설치를 필요로 하지 않는다.

답 ④

3 액면

3.1 액면 측정 방법

(1) 액면 측정 방법의 분류

① **직접법** : 액면 위치를 게이지 글라스, 플로트(부자(浮子)), 검침봉 등을 이용하여 직접 액면 변화를 검출하는 방법이다.

② **간접법** : 용기 내의 액면 높이에 따라 변화하는 압력이나 기타 물리량의 변화를 측정하여 액면위치를 알아내는 방법이다.

(2) 액면계의 구비조건

① 온도 및 압력에 견딜 수 있을 것
② 연속 측정이 가능할 것
③ 지시 기록의 원격 측정이 가능할 것
④ 구조가 간단하고 수리가 용이할 것
⑤ 내식성이 있고 수명이 길 것
⑥ 자동제어 장치에 적용이 용이할 것

3.2 액면계의 종류 및 특징

(1) 직접식 액면계

① **직관식(유리관식) 액면계** : 경질의 유리관을 탱크에 부착하여 내부의 액면을 직접 확인할 수 있는 것이다.

② **플로트식(부자식(浮子式)) 액면계** : 탱크 내부의 액체에 뜨는 물체(플로트)를 넣어 액면의 위치에 따라 움직이는 플로트의 위치를 직접 확인하여 액면을 측정하는 방법이다.

③ **검척식 액면계** : 액면의 높이, 분립체의 높이를 직접 자로 측정하는 방법이다.

(2) 간접식 액면계

① **압력식 액면계** : 탱크 외부에 압력계를 설치하여 액체의 높이에 따라 변화하는 압력을 측정하여 액면을 측정한다.

$$\therefore h = \frac{P}{\gamma}$$

여기서, h : 액면 높이[m]
P : 압력[kgf/m^2]
γ : 유체의 비중량[kgf/m^3]

② **초음파식 액면계** : 탱크 상부 또는 탱크 하부 액면 밑에 초음파 발신기와 수신기를 두고 초음파의 왕복하는 시간을 측정하여 액면의 높이를 측정하는 것이다.

③ **정전 용량식 액면계** : 탐사침을 액 중에 넣어 검출되는 물질의 유전율을 이용하는 것이다.

④ **방사선 액면계** : 액면에 띄운 플로트(float)에 방사선원을 붙이고 탱크 천장 외부에 방사선 검출기를 설치하여 방사선의 세기와 변화를 이용한 것이다.
  ㉮ 종류 : 조사식, 투과식, 가반식
  ㉯ 특징
  ⓐ 방사선원으로 코발트(Co), 세슘(Cs)의 γ선을 이용한다.
  ⓑ 측정범위는 25[m] 정도이고 측정범위를 크게 하기 위하여 2조 이상 사용한다.
  ⓒ 액체에 접촉하지 않고 측정할 수 있으며, 측정이 곤란한 장소에서도 측정이 가능하다.
  ⓓ 고온, 고압의 액체나 부식성 액체 탱크에 적합하다.
  ⓔ 설치비가 고가이고, 방사선으로 인한 인체에 해가 있다.

⑤ **차압식 액면계** : 액화산소와 같은 극저온의 저장조의 상·하부를 U자 관에 연결하여 차압에 의하여 액면을 측정하는 방식으로 햄프슨식 액면계라 한다.

⑥ **다이어프램식 액면계** : 탱크 내의 일정위치에 다이어프램을 설치하고 액면의 변위에 따른 다이어프램으로 작용하는 유체의 압력을 이용하여 측정하는 방식이다.

⑦ **편위식 액면계** : 측정액 중에 잠겨 있는 플로트의 부력으로 액면을 측정하는 것으로 아르키메데스의 원리를 이용한 것이다.

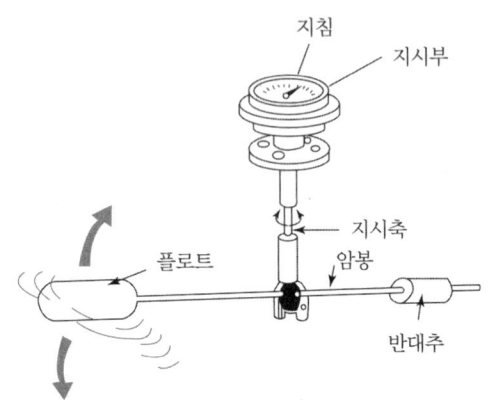

편위식 액면계의 구조

⑧ **기포식 액면계** : 탱크 속에 파이프를 삽입하고 여기에 일정량의 공기를 보내면서 공기압을 측정하여 액면의 높이를 계산한다.

⑨ **슬립 튜브식 액면계** : 저장탱크 정상부에서 탱크 밑면까지 지름이 작은 스테인리스 관을 부착하여 이 관을 상하로 움직여 관내에서 분출하는 가스 상태와 액체 상태의 경계면을 찾아 액면을 측정하는 것으로 고정 튜브식, 회전 튜브식, 슬립 튜브식이 있다.

⑩ **저항 전극식 액면계** : 액면 지시보다는 경보용이나 제어용에 이용하는 것으로 탱크 내 액면의 변화에 의하여 전극 간 저항이 탱크 내의 액으로부터 단락되어 급감하는 것을 이용한 것이다.

출제예상문제
Expected problems

01 직접식 액위계에 해당하는 것은?
① 플로트식   ② 초음파식
③ 방사선식   ④ 정전용량식

해설 액면계의 분류 및 종류
㉮ 직접법 : 직관식, 플로트식(부자식), 검척식
㉯ 간접법 : 압력식, 초음파식, 정전용량식, 방사선식, 차압식, 다이어프램식, 편위식, 기포식, 슬립튜브식 등   **답** ①

02 간접식 액면측정 방법이 아닌 것은?
① 방사선식 액면계   ② 초음파식 액면계
③ 플로트식 액면계   ④ 저항전극식 액면계

해설 플로트식(부자식) 액면계는 직접식 액면계에 해당된다.   **답** ③

03 공업용 액면계(액위계)로서 갖추어야 할 조건으로 틀린 것은?
① 연속측정이 가능하고 고온, 고압에 잘 견디어야 한다.
② 지시기록 또는 원격측정이 가능하고 부식에 약해야 한다.
③ 액면의 상, 하한계를 간단히 계측할 수 있어야 하며, 적용이 용이해야 한다.
④ 자동제어장치에 적용이 가능하고, 보수가 용이해야 한다.

해설 액면계의 구비조건
㉮ 온도 및 압력에 견딜 수 있을 것
㉯ 연속 측정이 가능할 것
㉰ 지시 기록의 원격 측정이 가능할 것
㉱ 구조가 간단하고 수리가 용이할 것
㉲ 내식성이 있고 수명이 길 것
㉳ 자동제어 장치에 적용이 용이할 것   **답** ②

04 액면계 선정 시 고려사항이 아닌 것은?
① 동특성   ② 안전성
③ 측정범위와 정도   ④ 변동 상태

해설 액면계 선정 시 고려사항
㉮ 측정범위 및 측정정도
㉯ 측정장소 조건 : 탱크의 크기 및 형태, 개방형 또는 밀폐형 여부
㉰ 피측정체의 상태 : 액체, 분말, 온도, 압력, 비중, 점도, 입도
㉱ 변동 상태 : 액위의 변화 속도
㉲ 설치 조건 : 플랜지 치수, 설치 위치의 분위기
㉳ 안전성 : 내식성, 방폭성
㉴ 정격 출력 : 현장 지시, 원격 지시, 제어방식   **답** ①

05 보일러 수위를 육안으로 직접 확인할 수 있는 계측기는?
① 평형 반사식   ② 부자식
③ 다이어프램식   ④ 차압식

해설 유리관식(직관식) 액면계의 종류 : 평형 반사식, 평형 투시식   **답** ①

06 구조와 원리가 간단하여 고압 밀폐탱크의 액면제어용으로 주로 사용되는 액면계는?
① 편위식 액면계   ② 차압식 액면계
③ 부자식 액면계   ④ 기포식 액면계

해설 부자(float)식 액면계는 액면 위에 떠 있는 부자(float)의 움직이는 변위를 이용하여 액면을 측정하는 것이다.   **답** ③

07 부자(float)식 액면계의 특징으로 틀린 것은?
① 원리 및 구조가 간단하다.
② 고온, 고압에도 사용할 수 있다.
③ 액면이 심하게 움직이는 곳에 사용하기 좋다.
④ 액면 상·하한계에 경보용 리미트 스위치를 설치할 수 있다.

해설 부자(float)식 액면계는 액면 위에 떠 있는 부자(float)의 움직이는 변위를 이용하여 액면을 측정하는 것이므로 액면이 심하게 움직이는 곳에서는 사용이 부적합하다. 답 ③

08 측정하고자 하는 액면을 직접 자로 측정, 자의 눈금을 읽음으로서 액면을 측정하는 방법의 액면계는?

① 검척식 액면계　② 기포식 액면계
③ 직관식 액면계　④ 플로트식 액면계

해설 검척식 액면계 : 액면의 높이, 분립체의 높이를 직접 자로 측정하는 방법이다. 답 ①

09 정전 용량식 액면계의 특징에 대한 설명 중 틀린 것은?

① 측정범위가 넓다.
② 구조가 간단하고 보수가 용이하다.
③ 유전율이 온도에 따라 변화되는 곳에도 사용할 수 있다.
④ 습기가 있거나 전극에 피 측정체를 부착하는 곳에는 부적당하다.

해설 정전 용량식 액면계 : 정전 용량 검출 탐사침(probe)을 액 중에 넣어 검출되는 물질의 유전율을 이용하여 액면을 측정하는 것으로 온도에 따라 유전율이 변화되는 곳에서는 사용이 부적합하다. 답 ③

10 밀폐 고압탱크나 부식성 탱크의 액면측정에 가장 적절한 액면계는?

① 차압식　② 플로트(float)식
③ 노즐식　④ 감마(γ)선식

해설 방사선 액면계 : 액면에 띄운 플로트(float)에 방사선원을 붙이고 탱크 천장 외부에 방사선 검출기를 설치하여 방사선의 세기와 변화를 이용한 것으로 조사식, 투과식, 가반식이 있다. 방사선원으로 코발트(Co), 세슘(Cs)의 γ선을 이용한다. 답 ④

11 극저온 가스저장탱크의 액면 측정에 주로 사용되는 것은?

① 로터리식　② 슬립튜브식
③ 다이어프램식　④ 햄프슨식

해설 햄프슨식 액면계 : 액화산소와 같은 극저온의 저장탱크의 상·하부를 U자 관에 연결하여 차압에 의하여 액면을 측정하는 방식으로 차압식 액면계라 한다. 답 ④

12 아르키메데스의 부력 원리를 이용한 액면측정 기기는?

① 차압식 액면계　② 퍼지식 액면계
③ 기포식 액면계　④ 편위식 액면계

해설 편위식 액면계 : 측정액 중에 잠겨 있는 플로트의 부력으로 액면을 측정하는 것으로 아르키메데스의 원리를 이용한 것이다. 답 ④

13 액면계에 대한 설명 중 틀린 것은?

① 고압 밀폐 탱크의 액면제어용으로 가장 많이 사용하는 것은 부자식 액면계이다.
② 개방탱크나 저수조에 주로 사용하는 것은 검척식 액면계이다.
③ 공기압을 이용하여 액면을 측정하는 액면계는 퍼지식 액면계이다.
④ 관내의 공기압과 액압이 같아지는 압력을 측정하여 액면의 높이를 측정하는 것은 정전용량식 액면계이다.

해설 정전 용량식 액면계 : 정전 용량 검출 탐사침(probe)을 액 중에 넣어 검출되는 물질의 유전율을 이용하여 액면을 측정하는 것으로 온도에 따라 유전율이 변화되는 곳에서는 사용이 부적합하다. 답 ④

4. 가스

4.1 가스의 분석 방법

(1) 화학적 분석방법

연속 측정 및 정확한 측정이 가능하고, 자동제어장치와 연결하여 사용할 수 있으며 종류는 다음과 같다.
① 용액 흡수제를 이용한 것
② 고체 흡수제를 이용한 것
③ 연소열을 이용한 것

(2) 물리적 분석방법

화학적 분석기기보다 정도가 낮지만, 자동제어장치와 연결이 용이하고 단일 가스 성분을 분석하는 데 많이 이용되고 취급이 비교적 간단하며, 종류는 다음과 같다.
① 가스의 열전도율을 이용한 것
② 가스의 밀도, 점성을 이용한 것
③ 빛[光]의 산섭을 이용한 것
④ 가스의 자기적 성질을 이용한 것
⑤ 가스의 반응성을 이용한 것
⑥ 적외선 흡수를 이용한 것
⑦ 흡수용액의 전기전도도를 이용한 것

(3) 연소가스 분석기기의 특징

① 선택성에 대한 고려가 필요하다.
② 다른 계기에 비하여 복잡하고 설치조건이나 보수가 필요하다.
③ 계기 교정에는 표준시료 가스가 이용된다.
④ 적당한 시료 채취장치가 필요하다.
⑤ 가스의 온도, 압력, 유속 변화는 오차의 원인이 된다.

(4) 시료채취

① **장치 구성**
  ㉮ 흡수병 또는 포집병을 사용할 때 : 채취관 → 도입관 → 포집부
  ㉯ 연속 분석기기를 사용할 때 : 채취관 → 도입관 → 연속 분석기기

② **여과제의 종류**
  ㉮ 1차 필터용(고온 접촉부) : 소결금속, 카보런덤
  ㉯ 2차 필터용(분석계 입구) : 유리솜, 솜

③ **시료채취 방법** : 불량가스의 채취는 분석기기의 작동불량, 오차 발생 등의 원인이 되므로 항상 평균 시료를 채취할 수 있도록 하여야 한다.

④ **시료 채취 위치** : 연도의 굴곡부분이나 단면의 형상이 급격히 변화하는 부분(수축 부분)을 피하여 배기가스 흐름이 안정되고, 유속변동이 적은 곳을 선택하여야 한다.

⑤ **시료채취 장치 취급 시 주의사항**
  ㉮ 시료가스 채취구 위치에 주의해야 한다.
  ㉯ 공기 유입방지 및 연도 중심부의 시료 채취가 필요하다.
  ㉰ 가스성분과 반응하는 배관은 사용을 금지해야 한다.
  ㉱ 장치 내에서 시료가스의 시간지연을 적게 하고 배관은 짧게 한다.
  ㉲ 배관에는 경사를 두고 최하단에는 드레인 장치가 필요하다.
  ㉳ 보수가 용이한 장소에 설치해야 한다.

4.2 화학적 분석계

(1) 흡수분석법

흡수 분석법은 채취된 시료기체를 분석기 내부의 성분 흡수제에 흡수시켜 체적변화를 측정하는 방식이다.

① **특징**
  ㉮ 구조가 간단하며 취급이 쉽다.   ㉯ 선택성이 좋고 정도가 높다.
  ㉰ 수분은 분석할 수 없다.   ㉱ 분석순서가 바뀌면 오차가 발생한다.
  ㉲ 분석온도는 16~20[℃]가 적당하다.

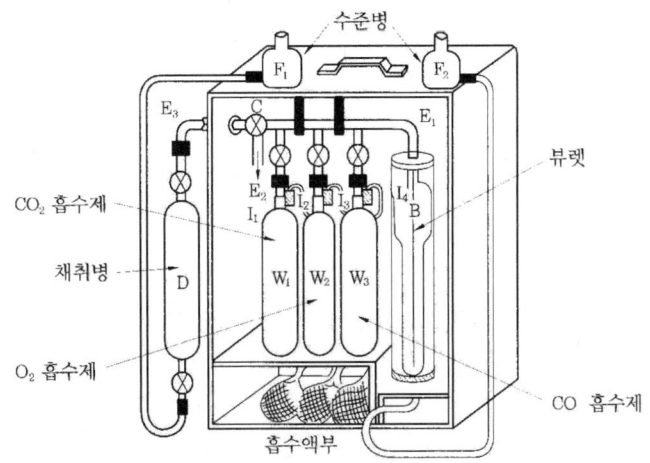

오르사트 분석기기

② **오르사트(Orsat)법** : 연소 배기가스 중에 함유되어 있는 탄산가스(CO_2), 산소(O_2), 일산화탄소(CO) 3가지 성분을 이 순서대로 측정하는 방법이다. 분석순서 및 흡수제의 종류는 다음과 같다.

㉮ CO_2 : 수산화칼륨(KOH) 30[%] 수용액
㉯ O_2 : 알칼리성 피로갈롤 용액
㉰ CO : 암모니아성 염화제1구리($CuCl_2$) 용액
㉱ N_2 : 전부 흡수되고 남는 것을 질소로 계산한다.

③ **헴펠(Hempel)법** : 시료 가스를 순서대로 규정의 흡수액에 접촉시켜 탄산가스(CO_2), 중탄화수소(C_mH_n), 산소(O_2), 일산화탄소(CO)의 순서로 각 성분을 흡수 분리하고 각각 흡수 전후의 체적 변화로부터 조성을 구하는 방법이다. 잔류가스에 공기 또는 산소를 혼합하여 연소시켜 연소 전후의 체적 변화 및 이산화탄소의 생성량으로부터 수소 및 메탄을 정량하고 나머지 성분을 질소로 한다.

㉮ CO_2 : 수산화칼륨(KOH) 30[%] 수용액
㉯ C_mH_n : 무수황산을 25[%] 포함한 발연황산
㉰ O_2 : 알칼리성 피로갈롤 용액
㉱ CO : 암모니아성 염화제1구리($CuCl_2$) 용액

④ **게겔(Gockel)법** : 저급 탄화수소의 분석용에 사용한다.

㉮ CO_2 : 33[%] KOH 수용액
㉯ 아세틸렌 : 요오드수은(옥소수은) 칼륨 용액

㉰ 프로필렌, n-C_4H_8 : 87[%] H_2SO_4
㉱ 에틸렌 : 취화수소(HBr) 수용액
㉲ O_2 : 알칼리성 피로갈롤 용액
㉳ CO : 암모니아성 염화 제1구리 용액

(2) 자동화학식 CO_2계

오르사트 가스 분석계의 조작을 자동화한 것으로 CO_2를 흡수액에 흡수시켜 이것에 시료가스의 용적감소를 측정하여 CO_2 농도를 지시하는 것으로 특징은 다음과 같다.
① 조작은 모두 자동화되어 있다.
② 선택성이 좋고 정도가 높다.
③ 구조가 유리부품이어서 파손이 많다.
④ 흡수액 선정에 따라 O_2 및 CO의 분석계로도 사용할 수 있다.
⑤ 점검과 소모품 보수를 요한다.

(3) 연소식 O_2계(과잉공기계)

측정 대상 가스와 수소(H_2) 등의 가연성가스를 혼합하고 촉매에 의한 연소를 시켜 산소농도에 따라 반응열이 변화하는 것을 이용하여 산소농도를 측정하는 분석계로, 가스의 유량이 변동하면 오차가 발생한다.

(4) 연소열법(미연소 가스계)

연소식 O_2계의 원리와 비슷한 것으로 미연소가스와 산소를 공급하고 백금 촉매로 연소시켜 온도 상승에 의한 휘스톤 브리지 회로의 저항선 저항 변화를 이용하여 CO와 H_2를 측정한다.

4.3 물리적 분석계

(1) 가스 크로마토그래피(gas chromatography)

① **측정 원리** : 흡착제를 충전한 관속에 혼합시료를 넣고, 용제를 유동시켜 흡수력 차이(시료의 확산속도)에 따라 성분의 분리가 일어나는 것을 이용한 것이다.

② **특징**
㉮ 여러 종류의 가스분석이 가능하다.

㉯ 선택성이 좋고 고감도로 측정한다.
㉰ 미량성분의 분석이 가능하다.
㉱ 응답 속도가 늦으나 분리 능력이 좋다.
㉲ 동일 가스의 연속 측정이 불가능하다.

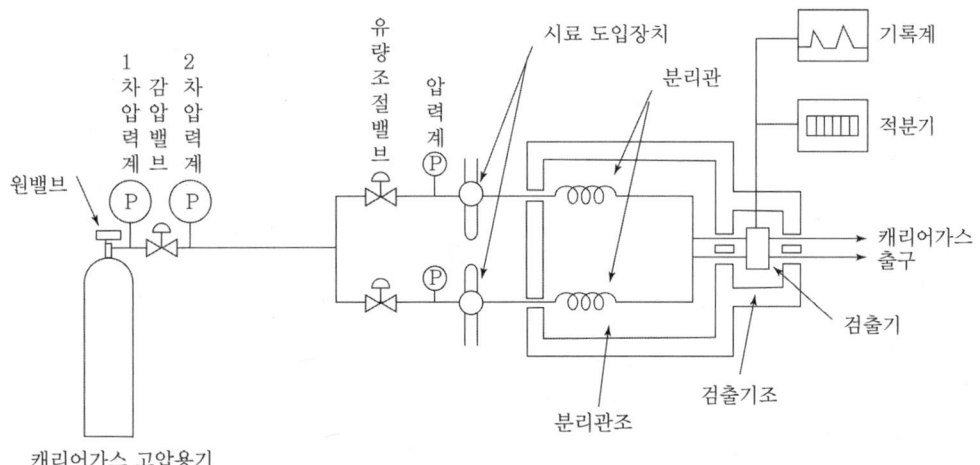

가스크로마토그래피 분석장치 구조

③ **장치 구성요소** : 캐리어가스, 압력조정기, 유량조절밸브, 압력계, 분리관(컬럼), 검출기, 기록계 등

④ **캐리어가스(전개제)**
  ㉮ 종류 : 수소(H_2), 헬륨(He), 아르곤(Ar), 질소(N_2)
  ㉯ 캐리어가스의 구비조건
    ⓐ 시료와 반응성이 낮은 불활성 기체여야 한다.
    ⓑ 기체 확산을 최소로 할 수 있어야 한다.
    ⓒ 순도가 높고 구입이 용이해야(경제적) 한다.
    ⓓ 사용하는 검출기에 적합해야 한다.

⑤ **흡착제 종류** : 활성탄, 활성 알루미나, 실리카겔, Molecular Sives 13X, Porapak Q

⑥ **검출기의 종류**
  ㉮ 열전도형 검출기(TCD : Thermal Conductivity Detector) : 캐리어가스(H_2, He)와 시료성분 가스의 열전도도차를 금속 필라멘트 또는 서미스터의 저항변화로 검출한다.
  ㉯ 수소염 이온화 검출기(FID : Flame Ionization Detector) : 불꽃 속에 탄화수소가 들

어가면 시료 성분이 이온화됨으로써 불꽃 중에 놓여 진 전극간의 전기 전도도가 증대하는 것을 이용한 것이다.

ⓓ 전자포획 이온화 검출기(ECD : Electron Capture Detector) : 방사선 동위원소로부터 방출되는 β선으로 캐리어가스가 이온화되어 생긴 자유전자를 시료 성분이 포획하면 이온전류가 감소하는 것을 이용한 것이다.

ⓔ 염광 광도형 검출기(FPD : Flame Photometric Detector) : 수소염에 의하여 시료 성분을 연소시키고 이때 발생하는 광도를 측정하여 인 또는 유황화합물을 선택적으로 검출할 수 있다.

ⓕ 알칼리성 이온화 검출기(FTD : Flame Thermionic Detector) : FID에 알칼리 또는 알칼리토 금속염 튜브를 부착한 것으로 유기질소 화합물 및 유기인 화합물을 선택적으로 검출 할 수 있다. 불꽃 열 이온화 검출기라고도 불린다.

ⓖ 기타 검출기 : 방전이온화 검출기(DID), 원자방출 검출기(AED), 열이온 검출기(TID)

(2) 열전도형 CO_2계

CO_2는 공기보다 열전도율이 낮다는 것을 이용하여 분석하는 것으로 분석 시 주의사항은 다음과 같다.

① 1차 여과기 막힘에 주의하고 0점 조절을 철저히 한다.
② 측정실의 온도상승을 방지할 것
③ 열전도율이 대단히 큰 H_2가 혼입되면 오차가 크다.
④ N_2, O_2, CO 농도 변화에 대한 CO_2 지시 오차가 거의 없다.
⑤ 브리지의 공급 전류의 점검을 확실하게 한다.
⑥ 셀의 주위 온도와 측정가스 온도는 거의 일정하게 유지시키고 온도의 과도한 상승을 피한다.
⑦ 가스의 유속을 일정하게 하여야 한다.

(3) 밀도식 CO_2계

CO_2는 공기에 비하여 밀도가 크다는 것을 이용한 것으로 비중식 CO_2계라고도 하며, 다음과 같은 특징이 있다.

① 취급 및 보수가 비교적 용이하다.
② 측정실과 비교실 내의 온도와 압력을 같도록 한다.
③ 가스 및 공기는 항상 동일 습도로 유지하여야 한다.

(4) 자기식 O_2계

O_2가 다른 가스에 비하여 강한 상자성체이기 때문에 자장에 대하여 흡입되는 특성을 이용한 것이다.

① **종류**
㉮ 자기풍을 이용하는 것 ㉯ 흡인력을 이용하는 것
㉰ 계면압력을 이용하는 것

② **특징**
㉮ 가동부분이 없고 구조도 비교적 간단하며, 취급이 용이하다.
㉯ 가스의 유량, 압력, 점성의 변화에 대하여 지시 오차가 거의 발생하지 않는다.
㉰ 열선은 유리로 피복되어 있어 측정가스 중의 가연성가스에 대한 백금의 촉매작용을 막아 준다.

(5) 세라믹 O_2계(지르코니아식 O_2계)

지르코니아(ZrO_2)를 주원료로 한 특수세라믹은 온도 850[℃] 이상에서 산소 이온만 통과시키는 특수한 성질을 이용한 것으로, 산소이온이 통과할 때 발생되는 기전력을 측정하여 산소 농도를 측정한다.

① 비교적 응답이 빠르며(5~30초) 측정가스의 유량이나 설치장소의 주위 온도 변화에 의한 영향이 적다.
② 측정 범위도 [ppm]으로부터 [%]까지 광범위하게 측정할 수 있다.
③ 기전력을 이용하여 산소의 농도를 측정하며, 연속측정이 가능하다.
④ 가연성 가스 혼입은 오차를 발생시킨다.
⑤ 자동제어장치와 연결하여 사용이 가능하다.
⑥ 측정부의 온도유지를 위하여 온도조절 전기로(heater)를 필요로 한다.

(6) 적외선 가스 분석계

각 가스마다 적외선 흡수 스펙트럼의 차이를 이용하여 분석하는 것으로 다음과 같은 특징이 있다.

① He, Ne, Ar 등 단원자 분자 및 H_2, O_2, N_2, Cl_2 등 대칭 2원자 분자는 적외선을 흡수하지 않으므로 분석할 수 없다.
② 선택성이 우수하고, 저농도 가스 분석에 용이하다.
③ 연속 분석이 가능하다.

출제예상문제
Expected problems

01 다음 측정 방법 중 화학적 가스분석 방법은?
① 열전도율법　② 도전율법
③ 적외선 흡수법　④ 연소열법

해설 가스 분석계의 분류 및 종류
(1) 화학적 가스 분석계
　㉮ 연소열을 이용한 것
　㉯ 용액흡수제를 이용한 것
　㉰ 고체 흡수제를 이용한 것
(2) 물리적 가스 분석계
　㉮ 가스의 열전도율을 이용한 것
　㉯ 가스의 밀도, 점도차를 이용한 것
　㉰ 가스의 광학적 성질(빛의 간섭)을 이용한 것
　㉱ 전기전도도를 이용한 것
　㉲ 가스의 자기적 성질을 이용한 것
　㉳ 가스의 반응성을 이용한 것
　㉴ 적외선 흡수를 이용한 것　　**답** ④

02 가스분석계의 특징에 관한 설명으로 틀린 것은?
① 적정한 시료가스의 채취장치가 필요하다.
② 선택성에 대한 고려가 필요 없다.
③ 시료가스의 온도 및 압력의 변화로 측정오차를 유발할 우려가 있다.
④ 계기의 교정에는 화학분석에 의해 검정된 표준시료 가스를 이용한다.

해설 가스분석계가 분석할 가스의 선택성에 대한 고려가 필요하다.　**답** ②

03 보일러 연도에서 가스를 채취하여 분석할 때 분석계 입구에서 2차 필터로 주로 사용되는 것은?
① 아런덤　② 유리솜
③ 소결금속　④ 카보런덤

해설 여과제의 종류
　㉮ 1차 필터용(고온 접촉부) : 소결금속, 카보런덤
　㉯ 2차 필터용(분석계 입구) : 유리솜, 솜　**답** ②

04 가스 채취 시 주의하여야 할 사항에 대한 설명으로 틀린 것은?
① 가스의 구성 성분의 비중을 고려하여 적정 위치에서 측정하여야 한다.
② 가스 채취구는 외부에서 공기가 잘 유통할 수 있도록 하여야 한다.
③ 채취된 가스의 온도, 압력의 변화로 측정 오차가 생기지 않도록 한다.
④ 가스성분과 화학반응을 일으키지 않는 관을 이용하여 채취한다.

해설 가스 채취 장치 취급 주의사항
　㉮ 시료가스 채취구 위치에 주의해야 한다.
　㉯ 공기 유입방지 및 연도 중심부의 시료 채취가 필요하다.
　㉰ 가스성분과 반응하는 배관은 사용을 금지해야 한다.
　㉱ 장치 내에서 시료가스의 시간지연을 적게 하고 배관은 짧게 한다.
　㉲ 배관에는 경사를 두고 최하단에는 드레인 장치가 필요하다.
　㉳ 보수가 용이한 장소에 설치해야 한다.　**답** ②

05 시료가스 채취 장치를 구성하는 데 있어 다음 설명 중 틀린 것은?
① 일반 성분의 분석 및 발열량, 비중을 측정할 때 시료 가스 중의 수분이 응축될 염려가 있을 때는 도관 가운데를 적당한 응축액 트랩을 설치한다.
② 특수 성분을 분석할 때, 시료 가스 중의 수분 또는 기름성분이 응축되어 분석 결과에 영향을 미치는 경우는 흡수장치를 보온하든가 또는 적당한 방법으로 가온한다.
③ 시료 가스에 타르류, 먼지류를 포함하는 경우는 채취관 또는 도관 가운데에 적당한 여과기를 설치한다.
④ 고온의 장소로부터 시료 가스를 채취하는 경우는 도관 가운데에 적당한 냉각기를 설치한다.

해설 시료가스 채취 장치를 구성하는 데 있어 특수 성분을 분석할 때, 시료 가스 중의 수분 또는 기름성분이 응축되어 분석 결과에 영향을 미치는 경우에는 배관을 경사지게 설치하고 말단부에는 드레인 장치를 설치한다. **답** ②

06 연소가스의 현장 분석기에 시료가스 채취 시스템을 사용할 경우 고려할 사항이 아닌 것은?

① 가스 온도를 될 수 있는 대로 낮추어서 분석하기 좋게 한다.
② 시료 채취 시스템이 막히지 않게 한다.
③ 시료 채취 시스템으로 인한 시간 지연을 고려한다.
④ 가스 채취는 중심부에서 하고 벽에 가까운 가스는 회피한다.

해설 가스분석에 적합한 온도는 20[℃] 정도이다. **답** ①

07 다음 중 가스분석 측정법이 아닌 것은?

① 오르사트법
② 적외선 흡수법
③ 플로 노즐법
④ 가스크로마토그래피법

해설 가스분석 측정법 종류
㉮ 화학적 분석계 : 흡수분석법(오르사트법, 헴펠법, 게겔법), 자동화학식 CO_2계, 연소식 O_2계, 연소열법(미연소 가스계)
㉯ 물리적 분석계 : 가스크로마토그래피법, 열전도형 CO_2계, 밀도식 CO_2계, 자기식 O_2계, 세라믹 O_2계, 적외선 가스 분석계(적외선 흡수법) **답** ③

08 가스 분석법 중 흡수식인 것은?

① 오르사트법   ② 밀도법
③ 자기법   ④ 음향법

해설 흡수분석법의 종류 : 오르사트법, 헴펠법, 게겔법
답 ①

09 연속 측정을 할 수 없는 분석계는?

① 열전도형 분석계   ② 오르사트 분석계
③ 세라믹 분석계   ④ 도전율식 분석계

해설 오르사트 분석계 : 시료기체를 분석기 내부의 성분 흡수제에 흡수시켜 체적변화를 측정하는 방식의 흡수분법으로 연속 측정이나 자동제어 장치에 조합하여 사용하기가 어렵다. **답** ②

10 오르사트(Orsat) 분석기에서 CO_2의 흡수액은?

① 산성 염화 제1구리 용액
② 알칼리성 염화 제1구리 용액
③ 염화암모늄 용액
④ 수산화칼륨 용액

해설 오르사트식 가스분석 순서 및 흡수제

순서	분석가스	흡수제
1	CO_2	KOH 30[%] 수용액
2	O_2	알칼리성 피로갈롤용액
3	CO	암모니아성 염화 제1구리 용액

답 ④

11 오르사트식 가스분석계로 측정하기 곤란한 것은?

① O_2 ② CO_2
③ CH_4 ④ CO

해설 오르사트식 가스분석계는 CO_2, O_2, CO를 분석할 수 있다. **답** ③

12 오르사트 가스분석기로 배기가스 분석 시 가스분석 순서로 옳은 것은?

① CO_2 → CO → O_2
② CO_2 → O_2 → CO
③ CO → O_2 → CO_2
④ CO → CO_2 → O_2

해설 오르사트식 가스분석 순서 : CO_2 → O_2 → CO
답 ②

13 연소가스에 들어 있는 성분을 CO_2, C_mH_n, O_2, CO의 순서로 흡수 분리시킨 후 체적 변화로 조성을 구하고, 이어 잔류가스에 공기나 산소를 혼합, 연소시켜 성분을 분석하는 기체연료 분석 방법은?

① 치환법　　② 헴펠법
③ 리비히법　　④ 에슈카법

해설 헴펠(Hempel)법 분석순서 및 흡수제
㉮ CO_2 : 수산화칼륨(KOH) 30% 수용액
㉯ C_mH_n : 무수황산을 25% 포함한 발연황산
㉰ O_2 : 알칼리성 피로갈롤 용액
㉱ CO : 암모니아성 염화제1구리($CuCl_2$) 용액
답 ②

14 100[mL] 시료가스를 CO_2, O_2, CO 순으로 흡수시켰더니 남은 부피가 각각 50[mL], 30[mL], 20[mL]이었으며, 최종 질소가스가 남았다. 이때 가스 조성으로 옳은 것은?

① CO_2 50[%]　　② O_2 30[%]
③ CO 20[%]　　④ N_2 10[%]

해설 오르사트 분석법에서 성분 계산
$$\therefore 성분율[\%] = \frac{체적감량}{시료가스량} \times 100$$
$$= \frac{현재부피 - 남은 양}{시료량} \times 100$$
※ 현재 부피는 전 단계에서 흡수되고 남은 양이 된다.
㉮ $CO_2 = \frac{100-50}{100} \times 100 = 50[\%]$
㉯ $O_2 = \frac{50-30}{100} \times 100 = 20[\%]$
㉰ $CO = \frac{30-20}{100} \times 100 = 10[\%]$
㉱ $N_2 = \frac{20}{100} \times 100 = 20[\%]$
답 ①

15 가스분석계인 자동 화학식 CO_2계에 대한 설명으로 틀린 것은?

① 조작은 모두 자동화되어 있다.
② 구조상 튼튼하고 점검과 보수가 용이하다.
③ 흡수액 선정에 따라 O_2 및 CO의 분석계로도 사용할 수 있다.
④ 선택성이 비교적 좋다.

해설 유리 실린더를 이용하여 시료가스를 연속적으로 흡인하여 흡수제에 흡수시켜 시료의 체적변화로 연속 측정하는 것으로 파손에 주의하여야 한다. **답** ②

16 일정량의 측정 가스와 수소(H_2) 등 가연성 가스를 혼합하고 이 혼합 가스에 촉매를 넣고 연소시키는 분석계는?

① 연소식 O_2계　　② 자기식 O_2계
③ $H_2 + CO$계　　④ 자동화학 CO_2계

해설 연소식 O_2계 : 측정 대상 가스와 수소(H_2) 등의 가연성 가스를 혼합하고 촉매에 의한 연소를 시켜 산소농도에 따라 반응열이 변화하는 것을 이용하여 산소농도를 측정하는 분석계로, 가스의 유량이 변동하면 오차가 발생한다. **답** ①

17 화학적 가스분석계인 연소식 O_2계의 특징이 아닌 것은?

① 원리가 간단하다.
② 취급이 용이하다.
③ 가스의 유량 변동에도 오차가 없다.
④ O_2 측정 시 팔라듐(palladium)계가 이용된다.

해설 연소식 O_2계에서 가스의 유량이 변동하면 오차가 발생한다. **답** ③

18 연소가스 중의 CO와 H_2의 측정에 주로 사용되는 가스 분석계는?

① 과잉공기계　　② 질소가스계
③ 미연소가스계　　④ 탄산가스계

해설 미연소가스계 : 연소식 O_2계의 원리와 비슷한 것으로 미연소가스와 산소를 공급하고 백금 촉매로 연소시켜 온도 상승에 의한 휘스톤 브리지 회로의 저항선 저항 변화를 이용하여 CO와 H_2를 측정한다. **답** ③

19 가스 크로마토그래피(GC)는 다음 중 어떤 원리를 응용한 것인가?

① 증발　② 증류　③ 건조　④ 흡착

해설 GC의 측정 원리 : 흡착제를 충전한 관속에 혼합시료를 넣고, 용제를 유동시켜 흡수력 차이(시료의 확산 속도)에 따라 성분의 분리가 일어나는 것을 이용한 것이다. 답 ④

20 기체 크로마토그래피는 기체의 어떤 특성을 이용하여 분석하는 장치인가?
① 분자량 차이 ② 부피 차이
③ 분압 차이   ④ 확산 속도 차이

해설 기체 크로마토그래피는 시료 각 성분의 흡수력 차이(시료의 확산속도)에 따라 성분의 분리가 일어나는 특성을 이용하여 분석한다. 답 ④

21 여러 성분의 가스를 분석할 수 있으며 분리성능이 매우 좋고 선택성이 뛰어나 기체 및 비점 300[℃] 이하의 액체시료 분석에 사용되는 분석기는?
① 오르자트 분석기
② 적외선 가스분석기
③ 가스 크로마토그래피
④ 도전율식 가스분석기

해설 기체 크로마토그래피는 선택성이 좋고 고감도로 미량성분의 분석이 가능하여 여러 종류의 가스분석에 사용된다. 답 ③

22 가스 크로마토그래피의 구성요소가 아닌 것은?
① 유량측정기   ② 컬럼, 검출기
③ 직류증폭장치 ④ 캐리어 가스통

해설 가스 크로마토그래피 장치 구성요소 : 캐리어가스, 압력조정기, 유량조절밸브, 압력계, 분리관(컬럼), 검출기, 기록계 등 답 ③

23 가스 크로마토그래피의 특징에 대한 설명으로 옳지 않은 것은?
① 1대의 장치로는 여러 가지 가스를 분석할 수 없다.
② 미량성분의 분석이 가능하다.
③ 분리성능이 좋고 선택성이 우수하다.
④ 응답속도가 다소 느리고 동일한 가스의 연속측정이 불가능하다.

해설 기체 크로마토그래피의 특징
㉮ 여러 종류의 가스분석이 가능하다.
㉯ 선택성이 좋고 고감도로 측정한다.
㉰ 미량성분의 분석이 가능하다.
㉱ 응답속도가 늦으나 분리 능력이 좋다.
㉲ 동일가스의 연속측정이 불가능하다.
㉳ 캐리어가스는 검출기에 따라 수소, 헬륨, 아르곤, 질소가 사용된다. 답 ①

24 가스 크로마토그래피의 캐리어 가스(carrier gas)로 사용되지 않는 것은?
① Ar   ② N_2
③ H_2 ④ O_2

해설 캐리어가스의 종류 : 수소(H_2), 헬륨(He), 아르곤(Ar), 질소(N_2) 답 ④

25 가스 크로마토그래피의 운반기체(carrier gas)가 구비해야 할 조건으로 옳지 않은 것은?
① 비활성일 것   ② 확산속도가 클 것
③ 건조할 것   ④ 순도가 높을 것

해설 캐리어가스의 구비조건
㉮ 시료와 반응성이 낮은 불활성 기체여야 한다.
㉯ 기체 확산을 최소로 할 수 있어야 한다.
㉰ 순도가 높고 구입이 용이해야(경제적) 한다.
㉱ 사용하는 검출기에 적합해야 한다. 답 ②

26 가스 크로마토그래피 분석기의 컬럼(column)에 쓰이는 흡착제가 아닌 것은?
① 활성탄   ② 미분탄
③ 실리카겔   ④ 활성 알루미나

해설 흡착제의 종류 : 활성탄, 활성 알루미나, 실리카겔, Molecular Sives 13X, Porapak Q 답 ②

27 가스 크로마토그래피법에서 사용하는 검출기 중 수소염 이온화 검출기를 의미하는 것은?

① ECD   ② FID
③ HCD   ④ FTD

해설) 수소염 이온화 검출기(FID : Flame Ionization Detector) : 불꽃 속에 탄화수소가 들어가면 시료 성분이 이온화됨으로써 불꽃 중에 놓인 전극 간의 전기전도도가 증대하는 것을 이용한 것으로 탄화수소에서 감도가 최고이고 H_2, O_2, CO_2, SO_2 등은 감도가 없다.   답 ②

28 배기가스 분석방법 중 현저히 낮은 열전도율을 이용한 가스 분석계는?

① 미연가스계
② 적외선식 가스분석계
③ 전기식 CO_2계
④ 가스 크로마토그래피

해설) 전기식(열전도형) CO_2계 : CO_2는 공기보다 열전도율이 낮다는 것을 이용하여 분석하는 물리적 분석계이다.   답 ③

29 열전도율형 CO_2 분석계의 사용 시 주의사항에 대한 설명 중 틀린 것은?

① 브리지의 공급 전류의 점검을 확실하게 한다.
② 셀의 주위 온도와 측정가스 온도는 거의 일정하게 유지하게 하고 온도의 과도한 상승을 피한다.
③ H_2를 혼입시키면 정확도를 높이므로 같이 사용한다.
④ 가스의 유속을 일정하게 하여야 한다.

해설) 열전도율형 CO_2 분석계 사용 시 주의사항
㉮ 1차 여과기 막힘에 주의하고, 0점 조절을 철저히 한다.
㉯ 측정실의 온도 상승을 방지할 것
㉰ 열전도율이 대단히 큰 H_2가 혼입되면 오차가 크다.
㉱ N_2, O_2, CO 농도 변화에 대한 CO_2 지시오차가 거의 없다.
㉲ 브리지의 공급 전류의 점검을 확실하게 한다.
㉳ 셀의 주위 온도와 측정가스 온도는 거의 일정하게 유지시키고 온도의 과도한 상승을 피한다.
㉴ 가스의 유속을 일정하게 하여야 한다.   답 ③

30 가스의 비중을 이용하는 가스 분석계는?

① 도전율식 CO_2계
② 열전도율식 CO_2계
③ 지르코니아식 O_2계
④ 밀도식 CO_2계

해설) 밀도식 CO_2계 : CO_2는 공기에 비하여 밀도가 크다는 것을 이용한 것으로 비중식 CO_2계라 한다. 취급 및 보수가 비교적 용이하고, 측정실과 비교실 내의 온도와 압력을 같도록 하여야 하며, 가스 및 공기는 항상 동일 습도로 유지하여야 한다.   답 ④

31 가스분석 방법 중 CO_2의 농도를 측정할 수 없는 방법은?

① 자기법   ② 도전율법
③ 적외선법   ④ 열도전율법

해설) 자기법(자기식 O_2계)은 산소가 자장에 흡입되는 강력한 상자성체(常磁性體)인 것을 이용한 산소 분석기이다.   답 ①

32 가스의 자기성(磁氣性)을 이용한 분석계는?

① CO_2계
② SO_2계
③ O_2계
④ 가스 크로마토그래피

해설) 자기식 O_2계(분석기) : 일반적인 가스는 반자성체에 속하지만 O_2는 자장에 흡입되는 강력한 상자성체(常磁性體)인 것을 이용한 산소 분석기이다.   답 ③

33 다음 [보기]의 특징을 가지는 가스분석계는?

[보기]
- 가동부분이 없고 구조도 비교적 간단하며, 취급이 용이하다.
- 가스의 유량, 압력, 점성의 변화에 대하여 지시오차가 거의 발생하지 않는다.
- 열선은 유리로 피복되어 있어 측정가스 중의 가연성가스에 대한 백금의 촉매작용을 막아 준다.

① 연소식 O_2계
② 적외선 가스 분석계
③ 자기식 O_2계
④ 밀도식 CO_2계

해설 자기식 O_2계(분석기)의 특징
㉮ 가동부분이 없고 구조도 비교적 간단하며, 취급이 용이하다.
㉯ 측정가스 중에 가연성 가스가 포함되면 사용할 수 없다.
㉰ 가스의 유량, 압력, 점성의 변화에 대하여 지시오차가 거의 발생하지 않는다.
㉱ 열선은 유리로 피복되어 있어 측정가스 중의 가연성 가스에 대한 백금의 촉매작용을 막아 준다.
답 ③

34 가스 분석계의 측정법 중 전기적 성질을 이용한 것은?

① 세라믹식 측정방법
② 연소열식 측정방법
③ 자동 오르사트법
④ 가스 크로마토그래피법

해설 세라믹식 O_2 분석기(지르코니아식 O_2 분석기) : 지르코니아(ZrO_2)를 주원료로 한 특수세라믹은 온도 850[℃] 이상에서 산소이온만 통과시키는 특수한 성질을 이용한 것으로 산소이온이 통과할 때 발생되는 기전력을 측정하여 산소농도를 측정한다. **답** ①

35 산소의 농도를 측정할 때 기전력을 이용하여 분석, 계측하는 분석계는?

① 자기식 O_2계
② 세라믹식 O_2계
③ 연소식 O_2계
④ 밀도식 O_2계

해설 세라믹식 O_2 분석기(지르코니아식 O_2 분석기)는 산소이온이 통과할 때 발생되는 기전력을 측정하여 산소농도를 측정한다. **답** ②

36 세라믹(ceramic)식 O_2계의 세라믹 주원료는?

① Cr_2O_3
② Pb
③ P_2O_5
④ ZrO_2

해설 세라믹식 O_2계의 세라믹은 지르코니아(ZrO_2)를 주원료로 사용한다. **답** ④

37 세라믹식 O_2계의 특징에 대한 설명으로 틀린 것은?

① 측정가스의 유량이나 설치장소 주위의 온도변화에 의한 영향이 적다.
② 연속 측정이 가능하며, 측정범위가 넓다.
③ 측정부의 온도 유지를 위해 온도 조절용 전기로가 필요하다.
④ 저농도의 가연성 가스의 분석에 적합하고 대기오염 관리 등에서 사용된다.

해설 세라믹식 O_2계의 특징
㉮ 비교적 응답이 빠르며(5~30초) 측정가스의 유량이나 설치장소의 주위온도 변화에 의한 영향이 적다.
㉯ 연속측정이 가능하며, 측정 범위가 [ppm]으로부터 [%]까지 광범위하게 측정할 수 있다.
㉰ 측정부의 온도유지를 위하여 온도조절 전기로를 필요로 한다.
㉱ 기전력을 이용하여 산소의 농도를 측정한다.
㉲ 가연성 가스 혼입은 오차를 발생시킨다.
㉳ 자동제어장치와 연결하여 사용이 가능하다.
답 ④

38 산소(O_2)를 측정하기 위한 가스분석기의 산소분압이 양극에서 0.5[kg/cm²], 음극에서 1.0[kg/cm²]로 각각 측정되었을 때 양극사이의 기전력은?

① 16.8[mV]
② 15.7[mV]
③ 14.6[mV]
④ 13.5[mV]

해설) 세라믹식 O_2계의 온도가 850[℃]로 유지될 때의 기전력 계산식 적용

$$\therefore E = 55.7 \times \log \frac{P_G}{P_A}$$
$$= 55.7 \times \log \frac{1.0}{0.5} = 16.767 [mV]$$ 답 ①

39 대칭 2원자 분자를 제외한 CO_2, CO, CH_4 등의 가스를 분석할 수 있으며, 선택성이 우수하고 저농도의 분석에 적합한 가스 분석법은?

① 적외선법　　② 음향법
③ 열전도율법　④ 도전율법

해설) 적외선법(적외선 분광 분석법) : 헬륨(He), 네온(Ne), 아르곤(Ar) 등 단원자 분자 및 수소(H_2), 산소(O_2), 질소(N_2), 염소(Cl_2) 등 대칭 2원자 분자는 적외선을 흡수하지 않으므로 분석할 수 없다. 답 ①

40 가스분석계 중 산소를 분석할 수 없는 것은?

① 연소식　　② 자기식
③ 적외선식　④ 지르코니아식

해설) 적외선법(적외선 분광 분석법)은 산소(O_2)와 같은 대칭 2원자 분자를 분석할 수 없다. 답 ③

41 적외선 가스분석계의 특징에 대한 설명으로 옳은 것은?

① 선택성이 뛰어나다.
② 대상 범위가 좁다.
③ 저농도의 분석에 부적합하다.
④ 측정가스의 더스트 방지나 탈습에 충분한 주의가 필요 없다.

해설) 적외선 가스분석계의 특징
㉮ 선택성이 뛰어나다.
㉯ 측정농도의 범위가 넓다.
㉰ 저농도의 가스분석이 가능하다.
㉱ 연속 분석이 가능하다.
㉲ 대기오염을 측정하는 데 사용할 수 있다.
㉳ 적외선 흡수물질에 의한 오차가 발생한다.
답 ①

42 가스분석계에 대한 설명으로 틀린 것은?

① 미연소 가스계는 일산화탄소와 수소 분석에 사용된다.
② 세라믹 산소계는 기전력을 측정하여 산소농도를 측정한다.
③ 이산화탄소계는 가스의 상자성을 이용하여 이산화탄소의 농도를 측정한다.
④ 적외선 가스분석계를 사용하면 일산화탄소와 메탄가스를 분석하는 것이 가능하다.

해설) 가스의 상자성(常磁性)을 이용한 것이 자기식 O_2계(분석기)이다. 답 ③

열 측정

1 온도

1.1 온도 측정방법

(1) 온도계 선정 시 주의사항

    ① 온도계의 측정범위 및 정밀도가 적당할 것
    ② 지시 및 기록 등을 쉽게 행할 수 있을 것
    ③ 피측온 물체의 크기가 온도계 크기에 비해 적당할 것
    ④ 견고하고 내구성이 있을 것
    ⑤ 취급이 쉽고, 측정이 간편할 것
    ⑥ 피측온 물체의 화학반응 등으로 온도계에 영향이 없을 것

(2) 측정방법에 의한 분류

분 류	측정원리	종 류
접촉식 온도계	열팽창 이용	유리제 봉입식 온도계, 바이메탈 온도계, 압력식 온도계
	열기전력 이용	열전대 온도계
	저항변화 이용	저항 온도계, 서미스터
	상태변화 이용	제게르콘, 서머컬러
비접촉식 온도계	전방사 에너지 이용	방사온도계
	단파장 에너지 이용	광고온도계, 광전관 온도계, 색온도계

1.2 접촉식 온도계

(1) 유리온도계

    ① **수은 온도계** : 모세관 내의 수은의 열팽창을 이용한 것이다.
        ㉮ 측정범위 : $-60 \sim 350[℃]$

㈏ 정도 : ±0.2~1[℃]
㈐ 특징
ⓐ 비열은 적고, 열전도율은 크기 때문에 응답속도가 비교적 빠르다.
ⓑ 경년변화(經年變化)에 의한 오차가 발생한다.
ⓒ 팽창계수는 적은 편이다.
ⓓ 내부에 질소를 충전한 것은 650[℃]까지 측정이 가능하다.

② **알코올 온도계** : 모세관 내의 알코올의 열팽창을 이용한 것으로 주로 저온용에 사용한다.
㈎ 측정범위 : -100~200[℃]
㈏ 정도 : ±0.5~1.0[℃]
㈐ 특징
ⓐ 저온 측정에 적합하다.
ⓑ 표면장력이 작아 모세관 현상이 크다.
ⓒ 열팽창계수가 크지만, 열전도율은 나쁘다.
ⓓ 액주의 복원시간이 길다.

③ **베크만 온도계** : 모세관에 남은 수은의 양을 조절하여 측정하며 미소한 범위(0.01~0.005[℃])의 온도 변화를 정밀하게 측정할 수 있다.

④ **유점 온도계** : 수은이 온도상승 시 유점을 통과하지만 내려올 때에는 유점에 막혀 내려오는 것이 차단되는 것으로 주로 체온계에 사용한다.

⑤ **유기성 액체 봉입 온도계** : 톨루엔, 펜탄 등을 사용한 것으로 주로 저온용에 사용한다.

(2) 바이메탈 온도계

선팽창계수(열팽창률)가 다른 2종류의 얇은 금속판을 결합시켜 온도변화에 따라 구부러지는 정도가 다른 점을 이용한 것이다.
① 유리 온도계보다 내구성이 양호하다.
② 구조가 간단하고, 보수가 용이하다.
③ 온도 변화에 대한 응답이 늦다.
④ 히스테리시스(hysteresis) 오차가 발생되기 쉽다.
⑤ 온도조절 스위치나 자동 기록 장치에 사용된다.
⑥ 측정범위 : -50~500[℃]

(3) 압력식 온도계

일정한 부피의 액체나 기체를 관속에 봉입하고 온도상승에 따라 체적이 팽창하면 압력 상승으로 변환하는 것을 이용하여 온도를 측정하는 것이다. 일명 아네로이드형 온도계라고도 한다.

① **구성** : 감온부(感溫部), 도압부(導壓部), 감압부(感壓部)

② **종류**
- ㉮ 액체 압력식 온도계 : 감온부에 액체(수은, 알코올, 아닐린)를 봉입하여 온도변화에 따른 체적팽창을 도압부로 유도하여 감압부에서 온도를 지시하는 것이다.
- ㉯ 기체 압력식 온도계 : 감온부에 질소, 헬륨 등 불활성기체를 봉입하고 온도변화에 따른 체적변화가 비례하는 것을 이용한 것이다.
- ㉰ 증기 압력식 온도계 : 액체의 증기압은 온도와의 사이에 일정한 관계가 있는 것을 이용한 것으로 프레온, 에틸에테르, 염화메틸, 톨루엔, 아닐린, 염화에틸 등을 사용한다.

③ **특징**
- ㉮ 진동이나 충격에 비교적 강하다.
- ㉯ 연속기록, 자동제어 등이 가능하다.
- ㉰ 원격 온도측정과 연속사용이 가능하다.
- ㉱ 외기온도에 영향을 받을 수 있다. (지시가 느리다.)
- ㉲ 도압부의 모세관이 파손될 우려가 있다.
- ㉳ 금속의 피로에 의한 이상변형과 경년변화가 발생한다.
- ㉴ 미소한 온도변화나 고온(600[℃] 이상) 측정이 불가능하다.

(4) 저항 온도계

온도가 올라가면 금속제의 저항이 증가하는 원리를 이용한 것이다.

① **측온 저항체의 종류 및 측정범위**

종 류	측정범위
백금(Pt) 측온 저항체	-200~500[℃]
니켈(Ni) 측온 저항체	-50~150[℃]
동(Cu) 측온 저항체	0~120[℃]

② 측온 저항체의 구비조건
  ㉮ 온도에 의한 저항 온도계수가 클 것
  ㉯ 기계적, 물리적, 화학적으로 안정할 것
  ㉰ 교환하여 쓸 수 있는 저항요소가 많을 것
  ㉱ 온도저항 곡선이 연속적으로 되어 있을 것
  ㉲ 구입하기 쉽고, 내식성이 클 것

③ 특징
  ㉮ 원격 측정에 적합하고 자동제어, 기록, 조절이 가능하다.
  ㉯ 비교적 낮은 온도(500℃ 이하)의 정밀측정에 적합하다.
  ㉰ 검출시간이 지연될 수 있다.
  ㉱ 측온 저항체가 가늘어(ϕ 0.035) 진동에 단선되기 쉽다.
  ㉲ 구조가 복잡하고 취급이 어려워 숙련이 필요하다.
  ㉳ 정밀한 온도측정에는 백금 저항온도계가 쓰인다.
  ㉴ 측온 저항체에 전류가 흐르기 때문에 자기가열에 의한 오차가 발생한다.
  ㉵ 일반적으로 온도가 증가함에 따라 금속의 전기저항이 증가하는 현상을 이용한 것이다. (단, 서미스터는 온도가 상승에 따라 저항치가 감소한다.)
  ㉶ 저항체는 저항온도계수가 커야 한다.
  ㉷ 저항체로서 주로 백금(Pt), 니켈(Ni), 동(Cu)이 사용된다.

④ 백금 측온저항체(백금 저항온도계)의 특징
  ㉮ 사용범위가 $-200 \sim 500$℃로 넓다.
  ㉯ 공칭 저항값(표준 저항값)은 0[℃]일 때 50[Ω], 100[Ω]의 것이 표준적인 측온 저항체로 사용된다.
  ㉰ 표준용으로 사용할 수 있을 만큼 안정성이 있고 재현성이 뛰어나다.
  ㉱ 측온저항체의 소선으로 주로 사용된다.
  ㉲ 고온에서 열화(劣化)가 적다.
  ㉳ 저항온도계수가 비교적 작고, 측온 시간의 지연이 크다.
  ㉴ 가격이 비싸다.

(5) 서미스터(thermistor)

온도변화에 따라 저항값이 변하는 반도체를 이용한 것이다.

① 측정범위 : $-100 \sim 300$[℃]

② 특징

㉮ 감도가 크고 응답성이 빨라 온도변화가 적은 부분 측정에 적합하다.

㉯ 온도가 상승에 따라 저항치가 감소한다.

㉰ 소형으로 협소한 장소의 측정에 유리하다.

㉱ 소자의 균일성 및 재현성이 없다.

㉲ 흡습에 의한 열화가 발생할 수 있다.

(6) 열전대 온도계

① **제백효과(Seebeck effect)** : 2종류의 금속선을 접속하여 하나의 회로를 만들어 2개의 접점에 온도차를 부여하면 회로에 접점의 온도에 거의 비례한 전류(열기전력)가 흐르는 현상으로 열전대 온도계의 측정 원리이다.

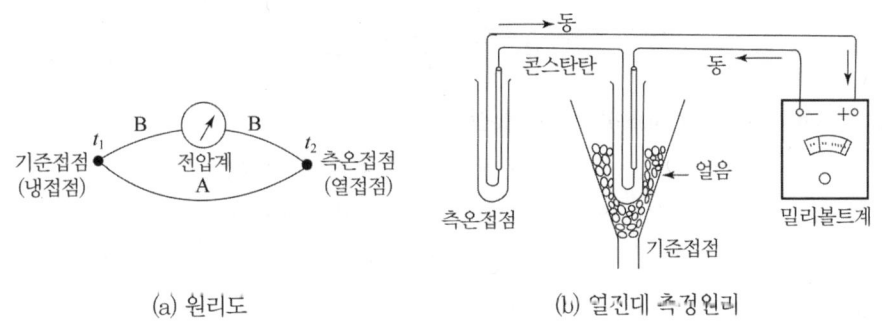

(a) 원리도   (b) 열전대 측정원리

열전대 온도계의 원리 및 측정원리

② 열전대의 종류 및 사용 금속 조성 비율

종류 및 약호	사용금속		측정범위
	+ 극	− 극	
R형[백금-백금로듐] (P-R)	Pt : 87[%], Rh : 13[%]	Pt(백금)	0~1,600[℃]
K형[크로멜-알루멜] (C-A)	크로멜 Ni : 90[%], Cr : 10[%]	알루멜 Ni : 94[%], Al : 3[%] Mn : 2[%], Si : 1[%]	−20~1,200[℃]
J형[철-콘스탄탄] (I-C)	순철(Fe)	콘스탄탄 Cu : 55[%], Ni : 45[%]	−20~800[℃]
T형[동-콘스탄탄] (C-C)	순구리(Cu)	콘스탄탄	−180~350[℃]

③ 각 열전대의 특징

종류 및 약호	특징
R형[백금-백금로듐] (P-R)	① 다른 열전대 온도계보다 안정성이 우수하여 고온 측정(0~1,600[℃])에 적합하다. ② 산화성 분위기에 강하지만, 환원성 분위기에 약하다. ③ 내열도, 정도가 높고 정밀 측정용으로 주로 사용된다. ④ 열기전력이 다른 열전대에 비하여 작다. ⑤ 가격이 비싸다.
K형[크로멜-알루멜] (C-A)	① 내열성, 호환성, 정도 등이 P-R 열전대 다음으로 양호하다. ② 산화성 분위기에서는 열화가 빠르지만, 환원성 분위기에는 강하다.
J형[철-콘스탄탄] (I-C)	① 가격이 저렴하고 열기전력이 크다. ② 환원성 분위기에 강하지만, 산화성 분위기에 약하다. ③ 호환성이 좋지 않다. ④ 선의 지름이 큰 것을 사용하면 800[℃]까지 측정할 수 있다.
T형[동-콘스탄탄] (C-C)	① 열기전력이 크고 저항 및 온도계수가 작다. ② 수분에 의한 부식에 강하므로 저온 측정에 적합하다. ③ 저온의 실험용에 주로 사용된다.

④ **열전대(thermocouple)의 구비조건**

㉮ 열기전력이 크고, 온도상승에 따라 연속적으로 상승할 것

㉯ 열기전력의 특성이 안정되고 장시간 사용해도 변형이 없을 것

㉰ 기계적 강도가 크고 내열성, 내식성이 있을 것

㉱ 재생도가 크고 가공이 용이할 것

㉲ 전기저항 온도계수와 열전도율이 낮을 것

㉳ 재료의 구입이 쉽고(경제적이고) 내구성이 있을 것

⑤ **보상도선(補償導線)**은 열전대의 단자 부분이 온도변화에 따라 생기는 오차를 보상하기 위하여 사용되는 선으로 구리(Cu), 니켈(Ni) 합금의 저항선으로 사용되며, 구비조건은 다음과 같다.

㉮ 일반용은 비닐로 피복한 것으로 침수 시에도 절연이 저하되지 않을 것

㉯ 내열용은 글라스 울(glass wool)로 절연되어 있을 것

㉰ 절연은 500[V] 직류전압 하에서 3~10[MΩ] 정도일 것

㉱ 외부의 온도변화를 열전대에 전달하지 않아야 한다.

⑥ **측온접점(열접점)** : 열전대의 소선을 접합한 점으로 온도를 측정하는 부분이다.

⑦ **기준접점(냉접점)** : 얼음과 증류수 등의 혼합물을 채워 0[℃]로 유지하도록 한 부분이다.

⑧ **보호관** : 측온접점이나 소신이 측정 대상 물체 등에 직접 접촉하지 않도록 보호하는 관이다.
  ㉮ 금속 보호관의 종류 및 특징
    ⓐ 황동관 : 증기 등 저온 측정에 사용하며 상용 사용온도는 400[℃]이다.
    ⓑ 연강관 : 가격이 저렴하고 기계적 강도가 크고, 내산성도 있으며 상용 사용온도는 600[℃]이다.
    ⓒ 13 Cr 강관 : 기계적 강도가 크고 산화염, 환원염에도 사용할 수 있으며 상용 사용온도는 800[℃]이다.
    ⓓ 13 Cr 카로나이즈 강관 : 13Cr 강관에 카로나이즈하여 내열, 내식성을 증가시킨 것으로 상용 사용온도는 900[℃]이다.
    ⓔ STS-27, STS-32 : 내식성에 중점을 둘 때 사용되며 유황가스, 환원염에 약하며, 상용 사용온도는 850[℃]이다.
    ⓕ 내열강 SEH-5 : 내식, 내열성, 기계적 강도가 크며, 유황을 포함하는 산화염, 환원염에도 사용할 수 있다. 상용 사용온도는 1,050[℃]이다.
  ㉯ 비금속 보호관의 종류 및 특징
    ⓐ 석영관 : 급냉, 급열에 견디고, 알칼리에는 약하지만 산에는 강하다. 환원성 가스에는 기밀성이 다소 떨어진다. 상용 사용온도는 1,000[℃]이다.
    ⓑ 자기관 : 급냉, 급열에 특히 약하며, 알칼리, 용융금속, 연소가스에 강하고 기밀성이 좋다. 고알루미나(Al_2O_3) 99[%] 이상으로 만들어지는 경우 상용 사용온도가 1,600[℃], 알루미나(40[%])+프라이트(40[%])의 경우 1,450[℃]이다.
    ⓒ 카보런덤관 : 다공질로서 급냉, 급열에 강하고 방사온도계의 단망관, 2중 보호관의 외관으로 사용된다. 상용 사용온도는 1,600[℃]이다.

⑨ **오차의 종류 및 원인**
  ㉮ 전기적 오차
    ⓐ 열전대의 열기전력 오차   ⓑ 보상도선의 열기전력 오차
    ⓒ 계기 단독의 오차   ⓓ 열전대와 계기의 조합 오차
    ⓔ 회로의 절연 불량으로 인한 오차
  ㉯ 열적오차
    ⓐ 삽입 전이에 의한 오차   ⓑ 열복사에 의한 오차
    ⓒ 열저항 증가에 의한 오차   ⓓ 냉각작용에 의한 오차
    ⓔ 열전도에 의한 오차   ⓕ 측정 지연에 의한 오차
  ㉰ 열화에 의한 오차

⑩ 취급 시 주의사항
⑦ 충격을 피하고 습기, 먼지, 직사광선 등에 노출되지 않도록 할 것
㉯ 온도계 사용 한계를 넘지 않을 것
㉰ 측정 전에 지시계로 도선 접촉선에 영점 보정을 할 것
㉱ 표준계기와 정기적으로 비교 검정하여 지시차를 교정할 것
㉲ 단자와 보상도선의 +, -가 바뀌지 않도록 연결한다.
㉳ 측정할 장소에 열전대를 바르게 설치한다.
㉴ 열전대를 삽입하는 구멍으로 찬 공기가 유입되지 않게 한다.
㉵ 열전대를 배선할 때에는 접속에 의한 절연 불량을 고려하여야 한다.

(7) 기타 온도계

① 제겔콘(Seger cone) 온도계 : 점토, 규석질 등 내연성의 금속산화물로 만든 것으로 벽돌의 내화도 측정 등에 사용한다.
② 서모컬러(thermo color) : 도료의 일종으로 피측정물의 표면에 도포하여 그 점의 온도 변화를 감시하는 데 사용하는 온도계이다.

1.3 비접촉식 온도계

(2) 광고온계

① **측정 방법** : 측정대상 물체에서 방사되는 빛과 표준전구에서 나오는 필라멘트의 휘도를 같게 하여 표준전구의 전류 또는 저항을 측정하여 온도를 측정하는 방법이다.

② **특징**
㉮ 고온에서 방사되는 에너지 중 가시광선을 이용하여 사람이 직접 조작한다.
㉯ 700~3,000[℃]의 고온도 측정에 적합하다(700[℃] 이하는 측정이 곤란하다).
㉰ 광전관 온도계에 비하여 구조가 간단하고 휴대가 편리하다.
㉱ 움직이는 물체의 온도 측정이 가능하고, 측온체의 온도를 변화시키지 않는다.
㉲ 비접촉식 온도계에서 가장 정확한 온도 측정을 할 수 있다.
㉳ 빛의 흡수 산란 및 반사에 따라 오차가 발생한다.
㉴ 방사온도계에 비하여 방사율에 대한 보정량이 작다.
㉵ 원거리 측정, 경보, 자동기록, 자동제어가 불가능하다.
㉶ 측정에 수동으로 조작함으로서 개인 오차가 발생할 수 있다.

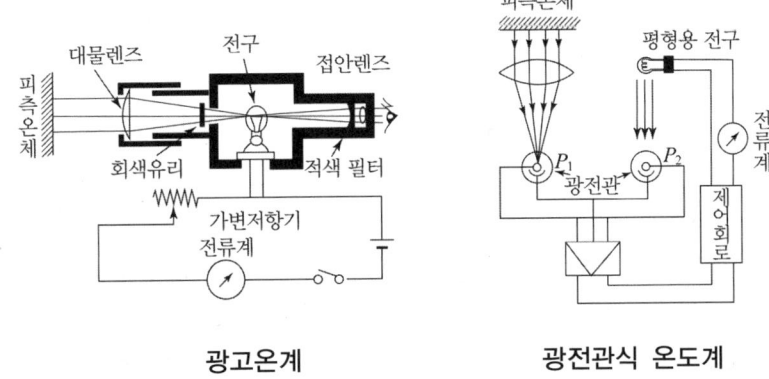

광고온계   광전관식 온도계

(2) 광전관식 온도계

① **측정방법** : 사람 눈 대신 광전지 혹은 광전관을 사용하여 자동으로 측정(광고온도계를 자동화시킨 것)하는 것이다.

② **특징**
㉮ 700[℃] 이하는 측정이 곤란하다. (측정 범위 : 700~3,000[℃])
㉯ 측정온도의 자동기록, 자동제어가 가능하다.
㉰ 움직이는 물체의 온도 측정이 가능하고, 측온체의 온도를 변화시키지 않는다.
㉱ 광고온도계에 비해 응답시간이 빠르지만, 구조가 복잡하다.

(3) 방사 온도계

① **측정 방법** : 측정대상 물체에서의 전방사 에너지(복사에너지)를 렌즈 또는 반사경으로 열전대와 측온 접점에 모아 열기전력을 측정하여 온도를 측정하는 것이다.

② **측정 원리** : 스테판-볼츠만 법칙

> ● **스테판-볼츠만 법칙**
> 단위표면적당 복사되는 에너지는 절대온도의 4제곱에 비례한다.

③ **특징**
㉮ 측정시간 지연이 적고, 연속 측정, 기록, 제어가 가능하다.
㉯ 측정거리 제한을 받고 오차가 발생되기 쉽다.
㉰ 광로에 먼지, 연기 등이 있으면 정확한 측정이 곤란하다.
㉱ 방사율에 의한 보정량이 크고 정확한 보정이 어렵다.

㉮ 수증기, 탄산가스의 흡수에 주의하여야 한다.
㉯ 측정 범위 : 50~3,000[℃]

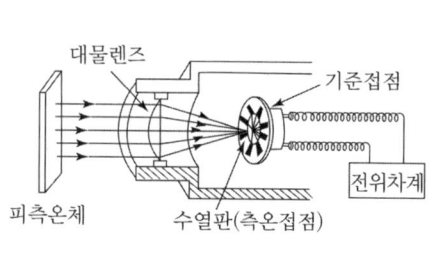
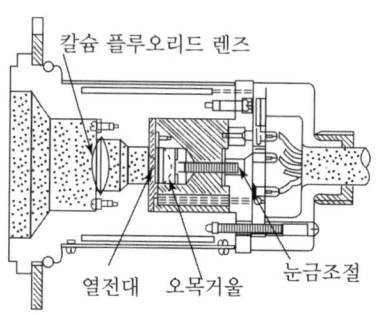

(a) 방사온도계의 원리   (b) 방사온도계의 내부구조

방사온도계

(4) 색온도계

① **측정 방법** : 고온 물체로부터 방사되는 빛의 밝고 어두움을 이용한 것이다(복사에너지는 온도가 높아지면 파장이 짧아지는 것을 이용한 것이다).
  ㉮ 색 필터로 기준 색과 비교하는 방법
  ㉯ 방사되는 각 파장 중에서 2가지 파장을 골라 측정하는 방법

② **특징**
  ㉮ 고온 물체로부터 방사되는 빛의 밝고 어두움을 이용한 비접촉식 온도계이다.
  ㉯ 휴대 및 취급이 간편하나, 측정이 어렵다.
  ㉰ 연기나 먼지 등의 영향을 받지 않는다.
  ㉱ 연속지시가 가능하다.

③ **색과 온도와의 관계**

색	온도
어두운색	600[℃]
붉은색	800[℃]
오렌지색	1,000[℃]
황색	1,200[℃]
눈부신 황백색	1,500[℃]
매우 눈부신 흰색	2,000[℃]
푸른기가 있는 흰백색	2,500[℃]

출제예상문제
Expected problems

01 온도의 정의 정점 중 평형수소의 삼중점은 얼마인가?
① 13.80[K]   ② 17.04[K]
③ 20.04[K]   ④ 27.10[K]

해설 온도의 정의정점 : 12개의 물질의 융해, 비등, 응고 등을 하는 점을 이용하여 온도계 눈금값의 기준을 정하도록 한 것으로 수소의 삼중점은 13.81[K]이다.
답 ①

02 다음 중 접촉식 온도계가 아닌 것은?
① 저항온도계   ② 방사온도계
③ 열전온도계   ④ 유리온도계

해설 온도계의 분류 및 종류
㉮ 접촉식 온도계 : 유리제 봉입식 온도계, 바이메탈 온도계, 압력식 온도계, 열전대 온도계, 저항 온도계, 서미스터, 제겔콘, 서머컬러
㉯ 비접촉식 온도계 : 광고온도계, 광전관 온도계, 색온도계, 방사온도계
답 ②

03 다음 중 비접촉식 온도계가 아닌 것은?
① 광고 온도계(Optical pyrometer)
② 바이메탈 온도계(Bimetal pyrometer)
③ 방사 온도계(Radiation pyrometer)
④ 광전관식 온도계(Photoelectric pyrometer)

해설 바이메탈 온도계는 접촉식 온도계에 해당된다.
답 ②

04 다음 물질 중 온도 측정에 사용되지 않는 재료는?
① 수정 결정   ② 수은
③ 백금   ④ 아연

해설 온도 측정에 사용되는 재료
㉮ 유리제 봉입식 온도계 : 수은, 알코올, 아닐린, 톨루엔 등
㉯ 압력식 온도계 : 수은, 알코올, 아닐린, 톨루엔 등
㉰ 고체 팽창식 온도계 : 수정 결정, 인바 등
㉱ 바이메탈 온도계 : 황동, 인바
㉲ 전기 저항식 온도계 : 백금, 니켈, 구리, 서미스터
㉳ 열전대 온도계 : 백금, 백금로듐, 구리, 콘스탄탄, 철, 크로멜, 알루멜 등
답 ④

05 수은 및 알코올 온도계를 사용하여 온도를 측정할 때 계측의 기본원리는 무엇인가?
① 비열   ② 열팽창
③ 압력   ④ 점도

해설 유리제 봉입식 온도계 : 모세관 내의 수은 및 알코올의 열팽창을 이용한 것으로 수은 온도계, 알코올 온도계, 베크만 온도계 등이 해당된다.
답 ②

06 수은 온도계의 상용 온도범위는 얼마인가?
① $-60[℃] \sim 200[℃]$
② $-35[℃] \sim 350[℃]$
③ $-15[℃] \sim 300[℃]$
④ $0[℃] \sim 400[℃]$

해설 수은 온도계 특징
㉮ 비열은 적고, 열전도율은 크기 때문에 응답속도가 비교적 빠르다.
㉯ 경년변화(經年變化)에 의한 오차가 발생한다.
㉰ 팽창계수는 적은 편이다.
㉱ 내부에 질소를 충전한 것은 650[℃]까지 측정이 가능하다.
답 ②

07 알코올 온도계의 일반적인 특징에 대한 설명으로 틀린 것은?
① 저온측정에 적합하다.
② 표면장력이 커서 모세관현상이 작다.
③ 열팽창계수가 크다.
④ 액주가 상승 후 하강하는 데 시간이 많이 걸린다.

해설 알코올 온도계의 특징
㉮ 저온 측정에 적합하다.
㉯ 표면장력이 작아 모세관 현상이 크다.
㉰ 열팽창계수가 크지만, 열전도율은 나쁘다.
㉱ 액주의 복원시간이 길다.   답 ②

08 베크만 온도계에 대한 설명으로 옳은 것은?
① 빠른 응답성의 온도를 얻을 수 있다.
② 저온용으로 적합하여 약 −100[℃]까지 측정할 수 있다.
③ −60~350[℃] 정도의 측정온도 범위인 것이 보통이다.
④ 모세관의 상부에 수은을 봉입한 부분에 대해 측정온도에 따라 남은 수은의 양을 가감하여 그 온도부분의 온도차를 0.01[℃]까지 측정할 수 있다.

해설 베크만 온도계 : 모세관에 남은 수은의 양을 조절하여 측정하며 미소한 범위의 온도 변화를 정밀하게 측정할 수 있다.   답 ④

09 액체 봉입식 온도계의 장점이 아닌 것은?
① 구조가 간단하고, 설치가 용이하다.
② 계기 자체에 다른 보조전원이 필요 없다.
③ 전기식 온도계에 비해 미세한 변화를 검출하는 데 유리하다.
④ 취급이 용이하고, 가격이 저렴하다.

해설 액체 봉입식 온도계는 전기식 온도계에 비해 미세한 온도변화를 검출하기에는 불리하다.   답 ③

10 서로 다른 2개의 금속판을 접합시켜서 만든 바이메탈 온도계의 기본 작동원리는?
① 두 금속판의 비열의 차
② 두 금속판의 열전도도의 차
③ 두 금속판의 열팽창계수의 차
④ 두 금속판의 기계적 강도의 차

해설 바이메탈 온도계 : 선팽창계수(열팽창계수)가 다른 2종류의 얇은 금속판을 결합시켜 온도변화에 따라 구부러지는 정도가 다른 점을 이용한 것이다.   답 ③

11 바이메탈 온도계의 특징에 대한 설명으로 틀린 것은?
① 오래 사용 시 히스테리시스 오차가 발생한다.
② 온도변화에 대하여 응답이 빠르다.
③ 작용하는 힘이 크다.
④ 온도자동 조절이나 온도보정 장치에 이용된다.

해설 바이메탈 온도계의 특징
㉮ 유리온도계보다 견고하다.
㉯ 구조가 간단하고, 보수가 용이하다.
㉰ 온도 변화에 대한 응답이 늦다.
㉱ 히스테리시스(hysteresis) 오차가 발생되기 쉽다.
㉲ 온도조절 스위치나 자동기록 장치에 사용된다.
㉳ 작용하는 힘이 크다.
㉴ 측정범위 : −50~500[℃]   답 ②

12 바이메탈 온도계에서 자유단위 변위거리 δ의 값을 구하는 식은? (단, K는 정수, t는 온도변화, α는 선팽창 계수이다.)

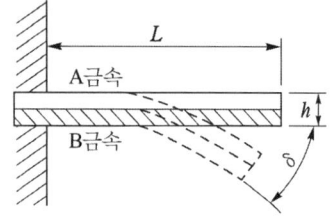

① $\delta = K(\alpha_A - \alpha_B)L^2 t^2/h$
② $\delta = K(\alpha_A - \alpha_B)L^2 t/h$
③ $\delta = K(\alpha_A - \alpha_B)L^2 t^2 h$
④ $\delta = K(\alpha_A - \alpha_B)L^2 t h$

해설 바이메탈 온도계 자유단의 변위거리(δ) 계산식
$$\therefore \delta = \frac{K(\alpha_A - \alpha_B)L^2 t}{h}$$
여기서, K : 정수, t : 온도변화[℃],
α : 선팽창 계수[mm/mm·℃]   답 ②

13 다음 중 바이메탈 온도계의 측온 범위는?

① −200[℃]~200[℃]
② −30[℃]~360[℃]
③ −50[℃]~500[℃]
④ −100[℃]~700[℃]

해설▶ 바이메탈 온도계의 측정범위 : −50~500[℃]

답 ③

14 고체 팽창식 온도계는 2개의 선팽창계수가 다른 물질을 넣어준다. 다음 중 선팽창계수가 큰 재질로 주로 사용되는 것은?

① 인바(invar) ② 황동
③ 석영봉   ④ 산화철

해설▶ 고체 팽창식 온도계(바이메탈 온도계)
㉮ 선팽창계수가 큰 재질 : 황동
㉯ 선팽창계수가 작은 재질 : 인바(invar), 석영봉

답 ②

15 압력식 온도계를 이용하는 방법으로 가장 거리가 먼 것은?

① 고체 팽창식   ② 액체 팽창식
③ 기체 팽창식   ④ 증기 팽창식

해설▶ 압력식 온도계 : 일정한 부피의 액체나 기체가 온도 상승에 의해 체적이 팽창할 때 압력상승을 이용하여 온도를 측정하는 것으로 일명 아네로이드형 온도계라고 하며, 액체 압력식(액체 팽창식), 기체 압력식(기체 팽창식), 증기 압력식(증기 팽창식)이 있다.

답 ①

16 액체압력(팽창)식 온도계의 봉입액으로 사용되지 않는 것은?

① 알코올   ② 아닐린
③ 톨루엔   ④ 수은

해설▶ 압력식 온도계의 종류 및 사용물질
㉮ 액체 압력(팽창)식 온도계 : 수은, 알코올, 아닐린
㉯ 기체 압력식 온도계 : 질소, 헬륨
㉰ 증기 압력식 온도계 : 프레온, 에틸에테르, 염화메틸, 염화에틸, 톨루엔, 아닐린

답 ③

17 저항온도계에 활용되는 측온저항체 종류에 해당되는 것은?

① 서미스터(thermistor) 저항 온도계
② 철−콘스탄탄(IC) 저항 온도계
③ 크로멜(chromel) 저항 온도계
④ 알루멜(alumel) 저항 온도계

해설▶ 저항온도계의 종류 및 측정범위

종류	측정범위
백금(Pt) 저항온도계	−200~500[℃]
니켈(Ni) 저항온도계	−50~150[℃]
동(Cu) 저항온도계	0~120[℃]
서미스터(thermistor)	−100~300[℃]

답 ①

18 전기저항 온도계에서 측온저항체의 구비조건으로 틀린 것은?

① 물리・화학적으로 안정하고 동일 특성을 갖는 재료이어야 한다.
② 일정 온도에서 일정한 저항을 가져야 한다.
③ 저항 온도계수가 적고 규칙적이어야 한다.
④ 내열성이 있어야 한다.

해설▶ 측온 저항체의 구비조건
㉮ 온도에 의한 저항 온도계수가 클 것
㉯ 기계적, 물리적, 화학적으로 안정할 것
㉰ 교환하여 쓸 수 있는 저항요소가 많을 것
㉱ 온도저항 곡선이 연속적으로 되어 있을 것
㉲ 구입하기 쉽고 내식성, 내열성이 클 것

답 ③

19 다음 중 저항온도계에 대한 설명으로 옳은 것은?

① 일반적으로 온도가 증가함에 따라 금속의 전기저항이 감소하는 현상을 이용한 것이다.
② 저항체는 저항온도계수가 적어야 한다.
③ 일정온도에서 일정한 저항을 가져야 한다.
④ 저항체로서 주로 Fe가 사용된다.

해설 저항온도계의 일반적인 특징
㉮ 원격 측정에 적합하고 자동제어, 기록, 조절이 가능하다.
㉯ 비교적 낮은 온도(500[℃] 이하)의 정밀측정에 적합하다.
㉰ 검출시간이 지연될 수 있다.
㉱ 측온 저항체가 가늘어(ϕ 0.035) 진동에 단선되기 쉽다.
㉲ 구조가 복잡하고 취급이 어려워 숙련이 필요하다.
㉳ 정밀한 온도측정에는 백금 저항온도계가 쓰인다.
㉴ 측온 저항체에 전류가 흐르기 때문에 자기가열에 의한 오차가 발생한다.
㉵ 일반적으로 온도가 증가함에 따라 금속의 전기저항이 증가하는 현상을 이용한 것이다. (단, 서미스터는 온도가 상승에 따라 저항치가 감소한다.)
㉶ 저항체는 저항온도계수가 커야 한다.
㉷ 저항체로서 주로 백금(Pt), 니켈(Ni), 동(Cu)이 사용된다. **답** ③

20 다음 중 사용온도 범위가 넓어 저항온도계의 저항체로서 가장 우수한 재질은?

① 백금 ② 니켈
③ 동   ④ 철

해설 백금 측온저항체(백금 저항온도계)의 사용범위는 −200~500[℃]로 넓다. **답** ①

21 전기저항 온도계의 측온 저항체의 공칭 저항치라고 하는 것은 온도 몇 [℃]일 때의 저항 소자의 저항을 말하는가?

① 20[℃] ② 15[℃]
③ 10[℃] ④ 0[℃]

해설 공칭 저항값(표준 저항값)은 0[℃]일 때 50[Ω], 100[Ω]의 것이 표준적인 측온 저항체로 사용된다. **답** ④

22 전기저항식 온도계 중 백금(Pt) 측온 저항체에 대한 설명으로 틀린 것은?

① 0[℃]에서 500[Ω]을 표준으로 한다.
② 측정온도는 최고 500[℃] 정도이다.
③ 저항온도계수는 작으나 안정성이 좋다.
④ 온도 측정 시 시간 지연의 결점이 있다.

해설 백금 측온저항체(백금 저항온도계)의 특징
㉮ 사용범위가 −200~500[℃]로 넓다.
㉯ 공칭 저항값(표준 저항값)은 0[℃]일 때 50[Ω], 100[Ω]의 것이 표준적인 측온 저항체로 사용된다.
㉰ 표준용으로 사용할 수 있을 만큼 안정성이 있고, 재현성이 뛰어나다.
㉱ 측온저항체의 소선으로 주로 사용된다.
㉲ 고온에서 열화(劣化)가 적다.
㉳ 저항온도계수가 비교적 작고, 측온 시간의 지연이 크다.
㉴ 가격이 비싸다. **답** ①

23 서미스터(thermistor)는 어떤 현상을 이용한 온도계인가?

① 밀도의 변화
② 전기저항의 변화
③ 치수의 변화
④ 압력의 변화

해설 서미스터(thermistor) : 온도변화에 따라 저항값이 변하는(온도상승에 따라 저항값이 감소한다.) 반도체를 이용한 것이다. **답** ②

24 서미스터(thermistor)의 재질로서 부적당한 것은?

① Ni   ② Co
③ Mn   ④ Al

해설 서미스터(thermistor)의 재질 : 금속산화물을 사용하여 압축, 소결시켜 만든 것으로 사용원료는 니켈(Ni), 코발트(Co), 망간(Mn), 철(Fe), 구리(Cu) 등을 사용한다. **답** ④

25 자기가열(自己加熱) 현상이 있는 온도계는?

① 열전대 온도계   ② 압력식 온도계
③ 서미스터 온도계 ④ 광고온계

해설 자기가열(自己加熱) 현상 : 서미스터(thermistor) 온도계와 같은 저항온도계에서는 측온 저항체에 전류가 흐르기 때문에 온도가 상승하는 현상이다. **답** ③

26 응답이 빠르고 감도가 높으며, 도선저항에 의한 오차를 작게 할 수 있으나 특성을 고르게 얻기가 어려우며, 흡습 등으로 열화되기 쉬운 특징을 가진 온도계는?

① 광고온계
② 열전대 온도계
③ 서미스터 저항체 온도계
④ 금속측온 저항체 온도계

해설 서미스터 온도계 특징
㉮ 감도가 크고 응답성이 빨라 온도변화가 작은 부분 측정에 적합하다.
㉯ 온도가 상승에 따라 저항치가 감소한다.
㉰ 소형으로 협소한 장소의 측정에 유리하다.
㉱ 소자의 균일성 및 재현성이 없다.
㉲ 흡습에 의한 열화가 발생할 수 있다.
㉳ 측정범위 : −100~300[℃] **답** ③

27 Thermistor에 대한 설명으로 옳지 못한 것은?

① 전기저항이 온도에 따라 변화하는데 응답이 느리다.
② 흡습 등으로 열하되기 쉽다.
③ 상온에서 온도계수는 백금보다 현저히 크다.
④ 온도상승에 따라 저항률이 감소하는 것을 이용하여 온도를 측정한다.

해설 서미스터(thermistor) 온도계는 온도상승에 따라 저항치가 감소하는 부특성을 이용한 것으로 감도가 크고 응답성이 빨라 온도변화가 작은 부분 측정에 적합하다. **답** ①

28 명판에 Ni450이라 쓰여 있는 측온저항체의 100[℃]점에서의 저항값은 얼마인가?
(단, Ni의 저항온도계수는 +0.0067이다.)

① 752[MΩ]   ② 752[Ω]
③ 301[MΩ]   ④ 301[Ω]

해설 $R = R_0(1 + \alpha t)$
$= 450 \times (1 + 0.0067 \times 100) = 751.5[\Omega]$ **답** ②

29 0[℃]에서 저항이 80[Ω]이고 저항온도계수가 0.002인 저항온도계를 노 안에 삽입했더니 저항이 160[Ω]이 되었을 때 노 안의 온도는 약 몇 [℃]이겠는가?

① 160[℃]   ② 320[℃]
③ 400[℃]   ④ 500[℃]

해설 $t = \dfrac{R - R_0}{R_0 \times \alpha} = \dfrac{160 - 80}{80 \times 0.002} = 500[℃]$ **답** ④

30 50[℃]에서의 저항이 100[Ω]인 저항온도계를 어떤 노안에 삽입하였을 때 온도계의 저항이 200[Ω]을 가리키고 있었다. 노안의 온도는 약 몇 [℃]인가? (단, 저항온도계의 저항온도계수는 0.0025이다.)

① 100[℃]   ② 250[℃]
③ 425[℃]   ④ 500[℃]

해설 ㉮ 0[℃] 저항값 계산
$R = R_0(1 + \alpha t)$에서
$\therefore R_0 = \dfrac{R}{1 + \alpha t} = \dfrac{100}{1 + 0.0025 \times 50}$
$= 88.89[\Omega]$
㉯ 노안의 온도계산
$\therefore t = \dfrac{R - R_0}{R_0 \alpha} = \dfrac{200 - 88.89}{88.89 \times 0.0025}$
$= 499.988[℃]$ **답** ④

31 열전대(thermo couple)는 어떤 원리를 이용한 온도계인가?

① 열팽창률차   ② 전위차
③ 압력차   ④ 전기저항차

해설 제백효과(Seebeck effect) : 2종류의 금속선을 접속하여 하나의 회로를 만들어 2개의 접점에 온도차를 부여하면 회로에 접점의 온도에 거의 비례한 전류(열기전력, 전위차)가 흐르는 현상으로 열전대 온도계의 측정원리이다. **답** ②

32 제백(Seebeck)효과에 대하여 가장 바르게 설명한 것은?

① 어떤 결정체를 압축하면 기전력이 발생한다.
② 성질이 다른 두 금속의 접점에 온도차를 두면 열기전력이 일어난다.
③ 고온체로부터 모든 파장의 전방사에너지는 절대온도의 4승에 비례하여 커진다.
④ 고체가 고온이 되면 단파장 성분이 많아진다.

해설 제백효과(Seebeck effect) : 2종류의 금속선을 접속하여 하나의 회로를 만들어 2개의 접점에 온도차를 부여하면 회로에 접점의 온도에 거의 비례한 전류(열기전력)가 흐르는 현상으로 열전대 온도계의 측정원리이다. **답** ②

33 열전대 온도계의 열기전력은 무엇으로 측정하는가?

① 전위차계 ② 파고계
③ 전력계   ④ 저항계

해설 열전대 온도계의 열기전력은 전위차계를 이용하여 측정한다. **답** ①

34 열전대 온도계의 구성 부분으로 가장 거리가 먼 것은?

① 보상도선   ② 저항 코일과 저항선
③ 감온접점   ④ 보호관

해설 열전대 온도계의 구성 요소 : 열전대, 보상도선, 측온접점(열접점, 감온접점), 기준접점(냉접점), 보호관 등 **답** ②

35 열전대 온도계에 대한 설명으로 옳은 것은?

① 흡습 등으로 열화된다.
② 밀도차를 이용한 것이다.
③ 자기가열에 주의해야 한다.
④ 온도에 대한 열기전력이 크며 내구성이 좋다.

해설 열전대 온도계의 특징
㉮ 고온 측정에 적합하다.
㉯ 냉접점이나 보상도선으로 인한 오차가 발생되기 쉽다.
㉰ 전원이 필요하지 않으며 원격지시 및 기록이 용이하다.
㉱ 온도계 사용한계에 주의하고, 영점보정을 하여야 한다.
㉲ 온도에 대한 열기전력이 크며 내구성이 좋다.
답 ④

36 열전대 온도계에 대한 설명으로 틀린 것은?

① 접촉식 온도계에서 비교적 낮은 온도 측정에 사용한다.
② 열기전력이 크고 온도증가에 따라 연속적으로 상승해야 한다.
③ 기준접점의 온도를 일정하게 유지해야 한다.
④ 측온 저항체와 열전대는 소자를 보호관 속에 넣어 사용한다.

해설 접촉식 온도계 중에서 비교적 낮은 온도 측정에 사용할 수 있는 것은 백금 저항온도계(사용범위 : -200~500[℃])이다. **답** ①

37 열전대 온도계의 재료로 사용되는 콘스탄탄(constantan)은 어떤 금속의 합금인가?

① 철과 구리   ② 로듐과 백금
③ 구리와 니켈 ④ 철과 니켈

해설 열전대의 종류 및 사용금속 조성 비율

종류 및 약호	사용금속	
	+ 극	- 극
R형[백금-백금로듐] (P-R)	Pt : 87[%] Rh : 13[%]	Pt(백금)
K형[크로멜-알루멜] (C-A)	크로멜 Ni : 90[%] Cr : 10[%]	알루멜 Ni : 94[%], Al : 3[%] Mn : 2[%], Si : 1[%]
J형[철-콘스탄탄] (I-C)	순철(Fe)	콘스탄탄 Cu : 55[%] Ni : 45[%]
T형[동-콘스탄탄] (C-C)	순구리 (Cu)	콘스탄탄

답 ③

38 다음 열전대 온도계 중 가장 높은 온도를 측정할 수 있는 것은?

① 동-콘스탄탄
② 크로멜-알루멜
③ 백금-백금로듐
④ 철-콘스탄탄

해설 열전대 온도계의 종류 및 측정온도 범위

열전대 종류	측정온도 범위
R형(백금-백금로듐)	0~1600[℃]
K형(크로멜-알루멜)	-20~1200[℃]
J형(철-콘스탄탄)	-20~800[℃]
T형(동-콘스탄탄)	-180~350[℃]

답 ③

39 다음 열전대 종류 중 측정온도에 대한 기전력의 크기로 옳은 것은?

① IC > CC > CA > PR
② IC > PR > CC > CA
③ CC > CA > PR > IC
④ CC > IC > CA > PR

해설 열전대 기전력의 크기 : 철-콘스탄탄(IC) > 동-콘스탄탄(CC) > 크로멜-알루멜(CA) > 백금-백금로듐(PR)

답 ①

40 백금-백금·로듐 열전대 온도계에 대한 설명으로 옳은 것은?

① 측정 최고온도는 크로멜-알루멜 열전대보다 낮다.
② 다른 열전대에 비하여 정밀측정용에 사용된다.
③ 열기전력이 다른 열전대에 비하여 가장 높다.
④ 200[℃] 이하의 온도 측정에 적당하다.

해설 백금-백금·로듐(P-R)의 열전대 특징
㉮ 다른 열전대 온도계보다 안정성이 우수하여 고온 측정(0~1,600[℃])에 적합하다.
㉯ 산화성 분위기에 강하지만, 환원성 분위기에 약하다.
㉰ 내열도, 정도가 높고 정밀 측정용으로 수로 사용된다.
㉱ 열기전력이 다른 열전대에 비하여 작다.
㉲ 가격이 비싸다.

답 ②

41 열전대(thermocouple)의 구비조건으로 틀린 것은?

① 열전도율이 작을 것
② 전기저항과 온도계수가 클 것
③ 기계적 강도가 크고 내열성, 내식성이 있을 것
④ 온도상승에 따라 열기전력이 클 것

해설 열전대(thermocouple)의 구비조건
㉮ 열기전력이 크고, 온도상승에 따라 연속적으로 상승할 것
㉯ 열기전력의 특성이 안정되고 장시간 사용해도 변형이 없을 것
㉰ 기계적 강도가 크고 내열성, 내식성이 있을 것
㉱ 재생도가 크고 가공이 용이할 것
㉲ 전기저항, 온도계수와 열전도율이 낮을 것
㉳ 재료의 구입이 쉽고(경제적) 내구성이 있을 것

답 ②

42 열전대 온도계에서 주위 온도에 의한 오차를 전기적으로 보상할 때 주로 사용되는 저항선은 무엇인가?

① 서미스터(thermistor)
② 구리(Cu) 저항선
③ 백금(Pt) 저항선
④ 알루미늄(Al) 저항선

해설 보상도선(補償導線)은 열전대의 단자 부분이 온도 변화에 따라 생기는 오차를 보상하기 위하여 사용되는 선으로 구리(Cu), 니켈(Ni) 합금의 저항선으로 사용된다.

답 ②

43 열전대 온도계에서 보상도선(補償導線)의 구비조건에 대한 설명으로 틀린 것은?

① 일반용은 비닐로 피복한 것으로 침수 시에도 절연이 저하되지 않을 것
② 내열용은 글라스 울(glass wool)로 절연되어 있을 것
③ 절연은 500[V] 직류전압 하에서 3~10[MΩ] 정도일 것
④ 외부의 온도변화를 신속하게 열전대에 전달할 수 있을 것

해설 보상도선(補償導線)은 열전대의 단자 부분이 온도변화에 따라 생기는 오차를 보상하기 위하여 사용되는 선으로 외부의 온도변화를 열전대에 전달하지 않아야 한다. **답** ④

44 열전대의 냉접점에 대한 설명으로 옳은 것은?

① 측온 물체에 닿는 접점이다.
② 냉각을 하여 항상 0[℃]를 유지한 점이다.
③ 감온접점이라고도 한다.
④ 자동평형 계기에서의 냉접점은 0[℃] 이하로 유지한다.

해설 ㉮ 냉접점 : 기준접점이라 하며, 열전대와 도선 또는 보상도선과 접합점을 얼음통 속에 넣어 항상 0[℃]로 유지한 점이다.
㉯ 열접점 : 측온접점이라 하며, 열전대의 소선을 접합한 점으로 온도를 측정할 위치에 놓는다. **답** ②

45 열전대 보호관의 구비조건으로 틀린 것은?

① 기밀(氣密)을 유지할 것
② 사용 온도에 견딜 것
③ 화학적으로 강할 것
④ 열전도율이 낮을 것

해설 열전대 보호관의 구비조건
㉮ 고온에서도 기계적 강도를 유지하고, 급격한 온도변화에 견딜 것
㉯ 내식성, 내열성이 우수하고 가스에 대한 기밀성이 좋을 것
㉰ 압력에 충분히 견디고, 진동이나 충격에 파손되지 않을 것
㉱ 보호관 자체로부터 열전대에 유해한 가스를 발생시키지 않을 것
㉲ 외부의 온도변화를 열전대에 신속히 전달할 것 (열전도율이 클 것)
㉳ 화학적으로 안정하고, 사용 온도에 견딜 것
㉴ 구입하기 쉽고, 가격이 저렴할 것 **답** ④

46 열전대 온도계 보호관 중 내열강 SEH-5에 대한 설명으로 틀린 것은?

① 내식성, 내열성 및 강도가 좋다.
② 상용온도는 800[℃]이고 최고 사용온도는 950[℃]까지 가능하다.
③ 유황가스 및 산화염에도 사용이 가능하다.
④ 비금속관에 비해 비교적 저온측정에 사용된다.

해설 내열강(SEH-5)관 열전대 보호관의 특징
㉮ 내식성, 내열성 및 강도가 좋다.
㉯ 상용온도는 1,050[℃]이고 최고 사용온도는 1,200[℃]까지 가능하다.
㉰ 유황가스 및 산화염에도 사용이 가능하다.
㉱ 비금속관에 비해 비교적 저온측정에 사용된다. **답** ②

47 열전대 온도계의 보호관 중 상용 사용온도가 약 1,000[℃]이며 내열성, 내산성이 우수하나 환원성 가스에 기밀성이 약간 떨어지는 것은?

① 카보런덤관   ② 자기관
③ 석영관   ④ 황동관

해설 비금속 보호관의 종류 및 특징
㉮ 석영관 : 급냉, 급열에 견디고, 알칼리에는 약하지만 산에는 강하다. 환원성 가스에는 기밀성이 다소 떨어진다. 상용사용온도는 1,000[℃]이다.
㉯ 자기관 : 급냉, 급열에 특히 약하며, 알칼리, 용융금속, 연소가스에 강하고 기밀성이 좋다. 고알루미나(Al_2O_3) 99[%] 이상으로 만들어지는 경우 상용 사용온도가 1,600[℃], 알루미나(40[%])+프라이트(40[%])의 경우 1,450[℃]이다.

㉰ 카보런덤관 : 다공질로서 급냉, 급열에 강하고 방사온도계의 단망관, 2중 보호관의 외관으로 사용된다. 상용사용온도는 1,600[℃]이다. 답 ③

48 열전대 온도계의 보호관으로 석영관을 사용하였을 때의 특징으로 틀린 것은?

① 급냉, 급열에 잘 견딘다.
② 기계적 충격에 약하다.
③ 산성에 대하여 약하다.
④ 알칼리에 대하여 약하다.

해설 석영관의 특징
㉮ 급냉, 급열에 잘 견디지만 기계적 충격에 약하다.
㉯ 알칼리에는 약하지만 산에는 강하다.
㉰ 환원성 가스에는 기밀성이 다소 떨어진다.
㉱ 상용사용온도는 1,000[℃]이다. 답 ③

49 급열, 급랭에 약하며 이중 보호관 외관에 사용되는 비금속 보호관은? (단, 상용온도는 약 1,450[℃]이다.)

① 자기관   ② 유리관
③ 석영관   ④ 내열강

해설 자기관 : 급냉, 급열에 특히 약하며, 알칼리, 용융금속, 연소가스에 강하고 기밀성이 좋다. 고알루미나(Al₂O₃) 99[%] 이상으로 만들어지는 경우 상용사용온도가 1,600[℃], 알루미나(40[%])+프라이트(40[%])의 경우 1,450[℃]이다. 답 ①

50 열전대를 보호하기 위해 사용되는 보호관 중 상용 사용온도가 가장 높으며 급냉, 급열에 강하고, 방사고온계의 단망관이나 2중 보호관의 외관으로 주로 사용되는 것은?

① 카보런덤관   ② 자기관
③ 내열강관   ④ 석영관

해설 카보런덤관 : 다공질로서 급냉, 급열에 강하고 방사온도계의 단망관, 2중 보호관의 외관으로 사용된다. 상용사용온도는 1,600[℃]이다. 답 ①

51 열전대 보호관 재질 중 상용온도가 가장 높은 것은?

① 유리   ② 자기
③ 구리   ④ Ni-Cr stainless

해설 보호관 재질별 상용온도 및 최고사용온도

종류		상용온도[℃]	최고사용온도[℃]
금속관	황동관	400	650
	연강관	600	800
	13Cr 강관	800	950
	13 Cr 카로라이즈관	900	1,100
	STS27, STS32	850	1,100
	내열강	1,050	1,200
비금속관	석영관	1,000	1,550
	자기관	1,600	1,750
	카보런던관	1,600	1,700

답 ②

52 열전대 온도계의 보호관으로 사용되는 다음 재료 중 상용 사용온도가 높은 순으로 옳게 나열된 것은?

① 석영관>자기관>동관
② 석영관>동관>자기관
③ 자기관>석영관>동관
④ 동관>자기관>석영관

해설 보호관 재질별 사용온도 : 자기관(1,600[℃])>석영관(1,000[℃])>동관(황동관)(400[℃]) 답 ③

53 열전대 온도계 사용 시 주의사항으로 틀린 것은?

① 계기의 부착은 수평 또는 수직으로 바르게 달고 먼지와 부식성 가스가 없는 장소에 부착한다.
② 기계적 진동이나 충격은 피한다.
③ 사용 온도에 따라 적당한 보호관을 선정하고 바르게 부착한다.
④ 열전대를 배선할 때에는 접속에 의한 절연 불량은 고려하지 않아도 된다.

해설 열전대 온도계 취급 시 주의사항
㉮ 충격을 피하고 습기, 먼지, 직사광선 등에 노출되지 않도록 할 것
㉯ 온도계 사용 한계를 넘지 않을 것
㉰ 측정 전에 지시계로 도선 접촉선에 영점 보정을 할 것
㉱ 표준계기와 정기적으로 비교 검정하여 지시차를 교정할 것
㉲ 단자와 보상도선의 +, −가 바뀌지 않도록 연결한다.
㉳ 측정할 장소에 열전대를 바르게 설치한다.
㉴ 열전대를 삽입하는 구멍으로 찬 공기가 유입되지 않게 한다.
㉵ 열전대를 배선할 때에는 접속에 의한 절연 불량을 고려하여야 한다. 　답 ④

54 물체의 형상변화를 이용하여 온도를 측정하는 온도계는?
① 저항온도계　　② 광고온계
③ 제겔콘　　　　④ 열전대온도계

해설 제겔콘(Seger cone) 온도계 : 점토, 규석질 등 내연성의 금속산화물로 만든 것으로 벽돌의 내화도 측정 등에 사용한다. 　답 ③

55 고온 물체가 발산한 특정 파장의 휘도가 비교용 표준전구의 필라멘트 휘도와 같을 때 필라멘트에 흐른 전류로부터 온도를 측정하는 것은?
① 열전온도계　　② 광고온계
③ 색온도계　　　④ 방사온도계

해설 광고온계 : 측정대상 물체에서 방사되는 빛과 표준전구에서 나오는 필라멘트의 휘도를 같게 하여 표준전구의 전류 또는 저항을 측정하여 온도를 측정하는 것으로 비접촉식 온도계이다. 　답 ②

56 광고온계의 측정원리는?
① 열에 의한 금속팽창을 이용하여 측정
② 이종(異種)금속 접합점의 온도차에 따른 열기전력을 측정
③ 피 측정물의 전파장의 복사에너지를 열전대로 측정
④ 피 측정물의 휘도와 전구의 휘도를 비교하여 측정

해설 광고온계의 측정 원리 : 측정 대상 물체의 휘도와 표준 전구에서의 휘도를 비교하여 측정
※ 각 항의 온도계
① 바이메탈 온도계
② 열전대 온도계
③ 복사방사온도계 　답 ④

57 비접촉식 온도측정 방법 중 가장 정확한 측정을 할 수 있으나 기록, 경보, 자동제어가 불가능한 온도계는?
① 압력식 온도계　② 방사온도계
③ 열전온도계　　　④ 광고온계

해설 광고온계 : 측정자가 측정대상 물체에서 방사되는 빛과 표준전구에서 나오는 필라멘트의 휘도를 같게 하여 표준전구의 전류 또는 저항을 측정하여 온도를 측정하는 비접촉식 온도계로 기록, 경보, 자동제어가 불가능하다. 　답 ④

58 광고온계(optical pyrometer)의 특징에 대한 설명 중 옳지 않은 것은?
① 측정 시 시간의 지연이 있다.
② 비접촉법으로서 정확하다.
③ 방사온도계보다 방사보정량이 크다.
④ 저온(700[℃] 이하) 물체의 측정은 곤란하다.

해설 광고온계의 특징
㉮ 고온에서 방사되는 에너지 중 가시광선을 이용하여 사람이 직접 조작한다.
㉯ 700~3,000[℃]의 고온도 측정에 적합하다. (700[℃] 이하는 측정이 곤란하다.)
㉰ 광전관 온도계에 비하여 구조가 간단하고 휴대가 편리하다.
㉱ 움직이는 물체의 온도 측정이 가능하고, 측온체의 온도를 변화시키지 않는다.
㉲ 비접촉식 온도계에서 가장 정확한 온도 측정을 할 수 있다.
㉳ 빛의 흡수 산란 및 반사에 따라 오차가 발생한다.

㉻ 방사온도계에 비하여 방사율에 대한 보정량이 작다.
㉼ 원거리 측정, 경보, 자동기록, 자동제어가 불가능하다.
㉽ 측정에 수동으로 조작함으로서 개인 오차가 발생할 수 있다. 　답 ③

59 [보기]에서 설명하는 온도계는?

[보기]
- 이동물체의 온도측정이 가능하다.
- 응답시간이 매우 빠르다.
- 온도의 연속기록 및 자동제어가 용이하다.
- 비교증폭기가 부착되어 있다.

① 광전관식 온도계
② 광고온계
③ 색온도계
④ 게겔콘 온도계

해설 광전관식 온도계 : 사람 눈 대신 광전지 혹은 광전관을 사용하여 자동으로 측정(광고온도계를 자동화 시킨 것)하는 것이다. 　답 ①

60 광전관식 온도계의 특징에 대한 설명으로 옳은 것은?

① 응답속도가 느리다.
② 구조가 다소 복잡하다.
③ 기록의 제어가 불가능하다.
④ 고정물체의 측정만 가능하다.

해설 광전관식 온도계 특징
㉮ 사람 눈 대신 광전지 혹은 광전관을 사용하여 자동으로 측정(광고온도계를 자동화시킨 것)하는 것이다.
㉯ 700[℃] 이하는 측정이 곤란하다.
(측정 범위 : 700~3,000[℃])
㉰ 측정온도의 자동기록, 자동제어가 가능하다.
㉱ 움직이는 물체의 온도 측정이 가능하고, 측온체의 온도를 변화시키지 않는다.
㉲ 광고온도계에 비해 응답시간이 빠르지만, 구조가 복잡하다. 　답 ②

61 방사고온계는 다음 중 어느 이론을 응용한 것인가?

① 제백 효과
② 필터 효과
③ 스테판-볼츠만의 법칙
④ 윈-프랑크의 법칙

해설 ㉮ 방사(복사)온도계의 측정 원리 : 스테판-볼츠만 법칙
㉯ 스테판-볼츠만 법칙 : 단위표면적당 복사되는 에너지는 절대온도의 4제곱에 비례한다. 　답 ③

62 방사온도계의 특징에 대한 설명으로 옳은 것은?

① 방사율에 의한 보정량이 적다.
② 이동물체에 대한 온도측정이 가능하다.
③ 저온도에 대한 측정에 적합하다.
④ 응답속도가 느리다.

해설 방사온도계의 특징
㉮ 측정시간 지연이 적고, 연속 측정, 기록, 제어가 가능하며, 이동물체에 대한 온도측정이 가능하다.
㉯ 측정거리 제한을 받고 오차가 발생되기 쉽다.
㉰ 광로에 먼지, 연기 등이 있으면 정확한 측정이 곤란하다.
㉱ 방사율에 의한 보정량이 크고 정확한 보정이 어렵다.
㉲ 수증기, 탄산가스의 흡수에 주의하여야 한다.
㉳ 측정 범위는 50~3,000[℃] 정도이다. 　답 ②

63 방사온도계에서 전방사 에너지는 절대온도의 몇 승에 비례하는가?

① 2
② 3
③ 4
④ 5

해설 스테판-볼츠만 법칙 : 단위표면적당 복사되는 에너지는 절대온도의 4제곱에 비례한다. 　답 ③

64 방사온도계로 금속의 온도를 측정하였더니 970[℃]이었다. 전방사율이 0.84일 때의 진온도는 약 몇 [℃]인가?

① 815　　② 970
③ 1,025　　④ 1,298

해설 $T = \dfrac{E}{(\sqrt[4]{Et})} = \dfrac{273+970}{(\sqrt[4]{0.84})}$
$= 1,298.378[K] - 273$
$= 1,025.378[℃]$　　답 ③

65 비접촉식 온도계 중 색온도계의 특징에 대한 설명으로 틀린 것은?

① 방사율의 영향이 작다.
② 휴대와 취급이 간편하다.
③ 고온측정이 가능하며 기록조절용으로 사용된다.
④ 주변 빛의 반사에 영향을 받지 않는다.

해설 색온도계의 특징
㉮ 고온 물체로부터 방사되는 빛의 밝고 어두움을 이용한 비접촉식 온도계이다.
㉯ 휴대 및 취급이 간편하나, 측정이 어렵다.
㉰ 구조가 복잡하며 주위로부터 빛 반사의 영향을 받는다.
㉱ 연기나 먼지 등의 영향을 받지 않는다.
㉲ 응답이 빠르며, 연속지시가 가능하다.　　답 ④

66 색으로써 온도를 측정하고자 한다. 눈부신 황백색으로 나타날 때의 온도로 가장 적합한 것은?

① 800[℃]　　② 1,000[℃]
③ 1,200[℃]　　④ 1,500[℃]

해설 색과 온도와의 관계

색	온도[℃]
어두운색	600[℃]
붉은색	800[℃]
오렌지색	1,000[℃]
황색	1,200[℃]
눈부신 황백색	1,500[℃]
매우 눈부신 흰색	2,000[℃]
푸른기가 있는 흰백색	2,500[℃]

답 ④

67 다음 온도계 중 가장 높은 온도를 측정할 수 있는 온도계는?

① 열전 온도계
② 압력식 온도계
③ 수은식 유리 온도계
④ 광고온계

해설 각 온도계의 측정범위

온도계	측정범위
열전 온도계(PR열전대)	0~1,600[℃]
압력식 온도계(수은)	-30~600[℃]
수은식 유리 온도계	-60℃~350[℃]
광고온도계	700℃~3,000[℃]

답 ④

68 고온의 노(爐) 내 온도 측정에 사용되는 것이 아닌 것은?

① Seger cones
② 백금저항온도계
③ 방사온도계
④ 광고온계

해설 백금저항온도계(백금 측온저항체)의 사용범위는 -200~500[℃]로 고온의 노(爐) 내의 온도를 측정하기는 부적합하다. 일반적으로 비접촉식 온도계를 사용한다.　　답 ②

69 접촉식 온도계에 대한 설명으로 틀린 것은?

① 일반적으로 1,000[℃] 이하의 측온에 적합하다.
② 측정오차가 비교적 적다.
③ 방사율에 의한 보정을 필요로 한다.
④ 측온 소자를 접촉시킨다.

해설 접촉식 온도계의 특징
㉮ 측온 소자 접촉에 의한 열손실이 있다.
㉯ 내구성이 비접촉식에 비하여 떨어진다.
㉰ 이동물체와 고온 측정이 어렵다.
㉱ 방사율에 의한 보정이 필요 없다.
㉲ 일반적으로 1,000[℃] 이하의 측정에 적합하다.
㉳ 측정온도의 오차가 적다.
㉴ 내부온도 측정이 가능하다. **답** ③

70 비접촉식 온도계의 특징에 대한 설명 중 옳지 않은 것은?

① 접촉에 의하여 열을 빼앗는 일이 없고, 피측정 물체의 열적 조건을 교란하는 일이 없다.
② 측정부의 온도는 고온의 측정대상과 동일할 필요가 없다.
③ 고온의 측정이 가능하고 구조와 내구성 면에서 접촉식 온도계보다 유리하다.
④ 응답이 느려 이동체의 측정에는 곤란하다.

해설 비접촉식 온도계의 특징
㉮ 접촉에 의한 열손실이 없고 측정물체의 열적 조건을 건드리지 않는다.
㉯ 내구성에서 유리하다.
㉰ 이동물체와 고온 측정이 가능하다.
㉱ 방사율 보정이 필요하다.
㉲ 700[℃] 이하의 온도 측정이 곤란하다(단, 방사온도계의 측정범위는 50~3,000[℃]).
㉳ 측정온도의 오차가 크다.
㉴ 표면온도 측정에 사용된다. (내부온도 측정이 불가능하다.) **답** ④

2 습도

2.1 습도와 노점

(1) 습도

① **절대습도** : 습공기 중에서 건조공기 1[kg]에 대한 수증기 중량의 비율로서 절대습도는 온도에 관계없이 일정하게 나타난다.

$$X[\text{kg/kg} \cdot \text{DA}] = \frac{G_w}{G_a} = \frac{G_w}{G - G_w}$$

여기서, G_w : 수증기 중량[kg]
G_a : 건공기 중량[kg]
G : 습공기 전중량[kg]

② **상대습도** : 현재의 온도상태에서 현재 포함하고 있는 수증기의 양과 포화수증기량의 비를 백분율[%]로 표시한 것으로 온도에 따라 변화한다.

$$\phi[\%] = \frac{P_w}{P_s} \times 100, \quad P = P_a + P_w$$

여기서, P_w : 수증기 분압(노점에서의 포화증기압, 현재온도에서의 수증기량)
P_s : t[℃]에서 포화증기압(포화습공기의 수증기 분압, 현재온도에서의 포화수증기량)
P : 습공기 전압
P_a : 건공기 분압

③ **비교습도** : 습공기의 절대습도와 그 온도와 동일한 포화공기의 절대습도와의 비

(2) 노점(露店 : 이슬점)

습공기를 압력이 일정한 상태에서 냉각하면 상대습도는 점점 증가하여 포화상태에 도달하는데 이때의 온도를 노점이라 하며, 습도를 측정하는 가장 간단한 방법이다.

(3) 수분 흡수법

습도를 측정하려고 하는 일정량의 공기를 흡수제에 수분을 흡수시켜 정량하는 방법으로 흡수제로는 황산, 염화칼슘, 실리카겔, 오산화인 등이 있다.

2.2 습도계의 종류 및 특징

(1) 건습구 습도계

2개의 수은 온도계를 사용하여 습도를 측정한다.

① 종류
  ㉠ 통풍형 건습구 습도계 : 휴대용으로 사용되며 타이머로 팬(fan)을 가동시켜 건습구에 통풍하는 형식이다.
  ㉡ 간이 건습구 습도계 : 통풍장치가 없이 자연통풍을 이용한 것이다.

② 장점
  ㉮ 구조가 간단하고 취급이 쉽다.
  ㉯ 휴대하기 편리하고, 가격이 경제적이다.
  ㉰ 저항 온도계나 서미스터 온도계를 사용하여 자동제어용으로 사용할 수 있다.

③ 단점
  ㉮ 헝겊이 감긴 방향, 바람에 따라 오차가 발생한다.
  ㉯ 물이 항상 필요로 한다.
  ㉰ 상대습도를 바로 나타내지 않는다.
  ㉱ 3~5[m/s]의 바람이 필요하다.

(2) 모발(毛髮) 습도계

모발(머리카락)은 상대습도에 따라 수분을 흡수하면 신축하는 성질을 이용한 것으로 재현성이 좋기 때문에 상대습도계의 감습(感濕)소자로 사용되며, 실내의 습도 조절용으로도 많이 이용된다.

① 장점
  ㉮ 구조가 간단하고 취급이 쉽다.
  ㉯ 추운 지역에서 사용하기 편리하다.
  ㉰ 재현성이 좋고, 상대습도가 바로 나타난다.

② 단점
- ㉮ 히스테리시스 오차가 있다.
- ㉯ 시도가 틀리기 쉽고, 정도가 좋지 않다.
- ㉰ 모발의 유효작용기간이 2년 정도이다.

(3) 전기 저항식 습도계

염화리튬($LiCl_2$) 용액을 절연판 위에 바르고 전기(교류)를 통하면 상대 습도에 따라 저항치를 변화하는 것을 이용하여 습도를 측정하는 것이다.

① 장점
- ㉮ 상대습도와 저온도의 측정이 가능하다.
- ㉯ 감도가 크며, 응답이 빠르다.
- ㉰ 연속 기록, 원격 측정, 자동제어에 이용된다.
- ㉱ 전기 저항의 변화가 쉽게 측정된다.

② 단점
- ㉮ 고습도 중에 장시간 방치하면 감습막(感濕膜)이 유동한다.
- ㉯ 다소의 경년변화가 있어 온도계수가 비교적 크다.

(4) 광전관식 노점계

거울의 표면에 이슬 또는 서리가 부착되어 있는 상태를 거울에서의 반사광을 광전관으로 받아서 검출하고 거울의 온도를 조절해서 노점의 상태를 유지하여 열전대 온도계로 온도를 측정하여 습도를 측정한다.

① 장점
- ㉮ 저습도의 측정이 가능하다.
- ㉯ 상온 또는 저온에서는 상점의 정도가 좋다.
- ㉰ 연속기록, 원격 측정, 자동제어에 이용된다.

② 단점
- ㉮ 노점과 상점의 육안 판정이 필요하다.
- ㉯ 냉각장치가 필요하며, 기구가 복잡하다.

(5) 가열식 노점계(Dewcel 노점계)

염화리튬이 공기 수증기압과 평형을 이룰 때 생기는 온도저하를 저항온도계로 측정하여 습도를 측정한다.

① **장점**
   ㉮ 고압상태에서도 측정이 가능하다.
   ㉯ 상온 또는 저온에서도 정도가 좋다.
   ㉰ 연속 기록, 원격 측정, 자동제어에 이용된다.

② **단점**
   ㉮ 저습도에서 응답시간이 늦다.
   ㉯ 다소의 경년 변화가 있다.
   ㉰ 교류전원 및 가열이 필요하다.

3 열량

3.1 열량계의 종류 및 특징

① **봄브(bomb)열량계** : 고체 및 고점도인 액체 연료의 발열량 측정에 사용되며 단열식과 비단열식으로 구분된다.

② **융커스(Junker)식 열량계** : 기체 연료의 발열량 측정에 사용되며 시그마 열량계와 융커스식 유수형 열량계로 구분된다.

출제예상문제
Expected problems

01 25[℃]에서 포화수증기압은 23.8[mmHg] 이다. 이 온도에서의 절대습도는?

① 0.015　　② 0.020
③ 0.040　　④ 0.238

해설
$$X = 0.622 \times \frac{P_w}{760 - P_w} = 0.622 \times \frac{23.8}{760 - 23.8}$$
$$= 0.0201[kg/kg \cdot DA]$$
답 ②

02 101.3[kPa]에서 건구온도 20[℃], 상대습도 55[%]인 습공기에 대한 절대습도는 몇 [kg/kg]인가? (단, 20[℃]에서 수증기의 포화압력은 2.24[kPa]이다.)

① 0.0066　　② 0.0077
③ 0.0088　　④ 0.0099

해설
$$X = 0.622 \times \frac{\phi P_s}{P - \phi P_s}$$
$$= 0.622 \times \frac{0.55 \times 2.24}{101.3 - 0.55 \times 2.24}$$
$$= 0.00765[kg/kg \cdot DA]$$
답 ②

03 상대습도(relative humidity)를 가장 쉽고 빠르게 측정할 수 있는 방법은?

① 건구온도와 습구온도를 측정한 다음 습공기선도에서 상대습도를 읽는다.
② 건구온도와 습구온도를 측정한 다음 두 값 중 큰 값으로 작은 값을 나눈다.
③ 건구온도와 습구온도를 측정한 다음 Mollier chart에서 읽는다.
④ 대기압을 측정한 다음 습도곡선에서 읽는다.

해설 건습구 습도계를 이용하여 건구온도와 습구온도를 측정한 다음 습공기선도에서 상대습도를 읽는 방법이 상대습도를 가장 간편하게 측정할 수 있는 방법이다.
답 ①

04 방 안의 온도가 25[℃]인데 온도를 낮추어 20[℃]에서 물방울이 생성되었다고 하면 방 안의 온도가 25[℃]일 때의 상대습도는? (단, 20[℃], 25[℃]에서의 포화 수증압은 각각 2.23[kPa], 3.15[kPa]이다.)

① 0.708　　② 0.724
③ 0.735　　④ 0.832

해설
$$상대습도(\phi) = \frac{수증기 분압(P_w)}{t[℃]에서 포화증기압(P_s)}$$
$$= \frac{2.23}{3.15} = 0.7079[\%]$$
답 ①

05 실온 22[℃], 습도 45[%], 기압 765[mmHg]인 공기의 증기분압(P_w)은 약 몇 [mmHg]인가? (단, 공기의 가스 상수는 29.27[kgf·m/kg·K], 22[℃]에서 포화압력(P_s)은 18.66[mmHg]이다.)

① 4.1　　② 8.4
③ 14.3　　④ 20.7

해설
$$\phi = \frac{P_w}{P_s} 에서$$
$$\therefore P_w = \phi \times P_s = 0.45 \times 18.66$$
$$= 8.397[mmHg]$$
답 ②

06 20[℃], 100[kPa]에서 상대습도가 80[%]인 공기의 몰습도는 약 얼마인가? (단, 20[℃]에서 물의 포화증기압은 2.3[kPa]이다.)

① 0.019　　② 0.023
③ 0.035　　④ 0.041

해설 ㉮ 수증기 분압(P_w) 계산
$$\phi = \frac{P_w}{P_s} 에서$$
$$\therefore P_w = \phi \times P_s = 0.8 \times 2.3 = 1.84[kPa]$$

㉯ 몰습도[mol·H₂O/mol·dry air] 계산

$$\therefore 몰습도 = \frac{P_w}{P - P_w} = \frac{1.84}{100 - 1.84}$$
$$= 0.0187$$

답 ①

07 노점온도(dew temperature)를 가장 옳게 설명한 것은?

① 공기, 수증기의 혼합물에서 수증기의 분압에 대한 수증기 과열 상태 온도
② 공기, 가스의 혼합물에서 가스의 분압에 대한 가스의 과냉 상태 온도
③ 공기, 수증기의 혼합물을 가열시켰을 때 증기가 없어지는 온도
④ 공기, 수증기의 혼합물에서 수증기의 분압에 해당하는 수증기의 포화온도

해설 노점온도(dew temperature) : 공기, 수증기의 혼합물인 습공기를 일정한 압력상태에서 냉각하면 상대습도는 증가하여 포화상태에 도달하며 이때의 온도를 노점온도라 하며, 노점온도는 수증기의 분압에 해당하는 수증기의 포화온도와 같게 된다. 답 ④

08 수분 흡수법에 의해 습도를 측정할 때 흡수제로 사용하기에 부적절한 것은?

① 오산화인   ② 활성탄
③ 실리카겔   ④ 황산

해설 수분 흡수법 : 습도를 측정하려고 하는 일정량의 공기를 흡수제에 수분을 흡수시켜 정량하는 방법으로 흡수제로는 황산, 염화칼슘, 실리카겔, 오산화인 등이 있다. 답 ②

09 2개의 수은 온도계를 사용하는 습도계는?

① 모발 습도계   ② 건습구 습도계
③ 냉각식 습도계   ④ 건도계

해설 건습구 습도계 : 2개의 수은 온도계를 사용하여 습도를 측정하는 것으로 통풍형 건습구 습도계와 간이 건습구 습도계가 있다. 답 ②

10 휴대용으로 상온에서 비교적 정도가 좋은 아스만(Asman) 습도계는 다음 중 어디에 속하는가?

① 간이 건습구 습도계
② 저항 습도계
③ 통풍형 건습구 습도계
④ 냉각식 노점계

해설 아스만(Asman) 습도계 : 태엽의 힘으로 통풍하는 통풍형 건습구 습도계로서 휴대가 편리하고 필요 풍속이 약 3[m/s] 정도이다. 답 ③

11 저항식 습도계에 대한 설명이 바르게 된 것은?

① 직류전압에 의한 저항치를 측정하여 비교습도를 표시
② 직류전압에 의한 저항치를 측정하여 상대습도를 표시
③ 교류전압에 의한 저항치를 측정하여 비교습도를 표시
④ 교류전압에 의한 저항치를 측정하여 상대습도를 표시

해설 저항식 습도계 : 염화리튬(LiCl₂) 용액을 절연판 위에 바르고 전기(교류)를 통하면 상대습도에 따라 저항치를 변화하는 것을 이용하여 습도를 측정하는 것이다. 답 ④

12 저항식 습도계의 특징으로 틀린 것은?

① 저온도의 측정이 가능하다.
② 응답이 늦고 정도가 좋지 않다.
③ 연속기록, 원격측정, 자동제어에 이용된다.
④ 교류전압에 의하여 저항치를 측정하여 상대습도를 표시한다.

해설 저항식 습도계의 특징
 (1) 장점
  ㉮ 상대습도와 저온도의 측성이 가능하다.
  ㉯ 감도가 크며, 응답이 빠르다.

㉰ 연속 기록, 원격 측정, 자동제어에 이용된다.
㉱ 전기 저항의 변화가 쉽게 측정된다.
(2) 단점
㉮ 고습도 중에 장시간 방치하면 감습막(感濕膜)이 유동한다.
㉯ 다소의 경년변화가 있어 온도계수가 비교적 크다. 　답 ②

13 각 습도계의 특징에 대한 설명으로 틀린 것은?
① 노점 습도계는 저습도를 측정할 수 있다.
② 모발 습도계는 2년마다 모발을 바꾸어 주어야 한다.
③ 통풍 건습구 습도계는 3~5[m/s]의 통풍이 필요하다.
④ 저항식 습도계는 직류전압을 사용하여 측정한다.

해설 저항식 습도계는 교류전압을 사용하여 측정한다. 　답 ④

14 물을 함유한 공기와 건조공기의 열전도율 차이를 이용하여 습도를 측정하는 것은?
① 고분자 습도센서
② 염화리튬 습도센서
③ 서미스터 습도센서
④ 수정진동자 습도센서

해설 서미스터 습도센서 : 2개의 서미스터와 저항으로 브리지 회로를 구성하여 서미스터 하나는 건조한 공기로 밀봉하고, 다른 서미스터는 측정하는 기체에 노출하여 건조한 공기와 수증기의 열전도차로 불평형 전압이 브리지 회로에 발생하고 이 출력전압으로부터 절대습도를 측정한다. 　답 ③

15 냉각식 노점계를 자동화시킨 습도계로서 저습도의 측정은 가능하지만 기구가 다소 복잡한 것은?
① 듀셀 노점계
② 광전관식 노점습도계
③ 모발 습도계
④ 냉각식 노점계

해설 광전관식 노점계 : 거울의 표면에 이슬 또는 서리가 부착되어 있는 상태를 거울에서의 반사광을 광전관으로 받아서 검출하고 거울의 온도를 조절해서 노점의 상태를 유지하여 열전대 온도계로 온도를 측정하여 습도를 측정한다.
㉮ 저습도의 측정이 가능하다.
㉯ 상온 또는 저온에서는 상점의 정도가 좋다.
㉰ 연속기록, 원격측정, 자동제어에 이용된다.
㉱ 노점과 상점의 육안 판정이 필요하다.
㉲ 기구가 복잡하다.
㉳ 냉각장치가 필요하다. 　답 ②

16 염화리튬이 공기 수증기압과 평형을 이룰 때 생기는 온도저하를 저항온도계로 측정하여 습도를 알아내는 습도계는?
① 듀셀 노점계
② 아스만 습도계
③ 광전관식 노점계
④ 전기저항식 습도계

해설 듀셀(Dewcel) 노점계(가열식 노점계) 특징
㉮ 고압상태에서도 측정이 가능하다.
㉯ 상온 또는 저온에서도 정도가 좋다.
㉰ 연속 기록, 원격 측정, 자동제어에 이용된다.
㉱ 저습도에서 응답시간이 늦다.
㉲ 다소의 경년 변화가 있다.
㉳ 교류전원 및 가열이 필요하다. 　답 ①

17 다음 각 습도계의 특징에 대한 설명으로 틀린 것은?
① 노점 습도계는 저습도를 측정할 수 있다.
② 모발 습도계는 2년마다 모발을 바꾸어 주어야 한다.
③ 통풍 건습구 습도계는 2.5~5[m/s]의 통풍이 필요하다.
④ 저항식 습도계는 직류전압을 사용하여 측정한다.

해설 저항식 습도계 : 염화리튬($LiCl_2$) 용액을 절연판 위에 바르고 전기(교류)를 통하면 상대습도에 따라 저항치를 변화하는 것을 이용하여 습도를 측정하는 것이다. 　답 ④

18 액체와 고체연료의 열량을 측정하는 열량계는?

① 봄브식　　　② 융커스식
③ 클리블랜드식　④ 타그식

해설 봄브(bomb)열량계 : 고체 및 고점도인 액체 연료의 발열량 측정에 사용되며 단열식과 비단열식으로 구분된다.　　**답** ①

19 단열식 열량계로 석탄 1.5[g]을 연소시켰더니 온도가 4[℃] 상승하였다. 통 내의 유량이 2,000[g], 열량계의 물당량이 500[g]일 때 이 석탄의 발열량은 약 몇 [J/g]인가? (단, 물의 비열은 4.19[J/g · K]이다.)

① 2.23×10^4　　② 2.79×10^4
③ 4.19×10^4　　④ 6.98×10^4

해설
$$H_h = \frac{(내통수량+수당량) \times 내통수비열 \times \Delta t - 발열보정}{시료량} \times \frac{100}{100 - 수분(\%)}$$
$$= \frac{(2{,}000 + 500) \times 4.19 \times 4}{1.5}$$
$$= 27{,}933.333 = 2.79 \times 10^4 [J/g]$$　**답** ②

20 융커스식 열량계의 특징에 관한 설명으로 틀린 것은?

① 가스의 발열량 측정에 가장 많이 사용된다.
② 열량측정 시 시료가스 온도 및 압력을 측정한다.
③ 구성 요소로는 가스 계량기, 압력 조정기, 기압계, 온도계, 저울 등이 있다.
④ 열량측정 시 가스 열량계의 배기 온도는 측정하지 않는다.

해설 융커스(Junker)식 열량계 : 기체 연료의 발열량 측정에 사용되며, 시그마 열량계와 융커스식 유수형 열량계로 구분된다. 열량 측정 시 가스 열량계이 배기온도도 측정한다.　　**답** ④

MEMO

Engineer
Energy Management

제 4 과목

열설비 재료 및 관계법규

제1장 요로(窯爐)

1 요로의 개요

1.1 요로의 정의 및 분류

(1) 요로(窯爐)의 정의

열을 이용하여 물체를 가열, 용융, 소성하는 장치로서 화학적 및 물리적 변화를 강제적으로 행하는 공업적 장치이다.
① 요(窯, kiln) : 물체를 가열하여 소성하는 것을 목적으로 하는 것으로 가마라 한다.
② 로(爐, furnace) : 물체를 가열하여 용융시키는 것을 목적으로 하는 것으로 주로 금속류를 취급한다.

(2) 요(窯)의 분류

① **작업진행 방법** : 연속요, 반연속요, 불연속요

② **화염의 진행방향** : 승염식(오름 불꽃), 횡염식(옆 불꽃), 도염식(꺾임불꽃식)

③ **사용연료** : 장작, 석탄, 전기, 가스, 중유 등

④ **가열방법** : 직접 가열식(직화식), 간접 가열식(머플식), 반 머플식

⑤ **구조 및 형상** : 터널요, 회전요, 등요, 윤요, 원요, 각요, 견요, 반 터널요, 셔틀요, 연속식 가마

⑥ **소성목적** : 초벌구이, 참구이, 유약구이, 윗그림, 유리용융, 서냉 가마, 플릿 가마

● 소성 가마 내의 열의 전열(전달) 방법 : 전도, 대류, 복사

1.2 요의 종류 및 특징

(1) 연속식 요

작업이 연속적으로 할 수 있도록 만들어진 가마로 불연속식(단가마)에 비하여 작업능률이 향상되고 연료가 절약되며, 대량의 제품을 생산할 수 있는 장점이 있다.

① **윤요(ring kiln)** : 고리가마라 불리며, 고리주위에 소성실을 12~18개 정도 설치하며, 건축재료를 소성하는 데 사용한다.
  ㉮ 제품이 정지되어 있는 고정화상식이다.
  ㉯ 소성실 형태가 원형과 타원형으로 되어 있으며, 소성실은 14개 정도가 이상적이다.
  ㉰ 배기가스의 현열을 이용하여 제품을 예열한다.
  ㉱ 제품의 현열을 이용하여 연소용 공기를 예열한다.
  ㉲ 폐 가스의 수증기나 아황산가스에 의한 제품의 손상우려가 있다.
  ㉳ 가지연도의 끝부분의 개폐 밸브로 연소가스 흐름의 방향을 전환할 수 있다.
  ㉴ 단가마보다 65[%] 정도의 연료 절감이 이루어진다.

② **터널요(tunnel kiln)** : 가마 내부에 레일이 설치된 터널 형태의 가마로 가열물체를 실은 내차가 레일 위를 지나면서 예열, 소성, 냉각이 이루어져 제품이 완성되며 조작이 연속으로 이루어진다.
  ㉮ 예열, 소성, 냉각이 연속적으로 이루어지며 대차의 진행방향과 반대 방향으로 연소가스가 진행된다.
  ㉯ 소성이 균일하여 제품의 품질이 좋다.
  ㉰ 온도조절과 자동화가 용이하다.
  ㉱ 열효율이 좋아 연료비가 절감된다.
  ㉲ 배기가스 현열을 이용하여 제품을 예열한다.
  ㉳ 제품의 현열을 이용하여 연소용 공기를 예열한다.
  ㉴ 능력에 비해 설비 면적이 작다.
  ㉵ 소성 시간이 단축되며, 대량생산에 적합하다.
  ㉶ 능력에 비해 건설비가 비싸다.
  ㉷ 생산량 조정이 곤란하다.
  ㉸ 제품구성에 제한이 있고, 다종 소량 생산에는 부적당하다.
  ㉹ 제품을 연속적으로 처리할 수 있는 시설이 있어야 한다.

(2) 불연속식 요

불을 끄고 가마에서 냉각한 뒤에 가마 내기를 행하는 가마로 단가마라 한다.

① **승염식 요(오름불꽃 가마)** : 연소실 내의 화염이 소성실 내부를 상승하면서 피가열체를 소성한다.
  - ㉮ 구조가 간단하지만, 시설비, 보수비가 비싸다.
  - ㉯ 소성실 온도가 불균일하고, 열 손실이 비교적 크다.
  - ㉰ 2층 가마의 경우 바닥 부근의 내화재 손상 우려가 있다.
  - ㉱ 1층은 참구이실, 2층은 초벌구이실로 구분된다.
  - ㉲ 도자기 제조용으로 사용된다.

② **횡염식 요(옆 불꽃 가마)** : 연소실 내의 화염이 옆으로 지나면서 피가열체를 소성한다.
  - ㉮ 소성실 내의 온도분포가 불균일하다.
  - ㉯ 아궁이쪽과 연돌쪽의 가마 내 온도차가 크다.
  - ㉰ 도자기 제조용으로 사용된다.

③ **도염식 요(꺾임 불꽃 가마)** : 아궁이쪽에서 발생한 불꽃이 측벽과 화교 사이를 거쳐 올라가서 소성실 천정에 부딪혀 가마 바닥의 흡입공으로 빠지면서 피가열체를 소성하는 요이다.
  - ㉮ 가마 내의 온도분포가 균일하다.
  - ㉯ 연료소비가 비교적 적은편이다.
  - ㉰ 흡입공, 주연도, 가지연도, 화교 등으로 구성된다.
  - ㉱ 각 가마는 가마내기, 재임이 편리하다.
  - ㉲ 도자기, 내화벽돌, 연삭지석 등을 소성한다.

④ **종 가마** : 종(bell) 모양으로 된 가마벽 1개에 가마 바닥 2개를 설치하여 소성작업과 가마내기 및 가마재임을 할 수 있도록 한 가마이다.

(3) 반 연속식 요

한정된 구간까지는 연속적인 작업이 가능하지만 그 이후는 불연속과 같이 소성작업이 끝나면 불을 끄고 냉각 후 가마내기, 가마재임을 하는 가마이다.

① **셔틀 요(shuttle kiln)** : 단가마의 단점을 줄이기 위하여 이용되는 것으로 가마 1개당 2대 이상의 대차를 준비하여 1개 대차에서 소성작업을 한 후 냉각파가 생기지 않는

한 대차를 끌어내고, 다른 대차를 밀어 넣어 소성작업을 한다.
- ㉮ 가마 1개당 2대 이상의 대차가 있어야 한다.
- ㉯ 급냉파가 생기지 않을 정도의 고온에서 제품을 꺼낸다.
- ㉰ 가마의 보유열보다 대차의 보유열이 에너지 절약의 요인이 된다.

② **등요(오름가마)** : 경사도가 3/10~5/10 정도의 언덕에 소성실을 4~5개 정도를 인접시켜 설치하고 앞쪽 소성실의 폐가스와 고온 가열물의 냉각공기가 보유한 열을 뒤쪽 소성실에서 소성에 이용하도록 한 가마이다.

(4) 전기요(가마)

전기의 열작용과 유도작용을 이용하여 제품을 소성하는 가마로 요업용과 야금용에 사용된다.

① **전기요의 종류**
- ㉮ 저항 가마 : 발열체를 이용
- ㉯ 아크 가마(전호로) : 전기 아크열 이용
- ㉰ 유도 가마 : 전기의 유도 작용 이용

② **특징**
- ㉮ 전기를 이용하므로 연소용 공기가 불필요하다.
- ㉯ 소성실이 깨끗하고 설비가 간단하다.
- ㉰ 온도조절이 용이하고, 온도 분포가 균일하다.
- ㉱ 열효율이 좋고 인건비가 절약된다.
- ㉲ 설치 면적이 적고, 가마 재료의 손상이 적다.
- ㉳ 전력소비량이 많고, 유지비가 많이 소요된다.
- ㉴ 시설비가 비교적 많이 소요된다.

(5) 유리제조용 가마

① **용융 가마**
- ㉮ 도가니 가마 : 광학 유리 용해, 석기 유리, 이화학 유리, 크리스탈 용해 등에 이용한다.
- ㉯ 탱크 가마 : 직화식 구조로 유리 용해량이 수십[kg]에서 2,000톤 정도로 대량 생산 시 사용하는 것으로 용해부, 청정부, 작업부로 구성되어 있다.

② **서냉 가마** : 성형한 유리를 서서히 냉각시키는 용도에 사용되는 가마이다.

③ **도가니 예열 가마** : 1,100~1,300[℃] 정도로 예열하여 고온상태로 도가니 가마에 옮기기 위하여 사용되는 가마이다.

(6) 시멘트 제조용 가마

① **회전가마(rotary kiln)**
- ㉮ 시멘트, 석회석 등의 소성에 사용되는 연속요이다.
- ㉯ 100~160[m] 정도의 원통형으로 만들어지며, 가마의 경사는 5/100 정도이다.
- ㉰ 온도에 따라 소성대, 가소대, 예열대, 건조대 등으로 구분된다.
- ㉱ 원료와 연소가스는 서로 반대방향으로 이동함으로써 열 교환이 일어난다.
- ㉲ 열효율이 불량하여 연소가스의 여열을 회수하는 장치의 설치가 필요하다.

② **견요(堅窯)**
- ㉮ 석회석 클링커 제조에 널리 사용된다.
- ㉯ 상부에서 연료를 장입하는 형식이다.
- ㉰ 제품의 예열을 이용하여 연소용 공기를 예열한다.
- ㉱ 이동화상식이며 연속요에 속한다.
- ㉲ 화염은 오름 불꽃 형태이며, 직화식이다.
- ㉳ 선가마라고 한다.

출제예상문제
Expected problems

01 요로(窯爐)의 정의를 설명한 것으로 가장 적절한 것은?
① 물을 가열하여 수증기를 만드는 장치이다.
② 열을 이용하여 물체를 가열시켜 소성 또는 용융시키는 공업적 장치이다.
③ 금속을 녹이는 장치이다.
④ 도자기를 굽는 장치이다.

해설 요로(窯爐)의 정의 : 열을 이용하여 물체를 가열, 용융, 소성하는 장치로서 화학적 및 물리적 변화를 강제적으로 행하는 공업적 장치이다.
㉮ 요(窯, kiln) : 물체를 가열하여 소성하는 것을 목적으로 하는 것으로 가마라 한다.
㉯ 로(爐, furnace) : 물체를 가열하여 용융시키는 것을 목적으로 하는 것으로 주로 금속류를 취급한다.   **답** ②

02 요로의 정의가 아닌 것은?
① 전열을 이용한 가열장치
② 원개료의 산화반응을 이용한 장치
③ 연료의 환원반응을 이용한 장치
④ 열원에 따라 연료의 발열반응을 이용한 장치

해설 요로(窯爐)의 정의 : 요로란 물체를 가열하여 용융시키거나 소성을 통하여 가공 생산하는 공업장치로서 열원에 따라 연료의 발열반응을 이용하는 장치, 전열을 이용하는 가열장치 및 연료의 환원반응을 이용하는 장치의 3종류로 크게 구분할 수 있다.   **답** ②

03 다음은 요로의 정의에 대한 설명이다. ( )안 ㉠~㉣에 들어갈 용어로서 틀린 것은?

"요로란 물체를 가열하여 (㉠)시키거나 (㉡)을 통하여 가공 생산하는 공업장치로서 (㉢)에 따라 연료의 발열반응을 이용하는 장치, 전열을 이용하는 장치 및 연료의 (㉣)반응을 이용하는 장치의 3종류로 크게 구분할 수 있다."

① ㉠ - 용융   ② ㉡ - 소성
③ ㉢ - 열원   ④ ㉣ - 산화

해설 ④ 환원   **답** ④

04 요로의 목적에 해당되지 않는 것은?
① 물체의 용융을 목적으로 하는 것
② 조직 변화를 수반하는 소성, 가공을 목적으로 하는 것
③ 연료를 연소시켜 용기 내의 액체를 수증기화 하는 것
④ 금속 등의 조직변화 및 변형을 제거하기 위한 것

해설 요로(窯爐)의 목적
㉮ 물체의 용융을 목적으로 하는 것
㉯ 조직 변화를 수반하는 소성, 가공을 목적으로 하는 것
㉰ 금속 등의 조직변화 및 변형을 제거하기 위한 것
㉱ 열을 이용하여 물건을 가공, 생산하는 수단
㉲ 연료를 연소시켜 피가열 물질을 물리적, 화학적 변화를 강제적으로 행하는 것   **답** ③

05 요로 내에서 생성된 연소가스의 흐름에 대한 설명 중 옳지 않은 것은?
① 가열물의 주변에 저온가스가 체류하는 것이 좋다.
② 같은 흡입조건하에서 고온가스는 천장 쪽으로 흐른다.
③ 가연성가스를 포함하는 연 가스는 흐르면서 연소가 진행된다.
④ 연소가스는 일반적으로 가열실 내에 충만되어 흐르는 것이 좋다.

해설 요로(窯爐)는 열을 이용하여 물체를 가열, 용융, 소성하는 장치로서 화학적 및 물리적 변화를 강제적으로 행하는 공업적 장치이므로 가열물 주변에 고온가스가 체류하는 것이 좋다.   **답** ①

06 소성 가마 내의 열의 전열방법에 포함되지 않는 것은?
① 복사 ② 전도
③ 전이 ④ 대류

해설 열의 전열(전달)방법 : 전도, 대류, 복사 **답** ③

07 가마를 사용하는 데 있어 내용수명(耐用壽命)과의 관계가 가장 먼 것은?
① 열처리 온도
② 가마 내의 부착물(휘발분 및 연료의 재)
③ 온도의 급변
④ 피열물의 열용량

해설 내용수명(耐用壽命) : 고정 자산의 수명으로 건물, 기계, 장치 등의 유형자산에 대해서 자산을 취득했을 때부터 폐기할 때까지의 기간으로 나타낸다. 가마의 수명을 지배하는 요소로는 열처리 온도, 가마 내의 부착물(휘발분 및 연료의 재), 온도의 급변 등이 해당된다. **답** ④

08 요(窯)를 조업방법에 따라 분류할 때 연속식 요가 아닌 것은?
① 등요 ② 윤요
③ 터널요 ④ 고리 가마

해설 조업방법(작업진행 방법)에 의한 분류
㉮ 연속요 : 윤요, 연속식 가마, 터널가마, 반터널식 가마 등
㉯ 반연속요 : 등요, 셔틀가마 등
㉰ 불연속요 : 승염식요, 횡염식요, 도염식요, 종가마 등 **답** ①

09 다음 중 셔틀 요(shuttle kiln)는 어디에 속하는가?
① 반연속 요 ② 승염식 요
③ 연속 요 ④ 불연속 요

해설 셔틀 요(shuttle kiln)는 반연속요에 해당된다. **답** ①

10 연소가스(화염)의 진행방향에 따라 요로를 분류한 것은?
① 연속식 가마 ② 도염식 가마
③ 직화식 가마 ④ 셔틀 가마

해설 요(窯)의 분류
㉮ 작업진행 방법 : 연속요, 반연속요, 불연속요
㉯ 화염의 진행방향 : 승염식(오름 불꽃), 횡염식(옆 불꽃), 도염식(꺾임불꽃식)
㉰ 사용연료 : 장작, 석탄, 전기, 가스, 중유 등
㉱ 가열방법 : 직접 가열식(직화식), 간접 가열식(머플식), 반 머플식
㉲ 구조 및 형상 : 터널요, 회전요, 등요, 윤요, 원요, 각요, 견요, 반 터널요, 셔틀요, 연속식 가마
㉳ 소성목적 : 초벌구이, 침구이, 유약구이, 웟그림, 유리용융, 서냉 가마, 플릿 가마
㉴ 사용목적 : 용해로, 소둔로, 소성로, 균열로
㉵ 폐열회수 방식 : 환열식 **답** ②

11 요의 구조 및 형상에 의한 분류가 아닌 것은?
① 터널요 ② 셔틀요
③ 횡요 ④ 승염식요

해설 구조 및 형상에 의한 분류 : 터널요, 회전요, 등요, 윤요, 원요, 각요, 견요, 반 터널요, 셔틀요, 횡요 등 **답** ④

12 요·로의 열효율을 높이는 방법으로 가장 거리가 먼 것은?
① 요·로의 적정 압력 유지
② 폐가스의 폐열회수
③ 발열량이 높은 연료 사용
④ 적정한 연소장치 선택

해설 요·로의 열효율 향상 방법
㉮ 요·로의 적정 압력 유지
㉯ 폐가스의 폐열회수
㉰ 적정한 연소장치 선택
㉱ 손실 열을 적게 한다.
㉲ 연속조업을 한다.
㉳ 장치의 설계조건과 운전조건을 일치시킨다.
㉴ 전열량을 증가시킨다. **답** ③

13 연속식 가마로서 피열물을 정지시켜 놓고 소성대의 위치를 바꾸어 가며 주로 벽돌, 기와 등의 건축 재료를 소성하는 가마는?

① 오름 가마　　② 꺾임 불꽃식 가마
③ 터널 가마　　④ 고리 가마

해설 윤요(ring kiln)를 고리가마라 부르며, 고리주위에 소성실을 12~18개 정도 설치한다. 건축재료를 소성하는 데 사용한다.　　답 ④

14 윤요(ring kiln)에 대한 설명으로 옳은 것은?

① 석회 소성용으로 사용된다.
② 열효율이 나쁘다.
③ 소성이 균일하다.
④ 종이 칸막이가 있다.

해설 윤요(ring kiln)의 특징
㉮ '고리 가마'라 불리는 연속식 가마이다.
㉯ 소성실을 12~18개 정도 설치하며 종이 칸막이라 하는 칸막이를 옮겨가면서 일부는 소성가마내 굽기, 재임 등을 연속적으로 행할 수 있다.
㉰ 배기가스의 현열을 이용하여 제품을 예열하고, 제품의 현열을 이용하여 연소용 2차 공기를 예열한다.
㉱ 단가마보다 열효율이 좋고, 연료 절약이 65[%]나 된다.
㉲ 벽돌, 기와 등의 건축 재료를 소성하는 데 사용한다.　　답 ④

15 벽돌, 기와, 보도타일 등 건축재료를 소성하는 데 주로 사용되는 가마는?

① 고리 가마　　② 회전 가마
③ 선 가마　　　④ 탱크 가마

해설 고리가마(윤요[ring kiln])의 용도 : 벽돌, 기와 등의 건축 재료를 소성하는 데 사용한다.　　답 ①

16 성형물을 1300[℃] 정도의 고온으로 소성하고자 할 때 일반적으로 열효율이 좋고, 온도조절의 자동화가 쉬운 특징의 가마는?

① 터널 가마　　② 도염식 가마
③ 승염식 가마　　④ 도염식 둥근가마

해설 터널 가마(tunnel kiln) : 가마 내부에 레일이 설치된 터널 형태의 가마로 가열물체를 실은 대차가 레일 위를 지나면서 예열, 소성, 냉각이 이루어져 제품이 완성되며 조작이 연속으로 이루어지는 연속식 가마이다.　　답 ①

17 터널 요의 3개 구조부에 해당하지 않는 것은?

① 용융부　　② 예열부
③ 소성부　　④ 냉각부

해설 터널요(tunnel kiln)의 구조부(구성요소)
㉮ 예열부(예열대) : 대차 입구로부터 소성대 입구까지
㉯ 소성부(소성대) : 가마의 중앙부 양쪽에 아궁이가 설치된 부분
㉰ 냉각부(냉각대) : 소성대 출구로부터 대차 출구까지　　답 ①

18 터널 가마(tunnel kiln)의 장점이 아닌 것은?

① 소성이 균일하여 제품의 품질이 좋다.
② 온도조절의 자동화가 쉽다.
③ 열효율이 좋아 연료비가 절감된다.
④ 사용연료의 제한을 받지 않고 전력소비가 적다.

해설 터널 요(tunnel kiln)의 특징
㉮ 예열, 소성, 냉각이 연속적으로 이루어지며 대차의 진행방향과 반대 방향으로 연소가스가 진행된다.
㉯ 소성이 균일하여 제품의 품질이 좋다.
㉰ 온도조절과 자동화가 용이하다.
㉱ 열효율이 좋아 연료비가 절감된다.
㉲ 배기가스 현열을 이용하여 제품을 예열한다.
㉳ 제품의 현열을 이용하여 연소용 공기를 예열한다.
㉴ 능력에 비해 설비면적이 작다.
㉵ 소성시간이 단축되며, 대량생산에 적합하다.
㉶ 능력에 비해 건설비가 비싸다.
㉷ 생산량 조정이 곤란하다.
㉸ 제품구성에 제한이 있고, 다종 소량 생산에는 부적당하다.
㉹ 제품을 연속적으로 처리할 수 있는 시설이 있어야 한다.　　답 ④

19 다음 중 터널요에 대한 설명으로 옳은 것은?

① 예열, 소성, 냉각이 연속적으로 이루어지며 대차의 진행방향과 같은 방향으로 연소가스가 진행된다.
② 소성시간이 길기 때문에 소량생산에 적합하다.
③ 인건비, 유지비가 많이 든다.
④ 온도조절의 자동화가 쉽지만 제품의 품질, 크기, 형상 등에 제한을 받는다.

해설 각 항목의 옳은 설명
① 예열, 소성, 냉각이 연속적으로 이루어지며 대차의 진행방향과 반대 방향으로 연소가스가 진행된다.
② 소성시간이 짧기 때문에 대량생산에 적합하다.
③ 제품을 연속적으로 처리할 수 있고 온도조절과 자동화가 용이하여 인건비, 유지비가 적다.
답 ④

20 터널 가마에서 샌드 실(sand seal) 장치가 마련되어 있는 주된 이유는?

① 내화벽돌 조각이 아래로 떨어지는 것을 막기 위하여
② 열 절연의 역할을 하기 위하여
③ 찬바람이 가마 내로 들어가지 않도록 하기 위하여
④ 요차를 잘 움직이게 하기 위하여

해설 샌드 실(sand seal) : 터널가마에서 고온부의 열이 레일과 바퀴 부분의 저온부로 이동하지 못하도록 열 절연의 역할을 하여 연소가스에 의한 부식을 방지한다.
답 ②

21 단가마는 어떤 형식의 가마인가?

① 불연속식
② 반연속식
③ 연속식
④ 불연속식과 연속식의 절충형식

해설 단가마 : 불을 끄고 가마에서 냉각한 뒤에 가마 내기를 행하는 불연속식가마를 일컫는다.
답 ①

22 가마 바닥에 여러 개의 흡입공(吸入孔)이 마련되어 있는 가마는?

① 승염식 가마   ② 횡염식 가마
③ 도염식 가마   ④ 고리 가마

해설 도염식 가마(down draft kiln) : 꺾임 불꽃 가마로 아궁이쪽에서 발생한 불꽃이 측벽과 화교사이를 거쳐 올라가서 소성실 천정에 부딪혀 가마바닥의 흡입공으로 빠지면서 피가열체를 소성하는 것으로 가마 내의 온도분포가 균일하다.
답 ③

23 도염식 가마(down draft kiln)에서 불꽃의 진행방향으로 옳은 것은?

① 불꽃이 올라가서 가마 천정에 부딪쳐 가마 바닥의 흡입공으로 빠진다.
② 불꽃이 처음부터 가마 바닥과 나란하게 흘러 굴뚝으로 나간다.
③ 불꽃이 연소실에서 위로 올라가 천정에 닿아서 수평으로 흐른다.
④ 불꽃의 방향이 일정하지 않으나 대개 가마 밑에서 위로 흘러나간다.

해설 도염식 가마(down draft kiln)에서 아궁이쪽에서 발생한 불꽃은 측벽과 화교 사이를 거쳐 올라가서 소성실 천정에 부딪혀 가마 바닥의 흡입공으로 빠지면서 피가열체를 소성한다.
답 ①

24 가마 내의 온도를 비교적 균일하게 할 수 있어 도자기, 내화벽돌의 소성에 적합한 가마는?

① 직염식 가마   ② 승염식 가마
③ 횡염식 가마   ④ 도염식 가마

해설 도염식 가마(down draft kiln)의 특징
㉮ 가마 내의 온도분포가 균일하다.
㉯ 연료소비가 비교적 적은편이다.
㉰ 흡입공, 주연도, 가지연도, 화교 등으로 구성된다.
㉱ 각 가마는 가마내기, 재임이 편리하다.
㉲ 도자기, 내화벽돌, 연삭지석 등을 소성한다.
답 ④

25 작업이 간편하고 조업주기가 단축되며 요체의 보유열을 이용할 수 있어 경제적인 반연속식 요는?

① 셔틀 요 ② 윤요
③ 터널 요 ④ 도염식 요

해설 셔틀 요(shuttle kiln) : 단가마의 단점을 줄이기 위하여 이용되는 것으로 가마 1개당 2대 이상의 대차를 준비하여 1개 대차에서 소성작업을 한 후 냉각파가 생기지 않는 한 대차를 끌어내고, 다른 대차를 밀어 넣어 소성작업을 한다. **답** ①

26 셔틀 요(shuttle kiln)의 특징에 대한 설명으로 가장 거리가 먼 것은?

① 가마의 보유열보다 대차의 보유열이 열 절약의 요인이 된다.
② 급랭파가 생기지 않을 정도의 고온에서 제품을 꺼낸다.
③ 가마 1개당 2대 이상의 대차가 있어야 한다.
④ 작업이 불편하여 조업하기가 어렵다.

해설 셔틀 요(shuttle kiln)의 특징
㉮ 가마 1개 당 2대 이상의 대차가 있어야 한다.
㉯ 급랭파가 생기지 않을 정도의 고온에서 제품을 꺼낸다.
㉰ 가마의 보유열보다 대차의 보유열이 에너지 절약의 요인이 된다. **답** ④

27. 유리 용융용으로 대량 생산 시 사용하는 가마(요)는?

① 탱크 요 ② 회전 요
③ 등요   ④ 터널 요

해설 탱크요 : 직화식 구조로 유리 용해량이 수십[kg]에서 2,000[톤] 정도로 대량 생산 시 사용하는 것으로 용해부, 청정부, 작업부로 구성되어 있다. **답** ①

28 회전 가마(rotary kiln)에 대한 설명으로 틀린 것은?

① 일반적으로 시멘트, 석회석 등의 소성에 사용된다.
② 온도에 따라 소성대, 가소대, 예열대, 건조대 등으로 구분된다.
③ 소성대에는 황산염이 함유된 클링커가 용융되어 내화벽돌을 침식시킨다.
④ 시멘트 클링커의 제조방법에 따라 건식법, 습식법, 반건식법으로 분류된다.

해설 회전가마(rotary kiln)의 특징
㉮ 시멘트, 석회석 등의 소성에 사용되는 연속요이다.
㉯ 100~160[m] 정도의 원통형으로 만들어지며, 가마의 경사는 5/100 정도이다.
㉰ 온도에 따라 소성대, 가소대, 예열대, 건조대 등으로 구분된다.
㉱ 원료와 연소가스는 서로 반대방향으로 이동함으로써 열교환이 일어난다.
㉲ 열효율이 불량하여 연소가스의 여열을 회수하는 장치의 설치가 필요하다.
㉳ 시멘트 클링커의 제조방법에 따라 건식법, 습식법, 반건식법으로 분류된다. **답** ③

30 견요의 특징에 대한 설명으로 틀린 것은?

① 석회석 클링커 제조에 널리 사용된다.
② 하부에서 연료를 장입하는 형식이다.
③ 제품의 여열을 이용하여 연소용 공기를 예열한다.
④ 이동 화상식이며 연속 요에 속한다.

해설 견요(堅窯)의 특징
㉮ 석회석 클링커 제조에 널리 사용된다.
㉯ 상부에서 연료를 장입하는 형식이다.
㉰ 제품의 여열을 이용하여 연소용 공기를 예열한다.
㉱ 화염은 오름불꽃 형태이며, 직화식이다.
㉲ 이동 화상식이며 연속요에 속하며, 선가마라 불린다. **답** ②

2. 로의 종류 및 특징

2.1 철강용 로의 구조 및 특징

(1) 용광로

고로라 하며, 철광석을 환원하여 선철을 제조하는 설비이다.

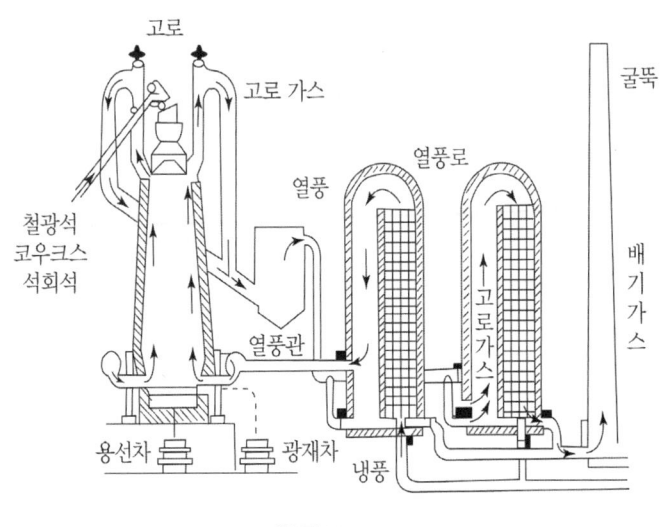

용광로

① **구조** : 노구(throat), 샤프트(shaft), 보시(bosh), 노상(hearth)으로 구성

② **종류**

㉮ 철피식 : 노흉부를 철피로 보강한 것으로 6~8개의 지주로 지탱한다.

㉯ 철대식 : 노상층부의 하중의 철탑으로 지지하고, 노흉부는 철대를 두르고 6~8개의 지주로 지탱한다.

㉰ 절충식 : 노상층부 하중은 철탑으로 지지하고, 노흉부 하중은 철피로 지지한다.

③ **제선원료** : 철광석, 코크스, 석회석, 망간 광석

㉮ 철광석의 종류 : 적철광, 자철광, 침철광, 능철광, 규산철광, 황화철광 등

㉯ 코크스의 역할

ⓐ 선철을 제조하는 열원으로 사용한다.

ⓑ 연소 시 환원성 가스 생성에 의해서 광석을 가스환원하는 동시에 직접 그 탄소

에 의해서 광석을 환원시킨다.

ⓒ 일부 탄소는 가스 상태로 선철 중에 흡수되어 선철 성분이 된다.

㉰ 석회석의 역할 : 철과 불순물을 분리하여 염기성 슬래그(slag)를 조성한다.

㉱ 망간광석의 역할 : 탈황 및 탈산

④ 배소 및 하소

㉮ 배소(焙燒) : 광석을 용융하지 않을 정도의 온도로 가열하여 공기, 탄소, 염소, 수증기 또는 화학약품과 작용시켜 장석에 화학변화를 주는 조작이다.

㉯ 배소의 목적

ⓐ 화합수(化合水) 및 탄산염의 분해를 촉진

ⓑ 산화도를 변화시켜 제련을 용이하게 함

ⓒ 유해성분(S, P, As 등)을 제거

ⓓ 균열 등 물리적인 변화

㉰ 하소 : 원료 중의 결정수나 기체 성분을 제거하는 조작이다.

⑤ 용광로의 능률 향상 대책

㉮ 소결광의 사용   ㉯ 조습(調濕) 조업

㉰ 산소 부화(富化) 조업   ㉱ 고압 조업

⑥ **용광로의 용량 표시** : 1일(24시간) 동안 선철의 출선량을 톤[ton]으로 표시한다.

(2) 배소로

광석을 용해되지 않을 정도로 가열하여 화학적, 물리적 변화를 일으키는 데 사용되는 것으로 용광로 이전에 설치한다. 종류에는 유동 배소로, 다단상형 유화강 배소로가 있다.

2.2 제강용로의 구조 및 특징

(1) 평로

선철과 고철을 장입하고 연료의 연소열로 금속을 용융시켜 강을 제조하는 것으로 축열실이 설치되어 있는 일종의 반사로이다.

① **축열실** : 연소온도를 높이고 연료 소비량을 절감하기 위하여 배기가스 현열을 흡수하여 공기나 연료가스 예열에 이용될 수 있도록 한 장치이다.

② 특징
  ㉮ 대규모 설비이며, 대량생산에 적합하다.
  ㉯ 선철 및 고철을 원료로 강을 제조한다.
  ㉰ 가스 발생로에서 제조되는 가스나 중유를 사용한다.
  ㉱ 일반적인 제조방법에 사용되는 염기성법과 고급 재료를 사용하는 산성법이 있다.

(2) 전로(轉爐)

용융 선철을 장입하고 고압의 공기나 산소를 취입하여 제련하는 것으로 산화열에 의해 불순물을 제거하므로 별도의 연료가 필요 없다.

(3) 전기로(electric furnace)

전열을 사용하여 선철과 고철을 용해하여 강을 만드는 것이다.

2.3 주물용해로의 구조 및 특징

(1) 용선로(cupola)

주물을 용해하기 위한 것으로 강판으로 만든 원형 내부를 내화벽돌로 쌓고 내화 점토로 만든 직접형 노로 가장 많이 사용된다. 노 내에 코크스, 선철, 석회석 순으로 장입하며, 코크스를 연소시켜 주물을 용해한다.

① 구성
  ㉮ 코크스 배드(cokes bad) : 노 바닥에서부터 일정 높이까지 연료용 코크스를 장입하는 부분
  ㉯ 우구(tuyere) : 풍공(風孔)이라 하며 내부에 공기가 유입될 수 있는 공간
  ㉰ 윈드박스(wind box) : 연료용 코크스를 연소시키기 위한 연소용 공기가 유입되는 바람상자(風口)
  ㉱ 장입구 : 연료용 코크스, 선철, 석회석 등 원료를 집어넣는 부분

② 특징
  ㉮ 대량의 쇳물을 얻을 수 있어 대량생산이 가능하다.
  ㉯ 다른 용해로에 비해 열효율이 좋고, 용해 시간이 빠르다.
  ㉰ 용해 특성상 용탕에 탄소, 황, 인 등의 불순물이 들어가기 쉽다.
  ㉱ 탄소, 황, 인 등의 불순물을 흡수하여 주물의 질이 저하된다.
  ㉲ 용량은 1시간당 용해량을 톤[ton]으로 표시한다.

(2) 반사로

천정을 낮게 하여 연소열과 천정의 복사열을 이용하여 가열하고 탕조는 얕은 구조로 되어 있다.

(3) 비철금속 용해로

① **도가니로** : 비철합금, 특수강 등을 도가니에 넣고 외부에서 가열하여 용융시키는 로(爐)이다.

② **알루미늄 반사로** : 탕 온도를 700~750[℃] 정도로 하여 알루미늄의 산화를 방지하며 용해하는 데 사용한다.

2.4 금속가열 열처리로의 구조 및 특징

(1) 금속가열로

① **가열로** : 압연 공장에서 압연작업에 적당한 온도로 가열하기 위하여 사용하는 것이다.

② **균열로** : 압연 공장과 연속 주조실 중간에서 일시적인 가열, 보온으로 불규칙한 수급 상태를 해결하기 위하여 사용하는 것이다.

(2) 열처리로

금속의 기계적 성질을 개선하기 위하여 열처리할 때 사용하는 것으로 풀림로, 불림로, 뜨임로, 담금질로, 침탄로, 염욕로 등으로 분류된다.

2.5 축요의 구조 및 특징

(1) 축요(築窯) 시 지반 선택 조건

① 지하수가 생기지 않는 곳 ② 배수 및 하수 처리가 용이한 곳
③ 지반이 튼튼한 곳 ④ 가마의 위치는 제조, 조립이 편리한 곳

(2) 지반(地盤) 적부 시험 항목

① 지하 탐사 ② 토질 시험 ③ 지내력 시험

(3) 축요 순서

기초공사 → 벽돌쌓기 → 가마의 보강 → 굴뚝 시공

출제예상문제
Expected problems

01 조직의 화학변화를 동반하는 소성, 가소를 목적으로 하는 로는?
① 고로　　② 균열로
③ 용해로　④ 소성로

해설 고로 : 철광석, 코크스, 석회석, 망간광석 등의 원료를 녹여 선철을 제조하는 것으로 용광로를 지칭하는 것이다.　　답 ①

02 용광로를 고로라고도 하는데 이는 무엇을 제조하는 데 사용되는가?
① 주철　　② 주강
③ 선철　　④ 포금

해설 용광로(고로) : 철광석을 녹여 선철을 제조하는 것으로 노구(throat), 샤프트(shaft), 보시(bosh), 노상(hearth)으로 구성되며, 종류에는 철피식, 철대식, 절충식이 있다.　　답 ③

03 노체 상부로부터 노구(throat), 샤프트(shaft), 보시(bosh), 노상(hearth)으로 구성된 노(爐)는?
① 평로　　② 고로
③ 전로　　④ 코크스로

해설 고로의 구조 : 노구(throat), 샤프트(shaft), 보시(bosh), 노상(hearth)으로 구성된다.　　답 ②

04 용광로의 종류가 아닌 것은?
① 전로식　② 철피식
③ 철대식　④ 절충식

해설 용광로(고로)의 종류
㉮ 철피식 : 노융부를 철피로 보강한 것으로 6~8개의 지주로 지탱한다.

㉯ 철대식 : 노상층부의 하중의 철탑으로 지지하고, 노흉부는 철대를 두르고 6~8개의 지주로 지탱한다.
㉰ 절충식 : 노상층부 하중은 철탑으로 지지하고, 노흉부 하중은 철피로 지지한다.　　답 ①

05 고로에 대한 설명으로 틀린 것은?
① 광석을 제련상 유리한 상태로 변화시키는 데 목적이 있다.
② 제철공장에서 선철을 제조하는 데 사용된다.
③ 용광로의 상부에 철광석과 환원제 그리고 원료로서 코크스를 투입한다.
④ 용광로의 하부에 배치된 우구(tuyere)로부터 고온의 열풍을 취입한다.

해설 고로 : 용광로라 하며 철광석을 녹여 선철을 제조하는 데 사용된다.
※ ①항 : 배소로의 설명　　답 ①

06 고로(blast furnace)의 특징에 대한 설명이 아닌 것은?
① 축열실, 탄화실, 연소실로 구분되며 탄화실에는 석탄 장입구와 가스를 배출시키는 상승관이 있다.
② 산소의 제거는 CO 가스에 의한 간접 환원반응과 코크스에 의한 직접 환원반응으로 이루어진다.
③ 철광석 등의 원료는 노의 상부에서 투입되고 용선은 노 하부에서 배출된다.
④ 노 내부의 반응을 촉진시키기 위해 압력을 높이거나 열풍의 온도를 높이는 경우도 있다.

해설 축열실은 평로, 균열로 등에서 연소용 공기의 예열에 사용된다.　　답 ①

07 용광로에서 선철을 만들 때 사용되는 주원료가 아닌 것은?

① 규선석(珪線石) ② 석회석(石灰石)
③ 철광석(鐵鑛石) ④ 코크스(cokes)

해설 용광로에서 선철을 만들 때 주원료는 철광석, 코크스, 석회석, 망간광석이 사용된다. **답 ①**

08 용광로에 장입하는 코크스의 역할이 아닌 것은?

① 철광석 중의 황분을 제거
② 가스 상태로 선철 중에 흡수
③ 선철을 제조하는 데 필요한 열원을 공급
④ 연소 시 환원성가스를 발생시켜 철의 환원을 도모

해설 코크스의 역할
㉮ 선철을 제조하는 열원으로 사용
㉯ 연소 시 환원성 가스 생성에 의해서 광석을 가스 환원하는 동시에 직접 그 탄소에 의해서 광석을 환원 → 흡탄작용
㉰ 일부 탄소는 가스 상태로 선철 중에 흡수되어 선철 성문이 된다. **답 ①**

09 용광로의 원료 중 코크스의 역할로 옳은 것은?

① 탈황작용 ② 흡탄작용
③ 매용제(媒熔劑) ④ 탈산작용

해설 흡탄작용 : 코크스 연소 시 환원성 가스 생성에 의해서 광석을 가스환원하는 동시에 직접 그 탄소에 의해서 광석을 환원하는 작용이다.
※ 21년 1회차에서 ④번도 정답으로 인정되어 복수 정답으로 처리되었음. **답 ②**

10 용광로에서 장입되는 물질 중 탈황 및 탈산을 위해 첨가하는 것은?

① 철광석 ② 망간광석
③ 코크스 ④ 석회석

해설 망간광석의 역할 : 탈황 및 탈산 **답 ②**

11 분말 철광석을 괴상화하는 데 적합한 로는?

① 소결로 ② 저항로
③ 가열로 ④ 도가니로

해설 분상(粉狀) 철광석을 용광로에 장입하면 용광로의 능률에 악영향을 크게 미치므로 분상철광석을 소결, 페러타이징 등의 방법으로 괴상화(塊狀化)하여 사용하며 괴상화하는 데 사용하는 로가 소결로이다. **답 ①**

12 철강용 노에서 괴상화를 하는 목적이 아닌 것은?

① 용광로의 능률을 향상시킨다.
② 환원반응을 좋게 한다.
③ 통풍관계를 개선한다.
④ 불순물을 제거한다.

해설 괴상화의 목적
㉮ 용광로의 능률을 향상시킨다.
㉯ 환원반응을 양호하게 한다.
㉰ 통풍관계를 개선한다. **답 ④**

13 광석을 공기의 존재 하에서 가열하여 금속산화물 또는 산소를 함유한 금속화합물로 바꾸는 조작을 무엇이라고 하는가?

① 염화배소 ② 환원배소
③ 산화배소 ④ 황산화배소

해설 산화배소(酸化焙燒 : roasting) : 공기 존재 하에서 광석을 용융하지 않을 정도로 가열하여 장석에 화학변화를 주는 조작이다. **답 ③**

14 광석을 용해되지 않을 정도로 가열하는 배소(roasting)의 목적이 아닌 것은?

① 물리적 변화의 방지
② 탄산염의 분해를 촉진
③ 황(S), 인(P) 등의 성분을 제거
④ 산화도를 변화시켜 제련을 용이하게 함

해설 배소(roasting)의 목적
㉮ 화합수(化合水) 및 탄산염의 분해를 촉진
㉯ 산화도를 변화시켜 제련을 용이하게 함
㉰ 유해성분(S, P, As 등)을 제거
㉱ 균열 등 물리적인 변화   답 ①

15 용광로의 능률 향상 대책에 속하지 않는 것은?
① 미분말 철광석의 사용 조업
② 증습 조업
③ 산소 부화 조업
④ 고압 조업

해설 용광로의 능률 향상 대책
㉮ 소결광의 사용   ㉯ 조습(調濕) 조업
㉰ 산소 부화(富化) 조업 ㉱ 고압 조업   답 ②

16 용광로의 용량표시는 무엇을 기준으로 나타내는가?
① 1회당 생산되는 광석의 톤수
② 24시간당 생산되는 광석의 톤수
③ 1회당 생산되는 선철의 톤수
④ 24시간당 생산되는 선철의 톤수

해설 용광로의 용량표시 : 1일(24시간) 동안 선철의 출선량을 톤(ton)으로 표시한다.   답 ④

17 배소로의 역할을 가장 알맞게 설명한 것은?
① 광석이 용해되지 않을 정도로 가열하여서 화학적, 물리적 변화를 일으킨다.
② 광석을 용융시켜 화학적 변화를 일으킨다.
③ 괴상의 광석을 미분화시킨다.
④ 분말광석을 괴상으로 소결시킨다.

해설 배소로 : 광석을 용해되지 않을 정도로 가열하여 화학적, 물리적 변화를 일으키는 데 사용되는 것으로 용광로 이전에 설치한다.   답 ①

18 전기로, 전로 및 평로를 사용하여 작업하는 것을 무엇이라 하는가?
① 단조   ② 제선
③ 배소   ④ 제강

해설 제강 : 선철과 고철을 장입하고 연소열로 금속을 용융시켜 강을 만드는 작업을 하는 것으로 전기로, 전로, 평로를 사용한다.   답 ④

19 다음 중 제강로가 아닌 것은?
① 고로   ② 전로
③ 평로   ④ 전기로

해설 고로 : 선철을 제조하는 것으로 용광로를 지칭하는 것이다.   답 ①

20 축열식 반사로를 사용하여 선철을 용해, 정련하는 방법으로 시멘스마틴법(siemens-martins process)이라고도 하는 것은?
① 불림로   ② 용선로
③ 평로   ④ 전로

해설 평로 : 선철과 고철을 장입하고 연료의 연소열로 금속을 용융시켜 강을 만드는 것으로 좌우 양쪽에 축열식 반사로가 설치되어 있다.   답 ③

21 제강 평로에서 채용되고 있는 배열회수 방법으로서 배기가스의 현열을 흡수하여 공기나 연료가스 예열에 이용될 수 있도록 한 장치는?
① 축열기   ② 환열기
③ 폐열 보일러   ④ 판형 열교환기

해설 축열기 : 평로에서 연소온도를 높이고 연료 소비량을 절감하기 위하여 배기가스 현열을 흡수하여 공기나 연료가스 예열에 이용될 수 있도록 한 장치로 축열기(축열실)라 한다.   답 ①

22 제강 평로에서 축열실의 역할로 가장 옳은 것은?

① 연소용 공기를 예열한다.
② 연소용 중유를 가열한다.
③ 원료를 예열한다.
④ 제품을 가열한다.

해설 축열실의 역할 : 배기가스 현열을 흡수하여 공기나 연료가스 예열에 이용될 수 있도록 한 장치이다.

답 ①

23 연료를 사용하지 않고 용선의 보유열과 용선 속의 불순물의 산화열에 의해서 노 내 온도를 유지하면서 용강을 얻는 것은?

① 평로
② 고로
③ 반사로
④ 전로

해설 전로(轉爐) : 용융 선철을 장입하고 고압의 공기나 산소를 취입하여 제련하는 것으로 산화열에 의해 불순물을 제거하므로 별도의 연료가 필요 없다. **답** ④

24 평로법과 비교하여 LD전로법에 관한 설명으로 틀린 것은?

① 평로법보다 생산 능률이 높다.
② 평로법보다 공장 건설비가 싸다.
③ 평로법보다 작업비, 관리비가 싸다.
④ 평로법보다 고철의 배합량이 많다.

해설 LD 전로법(상취전로[上吹轉爐])의 특징
㉮ 평로보다 건설비가 저렴하다.
㉯ 평로보다 생산능률이 높다.
㉰ 작업비, 관리비가 저렴하다.
㉱ 집진장치가 필요하다.
※ 상취전로(上吹轉爐) : 노의 상부로부터 수냉의 산소 취입관(런스:lance)에 의하여 5~10[kgf/cm^2]의 고순도(99.5[%] 이상)의 산소를 취입하고 용선 중의 Si, Mn, P, C 등을 산화연소하고, 발생하는 산화물을 슬래그화 하여 제거한 후 노를 경사지게 하여 용강을 취출기로 옮기고 성분의 조정과 탈산을 하여 필요한 성분을 갖는 강을 만드는 로이다.

답 ④

25 다음 중 전기로가 아닌 것은?

① 퓨셔로
② 아크로
③ 저항로
④ 유도로

해설 전기로(electric furnace) : 전열을 사용하여 선철과 고철을 용해하여 강을 만드는 것으로 가열방식에 의하여 저항로, 아크로, 유도로 등으로 분류한다.

답 ①

26 전기저항로에 발열체 저항이 $R[\Omega]$, 여기에 $I[A]$의 전류를 흘렸을 때 발생하는 이론 열량은 시간당 얼마인가?

① $864\,IR[cal]$
② $846\,IR[cal]$
③ $864\,I^2R[cal]$
④ $846\,I^2R[cal]$

해설 $H = 0.24I^2Rt$
$= 0.24 \times I^2 \times R \times 3{,}600 = 864\,I^2R[cal]$

참고 줄의 법칙 : 전류에 의해 도선에 발생하는 열량(H)은 전류(I) 세기의 제곱과 도선의 저항(R) 및 흐르는 시간(s)에 비례한다.
∴ $H = I^2Rt[J] = 0.24\,I^2Rt[cal]$

답 ③

27 다음 중 주물 용해로가 아닌 것은?

① 반사로
② 큐폴라
③ 용광로
④ 도가니로

해설 ㉮ 주물 용해로 : 주물을 용해하기 위한 것으로 큐폴라(용선로), 반사로, 회전로 등이 사용된다.
㉯ 비철금속 용해로의 종류 : 회전로, 반사로, 도가니로
㉰ 용광로 : 선철을 제조하는 것으로 고로라 한다.

답 ③

28 큐폴라(cupola)의 또 다른 명칭은?

① 용광로
② 반사로
③ 용선로
④ 평로

해설 큐폴라(cupola) : 용선로라 하며 주물을 용해하기 위한 것으로 강판으로 만든 원형 내부를 내화벽돌로 쌓고 내화 점토로 만든 직접형 노로 가장 많이 사용된다.

답 ③

29 큐폴라의 구성품이 아닌 것은?

① 코크스 배드
② 트러니언
③ 우구
④ 윈드박스

해설 큐폴라(cupola)의 구성
㉮ 코크스 배드 : 노 바닥에서부터 일정높이까지 연료용 코크스를 장입하는 부분
㉯ 우구 : 풍공(風孔)이라하며 내부에 공기가 유입될 수 있는 공간
㉰ 윈드박스 : 연료용 코크스를 연소시키기 위한 연소용 공기가 유입되는 바람상자(風口)
㉱ 장입구 : 연료용 코크스, 선철, 석회석 등 원료를 집어넣는 부분 **답** ②

30 용선로(cupola)에 대한 설명으로 틀린 것은?

① 대량생산이 가능하다.
② 용해 특성상 용탕에 탄소, 황, 인 등의 불순물이 들어가기 쉽다.
③ 동합금, 경합금 등 비철금속 용해로로 주로 사용된다.
④ 다른 용해로에 비해 열효율이 좋고 용해시간이 빠르다.

해설 용선로(cupola)의 특징
㉮ 대량의 쇳물을 얻을 수 있다.
㉯ 다른 용해로보다 열효율이 좋다.
㉰ 용해 시간이 빠르다.
㉱ 용해 특성상 용탕에 탄소(C), 황(S), 인(P)의 성분이 들어가기 쉽고, 흡수하면 품질이 저하된다.
㉲ 용량은 1시간당 용해량을 톤[ton]으로 표시한다.

참고 용선로 : 주물을 용해하기 위한 것으로 강판으로 만든 원형 내부를 내화벽돌로 쌓고 내화 점토로 만든 직접형 노로 가장 많이 사용된다. **답** ③

31 비철금속 용해로에 잘 쓰이지 않는 것은?

① 반사로
② 도가니로
③ 유동층로
④ 회전로

해설 비철금속 용해로의 종류
㉮ 직접가열방식 : 회전로, 반사로
㉯ 간접가열방식 : 도가니로 **답** ③

32 구리합금 용해용 도가니로에 사용될 도가니의 재료로 가장 적합한 것은?

① 흑연질
② 점토질
③ 구리
④ 크롬질

해설 도가니로의 재질
㉮ 흑연질 도가니 : 특수강, 동합금, 유리 용융용
㉯ 주철제 도가니 : 경합금 용해용 **답** ①

33 알루미늄 용해 조업에서 고온을 피하고 노 온도를 700~750[℃]로 지정한 주된 이유는?

① 연료 절약
② 가스의 흡수 및 산화 방지
③ 노재의 침식방지
④ 알루미늄의 증발 방지

해설 알루미늄 용해용 반사로 등에서 알루미늄을 용해할 때 고온용해를 하면 가스 흡수와 산화가 일어나기 때문에 노온도를 700~750[℃]로 조절할 필요가 있다. **답** ②

34 유리 용융용 브릿지 월(bridge wall)탱크에서 용융부와 작업부 간의 연소가스 유통을 억제하는 역할을 담당하는 구조 부분은?

① 포트(port)
② 스로트(throat)
③ 브릿지 월(bridge wall)
④ 새도우 월(shadow wall)

해설 유리 용융용 탱크가마의 구성요소
㉮ 브릿지 월(bridge wall)의 역할 : 1400℃ 정도의 고온으로 용해한 유리액 중의 부유물을 제거하여 조업부로 넘어가는 것을 방지한다.
㉯ 새도우 월(shadow wall) : 용융부와 작업부 간의 연소가스 유통을 억제하는 역할을 한다. **답** ④

35 단조용 가열로 중 산화스케일(scale)이 가장 많이 발생하는 방식은?
① 직화식　　② 반간접식
③ 무산화 가열방식　④ 급속 가열방식

해설 단조용 가열로 중 직화식(直火式)은 가열실 내에서 연소를 하는 방식으로 신속히 가열이 되어 연료소비량이 적어도 되지만 산화스케일이 가장 많이 발생할 수 있다. **답** ①

36 공업용 로에 있어서 폐열회수장치로 가장 적합한 것은?
① 댐퍼　　② 백 필터
③ 바이패스 연도　④ 리큐퍼레이터

해설 리큐퍼레이터 : 균열로 등에서 고온 폐열 및 폐가스로부터 열교환을 거쳐 열회수 및 동력발생, 열저장을 하는 장치로 축열식, 히트파이프식, 열관류식 등으로 분류된다. **답** ④

37 연속 가열로를 강제의 이동방식에 따라 분류할 때 이에 해당되지 않는 것은?
① 전기 저항식
② 회전 노상식
③ 푸셔(pusher)식
④ 워킹 빔(walking beam)식

해설 연속가열로의 구분
㉮ 회분로
㉯ 노상 회전로(회전 노상식)
㉰ 연속로 : 푸셔식(pusher type), 롤러 히어스식(roller hearse type), 워킹 빔식(walking beam type), 경사 낙하식 **답** ①

38 열처리로 경화된 재료를 변태점 이상의 적당한 온도로 가열한 다음 서서히 냉각하여 강의 입도를 미세화하여 조직을 연화, 내부응력을 제거하는 로는?
① 머플로　　② 소성로
③ 풀림로　　④ 소결로

해설 풀림로 : 금속의 기계적성질을 향상시키기 위하여 사용되는 열처리로의 한 종류이다. **답** ③

39 금속 공업로의 에너지 절감대책으로 가장 거리가 먼 것은?
① 처리 재료 보유열을 유효하게 이용한다.
② 연소용 공기의 여열을 곧바로 방열시킨다.
③ 배열을 유효하게 이용하고 방사열량의 저감대책을 마련한다.
④ 공연비의 개선 및 노 설비의 유기적 결합에 의한 배열의 효율적인 이용을 기한다.

해설 연소용 공기는 배열 등을 이용하여 예열시켜 공급한다. **답** ②

40 축요(築窯) 시 가장 중요한 것은 적합한 지반(地盤)을 고르는 것이다. 다음 중 지반의 적부 결정과 가장 거리가 먼 것은?
① 지내력시험　② 토질시험
③ 팽창시험　　④ 지하탐사

해설 지반 적부 시험(결정)에는 지하 탐사, 토질 시험, 지내력 시험을 행한다. **답** ③

41 연소실의 연도를 축조하려 할 때의 유의사항으로 가장 거리가 먼 것은?
① 넓거나 좁은 부분의 차이를 줄인다.
② 가스 정체 공극을 만들지 않는다.
③ 가능한 한 굴곡 부분을 여러 곳에 설치한다.
④ 댐퍼로부터 연도까지의 길이를 짧게 한다.

해설 가능한 한 굴고 부분이 적게 하여 배기가스의 저항을 적게 한다. **답** ③

제2장 내화물, 단열재, 보온재

1. 내화물

1.1 내화물 일반

(1) 내화물의 정의

고온에 사용되는 불연성, 난연성 재료로 용융온도 1,580[℃](SK26) 이상의 내화도를 가진 비금속 무기재료를 말한다.

(2) 내화물의 구비조건

① 고온에서 팽창, 수축이 적을 것
② 사용온도에서 연화, 변형되지 않을 것
③ 상온, 사용온도에서 충분한 압축강도가 있을 것
④ 내마멸성, 내침식성이 우수할 것
⑤ 사용 용도에 맞는 열전도율을 가질 것
⑥ 스폴링(spalling) 현상이 작을 것

(3) 내화물의 분류

① **원료의 종류에 의한 분류** : 규석질, 반규석질, 샤모트질, 마그네시아질, 알루미나질

② **광물 조성에 의한 분류** : 뮬라이트, 실미나이트질

③ **화학조성에 의한 분류** : 산성, 중성, 염기성

  ㉮ **산성 내화물** : SiO_2와 같이 산성산화물을 주원료로 한 것으로 규석질 내화물, 반규석질 내화물, 납석질 내화물, 샤모트질 내화물 등이다.

  ㉯ **염기성 내화물** : MgO나 CaO와 같은 염기성 산화물을 주원료로 한 것으로 마그네시아 내화물, 불소성 마그네시아 내화물, 개량 마그네시아 내화물, 포스테라이트 내화물, 마그크로질 내화물, 돌로마이트질 내화물 등이다.

㉰ **중성 내화물** : Al_2O_3나 Cr_2O_3와 같은 중성 산화물을 주원료로 한 것으로 고알루미나질 내화물, 탄화 규소질 내화물, 크롬질 내화물, 탄소질 내화물 등이다.

내화물의 화학성분의 형태

분류	형태
산성 내화물	RO_2
염기성 내화물	RO
중성 내화물	R_2O_3

④ **내화도에 의한 분류** : 저급(SK26~SK30), 중급(SK31~SK33), 고급(SK34 이상)

⑤ **용도에 의한 분류** : 전로용, 평로용, 전기로용, 천정용

⑥ **형상에 의한 분류** : 성형 내화물, 부정형 내화물

⑦ **가열 처리에 의한 분류**
  ㉮ 소성 내화물 : 소성에 의하여 소결시킨 내화물
  ㉯ 불소성 내화물 : 화학적 결합제를 사용하여 고압 압력에 의하여 결합시킨 내화물
  ㉰ 용융 내화물 : 전기로에서 용융시켜 일정한 형상으로 주조하여 만든 내화물

(4) 내화물의 특성과 시험 항목

① **내화도(耐火度)** : 내화물의 용융 온도를 말하며 연화 변형되는 온도이다.
  ㉮ 표시방법
    ⓐ SK cone : 제겔콘으로 측정한 것으로 SK26번(1580[℃]) 이상을 기준으로 한다.
    ⓑ PCE cone : 오튼콘으로 측정한 것으로 PCE 15번(1430[℃]) 이상을 기준으로 한다.

SK번호에 따른 온도

SK No	온도[℃]	SK No	온도[℃]
26	1,580	35	1,770
27	1,610	36	1,790
28	1,630	37	1,825
29	1,650	38	1,850
30	1,670	39	1,880
31	1,690	40	1,920
32	1,710	41	1,960
33	1,730	42	2,000
34	1,750		

㉯ 제겔콘(Seger cone) : 점토, 규석질 등 내연성의 금속산화물로 일정 비율로 혼합 제조하여 높이 30[mm], 위쪽 머리 부분 3[mm], 삼각형 밑변 길이 7[mm]로 되어 있으며, 시험 내화재의 추와 오열로 받침대 위에 80° 각으로 세워 벽돌의 내화도 측정 등에 사용한다.

② **내화물의 구성적 성질**

㉮ 참비중 : 0.3[mm] 이하로 미분한 시료를 50[mL]의 비중병법으로 측정한다.

㉯ 겉보기 비중, 부피비중, 겉보기 기공률, 흡수율 계산식

ⓐ 겉보기 비중 = $\dfrac{W_1}{W_1 - W_2}$

ⓑ 부피 비중 = $\dfrac{W_1}{W_3 - W_2}$

ⓒ 겉보기 기공률[%] = $\dfrac{W_3 - W_1}{W_3 - W_2} \times 100$

ⓓ 흡수율[%] = $\dfrac{W_3 - W_1}{W_1} \times 100$

여기서, W_1 : 괴상의 벽돌(표준형 벽돌의 절반 크기)을 105~120[℃]에서 건조 평량한 무게

W_2 : W_1의 벽돌을 수중에서 3시간 끓인 후 상온까지 냉각하고 수중에서 매달아 평량한 무게

W_3 : W_2의 시료를 수중에서 꺼내 표면의 물을 습포(濕布)로 닦은 다음 평량한 무게

※ 일반적으로 비중이 크면 기공률이 작고, 압축강도가 크며 열전도율이 큰 경우가 많다.

③ **기계적 성질** : 내화벽돌의 소결 정도를 표시하는 것으로 압축강도, 인장강도, 휨강도, 비틀림강도, 탄성률 등이다.

④ **열적 성질**

㉮ 열팽창성

ⓐ 일시적 팽창 : 열간 팽창률로 스폴링 현상과 관계가 깊다.

ⓑ 영구 팽창 : 잔존 팽창 수축률로 소성 불충분에서 온다.

㉯ 스폴링(spalling) 현상 : 박락현상이라 하며 내화물이 사용하는 도중에 갈라지든지, 떨어져 나가는 현상을 말한다.

ⓐ 원인
- ㉠ 열적 스폴링 : 온도 급변에 의한 열 영향
- ㉡ 구조적 스폴링 : 구조적인 응력 불균형
- ㉢ 기계적 스폴링 : 조직 변화에 의한 영향

ⓑ 스폴링(spalling) 시험방법
- ㉠ 수냉법 : 시험체의 한 끝을 소정 온도로 일정시간 가열한 후 수중에서 급랭시키며, 이것을 반복해서 일정량의 파괴가 일어나는 횟수, 비율로 내 스폴링성을 나타낸다.
- ㉡ 공랭법 : 수냉법보다 고온으로 가열한 후 공기 중에 꺼내거나 공기를 불어넣어서 급랭시켜 파괴가 일어나는 횟수, 비율로 내 스폴링성을 나타낸다.
- ㉢ 패널 시험법 : 벽돌을 쌓아올리고 그 한 면을 일정온도로 가열한 후 공랭시킨다. 이것을 일정 횟수 반복하여 파괴된 양의 비율로 내 스폴링성을 나타낸다.

㉰ 하중연화점 : 내화물을 축요하였을 때 일정한 하중을 받는 조건하에서 연화 변형하는 온도로 측정(시험방법)은 하중을 일정하게 하고 온도를 높이면서 그 하중에 견디지 못하고 변형하는 온도를 측정한다.

⑤ **화학적 성질** : 고열에 직접 접촉하고 내용물과 화학적인 변화를 일으켜 침식 및 마멸이 발생하여 수명이 단축되는 성질이다.

⑥ **기타 성질**
- ㉮ 슬래킹(slacking) 현상 : 마그네시아 또는 돌로마이트를 원료로 하는 내화물이 수증기의 작용을 받아 $Ca(OH)_2$나 $Mg(OH)_2$를 생성하는데 이때 큰 비중 변화에 의하여 체적변화를 일으키기 때문에 노벽에 균열이 발생하거나 붕괴하는 현상
- ㉯ 버스팅(bursting) 현상 : 크롬 철광을 원료로 하는 내화물이 1,600[℃] 이상에서 산화철을 흡수하여 표면이 부풀어 오르고 떨어져 나가는 현상으로 크롬질 내화물에서 발생한다.

(5) 내화물의 제조 공정

① **기본 공정** : 분쇄 → 혼련(混練) → 성형 → 건조 → 소성

② **각 공정의 특징**
- ㉮ 분쇄 : 표면적 증가, 이물질 분리, 균일한 혼합을 위하여 분쇄
- ㉯ 혼련 : 물이나 기타 첨가제를 배합하여 고루 분포가 되도록 잘 섞고 이기는 과정

㉢ 성형 : 혼련된 배토를 일정한 형상을 가질 수 있도록 만드는 과정
㉣ 건조 : 수분을 제거하는 과정
㉤ 소성 : 원료에 열화학적 변화를 일으켜 내화물로서 필요한 모양과 강도를 가지게 하는 과정

1.2 내화물의 종류 및 특성

(1) 산성 내화물의 종류 및 특징

① **규석질 내화물** : SiO_2, 석영, 규석, 규사를 800~900[℃] 정도로 가열, 안정화시키고 분쇄 후 결합체를 가하여 성형한다.
  ㉮ 내화도가 높고(SK31~34), 고온강도가 매우 크다.
  ㉯ 내마모성이 좋고 열전도율은 비교적 크다.
  ㉰ 하중연화점이 1750[℃] 정도로 높다.
  ㉱ 고온에서 팽창계수가 적고 안정하다.
  ㉲ 저온에서 스폴링이 발생되기 쉽다.
  ㉳ 산성 내화물이다.

② **반규석질 내화물** : 규석과 샤모트로 만들며, SiO_2를 50~80[%] 함유하고 있다.
  ㉮ 산성 내화물로 규석질 내화물과 점토질 내화물의 절충형이다.
  ㉯ 수축 팽창이 적고, 저온에서 강도가 크다.
  ㉰ 내 스폴링성이 크며, 가격이 저렴하다.
  ㉱ 내화도 SK28~30 정도이다.

③ **납석질 내화물** : 천연 납석($Al_2O_3-4SiO_2-H_2O$)을 분쇄하고, 질이 비슷한 점토를 10~20[%] 섞어 가소성을 부여한다.
  ㉮ 내화도가 SK26~34 정도이다.
  ㉯ 압축강도와 고온강도가 크고, 내식성이 우수하다.
  ㉰ 흡수율이 작고, 저온에서 소결이 용이하다.
  ㉱ 슬래그나 용융 철강에 내침성이 우수하다.
  ㉲ 일산화탄소에 대한 안정도가 크다.
  ㉳ 열팽창, 열전도도, 잔존 수축이 적다.
  ㉴ 하중 연화점이 낮다.

④ 샤모트질 내화물 : 주성분이 카올리나이드($Al_2O_3-2SiO_2-2H_2O$)로 가소성이 없어 10~30[%] 정도의 생점토를 첨가한 것이다.
  ㉮ 소성온도 SK10~14, 내화도 SK28~34이다.
  ㉯ 제작이 쉽고, 가격이 저렴하다.
  ㉰ 열팽창, 열전도도가 작다.
  ㉱ 내 스폴링성이 크며, 고온 강도는 낮다.
  ㉲ 일반용 가마, 보일러 등에 사용된다.

(2) 염기성 내화물의 종류 및 특징

① 마그네시아 내화물
  ㉮ 마그네사이트 또는 수산화마그네슘을 주원료로 한다.
  ㉯ 염기성 벽돌이며 내화도가 SK36 이상이다.
  ㉰ 열팽창성이 크며 하중 연화점이 높다.
  ㉱ 염기성 슬래그나 용융금속에 대하여 저항성이 크다.
  ㉲ 1,500[℃] 이상으로 가열하여 소성한다.
  ㉳ 열전도율 및 내 스폴링성이 작고, 슬래킹 현상이 발생한다.

  ● 해수 마그네시아 침전 반응식 : $MgCO_3 + Ca(OH)_2 \rightarrow Mg(OH)_2 + CaCO_3$

② 불소성 마그네시아 내화물 : 소성을 하지 않고 화학적 결합제를 사용하여 굳히는 방법이다.
  ㉮ 가마가 필요 없고, 소성시간이 단축된다.
  ㉯ 연료 및 생산비용이 인하되고 품질이 향상된다.
  ㉰ 고온에서 체적변화가 적고, 경도 및 강도가 크다.
  ㉱ 내침식성, 내 스폴링성이 크다.

③ 개량 마그네시아 내화물 : 클링커를 분쇄하여 일정한 입자별로 배합하여 보크사이크를 2~6[%] 첨가하여 가압 성형한 것이다.

④ 폴스테라이트 내화물
  ㉮ 사문석, 감람석이 주원료이며, 주성분은 폴스테라이트($2MgO \cdot SiO_2$)이다.
  ㉯ 내화도가 SK36 이상으로 높다.
  ㉰ 염기성에 대한 저항성이 크다.
  ㉱ 하중연화점이 높고, 내 스폴링성이 있다.

⑮ 고온에서 체적변화가 적고, 열전도율이 낮다.

⑤ **마그크롬질 내화물** : 마그네시아 내화물과 크롬질 내화물의 장점을 이용하여 제조한 것이다.

⑥ **돌로마이트 내화물** : 백운석을 주원료로 하여 제조한 것이다.

(3) 중성 내화물의 종류 및 특징

① **고알루미나질 내화물**
  ㉮ 알루미나 함유율이 50[%] 이상이다.
  ㉯ SK35~38의 내화도가 높은 $Al_2O_3-SiO_2$계의 중성 내화물이다.
  ㉰ 산성, 염기성 슬래그 용융물에 대한 내침식성이 크다.
  ㉱ 고온에서 부피 변화가 적고, 하중연화온도가 높다.

② **탄화규소질 내화물**
  ㉮ 규소 65[%], 탄소 30[%] 및 알루미나, 산화 제2철, 석회로 구성되어 있다.
  ㉯ 화학적으로 중성이고 열전도율이 크다.
  ㉰ 고온에서 산화되기 쉽다.
  ㉱ 내화도가 높고, 내 스폴링성이 크다.
  ㉲ 열팽창계수가 적고, 하중연화온도가 높다.

③ **크롬질 내화물** : 주원료 크롬 철광(Cr_2O_3-FeO)을 분쇄하여 내화점토 2~5[%] 정도를 점결제로 혼합하여 성형한 것이다.
  ㉮ 내화도가 SK38로 높다.
  ㉯ 하중 연화점이 낮고, 내 스폴링성이 비교적 적다.
  ㉰ 고온에서 버스팅 현상이 발생되기 쉽다.

④ **탄소질 내화물** : 무정형 탄소, 결정형 흑연에 결합제로 탄소질(타르, 피치 등)이나 점토류를 사용하여 소성한 것이다. 고로의 노 바닥, 용선로의 내장재, 전기로, 전기저항 발열체 등에 사용된다.

(4) 부정형 내화물의 종류 및 특징

① **캐스터블(castable) 내화물** : 치밀하게 소결시킨 내화성 골재에 수경성 알루미나 시멘트를 배합한 것으로 분말상태이다.
  ㉮ 부정형 내화물로 소성이 불필요하다.

㉯ 사용현상에서 필요한 형상이나 치수로 자유롭게 성형할 수 있다.
㉰ 접합부 없이 축요가 가능하고 시공 후 건조, 소성 시 수축이 적다.
㉱ 내 스폴링성이 크다.
㉲ 시공 후 약 24시간 후에 건조, 승온이 가능하고 경화제로 알루미나 시멘트를 사용한다.
㉳ 점토질이 많이 사용되고 용도에 따라 고알루미나질이나 크롬질도 사용된다.

② **플라스틱 내화물** : 내화골재에 가소성 점토 및 물유리(규산나트륨) 또는 유기질 결합제를 가하여 반죽상태로 만든 것으로 가마의 응급보수, 보일러 버너 입구, 금속 용해로 등에 사용된다.
㉮ 시공할 때에는 해머로 두들겨 가며 한다.
㉯ 천정 등에는 금속물을 사용한다.
㉰ 소결성, 내식성 및 내마모성이 양호하다.
㉱ 캐스터블에 비교하여 고온에서 사용한다.
㉲ 팽창 수축이 적고, 내 스폴링성이 크다.
㉳ 하중 연화온도가 높다.
㉴ 내화도 SK35~37이다.

③ **내화모르타르** : 내화 시멘트라 하며 내화 벽돌의 접합용(줄눈용)이나, 노벽이 손상되었을 때 보수용으로 사용하는 것이다.
㉮ 구비조건
ⓐ 필요한 내화도를 가질 것
ⓑ 화학조성이 사용 내화물과 비슷할 것
ⓒ 건조 소성 시 수축 팽창이 적을 것
ⓓ 시공성 및 접착성이 좋을 것
㉯ 종류 : 열경화성(열경성), 기경성, 수경성으로 분류된다.

(5) 특수 내화물의 종류 및 특징

① **지르콘($ZrSiO_4$) 내화물** : 지르콘($ZrSiO_4$) 원광을 1,800[℃] 정도에 SiO_2를 휘발시키고 정제시켜 강하게 굽고 가루에 물, 유리, 기타 결합제를 가하여 성형 소성한 것이다.
㉮ 특수 내화물로 산화성 용재에 강하다.
㉯ 열팽창률이 작고, 내 스폴링성이 크다.
㉰ 내화도는 일반적으로 SK37~38 정도이다.
㉱ 실험용 도가니, 연소관 등에 사용한다.

② **지르코니아 내화물** : 천연 광석을 화학적으로 정제한 후 MgO를 소량 배합하여 강하게 구어 분쇄한 후 소량의 물과 유리를 가하여 소성한 것이다.
　㉮ 용융점은 약 2710[℃] 정도로 높다.
　㉯ 열팽창 계수가 적고, 고온에서 전기저항이 작다.
　㉰ 내식성이 크고 열전도율은 적다.
　㉱ 유리 용융 도가니 등 용융주조 내화물로 주로 사용된다.

출제예상문제
Expected problems

01 한국산업표준에서 규정하고 있는 "내화물"의 내화도 하한치(下限値)는?
① SK16　　② SK18
③ SK26　　④ SK28

해설 내화물의 정의 : 고온에 사용되는 불연성, 난연성 재료로 용융온도 1580[℃](SK 26) 이상의 내화도를 가진 비금속 무기재료이다.　　**답** ③

02 내화물이란 얼마 이상의 온도에서 견디는 재료를 말하는가?
① 500[℃]　　② 810[℃]
③ 1,250[℃]　　④ 1,580[℃]

해설 내화물은 용융온도 1,580[℃](SK 26) 이상의 내화도를 가진 비금속 무기재료이다.　　**답** ④

03 내화물의 구비조건으로 틀린 것은?
① 내마모성이 클 것
② 화학적으로 침식되지 않을 것
③ 온도의 급격한 변화에 의해 파손이 적을 것
④ 상온 및 사용온도에서 압축강도가 적을 것

해설 내화물의 구비조건
㉮ 상온 및 사용온도에서 충분한 압축강도를 가질 것
㉯ 고온에서 수축, 팽창이 적을 것
㉰ 사용 용도에 맞는 열전도율을 가질 것
㉱ 스폴링(spalling) 현상이 적을 것
㉲ 온도급변에서도 충분히 견딜 것
㉳ 내마모성 및 내침식성을 가질 것
㉴ 재가열 시 수축이 적을 것
㉵ 사용온도에서 연화변형하지 않을 것
㉶ 화학적으로 침식되지 않을 것　　**답** ④

04 내화물이 가져야 할 물리적, 화학적 특성을 설명한 것이다. 거리가 가장 먼 것은?
① 사용온도에 충분히 견디는 강도가 있을 것
② 급격한 온도 변화에 견딜 것
③ 팽창, 수축이 적을 것
④ 열전도율이 단열재 이하로 작을 것

해설 내화물의 사용 용도에 맞는 열전도율을 가져야 한다.　　**답** ④

05 내화물의 분류방법으로 적합하지 않은 것은?
① 원료에 의한 분류
② 형상에 의한 분류
③ 내화도에 의한 분류
④ 열전도율에 의한 분류

해설 내화물의 분류
㉮ 원료의 종류에 의한 분류 : 규석질, 반규석질, 샤모트질, 마그네시아질, 알루미나질 등
㉯ 조성 광물에 의한 분류 : 뮬라이트, 실리나이트질
㉰ 화학조성에 의한 분류 : 산성 내화물, 중성 내화물, 염기성 내화물
㉱ 내화도에 의한 분류 : 저급(SK26~30), 중급(SK31~33), 고급(SK34 이상)
㉲ 용도에 의한 분류 : 전로용, 평로용, 전기로용, 천정용 등
㉳ 형상에 의한 분류 : 성형 내화물, 부정형 내화물
㉴ 가열 처리에 의한 분류 : 소성 내화물, 불소성 내화물, 용융 내화물　　**답** ④

06 주원료의 종류에 따라 내화물을 분류한 것은?
① 부정형 내화물　　② 소성내화물
③ 규석내화물　　④ 산성내화물

해설 원료의 종류에 의한 내화물 분류 : 규석질, 반규석질, 샤모트질, 마그네시아질, 알루미나질 등　　**답** ③

07 화학적 조성에 의한 내화물의 분류방법으로 적합한 것은?

① 소성내화물 ② 화학내화물
③ 이형내화물 ④ 중성내화물

해설 화학조성에 의한 내화물 분류
㉮ 산성 내화물 : 규석질 내화물, 반규석질 내화물, 납석질 내화물, 샤모트질 내화물
㉯ 염기성 내화물 : 마그네시아 내화물, 불소성 마그네시아 내화물, 개량 마그네시아 내화물, 포스 체라이트 내화물, 마그크로질 내화물, 돌로마이트 질 내화물
㉰ 중성 내화물 : 고알루미나질 내화물, 탄화 규소질 내화물, 크롬질 내화물, 탄소질 내화물 **답** ④

08 산성내화물의 중요 화학성분의 형태는?
(단, R은 금속원소, O는 산소원소이다.)

① R_2O ② RO
③ RO_2 ④ R_2O_3

해설 내화물의 화학성분의 형
㉮ 산성 내화물 : RO_2형
㉯ 중성 내화물 : R_2O_3형
㉰ 염기성 내화물 : RO형 **답** ③

09 내화물에서 내화도는 어떤 상태에 따라 좌우되는가?

① 연화변형 상태 ② 기계적 강도의 상태
③ 내식성의 상태 ④ 용융성의 상태

해설 내화도(耐火度) : 내화물의 용융온도를 나타내는 것으로 연화 변형되는 상태에 좌우되는 온도이다. **답** ①

10 우리나라에서 내화도 측정에 표준으로 삼고 있는 것은?

① 오르톤콘 ② 제겔콘
③ 광고온계 ④ 색온도계

해설 제겔콘(Seger cone) : 점토, 규석질 등 내연성의 금속산화물로 만든 것으로 벽돌의 내화도 측정 등에 사용한다. **답** ②

11 내화물 SK-26번이면 용융온도 1580[℃]에 견디어야 한다. SK-30번이라면 약 몇 [℃]에 견디어야 하는가?

① 1460[℃] ② 1670[℃]
③ 1780[℃] ④ 1800[℃]

해설 SK번호에 따른 온도

SK No	온도[℃]	SK No	온도[℃]
26	1580	35	1770
27	1610	36	1790
28	1630	37	1825
29	1650	38	1850
30	1670	39	1880
31	1690	40	1920
32	1710	41	1960
33	1730	42	2000
34	1750		

답 ②

12 내화물의 시험 종류가 아닌 것은?

① 내화도 ② 비중
③ 샌드실 ④ 하중연화점

해설 내화물의 시험 종류 : 내화도, 비중, 하중연화점, 열팽창성, 내침식성, 압축강도 등 **답** ③

13 내화물의 부피비중을 바르게 표현한 것은?
(단, W_1 : 시료의 건조중량[kg], W_2 : 함수시료의 수중중량[kg], W_3 : 함수시료의 중량[kg]이다.)

① $\dfrac{W_1}{W_3 - W_2}$ ② $\dfrac{W_1}{W_2 - W_3}$
③ $\dfrac{W_3 - W_2}{W_1}$ ④ $\dfrac{W_2 - W_3}{W_1}$

해설 부피비중 계산식 : $\dfrac{W_1}{W_3 - W_2}$ **답** ①

14 어떤 내화벽돌의 무게를 측정한 결과가 아래와 같을 때 겉보기비중, 부피비중, 겉보기 기공률, 흡수율의 순서로 옳게 배열되어 있는 것은?

[측정결과]
W_1 : 괴상의 벽돌(표준형 벽돌의 절반크기)을 105~120[℃]에서 건조 평량한 무게 = 200[g]
W_2 : W_1의 벽돌을 수중에서 3시간 끓인 후 상온까지 냉각하고 수중에서 매달아 평량한 무게 = 150[g]
W_3 : W_2의 시료를 수중에서 꺼내 표면의 물을 습포(濕布)로 닦은 다음 평량한 무게 = 300[g]

① 4, 1.333, 66.67[%], 50[%]
② 3, 1.444, 64.52[%], 48[%]
③ 4, 1.444, 66.67[%], 50[%]
④ 3, 1.333, 64.52[%], 48[%]

해설
㉮ 겉보기비중 계산
$$겉보기비중 = \frac{W_1}{W_1 - W_2} = \frac{200}{200 - 150} = 4$$
㉯ 부피비중 계산
$$부피비중 = \frac{W_1}{W_3 - W_2} = \frac{200}{300 - 150} = 1.333$$
㉰ 겉보기 기공률 계산
$$겉보기 기공률 = \frac{W_3 - W_1}{W_3 - W_2} \times 100$$
$$= \frac{300 - 200}{300 - 150} \times 100$$
$$= 66.666[\%]$$
㉱ 흡수율 계산
$$흡수율 = \frac{W_3 - W_1}{W_1} \times 100$$
$$= \frac{300 - 200}{200} \times 100 = 50[\%]$$ 답 ①

15 내화물의 기계적 성질이 아닌 것은?
① 압축강도   ② 용적변화
③ 탄성률   ④ 인장강도

해설 내화물의 기계적 성질 : 압축강도, 인장강도, 휨강도, 비틀림 강도, 탄성률 답 ②

16 스폴링(spalling)이란 내화물에 대한 어떤 현상을 의미하는가?
① 용융현상   ② 연화현상
③ 박락현상   ④ 분화현상

해설 스폴링(spalling) 현상 : 박락현상이라 하며 내화물이 사용하는 도중에 갈라지든지, 떨어져 나가는 현상을 말한다. 답 ③

17 내화물 사용 중 온도의 급격한 변화 혹은 불균일한 가열 등으로 균열이 생기거나 표면이 박리되는 현상을 무엇이라 하는가?
① 스폴링   ② 버스팅
③ 연화   ④ 수화

해설 스폴링(spalling) 현상은 급격한 온도변화, 불균일한 가열 등에 의하여 내화물이 사용하는 도중에 갈라지든지, 떨어져 나가는 현상으로 박락현상이라 한다. 답 ①

18 스폴링(spalling) 현상의 종류가 아닌 것은?
① 열적 스폴링   ② 기계적 스폴링
③ 화학적 스폴링 ④ 조직적 스폴링

해설 스폴링(spalling) 현상의 종류
㉮ 열적 스폴링
㉯ 기계적 스폴링
㉰ 조직적 스폴링 답 ③

19 스폴링(spalling)의 발생 원인으로 가장 거리가 먼 것은?
① 온도 급변에 의한 열응력
② 로재의 불순 성분 함유
③ 화학적 슬래그 등에 의한 부식
④ 장력이나 전단력에 의한 내화벽돌의 강도 저하

[해설] 스폴링(spalling) 현상의 종류 및 발생원인
- ㉮ 열적 스폴링 : 온도 급변에 의한 열응력
- ㉯ 기계적 스폴링 : 기계적 압력 등이 고르지 않아 구조의 불균형
- ㉰ 조직적 스폴링 : 화학적 슬래그 등에 의한 침식 및 열적인 변질

답 ②

20 내화물의 스폴링(spalling) 시험방법에 대한 설명으로 틀린 것은?

① 시험체는 표준형 벽돌을 105±5[℃]에서 건조하여 사용한다.
② 전 기공률 45[%] 이상의 내화벽돌은 공랭법에 의한다.
③ 시험편을 노 내에 삽입 후 소정의 시험온도에 도달하고 나서 약 15분간 가열한다.
④ 수냉법의 경우 노 내에서 시험편을 꺼내어 재빠르게 가열면 측을 눈금의 위치까지 물에 잠기게 하여 약 10분간 냉각한다.

[해설] 내화물의 스폴링(spalling) 시험방법
- ㉮ 수냉법 : 시험체의 한 끝을 소정 온도로 일정시간 가열한 후 수중에서 급랭시키며, 이것을 반복해서 일정량의 파괴가 일어나는 횟수, 비율로 내스폴링성을 나타낸다.
- ㉯ 공랭법 : 수냉법보다 고온으로 가열한 후 공기 중에 꺼내거나 공기를 불어넣어서 급랭시켜 파괴가 일어나는 횟수, 비율로 내스폴링성을 나타낸다.
- ㉰ 패널 시험법 : 벽돌을 쌓아올리고 그 한 면을 일정 온도로 가열한 후 공랭시킨다. 이것을 일정 횟수 반복하여 파괴된 양의 비율로 내스폴링성을 나타낸다.

답 ④

21 노재의 하중연화점을 측정하는 방법으로 옳은 것은?

① 소정의 온도에서 압축강도를 측정한다.
② 하중을 일정하게 하고 온도를 높이면서 그 하중에 견디지 못하고 변형하는 온도를 측정한다.
③ 하중과 온도를 동시에 변화시키면서 변형을 측정한다.
④ 하중과 온도를 일정하게 하고 일정시간 후의 변형을 측정한다.

[해설]
- ㉮ 하중연화점 : 내화물을 축요 하였을 때 일정한 하중을 받는 조건하에서 연화 변형하는 온도이다.
- ㉯ 측정(시험방법) : 하중을 일정하게 하고 온도를 높이면서 그 하중에 견디지 못하고 변형하는 온도를 측정한다.

답 ②

22 내화물이 융회 등을 흡수하여서 표면의 용융점이 내려가서 유출되든가, 혹은 융회 중에 용해하여 점차 줄어드는 현상은?

① 연화변형 ② 열적 스폴링
③ 구조적 스폴링 ④ 용액 침식

[해설] 용액 침식 : 내화물이 회분이 용융된 성분을 흡수하여 내화물 용융점이 낮아져 녹아 떨어져 나가는 현상으로 체적이 점차 감소되는 현상이다.

답 ④

23 마그네시아 또는 돌로마이트를 원료로 하는 내화물이 수증기의 작용을 받아 $Ca(OH)_2$나 $Mg(OH)_2$를 생성하는데 이때 큰 비중변화에 의하여 체적변화를 일으키기 때문에 노벽에 균열이 발생하거나 붕괴하는 현상을 무엇이라고 하는가?

① 버스팅(bursting) ② 스폴링(spalling)
③ 슬래킹(slaking) ④ 에로존(erosion)

[해설] 슬래킹(slacking) 현상 : 수증기를 흡수하여 체적변화를 일으켜 균열이 발생하거나 떨어져 나가는 현상으로 염기성 내화물에서 공통적으로 일어난다.

답 ③

24 마그네시아질 내화물이 수증기에 의해서 조직이 약화되는 현상은?

① 슬래킹(slaking) 현상
② 더스팅(dusting) 현상
③ 침식 현상
④ 스폴링(spalling) 현상

[해설] 슬래킹(slacking) 현상은 마그네시아질 내화물과 같은 염기성 내화물에서 공통적으로 일어난다.

답 ①

25 크롬 벽돌이나 크롬-마그네시아 벽돌이 고온에서 산화철을 흡수하여 표면이 부풀어 오르고 떨어져 나가는 현상은?

① 버스팅(bursting)   ② 스폴링(spalling)
③ 슬래킹(slacking)   ④ 큐어링(curing)

해설 내화물에서 나타나는 현상
㉮ 스폴링(spalling) 현상 : 박락현상이라 하며 내화물이 사용하는 도중에 갈라지든지, 떨어져 나가는 현상을 말한다.
㉯ 슬래킹(slacking) 현상 : 수증기를 흡수하여 체적변화를 일으켜 균열이 발생하거나 떨어져 나가는 현상으로 염기성 내화물에서 공통적으로 일어난다.
㉰ 버스팅(bursting) 현상 : 크롬 철광을 원료로 하는 내화물이 1,600[℃] 이상에서 산화철을 흡수하여 표면이 부풀어 오르고 떨어져 나가는 현상으로 크롬질 내화물에서 발생한다.   **답** ①

26 내화물의 제조공정의 순서로 옳은 것은?

① 혼련 → 성형 → 분쇄 → 소성 → 건조
② 분쇄 → 성형 → 혼련 → 건조 → 소성
③ 혼련 → 분쇄 → 성형 → 소성 → 건조
④ 분쇄 → 혼련 → 성형 → 건조 → 소성

해설 내화물의 제조 공정
(1) 제조순서 : 분쇄 → 혼련(混練) → 성형 → 건조 → 소성
(2) 각 공정의 과정
㉮ 분쇄 : 표면적 증가, 이물질 분리, 균일한 혼합을 위하여 분쇄
㉯ 혼련 : 물이나 기타 첨가제를 배합하여 고루 분포가 되도록 잘 섞고 이기는 과정
㉰ 성형 : 혼련 된 배토를 일정한 형상을 가질 수 있도록 만드는 과정
㉱ 건조 : 수분을 제거하는 과정
㉲ 소성 : 원료에 열화학적 변화를 일으켜 내화물로서 필요한 모양과 강도를 가지게 하는 과정   **답** ④

27 한국산업규격으로 규정하고 있는 가장 용도가 넓은 보통형 내화벽돌의 치수는? (단, 단위는 [mm]이다.)

① $230 \times 114 \times 65$ ② $230 \times 124 \times 75$
③ $250 \times 114 \times 65$ ④ $250 \times 124 \times 75$

해설 보통형 내화벽돌의 치수 : $230 \times 114 \times 65$[mm]   **답** ①

28 다음 중 내화단열벽돌의 안전사용온도는?

① $1,300 \sim 1,500$[℃]
② $800 \sim 1,200$[℃]
③ $500 \sim 800$[℃]
④ $100 \sim 500$[℃]

해설 내화단열벽돌의 안전사용온도 : $1,300 \sim 1,500$[℃]   **답** ①

29 산성 내화물이 아닌 것은?

① 규석질 내화물   ② 납석질 내화물
③ 샤모트질 내화물   ④ 마그네시아 내화물

해설 내화물의 분류 및 종류
㉮ 산성 내화물 : 규석질 내화물, 반규석질 내화물, 납석질 내화물, 샤모트질 내화물
㉯ 염기성 내화물 : 마그네시아 내화물, 불소성 마그네시아 내화물, 개량 마그네시아 내화물, 포스 체라이트 내화물, 마그크로질 내화물, 돌로마이트질 내화물
㉰ 중성 내화물 : 고알루미나질 내화물, 탄화 규소질 내화물, 크롬질 내화물, 탄소질 내화물   **답** ④

30 샤모트질 내화벽돌은 어떤 내화물에 해당되는가?

① 산성 내화물   ② 중성 내화물
③ 염기성 내화물   ④ 약 알칼리성 내화물

해설 산성 내화물의 종류 : 규석질 내화물, 반규석질 내화물, 납석질 내화물, 샤모트질 내화물   **답** ①

31 산성내화물의 주요 화학 성분은?

① SiO_2 ② MgO
③ FeO ④ SiC

해설 산성 내화물의 주요 성분은 산화규소(SiO_2)로 규석질 내화물, 반규석질 내화물, 납석질 내화물, 샤모트질 내화물 등이 있다.   **답** ①

32 다음 중 중성내화물은?
① 규석 벽돌 ② 마그네시아 벽돌
③ 크롬질 벽돌 ④ 납석 벽돌

해설 중성 내화물의 종류 : 고알루미나질 내화물, 탄화 규소질 내화물, 크롬질 내화물, 탄소질 내화물 답 ③

33 노재의 화학적 성질을 잘못 짝지은 것은?
① 샤모트질 벽돌 : 산성
② 규석질 벽돌 : 산성
③ 돌로마이트질 벽돌 : 염기성
④ 크롬질 벽돌 : 염기성

해설 크롬질 벽돌(내화물)은 중성 내화물에 해당된다. 답 ④

34 규석질 벽돌의 특성에 대한 설명 중 틀린 것은?
① 내마모성이 높다.
② 열전도율이 낮다.
③ 내화도가 높다.
④ 저온에서 스폴링이 발생되기 쉽다.

해설 규석질 벽돌의 특징
㉮ 내화도가 높고, 고온강도가 매우 크다.
㉯ 내마모성이 좋고 열전도율은 비교적 크다.
㉰ 하중연화점이 1750[℃] 정도로 높다.
㉱ 고온에서 팽창계수가 적고 안정하다.
㉲ 저온에서 스폴링이 발생되기 쉽다.
㉳ 산성 내화물이다. 답 ②

35 내화도가 높고 용융점 부근까지 하중에 견디기 때문에 각종 가마의 천장에 주로 사용되는 내화물은?
① 규석내화물 ② 납석내화물
③ 샤모트내화물 ④ 마그네시아내화물

해설 규석질 내화물은 내화도가 높고 고온강도가 매우 커 용융점 부근까지 하중에 견딜 수 있어 각종 가마의 천장에 사용된다. 답 ①

36 반규석질 내화물의 특징에 대한 설명으로 옳은 것은?
① 염기성내화물이다.
② 열에 의한 치수변동률이 작다.
③ 저온에서 강도가 작다.
④ MgO, ZnO을 50~80[%] 함유한다.

해설 반규석질 내화물의 특징
㉮ 규석과 샤모트로 만들며, SiO_2를 50~80[%] 함유하고 있다.
㉯ 산성 내화물로 규석질 내화물과 점토질 내화물의 절충형이다.
㉰ 수축 팽창이 적고, 저온에서 강도가 크다.
㉱ 내 스폴링성이 크며, 가격이 저렴하다.
㉲ 내화도 SK28~30 정도이다. 답 ②

37 납석벽돌의 특성에 대한 설명으로 틀린 것은?
① 비교적 저온에서의 소결이 용이하다.
② 흡수율이 작고 압축강도가 크다.
③ 내식성이 우수하다.
④ 내화도는 SK 34 이상이다.

해설 (1) 납석질 내화물 : 천연 납석($Al_2O_3 - 4SiO_2 - H_2O$)을 분쇄하고, 질이 비슷한 점토를 10~20[%] 섞어 가소성을 부여한 것이다.
(2) 특징
㉮ 내화도가 SK26~34 정도이다.
㉯ 압축강도와 고온강도가 크고, 내식성이 우수하다.
㉰ 흡수율이 작고 저온에서 소결이 용이하다.
㉱ 슬래그나 용융 철강에 내침성이 우수하다.
㉲ 일산화탄소에 대한 안정도가 크다.
㉳ 열팽창, 열전도도, 잔존 수축이 적다.
㉴ 하중 연화점이 낮다. 답 ④

38 샤모트질(chamotte) 벽돌의 주성분은?
① Al_2O_3, $2SiO_2$, $2H_2O$
② Al_2O_3, $7SiO_2$, H_2O
③ FeO, Cr_2O_3
④ $MgCO_3$

해설
㉮ 샤모트질계 내화물 : 가소성이 없어 10~30[%] 정도의 생점토를 첨가한 것으로 내화도 SK28~34이다.
㉯ 샤모트질(chamotte) 벽돌의 주성분 : 카올리나이트($Al_2O_3-2SiO_2-2H_2O$)
답 ①

39 샤모트(chamotte) 벽돌에 대한 설명으로 옳은 것은?

① 일반적으로 기공률이 크고 비교적 낮은 온도에서 연화되며 내 스폴링성이 좋다.
② 흑연질 등을 사용하며 내화도와 하중연화점이 높고 열 및 전기전도도가 크다.
③ 내식성과 내마모성이 크며 내화도는 SK 35 이상으로 주로 고온부에 사용된다.
④ 하중 연화점이 높고 가소성이 커 염기성 제강로에 주로 사용된다.

해설 샤모트(chamotte) 벽돌의 특징
㉮ 가소성이 없어 10~30[%] 정도의 생점토를 첨가한다.
㉯ 소성온도 SK10~14, 내화도 SK28~34 이다.
㉰ 제작이 쉽고, 가격이 저렴하다.
㉱ 열팽창, 열전도도가 작다.
㉲ 내스폴링성이 크며, 고온 강도는 낮다.
㉳ 일반용 가마, 보일러 등에 사용된다.
답 ①

40 샤모트(chamotte) 벽돌의 원료로서 샤모트 이외에 가소성 생점토(生粘土)를 가하는 주된 이유는?

① 치수 안정을 위하여
② 열전도성을 좋게 하기 위하여
③ 성형 및 소결성을 좋게 하기 위하여
④ 건조 소성, 수축을 미연에 방지하기 위하여

해설 샤모트(chamotte) 내화물의 주성분인 내화점토를 SK10~13정도로 하소하여 분쇄한 샤모트는 소성 시에 균열이 발생하므로 성형 및 소결성을 좋게 하기 위해 생점토를 첨가한다.
답 ③

41 염기성 내화물의 주성분이 아닌 것은?

① 마그네시아
② 돌로마이트
③ 실리카
④ 펄스테라이트(forsterite)

해설 염기성 내화물의 주성분 : 마그네시아, 돌로마이트, 펄스테라이트, 마그크로
※ 실리카는 산성내화물의 주성분이다.
답 ③

42 마그네시아 벽돌에 대한 설명으로 틀린 것은?

① 마그네사이트 또는 수산화마그네슘을 주원료로 한다.
② 산성벽돌로서 비중과 열전도율이 크다.
③ 열팽창성이 크며 스폴링이 약하다.
④ 1,500[℃] 이상으로 가열하여 소성한다.

해설 마그네시아 내화물(벽돌)의 특징
㉮ 마그네사이트 또는 수산화마그네슘을 주원료로 한다.
㉯ 염기성 벽돌이며 내화도가 SK36 이상이다.
㉰ 열팽창성이 크며 하중 연화점이 높다.
㉱ 염기성 슬래그나 용융금속에 대하여 저항성이 크다.
㉲ 1,500[℃] 이상으로 가열하여 소성한다.
㉳ 열전도율 및 내스폴링성이 작고, 슬래킹 현상이 발생한다.
답 ②

43 염기성 슬래그에 대한 내침식성이 가장 큰 내화물은?

① 샤모트질 내화로재
② 마그네시아질 내화로재
③ 납석질 내화로재
④ 고알루미나질 내화로재

해설 마그네시아 내화물(벽돌)은 염기성 슬래그나 용융금속에 대하여 내침식성이 크다.
답 ②

44 산성 슬래그와 접촉하여 가장 쉽게 침식되는 내화물은?

① 납석질 내화물
② 규석질 내화물
③ 탄소질 내화물
④ 마그네시아질 내화물

해설 마그네시아질 내화물은 염기성 내화물로 산성 슬래그와 접촉하면 침식이 된다. **답** ④

45 해수 마그네시아 침전 반응을 바르게 나타낸 식은?

① $3MgO \cdot 2SiO_2 \cdot 2H_2O + 3CO_2$
  $\rightarrow 3MgCO_3 + 25O_2 + 2H_2O$
② $CaCO_3 + MgCO_3 \rightarrow CaMg(CO_3)_2$
③ $CaMg(CO_3)_2 + MgCO_3$
  $\rightarrow 2MgCO_3 + CaCO_3$
④ $MgCO_3 + Ca(OH)_2$
  $\rightarrow Mg(OH)_2 + CaCO_3$

답 ④

46 $MgO-SiO_2$계 내화물은?

① 마그네시아질 내화물
② 돌로마이트질 내화물
③ 마그네시아-크롬질 내화물
④ 폴스테라이트질 내화물

해설 폴스테라이트 내화물은 사문석, 감람석이 주원료이며, 주성분은 폴스테라이트($2MgO \cdot SiO_2$)이다. **답** ④

47 폴스테라이트에 대한 설명으로 옳은 것은?

① 주성분은 $2MgO \cdot SiO_2$이다.
② 내식성은 나쁘나 기공률은 적다.
③ 온도상승에 따라 열전도율이 내려간다.
④ 하중연화점은 크나 내화도는 28로 적다.

해설 폴스테라이트의 특징
㉮ 사문석, 감람석이 주원료이며, 주성분은 폴스테라이트($2MgO \cdot SiO_2$)이다.
㉯ 내화도가 SK36 이상으로 높다.
㉰ 염기성에 대한 저항성이 크다.
㉱ 하중연화점이 높고, 내스폴링성이 있다.
㉲ 고온에서 체적변화가 적고, 열전도율이 낮다.
답 ①

48 [보기]와 같은 특징을 가지는 내화물은?

[보기]
• 소화성이 크다.
• 내스폴링성이 크다.
• 내화도와 하중연화점이 높다.
• 염기성 슬래그에 대한 저항이 크다.

① 크롬마그네시아 벽돌
② 마그네시아 벽돌
③ 캐스터블 내화물
④ 돌로마이트 벽돌

해설 돌로마이트 벽돌(내화물) : 염기성 내화물로 백운석을 주원료로 하여 1,600[℃] 정도에서 소성하여 제조하는 것으로 탄산칼슘($CaCO_3$)과 탄산마그네슘($MgCO_3$)으로 구성되어 있다. 주요 화학성분은 산화칼슘(CaO)과 산화마그네슘(MgO)이다. **답** ④

49 SK35~38의 내화도를 가지며 내식성, 내마모성이 매우 커서 소성가마 등에 사용되는 내화물은?

① 고알루미나 벽돌   ② 규석질 벽돌
③ 샤모트질 벽돌   ④ 마그네시아 벽돌

해설 고 알루미나질 내화물 : 알루미나 함유율이 50% 이상, SK35~38의 내화도가 높은 $Al_2O_3-SiO_2$ 계의 중성 내화물로 산성, 염기성 슬래그 용융물에 대한 내침식성이 크다. **답** ①

50 고알루미나(high alumina)질 내화물의 특성에 대한 설명으로 옳은 것은?

① 급열, 급냉에 대한 저항성이 적다.
② 고온에서 부피변화가 크다.
③ 하중 연화온도가 높다.
④ 내마모성이 적다.

해설 고 알루미나질 내화물의 특징
㉮ 알루미나 함유율이 50[%] 이상이다.
㉯ SK35~38의 내화도가 높은 $Al_2O_3-SiO_2$계의 중성 내화물이다.
㉰ 산성, 염기성 슬래그 용융물에 대한 내침식성이 크다.
㉱ 하중연화 온도가 높고, 고온에서 용적 변화가 작다.
㉲ 급열, 급냉에 대한 저항성이 크다.
㉳ 내식성, 내마모성이 크다. 답 ③

51 탄화 규소질 내화물의 특징에 대한 설명으로 옳은 것은?
① 마그네사이트를 주원료로 하는 천연광물이다.
② 고온조의 중성 및 환원염 분위기에서는 안정하지만 산화염 분위기에서는 산화되기 쉽다.
③ 화학적으로 산성이고 열전도율이 작다.
④ 내식성은 우수하나 내스폴링성, 내열성이 약하다.

해설 탄화 규소질 내화물의 특징
㉮ 규소 65[%], 탄소 30[%] 및 알부미나, 산화 제2철, 석회로 구성되어 있다.
㉯ 화학적으로 중성이고 열전도율이 크다.
㉰ 고온에서 산화되기 쉽다.
㉱ 내화도가 높고, 내스폴링성이 크다.
㉲ 열팽창계수가 적고, 하중연화온도가 높다. 답 ②

52 중성내화물 중 내마모성이 크며 스폴링을 일으키기 쉬운 것으로 염기성 평로에서 산성벽돌과 염기성벽돌을 섞어서 축로할 때 서로의 침식을 방지하는 목적으로 사용하는 것은?
① 탄소질 벽돌   ② 크롬질 벽돌
③ 탄화규소질 벽돌 ④ 폴스테라이트 벽돌

해설 크롬질 벽돌(내화물) : 크롬철광($FeO \cdot Cr_2O_3$)을 원료로 하여 2~5[%] 정도의 내화점토를 점결제로 사용하여 소성한 중성 내화물이다. 내화도가 높지만, 하중연화점이 낮다. 내스폴링성이 적고, 고온에서 버스팅 현상이 발생되기 쉽다. 답 ②

53 탄소질 내화물의 사용처로서 가장 거리가 먼 것은?
① 고로   ② 열풍로
③ 전기로   ④ 전기저항 발열체

해설 탄소질 내화물 : 무정형 탄소, 결정형 흑연에 결합제로 탄소질(타르, 피치 등)이나 점토류를 사용하여 소성한 것이다. 고로의 노바닥, 용선로의 내장재, 전기로, 전기저항 발열체 등에 사용된다. 답 ②

54 부정형 내화물이 아닌 것은?
① 내화 모르타르   ② 병형(竝型) 내화물
③ 플라스틱 내화물 ④ 캐스터블 내화물

해설 부정형 내화물의 종류 : 캐스터블 내화물, 플라스틱 내화물, 레밍믹스, 내화 피복제, 내화 모르타르 답 ②

55 알루미나 시멘트를 원료로 사용하는 것은?
① 캐스터블 내화물
② 플라스틱 내화물
③ 내화모르타르
④ 고알루미나질 내화불

해설 캐스터블(castable) 내화물 : 치밀하게 소결시킨 내화성 골재에 수경성 알루미나 시멘트를 배합한 것으로 분말상태이다. 답 ①

56 캐스터블 내화물의 구비조건이 아닌 것은?
① 내마모성이 적고, 가공이 용이하여야 한다.
② 적은 가수량에서도 충분한 유동성을 가져야 한다.
③ 가수혼련물은 입자들 간의 분리가 없어야 한다.
④ 시공성형체는 가능한 큰 강도를 가져야 한다.

해설 캐스터블 내화물의 구비조건
㉮ 적은 가수량에서도 충분한 유동성을 가져야 한다.
㉯ 가수혼련물은 입자들 간의 분리가 없어야 한다.

㉰ 시공성형체는 가능한 큰 강도를 가져야 한다.
㉱ 열팽창성 및 잔존 수축이 적어야 한다.
㉲ 내마모성 및 내스폴링성이 커야 한다.
㉳ 열전도율이 작아야 한다. 　　　답 ①

57 캐스터블(castable) 내화물에 대한 설명으로 틀린 것은?

① 사용현장에서 필요한 형상이나 치수로 자유롭게 성형할 수 있다.
② 시공 후 약 24시간 후에 건조, 승온이 가능하고 경화제로 알루미나시멘트를 사용한다.
③ 잔존수축과 열팽창이 크고 노내 온도가 변화하면 스폴링을 잘 일으킨다.
④ 점토질이 많이 사용되고 용도에 따라 고알루미나질이나 크롬질도 사용된다.

해설 캐스터블(castable) 내화물의 특징
㉮ 부정형 내화물로 소성이 불필요하다.
㉯ 사용현장에서 필요한 형상이나 치수로 자유롭게 성형할 수 있다.
㉰ 접합부 없이 축요가 가능하고 시공 후 건조, 소성 시 수축이 적다.
㉱ 내스폴링성이 크고, 열전도율이 작다.
㉲ 잔존수축이 크나, 열팽창이 작다.
㉳ 시공 후 약 24시간 후에 건조, 승온이 가능하고 경화제로 알루미나시멘트를 사용한다.
㉴ 점토질이 많이 사용되고 용도에 따라 고알루미나질이나 크롬질도 사용된다. 　　　답 ③

58 캐스터블(castable) 내화물의 특징이 아닌 것은?

① 소성할 필요가 없다.
② 접합부 없이 노체를 구축할 수 있다.
③ 사용 현장에서 필요한 형상으로 성형할 수 있다.
④ 온도의 변동에 따라 스폴링(spalling)을 일으키기 쉽다.

해설 캐스터블(castable) 내화물 내스폴링성이 크다. 　　　답 ④

59 플라스틱 내화물의 설명으로 틀린 것은?

① 소결력이 좋고 내식성이 크다.
② 캐스터블 소재보다 고온에 적합하다.
③ 내화도가 높고 하중 연화점이 낮다.
④ 팽창 수축이 적다.

해설 (1) 플라스틱 내화물 : 내화골재에 가소성 점토 및 물유리(규산나트륨) 또는 유기질 결합제를 가하여 반죽상태로 만든 것으로 가마의 응급보수, 보일러 버너 입구, 금속 용해로 등에 사용된다.
(2) 특징
㉮ 시공할 때에는 해머로 두드려가며 한다.
㉯ 천정 등에는 금속물을 사용한다.
㉰ 소결성, 내식성 및 내마모성이 양호하다.
㉱ 캐스터블에 비교하여 고온에서 사용한다.
㉲ 팽창 수축이 적고, 내스폴링성이 크다.
㉳ 하중 연화온도가 높다.
㉴ 내화도 SK35~37이다. 　　　답 ③

60 내화모르타르의 분류에 속하지 않는 것은?

① 열경성　　　② 화경성
③ 기경성　　　④ 수경성

해설 내화모르타르 : 내화 시멘트라 하며 내화 벽돌의 접합용(줄눈용)이나, 노벽이 손상되었을 때 보수용으로 사용하는 것으로 열경화성(열경성), 기경성, 수경성으로 분류된다. 　　　답 ②

61 내화 모르타르의 구비조건으로 틀린 것은?

① 시공성 및 접착성이 좋아야 한다.
② 화학성분 및 광물조성이 내화벽돌과 유사해야 한다.
③ 건조, 가열 등에 의한 수축 팽창이 커야 한다.
④ 필요한 내화도를 가져야 한다.

해설 내화 모르타르의 구비조건
㉮ 필요한 내화도를 가질 것
㉯ 화학 조성이 사용 내화물(벽돌)과 동질일 것
㉰ 건조 및 소성에 의한 수축, 팽창이 적을 것
㉱ 시공성이 좋을 것
㉲ 접착성이 양호할 것 　　　답 ③

62 지르콘(ZrSiO₄) 내화물의 특징에 대한 설명 중 틀린 것은?

① 열팽창률이 작다.
② 내스폴링성이 크다.
③ 염기성 용재에 강하다.
④ 내화도는 일반적으로 SK37~38 정도이다.

해설 지르콘(ZrSiO₄) 내화물의 특징
㉮ 지르콘(ZrSiO₄) 원광을 1800℃ 정도에 SiO₂를 휘발시키고 정제시켜 강하게 굽고 가루에 물, 유리, 기타 결합제를 가하여 성형 소성한 것이다.
㉯ 특수 내화물로 산화성 용재에 강하다.
㉰ 열팽창률이 작고, 내스폴링성이 크다.
㉱ 내화도는 일반적으로 SK37~38 정도이다.
㉲ 실험용 도가니, 연소관 등에 사용한다. **답 ③**

63 [보기]에서 설명하는 내화물은?

[보기]
• 용융점은 약 2710[℃] 이다.
• 내식성이 크고 열전도율은 작다.
• 고온에서 전기저항이 작다.
• 용융주조 내화물로 주로 사용된다.

① 베릴리아 내화물   ② 내화 모르타르
③ 캐스터블 내화물   ④ 지르코니아 내화물

해설 지르코니아 내화물 : 천연 광석을 화학적으로 정제한 후 MgO를 소량 배합하여 강하게 구어 분쇄한 후 소량의 물과 유리를 가하여 소성한 것이다. **답 ④**

2. 단열재

2.1 단열재의 일반

(1) 단열재의 정의

고온의 가마에서 열효율을 높이기 위하여 열전도율이 적은 물질을 이용하여 가마 밖으로 방산되는 열손실을 차단하는 것이다.

(2) 종류(사용온도에 의한 분류)

① **저온용** : 800~1,200[℃]로 규조토질 단열 벽돌이 해당

② **고온용** : 1,200~1,500[℃]로 점토질 내화 단열 벽돌이 해당

2.2 단열재의 종류 및 특성

(1) 규조토 단열 벽돌

① 압축강도, 내마모성이 적다.
② 스폴링 현상이 발생한다.
③ 재 가열, 수축률이 크다.

(2) 점토질 내화 단열 벽돌

내화재와 단열재의 역할을 동시에 한다.

3. 보온재

3.1 보온(냉)재의 일반

(1) 구비조건

① 열전도율이 작을 것
② 흡습, 흡수성이 작을 것
③ 적당한 기계적 강도를 가질 것
④ 시공성이 좋을 것
⑤ 부피, 비중(밀도)이 작을 것
⑥ 경제적일 것

(2) 보온재의 열전도율에 영향을 미치는 요소

① 온도 : 온도가 상승하면 열전도율이 커진다.
② 밀도(비중) : 밀도가 커지면 열전도율이 커진다.
③ 흡습성(흡수성) : 흡습성(흡수성)이 증가하면 열전도율이 커진다.
④ 기공 : 기공의 크기가 작고 균일할수록 열전도율은 작아진다.

(3) 보온재의 분류

① **재질에 의한 분류**
　㉮ 유기질 보온재 : 펠트, 코르크, 기포성 수지
　㉯ 무기질 보온재 : 석면, 암면, 규조토, 탄산마그네슘, 유리섬유
　㉰ 금속질 보온재 : 알루미늄 박(泊)

② **안전 사용온도에 의한 분류**
　㉮ 저온용 : 유기질 보온재
　㉯ 상온용 : 유리솜, 규조토, 석면, 암면, 탄산마그네슘
　㉰ 고온용 : 규산칼슘, 펄라이트, 팽창질석

3.2 보온(냉)재의 종류 및 특성

(1) 유기질 보온재

① 펠트(felt)
   ㉮ 양모 펠트와 우모 펠트가 있다.
   ㉯ 아스팔트를 방습한 것은 -60[℃]까지의 보냉용에 사용이 가능하다.
   ㉰ 곡면 시공에 편리하다.
   ㉱ 열전도율 : 0.042~0.050[kcal/h·m·℃]
   ㉲ 안전 사용온도 : 100[℃] 이하

② 코르크(cork)
   ㉮ 액체 및 기체를 쉽게 침투시키지 않아 보냉, 보온재로 우수하다.
   ㉯ 냉수, 냉매배관, 냉각기, 펌프 등의 보냉용에 주로 사용한다.
   ㉰ 방수성을 향상시키기 위하여 아스팔트를 결합하는 것을 탄화 코르크라 한다.
   ㉱ 열전도율 : 0.046~0.049[kcal/h·m·℃]
   ㉲ 안전 사용온도 : 130[℃] 이하

③ 기포성 수지
   ㉮ 합성수지 또는 고무질 재료를 사용하여 다공질 제품으로 만든 것이다.
   ㉯ 열전도율이 극히 낮고 가벼우며 흡수성은 좋지 않다.
   ㉰ 굽힘성이 풍부하며 불연소성이다.
   ㉱ 방로재, 보냉재로 우수하다.

④ 텍스류
   ㉮ 톱밥, 목재, 펄프를 원료로 해서 압축판 모양으로 제작한 것이다.
   ㉯ 습기가 있으면 부식, 충해를 받을 우려가 있으므로 방습처리가 필요하다.
   ㉰ 열전도율 : 0.057~0.058[kcal/h·m·℃]
   ㉱ 안전 사용온도 : 120[℃] 이하

(2) 무기질 보온재

① 석면
   ㉮ 아스베스토질 섬유로 되어 있다.
   ㉯ 진동을 받는 장치의 보온재로 사용된다.

㉰ 400[℃] 이하의 관이나 탱크, 노벽 등의 보온재로 적합하다.
㉯ 800[℃]에서는 강도와 보온성을 상실할 수 있다.
㉱ 열전도율 : 0.048~0.065[kcal/h·m·℃]
㉲ 안전 사용온도 : 350~550[℃]

② 암면(rock wool)
㉮ 안산암, 현무암, 석회석 등을 원료로 섬유상으로 제조한다.
㉯ 흡수성이 적고, 풍화 염려가 없다.
㉰ 가격이 저렴하고 섬유가 거칠며 꺾어지기 쉽다.
㉱ 알칼리에는 강하나, 강산에는 약하다.
㉲ 열전도율 : 0.039~0.048[kcal/h·m·℃]
㉳ 안전 사용온도 : 400~600[℃]

③ 규조토
㉮ 열전도율이 다른 보온재에 비해 크다.
㉯ 시공 후 건조시간이 길며 접착성이 좋다.
㉰ 500[℃] 이하의 파이프, 탱크, 노벽 등의 보온용으로 사용한다.
㉱ 진동이 있는 곳에서 사용이 부적합하다.
㉲ 열전도율 : 0.083~0.095[kcal/h·m·℃]
㉳ 안전 사용온도 : 석면사용 500[℃], 삼여물 사용 250[℃]

④ 유리섬유(glass wool)
㉮ 용융 유리를 압축공기나 원심력을 이용하여 섬유형태로 제조한다.
㉯ 흡습성이 크기 때문에 방수처리를 하여야 한다.
㉰ 보온, 보냉재로 일반건축의 벽체, 덕트 등에 사용한다.
㉱ 열전도율 : 0.036~0.057[kcal/h·m·℃]
㉲ 안전 사용온도 : 350[℃] 이하 (단, 방수처리 시 600[℃])

⑤ 탄산마그네슘
㉮ 염기성 탄산마그네슘(85[%])과 석면(15[%])으로 이루어져 있다.
㉯ 석면 혼합비율에 따라 열전도율이 달라진다.
㉰ 물 반죽 또는 보온판, 보온통 형태로 사용된다.
㉱ 열전도율 : 0.05~0.07[kcal/h·m·℃]
㉲ 안전 사용온도 : 250[℃] 이하

⑥ 규산칼슘
　㉮ 규산질, 석회질, 암면 등을 혼합하여 만든 결정체 보온재이다.
　㉯ 압축강도가 크며 반영구적이다.
　㉰ 내수성, 내구성이 우수하며 시공이 편리하다.
　㉱ 고온 공업용에 가장 많이 사용된다.
　㉲ 열전도율 : 0.053~0.065[kcal/h·m·℃]
　㉳ 안전 사용온도 : 650[℃]

⑦ 펄라이트
　㉮ 진주암, 흑석 등을 소성, 팽창시켜 다공질로 하여 접착제와 3~15[%]의 석면 등과 같은 무기질 섬유를 배합하여 판이나 통으로 성형한 것이다.
　㉯ 수분 및 습기를 흡수하는 성질(흡수성)이 작다.
　㉰ 열전도율 : 0.055~0.065[kcal/h·m·℃]
　㉱ 안전 사용온도 : 600[℃]

⑧ 스티로폼(폴리스틸렌 폼)
　㉮ 냉수, 온수배관 등에 가장 쉽게 시공할 수 있다.
　㉯ 내수성이 우수하여 많이 사용한다.
　㉰ 화기에 약하다.
　㉱ 열전도율 : 0.016~0.030[kcal/h·m·℃]
　㉲ 안전 사용온도 : 85[℃]

⑨ 실리카 파이버 및 세라믹 파이버
　㉮ 실리카 울이나 탄산 글라스로부터 섬유를 산 처리해서 고규산으로 만든 것이다.
　㉯ 열전도율 : 0.035~0.06[kcal/h·m·℃]
　㉰ 안전 사용온도 : 실리카 파이버 1,100[℃], 세라믹 파이버 1,300[℃]

(3) 금속질 보온재

금속질 보온재로는 알루미늄 박(泊)이 주로 사용되며 보온효과는 복사열의 차단이 주목적이다. 알루미늄 박의 공기층 두께가 10[mm] 이하일 때 효과가 제일 크다.

3.3 보온재 시공 방법

(1) 보온공사 시공 시 주의 사항

① 보온재를 시공할 장소의 온도에 적당한 보온재를 선정한다.
② 보온재의 열전도성 및 내열성을 검토한 후 선정한다.
③ 사용처의 구조 및 크기 또는 위치 등에 적합한 것을 선정한다.
④ 내구성을 고려하여 선정한다.

(2) 보온공사 시공 방법

① 물 반죽 시공을 할 경우 보호망을 25[mm]마다 설치하고, 70[%] 이상 건조되었을 때 2차 시공을 한다.
② 관이나 판상의 보온재를 시공할 경우 75[mm]를 넘으면 2층으로 시공한다.
③ 고온에 접촉하는 부분에는 보온재를 2층으로 시공한다.
④ 고온부에는 내열성이 우수한 재료를 사용하고, 다음에는 보냉 효과가 우수한 보온재를 사용한다.

3.4 보온효율 계산

(1) 나관(裸管)의 열손실 계산

① **열관류율로부터 계산**

$$Q_1 = K_1 \cdot F_1 \cdot \Delta t$$

② **표면 열전달률로부터 계산**

$$Q_1 = \alpha_1 \cdot F_1 \cdot \Delta t_1$$

③ **보온관 열손실로부터 계산**

$$Q_1 = \frac{Q_2}{1-\eta}$$

여기서, Q_1 : 나관의 열손실[kcal/h]
 K_1 : 나관의 열관류율[kcal/h · m^2 · ℃]
 α_1 : 나관의 표면열전달률[kcal/h · m^2 · ℃]

F_1 : 나관의 외표면적[m²]($F_1 = \pi \cdot D_1 \cdot L$)

Δt : 관 내부 온수온도와 외기온도차[℃]

Δt_1 : 나관의 표면온도와 외기온도차[℃]

D_1 : 나관의 바깥지름[m]

L : 배관의 길이[m]

(2) 보온관의 열손실 계산

① 열관류율로부터 계산

$$Q_2 = K_2 \cdot F_2 \cdot \Delta t$$

② 표면열전달률로부터 계산

$$Q_2 = \alpha_2 \cdot F_2 \cdot \Delta t_2$$

③ 보온관 열손실로부터 계산

$$Q_2 = Q_1 \times (1 - \eta)$$

여기서, Q_2 : 보온관 열손실[kcal/h]

K_2 : 보온관의 열관류율[kcal/h·m²·℃]

α_2 : 보온관의 표면 열전달률[kcal/h·m²·℃]

F_2 : 보온관의 외표면적[m²] ($F_2 = \pi \times (D_1 + 2t) \times L$)

Δt : 관 내부 온수온도와 외기온도차[℃]

Δt_2 : 보온관 표면온도와 외기온도차[℃]

D_1 : 나관의 바깥지름[m]

t : 보온 두께[m]

L : 배관의 길이[m]

(3) 보온효율

$$\eta = \frac{Q_1 - Q_2}{Q_1} \times 100 = \left(1 - \frac{Q_2}{Q_1}\right) \times 100$$

출제예상문제
Expected problems

01 단열재의 기본적인 필요 요건으로 옳은 것은?
① 유효 열전도율이 커야 한다.
② 유효 열전도율이 작아야 한다.
③ 소성이나 유효 열전도율과는 무관하다.
④ 소성(燒成)에 의하여 생긴 큰 기포(氣泡)를 가진 것이어야 한다.

해설 단열재는 가마 밖으로 방산되는 열손실을 방지하는 것이므로 열전도율이 작은 재료이어야 한다. 답 ②

02 공업용 로에 단열시공을 하였을 때 얻을 수 있는 효과가 아닌 것은?
① 내화재의 내구력을 증가시킬 수 있다.
② 노 내의 온도를 균일하게 유지할 수 있다.
③ 열손실을 방지하여 연료사용량을 줄일 수 있다.
④ 축열용량을 증가시킬 수 있다.

해설 단열재는 열전도율이 적은 재료를 사용하여 가마 밖으로 방산되는 열손실을 방지하는 것이므로 축열용량은 증가하지 않는다. 답 ④

03 단열효과에 대한 설명으로 틀린 것은?
① 열확산계수가 작아진다.
② 열전도계수가 작아진다.
③ 노 내 온도가 균일하게 유지된다.
④ 스폴링 현상을 촉진시킨다.

해설 단열재는 열전도율이 적은 재료를 사용하여 가마 밖으로 방산되는 열손실을 방지하고, 노벽의 온도구배를 줄여 스폴링 현상을 방지한다. 답 ④

04 가마를 축조할 때 단열재를 사용함으로써 얻을 수 있는 효과로 틀린 것은?
① 작업 온도까지 가마의 온도를 빨리 올릴 수 있다.
② 가마의 벽을 얇게 할 수 있다.
③ 가마 내의 온도분포가 균일하게 된다.
④ 내화벽돌의 내·외부 온도가 급격히 상승된다.

해설 단열재 사용 시 효과
㉮ 축열 손실이 적어진다.
㉯ 전열 손실이 적어진다.
㉰ 노 내 온도가 균일해진다.
㉱ 내화물의 배면에 사용하면 내화물의 내구력이 커진다.
㉲ 내화재의 내구력을 증가시킬 수 있다.
㉳ 열손실을 방지하여 연료사용량을 줄일 수 있다.
㉴ 노벽의 온도구배를 줄여 스폴링현상을 방지한다. 답 ④

05 점토질 단열재의 특징에 대한 설명 중 틀린 것은?
① 내스폴링성이 작다.
② 노벽이 얇아져서 노의 중량이 작다.
③ 내화재와 단열재의 역할을 동시에 한다.
④ 안전사용온도는 1300~1500℃ 정도이다.

해설 점토질 단열재는 고온에 사용하는 것으로 내스폴링성이 크다. 답 ①

06 규조토질 단열재의 안전사용온도는?
① 300[℃]~500[℃]
② 500[℃]~800[℃]
③ 800[℃]~1,200[℃]
④ 1,200[℃]~1,500[℃]

해설 (1) 단열재의 구분

구분	안전사용온도	종류
저온용	800~1,200[℃]	규조토질 단열재
고온용	1,200~1,500[℃]	점토질 단열재

(2) 규조토질 단열재의 특징
㉮ 압축강도, 내마모성이 적다.
㉯ 내스폴링성이 작다.
㉰ 재가열 수축률이 크다. 답 ③

07 전형적으로 흑운모의 변질작용으로 생성되는 광물로서 급열처리에 의하여 겉보기 비중과 열전도율이 낮아 단열재로 주로 사용되는 광물은?

① 질석(vermiculite)
② 펄라이트(perlite)
③ 팽창혈함(expanded shale)
④ 팽창점토(expanded clay)

[해설] 질석(vermiculite) : 팽창질석이라 하며 질석을 1000[℃] 정도로 갑자기 가열하여 체적을 팽창시켜, 다공질로 만든 것이다. 열전도율이 0.1~0.2[kcal/m·h·℃], 안전사용온도는 650[℃] 정도이다. 답 ①

08 보온재는 일반적으로 상온(20[℃])에서 열전도율이 약 몇 [kJ/m·h·K]인 것을 말하는가?

① 0.04   ② 0.4
③ 4   ④ 40

[해설] 보온재 및 단열재의 열전도율 : 상온(20[℃])에서 0.1[kcal/m·h·K](0.42[kJ/m·h·K]) 이하 답 ②

09 보온재, 단열재 및 보냉재 등을 구분하는 기준은?

① 열전도율   ② 안전사용온도
③ 압력   ④ 내화도

[해설] 내화재, 단열재, 보온재 및 보냉재의 구분

구분	온도범위
내화재	내화도가 SK26(1580[℃]) 이상에서 사용
내화 단열재	내화재와 단열재의 중간으로 SK10(1300[℃]) 이상에 견디는 것
단열재	내화벽과 외벽의 사이에 끼워 단열효과를 얻는 것으로 800~1200[℃]에 견디는 것
무기질 보온재	300~800[℃] 정도까지 사용
유기질 보온재	100~300[℃] 정도까지 사용
보냉재	100[℃] 이하에서 보냉을 목적으로 사용

답 ②

10 보온 단열재의 재료에 따른 구분에서 약 850~1,200[℃] 정도까지 견디며, 열손실을 줄이기 위해 사용되는 것은?

① 단열재   ② 보온재
③ 보냉재   ④ 내화 단열재

[해설] 단열재 : 내화벽과 외벽의 사이에 끼워 단열효과를 얻는 것으로 800~1200[℃]에 견디는 것 답 ①

11 보온재로서 구비하여야 할 일반적인 조건이 아닌 것은

① 불연성일 것
② 비중이 작을 것
③ 열전도율이 클 것
④ 어느 정도의 강도가 있을 것

[해설] 보온재의 구비조건(선정 시 고려사항)
㉮ 열전도율이 작을 것
㉯ 흡습, 흡수성이 작을 것
㉰ 적당한 기계적 강도를 가질 것
㉱ 시공성이 좋고, 경제적일 것
㉲ 부피, 비중(밀도)이 작을 것
㉳ 내열, 내약품성이 있을 것
㉴ 안전 사용온도 범위에 적합할 것 답 ③

12 열에너지의 손실을 적게 하기 위해서는 보온재의 선택조건을 고려해야 한다. 다음 중 보온재의 선택조건으로 가장 거리가 먼 것은?

① 노재의 수분 함유로 인한 급격한 승온(昇溫)의 고려
② 물리적 화학적 강도와 내용(耐用)년수
③ 단위 체적당의 가격 및 불연성
④ 사용온도 범위와 열전도도

[해설] 수분이 함유되면 열전도율이 상승하여 보온재의 역할(기능)을 할 수 없다. 답 ①

13 보온재의 열전도율에 대한 설명으로 옳은 것은?

① 열전도율이 클수록 좋은 보온재이다.
② 온도에 관계없이 일정하다.
③ 온도가 높아질수록 작아진다.
④ 온도가 높아질수록 커진다.

해설 열전도율에 영향을 주는 요소
㉮ 온도 : 온도가 상승되면 열전도율은 직선적으로 상승한다. ($\lambda = \lambda_0 + \alpha \Delta t$)
㉯ 수분이나 습기를 함유(흡습)하면 상승한다.
㉰ 보온재의 비중(밀도)이 크면 열전도율이 증가한다. **답** ④

14 보온재의 열전도율에 영향을 미치는 인자로서 가장 거리가 먼 것은?

① 외부온도   ② 보온재의 밀도
③ 함유수분   ④ 외부압력

해설 열전도율에 영향을 주는 요소 : 온도, 수분, 밀도(비중) **답** ④

15 보온재의 열전도율에 대한 설명으로 틀린 것은?

① 재료의 두께가 두꺼울수록 열전도율이 작아진다.
② 재료의 밀도가 클수록 열전도율이 작아진다.
③ 재료의 온도가 낮을수록 열전도율이 작아진다.
④ 재질 내 수분이 작을수록 열전도율이 작아진다.

해설 재료의 밀도가 클수록 열전도율이 커진다.(또는 재료의 밀도가 작을수록 열전도율이 작아진다.) **답** ②

16 보온재로 공기 이외의 가스를 사용하는 경우 가스분자량이 공기의 분자량보다 적으면 보온재의 열전도율은 어떻게 되는가?

① 동일하다.   ② 작게 된다.
③ 크게 된다.   ④ 크다가 작아진다.

해설 기체의 경우 분자량이 작을수록 열전도율은 크게 된다.

참고 기체의 열전도율

명칭	분자량	열전도율 [kcal/m·h·℃]
수소(H_2)	2	0.153
공기	29	0.022
산소(O_2)	32	0.022
아황산가스(SO_2)	64	0.00756

답 ③

17 상온(20[℃])에서 공기의 열전도율은 몇 [kcal/m·h·℃]인가?

① 0.022   ② 0.22
③ 0.055   ④ 0.55

해설 상온(20[℃])에서의 열전도율
㉮ 공기 : 0.022[kcal/m·h·℃]
㉯ 물 : 0.51[kcal/m·h·℃] **답** ①

18 다음 중 유기질 보온재가 아닌 것은?

① 우모펠트   ② 우레탄 폼
③ 암면   ④ 탄화코르크

해설 재질에 의한 보온재 분류
㉮ 유기질 보온재 : 펠트, 코르크, 기포성 수지(우레탄폼)
㉯ 무기질 보온재 : 석면, 암면, 규조토, 탄산마그네슘, 유리섬유
㉰ 금속질 보온재 : 알루미늄 박(泊) **답** ③

19 다음 보온재 중 저온용이 아닌 것은?

① 우모펠트   ② 염화비닐 폼
③ 폴리우레탄 폼   ④ 세라믹 파이버

해설 세라믹 파이버 : 용융석영을 방사하여 제조하며 융점이 높고 내약품성이 우수하며 최고 사용온도가 약 1,300[℃]인 고온용 보온재이다. **답** ④

20 고온용 보온재가 아닌 것은?

① 우모펠트 ② 규산칼슘
③ 세라믹 파이버 ④ 펄라이트

해설 일반적으로 유기질 보온재는 저온용에 적합하고, 무기질 보온재 및 금속질 보온재는 고온용에 적합하다.

답 ①

21 무기질 보온재에 대한 설명으로 옳지 않은 것은?

① 일반적으로 안전사용온도범위가 넓다.
② 재질 자체가 독립기포로 안정되어 있다.
③ 비교적 강도가 높고 변형이 적다.
④ 최고사용온도가 높아 고온에 적합하다.

해설 재질 자체가 독립기포로 안정되어 있는 것은 유기질 보온재이다.

답 ②

22 석면 보온재(石綿 保溫材)의 최고 안전사용온도는?

① 100[℃] ② 600[℃]
③ 800[℃] ④ 1,000[℃]

해설 석면의 특징
㉮ 아스베스토질 섬유로 되어 있다.
㉯ 진동을 받는 장치의 보온재로 사용된다.
㉰ 400℃ 이하의 관이나 탱크, 노벽 등의 보온재로 적합하다.
㉱ 800℃에서는 강도와 보온성을 상실할 수 있다.
㉲ 열전도율 : 0.048~0.065[kcal/h·m·℃]
㉳ 안전 사용온도 : 350~550[℃] (최고 안전사용온도 : 600[℃])

답 ②

23 유리섬유 보온재의 최고사용온도는?

① 150[℃] ② 300[℃]
③ 500[℃] ④ 800[℃]

해설 유리섬유(glass wool)의 특징
㉮ 용융 유리를 압축공기나 원심력을 이용하여 섬유 형태로 제조한다.
㉯ 흡습성이 크기 때문에 방수처리를 하여야 한다.
㉰ 보온, 보냉재로 일반건축의 벽체, 덕트 등에 사용한다.
㉱ 열전도율 : 0.036~0.057[kcal/h·m·℃]
㉲ 안전 사용온도 : 350[℃] 이하 (단, 방수처리 시 600[℃])

답 ②

24 탄산마그네슘 보온재에 관한 설명으로 틀린 것은?

① 물 반죽을 하여 사용한다.
② 안전사용 온도는 약 250[℃] 이하이다.
③ 석면 85[%], 탄산마그네슘 15[%]를 배합한 것이다.
④ 방습 가공한 것은 습기가 많은 곳의 옥외배관에 적합하다.

해설 탄산마그네슘 보온재 특징
㉮ 염기성 탄산마그네슘(85[%])과 석면(15[%])으로 이루어져 있다.
㉯ 석면 혼합비율에 따라 열전도율이 달라진다.
㉰ 물반죽 또는 보온판, 보온통으로 사용된다.
㉱ 열전도율 : 0.05~0.07[kcal/h·m·℃]
㉲ 안전 사용온도 : 250[℃] 이하

답 ③

25 규산칼슘 보온재에 대한 설명으로 가장 거리가 먼 것은?

① 규산에 석회 및 석면 섬유를 섞어서 성형하고 다시 수증기로 처리하여 만든 것이다.
② 플랜트 설비의 탑조류 가열로 배관류 등의 보온공사에 많이 사용된다.
③ 가볍고 단열성과 내열성은 뛰어나지만 내산성이 적고 끓는 물에 쉽게 붕괴된다.
④ 무기질 보온재로 다공질이며 최고 안전사용온도는 약 650[℃] 정도이다.

해설 규산칼슘 보온재의 특징
㉮ 규산질, 석회질, 암면 등을 혼합하여 만든 결정체 보온재이다.
㉯ 압축강도가 크며 반영구적이다.
㉰ 내수성, 내구성이 우수하며 시공이 편리하다.

㉑ 고온 공업용에 가장 많이 사용된다.
㉒ 열전도율 : 0.053~0.065[kcal/h·m·℃]
㉓ 안전 사용온도 : 650[℃] **답** ③

26 진주암, 흑석 등을 소성, 팽창시켜 다공질로 하여 접착제와 3~15[%]의 석면 등과 같은 무기질 섬유를 배합하여 성형한 고온용 무기질 보온재는?

① 규산칼슘 보온재 ② 세라믹화이버
③ 유리섬유 보온재 ④ 펄라이트

해설 펄라이트(pearlite) 보온재의 특징
㉮ 진주암, 흑석 등을 소성, 팽창시켜 다공질로 하여 접착제와 석면 등과 같은 무기질 섬유를 배합하여 판이나 통으로 성형한 것이다.
㉯ 수분 및 습기를 흡수하는 성질(흡수성)이 작다.
㉰ 경량이며 열전도율이 작고, 내열도는 높다.
㉱ 열전도율 : 0.055~0.065[kcal/h·m·℃]
㉲ 안전 사용온도 : 600[℃] **답** ④

27 폴리스틸렌 폼의 최고 안전 사용온도는?

① 130[℃] ② 100[℃]
③ 70[℃]   ④ 50[℃]

해설 폴리스틸렌 폼(스티로폼)의 특징
㉮ 냉수, 온수배관 등에 가장 쉽게 시공할 수 있다.
㉯ 내수성이 우수하여 많이 사용한다.
㉰ 화기에 약하다.
㉱ 열전도율 : 0.016~0.030[kcal/h·m·℃]
㉲ 안전 사용온도 : 70[℃] **답** ③

28 고온용 무기질 보온재로서 석영을 녹여 만들며, 내약품성이 뛰어나고, 최고사용온도가 1,100[℃] 정도인 것은?

① 유리섬유(glass wool)
② 석면(asbestos)
③ 펄라이트(pearlite)
④ 세라믹 파이버(ceramic fiber)

해설 세라믹 화이버(ceramic fiber) : 용융 석영을 방사하여 제조하며 융점이 높고 내약품성이 우수하며 최고사용온도가 1,100[℃] 정도인 고온용 무기질 보온재이다. **답** ④

29 다음 보온재 중 가장 낮은 온도에서 사용될 수 있는 것은?

① 석면   ② 규조토
③ 우레탄 폼 ④ 탄산마그네슘

해설 각 보온재의 안전사용온도

명칭	안전사용온도
석면	350~550[℃]
규조토	석면사용 : 500[℃] 삼여물 사용 : 250[℃]
우레탄폼	130[℃]
탄산마그네슘	250[℃]

답 ③

30 다음 보온재 중 최고안전사용온도가 가장 높은 것은?

① 석면   ② 펄라이트
③ 폼글라스   ④ 탄화마그네슘

해설 각 보온재의 안전사용온도

명칭	안전사용온도
석면	350~550[℃]
펄라이트	600[℃]
폼 글라스(유리섬유)	350[℃]
탄산마그네슘	250[℃]

답 ②

31 다음 중 최고 안전 사용온도[℃]가 가장 낮은 보온재는?

① 염화비닐 폼 ② 폼 글라스
③ 암면   ④ 규산칼슘

해설 각 보온재의 안전사용온도

명칭	안전사용온도
염화비닐폼	80[℃] 이하
폼글라스	350[℃] 이하
암면	400~600[℃]
규산칼슘	650[℃]

[참고] 각 보온재의 안전사용온도

구분	보온재 종류	안전사용온도
유기질	펠트	100[℃] 이하
	코르크	130[℃] 이하
	텍스류	120[℃] 이하
무기질	석면	350~550[℃]
	암면	400~600[℃]
	규조토	석면사용(500[℃]) 삼여물 사용(250[℃])
	유리섬유	350[℃] 이하
	탄산마그네슘	250[℃] 이하
	규산칼슘	650[℃]
	스티로폼	85[℃]
	폴리우레탄폼	130[℃]
	폴리에틸렌폼	50[℃]
	실리카 파이버	1100[℃]
	세라믹 파이버	1300[℃]

답 ①

32 알루미늄박 보온재는 어떤 특성을 이용한 것인가?

① 복사열의 통과특성
② 복사열의 대류특성
③ 복사열에 대한 반사특성
④ 복사열에 대한 흡수특성

[해설] 알루미늄박 보온재는 금속질 보온재로 복사열에 대한 반사특성을 이용한 것이다. **답** ③

33 알루미늄박 보온재의 열전도율의 값으로 가장 옳은 것은?

① 0.014~0.024[kcal/m·h·℃]
② 0.028~0.048[kcal/m·h·℃]
③ 0.14~0.24[kcal/m·h·℃]
④ 0.28~0.48[kcal/m·h·℃]

[해설] 알루미늄박 보온재는 금속질 보온재로 복사열에 대한 반사특성을 이용한 것으로 열전도율이 0.028~0.048[kcal/m·h·℃]에 해당된다. **답** ②

34 열전도율이 낮은 재료에서 높은 재료 순으로 된 것은?

① 물-유리-콘크리트-석고보드-스티로폼-공기
② 공기-스티로폼-석고보드-물-유리-콘크리트
③ 스티로폼-유리-공기-석고보드-콘크리트-물
④ 유리-스티로폼-물-콘크리트-석고보드-공기

[해설] 상온(20[℃])에서의 열전도율
㉮ 공기 : 0.022[kcal/m·h·℃]
㉯ 스티로폼(발포폴리스틸렌) : 0.05[kcal/h·m·℃]
㉰ 석고보드 : 0.18[kcal/m·h·℃]
㉱ 물 : 0.51[kcal/m·h·℃]
㉲ 유리 : 0.67[kcal/m·h·℃]
㉳ 보통 콘크리트 : 1.41[kcal/m·h·℃] **답** ②

35 보온을 두껍게 하면 방산열량(Q)은 적게 되지만 보온재의 비용(P)은 증대된다. 이때 경제성을 고려한 최소치의 보온재 두께를 구하는 식은?

① $Q+P$ ② Q^2+P
③ $Q+P^2$ ④ Q^2+P^2

[해설] 최소 보온재 두께 = 방산열량(Q) + 보온재의 비용(P) **답** ①

36 배관의 경제적 보온 두께 산정 시 고려 대상으로 가장 거리가 먼 것은?

① 열량가격 ② 배관공사비
③ 감가상각연수 ④ 연간사용시간

해설 경제적 보온 두께 산정 시 고려 대상
㉮ 열량가격(연료비) ㉯ 보온공사비
㉰ 감가상각년수 ㉱ 연간사용시간
㉲ 열손실 ㉳ 관리비
㉴ 보온효과 **답** ②

37 보온재 시공 시 주의하여야할 사항으로 가장 거리가 먼 것은?
① 사용개소의 온도에 적당한 보온재를 선택한다.
② 보온재의 열전도성 및 내열성을 충분히 검토한 후 선택한다.
③ 사용처의 구조 및 크기 또는 위치 등에 적합한 것을 선택한다.
④ 가격이 가장 저렴한 것을 선택한다.

해설 가격이 저렴한 것보다는 내구성(수명)이 큰 것을 선택한다. **답** ④

38 보온재의 시공방법에 대한 설명으로 틀린 것은?
① 물로 반죽하여 시공하는 보온재의 1차 시공 시 보온재의 두께는 50[mm]가 적당하다.
② 판상 보온재를 사용할 경우 두께가 75[mm]를 초과하는 경우에는 층을 두 개로 나누어 시공한다.
③ 물로 반죽하는 보온재의 2차 시공 시는 수분이 보온재의 1~1.5배 정도 남도록 건조시킨 후 바른다.
④ 내화벽돌을 사용할 경우 일반보온재를 내층에, 내화벽돌은 외층으로 하여 밀착, 시공한다.

해설 물로 반죽하여 시공하는 보온재는 25[mm]마다 보호망을 설치하고, 70[%] 이상 건조했을 때 2차 시공을 한다. **답** ①

39 Q_1을 미보온 상태에서 표면으로부터의 방산열량, Q_2를 보온 시공상태에서 표면으로부터의 방산열량이라고 할 때 보온효율을 바르게 나타낸 것은?

① $\eta = \dfrac{Q_1}{Q_2}$ ② $\eta = \dfrac{Q_1 - Q_2}{Q_1}$
③ $\eta = \dfrac{Q_1}{Q_1 + Q_2}$ ④ $\eta = \dfrac{Q_2}{Q_1 + Q_2}$

해설 보온효율 : 보온으로 차단되는 열량과 나관(裸管)으로부터 방열량(Q_1)의 비율이다.

$$\therefore \eta [\%] = \dfrac{Q_1 - Q_2}{Q_1} \times 100 = \left(1 - \dfrac{Q_2}{Q_1}\right) \times 100$$ **답** ②

40 온수 탱크의 나면과 보온면으로부터 방산열량을 측정한 결과 각각 1,000[kcal/m²·h], 300[kcal/m²·h]이었을 때, 이 보온재의 보온 효율[%]은?
① 30 ② 70
③ 93 ④ 233

해설 $\eta = \dfrac{Q_1 - Q_2}{Q_1} \times 100 = \dfrac{1,000 - 300}{1,000} \times 100 = 70[\%]$ **답** ②

41 보온면의 방산열량 1,100[kJ/m²], 나면의 방산열량 1,600[kJ/m²]일 때 보온재의 효율은 약 몇 [%]인가?
① 25 ② 31
③ 45 ④ 69

해설 $\eta = \dfrac{Q_1 - Q_2}{Q_1} \times 100 = \dfrac{1,600 - 1,100}{1,600} \times 100 = 31.25[\%]$ **답** ②

42 단열재를 사용하지 않는 경우의 방출열량이 300[kcal/h]이고, 단열재를 사용할 경우의 방출열량이 0.1[kW]라 하면 이때의 보온 효율은 약 몇 [%]인가?

① 61 ② 71
③ 81 ④ 91

해설 ㉮ 단열재를 사용할 경우의 방출열량 1[kW]는 860 [kcal/h]에 해당된다.
㉯ 보온효율 계산

$$\therefore \eta = \frac{Q_1 - Q_2}{Q_1} \times 100$$
$$= \frac{300 - (0.1 \times 860)}{300} \times 100$$
$$= 71.333[\%]$$

답 ②

제3장 배관 및 밸브

1 배관

1.1 배관자재 및 용도

(1) 배관재료 선택 시 고려해야 할 사항

① 화학적 성질
  ㉮ 수송 유체에 따른 관의 내식성
  ㉯ 수송 유체와 관의 화학반응으로 유체의 변질 여부
  ㉰ 지중 매설 배관할 때 토질과의 화학변화
  ㉱ 유체의 온도 및 농도변화에 따른 화학변화

② 물리적 성질
  ㉮ 관내 유체의 압력 및 관의 내마모성
  ㉯ 유체의 온도변화에 따른 물리적 성질의 변화
  ㉰ 맥동 및 수격작용이 발생할 때의 내압강도
  ㉱ 지중 매설 배관할 때 외압으로 인한 강도

③ 기타 성질
  ㉮ 지리적 조건에 따른 수송 문제
  ㉯ 진동을 흡수할 수 있는 이음법의 가능 여부
  ㉰ 사용 기간

(2) 강관(steel pipe)

① 특징
  ㉮ 인장강도가 크고, 내충격성이 크다.
  ㉯ 배관작업이 용이하다.

㈐ 비철금속관에 비하여 경제적이다.
㈑ 부식이 발생하기 쉽다.
㈒ 배관수명이 짧다.

② **강관의 분류**
㈎ 재질에 의한 분류 : 탄소강 강관, 합금강 강관, 스테인리스관 등
㈏ 제조방법에 의한 분류 : 이음매 없는 관, 이음매 있는 관(단접관, 가스용접관, 전기저항 용접관, 아크 용접관)
㈐ 표면처리에 의한 분류 : 흑관, 백관(아연도금강관)
㈑ 제조방법 분류

기 호	제조 방법	기 호	제조 방법
-E	전기저항 용접관	-E-C	냉간 완성 전기저항 용접관
-B	단 접 관	-B-C	냉간 완성 단접관
-A	아크 용접관	-A-C	냉간 완성 아크 용접관
-S-H	열간가공 이음매 없는 관	-S-C	냉간 완성 이음매 없는 관

③ **스케줄 번호(schedule number)** : 유체의 사용압력(P)과 그 상태에 있어서 재료의 허용응력(S)과의 비에 의해서 파이프 두께의 체계를 표시하는 것이다.

$$Sch\ №\ =\ 10 \times \frac{P}{S}$$

여기서, P : 사용압력[kgf/cm²]

S : 재료의 허용응력[kgf/mm²] $\left(S = \dfrac{\text{인장강도 [kgf/mm}^2\text{]}}{\text{안전율}}\right)$

※ 안전율은 주어지지 않으면 4를 적용한다.

● 압력(P) = [kgf/cm²], 허용응력(S), 인장강도 = [kgf/cm²]
$$Sch\ №\ =\ 1{,}000 \times \frac{P}{S}$$
※ 이 공식은 단위환산을 적용한 공식임

강관의 종류와 용도

	종류	규격기호	주요 용도 및 특징
배관용	배관용 탄소강관	SPP	사용압력이 비교적 낮은(10[kgf/cm^2] 이하) 증기, 물, 기름, 가스 및 공기의 배관용으로 사용되며 백관과 흑관이 있다. 호칭지름 6~500[A]
	압력 배관용 탄소강관	SPPS	350[℃] 이하의 온도에서 압력 10~100[kgf/cm^2] 까지의 배관에 사용한다. 호칭은 호칭지름과 두께(스케줄 번호)에 의한다. 호칭지름 6~500[A]
	고압 배관용 탄소강관	SPPH	350[℃] 이하의 온도에서 압력 100[kg/cm^2] 이상의 배관에 사용한다. 호칭은 SPPS관과 동일하다. 호칭지름 6~500[A]
	고온 배관용 탄소강관	SPHT	350[℃] 이상의 온도에서 사용하는 배관용이다. 호칭은 SPPS관과 동일하다. 호칭지름 6~500[A]
	배관용 아크 용접 탄소강관	SPW	사용압력 10[kgf/cm^2] 이하의 비교적 낮은 증기, 물, 기름, 가스 및 공기 등의 배관용이다. 호칭지름 350~1,500[A]
	배관용 합금 강관	SPA	주로 고온도의 배관에 사용한다. 두께는 스케줄 번호에 따름, 호칭지름 6~500[A]
	배관용 스테인리스 강관	STS×T	내식용, 내열용 및 고온 배관용, 저온 배관용 사용한다. 두께는 스케줄 번호에 따름. 호칭지름 6~300[A]
	저온 배관용 강관	SPLT	빙점 이하의 저온도 배관에 사용한다. 두께는 스케줄 번호에 따름. 호칭지름 6~500[A]
수도용	수도용 아연 도금 강관	SPPW	SPP관에 아연도금을 실시한 관으로 정수두 100[m] 이하의 수도에서 주로 급수관에 사용한다. 호칭지름 6~500[A]
	수도용 도복장 강관	STPW	SPP관 또는 SPW관에 피복한 관으로 정수두 100[m] 이하의 수도용에 사용한다. 호칭지름 80~1,500[A]
열전달용	보일러 열교환기용 탄소강관	STBH	관의 내외에서 열의 교환을 목적으로 하는 곳에 사용한다. 보일러의 수관, 연관, 과열관, 공기예열관, 화학공업용이나 석유공업의 열교환기 콘덴서관, 촉매관, 가열관 등에 사용한다. 관지름 15.9~139.8[mm], 두께 1.2~12.5[mm]이다.
	보일러 열교환기용 합금강관	STHA	
	보일러 열교환기용 스테인리스 강관	STS×TB	
	저온 열교환기용 강관	STLT	빙점 이하의 특히 낮은 온도에서 관의 내외에서 열의 교환을 목적으로 하는 관이다. 열교환기관, 콘덴서관에 사용한다.
구조용	일반구조용 탄소강관	SPS	토목, 건축, 철탑, 발판, 지주, 비계, 말뚝, 기타의 구조물에 사용한다. 관지름 21.7~1016[mm], 두께 1.2~12.5[mm]이다.
	기계 구조용 탄소강관	SM	기계, 항공기, 자동차, 자전거, 가구, 기구 등의 기계부품에 사용한다.
	구조용 합금강관	STA	항공기, 자동차, 기타의 구조물에 사용한다.

(3) 동관(copper pipe)

① 특징

㉮ 장점
ⓐ 담수(淡水)에 대한 내식성이 우수하다.
ⓑ 열전도율이 좋고, 가공성이 좋아 배관시공이 용이하다.
ⓒ 아세톤, 프레온 가스 등 유기약품에 침식되지 않는다.
ⓓ 관 내부에서 마찰저항이 적다.

㉯ 단점
ⓐ 연수(軟水)에는 부식된다.
ⓑ 외부의 기계적 충격에 약하다.
ⓒ 가격이 비싸다.
ⓓ 암모니아(NH_3), 초산, 진한 황산(H_2SO_4)에는 심하게 부식된다.

② 동관의 종류

㉮ 소재 및 제조 방법에 의한 분류
ⓐ 인성동관(tough pitch copper tube) : 전기 및 열의 전도성이 우수하며, 고온의 환원성 분위기에서는 수소취화 현상이 발생할 수 있다. 전기부품, 열교환기관 등에 주로 사용한다.
ⓑ 인탈산 동관(phosphorus deoxidized copper tube) : 동을 인(P)으로 탈산 처리한 것으로 전기전도성은 인성동관보다 낮으며, 고온에서도 수소취화 현상이 발생하지 않는다. 일반배관, 열교환기용, 건축설비 재료에 사용한다.
ⓒ 무산소 동관(oxygen free copper tube) : 전기전도성이 우수하며, 고온에서도 수소취화 현상이 발생하지 않는다. 전기용 재료, 화학공업용에 사용한다.

㉯ 재질에 의한 분류
ⓐ 연질(O : soft of annealed) : 가공 및 작업이 용이하며 상수도, 가스배관 등에 사용한다. 인장강도 21[kgf/mm^2] 이상, 로크웰 경도(HR15T) 60 이하이다.
ⓑ 반연질(OL : light annealed) : 연질에 약간의 경도와 강도를 부여한 것이다. 인장강도 21[kgf/mm^2] 이상, 로크웰 경도(HR15T) 65 이하이다.
ⓒ 반경질($\frac{1}{2}$H : half hard) : 경질에 약간의 연성을 부여한 것이다. 인장강도 25~33[kgf/mm^2], 로크웰 경도(HR30T) 30~60이다.
ⓓ 경질(H : hard or drawn) : 경도 및 강도에서 가장 강하며, 건설자재로 사용한다. 인장강도 32[kgf/mm^2] 이상, 로크웰 경도(HR30T) 55 이상이다.

㉰ 두께에 의한 분류
  ⓐ K형 : 두께가 두껍고 주로 고압배관, 상수도관, 의료배관에 사용한다.
  ⓑ L형 : 급탕, 급수 및 냉온수배관, 가스배관 등 압력이 적게 작용하는 곳에 사용한다.
  ⓒ M형 : K형, L형보다 두께가 얇으며 저압의 증기난방용관, 가스배관, 통기관으로 사용한다.
㉱ 형태에 의한 분류
  ⓐ 직관 : 일반 배관용에 사용하며, 길이는 15[A]~150[A]는 6[m], 200[A] 이상은 3[m]로 제작된다.
  ⓑ 코일 : 코일 형식으로 감아놓은 것으로 상수도, 가스배관 등 이음매 없이 장거리 배관에 사용되며, 레벨 와운드형(200~300[m]), 벤치형(50[m], 70[m], 100[m]), 팬 케이크형(15[m], 30[m])으로 구분된다.
  ⓒ 온수 온돌용 : 조립식 온수온돌 전용 배관으로 방의 규모에 따라 20종의 규격으로 제작된다.

1.2 신축 이음(expansion joint)

(1) 역할

열팽창으로 인한 배관의 신축을 흡수 완화시켜 장치 파손 및 고장을 방지하기 위하여 배관 중에 설치하는 기기이다.

① 관의 신축길이 계산식

$$\Delta L = L \cdot \alpha \cdot \Delta t$$

여기서, ΔL : 관의 신축길이[mm] L : 관 길이[mm]
α : 선팽창계수[1.2×10^{-5}/℃] Δt : 온도차[℃]

※ 관의 신축량은 관의 길이, 관의 선팽창계수(열팽창계수), 온도차에 비례한다.

(2) 종류

① **슬리브형(sleeve type)** : 신축에 의한 자체 응력이 발생되지 않고 설치장소가 필요하며 단식과 복식이 있다. 슬리브와 본체와의 사이에는 패킹을 다져 넣고 그랜드로 밀착시켜 온수 또는 증기의 누설을 방지한다. 50[A] 이하의 배관에는 나사식, 65[A] 이상은 플랜지식을 사용한다.

② **벨로스형(bellows type)** : 팩리스(packless)형이라 하며, 설치장소에 구애받지 않고 가스, 증기, 물 등 2[MPa], 450[℃]까지 축 방향 신축흡수에 사용되며 단식과 복식 2종류가 있다.

③ **루프형(loop type)** : 곡관으로 만들어진 관의 가요성(可撓性)을 이용한 것으로 구조가 간단하고 내구성이 좋아 고온, 고압배관이나 옥외배관에 주로 사용한다. 곡률 반지름은 관 지름의 6배 이상으로 한다. 신축곡관의 길이는 다음의 식으로 계산한다.

$$L = 0.073\sqrt{d \cdot \Delta L}$$

여기서, L : 신축곡관의 길이[m]
d : 관 지름[mm]
ΔL : 관의 신축길이[mm]

④ **스위블형(swivel type)** : 2개 이상의 엘보를 사용하여 관의 신축을 흡수하는 것으로 신축방향이 큰 배관에서는 누설의 우려가 있다. 주로 증기 및 온수 난방용 배관에 사용되며 지블 이음, 지웰 이음 또는 회전 이음이라고도 한다.

⑤ **볼 조인트(ball joint)** : 볼 조인트와 오프셋 배관을 이용해서 신축을 흡수하는 방법으로 설치공간이 적고, 평면상의 변위뿐만 아니라 입체적인 변위까지도 안전하게 흡수하므로 어떤 현상에 의한 신축에도 배관이 안전한 신축이음이다.

1.3 관 지지구

(1) 행거(hanger)

배관계 중량을 위에서 걸어 당겨 지지할 목적으로 사용한다.

① **리지드 행거(rigid hanger)** : 수직방향의 변위가 없는 곳에 사용한다.

② **스프링 행거(spring hanger)** : 변위가 적은 곳에 사용하며 스프링식과 중추식이 있다.

③ **콘스턴트 행거(constant hanger)** : 관의 상하 방향 이동을 허용하면서 변위가 큰 곳에 사용한다.

(2) 서포트(support)

배관계 중량을 아래에서 위로 지지할 목적으로 사용한다.

① **스프링 서포트** : 상하 이동이 자유롭고 파이프의 하중을 스프링이 완충작용을 한다.

② **롤러 서포트** : 배관의 신축을 자유롭게 하면서 롤러가 관을 받치면서 지지한다.

③ **파이프 슈** : 배관의 엘보 부분과 수평 부분에 영구히 고정, 배관의 이동을 구속한다.

④ **리지드 서포트** : H빔으로 만든 것으로 옥외 등에 종류가 다른 여러 배관을 한 번에 지지한다.

(3) 리스트레인트(restraint)

배관의 신축으로 인한 배관의 상하, 좌우 이동을 제한하고 구속하는 목적에 사용한다.

① **앵커(anchor)** : 이동 및 회전을 방지하기 위하여 지지부분에 완전히 고정하여 사용한다.

② **스톱(stop)** : 회전 및 배관 축과 직각방향의 이동을 구속하고 나머지 방향의 이동은 자유롭다.

③ **가이드(guide)** : 신축 이음(루프형, 슬리브형) 등에 설치하는 것으로 축과 직각방향의 이동은 구속하고, 축 방향의 이동은 허용 및 안내하는 역할을 한다.

(4) 브레이스(brace)

펌프, 압축기 등에서 발생하는 진동을 흡수하여 배관계통에 전달되는 것을 방지하는 역할을 한다.

① **방진구** : 진동을 방지하거나 완화시키는 역할을 한다.

② **완충기** : 배관 내의 수격작용, 안전밸브 분출반력 등 충격을 완화하는 역할을 한다.

(5) 기타 지지물

이어(ears), 슈즈(shoes), 러그(lugs), 스커트(skirts) 등이 있다.

1.4 패킹

(1) 플랜지 패킹

① **고무 패킹**

㉮ 천연고무 : 탄성이 크고 우수하나 열과 기름에는 약하며 내산, 내알칼리성은 크지만 흡수성이 없다. 내열성(100[℃] 이상), 내한성(-55[℃])이 좋지 않기 때문에

일반적인 냉수, 배수 및 공기배관에 사용된다.
- ㉰ 합성고무(neoprene) : 내열도가 −46~121[℃]인 천연고무의 성질을 개선시킨 것으로 내산성, 내열성, 내유성이 좋고, 기계적 성질이 양호하다. 증기배관 외 물, 공기, 기름 및 냉매배관 등 광범위하게 사용된다.

② **식물성 섬유제** : 한지를 여러 겹 붙여서 일정한 두께로 하여 내유 가공한 오일시트 패킹이 주로 쓰이며 내유성이 있으나 내열도가 작아 펌프, 기어박스, 유류배관 등 용도가 제한적이다.

③ **동물성 섬유제**
- ㉮ 가죽 : 기계적 성질은 좋으나 내열도가 비교적 낮으며, 알칼리에 용해되고 내약품성이 약하다.
- ㉯ 펠트 : 가죽에 비해 거친 섬유제품으로 압축성이 큰 것으로 알칼리에는 용해되고 내유성이 있어 유류배관에 사용된다.

④ **석면 조인트 시트**
- ㉮ 섬유가 미세하고 강인한 광물질로 된 패킹제이다.
- ㉯ 450[℃]까지의 고온에서도 사용할 수 있다.
- ㉰ 증기, 온수, 고온의 기름배관에 적합하다.
- ㉱ 석면을 가공한 슈퍼 히트(super heat)가 많이 사용된다.

⑤ **합성수지 패킹** : 플랜지 패킹에 사용되는 것은 테프론으로써 내열 범위가 −260~260[℃]이며 기름에도 침식되지 않는다.

⑥ **금속 패킹** : 철, 구리, 알루미늄, 납, 모넬메탈(monel metal), 스테인리스 및 크롬강 등이 사용되고 압력만을 요구할 때에는 철, 구리, 알루미늄이 많이 사용되며 고온, 고압 하에서 내식성을 필요로 하는 경우에는 스테인리스, 크롬강 및 모넬메탈이 사용된다.

(2) 나사용 패킹

① **나사용 페인트** : 광명단을 혼합하여 사용하며, 고온의 기름배관을 제외하고는 모두 사용된다.

② **일산화연** : 냉매배관에 사용하며 페인트에 소량의 일산화연을 첨가한 것이다.

③ **액상 합성수지** : 내유성이며 내열 범위가 −30~130[℃]이고 화학제품에 강하므로 약품, 증기, 기름배관에 사용된다.

(3) 글랜드 패킹

① **석면 각형 패킹** : 석면을 사각형으로 짜서 흑연과 윤활유를 침투시킨 것으로 내열성 및 내산성이 좋다. 석면 각형 패킹은 주로 대형 밸브의 글랜드에 사용된다.

② **석면 얀 패킹** : 석면 각형 패킹과 같이 내열성, 내산성이 좋으며 석면사(石綿絲)를 꼬아서 만든 것으로 소형 밸브의 글랜드에 사용된다.

③ **몰드 패킹** : 석면, 흑연, 수지 등을 배합 성형한 것으로 밸브, 펌프의 글랜드에 주로 사용된다.

④ **아마존 패킹** : 면포와 내열고무, 컴파운드를 가공 성형한 것으로 압축기 등의 글랜드에 사용된다.

2 밸브

2.1 밸브의 종류 및 용도

(1) 글로브 밸브(globe valve)

스톱 밸브(stop valve)라 하며, 구조상 디스크와 시트가 원추상으로 접촉되어 폐쇄하는 밸브로서 유체는 디스크 부근에서 상하방향으로 평행하게 흐르므로 근소한 디스크의 리프트라도 예민하게 유량에 관계되므로 유량조절에 사용된다.

① **앵글 밸브(angle valve)** : 엘보와 글로브 밸브를 조합한 것으로 직각으로 굽어지는 장소에 사용하며, 유체의 압력손실이 많이 발생한다.

② **니들 밸브(needle valve)** : 밸브 디스크 모양을 원뿔 모양으로 만들어 유량조절을 정확히 할 목적으로 사용된다.

(2) 슬루스 밸브(sluice valve)

게이트 밸브(gate valve), 사절밸브라 하며 유량조절용으로 부적합하나 구조상 퇴적물이 체류하지 않는 장점이 있고 유체의 차단을 주목적으로 사용된다. 밸브를 완전히 개방하면 배관 안지름과 같은 단면적이 되므로 유체의 압력손실이 적으나 유량조절용으로 사용하면 와류현상이 생겨 유체의 저항이 커지고, 밸브 디스크의 마모가 발생하므로 부적합하다. 현재 배관용으로 가장 많이 사용되고 있다.

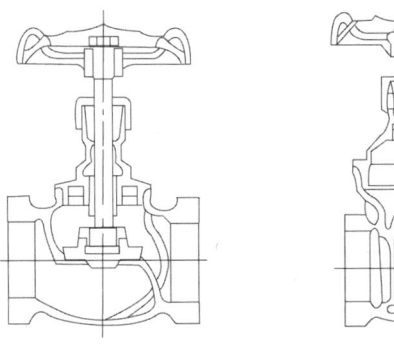

글로브 밸브의 구조   슬루스 밸브의 구조

(3) 체크 밸브(check valve)

역류방지 밸브라 하며, 유체를 한 방향으로만 흐르게 하고 역류를 방지하는 목적에 사용하는 밸브이다.

① **스윙식(swing type)** : 수평, 수직배관에 사용
② **리프트식(lift type)** : 수평배관에 사용

체크 밸브의 구조

③ **풋 밸브(foot valve)** : 펌프 흡입관 하부에 사용되는 체크 밸브의 일종으로 펌프 정지 시 흡입관 내부의 물이 빠져나가는 것을 방지하여 펌프를 보호하는 역할을 한다.
④ **해머리스 체크 밸브(hammerless check valve)** : 스모렌스키 체크밸브라 하며, 펌프 출구 측의 체크 밸브용으로 사용되며, 워터해머(water hammer)의 방지와 바이패스 밸브의 기능을 함께 한다.

(2) 볼 밸브(ball valve)

콕(cock)이라 하며, 핸들을 90° 회전시켜 유로를 급속히 개폐할 수 있으며 유체의 저항이 적은 반면 기밀유지가 어렵다.

(5) 버터플라이 밸브(butterfly valve)

원통형 몸체 속에 밸브 봉을 축으로 하여 원형 평판이 회전함으로써 개폐동작이 이루어지는 구조이다.

(6) 다이어프램 밸브(diaphragm valve)

산(酸) 등의 화학약품을 차단하는 데 주로 사용하는 밸브로서 내약품성, 내열성의 고무로 만든 것을 밸브시트에 밀어붙여서 유량을 조절, 차단하는 용도로 사용된다.

2.2 특수 용도 밸브

(1) 안전 밸브(safety valve)

보일러의 증기압이 이상 상승 시 증기압을 외부로 분출하여 보일러 파열사고를 사전에 방지하기 위한 장치이다.

① **안전 밸브의 구비조건**
- ㉮ 밸브 개폐 동작이 신속하고 자유로울 것
- ㉯ 밸브의 지름과 양정이 충분할 것
- ㉰ 밸브의 작동이 확실하고 증기 누설이 없을 것
- ㉱ 증기압력이 정상으로 되면 작동이 정지될 것
- ㉲ 밸브의 분출용량이 충분할 것

② **종류**
- ㉮ 기구에 의한 분류 : 스프링식, 지렛대식, 중추식
- ㉯ 용도에 의한 분류 : 안전 밸브, 릴리프 밸브, 안전 릴리프 밸브

(2) 감압 밸브(pressure reducing valve)

보일러에서 발생된 증기의 압력을 내리기 위하여 사용하는 밸브이다.

① 설치 목적
　㉮ 고압의 증기를 저압의 증기로 만들기 위하여
　㉯ 부하 측의 압력을 일정하게 유지하기 위하여
　㉰ 부하 변동에 따른 증기의 소비량을 절감하기 위하여

② 종류
　㉮ 작동방법에 따른 분류 : 피스톤식, 다이어프램식, 벨로즈식
　㉯ 구조에 따른 분류 : 스프링식, 추식
　㉰ 제어방식에 따른 분류 : 자력식(직동식과 파일럿 작동식으로 분류), 타력식

(3) 자동온도조절 밸브(automatic temperature valve)

열매체를 이용하여 열교환기, 건조기, 온수탱크 등의 온도를 일정하게 유지시키는 밸브로서 직동식과 파일럿식이 있다.

(2) 공기 빼기 밸브(air vent valve)

냉·온수 배관, 급탕 배관 및 온수 탱크의 상부에 체류하는 공기를 자동적으로 배출시켜 공기 장해로 인한 순환장애, 전열효율 감소 및 배관의 부식을 방지하며 유체의 흐름을 원활하게 한다.

(5) 전자 밸브(solenoid valve)

몸체, 디스크, 시트, 실린더 등으로 구성되어 있으며 전자 코일의 여자(勵磁)에 의하여 작동된다.

(6) 여과기(strainer)

배관 상에 설치된 밸브, 트랩, 펌프 및 기기 등의 앞에 설치하여 유체에 혼합되어 있는 불순물(찌꺼기)을 제거하여 기기의 성능을 보호한다.

출제예상문제
Expected problems

01 파이프의 재질이나 안지름, 두께는 다음 조건을 고려하여 정한다. 다음 중 관계없는 인자는?
① 수송거리   ② 유체의 순도
③ 유체의 종류 ④ 유속, 유량

해설 배관재료 선택 시 고려해야 할 사항
(1) 화학적 성질
  ㉮ 수송 유체에 따른 관의 내식성
  ㉯ 수송 유체와 관의 화학반응으로 유체의 변질 여부
  ㉰ 지중 매설 배관할 때 토질과의 화학 변화
  ㉱ 유체의 온도 및 농도변화에 따른 화학변화
(2) 물리적 성질
  ㉮ 관내 유체의 압력 및 관의 내마모성
  ㉯ 유체의 온도변화에 따른 물리적 성질의 변화
  ㉰ 맥동 및 수격작용이 발생할 때의 내압강도
  ㉱ 지중 매설 배관할 때 외압으로 인한 강도
(3) 기타 성질
  ㉮ 지리적 조건에 따른 수송 문제
  ㉯ 진동을 흡수할 수 있는 이음법의 가능 여부
  ㉰ 사용 기간   **답** ②

02 강관의 특징에 대한 설명으로 틀린 것은?
① 내충격성이 크다. ② 인장강도가 크다.
③ 부식에 강하다.   ④ 관의 접합이 쉽다.

해설 강관의 특징
㉮ 인장강도가 크고, 내충격성이 크다.
㉯ 배관작업이 용이하다.
㉰ 비철금속관에 비하여 경제적이다.
㉱ 부식이 발생하기 쉽다.
㉲ 배관수명이 짧다.   **답** ③

03 일반적인 강관에서 스케줄 넘버(schedule number)는 무엇을 의미하는가?
① 파이프의 외경   ② 파이프의 두께
③ 파이프의 내경   ④ 파이프의 단면적

해설 스케줄 넘버(schedule number) : 사용압력과 배관 재료의 허용응력과의 비에 의하여 배관 두께의 체계를 표시한 것이다.

$$\therefore \text{스케줄 번호} = 10 \times \frac{\text{사용압력}[kgf/cm^2]}{\text{허용응력}[kgf/mm^2]}$$

$$\text{※ 허용응력} = \frac{\text{인장강도}[kgf/mm^2]}{\text{안전율}(4)}$$ **답** ②

04 배관의 호칭법으로 사용되는 스케줄 번호를 산출하는 데 직접적인 영향을 미치는 것은?
① 관의 외경   ② 관의 사용온도
③ 관의 허용응력   ④ 관의 열팽창계수

해설 배관의 스케줄 번호를 산출(계산)하는 데 직접적인 영향을 미치는 것은 사용압력과 배관 재료의 허용응력이다.   **답** ③

05 강관의 표시기호 중 배관용 합금강 강관은?
① SPPH   ② SPHT
③ SPA   ④ STA

해설 강관의 표시 기호 및 명칭

표시 기호	명 칭
SPP	일반배관용 탄소강관
SPPS	압력배관용 탄소강관
SPHT	고온배관용 탄소강관
SPLT	저온배관용 탄소강관
SPW	배관용 아크용접 탄소강관
SPA	배관용 합금강관
STS×T	배관용 스테인리스강관
STBH	보일러 열교환기용 탄소강관
STHA	보일러 열교환기용 합금강관
STS×TB	보일러 열교환기용 스테인리스강관
STLT	저온 열교환기용 강관

답 ③

06 배관용 강관의 기호로서 틀린 것은?
① SPP : 일반배관용 탄소강관
② SPPS : 압력배관용 탄소강관
③ SPHT : 고온배관용 탄소강관
④ STS : 저온배관용 탄소강관

해설 저온배관용 탄소강관 : SPLT **답** ④

07 350[℃] 이하에서 사용압력이 비교적 낮은 배관에 사용하며, 백관과 흑관으로 구분되는 강관의 종류는?
① SPP
② SPPH
③ SPPY
④ SPA

해설 SPP(배관용 탄소강관) : 사용압력이 비교적 낮은 10[kgf/cm²] 이하의 증기, 물, 기름, 가스 및 공기의 배관용으로 사용된다. 내외면에 아연이 도금된 백관과 도금이 되지 않은 흑관이 있으며 호칭지름은 6[A]~500[A]까지 있다. **답** ①

08 고압배관용 탄소강 강관(KS D 3564)의 호칭지름의 기준이 되는 것은?
① 배관의 안지름 기준
② 배관의 바깥지름 기준
③ 배관의 (안지름+바깥지름)/2 기준
④ 배관 나사의 바깥지름 기준

해설 고압배관용 탄소강관의 호칭지름 기준의 배관의 바깥지름이 되며, 스케줄번호에 따라 두께가 다르므로 안지름은 각각 다르다. **답** ②

09 고압 배관용 탄소강관에 대한 설명으로 틀린 것은?
① 관의 조재로는 킬드강을 사용하여 이음매 없이 제조된다.
② KS 규격 기호로 SPPS라고 표기한다.
③ 350[℃] 이하, 100[kgf/cm²] 이상의 압력범위에서 사용이 가능하다.
④ NH_3 합성용 배관, 화학공업의 고압유체 수송용에 사용한다.

해설 고압배관용 탄소강관의 KS 규격기호는 SPPH이며 관의 호칭은 호칭지름과 스케줄번호에 의하며 호칭지름은 6[A]~500[A]까지이다. 350[℃] 이하, 9.8 [N/mm²] (100[kgf/cm²]) 이상의 압력범위에서 사용이 가능하다. **답** ②

10 고온배관용 탄소강관(SPHT)은 몇 [℃]를 초과하는 온도부터 사용하는가?
① 350
② 450
③ 550
④ 650

해설 고온배관용 탄소강관(SPHT) : 350[℃] 이상의 온도에서 사용하는 배관용으로, 호칭은 호칭지름과 두께(스케줄 번호)에 의한다. 호칭지름 6[A]~500[A]이다. **답** ①

11 내식성, 굴곡성이 우수하고 전기 및 열의 양도체이며 내압성도 있어서 열교환기용 관, 급수관 등 화학공업용으로 주로 사용되는 것은?
① 주철관
② 동관
③ 강관
④ 알루미늄관

해설 동관의 특징
㉮ 담수(淡水)에 대한 내식성이 우수하다.
㉯ 열전도율이 좋고, 가공성이 좋아 배관시공이 용이하다.
㉰ 아세톤, 프레온 가스 등 유기약품에 침식되지 않는다.
㉱ 관 내부에서 마찰저항이 적다.
㉲ 연수(軟水)에는 부식된다.
㉳ 외부의 기계적 충격에 약하다.
㉴ 가격이 비싸다.
㉵ 암모니아(NH_3), 초산, 진한황산(H_2SO_4)에는 심하게 부식된다. **답** ②

12 구리, 황동관의 호칭지름은 어디를 표시하는가?
① 파이프 나사의 바깥지름
② 파이프의 안지름
③ 파이프의 바깥지름
④ 파이프의 유효지름

해설 동(구리) 및 동합금관의 호칭지름은 관의 바깥지름을 기준으로 표시한다. **답** ③

13 강관 이음 방법이 아닌 것은?
① 나사 이음 ② 용접 이음
③ 플랜지 이음 ④ 플레어 이음

해설 강관의 이음방법 : 나사이음, 용접이음, 플랜지이음, 턱걸이 이음
※ 플레어 이음(flare joint) : 용접이음이 곤란한 곳이나, 분리 결합이 요구될 때 동관의 끝부분을 접시 모양으로 가공하여 이음 하는 방식으로 압축이음이라 한다. **답** ④

14 관의 분해, 조립 시 사용하는 이음장치는?
① 행거 ② 플랜지
③ 벤드 ④ 팽창이음

해설 사용 용도에 의한 강관 이음재 분류
㉮ 배관의 방향을 전환할 때 : 엘보(elbow), 벤드(bend), 리턴 벤드
㉯ 관을 도중에 분기할 때 : 티(tee), 와이(Y), 크로스(cross)
㉰ 동일 지름의 관을 연결할 때 : 소켓(socket), 니플(nipple), 유니언(union), 플랜지(flange)
㉱ 지름이 다른관(이경관)을 연결할 때 : 리듀서(reducer), 부싱(bushing), 이경 엘보, 이경 티
㉲ 관 끝을 막을 때 : 플러그(plug), 캡(cap)
㉳ 관의 분해, 수리가 필요할 때 : 유니언, 플랜지
답 ②

15 온도의 변화에 의해 생기는 파이프의 신축에 대응할 수 있는 파이프 조인트는?
① 나사 파이프 조인트
② 신축 파이프 조인트
③ 플랜지 파이프 조인트
④ 용접 파이프 조인트

해설 신축이음(expansion joint) 장치 : 열팽창으로 인한 배관의 신축을 흡수 완화시켜 장치 파손 및 고장을 방지하기 위하여 배관 중에 설치하는 기기로 슬리브형, 벨로즈형, 루프형, 스위블이음, 볼조인트 등이 있다. **답** ②

16 관의 신축량에 대한 설명으로 옳은 것은?
① 신축량은 관의 열팽창계수, 길이, 온도차에 반비례한다.
② 신축량은 관의 열팽창계수, 길이, 온도차에 비례한다.
③ 신축량은 관의 길이, 온도차에는 비례하지만 열팽창계수에는 반비례한다.
④ 신축량은 관의 열팽창계수에 비례하고 온도차와 길이에 반비례한다.

해설 관의 신축량 계산식
$\Delta L = L \cdot \alpha \cdot \Delta t$
ΔL : 온도변화에 따른 관의 신축길이[mm]
L : 관의 길이[mm]
α : 관의 선팽창계수(열팽창계수)
Δt : 온도차[℃]
∴ 관의 신축량은 관의 길이, 관의 선팽창계수(열팽창계수), 온도차에 비례한다. **답** ②

17 길이 7[m], 외경 200[mm], 내경 190[mm]의 탄소강관에 360[℃] 과열증기를 통과시키면 이때 늘어나는 관의 길이는 몇 [mm]인가? (단, 주위온도는 20[℃]이고, 관의 선팽창계수는 0.000013[mm/mm · ℃]이다.)
① 21.15 ② 25.71
③ 30.94 ④ 36.48

해설 $\Delta L = L \times \alpha \times \Delta t$
$= 7 \times 1,000 \times 0.000013 \times (360-20)$
$= 30.94 [mm]$ **답** ③

18 신축이음에 대한 설명 중 틀린 것은?
① 슬리브형은 단식과 복식의 2종류가 있으며 고온, 고압에 사용한다.
② 루프형은 고압에 잘 견디며 주로 고압증기의 옥외배관에 사용한다.
③ 벨로스형은 신축으로 인한 응력을 받지 않는다.
④ 스위블형은 온수 또는 저압증기의 배관에 사용하며 큰 신축에 대하여는 누설의 염려가 있다.

해설 슬리브형(sleeve type) : 신축에 의한 자체 응력이 발생되지 않고 설치장소가 필요하며 단식과 복식이 있다. 슬리브와 본체와의 사이에는 패킹을 다져 넣고 그랜드로 밀착시켜 온수 또는 증기의 누설을 방지하므로 고온, 고압에는 사용이 부적합하다. 🖺 ①

19 청동 또는 스테인리스강을 파형으로 주름을 잡아서 아코디언과 같이 만들고, 이 주름의 신축으로 온도 변화에 따른 배관의 길이 방향 신축을 흡수하는 이음은?

① 루프형　　　　② 스위블형
③ 슬리브형　　　④ 벨로스형

해설 벨로스형(bellows type) : 팩리스(packless)형이라 하며, 관의 신축에 따라 파형의 주름통이 함께 신축하는 것으로, 설치장소에 구애받지 않고 가스, 증기, 물 등 2[MPa], 450[℃]까지 축 방향 신축흡수에 사용되며 단식과 복식 2종류가 있다. 🖺 ④

20 고압 증기의 옥외배관에 가장 적당한 신축이음 방법은?

① 오프셋형　　　② 벨로스형
③ 루프형　　　　④ 슬리브형

해설 루프형(loop type) 신축이음 : 곡관으로 만들어진 관의 가요성(可撓性)을 이용한 것으로 구조가 간단하고 내구성이 좋아 고온, 고압배관이나 옥외배관에 주로 사용한다. 🖺 ③

21 2개 이상의 엘보(elbow)로 나사의 회전을 이용하여 온수 또는 저압증기용 배관에 사용하는 신축이음 방식은?

① 루프형(loop type)
② 벨로스형(bellows type)
③ 슬리브형(sleeve type)
④ 스위블형(swivel type)

해설 스위블형(swivel type) : 지블이음, 지웰이음 또는 회전이음이라고도 하며, 2개 이상의 엘보를 사용하여 관의 신축을 흡수하는 것으로 신축방향이 큰 배관에서는 누설의 우려가 있다. 주로 증기 및 온수난방용 배관에 사용된다. 🖺 ④

22 배관설비의 지지에 필요한 조건을 설명한 것 중 틀린 것은?

① 온도의 변화에 따른 배관신축을 충분히 고려하여야 한다.
② 배관 시공 시 필요한 배관기울기를 용이하게 조정할 수 있어야 한다.
③ 배관설비의 진동과 소음을 외부로 쉽게 전달할 수 있어야 한다.
④ 수격현상 및 외부로부터 진동과 힘에 대하여 견고하여야 한다.

해설 배관설비 지지의 필요조건
㉮ 온도의 변화에 따른 배관신축을 충분히 고려하여야 한다.
㉯ 배관 시공 시 필요한 배관기울기를 용이하게 조정할 수 있어야 한다.
㉰ 수격현상 및 외부로부터 진동과 힘에 대하여 견고하여야 한다.
㉱ 배관과 관내의 유체 및 피복재의 합계 중량을 지지하는 데 충분한 재료일 것
㉲ 관의 지지간격이 적당할 것 🖺 ③

23 배관을 아래에서 위로 떠 받쳐 지지하는 장치 중의 하나로 배관의 굽힘부 등에 관으로 영구히 고정시키는 것은?

① 앵커　　　　② 파이프 슈
③ 스토퍼　　　④ 가이드

해설 서포트(support) : 배관계 중량을 아래에서 위로 지지할 목적으로 사용한다.
㉮ 스프링 서포트 : 상하 이동이 자유롭고 파이프의 하중을 스프링이 완충작용을 한다.
㉯ 롤러 서포트 : 배관의 신축을 자유롭게 하면서 롤러가 관을 받치면서 지지한다.
㉰ 파이프 슈 : 배관의 엘보 부분과 수평부분에 영구히 고정, 배관의 이동을 구속한다.
㉱ 리지드 서포트 : H빔으로 만든 것으로 옥외 등에 종류가 다른 여러 배관을 한 번에 지지한다. 🖺 ②

24 열팽창에 의한 배관의 이동을 구속 또는 제한하는 것을 리스트레인트(restraint)라 한다. 리스트레인트의 종류에 해당하지 않는 것은?

① 앵커(anchor) ② 스토퍼(stopper)
③ 리지드(rigid) ④ 가이드(guide)

해설 리스트레인트(restraint)의 종류 및 역할
㉮ 앵커(anchor) : 이동 및 회전을 방지하기 위하여 지지부분에 완전히 고정하여 사용한다.
㉯ 스톱(stop, stoper) : 회전 및 배관 축과 직각방향의 이동을 구속하고 나머지 방향의 이동은 자유롭다.
㉰ 가이드(guide) : 신축 이음(루프형, 슬리브형) 등에 설치하는 것으로 축과 직각방향의 이동은 구속하고, 축 방향의 이동은 허용 및 안내하는 역할을 한다.
답 ③

25 내열범위가 −260~260[℃] 정도이고 탄성이 부족하고 기름에 침해되지 않는 패킹재는?

① 오일 실 패킹   ② 합성수지 패킹
③ 네오프렌   ④ 석면 조인트 시트

해설 합성수지 패킹 : 플랜지 패킹에 사용되는 것은 테프론으로서 내열 범위가 −260~260[℃]이며 기름에도 침식되지 않는다.
답 ②

26 탄성이 부족하기 때문에 석면, 고무, 파형 금속판 등으로 표면 처리하여 사용하는 합성수지류의 패킹에 속하는 것은?

① 네오프렌   ② 펠트
③ 유리섬유   ④ 테프론
답 ④

27 방청용 도료 중 연단을 아마인유와 혼합하여 만들며, 녹스는 것을 방지하기 위하여 널리 사용되는 것은?

① 광명단 도료   ② 합성수지 도료
③ 산화철 도료   ④ 알루미늄 도료

해설 광명단 : 연단에 아마인유를 배합한 것으로 밀착력이 강하고 막이 굳어서 풍화에 대하여도 강하므로, 다른 착색도료의 밑칠용으로 사용하기에 가장 적합하다.
답 ①

28 밸브의 몸통이 둥근 달걀형 밸브로서 유체의 압력 감소가 크므로 압력이 필요로 하지 않을 경우나 유량 조절용이나 차단용으로 적합한 밸브는?

① 글로브 밸브   ② 체크 밸브
③ 버터플라이 밸브 ④ 슬루스 밸브

해설 글로브 밸브(globe valve) : 구조상 디스크와 시트가 원추상으로 접촉되어 폐쇄하는 밸브로서 유체는 디스크 부근에서 상하방향으로 평행하게 흐르므로 근소한 디스크의 리프트라도 예민하게 유량에 관계되므로 죔 밸브로서 유량조절에 사용되는 밸브이다.
답 ①

29 글로브밸브(globe valve)에 대한 설명 중 틀린 것은?

① 유량조절이 용이하므로 자동조절밸브 등에 응용시킬 수 있다.
② 유체의 흐름방향이 밸브 몸통 내부에서 변한다.
③ 디스크 형상에 따라 앵글밸브, Y형 밸브, 니들 밸브 등으로 분류된다.
④ 조작력이 적어 고압의 대구경 밸브에 적합하다.

해설 디스크와 시트가 원추상으로 접촉되어 폐쇄하는 밸브로 조작력이 크고 차단성능이 우수하여 고압배관에 적합하다.
답 ④

30 아래에서 설명하는 밸브의 명칭은?

- 직선배관에 주로 설치한다.
- 유입방향과 유출방향이 동일하다.
- 유체에 대한 저항이 크다.
- 개폐가 쉽고 유량 조절이 용이하다.

① 슬루스 밸브   ② 글로브 밸브
③ 플로트 밸브   ④ 버터플라이 밸브

해설 글로브 밸브(globe valve)의 특징
㉮ 유체의 흐름에 따라 마찰손실(저항)이 크다.
㉯ 주로 유량 조절용으로 사용된다.
㉰ 유체의 흐름 방향과 평행하게 밸브가 개폐된다.
㉱ 밸브의 디스크 모양은 평면형, 반구형, 원뿔형 등의 형상이 있다.
㉲ 슬루스 밸브에 비하여 가볍고 가격이 저렴하다.
답 ②

31 밸브 봉을 돌려서 열 때 밸브 좌면과 직선적으로 미끄럼 운동을 하는 밸브로서 슬라이딩 밸브의 일종이며 고압에 견디고 밸브관이 유체 통로를 전개하므로 흐름의 저항이 거의 없는 밸브는?

① 앵글 밸브 ② 슬루스 밸브
③ 글로브 밸브 ④ 회전 밸브

해설 슬루스 밸브(sluice valve)의 특징
㉮ 게이트밸브(gate valve) 또는 사절변이라 한다.
㉯ 리프트가 커서 개폐에 시간이 걸린다.
㉰ 밸브를 완전히 열면 밸브 본체 속에 관로의 단면적과 거의 같게 된다.
㉱ 쐐기형의 밸브 본체가 밸브 시트 안을 눌러 기밀을 유지한다.
㉲ 유로의 개폐용으로 사용한다.
㉳ 밸브를 절반 정도 열고 사용하면 와류가 생겨 유체의 저항이 커지기 때문에 유량조절에는 적합하지 않다.
답 ②

32 유체의 역류를 방지하여 한쪽 방향으로만 흐르게 하는 것으로 리프트식과 스윙식으로 대별되는 밸브는?

① 회전 밸브 ② 슬루스 밸브
③ 체크 밸브 ④ 앵글 밸브

해설 체크밸브(check valve) : 역류방지 밸브로 리프트식과 스윙식으로 구별된다.
답 ③

33 볼 밸브(ball valve)의 특징에 대한 설명으로 틀린 것은?

① 유로가 배관과 같은 형상으로 유체의 저항이 적다.
② 밸브의 개폐가 쉽고 조작이 간편하여 자동조작밸브로 활용된다.
③ 이음쇠 구조가 없기 때문에 설치공간이 작아도 되고 보수가 쉽다.
④ 밸브대가 90° 회전하므로 패킹과의 원주방향 움직임이 크기 때문에 기밀성이 약하다.

해설 밸브대가 90° 회전하므로 패킹과의 원주방향 움직임이 작아 신속히 개폐가 가능하지만 기밀성은 나쁘다.
답 ④

34 버터플라이 밸브(butterfly valve)의 특징에 대한 설명으로 옳지 않은 것은?

① 90° 회전으로 개폐가 가능하다.
② 유량조절이 가능하다.
③ 완전 열림 시 유체저항이 크다.
④ 대구경의 관로에 적용되며 조름 밸브(throttle valve)로 사용된다.

해설 버터 플라이 밸브(butterfly valve) : 원통형 몸체 속에 밸브 봉을 축으로 하여 원형 평판이 회전함으로써 개폐동작이 이루어지는 구조이다.
㉮ 저압의 액체 배관에 주로 사용된다.
㉯ 완전폐쇄가 어려워 고압에는 부적합하다.
㉰ 와류나 저항이 적게 발생된다.
㉱ 개폐동작을 신속히 할 수 있다.
㉲ 종류 : 록 레버식, 웜 기어식, 압축 조작식, 전동 조작식
답 ③

35 산(酸) 등의 화학약품을 차단하는 데 주로 사용하는 밸브로서 내약품성, 내열성의 고무로 만든 것을 밸브시트에 밀어붙여서 유량을 조절하는 밸브는?

① 다이어프램 밸브 ② 슬루스 밸브
③ 버터플라이 밸브 ④ 체크 밸브

해설 다이어프램밸브(diaphragm valve) : 기밀을 유지하기 위한 패킹이 불필요하고 금속부분이 부식될 염려가 없어 산 등의 화학약품의 유량을 조절, 차단하는 데 주로 사용하는 밸브로 유체의 흐름이 주는 영향이 비교적 적다. **답** ①

36 다이어프램 밸브(diaphragm valve)의 특징이 아닌 것은?
① 유체의 흐름이 주는 영향이 비교적 적다.
② 기밀을 유지하기 위한 패킹이 불필요하다.
③ 주된 용도가 유체의 역류를 방지하기 위한 것이다.
④ 산 등의 화학 약품을 차단하는 데 사용하는 밸브이다.

해설 유체의 역류를 방지하는 데 사용하는 밸브는 체크 밸브이다. **답** ③

37 감압 밸브에 대한 설명으로 틀린 것은?
① 작동방식에는 직동식과 파일럿 작동식이 있다.
② 증기용 감압밸브의 유입 측에는 안전 밸브를 설치하여야 한다.
③ 감압밸브를 설치할 때는 직관부를 호칭경의 10배 이상으로 하는 것이 좋다.
④ 감압밸브를 2단으로 설치할 경우에는 1단의 설정압력을 2단보다 높게 하는 것이 좋다.

해설 감압밸브의 유입 측에는 여과기(strainer)를 유출 측에는 안전밸브를 설치하여야 한다. **답** ②

38 감압밸브 설치 시 배관시공법에 대한 설명으로 틀린 것은?
① 감압밸브는 가급적 사용처에 근접시공 한다.
② 감압밸브 앞에는 여과기를 설치해야 한다.
③ 감압 후 배관은 1차 측보다 확관되어야 한다.
④ 감압장치의 안전을 위하여 밸브 앞에 안전밸브를 설치한다.

해설 감압장치의 안전을 위하여 밸브 다음(2차 측)에 안전밸브를 설치한다. **답** ④

39 급수조절기를 사용할 경우 충수 수압시험 또는 보일러를 시동할 때 조절기가 작동하지 않게 하거나, 모든 자동 또는 수동제어 밸브 주위에 수리, 교체하는 경우를 위하여 설치하는 설비는?
① 블로우 오프관   ② 바이패스관
③ 과열 저감기   ④ 수면계

해설 바이패스관 : 자동 또는 수동제어 밸브가 고장이 발생되어 수리나 교체할 경우를 대비하여 설치하는 우회배관이고, 여기에 설치되는 밸브를 바이패스 밸브라고 부른다. **답** ②

제4장 에너지관계 법규

1. 에너지법 및 에너지 이용 합리화법

1.1 에너지법

(1) 목적

안정적이고 효율적이며 환경친화적인 에너지 수급 구조를 실현하기 위한 에너지정책 및 에너지 관련 계획의 수립·시행에 관한 기본적인 사항을 정함으로써 국민경제의 지속 가능한 발전과 국민의 복리 향상에 이바지함을 목적으로 한다.

(2) 용어의 정의

① **에너지** : 연료·열 및 전기를 말한다.

② **연료** : 석유·가스·석탄 그 밖에 열을 발생하는 열원을 말한다. 다만, 제품의 원료로 사용되는 것을 제외한다.

③ **신·재생에너지** : 「신에너지 및 재생에너지 개발·이용·보급촉진법」 제2조 제1호의 규정에 따른 에너지를 말한다.

④ **에너지 사용시설** : 에너지를 사용하는 공장·사업장 등의 시설이나 에너지를 전환하여 사용하는 시설을 말한다.

⑤ **에너지 사용자** : 에너지 사용시설의 소유자 또는 관리자를 말한다.

⑥ **에너지 공급설비** : 에너지를 생산·전환·수송 또는 저장하기 위하여 설치하는 설비를 말한다.

⑦ **에너지 공급자** : 에너지를 생산수입·전환·수송·저장 또는 판매하는 사업자를 말한다.

⑧ **에너지사용 기자재** : 열사용 기자재 그 밖에 에너지를 사용하는 기자재를 말한다.

⑨ **열사용 기자재** : 연료 및 열을 사용하는 기기, 축열식 전기기기와 단열성 자재로서 산업통상자원부령이 정하는 것을 말한다.

⑩ **온실가스** : 적외선 복사열을 흡수하거나 재방출하여 온실효과를 유발하는 대기 중의 가스 상태의 물질로서 이산화탄소(CO_2), 메탄(CH_4), 아산화질소(N_2O), 수소불화탄소(HFCs), 과불화탄소(PFCs) 또는 육불화황(SF_6)을 말한다.

(3) 지역 에너지계획의 수립

① **수립 및 시행** : 특별시장, 광역시장, 도지사 또는 특별자치도지사(시·도지사)

② **계획 사항**
㉮ 에너지 수급의 추이와 전망에 관한 사항
㉯ 에너지의 안정적 공급을 위한 대책에 관한 사항
㉰ 신·재생에너지 등 환경친화적 에너지 사용을 위한 대책에 관한 사항
㉱ 에너지 사용의 합리화와 이를 통한 온실가스의 배출감소를 위한 대책에 관한 사항
㉲ 집단에너지 공급대상지역의 집단에너지 공급을 위한 대책에 관한 사항
㉳ 미활용 에너지원의 개발·사용을 위한 대책에 관한 사항
㉴ 에너지 시책 및 관련 사업을 위하여 시·도지사가 필요하다고 인정하는 사항

(4) 비상시 에너지 수급계획의 수립 등

① **비상계획 수립** : 산업통상자원부장관

② **비상계획 사항**
㉮ 국내외 에너지 수급의 추이와 전망에 관한 사항
㉯ 비상시 에너지소비절감을 위한 대책에 관한 사항
㉰ 비상시 비축에너지의 활용에 관한 대책에 관한 사항
㉱ 비상시 에너지의 할당·배급 등 수급조정에 관한 대책에 관한 사항
㉲ 비상시 에너지 수급 안정을 위한 국제협력에 관한 대책에 관한 사항
㉳ 비상계획의 효율적 시행을 위한 행정계획에 관한 사항

(5) 에너지기술개발 계획

① **계획기간** : 10년 이상

② **계획사항**
　㉮ 에너지의 효율적 사용을 위한 기술개발에 관한 사항
　㉯ 신·재생에너지 등 환경친화적 에너지에 관련된 기술개발에 관한 사항
　㉰ 에너지 사용에 따른 환경오염 저감을 위한 기술개발에 관한 사항
　㉱ 개발된 에너지기술의 실용화의 촉진에 관한 사항
　㉲ 국제에너지기술협력의 촉진에 관한 사항
　㉳ 에너지기술에 관련된 인력·정보·시설 등 기술개발자원의 확대 및 효율적 활용에 관한 사항

③ **연차별 실행계획 사항**
　㉮ 기술개발 추진전략
　㉯ 과제별 목표 및 소요자금
　㉰ 연차별 실행계획의 효과적인 시행을 위하여 산업통상자원부장관이 필요하다고 인정하는 사항

(6) 에너지관련 통계의 관리, 공표

① **통계 작성, 분석, 관리** : 산업통상자원부장관

② **에너지수급에 관한 통계** : 에너지열량환산기준을 적용

③ **에너지 총조사 주기** : 3년

④ **에너지 통계자료의 제출대상**
　㉮ 중앙행정기관, 지방자치단체 및 그 소속기관
　㉯ 정부 및 지방자치단체의 투자 출연기관
　㉰ 에너지공급자 및 에너지공급자로 구성된 법인, 단체
　㉱ 에너지다소비 사업자

1.2 에너지이용 합리화법

(1) 목적

에너지의 수급을 안정시키고 에너지의 합리적이고 효율적인 이용을 증진하며 에너지소비로 인한 환경피해를 줄임으로써 국민경제의 건전한 발전 및 국민복지의 증진과 지구온난화의 최소화에 이바지함을 목적으로 한다.

(2) 정부와 에너지사용자, 공급자 등의 책무

① 정부는 에너지의 수급안정과 합리적이고 효율적인 이용을 도모하고 이를 통한 온실가스의 배출을 줄이기 위한 기본적이고 종합적인 시책을 강구하고 시행할 책무를 진다.
② 지방자치단체는 관할 지역의 특성을 고려하여 국가에너지정책의 효과적인 수행과 지역경제의 발전을 도모하기 위한 지역에너지시책을 강구하고 시행할 책무를 진다.
③ 에너지사용자와 에너지공급자는 국가나 지방자치단체의 에너지시책에 적극 참여하고 협력하여야 하며, 에너지의 생산·전환·수송·저장·이용 등에서 그 효율을 극대화하고 온실가스의 배출을 줄이도록 노력하여야 한다.
④ 에너지사용기자재와 에너지공급설비를 생산하는 제조업자는 그 기자재와 설비의 에너지효율을 높이고 온실가스의 배출을 줄이기 위한 기술의 개발과 도입을 위하여 노력하여야 한다.
⑤ 모든 국민은 일상생활에서 에너지를 합리적으로 이용하여 온실가스의 배출을 줄이도록 노력하여야 한다.

(3) 에너지이용 합리화 기본계획

① **기본계획 수립** : 산업통상자원부장관은 5년마다 수립

② **기본계획 사항**
　㉮ 에너지절약형 경제구조로의 전환
　㉯ 에너지이용효율의 증대
　㉰ 에너지이용 합리화를 위한 기술개발
　㉱ 에너지이용 합리화를 위한 홍보 및 교육
　㉲ 에너지원간 대체
　㉳ 열사용기자재의 안전관리
　㉴ 에너지이용 합리화를 위한 가격예시제의 시행에 관한 사항
　㉵ 에너지의 합리적인 이용을 통한 온실가스의 배출을 줄이기 위한 대책
　㉶ 그 밖에 에너지이용 합리화를 추진하기 위하여 필요한 사항으로서 산업통상자원부령으로 정하는 사항

③ **시·도지사는 매년 실시계획을 수립**
　㉮ 제출 : 산업통상자원부장관에게 제출
　　ⓐ 계획 : 해당 연도 1월 31일까지
　　ⓑ 시행 결과 : 다음 연도 2월 말일까지

㉯ 평가 및 통보 : 산업통상자원부장관

(4) 수급안정을 위한 조치

① **에너지저장의무 부과대상자**
  ㉮ 전기사업법에 따른 전기사업자
  ㉯ 도시가스사업법에 따른 도시가스사업자
  ㉰ 석탄산업법에 따른 석탄가공업자
  ㉱ 집단에너지사업법에 따른 집단에너지사업자
  ㉲ 연간 2만 석유환산톤(TOE) 이상의 에너지를 사용하는 자

② **조정, 명령 그 밖의 필요한 조치** : 에너지사용자, 에너지공급자 또는 에너지사용 기자재의 소유자와 관리자
  ㉮ 지역별·주요 수급자별 에너지 할당
  ㉯ 에너지공급설비의 가동 및 조업
  ㉰ 에너지의 비축과 저장
  ㉱ 에너지의 도입·수출입 및 위탁가공
  ㉲ 에너지공급자 상호 간의 에너지의 교환 또는 분배 사용
  ㉳ 에너지의 유통시설과 그 사용 및 유통경로
  ㉴ 에너지의 배급
  ㉵ 에너지의 양도·양수의 제한 또는 금지
  ㉶ 에너지사용의 시기·방법 및 에너지사용기자재의 사용 제한 또는 금지 등 대통령령으로 정하는 사항
  ㉷ 그 밖에 에너지수급을 안정시키기 위하여 대통령령으로 정하는 사항

(5) 효율관리 기자재의 지정

① **효율관리 기자재** : 전기냉장고, 전기냉방기, 전기세탁기, 조명기기, 삼상유도전동기, 자동차, 그 밖에 산업통상자원부장관이 고시하는 기자재 및 설비

② **에너지 소비효율 등급, 에너지 소비효율 시험기관 지정** : 산업통상자원부장관

(6) 대기전력 저감대상 제품의 지정

① **대기전력** : 외부의 전원과 연결만 되어 있고, 주 기능을 수행하지 아니하거나 외부로부터 켜짐 신호를 기다리는 상태에서 소비되는 전력

② **대기전력 저감대상 제품** : 프린터, 팩시밀리, 복사기, 스캐너, 복합기, 자동절전제어장치, 오디오, DVD 플레이어, 라디오카세트, 전자레인지, 도어폰, 유무선 전화기, 비데, 모뎀, 홈 게이트웨이, 손 건조기, 서버, 디지털 컨버터

③ **대기전력 경고표지 대상제품** : 프린터, 팩시밀리, 복사기, 스캐너, 복합기, 오디오, DVD 플레이어, 라디오카세트, 전자레인지, 도어폰, 유무선전화기, 비데, 모뎀, 홈 게이트웨이

④ **대기전력 시험기관의 지정 신청**
  ㉮ 제출 : 산업통상자원부장관
  ㉯ 신청서류
    ⓐ 시험설비 현황 : 시험설비의 목록 및 사진을 포함
    ⓑ 전문 인력 현황 : 시험 담당자의 명단 및 재직증명서 포함
    ⓒ 국가표준기본법에 따른 시험·검사기관 인정서 사본

(7) 고효율 에너지기자재의 인증

① **대상 기자재** : 펌프, 산업건물용 보일러, 무정전 전원장치, 폐열회수형 환기장치, 발광다이오드(LED) 등 조명기기, 그 밖에 산업통상자원부장관이 고시하는 기자재 및 설비

② **고효율 에너지기자재 인증** : 산업통상자원부장관

③ **고효율 시험기관의 지정 신청**
  ㉮ 제출 : 산업통상자원부장관
  ㉯ 신청서류
    ⓐ 시험설비 현황 : 시험설비의 목록 및 사진을 포함
    ⓑ 전문 인력 현황 : 시험 당당자의 명단 및 재직증명서 포함
    ⓒ 국가표준기본법에 따른 시험·검사기관 인정서 사본

(8) 에너지절약 전문기업의 지원

① **에너지절약 전문기업** : 제3자로부터 위탁을 받아 다음 어느 하나에 해당하는 사업을 하는 자로서 산업통상자원부장관에게 등록을 한 자
  ㉮ 에너지사용시설의 에너지절약을 위한 관리용역사업
  ㉯ 에너지절약형 시설투자에 관한 사업
  ㉰ 그 밖에 대통령령으로 정하는 에너지절약을 위한 사업

② 등록신청서

㉮ 사업계획서

㉯ 보유장비 명세서 및 기술인력 명세서(자격증명서 사본을 포함)

㉰ 감정평가업자가 평가한 자산에 대한 감정평가서(개인인 경우만 해당)

㉱ 공인회계사 또는 세무사가 검증한 최근 1년 이내의 대차대조표(법인인 경우만 해당)

(9) 에너지 다소비 사업자의 신고

① 에너지다소비 사업자 : 연료·열 및 전력의 연간 사용량의 합계(연간 에너지사용량 합계)가 2천 티오이(TOE) 이상인 자

② 신고 등

㉮ 매년 1월 31일 까지 시·도지사에게 신고

㉯ 신고 사항

ⓐ 전년도의 분기별 에너지사용량, 제품 생산량

ⓑ 해당 연도의 분기별 에너지사용 예정량, 제품생산 예정량

ⓒ 에너지사용 기자재의 현황

ⓓ 전년도의 분기별 에너지이용 합리화 실적 및 해당연도의 계획

ⓔ ⓐ항부터 ⓓ항까지의 사항에 관한 업무를 담당하는 자(에너지관리자)

(10) 에너지진단 등

① 에너지진단 대상 : 에너지 다소비 사업자

② 에너지진단 주기

연간 에너지사용량	에너지진단주기
20만 티오이(TOE) 이상	1. 전체진단 : 5년 2. 부분진단 : 3년
20만 티오이(TOE) 미만	5년

③ 에너지진단 비용 지원 대상 : 다음 각 호의 요건을 모두 갖추어야 함.

㉮ 중소기업기본법에 따른 중소기업

㉯ 연간 에너지사용량이 1만 티오이(TOE) 미만일 것

④ 에너지진단 전문기관의 지정 절차 등

㉮ 진단기관 지정 : 산업통상자원부장관

㉺ 진단기관 지정 신청서
　　ⓐ 에너지진단업무 수행계획서
　　ⓑ 보유 장비 명세서
　　ⓒ 기술인력 명세서 : 자격증 사본, 경력증명서, 재직증명서 포함

(11) 냉난방온도 제한건물의 지정 등

① 냉난방온도 제한건물의 지정
　㉮ 법 제8조 제1항(국가, 지방자치단체, 공공기관) 각 호에 해당하는 자가 업무용으로 사용하는 건물
　㉯ 에너지 다소비 사업자의 에너지사용시설 중 연간 에너지사용량이 2천 티오이(TOE) 이상인 건물

② 제한온도 기준
　㉮ 냉방 : 26[℃] 이상(판매시설 및 공항의 경우 25[℃] 이상)
　㉯ 난방 : 20[℃] 이하

(12) 공단에 위탁된 업무

① 에너지사용계획의 검토
② 에너지사용계획 이행 여부의 점검 및 실태 파악
③ 효율관리기자재의 측정 결과 신고의 접수
④ 대기전력경고표지 대상제품의 측정 결과 신고의 접수
⑤ 대기전력저감대상제품의 측정 결과 신고의 접수
⑥ 고효율에너지기자재 인증 신청의 접수 및 인증
⑦ 고효율에너지기자재의 인증취소 또는 인증사용 정지명령
⑧ 에너지절약전문기업의 등록
⑨ 온실가스배출 감축실적의 등록 및 관리
⑩ 에너지다소비사업 신고의 접수
⑪ 진단기관의 관리, 감독
⑫ 에너지관리지도
⑬ 검사대상기기의 검사 및 검사증의 발급
⑭ 냉난방 온도의 유지・관리 여부에 대한 점검 및 실태 파악
⑮ 검사대상기기의 폐기, 사용 중지, 설치자 변경 및 검사의 전부 또는 일부가 면제된 검사대상기기의 설치에 대한 신고의 접수

⑯ 검사대상기기관리자의 선임, 해임 또는 퇴직신고의 접수

(13) 벌칙

① **2년 이하의 징역 또는 2천만 원 이하의 벌금**
　㉮ 에너지저장시설의 보유 또는 저장의무의 부과 시 정당한 이유 없이 이를 거부하거나 이행하지 아니한 자
　㉯ 산업통상자원부장관이 에너지수급 안정을 위하여 조정·명령 등의 조치를 위반한 자
　㉰ 공단의 임직원으로 근무하였던 사람이 직무상 알게 된 비밀을 누설하거나 도용한 자

② **1년 이하의 징역 또는 1천만 원 이하의 벌금**
　㉮ 검사대상기기의 검사를 받지 아니한 자
　㉯ 검사에 합격하지 않은 검사대상기기를 사용한 자
　㉰ 검사에 합격하지 않은 검사대상기기를 수입한 자

③ **2천만 원 이하의 벌금** : 최저소비효율기준에 미달하는 효율관리기자재의 생산 또는 판매 금지명령을 위반한 자

④ **1천만 원 이하의 벌금**
　㉮ 검사대상기기관리자를 선임하지 아니한 자

⑤ **500만 원 이하의 벌금**
　㉮ 효율관리기자재에 대한 에너지사용량의 측정결과를 신고하지 아니한 자
　㉯ 대기전력경고표지대상제품에 대한 측정결과를 신고하지 아니한 자
　㉰ 대기전력경고표지를 하지 아니한 자
　㉱ 대기전력시험기관의 측정을 받지 않고 대기전력저감우수제품임을 표시하거나 거짓 표시를 한 자
　㉲ 대기전력저감기준에 미달하는 경우 시정명령을 정당한 사유 없이 이행하지 아니한 자
　㉳ 고효율에너지인증을 받지 아니한 자가 고효율에너지인증대상기자재에 고효율에너지기자재의 인증 표시를 한 자

⑥ **양벌규정**
　㉮ 법인의 대표자, 대리인, 사용인, 그 밖의 종업원이 그 법인의 업무에 관하여 제72

조부터 제76조까지의 위반행위를 하면 그 행위자를 벌할 뿐만 아니라 그 법인에도 해당 조문의 벌금형을 과한다.
　㉯ 개인의 대리인, 사용인, 그 밖의 종업원이 그 개인의 업무에 관하여 제72조부터 제76조까지의 위반행위를 하면 그 행위자를 벌할 뿐만 아니라 그 개인에게도 해당 조문의 벌금형을 과한다.

⑦ **2천만 원 이하의 과태료를 부과**
　㉮ 효율관리기자재에 대한 에너지소비효율등급 또는 에너지소비효율을 표시하지 아니하거나 거짓으로 표시한 자
　㉯ 에너지진단을 받지 아니한 에너지 다소비사업자
　㉰ 검사대상기기로 인하여 발생한 사고를 한국에너지공단에 사고의 일시·내용 등을 통보하지 아니한 자

⑧ **1천만 원 이하의 과태료를 부과**
　㉮ 에너지사용계획을 제출하지 아니하거나 변경하여 제출하지 아니한 자. 다만, 국가 또는 지방자치단체인 사업주관자는 제외한다.
　㉯ 에너지손실요인의 개선명령을 정당한 사유 없이 이행하지 아니한 자
　㉰ 소속공무원 또는 공단으로 하여금 효율관리기자재 제조업자 등의 사무소, 사업장, 공장이나 창고에 출입하여 장부, 서류, 에너지사용기자재, 그 밖의 물건의 검사를 거부, 방해 또는 기피한 자

⑨ **500만 원 이하의 과태료 부과** : 효율관리기자재의 광고내용에 에너지소비효율등급 또는 에너지소비효율을 포함하지 아니한 광고를 한 자

⑩ **300만 원 이하의 과태료를 부과**(㉱호부터 ㉴호까지, ㉵호 및 ㉶호의 경우에는 국가 또는 지방자치단체를 제외한다.)
　㉮ 에너지사용의 제한 또는 금지에 관한 조정·명령, 그 밖에 필요한 조치를 위반한 자
　㉯ 정당한 이유 없이 수요관리투자계획과 시행결과를 제출하지 아니한 자
　㉰ 수요관리투자계획을 수정·보완하여 시행하지 아니한 자
　㉱ 에너지사용계획의 보완, 보완 요청을 정당한 이유 없이 거부하거나 이행하지 아니한 공공사업주관자
　㉲ 에너지사용계획을 검토할 때 관련 자료의 제출요청을 정당한 이유 없이 거부한 사업주관자
　㉳ 에너지사용계획 또는 조정, 보완을 요청받거나 권고 받은 조치 이행 여부에 대한 점검이나 실태 파악을 정당한 이유 없이 거부·방해 또는 기피한 사업주관자

㉠ 에너지소비효율 산정에 필요하다고 인정되는 판매에 관한 자료와 효율측정에 관한 자료를 제출하지 아니하거나 거짓으로 자료를 제출한 자
㉡ 정당한 이유 없이 대기전력저감우수제품 또는 고효율에너지기자재를 우선적으로 구매하지 아니한 자
㉢ 에너지다소비사업자의 전년도의 에너지사용량, 제품생산량 신고사항(제31조), 검사대상기기설치자의 신고사항(제39조 제7항) 또는 검사대상기기관리자를 해임하거나 퇴직하는 경우 다른 검사대상기기관리자를 선임(제40조 제3항) 신고를 하지 아니하거나 거짓으로 신고를 한 자
㉣ 한국에너지공단 또는 이와 유사한 명칭을 사용한 자
㉤ 에너지다소비사업자, 시공업자 및 검사대상기기설치자에 대한 교육을 받지 아니한 자 또는 교육을 받게 하지 아니한 자
㉥ 법 제66조 제1항에 따른 보고를 하지 아니하거나 거짓으로 보고를 한 자

출제예상문제
Expected problems

01 에너지법에서 정의하는 에너지가 아닌 것은?
① 연료　　　　② 열
③ 원자력　　　④ 전기

해설 용어의 정의(에너지법 제2조) : 에너지란 연료, 열 및 전기를 말한다.　　　　**답** ③

02 에너지법상 연료에 해당되지 않는 것은?
① 석유
② 원유가스
③ 천연가스
④ 제품 원료로 사용되는 석탄

해설 용어의 정의(에너지법 제2조) : 연료라 함은 석유, 가스, 석탄 그 밖에 열을 발생하는 열원을 말한다. 다만, 제품의 원료로 사용하는 것을 제외한다.　　**답** ④

03 에너지법에서 정의하는 에너지 사용자란?
① 에너지 생산공장의 공장장
② 에너지 생산공장의 에너지관리기사
③ 에너지관리공단 이사장
④ 에너지 사용시설의 소유자

해설 에너지 사용자(에너지법 제2조) : 에너지사용시설의 소유자 또는 관리자를 말한다.　　**답** ④

04 에너지관련 용어의 정의로 틀린 것은?
① 에너지사용자라 함은 에너지사용시설의 소유자 또는 관리자를 말한다.
② 에너지사용기자재라 함은 열사용기자재나 그 밖에 에너지를 사용하는 기자재를 말한다.
③ 에너지공급설비라 함은 에너지를 생산, 전환, 수송, 저장, 판매하기 위하여 설치하는 설비를 말한다.
④ 에너지공급자라 함은 에너지를 생산, 수입, 전환, 수송, 저장 또는 판매하는 사업자를 말한다.

해설 용어의 정의(에너지법 제2조) : "에너지공급설비"란 에너지를 생산, 전환, 수송 또는 저장하기 위하여 설치하는 설비를 말한다.　　**답** ③

05 에너지법에서 정의한 용어의 설명으로 틀린 것은?
① 열사용기자재라 함은 핵연료를 사용하는 기기, 축열식 전기기기와 단열성 자재로서 산업통상자원부령이 정하는 것을 말한다.
② 에너지사용기자재라 함은 열사용기자재 그 밖에 에너지를 사용하는 기자재를 말한다.
③ 에너지공급설비라 함은 에너지를 생산, 전환, 수송, 저장하기 위하여 설치하는 설비를 말한다.
④ 에너지사용시설이라 함은 에너지를 사용하는 공장, 사업장 등의 시설이나 에너지를 전환하여 사용하는 시설을 말한다.

해설 열사용 기자재(에너지법 제2조) : 연료 및 열을 사용하는 기기, 축열식 전기기기와 단열성 자재로서 산업통상자원부령으로 정하는 것을 말한다.　　**답** ①

06 에너지기본계획의 효율적인 달성과 지역경제의 발전을 위한 지역에너지계획기간은?
① 1년 이상　　　② 3년 이상
③ 5년 이상　　　④ 10년 이상

해설 지역에너지계획의 수립(에너지법 제7조) : 특별시장, 광역시장, 도지사 또는 특별자치도지사는 관할구역의 지역적 특성을 고려하여 에너지기본계획의 효율적인 달성과 지역경제의 발전을 위한 지역에너지계획을 5년마다 5년 이상을 계획기간으로 하여 수립, 시행하여야 한다.　　**답** ③

07 에너지법에 의하면 에너지 수급에 차질이 발생할 경우를 대비하여 비상 시 에너지수급계획을 수립하여야 하는 자는?

① 대통령
② 국방부장관
③ 산업통상자원부장관
④ 한국에너지공단이사장

해설 비상 시 에너지수급계획의 수립(에너지법 제8조) : 산업통상자원부장관은 에너지 수급에 중대한 차질이 발생할 경우에 대비하여 비상 시 에너지수급계획(비상계획)을 수립하여야 한다. 답 ③

08 에너지법에 따라 국가에너지 기본계획 및 에너지 관련 시책의 효과적인 수립, 시행을 위한 에너지 총조사는 몇 년을 주기로 하여 실시하는가?

① 1년마다 ② 2년마다
③ 3년마다 ④ 5년마다

해설 에너지 총조사(에너지법 시행령 제15조) : 에너지 총조사는 3년마다 실시하되, 산업통상자원부장관이 필요하다고 인정할 때에는 간이조사를 실시할 수 있다. 답 ③

08 에너지이용합리화법에서 티오이(T.O.E)란?

① 에너지 탄성치   ② 전력 경제성
③ 에너지소비효율 ④ 석유환산톤

해설 석유환산톤[T.O.E : ton of oil equivalent](에너지법 시행규칙 제5조, 별표) : 원유 1톤이 갖는 열량으로 10^7[kcal]를 말한다. 답 ④

09 에너지이용 합리화법의 목적이 아닌 것은?

① 에너지의 합리적인 이용 증진
② 국민경제의 건전한 발전에 이바지
③ 지구온난화의 최소화에 이바지
④ 에너지자원의 보전 및 관리와 에너지수급 안정

해설 에너지이용 합리화법의 목적(법 제1조) : 에너지의 수급을 안정시키고 에너지의 합리적이고 효율적인 이용을 증진하며 에너지소비로 인한 환경피해를 줄임으로써 국민경제의 건전한 발전 및 국민복지의 증진과 지구온난화의 최소화에 이바지함을 목적으로 한다. 답 ④

10 에너지이용합리화 기본계획을 수립하는 기관의 장은?

① 행정안전부장관
② 국토교통부장관
③ 산업통상자원부장관
④ 고용노동부장관

해설 에너지이용 합리화 기본계획(에너지이용 합리화법 제4조) : 산업통상자원부장관은 에너지를 합리적으로 이용하기 위하여 에너지이용 합리화에 관한 기본계획(이하 "기본계획"이라 한다.)을 수립하여야 한다. 답 ③

11 에너지이용 합리화법에 따라 산업통상자원부장관은 에너지를 합리적으로 이용하게 하기 위하여 몇 년 마다 에너지이용 합리화에 관한 기본계획을 수립하여야 하는가?

① 2년 ② 3년 ③ 5년 ④ 10년

해설 에너지이용 합리화 기본계획(에너지이용 합리화법 시행령 제3조) : 산업통상자원부장관은 5년마다 에너지이용 합리화에 관한 기본계획을 수립하여야 한다. 답 ③

12 에너지이용 합리화를 위한 계획 및 조치에 대한 설명으로 틀린 것은?

① 에너지이용 합리화 기본계획은 5년 주기로 수립하여야 한다.
② 에너지이용 합리화 기본계획에는 열사용기자재의 안전관리에 관한 내용을 포함하여야 한다.
③ 에너지이용 합리화 기본계획 수립 시 국회에 상정하여 심의를 거쳐 확정한다.
④ 에너지절약 정책의 수립 및 추진에 관한 사항을 심의하기 위하여 국가에너지절약 추진위원회를 두어야 한다.

해설 에너지이용 합리화 기본계획 : 에너지이용 합리화법 제4조 및 시행령 제3조
③ 산업통상자원부장관이 에너지이용 합리화 기본계획을 수립하려면 관계 행정기관의 장과 협의하여야 한다. 이 경우 산업통상자원부장관은 관계 행정기관의 장에게 필요한 자료를 제출하도록 요청할 수 있다. **답 ③**

13 에너지이용 합리화 기본계획에 대한 설명으로 틀린 것은?
① 산업통상자원부장관은 매 5년 마다 수립하여야 한다.
② 에너지절약형 경제구조로의 전환에 관한 사항이 포함되어야 한다.
③ 산업통상자원부장관은 시행결과를 평가하고, 해당 관계 행정기관의 장과 시·도지사에게 그 평가 내용을 통보하여야 한다.
④ 관련 행정기관의 장은 매년 실시 계획을 수립하고 그 결과를 반기별로 산업통상자원부장관에게 제출하여야 한다.

해설 에너지이용 합리화 기본계획 : 에너지이용 합리화법 제4조, 시행령 제3조
④ 관련 행정기관의 장은 매년 실시 계획을 수립하고 그 계획을 해당 연도 1월 31일 까지, 그 시행결과를 다음 연도 2월 말일까지 각각 산업통상자원부장관에게 제출하여야 한다. **답 ④**

14 에너지이용 합리화법에 따라 에너지이용 합리화에 관한 기본계획 사항에 포함되지 않는 것은?
① 에너지절약형 경제구조로의 전환
② 에너지이용 합리화를 위한 기술개발
③ 열사용기자재의 안전관리
④ 국가에너지 정책목표를 달성하기 위하여 대통령령으로 정하는 사항

해설 에너지이용 합리화 기본계획 포함 사항 : 에너지이용 합리화법 제4조 2항
㉮ 에너지절약형 경제구조로의 전환
㉯ 에너지이용효율의 증대
㉰ 에너지이용 합리화를 위한 기술개발
㉱ 에너지이용 합리화를 위한 홍보 및 교육
㉲ 에너지원간 대체(代替)
㉳ 열사용기자재의 안전관리
㉴ 에너지이용합리화를 위한 가격예시제의 시행에 관한 사항
㉵ 에너지의 합리적인 이용을 통한 온실가스의 배출을 줄이기 위한 대책
㉶ 그 밖에 에너지이용 합리화를 추진하기 위하여 필요한 사항으로서 산업통상자원부령으로 정하는 사항 **답 ④**

15 에너지이용 합리화법에 따라 에너지저장의무를 부과할 수 있는 대상자가 아닌 자는?
① 전기사업법에 의한 전기사업자
② 도시가스사업법에 의한 도시가스사업자
③ 풍력사업법에 의한 풍력사업자
④ 석탄산업법에 의한 석탄가공업자

해설 에너지저장의무 부과 대상자 : 에너지이용 합리화법 시행령 제12조 1항
㉮ 전기사업법에 따른 전기사업자
㉯ 도시가스사업법에 따른 도시가스사업자
㉰ 석탄산업법에 따른 석탄가공업자
㉱ 집단에너지법에 따른 집단에너지사업자
㉲ 연간 2만 석유환산톤(TOE) 이상의 에너지를 사용하는 자 **답 ③**

16 에너지이용 합리화법에 따라 산업통상자원부장관이 국내외 에너지 사정의 변동으로 에너지 수급에 중대한 차질이 발생될 경우 수급안정을 위해 취할 수 있는 조치 사항이 아닌 것은?
① 에너지의 배급
② 에너지의 비축과 저장
③ 에너지의 양도·양수의 제한 또는 금지
④ 에너지 수급의 안정을 위하여 산업통상자원부령으로 정하는 사항

[해설] 수급안정을 위한 조치 사항(에너지이용 합리화법 제7조)
㉮ 지역별, 주요 수급자별 에너지 할당
㉯ 에너지 공급설비의 가동 및 조업
㉰ 에너지의 비축과 저장
㉱ 에너지의 도입, 수출입 및 위탁가공
㉲ 에너지공급자 상호 간의 에너지의 교환 또는 분배 사용
㉳ 에너지의 유통시설과 그 사용 및 유통경로
㉴ 에너지의 배급
㉵ 에너지의 양도, 양수의 제한 또는 금지
㉶ 에너지사용의 시기, 방법 및 에너지사용 기자재의 사용 제한 또는 금지 등 대통령령으로 정하는 사항
㉷ 그 밖에 에너지수급을 안정시키기 위하여 대통령령으로 정하는 사항 【답】 ④

17 에너지이용 합리화법에 따라 에너지 수급안정을 위해 에너지 공급을 제한 조치하고자 할 경우, 산업통상자원부장관은 조치 예정일 며칠 전에 이를 에너지공급자 및 에너지 사용자에게 예고하여야 하는가?

① 3일　　② 7일
③ 10일　　④ 15일

[해설] 수급 안정을 위한 조치(에너지이용 합리화법 시행령 제13조) : 산업통상자원부장관은 에너지수급의 안정을 위한 조치를 하려는 경우에는 그 사유, 기간 및 대상자 등을 정하여 조치 예정일 7일 이전에 에너지사용자, 에너지공급자 또는 에너지사용기자재의 소유자와 관리자에게 예고하여야 한다. 【답】 ②

18 에너지이용 합리화법에 따라 국가, 지방자치단체 등이 추진하여야 하는 에너지의 효율적 이용과 온실가스의 배출 저감을 위하여 필요한 조치의 구체적인 내용은 무엇으로 정하는가?

① 산업통상자원부령
② 고용노동부령
③ 대통령령
④ 환경부령

[해설] 국가, 지방자치단체 등의 에너지이용효율화 조치(에너지이용 합리화법 제8조) : 국가, 지방자치단체 등이 추진하여야 하는 에너지의 효율적 이용과 온실가스의 배출 저감을 위하여 필요한 조치의 구체적인 내용은 대통령령으로 정한다. 【답】 ③

19 에너지이용 합리화법에 따라 대통령령으로 정하는 에너지공급자가 해당 에너지의 효율 향상과 수요절감을 위해 연차별로 수립해야 하는 것은?

① 비상 시 에너지수급방안
② 에너지기술개발계획
③ 수요관리투자계획
④ 장기에너지수급계획

[해설] 에너지공급자의 수요관리투자계획(에너지이용 합리화법 제9조) : 에너지공급자 중 대통령령으로 정하는 에너지공급자는 해당 에너지의 생산, 전환, 수송, 저장 및 이용상의 효율향상, 수요의 절감 및 온실가스배출의 감축 등을 도모하기 위한 연차별 수요관리투자계획을 수립, 시행하여야 하며 그 계획과 시행결과를 산업통상자원부장관에게 제출하여야 한다. 【답】 ③

20 에너지 공급자의 수요관리 투자계획 대상이 아닌 자는?

① 한국전력공사법에 따른 한국전력공사
② 한국가스공사법에 따른 한국가스공사
③ 도시가스사업법에 따른 한국가스안전공사
④ 집단에너지사업법에 따른 한국지역난방공사

[해설] 에너지 공급자의 수요관리 투자계획 대상자 : 에너지이용 합리화법 시행령 제16조
㉮ 한국전력공사법에 따른 한국전력공사
㉯ 한국가스공사법에 따른 한국가스공사
㉰ 집단에너지사업법에 따른 한국지역난방공사
㉱ 그 밖에 에너지를 공급하는 자로서 에너지 수요관리투자를 촉진하기 위하여 산업통상자원부장관이 특히 필요하다고 인정하여 지정하는 자 【답】 ③

21 에너지공급자의 수요관리 투자계획에 대한 설명 중 틀린 것은?

① 한국지역난방공사는 수요관리 투자계획 수립대상이 되는 에너지공급자이다.
② 연차별 수요관리투자 계획은 당해 연도 개시 2개월 전까지 제출하여야 한다.
③ 제출된 수요관리투자 계획을 변경한 경우에는 15일 이내에 변경사항을 제출하여야 한다.
④ 수요관리투자계획 시행 결과는 다음 연도 6월 말일까지 산업통상자원부장관에게 제출하여야 한다.

해설 에너지공급자의 수요관리 투자계획(에너지이용 합리화법 시행령 제16조) : 에너지공급자는 수요관리 투자계획을 해당 연도 개시 2개월 전까지, 그 시행결과를 다음 연도 2월 말일까지 산업통상자원부장관에게 제출하여야 하며, 제출된 투자계획을 변경하는 경우에는 그 변경한 날부터 15일 이내에 변경된 사항을 제출하여야 한다. **답** ④

22 에너지공급자가 제출하여야 할 수요관리 투자계획에 포함되어야 할 사항이 아닌 것은? (단, 그 밖에 수요관리의 촉진을 위하여 필요하다고 인정하는 사항은 제외한다.)

① 장·단기 에너지 수요 전망
② 수요관리의 목표 및 그 달성 방법
③ 에너지 연구 개발 내용
④ 에너지절약 잠재량의 추정 내용

해설 수요관리 투자계획에 포함될 사항 : 에너지이용 합리화법 시행령 제16조
㉮ 장·단기 에너지 수요 전망
㉯ 에너지절약 잠재량의 추정 내용
㉰ 수요관리의 목표 및 그 달성 방법
㉱ 그 밖에 수요관리의 촉진을 위하여 필요하다고 인정되는 사항 **답** ③

23 에너지 사용계획의 검토기준에 해당되지 않는 것은?

① 폐열의 회수, 활용 및 폐기물 에너지이용 기술개발의 적정성
② 부문별, 용도별 에너지 수요의 적절성
③ 연료, 열 및 전기의 공급체계, 공급원 선택 및 관련시설 건설계획의 적절성
④ 고효율 에너지이용 시스템 및 설비 설치의 적절성

해설 에너지사용계획의 검토기준 : 에너지이용 합리화법 시행규칙 제3조
㉮ 에너지의 수급 및 이용 합리화 측면에서 해당 사업의 실시 또는 시설 설치의 타당성
㉯ 부문별, 용도별 에너지 수요의 적절성
㉰ 연료, 열 및 전기의 공급체계, 공급원 선택 및 관련 시설 건설계획의 적절성
㉱ 해당 사업에 있어서 용지의 이용 및 시설의 배치에 관한 효율화 방안의 적절성
㉲ 고효율 에너지이용 시스템 및 설비 설치의 적절성
㉳ 에너지이용의 합리화를 통한 온실가스(이산화탄소만 해당) 배출감소 방안의 적절성
㉴ 폐열의 회수, 활용 및 폐기물 에너지이용 계획의 적절성
㉵ 신·재생에너지이용계획의 적절성
㉶ 사후 에너지관리계획의 적절성 **답** ①

24 에너지사용계획에 대한 검토결과 공공사업주관자가 조치요청을 받은 경우, 이를 이행하기 위하여 제출하는 이행 계획에 포함되어야 할 내용이 아닌 것은?

① 이행 주체
② 이행 방법
③ 이행 장소
④ 이행 시기

해설 이행계획에 포함되어야 할 내용 : 에너지이용 합리화법 시행규칙 5조
㉮ 산업통상자원부장관으로부터 요청받은 조치의 내용
㉯ 이행 주체
㉰ 이행 방법
㉱ 이행 시기 **답** ③

25 에너지절약형 시설투자 시 세제지원이 되는 시설투자가 아닌 것은?

① 노후보일러 교체
② 열병합발전 사업을 위한 시설 및 기기류의 설치
③ 5[%] 이상의 에너지절약 효과가 있다고 인정되는 설비
④ 산업용 요로 등 에너지 다소비 설비의 대체

해설 세제지원이 되는 시설투자 : 에너지이용 합리화법 시행령 제27조
㉮ 노후 보일러 및 산업용 요로 등 에너지다소비 설비의 대체
㉯ 집단에너지사업, 열병합발전사업, 폐열이용사업과 대체연료사용을 위한 시설 및 기기류의 설치
㉰ 그 밖에 에너지절약 효과 및 보급 필요성이 있다고 산업통상자원부장관이 인정하는 에너지절약형 시설투자, 에너지 절약형 기자재의의 제조, 설치, 시공
답 ③

26 에너지이용 합리화법에서 효율관리기자재의 지정 등 산업통상자원부령으로 정하는 기자재에 대한 고시기준이 아닌 것은?

① 에너지의 목표소비효율
② 에너지의 목표사용량
③ 에너지의 최저소비효율
④ 에너지의 최저사용량

해설 효율관리기자재의 고시 사항 : 에너지이용 합리화법 제15조
㉮ 에너지의 목표소비효율 또는 목표사용량의 기준
㉯ 에너지의 최저소비효율 또는 최대사용량의 기준
㉰ 에너지의 소비효율 또는 사용량의 표시
㉱ 에너지의 소비효율 등급기준 및 등급표시
㉲ 에너지의 소비효율 또는 사용량의 측정방법
㉳ 그 밖에 효율관리기자재의 관리에 필요한 사항으로서 산업통상자원부령으로 정하는 사항
답 ④

27 에너지이용 합리화법에 따라 효율관리기자재의 제조업자는 해당 효율관리기자재의 에너지 사용량을 어느 기관으로부터 측정 받아야 하는가?

① 검사기관
② 시험기관
③ 확인기관
④ 진단기관

해설 효율관리기자재 에너지 사용량 측정(에너지이용 합리화법 제15조 제2항) : 효율관리기자재의 제조업자 또는 수입업자는 산업통상자원부장관이 지정하는 시험기관에서 해당 효율관리기자재의 에너지 사용량을 측정 받아 에너지소비효율등급 또는 에너지소비효율을 해당 효율관리기자재에 표시하여야 한다.
답 ②

28 산업통상자원부령으로 정하는 광고매체를 이용하여 효율관리 기자재의 광고를 하는 경우에 그 광고의 내용에 에너지소비효율등급 또는 에너지소비효율을 포함되도록 하여야 할 자가 아닌 것은?

① 효율관리기자재의 제조업자
② 효율관리기자재의 수입업자
③ 효율관리기자재의 판매업자
④ 효율관리기자재의 수리업자

해설 효율관리기자재의 지정 등(에너지이용 합리화법 제15조 4항) : 효율관리기자재의 제조업자, 수입업자 또는 판매업자가 산업통상자원부령으로 정하는 광고매체를 이용하여 효율관리기자재의 광고를 하는 경우에는 그 광고내용에 에너지소비효율등급 또는 에너지소비효율을 포함하여야 한다.
답 ④

29 효율관리기자재의 제조업자가 광고매체를 이용하여 효율관리기자재의 광고를 하는 경우 광고내용에 포함되어야 할 사항은?

① 에너지의 절감량
② 에너지의 효율등급기준
③ 에너지의 사용량
④ 에너지의 소비효율

해설 효율관리기자재의 광고내용에 포함하여야 할 사항 (에너지이용 합리화법 제15조 4항) : 에너지소비효율 등급 또는 에너지소비효율 답 ④

30 에너지이용 합리화법상의 효율관리기자재에 속하지 않는 것은?
① 전기철도 ② 삼상유도전동기
③ 전기세탁기 ④ 자동차

해설 효율관리기자재의 종류(에너지이용 합리화법 시행규칙 제7조 1항) : 전기냉장고, 전기냉방기, 전기세탁기, 조명기기, 삼상유도전동기, 자동차, 그 밖에 산업통상자원부장관이 그 효율의 향상이 특히 필요하다고 인정하여 고시하는 기자재 및 설비 답 ①

31 효율기자재의 제조업자는 효율관리시험기관으로부터 측정결과를 통보받은 날로부터 며칠 이내에 그 측정결과를 한국에너지공단에 신고하여야 하는가?
① 15일 ② 30일
③ 90일 ④ 120일

해설 효율관리 기자재 측정 결과의 신고(에너지이용 합리화법 시행규칙 제9조) : 효율관리기자재의 제조업자 또는 수입업자는 효율관리시험기관으로부터 측정결과를 통보받은 날 또는 자체측정을 완료한 날부터 각각 90일 이내에 그 측정결과를 한국에너지공단에 신고하여야 한다. <2014. 11. 5 개정> 답 ③

32 에너지이용 합리화법에 관한 내용으로 다음 ( ) 안에 각각 들어갈 용어로 옳은 것은?

> 산업통상자원부장관은 효율관리기자재가 (㉠)에 미달하거나 (㉡)을 초과하는 경우에는 해당 효율관리기자재의 제조업자 또는 판매업자에게 그 생산이나 판매의 금지를 명할 수 있다.

① ㉠ 최대소비효율기준 ㉡ 최저사용량기준
② ㉠ 적정소비효율기준 ㉡ 적정사용량기준
③ ㉠ 최저소비효율기준 ㉡ 최대사용량기준
④ ㉠ 최대사용량기준 ㉡ 최저소비효율기준

해설 효율관리기자재의 사후관리(에너지이용 합리화법 제16조) : 산업통상자원부장관은 효율관리기자재가 최저소비효율기준에 미달하거나 최대사용량기준을 초과하는 경우에는 해당 효율관리기자재의 제조업자, 수입업자 또는 판매업자에게 그 생산이나 판매의 금지를 명할 수 있다. 답 ③

33 다음 중 평균효율관리 기자재에 해당하는 것은?
① 승용자동차 ② 가전제품
③ 산업용 보일러 ④ 조명기기

해설 평균효율관리기자재(에너지이용 합리화법 시행규칙 제11조) : 승용자동차 답 ①

34 평균에너지 소비효율의 산정방법에 대한 내용 중 틀린 것은?
① 산정방법, 개선기간, 공표방법 등 필요한 사항은 산업통상자원부령으로 정한다.
② 산정방법은
$$\frac{\text{기자재 판매량}}{\sum\left[\dfrac{\text{기자재 종류별 국내 판매량}}{\text{기자재 종류별 에너지소비효율}}\right]}$$
이다.
③ 평균에너지 소비효율의 개선기간은 개선명령으로부터 다음해 1월 31일까지로 한다.
④ 개선명령을 받은 자는 개선명령 일부터 60일 이내에 개선명령 이행계획을 수립하여 산업통상자원부장관에게 제출하여야 한다.

해설 평균에너지 소비효율의 산정방법(에너지이용 합리화법 시행규칙 제12조) : ①, ②, ④ 외
㉮ 평균에너지 소비효율의 개선기간은 개선명령을 받은 날부터 다음해 12월 31일까지로 한다.
㉯ 개선명령이행계획을 제출한자는 개선명령의 이행 상황을 매년 6월말과 12월 말에 산업통상자원부장관에게 보고하여야 한다.
㉰ 산업통상자원부장관은 개선명령이행계획을 검토한 결과 평균에너지 소비효율의 개선계획이 미흡하다고 인정되는 경우에는 조정, 보완을 요청할 수 있다.

㉣ 조정, 보완을 요청받은 자는 정당한 사유가 없으면 30일 이내에 개선명령이행계획을 조정, 보완하여 산업통상자원부장관에게 제출하여야 한다.

답 ③

35 에너지이용 합리화법에 따라 대기전력 경고표지 대상 제품인 것은?

① 디지털 카메라
② 텔레비젼
③ 셋톱박스
④ 유무선 전화기

해설 대기전력 경고표지 대상 제품(에너지이용 합리화법 시행규칙 제14조) : 컴퓨터, 모니터, 프린터, 복합기, 전자레인지, 팩시밀리, 복사기, 스캐너, 오디오, DVD플레이어, 라디오카세트, 도어폰, 유무선전화기, 비데, 모뎀, 홈 게이트웨이

답 ④

36 에너지이용 합리화법에 따라 고효율에너지 인증대상기자재에 해당되지 않는 것은?

① 펌프
② 무정전 전원장치
③ 가정용 가스보일러
④ 발광다이오드 등 조명기기

해설 고효율에너지 인증대상기자재 : 에너지이용 합리화법 시행규칙 제20조
㉮ 펌프
㉯ 산업건물용 보일러
㉰ 무정전전원장치
㉱ 폐열회수형 환기장치
㉲ 발광다이오드(LED) 등 조명기기
㉳ 그 밖에 산업통상자원부장관이 특히 에너지이용의 효율성이 높아 보급을 촉진할 필요가 있다고 인정하여 고시하는 기자재 및 설비

답 ③

37 에너지이용 합리화법에 따라 제3자로부터 에너지 절약형 시설투자에 관한 사업을 위탁받아 수행하는 자를 무엇이라고 하는가?

① 에너지진단기업
② 수요관리투자기업
③ 에너지절약전문기업
④ 에너지기술개발전담기업

해설 에너지절약전문기업(에너지이용 합리화법 제25조) : 정부는 제3자로부터 위탁을 받아 다음 각호의 어느 하나에 해당하는 사업을 하는 자로서 산업통상자원부장관에게 등록을 한 자
㉮ 에너지사용시설의 에너지절약을 위한 관리, 용역 사업
㉯ 에너지절약형 시설투자에 관한 사업
㉰ 에너지절약을 위한 사업

답 ③

38 에너지이용 합리화법에 따라 에너지절약전문기업으로 등록을 하려는 자는 등록신청서를 누구에게 제출하여야 하는가?

① 한국에너지공단이사장
② 시·도지사
③ 산업통상자원부장관
④ 시공업자단체의 장

해설 ㉮ 에너지절약전문기업 등록(에너지이용 합리화법 제25조) : 에너지절약전문기업으로 등록하려는 자는 대통령령으로 정하는 바에 따라 장비, 자산 및 기술인력 등의 등록기준을 갖추어 산업통상자원부장관에게 등록을 신청하여야 한다.
㉯ 권한의 위임, 위탁(동법 제69조제3항 8호) : 산업통상자원부장관 또는 시·도지사는 대통령령으로 정하는 바에 따라 다음 각 호의 업무를 공단·시공업자단체 또는 대통령령으로 정하는 기관에 위탁할 수 있다. → 제25조 제1항에 따른 에너지절약전문기업의 등록

답 ①

39 에너지절약 전문기업의 등록 신청 시 신청서 첨부서류가 아닌 것은?

① 사업계획서
② 공인회계사 또는 세무사가 검증한 최근 1년 이내의 대차대조표(법인인 경우)
③ 보유장비 명세서 및 기술인력 명세서(자격증명서사본 포함)
④ 감정평가업자가 평가한 자산에 대한 감정평가서(법인인 경우)

해설 에너지절약 전문기업의 등록 신청 시 신청서 첨부서류 : 에너지이용 합리화법 시행규칙 제24조
㉮ 사업계획서
㉯ 보유장비 명세서 및 기술인력 명세서(자격증명서 사본 포함)
㉰ 감정평가업자가 평가한 자산에 대한 감정평가서 (개인인 경우만 해당)
㉱ 공인회계사 또는 세무사가 검증한 최근 1년 이내의 대차대조표(법인인 경우만 해당)
※ 등기부등본(법인인 경우 해당)은 2011. 1. 19 삭제되었음(등기부등본은 신청을 받은 공단이 전자정부법에 따른 행정정보의 공동이용을 통하여 법인 등기사항증명서를 확인하여야 하는 것으로 2011. 1. 19 개정되었음) 답 ④

40 에너지절약 전문기업 등록의 취소요건이 아닌 것은?
① 규정에 의한 등록기준에 미달하게 된 때
② 보고를 하지 아니하거나 허위보고를 한 때
③ 정당한 사유 없이 등록 후 3년 이상 계속하여 사업수행실적이 없는 때
④ 사업수행과 관련하여 다수의 민원을 일으킨 때

해설 에너지절약 전문기업 등록의 취소요건 : 에너지이용 합리화법 제26조
㉮ 거짓이나 그 밖의 부정한 방법으로 등록을 한 경우
㉯ 거짓이나 그 밖의 부정한 방법으로 규정에 따른 지원을 받거나 지원받은 자금을 다른 용도로 사용한 경우
㉰ 에너지절약 전문기업으로 등록한 업체가 그 등록의 취소를 신청한 경우
㉱ 타인에게 자기의 성명이나 상호를 사용하여 규정에 해당하는 사업을 수행하게 하거나 등록증을 대여한 경우
㉲ 규정에 의한 등록기준에 미달하게 된 경우
㉳ 보고를 하지 아니하거나 거짓으로 보고한 경우 또는 검사를 거부, 방해 또는 기피한 경우
㉴ 정당한 사유 없이 등록 후 3년 이내에 사업을 시작하지 아니하거나 3년 이상 계속하여 사업수행 실적이 없는 경우
답 ④

41 에너지절약 전문기업의 등록이 취소된 에너지절약 전문기업은 원칙적으로 등록 취소일로부터 얼마의 기간이 지나면 다시 등록을 할 수 있는가?
① 1년
② 2년
③ 3년
④ 5년

해설 에너지절약전문기업의 등록제한(에너지이용 합리화법 제27조) : 등록이 취소된 에너지절약 전문기업은 등록 취소일부터 2년이 지나지 아니하면 등록을 할 수 없다.
답 ②

42 에너지사용자가 수립하여야 할 자발적 협약 이행계획에 포함되지 않는 것은?
① 협약 체결 전년도의 에너지소비 현황
② 에너지관리체제 및 관리방법
③ 전년도의 에너지사용량·제품생산량
④ 효율향상목표 등의 이행을 위한 투자계획

해설 자발적협약 이행계획에 포함될 사항 : 에너지이용 합리화법 시행규칙 제26조
㉮ 협약 체결 전년도의 에너지소비 현황
㉯ 에너지를 사용하여 만드는 제품, 부가가치 등의 단위당 에너지이용효율 향상목표 또는 온실가스 배출 감축목표("효율향상목표 등"이라 한다.) 및 그 이행 방법
㉰ 에너지관리체제 및 에너지관리방법
㉱ 효율향상목표 등의 이행을 위한 투자계획
㉲ 그 밖에 효율향상목표 등을 이행하기 위하여 필요한 사항
답 ③

43 에너지이용 합리화법에서 에너지의 절약을 위해 정한 "자발적 협약"의 평가 기준이 아닌 것은?
① 계획대비 달성률 및 투자실적
② 자원 및 에너지의 재활용 노력
③ 에너지 절약을 위한 연구개발 및 보급촉진
④ 에너지 절감량 또는 에너지의 합리적인 이용을 통한 온실가스배출 감축량

해설 자발적협약의 평가기준 : 에너지이용 합리화법 시행규칙 제26조 제2항
㉮ 에너지절감량 또는 에너지의 합리적인 이용을 통한 온실가스배출 감축량
㉯ 계획 대비 달성률 및 투자실적
㉰ 자원 및 에너지의 재활용 노력
㉱ 그 밖에 에너지절감 또는 에너지의 합리적인 이용을 통한 온실가스배출 감축에 관한 사항
답 ③

44 에너지 절약형 시설에 해당되지 않는 것은?
① 에너지 설비의 설치를 위한 투자시설
② 에너지 절약형 공정개선을 위한 시설
③ 에너지이용 합리화를 통한 온실가스의 배출감소를 위한 시설
④ 에너지절약이나 온실가스의 배출감소를 위하여 필요하다고 산업통상자원부장관이 인정하는 시설

해설 에너지 절약형 시설 : 에너지이용 합리화법 시행령 제31조
㉮ 에너지 절약형 공정개선을 위한 시설
㉯ 에너지이용 합리화를 통한 온실가스의 배출을 줄이기 위한 시설
㉰ 그 밖에 에너지절약이나 온실가스의 배출을 줄이기 위하여 필요하다고 산업통상자원부장관이 인정하는 시설
㉱ 에너지 절약형 시설(㉮항부터 ㉰항까지)과 관련된 기술 개발
답 ①

45 에너지이용 합리화법에 따라 에너지다소비사업자라 함은 연료, 열 및 전력의 연간 사용량의 합계가 몇 티오이(TOE) 이상인가?
① 1,000   ② 1,500
③ 2,000   ④ 3,000

해설 에너지다소비사업자(에너지이용 합리화법 시행령 제35조) : 연료, 열 및 전력의 연간 사용량의 합계가 2천 TOE 이상인 자를 에너지다소비사업자라 한다.
답 ③

46 에너지이용 합리화법에 따라 에너지사용량이 대통령령이 정하는 기준량 이상이 되는 에너지다소비사업자는 전년도의 분기별 에너지사용량, 제품생산량 등의 사항을 언제까지 신고하여야 하는가?
① 매년 1월 31일
② 매년 3월 31일
③ 매년 6월 30일
④ 매년 12월 31일

해설 에너지다소비사업자의 신고(에너지이용 합리화법 제31조) : 에너지사용량이 대통령령이 정하는 기준량 이상인 자는 산업통상자원부령이 정하는 바에 의하여 매년 1월 31일까지 그 에너지사용시설이 있는 지역을 관할하는 시·도지사에게 신고하여야 한다.
답 ①

47 에너지이용 합리화법에 따라 에너지다소비사업자가 그 에너지사용시설이 있는 지역을 관할하는 시·도지사에게 신고하여야 하는 사항이 아닌 것은?
① 전년도의 분기별 에너지사용량, 제품생산량
② 해당 연도의 분기별 에너지사용 예정량, 제품생산 예정량
③ 내년도의 분기별 에너지이용 합리화 계획
④ 에너지사용기자재의 현황

해설 에너지다소비사업자의 신고 사항 : 에너지이용 합리화법 제31조
㉮ 전년도의 분기별 에너지 사용량, 제품 생산량
㉯ 해당 연도의 분기별 에너지사용 예정량, 제품생산 예정량
㉰ 에너지사용기자재의 현황
㉱ 전년도의 분기별 에너지이용 합리화 실적 및 해당 연도의 계획
㉲ 에너지관리자의 현황
답 ③

48 에너지이용 합리화법에서 정한 에너지다소비 사업자의 에너지관리기준이란?
① 에너지를 효율적으로 관리하기 위하여 필요한 기준
② 에너지관리 현황 조사에 대한 필요한 기준
③ 에너지 사용량 및 제품 생산량에 맞게 에너지를 소비하도록 만든 기준
④ 에너지관리 진단 결과 손실요인을 줄이기 위하여 필요한 기준

해설 에너지관리기준(에너지이용합리화법 제32조) : 산업통상자원부장관은 관계 행정기관의 장과 협의하여 에너지다소비사업자가 에너지를 효율적으로 관리하기 위하여 필요한 기준(이하 에너지관리기준이라 한다)을 부문별로 정하여 고시하여야 한다.
답 ①

49 연간 에너지사용량이 30만 티오이인 자가 구역별로 나누어 에너지진단을 하고자 할 때 에너지진단주기는?
① 1년   ② 2년
③ 3년   ④ 5년

해설 에너지진단 주기 : 에너지이용 합리화법 시행령 제36조, 별표 3

연간 에너지사용량	에너지진단 주기
20만 티오이 이상	1. 전체진단 : 5년 2. 부분진단 : 3년
20만 티오이 미만	5년

답 ③

50 에너지관리대상자가 에너지 손실요인의 개선명령을 받은 경우에는 개선명령일 부터 60일 이내에 개선계획을 수립하여 산업통상자원부장관에게 제출하여야 하는데 그 결과를 개선기간 만료일부터 며칠 이내에 산업통상자원부장관에게 통보해야 하는가?
① 7일   ② 10일
③ 15일   ④ 20일

해설 개선명령의 요건 및 절차(에너지이용 합리화법 시행령 제40조) : 에너지다소비사업자는 개선명령을 받은 경우에는 개선명령일 부터 60일 이내에 개선계획을 수립하여 산업통상자원부장관에게 제출하여야 하며, 그 결과를 개선 기간 만료일부터 15일 이내에 산업통상자원부장관에 통보하여야 한다.
답 ③

51 폐열 발생사업장에서 이용하지 않는 폐열을 공동이용 또는 제3자에 대한 공급을 위한 당사자간 협의를 할 수 없을 경우 산업통상자원부에서 할 수 있는 조치는?
① 협조통지
② 벌금에 처함
③ 과태료에 처함
④ 조정안의 작성 및 수락 권고

해설 폐열이용의 조정안 작성 : 에너지이용 합리화법 시행령 제42조
㉮ 산업통상자원부장관은 조정안을 작성할 때에는 당사자로부터 의견을 듣고 조정안을 작성하여야 한다.
㉯ 산업통상자원부장관은 작성된 조정안을 당사자에게 알리고 60일 이내의 기간을 정하여 그 조정안을 수락할 것을 권고할 수 있다.
답 ④

52 냉난방온도의 제한대상인 건물에 해당하는 것은?
① 연간 에너지사용량이 5백 티오이 이상인 건물
② 연간 에너지사용량이 1천 티오이 이상인 건물
③ 연간 에너지사용량이 1천5백 티오이 이상인 건물
④ 연간 에너지사용량이 2천 티오이 이상인 건물

해설 냉난방온도의 제한 대상 건물(에너지이용 합리화법 시행령 제42조의2) : 연간 에너지사용량이 2천 티오이 이상인 건물
답 ④

53 냉난방온도의 제한온도 기준 중 냉난방온도 제한건물(판매시설 및 공항은 제외)의 냉방 제한온도는?

① 18[℃] 이하
② 20[℃] 이상
③ 22[℃] 이하
④ 26[℃] 이상

해설 냉난방온도의 제한온도 기준(에너지이용 합리화법 시행규칙 31조의2)
㉮ 냉방 : 26[℃] 이상
㉯ 난방 : 20[℃] 이하
㉰ 판매시설 및 공항의 경우에 냉방온도는 25[℃] 이상으로 한다. **답** ④

54 냉·난방온도 제한 온도의 기준으로 판매시설 및 공항의 경우 냉방온도는 몇 [℃] 이상으로 하여야 하는가?

① 24   ② 25
③ 26   ④ 27

해설 판매시설 및 공항의 경우 냉방온도는 25[℃] 이상으로 한다. **답** ②

55 산업통상자원부장관이 냉·난방온도를 제한온도에 적합하게 유지관리하지 않은 기관에 시정조치를 명할 때 포함되지 않는 사항은?

① 시정조치 명령의 대상 건물 및 대상자
② 시정결과 조치 내용 통지 사항
③ 시정조치 명령의 사유 및 내용
④ 시정기한

해설 시정조치 명령의 방법(에너지이용 합리화법 시행령 제42조의3) : 시정조치 명령은 다음 각 호의 사항을 구체적으로 밝힌 서면으로 한다.
㉮ 지정조치 명령의 대상 건물 및 대상자
㉯ 시정조치 명령의 사유 및 내용
㉰ 시정기한 **답** ②

56 에너지이용 합리화법에 따라 에너지다소비 사업자에게 에너지손실요인의 개선명령을 할 수 있는 자는?

① 산업통상자원부장관
② 시·도지사
③ 한국에너지공단이사장
④ 에너지관리진단기관협회장

해설 개선명령(에너지이용 합리화법 제34조) : 산업통상자원부장관은 에너지관리지도 결과, 에너지가 손실되는 요인을 줄이기 위하여 필요하다고 인정되면 에너지다소비사업자에게 에너지손실요인의 개선을 명할 수 있다. **답** ①

57 에너지다소사업자에게 에너지관리 개선명령을 할 수 있는 경우는?

① 목표원단위보다 과다하게 에너지를 사용하는 경우
② 에너지관리지도 결과 10[%] 이상의 에너지효율 개선이 기대되는 경우
③ 에너지 사용실적이 전년도보다 현저히 증가한 자
④ 에너지 사용계획 승인을 얻지 아니한 자

해설 개선명령의 요건(에너지이용 합리화법 시행령 제40조 1항) : 산업통상자원부장관이 에너지다소비사업자에게 개선명령을 할 수 있는 경우는 에너지관리지도 결과 10[%] 이상의 에너지효율 개선이 기대되고 효율 개선을 위한 투자의 경제성이 있다고 인정되는 경우로 한다. **답** ②

58 에너지이용 합리화법상의 "목표에너지원단위"란?

① 열사용기기당 단위시간에 사용할 열의 사용 목표량
② 각 회사마다 단위기간 동안 사용할 열의 사용 목표량
③ 에너지를 사용하여 만드는 제품의 단위당 에너지사용 목표량
④ 보일러에서 증기 1톤을 발생할 때 사용할 연료의 사용 목표량

해설 목표에너지원단위(에너지이용 합리화법 제35조) : 에너지를 사용하여 만드는 제품의 단위당 에너지사용 목표량 또는 건축물의 단위면적당 에너지사용 목표량 답 ③

59 에너지를 사용하여 만드는 제품의 단위당 에너지사용 목표량 또는 건축물의 단위면적당 에너지사용 목표량을 정하여 고시하는 자는?
① 국토교통부장관
② 에너지관리공단이사장
③ 대통령
④ 산업통상자원부장관

해설 목표에너지원단위의 설정(에너지이용 합리화법 제35조) : 산업통상자원부장관이 정하여 고시 답 ④

60 산업통상자원부령이 정하는 열사용기자재(특정열사용기자재)의 시공업을 하는 자는 어떤 법령에 근거하여 누구에게 등록을 하여야 하는가?
① 건설산업기본법, 시·도지사에게
② 건설기술관리법, 시장·구청장에게
③ 건설산업기본법, 교육부장관에게
④ 건설기술관리법, 산업통상자원부장관에게

해설 특정열사용기자재 시공업 등록(에너지이용 합리화법 제37조) : 열사용기자재 중 제조, 설치, 시공 및 사용에서의 안전관리, 위해방지 또는 에너지이용의 효율관리가 특히 필요하다고 인정되는 것으로서 산업통상자원부령으로 정하는 열사용기자재(특정열사용기자재라 한다)의 설치, 시공이나 세관을 업으로 하는 자는 건설안전기본법에 따라 시·도지사에게 등록하여야 한다. 답 ①

61 에너지이용 합리화법에 의한 검사대상기기의 검사에 관한 설명으로 틀린 것은?
① 검사대상기기를 개조하는 경우에는 시·도지사의 검사를 받아야 한다.
② 검사대상기기는 유효기간 만료일 전에 검사신청을 하여야 한다.
③ 검사대상기기의 설치장소를 변경한 경우에는 시·도지사의 검사를 받아야 한다.
④ 검사대상기기를 설치하는 경우에는 설치계획을 산업통상자원부장관의 검사를 받아야 한다.

해설 ㉮ 검사대상기기의 검사 : 에너지이용 합리화법 제39조
㉯ 검사대상기기 설치검사 신청(에너지이용 합리화법 시행규칙 제31조의17) : 검사대상기기의 설치검사를 받으려는 자는 설치검사신청서를 공단이사장에게 제출하여야 한다. 답 ④

62 에너지이용 합리화법에 따라 검사대상기기 설치자는 검사대상기기관리자가 해임되거나 퇴직하는 경우 다른 검사대상기기 관리자를 언제 선임해야 하는가?
① 해임 또는 퇴직 이전
② 해임 또는 퇴직 후 10일 이내
③ 해임 또는 퇴직 후 30일 이내
④ 해임 또는 퇴직 후 3개월 이내

해설 검사대사기기 관리자 선임(에너지이용 합리화법 제40조 4항) : 검사대상기기 설치자는 검사대상기기 관리자를 해임하거나 퇴직하는 경우에는 해임이나 퇴직 이전에 다른 검사대상기기 관리자를 선임하여야 한다. 다만, 산업통상자원부령으로 정하는 사유에 해당하는 경우에는 시·도지사의 승인을 받아 다른 검사대상기기 관리자의 선임을 연기할 수 있다. 답 ①

63 시공업자단체에 대한 설명으로 틀린 것은?
① 관련 주무부처 장관의 인가를 받아 설립한다.
② 단체는 개인으로 한다.
③ 시공업자는 시공업자단체에 가입할 수 있다.
④ 단체는 시공업에 관한 사항을 정부에 건의할 수 있다.

해설 시공업자단체(에너지용 합리화법 제41조~44조) : 시공업자단체는 법인으로 한다. 답 ②

64 에너지이용 합리화법상 한국에너지공단의 설립목적은?

① 에너지이용합리화 사업을 효율적으로 추진하기 위하여
② 에너지 전환사업을 추진하기 위하여
③ 에너지 절약형 기자재의 도입을 위하여
④ 에너지이용 합리화를 위한 기술·지도를 위하여

해설 한국에너지공단의 설립(에너지이용 합리화법 제45조 1항) : 에너지이용 합리화사업을 효율적으로 추진하기 위하여 한국에너지공단을 설립한다. 답 ①

65 한국에너지공단의 임원에 관한 내용 중 틀린 것은?

① 감사 1명
② 본부장 3명
③ 이사장 1명
④ 이사장, 부이사장을 제외한 이사 9명 이내 (6명 이내의 비상임 이사를 포함한다.)

해설 한국에너지공단 임원(에너지이용 합리화법 제51조) : 공단에 임원으로 이사장과 부이사장을 포함한 이사와 감사를 두며, 그 정수는 다음과 같다.
㉮ 이사장 1명
㉯ 부이사장 1명
㉰ 이사장, 부이사장을 제외한 이사 9명 이내(6명 이내의 비상임 이사를 포함한다.)
㉱ 감사 1명 답 ②

66 한국에너지공단의 사업이 아닌 것은?

① 신에너지 및 재생에너지 개발사업의 촉진
② 열사용기자재의 안전관리
③ 에너지의 안정적 공급
④ 집단에너지 사업의 촉진을 위한 지원 및 관리

해설 한국에너지공단의 사업 :
에너지이용 합리화법 제57조
㉮ 에너지이용 합리화 및 이를 통한 온실가스의 배출을 줄이기 위한 사업
㉯ 에너지기술의 개발, 도입, 지도 및 보급
㉰ 에너지이용 합리화, 신에너지 및 재생에너지의 개발 보급, 집단에너지 공급사업을 위한 자금의 융자 및 지원
㉱ 법 제25조 제1항 각 호의 사업
㉲ 에너지진단 및 에너지관리지도
㉳ 신에너지 및 재생에너지 개발사업의 촉진
㉴ 에너지관리에 관한 조사, 연구, 교육 및 홍보
㉵ 에너지이용 합리화사업을 위한 토지, 건물 및 시설 등의 취득, 설치, 운영, 대여 및 양도
㉶ 집단에너지사업의 촉진을 위한 지원 및 관리
㉷ 에너지사용 기자재의 효율관리 및 열사용기자재의 안전관리
㉸ ㉮호부터 ㉷호까지의 사업에 딸린 사업
㉹ ㉮호부터 ㉷호까지의 사업 외에 산업통상자원부장관, 시·도지사, 그 밖의 기관 등이 위탁하는 에너지이용의 합리화와 온실가스의 배출을 줄이기 위한 사업 답 ③

67 에너지이용 합리화법에 따라 특정열사용기자재의 안전관리를 위해 산업통상자원부장관이 실시하는 교육의 대상자가 아닌 자는?

① 에너지관리자
② 시공업의 기술인력
③ 검사대상기기 관리자
④ 효율관리기자재 제조자

해설 교육(에너지이용 합리화법 제65조) : 산업통상자원부장관은 에너지관리의 효율적인 수행과 특정열사용기자재의 안전관리를 위하여 에너지관리자, 시공업의 기술인력 및 검사대상기기 관리자에 대하여 교육을 실시하여야 한다. 답 ④

68 에너지관리자에 대한 교육을 실시하는 기관은?

① 시·도
② 한국에너지공단
③ 안전보건공단
④ 한국산업인력공단

해설 에너지관리자에 대한 교육 : 에너지이용 합리화법 시행규칙 제32조 1항, 별표4
㉮ 교육과정 : 에너지관리자 기본교육과정
㉯ 교육기간 : 1일
㉰ 교육대상자 : 법 제31조제1항제1호부터 제4호까지의 사항에 관한 업무를 담당하는 사람으로 신고된 사람
㉱ 교육기관 : 한국에너지공단   답 ②

69 에너지이용 합리화법에 의한 에너지관리자의 기본교육과정 교육기간으로 옳은 것은?
① 4시간   ② 1일
③ 3일   ④ 5일

해설 에너지관리자 기본교육과정 교육기간(에너지이용 합리화법 시행규칙 제32조, 별표4) : 1일   답 ②

70 산업통상자원부장관이 정하는 바에 따라 수수료를 납부하여야 하는 경우는?
① 제조업의 허가를 신청하는 경우
② 검사대상기기의 검사를 받고자 하는 경우
③ 에너지관리대상자의 지정을 받고자 하는 경우
④ 열사용기자재의 형식 승인을 얻고자 하는 경우

해설 수수료 납부 대상 : 에너지이용 합리화법 제67조
㉮ 고효율에너지기자재의 인증을 신청하려는 자
㉯ 에너지진단을 받으려는 자
㉰ 검사대상기기의 검사를 받으려는 자   답 ②

71 에너지절약 전문기업의 등록신청서는 누구에게 제출하여야 하는가?
① 고용노동부장관
② 한국에너지공단이사장
③ 산업통상자원부장관
④ 시・도지사

해설 에너지이용 합리화법 제69조에 의하여 산업통상자원부장관에서 공단에 위탁된 사항임   답 ②

72 한국에너지공단 이사장에게 권한이 위탁된 것이 아닌 것은?
① 에너지사용계획의 검토
② 에너지관리지도
③ 효율관리기자재의 측정결과 신고의 접수
④ 열사용기자재 제조업의 등록

해설 공단에 위탁된 업무(에너지이용 합리화법 시행령 51조) : ①, ②, ③외
㉮ 에너지사용계획 이행 여부의 점검 및 실태파악
㉯ 대기전력경고표지 대상제품의 측정 결과 신고의 접수
㉰ 대기전력저감대상제품의 측정 결과 신고의 접수
㉱ 고효율에너지기자재 인증 신청의 접수 및 인증
㉲ 고효율에너지기자재의 인증취소 또는 인증사용 정지명령
㉳ 에너지절약전문기업의 등록
㉴ 온실가스배출 감축실적의 등록 및 관리
㉵ 에너지다소비사업 신고의 접수
㉶ 진단기관의 관리, 감독
㉷ 검사대상기기의 검사
㉸ 검사증의 발급
㉹ 검사대상기기의 폐기, 사용 중지, 설치자 변경 및 검사의 전부 또는 일부가 면제된 검사대상기기의 설치에 대한 신고의 접수
㉺ 검사대상기기관리자의 선임, 해임 또는 퇴직신고의 접수   답 ④

73 에너지저장시설의 보유 또는 저장의무의 부과 시 정당한 사유 없이 이를 거부하거나 이행하지 아니한 자에 대한 벌칙 기준은?
① 500만 원 이하의 벌금
② 1천만 원 이하의 벌금
③ 1년 이하의 징역 또는 1천만 원 이하의 벌금
④ 2년 이하의 징역 또는 2천만 원 이하의 벌금

해설 2년 이하의 징역 또는 2천만 원 이하의 벌금 : 에너지이용 합리화법 제72조
㉮ 에너지저장시설의 보유 또는 저장의무의 부과 시 정당한 이유 없이 이를 거부하거나 이행하지 아니한 자
㉯ 수급안정을 위한 조치에 따른 조정, 명령 등의 조치(법 제7조 2항)를 위반한 자
㉰ 법 제63조에 따른 공단의 임직원으로 근무하거나 근무하였던 사람이 그 직무상 알게 된 비밀을 누설하거나 도용하였을 때   답 ④

74 에너지이용 합리화법에 따라 최대 1천만원 이하의 벌금에 처할 대상자에 해당되지 않는 자는?

① 검사대상기기 관리자를 정당한 사유 없이 선임하지 아니한 자
② 검사대상기기의 검사를 정당한 사유 없이 받지 아니한 자
③ 검사에 불합격한 검사대상기기를 임의로 사용한 자
④ 최저소비효율기준에 미달된 효율관리기자재를 생산한 자

해설 각 항목의 규정
① 1천만 원 이하의 벌금
②, ③ : 1년 이하의 징역 또는 1천만 원 이하의 벌금
④ 산업통상자원부장관은 효율관리기자재가 최저소비효율기준에 미달하거나 최대사용량기준을 초과하는 경우에는 해당 효율관리기자재의 제조업자, 수입업자 또는 판매업자에게 그 생산이나 판매의 금지를 명할 수 있다. : 에너지이용 합리화법 제16조 2항   답 ④

75 검사대상기기 설치자가 해당기기를 검사를 받지 않고 사용하였을 경우의 벌칙으로 맞는 것은?

① 2년 이하의 징역 또는 2천만 원 이하의 벌금
② 1년 이하의 징역 또는 1천만 원 이하의 벌금
③ 2천만 원 이하의 과태료
④ 1천만 원 이하의 과태료

해설 1년 이하의 징역 또는 1천만 원 이하의 벌금 : 에너지이용 합리화법 제73조
㉮ 검사대상기기의 검사를 받지 아니한 자
㉯ 검사에 불합격된 검사대상기기를 사용한 자
㉰ 검사에 합격하지 않은 검사대상기기를 수입한 자   답 ②

76 효율관리기자재 중 최저 소비효율기준에 미달하거나 최대 사용량 기준을 초과한 것의 생산 또는 판매 금지 명령을 위반한 자에 해당하는 벌칙은?

① 2천만 원 이하의 벌금
② 5백만 원 이하의 벌금
③ 1천만 원 이하의 과태료
④ 5백만 원 이하의 과태료

해설 2천만 원 이하의 벌금(에너지이용 합리화법 제74조) : 효율관리기자재 중 최저 소비효율기준에 미달하거나 최대 사용량 기준을 초과한 것의 생산 또는 판매 금지 명령을 위반한 자   답 ①

77 에너지이용 합리화법에 의한 검사대상기기 관리자를 선임하지 아니한 자에 대한 벌칙 기준은?

① 3백만 원 이하의 과태료
② 5백만 원 이하의 벌금
③ 1천만 원 이하의 벌금
④ 1년 이하의 징역 또는 2천만 원 이하의 벌금

해설 벌칙(에너지이용 합리화법 제75조) : 검사대상기기 관리자를 선임하지 아니한 자는 1천만 원 이하의 벌금에 처한다.   답 ③

78 산업통상자원부장관의 에너지 손실요인을 줄이기 위한 개선명령을 정당한 사유 없이 이행하지 아니한 자에 대한 1회 위반 시 과태료 부과 금액은?

① 10만 원   ② 50만 원
③ 100만 원   ④ 300만 원

해설 과태료
㉮ 에너지이용 합리화법 제78조 제2항 : 개선명령을 정당한 사유 없이 이행하지 아니한 자는 1천만 원 이하의 과태료를 부과한다.
㉯ 과태료 부과기준 : 에너지이용 합리화법 시행령 제53조, 별표5

구분	1회 위반	2회 위반	3회 위반	4회 위반
과태료	300만 원	500만 원	700만 원	1천만 원

답 ④

79 효율관리기자재에 대한 에너지소비효율등급을 허위로 표시하였을 때의 과태료는?
① 2천만 원 이하의 과태료
② 1천만 원 이하의 과태료
③ 5백만 원 이하의 과태료
④ 3백만 원 이하의 과태료

해설 2천만원 이하의 과태료 : 에너지이용합리화법 제78조
㉮ 효율관리기자재에 대한 에너지소비효율등급 또는 에너지 소비효율을 표시하지 아니하거나 거짓으로 표시를 한 자
㉯ 에너지 진단을 받지 아니한 에너지다소비 사업자
㉰ 한국에너지공단에 사고의 일시·내용 등을 통보하지 아니하거나 거짓으로 통보한 자

답 ①

2 열사용기자재 관리규정

2.1 열사용기자재

(1) 열사용기자재의 종류

	품목명	적용범위
보일러	강철제보일러 주철제보일러	다음 각 호의 어느 하나에 해당하는 것을 말한다. 1. 1종 관류보일러 : 강철제보일러 중 헤더의 안지름이 150[mm] 이하이고, 전열면적이 5[m^2] 초과 10[m^2] 이하이며, 최고사용압력이 1[MPa] 이하인 관류보일러(기수분리기를 장치한 경우에는 기수분리기의 안지름이 300 [mm] 이하이고, 그 내용적이 0.07[m^3] 이하인 것에 한한다)를 말한다. 2. 2종 관류보일러 : 강철제보일러 중 헤더의 안지름이 150[mm] 이하이고, 전열면적이 5[m^2] 이하이며, 최고사용압력이 1[MPa] 이하인 관류보일러(기수분리기를 장치한 경우에는 기수분리기의 안지름이 200[mm] 이하이고, 그 내용적이 0.02[m^3] 이하인 것에 한한다)를 말한다. 3. 제1호 및 제2호 외에 금속(주철을 포함한다)으로 만든 것. 다만, 구멍탄용 온수보일러·축열식 전기보일러·가정용 화목보일러 및 가스사용량이 17[kg/h](도시가스는 232.6[kW]) 이하인 가스용 온수보일러를 제외한다.
	소형온수보일러	전열면적이 14[m^2] 이하이며, 최고사용압력이 0.35[MPa] 이하의 온수를 발생하는 것. 다만, 구멍탄용 온수보일러·축열식 전기보일러·가정용 화목보일러 및 가스사용량이 17[kg/h](도시가스는 232.6[kW]) 이하인 가스용 온수보일러를 제외한다.
	구멍탄용 온수보일러	「석탄산업법 시행령」 제2조 제2호의 규정에 의한 연탄을 연료로 사용하여 온수를 발생시키는 것으로서 금속제에 한한다.
	축열식 전기보일러	심야전력을 사용하여 온수를 발생시켜 축열조에 저장한 후 난방에 이용하는 것으로서 정격소비전력이 30[kW] 이하이며, 최고사용압력이 0.35[MPa] 이하인 것
	가정용 화목보일러	화목 등 목재연료를 사용하여 90[℃] 이하의 난방수 또는 65[℃] 이하의 온수를 발생하는 것으로서 표시난방출력이 70[kW] 이하로서 옥외에 설치하는 것
태양열집열기		태양열집열기
압력용기	1종 압력용기	최고사용압력[MPa]과 내용적[m^3]을 곱한 수치가 0.004를 초과하는 다음 각 호의 1에 해당하는 것 1. 증기 그 밖의 열매체를 받아들이거나 증기를 발생시켜 고체 또는 액체를 가열하는 기기로서 용기 안의 압력이 대기압을 넘는 것 2. 용기 안의 화학반응에 의하여 증기를 발생하는 용기로서 용기안의 압력이 대기압을 넘는 것 3. 용기 안의 액체의 성분을 분리하기 위하여 해당 액체를 가열하거나 증기를 발생시키는 용기로서 용기안의 압력이 대기압을 넘는 것 4. 용기 안의 액체의 온도가 대기압에서의 비점을 넘는 것
	2종 압력용기	최고사용압력이 0.2[MPa]를 초과하는 기체를 그 안에 보유하는 용기로서 다음 각 호의 1에 해당하는 것 1. 내용적이 0.04[m^3] 이상인 것 2. 동체의 안지름이 200[mm] 이상(증기 헤더의 경우에는 동체의 안지름이 300[mm] 초과)이고, 그 길이가 1천[mm] 이상인 것

구분	품목명	적용범위
요로	요업요로	연속식유리용융가마, 불연속식유리용융가마, 유리용융도가니가마, 터널가마, 도염식가마, 셔틀가마, 회전가마 및 석회용선가마
	금속요로	용선로, 비철금속용융로, 금속소둔로, 철금속가열로 및 금속균열로

(2) 제외 대상

① 「전기사업법」에 따른 전기사업자가 설치하는 발전소의 발전전용 보일러 및 압력용기. 다만, 「집단에너지사업법」의 적용을 받는 발전전용 보일러 및 압력용기는 열사용기자재에 포함된다.
② 「철도사업법」에 따른 철도사업을 하기 위하여 설치하는 기관차 및 철도차량용 보일러
③ 「고압가스 안전관리법」 및 「액화석유가스의 안전관리 및 사업법」에 따라 검사를 받는 보일러 및 압력용기
④ 「선박안전법」에 따라 검사를 받는 선박용 보일러 및 압력용기
⑤ 「전기용품 및 생활용품 안전 관리법」 및 「의료기기법」의 적용을 받는 2종 압력용기
⑥ 이 규칙에 따라 관리하는 것이 부적합하다고 산업통상자원부장관이 인정하는 수출용 열사용기자재

2.2 특정 열사용 기자재

열사용 기자재 중 제조, 설치, 시공 및 사용에서의 안전관리, 위해방지 또는 에너지이용의 효율관리가 특히 필요하다고 인정되는 것으로서 산업통상자원부령으로 정하는 열사용기자재

(1) 종류 및 설치, 시공범위

구분	품목명	설치, 시공 범위
보일러	강철제보일러, 주철제보일러, 온수보일러, 구멍탄용 온수보일러, 축열식 전기보일러, 캐스케이드 보일러, 가정용 화목보일러	해당 기기의 설치, 배관 및 세관
태양열집열기	태양열집열기	해당 기기의 설치, 배관 및 세관
압력용기	1종 압력용기, 2종 압력용기	해당 기기의 설치, 배관 및 세관
요업요로	연속식 유리용융가마, 불연속식 유리용융가마 유리용융도가니가마, 터널 가마, 도염식 가마, 셔틀 가마, 회전 가마, 석회용선 가마	해당 기기의 설치를 위한 시공
금속요로	용선로, 비철금속 용융로, 금속 소둔로, 철금속 가열로, 금속 균열로	해당 기기의 설치를 위한 시공

2.3 검사대상기기

(1) 검사를 받아야 할 검사대상기기

구분	검사대상기기명	적용범위
보일러	강철제보일러 주철제보일러	다음 각 호의 어느 하나에 해당하는 것을 제외한다. 1. 최고사용압력이 0.1[MPa] 이하이고, 동체의 안지름이 300[mm] 이하이며, 길이가 600[mm] 이하인 것 2. 최고사용압력이 0.1[MPa] 이하이고, 전열면적이 5[m^2] 이하인 것 3. 2종 관류보일러 4. 온수를 발생시키는 보일러로서 대기개방형인 것
	소형온수보일러	가스를 사용하는 것으로서 가스사용량이 17[kg/h](도시가스는 232.6[kW])를 초과하는 것
압력용기	1종 압력용기 2종 압력용기	별표 1에 따른 압력용기의 적용범위에 따른다.
요로	철금속 가열로	정격용량이 0.58[MW]를 초과하는 것

(2) 검사의 종류 및 적용대상

검사의 종류		적용대상
제조검사	용접검사	동체, 경판 및 이와 유사한 부분을 용접으로 제조하는 경우의 검사
	구조검사	강판, 관 또는 주물류를 용접, 확대, 조립, 주조 등에 의하여 제조하는 경우의 검사
설치검사		신설한 경우의 검사(사용연료의 변경에 의하여 검사대상이 아닌 보일러가 검사대상으로 되는 경우의 검사를 포함한다)
개조검사		다음 각 호의 1에 해당하는 경우의 검사 1. 증기보일러를 온수보일러로 개조하는 경우 2. 보일러 섹션의 증감에 의하여 용량을 변경하는 경우 3. 동체, 돔, 노통, 연소실, 경판, 천정판, 관판, 관모음 또는 스테이의 변경으로서 산업통상자원부장관이 정하여 고시하는 대수리의 경우 4. 연료 또는 연소방법을 변경하는 경우 5. 철금속가열로로서 산업통상자원부장관이 정하여 고시하는 경우의 수리
설치장소 변경검사		설치장소를 변경한 경우의 검사. 다만, 이동식 검사대상기기를 제외한다.
재사용검사		사용중지 후 재사용하고자 하는 경우의 검사
계속사용 검사	안전검사	설치검사, 개조검사, 설치장소변경검사 또는 재사용검사 후 안전부문에 대한 유효기간을 연장하고자 하는 경우의 검사
	운전성능검사	다음 각 호의 1에 해당하는 기기에 대한 검사로서 설치검사 후 운전성능부문에 대한 유효기간을 연장하고자 하는 경우의 검사 1. 용량이 1[t/h](난방용의 경우에는 5[t/h]) 이상인 강철제보일러 및 주철제보일러 2. 철금속가열로

(2) 검사의 유효기간

① 검사의 유효기간은 검사에 합격한 날의 다음 날부터 계산한다. 다만 검사에 합격한 날이 검사유효기간 만료일 이전 30일 이내인 경우와 검사를 연기한 경우에는 검사유효기간 만료일의 다음 날부터 계산한다.
② 산업통상자원부장관은 검사대상기기의 안전관리 또는 에너지효율 향상을 위하여 부득이하다고 인정할 때에는 유효기간을 조정할 수 있다.
③ 검사대상기기의 검사유효기간

검사의 종류		검사유효기간
설치검사		1. 보일러 : 1년. 다만, 운전성능 부문의 경우에는 3년 1개월로 한다. 2. 캐스케이드 보일러, 압력용기 및 철금속가열로 : 2년
개조검사		1. 보일러 : 1년 2. 캐스케이드 보일러, 압력용기 및 철금속가열로 : 2년
설치장소 변경검사		1. 보일러 : 1년 2. 캐스케이드 보일러, 압력용기 및 철금속가열로 : 2년
재사용검사		1. 보일러 : 1년 2. 캐스케이드 보일러, 압력용기 및 철금속가열로 : 2년
계속 사용 검사	안전검사	1. 보일러 : 1년 2. 캐스케이드 보일러, 압력용기 : 2년
	운전성능검사	1. 보일러 : 1년 2. 철금속가열로 : 2년

[비고]
1. 보일러의 계속사용검사 중 운전성능검사에 대한 검사 유효기간은 해당 보일러가 산업통상자원부장관이 정하여 고시하는 기준에 적합한 경우에는 2년으로 한다.
2. 설치 후 3년이 지난 보일러로서 설치장소 변경검사 또는 재사용검사를 받은 보일러는 검사 후 1개월 이내에 운전성능검사를 받아야 한다.
3. 개조검사 중 연료 또는 연소방법의 변경에 따른 개조검사의 경우에는 검사 유효기간을 적용하지 않는다.
4. 다음 각 목의 구분에 따른 검사대상기기의 검사에 대한 검사유효기간은 각 목의 구분에 따른다. 다만, 계속사용검사 중 운전성능검사에 대한 검사유효기간은 제외한다.
   ① 「고압가스 안전관리법」제13조의2제1항에 따른 안전성향상계획과 「산업안전보건법」제44조제1항에 따른 공정안전보고서 모두를 작성하여야 하는 자의 검사대상기기(보일러의 경우에는 제품을 제조·가공하는 공정에만 사용되는 보일러만 해당한다. 이하②목에서 같다) : 4년. 다만, 산업통상자원부장관이 정하여 고시하는 바에 따라 8년의 범위에서 연장할 수 있다.
   ② 「고압가스 안전관리법」제13조의2제1항에 따른 안전성향상계획과 「산업안전보건법」제44조제1항에 따른 공정안전보고서 중 어느 하나를 작성하여야 하는 자의 검사대상기기 : 2년. 다만, 산업통상자원부장관이 정하여 고시하는 바에 따라 6년의 범위에서 연장할 수 있다.
   ③ 「의약품 등의 안전에 관한 규칙」별표 3에 따른 생물학적제제등을 제조하는 의약품제조업자로서 같은 표에 따른 제조 및 품질관리기준에 적합한 자의 압력용기 : 4년

5. 제31조의25 제1항에 따라 설치신고를 하는 검사대상기기는 신고 후 2년이 지난날에 계속사용검사 중 안전검사(재사용검사를 포함한다)를 하며, 그 유효기간은 2년으로 한다.
6. 법 제32조제2항에 따라 에너지진단을 받은 운전성능검사대상기기가 제31조의9에 따른 검사기준에 적합한 경우에는 에너지진단 이후 최초로 받는 운전성능검사를 에너지진단으로 갈음한다(비고 4에 해당하는 경우는 제외한다).

(4) 검사의 신청

① **용접검사 신청**
  ㉮ 한국에너지공단이사장 또는 검사기관의 장에게 제출
  ㉯ 신청서 첨부서류
    ⓐ 용접 부위도 1부
    ⓑ 검사대상기기의 설계도면 2부
    ⓒ 검사대상기기의 강도계산서 1부

② **설치검사 신청**
  ㉮ 한국에너지공단이사장에게 제출
  ㉯ 신청서 첨부서류
    ⓐ 보일러 및 압력용기 : 용접검사증 및 구조검사증 각 1부
    ⓑ 철금속 가열로 : 설계도면 1부, 설계계산서 1부, 성능·구조 등에 대한 설명서 1부

③ **개조검사, 설치장소 변경검사 또는 재사용검사 신청**
  ㉮ 한국에너지공단이사장에게 제출
  ㉯ 신청서 첨부서류
    ⓐ 개조한 검사대상기기의 개조부분의 설계도면 및 그 설명서 각 1부(개조검사인 경우만 해당)
    ⓑ 검사대상기기 설치검사증 1부

④ **계속사용검사 신청**
  ㉮ 검사유효기간 만료 10일 전까지 한국에너지공단이사장에게 제출
  ㉯ 신청서에는 해당 검사대상기기 설치검사증 사본 첨부

⑤ **계속사용검사의 연기**
  ㉮ 검사유효기간의 만료일이 속하는 연도의 말까지 연기할 수 있다. 다만, 검사유효기간 만료일이 9월 1일 이후인 경우에는 4개월 이내에서 연기할 수 있다.
  ㉯ 검사연기신청서는 한국에너지공단이사장에게 제출

⑥ 검사에 필요한 조치
  ㉮ 기계적 시험의 준비   ㉯ 비파괴검사의 준비
  ㉰ 검사대상기기의 정비   ㉱ 수압시험의 준비
  ㉲ 안전밸브 및 수면측정장치의 분해, 정비   ㉳ 검사대상기기의 피복물 제거
  ㉴ 조립식인 검사대상기기의 조립 해체   ㉵ 운전성능 측정의 준비

⑦ 검사대상기기의 폐기신고 등
  ㉮ 검사대상기기를 폐기한 날로부터 15일 이내에 신고
  ㉯ 검사대상기기의 사용을 중지한 경우에는 중지한 날부터 15일 이내에 신고
  ㉰ 한국에너지공단이사장에게 제출
  ㉱ 신고서에는 설치검사증 첨부

⑧ 검사대상기기 설치자의 변경신고
  ㉮ 검사대상기기 설치자가 변경된 경우 변경일로부터 15일 이내에 한국에너지공단 이사장에게 신고
  ㉯ 신고서 첨부서류
    ⓐ 법인 등기사항증명서
    ⓑ 양도 또는 합병계약서 사본
    ⓒ 상속인(지위승계인)임을 확인할 수 있는 서류 사본

2.4 검사대상기기 관리자

(2) 관리자의 자격 및 관리범위

관리자의 자격	관리범위
에너지관리기능장 또는 에너지관리기사	용량이 30[t/h]를 초과하는 보일러
에너지관리기능장, 에너지관리기사, 에너지관리산업기사	용량이 10[t/h]를 초과하고 30[t/h] 이하인 보일러
에너지관리기능장, 에너지관리기사, 에너지관리산업기사, 에너지관리기능사	용량이 10[t/h] 이하인 보일러
에너지관리기능장, 에너지관리기사, 에너지관리산업기사, 에너지관리기능사 또는 인정검사대상기기 관리자의 교육을 이수한 자	1. 증기보일러로서 최고사용압력이 1[MPa] 이하이고, 전열면적이 10[m^2] 이하인 것 2. 온수 발생 또는 열매체를 가열하는 보일러로서 출력이 581.5[kW] 이하인 것 3. 압력용기

[비고]
1. 온수발생 및 열매체를 가열하는 보일러의 용량은 697.8[kW]를 1[t/h]로 본다.
2. 제31조의27 제2항에 따른 1구역에서 가스 연료를 사용하는 1종 관류보일러의 용량은 이를 구성하는 보일러의 개별 용량을 합산한 값으로 한다.
3. 계속사용검사 중 안전검사를 실시하지 않는 검사대상기기 또는 가스 외의 연료를 사용하는 1종 관류보일러의 경우에는 관리자의 자격에 제한을 두지 아니한다.
4. 가스를 연료로 사용하는 보일러의 검사대상기기 관리자의 자격은 위 표에 따른 자격을 가진 사람으로서 제31조의26 제2항에 따라 산업통상자원부장관이 정하는 관련 교육을 이수한 사람 또는 「도시가스사업법 시행령」 별표 1에 따라 특정가스 사용시설의 안전관리 책임자의 자격을 가진 사람으로 한다.

(2) 선임기준

① 검사대상기기 관리자의 선임기준은 1구역마다 1명 이상으로 한다.
② 1구역은 검사대상기기 관리자가 한 시야로 볼 수 있는 범위 또는 중앙통제·관리설비를 갖추어 검사대상기기 관리자 1명이 통제·관리할 수 있는 범위로 한다. 다만, 압력용기의 경우에는 검사대상기기 관리자 1명이 관리할 수 있는 범위로 한다.

(3) 선임신고

① 검사대상기기 관리자를 선임·해임 또는 퇴직한 경우에는 검사대상기기 관리자 선임 신고서에 자격증 수첩과 관리할 검사대상기기 검사증을 첨부하여 공단이사장에게 제출한다.
② 선임신고는 신고 사유가 발생한 날부터 30일 이내에 하여야 한다.
③ 검사대상기기 관리자의 선임기한 연기 사유
    ㉮ 검사대상기기 관리자가 천재지변 등 불의의 사고로 업무를 수행할 수 없게 되어 해임 또는 퇴직한 경우
    ㉯ 검사대상기기의 설치자가 선임을 위하여 필요한 조치를 하였으나 선임하지 못한 경우

3 신재생에너지 관련법

3.1 신·재생에너지 개발 이용 보급 촉진법

(1) 목적

이 법은 신에너지 및 재생에너지의 기술개발 및 이용, 보급촉진과 신에너지 및 재생에너지 산업의 활성화를 통하여 에너지원을 다양화하고, 에너지의 안정적인 공급, 에너지 구조의 환경친화적 전환 및 온실가스 배출의 감소를 추진함으로써 환경의 보전, 국가경제의 건전하고 지속적인 발전 및 국민복지의 증진에 이바지함을 목적으로 한다.

(2) 용어의 정의

① 신에너지 : 기존의 화석연료를 변환시켜 이용하거나 수소·산소 등의 화학반응을 통하여 전기 또는 열을 이용하는 에너지로서 다음 어느 하나에 해당하는 것을 말한다.
  ㉮ 수소에너지
  ㉯ 연료전지
  ㉰ 석탄을 액화·가스화한 에너지 및 중질잔사유(重質殘渣油)를 가스화한 에너지로서 대통령령으로 정하는 기준 및 범위에 해당하는 에너지

> ● **중질잔사유(重質殘渣油)**
> 원유를 정제하고 남은 최종 잔재물로서 감압증류 과정에서 나오는 감압잔사유, 아스팔트와 열분해 공정에서 나오는 코크, 타르 및 피치 등을 말한다. [신재생에너지 시행령 별표1]

  ㉱ 그 밖에 석유, 석탄, 원자력 또는 천연가스가 아닌 에너지로서 대통령령으로 정하는 에너지

② 재생에너지 : 햇빛, 물, 지열(地熱), 강수(降水), 생물유기체 등을 포함하는 재생 가능한 에너지를 변환시켜 이용하는 에너지로서 다음 어느 하나에 해당하는 것을 말한다.
  ㉮ 태양에너지
  ㉯ 풍력
  ㉰ 수력
  ㉱ 해양에너지
  ㉲ 지열에너지
  ㉳ 생물자원을 변환시켜 이용하는 바이오에너지로서 대통령령으로 정하는 기준 및

범위에 해당하는 에너지
㉔ 폐기물에너지로서 대통령령으로 정하는 기준 및 범위에 해당하는 에너지
㉕ 그 밖에 석유·석탄·원자력 또는 천연가스가 아닌 에너지로서 대통령령으로 정하는 에너지

③ 신에너지 및 재생에너지 설비 : 신에너지 및 재생에너지를 생산 또는 이용하거나 신·재생에너지의 전력계통 연계조건을 개선하기 위한 설비이다.
㉮ 수소에너지 설비 : 물이나 그 밖에 연료를 변환시켜 수소를 생산하거나 이용하는 설비
㉯ 연료전지 설비 : 수소와 산소의 전기화학 반응을 통하여 전기 또는 열을 생산하는 설비
㉰ 석탄을 액화·가스화한 에너지 및 중질잔사유를 가스화한 에너지 설비 : 석탄 및 중질잔사유의 저급 연료를 액화 또는 가스화시켜 전기 또는 열을 생산하는 설비
㉱ 태양에너지 설비
ⓐ 태양열 설비 : 태양의 열에너지를 변환시켜 전기를 생산하거나 에너지원으로 이용하는 설비
ⓑ 태양광 설비 : 태양의 빛에너지를 변환시켜 전기를 생산하거나 채광에 이용하는 설비
㉲ 풍력 설비 : 바람의 에너지를 변화시켜 전기를 생산하는 설비
㉳ 수력 설비 : 물의 유동 에너지를 변화시켜 전기를 생산하는 설비
㉴ 해양에너지 설비 : 행야의 조수, 파도, 해류, 온도차 등을 변화시켜 전기 또는 열을 생산하는 설비
㉵ 지열에너지 설비 : 물, 지하수 및 지하의 열 등의 온도차를 변환시켜 에너지를 생산하는 설비
㉶ 바이오에너지 설비 : 바이오에너지를 생산하거나 이를 에너지원으로 이용하는 설비
㉷ 폐기물에너지 설비 : 폐기물을 변환시켜 연료 및 에너지를 생산하는 설비
㉸ 수열에너지 설비 : 물의 표층의 열을 변환시켜 에너지를 생산하는 설비
㉹ 전력저장 설비 : 신에너지 및 재생에너지를 이용하여 전기를 생산하는 설비와 연계된 전력저장 설비

④ 신·재생에너지 발전 : 신·재생에너지를 이용하여 전기를 생산하는 것을 말한다.
⑤ 신·재생에너지 발전사업자 : 전기사업법 제2조 제4호에 따른 발전사업자 또는 같은 조 제19호에 따른 자가용전기설비를 설치한 자로서 신·재생에너지 발전을 하는 사업자를 말한다.

3.2 저탄소 녹색성장 기본법

(1) 목적

이 법은 경제와 환경의 조화로운 발전을 위하여 저탄소(低炭素) 녹색성장에 필요한 기반을 조성하고 녹색기술과 녹색산업을 새로운 성장동력으로 활용함으로써 국민경제의 발전을 도모하며 저탄소 사회 구현을 통하여 국민의 삶의 질을 높이고 국제사회에서 책임을 다하는 성숙한 선진 일류국가로 도약하는 데 이바지함을 목적으로 한다.

(2) 용어의 정의

① **저탄소** : 화석연료에 대한 의존도를 낮추고 청정에너지의 사용 및 보급을 확대하며 녹색기술 연구개발, 탄소흡수원 확충 등을 통하여 온실가스를 적정수준 이하로 줄이는 것을 말한다.

② **녹색성장** : 에너지와 자원을 절약하고 효율적으로 사용하여 기후변화와 환경훼손을 줄이고 청정에너지와 녹색기술의 연구개발을 통하여 새로운 성장동력을 확보하며 새로운 일자를 창출해 나가는 등 경제와 환경이 조화를 이루는 성장을 말한다.

③ **녹색기술** : 온실가스 감축기술, 에너지 이용 효율화 기술, 청정생산기술, 청정에너지 기술, 자원순환 및 친환경 기술(관련 융합기술을 포함한다) 등 사회, 경제 활동의 전 과정에 걸쳐 에너지와 자원을 절약하고 효율적으로 사용하여 온실가스 및 오염물질의 배출을 최소화하는 기술을 말한다.

④ **녹색산업** : 경제, 금융, 건설, 교통물류, 농림수산, 관광 등 경제활동 전반에 걸쳐 에너지와 자원의 효율을 높이고 환경을 개선할 수 있는 재화의 생산 및 서비스의 제공 등을 통하여 저탄소 녹색성장을 이루기 위한 모든 산업을 말한다.

⑤ **녹색제품** : 에너지, 자원의 투입과 온실가스 및 오염물질의 발생을 최소화하는 제품을 말한다.

⑥ **녹색생활** : 기후변화의 심각성을 인식하고 일상생활에서 에너지를 절약하여 온실가스와 오염물질의 발생을 최소화하는 생활을 말한다.

⑦ **녹색경영** : 기업이 경영활동에서 자원과 에너지를 절약하고 효율적으로 이용하며 온실가스 배출 및 환경오염의 발생을 최소화하면서 사회적, 윤리적 책임을 다하는 경영을 말한다.

⑧ **지속가능발전** : 지속가능발전법 제2조 제2호에 따른 지속가능발전을 말한다.

⑨ **온실가스** : 이산화탄소(CO_2), 메탄(CH_4), 아산화질소(N_2O), 수소불화탄소(HFCS), 과불화탄소(PFCS), 육불화황(SF_6) 및 그 밖에 대통령령으로 정하는 것으로 적외선 복사열을 흡수하거나 재방출하여 온실효과를 유발하는 대기 중의 가스 상태의 물질을 말한다.

⑩ **온실가스 배출** : 사람의 활동에 수반하여 발생하는 온실가스를 대기 중에 배출, 방출 또는 누출시키는 직접배출과 다른 사람으로부터 공급된 전기 또는 열(연료 또는 전기를 열원으로 하는 것만 해당한다)을 사용함으로써 온실가스가 배출되도록 하는 간접배출을 말한다.

⑪ **지구온난화** : 사람의 활동에 수반하여 발생하는 온실가스가 대기 중에 축적되어 온실가스 농도를 증가시킴으로써 지구 전체적으로 지표 및 대기의 온도가 추가적으로 상승하는 현상을 말한다.

⑫ **기후변화** : 사람의 활동으로 인하여 온실가스의 농도가 변함으로써 상당 기간 관찰되어 온 자연적인 기후변동에 추가적으로 일어나는 기후체계의 변화를 말한다.

⑬ **자원순환** : 자원의 절약과 재활용촉진에 관한 법률 제2조 제1호에 따른 자원순환을 말한다.

⑭ **신·재생에너지** : 신에너지 및 재생에너지 개발, 이용, 보급 촉진법 제2조 제1호에 따른 신에너지 및 재생에너지를 말한다.

⑮ **에너지 자립도** : 국내 총 소비에너지량에 대하여 신·재생에너지 등 국내 생산에너지량 및 우리나라가 국외에서 개발(지분 취득을 포함한다)한 에너지량을 합한 양이 차지하는 비율을 말한다.

출제예상문제
Expected problems

01 소형 온수보일러의 적용범위를 바르게 나타낸 것은? (단, 구멍탄용 온수보일러, 축열식 전기보일러 및 가스사용량이 17[kg/h] 이하인 가스용 온수보일러는 제외한다.)

① 전열면적이 10[m²] 이하이며, 최고사용압력이 0.35[MPa] 이하의 온수를 발생하는 보일러
② 전열면적이 14[m²] 이하이며, 최고사용압력이 0.35[MPa] 이하의 온수를 발생하는 보일러
③ 전열면적이 10[m²] 이하이며, 최고사용압력이 0.45[MPa] 이하의 온수를 발생하는 보일러
④ 전열면적이 14[m²] 이하이며, 최고사용압력이 0.45[MPa] 이하의 온수를 발생하는 보일러

해설 소형온수보일러의 적용범위(에너지이용 합리화법 시행규칙 제1조의2, 별표1) : 전열면적이 14[m²] 이하이며, 최고사용압력이 0.35[MPa] 이하의 온수를 발생하는 것. 다만, 구멍탄용 온수보일러, 축열식 전기보일러 및 가스사용량이 17[kg/h](도시가스는 232.6[kW]) 이하인 가스용 온수보일러를 제외한다.
답 ②

02 축열식 전기보일러는 심야전력을 사용하여 온수를 발생시켜 축열조에 저장한 후 난방에 이용하는 것으로 다음 중 그 적용범위의 기준으로 옳은 것은?

① 정격소비전력이 30[kW] 이하이며, 최고사용압력이 0.25[MPa] 이하인 것
② 정격소비전력이 35[kW] 이하이며, 최고사용압력이 0.35[MPa] 이하인 것
③ 정격소비전력이 30[kW] 이하이며, 최고사용압력이 0.35[MPa] 이하인 것
④ 정격소비전력이 35[kW] 이하이며, 최고사용압력이 0.25[MPa] 이하인 것

해설 축열식 전기보일러(에너지이용 합리화법 시행규칙 제1조의2, 별표1) : 심야전력을 사용하여 온수를 발생시켜 축열조에 저장한 후 난방에 이용하는 것으로서 정격소비전력이 30[kW] 이하이며, 최고사용압력이 0.35[MPa] 이하인 것
답 ③

03 에너지이용 합리화법에 따라 열사용기자재 중 2종 압력용기의 적용범위로 옳은 것은?

① 최고사용압력이 0.1[MPa]를 초과하는 기체를 그 안에 보유하는 용기로서 내부 부피가 0.05[m³] 이상인 것
② 최고사용압력이 0.2[MPa]를 초과하는 기체를 그 안에 보유하는 용기로서 내부 부피가 0.04[m³] 이상인 것
③ 최고사용압력이 0.1[MPa]를 초과하는 기체를 그 안에 보유하는 용기로서 내부 부피가 0.03[m³] 이상인 것
④ 최고사용압력이 0.2[MPa]를 초과하는 기체를 그 안에 보유하는 용기로서 내부 부피가 0.02[m³] 이상인 것

해설 압력용기의 종류 : 에너지이용 합리화법 시행규칙 제1조의2, 별표1
(1) 1종 압력용기 : 최고사용압력[MPa]과 내용적[m³]을 곱한 수치가 0.004를 초과하는 다음 각 호의 하나에 해당하는 것
  ㉮ 증기 그 밖의 열매체를 받아들이거나 증기를 발생시켜 고체 또는 액체를 가열하는 기기로서 용기 안의 압력이 대기압을 넘는 것
  ㉯ 용기 안의 화학반응에 의하여 증기를 발생하는 용기로서 용기 안의 압력이 대기압을 넘는 것
  ㉰ 용기 안의 액체의 성분을 분리하기 위하여 해당 액체를 가열하거나 증기를 발생시키는 용기로서 용기 안의 압력이 대기압을 넘는 것
  ㉱ 용기 안의 액체의 온도가 대기압에서의 비점을 넘는 것
(2) 2종 압력용기 : 최고사용압력이 0.2[MPa]를 초과히는 기체를 그 안에 보유하는 용기로서 다음 각 호의 하나에 해당하는 것
  ㉮ 내용적이 0.04[m³] 이상인 것

㉯ 동체의 안지름이 200[mm] 이상(증기헤더의 경우에는 동체의 안지름이 300[mm] 초과)이고, 그 길이가 1천[mm] 이상인 것

답 ②

04 열사용기자재로 분류되지 않는 것은?

① 연속식 유리용융 가마
② 셔틀 가마
③ 태양열 집열기
④ 철도 차량용 보일러

해설 열사용기자재 제외 : 에너지이용 합리화법 시행규칙 1조의2
㉮ 전기사업자가 설치하는 발전소의 발전전용 보일러 및 압력용기
㉯ 철도사업을 하기 위하여 설치하는 기관차 및 철도차량용 보일러
㉰ 고압가스 안전관리법 및 액화석유가스의 안전관리 및 사업법에 따라 검사를 받는 보일러 및 압력용기
㉱ 선박용 보일러 및 압력용기
㉲ 전기용품 및 생활용품 안전 관리법 및 의료기기법의 적용을 받는 2종 압력용기
㉳ 산업통상자원부장관이 인정하는 수출용 열사용기자재

답 ④

05 에너지이용 합리화법에 따른 특정열사용 자재가 아닌 것은?

① 주철제 보일러
② 금속 소둔로
③ 2종 압력용기
④ 석유 난로

해설 특정 열사용 기자재 종류 : 에너지이용 합리화법 시행규칙 제31조의5, 별표3의2

구분	품목명
보일러	강철제보일러, 주철제보일러, 온수보일러, 구멍탄용 온수보일러, 축열식 전기보일러, 캐스케이드 보일러, 가정용 화목보일러
태양열 집열기	태양열 집열기
압력용기	1종 압력용기, 2종 압력용기
요업요로	연속식 유리용융가마, 불연속식 유리용융가마, 유리용융도가니가마, 터널가마, 도염식 가마, 셔틀가마, 회전가마, 석회용선가마
금속요로	용선로, 비철금속용융로, 금속 소둔로, 철금속가열로, 금속균열로

답 ④

06 특정열사용기자재 중 금속 요로인 것은?

① 터널 가마
② 도염식 가마
③ 용선로
④ 셔틀 가마

해설 금속 요로의 종류(에너지이용 합리화법 시행규칙 제31조의5, 별표3의2) : 용선로, 비철금속 용융로, 금속 소둔로, 철금속가열로, 금속균열로

답 ③

07 특정열사용기자재와 설치, 시공 범위가 바르게 연결된 것은?

① 강철제 보일러 : 해당 기기의 설치, 배관 및 세관
② 태양열 집열기 : 해당 기기의 설치를 위한 시공
③ 비철금속 용융로 : 해당 기기의 설치, 배관 및 세관
④ 축열식 전기보일러 : 해당 기기의 설치를 위한 시공

해설 특정열사용기자재 및 설치·시공범위 : 에너지이용 합리화법 시행규칙 제31조의5, 별표3의2

구분	설치, 시공범위
보일러	해당기기의 설치, 배관 및 세관
태양열 집열기	해당기기의 설치, 배관 및 세관
압력용기	해당기기의 설치, 배관 및 세관
요업요로	해당기기의 설치를 위한 시공
금속요로	해당기기의 설치를 위한 시공

답 ①

08 검사대상기기에 해당되지 않는 것은?

① 시간당 가스사용량이 18[kg]인 소형온수보일러
② 최고사용압력이 0.2[MPa], 전열면적이 6.4[m^2]인 주철제보일러
③ 최고사용압력이 1[MPa], 전열면적이 9.8[m^2]인 관류보일러
④ 정격용량이 0.36[MW]인 철금속가열로

해설 검사대상기기 : 에너지이용 합리화법 시행규칙 제31조의6, 별표3의3

구분	검사대상기기명	적용범위
보일러	강철제보일러 주철제보일러	다음 각 호의 어느 하나에 해당하는 것을 제외한다. 1. 최고사용압력이 0.1[MPa] 이하이고, 동체의 안지름이 300[mm] 이하이며, 길이가 600[mm] 이하인 것 2. 최고사용압력이 0.1[MPa] 이하이고, 전열면적이 5[m^2] 이하인 것 3. 2종 관류보일러 4. 온수를 발생시키는 보일러로서 대기개방형인 것
	소형온수 보일러	가스를 사용하는 것으로서 가스 사용량이 17[kg/h](도시가스는 232.6 [kW])를 초과하는 것
압력용기	1종압력용기 2종압력용기	별표1에 따른 압력용기의 적용범위에 따른다.
요로	철금속가열로	정격용량이 0.58[MW]를 초과하는 것

답 ④

09 에너지이용 합리화 관련법에서 정한 검사를 받아야 하는 소형온수보일러의 기준은?

① 가스사용량이 15[kg/h]를 초과하는 보일러
② 가스사용량이 17[kg/h]를 초과하는 보일러
③ 가스사용량이 19[kg/h]를 초과하는 보일러
④ 가스사용량이 21[kg/h]를 초과하는 보일러

해설 검사대상기기 중 소형온수 보일러 적용범위(에너지이용 합리화법 시행규칙 제31조의6, 별표3의3) : 가스를 사용하는 것으로서 가스사용량이 17[kg/h](도시가스는 232.6[kW])를 초과하는 것 답 ②

10 철금속가열로는 정격용량이 얼마를 초과하는 경우에 검사대상기기에 해당되는가?

① 0.48[MW]   ② 0.58[MW]
③ 0.68[MW]   ④ 0.78[MW]

해설 검사대상기기 중 철금속가열로(에너지이용 합리화법 시행규칙 제31조의6, 별표3의3) : 정격용량이 0.58[MW]를 초과하는 것 답 ②

11 에너지이용 합리화법상 검사의 종류가 아닌 것은?

① 설계검사   ② 제조검사
③ 계속사용검사   ④ 개조검사

해설 검사의 종류 : 에너지이용 합리화법 시행규칙 31조의7, 별표3의4
㉮ 제조검사 : 용접검사, 구조검사
㉯ 설치검사
㉰ 개조검사
㉱ 설치장소 변경검사
㉲ 재사용검사
㉳ 계속사용검사 : 안전검사, 운전성능검사 답 ①

12 사용연료를 변경함으로써 검사대상이 아닌 보일러가 검사대상으로 되었을 경우에 해당되는 검사는?

① 구조검사   ② 설치검사
③ 개조검사   ④ 재사용검사

해설 설치검사의 적용대상 : 신설한 경우의 검사(사용연료의 변경에 의하여 검사대상이 아닌 보일러가 검사대상으로 되는 경우의 검사를 포함한다.) 답 ②

13 검사대상기기 검사 중 개조검사의 적용 대상이 아닌 것은?

① 온수보일러를 증기보일러로 변경하는 경우
② 보일러 섹션의 증감에 의하여 용량을 변경하는 경우
③ 동체, 경판, 관판, 관모음 또는 스테이의 변경으로서 산업통상자원부장관이 정하여 고시하는 대수리의 경우
④ 연료 또는 연소방법을 변경하는 경우

해설 개조검사 대상 : 에너지이용 합리화법 시행규칙 제31조의7, 별표3의4
㉮ 증기보일러를 온수보일러로 개조하는 경우
㉯ 보일러 섹션의 증감에 의하여 용량을 변경하는 경우

㉰ 동체, 돔, 노통, 연소실, 경판, 천정판, 관판, 관모음 또는 스테이의 변경으로서 산업통상자원부장관이 정하여 고시하는 대수리의 경우
㉱ 연료 또는 연소방법을 변경하는 경우
㉲ 철금속가열로로서 산업통상자원부장관이 정하여 고시하는 경우의 수리

답 ①

14 계속 사용검사에 해당하는 것은?
① 개조검사 ② 구조검사
③ 설치검사 ④ 운전성능검사

해설 계속사용검사 종류(에너지이용 합리화법 시행규칙 31조의7 별표3의4) : 안전검사, 운전성능검사

답 ④

15 에너지이용 합리화법령에 규정된 검사의 종류와 적용대상이 틀리게 연결된 것은?
① 용접검사 : 동체, 경판 및 이와 유사한 부분을 용접으로 제조하는 경우의 검사
② 구조검사 : 강판, 관 또는 주물류를 용접, 확대, 조립, 주조 등에 의하여 제조하는 경우의 검사
③ 개조검사 : 증기보일러를 온수보일러로 개조하는 경우의 검사
④ 재사용검사 : 사용 중 연속 재사용하고자 하는 경우의 검사

해설 검사의 종류 및 적용대상(에너지이용 합리화법 시행규칙 제31조의7, 별표3의4) : 재사용검사는 사용 중지 후 재사용하고자 하는 경우의 검사

답 ④

16 검사대상기기의 검사유효기간의 기준으로 틀린 것은?
① 검사에 합격한 날의 다음날부터 기산한다.
② 검사에 합격한 날이 검사유효기간 만료일 이전 60일 이내인 경우 검사유효기간 만료일의 다음날부터 기산한다.
③ 검사를 연기한 경우의 검사유효기간은 검사유효기간 만료일의 다음날부터 기산한다.
④ 산업통상자원부장관은 검사대상기기의 안전관리 또는 에너지효율 향상을 위하여 부득이하다고 인정할 때에는 유효기간을 조정할 수 있다.

해설 검사유효기간 에너지이용 합리화법 시행규칙 31조의8
㉮ 검사의 유효기간은 검사에 합격한 날의 다음 날부터 계산한다. 다만 검사에 합격한 날이 검사유효기간 만료일 이전 30일 이내인 경우와 검사를 연기한 경우에는 검사유효기간 만료일의 다음 날부터 계산한다.
㉯ 산업통상자원부장관은 검사대상기기의 안전관리 또는 에너지효율 향상을 위하여 부득이하다고 인정할 때에는 유효기간을 조정할 수 있다.

답 ②

17 보일러의 계속사용 안전검사 유효기간은?
① 1년 ② 2년
③ 3년 ④ 4년

해설 검사의 유효기간 : 에너지이용 합리화법 시행규칙 제31조의8, 별표3의5

검사의 종류		검사유효기간
설치검사		- 보일러 : 1년(운전성능부문의 경우 3년 1개월로 한다.) - 캐스케이드 보일러, 압력용기 및 철금속가열로 : 2년
개조검사		- 보일러 : 1년 - 캐스케이드 보일러, 압력용기 및 철금속가열로 : 2년
설치장소 변경검사		- 보일러 : 1년 - 캐스케이드 보일러, 압력용기 및 철금속가열로 : 2년
재사용검사		- 보일러 : 1년 - 캐스케이드 보일러, 압력용기 및 철금속가열로 : 2년
계속 사용 검사	안전검사	- 보일러 : 1년 - 캐스케이드 보일러, 압력용기 : 2년
	운전성능 검사	- 보일러 : 1년 - 철금속가열로 : 2년

답 ①

18 보일러 등의 검사유효기간에 대한 설명 중 옳은 것은?

① 설치 후 3년이 경과한 보일러로서 설치장소 변경검사를 받은 기기는 검사 후 1개월 이내에 운전성능검사를 받아야 한다.
② 보일러의 계속사용검사 중 운전성능검사에 대한 검사유효기간은 산업통상자원부장관이 고시하는 기준에 적합한 경우에는 3년으로 한다.
③ 개조검사 중 보일러의 연료 또는 연소방법의 변경에 따른 개조검사의 경우에는 검사유효기간을 1년으로 한다.
④ 철금속 가열로의 재사용검사는 1년으로 한다.

해설 각 항목의 옳은 설명
②번 항 : 보일러의 계속사용검사 중 운전성능검사에 대한 검사유효기간은 해당 보일러가 산업통상자원부장관이 정하여 고시하는 기준에 적합한 경우에는 2년으로 한다.
③번 항 : 개조검사 중 연료 또는 연소방법의 변경에 따른 개조검사의 경우에는 검사유효기간을 적용하지 않는다.
④번 항 : 철금속 가열로의 재사용검사는 2년으로 한다. **답** ①

19 용접검사가 면제되는 대상기기가 아닌 것은?

① 용접이음이 없는 강관을 동체로 한 헤더
② 최고사용압력이 0.35[MPa] 이하이고, 동체의 안지름이 600[mm]인 전열교환식 1종 압력용기
③ 전열면적이 30[m²] 이하의 유류용 주철제 증기 보일러
④ 전열면적이 18[m²] 이하이고, 최고사용압력이 0.35[MPa]인 온수보일러

해설 용접검사의 면제 대상 범위 : 에너지이용 합리화법 시행규칙 31조의13, 별표3의6
(1) 강철제 보일러, 주철제 보일러
㉮ 강철제 보일러 중 전열면적이 5[m²] 이하이고, 최고사용압력이 0.35[MPa] 이하인 것
㉯ 주철제 보일러
㉰ 1종 관류보일러
㉱ 온수보일러 중 전열면적이 18[m²] 이하이고, 최고사용압력이 0.35[MPa] 이하인 것
(2) 1종 압력용기, 2종 압력용기
㉮ 용접이음(동체와 플랜지와의 용접이음은 제외)이 없는 강관을 동체로 한 헤더
㉯ 압력용기 중 동체의 두께가 6[mm] 미만인 것으로서 최고사용압력[MPa]과 내부 부피[m³]를 곱한 수치가 0.02 이하(난방용의 경우에는 0.05 이하)인 것
㉰ 전열교환식인 것으로서 최고사용압력이 0.35[MPa] 이하이고, 동체의 안지름이 600[mm] 이하인 것 **답** ③

20 검사대상기기의 용접검사를 받으려 할 경우 용접검사 신청서와 함께 검사기관의 장에게 몇 가지 서류를 제출해야 하는데 다음 중 그 서류에 해당하지 않는 것은?

① 용접 부위도
② 연간 판매 실적
③ 검사대상기기의 설계도면
④ 검사대상기기의 강도계산서

해설 용접검사 신청 서류(에너지이용 합리화법 시행규칙 제31조의14) : 검사대상기기의 용접검사를 받으려는 자는 다음 각 호의 서류를 첨부하여야 한다.
㉮ 용접 부위도 1부
㉯ 검사대상기기의 설계도면 2부
㉰ 검사대상기기의 강도계산서 1부 **답** ②

21 에너지이용 합리화법에 따라 검사대상기기의 계속사용검사 신청은 검사 유효기간 만료의 며칠 전까지 하여야 하는가?

① 3일 ② 10일
③ 15일 ④ 30일

해설 계속사용검사신청(에너지이용 합리화법 시행규칙 제31조의19) : 검사대상기기의 계속사용검사를 받으려는 자는 검사대상기기 계속사용검사 신청서를 검사유효기간 만료 10일 전까지 공단이사장에게 제출하여야 한다. **답** ②

22 보일러 계속사용검사 유효기간 만료일이 9월 1일 이후인 경우 연기할 수 있는 최대 기한은?

① 2개월 이내 ② 4개월 이내
③ 6개월 이내 ④ 10개월 이내

해설 계속사용검사의 연기(에너지이용 합리화법 시행규칙 제31조의20) : 계속사용검사는 검사유효기간의 만료일이 속하는 연도의 말까지 연기할 수 있다. 다만, 검사유효기간 만료일이 9월 1일 이후인 경우에는 4개월 이내에서 계속사용검사를 연기할 수 있다.
답 ②

23 공단이사장 또는 검사기관의 장이 검사를 받는 자에게 그 검사의 종류에 따라 필요한 사항에 대한 조치를 하게 할 수 있는 사항이 아닌 것은?

① 검사수수료의 준비
② 기계적 시험의 준비
③ 운전성능 측정의 준비
④ 검사대상기기관리자에게 검사 시 참여토록 조치

해설 검사에 필요한 조치 등(에너지이용 합리화법 시행규칙 제31조의22)
㉮ 기계적 시험의 준비
㉯ 비파괴검사의 준비
㉰ 검사대상기기의 정비
㉱ 수압시험의 준비
㉲ 안전밸브 및 수면측정장치의 분해, 정비
㉳ 검사대상기기의 피복물 제거
㉴ 조립식인 검사대상기기의 조립 해체
㉵ 운전성능 측정의 준비
답 ①

24 검사대상기기의 설치자가 그 사용 중인 검사대상기기를 폐기한 때에는 그 폐기한 날로부터 며칠 이내에 한국에너지공단 이사장에게 신고하여야 하는가?

① 7일 ② 10일
③ 15일 ④ 20일

해설 검사대상기기의 폐기신고(에너지이용 합리화법 시행규칙 31조의23) : 검사대상기기의 설치자가 사용 중인 검사대상기기를 폐기한 경우에는 폐기한 날부터 15일 이내에 공단이사장에게 제출하여야 한다.
답 ③

25 에너지이용 합리화법에 따라 검사대상기기의 설치자가 변경된 경우 새로운 검사대상기기의 설치자는 그 변경 일부터 최대 며칠 이내에 검사대상기기 설치자 변경신고서를 제출하여야 하는가?

① 7일 ② 10일
③ 15일 ④ 20일

해설 검사대상기기의 설치자 변경신고(에너지이용 합리화법 시행규칙 제31조의24) : 검사대상기기의 설치자가 변경된 경우 새로운 검사대상기기의 설치자는 그 변경 일부터 15일 이내에 검사대상기기 설치자 변경신고서를 공단 이사장에게 제출하여야 한다.
답 ③

26 에너지이용 합리화법에 따라 검사대상기기 설치자의 변경신고는 변경일로부터 15일 이내에 누구에게 신고하여야 하는가?

① 한국에너지공단이사장
② 산업통상자원부장관
③ 지방자치단체장
④ 관할소방서장

해설 검사대상기기의 설치자 변경신고(에너지이용 합리화법 시행규칙 제31조의24) : 검사대상기기의 설치자가 변경된 경우 새로운 검사대상기기의 설치자는 그 변경일 부터 15일 이내에 검사대상기기 설치자 변경신고서를 공단 이사장에게 제출하여야 한다.
답 ①

27 에너지관리기사의 자격을 가진 자가 관리할 수 있는 범위의 기준은?

① 용량이 10[t/h]를 초과하는 보일러
② 용량이 30[t/h]를 초과하는 보일러
③ 용량이 50[t/h]를 초과하는 보일러
④ 용량이 100[t/h]를 초과하는 보일러

해설 관리자의 자격 및 관리범위 : 에너지이용 합리화법 시행규칙 제31조의26, 별표3의9

관리자의 자격	관리범위
에너지관리기능장 또는 에너지관리기사	용량이 30[t/h]를 초과하는 보일러
에너지관리기능장, 에너지관리기사 또는 에너지관리산업기사	용량이 10[t/h]를 초과하고 30[t/h] 이하인 보일러
에너지관리기능장, 에너지관리기사, 에너지관리산업기사 또는 에너지관리기능사	용량이 10[t/h] 이하인 보일러
에너지관리기능장, 에너지관리기사, 에너지관리산업기사, 에너지관리기능사 또는 인정검사대상기기 관리자의 교육을 이수한 자	1. 증기보일러로서 최고사용 압력이 1[MPa] 이하이고, 전열면적이 10[m²] 이하인 것 2. 온수 발생 또는 열매체를 가열하는 보일러로서 출력이 581.5[kW] 이하인 것 3. 압력용기

답 ②

28 에너지이용 합리화법에 따라 인정검사대상기기 관리자의 교육을 이수한 자가 관리할 수 없는 것은?

① 압력용기
② 용량이 581.5 킬로와트인 열매체를 가열하는 보일러
③ 용량이 700 킬로와트의 온수발생 보일러
④ 최고사용압력이 1[MPa] 이하이고, 전열면적이 10 제곱미터 이하인 증기보일러

해설 인정검사 대상기기 관리자의 교육을 이수한 자의 관리범위 : 에너지이용 합리화법 시행규칙 제31조의26, 별표3의9
㉮ 증기보일러로서 최고사용압력이 1[MPa] 이하이고, 전열면적이 10[m²] 이하인 것
㉯ 온수 발생 또는 열매체를 가열하는 보일러로서 출력이 581.5[kW] 이하인 것
㉰ 압력용기

답 ③

29 검사대상기기관리자의 선임기준에 관한 설명으로 틀린 것은?

① 1구역마다 1인 이상을 선임하여야 한다.
② 에너지관리기사 자격증 소지자는 모든 검사대상기기 관리자로 선임될 수 있다.
③ 압력용기의 경우 한 시야로 볼 수 있는 범위마다 2인 이상의 관리자를 선임하여야 한다.
④ 중앙통제, 관리설비를 갖춘 경우는 1인이 통제, 관리할 수 있는 범위마다 1인 이상을 선임하여야 한다.

해설 검사대상기기 관리자의 선임기준 : 에너지이용 합리화법 시행규칙 제31조의27
㉮ 검사대상기기 관리자의 선임기준은 1구역마다 1명 이상으로 한다.
㉯ 1구역은 검사대상기기 관리자가 한 시야로 볼 수 있는 범위 또는 중앙통제, 관리설비를 갖추어 검사대상기기 관리자 1명이 통제, 관리할 수 있는 범위로 한다. 다만, 압력용기의 경우에는 검사대상기기 관리자 1명이 관리할 수 있는 범위로 한다.

답 ③

30 에너지이용 합리화법에서 검사대상기기 관리자의 선임·해임 또는 퇴직신고의 접수는 누구에게 하는가?

① 국토교통부장관
② 환경부장관
③ 한국에너지공단이사장
④ 한국열관리시공협회

해설 검사대상기기 관리자의 선임신고(에너지이용 합리화법 시행규칙 31조의28) : 검사대상기기 관리자가 선임·해임 또는 퇴직신고는 신고서에 자격증수첩과 검사증을 첨부하여 한국에너지공단이사장에게 제출하여야 한다.

답 ③

31 에너지이용 합리화법에 따라 검사대상기기 관리자의 신고사유가 발생한 경우 발생한 날로부터 며칠 이내에 신고하여야 하는가?

① 7일 ② 15일
③ 30일 ④ 60일

[해설] 검사대상기기 관리자 신고(에너지이용 합리화법 시행규칙 제31조의28) : 검사대상기기 관리자의 신고는 신고 사유가 발생한 경우 발생한 날부터 30일 이내에 하여야 한다. 　답 ③

32 에너지이용 합리화법에 따라 검사대상기기 관리자 업무 관리대행기관으로 지정을 받기 위하여 산업통상자원부장관에게 제출하여야 하는 서류가 아닌 것은?

① 장비명세서
② 기술인력 명세서
③ 기술인력 고용계약서 사본
④ 향후 1년간 안전관리대행 사업계획서

[해설] 관리대행기관 제출서류 : 에너지이용 합리화법 시행규칙 제31조의29 제3항
㉮ 장비명세서 및 기술인력 명세서
㉯ 향후 1년간의 안전관리대행 사업계획서
㉰ 변경사항을 증명할 수 있는 서류(변경지정의 경우만 해당)　답 ③

33 신·재생에너지설비 중 수소에너지 설비에 대하여 바르게 나타낸 것은?

① 물이나 그 밖에 연료를 변환시켜 수소를 생산하거나 이용하는 설비
② 물의 유동에너지를 변환시켜 전기를 생산하는 설비
③ 수소와 산소의 전기화학 반응을 통하여 전기 또는 열을 생산하는 설비
④ 물, 지하수 및 지하의 열 등의 온도차를 변환시켜 에너지를 생산하는 설비

[해설] 각 항목의 신·재생에너지설비
①번 항목 : 수소에너지 설비
②번 항목 : 수력 설비
③번 항목 : 연료전지 설비
④번 항목 : 지열에너지 설비　답 ①

34 저탄소 녹색성장 기본법에서 정의하는 온실가스에 해당되지 않는 것은?

① 이산화탄소(CO_2)
② 메탄(CH_4)
③ 육불화황(SF_6)
④ 수소(H_2)

[해설] 온실가스(저탄소 녹색성장 기본법 제2조) : 이산화탄소(CO_2), 메탄(CH_4), 아산화질소(N_2O), 수소불화탄소(HFC_S), 과불화탄소(PFC_S), 육불화황(SF_6) 및 그 밖에 대통령으로 정하는 것으로 적외선 복사열을 흡수하거나 재방출하여 온실효과를 유발하는 대기 중의 가스 상태의 물질을 말한다.　답 ④

Engineer
Energy Management

제 5 과목

열설비설계

제1장 열설비

1 열설비 일반

1.1 보일러의 개요

(1) 보일러(boiler)의 정의

강철제 및 주철제로 만들어진 동체 내부에 물 또는 열매체를 공급하고, 연료의 연소열을 이용하여 대기압 이상의 증기 및 온수를 발생시켜 열 사용처에 공급하는 장치를 말한다.

(2) 보일러의 구성

① **본체** : 연료의 연소열을 이용하여 일정 압력의 증기 및 온수를 발생시키는 부분으로 동(drum) 내부의 2/3~4/5 정도 물이 채워지는 수부와 증기부로 구성된다.

② **연소장치** : 연소실에 공급되는 연료를 연소시키기 위한 장치로써, 고체연료를 사용하는 보일러에서는 화격자, 액체 및 기체연료를 사용하는 보일러에서는 버너가 사용된다.

③ **부속장치 및 기기** : 보일러를 안전하고 경제적인 운전을 하기 위한 장치 및 기기이다.
　㉮ 안전장치 : 안전밸브, 저수위 경보기, 방폭문, 가용전, 화염검출기, 증기압력 제한기, 전자밸브 등
　㉯ 급수장치 : 급수펌프, 급수관, 급수밸브, 인젝터, 급수내관 등
　㉰ 분출장치 : 분출관, 분출 밸브 및 분출 콕 등
　㉱ 송기장치 : 증기내관, 비수방지관, 기수분리기, 주증기 밸브, 감압 밸브, 증기헤더, 신축 이음 등
　㉲ 폐열회수장치 : 과열기, 재열기, 절탄기, 공기예열기 등
　㉳ 통풍장치 : 송풍기, 댐퍼, 연도, 연돌, 통풍계통 등
　㉴ 자동제어 장치 : 부하에 따른 연료, 공기량 및 급수량을 제어하는 장치
　㉵ 기타 장치 : 급수처리 장치, 집진장치, 매연취출장치 등

(3) 보일러의 분류

① 사용 재질에 따른 종류
- ㉮ 강철제 보일러 : 보일러 재질을 탄소강재로 제작한 보일러이다.
- ㉯ 주철제 보일러 : 주철로 제작한 보일러로 난방용의 저압 증기발생용, 온수보일러에 사용된다.

② 구조 및 형식에 따른 종류
- ㉮ 원통형 보일러 : 보일러 본체가 동(銅)으로 구성되어 있으며, 이곳에서 증기를 발생시킨다.
  - ⓐ 직립형 보일러 : 직립 횡관식 보일러, 직립 연관식 보일러, 코크란 보일러
  - ⓑ 수평형 보일러 : 노통 보일러, 연관 보일러, 노통 연관 보일러
- ㉯ 수관식 보일러 : 자연 순환식 보일러, 강제 순환식 보일러, 관류 보일러
- ㉰ 특수 보일러 : 주철제 보일러, 특수 열매체 보일러, 폐열 보일러, 간접 가열식 보일러, 특수 연료 보일러

③ 연소실의 위치에 따른 종류
- ㉮ 내분식 보일러 : 연소실이 동체 내부에 위치한 형식으로 직립형 보일러, 코르니쉬 보일러 등이 있다.
- ㉯ 외분식 보일러 : 연소실이 동체 밖에 있는 형식으로 수관식 보일러, 수평 연관 보일러 등이 있다.

④ 사용매체에 따른 종류
- ㉮ 증기 보일러 : 증기(steam)를 발생시키는 것으로 대부분의 보일러가 여기에 해당된다.
- ㉯ 온수 보일러 : 온수를 발생시켜 난방 및 급탕용으로 사용되는 보일러이다.
- ㉰ 열매체 보일러 : 포화온도가 높은 유기열매체를 이용한 것으로 고온에서 가열, 증류, 건조 등을 하는 공정에 사용된다.

⑤ 사용연료에 따른 종류
- ㉮ 석탄 보일러 : 석탄(무연탄)을 연료로 사용하는 보일러이다.
- ㉯ 유류 보일러 : 중유(B-C유), 경유, 등유 등 오일(기름)을 연료로 사용하는 보일러이다.
- ㉰ 가스 보일러 : 도시가스, LNG 등 가스를 연료로 사용하는 보일러이다.
- ㉱ 목재 보일러 : 폐목재 등 나무를 연료로 사용하는 보일러이다.

㉤ 폐열 보일러 : 가열로, 용해로 등에서 배출되는 고온의 폐가스를 이용하는 보일러이다.

㉥ 특수연료 보일러 : 산업 폐기물 등을 연료로 사용하는 보일러이다.

⑥ 보일러 본체 구조에 따른 종류

㉮ 노통(爐筒) 보일러 : 동체 내에 노통만 있는 보일러로 코르니쉬, 랭커셔 보일러 등이 있다.

㉯ 연관(燃管) 보일러 : 동체 내에 노통에 관계없이 여러 개의 연관으로 구성되는 보일러이다.

⑦ 증기의 사용처(용도)에 따른 종류

㉮ 동력용 보일러 : 발생 증기를 터빈 등의 동력발생장치용에 사용하는 보일러이다.

㉯ 난방용 보일러 : 실내의 난방용 열원으로 사용하는 보일러이다.

㉰ 가열용 보일러 : 발생 증기의 잠열을 이용하여 장치의 가열원으로 사용하는 보일러이다.

㉱ 온수용 보일러 : 급탕용 온수를 만드는 데 사용하는 보일러이다.

⑧ 순환방식에 따른 종류

㉮ 자연 순환식 보일러 : 가열에 따른 포화수와 포화증기의 비중량차에 의하여 관수가 순환되는 보일러이다.

㉯ 강제 순환식 보일러 : 펌프를 이용하여 관수를 강제로 순환시키는 보일러이다.

⑨ 사용 장소에 따른 종류

㉮ 육용(陸用) 보일러 : 육지에 설치하여 사용하는 보일러로 육상용 보일러라고 불린다.

㉯ 박용(舶用) 보일러 : 선박(船舶)에 설치하여 사용하는 보일러로 해상용 보일러라고 불린다.

1.2 원통형 보일러

(1) 직립형(vertical type) 보일러

본체가 세워져 있고 연소실이 아래에 위치한 보일러이다.

① 특징

㉮ 설치면적이 적어 설치가 간단하다.

㉯ 전열면적이 작아 효율이 낮다.
㉰ 증기부가 적고, 건조증기를 얻기가 어렵다.
㉱ 내부청소 및 점검이 불편하다.

② 종류
㉮ 직립 수평관식 보일러 : 연소실 천정부에 수평관(횡관)을 2~3개 부착한 것으로 수평관(횡관)을 설치하면 다음과 같은 이점이 있다.
ⓐ 전열 면적이 증가한다.
ⓑ 보일러 수(水) 순환을 양호하게 한다.
ⓒ 연소실 벽과 천장판의 강도를 증가시킨다.
㉯ 직립 연관식 보일러 : 여러 개의 연관을 이용하여 연소실 천장판과 상부 관판을 연결한 보일러이다.
㉰ 코크란 보일러 : 여러 개의 수평 연관을 설치한 보일러로 선박용으로 사용되었다.

(2) 수평형(horizontal type) 보일러

① **노통(flue tube) 보일러** : 원통형 드럼과 양면을 막는 경판으로 구성되며 그 내부에 노통을 설치한 보일러이다. 노통을 한쪽 방향으로 기울어지게 설치하여 물의 순환을 양호하게 한다.

㉮ 특징
ⓐ 구조가 간단하고, 제작 및 수리가 용이하다.
ⓑ 내부청소, 점검이 간단하다.
ⓒ 급수처리가 까다롭지 않다.
ⓓ 증발이 늦고, 열효율이 낮다.
ⓔ 보유수량이 많아 폭발 시 피해가 크다.
ⓕ 고압 대용량에 부적당하다.

㉯ 종류
ⓐ 코르니쉬(Cornish) 보일러 : 노통이 1개
ⓑ 랭커셔(Lancashire) 보일러 : 노통이 2개

㉰ 노통의 종류
ⓐ 평형 노통 : 원통형 구조의 노통으로 저압 보일러에 적합하다.
ⓑ 파형 노통 : 원통형의 노통 표면을 파형으로 제작하여 전열면적 증가와 노통의 신축을 흡수할 수 있다. 종류에는 모리슨형, 파브스(폭스)형, 브라운형이 있다.

㉑ 완충 폭(breathing space) : 고온에 의한 노통의 신축작용으로 응력이 발생하고 이로 인하여 평형 경판이 손상되는 것을 방지하기 위하여 가셋트 스테이(gusset stay) 하단부와 노통의 상단부와의 거리로 최소 230[mm] 이상을 유지한다.
㉒ 아담슨 조인트(Adamson joint) : 평형 노통을 일체형으로 제작하면 강도가 약해지는 결점을 보완하기 위하여 노통을 여러 개로 분할 제작하여 플랜지형으로 연결한 것으로 이 이음부를 아담슨 조인트라 한다.
㉓ 겔로웨이 관(galloway tube) : 노통에 직각으로 2~3개 정도 설치한 관으로 전열면적을 증가시키며 보일러 수(水)의 순환을 좋게 하고 노통을 보강하는 역할을 한다.
㉔ 버팀(stay) : 강도가 약한 부분(주로 경판)의 강도를 보강하기 위하여 사용되는 이음부분으로 다음의 종류가 있다.
ⓐ 가셋트 버팀(gusset stay) : 보강판(gusset)을 동판과 경판을 연결하여 경판의 강도를 보강한다.
ⓑ 관 버팀(tube stay) : 연관을 설치한 보일러에 사용되며 연관보다 두께가 두꺼운 관을 이용하여 연관 역할과 버팀 역할을 동시에 할 수 있는 것으로 관판(管板)을 보강한다.
ⓒ 경사 버팀(oblique stay) : 봉으로 된 것을 동판과 경판에 경사지게 부착시켜 경판, 화실 천장판의 강도를 보강한다.
ⓓ 나사 버팀(bolt stay) : 동판과 화실 측벽을 연결하여 화실벽 강도를 보강하는 것으로 기관차형 보일러 등에서 사용한다.
ⓔ 천장 버팀(girder stay) : 직립형 보일러 등에서 화실 천장판과 경판을 연결하여 화실 천장판의 강도를 보강한다.
ⓕ 봉 버팀(bar stay) : 관 버팀에서 사용하는 관 대신에 연강재 봉을 사용하는 방법이다.
ⓖ 도그 버팀(dog stay) : 맨홀, 소제구 등을 보강하는 데 사용된다.

② **연관식(smoke tube type) 보일러** : 보일러 동 수부에 다수의 연관을 설치하여 연소가스를 통과시켜 전열면적을 증가시킨 것으로 수평식과 수직형, 연소실 위치에 따라 외분식과 내분식이 있다.
㉮ 특징
ⓐ 전열면적이 크고, 노통 보일러보다 효율이 좋다.
ⓑ 전열면적당 보유수량이 적어 증기발생 소요시간이 짧다.

ⓒ 내부 구조가 복잡하여 청소, 검사, 수리가 어렵고 고장이 많다.
ⓓ 외분식일 경우 연소실 설계가 자유롭고, 연료 선택범위가 넓다.
㊂ 종류 : 기관차 보일러, 케와니 보일러
㉰ 횡연관식 보일러 : 원통형 보일러 중 유일한 외분식 보일러로 동 내부에 다수의 연관을 설치한 것으로 스케일 부착이 많은 동 하부에 고온이 접촉하므로 과열의 우려가 있고, 외분식이라 연료의 선택 범위가 넓다.

③ **노통 연관(flue smoke tube) 보일러** : 보일러 동체에 노통과 연관을 혼합 설치한 것으로 효율이 80~90[%] 정도이다.
㉮ 특징
ⓐ 노통 보일러에 비하여 열효율이 높다.
ⓑ 패키지 형태로 제작, 운반, 설치, 취급이 용이하다.
ⓒ 구조가 복잡하여 청소, 검사, 수리가 어렵다.
ⓓ 증발속도가 빨라 스케일이 부착되기 쉽다.
ⓔ 양질의 급수를 요한다.
ⓕ 구조상 고압, 대용량 제작이 어렵다.
㊂ 종류 : 스코치 보일러(선박용에 사용), 하우덴 존슨 보일러, 노통 연관 패키지형 보일러

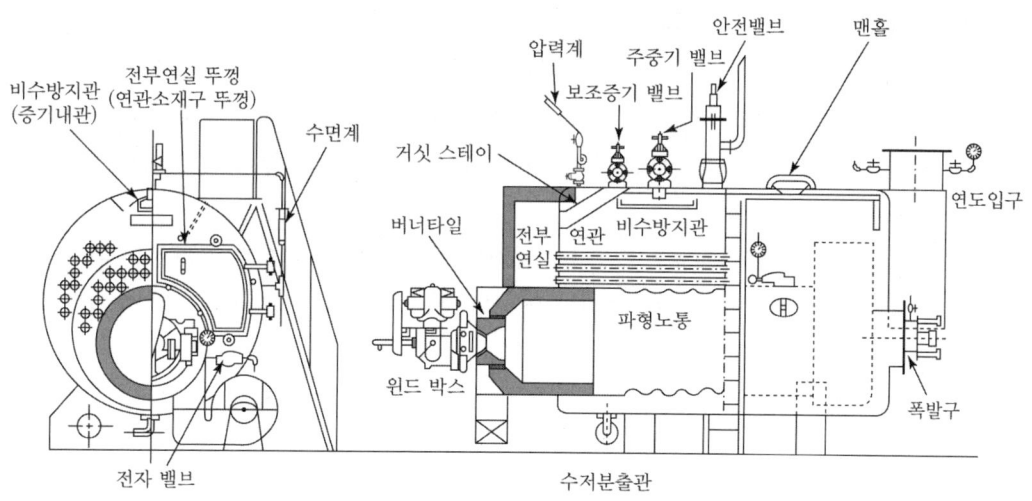

노통 연관 보일러 구조도

1.3 수관식(water tube) 보일러

(1) 수관 보일러의 개요

① **구조** : 다수의 수관과 드럼으로 구성된 것으로 효율이 좋아 고압, 대용량에 사용된다.

② **특징**
  ㉮ 증기 발생시간이 빠르며, 고압 대용량에 적합하다.
  ㉯ 외분식이므로 연료 선택범위가 넓고, 연소상태가 양호하다.
  ㉰ 전열면적이 크고, 열효율이 높다.
  ㉱ 수관의 배열이 용이하고, 패키지형으로 제작이 가능하다.
  ㉲ 관수처리에 주의를 요한다.
  ㉳ 구조가 복잡하여 청소, 검사, 수리가 어렵고 스케일 부착이 쉽다.
  ㉴ 부하변동에 따른 압력 및 수위변동이 심하다.

③ **분류**
  ㉮ 관수의 순환에 의한 분류 : 자연 순환식, 강제 순환식
  ㉯ 관의 배열 형태에 의한 분류 : 직관식, 곡관식
  ㉰ 관의 경사도에 의한 분류 : 수평관식, 경사관식, 수직관식
  ㉱ 동(drum)의 개수에 의한 분류 : 무동형, 단동형(1동형), 2동형, 3동형

④ **수관(water tube)의 종류**
  ㉮ 강수관 : 상부에 설치된 기수(氣水) 드럼(drum)의 물이 하부의 수(水) 드럼(drum) 쪽으로 내려오는 관으로 직접 연소가스에 접촉되지 않도록 하여 가열을 피하여 관수 순환을 잘되도록 하며, 강수관을 승수관과 함께 2중관으로 이루어지도록 한다.
  ㉯ 승수관 : 하부의 수(水) 드럼(drum)에서 상부 기수 드럼으로 올라가는 관으로 직접 연소가스에 접촉하여 물이 가열되기 때문에 관내 물의 비중이 작게 되어 보일러수를 순환시킨다.

⑤ **수냉노벽의 설치 목적**
  ㉮ 전열면적의 증가로 증발량이 많아진다.
  ㉯ 연소실 내의 복사열을 흡수한다.
  ㉰ 연소실 노벽을 보호한다.
  ㉱ 연소실 열 부하를 높인다.
  ㉲ 노벽의 무게를 경감시키기 위하여

(2) 자연순환식 수관 보일러

가열에 따른 포화수와 포화증기의 비중량차에 의하여 관수가 자연순환되는 보일러이다.

① 자연순환이 양호하게 될 조건
㉮ 강수관이 가열되지 않도록 한다.
㉯ 큰 지름의 수관을 사용한다.
㉰ 수관의 배열을 수직으로 설치한다.

② 종류
㉮ 바브콕(babcock) 보일러 : 수평수관식 보일러라 불리며 상부에 기수드럼 1개와 드럼 아래 연소실 부분에 관모음 헤더를 설치하고 수관을 15°로 배치한 구조로 이루어진 보일러이다. 연소실 내에 방해벽(baffle plate)을 설치하여 연소가스의 흐름을 조정하여 열회수와 보일러수의 순환을 양호하게 한다.

㉯ 다쿠마(dakuma) 보일러 : 상부 기수드럼과 하부 수(水)드럼 사이에 수관을 45°로 경사지게 배열한 보일러이다. 상부드럼은 고정하는데 반하여 하부드럼은 고정하지 않고 어느 정도 간격을 두어 온도변화에 의한 열팽창을 흡수할 수 있게 하였다.

㉰ 스털링(stirling) 보일러 : 기수드럼 2~3개와 수드럼 1~2개를 갖고 있으며, 곡관이므로 열팽창에 대한 신축이 자유롭고 기수드럼과 수드럼이 거의 수직으로 설치되는 보일러로 물의 순환이 양호하다.

㉱ 스네기찌 보일러 : 기수드럼과 수드럼의 길이가 짧게 되어 있으며, 수관의 경사는 30°로 경판에 부착되어 있다. 4[t/h] 이하의 소형 난방용에 주로 사용된다.

㉲ 야로우(yarrow) 보일러 : 기수드럼 1개와 수드럼 2개를 좌우 대칭형으로 설치하고 수관도 45° 정도 경사지게 배열한 보일러이다.

㉳ 2동 D형 보일러 : 기수드럼과 수드럼으로 이루어진 것으로 수관배열을 영문자 "D"자 모양으로 배열한 것으로 산업용으로 많이 사용되고 있는 보일러이다.
ⓐ 수관이 곡관형으로 관의 신축에 의한 영향이 적다.
ⓑ 연소실 크기를 자유롭게 할 수 있다.
ⓒ 관수 순환방향이 일정하고 증발속도가 빠르다.
ⓓ 복사열 흡수량이 많고, 효율이 양호하다.
ⓔ 구조가 복잡하여 청소, 검사, 수리가 어렵다.
ⓕ 급수처리가 잘 이루어진 양질의 급수가 필요하다.

(3) 강제순환식 수관 보일러

보일러의 압력이 임계압력에 가까워지면 관수의 비중량과 증기의 비중량 차이가 감소하여 자연 순환이 어렵게 되므로 순환펌프를 설치하여 관수를 강제로 순환시키는 보일러이다.

① 특징
- ㉮ 동일한 증발량에 대해 소형 경량으로 제작할 수 있다.
- ㉯ 순환펌프를 사용하므로 열전달이 높고 기동이 빠르다.
- ㉰ 수관군의 배열에 신경 쓸 필요가 없으므로 자유로운 설계를 할 수 있다.
- ㉱ 자연순환에 비해 유속이 빠르므로 스케일 부착의 우려가 적다.
- ㉲ 취급이 어렵고, 급수처리를 철저히 하여야 한다.
- ㉳ 순환용 펌프가 있어야 하므로 설비비, 유지비가 많이 소요된다.
- ㉴ 수관의 과열방지를 위해서 각 수관에 물이 균일하게 흘러야 한다.

② 순환비 : 발생 증기량에 대한 순환수량과의 비이다.

$$\therefore 순환비 = \frac{순환수량}{발생\ 증기량}$$

③ 종류
- ㉮ 라몬트(lamont) 보일러 : 순환비를 4~10 정도로 하여 압력, 관 배열의 경사, 순서에 제한을 받지 않도록 한 것으로 강제순환식 수관보일러의 대표적인 보일러이다. 펌프의 소요동력을 보일러 출력의 1[%] 이하를 취하며 라몬트 노즐을 설치하여 송수량을 조절한다.
- ㉯ 벨록스(velox) 보일러 : 순환비가 10~15 정도로 가압연소(2.5~3[kgf/cm^2])에 의하여 연소가스의 유속을 200~300[m/s] 정도 유지시켜 열전달을 증가시킨 것이다. 시동시간이 6~7분 정도로 짧고 효율이 90[%] 이상으로 높다.

(4) 관류(단관식) 보일러

급수펌프에 의해 급수를 압입하여 하나로 된 관에서 가열, 증발, 과열시켜 과열증기를 얻는 보일러로 드럼이 없는 강제 순환식 보일러이다.

① 특징
- ㉮ 전열면적에 비하여 보유수량이 적으므로 가동시간이 짧다.
- ㉯ 고압 보일러에 적합하다.
- ㉰ 관을 자유롭게 배치할 수 있어 구조가 콤팩트하다.

㉣ 완벽한 급수처리를 요한다.
㉤ 정확한 자동제어 장치를 설치하여야 한다.
㉥ 순환비가 1이므로 드럼이 필요 없다.

② **종류**
㉮ 벤슨(benson) 보일러 : 지름 20~30[mm] 정도의 수관을 병렬로 배열한 것으로 수관 내에 관수가 균일하게 흘러야 하며 복사 증발부에서 85[%] 정도 물이 증발한다.
㉯ 슐쳐(sulzer) 보일러 : 원리는 벤슨 보일러와 비슷한 것으로 1개의 긴 연속관으로 이루어지며 증발부에서 95[%] 정도 물이 증발하고 증발부 끝 부분에 기수분리기가 설치되어 있다.
㉰ 소형 관류 보일러 : 증발량 200~300[kg/h]에서 수 [t/h]에 이르기까지 사용되며 효율이 80~90[%] 정도로 높고 급수량, 연료량이 자동 조절되어 공장용, 난방용 등에 사용된다.

1.4 주철제 및 특수 보일러

(1) 주철제 보일러

① **개요** : 주물로 제작한 섹션(section)을 조립한 것으로 주로 난방용이나 급탕용으로 사용된다.
㉮ 증기 보일러 : 최고사용압력이 0.1[MPa] 이하
㉯ 온수 보일러 : 최고사용 수두압이 0.5[kPa] 이하

② **장점**
㉮ 주물로 제작하기 때문에 복잡한 구조도 제작이 가능하다.
㉯ 전열면적이 크고, 효율이 좋다.
㉰ 내식성, 내열성이 우수하다.
㉱ 섹션의 증감으로 용량조절이 가능하다.
㉲ 조립식이므로 반입 및 해체작업이 용이하다.

③ **단점**
㉮ 내압강도가 떨어진다.
㉯ 구조가 복잡하여 청소, 검사, 수리가 어렵다.
㉰ 부동팽창이 발생하기 쉽다.
㉱ 대용량, 고압에는 부적합하다.

(2) 특수 보일러

① **폐열 보일러** : 용광로(고로), 제강로, 가열로 등에서 발생한 연소가스의 폐열을 이용한 보일러로 하이네 보일러, 리 보일러 등이 있다.

② **특수 연료 보일러**
- ㉮ 버개스(bagasse) 보일러 : 사탕수수를 짠 찌꺼기 사용
- ㉯ 바크(bark) 보일러 : 펄프 등 나무껍질 사용
- ㉰ 흑액 : 펄프 폐액 사용

③ **특수 열매체 보일러** : 특수한 열매체를 사용하여 낮은 압력에서 고온의 증기를 얻을 수 있도록 한 보일러로 석유공업, 화학공업 등에서 주로 사용되고 있다.

> ● 열 매체의 종류 : 다우섬(dowtherm), 수은, 서큐리티 53, 모빌섬, 카네크롤

④ **간접가열 보일러** : 급수처리를 하지 않은 물을 사용하여도 스케일 부착에 의한 불순물 장해가 없도록 고안된 보일러로 슈미트 보일러, 레플러 보일러 등이 있다.

⑤ **전기보일러** : 전기 축열식 보일러 등이 있다.

1.5 부속장치의 종류 및 역할

(1) 급수장치

① **급수펌프**
- ㉮ **원심펌프(centrifugal pump)** : 한 개 또는 여러 개의 임펠러를 밀폐된 케이싱 내에서 회전시켜 발생하는 원심력을 이용하여 액체를 이송하거나 압력을 상승시켜 축과 직각방향으로 토출된다. 용량에 비하여 소형이고 설치면적이 작으며, 기동 시 펌프내부에 유체를 충분히 채워야 하며 이를 프라이밍 작업이라 한다. 볼류트 펌프(volute pump)와 터빈 펌프(turbine pump)가 있다.
- ㉯ **왕복펌프** : 실린더 내의 피스톤 또는 플런저가 왕복 운동으로 액체에 압력을 가해 이송하는 펌프로 송출이 단속적이라 맥동현상이 있고 회전수가 변하여도 토출압력의 변화는 적다. 워싱턴 펌프, 플런저 펌프, 피스톤 펌프 등이 있다.

㉰ 축동력 계산

$$PS = \frac{\gamma \cdot Q \cdot H}{75\eta}, \quad kW = \frac{\gamma \cdot Q \cdot H}{102\eta}$$

여기서, γ : 액체의 비중량[kgf/m³] Q : 유량[m³/s]
　　　　H : 전양정[m]　　　　　　　η : 효율

② **인젝터**

㉮ 역할 : 예비 급수장치로서 증기가 보유하고 있는 열에너지를 속도에너지로 전환시키고 다시 압력에너지로 바꾸어 급수하는 장치이다.

㉯ 특징
ⓐ 구조가 간단하고, 가격이 저렴하다.
ⓑ 급수가 예열되고, 열효율이 좋아진다.
ⓒ 설치 장소가 적게 필요하다.
ⓓ 별도의 동력원이 필요 없다.
ⓔ 흡입양정이 작고, 효율이 낮다.
ⓕ 급수 온도가 높으면 급수 불량이 발생한다.
ⓖ 증기압력이 너무 높거나 낮으면 급수 불량이 발생한다.
ⓗ 급수량 조절이 어렵다.

㉰ 작동불량(급수불량) 원인
ⓐ 급수온도가 너무 높은 경우(50[℃] 이상)
ⓑ 증기압력(2[kgf/cm²] 이하)이 낮은 경우
ⓒ 부품이 마모되어 있는 경우
ⓓ 내부 노즐에 이물질이 부착되어 있는 경우
ⓔ 흡입관로 및 밸브로부터 공기유입이 있는 경우
ⓕ 체크 밸브가 고장 난 경우
ⓖ 증기가 너무 건조하거나, 수분이 많은 경우
ⓗ 인젝터 자체가 과열되었을 때

㉱ 급수 개시 순서
ⓐ 인젝터 출구 측 밸브를 연다.　ⓑ 인젝터 급수 밸브를 연다.
ⓒ 인젝터 증기 밸브를 연다.　　ⓓ 인젝터 조절 핸들을 연다.

㉲ 급수 정지 순서
ⓐ 인젝터 조절 핸들을 닫는다.　ⓑ 인젝터 증기 밸브를 닫는다.
ⓒ 인젝터 급수 밸브를 닫는다.　ⓓ 인젝터 출구 측 밸브를 닫는다.

③ **급수 내관(distributing pipe)**
  ㉮ 역할 : 보일러 급수 시 동판의 국부적 냉각으로 인한 부동팽창의 영향을 줄이기 위하여 동 내부에 설치하는 관이다.
  ㉯ 설치 목적
    ⓐ 온도차에 의한 부동팽창 방지   ⓑ 보일러 급수의 예열
    ⓒ 관내 온도의 급격한 변화 방지

(2) 안전장치

① **안전밸브(safety valve)** : 보일러의 증기압이 이상 상승 시 증기압을 외부로 분출하여 보일러 파열사고를 사전에 방지하기 위한 장치이다.

② **방출밸브** : 압력 릴리프밸브라 하며 온수발생 보일러에서 압력이 보일러의 최고사용압력(열매체 보일러의 경우에는 최고사용압력 및 최고사용온도)에 달하면 즉시 작동하는 안전밸브 대신 사용하는 것으로 반드시 방출관을 설치하여야 한다.

③ **가용전(fusible plug)** : 주석(Sn)과 납(Pb)의 합금으로 노통 또는 화실 천장부에 나사를 조립하여 관수의 이상감수 시 과열로 인한 동체의 파열사고를 방지한다.

④ **방폭문(폭발문)** : 연소실내의 미연소 가스의 폭발 및 역화 시 그 내부압력을 외부로 방출시켜 동체의 파열사고를 방지하는 장치로 개방식(스윙식)과 밀폐식(스프링식)이 있다.

⑤ **화염 검출기** : 연소실내의 연소상태를 감시하여 실화 및 소화 시 연료 전자밸브를 차단하여 미연소 가스로 인한 폭발사고를 방지하기 위한 장치이다.
  ㉮ 플레임 아이(flame eye) : 화염이 발광체임을 이용하여 화염의 방사선을 감지하여 화염의 유무를 검출한다.
    ⓐ 황화카드뮴(CdS) 셀 : 경유 버너에 사용
    ⓑ 황화납(PbS) 셀 : 오일, 가스에 사용
    ⓒ 적외선 광전관 : 적외선을 이용
    ⓓ 자외선 광전관 : 오일, 가스에 사용
  ㉯ 플레임 로드(flame rod) : 화염의 이온화 현상에 의한 전기 전도성을 이용하여 화염의 유무를 검출한다.
  ㉰ 스택 스위치(stack switch) : 화염의 발열 현상을 이용한 것으로 감온부는 연도에 바이메탈을 설치한 검출기이다. 화염 검출의 응답이 느려 버너분사, 정지에 시간이 많이 걸리므로 주로 소용량 보일러에 사용된다.

(3) 송기장치

① 증기밸브

㉮ 주증기 밸브 : 발생증기를 송기 및 정지하기 위하여 보일러 증기부 상단에 설치하는 것으로 일반적으로 글로브 밸브와 앵글밸브가 사용된다.

㉯ 주증기관 : 보일러에서 발생된 고압의 증기를 증기헤더로 보내주는 역할을 하는 것으로 증기의 마찰저항과 열손실을 감안하여 관 지름을 결정한다.

㉰ 감압밸브 : 보일러에서 발생된 증기의 압력을 내리기 위하여 사용하는 밸브이다.

㉱ 증기 헤더(steam header) : 보일러 주증기관과 사용 측 증기관 사이에 설치하여 사용처에 증기를 공급해 주는 압력용기이다.

㉲ 신축 이음(expansion joint) 장치 : 열팽창으로 인한 배관의 신축을 흡수 완화시켜 장치 파손 및 고장을 방지하기 위하여 배관 중에 설치하는 기기로 종류에는 슬리브형, 벨로스형, 루프형, 스위블형, 볼조인트 등이 있다.

② 증기내관

㉮ 비수 방지관 : 원통형 보일러 동체 내부의 증기 취출구에 설치하여 캐리오버 현상을 방지한다. 비수 방지관에 뚫린 구멍의 총면적은 증기 취출구 증기관 면적의 1.5배 이상으로 한다.

㉯ 기수 분리기 : 수관식 보일러의 기수드럼에 부착하여 승수관을 통하여 상승하는 증기 중에 혼입된 수문을 분리하기 위한 장치이다.

③ 증기 트랩

㉮ 증기 트랩(steam trap)의 기능 : 증기 사용설비 및 배관내의 응축수를 제거하여 증기의 잠열을 유효하게 이용할 수 있도록 하고, 수격작용을 방지하는 역할을 한다.

㉯ 작동 원리에 의한 분류

구 분	작 동 원 리	종 류
기계식 트랩	증기와 응축수의 비중차 이용 (플로트 또는 버킷의 부력 이용)	상향 버킷식, 하향 버킷식, 레버 플로트식, 자유 플로트식
온도조절식 트랩	증기와 응축수의 온도차 이용 (금속의 신축성을 이용)	바이메탈식, 벨로스식
열역학적 트랩	증기와 응축수의 열역학적, 유체역학적 특성차 이용	오리피스식, 디스크식

④ 증기 축열기(steam accumulator) : 보일러에서 과잉 발생한 증기를 저장하고 부하가 증가하면 증기를 공급하여 증기 부족을 해소하는 장치이다.

⑤ **응축수 회수기** : 고온의 응축수를 온도강하 없이 보일러에 급수할 수 있는 장치로서 연료절감, 수처리 비용절감, 급수용의 용수 절감 등의 효과를 얻을 수 있다.

⑥ **플래시 탱크(flash tank)** : 고압의 응축수가 많이 발생하는 증기사용시설에 설치하여 재증발 되는 저압의 증기를 분리하여 이용하는 장치이다.

(4) 여열 회수장치

① **과열기(super heater)** : 보일러에서 발생한 습포화증기의 압력을 일정하게 유지하면서 온도만을 높여 과열증기를 만드는 장치이다.

㉮ 열 가스 접촉(전열방식, 설치장소)에 의한 분류
  ⓐ 접촉 과열기(대류형) : 연도에 설치하여 연소가스의 대류열을 이용한 것으로 보일러 증발률 증가와 함께 과열도가 증가하는 경향이 있다.
  ⓑ 복사 과열기(복사형) : 연소실 측벽에 설치하여 복사열을 이용한 것으로 보일러 증발률 증가와 함께 과열도가 감소하는 경향이 있다.
  ⓒ 복사 접촉 과열기(양자병용형) : 연소실 출구 근처에 설치하여 복사열과 대류열을 동시에 이용한 것으로 균일한 과열도를 얻는 것을 목적으로 설치된다.

㉯ 증기와 연소가스 흐름에 의한 분류
  ⓐ 병류식 : 증기와 연소가스의 흐름방향이 같으며, 연소가스에 의한 관의 손상이 적으나 효율이 낮다.
  ⓑ 향류식 : 증기와 연소가스의 흐름방향이 반대이며, 효율이 좋으나 연소가스에 의한 관의 손상이 크다.
  ⓒ 혼류식 : 병류식과 향류식의 혼합형으로 효율도 좋고, 연소가스에 의한 관의 손상도 적다.

㉰ 특징
  ⓐ 열효율 증가   ⓑ 수격작용 방지
  ⓒ 관내 마찰저항 감소   ⓓ 장치 내 부식 방지
  ⓔ 적은 증기로 많은 열을 얻는다.   ⓕ 가열 표면의 일정온도 유지 곤란
  ⓖ 가열장치에 큰 열응력 발생   ⓗ 직접 가열 시 열손실 증가
  ⓘ 제품의 손상 우려   ⓙ 과열기 표면에 고온부식 발생

② **재열기(reheater)** : 고압 증기터빈에서 일정한 팽창을 하고 포화상태에 가까워진 증기를 모두 회수하여 재차 열을 가하여 과열증기로 만들어 저압 터빈에서 팽창하도록 하는 장치이다.

③ **급수예열기(economizer)** : 보일러 급수를 연소가스 여열(餘熱)을 이용하여 예열시키는 장치로 절탄기(節炭器)라 한다. 급수예열기 출구의 급수온도는 그 급수의 포화온도 이하의 적당한 온도로 한다.

㉮ 특징
- ⓐ 열효율 향상
- ⓑ 보일러 동체의 열응력 발생 방지
- ⓒ 급수 중 불순물의 일부 제거
- ⓓ 연료소비량 감소
- ⓔ 통풍저항 증가
- ⓕ 연돌의 통풍력 저하
- ⓖ 저온부식의 원인
- ⓗ 연도의 청소, 검사, 점검 곤란

㉯ 취급 주의 사항
- ⓐ 열응력을 방지하기 위하여 연소가스 온도와 절탄기 입구의 급수온도차를 적게 한다.
- ⓑ 저온부식을 방지하기 위하여 절탄기 출구 측 연소가스를 170[℃] 이상 유지시킨다.
- ⓒ 절탄기 과열을 방지하기 위하여 내부의 물의 유동상태를 확인한다.
- ⓓ 가스에 의한 부식을 방지하기 위하여 절탄기 급수 중의 공기 및 불응축 가스를 제거한 후 공급한다.

④ **공기 예열기(air pre heater)** : 연소가스의 여열을 이용하여 연소실에 공급되는 2차 공기를 예열하는 장치이다.

㉮ 종류
- ⓐ 증기식 : 증기를 이용하여 2차 공기를 예열하는 것이다.
- ⓑ 전열식 : 열교환기를 이용한 것으로 관형(管形) 공기예열기와 판형(板形) 공기예열기가 있다.
- ⓒ 재생식 : 축열식이라 불리며, 연소가스를 통과 시켜 열을 축적한 후 이곳에 2차 공기를 통과시켜 공기를 예열하는 방식으로 회전식, 고정식, 이동식으로 분류된다.
- ⓓ 히트파이프식 : 배관 표면에 알루미늄 핀 튜브를 부착시키고 진공으로 된 배관 내부에 열매체인 증류수를 넣어 봉입한 것을 경사지게 설치한 것이다.

㉯ 특징
- ⓐ 전열효율, 연소효율 향상
- ⓑ 예열공기의 공급으로 불완전연소가 감소된다.
- ⓒ 보일러 열효율 향상
- ⓓ 품질이 낮은 연료도 사용할 수 있다.
- ⓔ 통풍저항 증가

ⓕ 연돌의 통풍력 저하
ⓖ 저온부식의 원인
ⓗ 연도의 청소, 검사, 점검 곤란
㉰ 취급 주의사항
ⓐ 저온부식을 방지하기 위하여 공기예열기 출구 측 연소가스를 150[℃] 이상 유지시킨다.
ⓑ 공기 예열기 과열을 방지하기 위하여 입구 측 연소가스 온도를 500[℃] 이하로 유지시킨다.
ⓒ 부연도를 설치하여 점화초기 및 저부하 운전 시에 사용한다.
ⓓ 전열면에 부착한 그을음 청소를 수시로 할 것
ⓔ 재생식 중 회전식은 점화전에 가동시켜 국부적인 과열을 방지할 것

(5) 지시장치

① **수면 측정 장치(수면계(水面計))** : 증기보일러에 설치하는 것으로 동체 내부의 수위를 지시하는 계기이다.
㉮ 부착 위치 : 수면계 유리관의 최하부가 안전저수위와 일치하도록 설치
㉯ 설치 수 : 유리관식 수면계를 2개 이상 부착
㉰ 상용수위 : 노통 연관 보일러 및 수평 노통 보일러의 상용수위는 동체 중심선에서부터 동체 반지름의 65[%] 이하이어야 한다. 이때 상용수위는 수면계 중심선을 말한다.

② **압력계**
㉮ 부르동관 압력계의 크기와 눈금 범위
ⓐ 크기 : 눈금판 바깥지름 100[mm] 이상
ⓑ 최고눈금 범위 : 최고 사용압력의 1.5배 이상 3배 이하
㉯ 압력계 연결관
ⓐ 황동관 및 동관 : 안지름 6.5[mm] 이상 (증기온도가 210[℃]를 넘을 때에는 사용 금지)
ⓑ 강관 : 안지름 12.7[mm] 이상
ⓒ 사이폰관 : 안지름 6.5[mm] 이상

③ **온도계**
㉮ 공업용 바이메탈식 온도계(KS B 5320) 또는 이와 동등 이상의 성능을 가진 온도

계를 설치
㉯ 온도계 설치 장소
ⓐ 급수 입구의 급수온도계
ⓑ 버너 입구의 급유온도계
ⓒ 절탄기 또는 공기예열기가 설치된 경우 각 유체의 전후 온도를 측정할 수 있는 온도계
ⓓ 보일러 본체 배기가스 온도계(단, ⓒ항의 규정에 의한 온도계가 있는 경우 생략)
ⓔ 과열기 또는 재열기가 있는 경우 그 출구 온도계
ⓕ 유량계를 통과하는 온도를 측정할 수 있는 온도계

(6) 그 밖의 장치

① 분출장치

㉮ 수면 분출장치(연속 분출장치) : 안전 저수위 선상에 설치하여 유지분, 부유물을 제거하여 프라이밍, 포밍 현상을 방지한다.

㉯ 수저 분출장치(단속 분출장치) : 동체 아래 부분에 있는 스케일이나 침전물, 농축된 물 등을 외부로 배출시켜 제거한다.

② 슈트 블로어(soot blower) : 전열면 외측 또는 수관 주위의 그을음이나 재를 불어 제거하는 장치이다.

㉮ 종류

ⓐ 장발형(long retractable type) 슈트 블로어 : 과열기와 같이 고온의 열 가스가 통하는 부분에 사용한다.

ⓑ 단발형(short retractable type) 슈트 블로어 : 분사관이 짧으며 1개의 노즐을 설치하여 연소로벽에 부착되어 있는 이물질을 제거하는 데 사용한다.

ⓒ 정치 회전형(로터리형) : 전열면이나 절탄기에 고정 설치하여 매연을 제거하는 것으로 정지된 상태로 회전하는 분사관에 다수의 구멍이 뚫려 있고 이곳으로 증기가 분사된다.

ⓓ 공기예열기 클리너 : 관형 공기예열기에 사용하는 것으로 자동식과 수동식이 있다.

ⓔ 건 타입 : 보일러의 연소로벽 등에 부착하는 타고 남은 찌꺼기를 제거하는 데 적합하며 특히, 미분탄 연소 보일러 및 폐열 보일러 같은 타고 남은 연재가 많이 부착하는 보일러에 사용한다.

④ 사용 시 주의사항
    ⓐ 부하가 50[%] 이하일 때, 소화 후에는 사용을 금지한다.
    ⓑ 댐퍼를 완전히 열고 통풍력을 크게 한다.
    ⓒ 그을음 제거를 하기 전에 분출기 내부의 응축수를 제거한다.
    ⓓ 그을음 불어내기 관을 동일 장소에서 오래 동안 작용시키지 않는다.
    ⓔ 흡입통풍기가 있을 경우 흡입통풍을 늘려서 한다.

1.6 열교환기의 종류 및 특징

(1) 열교환기(heat exchange)의 역할

유체에 대한 냉각, 응축, 가열, 증발 및 폐열 회수 등에 사용되는 것으로 보일러에서는 가열장치에 사용하고 있으며 배기가스 여열회수장치인 과열기, 급수 예열기, 공기 예열기와 중유가열기(oil pre heater), 급탕 탱크의 온수가열기 등이 해당된다.

(2) 구조별 분류

① **다관식(쉘 앤 튜브식[shell and tube type])** : 둥그런 원통형의 쉘(shell) 안쪽에 튜브를 배치하고 쉘 내부에는(튜브 바깥쪽) 저온의 물질을, 튜브 내부에는 고온물질을 통과시켜 열 교환을 하는 형식으로 일반적으로 광범위하게 사용된다. 종류에는 고정관판형, 유동두형, U자 관형, 케플형 등이 있다.

② **단관식** : 하나의 관으로 이루어진 형식으로 트롬본형, 탱크형, 스파이럴형이 있다.

③ **이중관식** : 이중관으로 만들어 각각에 유체를 통과시켜 열교환하는 형식으로 구조가 간단하고 전열면적 증감이 용이하며, 고압용으로 제작이 가능하다.

④ **판형(plate type)형** : 얇은 판으로 만들어진 것을 조립하여 열 교환을 하는 형식이다.

(3) 효율을 향상시키는 방법

① 유체의 유속을 빠르게 한다.
② 유체의 흐름 방향을 향류로 한다.
③ 열전도율이 높은 재료를 사용한다.
④ 두 유체의 온도차를 크게 한다.
⑤ 전열면적을 크게 한다.

출제예상문제
Expected problems

01 보일러 구성의 3대 요소에 해당되지 않는 것은?
① 본체　　　　② 분출장치
③ 연소장치　　④ 부속장치

해설 보일러의 3대 구성요소 : 본체, 연소장치, 부속설비(장치)　　**답** ②

02 증기보일러의 부속장치에 해당되지 않는 것은?
① 급수장치　　② 송기장치
③ 통풍장치　　④ 팽창장치

해설 보일러 부속장치의 종류 : 안전장치, 급수장치, 분출장치, 송기장치, 폐열회수장치, 통풍장치, 자동제어장치, 기타장치(급수처리장치, 집진장치, 매연취출장치) 등　　**답** ④

03 보일러 운전 중에 항상 보유할 대략적인 수위로 적당한 것은?
① $\frac{1}{3} \sim \frac{3}{5}$　　② $\frac{1}{4} \sim \frac{1}{2}$
③ $\frac{1}{2} \sim \frac{3}{5}$　　④ $\frac{2}{3} \sim \frac{3}{4}$

해설 일반적으로 보일러 동(드럼) 내부에는 물을 $\frac{2}{3} \sim \frac{4}{5}$ 정도 보유하여야 하며, 운전 중에 보유할 수위는 $\frac{2}{3} \sim \frac{3}{4}$ 정도가 적당하다.　　**답** ④

04 일반적인 보일러 운전 중 가장 이상적인 부하율은?
① 20~30[%]　　② 30~40[%]
③ 40~60[%]　　④ 60~80[%]

해설 보일러의 이상적인 부하율 : 60~80[%]　　**답** ④

05 보일러 설비에 관한 설명으로 틀린 것은?
① 보일러 본체는 온수 또는 증기를 발생시키는 부분이다.
② 절탄기, 공기예열기 등은 보일러 열효율 증대장치이다.
③ 연소열을 보일러수에 전달하는 면을 전열면이라 한다.
④ 관 속에 물이 흐르고 외부의 연소가스에 의해 가열되는 관은 연관이다.

해설 연관 및 수관
㉮ 연관 : 관의 내부에는 연소가스가 흐르고 외부로는 물이 차있는 관
㉯ 수관 : 관 내부의 물이 외부의 연소가스에 의해 가열되는 관　　**답** ④

06 전열면에 대한 다음 설명 중 옳은 것은?
① 복사, 대류, 접촉 전열면으로 구분한다.
② 연료의 연소열을 관수(보일러수)에 전달하는 면을 말한다.
③ 한 쪽에는 관수(보일러수)가 접촉하고, 다른 쪽에는 연소가스가 접촉하는 면으로 연소가스가 접촉하는 면적을 말한다.
④ 수관은 내경이 기준이고, 연관은 외경이 기준으로 된다.

해설 ㉮ 전열면 : 한 쪽이 물, 증기 등의 피가열유체의하여 접촉되고, 다른 한 쪽이 연소가스 등의 가열유체에 접촉되는 면
㉯ 전열면적 : 한쪽 면이 연소가스 등에 접촉하고, 다른 면이 물에 접촉하는 부분의 면을 연소가스 등의 쪽에서 측정한 면적
㉰ 전열면 기준은 수관은 외경, 연관은 내경이다.　　**답** ②

07 보일러형식에 따른 분류 중 원통형 보일러에 해당하지 않는 것은?
① 관류 보일러　　② 노통 보일러
③ 직립형 보일러　④ 노통 연관식 보일러

[해설] 구조 및 형식에 따른 종류
  ㉮ 원통형 보일러 : 보일러 본체가 동(胴)으로 구성되어 있으며 이곳에서 증기를 발생시킨다.
    ⓐ 직립형 보일러 : 직립 횡관식 보일러, 직립 연관식 보일러, 코크란 보일러
    ⓑ 수평형 보일러 : 노통 보일러, 연관 보일러, 노통 연관 보일러
  ㉯ 수관식 보일러 : 자연 순환식 보일러, 강제 순환식 보일러, 관류 보일러
  ㉰ 특수 보일러 : 주철제 보일러, 특수 열매체 보일러, 폐열 보일러, 간접 가열식 보일러, 특수 연료 보일러
    답 ①

08 다음 중 원통형 보일러가 아닌 것은?
① 코르니쉬 보일러
② 랭커셔 보일러
③ 케와니 보일러
④ 다쿠마 보일러

[해설] 다쿠마 보일러는 자연순환식 수관보일러에 해당된다.
  답 ④

09 입형 보일러의 특징에 대한 설명으로 틀린 것은?
① 구조가 간단하고 튼튼하다.
② 설치장소가 좁아도 된다.
③ 습증기가 발생하지 않는다.
④ 전열면적이 작고 소용량이다.

[해설] 입형(vertical type) 보일러의 특징
  ㉮ 구조가 간단하고 설치면적이 적어 설치가 간단하다.
  ㉯ 전열면적이 작아 효율이 낮다.
  ㉰ 수면이 좁고 증기부가 적어 습증기가 발생할 수 있다.
  ㉱ 내부청소 및 점검이 불편하다.
  답 ③

10 횡형 보일러의 종류가 아닌 것은?
① 노통식 보일러
② 연관식 보일러
③ 노통 연관식 보일러
④ 수관식 보일러

[해설] 원통형 보일러의 종류
  (1) 직립형 보일러 : 직립 수평관식 보일러, 직립 연관식 보일러, 코크란 보일러 등
  (2) 수평형(횡형) 보일러
    ㉮ 노통 보일러 : 코르니쉬 보일러, 랭커셔 보일러
    ㉯ 연관 보일러 : 기관차 보일러, 케와니 보일러
    ㉰ 노통 연관 보일러 : 스코치 보일러, 하우덴 존슨 보일러, 노통 연관 패키지형 보일러
  답 ④

11 원통형 보일러의 특징이 아닌 것은?
① 구조가 간단하고 취급이 용이하다.
② 부하변동에 의한 압력변화가 적다.
③ 보유수량이 적어 파열 시 피해가 적다.
④ 고압 및 대용량에는 부적당하다.

[해설] 원통형 보일러의 특징
  ㉮ 구조가 간단하고 취급 및 청소, 검사가 용이하다.
  ㉯ 설비비가 저렴하다.
  ㉰ 고압이나 대용량에는 부적합하다.
  ㉱ 기동으로부터 증기 발생까지는 시간이 걸리지만 부하의 변동에 따른 압력변동이 적다.
  ㉲ 보유수량이 많으며 파열의 경우 피해가 크다.
  답 ③

12 노통 보일러의 특징에 관한 설명으로 틀린 것은?
① 구조가 간단하고 제작이 쉽다.
② 급수처리가 비교적 복잡하다.
③ 전열면적이 다른 형식에 비해 적어 효율이 낮다.
④ 수부가 커서 부하변동에 영향을 적게 받는다.

[해설] 노통 보일러의 특징
  ㉮ 구조가 간단하고, 제작 및 수리가 용이하다.
  ㉯ 내부청소, 점검이 간단하다.
  ㉰ 급수처리가 까다롭지 않다.

㉣ 부하변동에 대한 압력 변화가 적다.
㉤ 전열면적이 작아서 증발이 늦고, 열효율이 낮다.
㉥ 보유수량이 많아 폭발 시 피해가 크다.
㉦ 고압 대용량에 부적당하다. **답** ②

13 원통형 보일러의 노통이 편심으로 설치되어 관수의 순환작용을 촉진시켜 줄 수 있는 보일러는?

① 코르니쉬 보일러
② 라몽트 보일러
③ 케와니 보일러
④ 기관차 보일러

해설 코르니쉬 보일러는 보일러 물의 순환을 좋게 하기 위하여 노통을 한쪽으로 편심시켜 설치한다. **답** ①

14 노통 보일러 중 원통형의 노통이 2개인 보일러는?

① 라몽트 보일러
② 바브콕 보일러
③ 다우삼 보일러
④ 랭커셔 보일러

해설 노통 보일러의 종류
㉮ 코르니쉬(Cornish) 보일러 : 노통이 1개
㉯ 랭커셔(Lancashire) 보일러 : 노통이 2개 **답** ④

15 랭커셔 보일러에 대한 설명으로 틀린 것은?

① 노통이 2개이다.
② 부하변동 시 압력변화가 적다.
③ 전열면적이 적어 효율이 비교적 낮다.
④ 급수처리가 까다롭고 가동 후 증기발생시간이 길다.

해설 급수처리가 까다롭지 않고, 코르니쉬 보일러(노통이 1개)에 비해 증기 발생 시간이 짧다. **답** ④

16 평형노통과 비교한 파형노통의 장점이 아닌 것은?

① 청소 및 검사가 용이하다.
② 고열에 의한 신축과 팽창이 용이하다.
③ 전열면적이 크다.
④ 외압에 대한 강도가 크다.

해설 파형노통의 특징
(1) 장점
㉮ 열에 의한 신축 탄력성이 크다.
㉯ 외압에 대하여 강도가 크다.
㉰ 평형노통보다 전열면적이 크다.
(2) 단점
㉮ 내부 청소 및 검사가 어렵다.
㉯ 평형노통에 비하여 통풍저항이 크다.
㉰ 스케일이 부착하기 쉽다.
㉱ 제작이 어려우며, 가격이 비싸다. **답** ①

17 경판의 탄성(강도)를 높이기 위한 것은?

① 아담슨 조인트   ② 브리징 스페이스
③ 용접조인트   ④ 그루빙

해설 브리징 스페이스(breathing space) : 고온에 의한 노통의 신축작용으로 응력이 발생하고 이로 인하여 평형 경판이 손상되는 것을 방지하기 위하여 가셋트 스테이(gusset stay) 하단부와 노통의 상단부와의 거리로 최소 230[mm] 이상을 유지한다. **답** ②

18 노통 보일러에 두께 13[mm] 이하의 경판을 부착하였을 때 가셋트 스테이의 하단과 노통 상단과의 완충 폭(breathing space)은 몇 [mm] 이상으로 하여야 하는가?

① 230[mm]   ② 260[mm]
③ 280[mm]   ④ 300[mm]

해설 노통 보일러의 완충 폭(breathing space)

경판의 두께[mm]	완충 폭
13[mm] 이하	230[mm] 이상
15[mm] 이하	260[mm] 이상
17[mm] 이하	280[mm] 이상
19[mm] 이하	300[mm] 이상
19[mm] 초과	320[mm] 이상

답 ①

19 노통 보일러에서 일어나는 열팽창을 흡수하는 역할을 하는 것은?

① 엔드플레이트 ② 아담슨 조인트
③ 가셋트 스테이 ④ 프라이밍 방지기

해설 아담슨 조인트(Adamson joint) : 평형 노통을 일체형으로 제작하면 강도가 약해지는 결점을 보완하기 위하여 노통을 여러 개로 분할 제작하여 플랜지형으로 연결한 것으로 이 이음부를 아담슨 조인트라 한다.
답 ②

20 노통 보일러에 2~3개의 겔로웨이 관(galloway tube)을 직각으로 설치하는 이유로서 가장 거리가 먼 것은?

① 노통을 보강하기 위하여
② 보일러수의 순환을 돕기 위하여
③ 전열면적을 증가시키기 위하여
④ 수격작용(water hammer)를 방지하기 위하여

해설 겔로웨이 관(galloway tube) : 노통에 직각으로 2~3개 정도 설치한 관으로 전열면적을 증가시키며 보일러 수(水)의 순환을 좋게 하고 노통을 보강하는 역할을 한다.
답 ④

21 한 장의 판으로 경판을 보강하기 위하여 경판에서 동판에 비스듬히 부착시킨 버팀으로 보통 노통 보일러의 평경판을 보강시키는 데 사용되는 것은?

① 맨홀 ② 관 스테이
③ 거싯 스테이 ④ 아담슨 링

해설 버팀(stay) : 강도가 약한 부분(주로 경판)의 강도를 보강하기 위하여 사용되는 이음부분으로 다음의 종류가 있다.
㉮ 가셋트 버팀(gusset stay : 거싯 스테이) : 보강판(gusset)을 동판과 경판에 연결하여 경판의 강도를 보강한다.
㉯ 관 버팀(tube stay) : 연관을 설치한 보일러에 사용되며 연관보다 두께가 두꺼운 관을 이용하여 연관 역할과 버팀 역할을 동시에 할 수 있는 것으로 관판(管板)을 보강한다.
㉰ 경사 버팀(oblique stay) : 봉으로 된 것을 동판과 경판에 경사지게 부착시켜 경판, 화실 천장판의 강도를 보강한다.
㉱ 나사 버팀(bolt stay) : 동판과 화실 측벽을 연결하여 화실 벽 강도를 보강하는 것으로 기관차형 보일러 등에서 사용한다.
㉲ 천장 버팀(girder stay) : 직립형 보일러 등에서 화실 천장판과 경판을 연결하여 화실 천장판의 강도를 보강한다.
㉳ 봉 버팀(bar stay) : 관 버팀에서 사용하는 관 대신에 연강재 봉을 사용하는 방법이다.
㉴ 도그 버팀(dog stay) : 맨홀, 소제구 등을 보강하는 데 사용된다.
답 ③

22 노통 보일러에서 사용하는 스테이(버팀)에 대한 설명으로 틀린 것은?

① 도그스테이는 맨홀 뚜껑의 보강재이다.
② 경사 버팀은 화실천장 과열부분의 압궤현상을 방지하는 버팀이다.
③ 가셋트 버팀은 평형경판을 사용하여 경판, 동판 또는 관판이나 동판의 지지 보강재이다.
④ 튜브스테이는 연관의 팽창에 따른 관판이나 경판의 팽출에 대한 보강재이다.

해설 경사 버팀(oblique stay) : 봉으로 된 것을 동판과 경판에 경사지게 부착시켜 경판, 화실 천장판의 강도를 보강한다.
답 ②

23 연관식 패키지 보일러와 랭커셔 보일러의 장·단점에 대한 비교 설명으로 틀린 것은?

① 열효율은 연관식 패키지 보일러가 좋다.
② 부하변동에 대한 대응성은 랭커셔 보일러가 적다.
③ 설치 면적당의 증발량은 연관식 패키지 보일러가 크다.
④ 수처리는 연관식 패키지 보일러가 더 간단하다.

해설 연관식 패키지 보일러는 연관으로 이루어져 수처리(급수처리)를 해야 한다. 랭커셔 보일러는 노통으로 이루어져 급수처리가 까다롭지 않다. 🖪 ④

24 횡연관식 보일러에서 연관의 배열을 바둑판 모양으로 하는 주된 이유는?

① 보일러 강도상 유리하므로
② 관의 배치를 많게 하기 위하여
③ 물의 순환을 양호하게 하기 위하여
④ 연소가스의 흐름을 원활하게 하기 위하여

해설 연관 및 수관의 배열
㉮ 연관 : 바둑판 모양으로 배열하여 관수의 순환을 양호하게 한다.
㉯ 수관 : 마름모꼴(다이아몬드형)로 배열하여 열 가스의 접촉을 양호하게 한다. 🖪 ③

25 노통 연관식 보일러의 특징에 대한 설명으로 옳은 것은?

① 외분식이므로 방산손실열량이 크다.
② 고압이나 대용량보일러로 적당하다.
③ 내부청소가 간단하므로 급수처리가 필요 없다.
④ 보일러의 크기에 비하여 전열면적이 크고 효율이 좋다.

해설 노통 연관식 보일러의 특징
㉮ 노통 보일러에 비하여 열효율(80~90[%])이 높다.
㉯ 패키지 형태로 제작, 운반, 설치, 취급이 용이하다.
㉰ 구조가 복잡하여 청소, 검사, 수리가 어렵다.
㉱ 증발속도가 빨라 스케일이 부착되기 쉽다.
㉲ 양질의 급수를 요한다.
㉳ 구조상 고압, 대용량 제작이 어렵다. 🖪 ④

26 수관보일러가 원통보일러에 비해 가지는 장점이 아닌 것은?

① 구조가 간단하고 청소가 용이하다.
② 고압증기의 발생에 적합하다.
③ 증발률이 크고 열효율이 높아 대용량에 적합하다.
④ 시동시간이 짧고 과열위험성이 적다.

해설 수관식 보일러의 특징
㉮ 보유수량이 적어 증기 발생시간이 빠르며, 고압 대용량에 적합하다.
㉯ 외분식이므로 연료 선택범위가 넓고, 연소상태가 양호하다.
㉰ 전열면적이 크고, 열효율이 높다.
㉱ 수관의 배열이 용이하고, 패키지형으로 제작이 가능하다.
㉲ 관수처리에 주의에 요한다.
㉳ 구조가 복잡하여 청소, 검사, 수리가 어렵고 스케일 부착이 쉽다.
㉴ 부하변동에 따른 압력 및 수위변동이 심하다. 🖪 ①

27 수관식 보일러에 속하지 않는 것은?

① 코르니쉬 보일러
② 바브콕 보일러
③ 라몽트 보일러
④ 벤슨 보일러

해설 수관식 보일러의 종류
㉮ 자연 순환식 보일러 : 바브콕(babcock) 보일러, 다쿠마(dakuma) 보일러, 스털링(stirling) 보일러, 스네기찌 보일러, 야로우(yarrow) 보일러, 2동 D형 보일러 등
㉯ 강제 순환식 보일러 : 라몽트(lamont) 보일러, 벨록스(velox) 보일러 등
㉰ 관류 보일러 : 벤슨(benson) 보일러, 슐쳐(sulzer) 보일러, 소형 관류 보일러 등 🖪 ①

28 강제 순환식 수관 보일러는?

① 라몽트(Lamont) 보일러
② 다구마(Takuma) 보일러
③ 슐쳐(Sulzer) 보일러
④ 벤슨(Benson) 보일러

해설 강제 순환식 수관보일러 종류 : 라몽트(lamont) 보일러, 벨록스(velox) 보일러 🖪 ①

29 수관보일러에서 수관의 배열을 마름모(지그재그)형으로 배열시키는 주된 이유는?

① 연소가스 접촉에 의한 전열을 양호하게 하기 위하여
② 보일러수의 순환을 양호하게 하기 위하여
③ 수관의 스케일 생성을 막기 위하여
④ 연소가스의 흐름을 원활히 하기 위하여

[해설] 수관을 마름모꼴(다이아몬드형)로 배열하여 연소가스 접촉에 의한 전열을 양호하게 한다. 답 ①

30 수관보일러에서 수냉 노벽의 설치 목적으로 가장 거리가 먼 것은?

① 고온의 연소열에 의해 내화물이 연화, 변형되는 것을 방지하기 위하여
② 물의 순환을 좋게 하고 수관의 변형을 방지하기 위하여
③ 복사열을 흡수시켜 복사에 의한 열손실을 줄이기 위하여
④ 전열면적을 증가시켜 전열효율을 상승시키고, 보일러 효율을 높이기 위하여

[해설] 수냉 노벽의 설치 목적
㉮ 전열면적의 증가로 증발량이 많아진다.
㉯ 연소실 내의 복사열을 흡수한다.
㉰ 연소실 노벽을 보호한다.
㉱ 연소실 열 부하를 높인다.
㉲ 노벽의 무게를 경감시키기 위하여 답 ②

31 자연순환식 수관보일러에서 물의 순환에 관한 설명으로 옳지 않은 것은?

① 순환을 높이기 위하여 수관을 경사지게 한다.
② 순환을 높이기 위하여 수관 직경을 크게 한다.
③ 순환을 높이기 위하여 보일러수의 비중차를 크게 한다.
④ 발생증기의 압력이 높을수록 순환력이 커진다.

[해설] 발생증기의 압력이 높을수록 포화수와 포화증기의 비중량 차이가 감소하여 자연 순환이 어렵게 되므로 순환펌프를 설치하여 관수를 강제로 순환시키는 강제 순환식 수관보일러를 사용한다. 답 ④

32 보일러 내에서 물을 강제 순환시키는 이유로 옳은 것은?

① 보일러의 성능을 양호하게 유지하기 위하여
② 보일러의 압력이 상승하면 포화수와 포화증기의 비중량의 차가 점점 줄어들기 때문에
③ 관의 마찰 저항을 줄이기 위하여
④ 보일러 드럼이 1개이기 때문에

[해설] 보일러의 압력이 임계압력에 가까워지면 관수의 비중량과 증기의 비중량 차이가 감소하여 자연 순환이 어렵게 되므로 순환펌프를 설치하여 관수를 강제로 순환시키며, 이 형식의 보일러가 강제순환식 보일러이다. 답 ②

33 강제순환에 있어서 순환비에 대하여 옳게 나타낸 것은?

① 순환수량과 발생증기량의 비율
② 순환수량과 포화증기량의 비율
③ 순환수량과 포화수의 비율
④ 포화증기량과 포화수량의 비율

[해설] 강제순환 수관보일러에서 순환비는 순환수량과 발생증기량의 비로 나타내는 것이다.

$$\therefore 순환비 = \frac{순환수량}{발생 증기량}$$ 답 ①

34 긴 관의 일단에서 급수를 펌프로 압입하여 도중에서 가열, 증발, 과열을 한꺼번에 시켜 과열증기로 내보내는 보일러로서 드럼이 없고, 관으로만 구성된 보일러는?

① 이중 증발보일러 ② 특수 열매 보일러
③ 연관 보일러   ④ 관류 보일러

해설 관류(단관식) 보일러 : 급수펌프에 의해 급수를 압입하여 하나로 된 관에서 가열, 증발, 과열시켜 과열증기를 얻는 보일러로 드럼이 없는 강제 순환식 보일러이다. 답 ④

35 관류 보일러의 특징에 관한 설명으로 틀린 것은?

① 대형관류 보일러에는 벤슨 보일러, 슬저 보일러 등이 있다.
② 초임계 압력 하에서 증기를 얻을 수 있다.
③ 드럼이 필요 없다.
④ 부하 변동에 대한 적응력이 크다.

해설 관류보일러의 특징
㉮ 전열면적에 비하여 보유수량이 적으므로 가동시간이 짧다.
㉯ 고압 보일러에 적합하다.
㉰ 관을 자유로이 배치할 수 있어 구조가 콤팩트하다.
㉱ 완벽한 급수처리를 요한다.
㉲ 정확한 자동제어 장치를 설치하여야 한다.
㉳ 순환비가 1이므로 드럼이 필요 없다.
㉴ 발생증기 중에 포함된 수분을 분리하기 위하여 기수분리기를 설치한다.
㉵ 부하변동에 대한 적응력이 적어 압력변화가 크다.
㉶ 관류 보일러 종류는 벤슨(benson) 보일러, 슬저(sulzer) 보일러, 소형 관류 보일러 등이다. 답 ④

36 보일러의 특징에 대한 설명 중 틀린 것은?

① 입형 보일러는 좁은 장소에도 설치할 수 있다.
② 노통 보일러는 보유수량이 적어 증기발생 소요시간이 짧다.
③ 수관 보일러는 구조상 대용량 및 고압용에 적합하다.
④ 관류 보일러는 드럼이 없어 초고압보일러에 적합하다.

해설 노통 보일러는 보유수량이 많아 증기발생 소요시간이 길며, 폭발 시 피해가 크다. 답 ②

37 섹션이라고 불리는 여러 개의 물집들을 연결하고 하부로 급수하여 상부로 증기 또는 온수를 방출하는 구조로 되어 있으며, 압력에 약해서 0.3[MPa] 이하에서 주로 사용하는 보일러는?

① 노통 연관식 보일러
② 관류 보일러
③ 수관식 보일러
④ 주철제 보일러

해설 주철제 보일러의 특징
㉮ 주물로 제작하기 때문에 복잡한 구조도 제작이 가능하다.
㉯ 전열면적이 크고, 효율이 좋다.
㉰ 내식성, 내열성이 우수하다.
㉱ 섹션의 증감으로 용량조절이 가능하다.
㉲ 조립식이므로 반입 및 해체작업이 용이하다.
㉳ 내압강도가 떨어진다.
㉴ 구조가 복잡하여 청소, 검사, 수리가 어렵다.
㉵ 부동팽창이 발생하기 쉽다.
㉶ 대용량, 고압에는 부적합하다. 답 ④

38 열 매체 보일러의 특징에 대한 설명으로 틀린 것은?

① 저압으로 고온의 증기를 얻을 수 있다.
② 겨울철에도 동결의 우려가 적다.
③ 물이나 스팀보다 전열특성이 좋으며, 사용온도한계가 일정하다.
④ 다우삼, 모빌섬, 카네크롤 보일러 등이 이에 해당한다.

해설 열매체 보일러(특수 유체보일러)의 특징
㉮ 열매체의 종류에는 다우삼, 모빌섬, 카네크롤 등이 해당한다.
㉯ 저압에서 고온의 증기를 얻기 위하여 사용되는 보일러이다
㉰ 타 보일러에 비해 부식의 정도가 적다.
㉱ 겨울철에도 동결의 우려가 적다.
㉲ 인화성 증기를 발생하는 열매체 보일러에서는 안전 밸브를 밀폐식 구조로 하거나 또는 안전 밸브로부터의 배기를 보일러실 밖의 안전한 장소에 방출시키도록 한다. 답 ③

39 급수펌프 중 원심펌프는 어느 것인가?

① 워싱턴 펌프
② 웨어 펌프
③ 볼류트 펌프
④ 플런저 펌프

해설 급수펌프의 종류
- ㉮ 왕복 펌프 : 피스톤 펌프, 플런저 펌프, 워싱턴 펌프, 에어 펌프 등
- ㉯ 원심 펌프 : 볼류트 펌프, 터빈 펌프
- ㉰ 특수 펌프 : 제트 펌프, 와류 펌프, 에어 리프트 펌프 등

답 ③

40 보일러 급수펌프의 구비조건으로 틀린 것은?

① 고온, 고압에 견딜 것
② 저부하에서도 효율이 좋을 것
③ 병렬운전을 할 수 없을 것
④ 작동이 간단하고 취급이 용이할 것

해설 보일러 급수펌프의 구비조건
- ㉮ 고온, 고압에 견딜 것
- ㉯ 작동이 확실하고 조작이 간단할 것
- ㉰ 부하변동에 대응할 수 있을 것
- ㉱ 저부하에도 효율이 좋을 것
- ㉲ 병렬운전에 지장이 없을 것
- ㉳ 회전식은 고속회전에 안전할 것

답 ③

41 매 초당 20[L]의 물을 송출시킬 수 있는 급수펌프에서 양정이 7.5[m], 펌프효율이 75[%]일 때, 펌프의 소요 동력은?

① 4.34[kW]
② 2.67[kW]
③ 1.96[kW]
④ 0.27[kW]

해설
$$kW = \frac{\gamma QH}{102\eta} = \frac{1{,}000 \times (20 \times 10^{-3}) \times 7.5}{102 \times 0.75} = 1.96[kW]$$

42 급수펌프인 인젝터의 특징에 대한 설명으로 틀린 것은?

① 구조가 간단하여 소형에 사용된다.
② 별도의 소요 동력이 필요하지 않다.
③ 송수량의 조절이 용이하다.
④ 소량의 고압증기로 다량을 급수할 수 있다.

해설 인젝터의 특징
(1) 장점
- ㉮ 구조가 간단하고, 가격이 저렴하다.
- ㉯ 급수가 예열되고, 열효율이 좋아진다.
- ㉰ 설치 장소가 적게 필요하다.
- ㉱ 별도의 동력원이 필요 없다.

(2) 단점
- ㉮ 흡입양정이 작고, 효율이 낮다.
- ㉯ 급수 온도가 높으면 급수 불량이 발생한다.
- ㉰ 증기압력이 너무 높거나 낮으면 급수 불량이 발생한다.
- ㉱ 급수량 조절이 어렵다.

답 ③

43 인젝터의 시동순서로 가장 옳은 것은?

㉠ 핸들을 연다.
㉡ 증기 밸브를 연다.
㉢ 급수 밸브를 연다.
㉣ 급수 출구관에 정지 밸브가 열렸는가를 확인한다.

① ㉣ → ㉢ → ㉡ → ㉠
② ㉡ → ㉢ → ㉠ → ㉣
③ ㉢ → ㉡ → ㉠ → ㉣
④ ㉣ → ㉢ → ㉠ → ㉡

해설 인젝터 시동 및 정지순서
- ㉮ 시동순서 : 인젝터 출구 측 밸브를 연다. → 급수 밸브를 연다. → 증기 밸브를 연다. → 조절 핸들을 연다.
- ㉯ 정지순서 : 조절 핸들을 닫는다. → 증기 밸브를 닫는다. → 급수 밸브를 닫는다. → 인젝터 출구 측 밸브를 닫는다.

답 ①

44 보일러 안전장치의 종류가 아닌 것은?

① 방폭문
② 안전 밸브
③ 체크 밸브
④ 고저수위경보기

해설 안전장치의 종류 : 안전 밸브, 저수위 경보기, 방폭문, 가용전, 화염검출기, 증기압력 제한기, 전자밸브 등

답 ③

45 보일러에서 사용하는 안전밸브의 방식으로 가장 거리가 먼 것은?
① 중추식 ② 탄성식
③ 지렛대식 ④ 스프링식

해설 보일러 안전밸브의 종류 : 스프링식, 중추식, 레버(지렛대)식 등 답 ②

46 화염검출기와 가장 거리가 먼 것은?
① 플레임 아이 ② 플레임 로드
③ 스테빌라이저 ④ 스택 스위치

해설 화염 검출기의 종류
㉮ 플레임 아이(flame eye) : 화염이 발광체임을 이용하여 화염의 방사선을 감지하여 화염의 유무를 검출한다.
㉯ 플레임 로드(flame rod) : 화염의 이온화 현상에 의한 전기 전도성을 이용하여 화염의 유무를 검출한다.
㉰ 스택 스위치(stack switch) : 연도에 바이메탈을 설치하여 연소가스의 발열체를 이용하여 화염유무를 검출한다. 답 ③

47 주증기관에 만곡관을 설치하는 주된 목적은?
① 증기관 속의 응결수를 배제하기 위하여
② 열팽창에 의한 관의 팽창작용을 허용하기 위하여
③ 증기의 통과를 원활히 하고 급수의 양을 조절하기 위하여
④ 강수량의 순환을 좋게 하고 급수량의 조절을 쉽게 하기 위하여

해설 만곡관은 신축흡수장치로 주증기관의 열팽창에 의한 관의 신축을 흡수하기 위하여 설치한다. 답 ②

48 급수배관의 비수방지관에 뚫려있는 구멍의 면적은 주증기관 면적의 최소 몇 배 이상 되어야 증기배출에 지장이 없는가?
① 1.2배 ② 1.5배
③ 1.8배 ④ 2배

해설 비수 방지관 : 원통형 보일러 동체 내부의 증기 취출구에 설치하여 물방울이 증기 속에 섞여 관내를 흐르는 캐리오버 현상을 방지한다. 비수 방지관에 뚫린 구멍의 총면적은 증기 취출구 증기관 면적의 1.5배 이상으로 한다. 답 ②

49 기수분리기를 설치하는 주된 목적은?
① 폐증기를 회수하여 재사용하기 위하여
② 과열증기의 순환을 빠르게 하기 위하여
③ 보일러에 녹아 있는 불순물을 제거하기 위하여
④ 발생된 증기 속에 남은 물방울을 제거하기 위하여

해설 기수 분리기 : 수관식 보일러의 기수드럼에 부착하여 승수관을 통하여 상승하는 증기 중에 혼입된 수분을 분리하기 위한 장치로 다음의 종류가 있다.
㉮ 사이클론형 : 원심 분리기를 사용
㉯ 스크러버형 : 파형의 다수 강판을 조합한 것
㉰ 건조 스크린형 : 금속망판을 이용한 것
㉱ 배플형 : 급격한 방향 전환을 이용한 것 답 ④

50 증기트랩장치에 대하여 가장 옳게 설명한 것은?
① 증기관의 도중에 설치하여 압력의 급상승 또는 급히 물이 들어가는 경우 다른 곳으로 빼내는 장치이다.
② 증기관의 도중에 설치하여 증기의 일부가 드레인 되어 고여 있을 때 응축수를 자동적으로 빼내는 장치이다.
③ 보일러 통에 설치하여 드레인을 빼내는 장치이다.
④ 증기관의 도중에 설치하여 증기를 함유한 침전물을 분리시키는 장치이다.

해설 증기트랩(steam trap)의 기능 : 증기 사용설비 및 배관내의 응축수를 제거하여 증기의 잠열을 유효하게 이용할 수 있도록 하고, 수격작용을 방지하는 역할을 한다. 답 ②

51 증기트랩의 설치목적이 아닌 것은?
① 관의 부식 방지 ② 수격작용 발생 억제
③ 마찰저항 감소 ④ 응축수 누출방지

해설 증기트랩의 설치목적
㉮ 증기관의 부식 방지
㉯ 수격작용 발생 억제
㉰ 유체 흐름에 대한 마찰저항 감소
㉱ 증기 건조도 저하 방지
㉲ 열 설비의 가열효과가 저해되는 것을 방지
답 ④

52 증기트랩으로서 가져야 할 조건이 아닌 것은?
① 압력, 유량이 소정 내에서 변화하지 않아야 한다.
② 슬립, 율동 부분이 적고 마모, 부식에 견뎌야 한다.
③ 동작이 확실하고 내구력이 있어야 한다.
④ 마찰 저항이 적고 공기 빼기가 좋아야 한다.

해설 증기트랩의 구비조건
㉮ 마찰저항이 적을 것
㉯ 내식성, 내구성이 좋을 것
㉰ 공기를 빼내기 좋을 것
㉱ 응축수의 연속 배출이 용이할 것
㉲ 압력과 유량에 따른 작동이 확실할 것
답 ①

53 증기와 응축수의 온도 차이를 이용하여 작동하는 증기트랩은?
① 바이메탈식 ② 상향버킷식
③ 플로트식 ④ 오리피스식

해설 작동원리에 의한 트랩의 분류

구 분	작 동 원 리	종 류
기계식 트랩	증기와 응축수의 비중차 이용(플로트 또는 버킷의 부력 이용)	상향 버킷, 하향 버킷식, 레버 플로트식, 자유 플로트식
온도조절식 트랩	증기와 응축수의 온도차 이용(금속의 신축성을 이용)	바이메탈식, 벨로스식, 열동식
열역학 트랩	증기와 응축수의 열역학적, 유체역학적 특성차 이용	오리피스식, 디스크식

답 ①

54 상향 버킷식 증기트랩에 대한 설명으로 틀린 것은?
① 응축수의 유입구와 유출구의 차압이 없어도 배출이 가능하다.
② 가동 시 공기 빼기를 하여야 하며 겨울철 동결 우려가 있다.
③ 배관계통에 설치하여 배출용으로 사용된다.
④ 장치의 설치는 수평으로 한다.

해설 응축수의 유입구와 유출구의 차압이 80[%] 정도의 차압이라도 배출이 가능하다. **답** ①

55 [보기]의 특징을 가지는 증기트랩의 종류는?

[보기]
· 다량의 드레인을 연속적으로 처리할 수 있다.
· 증기누출이 거의 없다.
· 가동 시 공기 빼기를 할 필요가 없다.
· 수격작용에 다소 약하다.

① 플로트식 트랩 ② 버킷형 트랩
③ 바이메탈식 트랩 ④ 디스크식 트랩

해설 플로트식 트랩 : 증기와 응축수의 비중차를 이용하는 기계식 트랩으로 드레인(응축수) 양이 적을 때에는 밸브 시트를 눌러 멈추고 있으나, 어느 이상이 되면 적은 양의 드레인이 들어오더라도 그 양만큼 배출하는 트랩으로서 air vent 가 내장되어 있어 가동 시 공기빼기를 하지 않아도 된다. **답** ①

56 구조상 고압에 적당하여 배압이 높아도 작동하며, 드레인 배출온도를 변화시킬 수 있고 증기누출이 없는 트랩은?
① 디스크(disk)식
② 플로트(float)식
③ 상향 버킷(bucket)식
④ 바이메탈(bimetal)식

해설 바이메탈(bimetal)식 트랩 : 증기와 응축수의 온도차를 이용(금속의 신축성을 이용)한 온도조절식 트랩이다. **답** ④

57 [보기]에서 설명하는 증기트랩은?

> [보기]
> - 가동 시 공기배출이 필요 없다.
> - 작동이 빈번하여 내구성이 낮다.
> - 작동 확률이 높고 소형이며 워터해머에 강하다.
> - 고압용에는 부적당하나 과열증기 사용에는 적합하다.

① 디스크식 트랩(disc type trap)
② 버킷형 트랩(bucket type trap)
③ 플로트식 트랩(float type trap)
④ 바이메탈식 트랩(bimetal type trap)

해설 디스크식 트랩(disc type trap) : 증기와 포화수와의 열역학적 특성차를 이용하는 열역학적 트랩이다. **답** ①

58 보일러 연소량을 일정하게 하고 수요처의 저부하시 잉여증기를 축적시켰다가 급작한 부하변동이나 저부하 등에 대처하기 위해 사용되는 장치는?

① 탈기기   ② 인젝터
③ 어큐뮬레이터   ④ 재열기

해설 증기 축열기(steam accumulator) : 보일러에서 과잉 발생한 증기를 저장하고 부하가 증가하면 증기를 공급하여 증기 부족을 해소하는 장치로 변압식과 정압식이 있다. **답** ③

59 플래시탱크(flash tank)의 기능을 옳게 설명한 것은?

① 증기 건도를 높이는 장치이다.
② 증기를 단순히 저장하는 장치이다.
③ 고압 응축수를 저압증기로 이용하는 장치이다.
④ 저압 응축수를 고압증기로 이용하는 장치이다.

해설 플래시탱크(flash tank) : 고압의 응축수가 많이 발생하는 증기사용시설에 설치하여 재증발 되는 저압의 증기를 분리하여 이용하는 장치이다. **답** ③

60 보일러의 부속장치 중 여열장치가 아닌 것은?

① 공기예열기   ② 송풍기
③ 재열기   ④ 절탄기

해설 여열장치(폐열회수 장치) : 과열기, 재열기, 급수예열기(절탄기), 공기예열기 **답** ②

61 과열기(super heater)에 대한 설명 중 틀린 것은?

① 보일러에서 발생한 포화증기를 가열하여 증기의 온도를 높이는 장치이다.
② 저압 보일러의 효율을 상승시키기 위하여 주로 사용된다.
③ 증기의 열에너지가 커 열손실이 많아질 수 있다.
④ 고온부식의 우려와 연소가스의 저항으로 압력손실이 크다.

해설 과열기(super heater)의 역할 : 보일러에서 발생한 습포화증기를 연소가스 여열(餘熱) 등을 이용하여 압력을 일정하게 유지하면서 온도만을 높여 과열증기를 만드는 장치이다. **답** ②

62 일반적으로 보일러 부하가 증가할수록 복사 과열기와 대류 과열기의 과열온도는 어떻게 되는가?

① 복사 과열기 온도는 상승하고, 대류 과열기 온도는 하강한다.
② 복사 과열기 온도는 하강하고, 대류 과열기 온도는 상승한다.
③ 두 과열기 모두 온도가 상승한다.
④ 두 과열기 모두 온도가 하강한다.

해설 보일러 부하가 증가하면 연소량이 증가하고 발생열량의 대부분은 증기발생에 소요되므로 연소실 고온부에 설치되는 복사 과열기 온도는 하강하고, 연소량 증가에 따라 배기가스량이 많아지므로 연도에 설치되는 대류과열기 온도는 상승된다. **답** ②

62 고압 증기 터빈에서 팽창되어 압력이 저하된 증기를 가열하는 보일러의 부속장치는?

① 재열기   ② 과열기
③ 절탄기   ④ 공기예열기

해설 재열기(reheater)의 역할 : 고압 증기터빈에서 일정한 팽창을 하고 포화상태에 가까워진 증기를 모두 회수하여 재차 열을 가하여 과열증기로 만들어 저압 터빈에서 팽창하도록 하는 장치이다.   답 ①

63 절탄기에 관한 설명으로 옳은 것은?

① 과열증기의 일부로 급수를 예열하는 장치이다.
② 연도 가스의 열로 급수를 예열하는 장치이다.
③ 연도 가스의 열로 고온의 공기를 만드는 장치이다.
④ 연도 가스의 열로 고온의 증기를 만드는 장치이다.

해설 급수예열기(economizer) : 보일러 급수를 연소가스 여열을 이용하여 예열시키는 장치로, 절탄기(節炭器)라 한다. 급수예열기 출구의 급수온도는 그 급수의 포화온도 이하의 적당한 온도로 한다.   답 ②

64 보일러의 부속장치인 이코노마이저에 대한 설명으로 틀린 것은?

① 통풍손실이 발생할 수 있다.
② 저온부식이 발생할 수 있다.
③ 증발능력을 상승시킨다.
④ 열응력을 증가시킨다.

해설 절탄기(economizer) 사용 시 특징
㉮ 보일러 열효율 향상
㉯ 보일러 동체의 열응력 발생 방지
㉰ 급수 중 불순물의 일부 제거
㉱ 연료소비량 감소
㉲ 통풍저항 증가로 연돌의 통풍력 저하
㉳ 저온부식의 원인
㉴ 연도의 청소, 검사, 점검 곤란   답 ④

65 공기예열기의 효과에 대한 설명으로 틀린 것은?

① 연소효율을 증가시킨다.
② 과잉공기량을 줄일 수 있다.
③ 배기가스 저항이 줄어든다.
④ 저질탄 연소에 효과적이다.

해설 공기예열기 사용 시 특징
(1) 장점
㉮ 전열효율, 연소효율 향상
㉯ 예열공기의 공급으로 불완전연소가 감소된다.
㉰ 보일러 열효율 향상
㉱ 품질이 낮은 연료도 사용할 수 있다.
(2) 단점
㉮ 통풍저항 증가
㉯ 연돌의 통풍력 저하
㉰ 저온부식의 원인
㉱ 연도의 청소, 검사, 점검 곤란   답 ③

66 연소실에서 연도까지 배치된 보일러 부속 설비의 순서를 바르게 나타낸 것은?

① 절탄기 → 과열기 → 공기 예열기
② 과열기 → 절탄기 → 공기 예열기
③ 공기 예열기 → 과열기 → 절탄기
④ 과열기 → 공기 예열기 → 절탄기

해설 연소실에서 연도까지 여열회수장치 설치 순서 : 과열기 → 재열기 → 절탄기 → 공기예열기   답 ②

67 노통 보일러의 수면계 최저 수위 부착 기준으로 옳은 것은?

① 노통 최고부 위 50[mm]
② 노통 최고부 위 100[mm]
③ 연관의 최고부 위 10[mm]
④ 연소실 천정판 최고부 위 연관 길이의 1/3

해설 ㉮ 수면계 부착 위치 : 수면계 유리관의 최하부가 안전저수위와 일치하도록 설치
㉯ 보일러 종류별 안전저수위

보일러의 종류	안전 저수위
직립형 보일러	연소실 천장판 최고부위 75[mm] 상방
직립 연관 보일러	연소실 천장판 최고부위에서 연관길이의 1/3 지점
수평 연관 보일러	연관 최고부위 75[mm] 상방
노통 보일러	노통 최고부위 100[mm] 상방
노통 연관 보일러	• 연관이 노통보다 높을 경우 : 연관 최고부위 75[mm] 상방 • 노통이 연관보다 높을 경우 : 노통 최고부위 100[mm] 상방

답 ②

68 수면계의 안전관리 사항으로 옳은 것은?

① 수면계의 최상부와 안전저수위가 일치하도록 장착한다.
② 수면계의 점검은 2일에 1회 정도 실시한다.
③ 수면계가 파손되면 물 밸브를 신속히 닫는다.
④ 보일러는 가동완료 후 이상 유무를 점검한다.

해설 수면계의 안전관리 사항
㉮ 수면계 부착 위치 : 수면계 유리관의 최하부가 안전저수위와 일치하도록 설치
㉯ 수면계의 기능시험은 매일 실시한다. 기능시험은 보일러를 가동하기 전에 실시한다.
㉰ 수면계의 콕크는 누설되기 쉬우므로 6개월 주기로 분해정비하여 조작하기 쉬운 상태로 유지한다.
㉱ 수주관 하부의 분출관은 매일 1회 분출하여 수측 연결관의 찌꺼기를 배출한다.

답 ③

69 사이폰 관(siphon tube)과 관련이 있는 것은?

① 수면계　　　② 안전 밸브
③ 압력계　　　④ 어큐뮬레이터

해설 사이폰관(siphon tube) : 압력계를 보호하기 위하여 안지름 6.5[mm] 이상의 관을 한 바퀴 돌려 가공된 것으로 관 내부에 물을 투입하여 고온증기가 부르동관에 영향을 미치지 않도록 한다.

답 ③

70 보일러 수(水)의 분출의 목적이 아닌 것은?

① 물의 순환을 촉진한다.
② 가성취화를 방지한다.
③ 프라이밍 및 포밍을 촉진한다.
④ 관수의 pH를 조절한다.

해설 보일러 수(水)의 분출의 목적
㉮ 슬러지 생성 및 스케일 방지
㉯ 보일러수의 pH 조절
㉰ 프라이밍, 포밍 현상을 방지
㉱ 보일러수의 농축방지 및 순환을 양호하게 유지
㉲ 고수위 방지
㉳ 세관작업을 후 폐액을 배출시키기 위하여

답 ③

71 보일러 외부 청소법 중 수관보일러에 대한 가장 적합한 기구는?

① 슈트 블로어
② 워터 소킹
③ 스크랩퍼
④ 샌드 블라스트

해설 그을음 불어내기(soot blow) : 전열면 외측 또는 수관 수위의 그을음이나 새를 불어 제거하는 징치로 수관 보일러의 외부 청소법 중 가장 적합하다.

답 ①

72 shell & tube 열교환기에 대한 설명으로 틀린 것은?

① 현장제작이 가능히여 좁은 공간에 설치가 가능하다.
② 플레이트 열교환기에 비해서 열통과율이 낮다.
③ shell과 tube 내의 흐름은 직류보다 향류 흐름의 성능이 더 우수하다.
④ 구조상 고온·고압에 견딜 수 있어 석유화학공업 분야 등에서 많이 이용된다.

해설 원통형의 쉘(shell) 내부에 다수의 관군(tube)을 삽입시킨 형태로 현장제작이 곤란하다.

답 ①

73 금속판을 전열체로 하여 유체를 가열하는 방식으로 열팽창에 대한 염려가 없고 플랜지이음으로 되어 있어 내부수리가 용이한 열교환기 형식은?
① 유동두식
② 플레이트식
③ 융그스크럼식
④ 스파이럴식

해설) 스파이럴식(spiral type) 열교환기 : 시계의 태엽 모양으로 감아 제조되어 열팽창이 큰 경우에도 견딜 수 있고 유량이 적은 경우 심한 난류현상이 발생되는 곳에서 사용된다. 답 ④

74 전열계수가 비교적 낮으므로 열교환만을 목적으로 한 용도에는 부적당하나 구조가 간단하고 제작이 쉬워서 내부 유체의 보온을 목적으로 하는 경우에 적합한 열교환기는?
① 단관식 열교환기
② 이중관식 열교환기
③ 플레이트식 열교환기
④ 재킷식 열교환기

해설) 재킷식 열교환기 : 열 교환 목적보다는 내부 유체의 보온 등 특수한 목적에 사용되는 특수 열교환기의 한 종류이다. 답 ④

75 판형 열교환기의 일반적인 특징에 대한 설명으로 틀린 것은?
① 구조상 압력손실이 적고 내압성은 크다.
② 다수의 파형이나 반구형의 돌기를 프레스 성형하여 판을 조합한다.
③ 전열면의 청소나 조립이 간단하고, 고점도에도 적용할 수 있다.
④ 판의 매수 조절이 가능하여 전열면적 증감이 용이하다.

해설) 구조상 압력손실이 크다. 답 ①

76 열교환기의 성능이 저하되는 요인은?
① 온도차의 증가
② 유체의 느린 유속
③ 향류 방향의 유체 흐름
④ 높은 열전도율의 재료 사용

해설) 열교환기의 성능을 향상시키는 방법(열교환기 효율을 향상시키는 방법)
㉮ 유체의 유속을 빠르게 한다.
㉯ 유체의 흐름 방향을 향류로 한다.
㉰ 열전도율이 높은 재료를 사용한다.
㉱ 두 유체의 온도차를 크게 한다.
㉲ 전열면적을 크게 한다. 답 ②

77 동일 조건에서 열교환기의 온도효율이 높은 순서대로 나열한 것은?
① 향류 > 직교류 > 병류
② 병류 > 직교류 > 향류
③ 직교류 > 향류 > 병류
④ 직교류 > 병류 > 향류

해설) 온도효율은 열교환할 유체와 열매가 반대방향으로 흐르는 향류형이 가장 크고, 같은 방향으로 흐르는 병류형이 가장 작으며 직각으로 교차하는 직교류형이 중간에 해당된다. 답 ①

2 열설비 설계

2.1 열사용 기자재의 용량

(1) 보일러 용량

정격 증발량(시간당 상당증발량)으로 나타낸다.

① **정격용량** : 보일러 최고사용압력, 과열증기온도, 급수온도, 사용연료성상 등이 소정 조건하에서 양호한 상태로 발생할 수 있는 최대의 연속증발량이다.

② **보일러 용량 표시방법**
  ㉮ 시간당 최대증발량 : [kg/h], [ton/h]
  ㉯ 상당(환산) 증발량 : [kg/h]
  ㉰ 최고 사용압력 : [kgf/cm^2], [MPa]
  ㉱ 보일러 마력
  ㉲ 전열면적 : [m^2]
  ㉳ 과열증기온도 : [℃]

(2) 보일러 성능 계산하기

① **증발량**
  ㉮ 실제 증발량 : 압력과 온도에 관계없이 급수량에 정비례한 증발량
  ㉯ 상당 증발량(환산 증발량) : 실제 증발량을 기준 증발량으로 환산하였을 때의 증발량. 즉, 100[℃]의 포화수를 100[℃]의 건조포화증기로 발생시킬 수 있는 증발량

$$G_e = \frac{G_a(h_2 - h_1)}{539}$$

여기서, G_e : 상당 증발량[kg/h] G_a : 실제 증발량[kg/h]
h_2 : 습포화증기 엔탈피[kcal/kg] h_1 : 급수 엔탈피[kcal/kg]

② **보일러 마력** : 1 보일러 마력이란 1시간에 15.65[kg]의 상당 증발량을 갖는 보일러의 동력. 즉, 100[℃] 물 15.65[kg]을 1시간에 같은 온도의 증기로 변화시킬 수 있는 능력이며, 8435.35[kcal/h]의 열을 흡수하여 증기를 발생할 수 있는 능력이다.

$$\text{보일러 마력} = \frac{G_e}{15.65} = \frac{G_a(h_2 - h_1)}{539 \times 15.65}$$

③ 전열면 증발률
  ㉮ 전열면 증발률[kg/m² · h] : 1시간 동안 보일러 전열면적 1[m²]에 대한 실제 발생 증기량과의 비

  $$전열면\ 증발률 = \frac{G_a}{F}$$

  ㉯ 전열면 환산 증발률[kg/m² · h] : 1시간 동안 보일러 전열면적 1[m²]에 대한 상당 증발량과의 비

  $$R_e = \frac{G_e}{F} = \frac{G_a(h_2 - h_1)}{539 \cdot F}$$

  여기서, G_e : 상당 증발량[kg/h] G_a : 실제 증발량[kg/h]
  F : 전열면적[m²] h_2 : 습포화증기 엔탈피[kcal/kg]
  h_1 : 급수 엔탈피[kcal/kg]

④ 전열면 열부하[kcal/m² · h] : 1시간 동안 보일러 전열면적 1[m²] 대한 증기 발생에 소요된 열량과의 비

$$H_b = \frac{G_a(h_2 - h_1)}{F}$$

⑤ 매시 연료소비량[kg/h] : 1시간 동안 소비된 연료량

$$G_f = \frac{전연료\ 소비량}{시험시간}$$

⑥ 증발계수 : 상당 증발량과 실제 증발량의 비

$$증발계수 = \frac{G_e}{G_a} = \frac{h_2 - h_1}{539}$$

⑦ 증발배수
  ㉮ 실제 증발배수 : 1시간 동안 실제 증발량(G_a)과 연료 소비량(G_f)의 비

  $$실제\ 증발배수 = \frac{G_a}{G_f}$$

  ㉯ 환산 증발배수 : 1시간 동안 환산 증발량(G_e : 상당증발량)과 연료 소비량(G_f)의 비

  $$환산\ 증발배수 = \frac{G_e}{G_f}$$

⑧ **보일러 부하율** : 1시간 동안 연료의 연소에 의해서 실제로 발생되는 증발량과 최대 연속 증발량과의 비

$$보일러\ 부하율[\%] = \frac{실제\ 증발량}{최대\ 연속\ 증발량} \times 100$$

⑨ **연소실 열부하(열발생률)[kcal/m³ · h]** : 1시간 동안 발생되는 열량과 연소실 체적 1[m³]의 비

$$연소실\ 열부하 = \frac{G_f(H_l + Q_1 + Q_2)}{연소실\ 체적}$$

여기서, G_f : 시간당 연료사용량[kg/h] H_l : 연료의 저위발열량[kcal/kg]
Q_1 : 연료의 현열[kcal/kg] Q_2 : 공기의 현열[kcal/kg]

⑩ **증기보일러 효율**

$$\eta = \frac{G_a(h_2 - h_1)}{G_f \cdot H_l} \times 100 = \frac{539 \cdot G_e}{G_f \cdot H_l} \times 100 = (연소효율 \times 전열효율) \times 100$$

여기서, G_a : 실제 증발량[kg/h] G_e : 상당 증발량[kg/h]
G_f : 연료소비량[kg/h] H_l : 연료의 저위발열량[kcal/kg]
h_2 : 포화증기 엔탈피[kcal/kg] h_1 : 급수 엔탈피[kcal/kg]

2.2 열 설비

(1) 응력(stress)

재료에 하중을 가하면 재료의 내부에서는 하중과 크기가 같은 반대방향의 내압을 일으키고 물체는 하중의 크기에 따라 변형한다. 이 하중을 받는 방향에 직각인 단면적으로 나눈 것을 응력이라 한다.

$$\sigma = \frac{W}{A}$$

여기서, σ : 응력[kgf/cm²], W : 하중[kgf], A : 단면적[cm²]

① **축(길이)방향 인장응력** : $\sigma_A = \dfrac{PD}{4t}$

② **원주(원둘레)방향 인장응력** : $\sigma_B = \dfrac{PD}{2t}$

※ 원주(원둘레)방향 인장응력은 축(길이)방향 인장응력 2배이다.

(2) 재료의 허용응력

① 크리프 영역에 달하지 않는 설계온도에서의 철강재료 허용인장응력 : 다음 값 중에서 최소인 것으로 한다.
- ㉮ 상온에서의 최소 인장강도의 1/4
- ㉯ 설계온도에서의 인장강도의 1/4
- ㉰ 상온에서의 최소 항복점 또는 0.2[%] 내력의 1/1.6
- ㉱ 설계온도에서의 항복점 또는 0.2[%] 내력의 1/1.6

② 크리프 영역의 설계 온도에서의 허용인장응력 : 다음 값 중 최소인 것을 취한다.
- ㉮ 설계온도에서 1,000시간에 0.01[%]의 크리프가 생기는 응력의 평균치
- ㉯ 설계온도에서 10,000시간에 럽처가 생기는 응력 평균치의 1/1.5
- ㉰ 설계온도에서 100,000시간에 럽처가 생기는 응력 최소치의 1/1.25

(3) 완충폭(breathing space)

고온에 의한 노통의 신축작용으로 응력이 발생하고 이로 인하여 평형 경판이 손상되는 것을 방지하기 위하여 가셋트 스테이(gusset stay) 하단부와 노통의 상단부와의 거리이다.

노통보일러의 완충폭

경판의 두께	완충 폭
13[mm] 이하	230[mm] 이상
15[mm] 이하	260[mm] 이상
17[mm] 이하	280[mm] 이상
19[mm] 이하	300[mm] 이상
19[mm] 초과	320[mm] 이상

2.3 관의 설계 및 규정

(1) 동체

① 동체의 최소두께
- ㉮ 안지름 900[mm] 이하인 것은 6[mm]. 단, 스테이를 부착하는 경우는 8[mm]
- ㉯ 안지름 900[mm]를 초과하고 1,350[mm] 이하인 것은 8[mm]
- ㉰ 안지름 1,350[mm]를 초과하고 1,850[mm] 이하인 것은 10[mm]
- ㉱ 안지름 1,850[mm]를 초과하는 것은 12[mm]

② **내압동체의 최소두께** : 내면에 압력을 받는 동체, 헤더 등의 원통부 최소 두께

㉮ 바깥지름을 기준으로 하는 경우 : $t = \dfrac{PD_o}{2\sigma_a \eta - 2kP} + \alpha$

㉯ 안지름을 기준으로 하는 경우 : $t = \dfrac{PD_i}{2\sigma_a \eta - 2P(1-k)} + \alpha$

여기서, t : 원통부의 최소두께[mm] P : 최고사용압력[MPa]
D_o : 동체의 바깥지름[mm] D_i : 동체의 안지름[mm]
σ_a : 재료의 허용인장응력[N/mm^2] η : 이음 효율
α : 부식여유로서 1[mm] 이상으로 한다.
k : 동체의 증기(온수, 열매)온도에 대응하는 값

(2) 관판

① **연관 보일러 관판의 최소 두께**

㉮ 연관보일러 관판의 최소 두께

관판의 바깥지름[mm]	최소두께[mm]
1,350 이하	10
1,350 초과 1,850 이하	12
1,850 초과	14

㉯ 연관의 바깥지름이 38~102[mm]인 경우 다음 식의 값 이상이어야 한다.

$$t = 5 + \dfrac{d}{10}$$

여기서, t : 관판의 최소 두께[mm], d : 관 구멍의 지름[mm]

② **연관 보일러 연관의 최소 피치**

$$P = \left(1 + \dfrac{4.5}{t}\right)d$$

여기서, P : 연관의 최소 피치[mm], t : 연관판의 두께[mm]
d : 관 구멍의 지름[mm]

(3) 화실 및 노통

① **화실 및 노통용 판의 두께 제한**

㉮ 화실 및 노통용 판의 최소두께 제한 : 플랜지가 있는 화실판 또는 노통판의 두께는 8[mm] 이상으로 하여야 한다.

㉯ 화실 및 노통용 판의 최고두께 제한 : 평노통, 파형노통, 화실 및 직립보일러 화실판의 최고 두께는 22[mm] 이하이어야 한다. 다만, 습식 화실 및 조합노통 중 평노통은 제외한다.

② **직립보일러의 굴뚝 관** : 직립보일러의 화실 천장판과 경판을 잇는 굴뚝관의 안지름은 동체 안지름의 1/6 이상으로 하고 그 최소 두께는 다음 식에 따른다.

$$t = \frac{10PD}{227} + \alpha$$

여기서, t : 굴뚝관의 최소두께[mm] P : 최고사용압력[MPa]
         D : 굴뚝관의 바깥지름[mm] α : 부식 여유, 1[mm] 이상

③ **파형노통의 종류**

㉮ 파형노통 종류별 피치 및 골의 깊이

노통의 종류	피치[mm]	골의 깊이[mm]
모리슨형	200 이하	32 이상
데이톤형	200 이하	38 이상
폭스형	200 이하	38 이상
파브스형	230 이하	35 이상
리즈포지형	200 이하	57 이상
브라운형	230 이하	41 이상

㉯ 파형노통의 최소 두께 : 파형노통으로서 그 끝의 평행부 길이가 230[mm] 미만인 것의 관의 최소 두께는 다음 계산식으로 계산한다.

$$t = \frac{10PD}{C}$$

여기서, t : 노통의 최소두께[mm]
       P : 최고사용압력[MPa]
       D : 노통의 파형부에서의 최대내경과 최소내경의 평균치[mm]
           (모리슨형 노통에서는 최소내경에 50[mm]를 더한 값)
       C : 노통의 종류 별 상수 값

④ **노통과 연관의 틈새** : 노통연관 보일러의 노통 바깥면과 이것에 가장 가까운 연관의 면과는 50[mm] 이상의 틈새를 두어야 한다. 다만, 노통에 파형 또는 보강 링 등의 돌기를 설비할 때에는 이들 돌기물의 바깥면과 이것에 가장 가까운 연관의 틈새는 30[mm] 이상으로 하여도 지장이 없다.

(4) 스테이 및 스테이에 의하여 지지되는 판

① 관 스테이의 최소 단면적 계산

$$S = 2(A-a)P$$

여기서, S : 관 스테이의 최소 단면적[mm^2]
A : 1개의 관 스테이가 지시하는 면적[cm^2]
a : A 중에서 관 구멍의 합계 면적[cm^2]
P : 최고 사용 압력[MPa]

※ 최고사용압력의 단위가 [kgf/cm^2]일 때 $S = \dfrac{(A-a)P}{5}$

② **핀 이음에 의한 스테이의 부착** : 봉스테이 또는 경사스테이를 핀 이음으로 부착할 때는 핀이 2곳에서 전단력을 받도록 하고, 핀의 단면적은 스테이 소요 단면적의 3/4 이상으로 하며, 스테이 링부의 단면적은 스테이 소요 단면적의 1.25배 이상으로 하여야 한다.

③ **관 스테이를 용접으로 부착하는 경우**
㉮ 스테이 재료의 탄소 함유량은 0.35[%] 이하로 한다.
㉯ 스테이를 판의 구멍에 삽입하여 그 주위를 용접하며, 또한 스테이의 축에 평행하게 전단력이 작용하는 면은 스테이가 필요한 단면적의 1.25배 이상으로 한다.
㉰ 용접의 다리길이는 4[mm] 이상으로 하며, 또한 관의 두께 이상으로 한다.
㉱ 스테이의 끝은 판의 외면보다 안쪽에 있어서는 안 된다.
㉲ 스테이의 끝은 화염에 접촉하는 판의 바깥으로 10[mm]를 초과하여 돌출해서는 안 된다.
㉳ 관 스테이의 두께는 4[mm] 이상으로 한다.
㉴ 관 스테이는 용접하기 전에 가볍게 확관한다.

(5) 맨홀, 청소구멍 및 검사구멍 설치

① 맨홀의 크기는 긴 지름 375[mm] 이상, 짧은 지름 275[mm] 이상의 타원형 또는 긴 원형 혹은 안지름 375[mm] 이상의 원형으로 하여야 한다.
② 청소 또는 검사를 하기 위하여 손을 넣을 필요가 있는 구멍(손구멍)의 크기는 긴 지름 90[mm] 이상, 짧은 지름 70[mm] 이상인 타원형이나 또는 지름 90[mm] 이상의 원형(각형으로 할 때에는 안치수 90[mm] 이상)으로 하여야 한다. 또, 검사구멍은 지름 30[mm] 이상의 원형으로 하여야 한다.

2.4 용접 및 리벳 이음의 설계

(1) 용접 이음

① 특징

㉮ 장점
ⓐ 이음부 강도가 크고, 하자 발생이 적다.
ⓑ 이음부 관 두께가 일정하므로 마찰저항이 적다.
ⓒ 배관의 보온, 피복 시공이 쉽다.
ⓓ 시공기간을 단축할 수 있고 유지비, 보수비가 절약된다.

㉯ 단점
ⓐ 재질의 변형이 일어나기 쉽다.
ⓑ 용접부의 변형과 수축이 발생한다.
ⓒ 용접부의 잔류응력이 현저하다.
ⓓ 진동에 대한 감쇠력이 낮다.
ⓔ 응력집중에 대하여 민감하다.

② 맞대기 이음의 판 두께에 따른 그루브의 형상(자동용접의 경우 제외)

판의 두께	그루브의 형상
6[mm] 이상 16[mm] 이하	V형, R형 또는 J형
12[mm] 이상 38[mm] 이하	X형, K형, 양면 J형 또는 U형
19[mm] 이상	H형

③ 용접 이음의 인장응력 계산식

$$\sigma = \frac{W}{h \times l}$$

여기서, σ : 인장응력[kgf/cm^2] W : 인장하중[kgf]
h : 모재의 두께[cm] l : 용접부 길이[cm]

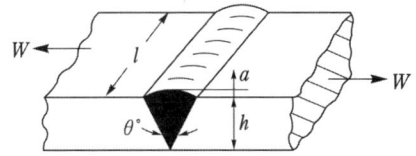

(2) 리벳 이음

① **강판의 효율** : 강판의 인장강도에 대한 리벳 이음을 한 강판의 인장강도 비율

$$\eta_1 = 1 - \frac{d}{P}$$

② **리벳의 효율** : 강판의 인장강도에 대한 리벳의 전단강도 비율

$$\eta_2 = \frac{n\pi d^2 \tau}{4Pt\sigma_t}, \quad \tau = \frac{4W}{\pi d^2}, \quad \sigma_t = \frac{W}{t(P-d)}$$

여기서, d : 리벳 구멍의 지름[mm]
  P : 리벳의 피치[mm]
  n : 1피치 내에 있는 리벳의 전단면의 수
  t : 강판의 두께[mm]
  τ : 리벳의 전단강도[kgf/mm^2]
  σ_t : 강판의 인장강도[kgf/mm^2]
  W : 1피치에 걸리는 하중[kgf]

출제예상문제
Expected problems

01 보일러의 용량을 산출하거나 표시하는 값으로 적합하지 않은 것은?
① 상당증발량　② 보일러 마력
③ 전열면적　　④ 재열계수

해설 보일러 용량 표시방법
㉮ 시간당 최대증발량 : kg/h, ton/h
㉯ 상당(환산) 증발량 : kg/h
㉰ 최고 사용압력 : kgf/cm², MPa
㉱ 보일러 마력
㉲ 전열면적 : m²
㉳ 과열증기온도 : ℃
답 ④

02 상당증발량에 대한 정의로 옳은 것은?
① 보일러 발생열량을 이용하여 표준대기압 하에서 100[℃]의 포화증기를 100[℃]의 포화수로 만들 수 있는 증기량을 말한다.
② 보일러 발생열량을 이용하여 표준대기압 하에서 80[℃]의 환수를 100[℃]의 포화증기로 만들 수 있는 증기량을 말한다.
③ 보일러 발생열량을 이용하여 표준대기압 하에서 100[℃]의 포화수를 100[℃]의 포화증기로 만들 수 있는 증기량을 말한다.
④ 보일러 발생열량을 이용하여 표준대기압 하에서 0[℃]의 물을 100[℃]의 포화증기로 만들 수 있는 증기량을 말한다.

해설 상당 증발량(환산 증발량) : 실제 증발량을 기준 증발량으로 환산하였을 때의 증발량. 즉, 100[℃]의 포화수를 100[℃]의 건조포화증기로 발생시킬 수 있는 증발량으로 단위는 [kg/h]이다.

$$\therefore G_e = \frac{G_a(h_2 - h_1)}{539}$$
답 ③

03 10[kgf/cm²]의 압력 하에 2,000[kg/h]로 증발하고 있는 보일러의 급수온도가 20[℃]일 때 환산증발량은? (단, 발생증기의 엔탈피는 600[kcal/kg]이다.)

① 2,152[kg/h]　② 3,124[kg/h]
③ 4,562[kg/h]　④ 5,260[kg/h]

해설
$$G_e = \frac{G_a(h_2 - h_1)}{539} = \frac{2,000 \times (600 - 20)}{539}$$
$$= 2,152.133[kg/h]$$
답 ①

04 급수온도 20[℃]인 보일러에서 증기압력이 10[kgf/cm²]이며 이때 온도 300[℃]의 증기가 매시간당 1[ton]씩 발생된다고 할 때 상당증발량은 약 몇 [kg/h]인가? (단, 증기압력 10[kgf/cm²]에 대한 300[℃]의 증기엔탈피는 662[kcal/kg], 20[℃]에 대한 급수엔탈피는 20[kcal/kg]이다.)

① 1,191　② 2,048
③ 2,247　④ 3,232

해설
$$G_e = \frac{G_a(h_2 - h_1)}{539} = \frac{1,000 \times (662 - 20)}{539}$$
$$= 1,191.094[kg/h]$$
답 ①

05 압력이 20[kgf/cm²], 건도가 95[%]인 습포화증기를 시간당 5[ton]을 발생하는 보일러에서 급수온도가 50[℃]라면 상당증발량은? (단, 20[kgf/cm²]의 포화수와 건포화증기의 엔탈피는 각각 215.82[kcal/kg], 668.5[kcal/kg]이다.)

① 5,528[kg/h]
② 8,345[kg/h]
③ 10,258[kg/h]
④ 12,573[kg/h]

해설 ㉮ 습포화증기 엔탈피 계산
$$\therefore h_2 = h' + (h'' - h') \times x$$
$$= 215.82 + \{(668.5 - 215.82) \times 0.95\}$$
$$= 645.866[kcal/kg]$$

㉰ 상당증발량 계산

$$\therefore G_e = \frac{G_a(h_2 - h_1)}{539}$$

$$= \frac{5 \times 10^3 \times (645.866 - 50)}{539}$$

$$= 5,527.513 [kg/h] \quad \boxed{답} ①$$

06 보일러 1마력을 상당 증발량으로 환산하면 약 몇 [kg/h]가 되는가?

① 3.05   ② 15.65
③ 30.05 ④ 34.55

해설 보일러 마력 : 보일러 마력이란 1시간에 15.65[kg]의 상당 증발량을 갖는 보일러의 동력. 즉, 100[℃] 물 15.65[kg]을 1시간에 같은 온도의 증기로 변화시킬 수 있는 능력이며, 약 8,435.35[kcal/h] 열을 흡수하여 증기를 발생할 수 있는 능력이다.

$$\therefore \text{보일러 마력} = \frac{G_e}{15.65} = \frac{G_a(h_2 - h_1)}{539 \times 15.65} \quad \boxed{답} ②$$

07 보일러 5마력의 상당증발량은?

① 55.65[kg/h]   ② 78.25[kg/h]
③ 86.45[kg/h]   ④ 98.35[kg/h]

해설 보일러 마력 = $\frac{G_e}{15.65}$ 에서

$\therefore G_e$ = 보일러 마력 × 15.65
   = 5 × 15.65 = 78.25[kg/h] 답 ②

08 보일러의 성능계산 시 사용되는 증발률 [kg/m²·h]에 대하여 가장 옳게 나타낸 것은?

① 실제증발량에 대한 발생증기 엔탈피와의 비
② 연료소비량에 대한 상당증발량과의 비
③ 상당증발량에 대한 실제증발량과의 비
④ 전열면적에 대한 실제증발량과의 비

해설 전열면 증발률 : 1시간 동안 보일러 전열면적 1[m²]에 대한 실제 발생 증기량과의 비

$$\therefore \text{전열면 증발률} = \frac{\text{실제 증기 발생량}(G_a : [kg/h])}{\text{전열면적}(F : [m^2])}$$

답 ④

09 보일러의 증발량이 20[ton/h]이고, 보일러 본체의 전열면적이 450[m²]일 때 보일러의 증발률은 약 몇 [kg/m²·h]인가?

① 24   ② 34
③ 44   ④ 54

해설 $Be_1 = \frac{G_a}{F} = \frac{20 \times 1,000}{450}$
$= 44.444 [kg/m^2 \cdot h]$ 답 ③

10 전열면적이 50[m²]인 연관보일러를 5시간 연소시킨 결과 10,000[kg]의 증기가 발생하였다면 이 보일러의 전열면 증발률은?

① 20[kg/m²·h]   ② 30[kg/m²·h]
③ 40[kg/m²·h]   ④ 50[kg/m²·h]

해설 $Be_1 = \frac{G_a}{F} = \frac{10,000}{50 \times 5} = 40 [kg/m^2 \cdot h]$ 답 ③

11 전열면 열부하를 가장 바르게 나타낸 것은?

① 보일러 연소실 용적 1[m³]당 연료를 소비시켜 발생한 총 열량[kcal/m³·h]
② 보일러 전열면적 1[m²]당 1시간 동안의 보일러 열 출력[kcal/m²·h]
③ 보일러 전열면적 1[m²]당 1시간 동안의 실제 증발량[kg/m²·h]
④ 화격자 면적 1[m²]당 1시간 동안 연소시키는 석탄의 양[kg/m²·h]

해설 전열면 열부하[kcal/m²·h] : 1시간 동안 보일러 전열면적 1[m²]당 증기 발생에 소요된 열량과의 비

$$\therefore H_b = \frac{G_a(h_2 - h_1)}{F}$$

여기서 G_a : 실제 증발량[kg/h]
     F : 전열면적[m²]
     h_2 : 습포화증기 엔탈피[kcal/kg]
     h_1 : 급수 엔탈피[kcal/kg]   답 ②

12 실제 증발량 1,300[kg/h], 급수온도 35[℃], 전열면적 50[m²]인 노통 연관식 보일러의 전열면 열 부하는 약 몇 [kcal/m²·h]인가? (단, 발생증기 엔탈피는 660[kcal/kg]이다.)

① 13,580 ② 16,250
③ 18,675 ④ 20,458

해설)
$$H_b = \frac{G_a(h_2 - h_1)}{F}$$
$$= \frac{1,300 \times (660 - 35)}{50}$$
$$= 16,250[kcal/m^2 \cdot h]$$

답 ②

13 증발계수(증발량)에 대한 식은?

① $\frac{실제\ 증발량}{연료소비량}$

② $\frac{연료소비량}{실제\ 증발량}$

③ $\frac{(급수엔탈피) - (발생증기엔탈피)}{539}$

④ $\frac{(발생증기엔탈피) - (급수엔탈피)}{539}$

해설) 증발계수 : 상당증발량(G_e)과 실제증발량(G_a)의 비

∴ 증발계수 = $\frac{G_e}{G_a} = \frac{h_2 - h_1}{539}$

h_2 : 발생증기 엔탈피[kcal/kg]
h_1 : 급수 엔탈피[kcal/kg]

답 ④

14 어느 보일러의 2시간 동안 증발량이 3,600 [kg]이고, 증기압이 5[kgf/cm²], 급수온도는 80[℃]라고 한다. 이 압력에서 증기의 엔탈피는 640[kcal/kg], 급수엔탈피 80[kcal /kg]일 때 증발계수는 얼마인가? (단, 물의 잠열은 539[kcal/kg]이다.)

① 0.89 ② 1.04
③ 1.41 ④ 1.62

해설) 증발계수 = $\frac{G_e}{G_a} = \frac{h_2 - h_1}{539} = \frac{640 - 80}{539}$
$= 1.038$

답 ②

15 연료 1[kg]이 연소하여 발생하는 증기량의 비를 무엇이라고 하는가?

① 열발생률   ② 증발배수
③ 전열면 증발률 ④ 증기량 발생률

해설) 증발배수
㉮ 실제 증발배수 : 1시간 동안 실제 증발량(G_a)과 연료 소비량(G_f)의 비

∴ 실제 증발배수 = $\frac{G_a}{G_f}$

㉯ 환산(상당) 증발배수 : 1시간 동안 환산 증발량 (G_e : 상당증발량)과 연료 소비량(G_f)의 비

∴ 환산 증발배수 = $\frac{G_e}{G_f}$

답 ②

16 증발량이 1,200[kg/h], 상당증발량이 1,400 [kg/h]일 때 사용연료가 140[kg/h]이고, 비중이 0.8[kg/L]이면 환산증발배수는 얼마인가?

① 8.6   ② 10
③ 10.7 ④ 12.5

해설) 환산(상당) 증발배수 = $\frac{G_e}{G_f} = \frac{1,400}{140} = 10$

답 ②

17 연료 소비량이 50[kg/h]인 로(爐)의 연소실 체적이 50[m³], 사용연료의 저위발열량이 5,400[kcal/kg]이라 할 때 연소실의 열 발생률은? (단, 공기의 예열온도에 의한 영향은 무시한다.)

① 5,400[kcal/m³·h]
② 6,800[kcal/m³·h]
③ 7,200[kcal/m³·h]
④ 8,400[kcal/m³·h]

해설) 연소실 열부하 = $\frac{G_f(H_l + Q_1 + Q_2)}{연소실\ 체적}$
$= \frac{50 \times 5400}{50}$
$= 5400[kcal/m^3 \cdot h]$

답 ①

18 어떤 수관보일러에서 미분탄을 연료로 사용하고 있다. 연소실의 열 발생률을 0.20×10^6 [kcal/m³·h]로 볼 때, 연소실 체적이 3.4 [m³]이면 연료소비량은 약 몇 [kg/h]인가? (단, 연료의 저위발열량은 6,000[kcal/kg]로 하고, 이 보일러 장치는 공기예열기가 없다.)

① 113　　② 138
③ 179　　④ 190

해설 연소실 열부하[kcal/m³·h] = $\dfrac{G_f(H_l + Q_1 + Q_2)}{\text{연소실 체적}}$

∴ $G_f = \dfrac{\text{연소실 열부하} \times \text{연소실 체적}}{H_l}$

$= \dfrac{0.20 \times 10^6 \times 3.4}{6,000}$

$= 113.333 \text{[kg/h]}$　　답 ①

19 증기발생을 위해 쓰인 열량과 보일러에 공급된 열량(입열량)과의 비를 무엇이라고 하는가?

① 전열면 열 부하　② 보일러 효율
③ 증발계수　　　　④ 전열면의 증발률

해설 보일러 효율 : 증기 발생에 이용된 열량과 보일러에 공급한 연료가 완전연소할 때의 열량과의 비

∴ $\eta = \dfrac{\text{유효하게 사용된 열량}}{\text{공급된 열량}} \times 100$　답 ②

20 매시간 1,600[kg]의 석탄을 연소시켜 12,000 [kg/h]의 증기를 발생시키는 보일러의 효율은? (단, 석탄의 저위발열량은 6,000[kcal/kg], 급수온도는 20[℃], 증기의 엔탈피는 700[kcal/kg]이다.)

① 75[%]　　② 80[%]
③ 85[%]　　④ 90[%]

해설 $\eta = \dfrac{G_a \times (h_2 - h_1)}{G_f \times H_l} \times 100$

$= \dfrac{12,000 \times (700 - 20)}{1,600 \times 6,000} \times 100 = 85\text{[\%]}$　답 ③

21 매시간 2,000[kg]의 포화수증기를 발생하는 보일러가 있다. 보일러 내의 압력은 200 [kPa]이고, 이 보일러에는 매시간 150[kg] 의 연료가 공급된다. 이 보일러의 효율은 약 얼마인가? (단, 보일러에 공급되는 물의 엔탈피는 84[kJ/kg]이고, 200[kPa]에서의 포화증기의 엔탈피는 2,700[kJ/kg]이며, 연료의 발열량은 42,000[kJ/kg]이다.)

① 77[%]　　② 80[%]
③ 83[%]　　④ 86[%]

해설 $\eta = \dfrac{G_a \times (h_2 - h_1)}{G_f \times H_l} \times 100$

$= \dfrac{2,000 \times (2,700 - 84)}{150 \times 42,000} \times 100$

$= 83.047\text{[\%]}$　답 ③

22 저위발열량이 10,000[kcal/kg]인 연료를 사용하고 있는 실제증발량이 4[t/h]인 보일러에서 급수온도 40[℃], 발생증기의 엔탈피가 650[kcal/kg], 급수 엔탈피 40[kcal/kg]일 때 연료 소비량은? (단, 보일러의 효율은 85[%]이다.)

① 251[kg/h]　② 287[kg/h]
③ 361[kg/h]　④ 397[kg/h]

해설 $\eta = \dfrac{G_a \times (h_2 - h_1)}{G_f \times H_l} \times 100$ 에서

∴ $G_f = \dfrac{G_a \times (h_2 - h_1)}{H_l \times \eta} = \dfrac{4,000 \times (650 - 40)}{10,000 \times 0.85}$

$= 287.058\text{[kg/h]}$　답 ②

23 24,500[kW]의 증기원동소에 사용하고 있는 석탄의 발열량이 7,200[kcal/kg]이고, 원동소의 열효율을 23[%]라 하면 매 시간당 필요한 석탄의 양[t/h]은?
(단, 1[kW]는 860[kcal/h]로 한다.)

① 10.5　　② 12.7
③ 15.3　　④ 18.2

[해설] $\eta = \dfrac{\text{사용열량}}{\text{공급열량}(G_f \times H_l)}$ 에서

$\therefore G_f = \dfrac{\text{사용열량}}{H_l \times \eta} = \dfrac{24{,}500 \times 860}{7{,}200 \times 0.23 \times 1{,}000}$

$= 12.723\,[\text{t/h}]$ 답 ②

24 벙커C유 연소보일러의 연소 배가스 온도를 측정한 결과 300[℃]이었다. 여기에 공기예열기를 설치하여 배가스 온도를 150[℃]까지 내렸다면 연료 절감률은 약 몇 [%]인가? (단, 벙커C유의 발열량 9,750[kcal/kg], 배가스량 13.6[Nm³/kg], 배가스의 비열 0.33[kcal/Nm³·℃], 공기예열기의 효율은 0.75이다.)

① 4.3　　② 5.2
③ 6.6　　④ 7.2

[해설] ㉮ 공기예열기에서 회수한 열량 계산

$\therefore Q_s = G_s \times C_s \times \Delta t \times \eta$
$= 13.6 \times 0.33 \times (300-150) \times 0.75$
$= 504.9\,[\text{kcal/kg}]$

㉯ 연료 절감률 계산

$\therefore \text{절감률} = \dfrac{\text{회수열량}}{\text{공급열량}} \times 100$

$= \dfrac{504.9}{9{,}750} \times 100$

$= 5.178\,[\%]$ 답 ②

25 다음과 같은 결과의 수관식 보일러에서 시간당 증발량(a)과 시간당 연료사용량(b)은? (단, 증기압력 0.7[MPa], 급유량 1,000[kg], 급수온도 24[℃], 급수량 30,000[kg], 시험시간 5시간이다.)

① (a) 3,000[kg/h], (b) 100[kg/h]
② (a) 6,000[kg/h], (b) 100[kg/h]
③ (a) 3,000[kg/h], (b) 200[kg/h]
④ (a) 6,000[kg/h], (b) 200[kg/h]

[해설] ㉮ 시간당 증발량[kg/h] 계산

$\therefore$ 시간당 증발량 $= \dfrac{\text{시험시간 동안 급수량}}{\text{시험시간}}$

$= \dfrac{30{,}000}{5} = 6{,}000\,[\text{kg/h}]$

㉯ 시간당 연료사용량[kg/h] 계산

$\therefore$ 시간당 연료사용량 $= \dfrac{\text{시험시간 동안 급유량}}{\text{시험시간}}$

$= \dfrac{1{,}000}{5} = 200\,[\text{kg/h}]$ 답 ④

26 증발량 2[ton/h], 최고사용압력이 10[kgf/cm²], 급수온도 20[℃], 전열면 증발률 25[kg/m²·h]인 원통 보일러에서 평균 증발률을 최대 증발량의 90[%]로 할 때, 평균 증발량[kg/h]은?

① 1,200　　② 1,500
③ 1,800　　④ 2,100

[해설] 평균 증발률(%) $= \dfrac{\text{평균 증발량}}{\text{최대 증발량}} \times 100$ 에서

$\therefore$ 평균 증발량 $=$ 최대 증발량 $\times$ 평균 증발률
$= 2{,}000 \times 0.9 = 1{,}800\,[\text{kg/h}]$ 답 ③

27 보일러와 압력용기에서 일반적으로 사용되는 계산식에 의해 산정되는 두께로서 부식여유를 포함한 두께를 무엇이라 하는가?

① 계산 두께　　② 실제 두께
③ 최소 두께　　④ 최대 두께

[해설] 열사용기자재 검사기준의 두께
㉮ 계산 두께 : 검사기준의 계산식에 의하여 산정되는 두께로 부식여유를 포함하지 않은 두께
㉯ 최소 두께 : 검사기준의 계산식에 의하여 산정되는 두께이며, 부대여유(부식, 마모에 대한 여유를 말한다.)를 포함한다.
㉰ 실제 두께 : 실제로 측정한 두께. 다만, 상거래상 이용되는 공칭두께로부터 한국산업표준에 정해진 두께에 대한 음(-)의 허용차 및 가공여유를 뺀 두께로 대체할 수 있다. 답 ③

28 보일러의 용기에 판 두께가 12[mm], 용접 길이가 230[mm]인 판을 맞대기 용접했을 때 4,500[kgf]의 인장하중이 작용한다면 인장응력은?

① 100[kgf/cm²] ② 145[kgf/cm²]
③ 163[kgf/cm²] ④ 255[kgf/cm²]

해설 $\sigma = \dfrac{F}{h \times \ell} = \dfrac{4,500}{1.2 \times 23} = 163.043 [\text{kgf/cm}^2]$

답 ③

29 지름이 d[cm], 두께가 t[cm]인 얇은 두께의 밀폐된 원통 안에 압력 P[kgf/cm²]가 작용할 때 원통에 발생하는 원주방향의 인장응력을 구하는 식은?

① $\dfrac{\pi dP}{2t}$ ② $\dfrac{\pi dP}{4t}$
③ $\dfrac{dP}{2t}$ ④ $\dfrac{dP}{4t}$

해설 ③번 식 : 원둘레(원주)방향 인장응력 계산식
④번 식 : 길이방향 인장응력 계산식

답 ③

30 지름이 D, 두께가 t인 얇은 살 두께의 원통 안에 압력 P가 작용할 때 원통에 발생하는 길이방향의 인장응력 σ_t는?

① $\sigma_t = \dfrac{\pi DP}{4t}$ ② $\sigma_t = \dfrac{\pi DP}{t}$
③ $\sigma_t = \dfrac{DP}{4t}$ ④ $\sigma_t = \dfrac{DP}{2t}$

해설 원둘레 및 길이방향 인장응력 계산식
㉮ 원둘레(원주)방향 인장응력 : $\sigma_A = \dfrac{PD}{2t}$
㉯ 길이(축)방향 인장응력 : $\sigma_B = \dfrac{PD}{4t}$

답 ③

31 파이프의 축방향 응력(σ)을 표시해 주는 식은? (단, D는 파이프의 내경[mm], P는 원통의 내압[kgf/cm²], σ는 축방향 응력[kgf/mm²], t는 파이프의 두께[mm]이다.)

① $\sigma = \dfrac{\pi PD}{400t}$ ② $\sigma = \dfrac{PD}{400t}$
③ $\sigma = \dfrac{PD}{200t}$ ④ $\sigma = \dfrac{\pi PD}{200t}$

해설 응력의 단위가 [kgf/mm²]일 경우
②번 식 : 길이(축)방향 인장응력 계산식
③번 식 : 원둘레(원주)방향 인장응력 계산식
※ 응력의 단위가 [kgf/cm²]일 경우(나머지는 문제에서 주어진 단위와 동일)
㉮ 원주(원둘레)방향 인장응력 : $\sigma_A = \dfrac{PD}{2t}$
㉯ 축(세로, 길이)방향 인장응력 : $\sigma_B = \dfrac{PD}{4t}$

답 ②

32 보일러 드럼(drum)의 내압을 받는 동체에 생기는 응력 중 길이방향의 인장응력과 원둘레 방향의 인장응력의 비는?

① 2 : 1   ② 1 : 2
③ 4 : 1   ④ 1 : 4

해설 원둘레방향 인장응력 계산식 $\sigma_A = \dfrac{PD}{2t}$
길이방향 인장응력 계산식 $\sigma_B = \dfrac{PD}{4t}$ 에서
길이방향과 원둘레방향 인장응력의 비는
$\dfrac{\sigma_B}{\sigma_A} = \dfrac{\frac{PD}{4t}}{\frac{PD}{2t}} = \dfrac{2}{4} = \dfrac{1}{2}$ 이므로 1 : 2가 된다. 답 ②

33 보일러의 강도계산에서 보일러 동체 속에 압력이 생기는 경우 원주방향의 응력은 축방향 응력의 몇 배 정도인가?

① 2배   ② 4배
③ 8배   ④ 16배

해설) 원주(원둘레)방향 인장응력 계산식 $\sigma_A = \dfrac{PD}{2t}$

축(길이)방향 인장응력 계산식 $\sigma_B = \dfrac{PD}{4t}$ 에서

$\dfrac{\sigma_A}{\sigma_B} = \dfrac{\frac{PD}{2t}}{\frac{PD}{4t}} = \dfrac{4}{2} = 2$ 이다.

∴ 원주(원둘레)방향 인장응력은 축(길이)방향 인장응력의 2배이다. 답 ①

34 보일러 동체, 드럼 및 일반적인 원통형 고압 용기의 강도 계산식(두께 계산식)은?
(단, t는 원통판 두께, P는 내부압력, D는 원통 안지름, σ는 인장응력[원통 단면의 원형접선방향]이다.)

① $t = \dfrac{PD}{\sqrt{2}\,\sigma}$ ② $t = \dfrac{PD}{\sigma}$

③ $t = \dfrac{PD}{2\sigma}$ ④ $t = \dfrac{PD}{4\sigma}$

해설) 원주(원둘레)방향 인장응력 계산식 $\sigma_A = \dfrac{PD}{2t}$ 이다.

∴ $t = \dfrac{PD}{2\sigma_A}$ 답 ③

35 내압 60[kgf/cm²]이 작용하는 외경 150[mm], 두께 5[mm]의 파이프에 작용하는 축방향의 인장력은 약 몇 [kgf]인가?

① 2,450 ② 7,625
③ 9,566 ④ 19,133

해설) ㉮ 축방향 응력[kgf/cm²] 계산

∴ $\sigma_B = \dfrac{PD_i}{4t}$

$= \dfrac{60 \times (15 - 2 \times 0.5)}{4 \times 0.5}$

$= 420 \,[\text{kgf/cm}^2]$

㉯ 내경(안지름)은 외경에서 두께에 2배를 한 수치를 빼면 된다.

∴ $D_i = D_o - 2t$

$= 150 - (2 \times 5) = 140[\text{mm}] = 14[\text{cm}]$

㉰ 축방향 인장력[kgf] 계산

∴ $F = \sigma_B \times \dfrac{\pi \times (D_o^2 - D_i^2)}{4}$

$= 420 \times \dfrac{\pi \times (15^2 - 14^2)}{4}$

$= 9,566.149[\text{kgf}]$ 답 ③

36 보일러 설계 시 크리프 영역에 달하지 않는 설계온도에서의 철강재료 허용인장응력은?

① 상온에서의 최소 인장강도의 $\dfrac{1}{4}$

② 상온에서의 최소 인장강도의 $\dfrac{1}{3}$

③ 상온에서의 최소 인장강도의 $\dfrac{1}{2}$

④ 상온에서의 최소 인장강도의 $\dfrac{1}{\sqrt{2}}$

해설) 크리프 영역에 달하지 않는 설계온도에서의 철강재료 허용인장응력은 다음 값 중에서 최소인 것으로 한다. : 열사용기자재 검사기준 2.5.1
㉮ 상온에서의 최소 인장강도의 1/4
㉯ 설계온도에서의 인장강도의 1/4
㉰ 상온에서의 최소 항복점 또는 0.2[%] 내력의 1/1.6
㉱ 설계온도에서의 항복점 또는 0.2[%] 내력의 1/1.6
답 ①

37 보일러 재료로 이용되는 대부분의 강철제는 200~300[℃]에서 최대를 강도를 유지하나 몇 [℃] 이상이 되면 재료의 강도가 급격히 저하되는가?

① 350[℃] ② 400[℃]
③ 450[℃] ④ 500[℃]

해설) 크리프(creep)현상 : 어느 온도 이상에서 재료에 일정한 하중을 가하여 그대로 방치하면 시간의 경과와 더불어 변형이 증대하고 때로는 파괴되는 현상으로 탄소강의 경우 350[℃]에 해당된다. 답 ①

38 계산에 사용하는 재료의 허용전단응력은 허용인장응력의 얼마로 하는가?

① 허용전단응력은 허용인장응력의 70[%]로 한다.
② 허용전단응력은 허용인장응력의 80[%]로 한다.
③ 허용전단응력은 허용인장응력의 90[%]로 한다.
④ 허용전단응력은 허용인장응력과 같게 취한다.

해설 계산에 사용하는 재료의 허용전단응력, 허용압축응력 기준 : 열사용기자재 검사기준 2.7, 2.8
㉮ 허용전단응력은 허용인장응력의 80[%]로 한다.
㉯ 허용압축응력은 허용인장응력과 같게 취한다.
답 ②

39 다음 중 경판의 탄성(강도)을 높이기 위한 것은?

① 아담슨 조인트
② 브레이징 스페이스
③ 봉섭 조인트
④ 그루빙

해설 브레이징 스페이스(breathing space : 완충폭) : 고온에 의한 노통의 신축작용으로 응력이 발생하고 이로 인하여 평형 경판이 손상되는 것을 방지하기 위하여 가셋트 스테이(gusset stay) 하단부와 노통의 상단부와의 거리이다.
답 ②

40 노통 보일러에 두께 13[mm] 이하의 경판을 부착하였을 때 가셋트 스테이의 하단과 노통 상단과의 완충 폭(브레이징 스페이스)은 몇 [mm] 이상으로 하여야 하는가?

① 230
② 260
③ 280
④ 300

해설 노통 보일러의 완충 폭(breathing space)

경판의 두께	완충 폭
13[mm] 이하	230[mm] 이상
15[mm] 이하	260[mm] 이상
17[mm] 이하	280[mm] 이상
19[mm] 이하	300[mm] 이상
19[mm] 초과	320[mm] 이상

답 ①

41 육용강제 보일러에서 동체의 최소 두께에 대한 설명으로 틀린 것은?

① 안지름이 900[mm] 이하의 것은 6[mm] (단, 스테이를 부착할 경우)
② 안지름이 900[mm] 초과 1,350[mm] 이하의 것은 8[mm]
③ 안지름이 1,350[mm] 초과 1,850[mm] 이하의 것은 10[mm]
④ 안지름이 1,850[mm] 초과하는 것은 12[mm]

해설 동체의 최소 두께 기준 : 열사용기자재 검사기준 4.1
㉮ 안지름 900[mm] 이하인 것은 6[mm] 다만, 스테이를 부착하는 경우는 8[mm]
㉯ 안지름 900[mm]를 초과하고 1,350[mm] 이하인 것은 8[mm]
㉰ 안지름 1,350[mm]를 초과하고 1,850[mm] 이하인 것은 10[mm]
㉱ 안지름 1,850[mm]를 초과하는 것은 12[mm]
답 ①

42 원통 보일러에서 동체의 내경이 2,300[mm]라 할 때 동체의 최소 두께는 얼마 이상이어야 하는가?

① 6[mm]
② 8[mm]
③ 10[mm]
④ 12[mm]

해설 동체의 최소 두께 기준 : 열사용기자재 검사기준 4.1

동체 안지름[mm]	최소두께[mm]
900 이하	6 (스테이를 부착하는 경우 8)
900 초과 1,350 이하	8
1,350 초과 1,850 이하	10
1,850 초과	12

답 ④

43 동체의 안지름이 2,000[mm], 최고사용압력이 12[kgf/cm^2]인 원통보일러 동판의 두께[mm]는? (단, 강판의 인장강도 40[kgf/mm^2], 안전율 4.5, 용접부의 이음 효율(η) 0.71, 부식 여유는 2[mm]이다.)

① 12　　　　② 16
③ 19　　　　④ 21

해설
$$t = \frac{PD_i}{200 \times \sigma_a \times \eta - 2P(1-k)} + \alpha$$
$$= \frac{12 \times 2000}{200 \times \left(40 \times \frac{1}{4.5}\right) \times 0.71 - 2 \times 12} + 2$$
$$= 21.38[mm]$$

여기서, 동체의 증기온도에 대응하는 값(k)은 주어지지 않았으므로 무시하고, 허용인장응력
$\sigma_a[kgf/mm^2] = \dfrac{인장강도[kgf/mm^2]}{안전율}$ 이다.

답 ④

44 최고사용압력이 490[kPa], 내경이 0.6[m]인 주철제 드럼이 있다. 드럼 강판에 대한 최대 인장강도는 8[kgf/mm^2], 안전계수는 2이며, 부식을 고려하지 않을 때, 드럼 동체에 대한 강판 두께로 적당한 것은? (단, 이음 효율 $\eta = 0.94$이다.)

① 1[mm]　　　② 4[mm]
③ 5[mm]　　　④ 7[mm]

해설
$$t = \frac{PD_i}{2 \times \sigma_a \times \eta - 2P(1-k)} + \alpha$$
$$= \frac{0.49 \times 600}{2 \times \left(\frac{8 \times 9.8}{2}\right) \times 0.94 - 2 \times 0.49}$$
$$= 4.043[mm]$$

여기서, 동체의 증기온도에 대응하는 값(k)과 부식 여유치(α)는 주어지지 않았으므로 무시하고, 1[MPa] = 1,000[kPa], [kgf/mm^2] 단위에 중력가속도 9.8[m/s^2]을 곱하면 [N/mm^2]이 된다.

허용인장응력 $\sigma_a[N/mm^2] = \dfrac{인장강도[N/mm^2]}{안전율(안전계수)}$ 이다.

답 ②

45 최고사용압력(P) 20[kgf/cm^2], 안지름(D_i) 600[mm]의 구형 용기의 최소두께는 약 몇 [mm]인가? (단, 용접 이음 효율(η)은 1, 부식 여유(α)는 2.5[mm], 재료의 허용 인장강도(σ_a)는 8[kgf/mm^2]이다.)

① 6.3　　　　② 8.2
③ 9.6　　　　④ 13.0

해설
$$t = \frac{PD_i}{400 \times \sigma_a \times \eta - 0.4P} + \alpha$$
$$= \frac{20 \times 600}{400 \times 8 \times 1.0 - 0.4 \times 20} + 2.5$$
$$= 6.259[mm]$$

답 ①

46 어떤 원통형 탱크가 압력 3[kgf/cm^2], 직경 5[m], 강판 두께 10[mm]이다. 탱크의 이음 효율을 75[%]로 할 때 강판의 인장강도는 약 몇 [kgf/mm^2]로 하여야 하는가? (단, 탱크의 반경방향으로 두께에 응력이 유기되지 않는 이론값을 계산한다.)

① 10　　　　② 20
③ 300　　　④ 400

해설
$t = \dfrac{PD}{200\sigma\eta - 2P(1-k)} + \alpha$ 에서 동체의 증기온도에 대응하는 값(k)과 부식 여유치(α)는 주어지지 않았으므로 무시하면

$$\therefore \sigma = \frac{\dfrac{PD}{t} + 2P}{200\eta} = \frac{\dfrac{3 \times 5000}{10} + 2 \times 3}{200 \times 0.75}$$
$$= 10.04[kgf/mm^2]$$

답 ①

47 연관의 바깥지름이 75[mm]인 연관보일러의 관판의 최소 두께는 얼마 이상이어야 하는가?

① 8.5[mm]　　② 9.5[mm]
③ 12.5[mm]　　④ 13.5[mm]

해설 연관보일러 관판의 최소두께(열사용기자재 검사기준 6.2)

㉮ 연관보일러 관판의 최소두께

관판의 바깥지름[mm]	최소두께[mm]
1,350 이하	10
1,350 초과 1,850 이하	12
1,850 초과	14

㉯ 연관의 바깥지름이 38~102[mm]인 경우 다음 식의 값 이상이어야 한다.

$t = 5 + \dfrac{d}{10}$

$\therefore t = 5 + \dfrac{d}{10} = 5 + \dfrac{75}{10} = 12.5[\text{mm}]$ 🗒 ③

48 연관보일러에서 연관의 최소 피치를 계산하는 데 사용하는 식은? (단, P는 연관의 최소 피치[mm], t는 연관판의 두께[mm], d는 관 구멍의 지름[mm]이다.)

① $P = \left(1 + \dfrac{t}{4.5}\right)d$

② $P = (1 + d)\dfrac{4.5}{t}$

③ $P = \left(1 + \dfrac{4.5}{t}\right)d$

④ $P = \left(1 + \dfrac{d}{4.5}\right)t$

해설 연관보일러 연관의 최소 피치 : 열사용기자재 검사기준 6.4

$P = \left(1 + \dfrac{4.5}{t}\right)d$ 🗒 ③

49 관판의 두께가 10[mm]이고 관 구멍의 직경이 30[mm]인 연관보일러의 연관의 최소피치는 약 몇 [mm]인가?

① 37.0   ② 43.5
③ 53.2   ④ 64.9

해설 $P = \left(1 + \dfrac{4.5}{t}\right)d$
$= \left(1 + \dfrac{4.5}{10}\right) \times 30 = 43.5[\text{mm}]$ 🗒 ②

50 평노통, 파형노통, 화실 및 직립보일러 화실판의 최고 두께는 몇 [mm] 이하이어야 하는가? (단, 습식화실 및 조합노통 중 평형노통은 제외한다.)

① 11   ② 22   ③ 33   ④ 44

해설 화실 및 노통용 판의 최고두께 제한 : 평노통, 파형노통, 화실 및 직립보일러 화실판의 최고두께는 22mm 이하이어야 한다. 다만, 습식 화실 및 조합노통 중 평노통은 제외한다. 🗒 ②

51 바깥지름이 10[mm]이고 두께가 2.6[mm]인 내통이 없는 직립형 보일러의 연돌관의 강도를 계산하고자 한다. 최고사용압력은 약 몇 [kgf/cm²]인가? (단, 부식 여유치는 1.6[mm]이다.)

① 2.0   ② 4.3   ③ 15.6   ④ 22.7

해설 직립보일러의 연돌관(굴뚝관) 최소 두께식 : 열사용기자재 검사기준 7.4

$t = \dfrac{PD}{227} + a$ 에서

$\therefore P = \dfrac{227 \times (t-a)}{D} = \dfrac{227 \times (2.6 - 1.6)}{10}$
$= 22.7[\text{kgf/cm}^2]$ 🗒 ④

52 피치가 200[mm] 이하이고, 골의 깊이가 38[mm] 이상인 것의 파형 노통의 종류는?

① 모리슨형   ② 파브스형
③ 폭스형   ④ 리즈포지형

해설 파형노통의 종류별 피치 및 골의 깊이

노통의 종류	피치[mm]	골의 깊이[mm]
모리슨형	200 이하	32 이상
데이톤형	200 이하	38 이상
폭스형	200 이하	38 이상
파브스형	230 이하	35 이상
리즈포지형	200 이하	57 이상
브라운형	230 이하	41 이상

🗒 ③

53 노통식 보일러에서 파형부의 길이가 230[mm] 미만인 파형노통의 최소 두께(t)를 결정하는 식은? (단, P는 최고 사용압력[MPa], D는 노통의 파형부에서의 최대 내경과 최소 내경의 평균치[mm], C는 노통의 종류에 따른 상수이다.)

① $10PD$ ② $\dfrac{10P}{D}$
③ $\dfrac{C}{10PD}$ ④ $\dfrac{10PD}{C}$

해설 파형노통의 최소두께(열사용기자재 검사기준 7.6.2) : 파형노통으로서 그 끝의 평행부 길이가 230[mm] 미만인 것의 관의 최소 두께는 다음 계산식으로 계산한다.
$t = \dfrac{10PD}{C}$ (단, 최고사용압력이 [kgf/cm²]이면 $t = \dfrac{PD}{C}$ 이다.) **답** ④

54 최고사용압력 1.5[MPa], 파형 형상에 따른 정수(C)를 1100으로 할 때 노통의 평균지름이 1,100[mm]인 파형노통의 최소 두께는?

① 10[mm] ② 15[mm]
③ 20[mm] ④ 25[mm]

해설 $t = \dfrac{10PD}{C}$
$= \dfrac{10 \times 1.5 \times 1,100}{1,100} = 15[mm]$ **답** ②

55 노통의 파형부에서의 최대내경과 최소내경의 평균치가 500[mm]인 파형 노통에서 두께가 15[mm]이고 상수 C의 값이 985이면 최고사용압력은 약 몇 [kgf/cm²]인가?

① 7.6 ② 9.8
③ 12.3 ④ 29.6

해설 파형 노통의 최소두께 계산식 $t = \dfrac{PD}{C}$ 에서
∴ $P = \dfrac{tC}{D} = \dfrac{15 \times 985}{500} = 29.55[kgf/cm^2]$ **답** ④

56 노통연관 보일러의 노통 바깥면과 이것에 가장 가까운 연관의 면과는 몇 [mm] 이상의 틈새를 두어야 하는가?

① 30 ② 50 ③ 60 ④ 100

해설 노통과 연관의 틈새(열사용기자재 검사기준 7.8) : 노통연관 보일러의 노통 바깥 면과 이것에 가장 가까운 연관의 면과는 50[mm] 이상의 틈새를 두어야 한다. 다만, 노통에 파형 또는 보강링 등의 돌기를 설비할 때에는 이들 돌기물의 바깥 면과 이것에 가장 가까운 연관의 틈새는 30[mm] 이상으로 해도 지장이 없다. **답** ②

57 관 스테이의 최소 단면적을 구하려고 한다. 이때 적용하는 설계 계산식은? (단, S : 관 스테이의 최소 단면적[mm²], A : 1개의 관 스테이가 지시하는 면적[cm²], a : A 중에서 관구멍의 합계 면적[cm²], P : 최고 사용 압력[kgf/cm²]이다.)

① $S = \dfrac{(A-a)P}{5}$ ② $S = \dfrac{(A-a)P}{15}$
③ $S = \dfrac{5P}{(A-a)}$ ④ $S = \dfrac{15P}{(A-a)}$

해설 ㉮ 최고사용압력의 단위가 [kgf/cm²]일 때 :
$S = \dfrac{(A-a)P}{5}$
㉯ 최고사용압력의 단위가 [MPa]일 때 :
$S = 2(A-a)P$ **답** ①

58 육용강제 보일러에서 봉 스테이 또는 경사 스테이를 핀 이음으로 부착할 경우, 스테이 링부의 단면적은 스테이 소요 단면적의 얼마 이상으로 하여야 하는가?

① 1배 ② 1.25배
③ 1.75배 ④ 2배

해설 핀 이음에 의한 스테이의 부착 : 봉 스테이 또는 경사 스테이를 핀 이음으로 부착할 때는 핀이 2곳에서 전단력을 받도록 하고, 핀의 단면적은 스테이 소요 단면적의 3/4 이상으로 하며, 스테이 링부의 단면적은 스테이 소요 단면적의 1.25배 이상으로 하여야 한다. **답** ②

59 관 스테이를 용접으로 부착하는 경우에 대한 설명으로 옳은 것은?

① 용접의 다리길이는 10[mm] 이상으로 한다.
② 스테이의 끝은 관의 외면보다 안쪽에 있어야 한다.
③ 관 스테이의 두께는 4[mm] 이상으로 한다.
④ 스테이의 끝은 화염에 접촉하는 관의 바깥으로 5[mm]를 초과하여 돌출해서는 안 된다.

해설) 관 스테이를 용접으로 부착하는 경우
㉮ 스테이 재료의 탄소 함유량은 0.35[%] 이하로 한다.
㉯ 스테이를 판의 구멍에 삽입하여 그 주위를 용접하며, 또한 스테이의 축에 평행하게 전단력이 작용하는 면을 스테이가 필요한 단면적의 1.25배 이상으로 한다.
㉰ 용접의 다리길이는 4[mm] 이상으로 하며, 또한 관의 두께 이상으로 한다.
㉱ 스테이의 끝은 판의 외면보다 안쪽에 있어서는 안 된다.
㉲ 스테이의 끝은 화염에 접촉하는 판의 바깥으로 10[mm]를 초과하여 돌출해서는 안 된다.
㉳ 관 스테이의 두께는 4[mm] 이상으로 한다.
㉴ 관 스테이는 용접하기 전에 가볍게 롤 확관한다.
답 ③

60 드럼에 타원형의 맨홀을 설치할 때에는 어떻게 설치해야 하는가?

① 맨홀 단축 지름의 축을 동체의 축에 평행하게 둔다.
② 맨홀 장축 지름의 축을 동체의 축에 평행하게 둔다.
③ 맨홀 단축을 동체의 축에 대해 45° 경사지게 한다.
④ 맨홀 장축을 동체의 원주방향, 길이방향의 어느 쪽에 내든 무관하다.

해설) 동체에 타원형의 맨홀을 설치할 때는 그 짧은 지름의 축을 동체 축에 평행하게 둔다.
답 ①

61 보일러에는 내부의 청소와 검사에 필요한 맨홀을 설치하여야 한다. 맨홀의 크기는 안지름 몇 [mm] 이상의 원형으로 하여야 하는가?

① 275 ② 300 ③ 375 ④ 400

해설) 맨홀, 청소구멍 및 검사구멍 설치
㉮ 맨홀의 크기는 긴지름 375[mm] 이상, 짧은지름 275[mm] 이상의 타원형 또는 긴 원형 혹은 안지름 375[mm] 이상의 원형으로 하여야 한다.
㉯ 청소 또는 검사를 하기 위하여 손을 넣을 필요가 있는 구멍(손구멍)의 크기는 긴지름 90[mm] 이상, 짧은지름 70[mm] 이상인 타원형이나 또는 지름 90[mm] 이상의 원형(각형으로 할 때에는 안치수 90[mm] 이상)으로 하여야 한다. 또, 검사구멍은 지름 30[mm] 이상의 원형으로 하여야 한다.
답 ③

62 리벳 이음 대비 용접 이음의 장점으로 옳은 것은?

① 이음효율이 좋다.
② 잔류응력이 발생하지 않는다.
③ 진동에 대한 감쇠력이 높다.
④ 응력집중에 대하여 민감하지 않다.

해설) 용접이음의 특징
(1) 장점
  ㉮ 이음부 강도가 크고, 하자 발생이 적다.
  ㉯ 이음부 관 두께가 일정하므로 마찰저항이 적다.
  ㉰ 배관의 보온, 피복 시공이 쉽다.
  ㉱ 시공기간을 단축할 수 있고 유지비, 보수비가 절약된다.
(2) 단점
  ㉮ 재질의 변형이 일어나기 쉽다.
  ㉯ 용접부의 변형과 수축이 발생한다.
  ㉰ 용접부의 잔류응력이 현저하다.
  ㉱ 진동에 대한 감쇠력이 낮다.
  ㉲ 응력집중에 대하여 민감하다.
답 ①

63 맞대기 용접은 용접방법에 따라서 그루브를 만들어야 한다. 판의 두께가 50[mm] 이상인 경우에 적합한 그루브의 형상은? (단, 자동용접은 제외한다.)

① V형 ② H형
③ R형 ④ A형

해설 판의 두께에 따른 그루브의 형상 : 열사용기자재 검사기준 12.2.4.5

판의 두께	그루브의 형상
6[mm] 이상 16[mm] 이하	V형, R형 또는 J형
12[mm] 이상 38[mm] 이하	X형, K형, 양면 J형 또는 U형
19[mm] 이상	H형

답 ②

64 [그림]과 같은 V형 용접이음의 인장응력(σ)을 구하는 식은?

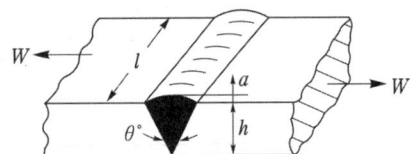

① $\sigma = \dfrac{W}{hl}$

② $\sigma = \dfrac{W}{h \cdot cosec\theta \cdot \frac{1}{2}l}$

③ $\sigma = \dfrac{W}{h+a}$

④ $\sigma = \dfrac{W}{(h+a) \cdot cosec\theta \cdot \frac{1}{2}l}$

해설 용접이음의 인장응력 계산식

$\sigma = \dfrac{W}{h \times l}$

여기서, σ : 인장응력[kgf/cm²]
　　　　W : 인장하중[kgf]
　　　　h : 모재의 두께[cm]
　　　　l : 용접부 길이[cm]

답 ①

65 맞대기 용접이음에서 하중 120[kgf], 용접부의 길이 3[cm], 판의 두께를 2[mm]라 할 때 용접부의 인장응력은 몇 [kgf/mm²]인가?

① 0.5　② 2　③ 20　④ 50

해설 $\sigma = \dfrac{W}{h \times l} = \dfrac{120}{2 \times 30} = 2[kgf/mm^2]$

답 ②

66 그림의 용접 이음에서 생기는 인장응력은 약 몇 [kgf/cm²]인가?

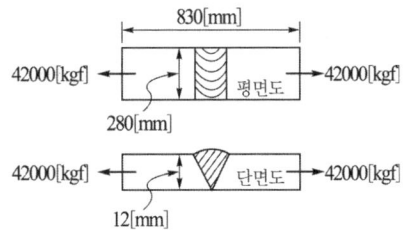

① 1,250　② 1,450
③ 1,650　④ 1,850

해설 $\sigma = \dfrac{W}{h \times l} = \dfrac{42000}{1.2 \times 28} = 1250[kgf/cm^2]$

답 ①

67 맞대기 이음 용접에서 하중이 3,000[kg], 용접 높이가 8[mm]일 때 용접 길이는 몇 [mm]로 설계하여야 하는가? (단, 재료의 허용 인장응력은 5[kgf/mm²]이다.)

① 52[mm]　② 75[mm]
③ 82[mm]　④ 100[mm]

해설 $\sigma = \dfrac{W}{h \times l}$ 에서

∴ $l = \dfrac{W}{\sigma \times h} = \dfrac{3,000}{5 \times 8} = 75[mm]$

답 ②

68 피복 아크용접에서 루트의 간격이 크게 되었을 때 보수하는 방법으로 틀린 것은?

① 맞대기 이음에서 간격이 6[mm] 이하일 때에는 이음부의 한 쪽 또는 양쪽에 덧붙이를 하고 깎아 내어 간격을 맞춘다.
② 맞대기 이음에서 간격이 16[mm] 이상일 때에는 판의 전부 혹은 일부를 바꾼다.
③ 필릿 용접에서 간격이 1.5~4.5[mm]일 때에는 그대로 용접해도 좋지만 벌어진 간격만큼 각장을 작게 한다.
④ 필릿 용접에서 간격이 1.5[mm] 이하일 때에는 그대로 용접한다.

해설 루트 간격이 크게 되었을 때 보수방법
(1) 맞대기 이음
  ㉮ 간격이 6[mm] 이하인 경우 : 한 쪽 또는 양쪽에 덧붙이를 하고 깍아 내어 간격을 맞춘다.
  ㉯ 간격이 6~16[mm]인 경우 : 두께 6[mm] 정도의 받침쇠를 붙여서 용접한다.
  ㉰ 간격이 16[mm] 이상인 경우 : 판을 전부 또는 일부를 교체한다.
(2) 필릿 용접
  ㉮ 간격이 1.5[mm] 이하인 경우 : 그대로 규정의 다리 길이로 용접한다.
  ㉯ 간격이 1.5~4.5[mm]인 경우 : 그대로 용접해도 좋지만 틈을 바로잡아 다리 길이를 증가시킬 필요가 있다.
  ㉰ 간격이 4.5[mm] 이상인 경우 : 삽입 쇠(liner)를 끼우거나 부족한 판을 절취하여 교체한다.
답 ③

69 리벳 이음에 대한 설명으로 옳은 것은?
① 기밀작업 시 리베팅하고 냉각된 후 가장자리에 코킹작업을 한다.
② 열간 리베팅은 작업 완료 후 수축이 없어 판을 죄는 힘이 없고 마찰 저항도 없다.
③ 보일러 제작 시 과거에는 용접이음을 통한 작업이 주류였으나 최근에는 리벳 이음이 대부분이다.
④ 리벳 재료는 전기적 부식을 막기 위해 판재와 다른 종류의 재질 계통을 쓰게 하는 것을 원칙으로 한다.

해설 리벳 이음
㉮ 코킹(caulking) : 기밀을 필요로 하는 경우 리베팅 작업이 끝난 후 리벳 머리 주위와 강판의 가장자리를 정과 같은 공구로 때는 작업
㉯ 플러링(fullering) : 코킹보다 완벽한 기밀을 유지하기 위하여 끝이 넓은 플러링 공구로 때려 붙이는 작업
㉰ 열간 리베팅 : 리벳을 고온으로 가열하여 작업하는 것으로 리벳의 수축이 있어 판을 죄는 힘이 크다.
㉱ 냉간 리베팅 : 동이나 알루미늄 리벳 등으로 8mm 이하의 강에 리베팅하는 것으로 작업 후에 리벳의 수축이 없어 판을 죄는 힘이 약하다.
㉲ 리벳 재료는 전기적 부식을 막기 위해 판재와 동일한 종류의 재질 계통을 쓰게 하는 것을 원칙으로 한다.
답 ①

70 보일러의 리벳 이음 시 양쪽 이음매 판의 최소 두께를 구하는 식으로 옳은 것은? (단, t_0는 양쪽 이음매 판의 최소 두께[mm], t는 드럼 판의 두께[mm]이다.)
① $t_0 = 0.1\,t + 2$ ② $t_0 = 0.6\,t + 2$
③ $t_0 = 0.1\,t + 5$ ④ $t_0 = 0.6\,t + 5$
답 ②

71 강판의 두께가 10[mm]이고 리벳의 직경이 16.8[mm]이며 리벳 구멍의 피치가 60.2 mm]의 1줄 겹치기 리벳 조인트가 있을 때 이 강판의 효율은?
① 58[%] ② 62[%] ③ 68[%] ④ 72[%]

해설 $\eta_1 = \left(1 - \dfrac{d}{P}\right) \times 100 = \left(1 - \dfrac{16.8}{60.2}\right) \times 100$
$= 72.09[\%]$
답 ④

72 강판의 두께 12[mm], 리벳의 직경 22.2 [mm], 피치 48[mm]의 1줄 겹치기 리벳 조인트가 있다 1피치 당 하중이 1,200[kgf]이라 할 때 리벳에 생기는 전단응력은 약 몇 [kgf/mm²]인가?
① 3.1 ② 16.3 ③ 34.5 ④ 53.0

해설 $\tau = \dfrac{4W}{\pi D^2} = \dfrac{4 \times 1200}{\pi \times 22.2^2} = 3.1[kgf/mm^2]$
답 ①

73 강판의 두께가 1.5[cm], 리벳의 지름이 2.5 [cm], 피치 5[cm]의 한 줄 겹치기 리벳 조인트에서 한 피치마다 하중이 1,500[kgf]이라 할 때 강판에 생기는 인장응력은?
① 100[kgf/cm²]   ② 210[kgf/cm²]
③ 330[kgf/cm²]   ④ 400[kgf/cm²]

해설 $\therefore \sigma_t = \dfrac{W}{t(P-d)} = \dfrac{1500}{1.5 \times (5 - 2.5)}$
$= 400[kgf/cm^2]$
답 ④

3 보일러 설치 기준

3.1 설치 장소

(1) 옥내 설치 기준

① 보일러는 불연성 물질의 격벽으로 구분된 장소에 설치하여야 한다. 다만, 소용량 강철제 보일러, 소용량 주철제 보일러, 가스용 온수보일러, 1종 관류보일러(이하 "소형 보일러"라 한다)는 반격벽으로 구분된 장소에 설치할 수 있다.
② 보일러 동체 최상부로부터(보일러의 검사 및 취급에 지장이 없도록 작업대를 설치한 경우에는 작업대로부터) 천정, 배관 등 보일러 상부에 있는 구조물까지의 거리는 1.2[m] 이상이어야 한다. 다만, 소형보일러 및 주철제 보일러의 경우에는 0.6[m] 이상으로 할 수 있다.
③ 보일러 동체에서 벽, 배관, 기타 보일러 측부에 있는 구조물(검사 및 청소에 지장이 없는 것은 제외)까지 거리는 0.45[m] 이상이어야 한다. 다만, 소형보일러는 0.3[m] 이상으로 할 수 있다.
④ 보일러 및 보일러에 부설된 금속제의 굴뚝 또는 연도의 외측으로부터 0.3[m] 이내에 있는 가연성 물체에 대하여는 금속 이외의 불연성 재료로 피복하여야 한다.
⑤ 연료를 저장할 때에는 보일러 외측으로부터 2[m] 이상 거리를 두거나 방화격벽을 설치하여야 한다. 다만, 소형 보일러의 경우에는 1[m] 이상 거리를 두거나 반격벽으로 할 수 있다.
⑥ 보일러에 설치된 계기들을 육안으로 관찰하는 데 지장이 없도록 충분한 조명시설이 있어야 한다.
⑦ 보일러실은 연소 및 환경을 유지하기에 충분한 급기구 및 환기구가 있어야 하며 급기구는 보일러 배기가스 닥트의 유효단면적 이상이어야 하고 도시가스를 사용하는 경우에는 환기구를 가능한 한 높이 설치하여 가스가 누설되었을 때 체류하지 않는 구조이어야 한다.
⑧ 보일러의 연도는 내식성의 재질을 사용하거나 배가스 중 응축수의 체류를 방지하기 위하여 물 빼기가 가능한 구조이거나 장치를 설치하여야 한다.

(2) 옥외 설치 기준

① 보일러에 빗물이 스며들지 않도록 케이싱 등의 적절한 방지설비를 하여야 한다.

② 노출된 절연재 또는 래깅 등에는 방수처리(금속커버 또는 페인트 포함)를 하여야 한다.
③ 보일러 외부에 있는 증기관 및 급수관 등이 얼지 않도록 적절한 보호조치를 하여야 한다.
④ 강제 통풍 팬의 입구에는 빗물방지 보호판을 설치하여야 한다.

(3) 보일러의 설치 기준

① 기초가 약하여 내려앉거나 갈라지지 않아야 한다.
② 강구조물은 빗물이나 증기에 의하여 부식이 되지 않도록 적절한 보호조치를 하여야 한다.
③ 수관식 보일러의 경우 전열면을 청소할 수 있는 구멍이 있어야 하며, 구멍의 크기 및 수는 『보일러 제조(용접 및 구조) 검사기준 "구멍"』 기준에 따른다. 다만, 전열면의 청소가 용이한 구조인 경우에는 예외로 한다.
④ 보일러에 설치된 폭발구의 위치가 보일러 기사의 작업 장소에서 2[m] 이내에 있을 때에는 당해보일러의 폭발가스를 안전한 방향으로 분산시키는 장치를 설치하여야 한다.
⑤ 보일러의 사용압력이 어떠한 경우에도 최고사용압력을 초과할 수 없도록 설치하여야 한다.
⑥ 보일러는 바닥 지지물에 반드시 고정되어야 한다. 소형보일러의 경우는 앵커 등을 설치하여 가동 중 보일러의 움직임이 없도록 설치하여야 한다.

(4) 배관

보일러 실내의 각종 배관은 팽창과 수축을 흡수하여 누설이 없도록 하고, 가스용 보일러의 연료배관은 다음에 따른다.

① **배관의 설치**
㉮ 배관은 외부에 노출하여 시공하여야 한다. 다만, 동관, 스테인리스 강관, 기타 내식성 재료로서 이음매(용접이음매를 제외한다) 없이 설치하는 경우에는 매몰하여 설치할 수 있다.
㉯ 배관의 이음부(용접 이음매를 제외한다)와 전기계량기 및 전기개폐기와의 거리는 60[cm] 이상, 굴뚝(단열조치를 하지 아니한 경우에 한한다)·전기점멸기 및 전기접속기와의 거리는 30[cm] 이상, 절연전선과의 거리는 10[cm] 이상, 절연조치를 하지 아니한 전선과의 거리는 30[cm] 이상의 거리를 유지하여야 한다.

② **배관의 고정** : 배관은 움직이지 아니하도록 고정 부착하는 조치를 하되 그 관경이 13[mm] 미만의 것에는 1[m]마다, 13[mm] 이상 33[mm] 미만의 것에는 2[m]마다,

33[mm] 이상의 것에는 3[m]마다 고정 장치를 설치하여야 한다.

③ **배관의 접합**
㉮ 배관을 나사 접합으로 하는 경우에는 KS B 0222(관용 테이퍼나사)에 의하여야 한다.
㉯ 배관의 접합을 위한 이음쇠가 주조품인 경우에는 가단주철제이거나 주강제로서 KS표시허가제품 또는 이와 동등이상의 제품을 사용하여야 한다.

④ **배관의 표시**
㉮ 배관은 그 외부에 사용 가스명·최고사용압력 및 가스흐름방향을 표시하여야 한다. 다만, 지하에 매설하는 배관의 경우에는 흐름방향을 표시하지 아니할 수 있다.
㉯ 지상배관은 부식방지 도장 후 표면색상을 황색으로 도색한다. 다만, 건축물의 내·외벽에 노출된 것으로서 바닥(2층 이상의 건물의 경우에는 각층의 바닥을 말한다)에서 1[m]의 높이에 폭 3[cm]의 황색 띠를 2중으로 표시한 경우에는 표면색상을 황색으로 하지 아니할 수 있다.

(5) 가스버너

가스용 보일러에 부착하는 가스버너는 액화석유가스의 안전관리 및 사업법 제21조의 규정에 의하여 검사를 받은 것이어야 한다.

3.2 급수장치

(1) 급수장치의 종류

① 급수장치를 필요로 하는 보일러에는 다음의 조건을 만족시키는 주 펌프(인젝터를 포함한다. 이하 같다) 세트 및 보조펌프세트를 갖춘 급수장치가 있어야 한다. 다만, 전열 면적 12[m^2] 이하의 보일러, 전열면적 14[m^2] 이하의 가스용 온수보일러 및 전열면적 100[m^2] 이하의 관류보일러에는 보조펌프를 생략할 수 있다.
㉮ 주 펌프세트 및 보조펌프세트는 보일러의 상용압력에서 정상 가동상태에 필요한 물을 각각 단독으로 공급할 수 있어야 한다. 다만, 보조 펌프 세트의 용량은 주 펌프세트가 2개 이상의 펌프를 조합한 것일 때에는 보일러의 정상상태에서 필요한 물의 25[%] 이상이면서 주 펌프세트 중의 최대펌프의 용량 이상으로 할 수 있다.
② 주 펌프 세트는 동력으로 운전하는 급수펌프 또는 인젝터이어야 한다. 다만, 보일러의 최고사용압력이 0.25[MPa] 미만으로 화격자 면적이 0.6[m^2] 이하인 경우, 전열

면적이 12[m²] 이하인 경우 및 상용압력이상의 수압에서 급수할 수 있는 급수탱크 또는 수원을 급수장치로 하는 경우에는 예외로 할 수 있다.

③ 보일러 급수가 멎는 경우 즉시 연료(열)의 공급이 차단되지 않거나 과열될 염려가 있는 보일러에는 인젝터, 상용압력 이상의 수압에서 급수할 수 있는 급수탱크, 내연기관 또는 예비전원에 의해 운전할 수 있는 급수장치를 갖추어야 한다.

(2) 2개 이상 보일러에 대한 급수장치

1개의 급수장치로 2개 이상의 보일러에 물을 공급할 경우 ①항의 규정은 이들 보일러를 1개의 보일러로 간주하여 적용한다.

(3) 급수밸브와 체크밸브

급수관에는 보일러에 인접하여 급수밸브와 체크밸브를 설치하여야 한다. 이 경우 급수가 밸브디스크를 밀어 올리도록 급수밸브를 부착하여야 하며, 1조의 밸브디스크와 밸브시트가 급수밸브와 체크밸브의 기능을 겸하고 있어도 별도의 체크밸브를 설치하여야 한다. 다만, 최고사용압력 0.1[MPa] 미만의 보일러에서는 체크밸브를 생략할 수 있으며, 급수 가열기의 출구 또는 급수펌프의 출구에 스톱밸브 및 체크밸브가 있는 급수장치를 개별 보일러마다 설치한 경우에는 급수밸브 및 체크밸브를 생략할 수 있다.

(4) 급수밸브의 크기

급수밸브 및 체크밸브의 크기는 전열면적 10[m²] 이하의 보일러에서는 호칭 15[A] 이상, 전열면적 10[m²]를 초과하는 보일러에서는 호칭 20[A] 이상이어야 한다.

(5) 급수장소

복수를 공급하는 난방용 보일러를 제외하고 급수를 분출관으로부터 송입해서는 안 된다.

(6) 자동급수 조절기

자동급수조절기를 설치할 때에는 필요에 따라 즉시 수동으로 변경할 수 있는 구조이어야 하며, 2개 이상의 보일러에 공통으로 사용하는 자동급수조절기를 설치하여서는 안 된다.

(7) 급수처리

① 용량 1[t/h] 이상의 증기보일러에는 수질관리를 위한 급수처리(이하 "수처리시설"이라 한다.) 또는 스케일 부착방지 및 제거를 위한(이하 "음향처리시설"이라 한다.) 시

설을 하여야 한다.
② ①의 수처리시설 및 음향처리시설은 국가공인시험 또는 검사기관의 성능결과를 한국에너지공단에 제출하여 인증 받은 것에 한하며, 한국에너지공단은 인증 업무를 효과적으로 수행하기 위하여 내부 운영 규정을 수립할 수 있다.
③ ②의 수처리시설 및 음향처리시설의 인증기준은 다음에 따른다.
㉮ 이온교환처리법
ⓐ 이온교환수지의 성능은 이온교환수지 1[L] 당 $CaCO_3$ 환산 60[g] 이상
ⓑ 이온교환수지량은 시간당 원수통과 수량 1[m^2] 기준으로 최소 20[L] 이상
ⓒ 원수 수질기준 : 경도 250[mg] $CaCO_3$/[L] 이상
ⓓ 이온교환된 수질기준 : 경도 1[mg] $CaCO_3$/[L] 이상
ⓔ 용기의 조건 : 내식성 재질
ⓕ 기기의 구성 : 이온교환 수지탑, 약품 용해조, 자동경도측정장치, 자동절환장치
㉯ 음향처리법
ⓐ 초음파의 주파수 조정가능 : 사용 주파수 범위 15~22[kHz]
ⓑ 발생파형 : 펄스파형으로서 한 파형의 지속시간이 5[ms] 이하일 것
ⓒ 최대진폭 : 모든 시험조건에서 peak to peak치가 0.7[μm](용접 후) 이상
ⓓ 변환기 권선의 재질 : 내전압 1,000[V] 이상, 내사용온도 -190[℃]~260[℃]의 자재

3.3 압력방출장치

(1) 안전밸브의 개수

① 증기보일러에는 2개 이상의 안전밸브를 설치하여야 한다. 다만, 전열면적 50[m^2] 이하의 증기보일러에서는 1개 이상으로 한다.
② 관류보일러에서 보일러와 압력방출장치와의 사이에 체크 밸브를 설치할 경우 압력방출장치는 2개 이상이어야 한다.

(2) 안전밸브의 부착

① 안전밸브는 쉽게 검사할 수 있는 장소에 밸브 축을 수직으로 하여 가능한 한 보일러의 동체에 직접 부착시켜야 하며, 안전밸브와 안전밸브가 부착된 보일러 동체 등의 사이에는 어떠한 차단 밸브도 있어서는 안 된다.

② 안전밸브의 방출관은 단독으로 설치하되, 2개 이상의 방출관을 공동으로 설치하는 경우에 방출관의 크기는 각각의 방출관 분출용량의 합계 이상이어야 한다.

(3) 안전밸브 및 압력 방출 장치의 용량

① 안전밸브 및 압력방출장치의 분출용량은 『보일러 제조(용접 및 구조) 검사기준 제19장 "압력방출장치"』 기준에 따른다.
② 자동연소제어장치 및 보일러 최고사용압력의 1.06배 이하의 압력에서 급속하게 연료의 공급을 차단하는 장치를 갖는 보일러로서 보일러 출구의 최고사용압력 이하에서 자동적으로 작동하는 압력방출장치가 있을 때에는 동 압력방출장치의 용량(보일러의 최대증발량의 30[%]를 초과하는 경우에는 보일러 최대증발량의 30[%])을 안전밸브 용량에 산입할 수 있다.

(4) 안전밸브 및 압력방출장치의 크기

안전밸브 및 압력방출장치의 크기는 호칭지름 25[A] 이상으로 하여야 한다. 다만, 다음 보일러에서는 호칭지름 20[A] 이상으로 할 수 있다.
① 최고사용압력 0.1[MPa] 이하의 보일러
② 최고사용압력 0.5[MPa] 이하의 보일러로 동체의 안지름이 500[mm] 이하이며 동체의 길이가 1,000[mm] 이하의 것
③ 최고사용압력 0.5[MPa] 이하의 보일러로 전열면적 2[m^2] 이하의 것
④ 최대증발량 5[t/h] 이하의 관류보일러
⑤ 소용량 강철제 보일러, 소용량 주철제 보일러

(5) 과열기 부착 보일러의 안전밸브

① 과열기에는 그 출구에 1개 이상의 안전밸브가 있어야 하며, 그 분출용량은 과열기의 온도를 설계온도 이하로 유지하는 데 필요한 양(보일러의 최대증발량의 15[%]를 초과하는 경우에는 15[%]) 이상이어야 한다.
② 과열기에 부착되는 안전밸브의 분출용량 및 수는 보일러 동체의 안전밸브의 분출용량 및 수에 포함시킬 수 있다. 이 경우 보일러의 동체에 부착하는 안전밸브는 보일러의 최대증발량의 75[%] 이상을 분출할 수 있는 것이어야 한다. 다만, 관류보일러의 경우에는 과열기 출구에 최대증발량에 상당하는 분출용량의 안전밸브를 설치할 수 있다.

(6) 재열기 또는 독립 과열기의 안전밸브

재열기 또는 독립과열기에는 입구 및 출구에 각각 1개 이상의 안전밸브가 있어야 하며, 그 분출용량의 합계는 최대통과증기량 이상이어야 한다. 이 경우 출구에 설치하는 안전밸브의 분출용량의 합계는 재열기 또는 독립과열기의 온도를 설계온도 이하로 유지하는 데 필요한 양(최대통과증기량의 15[%]를 초과하는 경우에는 15[%]) 이상이어야 한다. 다만, 보일러에 직결되어 보일러와 같은 최고사용압력으로 설계된 독립과열기에서는 그 출구에 안전밸브를 1개 이상 설치하고 그 분출용량의 합계는 독립과열기의 온도를 설계온도 이하로 유지하는 데 필요한 양(독립과열기의 전열면적 $1[m^2]$당 30[kg/h]로 한 양을 초과하는 경우에는 독립과열기의 전열면적 $1[m^2]$당 30[kg/h]로 한 양)이상으로 한다.

(7) 안전밸브의 종류 및 구조

① 안전밸브의 종류는 스프링 안전밸브로 하며 스프링 안전밸브의 구조는 KS B 6216 (증기용 및 가스용 스프링 안전밸브)에 따라야 하며, 어떠한 경우에도 밸브시트나 본체에서 누설이 없어야 한다. 다만, 스프링 안전밸브 대신에 스프링 파이로트 밸브부착 안전밸브를 사용할 수 있다. 이 경우 소요 분출량의 1/2 이상이 스프링 안전밸브에 의하여 분출되는 구조의 것이어야 한다.
② 인화성증기를 발생하는 열매체 보일러에서는 안전밸브를 밀폐식 구조로 하거나 또는 안전밸브로부터의 배기를 보일러실 밖의 안전한 장소에 방출시키도록 한다.
③ 안전밸브는 산업안전보건법 제33조 제3항의 규정에 의한 성능검사를 받은 것이어야 한다.

(8) 온수 발생 보일러(액상식 열매체 보일러 포함)의 방출밸브와 방출관

① 온수발생보일러에는 압력이 보일러의 최고사용압력(열매체 보일러의 경우에는 최고사용압력 및 최고사용온도)에 달하면 즉시 작동하는 방출밸브 또는 안전밸브를 1개 이상 갖추어야 한다. 다만, 손쉽게 검사할 수 있는 방출관을 갖출 때는 방출밸브로 대응할 수 있다. 이때 방출관에는 어떠한 경우든 차단장치(밸브 등)를 부착하여서는 안 된다.
② 인화성 액체를 방출하는 열매체 보일러의 경우 방출밸브 또는 방출관은 밀폐식 구조로 하거나 보일러 밖의 안전한 장소에 방출시킬 수 있는 구조이어야 한다.

(9) 온수 발생 보일러(액상식 열매체 보일러 포함)의 방출밸브 또는 안전밸브의 크기

① 액상식 열매체 보일러 및 온도 393[K](120[℃]) 이하의 온수 발생 보일러에는 방출밸브를 설치하여야 하며, 그 지름은 20[mm] 이상으로 하고, 보일러의 압력이 보일

러의 최고사용압력에 그 10[%](그 값이 0.035[MPa] 미만인 경우에는 0.035[MPa]로 한다)를 더한 값을 초과하지 않도록 지름과 개수를 정하여야 한다.

② 온도 393[K](120[℃])를 초과하는 온수 발생 보일러에는 안전밸브를 설치하여야 하며, 그 크기는 호칭지름 20[mm] 이상으로 하고 『설치검사 기준 23-3항 "검사의 특례"』를 적용한다. 다만, 환산증발량은 열출력을 보일러의 최고사용압력에 상당하는 포화증기의 엔탈피와 급수 엔탈피의 차로 나눈 값[kg/h]으로 한다.

(10) 온수 발생 보일러(액상식 열매체 보일러) 방출관의 크기

방출관은 보일러의 전열면적에 따라 다음의 크기로 하여야 한다.

방출관의 크기

전열면[m^2]	방출관의 안지름[mm]
10 미만	25 이상
10 이상 15 미만	30 이상
15 이상 20 미만	40 이상
20 이상	50 이상

3.4 수면계

(1) 수면계의 개수

① 증기보일러에는 2개(소용량 및 1종 관류보일러는 1개)이상의 유리 수면계를 보일러 내의 수위를 육안으로 확인할 수 있도록 동일한 높이에 나란히 부착하여야 한다. 다만, 단관식 관류보일러는 제외한다.

② 최고사용압력 1[MPa] 이하로서 동체안지름이 750[mm] 미만인 경우에 있어서는 수면계중 1개는 다른 종류의 수면 측정 장치로 할 수 있다.

③ 2개 이상의 원격지시 수면계를 시설하는 경우에 한하여 유리수면계를 1개 이상으로 할 수 있다.

(2) 수면계의 구조

유리수면계는 보일러의 최고사용압력과 그에 상당하는 증기온도에서 원활히 작용하는 기능을 가지며, 또한 수시로 이것을 시험할 수 있는 동시에 용이하게 내부를 청소할 수 있는 구조로서 다음에 따른다.

① 유리수면계는 KS B 6208(보일러용 수면계 유리)의 유리를 사용하여야 한다.
② 유리수면계는 상·하에 밸브 또는 코크를 갖추어야 하며, 한눈에 그것의 개·폐 여부를 알 수 있는 구조이어야 한다. 다만, 1종 관류보일러에서는 밸브 또는 코크를 갖추지 아니할 수 있다.
③ 스톱 밸브를 부착하는 경우에는 청소에 편리한 구조로 하여야 한다.

3.5 계측기

(1) 압력계

보일러에는 KS B 5305(부르동관 압력계)에 따른 압력계 또는 이와 동등 이상의 성능을 갖춘 압력계를 부착하여야 한다.

① **압력계의 크기와 눈금**
　㉮ 증기보일러에 부착하는 압력계 눈금판의 바깥지름은 100[mm] 이상으로 하고 그 부착높이에 따라 용이하게 지침이 보이도록 하여야 한다. 다만, 다음의 보일러에 부착하는 압력계에 대하여는 눈금판의 바깥지름을 60[mm] 이상으로 할 수 있다.
　　ⓐ 최고사용압력 0.5[MPa] 이하이고, 동체의 안지름 500[mm] 이하 동체의 길이 1,000[mm] 이하인 보일러
　　ⓑ 최고사용압력 0.5[MPa] 이하로서 전열면적 2[m^2] 이하인 보일러
　　ⓒ 최대증발량 5[t/h] 이하인 관류보일러
　　ⓓ 소용량 보일러
　㉯ 압력계의 최고눈금은 보일러의 최고사용압력의 3배 이하로 하되 1.5배보다 작아서는 안 된다.

② **압력계의 부착** : 증기보일러의 압력계 부착은 다음에 따른다.
　㉮ 압력계는 원칙적으로 보일러의 증기실에 눈금판의 눈금이 잘 보이는 위치에 부착하고, 얼지 않도록 하며, 그 주위의 온도는 사용 상태에 있어서 KS B 5305(부르동관 압력계)에 규정하는 범위 안에 있어야 한다.
　㉯ 압력계와 연결된 증기관은 최고사용압력에 견디는 것으로서 그 크기는 황동관 또는 동관을 사용할 때는 안지름 6.5[mm] 이상, 강관을 사용할 때는 12.7[mm] 이상이어야 하며, 증기온도가 483[K](210[℃])를 초과할 때에는 황동관 또는 동관을 사용하여서는 안 된다.

㉢ 압력계에는 물을 넣은 안지름 6.5[mm] 이상의 사이펀 관 또는 동등한 작용을 하는 장치를 부착하여 증기가 직접 압력계에 들어가지 않도록 하여야 한다.
㉣ 압력계의 코크는 그 핸들을 수직인 증기관과 동일방향에 놓은 경우에 열려 있는 것이어야 하며 코크 대신에 밸브를 사용할 경우에는 한 눈으로 개·폐 여부를 알 수 있는 구조로 하여야 한다.
㉤ 압력계와 연결된 증기관의 길이가 3[m] 이상이며 내부를 충분히 청소할 수 있는 경우에는 보일러의 가까이에 열린 상태에서 봉인된 코크 또는 밸브를 두어도 좋다.
㉥ 압력계의 증기관이 길어서 압력계의 위치에 따라 수두압에 따른 영향을 고려할 필요가 있을 경우에는 눈금에 보정을 하여야 한다.

③ **시험용 압력계 부착장치** : 보일러 사용 중에 그 압력계를 시험하기 위하여 시험용 압력계를 부착할 수 있도록 나사의 호칭 $PF\frac{1}{4}$, $PT\frac{1}{4}$ 또는 $PS\frac{1}{4}$의 관용 나사를 설치해야 한다. 다만, 압력계 시험기를 별도로 갖춘 경우에는 이 장치를 생략할 수 있다.

(2) 수위계

① 온수발생 보일러에는 보일러 동체 또는 온수의 출구 부근에 수위계를 설치하고, 이것에 가까이 부착한 코크를 닫을 경우 이외에는 보일러와의 연락을 차단하지 않도록 하여야 하며, 이 코크의 핸들은 코크가 열려 있을 경우에 이것을 부착시킨 관과 평행되어야 한다.
② 수위계의 최고 눈금은 보일러의 최고사용압력의 1배 이상 3배 이하로 하여야 한다.

(3) 온도계

아래의 곳에는 KS B 5320(공업용 바이메탈식 온도계) 또는 이와 동등이상의 성능을 가진 온도계를 설치하여야 한다. 다만, 소용량 보일러 및 가스용 온수보일러는 배기가스 온도계만 설치하여도 좋다.
① 급수 입구의 급수 온도계
② 버너 급유 입구의 급유 온도계. 다만, 예열을 필요로 하지 않는 것은 제외한다.
③ 절탄기 또는 공기 예열기가 설치된 경우에는 각 유체의 전후 온도를 측정할 수 있는 온도계. 다만, 포화증기의 경우에는 압력계로 대신할 수 있다.
④ 보일러 본체 배기가스온도계. 다만 ③의 규정에 의한 온도계가 있는 경우에는 생략할 수 있다.

⑤ 과열기 또는 재열기가 있는 경우에는 그 출구 온도계
⑥ 유량계를 통과하는 온도를 측정할 수 있는 온도계

(4) 유량계

용량 1[t/h] 이상의 보일러에는 다음의 유량계를 설치하여야 한다.
① 급수관에는 적당한 위치에 KS B 5336(고압용 수량계) 또는 이와 동등 이상의 성능을 가진 수량계를 설치하여야 한다. 다만, 온수발생 보일러는 제외한다.
② 기름용 보일러에는 연료의 사용량을 측정할 수 있는 KS B 5328(오일 미터) 또는 이와 동등 이상의 성능을 가진 유량계를 설치하여야 한다. 다만, 2[t/h] 미만의 보일러로써 온수발생보일러 및 난방전용 보일러에는 CO_2 측정 장치로 대신할 수 있다.
③ 가스용 보일러에는 가스사용량을 측정할 수 있는 유량계를 설치하여야 한다. 다만, 가스의 전체 사용량을 측정할 수 있는 유량계를 설치하였을 경우는 각각의 보일러마다 설치된 것으로 본다.
  ㉮ 유량계는 당해 도시가스 사용에 적합한 것이어야 한다.
  ㉯ 유량계는 화기(당해 시설 내에서 사용하는 자체 화기를 제외한다)와 2[m] 이상의 우회거리를 유지하는 곳으로서 수시로 환기가 가능한 장소에 설치하여야 한다.
  ㉰ 유량계는 전기계량기 및 전기개폐기와의 거리는 60[cm] 이상, 굴뚝(단열조치를 하지 아니한 경우에 한한다)·전기점멸기 및 전기접속기와의 거리는 30[cm] 이상, 절연조치를 하지 아니한 전선과의 거리는 15[cm] 이상의 거리를 유지하여야 한다.
④ 각 유량계는 해당 온도 및 압력 범위에서 사용할 수 있어야 하고, 유량계 앞에 여과기가 있어야 한다.

(5) 자동 연료차단장치

① 최고사용압력 0.1[MPa]를 초과하는 증기 보일러에는 다음 각 호의 저수위 안전장치를 설치해야 한다.
  ㉮ 보일러의 수위가 안전을 확보할 수 있는 최저수위(이하 "안전수위"라 한다)까지 내려가기 직전에 자동적으로 경보가 울리는 장치
  ㉯ 보일러의 수위가 안전수위까지 내려가는 즉시 연소실 내에 공급하는 연료를 자동적으로 차단하는 장치
② 열매체보일러 및 사용온도가 393[K](120[℃]) 이상인 온수 발생 보일러에는 작동유체의 온도가 최고사용온도를 초과하지 않도록 온도-연소제어장치를 설치해야 한다.

③ 최고사용압력이 0.1[MPa](수두압의 경우 10[m])를 초과하는 주철제 온수보일러에는 온수온도가 388[K](115[℃])를 초과할 때에는 연료공급을 차단하거나 파이로트 연소를 할 수 있는 장치를 설치하여야 한다.

④ 관류보일러는 급수가 부족한 경우에 대비하기 위하여 자동적으로 연료의 공급을 차단하는 장치 또는 이에 대신하는 안전장치를 갖추어야 한다.

⑤ 가스용 보일러에는 급수가 부족한 경우에 대비하기 위하여 자동적으로 연료의 공급을 차단하는 장치를 갖추어야 하며, 또한 수동으로 연료공급을 차단하는 밸브 등을 갖추어야 한다.

⑥ 유류 및 가스용 보일러에는 압력차단 장치를 설치하여야 한다.

⑦ 동체의 과열을 방지하기 위하여 온도를 감지하여 자동적으로 연료공급을 차단할 수 있는 온도상한스위치를 보일러 본체에서 1[m] 이내인 배기가스출구 또는 동체에 설치하여야 한다.

⑧ 폐열 또는 소각 보일러에 대해서는 ⑦의 온도상한스위치를 대신하여 온도를 감지하여 자동적으로 경보를 울리는 장치와 송풍기의 가동을 멈추는 등 보일러의 과열을 방지하는 장치가 설치가 되어야 한다.

(6) 공기유량 자동조절기능

가스용 보일러 및 용량 5[t/h](난방전용은 10[t/h]) 이상인 유류 보일러에는 공급연료량에 따라 연소용 공기를 자동 조절하는 기능이 있어야 한다. 이때 보일러 용량이 [MW]([kcal/h])로 표시되었을 때에는 0.6978[MW](600,000[kcal/h])를 1[t/h]로 환산한다.

(7) 연소가스 분석기

(6)항의 적용을 받는 보일러에는 배기가스성분(O_2, CO_2 중 1성분)을 연속적으로 자동분석하여 지시하는 계기를 부착하여야 한다. 다만, 용량 5[t/h](난방전용은 10[t/h]) 미만인 가스용 보일러로서 배기가스온도 상한 스위치를 부착하여 배기가스가 설정온도를 초과하면 연료의 공급을 차단할 수 있는 경우에는 이를 생략할 수 있다.

(8) 가스누설 자동 차단장치

가스용 보일러에는 누설되는 가스를 검지하여 경보하며 자동으로 가스의 공급을 차단하는 장치 또는 가스누설자동차단기를 설치하여야 하며, 이 장치의 설치는 도시가스사업법 시행규칙 [별표 7]의 규정에 따라 산업통상자원부장관이 고시하는 가스사용 시설의 시설기준 및 기술기준에 따라야 한다.

(9) 압력 조정기

보일러실 내에 설치하는 가스용 보일러의 압력 조정기는 액화석유가스의 안전관리 및 사업법 제21조 제2항 규정에 의거 가스용품 검사에 합격한 제품이어야 한다.

3.6 밸브 및 분출 밸브

(1) 스톱 밸브의 개수

① 증기의 각 분출구(안전밸브, 과열기의 분출구 및 재열기의 입·출구를 제외한다)에는 스톱 밸브를 갖추어야 한다.
② 맨홀을 가진 보일러가 공통의 주 증기관에 연결될 때에는 각 보일러와 주증기관을 연결하는 증기관에는 2개 이상의 스톱 밸브를 설치하여야 하며, 이들 밸브 사이에는 충분히 큰 드레인 밸브를 설치하여야 한다.

(2) 스톱 밸브

① 스톱 밸브의 호칭압력(KS규격에 최고사용압력을 별도로 규정한 것은 최고사용압력)은 보일러의 최고사용압력 이상이어야 하며 적어도 0.7[MPa] 이상이어야 한다.
② 65[mm] 이상의 증기 스톱 밸브는 바깥나사형의 구조 또는 특수한 구조로 하고 밸브 몸체의 개폐를 한눈에 알 수 있는 것이어야 한다.

(3) 밸브의 물 빼기

물이 고이는 위치에 스톱밸브가 설치될 때에는 물 빼기를 설치하여야 한다.

(4) 분출밸브의 크기와 개수

① 보일러 아랫부분에는 분출관과 분출 밸브 또는 분출 코크를 설치해야한다. 다만, 관류보일러에 대해서는 이를 적용하지 않는다.
② 분출밸브의 크기는 호칭지름 25[mm] 이상의 것이어야 한다. 다만, 전열면적이 10[m^2] 이하인 보일러에서는 호칭지름 20[mm] 이상으로 할 수 있다.
③ 최고사용압력 0.7[MPa] 이상의 보일러(이동식 보일러는 제외한다)의 분출관에는 분출밸브 2개 또는 분출밸브와 분출코크를 직렬로 갖추어야 한다. 이 경우에 적어도 1개의 분출밸브는 닫힌 밸브를 전개하는데 회전축을 적어도 5회전하는 것이어야 한다.

④ 1개의 보일러에 분출관이 2개 이상 있을 경우에는 이것들을 공통의 어미관에 하나로 합쳐서 각각의 분출관에는 1개의 분출밸브 또는 분출코크를, 어미관에는 1개의 분출밸브를 설치하여도 좋다. 이 경우 분출밸브는 닫힌 상태에서 전개하는데 회전축을 적어도 5회전하는 것이어야 한다.
⑤ 2개 이상의 보일러에서 분출관을 공동으로 하여서는 안 된다. 다만, 개별 보일러마다 분출관에 체크 밸브를 설치할 경우에는 예외로 한다.
⑥ 정상 시 보유수량 400[kg] 이하의 강제 순환 보일러에는 닫힌 상태에서 전개하는데 회전축을 적어도 5회전 이상 회전을 요하는 분출밸브 1개를 설치하여야 좋다.

(5) 분출밸브 및 콕의 모양과 강도

① 분출밸브는 스케일 그 밖의 침전물이 퇴적되지 않는 구조이어야 하며 그 최고사용압력은 보일러 최고사용압력의 1.25배 또는 보일러의 최고사용압력에 1.5[MPa]를 더한 압력 중 작은 쪽의 압력 이상이어야 하고, 어떠한 경우에도 0.7[MPa](소용량 보일러, 가스용 온수보일러 및 주철제 보일러는 0.5[MPa], 관류보일러는 1[MPa]) 이상이어야 한다.
② 주철제의 분출 밸브는 최고사용압력 1.3[MPa] 이하, 흑심가단 주철제의 것은 1.9[MPa] 이하의 보일러에 사용할 수 있다.
③ 분출 코크는 글랜드(gland)를 갖는 것이어야 한다.

(6) 기타 밸브

보일러 본체에 부착하는 기타의 밸브는 그 호칭압력 또는 최고사용압력이 보일러의 최고사용압력 이상이어야 한다.

3.7 운전 성능

(1) 운전 상태

보일러는 운전상태(정격부하 상태를 원칙으로 한다)에서 이상 진동과 이상 소음이 없고 각종 부품의 작동이 원활하여야 한다.
① 다음의 압력계들의 작동이 정확하고 이상이 없어야 한다.
  ㉮ 증기드럼압력계(관류 보일러에서는 절탄기 입구 압력계)
  ㉯ 과열기출구 압력계(과열기를 사용하는 경우)
  ㉰ 급수압력계

㉣ 노내압계
② 다음의 계기들의 작동이 정확하고 이상이 없어야 한다.
㉮ 급수량계
㉯ 급유량계
㉰ 유리수면계 또는 수면 측정 장치
㉱ 수위계 또는 압력계
㉲ 온도계
③ 급수펌프는 다음 사항이 이상 없고 성능에 지장이 없어야 한다.
㉮ 펌프 송출구에서의 송출압력 상태
㉯ 급수펌프의 누설유무

(2) 배기가스 온도

① 유류용 및 가스용 보일러(열매체 보일러는 제외한다) 출구에서의 배기가스 온도는 주위온도와의 차이가 정격용량에 따라 다음 표와 같아야 한다. 이때 배기가스온도의 측정위치는 보일러 전열면의 최종출구로 하며 폐열회수장치가 있는 보일러는 그 출구로 한다.

배기가스 온도차

보일러 용량[t/h]	배기가스 온도차([K], [℃])
5 이하	300 이하
5 초과 20 이하	250 이하
20 초과	210 이하

<비고>
1. 보일러용량이 [MW]([kcal/h])로 표시되었을 때에는 0.6978[MW](600,000[kcal/h])를 1[t/h]로 환산한다.
2. 주위 온도는 보일러에 최초로 투입되는 연소용 공기 투입위치의 주위 온도로 하며 투입위치가 실내일 경우는 실내온도, 실외일 경우는 외기온도로 한다.

② 열매체 보일러의 배기가스 온도는 출구열매 온도와의 차이가 150[K]([℃]) 이하이어야 한다.

(3) 보일러 외벽의 온도

보일러의 외벽온도는 주위온도보다 30[K]([℃])를 초과하여서는 안 된다.

(4) 저수위 안전장치

① 저수위안전장치는 연료차단 전에 경보가 울려야 하며, 경보음은 70[dB] 이상이어야 한다.
② 온수발생 보일러(액상식 열매체 보일러 포함)의 온도-연소제어장치는 최고사용온도 이내에서 연료가 차단되어야 한다.

3.8 수압시험

(1) 수압시험 방법

① 규정된 시험수압에 도달된 후 30분 경과한 후 검사
② 검정수압시험 압력으로 시험하는 경우 다이얼 게이지를 이용하여 압력 및 변형을 측정한다.
③ 수압시험에는 2개 이상의 압력계를 사용
④ 수압시험은 규정된 압력의 6[%] 이상 초과하지 않도록 조치

(2) 강철제 보일러의 수압시험 압력

① 보일러의 최고사용압력이 0.43[MPa](4.3[kgf/cm^2]) 이하일 때에는 그 최고사용압력의 2배의 압력으로 한다. 다만, 그 시험압력이 0.2[MPa](2[kgf/cm^2]) 미만인 경우에는 0.2[MPa](2[kgf/cm^2])로 한다.
② 보일러의 최고 사용압력이 0.43[MPa](4.3[kgf/cm^2]) 초과 1.5[MPa](15[kgf/cm^2]) 이하일 때에는 그 최고사용압력의 1.3배에 0.3[MPa](3[kgf/cm^2])를 더한 압력으로 한다.
③ 보일러의 최고사용압력이 1.5[MPa](15[kgf/cm^2])를 초과할 때에는 그 최고사용압력의 1.5배의 압력으로 한다.

(3) 주철제 보일러 수압시험 압력

① 보일러의 최고사용압력이 0.43[MPa] 이하일 때는 그 최고사용압력의 2배의 압력으로 한다. 다만, 시험압력이 0.2[MPa] 미만인 경우에는 0.2[MPa]로 한다.
② 보일러의 최고사용압력이 0.43[MPa]를 초과할 때는 그 최고사용압력의 1.3배에 0.3[MPa]을 더한 압력으로 한다.

출제예상문제
Expected problems

01 보일러의 설치시공기준에서 옥내에 보일러를 설치할 경우 다음 중 불연성 물질의 반격벽으로 구분된 장소에 설치할 수 있는 보일러가 아닌 것은?
① 노통 보일러
② 가스용 온수 보일러
③ 소형 관류 보일러
④ 소용량 주철제 보일러

[해설] 보일러 옥내 설치 기준 : 보일러는 불연성물질의 격벽으로 구분된 장소에 설치하여 한다. 다만, 소용량 강철제보일러, 소용량 주철제 보일러, 가스용 온수 보일러, 1종 관류보일러(이하 '소형 보일러'라 한다)는 반격벽으로 구분된 장소에 설치할 수 있다.
답 ①

02 보일러를 옥내에 설치하는 경우에 대한 설명으로 틀린 것은?
① 불연성 물질의 격벽으로 구분된 장소에 설치한다.
② 보일러 동체 최상부로부터 천장, 배관 등 보일러상부에 있는 구조물까지의 거리는 0.3[m] 이상으로 한다.
③ 연도의 외측으로부터 0.3[m] 이내에 있는 가연성 물체에 대하여는 금속 이외의 불연성 재료로 피복한다.
④ 연료를 저장할 때에는 소형보일러의 경우 보일러 외측으로부터 1[m] 이상 거리를 두거나 반격벽으로 할 수 있다.

[해설] 보일러 동체 최상부로부터(보일러의 검사 및 취급에 지장이 없도록 작업대를 설치한 경우에는 작업대로부터) 천장, 배관 등 보일러 상부에 있는 구조물까지의 거리는 1.2[m] 이상이어야 한다. 다만, 소형보일러 및 주철제 보일러의 경우에는 0.6[m] 이상으로 할 수 있다.
답 ②

03 보일러 설치공간의 계획 시 바닥으로부터 보일러 동체의 최상부까지의 높이가 4.4[m]라면, 바닥으로부터 상부 건축구조물까지의 최소높이는 얼마 이상을 유지하여야 하는가?
① 5.0[m] 이상   ② 5.3[m] 이상
③ 5.6[m] 이상   ④ 5.9[m] 이상

[해설] 보일러 동체 최상부로부터 천정, 배관 등 보일러 상부에 있는 구조물까지의 거리는 1.2[m] 이상이어야 한다.
∴ 최소높이 = 동체 최상부까지의 높이 + 1.2
= 4.4 + 1.2 = 5.6[m] 이상
답 ③

04 소형 보일러를 옥내에 설치 시 보일러 외측으로부터 보일러실 벽과의 거리는 얼마 이상이어야 하는가?
① 0.1[m]   ② 0.3[m]
③ 0.45[m] ④ 0.6[m]

[해설] 보일러 동체에서 벽, 배관, 기타 보일러 측부에 있는 구조물(검사 및 청소에 지장이 없는 것은 제외)까지 거리는 0.45[m] 이상이어야 한다. 다만, 소형 보일러는 0.3[m] 이상으로 할 수 있다.
답 ②

05 옥내 보일러실에 연료를 저장하는 경우 보일러 외측으로부터 얼마 이상 거리를 두고 저장해야 하는가? (단, 소형 보일러는 제외한다.)
① 0.6[m] 이상   ② 1[m] 이상
③ 1.2[m] 이상   ④ 2[m] 이상

[해설] 옥내 보일러실에 연료를 저장할 때에는 보일러 외측으로부터 2[m] 이상 거리를 두거나 방화벽을 설치하여야 한다. 다만, 소형보일러의 경우에는 1[m] 이상 거리를 두거나 반격벽으로 할 수 있다.
답 ④

06 보일러실 내에 설치하는 배관에 대한 설명으로 틀린 것은?

① 배관은 외부에 노출하여 시공하여야 한다.
② 배관의 이음부와 전기계량기와의 거리는 30[cm] 이상의 거리를 유지하여야 한다.
③ 관지름 50[mm]인 배관은 3[m]마다 고정장치를 설치하여야 한다.
④ 배관을 나사접합으로 하는 경우에는 관용테이퍼 나사에 의하여야 한다.

해설 배관의 이음부와 유지거리 : 용접이음매 제외
㉮ 전기계량기, 전기개폐기 : 60[cm] 이상
㉯ 단열조치를 하지 않은 굴뚝, 전기점멸기, 전기접속기, 절연조치를 하지 않은 전선 : 30[cm] 이상
㉰ 절연전선 : 10[cm] 이상
답 ②

07 가스배관의 관 지름이 13[mm] 이상 33[mm] 미만일 때 관의 고정장치 설치간격으로 옳은 것은?

① 1[m]마다   ② 2[m]마다
③ 3[m]마다   ④ 4[m]마다

해설 배관의 고정장치 설치간격
㉮ 관 지름이 13[mm] 미만 : 1[m]마다
㉯ 관 지름이 13[mm] 이상 33[mm] 미만 : 2[m]마다
㉰ 관 지름이 33[mm] 이상 : 3[m]마다
답 ②

08 가스용 보일러의 보일러 실내 연료 배관 외부에 반드시 표시해야 하는 항목이 아닌 것은?

① 사용 가스명
② 최고 사용압력
③ 가스 흐름방향
④ 최고 사용온도

해설 가스용 보일러의 연료 배관 표시 : 배관 외부에 사용가스명, 최고 사용압력 및 가스 흐름방향을 표시하여야 한다. 다만, 지하에 매설하는 배관의 경우에는 흐름 방향을 표시하지 아니할 수 있다.
답 ④

09 다음은 보일러의 급수밸브 및 체크밸브 설치기준에 관한 설명이다. ( ) 안에 알맞은 것은?

> 급수밸브 및 체크밸브의 크기는 전열면적 10[m²] 이하의 보일러에서는 관의 호칭 (㉠) 이상, 전열면적 10[m²]를 초과하는 보일러에서는 호칭 (㉡) 이상이어야 한다.

① ㉠ : 5[A], ㉡ : 10[A]
② ㉠ : 10[A], ㉡ : 15[A]
③ ㉠ : 15[A], ㉡ : 20[A]
④ ㉠ : 20[A], ㉡ : 30[A]

해설 급수 밸브의 크기

전열면적	크기(호칭)
10[m²] 이하	15[A] 이상
10[m²] 초과	20[A] 이상

답 ③

10 용량이 몇 [t/h] 이상의 증기보일러에 수질관리를 위한 급수처리 또는 스케일 부착 방지나 제거를 위한 시설을 하여야 하는가?

① 0.5   ② 1
③ 3   ④ 5

해설 용량 1[t/h] 이상의 증기보일러에는 수질관리를 위한 급수처리(수처리시설) 또는 스케일 부착방지 및 제거를 위한(음향처리시설)시설을 하여야 한다.
답 ②

11 증기보일러에는 원칙적으로 2개 이상의 안전밸브를 설치하여야 하지만, 1개를 설치할 수 있는 최대 전열면적 기준은?

① 10[m²] 이하   ② 30[m²] 이하
③ 50[m²] 이하   ④ 100[m²] 이하

해설 안전밸브의 개수
㉮ 증기보일러에는 2개 이상의 안전밸브를 설치하여야 한다. 다만, 전열면적 50[m²] 이하의 증기보일러에서는 1개 이상으로 한다.
㉯ 관류보일러에서 보일러와 압력방출장치와의 사이에 체크밸브를 설치할 경우 압력방출장치는 2개 이상이어야 한다.
답 ③

12 보일러의 안전밸브에 대한 설명 중 옳지 않은 것은?

① 안전밸브는 가능한 한 동체에 직접 부착시켜야 한다.
② 전열면적 50[m^2] 이하의 증기보일러에는 1개 이상의 안전밸브를 설치한다.
③ 안전밸브 및 압력 방출장치의 크기는 호칭지름 25[mm] 이상으로 하여야 한다.
④ 안전밸브와 안전밸브가 부착된 동체 사이에는 차단밸브를 1개 이상 설치하여야 한다.

해설 안전밸브의 부착 : 안전밸브는 쉽게 검사할 수 있는 장소에 밸브 축을 수직으로 하여 가능한 한 보일러의 동체에 직접 부착시켜야 하며, 안전밸브와 안전밸브가 부착된 보일러 동체 등의 사이에는 어떠한 차단밸브도 있어서는 안 된다. **답** ④

13 증기 보일러에서 안전밸브 부착에 대한 설명으로 옳은 것은?

① 보일러 몸체에 직접 부착시키지 않는다.
② 밸브 축을 수직으로 하여 부착한다.
③ 안전밸브는 항상 3개 이상 부착해야 한다.
④ 안전을 고려하여 쉽게 보이는 곳에 설치하지 않는다.

해설 증기보일러 안전밸브(과압방지 안전장치) 설치
㉮ 증기보일러에는 2개 이상의 안전밸브를 설치하여야 한다. 다만, 전열면적 50[m^2] 이하의 증기보일러에서는 1개 이상으로 한다.
㉯ 안전밸브는 쉽게 검사할 수 있는 장소에 밸브축을 수직으로 하여 가능한 한 보일러의 동체에 직접 부착시켜야 한다.
㉰ 안전밸브의 부착은 플랜지, 용접 또는 나사 접합식으로 한다.
㉱ 안전밸브의 분출용량은 보일러 최대증발량을 분출하도록 그 크기와 수를 결정하여야 한다. **답** ②

14 다음 중 안전밸브에 대한 설명으로 틀린 것은?

① 안전밸브는 보일러 동체에 직접 부착시킨다.
② 안전밸브의 방출관은 단독으로 설치하여야 한다.
③ 증기보일러는 2개 이상의 안전밸브를 설치해야 한다.
④ 안전밸브 및 압력방출장치의 크기는 호칭지름 50[mm] 이상으로 하여야 한다.

해설 안전밸브 및 압력방출장치의 크기 : 호칭지름 25[A] 이상으로 하여야 한다. 다만, 다음 보일러에서는 호칭지름 20[A] 이상으로 할 수 있다.
㉮ 최고사용압력 0.1[MPa] 이하의 보일러
㉯ 최고사용압력 0.5[MPa] 이하의 보일러로 동체의 안지름이 500[mm] 이하이며 동체의 길이가 1,000[mm] 이하의 것
㉰ 최고사용압력 0.5[MPa] 이하의 보일러로 전열면적 2[m^2] 이하의 것
㉱ 최대증발량 5[t/h] 이하의 관류보일러
㉲ 소용량 강철제 보일러, 소용량 주철제 보일러 **답** ④

15 보일러의 안전밸브에 대한 설명 중 옳지 않은 것은?

① 안전밸브는 가능한 한 동체에 직접 부착시켜야 한다.
② 전열면적 50[m^2] 이하의 증기보일러에는 1개 이상의 안전밸브를 설치한다.
③ 안전밸브 및 압력방출장치의 크기는 호칭지름 25[mm] 이상으로 하여야 한다.
④ 소용량 보일러에서 안전밸브 및 압력방출장치의 크기는 20[mm] 이하로 할 수 있다.

해설 소용량 보일러에서 안전밸브 및 압력방출장치의 크기는 호칭지름 20[A] 이상으로 할 수 있다. **답** ④

16 온수보일러에서의 안전밸브에 대한 설명으로 틀린 것은?

① 안전밸브는 보일러 상부에 설치해야 한다.
② 안전밸브는 보일러 내부의 관에 연결하여서는 안 된다.
③ 안전밸브는 중심선을 수직으로 하여 설치해야 한다.
④ 안전밸브 연결 시에 나사로 된 연결관을 사용하여서는 안 된다.

해설 ▶ 안전밸브의 부착은 플랜지, 용접 또는 나사 박음으로 하고 다음에 따른다.
㉮ 플랜지 부착의 플랜지 모양 및 치수는 규정에 따른다.
㉯ 용접의 경우는 승인된 모양 및 치수에 따른다.
㉰ 나사 박음의 경우 나사부의 나사는 KS B 0222(관용 테이퍼 나사)에 따른다. 답 ④

17 온수발생보일러에서 안전밸브를 설치해야 할 운전 온도는 얼마인가?

① 100[℃] 초과   ② 110[℃] 초과
③ 120[℃] 초과   ④ 130[℃] 초과

해설 ▶ 온도 393[K](120[℃])를 초과하는 온수발생보일러에는 안전밸브를 설치하여야 하며, 그 크기는 호칭지름 20[mm] 이상으로 한다. 답 ③

18 보일러 방출관의 크기는 전열면적에 따라 정할 수 있다. 전열면적 20[m²] 이상인 방출관의 안지름은 몇 [mm] 이상이어야 하는가?

① 25   ② 30
③ 40   ④ 50

해설 ▶ 온수발생 보일러의 방출관 크기

전열면적[m²]	방출관의 안지름[mm]
10 미만	25 이상
10 이상 15 미만	30 이상
15 이상 20 미만	40 이상
20 이상	50 이상

답 ④

19 안전밸브의 작동시험에 대한 설명 중 틀린 것은?

① 안전밸브의 분출압력은 1개일 경우 최고사용압력 이하이어야 한다.
② 과열기의 안전밸브 분출압력은 증발부 안전밸브의 분출압력 이하이어야 한다.
③ 발전용 보일러에 부착하는 안전밸브의 분출정지압력은 최고사용압력 이하이어야 한다.
④ 재열기 및 독립과열기에 있어서는 안전밸브가 하나인 경우 최고사용압력 이하이어야 한다.

해설 ▶ 안전밸브 작동시험 : 열사용기자재 검사기준 23.2.5.1
㉮ 안전밸브 분출압력은 1개일 경우 최고사용압력 이하, 안전밸브가 2개 이상인 경우 그중 1개는 최고사용압력 이하 기타는 최고사용압력의 1.03배 이하일 것
㉯ 과열기의 안전밸브 분출압력은 증발부 안전밸브의 분출압력 이하일 것
㉰ 재열기 및 독립과열기의 경우 안전밸브가 하나인 경우 최고사용압력 이하, 2개인 경우 하나는 최고사용압력 이하이고 다른 하나는 최고사용압력의 1.03배 이하에서 분출하여야 한다. 다만, 출구에 설치하는 안전밸브의 분출입력은 입구에 설치하는 안전밸브의 설정압력보다 낮게 조정되어야 한다.
㉱ 발전용 보일러에 부착하는 안전밸브의 분출정지압력은 분출압력의 0.93배 이상이어야 한다. 답 ③

20 보일러의 설치방법에 대한 설명으로 옳은 것은?

① 증기 보일러에는 4개 이상의 유리수면계를 부착한다.
② 온도가 120[℃]를 초과하는 온수 보일러에는 방출밸브를 설치해야 한다.
③ 온도가 120[℃]를 초과하는 온수 보일러에는 안전밸브를 설치한다.
④ 보일러의 설치 시 수위계의 최고눈금은 보일러 최고사용압력의 3배 이상 5배 이하로 하여야 한다.

해설 각 항목의 옳은 설명
① 증기보일러에는 2개(소용량 및 소형관류보일러는 1개) 이상의 유리수면계를 부착하여야 한다. 다만, 단관식 관류보일러는 제외한다.
② 온도가 120[℃]를 초과하는 온수발생 보일러에는 안전밸브를 설치하여야 한다.
④ 온수발생 보일러에는 보일러 동체 또는 온수의 출구 부근에 수위계를 설치하고 수위계의 최고눈금은 보일러의 최고사용압력의 1배 이상 3배 이하로 하여야 한다. 답 ③

21 다음 A, B에 들어갈 안지름 크기로 맞는 것은?

> 압력계와 연결된 증기관은 최고사용압력에 견디는 것으로서 그 크기는 황동관 또는 동관을 사용할 때는 안지름이 (A)[mm] 이상, 강관을 사용할 때는 (B)[mm] 이상 이어야 한다.

① A = 6.5, B = 12.7
② A = 8.5, B = 13.7
③ A = 5.5, B = 11.8
④ A = 4.8, B = 10.7

해설 증기 보일러 압력계 부착기준 : 압력계와 연결된 증기관은 최고사용압력에 견디는 것으로서 그 크기는 황동관 또는 동관을 사용할 때는 안지름 6.5[mm] 이상, 강관을 사용할 때는 12.7[mm] 이상이어야 하며, 증기온도가 483[K](210[℃])를 초과할 때에는 황동관 또는 동관을 사용하여서는 안 된다. 답 ①

22 사이폰관(siphon tube)과 관련이 있는 것은?

① 수면계
② 안전밸브
③ 압력계
④ 어큐뮬레이터

해설 압력계를 보호하기 위하여 안지름 6.5[mm] 이상의 사이폰관 속에 물을 투입하여 고온증기가 부르동관에 영향을 미치지 않도록 한다. 답 ③

23 보일러에 부착되어 있는 압력계의 최고눈금은 보일러의 최고사용압력의 몇 배 이하의 것을 사용해야 하는가?

① 1.5배
② 2.0배
③ 3.0배
④ 3.5배

해설 보일러용 압력계의 눈금 : 압력계의 최고눈금은 보일러의 최고사용압력의 3배 이하로 하되 1.5배보다 작아서는 안 된다. 답 ③

24 보일러에서 사용하는 분출관 및 분출밸브 등에 대한 설명으로 틀린 것은?

① 보일러 아랫부분에는 분출관과 분출밸브 또는 분출 코크를 설치해야 한다. (관류보일러는 제외)
② 일반적으로 2개 이상의 보일러를 같이 사용할 경우 분출관은 공동으로 사용해야 한다.
③ 분출밸브의 크기는 호칭지름 25[mm] 이상의 것이어야 한다. (전열면적 10[m^2] 이하의 보일러는 호칭지름 20[mm] 이상 가능)
④ 최고사용압력 0.7[MPa] 이상의 보일러의 분출관에는 분출밸브 2개 또는 분출밸브와 분출코크를 직렬로 갖추어야 한다.

해설 2개 이상의 보일러에서 분출관을 공동으로 하여서는 안 된다. 다만, 개별보일러마다 분출관에 체크밸브를 설치할 경우에는 예외로 한다. 답 ②

25 보일러의 내부 수압시험을 실시할 때 규정된 시험수압에 도달한 후 몇 분 경과 후 검사를 하여야 하는가?

① 10
② 20
③ 30
④ 60

해설 수압시험 방법 : 열사용기자재 검사기준 18.2
㉮ 규정된 시험수압에 도달된 후 30분 경과한 후 검사

㉰ 검정수압시험 압력으로 시험하는 경우 다이얼게이지를 이용하여 압력 및 변형을 측정한다.
㉱ 수압시험에는 2개 이상의 압력계를 사용
㉲ 수압시험은 규정된 압력의 6[%] 이상 초과하지 않도록 조치 답 ③

26 수압시험에서 시험수압은 규정된 압력의 몇 % 이상 초과하지 않도록 하여야 하는가?

① 3[%]   ② 6[%]
③ 9[%]   ④ 12[%]

해설 수압시험은 규정된 압력의 6[%] 이상 초과하지 않도록 조치한다. 답 ②

27 증기 및 온수보일러를 포함한 주철제 보일러의 최고 사용 압력이 0.43[MPa] 이하일 경우의 수압시험 압력은?

① 0.2[MPa]로 한다.
② 최고사용압력의 2배의 압력으로 한다.
③ 최고사용압력의 2.5배의 압력으로 한다.
④ 최고사용압력의 1.3배에 0.3[MPa]를 더한 압력으로 한다.

해설 (1) 강철제 보일러의 수압시험 압력
　㉮ 보일러의 최고사용압력이 0.43[MPa] 이하일 때에는 그 최고사용압력의 2배의 압력으로 한다. 다만, 그 시험압력이 0.2[MPa] 미만인 경우에는 0.2[MPa]로 한다.
　㉯ 보일러의 최고 사용압력이 0.43[MPa] 초과 1.5[MPa] 이하일 때에는 그 최고사용압력의 1.3배에 0.3[MPa]를 더한 압력으로 한다.
　㉰ 보일러의 최고사용압력이 1.5[MPa]를 초과할 때에는 그 최고사용압력의 1.5배의 압력으로 한다.
(2) 주철제 보일러 수압시험 압력
　㉮ 보일러의 최고사용압력이 0.43[MPa] 이하일 때는 그 최고사용압력의 2배의 압력으로 한다. 다만, 시험압력이 0.2[MPa] 미만인 경우에는 0.2[MPa]로 한다.
　㉯ 보일러의 최고사용압력이 0.43[MPa]를 초과 할 때는 그 최고사용압력의 1.3배에 0.3[MPa]을 더한 압력으로 한다. 답 ②

28 최고사용압력이 1.5[MPa]을 넘는 강철제보일러의 수압시험압력은 최고사용압력의 몇 배로 하여야 하는가?

① 1.5   ② 2
③ 2.5   ④ 3

해설 보일러의 최고사용압력이 1.5[MPa]를 초과할 때에는 그 최고사용압력의 1.5배의 압력으로 한다. 답 ①

29 최고사용압력이 7[kgf/cm²]인 증기용 강제 보일러의 수압시험 압력은 얼마로 하여야 하는가?

① 10.1[kgf/cm²]   ② 11.1[kgf/cm²]
③ 12.1[kgf/cm²]   ④ 13.1[kgf/cm²]

해설 강철제 보일러의 수압시험 압력

최고사용압력	수압시험 압력
0.43[MPa] 이하	최고사용압력의 2배. 다만, 시험압력이 0.2[MPa] 미만인 경우 0.2[MPa] 한다.
0.43[MPa] 초과 1.5[MPa] 이하	최고사용압력의 1.3배에 0.3[MPa]를 더한 압력
1.5[MPa] 초과	최고사용압력의 1.5배

∴ 수압시험압력 = (최고사용압력×1.3) + 3
　　　　　　 = (7 × 1.3) + 3
　　　　　　 = 12.1[kgf/cm²] 답 ③

4 열전달

4.1 열전달 이론

(1) 열의 이동 방법

열의 이동은 고온 물체에서 저온 물체로 이동하는 것으로서, 열의 이동방법에는 전도, 대류, 복사의 3가지 방법이 있으며 온도차가 클수록 열의 이동속도는 빠르다.

① **전도(conduction)** : 고체를 매개체로 하여 열이 고온에서 저온으로 이동하는 현상이다.

② **대류(convection)** : 고체 벽이 온도가 다른 유체와 접촉하고 있을 때 유체에 유동이 생기면서 열이 유동하는 현상이다.

③ **복사(radiation)** : 중간의 매개물 없이 한 물체에서 다른 물체로 열에너지가 이동하는 현상으로 스테판 볼츠만의 법칙이 성립한다.

(2) 열의 이동 계산

① **열전도율[kcal/h·m·℃]** : 하나의 물체를 구성하고 있는 물질부분을 차례차례로 열이 전해지는 경우 또는 직접 접촉하고 있는 2개의 물체의 하나에서 다른 것으로 열이 전해지는 현상으로 면적 $1[m^2]$, 두께 $1[m]$인 고체의 양쪽면 온도차가 $1[℃]$일 때, 고온에서 저온으로 1시간에 이동한 열량의 비율을 말한다.

㉮ 전도 전열량 계산 : 벽의 재질과 두께 및 열전도율이 각각 다른 것이 벽면을 형성하고 있을 때 전도에 의한 손실열량은 감소한다. 이때 손실되는 전도 전열량은 다음과 같이 된다.

$$Q = \frac{1}{\frac{b_1}{\lambda_1} + \frac{b_2}{\lambda_2} + \frac{b_3}{\lambda_3}} \cdot F \cdot (t_2 - t_1)$$

여기서, Q : 전도 전열량[kcal/h]
λ : 각 벽의 열전도율[kcal/h·m·℃]
b : 벽의 두께[m]
F : 전열면적[m^2]
t_2 : 고온[℃], t_1 : 저온[℃]

㉴ A와 B벽 사이의 중간온도 계산식은 다음과 같다.

$$t_a = t_2 - \left(\frac{Q}{F} \times R_a\right) = t_2 - \left(\frac{Q}{F} \times \frac{b_1}{\lambda_1}\right)$$

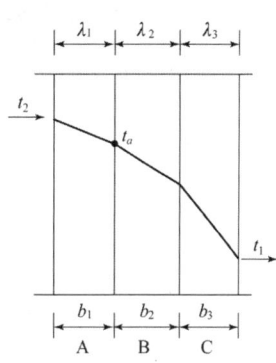

② **열 전달률[kcal/h·m²·℃]** : 고체면과 유체와의 사이의 열의 이동으로서, 단위면적 1[m²]당 고체면과 유체면 사이의 온도차가 1[℃]일 때 1시간에 이동하는 열량이다.

$$Q = \alpha \cdot F \cdot \Delta t$$

여기서, Q : 전도 전열량[kcal/h]
α : 열전달률[kcal/h·m²·℃]
F : 표면적[m²]
Δt : 온도차[℃]

③ **열 관류율[kcal/h·m²·℃]** : 열전도율이 다른 여러 층의 매체를 대상으로 정상상태에서 고온 측으로부터 저온 측으로 열이 이동할 때 평균 열통과율을 의미하는 것으로 이 경우 전도, 대류, 복사의 작용이 이루어진다.

$$Q = K \cdot F \cdot \Delta t, \quad K = \frac{1}{R} = \frac{1}{\frac{1}{\alpha_1} + \frac{b}{\lambda} + \frac{1}{\alpha_2}}$$

여기서, Q : 열 통과량[kcal/h]
K : 열 관류율[kcal/h·m²·℃]
R : 열 저항[h·m²·℃/kcal]
λ : 각 벽의 열전도율[kcal/h·m·℃]
b : 벽의 두께[m]
F : 표면적[m²]
Δt : 온도차[℃]
α_1 : 저온면 경막계수[kcal/h·m²·℃]
α_2 : 고온면 경막계수[kcal/h·m²·℃]

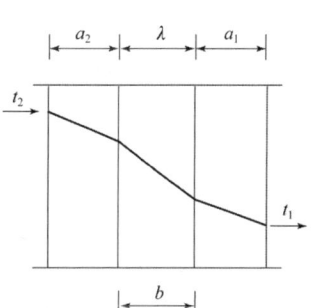

④ 길이가 L인 원통을 통한 전열량 : 내면과 외면의 면적이 평면벽과 다르기 때문에 대수평균면적을 적용한다.

㉮ 대수평균면적

$$F_m = \frac{2\pi L(r_o - r_i)}{\ln \dfrac{r_o}{r_i}}$$

㉯ 열전열량 : 바깥 반지름에서 안쪽 반지름을 뺀 값$(r_o - r_i)$이 원통의 두께(b)에 해당된다.

$$Q = K \cdot F_m \cdot \Delta T = \frac{1}{\dfrac{b}{\lambda}} \times \frac{2\pi L(r_o - r_i)}{\ln \dfrac{r_o}{r_i}} \times (T_i - T_o)$$

$$= \frac{1}{\dfrac{1}{\lambda}} \times \frac{2\pi L}{\ln \dfrac{r_o}{r_i}} \times (T_i - T_o) = \frac{2\pi L(T_i - T_o)}{\dfrac{1}{\lambda} \times \ln \dfrac{r_o}{r_i}}$$

여기서, Q : 열전열량[kcal/h] K : 열관류율[kcal/m² · h · ℃]
F_m : 대수평균면적[m²] L : 원통 길이[m]
λ : 열전도율[kcal/m · h · ℃] b : 두께[m] ($b = r_o - r_i$)
T_i : 내부온도[K] T_o : 외부온도[K]
r_i : 안쪽 반지름[m] r_o : 바깥쪽 반지름[m]

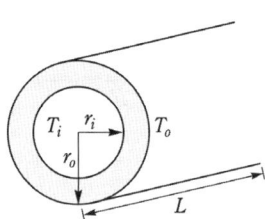

⑤ 중공구(中空球 : 구형용기)를 통한 열 이동량

$$Q = \lambda \frac{4\pi(T_i - T_o)}{\dfrac{1}{r_i} - \dfrac{1}{r_o}}$$

여기서, Q : 열이동량[kcal/h] λ : 열전도계수[kcal/m · h · K]
T_i : 내면의 절대온도[K] T_o : 외면의 절대온도[K]
r_i : 내면의 반지름[m] r_o : 외면의 반지름[m]

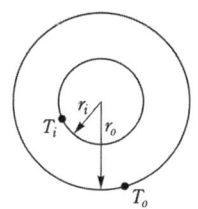

⑥ 복사 전열량 계산

㉮ 복사에 의한 열 전달률

$$\alpha_R = \frac{C_b \cdot \epsilon \left\{ \left(\dfrac{T_1}{100}\right)^4 - \left(\dfrac{T_2}{100}\right)^4 \right\}}{T_1 - T_2}$$

㉯ 복사(방사)전열량 계산

$$Q = C_b \cdot \epsilon \left\{ \left(\dfrac{T_1}{100}\right)^4 - \left(\dfrac{T_2}{100}\right)^4 \right\} F$$

여기서, α_R : 복사 열 전달률[kcal/m² · h · K]
   Q : 복사 전열량[kcal/h]
   C_b : 스테판-볼츠만 상수(4.88[kcal/m² · h · K⁴])
   ϵ : 방사율(복사율)
   T_1 : 방사체의 절대온도[K]
   T_2 : 입사체의 절대온도[K]
   F : 복사전열면적[m²]

4.2 열교환기의 전열량

(1) 열교환기의 흐름

① **병류식** : 고온 유체와 저온 유체의 흐름이 같은 방향인 형식

② **향류식** : 고온 유체와 저온 유체의 흐름이 반대 방향인 형식

(2) 대수평균 온도차(LMTD : Δt_m)

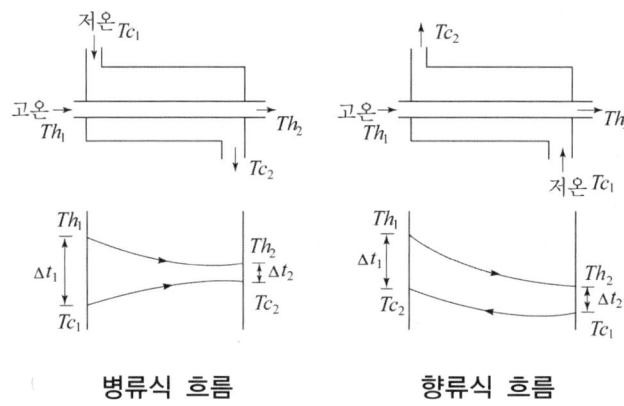

병류식 흐름　　　　향류식 흐름

① **병류식** : Δt_1 = 고온 유체 입구온도(T_{h_1}) - 저온 유체 입구온도(T_{c_1})

Δt_2 = 고온 유체 출구온도(T_{h_2}) - 저온 유체 출구온도(T_{c_2})

② **향류식** : Δt_1 = 고온 유체 입구온도(T_{h_1}) - 저온 유체 출구온도(T_{c_2})

Δt_2 = 고온 유체 출구온도(T_{h_2}) - 저온 유체 입구온도(T_{c_1})

$$\therefore \Delta t_m = \frac{\Delta t_1 - \Delta t_2}{\ln\left(\dfrac{\Delta t_1}{\Delta t_2}\right)}$$

(3) 열교환기 전열량 계산

$$Q = K \cdot F \cdot \Delta t_m$$

여기서, Q : 전열량[kcal/h]

F : 전열면적[m^2]

Δt_m : 대수평균온도차[℃]

출제예상문제
Expected problems

01 전도에 의한 열전달속도에 대한 설명으로 옳은 것은?
① 온도차(Δt)가 클수록 열전달 속도는 작아지게 된다.
② 열이 통과할 수 있는 면적(A)이 클수록 열전달 속도는 작아지게 된다.
③ 열이 통과하는 길이(L)가 길수록 열전달 속도는 작아지게 된다.
④ 열전도도(K)가 높을수록 전도에 의한 열전달속도는 작아지게 된다.

해설 ㉮ 전도(conduction) : 고체를 매개체로 하여 열이 고온에서 저온으로 이동하는 현상으로 퓨리에 법칙이 적용된다.
㉯ 푸리에(Fourier) 법칙 : 정상상태에서 고체 및 정지유체에서 전달되는 열량은 물체의 열전도도(K)와 전도전열면적(A) 및 온도차(dT)의 곱에 비례한다.
$$\therefore Q = KA \frac{dT}{dx} [\text{kcal/h}]$$
답 ③

02 열전달 방법에는 전도, 대류, 복사가 있다. 다음 설명 중 옳지 않은 것은?
① 전도, 대류는 열전달 매체가 필요하다.
② 열전달 속도가 가장 빠른 것은 복사 열전달이다.
③ 대류에 의한 열전달은 정지된 공기층에서 가장 크다.
④ 보온벽 내부에 은백색 도금을 하는 이유는 복사열을 차단하기 위한 방법이다.

해설 대류에 의한 열전달은 유동물체가 고온부분에서 저온부분으로 이동하는 현상을 말한다. 답 ③

03 열의 이동에 대한 설명 중 틀린 것은?
① 전도란 정지하고 있는 물체 속을 열이 이동하는 현상을 말한다.
② 대류란 유동물체가 고온부분에서 저온부분으로 이동하는 현상을 말한다.
③ 복사란 전자파의 에너지형태로 열이 고온물체에서 저온물체로 이동하는 현상을 말한다.
④ 열관류란 유체가 열을 받으면 밀도가 작아져서 부력이 생기기 때문에 상승현상이 일어나는 것을 말한다.

해설 열관류율[kcal/h·m²·℃] : 열전도율이 다른 여러 층의 매체를 대상으로 정상상태에서 고온 측으로부터 저온 측으로 열이 이동할 때 평균 열통과율을 의미하는 것으로 이 경우 전도, 대류, 복사의 작용이 이루어진다. 답 ④

04 열전달 법칙과 이에 관련된 내용으로 틀린 것은?
① 뉴턴의 냉각법칙–대류열 전달
② 푸리에의 법칙–전도열 전달
③ 스테판 볼츠만의 법칙–복사열 전달
④ 보일·샤를의 법칙–전도열 전달

해설 열전달 법칙
㉮ 뉴턴의 냉각법칙 – 대류열 전달
㉯ 푸리에의 법칙 – 전도열 전달
㉰ 스테판–볼츠만의 법칙 – 복사열 전달 답 ④

05 열전도율의 단위는?
① kcal/m·h·℃ ② kcal/m²·h·℃
③ kcal/m·h²·℃ ④ kcal/m·h·℃²

해설 ㉮ 열전도율의 단위 : [kcal/m·h·℃]
㉯ 열전달률의 단위 : [kcal/m²·h·℃] 답 ①

06 열전도율이 가장 적은 것은?
① 철   ② 고무
③ 물   ④ 공기

해설 각 물질(기체)의 열전도율

명칭	열전도율[kcal/m·h·℃]
철	41
고무	0.137
물	0.51
공기	0.022

답 ④

07 다음 그림의 3겹층으로 되어 있는 평면벽의 평균 열전도율은?
(단, 열전도율은
$\lambda_A = 1.0$[kcal/m·h·℃],
$\lambda_B = 2.0$[kcal/m·h·℃],
$\lambda_C = 1.0$[kcal/m·h·℃]이다.)

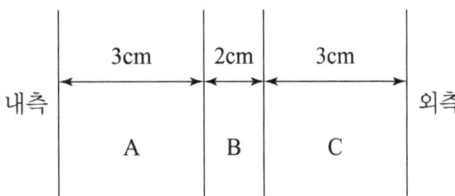

① 0.94[kcal/m·h·℃]
② 1.14[kcal/m·h·℃]
③ 1.24[kcal/m·h·℃]
④ 2.44[kcal/m·h·℃]

해설
$$\lambda_m = \frac{A_b + B_b + C_b}{\frac{A_b}{\lambda_A} + \frac{B_b}{\lambda_B} + \frac{C_b}{\lambda_C}}$$
$$= \frac{0.03 + 0.02 + 0.03}{\frac{0.03}{1.0} + \frac{0.02}{2.0} + \frac{0.03}{1.0}}$$
$$= 1.1428[kcal/m·h·℃]$$

답 ②

08 [그림]과 같이 서로 다른 고체 물질 A, B, C 3개의 평판이 서로 밀착되어 복합체를 이루고 있다. 정상 상태에서의 온도 분포가 [그림]과 같다면 A, B, C 중 어느 물질이 열전도도가 가장 작은가?

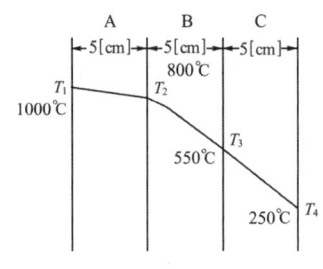

① A
② B
③ C
④ 모두 같다.

해설 열전달량 계산식 $Q = \frac{1}{\frac{b}{\lambda}} \times F \times \Delta t$에서 열전도도($\lambda$)를 계산하는 식을 유도하면 다음의 식이 도출된다.

∴ $\lambda = \frac{Qb}{F\Delta t}$ 에서 면적(F)은 1[m²]로 3개의 평판 각각에 대하여 열전도도(λ)를 계산하여 가장 적게 나오는 것이 열전도도[kcal/m·h·℃]가 작은 것이다.

㉮ A평판 :
$$\lambda_A = \frac{Q \times 0.05}{1 \times (1000 - 800)} = 2.5 \times 10^{-4} Q$$

㉯ B평판 :
$$\lambda_B = \frac{Q \times 0.05}{1 \times (800 - 550)} = 2.0 \times 10^{-4} Q$$

㉰ C평판 :
$$\lambda_C = \frac{Q \times 0.05}{1 \times (550 - 250)} = 1.67 \times 10^{-4} Q$$

답 ③

09 대류 열전달에서 대류열전달계수(경막계수)의 단위는?

① kcal/℃
② kcal/kg·℃
③ kcal/m·h·℃
④ kcal/m²·h·℃

해설 용어 종류별 단위
㉮ 열전도율 : kcal/m·h·℃
㉯ 열관류율 : kcal/m²·h·℃
㉰ 열전달률 : kcal/m²·h·℃
㉱ 열저항 : m²·h·℃/kcal
㉲ 대류열전달계수(경막계수) : kcal/m²·h·℃

답 ④

10 열관류율에 대한 설명으로 옳은 것은?

① 인위적인 장치를 설치하여 강제로 열이 이동되는 현상이다.
② 유체의 밀도 차에 의한 열의 이동현상이다.
③ 고체의 벽을 통하여 고온 유체에서 저온의 유체로 열이 이동되는 현상이다.
④ 어떤 물질을 통하지 않는 열의 직접 이동을 말하며 정지된 공기층에 열 이동이 가장 적다.

해설 열관류율[kcal/m²·h·℃] : 열전도율이 다른 여러 층의 매체를 대상으로 정상상태에서 고온 측으로부터 저온 측으로 열이 이동할 때 평균 열통과율을 의미하는 것으로 이 경우 전도, 대류, 복사의 작용이 이루어진다. **답** ③

11 열관류율의 단위는?

① kcal/m·h·℃ ② kcal/m²·h·℃
③ kcal/m³·h·℃ ④ kcal/m⁴·h·℃

해설 열관류율의 단위 :
[kcal/m²·h·K], [kcal/m²·h·℃],
[kJ/m²·h·K], [kJ/m²·h·℃] **답** ②

12 두께 20[cm]의 벽돌의 내측에 10[mm]의 모르타르와 5[mm]의 플라스터 마무리를 시행하고, 외측은 두께 15[mm]의 모르타르 마무리를 시공한 다층벽의 열관류율은? (단, 실내측벽 표면의 열전달률은 $\lambda_1 = 8$[kcal/m²·h·℃], 실외측벽 표면의 열전달률은 $\lambda_2 = 20$ [kcal/m²·h·℃], 플라스터의 열전도율은 $\lambda_3 = 0.5$[kcal/m·h·℃], 모르타르의 열전도율은 $\lambda_4 = 1.3$[kcal/m·h·℃], 벽돌의 열전도율은 $\lambda_5 = 0.65$[kcal/m·h·℃]이다.)

① 1.9[kcal/m²·h·℃]
② 4.5[kcal/m²·h·℃]
③ 8.7[kcal/m²·h·℃]
④ 12.1[kcal/m²·h·℃]

해설
$$K = \frac{1}{\frac{1}{\lambda_1} + \frac{1}{\lambda_2} + \frac{b_3}{\lambda_3} + \frac{b_4}{\lambda_4} + \frac{b_5}{\lambda_5}}$$
$$= \frac{1}{\frac{1}{8} + \frac{1}{20} + \frac{0.005}{0.5} + \frac{0.01+0.015}{1.3} + \frac{0.2}{0.65}}$$
$$= 1.953 [kcal/m^2 \cdot h \cdot ℃]$$ **답** ①

13 아래 벽체구조의 열관류율[kcal/h·m²·℃]은? (단, 내측 열전도저항 값은 0.05[m²·h·℃/kcal]이며, 외측 열전도저항 값은 0.13[m²·h·℃/kcal]이다.)

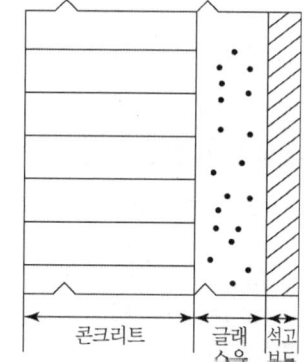

재료	두께 [mm]	1열전도율 [kcal/h·m·℃]
내측		
① 콘크리트	200	1.4
② 글라스울	75	0.033
③ 석고보드	20	0.21
외측		

① 0.37 ② 0.57
③ 0.87 ④ 0.97

해설
$$K = \frac{1}{R_1 + \frac{b_1}{\lambda_1} + \frac{b_2}{\lambda_2} + \frac{b_3}{\lambda_3} + R_2}$$
$$= \frac{1}{0.05 + \frac{0.2}{1.4} + \frac{0.075}{0.033} + \frac{0.02}{0.21} + 0.13}$$
$$= 0.371 [kcal/m^2 \cdot h \cdot ℃]$$ **답** ①

14 3×1.5×0.1인 탄소강판의 열전도계수가 35 [kcal/m·h·℃], 아래면의 표면온도는 40 [℃]로 단열되고, 위 표면온도는 30[℃]일 때 주위공기 온도를 20[℃]라 하면 위 표면으로부터의 대류열전달계수[kcal/m²·h·℃]는?

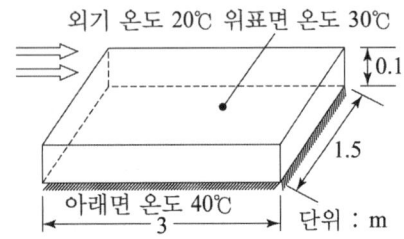

① 200[kcal/m²·h·℃]
② 250[kcal/m²·h·℃]
③ 300[kcal/m²·h·℃]
④ 350[kcal/m²·h·℃]

해설 ㉮ 탄소강판에서의 전도전열량 계산

$$\therefore Q = \frac{\lambda}{b} \times A \times \Delta t$$

$$= \frac{35}{0.1} \times (3 \times 1.5) \times (40-30)$$

$$= 15,750 \, [\text{kcal/h}]$$

㉯ 대류열전달계수 계산
$Q = \alpha \times A \times (t_w - t)$에서

$$\therefore \alpha = \frac{Q}{A \times (t_w - t)}$$

$$= \frac{15750}{(3 \times 1.5) \times (30-20)}$$

$$= 350 [\text{kcal/m}^2 \cdot \text{h} \cdot ℃] \quad \text{답 ④}$$

15 그림과 같이 가로×세로×높이가 3×1.5×0.03[m]인 탄소 강판이 놓여 있다. 열전도계수(K)가 43[W/m·K]이며, 표면온도는 20[℃]였다. 이때 탄소강판 아래 면에 열유속 ($q'' = q/A$) 600[kcal/m²·h]을 가할 경우, 탄소강판에 대한 표면온도 상승(ΔT[℃])은?

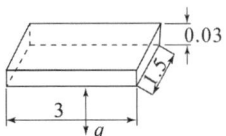

① 0.243[℃]
② 0.264[℃]
③ 0.486[℃]
④ 1.973[℃]

해설 ㉮ 열전달 후 표면온도(K) 계산
$Q = \frac{K}{b} \times A \times (T_2 - T_1)$이고,
1[kW] = 860[kcal/h]이며, 열유속(전달열량)이 강판 1[m²]에 대한 양으로 주어졌다.

$$\therefore T_2 = \frac{b \times Q}{K \times A} + T_1$$

$$= \frac{0.03 \times 600}{(43 \times 10^{-3} \times 860) \times 1} + (273+20)$$

$$= 293.486 \, [\text{K}]$$

㉯ 탄소강판에 대한 표면온도 상승 계산
$$\therefore \Delta T [℃] = T_2 - T_1$$
$$= 293.486 - (273+20)$$
$$= 0.486 [℃] \quad \text{답 ③}$$

16 보온벽의 온도가 안쪽 20[℃], 바깥쪽 0[℃]이다. 벽 두께가 20[cm], 벽 재료의 열전도율이 0.2[kcal/m·h·℃]일 때, 벽 1[m²]당, 매 시간의 열손실량은?

① 0.2[kcal/h] ② 0.4[kcal/h]
③ 20[kcal/h] ④ 50[kcal/h]

해설 $Q = K \cdot F \cdot \Delta t = \frac{1}{\frac{b}{\lambda}} \cdot F \cdot \Delta t$

$$= \frac{1}{\frac{0.2}{0.2}} \times 1 \times (20-0) = 20 [\text{kcal/h}] \quad \text{답 ③}$$

17 어느 가열로에서 노벽의 상태가 다음과 같을 때 노벽을 관류하는 열량은 약 몇 [kcal/h]인가? (단, 노벽의 상하 및 둘레가 균일한 것으로 보며 평균방열면적 120.5[m²], 노벽 두께 45[cm], 내부표면온도 1,300[℃], 외벽표면온도 175[℃], 노벽재질의 열전도율 0.1[kcal/m·h·℃]이다.)

① 301.25   ② 30,125
③ 394.97   ④ 39,497

해설
$$Q = K \cdot F \cdot \Delta t = \frac{1}{\frac{b}{\lambda}} \cdot F \cdot \Delta t$$
$$= \frac{1}{\frac{0.45}{0.1}} \times 120.5 \times (1{,}300 - 175)$$
$$= 30{,}125 \text{ [kcal/h]}$$
답 ②

18 두께 230[mm]의 내화벽돌이 있다. 내면의 온도가 320[℃]이고 외면의 온도가 150[℃]일 때 이 벽면 10[m²]에서 매시간당 손실되는 열량은 약 몇 [kcal]인가? (단, 내화벽돌의 열전도율은 0.96[kcal/m·h·℃]이다.)

① 710　　② 1,632
③ 7,096　　④ 14,391

해설
$$Q = K \cdot F \cdot \Delta t = \frac{1}{\frac{b}{\lambda}} \cdot F \cdot \Delta t$$
$$= \frac{1}{\frac{0.23}{0.96}} \times 10 \times (320 - 150)$$
$$= 7095.652 \text{ [kcal/h]}$$
답 ③

19 두께 25.4[mm]인 노벽의 안쪽 온도가 352.7[K]이고 바깥쪽 온도는 297.1[K]이며 이 노벽의 열전도도가 0.048[W/m·K]일 때, 손실되는 열량은?

① 75[W/m²]　　② 80[W/m²]
③ 98[W/m²]　　④ 105[W/m²]

해설
$$Q = K \times F \times \Delta T = \frac{1}{\frac{b}{\lambda}} \times F \times \Delta T \text{에서}$$
벽면(F) 1[m²]당 손실열량을 구하는 것이다..
$$\therefore Q = \frac{1}{\frac{b}{\lambda}} \times \Delta T$$
$$= \frac{1}{\frac{0.0254}{0.048}} \times (352.7 - 297.1)$$
$$= 105.070 \text{ [W/m²]}$$
답 ④

20 두께 150[mm]인 적벽돌과 100[mm]인 단열벽돌로 구성되어 있는 내화벽돌의 노벽이 있다. 이것의 열전도율은 각각 1.2[kcal/m·h·℃], 0.06[kcal/m·h·℃]이다. 이때 손실열량은? (단, 노 내 벽면의 온도는 800[℃]이고, 외벽면의 온도는 100[℃]이다.)

① 289[kcal/m²·h]
② 390[kcal/m²·h]
③ 505[kcal/m²·h]
④ 635[kcal/m²·h]

해설
$$Q = K \times F \times \Delta t = \frac{1}{\frac{b_1}{\lambda_1} + \frac{b_2}{\lambda_2}} \times F \times \Delta t \text{에서}$$
벽면(F) 1[m²]당 손실열량을 구하는 것이다.
$$\therefore Q = \frac{1}{\frac{b_1}{\lambda_1} + \frac{b_2}{\lambda_2}} \times \Delta t$$
$$= \frac{1}{\frac{0.15}{1.2} + \frac{0.1}{0.06}} \times (800 - 100)$$
$$= 390.697 \text{ [kcal/m²·h]}$$
답 ②

21 석면판과 내화벽돌, 보온벽돌이 3중으로 형성된 노벽이 있다. 그 두께가 각각 10[cm], 20[cm], 10[cm]이고, 열전도도는 각각 8, 1, 0.2[kcal/m·h·℃]이다. 노 내벽 온도는 1,100[℃]이고, 외벽 온도는 60[℃]일 때 벽면 1[m²]에서 매시간 약 얼마의 열손실이 있는가?

① 150[kcal]　　② 1,320[kcal]
③ 1,460[kcal]　　④ 1,640[kcal]

해설
$$Q = K \times F \times \Delta t = \frac{1}{\frac{b_1}{\lambda_1} + \frac{b_2}{\lambda_2} + \frac{b_3}{\lambda_3}} \times F \times \Delta t$$
에서 벽면(F) 1 m² 당 손실열량을 구하는 것이다.
$$\therefore Q = \frac{1}{\frac{b_1}{\lambda_1} + \frac{b_2}{\lambda_2} + \frac{b_3}{\lambda_3}} \times \Delta t$$

$$= \frac{1}{\frac{0.1}{8} + \frac{0.2}{1} + \frac{0.1}{0.2}} \times (1{,}100 - 60)$$
$$= 1{,}459.649 \, [\text{kcal/h}]$$ 답 ③

22 노벽을 통하여 전열이 일어난다. 노벽의 두께 200[mm], 평균 열전도도 3.3[kcal/m·h·℃], 노벽 내부온도 400[℃], 외벽온도는 50[℃]라면 10시간 동안 손실되는 열량은?

① 5,775[kcal/m²]
② 11,550[kcal/m²]
③ 57,750[kcal/m²]
④ 66,000[kcal/m²]

해설 ㉮ 노벽 1[m²]당 손실열량 계산
$$\therefore Q = K \cdot F \cdot \Delta t = \frac{1}{\frac{b}{\lambda}} \cdot F \cdot \Delta t$$
$$= \frac{1}{\frac{0.2}{3.3}} \times (400 - 50)$$
$$= 5{,}775 \, [\text{kcal/m}^2 \cdot \text{h}]$$
㉯ 10시간 동안 손실열량 계산
$$\therefore 5{,}775[\text{kcal/m}^2 \cdot \text{h}] \times 10[\text{h}]$$
$$= 57{,}750[\text{kcal/m}^2]$$ 답 ③

23 열전도율이 1.2[W/m·h·℃]인 내화벽돌의 두께가 20[cm]일 때 단위면적당 열손실이 3[kW/m²]이면 내화벽돌 내벽과 외벽의 온도차는 몇 [℃]인가?

① 400 ② 500
③ 600 ④ 700

해설 $Q = K \cdot F \cdot \Delta t = \frac{1}{\frac{b}{\lambda}} \cdot F \cdot \Delta t$에서

$F = 1 \, [\text{m}^2]$이다.
$$\therefore \Delta t = \frac{Q}{\frac{\lambda}{b}} = \frac{3 \times 1{,}000}{\frac{1.2}{0.2}} = 500[\text{℃}]$$ 답 ②

24 열관류율 K = 2[W/m²·K]인 벽체를 사이에 두고 실내온도와 외기온도가 각각 20[℃]와 −10[℃]라고 한다. 실내표면 열전달계수 α_r = 8.34[W/m²·K]라고 할 때, 실내 측 벽면온도는?

① 11.3[℃] ② 11.8[℃]
③ 12.3[℃] ④ 12.8[℃]

해설 ㉮ 벽면 1[m²]당 1시간 동안 손실열량 계산 : 열관류율과 실내표면 열전달계수 단위 [W/m²·K]는 [W/m²·℃]와 같은 것이므로 섭씨온도로 계산
$$\therefore Q = K(t_2 - t_1)$$
$$= 2 \times \{20 - (-10)\} = 60 \, [\text{W/m}^2]$$
㉯ 실내 측 벽면온도(t_0) 계산
$Q = \alpha_r \times (t_2 - t_0)$에서
$$\therefore t_0 = t_2 - \left(Q \times \frac{1}{\alpha_r}\right) = 20 - \left(60 \times \frac{1}{8.34}\right)$$
$$= 12.805[\text{℃}]$$ 답 ④

25 내벽의 내화벽돌 두께 22[cm], 열전도율 1.1[kcal/m·h·℃], 중간벽의 단열벽돌 두께 9[cm], 열전도율 0.12[kcal/m·h·℃], 외벽은 붉은 벽돌 두께 20[cm], 열전도율 0.8[kcal/m·h·℃]로 되어 있는 노벽이 있다. 내벽 표면의 온도가 1,000[℃]일 때 외벽 표면온도는 몇 도이겠는가? (단, 외벽 주위온도는 20[℃], 외벽 표면의 열전달률은 7[kcal/m²·h·℃]로 한다.)

① 104[℃] ② 267[℃]
③ 141[℃] ④ 124[℃]

해설 ㉮ 벽면 1[m²]당 1시간 동안 손실열량 계산
$$\therefore Q = K(t_2 - t_1)$$
$$= \left(\frac{1}{\frac{b_1}{\lambda_1} + \frac{b_2}{\lambda_2} + \frac{b_3}{\lambda_3} + \frac{1}{\alpha_o}}\right) \times (t_2 - t_1)$$
$$= \left(\frac{1}{\frac{0.22}{1.1} + \frac{0.09}{0.12} + \frac{0.2}{0.8} + \frac{1}{7}}\right) \times (1{,}000 - 20)$$
$$= 729.787 \, [\text{kcal/m}^2 \cdot \text{h}]$$

④ 외벽 표면의 온도 계산

$$\therefore t_0 = t_2 - \left\{ Q \times \left(\frac{b_1}{\lambda_1} + \frac{b_2}{\lambda_2} + \frac{b_3}{\lambda_3} \right) \right\}$$
$$= 1,000 - \left\{ 729.787 \times \left(\frac{0.22}{1.1} + \frac{0.09}{0.12} + \frac{0.2}{0.8} \right) \right\}$$
$$= 124.255[℃]$$

답 ④

26 내화벽의 열전도율이 0.9[kcal/m·h·℃]인 재질로 된 평면벽의 양측 온도가 800[℃]와 100[℃]이다. 이 벽을 통한 단위면적당 열전달량이 1,400[kcal/m²·h]일 때 벽두께는 약 몇 [cm]인가?

① 25 ② 35
③ 45 ④ 55

해설 단위면적 1[m²]당 전열량

$Q = \dfrac{1}{\frac{b}{\lambda}} \times \Delta t$ 에서 $\dfrac{b}{\lambda} = \dfrac{\Delta t}{Q}$ 이다.

$$\therefore b = \frac{\lambda \Delta t}{Q} = \frac{0.9 \times (800 - 100)}{1,400} \times 100$$
$$= 45[cm]$$

답 ③

27 두께 50[mm]인 보온재로 시공한 기기의 방열량이 160[kcal/h]일 때, 보온재의 열전도율은? (단, 보온판의 내·외부 온도는 각각 300[℃], 100[℃]이고, 단면적은 1[m²]이다.)

① 0.02[kcal/m·h·℃]
② 0.04[kcal/m·h·℃]
③ 0.05[kcal/m·h·℃]
④ 0.08[kcal/m·h·℃]

해설 단위면적 1[m²] 당 전열량

$Q = \dfrac{1}{\frac{b}{\lambda}} \times \Delta t$ 에서 $\dfrac{b}{\lambda} = \dfrac{\Delta t}{Q}$ 이다.

$$\therefore \lambda = \frac{Q \times b}{\Delta t} = \frac{160 \times 0.05}{(300 - 100)}$$
$$= 0.04[kcal/m·h·℃]$$

답 ②

28 두께 4[mm] 강의 평판에서 고온 측면의 온도가 100[℃], 저온 측면의 온도가 80[℃]이며 단위 [m²]에 대하여 매분 당 30,000[kJ]의 전열을 한다고 하면 이 강판의 열전도율은 약 몇 [W/m]인가?

① 50   ② 100
③ 150 ④ 200

해설 ② 전열량을 열전도율 단위와 같은 [W]로 환산 : [W](와트)는 [J/s]이므로

$$\therefore Q = \frac{30,000}{60} \times 1,000 = 500,000[W]$$

④ 단위면적 1[m²] 당 전열량

$Q = \dfrac{1}{\frac{b}{\lambda}} \times \Delta t$ 에서 $\dfrac{b}{\lambda} = \dfrac{\Delta t}{Q}$ 이다.

$$\therefore \lambda = \frac{Q \times b}{\Delta t} = \frac{500,000 \times 0.004}{(100 - 80)}$$
$$= 100[W/m]$$

답 ②

29 옥내온도 15[℃], 외기온도 5[℃]일 때 콘크리트 벽(두께 10[cm], 길이 10[m] 및 높이 5[m])을 통한 열손실이 1,500[kcal/h]라면 외부 표면 열전달계수는 약 몇 [kcal/m²·h·℃]인가? (단, 내부표면 열전달계수는 8.0[kcal/m²·h·℃]이고 콘크리트 열전도율은 0.7443[kcal/m·h·℃]이다.)

① 11.5 ② 13.5
③ 15.5 ④ 17.5

해설 $Q = KF\Delta t = \dfrac{1}{\frac{1}{\alpha_1} + \frac{b}{\lambda} + \frac{1}{\alpha_2}} F\Delta t$ 에서

$$\therefore \frac{1}{\alpha_2} = \frac{F\Delta t}{Q} - \left(\frac{1}{\alpha_1} + \frac{b}{\lambda} \right) \text{이다.}$$

$$\therefore \alpha_2 = \frac{1}{\dfrac{F\Delta t}{Q} - \left(\dfrac{1}{\alpha_1} + \dfrac{b}{\lambda} \right)}$$
$$= \frac{1}{\dfrac{(10 \times 5) \times (15 - 5)}{1500} - \left(\dfrac{1}{8} + \dfrac{0.1}{0.7443} \right)}$$
$$= 13.517[kcal/m·h·℃]$$

답 ②

30 외경 76[mm]의 압력배관용 강관에 두께 50[mm], 열전도율이 0.068[kcal/m·h·℃]인 보온재가 시공되어 있다. 보온재 내면온도가 260[℃]이고 외면온도가 30[℃]일 때 관 길이 10[m] 당 열손실은 약 몇 [kcal/h]인가?

① 313　② 531
③ 982　④ 1171

해설 ㉮ 보온재 내면의 반지름은 배관 외경의 1/2에 해당되고, 보온재 외면의 반지름은 배관 내면의 반지름에 보온재 두께를 더한 것과 같다.

㉯ 열손실 열량 계산

$$\therefore Q = K \times \frac{2\pi L(t_i - t_o)}{\ln\left(\frac{r_o}{r_i}\right)}$$

$$= \frac{1}{\frac{1}{\lambda}} \times \frac{2\pi L(t_i - t_o)}{\ln\left(\frac{r_o}{r_i}\right)}$$

$$= \frac{1}{\frac{1}{0.068}} \times \frac{2\times\pi\times 10 \times (260-30)}{\ln\left(\frac{0.038+0.05}{0.038}\right)}$$

$$= 1,170.216 [kcal/h] \quad 답 ④$$

31 외경 30[mm]의 철관에 두께 15[mm]의 보온재를 감은 증기관이 있다. 관 표면의 온도가 100[℃], 보온재의 표면온도가 20[℃]인 경우 관의 길이 15[m]인 관의 표면으로부터의 열손실은 약 몇 [kcal/h]인가? (단, 보온재의 열전도율은 0.05[kcal/m·h·℃]이다.)

① 244　② 344
③ 444　④ 544

해설 ㉮ 보온재 내면의 반지름은 배관 외경의 1/2에 해당되고, 보온재 외면의 반지름은 배관 내면의 반지름에 보온재 두께를 더한 것과 같다.

㉯ 열손실 열량 계산

$$\therefore Q = K \times \frac{2\pi L(t_i - t_o)}{\ln\left(\frac{r_o}{r_i}\right)}$$

$$= \frac{1}{\frac{1}{\lambda}} \times \frac{2\pi L(t_i - t_o)}{\ln\left(\frac{r_o}{r_i}\right)}$$

$$= \frac{1}{\frac{1}{0.05}} \times \frac{2\times\pi\times 15 \times (100-20)}{\ln\left(\frac{0.015+0.015}{0.015}\right)}$$

$$= 543.883 [kcal/h] \quad 답 ④$$

32 내, 외경이 각각 0.16[m], 0.166[m], 길이가 30[m]인 강관으로 포화증기(170[℃])를 이송하고자 한다. 강관 둘레에 두께 5[cm]의 마그네시아(K = 0.06[kcal/m·h·℃]) 피복을 하였더니 피복 표면온도는 40[℃]가 되었다. 이때 피복을 통한 열손실은 약 몇 [kcal/h]인가? (단, 강관의 외경 온도는 증기온도와 동일하다고 가정한다.)

① 1620.3　② 1830.7
③ 3118.2　④ 3971.7

해설 ㉮ 보온재 피복 후 외측 반지름(r_2) 및 강관 외측 반지름(r_1) 계산

$$\therefore r_2 = \frac{0.166}{2} + 0.05 = 0.133[m]$$

$$\therefore r_1 = \frac{0.166}{2} = 0.083[m]$$

㉯ 손실열량 계산

$$\therefore Q = \frac{1}{\frac{1}{K}} \times \frac{2\pi L(t_1 - t_2)}{\ln\left(\frac{r_2}{r_1}\right)}$$

$$= \frac{1}{\frac{1}{0.06}} \times \frac{2\times\pi\times 30 \times (170-40)}{\ln\left(\frac{0.133}{0.083}\right)}$$

$$= 3,118.215[kcal/h] \quad 답 ③$$

33 다음 [그림]과 같이 열전도계수 K가 25 [W/m·℃]인 중공구(中空球)가 있다. 이때 온도는 r_i가 3[cm]일 때 T_i는 300[K], r_o가 6[cm]일 때 T_o는 200[K]로 나타났다. 중공구를 통한 열 이동량은?

① 177[W]
② 1,885[W]
③ 1,993[W]
④ 2,827[W]

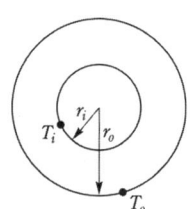

해설
$$Q = K \times \frac{4\pi(T_i - T_o)}{\frac{1}{r_i} - \frac{1}{r_o}}$$
$$= 25 \times \frac{4 \times \pi \times (300 - 200)}{\frac{1}{0.03} - \frac{1}{0.06}}$$
$$= 1{,}884.955 [W]$$
답 ②

34 흑체로부터의 복사전열량은 절대온도(T)의 몇 제곱에 비례하는가?

① $\sqrt{2}$ ② 2
③ 3 ④ 4

해설 스테판 볼츠만(Stefan Boltzmann)의 법칙 : 완전 흑체의 단위 표면적당 복사되는 에너지는 절대온도의 4승에 비례한다.
$$Q = \epsilon \cdot C_b \cdot \left[\left(\frac{T_1}{100}\right)^4 - \left(\frac{T_2}{100}\right)^4\right]$$
Q : 복사에너지[kcal/m² · h] ϵ : 흑도(방사도)
C_b : 스테판-볼츠만 상수(4.88[kcal/h · m² · K⁴])
답 ④

35 연소 시 100[℃]에서 500[℃]로 온도가 상승하였을 경우 500[℃]의 열복사에너지는 100[℃]에서의 열복사에너지의 약 몇 배가 되겠는가?

① 16.2 ② 17.1
③ 18.5 ④ 19.3

해설 $E = \sigma T^4$에서 복사에너지(E)는 절대온도의 4승에 비례하고, 스테판-볼츠만 상수(σ)는 동일하므로
$$\therefore \frac{E_2}{E_1} = \left(\frac{273+500}{273+100}\right)^4 = 18.445 \text{ 배}$$
답 ③

36 외기온도가 20[℃]일 때 표면온도 70[℃]인 관 표면에서의 복사에 의한 열전달률은 약 몇 [kcal/m² · h · K]인가? (단, 복사율은 0.8이다.)

① 0.2 ② 5
③ 10 ④ 12

해설
$$\alpha_R = \frac{C_b \cdot \epsilon \left\{\left(\frac{T_1}{100}\right)^4 - \left(\frac{T_2}{100}\right)^4\right\}}{T_1 - T_2}$$
$$= \frac{4.88 \times 0.8 \times \left\{\left(\frac{273+70}{100}\right)^4 - \left(\frac{273+20}{100}\right)^4\right\}}{(273+70) - (273+20)}$$
$$= 5.052 [kcal/m^2 \cdot h \cdot K]$$
답 ②

37 방사율이 0.8, 물체의 표면온도가 300[℃], 물체 벽면체 온도가 25[℃]일 때 공간에 방출하는 단위 면적당 방사에너지는 약 몇 [W/m²]인가?

① 2,300 ② 3,781
③ 4,550 ④ 5,760

해설 스테판-볼츠만 상수(C_b) 4.88[kcal/h · m² · K⁴] = 5.693[W/m² · K⁴]을 적용하고 면적 1[m²]에 대하여 계산
$$Q = \epsilon C_b \left\{\left(\frac{T_1}{100}\right)^4 - \left(\frac{T_2}{100}\right)^4\right\}$$
$$= 0.8 \times 5.693 \times \left\{\left(\frac{273+300}{100}\right)^4 - \left(\frac{273+25}{100}\right)^4\right\}$$
$$= 4{,}550.473 [W/m^2]$$
답 ③

38 노 내의 온도가 900[℃]에 달했을 때 300×600[mm]의 노 문을 열었다. 이때 노 문을 통한 방사전열 손실 열량은 약 몇 [kcal/h]인가? (단, 실내온도는 25[℃], 화염의 방사율은 0.9이다.)

① 12,900 ② 13,900
③ 14,900 ④ 15,900

해설 스테판-볼츠만 상수(C_b) 4.88[kcal/h · m² · K⁴]을 적용하여 계산
$$Q = \epsilon C_b \left\{\left(\frac{T_1}{100}\right)^4 - \left(\frac{T_2}{100}\right)^4\right\} F$$
$$= 0.9 \times 4.88 \times \left\{\left(\frac{273+900}{100}\right)^4 - \left(\frac{273+25}{100}\right)^4\right\}$$
$$\times (0.3 \times 0.6)$$
$$= 14{,}904.383 [kcal/h]$$
답 ③

39 지름이 0.2[m]인 원관의 외벽온도가 550[K]로 유지되고 주위온도가 300[K]에 노출되어 있을 때 외벽으로부터 주위로의 열손실은 약 몇 [W]인가? (단, 외벽표면의 흡수율과 방사율은 0.9이고, 스테판-볼츠만 상수는 5.67 [W/m² · K⁴]이다.)

① 133.7   ② 155.5
③ 175.7   ④ 195.3

해설
$$Q = \epsilon C_b \left\{ \left(\frac{T_1}{100}\right)^4 - \left(\frac{T_2}{100}\right)^4 \right\} F$$
$$= 0.9 \times 5.67 \times \left\{ \left(\frac{550}{100}\right)^4 - \left(\frac{300}{100}\right)^4 \right\} \times \left(\frac{\pi}{4} \times 0.2^2\right)$$
$$= 133.713[W]$$

답 ①

40 향류 열교환기의 대수평균온도차가 300 [℃], 열 관류율이 15[kcal/m² · h · ℃], 열교환 면적이 8[m²]일 때 열교환 열량은?

① 16,000[kcal/h]   ② 26,000[kcal/h]
③ 36,000[kcal/h]   ④ 46,000[kcal/h]

해설 $Q = K \times F \times \Delta t_m$
$= 15 \times 8 \times 300 = 36,000[kcal/h]$

답 ③

41 다음은 병류식 열교환기 내의 온도변화를 그래프로 나타낸 것이다. 병류식 열교환기에서 작용되는 ΔT_m에 관한 식은? (단, h는 고온측, c는 저온측, 1은 입구, 2는 출구를 의미한다.)

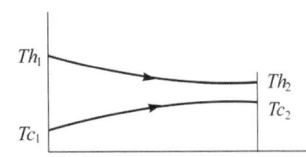

① $\dfrac{(Th_1 - Tc_1) - (Th_2 - Tc_2)}{\ln \dfrac{Th_2 - Tc_1}{Th_2 - Tc_1}}$

② $\dfrac{(Th_2 - Tc_2) - (Th_1 - Tc_1)}{\ln \dfrac{Th_2 - Th_1}{Th_1 - Tc_1}}$

③ $\dfrac{(Th_1 - Tc_1) - (Th_2 - Tc_2)}{\ln \dfrac{Th_1 - Tc_1}{Th_2 - Tc_2}}$

④ $\dfrac{(Th_2 - Tc_2) - (Th_1 - Tc_1)}{\ln \dfrac{Th_1 - Tc_1}{Th_2 - Tc_2}}$

해설 주어진 그래프에서 왼쪽의 온도차가 Δt_1, 오른쪽이 Δt_2이다.
∴ $\Delta t_1 = Th_1 - Tc_1$, $\Delta t_2 = Th_2 - Tc_2$
∴ $\Delta t_m = \dfrac{\Delta t_1 - \Delta t_2}{\ln \dfrac{\Delta t_1}{\Delta t_2}} = \dfrac{(Th_1 - Tc_1) - (Th_2 - Tc_2)}{\ln \dfrac{Th_1 - Tc_1}{Th_2 - Tc_2}}$

답 ③

42 열교환기의 대수평균 온도차(LMTD)를 옳게 나타낸 것은? (단, Δ_1은 고온유체의 입구 측에서의 유체 온도차, Δ_2는 고온유체의 출구 측에서의 유체 온도차이다.)

① $\dfrac{(\Delta_1 - \Delta_2)}{\ln(\Delta_1/\Delta_2)}$ ② $\dfrac{(\Delta_1 + \Delta_2)}{\ln(\Delta_1/\Delta_2)}$

③ $\dfrac{(\Delta_2 - \Delta_1)^2}{\ln(\Delta_2/\Delta_1)}$ ④ $\dfrac{(\Delta_2 + \Delta_1)^2}{\ln(\Delta_2/\Delta_1)}$

해설 대수평균온도차(LMTD) 계산식
∴ $\Delta t_m = \dfrac{(\Delta_1 - \Delta_2)}{\ln\left(\dfrac{\Delta_1}{\Delta_2}\right)}$

답 ①

43 2중관 단일통과 열교환기의 외관에서 고온유체의 입구온도는 140[℃]이며, 출구의 온도는 90[℃]이었다. 또한 내관의 저온유체의 입구온도는 40[℃]이며, 출구온도는 70 [℃]이었을 때 향류인 경우 평균온도차는 약 얼마인가? (단, 열교환 중 응축은 발생하지 않는다.)

① 49.7   ② 59.4
③ 69.7   ④ 79.4

해설 ㉮ 향류이므로 고온유체와 저온유체의 흐름이 반대 방향이 된다.
∴ Δt_1 = 고온유체입구온도 - 저온유체출구온도
　　 = 140 - 70 = 70[℃]
∴ Δt_2 = 고온유체출구온도 - 저온유체입구온도
　　 = 90 - 40 = 50[℃]
㉯ 평균온도차 계산
∴ $\Delta t_m = \dfrac{\Delta t_1 - \Delta t_2}{\ln\left(\dfrac{\Delta t_1}{\Delta t_2}\right)} = \dfrac{70-50}{\ln\left(\dfrac{70}{50}\right)} = 59.44[℃]$

답 ②

44 온도 95[℃], 비열 0.8[kcal/kg · ℃]인 고온 측 액체 1,300[kg]을 35[℃]까지 냉각수로 냉각시키는 향류 열교환기가 있다. 이때 사용된 냉각수는 온도가 22[℃], 냉각수량은 1,200[kg]인 경우 대수평균온도차는 약 몇 [℃]인가? (단, 냉각수의 비열은 1[kcal/kg · ℃], 외부로의 열손실은 없다.)

① 16.7[℃]　　② 19.3[℃]
③ 21.5[℃]　　④ 23.2[℃]

해설 ㉮ 냉각수 출구온도 계산 : 고온유체(G)와 냉각수(W)가 열교환한 열량은 같다.
∴ $G \times C_G \times (t_{G2} - t_{G1}) = W \times C_W \times (t_{W2} - t_{W1})$
∴ $t_{W2} = \dfrac{G \times C_G \times (t_{G2} - t_{G1})}{W \times C_W} + t_{W1}$
　　 $= \dfrac{1,300 \times 0.8 \times (95-35)}{1,200 \times 1} + 22$
　　 $= 74[℃]$
㉯ 향류이므로 고온액체와 냉각수의 흐름이 반대 방향이 된다.
∴ Δt_1 = 고온액체입구온도 - 냉각수출구온도
　　 = 95 - 74 = 21[℃]
∴ Δt_2 = 고온유체출구온도 - 냉각구입구온도
　　 = 35 - 22 = 13[℃]
㉰ 대수평균온도차 계산
∴ $\Delta t_m = \dfrac{\Delta t_1 - \Delta t_2}{\ln\left(\dfrac{\Delta t_1}{\Delta t_2}\right)}$
　　 $= \dfrac{21-13}{\ln\left(\dfrac{21}{13}\right)} = 16.681[℃]$

답 ①

45 이중 열교환기의 총괄전열계수가 69[kcal/m² · h · ℃]일 때, 더운 액체와 찬 액체를 향류로 접속시켰더니 더운 면의 온도가 65[℃]에서 25[℃]로 내려가고 찬 면의 온도가 20[℃]에서 53[℃]로 올라갔다. 단위면적당의 열교환량은?

① 498[kcal/m² · h]
② 552[kcal/m² · h]
③ 2,415[kcal/m² · h]
④ 2,760[kcal/m² · h]

해설 ㉮ 향류이므로 고온유체와 저온유체의 흐름이 반대 방향이 된다.
∴ Δt_1 = 고온유체입구온도 - 저온유체출구온도
　　 = 65 - 53 = 12[℃]
∴ Δt_2 = 고온유체출구온도 - 저온유체입구온도
　　 = 25 - 20 = 5[℃]
㉯ 평균온도차 계산
∴ $\Delta t_m = \dfrac{\Delta t_1 - \Delta t_2}{\ln\left(\dfrac{\Delta t_1}{\Delta t_2}\right)} = \dfrac{12-5}{\ln\left(\dfrac{12}{5}\right)} = 7.995[℃]$
㉰ 열교환량 계산
∴ $Q = k\Delta t_m = 69 \times 7.995$
　　 $= 551.655[kcal/m² · h]$

답 ②

46 증기로 공기를 가열하는 열교환기에서 가열원으로 150[℃]의 증기가 열교환기 내부에서 포화상태를 유지하고 이때 유입공기의 입·출구 온도는 20[℃]와 70[℃]이다. 열교환기에서의 전열량이 3,090[kJ/h], 전열면적이 12[m²]이라고 할 때 열교환기의 총괄열전달계수는?

① 2.5[kJ/h · m² · ℃]
② 2.9[kJ/h · m² · ℃]
③ 3.1[kJ/h · m² · ℃]
④ 3.5[kJ/h · m² · ℃]

해설 $Q = kF\Delta t_m$에서
∴ $k = \dfrac{Q}{F\Delta t_m} = \dfrac{3,090}{12 \times \left(150 - \dfrac{70+20}{2}\right)}$
　　 $= 2.452[kJ/h · m² · ℃]$

답 ①

47 어느 병류 열교환기에서 [그림]과 같이 고온 유체가 90[℃]로 들어가 50[℃]로 나오고, 이와 열교환되는 유체는 20[℃]에서 40[℃]까지 가열되었다. 열 관류율이 50[kcal/m²·h·℃]이고, 시간당 전열량이 8,000[kcal]일 때 이 열교환기의 전열면적은 약 몇 [m²]인가?

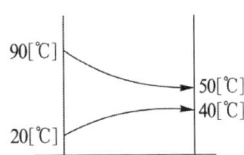

① 5.2　　② 6.2
③ 7.2　　④ 8.2

해설 ㉮ 온도차 계산
$$\therefore \Delta t_1 = 90 - 20 = 70[℃]$$
$$\therefore \Delta t_2 = 50 - 40 = 10[℃]$$
㉯ 대수평균온도 계산
$$\therefore \Delta t_m = \frac{\Delta t_1 - \Delta t_2}{\ln\frac{\Delta t_1}{\Delta t_2}} = \frac{70-10}{\ln\frac{70}{10}}$$
$$= 30.833[℃]$$
㉰ 전열면적 계산
$Q = KF\Delta t_m$ 에서
$$\therefore F = \frac{Q}{K\Delta t_m} = \frac{8,000}{50 \times 30.833} = 5.189[m^2]$$
답 ①

48 대향류 열교환기에서 가열유체는 260[℃]에서 120[℃]로 나오고 수열유체는 70[℃]에서 110[℃]로 가열될 때 전열면적은 약 몇 [m²]인가? (단, 열 관류율은 125[W/m²·℃]이고, 총 열 부하는 160,000[W]이다.)

① 7.24　　② 14.06
③ 16.04　　④ 23.32

해설 ㉮ 온도차 계산
$$\therefore \Delta t_1 = 260 - 110 = 150[℃]$$
$$\therefore \Delta t_2 = 120 - 70 = 50[℃]$$
㉯ 대수평균온도 계산
$$\therefore \Delta t_m = \frac{\Delta t_1 - \Delta t_2}{\ln\frac{\Delta t_1}{\Delta t_2}} = \frac{150-50}{\ln\frac{150}{50}}$$
$$= 91.023[℃]$$
㉰ 전열면적 계산
$Q = KF\Delta t_m$ 에서
$$\therefore F = \frac{Q}{K\Delta t_m} = \frac{160,000}{125 \times 91.023}$$
$$= 14.062[m^2]$$
답 ②

49 냉각수와 기름을 대향류로 기름 냉각기에서 열교환시킬 때 다음의 값들을 얻었다. 물의 출구온도는 얼마인가? (단, 냉각면 외의 방열은 없는 것으로 본다.)

구분	기름	물
유량[kg/h]	100	200
입구온도[℃]	70	20
출구온도[℃]	30	?
비열[kcal/kg·℃]	0.5	1.0

① 36[℃]　　② 34[℃]
③ 32[℃]　　④ 30[℃]

해설 열교환기에서 기름이 잃은 열량(Q_o)과 냉각수가 얻은 열량(Q_w)은 같다.
$$\therefore Q_o = Q_w$$
$$\therefore G_o \cdot C_o \cdot (t_{o2} - t_{o1}) = G_w \cdot C_w \cdot (t_{w2} - t_{w1})$$
$$\therefore t_{w2} = \frac{G_o \cdot C_o \cdot (t_{o2} - t_{o1})}{G_w \cdot C_w} + t_{w1}$$
$$= \frac{100 \times 0.5 \times (70-30)}{200 \times 1} + 20$$
$$= 30[℃]$$
답 ④

5 열정산

5.1 보일러 열정산

(1) 열정산 목적

① 열의 이동 상태를 파악하기 위하여
② 열의 손실을 파악하기 위하여
③ 열 설비의 성능을 파악하기 위하여
④ 보일러의 성능 개선 자료를 얻기 위하여
⑤ 보일러의 효율을 파악하기 위하여
⑥ 조업 방법을 개선하기 위하여

(2) 열정산 조건

① 보일러의 열정산은 원칙적으로 정격부하 이상에서 정상상태로 적어도 2시간 이상의 운전 결과에 따라 한다. 다만, 액체 또는 기체 연료를 사용하는 소형 보일러에서는 인수, 인도 당사자 간의 협정에 따라 시험시간을 1시간 이상으로 할 수 있다. 시험부하는 원칙적으로 정격부하 이상으로 하고, 필요에 따라 3/4, 2/4, 1/4 등의 부하로 한다. 최대 출열량을 시험할 경우에는 반드시 정격부하에서 시험을 한다. 측정결과의 정밀도를 유지하기 위하여 급수량과 증기 배출량을 조절하여 증발량과 연료의 공급량이 일정한 상태에서 시험을 하도록 최대한 노력하고 급수량과 연료 공급량의 변동이 불가피한 경우에는 가능한 한 그 변동량이 작은 상태에서 시험을 한다.

② 보일러의 열정산 시험은 미리 보일러 각부를 점검하고, 연료, 증기 또는 물의 누설이 없는가를 확인하고, 시험 중 실제 사용상 지장이 없는 경우 블로다운(blow down), 그을음 불어내기(soot blowing) 등은 하지 않으며, 또한 안전밸브는 열지 않은 운전 상태에서 한다. 안전밸브가 열린 때는 시험을 다시 한다.

③ 시험은 시험 보일러를 다른 보일러와 무관한 상태로 하여 실시한다.

④ 열정산 시험시의 연료 단위량, 즉 고체 및 액체 연료의 경우 1[kg], 기체 연료의 경우는 표준상태(온도 0[℃], 압력 101.3[kPa])로 환산한 1[Nm^3]에 대하여 열정산을 하는 것으로 하고, 단위 시간당 총 입열량(총 출열량, 총 손실 열량)에 대하여 열정산을 하는 경우에는 그 단위를 명확히 표시한다. 혼소(混燒) 보일러 및 폐열 보일러의 경우에는 단위시간당 총 입열량에 대하여 실시한다.

⑤ 발열량은 원칙적으로 사용 시 연료의 고발열량(총 발열량)으로 한다. 저발열량(진발열량)을 사용하는 경우에는 기준 발열량을 분명하게 명기해야 한다.

⑥ 열정산의 기준온도는 시험시의 외기온도를 기준으로 하나, 필요에 따라 주위 온도 또는 압입 송풍기 출구 등의 공기 온도로 할 수 있다.

⑦ 열정산을 하는 보일러의 표준적인 범위는 과열기, 재열기, 급수예열기(절탄기) 및 공기예열기를 갖는 보일러는 이들을 그 보일러에 포함시킨다. 다만, 인수, 인도 당사자 간의 협정에 의해 이 범위를 변경할 수 있다.

⑧ 이 표준에서 공기란 수증기를 포함하는 습공기로 하며, 또한 연소가스란 수증기를 포함하지 않은 건조 가스로 하는 경우와 연소에 의하여 발생한 수증기를 포함한 습가스로 하는 경우가 있다. 이들의 단위량은 어느 것이나 연료 1[kg](또는 [Nm^3])당으로 한다.

⑨ 증기의 건도는 98[%] 이상인 경우에 시험함을 원칙으로 한다. (건도가 98[%] 이하인 경우에는 수위 및 부하를 조절하여 건도를 98[%] 이상으로 유지한다.)

⑩ 보일러 효율의 산정 방식은 다음의 방법에 따른다.

㉮ 입출열법

$$\eta_1 = \frac{Q_s}{H_h + Q} \times 100$$

여기서, η_1 : 입·출열법에 따른 보일러 효율[%]

Q_s : 유효 출열

$H_h + Q$: 입열 합계

㉯ 열손실법

$$\eta_2 = \left(1 - \frac{L_h}{H_h + Q}\right) \times 100$$

여기서, η_2 : 열손실법에 따른 보일러 효율[%]

L_h : 열손실 합계

㉰ 보일러의 효율 산정방식은 입·출열법과 열손실법으로 실시하고, 이 두 방법에 의한 효율의 차가 과대한 경우에는 시험을 다시 실시한다. 다만, 입·출열법과 열손실법 중 어느 하나의 방법에 의하여 효율을 측정할 수밖에 없는 경우에는 그 이유를 분명하게 명기한다.

⑪ 온수 보일러 및 열매체 보일러의 열정산은 증기 보일러의 경우에 준하여 실시하되, 불필요한 항목(예를 들면 증기의 건도 등)은 고려하지 않는다.

⑫ 폐열 보일러의 열정산은 증기 보일러의 경우에 준하여 실시하되, 입열량을 보일러에 들어오는 폐열과 보조 연료의 화학에너지로 하고, 단위시간당 총 입열량(총 출열량, 총 손실 열량)에 대하여 실시한다.
⑬ 전기에너지는 1[kW]당 860[kcal/h]로 환산한다.
⑭ 증기 보일러 열 출력 평가의 경우, 시험 압력은 보일러 설계 압력의 80[%] 이상에서 실시한다. 온수 보일러 및 열매체 보일러의 열 출력 평가 시에는 보일러 입구 온도와 출구 온도의 차에 민감하기 때문에 설계 온도와의 차를 ±1[℃] 이하로 조절하고 시험을 실시한다. 이 조건을 만족하지 못하는 경우에는 그 이유를 명기한다.

(3) 입열 및 출열

① 입열(入熱) 항목
  ㉮ 연료의 발열량(연료의 연소열)
  ㉯ 연료의 현열
  ㉰ 공기의 현열
  ㉱ 노 내 취입 증기 또는 온수에 의한 입열

② 출열(出熱) 항목
  ㉮ 배기가스 보유열량
  ㉯ 증기의 부유열량
  ㉰ 불완전연소에 의한 열손실
  ㉱ 미연분에 의한 열손실
  ㉲ 노벽의 흡수열량
  ㉳ 재의 현열

5.2 열효율

(1) 연소효율 (η_e)

연료 1[kg]에 대하여 완전연소를 기준으로 한 이론상의 발열량에 대한 실제 연소했을 때의 발열량과의 비율

$$\eta_e = \frac{Q_r}{H_l} \times 100 = \frac{H_l - (L_e + L_i)}{H_l} \times 100$$

여기서, H_l : 연료의 저위발열량[kcal/kg]

Q_r : 실제 발생열량[kcal/kg]

L_e : 미연탄소에 의한 손실 열[kcal/kg]

L_i : 불완전연소에 의한 손실 열[kcal/kg]

(2) 전열효율(η_f)

실제 연소된 연료의 연소열에 대한 전열면을 통하여 유효하게 이용된 열과의 비율

$$\eta_f = \frac{Q_e}{Q_r} \times 100 = \frac{H_l - (L_e + L_i + L_1 + L_5)}{H_l - (L_e + L_i)} \times 100$$

여기서, Q_e : 유효 열[kcal/kg]

Q_r : 실제 발생열량[kcal/kg]

H_l : 연료의 저위발열량[kcal/kg]

L_e : 미연탄소에 의한 손실 열[kcal/kg]

L_i : 불완전연소에 의한 손실 열[kcal/kg]

L_1 : 배기가스에 의한 열손실[kcal/kg]

L_5 : 방산열에 의한 열손실[kcal/kg]

(3) 열효율(η_t)

장치 및 기기에 투입된 총열량에 대한 실제로 장치 및 기기에 사용된 열량의 비

$$\eta_t = \frac{Q_e}{H_l} \times 100 = \frac{H_l - (L_e + L_i + L_1 + L_5)}{H_l} \times 100 = \eta_e \times \eta_f$$

(4) 열효율 향상 대책

① 손실 열을 최대한 줄인다.

② 장치에 맞는 설계조건과 운전조건을 선택한다.

③ 연소실 내의 온도를 고온으로 유지하여 연료를 완전연소시킨다.

④ 단속 조업에 따른 열손실을 방지하기 위하여 연속조업을 실시한다.

⑤ 장치에 적당한 연료와 작동법을 채택한다.

출제예상문제
Expected problems

01 연료가 보유하고 있는 열량으로부터 실제 유효하게 이용된 열량과 각종 손실에 의한 열량 등을 조사하여 열량의 출입을 계산한 것은?
① 열 정산   ② 보일러 효율
③ 전열면 부하 ④ 상당증발량

해설 열정산 : 설비 또는 계통에 실제로 공급된 열량과 소비된 열량 및 손실에 의한 열량을 조사하여 열량의 출입을 계산한 것이다.   **답** ①

02 다음 중 열정산의 목적이 아닌 것은?
① 열효율을 알 수 있다.
② 장치의 구조를 알 수 있다.
③ 새로운 장치설계를 위한 기초자료를 얻을 수 있다.
④ 장치의 효율향상을 위한 개조 또는 운전조건의 개선 등의 자료를 얻을 수 있다.

해설 보일러 열정산 목적
㉮ 열의 이동 상태를 파악하기 위하여
㉯ 열의 손실을 파악하기 위하여
㉰ 열설비의 성능을 파악하기 위하여
㉱ 보일러의 성능 개선 자료를 얻기 위하여
㉲ 보일러의 효율을 파악하기 위하여
㉳ 조업 방법을 개선하기 위하여   **답** ②

03 열정산에 대한 설명으로 틀린 것은?
① 원칙적으로 정격부하 이상에서 정상상태로 적어도 2시간 이상의 운전 결과에 따른다.
② 발열량은 원칙적으로 사용 시 연료의 총발열량으로 한다.
③ 최대 출열량을 시험할 경우에는 반드시 최대부하에서 시험을 한다.
④ 증기의 건도는 98[%] 이상인 경우에 시험함을 원칙으로 한다.

해설 최대 출열량을 시험할 경우에는 반드시 정격부하에서 시험을 한다.   **답** ③

04 보일러의 성능시험방법에 대한 설명으로 옳은 것은?
① 증기건도는 강철제 또는 주철제로 나누어 정해져 있다.
② 측정은 매 1시간마다 실시한다.
③ 수위는 최초 측정치에 비해서 최종측정치가 적어야 한다.
④ 측정기록 및 계산양식은 제조사에서 정해진 것을 사용한다.

해설 보일러의 성능시험방법
㉮ 증기건도는 강철제 보일러 0.98, 주철제 보일러 0.97로 하되 실측이 가능한 경우 실측치에 따른다.
㉯ 측정은 매 10분마다 실시한다.
㉰ 수위는 최초 측정 시와 최종 측정 시가 일치하여야 한다.
㉱ 측정기록 및 계산양식은 검사기관에서 따로 정할 수 있으며, 이 계산에 필요한 증기의 물성치, 물의 비중, 연료별 이론공기량, 이론 배기가스량, CO_2 최대치 및 중유의 용적보정계수 등은 검사기관에서 지정한 것을 사용한다.   **답** ①

05 보일러 열정산 시 보일러 최종 출구에서 측정하는 값은?
① 급수온도
② 예열공기온도
③ 과열증기온도
④ 배기가스온도

해설 배기가스 온도의 측정은 보일러의 최종 가열기 출구에서 측정한다. 가스온도는 각 통로 단면의 평균온도를 구하도록 한다.   **답** ④

06 보일러 열정산 시의 측정사항이 아닌 것은?

① 외기온도
② 급수 압력
③ 배기가스 온도
④ 연료사용량 및 발열량

해설 보일러 열정산 시 측정 항목
㉮ 기준온도
㉯ 연료 사용량
㉰ 급수량 및 급수온도
㉱ 연소용 공기량, 예열 공기의 온도, 공기의 습도
㉲ 연료 가열용 또는 노 내 취입 증기
㉳ 발생증기량, 증기압력, 포화증기 건도
㉴ 배기가스의 온도, 성분분석, 공기비, 배기가스 중의 응축수량
㉵ 송풍압, 배기가스 압력
㉶ 연소 잔재물의 양, 온도
㉷ 소요 전력
㉮ 소음   **답** ②

07 보일러의 효율을 입·출열법에 의하여 계산하려고 할 때 입열 항목에 속하지 않는 것은?

① 연료의 현열
② 연소가스의 현열
③ 공기의 현열
④ 연료의 발열량

해설 입열(入熱) 항목
㉮ 연료의 발열량(연료의 연소열)
㉯ 연료의 현열
㉰ 공기의 현열
㉱ 노내 취입 증기 또는 온수에 의한 입열   **답** ②

08 보일러의 열정산 시 출열 항목이 아닌 것은?

① 배기가스에 의한 손실열
② 발생증기 보유열
③ 불완전연소에 의한 손실열
④ 공기의 현열

해설 출열(出熱) 항목
㉮ 배기가스 보유열량
㉯ 증기의 보유열량
㉰ 불완전연소에 의한 열손실
㉱ 미연분에 의한 열손실
㉲ 노벽의 흡수열량
㉳ 재의 현열   **답** ④

09 보일러에서 발생할 수 있는 손실 중 가장 큰 것은?

① 그을음(soot)에 의한 손실
② 미연가스에 의한 손실
③ 복사 및 전도에 의한 손실
④ 배기 손실

해설 배기가스에 의한 손실이 보일러 손실 중 가장 큰 비중을 차지한다.   **답** ④

10 한 시간 동안 연도로 배기되는 가스량이 300 [kg], 배기가스 온도 240[℃], 가스의 평균비열이 0.32[kcal/kg·℃]이고, 외기 온도가 −10[℃]일 때 배기가스에 의한 손실열량은?

① 14,100[kcal/h]   ② 24,000[kcal/h]
③ 32,500[kcal/h]   ④ 38,400[kcal/h]

해설 $Q = G \times C \times \Delta t = 300 \times 0.32 \times (240+10)$
$= 24,000 \text{[kcal/h]}$ **답** ②

11 연소효율을 구하는 식으로 맞는 것은?

① $\dfrac{공급열}{실제연소열} \times 100$

② $\dfrac{실제연소열}{공급열} \times 100$

③ $\dfrac{유효열}{실제연소열} \times 100$

④ $\dfrac{실제연소열}{유효열} \times 100$

해설 연소효율(η_e) : 연료 1[kg]에 대하여 완전연소를 기준으로 한 이론상의 발열량과 실제 연소했을 때의 발열량과의 비율

$$\therefore \eta_e = \frac{Q_r}{H_l} \times 100 = \frac{H_l - (L_e + L_i)}{H_l} \times 100$$

여기서, H_l : 연료의 저위발열량[kcal/kg]
Q_r : 실제 발생열량[kcal/kg]
L_e : 미연탄소에 의한 손실열[kcal/kg]
L_i : 불완전연소에 의한 손실열[kcal/kg]

※ ③번 항목 : 전열효율   **답** ②

12 연소효율이 95[%], 전열효율이 85[%]인 보일러 효율은 약 몇 [%]인가?

① 95[%] ② 85[%]
③ 81[%] ④ 75[%]

해설 보일러 효율 = (연소효율 × 전열효율) × 100
= (0.95 × 0.85) × 100
= 80.75[%]   **답** ③

13 열효율 73.6[%]인 보일러를 열효율 86.7[%]로 개선하였다면 약 몇 [%]의 연료가 절약되는가?

① 11.0[%] ② 12.1[%]
③ 14.0[%] ④ 15.1[%]

해설 연료 절감률 $= \dfrac{\eta_2 - \eta_1}{\eta_2} = \dfrac{86.7 - 73.6}{86.7}$
$= 15.1[\%]$ **답** ④

14 일반적인 보일러 운전 중 가장 이상적인 부하율은?

① 20~30[%] ② 30~40[%]
③ 40~60[%] ④ 60~80[%]

해설 보일러의 이상적인 부하율 : 60~80[%]   **답** ④

15 보일러의 효율을 좋게 운전하기 위한 조치로서 가장 거리가 먼 것은?

① 가능한 한 정격부하로 가동되도록 조업을 계획한다.
② 여러 가지 부하에 대해 열정산을 행하여 그 결과로 얻은 결과를 통해 연소를 관리한다.
③ 전열면의 오손, 스케일 등을 제거하여 전열효율을 향상시킨다.
④ 블로다운을 조업 중지 때마다 행하여 이상 물질이 보일러 내에 없도록 한다.

해설 블로다운을 조업중지 때마다 자주 행하면 분출에 의한 열손실이 증가하여 보일러 효율이 감소된다.   **답** ④

16 보일러의 운전 성능을 향상시키는 방법으로 틀린 것은?

① 공기비를 가급적 크게 한다.
② 연소용 공기를 예열한다.
③ 가급적 연속 가동을 하여 종합적인 연소효율을 향상시킨다.
④ 배기가스 열을 회수하여 최종 배기가스 온도를 적정범위 내에서 최대한 낮춘다.

해설 보일러 연료에 따른 적정 공기비를 유지시킨다.   **답** ①

제2장 수질관리

1. 급수의 성질

1.1 수질의 기준

(1) 수질에 관한 농도 단위

① ppm(parts per million) : $\dfrac{1}{10^6}$ 함유량으로 [mg/L], [mg/kg]로 나타낸다.

② ppb(parts per billion) : $\dfrac{1}{10^9}$ 함유량으로 [mg/m³]로 나타낸다.

③ epm(equivalents per million) : 물 1[L](또는 1[kg]) 중에 용존되어 있는 물질의 [mg]당량수로 표시한다.

(2) 용어의 정의

① **pH(수소이온지수)** : 수중의 수소이온(H^+)과 수산이온(OH^-)의 양에 따라 수용액이 산성인지 알칼리성인지를 판단하는 기준으로 사용한다.

② **알칼리도** : 수중에 녹아 있는 염기성 물질을 중화시키는 데 필요한 산의 양을 나타내는 것이다.

　㉮ P-알칼리도 : 수용액의 pH를 9.0보다 높게 하고 있는 물질의 농도

　㉯ M-알칼리도(전알칼리도) : 수용액의 pH를 4.8보다 높게 하고 있는 물질의 농도

③ **경도** : 수중에 용존되어 있는 칼슘(Ca) 및 마그네슘(Mg) 이온의 농도를 나타내는 것이다.

　㉮ 탄산칼슘($CaCO_3$) 경도 : 수중의 칼슘(Ca)과 마그네슘(Mg)의 양을 탄산칼슘($CaCO_3$)으로 환산하여 ppm 단위로 나타낸다.

　㉯ 독일경도(dH) : 수중의 칼슘(Ca)과 마그네슘(Mg) 이온의 양을 산화칼슘(CaO)의 양으로 환산해서 나타내는 것으로 물 100[cc] 중 CaO가 1[mg] 포함된 것을 1°dH

라고 한다.
④ 탁도 : 물의 흐린 정도를 나타내는 것으로 증류수 1[L] 중에 고령토(kaolin) 1[mg] 함유하는 것을 탁도 1도로 한다.
⑤ 색도 : 물의 착색정도를 나타내는 것으로 물 1[L] 중에 백금 1[mg], 코발트 0.5[mg]이 함유되었을 때를 색도 1도로 한다.
⑥ 경수, 적수 및 연수
   ㉮ 경수 : 경도 10.5 이상의 센물로, 일시경수와 영구경수로 분류된다.
   ㉯ 적수 : 경도 9.5 이상 10.5 이하에 놓인 물을 말한다.
   ㉰ 연수 : 경도 9.5 이하로서 단물을 말한다.

(3) 보일러 수질관리 목적

① **급수**
   ㉮ pH : 급수계통의 부식을 방지하는 것을 주 목적으로 한다.
      ⓐ 원통형 보일러 : pH 7.0~9.0
      ⓑ 수관식 보일러 : 최고사용압력에 따라 다르게 적용 됨(최고사용압력이 1[MPa] 이하의 경우 연화수를 보급수로 사용하는 경우 pH 7.0~9.0).
   ㉯ 경도 : 스케일 생성 및 슬러지 침전을 방지하기 위하여 관리한다.
   ㉰ 유지류 : 포밍의 원인이 되고, 전열면에 스케일 생성의 원인이 되기 때문에 관리한다.
   ㉱ 용존산소 : 부식 중 공식의 원인이 되므로 급수 단계에서 제한한다.
   ㉲ 탈산소제 : 탈기기에서 누설되는 용존산소를 히드라진을 이용하여 제거하는 경우에 잔류하는 히드라진이 열분해하여 암모니아를 생성하여 동 및 동합금을 부식시키므로 급수 중의 히드라진 상한농도를 관리한다.

② **보일러 수(水)**
   ㉮ pH : 보일러 내부의 부식 방지 및 캐리오버를 방지하기 위하여 일정수준을 유지시킨다.
      ⓐ 원통형 보일러 : pH 11.0~11.8
      ⓑ 수관식 보일러 : 최고사용압력에 따라 다르게 적용 됨(최고사용압력이 1[MPa] 이하의 경우 알칼리 처리를 한 경우는 pH 11.0~11.8).
   ㉯ P-알칼리도 및 M-알칼리도 : P-알칼리도가 높으면 실리카 스케일 생성이 억제되고, 급수 중 M-알칼리도가 높으면 보일러수의 pH가 높게 되어 캐리오버가 억제된다.

㉰ 전 고형물(증발 잔류물) : 부식이 방지되고 캐리오버가 억제되므로 상한농도를 관리한다.
㉱ 염화물 이온 : 부식 방지와 전 고형물 농도를 측정하기 위하여 상한농도를 관리한다.
㉲ 인산 이온 : 보일러 수 pH 조절과 스케일 방지를 위하여 조절, 관리한다.
㉳ 실리카 이온 : 실리카 스케일 생성 방지 및 캐리오버를 방지하기 위하여 농도를 관리한다.
㉴ 아황산 이온 : 아황산염은 열분해하여 SO_2 가스를 발생시켜 응축수의 pH를 저하시킨다.

1.2 불순물의 형태

(1) 용존가스

산소(O_2), 탄산가스(CO_2), 암모니아(NH_3) 등으로 점식의 원인이 된다.

(2) 염류

칼슘(Ca), 마그네슘(Mg) 등 염류를 말하며 농축되어 스케일이나 슬러지 생성이 되고 부식의 발생 원인이 된다.

① **중탄산칼슘[$Ca(HCO_3)_2$]** : 급수 용존 염류 중 가장 일반적인 슬러지 성분으로 온도가 낮은 상태에서 발생한다.

② **중탄산마그네슘[$Mg(HCO_3)_2$]** : 보일러수 중에 열분해되어 탄산마그네슘, 수산화마그네슘 슬러지가 된다.

③ **황산칼슘($CaSO_4$)** : 고온에서 석출하므로 주로 증발관에서 스케일화 되는 것으로 보일러 내처리가 불충분한 경우에 생성되기 쉽고 대단히 악질 스케일이 된다.

④ **황산마그네슘($MgSO_4$)** : 용해도가 커서 그 자체로는 스케일 생성이 잘 안되나 탄산칼슘과 작용해서 황산칼슘과 수산화마그네슘의 경질 스케일이 발생한다.

⑤ **염화마그네슘($MgCl_2$)** : 보일러수가 적당한 pH로 유지되는 경우 가수분해에 의해 수산화마그네슘의 슬러지가 되며, 블로다운 시에 배출시킬 수 있다.

⑥ **기타** : 규산염($CaSiO_3$, $MgSiO_3$, $NaSiO_3$) 등이 스케일 생성의 원인이 된다.

(3) 실리카(SiO_2)의 영향

① 칼슘 및 알루미늄 등과 결합하여 스케일을 형성한다.
② 저압 보일러에서는 알칼리도를 높여 스케일화를 방지할 수 있다.
③ 보일러 수에 실리카가 다량으로 용해되어 있으면 캐리오버 등으로 터빈 날개 등을 부식한다.
④ 실리카 함유량이 많은 스케일은 경질이기 때문에 기계적 및 화학적 방법으로 제거하기가 곤란하다.

(4) 고형 협잡물

흙탕, 유지분 및 규산염 등으로 프라이밍, 포밍 발생의 원인

(5) 기타

산분, 알칼리분, 유지분, 가스분 등

1.3 불순물에 의한 장애

(1) 스케일(scale) 생성

보일러 수중의 용해고형물로부터 생성되어 증발관, 관벽, 드럼, 기타 전열면에 부착해서 단단하게 굳어지는 관석이다.

① 스케일의 분류 및 원인 성분
㉮ 연질 스케일 : 탄산칼슘, 탄산마그네슘, 산화철 등
㉯ 경질 스케일 : 황산칼슘, 황산마그네슘, 규산칼슘, 실리카 등

② 스케일의 피해(영향)
㉮ 전열면에 부착하여 전열을 방해한다.
㉯ 보일러 효율이 저하하고, 연료소비량이 증가한다.
㉰ 전열면의 국부과열로 인한 파열사고의 우려가 있다.
㉱ 보일러수의 순환을 방해하고, 수면계 등 연락관을 폐쇄시킨다.

③ 스케일 방지 대책
㉮ 급수 중의 염류, 불순물을 되도록 제거한다.
㉯ 보일러 수의 농축을 방지하기 위하여 적절히 분출시킨다.

㉰ 보일러 수에 약품을 넣어서 스케일 성분이 고착하지 않도록 한다.
㉱ 수질분석을 하여 급수 한계치를 유지하도록 한다.

(2) 슬러지(sludge) 생성

부착되지 않고 드럼, 헤더 등의 밑바닥에 침적되어 있는 연질의 침전물로 보일러수의 순환을 방해하고 보일러 효율을 저하한다.

(3) 부유물(현탁물)

보일러 수중에 부유되어 있는 불용성의 현탁물로 캐리오버 발생의 원인이 된다.

(4) 가성취화의 원인

보일러 수중에서 분해되어 생긴 가성소다($NaOH$)가 과도하게 농축되면 수산이온(OH^-)이 많아져서 알칼리도가 높아진다. 이것이 강재와 작용해서 생기는 나트륨(Na)이 강재의 결정입계를 침해하여 재질을 열화 시킨다.

(5) 캐리오버 발생

관수 농축 시 프라이밍, 포밍 현상을 일으켜 증기 중에 물방울이 섞여서 운반되는 현상의 발생 원인이 된다.

2. 급수처리

2.1 보일러 급수처리법

(1) 급수처리의 목적

① 스케일, 슬러지가 고착되는 것을 방지하기 위하여
② 보일러수가 농축되는 것을 방지하기 위하여
③ 보일러 부식을 방지하기 위하여
④ 가성취화현상을 방지하기 위하여
⑤ 캐리오버 현상을 방지하기 위하여

(2) 급수 외처리(1차 처리)

급수 중에 포함되어 있는 고체 협잡물, 용해 고형물, 용존가스 등을 보일러 외부에서 처리하는 방법을 총칭하는 것이다.

① 고체 협잡물 처리

㉮ 침강법(침전법) : 물보다 비중이 크고 지름이 0.1[mm] 이상의 고형물이 혼합된 물을 침전지에서 일정기간 체류시키면 비중차에 의하여 고형물이 바닥에 침전, 분리시키는 방법으로 자연 침강법과 기계적 침강법이 있다.

㉯ 여과법 : 모래, 자갈, 활성탄소 등으로 이루어진 여과제 층으로 급수를 통과시켜 불순물을 제거하는 방법이다.

㉰ 응집법 : 침강법이나 여과법 등으로 분리가 되지 않는 미세한 입자를 응집제(황산알루미늄, 폴리 염화알루미늄)를 주입하여 불용성의 수산화알루미늄의 플록(floc)에 미세입자를 흡착 응집시켜 슬러리로 만들어 제거하는 방법이다.

② 용해 고형물 처리

㉮ 이온교환 수지법 : 이온교환수지를 이용하여 급수가 가지는 이온을 수지의 이온과 교환시켜 처리하는 방법으로 용해 고형물을 제거하는 데 가장 효과적인 방법이다.

ⓐ 이온교환수지를 이용한 수처리 방법 분류

㉠ 단순연화(경수연화) : Na^+ 이외의 양이온을 Na^+로 이온 교환한다.

㉡ 탈 알칼리연화 : 양이온의 이온교환은 단순연화와 동일하지만, 그 외의 알칼리도 성분(중탄산염)의 대부분을 제거한다.

㉢ 탈염 : 실리카 이외의 모든 전해질을 제거한다.

㉣ 순수제조 : 모든 전해질(이온상 실리카까지)을 제거한다.

ⓑ 이온교환처리장치 운전공정

㉠ 역세 : 수지탑의 아래에서 위로 물을 흐르게 하여 압축된 수지를 느슨하게 해주고 수지층에 괴여있는 현탁물을 제거하여 주는 공정

㉡ 통약 : 부하공정에서 흡착된 흡착이온을 용출시키고 부하목적에 맞는 이온을 흡착시키기 위하여 재생액을 수지탑의 위에서 아래로 흘러내리는 공정으로 좁은의미의 재생이라 함

㉢ 압출(치환) : 통약 후 수지층에 남아 있는 재생액을 통약공정과 같은 방향으로 천천히 압출시키는 공정

㉣ 수세(세정) : 수지층에 남아 있는 재생제를 완전히 씻어 내리는 공정

ⓒ 부하 : 재생탑에 원수를 통과시켜 수중의 일부 또는 전부의 이온을 이온교환 또는 제거시키는 공정

㉰ 증류법 : 물을 가열하여 발생된 수증기를 냉각시켜 응축수로 만드는 방법으로 경제성이 높지 않아 일반적인 보일러에서는 사용되지 않고, 박용보일러에 사용되는 방법이다.

㉱ 약품처리법(약품첨가법) : 급수에 소석회[$Ca(OH)_2$], 가성소다($NaOH$), 탄산소다(Na_2CO_3) 등을 첨가해서 칼슘(Ca), 마그네슘(Mg)과 같은 경도성분을 불용성 화합물로 만들어 침전시켜 제거하는 방법이다.

③ 용존가스 처리

㉮ 기폭법(폭기법) : 헨리의 법칙을 이용한 것으로 급수 중에 포함되어 있는 탄산가스(CO_2), 황화수소(H_2S), 암모니아(NH_3) 등의 기체성분과 철(Fe), 망간(Mn) 등을 제거하는 방법으로 공기 중에서 물을 아래로 뿌려 내리는 강수방식과 급수 중에 공기를 흡입하는 방법이 있다.

㉯ 탈기법 : 탈기기(deaerator)를 이용하여 급수 중의 산소(O_2), 탄산가스(CO_2) 등의 용존가스를 제거하는 방법으로 진공 탈기법과 가열 탈기법이 있다.

(3) 급수 내처리(2차 처리)

내처리제(청관제)를 급수에 첨가하거나 보일러 드럼 내의 물에 첨가하여 보일러수 중에 포함되어 있는 불순물로 인한 장해를 방지하는 방법과 같이 보일러 내에서 행하여지는 방법을 총칭하는 것이다.

① 내처리제(청관제)

㉮ 선정 시 주의사항

ⓐ 수질을 정확히 분석, 파악한다.
ⓑ 스케일의 화학적 조성을 분석한다.
ⓒ 내처리제의 주요 성분을 파악한다.
ⓓ 가열 후 슬러지 생성을 파악한다.
ⓔ pH 변화 측정, 인산염 농도를 측정한다.
ⓕ 관석을 함께 첨가, 용해현상을 검토한다.

㉯ 청관제의 역할

ⓐ 보일러수의 pH 조정 ⓑ 보일러수의 연화
ⓒ 슬러지의 조정 ⓓ 보일러수의 탈산소
ⓔ 가성취화 방지 ⓕ 포밍(foaming) 방지

② 내처리제의 종류와 작용

 ㉮ pH 및 알칼리 조정제 : 급수 및 보일러수의 pH 및 알칼리도를 조절하여 스케일 부착을 방지하고 부식을 방지한다.

 ㉯ 연화제 : 보일러수 중의 경도성분을 불용성으로 침전시켜 슬러지로 하여 스케일 부착을 방지한다.

 ㉰ 슬러지 조정제 : 슬러지가 보일러의 전열면에 부착하여 스케일로 되는 것을 방지하기 위하여 보일러수 중에 분산, 현탁시켜 분출에 의해 쉽게 배출할 수 있도록 하는 것이다.

 ㉱ 탈산소제 : 급수 중의 용존산소를 제거하여 부식(점식)을 방지하기 위한 것이다.

 ㉲ 가성취화 방지제 : 가성취화 현상을 방지하기 위하여 사용하는 것이다.

 ㉳ 기포방지제(포밍 방지제) : 포밍 현상을 방지하기 위한 것이다.

내처리제의 종류와 사용약품 종류

내처리제 종류	사용약품의 종류
pH 및 알칼리 조정제	수산화나트륨(가성소다 : NaOH), 탄산나트륨(Na_2CO_3), 인산나트륨(Na_3PO_4), 인산(H_3PO_4), 암모니아(NH_3)
연화제	수산화나트륨(NaOH), 탄산나트륨(Na_2CO_3), 인산나트륨(Na_3PO_4)
슬러지 조정제	탄닌($C_{76}H_{52}O_{46}$), 리그닌, 전분($C_6H_{10}O_5$)
탈산소제	아황산나트륨(Na_2SO_3), 히드라진(N_2H_4), 탄닌
가성취화 방지제	황산나트륨(Na_2SO_4), 인산나트륨(Na_3PO_4), 질산나트륨, 탄닌, 리그닌
기포방지제(포밍 방지제)	고급 지방산 폴리아민, 고급 지방산 폴리알콜

2.2 보일러수의 분출

(1) 분출장치종류

① **수면 분출장치(연속 분출장치)** : 안전 저수위 선상에 설치하여 유지분, 부유물을 제거하여 프라이밍, 포밍 현상을 방지한다.

② **수저 분출장치(단속 분출장치)** : 동체 아래 부분에 있는 스케일이나 침전물, 농축된 물 등을 외부로 배출시켜 제거한다.

(2) 설치 목적
① 슬러지 생성 및 스케일 방지 ② 보일러수의 pH 조절
③ 프라이밍, 포밍 현상을 방지 ④ 보일러수의 농축방지 및 순환을 양호하게 유지
⑤ 고수위 방지 ⑥ 세관작업을 후 폐액을 배출시키기 위하여

(3) 분출방법
① 분출을 행하는 시기
  ㉮ 연속가동 시 부하가 가장 가벼울 때   ㉯ 보일러 가동 직전
  ㉰ 프라이밍, 포밍 현상이 발생할 때   ㉱ 고수위일 때
  ㉲ 관수가 농축되어 있을 때

② 분출 방법 및 주의사항
  ㉮ 2인 1조가 되어 분출작업을 할 것
  ㉯ 분출량이 많아도 안전저수위 이하로 하지 않을 것
  ㉰ 2대의 보일러를 동시에 분출시키지 않을 것
  ㉱ 밸브 및 콕은 신속히 개방할 것
  ㉲ 분출량은 농도 측정에 의하여 결정할 것
  ㉳ 분출 도중 다른 작업을 하지 않을 것

③ 분출조작 순서
  ㉮ 보일러 동체 가까이 설치된 1차 급개 밸브(콕)를 완전히 개방한다.
  ㉯ 2차 밸브를 서서히 개방하고, 수면계의 수고 15[mm] 정도까지 분출할 경우 밸브를 1/2 정도 개방하고, 대량의 분출일 경우는 완전히 개방한다.
  ㉰ 닫는 순서는 2차 밸브를 먼저 닫고, 1차 급개 밸브(콕)를 나중에 닫는다.

(4) 분출량 계산
① 1일 분출량 $X = \dfrac{W(1-R)d}{\gamma - d}$

② 응축수 회수율 $R = \dfrac{응축수\ 회수량}{실제\ 증발량} \times 100$

③ 분출률[%] $= \dfrac{d}{\gamma - d} \times 100$

여기서, X : 1일 분출량[kg/day] W : 1일 급수량[kg/day]
   R : 응축수 회수율[%] d : 급수 중의 허용 고형분[ppm]
   γ : 관수의 고형분[ppm]

출제예상문제
Expected problems

01 수질(水質)을 나타내는 ppm의 단위는?
① 1만분의 1단위
② 십만분의 1단위
③ 백만분의 1단위
④ 1억분의 1단위

해설 ppm(parts per million) : $\frac{1}{10^6}$ 함유량으로 [mg/L], [mg/kg], [g/ton]으로 나타낸다. 달 ③

02 ppm 단위로서 틀린 것은?
① mg/kg
② g/ton
③ mg/L
④ kg/m³

해설 ppm 단위 : [mg/L], [mg/kg], [g/ton] 달 ④

03 급수에서 ppm 단위에 대한 설명으로 옳은 것은?
① 물 1[mL] 중에 함유한 시료의 양을 [g]으로 표시한 것
② 물 100[mL] 중에 함유한 시료의 양을 [mg]으로 표시한 것
③ 물 1,000[mL] 중에 함유한 시료의 양을 [g]으로 표시한 것
④ 물 1,000[mL] 중에 함유한 시료의 양을 [mg]으로 표시한 것

해설 ppm(parts per million)은 물 1[L] 중에 함유한 시료의 양을 [mg]으로 표시한 것이다.
※ 1[L]는 1,000[mL]에 해당된다. 달 ④

04 수질이 산성인지 알칼리성인지를 판단할 수 있는 값을 나타내는 기호는?
① °dH
② pH
③ ppm
④ ppb

해설 pH(수소이온농도지수) : pH1~pH14로 나타내며 값이 작을수록 강산성의 물질이고, 클수록 강알칼리성을 갖는다. (pH7이 중성, pH7 미만이 산성, pH7 초과가 알칼리성이다.) 달 ②

05 보일러 급수 중에 함유되어 있는 칼슘(Ca) 및 마그네슘(Mg)의 농도를 나타내는 척도는?
① 탁도
② 경도
③ BOD
④ pH

해설 경도 : 수중에 용존되어 있는 칼슘(Ca) 및 마그네슘(Mg) 이온의 농도를 나타내는 것으로 탄산칼슘($CaCO_3$) 경도와 독일경도(dH)로 구분된다. 달 ②

06 보일러용 급수 1[L]를 분석한 결과 탄산칼슘이 2[mg]이 포함되어 있다. 이 급수의 탄산칼슘($CaCO_3$) 경도는 몇 [ppm]인가?
① 0.5[ppm]
② 2[ppm]
③ 4[ppm]
④ 10[ppm]

해설 탄산칼슘($CaCO_3$) 경도 : 수중의 칼슘(Ca)과 마그네슘(Mg)의 양을 탄산칼슘($CaCO_3$)으로 환산하여 [ppm] 단위로 나타내는 것으로 1[ppm]은 물 1[L] 속에 탄산칼슘($CaCO_3$) 1[mg]이 포함된 경우이다. 그러므로 보일러용 급수 1[L]에 탄산칼슘이 2[mg]이 포함된 것은 2[ppm]에 해당된다. 달 ②

07 보일러 수 100[cc] 중에 CaO이 2[mg], MgO 2[mg]이 존재할 경우 독일경도는 얼마인가?
① 2.2 [°dH]
② 3.7 [°dH]
③ 4.8 [°dH]
④ 5.4 [°dH]

해설 독일경도[°dH] : 수중의 칼슘(Ca)과 마그네슘(Mg)이온의 양을 산화칼슘(CaO)의 양으로 환산해서 나타내는 것으로, 산화마그네슘(MgO)을 산화칼슘(CaO)으로 환산할 때는 1.4를 하여 계산한다.
∴ 독일경도 = CaO + MgO × 1.4
= 2 + 2 × 1.4 = 4.8 [°dH] 달 ③

08 물의 탁도(濁度)에 대한 설명으로 옳은 것은?
① 카올린 1[g]이 증류수 1[L] 속에 들어 있을 때의 색과 같은 색을 가지는 물을 탁도 1도의 물이라 한다.
② 카올린 1[mg]이 증류수 1[L] 속에 들어 있을 때의 색과 같은 색을 물을 탁도 1도의 물이라 한다.
③ 탄산칼슘 1[g]이 증류수 1[L] 속에 들어 있을 때의 색과 같은 색을 가지는 물을 탁도 1도의 물이라 한다.
④ 탄산칼슘 1[mg]이 증류수 1[L] 속에 들어 있을 때의 색과 같은 색을 가지는 물을 탁도 1도의 물이라 한다.

해설 탁도(濁度) : 물의 흐린 정도를 나타내는 것으로 증류수 1[L] 중에 고령토(kaolin) 1[mg] 함유하는 것을 탁도 1도로 한다. **답** ②

09 급수의 순도 표시방법에 대한 설명으로 틀린 것은?
① ppm의 단위는 100만분의 1의 단위이다.
② epm은 당량농도라 하고 용액 1kg 중의 용질 1mg 당량을 의미한다.
③ 보일러수에서 재료의 부식을 방지하기 위하여 pH가 7인 중성을 유지하여야 한다.
④ 알칼리도는 물속에 녹아 있는 알칼리분을 중화시키기 위해 필요한 환산의 양을 말한다.

해설 보일러 수(水)의 pH는 보일러 내부의 부식 방지 및 캐리오버를 방지하기 위하여 일정수준을 유지시킨다. 원통형 보일러의 경우 pH 11.0~11.8이다. **답** ③

10 보일러수를 pH 10.5~11.5의 약알칼리로 유지하는 주된 이유는?
① 첨가된 염산이 강재를 보호하기 때문에
② 보일러수 중에 적당량의 수산화나트륨을 포함시켜 보일러의 부식 및 스케일 부착을 방지하기 위하여
③ 과잉 알칼리성이 더 좋으나 약품이 많이 소요되므로 원가를 절약하기 위하여
④ 표면에 딱딱한 스케일이 생성되어 부식을 방지하기 때문에

해설 보일러수(水)에 알칼리성 물질인 수산화나트륨(NaOH)을 적당량 포함시켜 pH를 10.5~11.5의 약알칼리로 유지시켜 부식 및 스케일 부착을 방지한다. **답** ②

11 보일러수로서 가장 적절한 pH는?
① 5 전후   ② 7 전후
③ 11 전후   ④ 14 이상

해설 원통 보일러의 pH(수소이온농도 지수) 값
㉮ 급수 : 7.0~9.0
㉯ 보일러수(水) : 11.0~11.5 **답** ③

12 증기압이 10~20[kgf/cm² · g]의 수관보일러에서 보일러수의 pH 값은 얼마가 가장 적당한가?
① 7.0~9.0   ② 8.0~9.0
③ 10.5~11.8   ④ 12.0~12.8

해설 수관 보일러의 pH값(증기압 10~20[kgf/cm² · g]의 경우)
㉮ 급수 : 연화수(7~9), 이온교환수(8.0~9.5)
㉯ 보일러수 : 알칼리 처리(11.0~11.8), 인산염 처리(10.5~11.5) **답** ③

13 급수의 비탄산염 경도가 크고 보일러 내처리를 행하지 않거나 행하여도 pH 조정제의 투입이 불충분하여 보일러수의 pH가 상승되지 않는 경우에 주로 생성되는 스케일의 종류는?
① 황산칼슘   ② 규산칼슘
③ 탄산칼슘   ④ 염화칼슘

해설 염류의 종류 및 영향
㉮ 중탄산칼슘[$Ca(HCO_3)_2$] : 급수 용존 염류 중 가장

일반적인 슬러지 성분으로 온도가 낮은 상태에서 발생한다.
㉯ 중탄산마그네슘[Mg(HCO₃)₂] : 보일러수 중에 열분해되어 탄산마그네슘, 수산화마그네슘 슬러지가 된다.
㉰ 황산칼슘(CaSO₄) : 고온에서 석출하므로 주로 증발관에서 스케일화 되는 것으로 보일러 내처리가 불충분한 경우에 생성되기 쉽고 대단히 악질 스케일이 된다.
㉱ 황산마그네슘(MgSO₄) : 용해도가 커서 그 자체로는 스케일 생성이 잘 안되나 탄산칼슘과 작용해서 황산칼슘과 수산화마그네슘의 경질 스케일이 발생한다.
㉲ 염화마그네슘(MgCl₂) : 보일러수가 적당한 pH로 유지되는 경우 가수분해에 의해 수산화마그네슘의 슬러지가 되며, 블로다운 시에 배출시킬 수 있다.
㉳ 규산염(CaSiO₃, MgSiO₃, NaSiO₃) : 스케일 생성의 원인이 된다. 답 ①

14 보일러 급수 중에 용해되어 있는 칼슘염, 규산염 및 마그네슘염이 농축되었을 때 보일러에 영향을 미치는 것으로 가장 적절한 것은?

① 슬러지 생성의 원인이 된다.
② 보일러의 효율을 향상시킨다.
③ 가성취화와 부식의 원인이 된다.
④ 스케일 생성과 국부적 과열의 원인이 된다.

해설 스케일(scale) : 보일러 수중의 용해고형물로부터 생성되어 증발관, 관벽, 드럼, 기타 전열면에 부착해서 단단하게 굳어지는 관석이다. 스케일 생성 성분으로는 칼슘염, 규산염 및 마그네슘염 등이 해당된다. 답 ④

15 스케일의 주성분에 해당되지 않는 것은?

① 탄산칼슘   ② 규산칼슘
③ 탄산마그네슘   ④ 과산화수소

참고 스케일 생성 성분 : 칼슘(Ca), 마그네슘(Mg) 등 염류
① 중탄산칼슘[Ca(HCO₃)₂], 중탄산마그네슘[Mg(HCO₃)₂]
② 황산칼슘(CaSO₄), 황산마그네슘(MgSO₄)
③ 규산염(CaSiO₃, MgSiO₃, NaSiO₃) 답 ④

16 연질스케일을 생성시킬 수 있는 성분이 아닌 것은?

① 탄산마그네슘   ② 규산칼슘
③ 산화철   ④ 탄산칼슘

해설 스케일의 분류 및 원인 성분
㉮ 연질스케일 : 탄산칼슘, 탄산마그네슘, 산화철 등
㉯ 경질스케일 : 황산칼슘, 황산마그네슘, 규산칼슘, 실리카 등
※ 일반적으로 탄산염은 연질 스케일, 황산염, 규산염은 경질 스케일이 된다. 답 ②

17 원통형 보일러의 내면이나 관벽 등 전열면에 스케일이 부착될 때 발생되는 현상이 아닌 것은?

① 열 전달률이 매우 작아 열전달 방해
② 보일러의 파열 및 변형
③ 물의 순환속도 저하
④ 전열면의 과열에 의한 증발량 증가

해설 스케일의 영향
㉮ 전열면에 부착하여 전열을 방해한다.
㉯ 보일러 효율이 저하하고, 연료소비량이 증가한다.
㉰ 전열면이 국부과열로 인한 파열사고의 우려가 있다.
㉱ 보일러수의 순환을 방해하고, 수면계 등 연락관을 폐쇄시킨다. 답 ④

18 보일러 내의 스케일 발생 방지 대책으로 틀린 것은?

① 보일러 수에 약품을 넣어 스케일 성분이 고착되지 않게 한다.
② 기수분리기를 설치하여 경도 성분을 제거한다.
③ 보일러수의 농축을 막기 위하여 관수 분출 작업을 적절히 한다.
④ 급수 중의 염류 등 스케일 생성 성분을 제거한다.

해설 스케일 방지 대책
㉮ 급수 중의 염류, 불순물을 되도록 제거한다.
㉯ 보일러 수의 농축을 방지하기 위하여 적절히 분

출시킨다.
㉰ 보일러 수에 약품을 넣어서 스케일 성분이 고착하지 않도록 한다.
㉱ 수질분석을 하여 급수 한계치를 유지하도록 한다.

답 ②

19 보일러 급수 중의 불순물이 용해되어 전열면 벽에 고착하지 않고 동체 저부(低部)에 침전되는 것은?

① 스케일   ② 부유물
③ 슬러지   ④ 슬래그

해설 불순물에 의한 장애
㉮ 스케일(scale) : 보일러 수중의 용해고형물로부터 생성되어 증발관, 관벽, 드럼, 기타 전열면에 부착해서 단단하게 굳어지는 관석이다.
㉯ 슬러지(sludge) : 부착되지 않고 드럼, 헤더 등의 밑바닥에 침적되어 있는 연질의 침전물로 보일러 수의 순환을 방해하고 보일러 효율을 저하한다.
㉰ 부유물(현탁물) : 보일러 수중에 부유되어 있는 불용성의 현탁물로 캐리오버 발생의 원인이 된다.

답 ③

20 급수 중의 불순물이 직접 보일러 과열의 원인이 되는 물질은?

① 탄산가스   ② 수산화나트륨
③ 히드라진   ④ 유지

해설 급수 중 유지류의 영향 : 포밍과 전열면에 스케일 생성의 원인이 되며, 스케일 생성은 전열을 방해하여 과열의 원인이 된다.

답 ④

21 보일러 급수처리의 목적을 설명한 것으로 틀린 것은?

① 전열면의 스케일의 생성을 방지하기 위하여
② 점식 등의 내면부식을 방지하기 위하여
③ 보일러 수의 농축을 방지하기 위하여
④ 라미네이션 현상을 방지하기 위하여

해설 급수처리의 목적
㉮ 스케일, 슬러지가 고착되는 것을 방지하기 위하여
㉯ 보일러수가 농축되는 것을 방지하기 위하여
㉰ 보일러 부식을 방지하기 위하여
㉱ 가성취화현상을 방지하기 위하여
㉲ 캐리오버현상을 방지하기 위하여

답 ④

22 보일러용 용수처리법 중 관외처리법(1차)에 속하지 않는 것은?

① 청관제 투입법   ② 탈기법
③ 기폭법   ④ 이온교환법

해설 급수 외처리 방법 분류
㉮ 물리적 방법 : 여과법, 침강법, 기폭법, 탈기법, 증류법, 가열연화법
㉯ 화학적 방법 : 약제 첨가법, 이온교환법, 응집법
※ 청관제 투입법은 관내처리법에 해당된다.

답 ①

23 보일러의 급수처리방법에 해당되지 않는 것은?

① 이온교환법   ② 응집법
③ 희석법   ④ 여과법

해설 급수처리 외처리 방법의 종류
㉮ 고체협잡물 처리 : 침강법(침전법), 여과법, 응집법
㉯ 용해 고형물 처리 : 이온교환 수지법, 증류법, 약품처리법(약품첨가법)
㉰ 용존 가스 처리 : 기폭법(폭기법), 탈기법

답 ③

24 보일러 수처리에서 이온교환체와 관계가 있는 것은?

① 천연산 제오라이트
② 탄산소다
③ 히드라진
④ 황산마그네슘

해설 이온교환법 : 경수를 연수로 만드는 방법으로 고체의 이온 교환체 입자층에 처리하여야 할 급수를 통하게 하여 이온교환체의 특정이온과 처리하여야 할 급수 중의 이온과 교환하는 방법으로 이온 교환체는 천연산 제오라이트(zeolite)나 합성수지를 사용한다.

답 ①

25 경수를 연수화하는 방법에서 Zeolite법의 장점이 아닌 것은?

① 전(全) 경도를 제거할 수 있다.
② 영구 경도 제거에 특히 효과가 좋다.
③ 넓은 장소를 차지하지 않고 침전물이 생기지 않는다.
④ 탁수에 사용하면 제거 효율이 좋다.

해설 경수를 연수화하는 방법은 경도성분을 제거하여 연수로 만드는 방법이므로 탁수에는 효과가 없다.
답 ④

26 이온 교환체에 의한 경수의 연화 원리에 대한 설명으로 옳은 것은?

① 수지의 성분과 Na형의 양이온과 결합하여 경도성분 제거
② 산소 원자와 수지가 결합하여 경도 성분 제거
③ 물속의 음이온과 양이온이 동시에 수지와 결합하여 경도성분 제거
④ 수지가 물속의 모든 이물질과 결합하여 경노성분 세거

해설 이온교환법 : 경수를 연수로 만드는 방법으로 고체의 이온교환수지를 이용하여 급수가 가지는 이온을 수지의 이온과 교환시켜 경도성분을 제거한다.
답 ①

27 이온교환수지 재생에서의 재생방법으로 적합한 것은?

① 양이온교환수지는 가성소다, 암모니아로 재생한다.
② 양이온교환수지는 소금 또는 염화수소, 황산으로 재생한다.
③ 음이온교환수지는 소금 또는 황산으로 재생한다.
④ 음이온교환수지는 암모니아 또는 황산으로 재생한다.

해설 재생 : 부하공정에서 흡착된 흡착이온을 배출시키고 부하에 맞는 이온을 흡착시키기 위하여 재생제를 사용하는 공정으로 양이온교환수지에 소금, 염화수소, 황산을 사용한다.
답 ②

28 급수처리에 있어서 양질의 급수를 얻을 수 있으나 비용이 많이 들어 보급수의 양이 적은 보일러에 주로 사용하는 급수처리 방법은?

① 증류법   ② 여과법
③ 탈기법   ④ 이온교환법

해설 증류법 : 물을 가열하여 발생된 수증기를 냉각시켜 응축수로 만드는 방법으로 경제성이 높지 않아 일반적인 보일러에서는 사용되지 않고, 선박용 보일러에 사용되는 방법이다.
답 ①

29 보일러 급수를 처리하는 방법의 하나로 보일러수에 녹아 있는 기체를 제거하는 탈기기(deaerator)가 있다. 여기에서 분리, 제거하는 대표적인 용존가스는?

① O_2와 CO_2 ② NO_2와 CO
③ NO_2와 CO   ④ SO_2와 CO

해설 보일러수에 녹아 있는 용존가스 : 산소(O_2)와 이산화탄소(CO_2)
답 ①

30 원수로부터 탄산가스나 철, 망간 등을 제거하기 위한 수처리 방식은?

① 탈기법   ② 기폭법
③ 응집법   ④ 이온교환법

해설 기폭법(폭기법) : 헨리의 법칙을 이용한 것으로 급수 중에 포함되어 있는 탄산가스(CO_2), 황화수소(H_2S), 암모니아(NH_3) 등의 기체성분과 철(Fe), 망간(Mn) 등을 제거하는 방법으로 공기 중에서 물을 아래로 뿌려 내리는 강수방식과 급수 중에 공기를 흡입하는 방법이 있다.
답 ②

31 보일러 급수에 함유되어 있는 공기, 산소 및 탄산가스 등은 보일러관, 각종 가열기 및 절탄기 등을 부식시킨다. 이와 같은 용해가스를 제거하는 장치는?

① 절탄기
② 탈기기
③ 이온교환장치
④ 관수연속 블로다운 장치

[해설] 탈기법 : 탈기기(deaerator)를 이용하여 급수 중의 산소(O_2), 탄산가스(CO_2) 등의 용존가스를 제거하는 방법으로 진공 탈기법과 가열 탈기법이 있다.
답 ②

32 보일러의 용수처리는 관내처리와 관외처리로 분류되는데 다음 중 관내처리에 해당되는 것은?

① pH 조절
② 이온교환
③ 진공탈기
④ 침강분리

[해설] 급수처리방법 분류
(1) 외처리 방법
  ㉮ 물리적 방법 : 여과법, 침강법, 기폭법, 탈기법, 증류법, 가열연화법
  ㉯ 화학적 방법 : 약제 첨가법, 이온교환법, 응집법
(2) 내처리 방법 : 청관제 사용
  ㉮ pH 및 알칼리 조정제
  ㉯ 연화제
  ㉰ 슬러지 조정제
  ㉱ 탈산소제
  ㉲ 가성취화 방지제
  ㉳ 기포방지제
답 ①

33 보일러수 처리 약제로서 pH를 조절하여 스케일을 방지하는 데 주로 사용되는 것은?

① 히드라진
② 인산나트륨
③ 아황산나트륨
④ 탄닌

[해설] ㉮ pH 및 알칼리 조정제 : 급수 및 보일러수의 pH 및 알칼리도를 조절하여 스케일 부착과 부식을 방지한다.

㉯ 종류 : 수산화나트륨(가성소다 : NaOH), 탄산나트륨(Na_2CO_3), 제1인산소다(NaH_2PO_4), 인산나트륨(Na_3PO_4 : 제3인산소다), 인산(H_3PO_4), 암모니아(NH_3)
답 ②

34 보일러 수의 슬러지 조정제로 사용되는 청관제는?

① 전분
② 가성소다
③ 탄산소다
④ 아황산소다

[해설] 슬러리 조정제 : 슬러리가 보일러의 전열면에 부착하여 스케일로 되는 것을 방지하기 위하여 보일러수 중에 분산, 현탁시켜 분출에 의해 쉽게 배출할 수 있도록 하는 것으로 종류에는 탄닌($C_{76}H_{52}O_{46}$), 리그닌, 전분($C_6H_{10}O_5$) 등이 있다.
답 ①

35 원수(原水) 중의 용존 산소를 제거할 목적으로 사용되는 약제가 아닌 것은?

① 탄닌
② 히드라진
③ 아황산나트륨
④ 폴리아미드

[해설] 탈산소제 : 급수 중의 용존산소를 제거하여 부식(점식)을 방지하기 위한 것으로 종류에는 아황산나트륨(Na_2SO_3), 히드라진(N_2H_4), 탄닌 등이 있다.
답 ④

36 용존산소와 반응하여 질소와 물이 생성되며 용해고형물 농도가 상승하지 않아 고압보일러에 주로 사용되는 탈산소제는?

① 탄산나트륨
② 탄닌
③ 히드라진
④ 아황산소다

[해설] 탈산소제의 종류 및 특징
㉮ 아황산나트륨(Na_2SO_3) : 취급하기 쉽고 가격이 비교적 저렴하며 물리적인 탈기 후나 급수 중에 남아있는 용존산소에 대하여 사용된다.
㉯ 히드라진(N_2H_4) : 용존산소와 반응하여 생성되는 반응생성물은 질소와 물로 이루어져 보일러수의 용해고형물 농도를 상승시키지 않아 고압보일러 및 관류보일러에 사용된다.
※ 탈산소 반응 : $N_2H_4 + O_2 \rightarrow N_2 + 2H_2O$

㉰ 탄닌 : 저압보일러 탈산소제 및 슬러리 조정제로도 사용되며, 원료가 되는 나무에 따라 구조가 다르다. **답** ③

37 보일러 내처리제 중 가성취화 방지에 사용되는 약제는?

① 히드라진 ② 염산
③ 암모니아 ④ 인산나트륨

해설 가성취화 방지제 종류 : 황산나트륨(Na_2SO_4), 인산나트륨(Na_3PO_4), 질산나트륨, 탄닌, 리그닌
답 ④

38 보일러 급수처리 중 사용목적에 따른 청관제의 연결로 틀린 것은?

① pH 조정제 : 암모니아
② 연화제 : 인산소다
③ 탈산소제 : 히드라진
④ 가성취하 방지제 : 아황산소다

해설 청관제(내처리제)의 종류와 약품
㉮ pH 및 알칼리 조정제 : 수산화나트륨(가성소다 : NaOH), 탄산나트륨(Na_2CO_3), 인산나트륨(Na_3PO_4), 인산(H_3PO_4), 암모니아(NH_3)
㉯ 연화제 : 수산화나트륨(NaOH, 가성소다), 탄산나트륨(Na_2CO_3, 탄산소다), 인산나트륨(Na_3PO_4, 인산소다)
㉰ 슬러지 조정제 : 탄닌($C_{76}H_{52}O_{46}$), 리그닌, 전분($C_6H_{10}O_5$)
㉱ 탈산소제 : 아황산나트륨(Na_2SO_3), 히드라진(N_2H_4), 탄닌
㉲ 가성취화 방지제 : 황산나트륨(Na_2SO_4), 인산나트륨(Na_3PO_4), 질산나트륨, 탄닌, 리그닌
㉳ 기포방지제 : 고급 지방산 폴리아민, 고급 지방산 폴리 알콜
답 ④

39 보일러 수의 분출 목적이 아닌 것은?

① 물의 순환을 촉진한다.
② 가성취화를 방지한다.
③ 프라이밍 및 포밍을 촉진한다.
④ 관수의 pH를 조절한다.

해설 보일러 수(水)의 분출의 목적
㉮ 슬러지 생성 및 스케일 방지
㉯ 보일러수의 pH 조절 및 가성취화를 방지한다.
㉰ 프라이밍, 포밍 현상을 방지
㉱ 보일러수의 농축방지 및 순환을 양호하게 유지
㉲ 고수위 방지
㉳ 세관작업 후 폐액을 배출시키기 위하여 **답** ③

40 보일러수의 분출시기가 아닌 것은?

① 보일러 가동 전 관수가 정지되었을 때
② 연속운전일 경우 부하가 가벼울 때
③ 수위가 지나치게 낮아졌을 때
④ 프라이밍 및 포밍이 발생할 때

해설 보일러수 분출시기
㉮ 연속가동 시 부하가 가장 가벼울 때
㉯ 보일러 가동 직전
㉰ 프라이밍, 포밍 현상이 발생할 때
㉱ 고수위일 때
㉲ 관수가 농축되어 있을 때 **답** ③

41 어떤 보일러수의 불순물 허용농도가 500[ppm]이고, 급수량이 1일 50[톤]이며, 급수 중의 고형물 농도가 20[ppm]일 때 분출률은 약 얼마인가?

① 2.4[%] ② 3.2[%]
③ 4.2[%] ④ 5.4[%]

해설 분출률 $= \dfrac{d}{\gamma - d} \times 100 = \dfrac{20}{500 - 20} \times 100$
$= 4.166[\%]$ **답** ③

제3장 안전관리

1. 보일러 정비

1.1 보일러의 분해 및 정비(보일러 청소)

(1) 보일러 청소의 목적

① 전열효율 저하 방지
② 과열 원인 제거 및 부식 방지
③ 관수 순환 저해 방지
④ 보일러 수명 연장
⑤ 통풍 저항 방지
⑥ 연료 절감 및 열효율 향상

(2) 내부 청소방법

보일러 수(水) 및 증기가 접촉되는 부분의 스케일 등을 청소하는 방법으로 기계적인 방법과 화학적인 방법이 있다.

① **기계적 청소법(mechanical cleaning method)** : 청소용 공구를 사용하여 수작업으로 하는 방법과 튜브 클리너 등 기계를 사용하여 내면의 부착물을 제거하는 청소방법으로 다음과 같은 주의가 필요하다.
  ㉮ 맨홀 등을 개방할 때에는 내부 상태에 주의하여야 한다.
  ㉯ 동 내부에 적절한 환기상태를 유지하여야 한다.
  ㉰ 다른 보일러와 연결된 배관의 밸브 등은 확실히 폐쇄시킬 것
  ㉱ 조명등 등은 안전장치를 갖추고, 누전에 주의할 것
  ㉲ 외부에는 감시인을 두어 안전사고를 방지할 것
  ㉳ 관이 오손되지 않도록 주의할 것

② **화학적 세관법(chemical cleaning method)** : 보일러 내면의 부착물을 기계적 청소법으로 제거하기 곤란할 때 화학약품을 사용하여 부착물을 용해 제거하는 방법으로 산(酸)세관, 알칼리세관, 유기산 세관이 있다.
  ㉮ 산세관(acid cleaning) : 내면의 스케일과 산과의 화학반응에 의해 스케일을 용해

제거하는 방법으로 일반적으로 5~10[%] 염산 수용액을 사용한다. 부식을 방지하기 위해 부식억제제(inhibiter)를 적당량(0.2~0.6[%]) 첨가한다.

ⓐ 산의 종류 : 염산(HCl), 황산(H_2SO_4), 인산(H_3PO_4), 설파민산(NH_2SO_3H)

ⓑ 보일러수의 온도 : 60±5[℃]

ⓒ 중화 방청제 종류 : 가성소다(NaOH), 암모니아(NH_3), 탄산나트륨(Na_2CO_3), 인산나트륨(Na_3PO_4), 히드라진(N_2H_4)

ⓓ 처리공정 : 전처리 → 수세 → 산 세척 → 산액처리 → 수세 → 중화방청 처리

ⓔ 염산의 특징
  ㉠ 위험성이 적고 취급이 용이하다.
  ㉡ 스케일 용해 능력이 크다.
  ㉢ 가격이 저렴하다.
  ㉣ 물에 대한 용해도가 크기 때문에 세척이 용이하다.
  ㉤ 부식억제제의 종류가 다양하다.

㉯ 알칼리 세관 : 보일러 제조 후 내면의 유지류, 규산계 스케일(실리카) 제거에 사용하는 방법이다.

ⓐ 알칼리 종류 : 가성소다(NaOH), 암모니아(NH_3), 탄산나트륨(Na_2CO_3), 인산나트륨(Na_3PO_4)

ⓑ 알칼리 농도 : 0.1~0.5[%]

ⓒ 보일러수의 온도 : 약 70[℃]

ⓓ 가성취화 방지제 : 질산나트륨($NaNO_3$), 인산나트륨(Na_3PO_4) 등을 첨가

㉰ 유기산 세관 : 오스테나이트계 스테인리스강이나 동 및 동합금 세관에 사용하며 유기산은 유기물이므로 보일러 운전 시 고온에서 분해하기 때문에 산이 남아 있어도 부식될 가능성이 희박하다.

ⓐ 종류 : 구연산, 개미산, 초산(아세트산)

ⓑ 구연산의 농도 : 3[%] 정도

ⓒ 보일러수의 온도 : 90±5[℃]

㉱ 부식 억제제(inhibiter) : 산세관시에 산과 금속재료가 직접 접촉하여 부식이 발생하는 방지 및 억제하는 것이다.

ⓐ 구비조건
  ㉠ 부식억제 능력이 클 것
  ㉡ 점식이 발생되지 않을 것
  ㉢ 세관액의 온도, 농도에 대한 영향이 적을 것
  ㉣ 물에 대한 용해도가 크고, 화학적으로 안정할 것

ⓑ 종류 : 수지계 물질, 알코올류, 알데히드류, 케톤류, 아민유도체, 함질소 유기화합물
ⓒ 부식억제제 농도 : 0.3~0.5[%] 정도

(3) 외부 청소방법

화염 및 연소가스가 접촉되는 노통이나 연관을 청소하는 방법이다.

① **수공구 사용법** : 스크래퍼(scraper), 와이어 브러시(wire brush) 등 사용

② **그을음 불어내기(soot blower)** : 전열면 외측 또는 수관 주위의 그을음이나 재를 불어 제거하는 방법이다.
  ㉮ 분무매체별 구별 : 증기분사식, 공기분사식
  ㉯ 종류 : 장발형(long retractable type) 슈트 블로어, 단발형(short retractable type) 슈트 블로어, 정치 회전형(로터리형), 에어히터 클리너, 건 타입
  ㉰ 사용 시 주의사항
    ⓐ 부하가 50[%] 이하일 때, 소화 후에는 사용을 금지한다.
    ⓑ 댐퍼를 완전히 열고 통풍력을 크게 한다.
    ⓒ 그을음 제거를 하기 전 분출기 내부의 응축수를 제거한다.
    ⓓ 그을음 불어내기 관을 동일 장소에서 오래 동안 작용시키지 않는다.
    ⓔ 흡입통풍기가 있을 경우 흡입통풍을 늘려서 한다.

③ **샌드 블라스트(sand blast)** : 압축공기로 모래를 전열면의 그을음에 불어 날려서 제거하는 방법이다.

④ **스팀 소킹(steam soaking)법** : 증기로 그을음 층에 습기를 주어 제거하는 방법이다.

⑤ **워터 소킹(water soaking)법** : 분무수로 그을음 층에 뿌려서 물기를 포함시켜서 제거하는 방법이다.

⑥ **수세(washing)법** : pH8~9의 물을 대량으로 사용하는 방법이다.

⑦ **스틸 숏 클리닝(steel shot cleaning)법** : 강으로 된 구슬을 이용하는 방법이다.

1.2 보일러의 보존

(1) 보일러 보존 필요성

보일러 가동을 중지하고 일정기간 방치하면 내외부에서 부식이 발생되어 안전성 저하, 수명단축 등의 악영향을 미친다. 이러한 영향을 줄이기 위하여 보일러 중지 목적, 보일러의 구조 및 종류, 중지 기간, 장소, 계절 등을 고려하여 적절한 보존방법을 강구하여야 한다.

(2) 보존 방법의 구분

① 보존기간에 의한 구분
  ㉮ 장기 보존법 : 휴지기간이 2~3개월 이상 되는 경우로 석회밀폐건조법, 질소가스 봉입법, 기화성 부식 억제제(VCI) 투입 보존법, 소다만수 보존법이 있다.
  ㉯ 단기 보존법 : 휴지기간이 2주일에서 1개월 이내인 경우로 가열건조법과 보통 만수보존법이 있다.

② 보존휴지 중 보일러수의 유무에 의한 구분
  ㉮ 건조 보존법(건식 보존법) : 보일러 내부에 보일러수가 없는 상태로 보존하는 방식
  ㉯ 만수 보존법(습식 보존법) : 보일러 내부에 보일러수가 있는 상태로 보존하는 방식

(3) 건조 보존법

보존 기간이 6개월 이상으로 보일러수를 완전히 배출한 후 동 내부를 완전히 건조시킨 후 흡습제, 산화방지제, 기화성 방청제 등을 넣고 밀폐시켜 보존하는 방법으로, 다음과 같은 방법이 있다.

① **석회 밀폐건조법** : 보일러 내·외부를 청소한 다음 완전히 건조시킨 후 생석회나 실리
  ㉮ 흡습제의 종류 : 생석회, 실리카겔, 염화칼슘, 활성 알루미나, 오산화인 등
  ㉯ 보일러 내용적 1[m^3]당 흡습제의 양
    ⓐ 생석회 : 0.25[kg]
    ⓑ 실리카겔, 염화칼슘, 활성 알루미나 : 1~1.3[kg]

② **질소가스 봉입법** : 고압 대용량 보일러에 적합하며, 질소가스를 0.06[MPa] 정도로 압입하여 보일러 내부의 산소를 배제시켜 부식을 방지하는 방법이다. 질소가스의 압력이 0.015[MPa] 이하가 되면 질소가스를 압입하여 0.06[MPa] 정도의 압력을 유지시켜야 한다.

③ **기화성 부식 억제제(VCI : volatile corrosion inhibitor) 투입법** : 보일러 내부를 건조시킨 후 기화성 부식억제제를 투입하고 밀폐시켜 보존하는 방법이다.

(4) 만수(滿水) 보존법

보존 기간이 보통 2~3개월 정도인 경우에 적용하는 방법으로 보일러 구조상 건식 보존법이 곤란한 경우, 동결의 우려가 없는 경우에 보일러 내부에 관수를 충만시켜 보존하는 방법으로 다음과 같은 방법이 있다.

① **보통 만수 보존법** : 보일러 내부를 청소한 후 보일러수를 만수로 한 후에 압력이 약간 오를 정도로 관수를 비등시켜 공기와 탄산가스를 제거한 후 서서히 냉각시켜 보존시키는 방법이다.

② **소다 만수 보존법** : 관수를 배출한 후 보일러 내·외부를 청소한 후에 가성소다($NaOH$), 아황산소다(Na_2SO_4) 등의 알칼리성 물로 채우고 보존시키는 방법이다.

2 사고 예방 및 진단

2.1 보일러 및 압력용기 사고원인 및 대책

(1) 사고의 종류

① 동체나 드럼의 폭발 및 파열
② 노통, 연소실판, 수관, 연관 등의 파열
③ 전열면의 팽출 및 압궤
④ 부속장치 및 부속기기 등의 파열
⑤ 벽돌 쌓음의 붕괴 및 파손
⑥ 노 내부 및 연도에서의 가스폭발
⑦ 역화(back fire)

(2) 사고의 원인

① **제작상의 원인** : 재료 불량, 강도 부족, 설계 불량, 구조 불량, 부속기기 설비의 미비, 용접 불량 등

② **취급상의 원인** : 압력초과, 저수위, 급수처리 불량, 부식, 과열, 미연소가스 폭발사고, 부속기기 정비 불량 등

(3) 보일러 판의 손상

① **균열(crack)** : 보일러는 증기압력과 온도에 의하여 수축과 팽창이 반복적으로 일어나며, 이와 같은 부분에는 반복응력이 지속적으로 발생하여 금이 발생하거나 갈라지는 현상을 말한다.

㉮ 균열이 발생하기 쉬운 부분 : 이음 부분, 리벳의 구멍 부분, 스테이를 갖고 있는 부분

㉯ 심 립스(seam lips) : 리벳 이음에서 리벳 구멍에서 다음 리벳 구멍으로 연속해서 균열이 생기는 현상

② **라미네이션(lamination) 및 브리스터(blister)** : 압연 강판이나 관의 두께 내부에 가스가 존재한 상태로 가공을 하였을 때 판이나 관이 2장의 층을 형성하며 분리되는 현상을 라미네이션(lamination)이라 하며 이 부분이 가열로 인하여 부풀어 오르는 현상을 브리스터(blister)라 한다.

③ **가성취화** : 보일러 수중에서 분해되어 생긴 가성소다(NaOH)가 과도하게 농축되면 수산이온(OH^-)이 많아져서 알칼리도가 높아진다. 이것이 강재와 작용해서 생기는 나트륨(Na)이 강재의 결정입계를 침해하여 재질을 열화, 취화 시키는 것으로 보일러 판의 국부 리벳 연결부 등에서 발생하며, 균열이 발생하는 것으로 알 수 있다.

(4) 팽출 및 압궤

370[℃] 이상 과열이 되었을 때 강도가 약해져 발생하는 현상이다.

① **팽출(bulge)** : 동체, 수관, 갤로웨이 관 등과 같이 인장응력을 받는 부분이 압력에 견디지 못하고 바깥쪽으로 부풀어 나오는 현상이다.

② **압궤(collapse)** : 노통, 연소실, 연관, 관판 등과 같이 압축응력을 받는 부분이 압력에 견디지 못하고 안쪽으로 들어가는 현상이다.

(5) 부식

① **외부 부식 종류**

㉮ 고온부식(vanadium attack) : 중유를 연소하는 보일러에서 중유 중에 포함되어 있는 바나듐(V)이 연소용 공기 중의 산소와 반응하여 오산화바나듐(V_2O_5)을 생성하고, 이것이 고온의 전열면에 부착하여 부식작용을 일으키는 현상이다.

㉯ 저온부식(sulfur attack) : 황 성분이 많은 연료가 연소되어 아황산가스(SO_2)가 되

고, 일부는 과잉공기와 반응하여 무수황산(SO_3)으로 된다. 이 무수황산은 다시 연소가스 중의 수증기(H_2O)와 반응하여 황산(H_2SO_4)이 되어 저온의 전열면 등에 응축되어 심한 부식을 일으키는 현상이다.
- ㉢ 산화부식 : 보일러를 구성하는 금속재료와 연소가스가 반응하여 표면에 산화피막을 형성하는 것으로 금속재료의 표면온도가 높을수록, 금속재료의 표면이 거칠수록 크게 나타난다.

② 내부 부식
- ㉮ 점식(點蝕 : pitting) : 보일러수가 접하는 내면에 좁쌀알, 쌀알, 콩알 크기의 점 상태(點狀)로 생기는 부식으로 공식 또는 점형부식이라 한다.
- ㉯ 국부부식(局部腐蝕) : 내면이나 외면에 얼룩 모양으로 생기는 국부적인 부식을 말한다.
- ㉰ 전면부식 : 표면적이 넓은 부분 전체에 같은 모양으로 발생하는 부식을 말한다.
- ㉱ 구상부식(grooving) : 구식이라 하며, 단면의 형상이 U자형, V자형으로 홈이 깊게 파인 것과 같이 선형으로 부식되는 현상을 말한다. 노통의 애덤슨 조인트의 플랜지 부분이나 평경판의 가셋트 스테이(gusset stay) 부분에 많이 발생한다.
- ㉲ 알칼리부식 : 보일러 급수 중에 알칼리(NaOH)의 농도가 너무 높아지면 $Fe(OH)_2$가 용해되고 강은 알칼리에 의해서 부식되는 현상이다.

③ 부식 방지 대책
- ㉮ 고온부식 방지대책
    - ⓐ 연료를 전처리하여 바나듐 성분을 제거할 것
    - ⓑ 전열면의 온도가 높아지지 않도록 설계할 것
    - ⓒ 전열면의 표면에 보호피막 형성 또는 내식성 재료를 사용한다.
    - ⓓ 연료에 첨가제를 사용하여 바나듐의 융점을 높인다.
    - ⓔ 부착물의 성상을 바꾸어 전열면에 부착하지 못하도록 한다.
- ㉯ 저온부식 방지 대책
    - ⓐ 연료 중의 황분(S)을 제거한다.
    - ⓑ 연료에 첨가제를 사용하여 노점온도를 낮춘다.
    - ⓒ 무수황산을 다른 생성물로 변경시킨다.
    - ⓓ 배기가스의 온도를 노점온도 이상으로 유지한다.
    - ⓔ 배기가스 온도가 황산증기의 노점까지 저하되기 전에 배출시킨다.
    - ⓕ 연료가 완전연소할 수 있도록 연소방법을 개선한다.

㉰ 내부부식 방지대책
ⓐ 보일러수 중의 용존산소, 탄산가스를 제거한다.
ⓑ 보일러 내면에 보호피막, 방청도장을 한다.
ⓒ 보일러수 중에 아연판을 설치한다.
ⓓ 약한 전류를 통전시킨다.

(6) 이상감수(이상 저수위)

① 원인
㉮ 급수장치의 능력 및 기능저하
㉯ 급수탱크 내 수량이 부족한 경우 및 급수온도가 너무 높은 경우
㉰ 수면계의 지시 불량으로 수위를 오판한 경우
㉱ 수위제어장치의 기능 불량
㉲ 분출장치 및 보일러 연결부에서 누출이 되는 경우
㉳ 급수밸브나 급수 체크 밸브의 고장 등으로 보일러 수가 역류한 경우
㉴ 증기 취출량이 과대한 경우
㉵ 캐리오버 등으로 보일러수가 증기와 함께 취출되는 경우

② 조치 방법
㉮ 연료 공급을 차단한다.
㉯ 연소용 공기 공급을 정지시킨다.
㉰ 주증기 밸브를 차단한다.
㉱ 보일러수위 유지 상태를 확인한다.
㉲ 댐퍼를 개방한 상태로 강제 통풍을 실시한다.

(7) 과열 현상

① 원인
㉮ 보일러 내에 스케일이 부착한 경우
㉯ 보일러 내에 유지분이 부착한 경우
㉰ 보일러 수의 순환이 좋지 않은 경우
㉱ 다량의 불순물로 인한 보일러수의 농축
㉲ 국부적으로 심하게 복사열을 받는 경우
㉳ 보일러수위의 이상저수위
㉴ 증기 기포의 이탈이 나쁜 곳이 있는 경우

② 방지 방법
  ㉮ 적정 보일러수위를 유지한다.
  ㉯ 동 내면에 스케일 생성을 방지하고 고착되지 않도록 한다.
  ㉰ 보일러 수가 농축되지 않도록 하고, 순환을 교란시키지 않도록 한다.
  ㉱ 전열면에 국부적인 과열을 방지한다.
  ㉲ 연소실 열부하가 너무 높지 않도록 한다.

(8) 노 내 가스폭발

① 원인
  ㉮ 불완전연소로 연소실 내에 미연소가스가 차 있는 경우
  ㉯ 연소정지 중에 연료가 노 내에 유입된 경우
  ㉰ 연도의 굴곡이 심한 경우 및 너무 긴 경우
  ㉱ 점화조작에 실패한 경우
  ㉲ 연소 중에 실화가 되었을 때
  ㉳ 노 내에 다량의 그을음이 쌓여 있는 경우
  ㉴ 연도가 낮아서 습기가 잘 생기는 경우

② 방지 방법
  ㉮ 점화 전에 프리 퍼지를 충분히 한다.
  ㉯ 연소 정지 후에 포스트 퍼지를 충분히 한다.
  ㉰ 연료 속의 수분이나 슬러지 등은 충분히 배출한다.
  ㉱ 배관이나 밸브의 개폐상태가 정상인가 확인한다.
  ㉲ 점화 시에 5초 이내에 착화가 되지 않으면 연료밸브를 차단하고 원인을 조사한다.
  ㉳ 연소량을 증가시킬 경우에는 먼저 공기 공급량을 증가시킨 후에 연료량을 증가시키며, 반대로 연소량을 감소시킬 경우에는 먼저 연료량을 줄이고 공기 공급량을 감소시킨다.
  ㉴ 급격한 부하변동을 피할 것
  ㉵ 전열면에 그을음 부착 및 퇴적을 방지하기 위하여 적절히 슈트블로를 실시할 것

(7) 이상증발에 의한 장애

① 이상 증발
  ㉮ 보일러 운전방법에 따른 원인
    ⓐ 보일러수가 농축된 경우

ⓑ 보일러수에 부유 고형 불순물이 많은 경우
ⓒ 보일러수에 유지분이 많이 혼입된 경우
ⓓ 송기 시에 증기밸브를 급개한 경우
ⓔ 급격히 연소량이 증대한 경우(증기 발생을 급격히 한 경우)
ⓕ 증기압력을 급격히 강하시킨 경우
ⓖ 보일러 수위가 이상 고수위인 경우
ⓗ 보일러 수위가 심하게 요동치는 경우
㉯ 보일러 구조로 인한 원인
ⓐ 보일러 증발능력에 비해 보일러 수면의 면적이 작은 경우
ⓑ 표준수위와 증기 배출구의 거리가 너무 가까운 경우
ⓒ 연소장치 용량이 보일러 용량에 비해 과대한 경우
ⓓ 비수방지장치가 불완전 또는 불충분한 경우
ⓔ 보일러수의 순환인 불량한 경우
㉰ 영향
ⓐ 수면계 수위 확인이 곤란해진다.
ⓑ 안전밸브 오염의 원인이 된다.
ⓒ 증기의 오염 및 과열도가 저하한다.
ⓓ 수격작용(water hammer)의 원인이 된다.
ⓔ 저수위 사고의 원인이 된다.

② **기수공발(carry over)** : 보일러수 중에 용해 또는 현탁되어 있는 불순물과 수분이 증기와 함께 보일러 본체 밖으로 배출되어 나오는 현상으로 기계적 캐리오버(액적 또는 거품이 증기에 혼입되는 현상)와 선택적 캐리오버(실리카와 같이 증기 중에 용해된 성분 그대로 운반되어지는 현상)로 분류할 수 있다.
㉮ 프라이밍(priming) 및 포밍(foaming) 현상
ⓐ 프라이밍 현상 : 급격한 증발현상으로 동수면에서 작은 입자의 물방울이 증기와 혼입하여 튀어 오르는 현상으로 물리적인 원인에 의하여 주로 발생한다.
ⓑ 포밍 현상 : 동저부에서 작은 기포들이 수면상으로 오르면서 물거품이 발생하여 수면에 달걀 모양의 기포가 덮이는 현상으로 화학적인 원인에 의하여 주로 발생한다.
㉯ 발생원인
ⓐ 보일러 관수의 농축
ⓑ 유지분, 알칼리분, 부유물 함유

ⓒ 주증기 밸브의 급격한 개방
ⓓ 부하의 급격한 변화
ⓔ 증기발생 속도가 빠를 때
ⓕ 청관제 사용이 부적합
ⓖ 보일러 수위가 높음

㉰ 피해
ⓐ 수위 오인으로 저수위 사고   ⓑ 계기류 연락관의 막힘
ⓒ 송기되는 증기의 불순   ⓓ 증기의 열량 감소
ⓔ 배관의 부식 초래   ⓕ 배관, 기관 내에서 수격작용 발생

㉱ 방지방법
ⓐ 비수 방지관을 설치한다.   ⓑ 주증기 밸브를 서서히 연다.
ⓒ 관수 중에 불순물, 농축수 제거   ⓓ 수위를 고수위로 하지 않는다.

㉲ 기수공발(carry over) 발생 시 조치
ⓐ 연료를 차단(줄인다.)   ⓑ 공기를 차단(줄인다.)
ⓒ 주증기 밸브를 닫고, 수위를 안정시킴   ⓓ 급수 및 분출작업 반복
ⓔ 계기류 점검

③ **수격작용(water hammer)** : 배관 내부에 체류하는 응축수가 송기 시에 고온 고압의 증기에 의해 배관을 심하게 타격하여 소음을 발생하는 현상으로 배관 및 밸브류가 파손될 수 있다.

㉮ 발생원인
ⓐ 기수공발(carry over) 현상 발생 시
ⓑ 주증기 밸브를 급개(急開)할 때
ⓒ 배관에서의 손실열량이 과대할 때
ⓓ 배관 구배(기울기) 선정의 잘못
ⓔ 부하변동이 심할 때

㉯ 방지법
ⓐ 기수공발(carry over) 현상 발생을 방지할 것
ⓑ 주증기 밸브를 서서히 개방할 것
ⓒ 증기배관의 보온을 철저히 할 것
ⓓ 응축수가 체류하는 곳에 증기트랩을 설치할 것
ⓔ 드레인 빼기를 철저히 할 것
ⓕ 송기 전에 소량의 증기로 배관을 예열할 것

(8) 연소장치의 이상 현상

① 점화 불량의 원인
- ㉮ 연료가 분사되지 않는 경우
- ㉯ 배관 속에 물, 슬러지가 유입된 경우
- ㉰ 댐퍼 작동 불량 및 공기비 조정 불량
- ㉱ 연료의 온도가 너무 높거나 낮은 경우
- ㉲ 연료의 점도가 너무 높은 경우
- ㉳ 버너 유압이 맞지 않는 경우
- ㉴ 버너 노즐이 폐쇄된 경우
- ㉵ 1차 공기압력이 과대한 경우
- ㉶ 점화 전극의 클리어런스가 맞지 않을 때
- ㉷ 점화용 트랜스의 전기 스파크 불량

② 진동연소(가마울림)의 원인
- ㉮ 연소실 온도가 낮을 때
- ㉯ 버너의 조립이 불량한 때
- ㉰ 통풍력이 부적당할 때
- ㉱ 노 내 압이 너무 높을 때
- ㉲ 버너타일 형상이 맞지 않을 때
- ㉳ 연도 이음부분이 불량한 때

③ 매연발생의 원인
- ㉮ 통풍력이 과대, 과소할 때
- ㉯ 무리한 연소를 할 때
- ㉰ 연소실의 온도가 낮을 때
- ㉱ 연소실의 크기가 작을 때
- ㉲ 연료의 조성이 맞지 않을 때
- ㉳ 연소장치가 불량할 때
- ㉴ 운전 기술이 미숙할 때

④ 불완전연소의 원인
- ㉮ 버너로부터의 분무불량 즉, 분무입자가 크다.
- ㉯ 연소용 공기량의 부족
- ㉰ 분무연료와 연소용 공기와의 혼합불량
- ㉱ 연소속도가 적정하지 않을 때

⑤ 연소실 내에서 불안정한 연소의 원인
- ㉮ 연료 중 이물질의 혼입
- ㉯ 연료의 점도가 너무 높을 때
- ㉰ 분무량이 과대할 때
- ㉱ 공기와 연료의 압력이 불안정할 때
- ㉲ 오일 배관 속에 공기, 증기가 혼입
- ㉳ 오일 예열온도가 높을 때

⑥ 역화(逆火)의 원인
- ㉮ 프리 퍼지가 불충분한 경우
- ㉯ 점화 시 착화시간이 지연된 경우
- ㉰ 댐퍼의 개도가 너무 적은 경우
- ㉱ 공기보다 연료가 먼저 공급된 경우
- ㉲ 연료의 인화점이 낮을 때
- ㉳ 1차 공기압력이 부족할 때
- ㉴ 유압이 과대할 때

⑦ 맥동연소의 원인
- ㉮ 연료에 수분이 많이 포함된 경우
- ㉯ 연소상태가 일정하지 않은 경우
- ㉰ 무리한 연소를 하는 경우
- ㉱ 공기 공급량이 부족한 상태가 심한 경우
- ㉲ 연도의 단면변화가 심한 경우
- ㉳ 연료와 공기와의 혼합이 잘 안 될 경우
- ㉴ 2차 연소가 발생하는 경우
- ㉵ 송풍기에서 서징 현상이 발생하는 경우
- ㉶ 연소실 및 연도 등의 틈 사이에서 공기가 누설되는 경우

⑧ 2차 연소의 원인
- ㉮ 불완전연소의 비율이 크거나 무리한 연소를 하는 경우
- ㉯ 연도나 연소실 벽 등의 틈이나 균열 부분에서 찬 공기가 유입되는 경우
- ㉰ 연도 등에 가스가 체류하거나 와류의 가스 포켓이나 모가 난 경우
- ㉱ 연도의 단면변화가 급격한 경우, 곡부의 수가 많거나 각도가 급한 경우
- ㉲ 처음부터 급격한 연소를 시작하는 경우

2.2 보일러 및 압력용기 취급 요령

(1) 보일러 가동 전의 준비사항

① 신설보일러
- ㉮ 동 내부 점검
  - ⓐ 내부의 비수방지관, 기수분리기 등 기기의 부착 상태를 점검하고 공구나 기타 물건 등이 남아 있는지 확인한다.
  - ⓑ 맨홀, 청소구, 검사구 등을 점검하고 개방되어 있는 것은 뚜껑을 닫고 밀폐시킨다.

　　　　ⓒ 급수를 하면서 저수위경보기, 연료차단장치 등의 인터록이 정상 작동하는지 확인한다.
　　　　ⓓ 만수 후 정상사용압력보다 10% 이상의 수압을 가하여 누설 유무를 확인한다.
　　㊗ 연소실 및 연도 점검
　　　　ⓐ 연소실, 연도, 노벽 등에 불필요한 물건 등이 남아 있는지 확인한다.
　　　　ⓑ 연소용 공기 및 연도의 댐퍼 개폐 및 작동상태를 점검한다.
　　　　ⓒ 매연제거 장치의 이상 유무를 점검한다.
　　㊀ 노벽 및 내화재 건조 상태 점검 : 자연건조 시에는 10~15일 정도, 화염에 의한 건조 시에는 약한 불로 72시간 정도 건조시킨다.
　　㊁ 플러싱 : 알칼리 세정과 소다 끓이기를 하기 전의 처리방법으로, 물이나 히드라진 100[ppm] 정도를 첨가한 세정수로 펌핑하는 것이다.
　　㊂ 소다 끓이기(soda boiling) : 제작 시에 내부에 부착된 유지분, 페인트류, 녹 등을 제거하기 위한 것으로 저압보일러에서는 0.2~0.3[MPa]의 압력을 유지하면서 2~3일 간 끓인 다음 취출과 급수를 반복적으로 실시하면서 서서히 냉각시킨다. 완전히 냉각된 후 블로다운을 실시하면서 깨끗한 물로 내부를 충분히 세척한 후 정상수위까지 급수를 한다.
　　㊃ 외부 점검 : 급수를 행하면서 저수위 경보기, 연료차단장치 등 인터록 장치의 작동상태와 급수장치, 연소 보조계통, 통풍장치, 계측기 및 밸브 상태를 점검한다.

② 사용 중인 보일러
　　㉮ 수면계 수위를 점검한다.
　　㉯ 수면계, 압력계 및 각종 계기류와 자동제어장치를 점검한다.
　　㉰ 연료 계통 및 급수 계통을 점검한다.
　　㉱ 중유 연소의 경우 연료 펌프 및 유예열기를 작동시킨다.
　　㉲ 각 밸브의 개폐상태를 확인 점검한다.
　　㉳ 댐퍼를 완전히 개방하고 프리 퍼지를 행한다.

③ 장기 휴지보일러인 경우
　　㉮ 기름 탱크의 유량, 가스압력을 확인하여 연료공급에 이상이 없도록 한다.
　　㉯ 연료배관에서 누설된 부분이 없는지 점검하고 연료밸브를 열어 놓는다.
　　㉰ 화염 검출기를 점검하고 유리면의 오염 부분을 깨끗이 닦는다.
　　㉱ 연도 댐퍼가 점검하고 댐퍼를 열어 놓는다.
　　㉲ 급수탱크의 수위, 배관에서의 누수, 밸브의 개폐 상태를 점검한다.
　　㉳ 급수펌프의 정상 작동 여부를 점검한다.

㈔ 경수연화장치 및 청관제 주입장치 등을 점검한다.
㈕ 수면계, 압력계 등 지시장치의 정상 작동 여부를 점검한다.
㈖ 안전 밸브, 분출 밸브 등을 점검한다.
㈗ 보일러실 환기 상태를 점검한다.

(2) 점화 및 운전 중의 취급

① **보일러의 점화**

㉮ 유류 보일러

ⓐ 자동점화 : 점화전의 점검사항을 확인한 후 보일러 제어반의 전화 스위치를 자동(auto)으로 설정하고 기동 메인 스위치를 작동시키면 시퀀스 제어와 인터록에 의하여 자동적으로 착화가 이루어진다.

> ● **자동점화순서**
> 송풍기 기동 → 연료펌프 기동 → 노 내 환기(프리 퍼지) → 노 내압 조정 → 점화용 버너 착화 → 화염 검출 → 전자밸브 열림 → 주 버너 착화 → 공기 댐퍼 작동 → 저 연소 → 고 연소

ⓑ 수동 점화
㉠ 프리 퍼지를 정확히 실시하여 연소실 내의 미연소 가스를 배출한다.
㉡ 댐퍼 개도치를 낮추어 노 내압을 조절한다.
㉢ 점화봉에 불을 붙여 연소실 내 버너 끝의 전방하부 10cm 정도에 둔다.
㉣ 연료압력을 확인한다.
㉤ 버너의 기동 스위치를 넣는다.
㉥ 투시구로 점화상태를 확인하며, 연료밸브를 서서히 개방시킨다.
㉦ 공기 댐퍼 개도치를 증가시킨 후 연료량을 증가시키는 방법으로 저연소에서 고연소로 조정해 나간다.

㉯ 가스보일러 : 점화 전의 준비사항, 점화방법은 유류 보일러와 동일하지만 가스보일러는 폭발의 위험성이 크므로 다음 사항을 주의하여야 한다.
ⓐ 가스배관 계통에 누설 유무를 비눗물을 이용하여 점검한다.
ⓑ 연소실 내의 용적 4배 이상의 공기로 충분한 프리 퍼지를 행한다. 이때 댐퍼는 완전히 개방하고 행하여야 한다.
ⓒ 화력이 좋은 가스를 이용하여 점화는 1회로 착화될 수 있도록 한다.
ⓓ 갑작스런 실화 시에는 연료 공급을 즉시 차단하고 원인을 조사한다.
ⓔ 긴급차단밸브의 작동이 불량하면 점화 시의 역화 또는 가스 폭발의 원인이 되

므로 사전 점검을 철저히 한다.
　ⓕ 점화용 버너의 스파크는 정상인가 확인하며 이물질(카본) 부착 시에는 청소를 행한다.
　ⓖ 공급 가스압력이 적당한가를 확인한다.

(3) 증기압력 상승 시의 운전관리

① 연소 초기의 취급
　㉮ 보일러에 불을 붙일 때는 어떠한 이유가 있어도 연소량을 급격히 증가시키지 않아야 한다.
　㉯ 급격한 연소는 보일러 본체의 부동팽창을 일으켜 보일러와 벽돌 쌓은 접촉부에 틈을 증가시키고 벽돌 사이에 벌어짐이 생길 수 있다.
　㉰ 급격한 연소는 전열면의 부동팽창, 내화물의 스폴링 현상, 그루빙 및 균열의 원인이 된다. 특히 주철제 보일러는 급냉·급열 시에 쉽게 갈라질 수 있다.
　㉱ 압력상승에 필요한 시간은 보일러 본체에 큰 온도차와 국부적 과열이 되지 않도록 충분한 시간을 갖고 연소시킨다.
　㉲ 찬물을 가열할 경우에는 일반적으로 최저 1~2시간 정도로 서서히 가열하여 정상 압력에 도달하도록 한다.

② 증기압이 오르기 시작할 때의 취급
　㉮ 공기 빼기 밸브에서 증기가 나오기 시작하면 공기 빼기 밸브를 닫는다.
　㉯ 수면계, 압력계, 분출장치, 부속품 연결부에서 누설을 확인한 후 완벽하게 더 조인다.
　㉰ 맨홀, 청소구, 검사구 등 뚜껑 설치 부분은 누설 유무에 관계없이 완벽하게 더 조인다.
　㉱ 압력계의 감시와 압력상승 정도에 따라 연소상태를 조정한다.
　㉲ 보일러 수위가 정상수위를 유지하는지 확인한다.
　㉳ 급수장치, 급수밸브, 급수 체크 밸브의 기능을 확인한다.
　㉴ 분출장치의 기능을 확인한다.
　㉵ 급수예열기, 공기예열기는 부연도를 이용한다.

③ 증기압이 올랐을 때의 취급
　㉮ 증기압력이 75[%] 이상 될 때 안전밸브 분출 시험을 한다.
　㉯ 보일러 수위를 일정하게 유지, 관리한다.
　㉰ 보일러내의 압력을 일정하게 유지, 관리한다.

㉔ 연소상태를 확인하여 정상적인 연소가 이루어지도록 한다.
㉕ 분출밸브, 수면계, 드레인 밸브의 누설 유무를 확인한다.
㉖ 자동제어 장치의 작동상태를 점검한다.

④ **송기시의 취급**
㉮ 캐리오버, 수격작용이 발생하지 않도록 한다.
㉯ 송기하기 전 주 증기 밸브 등의 드레인을 제거한다.
㉰ 주증기관 내에 소량의 증기를 보내어 관을 따뜻하게 예열한다.
㉱ 주 증기 밸브는 3분 이상 단계적으로 서서히 개방하여 완전히 열었다가 다시 조금 되돌려 놓는다.
㉲ 항상 일정한 압력을 유지하고, 부하 측의 압력이 정상적으로 유지되고 있는지 확인한다.
㉳ 연소상태를 확인하여 정상적인 연소가 이루어지도록 한다.

(4) 정지시의 취급

① **정상 정지**
㉮ 정상 정지 시의 일반사항
ⓐ 증기 사용처에 확인을 하여 작업 종료 시 까지 필요한 증기를 남기고 운전을 정지한다.
ⓑ 벽돌을 쌓은 부분이 많은 보일러는 벽돌에 남은 열로 인한 증기 압력 상승을 확인하고 주 증기 밸브를 폐쇄한다.
ⓒ 노벽 및 전열면의 급냉을 방지할 수 있는 조치를 한다.
ⓓ 보일러의 압력을 급격히 내려가지 않도록 조치를 한다.
ⓔ 보일러 수위는 정상수위보다 약간 높게 급수시켜 놓는다. 급수 후에는 급수 밸브, 주증기 밸브를 폐쇄하고 주증기관 및 증기 헤더에 설치된 드레인 밸브를 개방하여 놓는다.
ⓕ 다른 보일러와 증기관이 연결되어 있는 경우에는 그 연결 밸브를 폐쇄하여 놓는다.
ⓖ 정지 후에는 노 내 환기를 충분히 한 후 댐퍼를 닫는다.

㉯ 일반적인 운전정지 순서
ⓐ 연료 공급을 정지한다.
ⓑ 공기 공급을 정지한다.
ⓒ 급수를 행하고, 압력을 떨어뜨리며 급수 밸브를 닫고 급수펌프를 정지시킨다.

ⓓ 주증기 밸브를 닫고 드레인(배수) 밸브를 개방시킨다.
ⓔ 댐퍼를 닫는다.
㉰ 정지 후의 조치사항
ⓐ 버너 팁의 이물질을 제거한다.
ⓑ 각종 밸브의 누설 유무를 점검한다.
ⓒ 노벽의 열로 인한 압력 상승은 없는지 확인한다.
ⓓ 보일러 수위를 확인하다.
ⓔ 각종 배관의 누설 유무를 확인한다.

② **비상 정지 시의 취급**
㉮ 비상정지에 해당되는 사항
ⓐ 보일러 수위에 이상 감수가 발생한 경우
ⓑ 전열면에 과열이 발생한 경우
ⓒ 정전이 발생한 경우
ⓓ 지진 등 천재지변이 발생한 경우
㉯ 비상 정지 순서
ⓐ 연료 공급을 정지한다.
ⓑ 공기 공급을 정지한다.
ⓒ 서서히 급수를 행한다.
ⓓ 다른 보일러와 연락을 차단한다.
ⓔ 자연적으로 냉각된 후 사고 원인을 조사한다.
ⓕ 전열면을 확인하여 변형 유무를 조사한다.
ⓖ 이상이 없으면 급수 후 재 점화하여 사용한다.

출제예상문제
Expected problems

01 보일러 및 압력용기의 내부청소에 대한 일반적인 방법으로 틀린 것은?
① 수관의 청소작업에는 튜브 클리너를 사용한다.
② 통풍면에 접하는 부분은 스케일이 부착된 것이 많으므로 주의 깊고 신중하게 청소한다.
③ 부드러운 부착물은 스크레이퍼를 이용하여 물을 뿌리면서 작업한다.
④ 용접 이음, 리벳 이음부는 특별히 신중하게 청소한다.

해설 고착된 부착물은 스크레이퍼(scraper)로, 부드러운 부착물은 와이어 브러시(wire brush)로 물을 뿌리면서 작업한다. 답 ③

02 보일러 청소에 관한 설명으로 틀린 것은?
① 보일러의 냉각은 연화적(벽돌)이 있는 경우에는 24시간 이상 걸려야 한다.
② 보일러는 적어도 40[℃] 이하까지 냉각한다.
③ 부득이하게 냉각을 빨리시키고자 할 경우 찬물을 보내면서 취출하는 방법에 의해 압력을 저하시킨다.
④ 압력이 남아 있는 동안 취출 밸브를 열어서 보일러 물을 완전 배출한다.

해설 보일러의 압력이 없어진 것을 확인하고 공기빼기밸브, 그 외 증기부의 밸브를 열어 보일러 내에 공기를 보낸다. 그 다음에 분출 콕크와 분출 밸브를 열어 보일러수를 분출한다. 답 ④

03 염산 등을 사용하여 보일러 내의 스케일을 용해시켜 제거하는 방법에 대한 설명으로 틀린 것은?
① 스케일의 시료를 채취하여 분석하고, 용해시험을 통하여 세정방법을 결정하여야 한다.
② 본체에 부착되어 있는 안전밸브, 수면계, 밸브류 등은 분리하지 않는다.
③ 수소가 발생하여 폭발의 우려가 있으므로 통풍이 잘 되는 장소에서 세정하여야 한다.
④ 화학세정이 끝난 다음에는 반드시 물로 충분하게 세척하여 사용한 약액의 영향이 미치지 않도록 주의한다.

해설 본체에 직접 부착되어 있는 부속품(안전 밸브, 공기빼기용 스톱 밸브, 수면계, 압력계, 수위검출기 등)을 산세관 작업 중에 산에 의해서 부식되는 것을 방지하기 위하여 분리한다. 분출 밸브는 분리하여 가설용 분출 밸브로 교체한다. 답 ②

04 보일러 내부 청소 시 화학약품을 이용한 세관 중 산세관에 이용되는 일반적인 염산의 농도는?
① 5~10[%]   ② 11~15[%]
③ 16~20[%]   ④ 21~25[%]

해설 산세관(acid cleaning) : 내면의 스케일과 산과의 화학반응에 의해 스케일을 용해 제거하는 방법이다.
㉮ 산의 종류 : 염산(HCl), 황산(H_2SO_4), 인산(H_3PO_4), 설파민산(NH_2SO_3H)
㉯ 염산의 농도 : 5~10[%]
㉰ 보일러수의 온도 : 60±5[℃](55~65[℃])
㉱ 순환시간 : 4~6시간   답 ①

05 보일러 동내부와 수관 내에 부착된 스케일을 제거하기 위해 화학적인 방법 중 염산을 이용한 산세관법을 많이 쓰고 있다. 염산을 많이 쓰는 이유로 가장 거리가 먼 것은?
① 스케일의 용해능력이 우수하여
② 위험성이 적고 취급이 용이하여
③ 가격이 저렴하여 경제적이어서
④ 세관 후 물과 분리가 쉬워서

해설 염산의 특징
㉮ 위험성이 적고 취급이 용이하다.
㉯ 스케일 용해 능력이 크다.
㉰ 가격이 저렴하다.
㉱ 물에 대한 용해도가 크기 때문에 세척이 용이하다.
㉲ 부식억제제의 종류가 다양하다. 답 ④

06 보일러 제작 후 알칼리 세관을 행할 때 사용하는 약품이 아닌 것은?

① 계면 활성제
② 인산(H_3PO_4)
③ 가성소다(NaOH)
④ 인산소다(Na_3PO_4)

해설 알칼리 세관 : 보일러 제조 후 내면의 유지류, 규산계 스케일(실리카) 제거에 사용하는 방법
㉮ 알칼리 종류 : 가성소다(NaOH), 암모니아(NH_3), 탄산나트륨(Na_2CO_3), 인산나트륨(Na_3PO_4), 계면 활성제
㉯ 알칼리 농도 : 0.1~0.5[%]
㉰ 보일러수의 온도 : 약 70[℃]
㉱ 가성취화 방지제 : 질산나트륨($NaNO_3$), 인산나트륨(Na_3PO_4) 등 답 ②

07 화학세관에서 사용하는 유기산에 해당되지 않는 것은?

① 인산
② 초산
③ 구연산
④ 개미산

해설 유기산 세관 : 오스테나이트계 스테인리스강이나 동 및 동합금 세관에 사용하며 유기산은 유기물이므로 보일러운전 시 고온에서 분해하기 때문에 산이 남아 있어도 부식될 가능성이 희박하다.
㉮ 종류 : 구연산, 개미산, 초산
㉯ 구연산의 농도 : 3[%] 정도
㉰ 보일러수의 온도 : 90±5[℃] 답 ①

08 보일러 산 세관 시 첨가하는 부식억제제의 구비조건이 아닌 것은?

① 점식이 발생되지 않을 것
② 세관액의 온도, 농도에 대한 영향이 적을 것
③ 물에 대해 용해도가 적을 것
④ 시간적으로 안정할 것

해설 부식억제제의 구비조건
㉮ 부식억제 능력이 클 것
㉯ 점식이 발생되지 않을 것
㉰ 세관액의 온도, 농도에 대한 영향이 적을 것
㉱ 물에 대한 용해도가 크고, 화학적으로 안정할 것 답 ③

09 보일러의 외부 청소방법이 아닌 것은?

① 산세법
② 수세법
③ 스팀 소킹법
④ 워터 소킹법

해설 외부청소방법의 종류
㉮ 수공구 사용법
㉯ 그을음 불어내기(soot blower)
㉰ 샌드 블라스트(sand blast) 또는 에어소킹법
㉱ 스팀 소킹법(steam soaking)
㉲ 워터 소킹법(water soaking)
㉳ 수세(washing)법
㉴ 스틸 숏 클리닝법 답 ①

10 보일러 외부 청소법 중 수관보일러에 대한 가장 적합한 기구는?

① 슈트 블로어
② 워터 소킹
③ 스크랩퍼
④ 샌드 블라스트

해설 그을음 불어내기(soot blower) : 전열면 외측 또는 수관 주위의 그을음이나 재를 불어 제거하는 장치로 수관 보일러의 외부 청소법 중 가장 적합하다. 답 ①

11 보일러에서 그을음 불어내기(soot blow)를 할 때 주의사항으로 틀린 것은?

① 그을음 불어내기를 하기 전에 드레인(drain)을 충분히 한다.
② 그을음 불어내기 관을 동일 장소에서 오랫동안 작용시키지 않는다.
③ 댐퍼의 개도를 늘리고 통풍력을 적게 한다.
④ 흡입 통풍기가 있을 경우 흡입통풍을 늘려서 한다.

해설 슈트블로(soot blow)사용 시 주의사항
㉮ 부하가 50[%] 이하일 때, 소화 후에는 사용을 금지한다.
㉯ 댐퍼를 완전히 열고 통풍력을 크게 한다.
㉰ 그을음 제거를 하기 전에 분출기 내부의 응축수를 제거한다.
㉱ 그을음 불어내기 관을 동일 장소에서 오래 동안 작용시키지 않는다.
㉲ 흡입통풍기가 있을 경우 흡입통풍을 늘려서 한다. **답** ③

12 보일러를 사용하지 않고 장기간 보존할 경우 가장 적합한 보존법은?

① 만수 보존법
② 건조 보존법
③ 밀폐 만수 보존법
④ 청관제 만수 보존법

해설 보존기간에 의한 구분
㉮ 단기보존법 : 가열건조법, 보통 만수보존법
㉯ 장기보존법 : 석회밀폐건조법, 질소가스 봉입법, 소다만수보존법, 기화성 부식억제제(VCI) 투입법 **답** ②

13 [보기]에서 설명하는 보일러 보존방법은?

[보기]
- 보존기간이 6개월 이상인 경우 적용한다.
- 1년 이상 보존할 경우 방청도료를 도포한다.
- 약품의 상태는 1~2주마다 점검하여야 한다.
- 동 내부의 산소 제거는 숯불 등을 이용한다.

① 건조보존법   ② 만수보존법
③ 질소건조법   ④ 특수보존법

해설 건조 보존법 : 보존 기간이 6개월 이상으로 보일러수를 완전히 배출한 후 동 내부를 완전히 건조시킨 후 흡습제, 산화방지제, 기화성 방청제 등을 넣고 밀폐시켜 보존하는 방법이다. **답** ①

14 보일러의 만수보존을 실시하고자 할 때 사용되는 약제가 아닌 것은?

① 가성소다   ② 생석회
③ 히드라진   ④ 아황산소다

해설 만수(滿水) 보존법 : 보존 기간이 보통 2~3개월 정도인 경우에 적용하는 방법으로 보일러 구조상 건식 보존법이 곤란한 경우, 동결의 우려가 없는 경우에 보일러 내부에 관수를 충만시켜 보존하는 방법으로 가성소다($NaOH$), 아황산소다(Na_2SO_4), 히드라진 등의 알칼리성 약제를 사용한다. **답** ②

15 보일러의 만수보존법에 대한 설명으로 틀린 것은?

① 밀폐 보존방식이다.
② 겨울철 동결에 주의하여야 한다.
③ 2~3개월의 단기보존에 사용된다.
④ 보일러수는 pH 6 정도가 유지되도록 한다.

해설 만수보존법에서 보일러수의 pH는 11 정도로 유지되도록 한다. **답** ④

16 보일러의 안전사고의 종류로서 가장 거리가 먼 것은?

① 노통, 수관, 연관 등의 파열 및 균열
② 보일러 내의 스케일 부착
③ 동체, 노통, 화실의 압궤(collapse) 및 수관, 연관 등 전열면의 팽출(bulge)
④ 연도나 노 내의 가스폭발, 역화 그 외의 이상연소

해설 보일러 사고의 종류
㉮ 동체나 드럼의 폭발 및 파열
㉯ 노통, 연소실판, 수관, 연관 등의 파열
㉰ 전열면의 팽출 및 압궤
㉱ 부속장치 및 부속기기 등의 파열
㉲ 벽돌 쌓음의 붕괴 및 파손
㉳ 노 내부 및 연도에서의 가스폭발
㉴ 역화(back fire)
※ 보일러 내의 스케일 부착은 불순물에 의한 장애에 해당된다. **답** ②

17 보일러 사고의 원인 중 제작상의 원인으로 볼 수 없는 것은?

① 재료 불량   ② 구조 및 설계 불량
③ 용접 불량   ④ 급수처리 불량

해설 사고의 원인
- ㉮ 제작상의 원인 : 재료 불량, 강도부족, 설계 불량, 구조 불량, 부속기기 설비의 미비, 용접 불량 등
- ㉯ 취급상의 원인 : 압력 초과, 저수위, 급수처리 불량, 부식, 과열, 미연소가스 폭발사고, 부속기기 정비 불량 등

답 ④

18 보일러 사고 중 취급상의 원인으로 가장 거리가 먼 것은?
① 공작시공 및 사용재료의 불량
② 저수위로 인한 보일러의 과열
③ 보일러수의 처리 불량 등으로 인한 내부 부식
④ 보일러수의 농축이나 스케일 부착으로 인한 과열

해설 공작시공 및 사용재료의 불량은 제작상의 원인에 해당된다.

답 ①

19 보일러수 중 알칼리 용액의 농도가 높을 때 응력이 큰 금속표면에 미세한 균열이 일어나는 것을 무엇이라고 하는가?
① 피팅(pitting)   ② 가성취화
③ 그루빙(grooving) ④ 포밍(foaming)

해설 가성취화 : 보일러 수중에서 분해되어 생긴 가성소다(NaOH)가 과도하게 농축되면 수산이온(OH⁻)이 많아져서 알칼리도가 높아진다. 이것이 강재와 작용해서 생기는 나트륨(Na)이 강재의 결정입계를 침해하여 재질을 열화, 취화 시키는 것으로 보일러판의 국부 리벳 연결부 등에서 발생하며, 균열이 발생하는 것으로 알 수 있다.

답 ②

20 원통보일러의 노통은 주로 어떤 열응력을 받는가?
① 압축 응력   ② 인장 응력
③ 굽힘 응력   ④ 전단 응력

해설 보일러에 작용하는 응력
- ㉮ 압축응력을 받는 부분 : 노통, 연소실, 연관, 관판 등이며 압축응력을 받는 부분이 압력에 견디지 못하면 안쪽으로 들어가는 압궤(collapse) 현상이 발생한다.
- ㉯ 인장응력을 받는 부분 : 동체, 수관, 겔로웨이관 등이며 인장응력을 받는 부분이 압력에 견디지 못하면 바깥쪽으로 부풀어 나오는 팽출(bulge) 현상이 발생한다.

답 ①

21 보일러의 노통이나 화실과 같은 원통 부분이 외측으로부터의 압력에 견딜 수 없게 되어 눌러 찌그러져 찢어지는 현상을 무엇이라 하는가?
① 브리스터   ② 압궤
③ 팽출   ④ 라미네이션

해설 보일러 손상의 종류
- ㉮ 팽출(bulge) : 동체, 수관, 겔로웨이관 등과 같이 인장응력을 받는 부분이 압력에 견디지 못하고 바깥쪽으로 부풀어 나오는 현상이다.
- ㉯ 압궤(collapse) : 노통, 연소실, 연관, 관판 등과 같이 압축응력을 받는 부분이 압력에 견디지 못하고 안쪽으로 들어가는 현상이다.
- ㉰ 라미네이션(lamination) : 압연 강판이나 관의 두께 내부에 가스가 존재한 상태로 가공을 하였을 때 판이나 관이 2장의 층을 형성하며 분리되는 현상이다.
- ㉱ 브리스터(blister) : 라미네이션 부분이 가열로 인하여 부풀어 오르는 현상이다.
- ㉲ 응력부식균열 : 특수한 부식환경에 있는 금속재료가 정적 인장응력인 부하응력, 잔류응력 등이 지속적으로 작용할 때 나타나는 균열발생 및 부식현상이다.

답 ②

22 보일러의 과열에 의한 압궤(collapse)의 발생부분이 아닌 것은?
① 노통 상부   ② 화실 천장
③ 연관   ④ 가셋 스테이

해설 압궤 및 팽출
- ㉮ 압궤(collapse) : 노통, 연소실, 연관, 관판 등과 같이 압축응력을 받는 부분이 압력에 견디지 못하고 안쪽으로 들어가는 현상이다.
- ㉯ 팽출(bulge) : 동체, 수관, 겔로웨이관 등과 같이 인장응력을 받는 부분이 압력에 견디지 못하고 바깥쪽으로 부풀어 나오는 현상이다.

답 ④

23 보일러의 외부부식 원인이 아닌 것은?

① 빗물, 지하수 등에 의한 습기나 수분에 의한 경우
② 증기나 보일러수 등의 누출로 인한 습기나 수분에 의한 경우
③ 재나 회분 속에 함유된 부식성 물질(바나듐 등)에 의한 경우
④ 강재 속에 함유된 유황분이나 인분이 온도 상승과 더불어 산화되거나 또는 이외의 원인으로 녹이 생긴 경우

해설 외부부식 원인
㉮ 연소가스 속의 부식성 가스(아황산가스) 및 수증기에 의한 경우
㉯ 증기나 보일러수 등의 누출로 인한 습기나 수분에 의한 경우
㉰ 재나 회분 속에 있는 부식성 물질(바나듐)에 의한 경우
㉱ 빗물, 지하수 등에 의한 습기나 수분에 의한 경우
답 ④

24 연료가 연소할 때 고온부식의 주원인이 되는 연료 성분은?

① 황　　② 수소
③ 바나듐　　④ 탄소

해설 외부부식의 원인 성분
㉮ 고온부식 : 바나듐(V)
㉯ 저온부식 : 황(S)
답 ③

25 연소에서 고온부식의 발생에 대한 설명으로 옳은 것은?

① 연료 중 황분의 산화에 의해서 일어난다.
② 연료의 연소 후 생기는 수분이 응축해서 일어난다.
③ 연료 중 수소의 산화에 의해서 일어난다.
④ 연료 중 바나듐의 산화에 의해서 일어난다.

해설 바나듐 어택(vanadium attack) : 중유를 연소하는 보일러에서 중유 중에 포함되어 있는 바나듐(V)이 연소용 공기 중의 산소와 반응하여 오산화바나듐(V_2O_5)을 생성하고, 이것이 고온의 전열면에 부착하여 부식작용을 일으키는 현상으로 고온부식이라 한다.
답 ④

26 저온부식과 관련 있는 물질은?

① 황산화물　　② 바나듐
③ 나트륨　　④ 염소

해설 저온부식 : 황 성분이 많은 연료가 연소되어 아황산가스(SO_2)가 되고, 일부는 과잉공기와 반응하여 무수황산(SO_3)으로 된다. 이 무수황산은 다시 연소가스 중의 수증기(H_2O)와 반응하여 황산(H_2SO_4)이 되어 저온의 전열면 등에 응축되어 심한 부식을 일으키는 현상이다.
답 ①

27 연소가스의 성분 중 절탄기의 전열면을 부식시키는 성분은?

① 질소산화물(NO_2)
② 탄소산화물(CO_2)
③ 황산화물(SO_2)
④ 질소(N_2)

해설 외부부식의 종류 및 원인 성분

구분	발생장소	원인성분
고온부식	과열기	바나듐(V)
저온부식	절탄기, 공기예열기	황(S)

답 ③

28 점식(pitting)에 대한 설명으로 틀린 것은?

① 진행속도가 아주 느리다.
② 양극반응의 독특한 형태이다.
③ 스테인리스강에서 흔히 발생한다.
④ 재료 표면의 성분이 고르지 못한 곳에 발생하기 쉽다.

해설 공식(pitting) : 보일러수가 접하는 내면에 좁쌀알, 쌀알, 콩알 크기의 점 상태(點狀)로 생기는 부식으로 점식(點蝕) 또는 점형부식이라 한다. 부식의 진행속도가 빨라 위험성이 크며, 급수 중에 포함되어 있는 용존산소 때문에 발생한다.
답 ①

29 점식(pitting)에 대한 설명으로 틀린 것은?
① 전기화학적으로 일어나는 부식이다.
② 국부부식으로서 그 진행상태가 느리다.
③ 보호피막이 파괴되었거나 고열을 받은 수열면 부분에 발생되기 쉽다.
④ 수중 용존산소를 제거하면 점식 발생을 방지할 수 있다.

해설 점식(pitting)의 일반사항
㉮ 국부전지의 작용에 의해 발생 진행된다.
㉯ 점식의 직접원인은 용존산소이다.
㉰ 강면의 상태, 강면에 접촉하는 물의 성상, 강면에서 발생하는 응력의 유무 등의 조건도 발생 원인에 해당된다.
㉱ 보일러수에 포함된 용존산소를 제거하는 것이 점식방지에 가장 효과적인 방법이다.
㉲ 국부부식으로 부식의 진행속도가 빨라 위험성이 크다. **답** ②

30 보일러 내면의 상당히 넓은 범위에 걸쳐 거의 똑같이 생기는 상태의 부식으로 가장 적합한 것은?
① 국부 부식   ② 응력 부식
③ 틈 부식   ④ 전면 부식

해설 전면 부식 : 표면적이 넓은 부분 전체에 같은 모양으로 발생하는 부식을 말한다. **답** ④

31 증발관과 같이 열부하가 높은 관의 집중과열점 부근에서 수산화나트륨의 농도가 대단히 높아져 pH의 상승으로 부식이 심하게 일어나는 것을 무엇에 의한 부식이라고 하는가?
① 알칼리에 의한 부식
② 염화마그네슘에 의한 부식
③ 증기분해에 의한 부식
④ 산세척에 의한 부식

해설 알칼리 부식 : 수산화나트륨(NaOH) 성분이 증발관 등에 농축되어 있을 때 국부적인 과열이 발생하는 경우 pH의 상승으로 부식이 심하게 발생하는 현상이다. **답** ①

32 보일러 플랜트(boiler plant)에 발생하는 부식과 가장 거리가 먼 것은?
① 일반 부식
② 점식(pitting)
③ 알칼리 부식
④ 응력부식(전단부식)

해설 응력부식 : 인장응력이 작용하는 상태에서 부식환경이 되면 금속이 취성파괴가 일어나는 현상으로 연강으로 제조된 가성소다 저장탱크 등에서 발생하기 쉽다. **답** ④

33 운전 중인 보일러에 있어서 튜브 내면이 물처리 불량 때문에 부식이 발생한 경우 일반적인 원인을 열거한 것으로 관련이 없는 것은?
① 보일러 물의 pH 저하
② 용존 가스
③ 질소 가스
④ 보일러 물속의 알칼리도의 상승

해설 질소 가스는 급수처리 불량에 의한 부식 원인과 직접적인 관계가 없는 항목이다. **답** ③

34 부식의 종류 중 균열을 동반하는 부식에 속하는 것은?
① 점식   ② 틈새 부식
③ 수소취화   ④ 탈성분 부식

해설 수소취화 : 수소에 의하여 재료가 취화되어 균열이 발생하는 현상으로 인장응력이 작용하면 응력부식 균열로 나타난다. **답** ③

35 고온부식의 방지대책이 아닌 것은?
① 중유 중의 황 성분을 제거한다.
② 연소가스의 온도를 낮게 한다.
③ 고온의 전열면에 내식재료를 사용한다.
④ 연료에 첨가제를 사용하여 바나듐의 융점을 높인다.

해설 고온부식 방지대책
- ㉮ 연료를 전처리하여 바나듐 성분을 제거할 것
- ㉯ 전열면의 온도가 높아지지 않도록 설계할 것(연소가스의 온도를 낮게 한다.)
- ㉰ 전열면의 표면에 보호피막 형성 또는 내식성 재료를 사용한다.
- ㉱ 연료에 첨가제를 사용하여 바나듐의 융점을 높인다.
- ㉲ 부착물의 성상을 바꾸어 전열면에 부착하지 못하도록 한다.
- ※ 중유 중의 황 성분을 제거하는 것은 저온부식 방지대책에 해당된다. **답** ①

36 보일러에서 발생하는 저온부식의 방지방법이 아닌 것은?

① 연료 중의 황 성분을 제거한다.
② 배기가스의 온도를 노점온도 이하로 유지한다.
③ 과잉공기를 적게 하여 배기가스 중의 산소를 감소시킨다.
④ 저온의 전열면 표면에 내식재료를 사용한다.

해설 저온부식 방지 대책
- ㉮ 연료 중의 황분(S)을 제거한다.
- ㉯ 연료에 첨가제를 사용하여 노점온도를 낮춘다.
- ㉰ 무수황산을 다른 생성물로 변경시킨다.
- ㉱ 배기가스의 온도를 노점온도 이상으로 유지한다.
- ㉲ 배기가스 온도가 황산증기의 노점까지 저하되기 전에 배출시킨다.
- ㉳ 연료가 완전연소할 수 있도록 연소방법을 개선한다.
- ㉴ 과잉공기를 적게 하여 배기가스 중의 산소를 감소시킨다.
- ㉵ 전열면 표면에 내식재료를 사용한다. **답** ②

37 열사용 설비는 많은 전열면을 가지고 있는데 이러한 전열면이 오손되면 전열량이 감소하고 또 열 설비의 손상을 초래한다. 이에 대한 방지대책으로 틀린 것은?

① 황분이 적은 연료를 사용하여 저온부식을 방지한다.
② 첨가제를 사용하여 배기가스의 노점을 상승시킨다.
③ 과잉공기를 적게 하여 저공기비 연소를 시킨다.
④ 내식성이 강한 재료를 사용한다.

해설 연료에 첨가제를 사용하여 배기가스의 노점온도를 낮춰 저온부식을 방지한다. **답** ②

38 보일러 사용 중 이상 감수(저수위사고)의 원인으로 가장 거리가 먼 것은?

① 급수펌프가 고장이 났을 때
② 수면계의 연락관이 막혀 수위를 모를 때
③ 증기의 발생량이 많을 때
④ 방출콕 또는 분출장치에서 누설이 될 때

해설 이상 저수위 원인
- ㉮ 급수장치의 능력 및 기능저하
- ㉯ 급수탱크 내 수량이 부족한 경우 및 급수온도가 너무 높은 경우
- ㉰ 수면계의 지시 불량으로 수위를 오판한 경우
- ㉱ 수위제어장치의 기능 불량
- ㉲ 분출장치 및 보일러 연결부에서 누출이 되는 경우
- ㉳ 급수밸브나 급수 체크밸브의 고장 등으로 보일러수가 역류한 경우
- ㉴ 증기 취출량이 과대한 경우
- ㉵ 캐리오버 등으로 보일러수가 증기와 함께 취출되는 경우 **답** ③

39 보일러 본체가 과열되는 원인이 아닌 것은?

① 보일러 동 내부에 스케일이 부착한 경우
② 안전수위 이상으로 급수한 경우
③ 국부적으로 심하게 복사열을 받는 경우
④ 보일러수의 순환이 좋지 않은 경우

해설 과열의 원인
- ㉮ 보일러 내에 스케일이 부착한 경우
- ㉯ 보일러 내에 유지분이 부착한 경우
- ㉰ 보일러 수의 순환이 좋지 않은 경우
- ㉱ 다량의 불순물로 인한 보일러수의 농축
- ㉲ 국부적으로 심하게 복사열을 받는 경우
- ㉳ 보일러수위의 이상저수위
- ㉴ 증기기포의 이탈이 나쁜 곳이 있는 경우 **답** ②

제3장 | 안전관리

40 보일러의 과열 방지 대책으로 가장 거리가 먼 것은?
① 보일러의 수위를 너무 높게 하지 말 것
② 고열부분에 스케일 슬러지를 부착시키지 말 것
③ 보일러 수를 농축하지 말 것
④ 보일러 수의 순환을 좋게 할 것

해설 과열방지 대책
① 적정 보일러수위를 유지한다.
② 동 내면에 스케일 생성을 방지하고 고착되지 않도록 한다.
③ 보일러 수가 농축되지 않도록 하고, 순환을 교란시키지 않도록 한다.
④ 전열면에 국부적인 과열을 방지한다.
⑤ 연소실 열부하가 너무 높지 않도록 한다. **답** ①

41 보일러가 급수 부족으로 과열되었을 때의 조치로 가장 적합한 것은?
① 급속히 급수하여 냉각시킨다.
② 연도 댐퍼를 닫고, 증기를 취출한다.
③ 연소를 중지하고, 서서히 냉각시킨다.
④ 소량의 연료 및 연소용 공기를 계속 공급한다.

해설 급수 부족에 의한 저수위로 인하여 보일러가 과열되었을 때 연소를 중지하고, 서서히 냉각시킨다. **답** ③

42 보일러 연소가스 폭발의 가장 큰 원인은?
① 중유가 불완전연소할 때
② 저수위로 보일러를 운전할 때
③ 증기의 압력이 지나치게 높을 때
④ 연소실 내에 미연소가스가 차 있을 때

해설 노 내 가스폭발의 원인
㉠ 불완전연소로 연소실 내에 미연소가스가 차 있는 경우
㉡ 연소정지 중에 연료가 노 내에 유입된 경우
㉢ 연도의 굴곡이 심한 경우 및 너무 긴 경우
㉣ 점화조작에 실패한 경우
㉤ 연소 중에 실화가 되었을 때
㉥ 노 내에 다량의 그을음이 쌓여 있는 경우
㉦ 연도가 낮아서 습기가 잘 생기는 경우 **답** ④

43 보일러를 점화하기 전에 역화와 폭발을 방지하기 위하여 다음 중 가장 먼저 취해야 할 조치는?
① 포스트 퍼지를 실시한다.
② 화력의 상승속도를 빠르게 한다.
③ 댐퍼를 열고 체류가스를 배출시킨다.
④ 연료의 점화가 빨리 그리고 신속하게 전파되도록 한다.

해설 보일러 점화 전 노 내와 연도에 체류하는 미연소가스를 배출하는 프리 퍼지를 행하는 것이 역화와 폭발을 방지하기 위하여 가장 먼저 취하는 조치에 해당된다. **답** ③

44 보일러수의 이상증발 예방대책이 아닌 것은?
① 송기에 있어서 증기밸브를 빠르게 연다.
② 보일러수의 블로우 다운을 적절히 하여 보일러수의 농축을 막는다.
③ 보일러의 수위를 너무 높이지 않고 표준수위를 유지하도록 제어한다.
④ 보일러수의 유지분이나 불순물을 제거하고 청관제를 넣어 보일러수 처리를 한다.

해설 보일러수의 이상증발 예방대책
㉠ 증기 밸브를 급개하지 않는다.
㉡ 보일러수의 블로다운을 적절히 한다.
㉢ 보일러수의 급수처리를 엄격히 한다.
㉣ 보일러의 수위를 표준수위를 유지한다. **답** ①

45 보일러 부하의 급변으로 인하여 동 수면에서 작은 입자의 물방울이 증기와 혼입하여 튀어 오르는 현상을 무엇이라고 하는가?
① 캐리오버   ② 포밍
③ 프라이밍   ④ 피팅

해설 ㉠ 프라이밍(priming) 현상 : 급격한 증발현상으로 동수면에서 작은 입자의 물방울이 증기와 혼입하여 튀어 오르는 현상
㉡ 포밍(foaming) 현상 : 동저부에서 작은 기포들이 수면상으로 오르면서 물거품이 발생하여 수면에 달걀 모양의 기포가 덮이는 현상 **답** ③

46 캐리오버(carry-over)의 발생 원인으로 가장 거리가 먼 것은?

① 프라이밍 또는 포밍의 발생
② 보일러수의 농축
③ 밸브의 급개방
④ 저수위 운전

해설 캐리오버(carry-over) 현상의 발생원인
㉮ 보일러 관수의 농축
㉯ 유지분, 알칼리분, 부유물 함유
㉰ 주증기 밸브의 급격한 개방
㉱ 부하의 급격한 변화
㉲ 증기발생 속도가 빠를 때
㉳ 청관제 사용이 부적합
㉴ 보일러 수위가 높음　　　　　답 ④

47 프라이밍과 포밍의 발생 원인이 아닌 것은?

① 증기 부하가 적을 때
② 보일러수에 불순물, 유지분이 포함되어 있을 때
③ 수면과 증기 취출구와의 거리가 가까울 때
④ 주증기 밸브를 급히 열었을 때

해설 증기 부하의 급격한 변화 및 부하가 많을 때 프라이밍, 포밍이 발생될 수 있다.　답 ①

48 보일러 운전 중에 발생하는 기수공발(carry over)현상의 발생 원인이 아닌 것은?

① 인산나트륨이 많을 때
② 증발수 면적이 넓을 때
③ 증기 정지밸브를 급히 개방했을 때
④ 보일러 내의 수면이 비정상적으로 높을 때

해설 증발수 면적이 작을 때 기수공발(carry over)현상이 발생한다.　답 ②

49 포밍과 프라이밍이 발생하였을 때 나타나는 현상이 아닌 것은?

① 캐리오버 현상이 발생한다.
② 수격작용이 발생할 수 있다.
③ 수면계의 수위 확인이 곤란하다.
④ 수위가 급히 올라가고 고수위 사고의 위험이 있다.

해설 포밍과 프라이밍 발생 나타나는 현상
㉮ 수위 오인으로 저수위 사고
㉯ 계기류 연락관의 막힘
㉰ 송기되는 증기의 불순
㉱ 증기의 열량 감소
㉲ 배관의 부식 초래
㉳ 캐리오버 현상과 수격작용 발생　답 ④

50 프라이밍 및 포밍이 발생한 경우 조치 방법으로 틀린 것은?

① 압력을 규정압력으로 유지한다.
② 보일러수의 일부를 분출하고 새로운 물을 넣는다.
③ 증기밸브를 열고 수면계의 수위 안정을 기다린다.
④ 안전밸브, 수면계의 시험과 압력계 연락관을 취출하여 본다.

해설 프라이밍, 포밍 발생 시 조치 사항
㉮ 연료를 차단한다.(줄인다)
㉯ 공기를 차단한다.(줄인다)
㉰ 주증기 밸브를 닫고, 수위를 안정시킨다.
㉱ 급수 및 분출작업 반복한다.
㉲ 계기류를 점검한다.
㉳ 규정압력을 유지시킨다.　답 ③

51 보일러에서 발생할 수 있는 워터 해머링(수격작용)의 원인으로 가장 거리가 먼 것은?

① 수위가 낮기 때문에
② 증기 밸브를 급히 열었기 때문에
③ 보일러수가 농축되었기 때문에
④ 증기관이 보온되지 않아 냉각되었기 때문에

해설 수격작용 발생원인
㉮ 기수공발(carry over) 현상 발생 시
㉯ 주증기 밸브를 급개(急開)할 때
㉰ 배관에서의 손실열량이 과대할 때
㉱ 배관 구배(기울기) 선정이 잘못되었을 때
㉲ 부하변동이 심할 때　　　　　답 ①

52 보일러 수격작용의 방지법이 틀린 것은?

① 응축수가 고이는 곳에 트랩을 설치한다.
② 증기관을 경사지게 설치한다.
③ 증기관의 보온을 잘한다.
④ 주증기 밸브를 열 때는 신속히 개방한다.

해설 수격작용(water hammer) 방지법
① 기수공발(carry over) 현상 발생을 방지할 것
② 주증기 밸브를 서서히 개방할 것
③ 증기배관의 보온을 철저히 할 것
④ 응축수가 체류하는 곳에 증기트랩을 설치할 것
⑤ 드레인 빼기를 철저히 할 것
⑥ 송기 전에 소량의 증기로 배관을 예열할 것
→ 난관(暖管)조작 **답** ④

53 기름연소장치의 점화에 있어서 점화불량의 원인으로 가장 거리가 먼 것은?

① 연료 배관 속에 물이나 슬러지가 들어갔다.
② 점화용 트랜스의 전기 스파크가 일어나지 않는다.
③ 송풍기 풍압이 낮고 공연비가 부적당하다.
④ 연도가 너무 습하거나 건조하다.

해설 점화 불량의 원인
㉮ 연료가 분사되지 않는 경우
㉯ 배관 속에 물, 슬러지가 유입된 경우
㉰ 댐퍼 작동 불량 및 공기비 조정 불량
㉱ 연료의 온도가 너무 높거나 낮은 경우
㉲ 연료의 점도가 너무 높은 경우
㉳ 버너 유압이 맞지 않는 경우
㉴ 버너 노즐이 폐쇄된 경우
㉵ 1차 공기압력이 과대한 경우
㉶ 점화 전극의 클리어런스가 맞지 않을 때
㉷ 점화용 트랜스의 전기 스파크 불량 **답** ④

54 가마울림 현상의 방지 대책이 아닌 것은?

① 2차 공기의 가열, 통풍 조절을 개선한다.
② 연소실과 연도를 개조한다.
③ 수분이 많은 연료를 사용한다.
④ 연소실 내에서 완전연소 시킨다.

해설 가마울림 현상 방지 대책
㉮ 연료 속에 함유된 수분이나 공기는 제거한다.
㉯ 연료량과 공급되는 공기량의 밸런스를 맞춘다.
㉰ 무리한 연소와 연소량의 급격한 변동은 피한다.
㉱ 연도의 단면이 급격히 변화하지 않도록 한다.
㉲ 노 내와 연도 내에 불필요한 공기가 누입되지 않도록 한다.
㉳ 2차 연소를 방지한다.
㉴ 2차 공기를 가열하여 통풍조절을 적정하게 한다.
㉵ 연소실 내에서 완전연소시킨다.
㉶ 연소실이나 연도를 연소가스가 원활하게 흐르도록 개량한다. **답** ③

55 보일러에서 가연성가스와 미연소 가스가 노 내에 발생하는 경우가 아닌 것은?

① 연도가 너무 짧은 경우
② 점화조작에 실패한 경우
③ 노 내에 다량의 그을림이 쌓여 있는 경우
④ 연소정지 중에 연료가 노 내에 스며든 경우

해설 가연성가스와 미연소 가스가 노 내에 발생하는 경우
㉮ 심한 불완전연소가 되는 경우
㉯ 점화조작에 실패한 경우
㉰ 연소 중에 갑자기 실화가 되었을 때 즉시 연료공급을 중단하지 않은 경우
㉱ 연소정지 중에 연료가 노 내에 스며든 경우
㉲ 노 내에 다량의 그을음이 쌓여 있는 경우
㉳ 소정의 안전 저연소율보다 부하를 낮추어서 연소시킨 경우 **답** ①

56 역화의 원인이 아닌 것은?

① 흡입통풍이 부족한 경우
② 연료의 양이 부족한 경우
③ 연료밸브를 급히 열었을 경우
④ 점화 시 착화가 늦어졌을 경우

해설 보일러 유류 연소장치 역화의 원인
㉮ 프리 퍼지가 불충분한 경우
㉯ 점화 시 착화시간이 지연된 경우
㉰ 댐퍼의 개도가 너무 적은 경우
㉱ 공기보다 연료가 먼저 공급된 경우
㉲ 연료의 인화점이 낮은 경우

㉯ 통풍압력이 부적합한 경우(압입통풍의 경우 너무 강한 경우, 흡입 통풍의 경우 부족한 경우)
㉰ 유압이 과대하게 공급되는 경우
㉱ 연료에 수분 등 불순물이 많은 경우 및 공기가 포함되어 있는 경우 **답 ②**

57 보일러 운전 중 역화방지 대책에 대한 설명으로 옳은 것은?

① 점화 시 착화는 천천히 한다.
② 노 내에 연료를 우선 공급한 후 공기를 공급한다.
③ 점화 시 댐퍼를 닫고 미연소 가스를 배출시킨 뒤 점화한다.
④ 실화 시 재점화할 때는 노 내를 충분히 환기시킨 후 점화한다.

해설 역화방지 대책
㉮ 프리 퍼지, 포스트 퍼지를 충분히 한다.
㉯ 점화 시 착화시간이 지연되지 않게 한다.
㉰ 연도 댐퍼를 연다.
㉱ 공기보다 연료가 먼저 공급되지 않게 한다.
㉲ 1차 공기압력을 적절히 유지한다.
㉳ 유압이 높지 않게 유지한다. **답 ④**

58 보일러의 일상점검 계획에 해당하지 않는 것은?

① 급수배관 점검
② 압력계 상태 점검
③ 자동제어장치 점검
④ 연료의 수요량 점검

해설 보일러의 일상점검 항목(계획)
㉮ 보일러 본체 : 압력계, 수면계, 급수경보장치, 주증기 밸브, 블로다운 밸브, 안전밸브 상태 점검
㉯ 연소계통 : 연료 유량계, 버너, 예열기, 여과기, 송풍기 상태점검
㉰ 급수계통 : 배기, 수처리 장치, 약액주입장치, 급수펌프, 급수유량계, 급수여과기 상태 점검
㉱ 기타 : 주변 정리정돈, 보일러실 환기, 보일러수 분출상태, 청소구 및 맨홀 등으로부터 누출 상태 점검 **답 ④**

59 신설 보일러의 가동 전 준비사항에 대한 설명으로 틀린 것은?

① 공구나 기타 물건이 동체 내부에 남아 있는지 반드시 확인한다.
② 기수분리기나 부속품의 부착상태를 확인한다.
③ 신설 보일러에 대해서는 가급적 가열건조를 시키지 않고 자연건조(1주 이상)를 시킨다.
④ 제작 시 내부에 부착한 페인트, 유지, 녹 등을 제거하기 위해 내면을 소다 끓이기 등을 통하여 제거한다.

해설 노벽 및 내화재 건조 상태 점검 : 자연건조 시에는 10~15일 정도, 화염에 의한 건조 시에는 약한 불로 72시간 정도 건조시킨다. **답 ③**

60 신설 보일러의 소다 끓이기(soda boiling) 작업 시 사용할 수 있는 약품으로 가장 거리가 먼 것은?

① 염화나트륨   ② 탄산나트륨
③ 수산화나트륨   ④ 제3인산나트륨

해설 소다 끓이기(soda boiling) 약액 :
제3 인산나트륨(Na_3PO_4), 탄산나트륨(Na_2CO_3), 수산화나트륨(NaOH 가성소다) **답 ①**

61 사용 중인 보일러의 점화 전 준비사항과 가장 거리가 먼 것은?

① 수면계의 수위를 확인한다.
② 압력계의 지시압력 감시 등 증기압력을 관리한다.
③ 미연소 가스의 배출을 위해 댐퍼를 완전히 열고 노와 연도 내를 충분히 통풍시킨다.
④ 연료, 연소장치를 점검한다.

해설 사용 중인 보일러 점화전 준비사항
㉮ 수면계 수위를 점검한다.
㉯ 수면계, 압력계 및 각종 계기류와 자동제어장치를

점검한다.
㉰ 연료 계통 및 급수 계통을 점검한다.
㉱ 중유 연소의 경우 연료 펌프 및 유예열기를 작동시킨다.
㉲ 각 밸브의 개폐 상태를 확인 점검한다.
㉳ 댐퍼를 완전히 개방하고 프리 퍼지를 행한다.

답 ②

62 보일러를 점화하기 전에 역화와 폭발을 방지하기 위하여 가장 먼저 취해야 할 조치는?

① 포스트 퍼지를 실시한다.
② 화력의 상승속도를 빠르게 한다.
③ 댐퍼를 열고 체류가스를 배출시킨다.
④ 연료의 점화가 신속하게 이루어지도록 한다.

해설 연소실 및 연도 내의 잔류가스를 배출하기 위하여 연도의 각 댐퍼를 전부 개방하고 체류 가스를 배출시키는 프리 퍼지를 행한다.

답 ③

63 연소 시 점화 전에 연소실 가스를 몰아내는 환기를 무엇이라 하는가?

① 프리 퍼지   ② 가압 퍼지
③ 불착화 퍼지 ④ 포스트 퍼지

해설 가스 배출작업
㉮ 프리 퍼지(pre-purge) : 보일러를 가동하기 전에 노 내와 연도에 체류하고 있는 가연성 가스를 배출시키는 작업
㉯ 포스트 퍼지(post-purge) : 보일러 운전이 끝난 후, 노 내와 연도에 체류하고 있는 가연성 가스를 배출시키는 작업

답 ①

64 보일러 점화조작 시 주의사항으로 틀린 것은?

① 연료가스의 유출속도가 너무 늦으면 실화 등이 일어나고 너무 빠르면 역화가 발생한다.
② 연소실의 온도가 낮으면 연료의 확산이 불량해지며 착화가 잘 안 된다.
③ 연료의 예열온도가 너무 낮으면 무화불량의 원인이 된다.
④ 유압이 낮으면 점화 및 분사가 불량하고 높으면 그을음이 축적된다.

해설 보일러 점화조작 시 주의사항 : ②, ③, ④ 외
㉮ 연료가스의 유출속도가 너무 빠르면 실화 등이 일어나고, 너무 늦으면 역화가 발생한다.
㉯ 연료의 예열온도가 너무 높으면 기름이 분해되고, 분사각도가 흐트러져 분무상태가 불량해지며, 탄화물이 생성된다.
㉰ 무화용 매체가 과다하면 연소실 온도가 떨어지고 점화가 불량해지고 과소일 경우는 불꽃이 발생하고 역화 발생의 원인이 된다.
㉱ 프리 퍼지 시간(30초~3분 정도)이 너무 길면 연소실의 냉각을 초래하고 너무 짧으면 역화를 일으킨다.

답 ①

65 보일러에서 증기를 송기할 때의 조작방법으로 틀린 것은?

① 증기 헤더의 드레인 밸브를 열어 응축수를 배출한다.
② 주증기관 내에 관을 따뜻하게 하기 위해 다량의 증기를 급격히 보낸다.
③ 주증기 밸브의 열림 정도를 단계적으로 한다.
④ 주증기 밸브를 완전히 연 다음 약간 되돌려 놓는다.

해설 증기를 송기할 때의 주의사항(조작방법)
㉮ 캐리오버, 수격작용이 발생하지 않도록 한다.
㉯ 송기하기 전 주증기 밸브 등의 드레인을 제거한다.
㉰ 주증기관 내에 소량의 증기를 보내어 관을 따뜻하게 예열한다.
㉱ 주증기 밸브는 3분 이상 단계적으로 서서히 개방하여 완전히 열었다가 다시 조금 되돌려 놓는다.
㉲ 항상 일정한 압력을 유지하고, 부하 측의 압력이 정상적으로 유지되고 있는지 확인한다.
㉳ 연소상태를 확인하여 정상적인 연소가 이루어지도록 한다.

답 ②

66 보일러 운전 정지 시 주의사항으로 틀린 것은?

① 작업종료 시까지 증기의 필요량을 남긴 채 운전을 정지한다.
② 벽돌 쌓은 부분이 많은 보일러는 압력 상승 방지를 위해 급히 증기 밸브를 닫는다.
③ 보일러의 압력을 급히 내리거나 벽돌 등을 급냉시키지 않는다.
④ 보일러 수는 정상수위보다 약간 높게 급수하고, 급수 후 증기 밸브를 닫고, 증기관의 드레인 밸브를 열어 놓는다.

해설 보일러 운전 정지 시 주의사항
㉠ 증기의 사용처와 미리 연락을 하여 작업종료 시까지 필요한 증기를 남겨놓고 운전을 정지한다.
㉡ 벽돌 쌓은 부분이 많은 보일러는 벽돌의 여열로 압력이 상승하는 경우가 없는지 확인하고 주증기 밸브를 닫는다.
㉢ 보일러의 압력을 급히 내리거나 벽돌 등을 급냉시키지 않는다.
㉣ 보일러의 정상수위보다 높게 급수를 해 놓는다. 급수 후에는 급수밸브, 주증기 밸브를 닫고 주증기관 및 헤더의 드레인 밸브를 확실히 열어 놓는다.
㉤ 다른 보일러와 증기관이 연결되어 있는 경우에는 그 연결 밸브를 닫는다. 답 ②

Engineer
Energy Management

에너지관리기사필기
과년도문제
2021 ~ 2022

▶ 2022년 제3회 필기시험부터 기사 전 종목 필기시험이 CBT로 시행되어 문제가 공개되지 않고 있기 때문에 **과년도문제는 2022년 1,2회까지** 제공됩니다.

2021년 1회
에너지관리기사필기

1과목 - 연소공학

01 고체연료의 연소방법이 아닌 것은?
① 미분탄 연소 ② 유동층 연소
③ 화격자 연소 ④ 액중 연소

해설▶ 고체연료(석탄)의 연소방식 : 화격자 연소방식, 미분탄 연소방식, 유동층 연소방식 답 ④

02 다음 연료 중 저위발열량이 가장 높은 것은?
① 가솔린 ② 등유
③ 경유   ④ 중유

해설▶ 각 연료의 저위발열량

구 분	저위발열량 [MJ/kg]
가솔린	약 47.7
등 유	약 46 내외
경 유	약 46 내외
중 유	약 44 내외

답 ①

03 고체연료를 사용하는 어떤 열기관의 출력이 3000[kW]이고 연료소비율이 1400[kg/h]일 때 이 열기관의 열효율은 약 몇 [%]인가? (단, 이 고체연료의 저위발열량은 28[MJ/kg] 이다.)
① 28 ② 38
③ 48 ④ 58

해설▶ ㉮ 1[kW]는 3600[kJ/h]이므로 3.6[MJ/h]에 해당된다.
㉯ 열기관 열효율 계산
$$\therefore \eta = \frac{유효하게\ 사용된\ 열량}{공급열량} \times 100$$
$$= \frac{3000 \times 3.6}{1400 \times 28} \times 100$$
$$= 27.551[\%]$$
답 ①

04 연소가스 분석결과가 CO_2 13 [%], O_2 8 [%], CO 0[%]일 때 공기비는 약 얼마인가? (단, $(CO_2)max$는 21[%]이다.)
① 1.22 ② 1.43
③ 1.62 ④ 1.82

해설▶ $m = \frac{[CO_2]max}{CO_2} = \frac{21}{13} = 1.615$ 답 ③

05 연소가스 중의 질소산화물 생성을 억제하기 위한 방법으로 틀린 것은?
① 2단 연소
② 고온 연소
③ 농담 연소
④ 배기가스 재순환 연소

해설▶ 질소산화물 생성을 억제하는 방법
㉮ 저공기비로 연소한다.
㉯ 열부하를 감소시킨다.
㉰ 공기온도를 저하시킨다.
㉱ 2단 연소법을 사용한다.
㉲ 배기가스를 재순환시킨다.
㉳ 물이나 증기를 분사한다.
㉴ 저NOx 버너를 사용한다.
㉵ 연료를 전처리하여 사용한다.
※ 농담 연소(濃淡 燃燒) : 공기 및 연료의 과잉버너를 사용함으로써 질소산화물(NOx)의 생성을 억제하는 연소방법으로 2단 연소와 같은 효과를 내며, 질소산화물(NOx) 감소에 유효하다. 답 ②

06 C_8H_{18} 1 [mol]을 공기비 2로 연소시킬 때 연소가스 중 산소의 몰분율은?
① 0.065 ② 0.073
③ 0.086 ④ 0.101

해설▶ ㉮ 옥탄(C_8H_{18})의 완전연소 반응식
$C_8H_{18} + 12.5O_2 + (N_2) + B \rightarrow 8CO_2 + 9H_2O + (N_2) + B$
㉯ 옥탄 1몰[mol] 연소 시 산소는 12.5몰[mol]이 필요하고 과잉공기 100[%]는 연소가스로 배출되며,

이 중 산소는 12.5[mol]이 포함되어 있는 것이며 질소는 산소의 3.76배$\left(\frac{79}{21}\text{배}\right)$이다.

$\therefore$ 산소 몰분율 $= \dfrac{\text{산소몰수}}{\text{연소가스몰수}}$

$= \dfrac{12.5}{8+9+(12.5\times 3.76)+\left\{(2-1)\times\dfrac{12.5}{0.21}\right\}}$

$= 0.10119$ 　답 ④

07 메탄(CH₄)가스를 공기 중에 연소시키려 한다. CH₄의 저위발열량이 50000[kJ/kg]이라면 고위발열량은 약 몇 [kJ/kg]인가? (단, 물의 증발잠열은 2450[kJ/kg]으로 한다.)

① 51700　② 55500
③ 58600　④ 64200

해설 ㉮ 메탄(CH₄)의 완전연소 반응식
　　CH₄ + 2O₂ → CO + 2H₂O
㉯ 메탄 1[kg] 연소 시 발생되는 수증기량 계산
　(CH₄)　(H₂O)　(CH₄)　(H₂O)
　16[kg] : 2×18[kg] = 1[kg] : x[kg]
$\therefore x = \dfrac{1\times 2\times 18}{16} = 2.25[\text{kg}]$

㉰ 고위발열량 계산 : 메탄 연소 시 발생되는 수증기량과 증발잠열을 곱한 수치를 저위발열량에 더한 값이 고위발열량이 된다.
$\therefore H_h =$ 저위발열량 $+$ (증발잠열 $\times$ 수증기량)
$= 50000 + (2450 \times 2.25)$
$= 55512.5[\text{kJ/kg}]$ 　답 ②

08 연돌의 실제 통풍압이 35[mmH₂O], 송풍기의 효율은 70[%], 연소가스량이 200[m³/min]일 때 송풍기의 소요 동력은 약 몇 [kW]인가?

① 0.84　② 1.15
③ 1.63　④ 2.21

해설 ㉮ 송풍기의 통풍압 35[mmH₂O]는 35[kgf/m²]과 같다.

㉯ 소요 동력[kW] 계산
$\therefore \text{kW} = \dfrac{PQ}{102\eta} = \dfrac{35\times 200}{102\times 0.7\times 60}$
$= 1.633[\text{kW}]$ 　답 ③

09 기체 연료의 장점이 아닌 것은?

① 연소조절이 용이하다.
② 운반과 저장이 용이하다.
③ 회분이나 매연이 적어 청결하다.
④ 적은 공기로 완전연소가 가능하다.

해설 기체연료의 특징
(1) 장점
　㉮ 연소효율이 높고 연소제어가 용이하다.
　㉯ 회분 및 황성분이 없어 전열면 오손이 없다.
　㉰ 적은 공기비로 완전연소가 가능하다.
　㉱ 저발열량의 연료로 고온을 얻을 수 있다.
　㉲ 완전연소가 가능하여 공해문제가 없다.
(2) 단점
　㉮ 저장 및 수송이 어렵다.
　㉯ 가격이 비싸고 시설비가 많이 소요된다.
　㉰ 누설 시 화재, 폭발의 위험이 크다. 　답 ②

10 질량비로 프로판 45[%], 공기 55[%]인 혼합가스가 있다. 프로판 가스의 발열량이 100 [MJ/Nm³]일 때 혼합가스의 발열량은 약 몇 [MJ/Nm³]인가? (단, 공기의 발열량은 무시한다.)

① 29　② 31
③ 33　④ 35

해설 ㉮ 혼합가스 1[kg]당 프로판(C₃H₈)과 공기의 체적 계산 : 프로판 1[kmol]의 질량은 44[kg], 공기 1[kmol]의 질량은 29[kg]이고 이때의 체적은 표준상태에서 각각 22.4[Nm³]이다.
− 프로판의 체적 계산
$\therefore 44[\text{kg}] : 22.4[\text{Nm}^3] = 1[\text{kg}]\times 0.45 : x[\text{Nm}^3]$
$\therefore x = \dfrac{1\times 0.45\times 22.4}{44} = 0.229[\text{Nm}^3]$
− 공기의 체적 계산
$\therefore 29[\text{kg}] : 22.4[\text{Nm}^3] = 1[\text{kg}]\times 0.55 : y[\text{Nm}^3]$
$\therefore y = \dfrac{1\times 0.55\times 22.4}{29} = 0.4248[\text{Nm}^3]$

㉯ 혼합가스 1[Nm³]당 프로판의 체적비율 계산

∴ 프로판의 체적비율 = $\dfrac{x}{x+y} \times 100$

= $\dfrac{0.229}{0.229+0.4248} \times 100$

= 35.026[%]

㉰ 혼합가스 1[Nm³]당 발열량 계산

∴ 발열량 = 프로판 발열량 × 프로판 체적비율
= 100 × 0.35026
= 35.026[MJ/Nm³]   **답 ④**

11 다음 중 중유의 성질에 대한 설명으로 옳은 것은?

① 점도에 따라 1, 2, 3급 중유로 구분한다.
② 원소 조성은 H가 가장 많다.
③ 비중은 약 0.72~0.76 정도이다.
④ 인화점은 약 60~150[℃] 정도이다.

해설 중유의 성질
㉮ 중유(heavy oil)는 비점이 300[℃] 이상인 갈색 또는 암갈색의 액체로 탄소(C)가 가장 많이 함유하고 있다.
㉯ 정제과정에 의한 분류 : 직류 중유, 분해 중유
㉰ 점도에 의한 분류 : A중유 < B중유 < C중유
㉱ 유황분 함량에 의한 분류 : A급(1호, 2호), B급, C급(1호, 2호, 3호, 4호)의 7종으로 구분
㉲ 비중 : 0.856~1
㉳ 인화점 : 약 60~150[℃] 정도   **답 ④**

12 연소에서 고온부식의 발생에 대한 설명으로 옳은 것은?

① 연료 중 황분의 산화에 의해서 일어난다.
② 연료 중 바나듐의 산화에 의해서 일어난다.
③ 연료 중 수소의 산화에 의해서 일어난다.
④ 연료의 연소 후 생기는 수분이 응축해서 일어난다.

해설 외부부식의 원인 성분
㉮ 고온부식 : 바나듐(V)
㉯ 저온부식 : 황(S)

참고 고온부식
중유를 연료로 하는 보일러에서 중유 중에 포함되어 있는 바나듐(V)이 연소용 공기 중의 산소와 반응하여 산화된 후 오산화바나듐(V_2O_5)으로 되어 고온 전열면에 부착하여 500[℃] 이상이 되면 그 부분을 부식시키는 현상이다.   **답 ②**

13 다음 연료 중 이론공기량[Nm³/Nm³]이 가장 큰 것은?

① 오일가스   ② 석탄가스
③ 액화석유가스   ④ 천연가스

해설 각 연료의 성분 및 완전 연소반응식
㉮ 오일가스 : 일반적으로 석유의 열분해에 의해 얻어지는 가스로 에틸렌(C_2H_4) 등 저급탄화수소가 주성분이다.
  ㉠ 에틸렌(C_2H_4) : $C_2H_4 + 3O_2 \rightarrow 2CO_2 + 2H_2O$
㉯ 석탄가스 : 석탄을 1000[℃] 내외로 건류할 때 얻어지는 가스로 메탄(CH_4)과 수소(H_2)가 주성분이다.
  ㉠ 메탄(CH_4) : $CH_4 + 2O_2 \rightarrow CO_2 + 2H_2O$
  ㉡ 수소(H_2) : $H_2 + \dfrac{1}{2}O_2 \rightarrow H_2O$
㉰ 액화석유가스(C_3H_8) :
  $C_3H_8 + 5O_2 \rightarrow 3CO_2 + 4H_2O$
㉱ 천연가스 : 메탄(CH_4)이 주성분이다.
∴ 완전 연소반응식에서 산소 몰수가 많은 것이 이론공기량을 많이 필요로 하는 것이다.   **답 ③**

14 연소 시 점화 전에 연소실 가스를 몰아내는 환기를 무엇이라 하는가?

① 프리 퍼지
② 가압 퍼지
③ 불착화 퍼지
④ 포스트 퍼지

해설 가스 배출작업
㉮ 프리 퍼지(pre-purge) : 보일러를 가동하기 전에 노 내와 연도에 체류하고 있는 가연성 가스를 배출시키는 작업
㉯ 포스트 퍼지(post-purge) : 보일러 운전이 끝난 후, 노 내와 연도에 체류하고 있는 가연성 가스를 배출시키는 작업   **답 ①**

15 다음 반응식을 가지고 CH_4의 생성 엔탈피를 구하면 약 몇 [kJ]인가?

$$C + O_2 \rightarrow CO_2 + 394 \text{ [kJ]}$$
$$H_2 + \frac{1}{2}O_2 \rightarrow H_2O + 241 \text{ [kJ]}$$
$$CH_4 + 2O_2 \rightarrow CO_2 + 2H_2O + 802 \text{ [kJ]}$$

① -66 ② -70
③ -74 ④ -78

해설 ㉮ 탄소(C), 수소(H_2), 메탄(CH_4)의 반응식에 주어진 열량은 발생열량이다. 각각의 발생열량은 생성열량과 절댓값이 같고 부호가 반대이고, 발생열량을 이용하여 계산한 값이 생성열량이다.
㉯ 메탄(CH_4)의 생성열량 계산 : 메탄의 완전연소 반응식을 이용하여 계산한다.

$$CH_4 + 2O_2 \rightarrow CO_2 + 2H_2O + Q\text{[kJ]}$$
$$\downarrow \quad\quad\quad \downarrow \quad\quad \downarrow \quad\quad \downarrow$$
$$802 \quad = 394 + (241 \times 2) + Q$$

∴ $Q = 802 - 394 - (241 \times 2) = -74$[kJ]
∴ 생성열량은 -74[kJ]이다. **답 ③**

---

16 다음 중 매연의 발생 원인으로 가장 거리가 먼 것은?

① 연소실 온도가 높을 때
② 연소장치가 불량한 때
③ 연료의 질이 나쁠 때
④ 통풍력이 부족할 때

해설 매연 발생의 원인
㉮ 통풍력이 과대, 과소할 때
㉯ 무리한 연소를 할 때
㉰ 연소실의 온도가 낮을 때
㉱ 연소실의 크기가 작을 때
㉲ 연료의 조성이 맞지 않을 때
㉳ 연소장치가 불량할 때
㉴ 운전 기술이 미숙할 때
㉵ 공기량이 부족하여 불완전 연소될 때 **답 ①**

---

17 가연성 액체에서 발생한 증기의 공기 중 농도가 연소범위 내에 있을 경우 불꽃을 접근시키면 불이 붙는데 이때 필요한 최저 온도를 무엇이라고 하는가?

① 기화온도 ② 인화온도
③ 착화온도 ④ 임계온도

해설 인화점 및 발화점(착화점)
㉮ 인화점(인화온도) : 가연물질이 공기 중에서 점화원에 의하여 연소를 시작하는 최저 온도이다.
㉯ 발화점(발화온도) : 가연물질이 공기 중에서 온도를 상승시킬 때 점화원 없이 스스로 연소를 시작하는 최저 온도로 착화점, 착화온도라 한다. **답 ②**

---

18 다음 기체 중 폭발범위가 가장 넓은 것은?

① 수소   ② 메탄
③ 벤젠   ④ 프로판

해설 각 기체의 공기 중에서 폭발범위

명 칭	폭발 범위
수소(H_2)	4~75[%]
메탄(CH_4)	5~15[%]
벤젠(C_6H_6)	1.4~7.1[%]
프로판(C_3H_8)	2.1~9.5[%]

답 ①

---

19 로터리 버너로 벙커 C유를 연소시킬 때 분무가 잘 되게 하기 위한 조치로서 가장 거리가 먼 것은?

① 점도를 낮추기 위하여 중유를 예열한다.
② 중유 중의 수분을 분리, 제거한다.
③ 버너 입구 배관부에 스트레이너를 설치한다.
④ 버너 입구의 오일 압력을 100[kPa] 이상으로 한다.

해설 로터리 버너(rotary burner : 회전식 버너)의 사용 유압은 30~50[kPa] 정도이다. **답 ④**

20 분자식이 C_mH_n인 탄화수소 1[Nm³]을 완전 연소시키는 데 필요한 이론공기량은 약 몇 [Nm³]인가? (단, C_mH_n의 m, n은 상수이다.)

① m + 0.25n ② 1.19m + 4.76n
③ 4m + 0.5n ④ 4.76m + 1.19n

해설 ㉮ 탄화수소(C_mH_n)의 완전연소 반응식

$$C_mH_n + \left(m + \frac{n}{4}\right)O_2 \to mCO_2 + \frac{n}{2}H_2O$$

㉯ 이론공기량(Nm³) 계산

$$\therefore A_0 = \frac{O_0}{0.21} = \frac{m + \frac{n}{4}}{0.21} = \frac{m}{0.21} + \frac{\frac{n}{4}}{0.21}$$

$$= \frac{m}{0.21} + \frac{n}{4 \times 0.21}$$

$$= 4.76m + 1.19n$$

답 ④

2과목 - 열역학

21 원통형 용기에 기체상수 0.529[kJ/kg·K]의 가스가 온도 15[℃]에서 압력 10[MPa]로 충전되어 있다. 이 가스를 대부분 사용한 후에 온도가 10[℃]로, 압력이 1[MPa]로 떨어졌다. 소비된 가스는 약 몇 [kg]인가? (단, 용기의 체적은 일정하며 가스는 이상기체로 가정하고, 초기상태에서 용기 내의 가스 질량은 20[kg]이다.)

① 12.5 ② 18.0
③ 23.7 ④ 29.0

해설 ㉮ 용기 체적 계산 : 충전된 조건을 갖고 이상기체 상태방정식 $PV = GRT$를 이용하여 체적 V를 구한다.

$$\therefore V = \frac{GRT}{P} = \frac{20 \times 0.529 \times (273 + 15)}{10 \times 1000}$$

$$= 0.304[m^3]$$

㉯ 용기 내 잔량 계산 : 사용 후의 조건을 갖고 이상기체 상태방정식 $PV = GRT$에서 질량 G를 구한다.

$$\therefore G = \frac{PV}{RT} = \frac{(1 \times 1000) \times 0.304}{0.529 \times (273 + 10)}$$

$$= 2.030[kg]$$

㉰ 소비된 가스량 계산

∴ 소비량 = 충전량 − 잔량
       = 20 − 2.03 = 17.97[kg]

답 ②

22 0[℃]의 물 1000[kg]을 24시간 동안에 0[℃]의 얼음으로 냉각하는 냉동능력은 약 몇 [kW]인가? (단, 얼음의 융해열은 335[kJ/kg]이다.)

① 2.15 ② 3.88
③ 14   ④ 14000

해설 1[kW] = 3600[kJ/h]에 해당된다.

$$\therefore 냉동능력[kW] = \frac{Q_2}{1[kW]당 [kJ]} = \frac{1000 \times 335}{3600 \times 24}$$

$$= 3.877[kW]$$

별해 1냉동톤[RT]은 0[℃] 물 1톤(1000[kg])을 0[℃] 얼음으로 만드는 데 1일 동안 제거하여야 할 열량으로 3320[kcal/h]에 해당되고, 1[kW]는 860[kcal/h]이다.

$$\therefore 냉동능력[kW] = \frac{제거열량[kcal/h]}{1[kW]당 열량[kcal]}$$

$$= \frac{3320}{860} = 3.86[kW]$$

답 ②

23 부피 500[L]인 탱크 내에 건도 0.95의 수증기가 압력 1600[kPa]로 들어 있다. 이 수증기의 질량은 약 몇 [kg]인가? (단, 이 압력에서 건포화증기의 비체적은 v_g=0.1237[m³/kg], 포화수의 비체적은 v_f=0.001[m³/kg]이다.)

① 4.83 ② 4.55
③ 4.25 ④ 3.26

해설 ㉮ 1600[kPa], 건도 0.95인 습포화증기의 비체적 계산

$$\therefore v = v_f + x(v_g - v_f)$$
$$= 0.001 + 0.95 \times (0.1237 - 0.001)$$
$$= 0.11756[m^3/kg]$$

㉰ 습포화증기의 실량 계산

$$\therefore G = \frac{V}{v} = \frac{500 \times 10^{-3}}{0.11756} = 4.253 [kg]$$ 🔲 ③

24 단열변화에서 압력, 부피, 온도를 각각 P, V, T로 나타낼 때, 항상 일정한 식은? (단, k는 비열비이다.)

① PV^{k-1} ② $TV^{\frac{1-k}{k}}$
③ TP^k ④ $TP^{\frac{1-k}{k}}$

해설 단열변화 과정은 등엔트로피 과정이므로 P, V, T의 관계는
PV^k = const (일정),
TV^{k-1} = const (일정),
$TP^{\frac{1-k}{k}}$ = const (일정)이 된다. 🔲 ④

25 오존층 파괴와 지구 온난화 문제로 인해 냉동장치에 사용하는 냉매의 선택에 있어서 주의를 요한다. 이와 관련하여 다음 중 오존파괴지수가 가장 큰 냉매는?

① R-134a ② R-123
③ 암모니아 ④ R-11

해설 ㉮ 오존파괴지수 : 한 화합물의 오존파괴 정도를 숫자로 표시한 것으로 삼염화불화탄소(CFCl₃)의 오존파괴 능력을 1로 보았을 때 상대적인 파괴능력을 나타내고 있다. 오존파괴지수 숫자가 클수록 오존파괴 정도가 크다는 의미이다.
㉯ 각 물질의 오존파괴지수

명칭	오존파괴지수
R-134a	0
R-123	0.02~0.06
암모니아	0
R-11	1.0

🔲 ④

26 다음 그림은 Rankine 사이클의 $h-s$ 선도이다. 등엔트로피 팽창과정을 나타내는 것은?

① 1 → 2
② 2 → 3
③ 3 → 4
④ 4 → 1

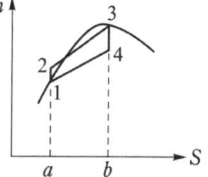

해설 Rankine 사이클의 $h-s$ 선도 각 과정
㉮ 1 → 2 과정 : 복수기에서 나오는 포화수를 펌프가 단열압축과정을 통하여 보일러로 급수한다.
㉯ 2 → 3 과정 : 펌프에서 압송된 급수를 보일러에서 정압상태로 가열하여 증기가 발생된다.
㉰ 3 → 4 과정 : 터빈에서 증기를 단열팽창하여 일을 하고 습증기가 된다.
㉱ 4 → 1 과정 : 터빈에서 배출된 습증기는 복수기에서 정압방열되어 포화수가 된다. 🔲 ③

27 이상기체의 내부에너지 변화 du를 옳게 나타낸 것은? (단, C_p는 정압비열, C_v는 정적비열, T는 온도이다.)

① $C_p dT$ ② $C_v dT$
③ $\dfrac{C_p}{C_v} dT$ ④ $C_v C_p dT$

해설 내부에너지 : 물체 내부에 저장되어 있는 에너지로 내부에너지 변화 $du = C_v dT$ 이다. 그러므로 내부에너지는 온도만의 함수이다. 🔲 ②

28 그림은 Carnot 냉동사이클을 나타낸 것이다. 이 냉동기의 성능계수를 옳게 표현한 것은?

①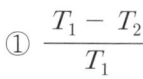
②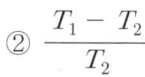
③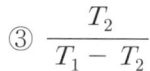
④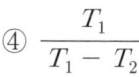

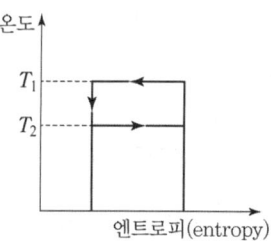

해설 $COP_R = \dfrac{Q_2}{W} = \dfrac{Q_2}{Q_1 - Q_2} = \dfrac{T_2}{T_1 - T_2}$ 답 ③

29 교축과정에서 일정한 값을 유지하는 것은?
① 압력 　　　　② 엔탈피
③ 비체적 　　　④ 엔트로피

해설 교축과정(throttling process)동안 온도와 압력은 감소하고, 엔탈피는 일정하고, 엔트로피는 증가한다.
답 ②

30 분자량이 16, 28, 32 및 44인 이상기체를 각각 같은 용적으로 혼합하였다. 이 혼합가스의 평균분자량은?
① 30 　　　　② 33
③ 35 　　　　④ 40

해설 ㉮ 4가지 이상기체가 각각 같은 용적으로 혼합하였으므로 체적비는 각각 25[%] 이다.
㉯ 혼합가스 평균분자량 계산 : 고유 분자량에 체적비를 곱한값을 합산한다.
∴ $M = (16 \times 0.25) + (28 \times 0.25)$
$\qquad + (32 \times 0.25) + (44 \times 0.25)$
$\quad = 30$
답 ①

31 초기조건이 100[kPa], 60[℃]인 공기를 정적과정을 통해 가열한 후 정압에서 냉각과정을 통하여 500[kPa], 60[℃]로 냉각할 때 이 과정에서 전체 열량의 변화는 약 몇 [kJ/kmol]인가? (단, 정적비열은 20[kJ/kmol·K], 정압비열은 28[kJ/kmol·K]이며, 이상기체로 가정한다.)
① -964 　　　　② -1964
③ -10656 　　　④ -20656

해설 (1) 정적(일정 부피)상태에서의 가열량 계산
㉮ 정적상태에서 가열한 후 온도 계산 : 정적상태에서 가열한 후 압력은 500[kPa]로 상승한 것이다.

$\dfrac{P_1 V_1}{T_1} = \dfrac{P_2 V_2}{T_2}$ 에서 $V_1 = V_2$ 이므로
∴ $T_2 = \dfrac{P_2 T_1}{P_1} = \dfrac{500 \times (273 + 60)}{100}$
$\quad = 1665[K]$
㉯ 가열량 계산
∴ $Q_1 = C_v(T_2 - T_1)$
$\quad = 20 \times \{1665 - (273 + 60)\}$
$\quad = 26640[kJ/kmol]$
(2) 정압(일정 압력)상태에서의 냉각열량 계산
∴ $Q_2 = C_p(T_2 - T_1)$
$\quad = 28 \times \{1665 - (273 + 60)\}$
$\quad = 37296[kJ/kmol]$
(3) 전체 열량 변화 계산
∴ $Q = Q_1 - Q_2 = 26640 - 37296$
$\quad = -10656[kJ/kmol]$
답 ③

32 피스톤이 장치된 실린더 안의 기체가 체적 V_1에서 V_2로 팽창할 때 피스톤에 해준 일은 $W = \displaystyle\int_{V_1}^{V_2} P dV$로 표시될 수 있다. 이 기체는 이 과정을 통하여 $PV^2 = C$(상수)의 관계를 만족시켜 준다면 W를 옳게 나타낸 것은?
① $P_1 V_1 - P_2 V_2$
② $P_2 V_2 - P_1 V_1$
③ $P_1 V_1^2 - P_2 V_2^2$
④ $P_2 V_2^2 - P_1 V_1^2$

해설 ㉮ $PV^2 = C$(상수)의 관계를 만족시켜 주는 것은 폴리트로픽 과정이고, 폴리트로픽 지수 $n = 2$이다.
㉯ $W = \displaystyle\int_{V_1}^{V_2} P dV$ 에서 절대일(팽창일) 계산
∴ $W_a = \dfrac{1}{n-1}(P_1 V_1 - P_2 V_2)$
$\quad = \dfrac{1}{2-1}(P_1 V_1 - P_2 V_2)$
$\quad = P_1 V_1 - P_2 V_2$
답 ①

33 다음 설명과 가장 관계되는 열역학 법칙은?

> - 열은 그 자신만으로는 저온의 물체로부터 고온의 물체로 이동할 수 없다.
> - 외부에 어떠한 영향을 남기지 않고 한 사이클 동안에 계가 열원으로부터 받은 열을 모두 일로 바꾸는 것은 불가능하다.

① 열역학 제0법칙 ② 열역학 제1법칙
③ 열역학 제2법칙 ④ 열역학 제3법칙

해설 열역학 제2법칙 : 열은 고온도의 물질로부터 저온도의 물질로 옮겨질 수 있지만, 그 자체는 저온도의 물질로부터 고온도의 물질로 옮겨갈 수 없다. 또 일이 열로 바뀌는 것은 쉽지만 반대로 열이 일로 바꾸는 것은 힘을 빌리지 않는 한 불가능한 일이다. 이와 같이 열역학 제2법칙은 에너지 변환의 방향성을 명시한 것으로 방향성의 법칙이라 한다. **답** ③

34 이상기체가 A상태(T_A, P_A)에서 B상태(T_B, P_B)로 변화하였다. 정압비열 C_p가 일정할 경우 비엔트로피의 변화 Δs를 옳게 나타낸 것은?

① $\Delta s = C_p \ln \dfrac{T_A}{T_B} + R \ln \dfrac{P_B}{P_A}$

② $\Delta s = C_p \ln \dfrac{T_B}{T_A} + R \ln \dfrac{P_B}{P_A}$

③ $\Delta s = C_p \ln \dfrac{T_A}{T_B} - R \ln \dfrac{P_B}{P_A}$

④ $\Delta s = C_p \ln \dfrac{T_B}{T_A} - R \ln \dfrac{P_B}{P_A}$

해설 T와 P의 함수로부터 엔트로피 변화량

$\Delta s = s_B - s_A = \int_A^B ds = C_p \ln \dfrac{T_B}{T_A} - R \ln \dfrac{P_B}{P_A}$ **답** ④

35 보일러에서 송풍기 입구의 공기가 15[℃], 100[kPa] 상태에서 공기예열기로 500 [m³/min]가 들어가 일정한 압력하에서 140[℃]까지 온도가 올라갔을 때 출구에서의 공기유량은 약 몇 [m³/min]인가? (단, 이상기체로 가정한다.)

① 617 ② 717
③ 817 ④ 917

해설 $\dfrac{P_1 V_1}{T_1} = \dfrac{P_2 V_2}{T_2}$ 에서 $P_1 = P_2$ 이다.

∴ $V_2 = \dfrac{T_2 \times V_1}{T_1} = \dfrac{(273+140) \times 500}{273+15}$

$= 717.013 [m^3/min]$ **답** ②

36 다음 그림은 물의 상평형도를 나타내고 있다. a~d에 대한 용어로 옳은 것은?

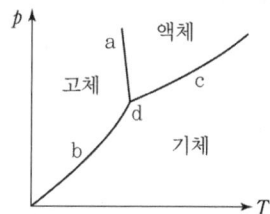

① a : 승화 곡선 ② b : 용융 곡선
③ c : 증발 곡선 ④ d : 임계점

해설 물의 압력-온도 선도
㉮ a : 용해(용융) 곡선
㉯ b : 승화 곡선
㉰ c : 증발 곡선
㉱ d : 삼중점

참고 삼중점 : 액체(물), 기체(수증기), 고체(얼음)가 공존하는 영역으로 물의 삼중점(평형온도)은 273.16K (0.01℃)이다. **답** ③

37 스로틀링(throttling) 밸브를 이용하여 Joule-Thomson 효과를 보고자 한다. 압력이 감소함에 따라 온도가 반드시 감소하게 되는 Joule-Thomson 계수 μ의 값으로 옳은 것은?

① $\mu = 0$ ② $\mu > 0$
③ $\mu < 0$ ④ $\mu \neq 0$

해설 줄-톰슨 계수(μ)
㉮ 0보다 크면($\mu > 0$) 온도가 강하한다.
㉯ 0보다 적으면($\mu < 0$) 온도가 상승한다.
㉰ 0과 같으면($\mu = 0$) 온도변화가 없다. 답 ②

38 터빈 입구에서의 내부에너지 및 엔탈피가 각각 3000[kJ/kg], 3300[kJ/kg]인 수증기가 압력이 100[kPa], 건도 0.9인 습증기로 터빈을 나간다. 이때 터빈의 출력은 약 몇 [kW]인가? (단, 발생되는 수증기의 질량 유량은 0.2[kg/s]이고, 입출구의 속도차와 위치에너지는 무시한다. 100[kPa]에서의 상태량은 아래 표와 같다.)

(단위 : [kJ/kg])	포화수	건포화증기
내부에너지 u	420	2510
엔탈피 h	420	2680

① 46.2 ② 93.6
③ 124.2 ④ 169.2

해설 ㉮ 터빈 출구에서의 습증기 엔탈피 계산
∴ $h_3 = h' + x(h'' - h')$
$= 420 + 0.9 \times (2680 - 420)$
$= 2454$[kJ/kg]
㉯ 터빈 출력 계산 : 1[kW] = 1[kJ/s]이다.
∴ $N_T = m$(터빈입구엔탈피-터빈출구엔탈피)
$= 0.2 \times (3300 - 2454)$
$= 169.2$[kW] 답 ④

39 오토 사이클의 열효율에 영향을 미치는 인자들만 모은 것은?
① 압축비, 비열비
② 압축비, 차단비
③ 차단비, 비열비
④ 압축비, 차단비, 비열비

해설 ㉮ 오토 사이클의 열효율 계산식
∴ $\eta = \left\{1 - \left(\dfrac{1}{\gamma}\right)^{k-1}\right\} \times 100$
㉯ 오토 사이클의 열효율에 영향을 미치는 인자는 압축비(γ)와 비열비(k) 이다. 답 ①

40 Rankine 사이클의 4개 과정으로 옳은 것은?
① 가역단열팽창 → 정압방열 → 가역단열압축 → 정압가열
② 가역단열팽창 → 가역단열압축 → 정압가열 → 정압방열
③ 정압가열 → 정압방열 → 가역단열압축 → 가역단열팽창
④ 정압방열 → 정압가열 → 가역단열압축 → 가역단열팽창

해설 랭킨 사이클 : 2개의 정압변화와 2개의 단열변화로 구성된 증기원동소의 이상 사이클로 단열팽창 – 정압냉각(방열) – 단열압축 – 정압가열과정으로 작동된다. 답 ①

3과목 - 계측방법

41 레이놀즈수를 나타내는 식으로 옳은 것은? (단, D는 관의 내경, μ는 유체의 점도, ρ는 유체의 밀도, U는 유체의 속도이다.)
① $\dfrac{D\mu U}{\rho}$ ② $\dfrac{DU\rho}{\mu}$
③ $\dfrac{D\mu\rho}{U}$ ④ $\dfrac{\mu\rho U}{D}$

해설 레이놀즈수(Reynolds number) : 실제유체의 유동에서 관성력과 점성력의 비로 나타내는 무차원수이다.
∴ $Re = \dfrac{\rho \cdot D \cdot U}{\mu} = \dfrac{D \cdot U}{\nu}$
$= \dfrac{4Q}{\pi \cdot D \cdot \nu} = \dfrac{4\rho \cdot Q}{\pi \cdot D \cdot \mu}$
여기서, Re : 레이놀즈수(Reynolds number)
ρ : 밀도[kg/m³]
D : 관 안지름[m]
U : 유속[m/s]
μ : 점도[kg/m·s]
ν : 동점성계수[m²/s]
Q : 유량[m³/s] 답 ②

42 복사온도계에서 전복사에너지는 절대온도의 몇 승에 비례하는가?
① 2 ② 3
③ 4 ④ 5

해설
㉮ 복사온도계의 측정원리 : 스테판-볼츠만법칙
㉯ 스테판-볼츠만 법칙 : 단위표면적당 복사되는 에너지는 절대온도의 4제곱에 비례한다. **답** ③

43 물리량과 SI 기본단위의 기호가 틀린 것은?
① 질량 : kg ② 온도 : ℃
③ 물질량 : mol ④ 광도 : cd

해설 기본단위의 종류

기본량	길이	질량	시간	전류	물질량	온도	광도
기본단위	m	kg	s	A	mol	K	cd

답 ②

44 단열식 열량계로 석탄 1.5[g]을 연소시켰더니 온도가 4[℃] 상승하였다. 통 내 물의 질량이 2000[g], 열량계의 물당량이 500[g]일 때 이 석탄의 발열량은 약 몇 [J/g]인가? (단, 물의 비열은 4.19[J/g·K]이다.)
① 2.23×10^4 ② 2.79×10^4
③ 4.19×10^4 ④ 6.98×10^4

해설
$$H_h = \frac{(\text{내통수량}+\text{수당량}) \times \text{내통수비열}}{\text{시료량}} \times \Delta t - \text{발열보정}$$
$$\times \frac{100}{100-\text{수분}(\%)}$$
$$= \frac{(2000+500) \times 4.19 \times 4}{1.5}$$
$$= 27933.333 = 2.79 \times 10^4 [J/g]$$ **답** ②

45 다음 중 유도단위 대상에 속하지 않는 것은?
① 비열 ② 압력
③ 습도 ④ 열량

해설 법정단위 : 계량에 관한 법률 제4조
㉮ 기본단위 : 국가표준기본법 제10조에 의한 길이 m(미터), 질량 kg(킬로그램), 시간 s(초), 전류 A(암페어), 온도 K(켈빈), 물질량 mol(몰), 광도 cd(칸델라)
㉯ 유도단위 : 기본단위의 조합 또는 기본단위 및 다른 유도단위의 조합에 의하여 형성되는 단위
㉰ 특수단위 : 특수한 계량의 용도에 쓰이는 단위
※ 습도는 특수단위에 해당됨 **답** ③

46 피드백 제어에 대한 설명으로 틀린 것은?
① 폐회로로 구성된다.
② 제어량에 대한 수정동작을 한다.
③ 미리 정해진 순서에 따라 순차적으로 제어한다.
④ 반드시 입력과 출력을 비교하는 장치가 필요하다.

해설 피드백 제어(feed back control) 특징
㉮ 되돌림 신호(피드백 신호)를 보내 수정동작을 하는 폐회로 방식이다.
㉯ 입력과 출력을 비교하는 장치가 반드시 필요하다.
㉰ 다른 제어계보다 정확도 및 제어폭이 증가된다.
㉱ 제어대상 특성이 다소 변하더라도 이것에 의한 영향을 제어할 수 있다.
㉲ 설비비가 고가이고, 고장 시 수리가 어렵다.
㉳ 운영하는 데 비교적 고도의 기술이 요구된다.
㉴ 다른 제어계보다 판단, 기억의 논리기능이 떨어진다.
㉵ 제어계에 일부 고장이 발생하면 전체 생산에 미치는 영향이 크다.
※ 미리 정해진 순서에 따라 순차적으로 제어하는 것은 시퀀스 제어이다. **답** ③

47 다음 그림과 같이 수은을 넣은 차압계를 이용하는 액면계에 있어 수은면의 높이차(h)가 50.0[mm]일 때 상부의 압력 취출구에서 탱크 내 액면까지의 높이(H)는 약 몇 [mm]인가? (단, 액의 밀도(ρ)는 999[kg/m³]이고, 수은의 밀도(ρ_0)는 13550[kg/m³]이다.)

① 578 ② 628
③ 678 ④ 728

해설
$$H = \frac{\rho_0 h}{\rho} - h$$
$$= \left(\frac{13550 \times 0.05}{999} \times 1000\right) - 50$$
$$= 628[mm]$$
답 ②

48 열전대 온도계에 대한 설명으로 옳은 것은?
① 흡습 등으로 열화된다.
② 밀도차를 이용한 것이다.
③ 자기가열에 주의해야 한다.
④ 온도에 대한 열기전력이 크며 내구성이 좋다.

해설 열전대 온도계의 특징
㉮ 고온 측정에 적합하다.
㉯ 냉접점이나 보상도선으로 인한 오차가 발생되기 쉽다.
㉰ 전원이 필요하지 않으며 원격지시 및 기록이 용이하다.
㉱ 온도계 사용한계에 주의하고, 영점보정을 하여야 한다.
㉲ 온도에 대한 열기전력이 크며 내구성이 좋다.
답 ④

49 아래 열교환기의 제어에 해당하는 제어의 종류로 옳은 것은?

유체의 온도를 제어하는 데 온도조절의 출력으로 열교환기에 유입되는 증기의 유량을 제어하는 유량조절기의 설정치를 조절한다.

① 추종제어 ② 프로그램제어
③ 정치제어 ④ 캐스케이드제어

해설 캐스케이드 제어 : 두 개의 제어계를 조합하여 제어량의 1차 조절계를 측정하고 그 조작 출력으로 2차 조절계의 목표값을 설정하는 방법으로 단일 루프제어에 비해 외란의 영향을 줄이고 계 전체의 지연을 적게 하는 데 유효하기 때문에 출력 측에 낭비시간이나 지연이 큰 프로세스제어에 이용되는 제어이다.
답 ④

50 다음 중 수분 흡수법에 의해 습도를 측정할 때 흡수제로 사용하기에 가장 적절하지 않은 것은?
① 오산화인 ② 피크린산
③ 실리카겔 ④ 황산

해설 수분 흡수법 : 습도를 측정하려고 하는 일정량의 공기를 흡수제에 수분을 흡수시켜 정량하는 방법으로 흡수제로는 황산, 염화칼슘, 실리카겔, 오산화인 등이 있다.
답 ②

51 저항온도계에 관한 설명 중 틀린 것은?
① 구리는 −200~500[℃]에서 사용한다.
② 시간지연이 적어 응답이 빠르다.
③ 저항선의 재료로는 저항온도계수가 크며, 화학적으로나 물리적으로 안정한 백금, 니켈 등을 쓴다.
④ 저항온도계는 금속의 가는 선을 절연물에 감아서 만든 측온저항체의 저항치를 재어서 온도를 측정한다.

해설 저항온도계의 종류 및 측정범위

종 류	측정범위
백금(Pt) 저항온도계	−200~500[℃]
니켈(Ni) 저항온도계	−50~150[℃]
동(Cu) 저항온도계	0~120[℃]
서미스터(thermistor)	−100~300[℃]

답 ①

52 가스크로마토그래피는 다음 중 어떤 원리를 응용한 것인가?
① 증발   ② 증류
③ 건조   ④ 흡착

해설 가스크로마토그래피의 측정원리 : 운반기체(carrier gas)의 유량을 조절하면서 측정하여야 할 시료기체를 도입부를 통하여 공급하면 운반기체와 시료기체가 분리관을 통과하는 동안 분리되어 시료의 각 성분의 흡수력 차이(시료의 확산속도)에 따라 성분의 분리가 일어나고 시료의 각 성분이 검출기에서 측정된다. **답** ④

53 직각으로 굽힌 유리관의 한쪽을 수면 바로 밑에 넣고 다른 쪽은 연직으로 세워 수평방향으로 0.5[m/s]의 속도로 움직이면 물은 관속에서 약 몇 [m] 상승하는가?

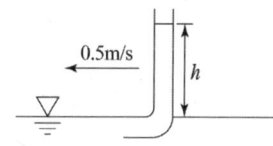

① 0.01   ② 0.02
③ 0.03   ④ 0.04

해설 $H = \dfrac{V^2}{2g} = \dfrac{0.5^2}{2 \times 9.8} = 0.0127[m]$ **답** ①

54 관로에 설치한 오리피스 전·후의 차압이 1.936[mmH$_2$O]일 때 유량이 22[m^3/h]이다. 차압이 1.024[mmH$_2$O]이면 유량은 몇 [m^3/h]인가?

① 15   ② 16
③ 17   ④ 18

해설 차압식 유량계에서 유량은 차압의 평방근에 비례한다.
$\therefore Q_2 = \sqrt{\dfrac{\Delta P_2}{\Delta P_1}} \times Q_1 = \sqrt{\dfrac{1.024}{1.936}} \times 22$
$= 16[m^3/h]$ **답** ②

55 다음 중 탄성 압력계에 속하는 것은?
① 침종 압력계
② 피스톤 압력계
③ U자관 압력계
④ 부르동관 압력계

해설 탄성식 압력계의 종류
부르동관식, 다이어프램식, 벨로즈식, 캡슐식 **답** ④

56 액주식 압력계에 사용되는 액체의 구비조건으로 틀린 것은?
① 온도변화에 의한 밀도 변화가 커야 한다.
② 액면은 항상 수평이 되어야 한다.
③ 점도와 팽창계수가 작아야 한다.
④ 모세관 현상이 적어야 한다.

해설 액주식 액체의 구비조건
㉮ 점성(점도)이 적을 것
㉯ 열팽창계수가 적을 것
㉰ 밀도변화가 적을 것
㉱ 모세관 현상 및 표면장력이 적을 것
㉲ 화학적으로 안정할 것
㉳ 휘발성 및 흡수성이 적을 것
㉴ 항상 액면은 수평을 만들고 높이를 정확히 읽을 수 있을 것 **답** ①

57 다음 중 가스분석 측정법이 아닌 것은?
① 오르사트법
② 적외선 흡수법
③ 플로 노즐법
④ 열전도율법

해설 가스분석 측정법 종류
㉮ 화학적 분석계 : 흡수분석법(오르사트법, 헴펠법, 게겔법), 자동화학식 CO$_2$계, 연소식 O$_2$계, 연소열법(미연소 가스계)
㉯ 물리적 분석계 : 가스크로마토그래피법, 열전도형 CO$_2$계, 밀도식 CO$_2$계, 자기식 O$_2$계, 세라믹 O$_2$계, 적외선 가스 분석계(적외선 흡수법)
※ 플로 노즐법은 차압식 유량계에 해당된다. **답** ③

58 액체의 팽창하는 성질을 이용하여 온도를 측정하는 것은?
① 수은 온도계
② 저항 온도계
③ 서미스터 온도계
④ 백금-로듐 열전대 온도계

해설 유리제 봉입식 온도계 : 모세관 내의 수은 및 알코올의 열팽창을 이용한 것으로 수은 온도계, 알코올 온도계, 베크만 온도계 등이 해당된다. **답** ①

59 전자유량계에 대한 설명으로 틀린 것은?
① 응답이 매우 빠르다.
② 제작 및 설치비용이 비싸다.
③ 고점도 액체는 측정이 어렵다.
④ 액체의 압력에 영향을 받지 않는다.

해설 전자 유량계의 특징
㉮ 측정원리는 패러데이 법칙(전자유도법칙)으로 도전성 액체에서 발생하는 기전력을 이용하여 순간 유량을 측정한다.
㉯ 측정관 내에 장애물이 없으며 압력손실이 거의 없다.
㉰ 액체의 온도, 압력, 밀도, 점도의 영향이 적으며 체적유량의 측정이 가능하다.
㉱ 유량계의 출력이 유량에 비례하며 응답이 매우 빠르다.
㉲ 관내에 적절한 라이닝 재질을 선정하면 슬러리나 부식성의 액체의 측정이 용이하다.
㉳ 가격이 고가이다. **답** ③

60 비례동작만 사용할 경우와 비교할 때 적분동작을 같이 사용하면 제거할 수 있는 문제로 옳은 것은?
① 오프셋
② 외란
③ 안정성
④ 빠른 응답

해설 적분동작(I동작 : integral action) : 제어량에 편차가 생겼을 때 편차의 적분차를 가감하여 조작단의 이동속도가 비례하는 동작으로 잔류편차(offset)가 남지 않는다. 진동하는 경향이 있어 제어의 안정성은 떨어진다. 유량제어나 관로의 압력제어와 같은 경우에 적합하다. **답** ①

4과목 - 열설비재료 및 관계법

61 용광로의 원료 중 코크스의 역할로 옳은 것은?
① 탈황작용
② 흡탄작용
③ 매용제(媒熔劑)
④ 탈산작용

해설 코크스의 역할
㉮ 선철을 제조하는 열원으로 사용
㉯ 연소 시 환원성 가스 생성에 의해서 광석을 가스 환원하는 동시에 직접 그 탄소에 의해서 광석을 환원 → 흡탄작용
㉰ 일부 탄소는 가스 상태로 선철 중에 흡수되어 선철 성분이 된다.
※ 08년 2회, 13년 4회에 동일한 문제가 출제되었고 이때의 최종정답은 ②번만 인정되었음
답 ②④

62 단조용 가열로에서 재료에 산화 스케일이 가장 많이 생기는 가열방식은?
① 반간접식
② 직화식
③ 무산화 가열방식
④ 급속 가열방식

해설 단조용 가열로 중 직화식(直火式)은 가열실 내에서 연소를 하는 방식으로 신속히 가열이 되어 연료소비량이 적어도 되지만 산화 스케일(scale)이 가장 많이 발생할 수 있다. **답** ②

63 에너지이용 합리화법령상 에너지사용계획을 수립하여 산업통상자원부장관에게 제출하여야 하는 공공사업주관자가 설치하려는 시설 기준으로 옳은 것은?
① 연간 1천 티오이 이상의 연료 및 열을 사용하는 시설
② 연간 2천 티오이 이상의 연료 및 열을 사용하는 시설
③ 연간 2천5백 티오이 이상의 연료 및 열을 사용하는 시설
④ 연간 1만 티오이 이상의 연료 및 열을 사용하는 시설

해설 에너지사용계획 제출대상사업 : 에너지이용 합리화법 시행령 제20조
(1) 공공사업주관자
  ㉮ 연간 2천5백 티오이 이상의 연료 및 열을 사용하는 시설
  ㉯ 연간 1천만 kWh 이상의 전력을 사용하는 시설
(2) 민간사업주관자
  ㉮ 연간 5천 티오이 이상의 연료 및 열을 사용하는 시설
  ㉯ 연간 2천만 kWh 이상의 전력을 사용하는 시설   **답** ③

64 고온용 무기질 보온재로서 석영을 녹여 만들며, 내약품성이 뛰어나고, 최고사용온도가 1100[℃] 정도인 것은?
① 유리섬유(glass wool)
② 석면(asbestos)
③ 펄라이트(pearlite)
④ 세라믹 파이버(ceramic fiber)

해설 세라믹 화이버(ceramic fiber) : 용융석영을 방사하여 제조하며 융점이 높고 내약품성이 우수하며 최고사용온도가 1100[℃] 정도인 고온용 무기질 보온재이다.   **답** ④

65 다음 중 전기로에 해당되지 않는 것은?
① 푸셔로   ② 아크로
③ 저항로   ④ 유도로

해설 전기로의 가열방식에 의한 분류 : 저항식, 아크식, 유도식   **답** ①

66 내화물의 분류방법으로 적합하지 않은 것은?
① 원료에 의한 분류
② 형상에 의한 분류
③ 내화도에 의한 분류
④ 열전도율에 의한 분류

해설 내화물의 분류
㉮ 원료의 종류에 의한 분류 : 규석질, 반규석질, 샤모트질, 마그네시아질, 알루미나질 등
㉯ 조성 광물에 의한 분류 : 뮬라이트, 실미나이트질
㉰ 화학조성에 의한 분류 : 산성 내화물, 중성 내화물, 염기성 내화물
㉱ 내화도에 의한 분류 : 저급(SK26~30), 중급(SK31~33), 고급(SK34 이상)
㉲ 용도에 의한 분류 : 전로용, 평로용, 전기로용, 천정용 등
㉳ 형상에 의한 분류 : 성형 내화물, 부정형 내화물
㉴ 가열 처리에 의한 분류 : 소성 내화물, 불소성 내화물, 용융 내화물   **답** ④

67 유체의 역류를 방지하여 한쪽 방향으로만 흐르게 하는 밸브로 리프트식과 스윙식으로 대별되는 것은?
① 회전밸브   ② 게이트밸브
③ 체크밸브   ④ 앵글밸브

해설 체크밸브(check valve) : 역류방지밸브라 하며 유체의 역류를 방지할 목적으로 사용되는 밸브로 리프트식과 스윙식으로 구별된다.   **답** ③

68 에너지이용 합리화법령에 따라 에너지절약전문기업의 등록이 취소된 에너지절약 전문기업은 원칙적으로 등록 취소일로부터 최소 얼마의 기간이 지나면 다시 등록을 할 수 있는가?
① 1년   ② 2년
③ 3년   ④ 5년

해설 에너지절약전문기업의 등록제한(에너지이용 합리화법 제27조) : 등록이 취소된 에너지절약 전문기업은 등록 취소일부터 2년이 지나지 아니하면 등록을 할 수 없다.   **답** ②

69 신재생에너지법령상 신·재생에너지 중 의무공급량이 지정되어 있는 에너지 종류는?
① 해양에너지   ② 지열에너지
③ 태양에너지   ④ 바이오에너지

해설 신·재생에너지 중 의무공급량이 지정된 에너지 종류(신재생 에너지법 시행령 별표4) : 태양에너지(태

양의 빛에너지를 변환시켜 전기를 생산하는 방식에 한정한다.) 답 ③

70 에너지이용 합리화법령에 따라 에너지다소비사업자에게 에너지손실요인의 개선명령을 할 수 있는 자는?

① 산업통상자원부장관
② 시·도지사
③ 한국에너지공단이사장
④ 에너지관리진단기관협회장

해설 개선명령(에너지이용 합리화법 제34조) : 산업통상자원부장관은 에너지관리지도 결과, 에너지가 손실되는 요인을 줄이기 위하여 필요하다고 인정하면 에너지다소비사업자에게 에너지손실요인의 개선을 명할 수 있다. 답 ①

71 연소가스(화염)의 진행방향에 따라 요로를 분류할 때 종류로 옳은 것은?

① 연속식 가마 ② 도염식 가마
③ 직화식 가마 ④ 셔틀 가마

해설 요(窯)의 분류
㉮ 작업진행 방법 : 연속요, 반연속요, 불연속요
㉯ 화염의 진행방향 : 승염식(오름 불꽃), 횡염식(옆 불꽃), 도염식(꺽임불꽃식)
㉰ 사용연료 : 장작, 석탄, 전기, 가스, 중유 등
㉱ 가열방법 : 직접 가열식(직화식), 간접 가열식(머플식), 반 머플식
㉲ 구조 및 형상 : 터널요, 회전요, 등요, 윤요, 원요, 각요, 견요, 반 터널요, 셔틀요, 연속식 가마
㉳ 소성목적 : 초벌구이, 침구이, 유약구이, 윗그림, 유리용융, 서냉 가마, 플릿 가마
㉴ 사용목적 : 용해로, 소둔로, 소성로, 균열로
답 ②

72 에너지이용 합리화법령상 산업통상자원부장관이 에너지저장의무를 부과할 수 있는 대상자의 기준으로 틀린 것은?

① 연간 1만 석유환산톤 이상의 에너지를 사용하는 자
② '전기사업법'에 따른 전기사업자
③ '석탄산업법'에 따른 석탄가공업자
④ '집단에너지사업법'에 따른 집단에너지사업자

해설 에너지저장의무 부과 대상자 : 에너지이용 합리화법 시행령 제12조 1항
㉮ 전기사업법에 따른 전기사업자
㉯ 도시가스사업법에 따른 도시가스사업자
㉰ 석탄산업법에 따른 석탄가공업자
㉱ 집단에너지법에 따른 집단에너지사업자
㉲ 연간 2만 석유환산톤(TOE) 이상의 에너지를 사용하는 자
답 ①

73 에너지이용 합리화법령상 검사대상기기의 검사유효기간에 대한 설명으로 옳은 것은?

① 설치 후 3년이 지난 보일러로서 설치장소 변경검사 또는 재사용검사를 받은 보일러는 검사 후 1개월 이내에 운전성능검사를 받아야 한다.
② 보일러의 계속사용검사 중 운전성능검사에 대한 검사유효기간은 해당 보일러가 산업통상자원부장관이 정하여 고시하는 기준에 적합한 경우에는 3년으로 한다.
③ 개조검사 중 연료 또는 연소방법의 변경에 따른 개조검사의 경우에는 검사유효기간을 1년으로 한다.
④ 철금속가열로의 재사용검사의 검사유효기간은 1년으로 한다.

해설 (1) 검사의 유효기간 : 에너지이용 합리화법 시행규칙 제31조의8, 별표3의5

검사의 종류	검사유효기간
설치검사	- 보일러 : 1년(운전성능부문의 경우 3년 1개월로 한다.) - 캐스케이드 보일러, 압력용기 및 철금속가열로 : 2년
개조검사	- 보일러 : 1년 - 캐스케이드 보일러, 압력용기 및 철금속가열로 : 2년

검사의 종류		검사유효기간
설치장소 변경검사		– 보일러 : 1년 – 캐스케이드 보일러, 압력용기 및 철 금속가열로 : 2년
재사용검사		– 보일러 : 1년 – 캐스케이드 보일러, 압력용기 및 철 금속가열로 : 2년
계속 사용 검사	안전검사	– 보일러 : 1년 – 캐스케이드 보일러, 압력용기 : 2년
	운전성능 검사	– 보일러 : 1년 – 철금속가열로 : 2년

(2) 비고
㉮ 보일러의 계속사용검사 중 운전성능검사에 대한 유효기간은 해당 보일러가 산업통상자원부장관이 정하여 고시하는 기준에 적합한 경우에는 2년으로 한다.
㉯ 설치 후 3년이 지난 보일러로서 설치장소 변경검사 또는 재사용검사를 받은 보일러는 검사 후 1개월 이내에 운전성능검사를 받아야 한다.
㉰ 개조검사 중 연료 또는 연소방법의 변경에 따른 개조검사의 경우에는 검사유효기간을 적용하지 않는다.
※ 예제 ①, ②, ③번 항목은 해설 (2)번을 적용하고, 예제 ④번 항목은 해설 (1)번을 적용하여야 함
답 ①

74 에너지이용 합리화법령에 따라 산업통상자원부령으로 정하는 광고매체를 이용하여 효율관리기자재의 광고를 하는 경우에는 그 광고내용에 동법에 따른 에너지소비효율 등급 또는 에너지소비효율을 포함하여야 한다. 이때 효율관리기자재 관련 업자에 해당되지 않는 것은?

① 제조업자   ② 수입업자
③ 판매업자   ④ 수리업자

해설 효율관리기자재 관련 업자(에너지이용 합리화법 제15조 4항) : 효율관리기자재의 제조자, 수입업자 또는 판매업자가 산업통상자원부령으로 정하는 광고매체를 이용하여 효율관리기자재의 광고를 하는 경우에는 그 광고내용에 에너지소비효율등급 또는 에너지소비효율을 포함하여야 한다.
답 ④

75 고압배관용 탄소강관(KS D 3564)의 호칭지름의 기준이 되는 것은?

① 배관의 안지름
② 배관의 바깥지름
③ 배관의 $\dfrac{안지름 + 바깥지름}{2}$
④ 배관나사의 바깥지름

해설 고압배관용 탄소강관의 호칭지름 기준의 배관의 바깥지름이 되며, 스케줄번호에 따라 두께가 다르므로 안지름은 각각 다르다.
답 ②

76 배관의 신축이음에 대한 설명으로 틀린 것은?

① 슬리브형은 단식과 복식의 2종류가 있으며 고온, 고압에 사용한다.
② 루프형은 고압에 잘 견디며, 주로 고압증기의 옥외 배관에 사용한다.
③ 벨로즈형은 신축으로 인한 응력을 받지 않는다.
④ 스위블형은 온수 또는 저압증기의 배관에 사용하며, 큰 신축에 대하여는 누설의 염려가 있다.

해설 슬리브형(sleeve type) : 신축에 의한 자체 응력이 발생되지 않고 설치장소가 필요하며 단식과 복식이 있다. 슬리브와 본체와의 사이에는 패킹을 다져 넣고 그랜드로 밀착시켜 온수 또는 증기의 누설을 방지하므로 고온, 고압에는 사용이 부적합하다.
답 ①

77 고알루미나(high alumina)질 내화물의 특성에 대한 설명으로 옳은 것은?

① 내마모성이 적다.
② 하중 연화온도가 높다.
③ 고온에서 부피변화가 크다.
④ 급열, 급냉에 대한 저항성이 적다.

해설 고 알루미나질 내화물의 특징
㉮ 알루미나 함유율이 50[%] 이상이다.
㉯ SK35~38의 내화도가 높은 Al_2O_3-SiO_2계의 중성 내화물이다.

㉰ 산성, 염기성 슬래그 용융물에 대한 내침식성이 크다.
㉱ 하중연화 온도가 높고, 고온에서 용적 변화가 작다.
㉲ 급열, 급냉에 대한 저항성이 크다.
㉳ 내식성, 내마모성이 크다. 답 ②

78 에너지이용 합리화법령에 따라 에너지사용량이 대통령령이 정하는 기준량 이상이 되는 에너지다소비사업자는 전년도의 분기별 에너지사용량·제품생산량 등의 사항을 언제까지 신고하여야 하는가?

① 매년 1월 31일 ② 매년 3월 31일
③ 매년 6월 30일 ④ 매년 12월 31일

해설 에너지다소비사업자의 신고 사항(에너지이용 합리화법 제31조) : 매년 1월 31일까지 시도지사에 신고
㉮ 전년도의 분기별 에너지 사용량, 제품 생산량
㉯ 해당 연도의 분기별 에너지사용 예정량, 제품생산 예정량
㉰ 에너지사용기자재의 현황
㉱ 전년도의 분기별 에너지이용 합리화 실적 및 해당 연도의 계획
㉲ 에너지관리자의 현황 답 ①

79 신재생에너지법령상 바이오에너지가 아닌 것은?

① 식물의 유지를 변환시킨 바이오디젤
② 생물유기체를 변환시켜 얻어지는 연료
③ 폐기물의 소각열을 변환시킨 고체의 연료
④ 쓰레기 매립장의 유기성폐기물을 변환시킨 매립지가스

해설 바이오에너지 등의 기준 및 범위 중 바이오에너지 범위 : 신재생에너지법 시행령 별표1
㉮ 생물유기체를 변환시킨 바이오가스, 바이오에탄올, 바이오액화유 및 합성가스
㉯ 쓰레기 매립장의 유기성 폐기물을 변환시킨 매립지가스
㉰ 동물·식물의 유지(油脂)를 변환시킨 바이오디젤 및 바이오중유
㉱ 생물유기체를 변환시킨 땔감, 목재칩, 팰릿 및 숯 등의 고체연료 답 ③

80 보온이 안 된 어떤 물체의 단위면적당 손실열량이 1600[kJ/m²]이었는데, 보온한 후에 단위면적당 손실열량이 1200[kJ/m²]이라면 보온효율은 얼마인가?

① 1.33 ② 0.75
③ 0.33 ④ 0.25

해설 $\eta = \dfrac{Q_1 - Q_2}{Q_1} = \dfrac{1600 - 1200}{1600} = 0.25$ 답 ④

5과목 - 열설비 설계

81 노통보일러에서 브레이징 스페이스란 무엇을 말하는가?

① 노통과 가셋트 스테이와의 거리
② 관군과 가셋트 스테이와의 거리
③ 동체와 노통 사이의 최소 거리
④ 가셋트 스테이간의 거리

해설 ㉮ 브리징 스페이스(breathing space) : 고온에 의한 노통의 신축작용으로 응력이 발생하고 이로 인하여 평형 경판이 손상되는 것을 방지하기 위하여 가셋트 스테이(gusset stay) 하단부와 노통의 상단부와의 거리로 최소 230[mm] 이상을 유지한다.
㉯ 노통 보일러의 완충 폭(breathing space)

경판의 두께	완충 폭
13[mm] 이하	230[mm] 이상
15[mm] 이하	260[mm] 이상
17[mm] 이하	280[mm] 이상
19[mm] 이하	300[mm] 이상
19[mm] 초과	320[mm] 이상

답 ①

82 연관의 바깥지름이 75[mm]인 연관보일러 관판의 최소두께는 몇 [mm] 이상이어야 하는가?

① 8.5 ② 9.5
③ 12.5 ④ 13.5

해설 연관보일러 관판의 최소두께
(열사용기자재 검사기준 6.2)
㉮ 연관보일러 관판의 최소두께

관판의 바깥지름[mm]	최소두께[mm]
1350 이하	10
1350 초과 1850 이하	12
1850 초과	14

㉯ 연관의 바깥지름이 38~102[mm] 인 경우 다음 식의 값 이상이어야 한다.
$$t = 5 + \frac{d}{10}$$
$$\therefore t = 5 + \frac{d}{10} = 5 + \frac{75}{10} = 12.5[mm]$$ **답** ③

83 보일러 부하의 급변으로 인하여 동 수면에서 작은 입자의 물방울이 증기와 혼입하여 튀어 오르는 현상을 무엇이라고 하는가?
① 캐리오버 ② 포밍
③ 프라이밍 ④ 피팅

해설 캐리오버(carry over)현상 : 프라이밍(priming), 포밍(foaming)에 의하여 발생된 물방울이 증기 속에 섞여 관내를 흐르는 현상으로 기수공발, 비수현상이라 한다.
㉮ 프라이밍(priming) 현상 : 급격한 증발현상으로 동수면에서 작은 입자의 물방울이 증기와 혼입하여 튀어 오르는 현상
㉯ 포밍(foaming) 현상 : 동저부에서 작은 기포들이 수면상으로 오르면서 물거품이 발생하여 수면에 달걀 모양의 기포가 덮이는 현상 **답** ③

84 맞대기 용접이음에서 하중 120 [kgf], 용접부의 길이가 3[cm], 판의 두께가 2 [mm]라 할 때 용접부의 인장응력은 약 몇 [MPa]인가?
① 4.9 ② 19.6
③ 196 ④ 490

해설 ㉮ 공학단위로 계산
$$\therefore \sigma = \frac{W}{h \times l} = \frac{120}{0.2 \times 3} = 200[kgf/cm^2]$$
㉯ SI 단위로 변환 :
1 [atm]=1.0332 [kgf/cm²]=0.101325[MPa]이다.

$$\therefore \sigma = \frac{200}{1.0332} \times 0.101325 = 19.613[MPa]$$

참고 시험지에는 '질량 120[kg]'으로 제시된 것을 시험장에서 '하중 120[kgf]'로 수정 되었음. **답** ②

85 보일러에 스케일이 1[mm] 두께로 부착되었을 때 연료의 손실은 몇 [%]인가?
① 0.5 ② 1.1
③ 2.2 ④ 4.7

해설 스케일 두께에 따른 연료손실

스케일 두께[mm]	연료손실[%]	스케일 두께[mm]	연료손실[%]
0.5	1.1	4	6.3
1	2.2	5	6.8
2	4	6	8.2
3	4.7		

답 ③

86 다음 중 용해 경도성분 제거방법으로 적절하지 않은 것은?
① 침전법 ② 소다법
③ 석회법 ④ 이온법

해설 보일러수(水)에 용해되어 경도성분은 석회소다법, 이온교환법, 제오라이트법 등으로 연화(軟化)시켜 처리한다.
※ 제오라이트법은 이온교환법의 이온교환체를 천연산 제오라이트(zeolite)를 사용하는 방법이다.
답 ①

87 급수펌프인 인젝터의 특징에 대한 설명으로 틀린 것은?
① 구조가 간단하여 소형에 사용된다.
② 별도의 소요동력이 필요하지 않다.
③ 송수량의 조절이 용이하다.
④ 소량의 고압증기로 다량의 급수가 가능하다.

해설 ▶ 인젝터의 특징
(1) 장점
㉮ 구조가 간단하고, 가격이 저렴하다.
㉯ 급수가 예열되고, 열효율이 좋아진다.
㉰ 설치 장소가 적게 필요하다.
㉱ 별도의 동력원이 필요 없다.
(2) 단점
㉮ 흡입양정이 작고, 효율이 낮다.
㉯ 급수 온도가 높으면 급수 불량이 발생한다.
㉰ 증기압력이 너무 높거나 낮으면 급수 불량이 발생한다.
㉱ 급수량 조절이 어렵다. 답 ③

88 보일러 사고의 원인 중 제작상의 원인으로 가장 거리가 먼 것은?
① 재료불량
② 구조 및 용접불량
③ 용접불량
④ 급수처리불량

해설 ▶ 사고의 원인
㉮ 제작상의 원인 : 재료불량, 강도부족, 설계불량, 구조불량, 부속기기 설비의 미비, 용접불량 등
㉯ 취급상의 원인 : 압력초과, 저수위, 급수처리 불량, 부식, 과열, 미연소가스 폭발사고, 부속기기 정비불량 등 답 ④

89 육용강제 보일러에서 오목면에 압력을 받는 스테이가 없는 접시형 경판으로 노통을 설치할 경우, 경판의 최소 두께[mm]를 구하는 식으로 옳은 것은? (단, P : 최고사용압력[MPa], R : 접시모양 경판의 중앙부에서의 내면 반지름[mm], σ_a : 재료의 허용인장응력[MPa], η : 경판자재의 이음효율, A : 부식여유[mm]이다.)

① $t = \dfrac{PR}{1.5\sigma_a \eta} + A$

② $t = \dfrac{1.5PR}{(\sigma_a + \eta)A}$

③ $t = \dfrac{PA}{1.5\sigma_a \eta} + R$

④ $t = \dfrac{AR}{\sigma_a \eta} + 1.5$

해설 ▶ ㉮ SI단위 공식(P : 최고사용압력[MPa], σ_a : 재료의 허용인장응력[N/mm² 또는 MPa])

$$\therefore t = \dfrac{PR}{1.5\sigma_a \eta} + A$$

㉯ 공학단위 공식(P : 최고사용압력[kgf/cm²], 재료의 허용인장응력[kgf/mm²])

$$\therefore t = \dfrac{PR}{150\sigma_a \eta} + A$$ 답 ①

90 노통보일러의 설명으로 틀린 것은?
① 구조가 비교적 간단하다.
② 노통에는 파형과 평형이 있다.
③ 내분식 보일러의 대표적인 보일러이다.
④ 코르니쉬 보일러와 랭커셔 보일러의 노통은 모두 1개이다.

해설 ▶ 노통보일러의 특징
㉮ 내분식 보일러의 대표적인 보일러이다.
㉯ 구조가 간단하고, 제작 및 수리가 용이하다.
㉰ 내부청소, 점검이 간단하다.
㉱ 급수처리가 까다롭지 않다.
㉲ 부하변동에 대한 압력 변화가 적다.
㉳ 전열면적이 작아서 증발이 늦고, 열효율이 낮다.
㉴ 보유수량이 많아 폭발 시 피해가 크다.
㉵ 고압 대용량에 부적당하다.

참고 ▶ 노통 보일러의 종류
㉮ 코르니쉬(Cornish) 보일러 : 노통이 1개
㉯ 랭커셔(Lancashire) 보일러 : 노통이 2개 답 ④

91 연관의 안지름이 140[mm]이고, 두께가 5[mm]일 때 연관의 최고사용압력은 약 몇 [MPa]인가?
① 1.12
② 1.63
③ 2.25
④ 2.83

해설 ▶ ㉮ 연관의 최소두께 계산식 $t = \dfrac{Pd}{70} + 1.5$에서 d는 바깥지름[mm]이므로 안지름[mm]에 두께를 2배한 값을 더한다.

㉯ 최고사용압력[MPa] 계산

$$\therefore P = \dfrac{70 \times (t-1.5)}{d} = \dfrac{70 \times (5-1.5)}{140 + (2 \times 5)}$$
$$= 1.633 [\text{MPa}]$$ 답 ②

92 최고사용압력 1.5[MPa], 파형 형상에 따른 정수(C)를 1100, 노통의 평균 안지름이 1100[mm]일 때, 파형노통 판의 최소 두께는 몇 [mm]인가?

① 12　　② 15
③ 24　　④ 30

해설 $t = \dfrac{10PD}{C} = \dfrac{10 \times 1.5 \times 1100}{1100} = 15[\text{mm}]$

답 ②

93 다음 그림과 같이 길이가 L인 원통 벽에서 전도에 의한 열전달률 q[W]을 아래 식으로 나타낼 수 있다. 아래 식 중 R을 그림에 주어진 r_0, r_i, L로 표시하면? (단, k는 원통 벽의 열전도율이다.)

$$q = \dfrac{T_i - T_o}{R}$$

① $\dfrac{2\pi L}{\ln\left(\dfrac{r_o}{r_i}\right)k}$

② $\dfrac{\ln\left(\dfrac{r_o}{r_i}\right)}{2\pi L k}$

③ $\dfrac{2\pi L}{\ln(r_o - r_i)k}$

④ $\dfrac{\ln(r_o - r_i)}{2\pi L k}$

해설 ㉮ 문제에서 주어진 전열량 $q = \dfrac{T_i - T_o}{R}$에서 열저항 $R = \dfrac{T_i - T_o}{q}$이다.

㉯ 중공원관의 전열량 계산식 $q = \dfrac{2\pi L(T_i - T_o)}{\dfrac{1}{k} \times \ln\dfrac{r_o}{r_i}}$

를 ㉮의 열저항 계산식에 대입한다.

$\therefore R = \dfrac{T_i - T_o}{q} = \dfrac{T_i - T_o}{\dfrac{2\pi L(T_i - T_o)}{\dfrac{1}{k} \times \ln\dfrac{r_o}{r_i}}}$

$= \dfrac{\ln\left(\dfrac{r_o}{r_i}\right)}{2\pi L k} = \dfrac{\ln\left(\dfrac{D_o}{D_i}\right)}{2\pi L k}$

답 ②

94 급수에서 [ppm] 단위에 대한 설명으로 옳은 것은?

① 물 1[mL] 중에 함유한 시료의 양을 [g]으로 표시한 것
② 물 100[mL] 중에 함유한 시료의 양을 [mg]으로 표시한 것
③ 물 1000[mL] 중에 함유한 시료의 양을 [g]으로 표시한 것
④ 물 1000[mL] 중에 함유한 시료의 양을 [mg]으로 표시한 것

해설 ppm(parts per million) : $\dfrac{1}{10^6}$ 함유량으로 [mg/L], [mg/kg], [g/ton]으로 나타낸다.
※ 1[L]은 1000[mL]이므로 [mg/L] = [mg]/1000[mL] 이며 이것은 물 1000[mL] 중에 함유한 시료의 양을 [mg]으로 표시한 것이다.

답 ④

95 횡연관식 보일러에서 연관의 배열을 바둑판 모양으로 하는 주된 이유는?

① 보일러 강도 증가
② 증기발생 억제
③ 물의 원활한 순환
④ 연소가스의 원활한 흐름

해설 연관 및 수관의 배열
㉮ 연관 : 바둑판 모양으로 배열하여 관수의 순환을 양호하게 한다.
㉯ 수관 : 마름모꼴(다이아몬드형)로 배열하여 열 가스의 접촉을 양호하게 한다.

답 ③

96 상당증발량이 5.5[t/h], 연료소비량 350[kg/h]인 보일러의 효율은 약 몇 [%]인가? (단, 효율 산정 시 연료의 저위발열량 기준으로 하며, 값은 40000[kJ/kg]이다.)

① 38　　② 52
③ 65　　④ 89

해설 물의 증발잠열 539[kcal/kg]는 약 2256[kJ/kg]이다.

$$\therefore \eta = \frac{G_a(h_2 - h_1)}{G_f \cdot H_l} \times 100$$

$$= \frac{2256 \cdot G_e}{G_f \cdot H_l} \times 100$$

$$= \frac{2256 \times (5.5 \times 1000)}{350 \times 40000} \times 100$$

$$= 88.628[\%]$$

답 ④

97 보일러 안전사고의 종류가 아닌 것은?

① 노통, 수관, 연관 등의 파열 및 균열
② 보일러 내의 스케일 부착
③ 동체, 노통, 화실의 압궤 및 수관, 연관 등 전열면의 팽출
④ 연도나 노 내의 가스폭발, 역화 그 외의 이상연소

해설 보일러 내의 스케일 부착은 불순물에 의한 장애에 해당된다.

답 ②

98 실제증발량이 1800[kg/h]인 보일러에서 상당증발량은 약 몇 [kg/h]인가? (단, 증기엔탈피와 급수엔탈피는 각각 2780[kJ/kg], 80[kJ/kg]이다.)

① 1210　　② 1480
③ 2020　　④ 2150

해설 $G_e = \frac{G_a(h_2 - h_1)}{2256} = \frac{1800 \times (2780 - 80)}{2256}$

$= 2154.255[kg/h]$

답 ④

99 노벽의 두께가 200[mm]이고, 그 외측은 75[mm]의 보온재로 보온되어 있다. 노벽의 내부온도가 400[℃]이고, 외측온도가 38[℃]일 경우 노벽의 면적이 10[m²]라면 열손실은 약 몇 [W]인가? (단, 노벽과 보온재의 평균 열전도율은 각각 3.3[W/m·℃], 0.13[W/m·℃]이다.)

① 4678　　② 5678
③ 6678　　④ 7678

해설 $Q = K \times F \times \Delta t$

$$= \frac{1}{\frac{b_1}{\lambda_1} + \frac{b_2}{\lambda_2}} \times F \times \Delta t$$

$$= \frac{1}{\frac{0.2}{3.3} + \frac{0.075}{0.13}} \times 10 \times (400 - 38)$$

$$= 5678.171[W]$$

답 ②

100 보일러 내처리를 위한 pH 조정제가 아닌 것은?

① 수산화나트륨　　② 암모니아
③ 제1인산나트륨　　④ 아황산나트륨

해설 pH 및 알칼리 조정제의 종류 :
수산화나트륨(NaOH : 가성소다),
탄산나트륨(Na_2CO_3),
제1인산나트륨(NaH_2PO_4 : 제1인산소다),
인산나트륨(Na_3PO_4 : 제3인산소다),
인산(H_3PO_4),
암모니아(NH_3)

답 ④

2021년 2회
에너지관리기사필기

1과목 - 연소공학

01 폐열회수에 있어서 검토해야 할 사항이 아닌 것은?
① 폐열의 증가 방법에 대해서 검토한다.
② 폐열회수의 경제적 가치에 대해서 검토한다.
③ 폐열의 양 및 질과 이용 가치에 대해서 검토한다.
④ 폐열회수 방법과 이용 방안에 대해서 검토한다.

해설 폐열회수에 있어서 검토해야 할 사항
㉮ 폐열회수의 경제적 가치에 대해서 검토한다.
㉯ 폐열의 양 및 질과 이용 가치에 대해서 검토한다.
㉰ 폐열회수 방법과 이용 방안에 대해서 검토한다.
㉱ 배출되는 폐열의 성분상태에 대해서 검토한다.
㉲ 폐열회수로 인하여 기존설비에 미치는 영향을 검토한다.
㉳ 폐열회수 설비의 성능을 검토한다.
㉴ 폐열회수 설비의 투자비 회수기간을 검토한다.

답 ①

02 프로판(C_3H_8) 및 부탄(C_4H_{10})이 혼합된 LPG를 건조공기로 연소시킨 가스를 분석하였더니 CO_2 11.32[%], O_2 3.76[%], N_2 84.92[%]의 부피 조성을 얻었다. LPG 중의 프로판의 부피는 부탄의 약 몇 배인가?
① 8배   ② 11배
③ 15배   ④ 20배

해설 ㉮ 프로판 및 부탄의 완전연소반응식
프로판 : $C_3H_8 + 5O_2 \rightarrow 3CO_2 + 4H_2O$
부탄 : $C_4H_{10} + 6.5O_2 \rightarrow 4CO_2 + 5H_2O$
㉯ 공기비 계산
$$\therefore m = \frac{N_2}{N_2 - 3.76 O_2}$$
$$= \frac{84.92}{84.92 - 3.76 \times 3.76} = 1.20$$

㉰ 프로판과 부탄이 체적비로 50[%]로 가정하여 혼합된 것으로 실제공기량 계산
$$\therefore A = m A_0$$
$$= 1.2 \times \left\{ \left(\frac{5}{0.21} \times 0.5 \right) + \left(\frac{6.5}{0.21} \times 0.5 \right) \right\}$$
$$= 32.855 [m^3]$$

㉱ 과잉공기량(B) 계산
$$\therefore B = (m-1) \times A_0 = (m-1) \times \frac{O_0}{0.21}$$
$$= (1.2-1) \times \frac{(5 \times 0.5) + (6.5 \times 0.5)}{0.21}$$
$$= 5.476 [m^3]$$

㉲ 부탄의 경우 실제공기량에 대한 과잉공기량 부피비 계산 : 부탄의 경우 전체의 50[%]로 가정하여 계산하였다.
$$\therefore 부탄 부피비 = \left(\frac{5.476}{32.855} \times 100 \right) \times 0.5$$
$$= 8.333 [\%]$$

㉳ 부탄에 대한 프로판의 부피 계산
$$\therefore 비율 = \frac{프로판\ 비율}{부탄\ 비율} = \frac{100 - 8.333}{8.333}$$
$$= 11.0004 배$$

답 ②

03 황 2[kg]을 완전연소 시키는 데 필요한 산소의 양은 몇 [Nm^3]인가? (단, S의 원자량은 32이다.)
① 0.70   ② 1.00
③ 1.40   ④ 3.33

해설 ㉮ 황(S)의 완전연소 반응식
$S + O_2 \rightarrow SO_2$
㉯ 이론산소량 계산
$32[kg] : 22.4[Nm^3] = 2[kg] : x(O_0)[Nm^3]$
$$\therefore x(O_0) = \frac{2 \times 22.4}{32} = 1.40 [Nm^3]$$

답 ③

04 다음 가스 중 저위발열량[MJ/kg]이 가장 낮은 것은?

① 수소　　② 메탄
③ 일산화탄소　　④ 에탄

해설 ▶ 각 가스의 저위발열량[MJ/kg]

연료 명칭	발열량 [MJ/kg]
수소(H_2)	8.160
메탄(CH_4)	2.85
일산화탄소(CO)	0.580
에탄(C_2H_6)	2.712

답 ③

05 매연을 발생시키는 원인이 아닌 것은?

① 통풍력이 부족할 때
② 연소실 온도가 높을 때
③ 연료를 너무 많이 투입했을 때
④ 공기와 연료가 잘 혼합되지 않을 때

해설 ▶ 매연 발생의 원인
㉮ 통풍력이 과대, 과소할 때
㉯ 무리한 연소를 할 때
㉰ 연소실의 온도가 낮을 때
㉱ 연소실의 크기가 작을 때
㉲ 연료의 조성이 맞지 않을 때
㉳ 연소장치가 불량할 때
㉴ 운전 기술이 미숙할 때

답 ②

06 연돌에서의 배기가스 분석결과 CO_2 14.2[%], O_2 4.5[%], CO 0[%]일 때 탄산가스의 최대량 $CO_2 max$[%]는?

① 10　　② 15
③ 18　　④ 20

해설 ▶ 배기가스 중 일산화탄소(CO)가 없으므로 완전연소가 된 것이다.

$$\therefore [CO_2]_{max} = \frac{21 CO_2}{21 - O_2} = \frac{21 \times 14.2}{21 - 4.5}$$
$$= 18.072[\%]$$

답 ③

07 CH_4와 공기를 사용하는 열 설비의 온도를 높이기 위해 산소(O_2)를 추가로 공급하였다. 연료 유량 10[Nm^3/h]의 조건에서 완전연소가 이루어졌으며, 수증기 응축 후 배기가스에서 계측된 산소의 농도가 5[%]이고 이산화탄소(CO_2)의 농도가 10[%]라면, 추가로 공급된 산소의 유량은 약 몇 [Nm^3/h]인가?

① 2.4　　② 2.9
③ 3.4　　④ 3.9

해설 ▶ ㉮ 이론 공기량에 의한 메탄(CH_4)의 완전연소 반응식
$CH_4 + 2O_2 + (N_2) \rightarrow CO_2 + 2H_2O + (N_2)$

㉯ 메탄 10[Nm^3/h]가 완전연소할 때 배기가스 중 이산화탄소(CO_2) 발생량 계산 : 수증기(H_2O)는 응축되었으므로 계산에서 제외한다.
22.4[Nm^3] : 22.4[Nm^3] = 10[Nm^3] : $x(CO_2)$[Nm^3]

$$\therefore x(CO_2) = \frac{22.4 \times 10}{22.4} = 10[Nm^3/h]$$

※ 문제에서 배기가스 중에 이산화탄소의 농도가 10[%]라 하였으므로 전체 배기가스량을 100[Nm^3]라 하면 10[Nm^3]는 10[%]이므로 배기가스 중 산소 농도 5[%]는 5[Nm^3]라고 판단할 수 있다.

㉰ 배기가스 중 질소 비율 및 질소량 계산 : 이론 공기량으로 연소할 때 수증기를 제외한 배기가스는 이산화탄소, 질소와 추가로 공급된 산소가 되는 것이므로 질소의 비율은 85[%]가 된다.

$\therefore N_2 = 100 - (CO_2 + O_2)$
$= 100 - (10 + 5) = 85[\%]$

∴ 질소 비율이 85[%]이므로 질소량은 85[Nm^3]가 된다.

㉱ 배기가스 중 질소량 85[Nm^3]가 발생되는 산소량 계산 : 배기가스 중 질소량 85[Nm^3]는 산소를 추가로 공급하였을 때와 관계없이 일정한 양이 되므로 질소량을 이용하여 공급된 공기 중 산소량을 계산할 수 있다($N_2 = O_2 \times \frac{79}{21}$에서 산소량을 계산식을 유도한다).

$\therefore O_2 = N_2 \times \frac{21}{79} = 85 \times \frac{21}{79} = 22.59[Nm^3]$

㉲ 완전연소 반응식에서 메탄 10[Nm^3/h]를 연소할 때 이론적으로 필요한 산소량은 20[Nm^3/h]이므로 배기가스 중 질소량 85[Nm^3]가 발생될 때 공급된 산소량과의 차이가 과잉된 산소량으로 볼 수 있다.

∴ 과잉된 소량 = 22.59 - 20 = 2.59[Nm^3/h]

㉺ 실제로 추가한 산소량 계산 : 배기가스 중 산소농도가 5[%], 5[Nm³]이므로 실제로 추가된 산소량은 ㉺항에서 계산된 산소량을 제외하면 된다.
∴ 실제로 추가한 산소량 = 5 − 2.59
= 2.41[Nm³/h]
답 ①

08 수소가 완전연소하여 물이 될 때, 수소와 연소용 산소와 물의 몰(mol)비는?
① 1 : 1 : 1   ② 1 : 2 : 1
③ 2 : 1 : 2   ④ 2 : 1 : 3

해설 수소(H_2)의 완전연소 몰(mol)비
㉮ 반응식 : $2H_2 + O_2 \rightarrow 2H_2O$
㉯ 몰(mol)비 : 2 : 1 : 2
답 ③

09 액체연료가 갖는 일반적인 특징이 아닌 것은?
① 연소온도가 높기 때문에 국부과열을 일으키기 쉽다.
② 발열량은 높지만 품질이 일정하지 않다.
③ 화재, 역화 등의 위험이 크다.
④ 연소할 때 소음이 발생한다.

해설 액체연료의 특징
(1) 장점
㉮ 완전연소가 가능하고 발열량이 높다.
㉯ 연소효율이 높고 고온을 얻기 쉽다.
㉰ 연소조절이 용이하고 회분이 적다.
㉱ 품질이 균일하고 저장, 취급이 편리하다.
㉲ 파이프라인을 통한 수송이 용이하다.
(2) 단점
㉮ 연소온도가 높아 국부과열의 위험이 크다.
㉯ 화재, 역화의 위험성이 높다.
㉰ 일반적으로 황성분을 많이 함유하고 있다.
㉱ 버너의 종류에 따라 연소 시 소음이 발생한다.
답 ②

10 중유의 탄수소비가 증가함에 따른 발열량의 변화는?
① 무관하다.
② 증가한다.
③ 감소한다.
④ 초기에는 증가하다가 점차 감소한다.

해설 탄수소비(C/H)가 증가하는 것은 탄소량이 많고 수소량이 적은 경우로 관계는 다음과 같다.

구 분	C/H비 증가	C/H비 감소
발열량	감소	증가
공기량	감소	증가
비중	증가	감소
화염방사율	증가	감소
배기가스량	감소	증가
인화점	높아진다.	낮아진다.
동점도	증가	감소

답 ③

11 다음 연소 반응식 중에서 틀린 것은?
① $CH_4 + 2O_2 \rightarrow CO_2 + 2H_2O$
② $C_2H_6 + 3\frac{1}{2}O_2 \rightarrow 2CO_2 + 3H_2O$
③ $C_3H_8 + 5O_2 \rightarrow 3CO_2 + 4H_2O$
④ $C_4H_{10} + 9O_2 \rightarrow 4CO_2 + 5H_2O$

해설 ㉮ 탄화수소(C_mH_n)의 완전연소 반응식
$C_mH_n + \left(m + \dfrac{n}{4}\right)O_2 \rightarrow mCO_2 + \dfrac{n}{2}H_2O$
㉯ 부탄(C_4H_{10})의 완전연소 반응식
$C_4H_{10} + 6.5O_2 \rightarrow 4CO_2 + 5H_2O$
답 ④

12 탄소 1[kg]을 완전 연소시키는 데 필요한 공기량은 몇 [Nm³]인가?
① 22.4   ② 11.2
③ 9.6   ④ 8.89

해설 ㉮ 탄소의 완전 연소반응식
$C + O_2 \rightarrow CO_2$
㉯ 이론공기량[Nm³/kg] 계산
12[kg] : 22.4[Nm³] = 1[kg] : $x(O_0)$[Nm³]
$\therefore A_0 = \dfrac{O_0}{0.21} = \dfrac{1 \times 22.4}{0.21 \times 12} = 8.888[Nm^3]$
답 ④

13 액체연료 연소장치 중 회전식 버너의 특징에 대한 설명으로 틀린 것은?

① 분무각은 10~40° 정도이다.
② 유량조절범위는 1 : 5 정도이다.
③ 자동제어에 편리한 구조로 되어 있다.
④ 부속설비가 없으며 화염이 짧고 안정한 연소를 얻을 수 있다.

해설 회전식(rotary type) 버너의 특징
㉮ 분무컵을 고속으로 회전시켜 연료를 분출하고, 1차 공기를 이용하여 무화시키는 방식이다.
㉯ 사용유압은 0.3~0.5[kgf/cm²] 정도이다.
㉰ 분무각은 30~80° 정도, 유량 조절범위는 1 : 5 정도이다.
㉱ 회전수는 직결식이 3000~3500[rpm], 벨트식이 7000~10000[rpm] 정도이다.
㉲ 설비가 간단하고 자동화가 쉽다.
㉳ 점도가 작을수록 분무상태가 좋아진다.
㉴ 고점도 연료는 예열이 필요하다.
㉵ 청소, 점검, 수리가 간편하다.   **답** ①

14 폭굉(detonation)현상에 대한 설명으로 옳지 않은 것은?

① 확산이나 열전도의 영향을 주로 받는 기체역학적 현상이다.
② 물질 내에 충격파가 발생하여 반응을 일으킨다.
③ 충격파에 의해 유지되는 화학 반응 현상이다.
④ 반응의 전파속도가 그 물질 내에서 음속보다 빠른 것을 말한다.

해설 폭굉(detonation)의 정의 : 가스 중의 음속보다도 화염 전파속도가 큰 경우로서 파면선단에 충격파라고 하는 압력파가 생겨 격렬한 파괴작용을 일으키는 현상이다.   **답** ①

15 연소 배기가스의 분석결과 CO₂의 함량이 13.4[%]이다. 벙커 C유(55[L/h])의 연소에 필요한 공기량은 약 몇 [Nm³/min]인가? (단, 벙커 C유의 이론공기량은 12.5[Nm³/kg]이고, 밀도는 0.93[g/cm³]이며 [CO₂]max는 15.5[%]이다.)

① 12.33   ② 49.03
③ 63.12   ④ 73.99

해설 ㉮ 공기비 계산
$$\therefore m = \frac{[CO_2]max}{CO_2} = \frac{15.5}{13.4} = 1.1567 \fallingdotseq 1.16$$

㉯ 실제공기량 계산 : 시간당 벙커 C유 연소량 55[L]을 분(min)당 질량[kg]으로 환산하여 실제공기량을 계산한다. 벙커 C유 밀도 0.93[g/cm³]는 0.93[kg/L]이다.

$$\therefore A = m \times A_0$$
$$= (1.16 \times 12.5) \times \frac{55 \times 0.93}{60}$$
$$= 12.36[Nm^3/min]$$ **답** ①

16 위험성을 나타내는 성질에 관한 설명으로 옳지 않은 것은?

① 착화온도와 위험성은 반비례한다.
② 비등점이 낮으면 인화 위험성이 높아진다.
③ 인화점이 낮은 연료는 대체로 착화온도가 낮다.
④ 물과 혼합하기 쉬운 가연성 액체는 물과의 혼합에 의해 증기압이 높아져 인화점이 낮아진다.

해설 물과 혼합하기 쉬운 가연성 액체는 물과의 혼합에 의해 증기압이 높아지고, 인화점도 높아진다.   **답** ④

17 고체연료의 공업분석에서 고정탄소를 산출하는 식은?

① 100 − (수분[%]+회분[%]+질소[%])
② 100 − (수분[%]+회분[%]+황분[%])
③ 100 − (수분[%]+황분[%]+휘발분[%])
④ 100 − (수분[%]+회분[%]+휘발분[%])

해설 ㉮ 고정탄소[%] 산출식
∴ 고정탄소 = 100 − (수분[%] + 회분[%] + 휘발분[%])

⑭ 수분 함유율[%] 산출식

$$\therefore 수분 = \frac{건조감량}{시료무게} \times 100$$

⑮ 회분 함유율[%] 산출식

$$\therefore 회분 = \frac{잔류회분량}{시료무게} \times 100$$

㉖ 휘발분 함유율[%] 산출식

$$\therefore 휘발분 = \left(\frac{가열감량}{시료무게} \times 100\right) - 수분[\%]$$

답 ④

18 저질탄 또는 조분탄의 연소방식이 아닌 것은?

① 분무식　　② 산포식
③ 쇄상식　　④ 계단식

해설 형태에 따른 스토커(stoker)의 종류
　㉮ 산포식 스토커 : 휘발분이 적은 연료에 적합하다.
　㉯ 쇄상식 스토커 : 완전 자동화가 가능하다.
　㉰ 하입식 스토커 : 저질탄 연소에 적합하다.
　㉱ 계단식 스토커 : 저질탄, 쓰레기 소각 등에 적합하다.
※ 분무식 연소방식은 액체연료를 공업적으로 가장 많이 사용하는 것으로 연료를 안개모양으로 무화시켜 연소시키는 방식이다. 답 ①

19 기체 연료의 저장방식이 아닌 것은?

① 유수식　　② 고압식
③ 가열식　　④ 무수식

해설 기체연료의 저장방식(가스홀더의 종류)
: 유수식, 무수식, 고압식(구형 가스홀더) 답 ③

20 연소실에서 연소된 연소가스의 자연통풍력을 증가시키는 방법으로 틀린 것은?

① 연돌의 높이를 높인다.
② 배기가스의 비중량을 크게 한다.
③ 배기가스 온도를 높인다.
④ 연도의 길이를 짧게 한다.

해설 연돌의 통풍력이 증가되는 경우
　㉮ 연돌의 높이가 높을수록
　㉯ 연돌의 단면적이 클수록
　㉰ 연돌의 굴곡부가 적을수록
　㉱ 배기가스 온도가 높을수록
　㉲ 외기온도가 낮을수록
　㉳ 습도가 낮을수록
　㉴ 연도의 길이가 짧을수록
　㉵ 배기가스의 비중량이 작을수록, 외기의 비중량이 클수록 답 ②

2과목 - 열역학

21 냉매가 갖추어야 하는 요건으로 거리가 먼 것은?

① 증발잠열이 작아야 한다.
② 화학적으로 안정되어야 한다.
③ 임계온도가 높아야 한다.
④ 증발온도에서 압력이 대기압보다 높아야 한다.

해설 냉매의 구비조건
　㉮ 응고점이 낮고 임계온도가 높으며 응축, 액화가 쉬울 것
　㉯ 응축압력이 높지 않을 것
　㉰ 증발잠열이 크고 기체의 비체적이 적을 것
　㉱ 오일과 냉매가 작용하여 냉동장치에 악영향을 미치지 않을 것
　㉲ 화학적으로 안정하고 분해하지 않을 것
　㉳ 금속에 대한 부식성 및 패킹재료에 악영향이 없을 것
　㉴ 인화 및 폭발성이 없을 것
　㉵ 인체에 무해할 것(비독성가스 일 것)
　㉶ 액체의 비열은 작고, 기체의 비열은 클 것
　㉷ 경제적일 것(가격이 저렴할 것) 답 ①

22 20[℃]의 물 10[kg]을 대기압 하에서 100[℃]의 수증기로 완전히 증발시키는 데 필요한 열량은 약 몇 [kJ]인가? (단, 수증기의 증발 잠열은 2257[kJ/kg]이고 물의 평균비열은 4.2[kJ/kg·K]이다.)

① 800　　② 6190
③ 25930　　④ 61900

해설 ㉮ 20[℃] 물을 100[℃]까지 가열한 열량 계산 : 현열
$$\therefore Q_1 = G \times C \times \Delta t$$
$$= 10 \times 4.2 \times \{(273+100)-(273+20)\}$$
$$= 3360[kJ]$$
㉯ 100[℃] 물을 100[℃] 건포화증기로 만들기 위한 가열량 계산 : 잠열
$$\therefore Q_2 = G \times r = 10 \times 2257 = 22570[kJ]$$
㉰ 합계 열량 계산
$$\therefore Q = Q_1 + Q_2$$
$$= 3360 + 22570 = 25930[kJ]$$ 답 ③

23 증기압축 냉동사이클을 사용하는 냉동기에서 냉매의 상태량은 압축 전·후 엔탈피가 각각 379.11[kJ/kg]와 424.77[kJ/kg]이고 교축팽창 후 엔탈피가 241.46[kJ/kg]이다. 압축기의 효율이 80[%], 소요 동력이 4.14 [kW]라면 이 냉동기의 냉동용량은 약 몇 [kW]인가?

① 6.98 ② 9.98
③ 12.98 ④ 15.98

해설 ㉮ 냉매 순환량[kg/h] 계산 :
[W] = [J/s]이므로 [kW]=[kJ/s]이다.
$$\therefore G = \frac{냉동능력[kJ/h]}{냉동효과[kJ/kg]} = \frac{축동력[kW]}{압축일량[kJ/kg]}$$
$$= \frac{4.14 \times 0.8}{424.77 - 379.11} = 0.0725[kg/s]$$
㉯ 냉동기 냉동용량(냉동능력)[kW] 계산
$$\therefore Q_e = G \times 냉동효과 = G \times (h_1 - h_4)$$
$$= 0.0725 \times (379.11 - 241.46)$$
$$= 9.979[kJ/s] = 9.979[kW]$$ 답 ②

24 초기 체적 V_1 상태에 있는 피스톤이 외부로 일을 하여 최종적으로 체적이 V_2인 상태로 되었다. 다음 중 외부로 가장 많은 일을 한 과정은? (단, n은 폴리트로픽 지수이다.)

① 등온 과정
② 정압 과정
③ 단열 과정
④ 폴리트로픽 과정($n > 0$)

해설 각 과정의 일량 계산식
㉮ 등온(정온) 과정 : $W = P_1 V_1 \ln \frac{V_2}{V_1}$
㉯ 등압(정압) 과정 : $W = P(V_2 - V_1)$
㉰ 등적(정적) 과정 : $W = 0$ ($\because dV = 0$)
㉱ 단열 과정 : $W = \frac{1}{k-1} P_1 V_1 \left(1 - \frac{T_2}{T_1}\right)$
㉲ 폴리트로픽 과정 : $W = \frac{1}{n-1}(P_1 V_1 - P_2 V_2)$
답 ②

25 가스동력 사이클에 대한 설명으로 틀린 것은?

① 에릭슨 사이클은 2개의 정압과정과 2개의 단열과정으로 구성된다.
② 스털링 사이클은 2개의 등온과정과 2개의 정적과정으로 구성된다.
③ 아트킨슨 사이클은 2개의 단열과정과 정적 및 정압과정으로 구성된다.
④ 르누아 사이클은 정적과정으로 급열하고 정압과정으로 방열하는 사이클이다.

해설 에릭슨(Ericsson) 사이클 : 2개의 등온과정과 2개의 정압과정으로 구성된 가스 사이클의 이상 사이클로 실현이 불가능한 사이클이다. 답 ①

26 노즐에서 임계상태에서의 압력을 P_c, 비체적을 v_c, 최대유량을 G_c, 비열비를 k라 할 때, 임계 단면적에 대한 식으로 옳은 것은?

① $2 G_c \sqrt{\dfrac{v_c}{k P_c}}$ ② $G_c \sqrt{\dfrac{v_c}{2 k P_c}}$

③ $G_c \sqrt{\dfrac{v_c}{k P_c}}$ ④ $G_c \sqrt{\dfrac{2 v_c}{k P_c}}$

해설 임계상태에서 노즐의 최대유량식
$$G_c = a_c \sqrt{k \frac{P_c}{v_c}}$$ 에서 임계 단면적(a_c)에 대한 식을 유도한다.
$$\therefore a_c = G_c \sqrt{\frac{v_c}{k P_c}}$$ 답 ③

27 증기터빈에서 상태 ⓐ의 증기를 규정된 압력까지 단열에 가깝게 팽창시켰다. 이때 증기터빈 출구에서의 증기 상태는 그림의 각각 ⓑ, ⓒ, ⓓ, ⓔ이다. 이 중 터빈의 효율이 가장 좋을 때 출구의 증기 상태로 옳은 것은?

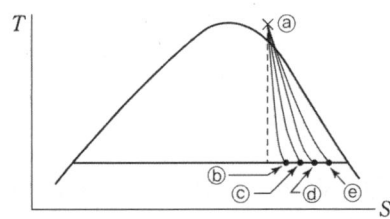

① ⓑ   ② ⓒ
③ ⓓ   ④ ⓔ

해설 랭킨 사이클에서 과열증기는 터빈으로 들어가 단열팽창하여 일을 하고 습증기로 된다. 이때 선도에서 수직에 가깝게 팽창하는 과정이 단열팽창에 가장 가까운 것이 되기 때문에 엔트로피 변화량이 가장 적어 터빈의 효율이 가장 좋게 나타난다.   달 ①

28 물의 임계압력에서의 잠열은 몇 [kJ/kg]인가?

① 0   ② 333
③ 418   ④ 2260

해설 (1) 임계점의 특징
㉮ 증기와 포화수 간의 비중량이 같다.
㉯ 증발현상이 없다.
㉰ 증발잠열은 0이 된다.
(2) 물의 임계온도, 임계압력
㉮ 임계온도 : 374.15[℃]
㉯ 임계압력 : 225.65[kgf/cm² · a] (22.09[MPa])
   달 ①

29 랭킨 사이클에 과열기를 설치할 경우 과열기의 영향으로 발생하는 현상에 대한 설명으로 틀린 것은?

① 열이 공급되는 평균 온도가 상승한다.
② 열효율이 증가한다.
③ 터빈 출구의 건도가 높아진다.
④ 펌프 일이 증가한다.

해설 랭킨 사이클에서 과열기의 영향 : 보일러에서 발생된 건포화증기가 과열기를 거치는 동안 고온·고압의 과열증기가 되기 때문에 다음과 같은 영향이 있다.
㉮ 열이 공급되는 평균온도가 상승한다.
㉯ 열효율이 증가한다.
㉰ 터빈 출구의 건도가 높아진다.
㉱ 터빈이 하는 일이 증가된다.
※ 과열기는 펌프를 구동시키는 데 필요한 일과는 관계없다.   달 ④

30 110[kPa], 20[℃]의 공기가 반지름 20[cm], 높이 40[cm]인 원통형 용기 안에 채워져 있다. 이 공기의 무게는 몇 [N]인가? (단, 공기의 기체상수는 287[J/kg·K]이다.)

① 0.066   ② 0.64
③ 6.7   ④ 66

해설 ㉮ 원통형 용기의 체적 계산 : 반지름 20[cm]는 지름 40[cm]이다.

$$\therefore V = \frac{\pi}{4} \times D^2 \times h$$
$$= \frac{\pi}{4} \times 0.4^2 \times 0.4 = 0.050 [m^3]$$

㉯ 공기의 무게(N) 계산 : 이상기체 상태방정식 $PV = GRT$에서 질량(무게) G를 계산하며, 여기에는 중력가속도 9.8[m/s²]이 작용하고 있으므로 이것까지 계산해 주며, 기체상수의 단위는 [kJ/kg·K]이다.

$$\therefore G = \frac{PV}{RT} = \frac{110 \times 0.05}{0.287 \times (273 + 20)}$$
$$= 0.065[kg] \times 9.8[m/s^2]$$
$$= 0.6409[kg \cdot m/s^2]$$
$$= 0.6409[N]$$
   달 ②

31 냉동효과가 200[kJ/kg]인 냉동 사이클에서 4[kW]의 열량을 제거하는 데 필요한 냉매 순환량은 몇 [kg/min]인가?

① 0.02   ② 0.2
③ 0.8   ④ 1.2

해설 ㉮ 1[kW] = 1[kJ/s]이므로 제거하는 열량
4[kW] = 4[kJ/s] = 4×60 [kJ/min]이다.

㉯ 냉매 순환량[kg/min] 계산

$$\therefore G = \frac{냉동능력\,[kJ/min]}{냉동효과\,[kJ/kg]} = \frac{4 \times 60}{200}$$
$$= 1.2[kg/min] \qquad 답\ ④$$

32 온도와 관련된 설명으로 틀린 것은?

① 온도 측정의 타당성에 대한 근거는 열역학 제0법칙이다.
② 온도가 0[℃]에서 10[℃]로 변화하면, 절대온도는 0[K]에서 283.15[K]로 변화한다.
③ 섭씨온도는 물의 어는점과 끓는점을 기준으로 삼는다.
④ SI 단위계에서 온도의 단위는 켈빈 단위를 사용한다.

해설 온도가 0[℃]에서 10[℃]로 변화한 것은 절대온도는 273.15[K]에서 283.15[K]로 변화한 것이다. 그러므로 변화된 온도는 10[℃], 10[K]에 해당된다. 답 ②

33 압력 3000[kPa], 온도 400[℃]인 증기의 내부에너지가 2926[kJ/kg]이고 엔탈피는 3230[kJ/kg]이다. 이 상태에서 비체적은 약 몇 [m³/kg]인가?

① 0.0303
② 0.0606
③ 0.101
④ 0.303

해설 과열증기의 내부에너지 $u = h - Pv$에서 비체적 v를 계산한다.

$$\therefore v = \frac{h-u}{P} = \frac{3230-2926}{3000}$$
$$= 0.1013[m^3/kg] \qquad 답\ ③$$

34 아래와 같이 몰리에르(엔탈피-엔트로피) 선도에서 가역 단열과정을 나타내는 선의 형태로 옳은 것은?

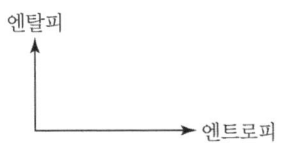

① 엔탈피축에 평행하다.
② 기울기가 양수(+)인 곡선이다.
③ 기울기가 음수(-)인 곡선이다.
④ 엔트로피축에 평행하다.

해설 가역 단열과정은 엔트로피가 일정한 과정(등엔트로피 과정)이므로 엔탈피축에 평행하게 표시된다. (또는 가로축의 엔트로피선에 수직으로 표시된다.)
답 ①

35 노점온도(dew point temperature)에 대한 설명으로 옳은 것은?

① 공기, 수증기의 혼합물에서 수증기의 분압에 대한 수증기 과열 상태 온도
② 공기, 가스의 혼합물에서 가스의 분압에 대한 가스의 과냉 상태 온도
③ 공기, 수증기의 혼합물을 가열시켰을 때 증기가 없어지는 온도
④ 공기, 수증기의 혼합물에서 수증기의 분압에 해당하는 수증기의 포화온도

해설 노점온도(dew temperature) : 공기, 수증기의 혼합물인 습공기를 일정한 압력상태에서 냉각하면 상대습도는 증가하여 포화상태에 도달하며 이때의 온도를 노점온도라 하며, 노점온도는 수증기의 분압에 해당하는 수증기의 포화온도와 같게 된다. 답 ④

36 정압과정에서 어느 한 계(system)에 전달된 열량은 그 계에서 어떤 상태량의 변화량과 양이 같은가?

① 내부 에너지
② 엔트로피
③ 엔탈피
④ 절대일

해설 정압(등압)과정에서 계에 전달된 열량(가열량)은 엔탈피 변화량과 같다.
㉮ 엔탈피 변화량 : $dh = dq + vdP$
㉯ 가열량 : $dq = dh - vdP$
$\therefore dq = dh$ 답 ③

37 열역학적 관계식 $TdS = dH - VdP$에서 용량성 상태량(extensive property)이 아닌 것은? (단, S : 엔트로피, H : 엔탈피, V : 체적, P : 압력, T : 절대온도이다.)

① S ② H
③ V ④ P

해설 (1) 상태함수 : 계의 상태에 이르는 과정과 경로에 무관한 것으로 상태량이라 한다.
  ㉮ 강도성 상태량(함수) : 물질의 양(질량)에 관계없이 강도(세기)만을 고려한 것으로 압력, 온도, 전압, 높이, 점도 등으로 시강변수, 강도변수라 한다.
  ㉯ 용량성 상태량(함수) : 물질의 양(질량)에 비례하는 성질의 상태량으로 체적, 내부에너지, 엔탈피, 엔트로피, 전기저항 등으로 종량성 상태량, 시량성 성질이라 한다.
(2) 비상태함수 : 상태가 변화할 때 과정과 경로에 따라 그 변화량이 변화하는 것으로 열량, 일량 등으로 경로함수, 도정함수라 한다. **답 ④**

38 30[℃]에서 기화잠열이 173[kJ/kg]인 어떤 냉매의 포화액-포화증기 혼합물 4[kg]을 가열하여 건도가 20[%]에서 70[%]로 증가되었다. 이 과정에서 냉매의 엔트로피 증가량은 약 몇 [kJ/K]인가?

① 11.5   ② 2.31
③ 1.14   ④ 0.29

해설 $\Delta S = \dfrac{dQ}{T} = \dfrac{G \times \gamma \times (x_2 - x_1)}{T}$
$= \dfrac{4 \times 173 \times (0.7 - 0.2)}{273 + 30}$
$= 1.1419 [kJ/K]$ **답 ③**

39 다음과 같은 압축비와 차단비를 가지고 공기로 작동되는 디젤사이클 중에서 효율이 가장 높은 것은? (단, 공기의 비열비는 1.4이다.)

① 압축비 : 11, 차단비 : 2
② 압축비 : 11, 차단비 : 3
③ 압축비 : 13, 차단비 : 2
④ 압축비 : 13, 차단비 : 3

해설 ㉮ 디젤 사이클 효율 계산식
$$\therefore \eta_d = \left\{ 1 - \left(\dfrac{1}{\epsilon}\right)^{k-1} \times \left(\dfrac{\sigma^k - 1}{k(\sigma - 1)}\right) \right\}$$
㉯ 디젤 사이클에서 효율은 압축비(ϵ)와 차단비(σ)의 함수이므로 압축비가 크고 차단비(체절비)가 작을수록 효율이 증가한다. **답 ③**

40 이상기체가 'Pv^n = 일정' 과정을 가지고 변화하는 경우에 적용할 수 있는 식으로 옳은 것은? (단, q : 단위 질량당 공급된 열량, u : 단위 질량당 내부에너지, T : 온도, P : 압력, v : 비체적, R : 기체상수, n : 상수이다.)

① $\delta q = du + \dfrac{nRdT}{1-n}$

② $\delta q = du + \dfrac{RdT}{1-n}$

③ $\delta q = du + \dfrac{(1-n)RdT}{n}$

④ $\delta q = du + (1-n)RdT$

해설 ㉮ 이상기체가 'Pv^n = 일정' 과정을 가지고 변화하는 경우는 폴리트로픽과정이다.
㉯ 폴리트로픽과정에서 단위질량당 계에 공급하는 열량(가열량)은 내부에너지 변화량(du)과 절대일(W_a)의 합이다.
$\therefore \delta q = du + W_a$
$= du + \dfrac{R}{n-1}(T_1 - T_2)$
$= du + \dfrac{R(T_2 - T_1)}{1-n}$
$= du + \dfrac{RdT}{1-n}$ **답 ②**

3과목 - 계측방법

41 방사고온계의 장점이 아닌 것은?
① 고온 및 이동물체의 온도측정이 쉽다.
② 측정시간의 지연이 작다.
③ 발신기를 이용한 연속기록이 가능하다.
④ 방사율에 의한 보정량이 작다.

해설 방사(복사)온도계 특징
㉮ 단위표면적당 복사되는 에너지는 절대온도의 4제곱에 비례한다는 스테판-볼츠만 법칙이 측정원리이다.
㉯ 측정시간 지연이 적고, 연속 측정, 기록, 제어가 가능하며, 이동물체에 대한 온도측정이 가능하다.
㉰ 측정거리 제한을 받고 오차가 발생되기 쉽다.
㉱ 광로에 먼지, 연기 등이 있으면 정확한 측정이 곤란하다.
㉲ 방사율에 의한 보정량이 크고 정확한 보정이 어렵다.
㉳ 수증기, 탄산가스의 흡수에 주의하여야 한다.
㉴ 측정 범위는 50~3000[℃] 정도이다. **답** ④

42 액주식 압력계의 종류가 아닌 것은?
① U자관형   ② 경사관식
③ 단관형   ④ 벨로스식

해설 액주식 압력계(manometer) : 유리관에 수은, 물, 기름 등의 액체를 넣어 압력차(중력)로 인하여 발생하는 액면의 높이차를 이용하여 압력을 측정하는 것으로 단관식, U자관식, 경사관식, 링밸런스식 등이 해당된다. **답** ④

43 불규칙하게 변하는 주변 온도와 기압 등이 원인이 되며, 측정 횟수가 많을수록 오차의 합이 0에 가까운 특징이 있는 오차의 종류는?
① 개인오차   ② 우연오차
③ 과오오차   ④ 계통오차

해설 우연오차 : 원인을 알 수 없기 때문에 보정이 불가능한 오차로서 측정 때마다 측정치가 일정하지 않고 산포에 의해 일어나며, 여러 번 측정하여 통계적으로 처리한다. **답** ②

44 열전대(thermocouple)는 어떤 원리를 이용한 온도계인가?
① 열팽창률차   ② 전위차
③ 압력차   ④ 전기저항차

해설 제백효과(Seebeck effect) : 2종류의 금속선을 접속하여 하나의 회로를 만들어 2개의 접점에 온도차를 부여하면 회로에 접점의 온도에 거의 비례한 전류(열기전력, 전위차)가 흐르는 현상으로 열전대 온도계의 측정원리이다. **답** ②

45 다음 중 압력식 온도계가 아닌 것은?
① 액체 팽창식 온도계
② 열전 온도계
③ 증기압식 온도계
④ 가스압력식 온도계

해설 압력식 온도계 : 일정한 부피의 액체나 기체가 온도상승에 의해 체적이 팽창할 때 압력상승을 이용하여 온도를 측정하는 것으로 일명 아네로이드형 온도계라고 하며 액체 압력식(액체 팽창식), 기체 압력식(기체 팽창식), 증기 압력식(증기 팽창식)이 있다. **답** ②

46 액면계에 대한 설명으로 틀린 것은?
① 유리관식 액면계는 경유탱크의 액면을 측정하는 것이 가능하다.
② 부자식은 액면이 심하게 움직이는 곳에는 사용하기 곤란하다.
③ 차압식 유량계는 정밀도가 좋아서 액면제어용으로 가장 많이 사용된다.
④ 편위식 액면계는 아르키메데스의 원리를 이용하는 액면계이다.

해설 차압식 유량계는 유량을 측정하는 계측기로서 액면제어용에는 사용할 수 없다.

참고 차압식 액면계 : 액화산소와 같은 극저온의 저장조의 상·하부를 U자관에 연결하여 차압에 의하여 액면을 측정하는 방식으로 햄프슨식 액면계라 한다. **답** ③

47 다음 중 습도계의 종류로 가장 거리가 먼 것은?

① 모발 습도계
② 듀셀 노점계
③ 초음파식 습도계
④ 전기저항식 습도계

해설 습도계의 종류 : 건습구 습도계, 모발 습도계, 전기저항식 습도계, 광전관식 노점계, 가열식 노점계(듀셀 노점계) **답** ③

48 1차 지연요소에서 시정수 T가 클수록 응답 속도는 어떻게 되는가?

① 일정하다. ② 빨라진다.
③ 느려진다. ④ T와 무관하다.

해설 1차 지연 요소 : 입력이 급변하는 순간에서 출력은 변화하지만 지연이 있어 어느 시간 후에 정상 상태가 되는 특징을 갖고 있는 것으로 시정수(T)가 클수록 응답속도가 느려진다. **답** ③

49 차압식 유량계의 종류가 아닌 것은?

① 벤투리 ② 오리피스
③ 터빈유량계 ④ 플로노즐

해설 차압식 유량계
㉮ 측정원리 : 베르누이 방정식
㉯ 종류 : 오리피스미터, 플로 노즐, 벤튜리미터
㉰ 측정방법 : 조리개 전후에 연결된 액주계의 압력차를 이용하여 유량을 측정 **답** ③

50 압력측정에 사용되는 액체의 구비조건 중 틀린 것은?

① 열팽창계수가 클 것
② 모세관 현상이 작을 것
③ 점성이 작을 것
④ 일정한 화학성분을 가질 것

해설 액주식 액체의 구비조건
㉮ 점성(점도)이 적을 것
㉯ 열팽창계수가 적을 것
㉰ 밀도변화가 적을 것
㉱ 모세관 현상 및 표면장력이 적을 것
㉲ 화학적으로 안정할 것
㉳ 휘발성 및 흡수성이 적을 것
㉴ 항상 액면은 수평을 만들고 높이를 정확히 읽을 수 있을 것 **답** ①

51 기체 크로마토그래피에 대한 설명으로 틀린 것은?

① 캐리어 기체로는 수소, 질소 및 헬륨 등이 사용된다.
② 충전재로는 활성탄, 알루미나 및 실리카겔 등이 사용된다.
③ 기체의 확산속도 특성을 이용하여 기체의 성분을 분리하는 물리적인 가스분석기이다.
④ 적외선 가스분석기에 비하여 응답속도가 빠르다.

해설 기체 크로마토그래피의 특징
㉮ 여러 종류의 가스분석이 가능하다.
㉯ 선택성이 좋고 고감도로 측정한다.
㉰ 미량성분의 분석이 가능하다.
㉱ 응답속도가 늦으나 분리 능력이 좋다.
㉲ 동일 가스의 연속측정이 불가능하다.
㉳ 캐리어 가스는 검출기에 따라 수소, 헬륨, 아르곤, 질소가 사용된다.

참고 흡착형 분리관(column) 충전물과 적용가스

충전물 명칭	적용가스
활성탄	H_2, CO, CO_2, CH_4
활성알루미나	CO, $C_1 \sim C_3$ 탄화수소
실리카겔	CO_2, $C_1 \sim C_4$ 탄화수소
몰러큘러시브 13X	CO, CO_2, N_2, O_2
porapack Q	N_2O, NO, H_2O

답 ④

52 20[L]인 물의 온도를 15[℃]에서 80[℃]로 상승시키는데 필요한 열량은 약 몇 [kJ]인가?

① 4200 ② 5400
③ 6300 ④ 6900

해설 ㉮ 물의 비열은 1[kcal/kg·℃] = 4.185[kJ/kg·℃]이고, 비중은 1이므로 물 20[L]은 20[kg]이다.
㉯ 필요 열량 계산 : 현열
∴ $Q = G \times C \times \Delta t$
$= 20 \times 4.185 \times (80 - 15)$
$= 5440.5[kJ]$ **답** ②

53 다음 중 송풍량을 일정하게 공급하려고 할 때 가장 적당한 제어방식은?
① 프로그램제어 ② 비율제어
③ 추종제어 ④ 정치제어

해설 정치(定置) 제어 : 목표값이 시간의 변화, 외부 조건의 영향을 받지 않고 일정한 값으로 제어되는 방식으로 보일러, 냉난방장치의 압력제어, 급수탱크의 액면제어, 일정한 송풍량 등에 사용되는 제어방식이다. **답** ④

54 피토관에 대한 설명으로 틀린 것은?
① 5[m/s] 이하의 기체에서는 적용하기 힘들다.
② 먼지나 부유물이 많은 유체에는 부적당하다.
③ 피토관의 머리 부분은 유체의 방향에 대하여 수직으로 부착한다.
④ 흐름에 대하여 충분한 강도를 가져야 한다.

해설 피토관의 특징
㉮ 구조가 간단하고 제작비가 저렴하며 부착이 쉽다.
㉯ 피토관을 유체의 흐름방향과 평행하게 설치하여야 한다.
㉰ 유속이 5[m/s] 이하인 유체에는 측정이 불가능하다.
㉱ 불순물(슬러지, 분진 등)이 많은 유체에는 측정이 불가능하다.
㉲ 노즐 부분에 마모현상이 있으면 오차가 발생한다.
㉳ 피토관은 유체의 압력에 견딜 수 있는 충분한 강도를 가져야 한다.
㉴ 유량 측정은 간단하지만 사용방법이 잘못되면 오차 발생이 크다.
㉵ 비행기의 속도 측정, 수력 발전소의 수량 측정, 송풍기의 풍량 측정에 사용된다. **답** ③

55 다음 중 1000[℃] 이상의 고온체에 연속 측정에 가장 적합한 온도계는?
① 저항 온도계
② 방사 온도계
③ 바이메탈식 온도계
④ 액체압력식 온도계

해설 방사 온도계
㉮ 측정원리 : 스테판-볼츠만 법칙
㉯ 측정 범위 : 50~3000[℃]
※ 방사온도계의 특징은 41번 해설을 참고하기 바랍니다. **답** ②

56 가스분석계의 특징에 관한 설명으로 틀린 것은?
① 적정한 시료가스의 채취장치가 필요하다.
② 선택성에 대한 고려가 필요 없다.
③ 시료가스의 온도 및 압력의 변화로 측정오차를 유발할 우려가 있다.
④ 계기의 교정에는 화학분석에 의해 검정된 표준시료 가스를 이용한다.

해설 가스분석계가 분석할 가스의 선택성에 대한 고려가 필요하다. **답** ②

57 차압식 유량계에 있어 조리개 전후의 압력 차이가 P_1에서 P_2로 변할 때, 유량은 Q_1에서 Q_2로 변했다. Q_2에 대한 식으로 옳은 것은? (단, $P_2 = 2P_1$이다.)
① $Q_2 = Q_1$ ② $Q_2 = \sqrt{2}\, Q_1$
③ $Q_2 = 2Q_1$ ④ $Q_2 = 4Q_1$

해설 ㉮ 차압식 유량계의 유량 계산식
∴ $Q = C \cdot A \sqrt{\dfrac{2g}{1-m^4} \times \dfrac{P_1 - P_2}{\gamma}}$
㉯ 차압식 유량계에서 유량은 차압의 평방근에 비례하고 압력만 2배 증가하였으므로
∴ $Q_2 = \sqrt{\dfrac{\Delta P_2}{\Delta P_1}} \times Q_1 = \sqrt{2} \times Q_1 = \sqrt{2}\, Q_1$

참고 $\sqrt{2}Q_1$을 $\sqrt{2Q_1^2}$으로 표시할 수 있으므로 예제에 주어진 조건을 정확히 구별하기 바랍니다. 답 ②

58 용적식 유량계에 대한 설명으로 옳은 것은?

① 적산유량의 측정에 적합하다.
② 고점도에는 사용할 수 없다.
③ 발신기 전후에 직관부가 필요하다.
④ 측정유체의 맥동에 의한 영향이 크다.

해설 용적식 유량계의 일반적인 특징
㉮ 정도가 높아 상거래용(적산용)으로 사용된다.
㉯ 유체의 물성치(온도, 압력 등)에 의한 영향을 거의 받지 않는다.
㉰ 외부 에너지의 공급이 없어도 측정할 수 있다.
㉱ 고점도의 유체나 점도변화가 있는 유체에 적합하다.
㉲ 맥동의 영향을 적게 받고, 압력손실도 적다.
㉳ 이물질 유입을 차단하기 위하여 입구에 여과기(strainer)를 설치하여야 한다. 답 ①

59 편차의 정(+), 부(-)에 의해서 조작신호가 최대, 최소가 되는 제어동작은?

① 온·오프동작
② 다위치동작
③ 적분동작
④ 비례동작

해설 ON-OFF 동작(2위치 동작) : 제어량이 설정치에서 벗어났을 때 조작부를 ON(개[開]) 또는 OFF(폐[閉])의 동작 중 하나로 동작시키는 것으로 조작신호가 최대, 최소가 되며 전자밸브(solenoid valve)의 동작이 대표적이다. 답 ①

60 다이어프램 압력계의 특징이 아닌 것은?

① 점도가 높은 액체에 부적합하다.
② 먼지가 함유된 액체에 적합하다.
③ 대기압과의 차가 적은 미소압력의 측정에 사용한다.
④ 다이어프램으로 고무, 스테인리스 등의 탄성체 박판이 사용된다.

해설 다이어프램식 압력계의 특징
㉮ 응답속도가 빠르나 온도의 영향을 받는다.
㉯ 극히 미세한 압력 측정에 적당하다.
㉰ 부식성 유체의 측정이 가능하다.
㉱ 압력계가 파손되어도 위험이 적다.
㉲ 먼지를 함유한 액체나 점도가 높은 액체의 측정에 적합하다.
㉳ 연소로의 통풍계(draft gauge)로 사용한다.
㉴ 다이어프램의 재료로는 고무, 인청동, 스테인리스 등의 박판이 사용된다.
㉵ 측정범위는 20 ~ 5000[mmH$_2$O]이다. 답 ①

4과목 - 열설비재료 및 관계법

61 내식성, 굴곡성이 우수하고 양도체이며 내압성도 있어서 열교환기용 전열관, 급수관 등 화학공업용으로 주로 사용되는 관은?

① 주철관
② 동관
③ 강관
④ 알루미늄관

해설 동관의 특징
㉮ 담수(淡水)에 대한 내식성이 우수하다.
㉯ 열전도율이 좋고, 가공성이 좋아 배관시공이 용이하다.
㉰ 아세톤, 프레온 가스 등 유기약품에 침식되지 않는다.
㉱ 관 내부에서 마찰저항이 적다.
㉲ 연수(軟水)에는 부식된다.
㉳ 외부의 기계적 충격에 약하다.
㉴ 가격이 비싸다.
㉵ 암모니아(NH$_3$), 초산, 진한황산(H$_2$SO$_4$)에는 심하게 부식된다. 답 ②

62 크롬벽돌이나 크롬-마그나벽돌이 고온에서 산화철을 흡수하여 표면이 부풀어 오르고 떨어져 나가는 현상은?

① 버스팅
② 큐어링
③ 슬래킹
④ 스폴링

해설 내화물에서 나타나는 현상
⑦ 스폴링(spalling) 현상 : 박락현상이라 하며 내화물이 사용하는 도중에 갈라지든지, 떨어져 나가는 현상을 말한다.
④ 슬래킹(slacking) 현상 : 수증기를 흡수하여 체적변화를 일으켜 균열이 발생하거나 떨어져 나가는 현상으로 염기성 내화물에서 공통적으로 일어난다.
⑤ 버스팅(bursting) 현상 : 크롬 철광을 원료로 하는 내화물이 1600℃ 이상에서 산화철을 흡수하여 표면이 부풀어 오르고 떨어져 나가는 현상으로 크롬질 내화물에서 발생한다. 답 ①

63 에너지이용 합리화법령에 따라 열사용기자재관리에 대한 설명으로 틀린 것은?

① 계속사용검사는 검사유효기간의 만료일이 속하는 연도의 말까지 연기할 수 있으며, 연기하려는 자는 검사대상기기 검사연기 신청서를 한국에너지공단이사장에게 제출하여야 한다.
② 한국에너지공단이사장은 검사에 합격한 검사대상기기에 대해서 검사 신청인에게 검사일로부터 7일 이내에 검사증을 발급하여야 한다.
③ 검사대상기기관리자의 선임신고는 신고 사유가 발생한 날로부터 20일 이내에 하여야 한다.
④ 검사대상기기의 설치자가 사용 중인 검사대상기기를 폐기한 경우에는 폐기한 날부터 15일 이내에 검사대상기기 폐기신고서를 한국에너지공단이사장에게 제출하여야 한다.

해설 (1) 검사대상기기 조종자의 선임신고는 신고 사유가 발생한 날로부터 30일 이내에 하여야 한다. : 에너지이용 합리화법 시행규칙 제31조의28 2항
(2) 각 항목 해당 규정
①항 : 에너지이용 합리화법 시행규칙 제31조의20
②항 : 에너지이용 합리화법 시행규칙 제31조의21
④항 : 에너지이용 합리화법 시행규칙 제31조의23 답 ③

64 다음 중 에너지이용 합리화법령에 따른 검사 대상기기에 해당하는 것은?

① 정격용량이 0.5[MW]인 철금속가열로
② 가스사용량이 20[kg/h]인 소형 온수 보일러
③ 최고사용압력이 0.1[MPa]이고, 전열면적이 4[m²]인 강철제 보일러
④ 최고사용압력이 0.1[MPa]이고, 동체 안지름이 300[mm]이며, 길이가 500[mm]인 강철제 보일러

해설 검사대상기기 : 에너지이용 합리화법 시행규칙 제31조의6, 별표3의3

구분	검사대상기기명	적용범위
보일러	강철제보일러 주철제보일러	다음 각호의 어느 하나에 해당하는 것을 제외한다. 1. 최고사용압력이 0.1[MPa] 이하이고, 동체의 안지름이 300[mm] 이하이며, 길이가 600[mm] 이하인 것 2. 최고사용압력이 0.1[MPa] 이하이고, 전열면적이 5[m²] 이하인 것 3. 2종 관류보일러 4. 온수를 발생시키는 보일러로서 대기 개방형인 것
	소형온수보일러	가스를 사용하는 것으로서 가스사용량이 17[kg/h](도시가스는 232.6[kW])를 초과하는 것
압력용기	1종압력용기 2종압력용기	별표1의 규정에 의한 압력용기의 적용범위에 의한다.
요로	철금속가열로	정격용량이 0.58[MW]를 초과하는 것

답 ②

65 배관의 축방향 응력 σ[kPa]을 나타낸 식은? (단, d : 배관의 내경[mm], P : 배관의 내압[kPa], t : 배관의 두께[mm]이며, t는 충분히 얇다.)

① $\sigma = \dfrac{P\pi d}{4t}$ ② $\sigma = \dfrac{Pd}{4t}$

③ $\sigma = \dfrac{P\pi d}{2t}$ ④ $\sigma = \dfrac{Pd}{2t}$

해설 ㉮ 원둘레방향 응력 : $\sigma_A = \dfrac{Pd}{2t}$

㉯ 길이방향 응력 : $\sigma_B = \dfrac{Pd}{4t}$ **답** ②

66 에너지이용 합리화법령상 효율관리기자재에 대한 에너지소비효율등급을 거짓으로 표시한 자에 해당하는 과태료는?

① 3백만 원 이하   ② 5백만 원 이하
③ 1천만 원 이하   ④ 2천만원 이하

해설 2천만 원 이하의 과태료 : 에너지이용 합리화법 제78조
㉮ 효율관리기자재에 대한 에너지소비효율등급 또는 에너지소비효율을 표시하지 아니하거나 거짓으로 표시를 한 자
㉯ 에너지진단을 받지 아니한 에너지다소비사업자
㉰ 한국에너지공단에 사고의 일시·내용 등을 통보하지 아니하거나 거짓으로 통보한 자 **답** ④

67 고온용 무기질 보온재로서 경량이고 기계적 강도가 크며 내열성, 내수성이 강하고 내마모성이 있어 탱크, 노벽 등에 적합한 보온재는?

① 암면   ② 석면
③ 규산칼슘   ④ 탄산마그네슘

해설 규산칼슘 보온재의 특징
㉮ 규산질, 석회질, 암면 등을 혼합하여 만든 결정체 보온재이다.
㉯ 압축강도가 크며 반영구적이다.
㉰ 내수성, 내구성이 우수하며 시공이 편리하다.
㉱ 고온 공업용에 가장 많이 사용된다.
㉲ 열전도율 : 0.053~0.065[kcal/h·m·℃]
㉳ 안전 사용온도 : 650[℃] **답** ③

68 에너지이용 합리화법령에 따라 효율관리기자재의 제조업자 또는 수입업자는 효율관리시험기관에서 해당 효율관리기자재의 에너지 사용량을 측정 받아야 한다. 이 시험기관은 누가 지정하는가?

① 과학기술정보통신부장관
② 산업통상자원부장관
③ 기획재정부장관
④ 환경부장관

해설 효율관리시험기관 지정(에너지이용 합리화법 제15조 제2항) : 효율관리기자재의 제조업자 또는 수입업자는 산업통상자원부장관이 지정하는 시험기관(이하 '효율관리시험기관'이라 한다)에서 해당 효율관리기자재의 에너지 사용량을 측정받아 에너지소비효율등급 또는 에너지소비효율을 해당 효율관리기자재에 표시하여야 한다. **답** ②

69 아래는 에너지이용 합리화법령상 에너지의 수급차질에 대비하기 위하여 산업통상자원부장관이 에너지저장의무를 부과할 수 있는 대상자의 기준이다. ( )에 들어갈 용어는?

> 연간 (   ) 석유환산톤 이상의 에너지를 사용하는 자

① 1천   ② 5천
③ 1만   ④ 2만

해설 에너지저장의무 부과 대상자 : 에너지이용 합리화법 시행령 제12조 1항
㉮ 전기사업법에 따른 전기사업자
㉯ 도시가스사업법에 따른 도시가스사업자
㉰ 석탄산업법에 따른 석탄가공업자
㉱ 집단에너지법에 따른 집단에너지사업자
㉲ 연간 2만 석유환산톤(TOE) 이상의 에너지를 사용하는 자 **답** ④

70 에너지이용 합리화법령에 따라 자발적 협약 체결기업에 대한 지원을 받기 위해 에너지사용자와 정부 간 자발적 협약의 평가기준에 해당하지 않는 것은?

① 계획 대비 달성률 및 투자실적
② 에너지이용 합리화 자금 활용실적
③ 자원 및 에너지의 재활용 노력
④ 에너지절감량 또는 에너지의 합리적인 이용을 통한 온실가스배출 감축량

해설 자발적 협약의 평가기준 : 에너지이용 합리화법 시행규칙 제26조 제2항
㉮ 에너지절감량 또는 에너지의 합리적인 이용을 통한 온실가스배출 감축량
㉯ 계획 대비 달성률 및 투자실적
㉰ 자원 및 에너지의 재활용 노력
㉱ 그 밖에 에너지절감 또는 에너지의 합리적인 이용을 통한 온실가스배출 감축에 관한 사항
답 ②

71 보온재의 구비조건으로 틀린 것은?
① 불연성일 것
② 흡수성이 클 것
③ 비중이 작을 것
④ 열전도율이 작을 것

해설 보온재의 구비조건(선정 시 고려사항)
㉮ 열전도율이 작을 것
㉯ 흡습, 흡수성이 작을 것
㉰ 적당한 기계적 강도를 가질 것
㉱ 시공성이 좋고, 경제적일 것
㉲ 부피, 비중(밀도)이 작을 것
㉳ 내열, 내약품성이 있을 것
㉴ 안전 사용온도 범위에 적합할 것
답 ②

72 작업이 간편하고 조업주기가 단축되며 요체의 보유열을 이용할 수 있어 경제적인 반연속식 요는?
① 셔틀요 ② 윤요
③ 터널요 ④ 도염식요

해설 셔틀요(shuttle kiln) : 단가마의 단점을 줄이기 위하여 이용되는 것으로 가마 1개당 2대 이상의 대차를 준비하여 1개 대차에서 소성작업을 한 후 냉각파가 생기지 않는 한 대차를 끌어내고, 다른 대차를 밀어 넣어 소성작업을 한다.
답 ①

73 에너지법령상 시·도지사는 관할 구역의 지역적 특성을 고려하여 저탄소 녹색성장 기본법에 따른 에너지기본계획의 효율적인 달성과 지역경제의 발전을 위한 지역에너지계획을 몇 년마다 수립·시행하여야 하는가?
① 2년 ② 3년
③ 4년 ④ 5년

해설 지역에너지계획의 수립(에너지법 제7조) : 특별시장, 광역시장, 도지사 또는 특별자치도지사는 관할 구역의 지역적 특성을 고려하여 에너지기본계획의 효율적인 달성과 지역경제의 발전을 위한 지역에너지계획을 5년마다 5년 이상을 계획기간으로 하여 수립, 시행하여야 한다.
답 ④

74 에너지이용 합리화법령에 따라 에너지절약 전문기업의 등록신청 시 등록신청서에 첨부해야 할 서류가 아닌 것은?
① 사업계획서
② 보유장비명세서
③ 기술인력명세서(자격증명서 사본 포함)
④ 감정평가업자가 평가한 자산에 대한 감정평가서(법인인 경우)

해설 에너지절약 전문기업의 등록 신청 시 신청서 첨부서류 : 에너지이용 합리화법 시행규칙 제24조
㉮ 사업계획서
㉯ 보유장비 명세서 및 기술인력 명세서(자격증명서 사본 포함)
㉰ 감정평가업자가 평가한 자산에 대한 감정평가서(개인인 경우만 해당)
㉱ 공인회계사가 검증한 최근 1년 이내의 재무상태표(법인인 경우에만 해당)
※ ④번 항목은 법인으로 주어졌기 때문에 해당되는 사항이 아니다.
답 ④

75 에너지이용 합리화법령상 검사의 종류가 아닌 것은?
① 설계검사 ② 제조검사
③ 계속사용검사 ④ 개조검사

해설 검사의 종류 : 에너지이용 합리화법 시행규칙 31조의 7, 별표3의4
㉮ 제조검사 : 용접검사, 구조검사
㉯ 설치검사 ㉰ 개조검사
㉱ 설치장소 변경검사
㉲ 재사용검사
㉳ 계속사용검사 : 안전검사, 운전성능검사
답 ①

76 제철 및 제강공정 중 배소로의 사용 목적으로 가장 거리가 먼 것은?
① 유해성분의 제거
② 산화도의 변화
③ 분상광석의 괴상으로의 소결
④ 원광석의 결합수의 제거와 탄산염의 분해

해설 배소로의 사용목적
㉮ 화합수(化合水) 및 탄산염의 분해를 촉진
㉯ 산화도를 변화시켜 제련을 용이하게 함
㉰ 유해성분(S, P, As 등)을 제거
㉱ 균열 등 물리적인 변화
답 ③

77 샤모트(chamotte) 벽돌의 원료로서 샤모트 이외에 가소성 생점토(生粘土)를 가하는 주된 이유는?
① 치수 안정을 위하여
② 열전도성을 좋게 하기 위하여
③ 성형 및 소결성을 좋게 하기 위하여
④ 건조 소성, 수축을 미연에 방지하기 위하여

해설 샤모트(chamotte) 벽돌 : 가소성이 없어 10~30[%] 성노의 생점토를 첨가한 것으로 내화도 3K 20~34이다.
답 ③

78 에너지이용 합리화법령상 특정열사용기자재의 설치·시공이나 세관(洗罐)을 업으로 하는 자는 어떤 법령에 따라 누구에게 등록하여야 하는가?
① 건설산업기본법, 시·도지사
② 건설산업기본법, 과학기술정보통신부장관
③ 건설기술 진흥법, 시장·구청장
④ 건설기술 진흥법, 산업통상자원부장관

해설 특정열사용기자재의 설치·시공, 세관(洗罐)을 업으로 등록(건설업등록)할 때에는 건설산업기본법 시행규칙 제2조에 따라 시·도지사 또는 등록업무위탁기관에 건설업등록 신청서를 제출한다.
답 ①

79 소성가마 내 열의 전열방법으로 가장 거리가 먼 것은?
① 복사
② 전도
③ 전이
④ 대류

해설 열의 전달(전열)방법 종류 : 전도, 대류, 복사
답 ③

80 도염식 가마(down draft kiln)에서 불꽃의 진행방향으로 옳은 것은?
① 불꽃이 올라가서 가마 천장에 부딪쳐 가마 바닥의 흡입구멍으로 빠진다.
② 불꽃이 처음부터 가마 바닥과 나란하게 흘러 굴뚝으로 나간다.
③ 불꽃이 연소실에서 위로 올라가 천장에 닿아서 수평으로 흐른다.
④ 불꽃의 방향이 일정하지 않으나 대개 가마 밑에서 위로 흘러나간다.

해설 도염식 가마(down draft kiln) : 꺾임 불꽃 가마로 아궁이쪽에서 발생한 불꽃이 측벽과 화교 사이를 거쳐 올라가서 소성실 천정에 부딪혀 가마 바닥의 흡입공으로 빠지면서 피가열체를 소성하는 요이다.
답 ①

5과목 - 열설비 설계

81 프라이밍 및 포밍의 발생 원인이 아닌 것은?
① 보일러를 고수위로 운전할 때
② 증기부하가 적고 증발수면이 넓을 때
③ 주증기 밸브를 급히 열었을 때
④ 보일러수에 불순물, 유지분이 많이 포함되어 있을 때

해설 포밍, 프라이밍 현상의 발생원인
㉮ 보일러 관수의 농축
㉯ 유지분, 알칼리분, 부유물 함유
㉰ 주증기 밸브의 급격한 개방

㉣ 부하의 급격한 변화
㉤ 증기발생 속도가 빠를 때
㉥ 청관제 사용이 부적합
㉦ 보일러 수위가 높을 때 **답** ②

82 노통 보일러에 갤러웨이 관을 직각으로 설치하는 이유로 적절하지 않은 것은?

① 노통을 보강하기 위하여
② 보일러수의 순환을 돕기 위하여
③ 전열면적을 증가시키기 위하여
④ 수격작용을 방지하기 위하여

해설 갤러웨이 관(galloway tube) : 노통에 직각으로 2~3개 정도 설치한 관으로 전열면적을 증가시키며 보일러 수(水)의 순환을 좋게 하고 노통을 보강하는 역할을 한다. **답** ④

83 다음 각 보일러의 특징에 대한 설명 중 틀린 것은?

① 입형 보일러는 좁은 장소에도 설치할 수 있다.
② 노통 보일러는 보유수량이 적어 증기발생 소요시간이 짧다.
③ 수관 보일러는 구조상 대용량 및 고압용에 적합하다.
④ 관류 보일러는 드럼이 없어 초고압보일러에 적합하다.

해설 노통 보일러는 보유수량이 많아 증기발생 소요시간이 길며, 폭발 시 피해가 크다. **답** ②

84 수관식 보일러에 급수되는 TDS가 2500 [μS /cm]이고, 보일러수의 TDS는 5000 [μS /cm]이다. 최대증기 발생량이 10000 [kg/h]라고 할 때 블로다운량[kg/h]은?

① 2000 ② 4000
③ 8000 ④ 10000

해설 ㉮ 최대증기 발생량 10000[kg/h]이 급수량이 된다.
㉯ 응축수는 회수하지 않으므로 응축수 회수율(R)은 0이다.
㉰ 블로다운량 계산

$$\therefore X = \frac{W(1-R)d}{r-d}$$
$$= \frac{10000 \times (1-0.0) \times 2500}{5000 - 2500}$$
$$= 10000[kg/h]$$

※ TDS(total dissolved solid) : 용존고형물총량을 의미한다. **답** ④

85 일반적으로 보일러에 사용되는 중화방청제가 아닌 것은?

① 암모니아
② 히드라진
③ 탄산나트륨
④ 포름산나트륨

해설 산세정 후 중화 방청제 종류 : 가성소다(NaOH), 암모니아(NH$_3$), 탄산나트륨(Na$_2$CO$_3$), 인산나트륨(Na$_3$PO$_4$), 히드라진(N$_2$H$_4$) **답** ④

86 원통형 보일러의 노통이 편심으로 설치되어 관수의 순환작용을 촉진시켜 줄 수 있는 보일러는?

① 코르니시 보일러
② 라몬트 보일러
③ 케와니 보일러
④ 기관차 보일러

해설 코르니쉬 보일러는 보일러 물의 순환을 좋게 하기 위하여 노통을 한쪽으로 편심시켜 설치한다. **답** ①

87 두께 20[cm]의 벽돌의 내측에 10[mm]의 모르타르와 5[mm]의 플라스터 마무리를 시행하고, 외측은 두께 15[mm]의 모르타르 마무리를 시공하였다. 아래 계수를 참고할 때, 다층벽의 총 열관류율[W/m$^2 \cdot$℃]은?

- 실내측벽 열전달계수 $h_1 = 8[W/m^2 \cdot ℃]$
- 실외측벽 열전달계수 $h_2 = 20[W/m^2 \cdot ℃]$
- 플라스터 열전도율 $\lambda_1 = 0.5[W/m \cdot ℃]$
- 모르타르 열전도율 $\lambda_2 = 1.3[W/m \cdot ℃]$
- 벽돌 열전도율 $\lambda_3 = 0.65[W/m \cdot ℃]$

① 1.95 ② 4.57
③ 8.72 ④ 12.31

해설 ㉮ 모르타르는 벽돌 내측 10[mm], 외측에 15[mm]를 시공하였으므로 모르타르의 두께는 25[mm]이다.
㉯ 열관류율 계산

$$\therefore K = \cfrac{1}{\cfrac{1}{h_1} + \cfrac{b_1}{\lambda_1} + \cfrac{b_2}{\lambda_2} + \cfrac{b_3}{\lambda_3} + \cfrac{1}{h_2}}$$

$$= \cfrac{1}{\cfrac{1}{8} + \cfrac{0.005}{0.5} + \cfrac{0.01 + 0.015}{1.3} + \cfrac{0.2}{0.65} + \cfrac{1}{20}}$$

$$= 1.953 [W/m^2 \cdot ℃]$$ **답** ①

88 공기예열기 설치에 따른 영향으로 틀린 것은?
① 연소효율을 증가시킨다.
② 과잉공기량을 줄일 수 있다.
③ 배기가스 저항이 줄어든다.
④ 질소산화물에 의한 대기오염의 우려가 있다.

해설 공기예열기 사용 시 특징(영향)
(1) 장점
 ㉮ 전열효율, 연소효율 향상되어 보일러 열효율이 증가한다.
 ㉯ 예열공기의 공급으로 불완전 연소가 감소된다.
 ㉰ 노내의 온도를 고온으로 유지할 수 있다.
 ㉱ 품질이 낮은 연료도 사용할 수 있다.
(2) 단점
 ㉮ 통풍저항 증가한다. (연돌의 통풍력 저하)
 ㉯ 저온부식의 원인이 된다.
 ㉰ 연도의 청소, 검사, 점검 곤란
 ㉱ 노내의 온도가 고온으로 유지되기 때문에 질소산화물이 발생하고 대기오염의 우려가 있다. **답** ③

89 관판의 두께가 20[mm]이고, 관 구멍의 지름이 51[mm]인 연관의 최소 피치[mm]는 얼마인가?
① 35.5 ② 45.5
③ 52.5 ④ 62.5

해설 $P = \left(1 + \cfrac{4.5}{t}\right) \times d = \left(1 + \cfrac{4.5}{20}\right) \times 51$
$= 62.475 [mm]$ **답** ④

90 100[kN]의 인장하중을 받는 한쪽 덮개판 맞대기 리벳이음이 있다. 리벳의 지름이 15[mm], 리벳의 허용전단응력이 60[MPa]일 때 최소 몇 개의 리벳이 필요한가?
① 10 ② 8
③ 6   ④ 4

해설 한 쪽 덮개판 맞대기 리벳이음의 전단응력
$W = n\tau \cfrac{\pi D^2}{4}$ 에서 리벳의 수(n)를 구한다.

$\therefore n = \cfrac{4W}{\tau \pi D^2} = \cfrac{4 \times (100 \times 10^3)}{60 \times \pi \times 15^2}$
$= 9.431 ≒ 10[개]$

참고 [Pa] = [N/m²]이므로
전단응력 60[MPa] = 60[MN/m²] = $60 \times 10^6 [N/m^2]$
이고, 1[m] = 1000[mm]이므로
60[MPa] = 60[N/mm²]이다.
(∵ $60 \times 10^6 [N/m^2] \times \{[1m]^2/[1000mm]^2\}$
 $= 60[N/mm^2]$) **답** ①

91 이상적인 흑체에 대하여 단위면적당 복사에너지 E와 절대온도 T의 관계식으로 옳은 것은? (단, σ는 스테판-볼츠만 상수이다.)
① $E = \sigma T^2$ ② $E = \sigma T^4$
③ $E = \sigma T^6$ ④ $E = \sigma T^8$

해설 이상적인 흑체의 복사에너지 계산식
 $\therefore E = \sigma T^4$
여기서, E : 복사에너지[W/m²]
 σ : 스테판-볼츠만 상수[W/m²·K⁴]
 T : 방사체 표면 절대온도[K] **답** ②

92 보일러의 내부청소 목적에 해당하지 않는 것은?

① 스케일 슬러지에 의한 보일러 효율 저하 방지
② 수면계 노즐 막힘에 의한 장해방지
③ 보일러 수 순환 저해방지
④ 슈트블로어에 의한 매연 제거

해설 보일러 내부청소 목적
㉮ 스케일, 슬러지를 제거하여 보일러 효율 저하를 방지한다.
㉯ 보일러 관수 순환 저해를 방지한다.
㉰ 수면계 노즐 막힘에 의한 장해를 방지한다.
㉱ 보일러 열효율을 향상시키고 연료를 절감한다.
㉲ 보일러 수명을 연장한다.
㉳ 부식, 과열 사고 등을 방지한다.
※ 슈트블로어(soot blower) : 그을음 불어내기라 하며 전열면 외측 또는 수관 주위의 그을음이나 재를 불어 제거하는 방법으로 외부 청소법에 해당된다. **답** ④

93 증기압력 120[kPa]의 포화증기(포화온도 104.5[℃], 증발잠열 2245[kJ/kg])를 내경 52.9[mm], 길이 50[m]인 강관을 통해 이송하고자 할 때 트랩 선정에 필요한 응축수량[kg]은? (단, 외부온도 0[℃], 강관의 질량 300[kg], 강관비열 0.46[kJ/kg·℃]이다.)

① 4.4 ② 6.4 ③ 8.4 ④ 10.4

해설 $Q_c = \dfrac{Q}{\gamma} = \dfrac{G \times C \times \Delta t}{\gamma}$

$= \dfrac{300 \times 0.46 \times (104.5 - 0)}{2245} = 6.423 [kg]$ **답** ②

94 프라이밍 현상을 설명한 것으로 틀린 것은?

① 절탄기의 내부에 스케일이 생긴다.
② 안전밸브, 압력계의 기능을 방해한다.
③ 워터해머(water hammer)를 일으킨다.
④ 수면계의 수위가 요동해서 수위를 확인하기 어렵다.

해설 (1) 프라이밍(priming) 현상 : 급격한 증발현상으로 동수면에서 작은 입자의 물방울이 증기와 혼입하여 튀어 오르는 현상이다.
(2) 프라이밍 발생 시 나타나는 현상
㉮ 캐리오버(carry over)현상이 발생한다.
㉯ 수위계의 수위 확인이 곤란하다.
㉰ 계기류 연락관의 막힘으로 기능을 방해한다.
㉱ 송기되는 증기에 불순물이 함유된다.
㉲ 증기의 열량 감소한다.
㉳ 배관의 부식을 초래한다.
㉴ 배관, 기관 내에서 수격작용이 발생한다. **답** ①

95 노통연관식 보일러의 특징에 대한 설명으로 옳은 것은?

① 외분식이므로 방산손실열량이 크다.
② 고압이나 대용량 보일러로 적당하다.
③ 내부청소가 간단하므로 급수처리가 필요없다.
④ 보일러의 크기에 비하여 전열면적이 크고 효율이 좋다.

해설 노통연관식 보일러의 특징
㉮ 노통 보일러에 비하여 열효율이 80~90[%]로 높다.
㉯ 패키지 형태로 제작, 운반, 설치, 취급이 용이하다.
㉰ 구조가 복잡하여 청소, 검사, 수리가 어렵다.
㉱ 증발속도가 빨라 스케일이 부착되기 쉽다.
㉲ 양질의 급수를 요한다.
㉳ 구조상 고압, 대용량 제작이 어렵다. **답** ④

96 압력용기에 대한 수압시험의 압력기준으로 옳은 것은?

① 최고사용압력이 0.1[MPa] 이상의 주철제 압력용기는 최고사용압력의 3배이다.
② 비철금속제 압력용기는 최고사용압력의 1.5배의 압력에 온도를 보정한 압력이다.
③ 최고사용압력이 1[MPa] 이하의 주철제 압력용기는 0.1[MPa]이다.
④ 법랑 또는 유리 라이닝한 압력용기는 최고사용압력의 1.5배의 압력이다.

해설 압력용기 수압시험 압력 기준
㉮ 강제 또는 비철금속제의 압력용기는 최고사용압력의 1.5배의 압력에 온도를 보정한 압력
㉯ 최고사용압력이 0.1[MPa] 이하인 주철제 압력용기는 0.2[MPa]의 압력
㉰ 최고사용압력이 0.1[MPa]를 초과하는 주철제 압력용기는 최고사용압력의 2배의 압력
㉱ 법랑 또는 유리 라이닝한 압력용기는 최고사용압력
㉲ 기압시험 압력은 최고사용압력의 1.25배의 압력에 온도보정을 한 압력
㉳ 특수한 형상 등으로 강도를 계산하기 어려운 부분은 계산식에 의하여 계산한 검정수압 시험압력으로 한다.　답 ②

97 내압을 받는 보일러 동체의 최고사용압력은? (단, t : 두께[mm], P : 최고사용압력[MPa], D_i : 동체 내경[mm], η : 길이 이음효율, σ_a : 허용인장응력[MPa], α : 부식여유, k : 온도상수이다.)

① $P = \dfrac{2\sigma_a \eta (t-\alpha)}{D_i + (1-k)(t-\alpha)}$

② $P = \dfrac{2\sigma_a \eta (t-\alpha)}{D_i + 2(1-k)(t-\alpha)}$

③ $P = \dfrac{4\sigma_a \eta (t-\alpha)}{D_i + 2(1-k)(t-\alpha)}$

④ $P = \dfrac{42\sigma_a \eta (t-\alpha)}{D_i + (1-k)(t-\alpha)}$

해설 ㉮ 원통보일러 동판 두께 계산식
$t = \dfrac{PD_i}{2\sigma_a \eta - 2P(1-k)} + \alpha$ 에서 최고사용압력 P를 계산하는 식을 유도한다.
㉯ 최고사용압력 P를 계산하는 식 정리
$t - \alpha = \dfrac{PD_i}{2\sigma_a \eta - 2P(1-k)}$
$PD_i = 2\sigma_a \eta (t-\alpha) - 2P(1-k)(t-\alpha)$
$PD_i + 2P(1-k)(t-\alpha) = 2\sigma_a \eta (t-\alpha)$
$P\{D_i + 2(1-k)(t-\alpha)\} = 2\sigma_a \eta (t-\alpha)$
$\therefore P = \dfrac{2\sigma_a \eta (t-\alpha)}{D_i + 2(1-k)(t-\alpha)}$　답 ②

98 보일러의 스테이를 수리·변경하였을 경우 실시하는 검사는?

① 설치검사　② 대체검사
③ 개조검사　④ 개체검사

해설 개조검사 대상 : 에너지이용 합리화법 시행규칙 제31조의7, 별표3의4
㉮ 증기보일러를 온수보일러로 개조하는 경우
㉯ 보일러 섹션의 증감에 의하여 용량을 변경하는 경우
㉰ 동체, 돔, 노통, 연소실, 경판, 천정판, 관판, 관모음 또는 스테이의 변경으로서 산업통상자원부장관이 정하여 고시하는 대수리의 경우
㉱ 연료 또는 연소방법을 변경하는 경우
㉲ 철금속가열로로서 산업통상자원부장관이 정하여 고시하는 경우의 수리　답 ③

99 보일러의 전열면에 부착된 스케일 중 연질 성분인 것은?

① $Ca(HCO_3)_2$　② $CaSO_4$
③ $CaCl_2$　④ $CaSiO_3$

해설 스케일의 분류 및 원인 성분
㉮ 연질스케일 : 탄산칼슘[$Ca(HCO_3)_2$], 탄산마그네슘[$Mg(HCO_3)_2$], 산화철 등
㉯ 경질스케일 : 황산칼슘($CaSO_4$), 황산마그네슘($MgSO_4$), 규산칼슘($CaSiO_3$), 실리카(SiO_2) 등
※ 일반적으로 탄산염은 연질스케일, 황산염, 규산염은 경질스케일이 된다.　답 ①

100 보일러의 용량을 산출하거나 표시하는 값으로 틀린 것은?

① 상당증발량　② 보일러마력
③ 재열계수　④ 전열면적

해설 보일러 용량 표시방법
㉮ 시간당 최대증발량 : [kg/h], [ton/h]
㉯ 상당(환산) 증발량 : [kg/h]
㉰ 최고 사용압력 : [kgf/cm^2], [MPa]
㉱ 보일러 마력
㉲ 전열면적 : [m^2]
㉳ 과열증기온도 : [℃]　답 ③

2021년 4회 에너지관리기사필기

1과목 - 연소공학

01 과잉공기를 공급하여 어떤 연료를 연소시켜 건연소가스를 분석하였다. 그 결과 CO_2, O_2, N_2의 함유율이 각각 16[%], 1[%], 83[%] 이었다면 이 연료의 최대 탄산가스율은 몇 [%]인가?

① 15.6
② 16.8
③ 17.4
④ 18.2

해설 배기가스 중 일산화탄소(CO)가 없으므로 완전연소가 된 것이다.

$$\therefore [CO_2]_{max} = \frac{21 CO_2}{21 - O_2} = \frac{21 \times 16}{21 - 1} = 16.8[\%]$$

답 ②

02 전기식 집진장치에 대한 설명 중 틀린 것은?

① 포집입자의 직경은 30~50[μm] 정도이다.
② 집진효율이 90~99.9[%]로서 높은 편이다.
③ 고전압장치 및 정전설비가 필요하다.
④ 낮은 압력손실로 대량의 가스 처리가 가능하다.

해설 전기식 집진장치 특징
㉮ 집진효율이 90~99.9[%]로서 가장 높다.
㉯ 압력손실이 적고, 미세한 입자 제거에 용이하다.
㉰ 대량의 가스를 취급할 수 있다.
㉱ 보수비, 운전비가 적다.
㉲ 설치 소요면적이 크다.
㉳ 고전압장치 및 정전설비가 필요하므로 설비비가 많이 소요된다.
㉴ 부하변동에 적응이 어렵다.
㉵ 포집입자의 지름은 0.05~20[μm] 정도이다.

답 ①

03 C_2H_4가 10[g] 연소할 때 표준상태인 공기는 160[g] 소모되었다. 이때 과잉공기량은 약 몇 [g]인가? (단, 공기 중 산소의 중량비는 23.2[%]이다.)

① 12.22
② 13.22
③ 14.22
④ 15.22

해설 ㉮ 에틸렌(C_2H_4)의 완전연소 반응식
$C_2H_4 + 3O_2 \rightarrow 2CO_2 + 2H_2O$
㉯ 이론공기량[g] 계산 : 에틸렌 분자량은 28[g/mol]이고, 산소 분자량은 32[g/mol]이다.
$28[g] : 3 \times 32[g] = 10[g] : x(O_0)[g]$

$$\therefore A_0 = \frac{O_0}{0.232} = \frac{3 \times 32 \times 10}{28 \times 0.232} = 147.783[g]$$

㉰ 과잉공기량(B) 계산 : 소모된 공기량 160[g]이 실제 공기량(A)에 해당된다.
$\therefore B = A - A_0 = 160 - 147.783 = 12.217[g]$

답 ①

04 공기를 사용하여 기름을 무화시키는 형식으로, 200~700[kPa]의 고압공기를 이용하는 고압식과 5~200[kPa]의 저압공기를 이용하는 저압식이 있으며, 혼합 방식에 의해 외부혼합식과 내부혼합식으로 구분하는 버너의 종류는?

① 유압분무식 버너
② 회전식 버너
③ 기류분무식 버너
④ 건타입 버너

해설 기류분무식 버너 : 5~200[kPa]의 저압공기를 이용하는 저압식과 200~700[kPa]의 고압공기 또는 증기를 이용하는 고압식으로 분류한다.

참고 저압 기류식과 고압 기류식 버너의 특징
(1) 저압 기류식(저압공기 분무식) 버너
㉮ 연동형[공기와 연료비 비례조절(1 : 6)]과 비연동형[공기와 연료비 별도 조절(1 : 5)]으로 분류한다.
㉯ 분무각도는 30~60°이다.
㉰ 구조가 간단하여 취급이 간편하다.
㉱ 공기압이 높으면 무화공기량이 줄어든다.

⑪ 점도가 낮은 중유도 연소할 수 있다.
⑪ 일반적으로 소형 보일러에 사용한다.
㉧ 분무용 공기량은 이론공기량의 30 ~ 50[%] 정도 소요된다.
(2) 고압 기류식(고압공기 분무식) 버너
   ㉮ 증기분무식, 내부혼합식, 외부혼합식, 중간 혼합식으로 분류한다.
   ㉯ 분무각도는 30° 이다.
   ㉰ 유량 조절범위 1 : 10 이다.
   ㉱ 고점도 연료도 무화가 가능하다.
   ㉲ 연소 시 소음발생이 심하다.
   ㉳ 부하변동이 큰 곳에 적당하다.
   ㉴ 분무용 공기량은 이론공기량의 7 ~ 12[%] 정도 소요된다. **답** ③

05 증기운 폭발의 특징에 대한 설명으로 틀린 것은?
① 폭발보다 화재가 많다.
② 연소에너지의 약 20[%]만 폭풍파로 변한다.
③ 증기운의 크기가 클수록 점화될 가능성이 커진다.
④ 점화위치가 방출점에서 가까울수록 폭발 위력이 크다.

해설 증기운 폭발의 특징
㉮ 증기운의 크기가 증가하면 점화 확률이 커진다.
㉯ 폭발보다는 화재가 일반적이다.
㉰ 연소에너지의 약 20[%]만 폭풍파로 변한다.
㉱ 방출점으로부터 먼 지점에서의 증기운의 점화는 폭발의 충격을 증가시킨다. **답** ④

06 다음 중 연소 전에 연료와 공기를 혼합하여 버너에서 연소하는 방식인 예혼합 연소방식 버너의 종류가 아닌 것은?
① 포트형 버너   ② 저압 버너
③ 고압 버너   ④ 송풍 버너

해설 예혼합 연소방식 버너의 종류
㉮ 저압버너 : 분젠식 버너라 하며, 가스를 노즐로부터 분출시켜 주위의 공기를 1차 공기로 흡입하는 방식이다.

㉯ 고압 버너 : LPG, 부탄가스 등과 공기를 혼합하여 사용하는 버너로 가스압력을 0.2[MPa] 이상으로 한다.
㉰ 송풍 버너 : 연소용 공기를 가압하여 연소하는 형식의 버너로 고압 버너와 마찬가지로 공기를 노즐로 분사함과 동시에 가스를 흡인 혼합하여 연소하는 형식이다. **답** ①

07 프로판 1 [Nm³]를 공기비 1.1로서 완전연소시킬 경우 건연소가스량은 약 몇 [Nm³]인가?
① 20.2   ② 24.2
③ 26.2   ④ 33.2

해설 ㉮ 실제공기량에 의한 프로판(C_3H_8)의 완전연소 반응식
$C_3H_8 + 5O_2 + (N_2) + B \rightarrow 3CO_2 + 4H_2O + (N_2) + B$
㉯ 실제 건연소 가스량 계산 : 프로판 1[Nm³]가 완전 연소할 때 발생하는 CO_2량[Nm³]은 연소반응식에서 몰[mol]수에 해당되고, N_2량[Nm³]은 산소 몰수의 79/21배(3.76배)에 해당된다.

$$\therefore G_d = G_{0d} + B$$
$$= CO_2 + N_2 + \left\{(m-1) \times \frac{O_0}{0.21}\right\}$$
$$= 3 + (5 \times 3.76) + \left\{(1.1-1) \times \frac{5}{0.21}\right\}$$
$$= 24.18[Nm^3]$$ **답** ②

08 인화점이 50[℃] 이상인 원유, 경유 등에 사용되는 인화점 시험방법으로 가장 적절한 것은?
① 태그 밀폐식
② 아벨펜스키 밀폐식
③ 클리브렌드 개방식
④ 펜스키마텐스 밀폐식

해설 인화점 시험방법의 종류

구 분		인화점
개방식	클리브렌드식	80[℃] 이상
	태그법	80[℃] 이하
밀폐식	태그법	80[℃] 이하
	아벨펜스키식	50[℃] 이하
	펜스키마텐스식	50[℃] 이상

※ 태그 개방식은 휘발성 가연물질에 해당된다. **답** ④

09 탄소 12[kg]을 과잉공기계수 1.2의 공기로 완전연소시킬 때 발생하는 연소가스량은 약 몇 [Nm³]인가?

① 84 ② 107
③ 128 ④ 149

해설 ㉮ 실제 공기량에 의한 탄소(C)의 완전연소 반응식
$C + O_2 + (N_2) + B \rightarrow CO_2 + (N_2) + B$
㉯ 연소가스량 계산 : 탄소(C) 1[kmol](12[kg])이 산소 1[kmol]과 반응하여 CO_2 1[kmol]이 생성되므로 실제공기량과 연소가스량의 체적은 같다.
$\therefore A = O_2 + (N_2) + B = m \times A_0$
$= 1.2 \times \left(\dfrac{22.4}{0.21}\right) = 128 [Nm^3]$

별해 ㉮ 실제 공기량에 의한 탄소(C)의 완전연소 반응식
$C + O_2 + (N_2) + B \rightarrow CO_2 + (N_2) + B$
㉯ 이론 공기량에 의한 배기가스량[Nm³] 계산 : 완전연소 반응식에서 탄소 1[kmol](12[kg])이 연소할 때 발생하는 배기가스는 CO_2 1[kmol](22.4[Nm³])과 N_2이고 N_2는 산소량의 3.76배에 해당된다.
$\therefore$ 이론 배기가스량 $= CO_2 + (N_2)$
$= 22.4 + 22.4 \times 3.76$
$= 106.624 [Nm^3]$
㉰ 과잉공기량(B) 계산
$\therefore B = (m-1) \times \dfrac{O_0}{0.21} = (1.2-1) \times \dfrac{22.4}{0.21}$
$= 21.333 [Nm^3]$
㉱ 실제 연소가스량 계산
$\therefore G_w = G_{0w} + B = 106.624 + 21.333$
$= 127.957 [Nm^3]$ **답** ③

10 아래표와 같은 질량분율을 갖는 고체 연료의 총 질량이 2.8[kg]일 때 고위발열량과 저위발열량은 각각 약 몇 [MJ]인가?

C(탄소) : 80.2[%],	H(수소) : 12.3[%]
S(황) : 2.5[%],	W(수분) : 1.2[%]
O(산소) : 1.1[%],	회분 : 2.7[%]

반응식	고위발열량 [MJ/kg]	저위발열량 [MJ/kg]
$C + O_2 \rightarrow CO_2$	32.79	32.79
$H + \frac{1}{4}O_2 \rightarrow \frac{1}{2}H_2O$	141.9	120.0
$S + O_2 \rightarrow SO_2$	9.265	9.265

① 44, 41 ② 123, 115
③ 156, 141 ④ 723, 786

해설 주어진 표에서 탄소(C), 수소(H), 황(S)의 반응식에 따른 고위발열량과 저위발열량에 각 성분의 질량분율을 적용하고 연료량 2.8[kg]을 곱해서 계산한다.
㉮ 고위발열량 계산
$\therefore H_h = \{탄소(C) + 수소(H) + 황(S)\} \times 연료질량$
$= \{(32.79 \times 0.802) + (141.9 \times 0.123)$
$+ (9.265 \times 0.025)\} \times 2.8$
$= 123.152 [MJ/kg]$
㉯ 저위발열량 계산
$\therefore H_l = \{탄소(C) + 수소(H) + 황(S)\} \times 연료질량$
$= \{(32.79 \times 0.802) + (120.0 \times 0.123)$
$+ (9.265 \times 0.025)\} \times 2.8$
$= 115.609 [MJ/kg]$ **답** ②

11 CH_4 가스 1[Nm³]를 30[%] 과잉공기로 연소시킬 때 완전연소에 의해 생성되는 실제 연소가스의 총량은 약 몇 [Nm³]인가?

① 2.4 ② 13.4
③ 23.1 ④ 82.3

해설 ㉮ 실제공기량에 의한 메탄(CH_4)의 완전연소 반응식:
$CH_4 + 2O_2 + (N_2) + B \rightarrow CO_2 + 2H_2O + (N_2) + B$
㉯ 실제 습연소 가스량 계산
$\therefore G_w = G_{0w} + B$
$= CO_2 + H_2O + N_2 + \left\{(m-1) \times \dfrac{O_0}{0.21}\right\}$
$= 1 + 2 + (2 \times 3.76)$
$+ \left\{(1.3 - 1) \times \dfrac{2}{0.21}\right\}$
$= 13.377 [Nm^3]$ **답** ②

12 가스 연소 시 강력한 충격파와 함께 폭발의 전파속도가 초음속이 되는 현상은?

① 폭발 연소
② 충격파 연소
③ 폭연(deflagration)
④ 폭굉(detonation)

해설 데토네이션(detonation) : 폭굉이라 하며, 가스 중의 음속보다도 화염의 전파속도가 큰 경우로 파면선단

에 충격파라고 하는 압력파가 생겨 격렬한 파괴작용을 일으키는 현상으로 가스의 경우 1000~3500[m/s]로 초음속에 해당된다. 　답 ④

13 다음 연소범위에 대한 설명으로 옳은 것은?
① 온도가 높아지면 좁아진다.
② 압력이 상승하면 좁아진다.
③ 연소 상한계 이상의 농도에서는 산소농도가 너무 높다.
④ 연소하한계 이하의 농도에서는 가연성증기의 농도가 너무 낮다.

해설 연소범위(폭발범위) : 공기 중에서 점화원에 의해 폭발을 일으킬 수 있는 혼합가스 중의 가연성가스의 부피범위[%]로 온도가 높아지면 넓어지고, 압력이 상승하면 넓어진다.
※ 연소 상한계 이상의 농도에서는 공기(산소) 농도가 너무 낮은 상태이다.　답 ④

14 연돌의 설치 목적이 아닌 것은?
① 배기가스의 배출을 신속히 한다.
② 가스를 멀리 확산시킨다.
③ 유효 통풍력을 얻는다.
④ 통풍력을 조절해 준다.

해설 연돌의 설치 목적
㉮ 자연통풍일 때 유효한 통풍력을 얻기 위하여
㉯ 배기가스의 배출을 신속히 하기 위하여
㉰ 매연, 황산화물 등을 멀리 확산시키기 위하여

참고 연돌과 연도
㉮ 연돌(chimney) : 열교환이 완료된 연소가스를 대기로 방출하기 위한 굴뚝
㉯ 연도(flue) : 보일러 등에서 연소에 의해서 배출되는 가스가 연돌에 이르기까지의 통로　답 ④

15 고체연료에 비해 액체연료의 장점에 대한 설명으로 틀린 것은?
① 화재, 역화 등의 위험이 적다.
② 회분이 거의 없다.
③ 연소효율 및 열효율이 좋다.
④ 저장운반이 용이하다.

해설 액체연료의 특징
(1) 장점
㉮ 완전연소가 가능하고 발열량이 높다.
㉯ 연소효율이 높고 고온을 얻기 쉽다.
㉰ 연소조절이 용이하고 회분이 적다.
㉱ 품질이 균일하고 저장, 취급이 편리하다.
㉲ 파이프라인을 통한 수송이 용이하다.
(2) 단점
㉮ 연소온도가 높아 국부과열의 위험이 크다.
㉯ 화재, 역화의 위험성이 높다.
㉰ 일반적으로 황성분을 많이 함유하고 있다.
㉱ 버너의 종류에 따라 연소 시 소음이 발생한다.　답 ①

16 고온부식을 방지하기 위한 대책이 아닌 것은?
① 연료에 첨가제를 사용하여 바나듐의 융점을 낮춘다.
② 연료를 전처리하여 바나듐, 나트륨, 황분을 제거한다.
③ 배기가스 온도를 550[℃] 이하로 유지한다.
④ 전열면을 내식재료로 피복한다.

해설 고온부식 방지대책
㉮ 연료를 전처리하여 바나듐 성분을 제거할 것
㉯ 전열면의 온도가 높아지지 않도록 설계할 것
㉰ 전열면의 표면에 보호피막 형성 또는 내식성 재료를 사용한다.
㉱ 연료에 첨가제를 사용하여 바나듐의 융점을 높인다.
㉲ 부착물의 성상을 바꾸어 전열면에 부착하지 못하도록 한다.

참고 고온부식 : 중유를 연료로 하는 보일러에서 중유 중에 포함되어 있는 바나듐(V)이 연소용 공기 중의 산소와 반응하여 산화된 후 오산화바나듐(V_2O_5)으로 되어 고온 전열면에 부착하여 500[℃] 이상이 되면 그 부분을 부식시키는 현상이다.　답 ①

17 과잉공기량이 증가할 때 나타나는 현상이 아닌 것은?

① 연소실의 온도가 저하된다.
② 배기가스에 의한 열손실이 많아진다.
③ 연소가스 중의 SO_3이 현저히 줄어 저온부식이 촉진된다.
④ 연소가스 중의 질소산화물 발생이 심하여 대기오염을 초래한다.

해설 과잉공기량이 증가할 때 나타나는 현상
㉮ 연소실내의 온도가 낮아진다.
㉯ 배기가스로 인한 손실열이 증가한다.
㉰ 배기가스 중 질소산화물(NOx)이 많아져 대기오염 및 저온부식을 초래한다.
㉱ 연료소비량이 증가한다.
㉲ 배기가스량이 많아져 배기가스 중 CO_2 농도[%]가 낮게 된다. **답** ③

18 어떤 연료 가스를 분석하였더니 [보기]와 같았다. 이 가스 1 [Nm³]를 연소시키는 데 필요한 이론산소량은 몇 [Nm³]인가?

[보기]
수소 : 40[%],   일산화탄소 : 10[%],
메탄 : 10[%],   질소 : 25[%],
이산화탄소 : 10[%], 산소 : 5[%]

① 0.2   ② 0.4
③ 0.6   ④ 0.8

해설 ㉮ 가연성분의 완전연소 반응식과 함유율[%]

$H_2 + \frac{1}{2}O_2 \rightarrow H_2O$: 40[%]

$CO + \frac{1}{2}O_2 \rightarrow CO_2$: 10[%]

$CH_4 + 2O_2 \rightarrow CO_2 + 2H_2O$: 10[%]

㉯ 이론산소량(O_0) 계산 : 가스 1 [Nm³]를 연소시키는 데 필요한 이론산소량 [Nm³]은 연소반응식에서 산소 몰수와 같고, 산소 몰수에 체적비를 적용하며, 가스 성분에 포함된 산소는 제외하고 계산한다.

∴ O_0 = (H_2 + CO + CH_4) − 연료중산소량
= {(0.5×0.4) + (0.5×0.1) + (2×0.1)}
− 0.05
= 0.4[Nm³]   **답** ②

19 기체연료에 대한 일반적인 설명이 아닌 것은?

① 회분 및 유해물질의 배출량이 적다.
② 연소조절 및 점화, 소화가 용이하다.
③ 인화의 위험성이 적고, 연소장치가 간단하다.
④ 소량의 공기로 완전연소할 수 있다.

해설 기체연료의 특징
(1) 장점
㉮ 연소효율이 높고 연소제어가 용이하다.
㉯ 회분 및 황성분이 없어 전열면 오손이 없다.
㉰ 적은 공기비로 완전연소가 가능하다.
㉱ 저발열량의 연료로 고온을 얻을 수 있다.
㉲ 완전연소가 가능하여 공해문제가 없다.
(2) 단점
㉮ 저장 및 수송이 어렵다.
㉯ 가격이 비싸고 시설비가 많이 소요된다.
㉰ 누설 시 화재, 폭발의 위험이 크다. **답** ③

20 298.15[K], 0.1[MPa] 상태의 일산화탄소를 같은 온도의 이론공기량으로 정상유동 과정으로 연소시킬 때 생성물의 단열화염 온도를 주어진 표를 이용하여 구하면 약 몇 [K]인가? (단, 이 조건에서 CO 및 CO_2의 생성엔탈피는 각각 −110529[kJ/kmol], −393522 [kJ/kmol]이다.)

CO_2의 기준상태에서 각각의 온도까지 엔탈피차	
온도[K]	엔탈피 차[kJ/kmol]
4800	266500
5000	279295
5200	292123

① 4835   ② 5058
③ 5194   ④ 5306

해설 ㉮ CO(일산화탄소)의 완전연소 반응식을 이용하여 엔탈피 계산

$CO + \frac{1}{2}O_2 \rightarrow CO_2 + Q$

CO CO_2
↓   ↓
−110529 = −393522 + Q

$Q = 393522 - 110529 = 282993 [kJ/kmol]$
→ 표에서 5000[K]와 5200[K] 사이에 존재한다.
㉯ 보간법에 의한 온도차 계산
"표 온도차 : 표 엔탈피차 = 구하는 온도차 : 구하는 엔탈피차"와 같다.
∴ 구하는 온도차
$= \dfrac{\text{표온도차} \times \text{구하는 엔탈피차}}{\text{표엔탈피차}}$
$= \dfrac{(5200-5000) \times (282993-279295)}{292123-279295}$
$= 57.655 [K]$
㉰ 생성물의 단열 화염온도[K] 계산
∴ 생성물 단열 화염온도
$= 5000 + 57.65 = 5057.65 [K]$ **답 ②**

2과목 - 열역학

21 온도가 T_1인 이상기체를 가역단열과정으로 압축하였다. 압력이 P_1에서 P_2로 변화하였을 때, 압축 후의 온도 T_2를 옳게 나타낸 것은? (단, k는 이상기체의 비열비를 나타낸다.)

① $T_2 = T_1 \left(\dfrac{P_2}{P_1}\right)^{\frac{k}{k-1}}$

② $T_2 = T_1 \left(\dfrac{P_2}{P_1}\right)^{\frac{k}{1-k}}$

③ $T_2 = T_1 \left(\dfrac{P_2}{P_1}\right)^{\frac{k-1}{k}}$

④ $T_2 = T_1 \left(\dfrac{P_2}{P_1}\right)^{\frac{1-k}{k}}$

해설 가역단열과정의 P, V, T 관계
$\dfrac{T_2}{T_1} = \left(\dfrac{P_2}{P_1}\right)^{\frac{k-1}{k}} = \left(\dfrac{V_1}{V_2}\right)^{k-1}$ **답 ③**

22 공기가 압력 1[MPa], 체적 0.4[m³]인 상태에서 50[℃]의 등온 과정으로 팽창하여 체적이 4배로 되었다. 엔트로피의 변화는 약 몇 [kJ/K]인가?

① 1.72
② 5.46
③ 7.32
④ 8.33

해설 ㉮ 처음상태(1[MPa], 0.4[m³], 50[℃])의 공기 질량 계산
$PV = GRT$ 에서
∴ $G = \dfrac{PV}{RT} = \dfrac{1 \times 1000 \times 0.4}{\dfrac{8.314}{29} \times (273+50)}$
$= 4.319 [kg]$

㉯ 엔트로피의 변화량 계산 :
기체상수 $R = \dfrac{8.314}{M}$ 에서 공기의 분자량(M)은 29이다.
∴ $\Delta S = GR \ln \left(\dfrac{V_2}{V_1}\right)$
$= 4.319 \times \dfrac{8.314}{29} \times \ln \left(\dfrac{4 \times 0.4}{0.4}\right)$
$= 1.716 [kJ/K]$ **답 ①**

23 수증기가 노즐 내를 단열적으로 흐를 때 출구 엔탈피가 입구 엔탈피보다 15 [kJ/kg]만큼 작아진다. 노즐 입구에서의 속도를 무시할 때 노즐 출구에서의 수증기 속도는 약 몇 [m/s]인가?

① 173
② 200
③ 283
④ 346

해설 노즐 출구에서의 속도를 계산할 때 엔탈피(h)의 단위가 [J/kg]이므로 단위 변환을 하여야 한다.
∴ $w_2 = \sqrt{2 \times (h_{1-h_2})} = \sqrt{2 \times 15 \times 1000}$
$= 173.205 [m/s]$ **답 ①**

24 오토 사이클과 디젤 사이클의 열효율에 대한 설명 중 틀린 것은?

① 오토 사이클의 열효율은 압축비와 비열비만으로 표시된다.
② 차단비가 1에 가까워질수록 디젤 사이클의 열효율은 오토 사이클의 열효율에 근접한다.
③ 압축 초기 압력과 온도, 공급 열량, 최고 온도가 같을 경우 디젤 사이클의 열효율이 오토 사이클의 열효율보다 높다.
④ 압축비와 차단비가 클수록 디젤 사이클의 열효율은 높아진다.

해설 ㉮ 디젤 사이클 효율 계산식

$$\therefore \eta_d = \frac{W}{q_1} = 1 - \frac{q_2}{q_1} = 1 - \frac{1}{k} \times \frac{T_3 - T_4}{T_2 - T_1}$$

$$= \left\{ 1 - \left(\frac{1}{\epsilon}\right)^{k-1} \times \left(\frac{\sigma^k - 1}{k(\sigma - 1)}\right) \right\}$$

㉯ 디젤 사이클에서 효율은 압축비(ϵ)와 차단비(σ)의 함수이므로 압축비가 크고 차단비(체절비)가 작을수록 효율이 증가한다. **답** ④

25 정상상태로 흐르는 유체의 에너지방정식을 다음과 같이 표현할 때 ( ) 안에 들어갈 용어로 옳은 것은? (단, 유체에 대한 기호의 의미는 아래와 같고, 첨자 1과 2는 각각 입·출구를 나타낸다.)

$$\dot{Q} + \dot{m}\left[h_1 + \frac{V_1^2}{2} + (\ )_1\right]$$
$$= \dot{W}_s + \dot{m}\left[h_2 + \frac{V_2^2}{2} + (\ )_2\right]$$

기호	의미	기호	의미
$\dot{Q}$	시간당 받는 열량	$\dot{W}_s$	시간당 주는 일량
$\dot{m}$	질량 유량	s	비엔트로피
h	비엔탈피	u	비내부에너지
V	속도	P	압력
g	중력가속도	z	높이

① s ② u ③ gz ④ P

해설 정상상태의 일반에너지식 : 외부에서 유동계에 가한 열($\dot{Q}$: 시간당 받는 열량)과 계가 외부에 대해 한 일($\dot{W}_s$: 시간당 주는 일량)은 같다.

$$\dot{Q} + \dot{m}\left[h_1 + \frac{V_1^2}{2} + gz_1\right]$$
$$= \dot{W}_s + \dot{m}\left[h_2 + \frac{V_2^2}{2} + gz_2\right]$$

답 ③

26 증기에 대한 설명 중 틀린 것은?

① 동일압력에서 포화증기는 포화수보다 온도가 더 높다.
② 동일압력에서 건포화증기를 가열한 것이 과열증기이다.
③ 동일압력에서 과열증기는 건포화증기보다 온도가 더 높다.
④ 동일압력에서 습포화증기와 건포화증기는 온도가 같다.

해설 동일압력에서 포화증기와 포화수의 온도는 같다. **답** ①

27 매시간 2000[kg]의 포화수증기를 발생하는 보일러가 있다. 보일러 내의 압력은 200[kPa]이고, 이 보일러에는 매시간 150[kg]의 연료가 공급된다. 이 보일러의 효율은 약 얼마인가? (단, 보일러에 공급되는 물의 엔탈피는 84[kJ/kg]이고, 200[kPa]에서의 포화증기의 엔탈피는 2700[kJ/kg]이며, 연료의 발열량은 42000[kJ/kg]이다.)

① 77[%] ② 80[%]
③ 83[%] ④ 86[%]

해설 $\eta = \dfrac{G_a \times (h_2 - h_1)}{G_f \times H_l} \times 100$

$= \dfrac{2000 \times (2700 - 84)}{150 \times 42000} \times 100 = 83.047[\%]$ **답** ③

28 보일러의 게이지압력이 800[kPa]일 때 수은 기압계가 측정한 대기 압력이 856[mmHg]를 지시했다면 보일러 내의 절대압력은 약 몇 [kPa]인가? (단, 수은의 비중은 13.6이다.)

① 810　　② 914
③ 1320　　④ 1656

해설 절대압력 = 대기압 + 게이지 압력
$= \left(\dfrac{856}{760} \times 101.325\right) + 800$
$= 914.123[kPa]$　　답 ②

29 정상상태(steady state)에 대한 설명으로 옳은 것은?

① 특정 위치에서만 물성값을 알 수 있다.
② 모든 위치에서 열역학적 함수값이 같다.
③ 열역학적 함수값은 시간에 따라 변하기도 한다.
④ 유체 물성이 시간에 따라 변하지 않는다.

해설 정상상태(steady state) 흐름 : 유체가 흐름 상태일 때 흐름과 관계되는 물성(압력, 속도, 온도, 밀도 등)이 시간이 경과하여도 변하지 않는 흐름이다.　　답 ④

30 대기압이 100[kPa]인 도시에서 두 지점의 계기압력비가 '5 : 2'라면 절대 압력비는?

① 1.5 : 1
② 1.75 : 1
③ 2 : 1
④ 주어진 정보로는 알 수 없다.

해설 '절대압력 = 대기압 + 게이지 압력(계기압력)'에서 게이지 압력이 불명확하여 절대압력비를 계산하기가 어렵다.　　답 ④

31 실온이 25[℃]인 방에서 역카르노 사이클 냉동기가 작동하고 있다. 냉동공간은 -30[℃]로 유지되며, 이 온도를 유지하기 위해 작동 유체가 냉동공간으로부터 100[kW]를 흡열하려할 때 전동기가 해야 할 일은 약 몇 [kW]인가?

① 22.6　　② 81.5
③ 207　　④ 414

해설 ㉮ 냉동기의 성능계수(COP_R) 계산
$\therefore COP_R = \dfrac{Q_2}{W} = \dfrac{T_2}{T_1 - T_2}$
$= \dfrac{273 - 30}{(273 + 25) - (273 - 30)}$
$= 4.418$

㉯ 전동기 용량 계산
$COP_R = \dfrac{Q_2}{W}$ 에서
$\therefore W = \dfrac{Q_2}{COP_R} = \dfrac{100}{4.418} = 22.634[kW]$

별해 $COP_R = \dfrac{Q_2}{W} = \dfrac{Q_2}{Q_1 - Q_2} = \dfrac{T_2}{T_1 - T_2}$ 에서
$\dfrac{Q_2}{W} = \dfrac{T_2}{T_1 - T_2}$ 이다.
$\therefore W = \dfrac{Q_2 \times (T_1 - T_2)}{T_2}$
$= \dfrac{100 \times \{(273 + 25) - (273 - 30)\}}{273 - 30}$
$= 22.633[kW]$　　답 ①

32 열역학 제2법칙과 관련하여 가역 또는 비가역 사이클 과정 중 항상 성립하는 것은? (단, Q는 시스템에 출입하는 열량이고, T는 절대온도이다.)

① $\oint \dfrac{\delta Q}{T} = 0$　　② $\oint \dfrac{\delta Q}{T} > 0$
③ $\oint \dfrac{\delta Q}{T} \geq 0$　　④ $\oint \dfrac{\delta Q}{T} \leq 0$

해설 클라지우스(Clausius)의 사이클간 적분에서 가역과정 $\oint \dfrac{\delta Q}{T} = 0$, 비가역과정 $\oint \dfrac{\delta Q}{T} < 0$ 이므로 이상 및 실제 사이클 과정에서 항상 성립하는 것은 $\oint \dfrac{\delta Q}{T} \leq 0$ 이다.　　답 ④

33 다음 중 열역학 제2법칙과 관련된 것은?

① 상태 변화 시 에너지는 보존된다.
② 일을 100[%] 열로 변화시킬 수 있다.
③ 사이클과정에서 시스템이 한 일은 시스템이 받은 열량과 같다.
④ 열은 저온부로부터 고온부로 자연적으로 전달되지 않는다.

해설 열역학 제2법칙 : 열은 고온도의 물질로부터 저온도의 물질로 옮겨질 수 있지만, 그 자체는 저온도의 물질로부터 고온도의 물질로 옮겨갈 수 없다. 또 일이 열로 바뀌는 것은 쉽지만 반대로 열이 일로 바뀌는 것은 힘을 빌리지 않는 한 불가능한 일이다. 이와 같이 열역학 제2법칙은 에너지 변환의 방향성을 명시한 것으로 방향성의 법칙이라 한다. **답** ④

34 터빈에서 2[kg/s]의 유량으로 수증기를 팽창시킬 때 터빈의 출력이 1200[kW]라면 열손실은 몇 [kW]인가? (단, 터빈 입구와 출구에서 수증기의 엔탈피는 각각 3200[kJ/kg]와 2500[kJ/kg]이다.)

① 600   ② 400
③ 300   ④ 200

해설 [W] = [J/s]이므로 [kW] = [kJ/s]이다.
∴ 열손실[kW]
= 공급 엔탈피[kJ/s] − 터빈 출력[kW]
= {2 × (3200 − 2500)} − 1200
= 200[kW]   **답** ④

35 이상기체의 폴리트로픽 변화에서 항상 일정한 것은? (단, P : 압력, T : 온도, V : 부피, n : 폴리트로픽 지수)

① VT^{n-1} ② $\dfrac{PT}{V}$
③ TV^{1-n} ④ PV^n

해설 이상기체의 폴리트로픽 변화는 $PV^n = C$(일정)으로 표시한다.   **답** ④

36 공기 오토 사이클에서 최고 온도가 1200[K], 압축 초기 온도가 300[K], 압축비가 8일 경우 열 공급량은 약 몇 [kJ/kg]인가? (단, 공기의 정적비열은 0.7165[kJ/kg·K], 비열비는 1.4 이다.)

① 366   ② 466
③ 566   ④ 666

해설 ㉮ 오토 사이클 $T-s$ 선도 및 각 과정

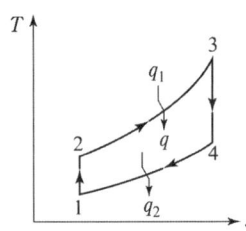

1 → 2 : 단열압축과정
2 → 3 : 정적가열과정
3 → 4 : 단열팽창과정
4 → 1 : 정적방열과정

㉯ 단열압축 과정(1 → 2과정) 후 온도(T_2) 계산 :
압축비 $\epsilon = \dfrac{v_1}{v_2}$ 이고, $\dfrac{T_1}{T_2} = \left(\dfrac{v_2}{v_1}\right)^{k-1}$ 이다.

∴ $T_2 = T_1 \times \left(\dfrac{v_1}{v_2}\right)^{k-1} = T_1 \times (\epsilon)^{k-1}$
$= 300 \times (8)^{1.4-1} = 689.219$[K]

㉰ 오토(Otto) 사이클에서 열 공급량은 정적가열과정(2 → 3과정)에 해당된다.
∴ $q_1 = C_v(T_3 - T_2)$
$= 0.7165 \times (1200 - 689.219)$
$= 365.974$[kJ/kg]   **답** ①

37 온도 45[℃]인 금속 덩어리 40[g]을 15[℃]인 물 100[g]에 넣었을 때, 열평형이 이루어진 후 두 물질의 최종온도는 몇 [℃]인가? (단, 금속의 비열은 0.9[J/g·℃], 물의 비열은 4[J/g·℃]이다.)

① 17.5   ② 19.5
③ 27.4   ④ 29.4

해설 $t_m = \dfrac{G_1 C_1 t_1 + G_2 C_2 t_2}{G_1 C_1 + G_2 C_2}$

$= \dfrac{(40 \times 0.9 \times 45) + (100 \times 4 \times 15)}{(40 \times 0.9) + (100 \times 4)}$

$= 17.477[℃]$ 답 ①

38 온도차가 있는 두 열원 사이에서 작동하는 역 카르노 사이클을 냉동기로 사용할 때 성능계수를 높이려면 어떻게 해야 하는가?

① 저열원의 온도를 높이고, 고열원의 온도를 높인다.
② 저열원의 온도를 높이고, 고열원의 온도를 낮춘다.
③ 저열원의 온도를 낮추고, 고열원의 온도를 높인다.
④ 저열원의 온도를 낮추고, 고열원의 온도를 낮춘다.

해설 ㉮ 역 Carnot 사이클의 성능계수는 $\dfrac{T_L}{T_H - T_L}$로 표시할 수 있다.
㉯ 역카르노 사이클을 냉동기로 사용할 때 성능계수를 높이려면 저열원의 온도(T_L)를 높이고, 고열원의 온도(T_H)를 낮춘다. 답 ②

39 일정한 압력 300[kPa]으로, 체적 0.5[m³]의 공기가 외부로부터 160[kJ]의 열을 받아 그 체적이 0.8[m³]로 팽창하였다. 내부에너지의 증가량은 몇 [kJ]인가?

① 30 ② 70
③ 90 ④ 160

해설 '엔탈피 변화량(h) = 내부에너지(U) + 외부에너지(PV)'에서 내부에너지 변화량을 계산한다.
∴ $U = h - PV$
$= 160 - 300 \times (0.8 - 0.5)$
$= 70[kJ]$ 답 ②

40 냉동기의 냉매로서 갖추어야 할 요구조건으로 틀린 것은?

① 증기의 비체적이 커야 한다.
② 불활성이고 안정적이어야 한다.
③ 증발온도에서 높은 잠열을 가져야 한다.
④ 액체의 표면장력이 작아야 한다.

해설 냉매의 구비조건
㉮ 응고점이 낮고 임계온도가 높으며 응축, 액화가 쉬울 것
㉯ 응축압력이 높지 않을 것
㉰ 증발잠열이 크고 기체의 비체적이 적을 것
㉱ 오일과 냉매가 작용하여 냉동장치에 악영향을 미치지 않을 것
㉲ 화학적으로 안정하고 분해하지 않을 것
㉳ 금속에 대한 부식성 및 패킹재료에 악영향이 없을 것
㉴ 인화 및 폭발성이 없을 것
㉵ 인체에 무해할 것(비독성가스일 것)
㉶ 액체의 비열은 작고, 기체의 비열은 클 것
㉷ 경제적일 것(가격이 저렴할 것) 답 ①

3과목 - 계측방법

41 계측에 있어 측정의 참값을 판단하는 계의 특성 중 동특성에 해당하는 것은?

① 감도 ② 직선성
③ 히스테리시스 오차 ④ 응답

해설 계기의 특성
㉮ 정특성 : 시간에 관계없는 정적인 특성으로 입력과 출력이 안정되어 있을 때의 일정한 관계를 유지하는 성질로 히스테리시스 오차가 해당된다.
㉯ 동특성 : 측정량이 시간에 따라 변동하고 있을 때 계기의 지시치는 그 변동에 충실하게 다룰 수 없는 것이 보통이고 시간지연과 동오차가 생기는데 이 측정량의 변동에 대하여 계측기의 지시가 어떻게 변하는지의 대응관계를 말한다.
※ 응답 : 자동제어계의 요소에 대한 출력을 입력에 응답이라고 하며 입력은 원인, 출력은 결과가 된다. 답 ④

42 광고온계의 측정온도 범위로 가장 적합한 것은?

① 100~300[℃]
② 100~500[℃]
③ 700~2000[℃]
④ 4000~5000[℃]

해설 광고온계의 특징
㉮ 고온에서 방사되는 에너지 중 가시광선을 이용하여 사람이 직접 조작한다.
㉯ 700~3000[℃]의 고온도 측정에 적합하다. (700[℃] 이하는 측정이 곤란하다.)
㉰ 광전관 온도계에 비하여 구조가 간단하고 휴대가 편리하다.
㉱ 움직이는 물체의 온도 측정이 가능하고, 측온체의 온도를 변화시키지 않는다.
㉲ 비접촉식 온도계에서 가장 정확한 온도 측정을 할 수 있다.
㉳ 빛의 흡수 산란 및 반사에 따라 오차가 발생한다.
㉴ 방사온도계에 비하여 방사율에 대한 보정량이 작다.
㉵ 원거리 측정, 경보, 자동기록, 자동제어가 불가능하다.
㉶ 측정에 수동으로 조작함으로서 개인 오차가 발생할 수 있다.   **답** ③

43 오리피스에 의한 유량측정에서 유량에 대한 설명으로 옳은 것은?

① 압력차에 비례한다.
② 압력차의 제곱근에 비례한다.
③ 압력차에 반비례한다.
④ 압력차의 제곱근에 반비례한다.

해설 차압식 유량계의 유량계산식

$$Q = C \cdot A \sqrt{\frac{2g}{1-m^4} \times \frac{P_1 - P_2}{\gamma}}$$

※ 차압식 유량계에서 유량은 차압의 평방근에 비례한다.   **답** ②

44 휴대용으로 상온에서 비교적 정밀도가 좋은 아스만 습도계는 다음 중 어디에 속하는가?

① 저항 습도계
② 냉각식 노점계
③ 간이 건습구 습도계
④ 통풍형 건습구 습도계

해설 아스만(Asman) 습도계 : 태엽의 힘으로 통풍하는 통풍형 건습구 습도계로서 휴대가 편리하고 필요 풍속이 약 3[m/s] 정도이다.   **답** ④

45 서미스터 온도계의 특징이 아닌 것은?

① 소형이며 응답이 빠르다.
② 저항 온도계수가 금속에 비하여 매우 작다.
③ 흡습 등에 의하여 열화되기 쉽다.
④ 전기저항체 온도계이다.

해설 25[℃]에서 서미스터 온도계수는 약 −2~6[%/℃]의 매우 큰 값으로서 백금선의 약 10배에 해당된다.

참고 서미스터 온도계 특징
㉮ 감도가 크고 응답성이 빨라 온도변화가 작은 부분 측정에 적합하다.
㉯ 온도 상승에 따라 저항치가 감소한다.(저항온도계수가 부특성(負特性)이다.)
㉰ 소형으로 협소한 장소의 측정에 유리하다.
㉱ 소자의 균일성 및 재현성이 없다.
㉲ 흡습에 의한 열화가 발생할 수 있다.
㉳ 측정범위는 −100~300[℃] 정도이다.   **답** ②

46 다음 유량계 중에서 압력손실이 가장 적은 것은?

① Float형 면적 유량계
② 열전식 유량계
③ Rotary piston형 용적식 유량계
④ 전자식 유량계

해설 전자식 유량계 : 측정원리는 패러데이 법칙(전자유도법칙)으로 도전성 액체에서 발생하는 기전력을 이용하여 순간 유량을 측정한다. 측정관 내에 장애물이 없어 압력손실이 거의 없다.   **답** ④

47 다음 중 가스크로마토그래피의 흡착제로 쓰이는 것은?

① 미분탄 ② 활성탄
③ 유연탄 ④ 신탄

해설 흡착형 분리관(column) 충전물과 적용가스

충전물 명칭	적용가스
활성탄	H_2, CO, CO_2, CH_4
활성알루미나	CO, C_1 ~ C_3 탄화수소
실리카겔	CO_2, C_1 ~ C_4 탄화수소
몰러큘러시브 13X	CO, CO_2, N_2, O_2
porapack Q	N_2O, NO, H_2O

답 ②

48 다음 중 상온·상압에서 열전도율이 가장 큰 기체는?

① 공기 ② 메탄
③ 수소 ④ 이산화탄소

해설 일반적으로 기체의 열전도율은 분자량이 작을수록 크고, 분자량이 클수록 작아진다. 그러므로 수소는 분자량이 2로 기체 중에서 분자량이 가장 작으므로 다른 기체와 비교해서 열전도율이 큰 가스이다.

답 ③

49 노내압을 제어하는데 필요하지 않은 조작은?

① 급수량 ② 공기량
③ 연료량 ④ 댐퍼

해설 노내압을 제어하기 위해서는 조작량이 연소가스량이기 때문에 공기량, 연소가스 배출량, 댐퍼의 조작이 해당된다.

답 ①

50 오르사트식 가스분석계로 CO를 흡수제에 흡수시켜 조성을 정량하려 한다. 이때 흡수제의 성분으로 옳은 것은?

① 발연 황산액
② 수산화칼륨 30[%] 수용액
③ 알칼리성 피로갈롤 용액
④ 암모니아성 염화 제1동 용액

해설 오르사트식 가스분석 순서 및 흡수제

순서	분석가스	흡수제
1	CO_2	KOH 30% 수용액
2	O_2	알칼리성 피로갈롤용액
3	CO	암모니아성 염화 제1구리 용액

답 ④

51 스프링저울 등 측정량이 원인이 되어 그 직접적인 결과로 생기는 지시로부터 측정량을 구하는 방법으로 정밀도는 낮으나 조작이 간단한 방법은?

① 영위법 ② 치환법
③ 편위법 ④ 보상법

해설 측정방법
㉮ 편위법 : 부르동관 압력계와 같이 측정량과 관계있는 다른 양으로 변환시켜 측정하는 방법으로 정도는 낮지만 측정이 간단하다.
㉯ 영위법 : 기준량과 측정하고자 하는 상태량을 비교 평형 시켜 측정하는 것으로 천칭을 이용하여 질량을 측정하는 것이 해당된다.
㉰ 치환법 : 지시량과 미리 알고 있는 다른 양으로부터 측정량을 나타내는 방법으로 다이얼게이지를 이용하여 두께를 측정하는 것이 해당된다.
㉱ 보상법 : 측정량과 거의 같은 미리 알고 있는 양을 준비하여 측정량과 그 미리 알고 있는 양의 차이로써 측정량을 알아내는 방법이다.

답 ③

52 다음은 피드백 제어계의 구성을 나타낸 것이다. ( ) 안에 가장 적절한 것은?

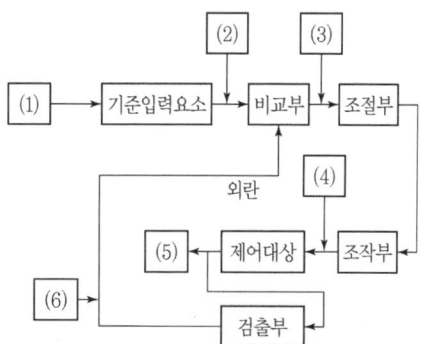

① (1) 조작량 (2) 동작신호 (3) 목표치 (4) 기준입력신호 (5) 제어편차 (6) 제어량
② (1) 목표치 (2) 기준입력신호 (3) 동작신호 (4) 조작량 (5) 제어량 (6) 주피드백 신호
③ (1) 동작신호 (2) 오프셋 (3) 조작량 (4) 목표치 (5) 제어량 (6) 설정신호
④ (1) 목표치 (2) 설정신호 (3) 동작신호 (4) 오프셋 (5) 제어량 (6) 주피드백 신호

해설 ㉮ 피드백 제어(feed back control : 폐[閉]회로)는 제어량의 크기와 목표값을 비교하여 그 값이 일치하도록 되돌림 신호(피드백 신호)를 보내어 수정동작을 하는 제어방식이다.
㉯ 피드백 제어 블록선도에서 가장 먼저 구성되어야 하는 것이 '목표치'이고, 기준입력요소와 비교부 사이에 '기준입력신호'가, 비교부와 조절부 사이에 '동작신호'가, 조작부와 제어대상 사이에 '조작량'이, 제어대상 이후에 '제어량'이, 검출부 다음에 '주피드백 신호'가 위치한다. **답** ②

53 압력 측정을 위해 지름 1[cm]의 피스톤을 갖는 사하중계(dead weight)를 이용할 때, 사하중계의 추, 피스톤 그리고 팬(pan)의 전체 무게가 6.14[kgf]이라면 게이지압력은 약 몇 [kPa]인가? (단, 중력가속도는 9.81[m/s^2]이다.)

① 79.7 ② 86.7
③ 767 ④ 867

해설 ㉮ 공학단위 [kgf/cm^2]으로 계산

$$\therefore P = \frac{W + W'}{A} = \frac{6.14}{\frac{\pi}{4} \times 1^2}$$
$$= 7.817 [kgf/cm^2]$$

㉯ [kgf/cm^2]에서 [kPa]으로 단위 변환 :
1 [atm] = 1.0332 [kgf/cm^2] = 101.325 [kPa]이다.

$$\therefore \frac{7.817}{1.0332} \times 101.325 = 766.606 [kPa]$$

별해 공학단위 [kgf/cm^2]에 10000을 곱하면 [kgf/m^2]이 되고 여기에 중력가속도를 곱하면 [Pa]이 되므로 1000으로 나눠주면 [kPa] 단위로 변환된다.

$$\therefore P = \left(\frac{6.14}{\frac{\pi}{4} \times 1^2}\right) \times 10^4 \times 9.81 \times 10^{-3}$$
$$= 766.915 [kPa]$$

※ 사하중계(dead weight gauge) : 분동식 압력계로 탄성식 압력계의 교정(보정)에 사용되는 1차 압력계이다. 램, 실린더, 기름탱크, 가압 펌프 등으로 구성되며 사용유체에 따라 측정범위가 다르게 적용된다. **답** ③

54 오차와 관련된 설명으로 틀린 것은?
① 흩어짐이 큰 측정을 정밀하다고 한다.
② 오차가 적은 계량기는 정확도가 높다.
③ 계측기가 가지고 있는 고유의 오차를 기차라고 한다.
④ 눈금을 읽을 때 시선의 방향에 따른 오차를 시차라고 한다.

해설 오차
㉮ 오차는 측정값과 참값과의 차이로 계통오차, 우연오차 등으로 구분한다.
㉯ 흩어짐이 큰 측정을 오차가 크다고 한다. **답** ①

55 다음 중 면적식 유량계는?
① 오리피스미터 ② 로터미터
③ 벤투리미터   ④ 플로노즐

해설 면적식 유량계
㉮ 측정원리 : 배관 중에 있는 조리개 전후의 차압을 일정하게 유지할 수 있도록 조리개 면적의 변화로부터 유량을 측정하는 것이다.
㉯ 종류 : 부자식(플로트식), 로터미터 **답** ②

56 열전대용 보호관으로 사용되는 재료 중 상용온도가 높은 순으로 나열한 것은?
① 석영관 > 자기관 > 동관
② 석영관 > 동관 > 자기관
③ 자기관 > 석영관 > 동관
④ 동관 > 자기관 > 석영관

해설 ▶ 보호관 재질별 상용온도 및 최고사용온도

종 류		상용온도 (℃)	최고사용온도 (℃)
금속관	황동관	400	650
	연강관	600	800
	13Cr 강관	800	950
	13 Cr 카로라이즈관	900	1100
	STS27, STS32	850	1100
	내열강	1050	1200
비금속관	석영관	1000	1550
	자기관	1600	1750
	카보런덤관	1600	1700

답 ③

57 측온 저항체의 설치 방법으로 틀린 것은?

① 내열성, 내식성이 커야 한다.
② 유속이 가장 빠른 곳에 설치하는 것이 좋다.
③ 가능한 한 파이프 중앙부의 온도를 측정할 수 있게 한다.
④ 파이프 길이가 아주 짧을 때에는 유체의 방향으로 굴곡부에 설치한다.

해설 ▶ 측온저항체는 유속이 일정한 부분에 설치하는 것이 좋다. 답 ②

58 −200~500[℃]의 측정범위를 가지며 측온 저항체 소선으로 주로 사용되는 저항소자는?

① 백금선 ② 구리선
③ Ni선 ④ 서미스터

해설 ▶ 백금 측온저항체(백금 저항온도계)의 특징
㉮ 사용범위가 −200~500[℃]로 넓다.
㉯ 공칭 저항값(표준 저항값)은 0[℃]일 때 50[Ω], 100[Ω]의 것이 표준적인 측온 저항체로 사용된다.
㉰ 표준용으로 사용할 수 있을 만큼 안정성이 있고, 재현성이 뛰어나다.
㉱ 측온저항체의 소선으로 주로 사용된다.
㉲ 고온에서 열화(劣化)가 적다.

㉳ 저항온도계수가 비교적 작고, 측온 시간의 지연이 크다.
㉴ 가격이 비싸다. 답 ①

59 대기압 750[mmHg]에서 계기압력이 325[kPa]이다. 이때 절대압력은 약 몇 [kPa]인가?

① 223 ② 327
③ 425 ④ 501

해설 ▶ 1[atm] = 760[mmHg] = 101.325[kPa]이다.
∴ 절대압력 = 대기압 + 계기(gauge)압력
$= \left(\frac{750}{760} \times 101.325\right) + 325$
$= 424.991[kPa]$ 답 ③

60 특정파장을 온도계 내에 통과시켜 온도계 내의 전구 필라멘트의 휘도를 육안으로 직접 비교하여 온도를 측정하므로 정밀도는 높지만 측정인력이 필요한 비접촉 온도계는?

① 광고온계 ② 방사온도계
③ 열전대온도계 ④ 지항온도계

해설 ▶ 광고온계 : 측정대상 물체에서 방사되는 빛과 표준 전구에서 나오는 필라멘트의 휘도를 같게 하여 표준 전구의 전류 또는 저항을 측정하여 온도를 측정하는 것으로 비접촉식 온도계이다. 답 ①

4과목 - 열설비재료 및 관계법

61 염기성 내화벽돌이 수증기의 작용을 받아 생성되는 물질이 비중변화에 의하여 체적변화를 일으켜 노벽에 균열이 발생하는 현상은?

① 스폴링(spalling)
② 필링(peeling)
③ 슬래킹(slaking)
④ 스웰링(swelling)

해설 슬래킹(slacking) 현상 : 수증기를 흡수하여 체적변화를 일으켜 균열이 발생하거나 떨어져 나가는 현상으로 염기성 내화물에서 공통적으로 일어난다.
답 ③

62 배관용 강관 기호에 대한 명칭이 틀린 것은?

① SPP : 배관용 탄소강관
② SPPS : 압력 배관용 탄소강관
③ SPPH : 고압 배관용 탄소강관
④ STS : 저온 배관용 탄소강관

해설 강관의 표시 기호 및 명칭

표시 기호	명 칭
SPP	일반배관용 탄소강관
SPPS	압력배관용 탄소강관
SPHT	고온배관용 탄소강관
SPLT	저온배관용 탄소강관
SPW	배관용 아크용접 탄소강관
SPA	배관용 합금강관
STS×T	배관용 스테인리스강관
STBH	보일러 열교환기용 탄소강관
STHA	보일러 열교환기용 합금강관
STS×TB	보일러 열교환기용 스테인리스강관
STLT	저온 열교환기용 강관

답 ④

63 에너지이용 합리화법령상 특정열사용기자재와 설치·시공 범위 기준이 바르게 연결된 것은?

① 강철제 보일러 : 해당 기기의 설치·배관 및 세관
② 태양열 집열기 : 해당 기기의 설치를 위한 시공
③ 비철금속 용융로 : 해당 기기의 설치·배관 및 세관
④ 축열식 전기보일러 : 해당 기기의 설치를 위한 시공

해설 특정열사용기자재 및 설치·시공범위 : 에너지이용 합리화법 시행규칙 제31조의5, 별표3의2

구분	품 목 명	설치, 시공범위
보일러	강철제보일러, 주철제보일러, 온수보일러, 구멍탄용 온수보일러, 축열식 전기보일러, 캐스케이드 보일러, 가정용 화목보일러	해당기기의 설치, 배관 및 세관
태양열 집열기	태양열 집열기	해당기기의 설치, 배관 및 세관
압력 용기	1종 압력용기, 2종 압력용기	해당기기의 설치, 배관 및 세관
요업 요로	연속식 유리용융가마, 불연속식 유리용융가마, 유리용융도가니가마, 터널가마, 도염식 가마, 셔틀가마, 회전가마, 석회용선가마	해당기기의 설치를 위한 시공
금속 요로	용선로, 비철금속용융로, 금속 소둔로, 철금속가열로, 금속균열로	해당기기의 설치를 위한 시공

답 ①

64 에너지이용 합리화법령상 에너지사용계획의 협의대상사업 범위 기준으로 옳은 것은?

① 택지의 개발사업 중 면적이 10만[m²] 이상
② 도시개발사업 중 면적이 30만[m²] 이상
③ 공항개발사업 중 면적이 20만[m²] 이상
④ 국가산업단지의 개발사업 중 면적이 5만[m²] 이상

해설 ㉮ 에너지 사용계획 협의대상 사업 : 에너지이용 합리화법 시행령 제20조, 별표1
㉯ 각 항목의 옳은 내용
① 택지개발사업 : 면적이 30만[m²] 이상
② 도시개발사업 : 면적이 30만[m²] 이상
③ 국가산업단지 개발사업 : 면적이 15만[m²] 이상
④ 공항개발사업 : 면적이 40만[m²] 이상

답 ②

65 에너지이용 합리화법령에 따라 사용연료를 변경함으로써 검사대상이 아닌 보일러가 검사대상으로 되었을 경우에 해당되는 검사는?

① 구조검사 ② 설치검사
③ 개조검사 ④ 재사용검사

해설 설치검사의 적용대상(에너지이용 합리화법 시행규칙 제31조의7, 별표3의4) : 신설한 경우의 검사(사용연료의 변경에 의하여 검사대상이 아닌 보일러가 검사대상으로 되는 경우의 검사를 포함한다.) 답 ②

66 요의 구조 및 형상에 의한 분류가 아닌 것은?
① 터널요
② 셔틀요
③ 횡요
④ 승염식요

해설 요(窯)의 분류
㉮ 작업진행 방법 : 연속요, 반연속요, 불연속요
㉯ 화염의 진행방향 : 승염식(오름 불꽃), 횡염식(옆 불꽃), 도염식(꺽임불꽃)
㉰ 사용연료 : 장작, 석탄, 전기, 가스, 중유 등
㉱ 가열방법 : 직접 가열식(직화식), 간접 가열식(머플식), 반 머플식
㉲ 구조 및 형상 : 터널요, 회전요, 등요, 윤요, 원요, 각요, 견요, 반 터널요, 셔틀요, 연속식 가마
㉳ 소성목적 : 초벌구이, 침구이, 유약구이, 윗그림, 유리용융, 서냉 가마, 플릿 가마
㉴ 사용목적 : 용해로, 소둔로, 소성로, 균열로

답 ④

67 다음 중 에너지이용 합리화법령상 2종 압력용기에 해당하는 것은?
① 보유하고 있는 기체의 최고사용압력이 0.1[MPa]이고 내부 부피가 0.05[m³]인 압력용기
② 보유하고 있는 기체의 최고사용압력이 0.2[MPa]이고 내부 부피가 0.02[m³]인 압력용기
③ 보유하고 있는 기체의 최고사용압력이 0.3[MPa]이고 동체의 안지름이 350[mm]이며 그 길이가 1050[mm]인 증기 헤더
④ 보유하고 있는 기체의 최고사용압력이 0.4[Mpa]이고 동체의 안지름이 150[mm]이며 그 길이가 1500[mm]인 압력용기

해설 압력용기의 종류 : 에너지이용 합리화법 시행규칙 제1조의2, 별표1

(1) 1종 압력용기 : 최고사용압력[MPa]과 내용적[m³]을 곱한 수치가 0.004를 초과하는 다음 각 호의 하나에 해당하는 것
㉮ 증기 그 밖의 열매체를 받아들이거나 증기를 발생시켜 고체 또는 액체를 가열하는 기기로서 용기안의 압력이 대기압을 넘는 것
㉯ 용기 안의 화학반응에 의하여 증기를 발생하는 용기로서 용기 안의 압력이 대기압을 넘는 것
㉰ 용기 안의 액체의 성분을 분리하기 위하여 해당 액체를 가열하거나 증기를 발생시키는 용기로서 용기안의 압력이 대기압을 넘는 것
㉱ 용기 안의 액체의 온도가 대기압에서의 비점을 넘는 것

(2) 2종 압력용기 : 최고사용압력이 0.2[MPa]를 초과하는 기체를 그 안에 보유하는 용기로서 다음 각 호의 하나에 해당하는 것
㉮ 내용적이 0.04[m³] 이상인 것
㉯ 동체의 안지름이 200[mm] 이상(증기헤더의 경우에는 동체의 안지름이 300[mm] 초과)이고, 그 길이가 1천[mm] 이상인 것

답 ③

68 규산칼슘 보온재에 대한 설명으로 거리가 가장 먼 것은?
① 규산에 석회 및 석면 섬유를 섞어서 성형하고 다시 수증기로 처리하여 만든 것이다.
② 플랜트 설비의 탑조류, 가열로, 배관류 등의 보온공사에 많이 사용된다.
③ 가볍고 단열성과 내열성은 뛰어나지만 내산성이 적고 끓는 물에 쉽게 붕괴된다.
④ 무기질 보온재로 다공질이며 최고 안전사용온도는 약 650[℃] 정도이다.

해설 규산칼슘 보온재의 특징
㉮ 규산질, 석회질, 암면 등을 혼합하여 만든 결정체 보온재이다.
㉯ 압축강도가 크며 반영구적이다.
㉰ 내수성, 내구성이 우수하며 시공이 편리하다.
㉱ 고온 공업용에 가장 많이 사용된다.
㉲ 열전도율은 0.053~0.065[kcal/h·m·℃] 정도이다.
㉳ 안전 사용온도는 650[℃] 정도이다.

답 ③

69 관의 신축량에 대한 설명으로 옳은 것은?

① 신축량은 관의 열팽창계수, 길이, 온도차에 반비례한다.
② 신축량은 관의 길이, 온도차에는 비례하지만 열팽창계수에는 반비례한다.
③ 신축량은 관의 열팽창계수, 길이, 온도차에 비례한다.
④ 신축량은 관의 열팽창계수에 비례하고 온도차와 길이에 반비례한다.

해설 관의 신축량 계산식
$$\Delta L = L \cdot \alpha \cdot \Delta t$$
ΔL : 온도변화에 따른 관의 신축길이[mm]
L : 관의 길이[mm]
α : 관의 선팽창계수(열팽창계수)
Δt : 온도차[℃]
∴ 관의 신축량은 관의 길이, 관의 선팽창계수(열팽창계수), 온도차에 비례한다. **답** ③

70 에너지이용 합리화법령상 검사대상기기 검사 중 용접검사 면제 대상 기준이 아닌 것은?

① 압력용기 중 동체의 두께가 8[mm] 미만인 것으로서 최고사용압력[MPa]과 내부 부피[m³]를 곱한 수치가 0.02 이하인 것
② 강철제 또는 주철제 보일러이며, 온수보일러 중 전열면적이 18[m²] 이하이고, 최고사용압력이 0.35[MPa] 이하인 것
③ 강철제 보일러 중 전열면적이 5[m²] 이하이고, 최고사용압력이 0.35[MPa] 이하인 것
④ 압력용기 중 전열교환식인 것으로서 최고사용압력이 0.35[MPa] 이하이고, 동체의 안지름이 600[mm] 이하인 것

해설 용접검사의 면제 대상 범위 : 에너지이용 합리화법 시행규칙 31조의13, 별표3의6
(1) 강철제 보일러, 주철제 보일러
  ㉮ 강철제 보일러 중 전열면적이 5[m²] 이하이고, 최고사용압력이 0.35[MPa] 이하인 것
  ㉯ 주철제 보일러
  ㉰ 1종 관류보일러
  ㉱ 온수보일러 중 전열면적이 18[m²] 이하이고, 최고사용압력이 0.35[MPa] 이하인 것
(2) 1종 압력용기, 2종 압력용기
  ㉮ 용접이음(동체와 플랜지와의 용접이음은 제외)이 없는 강관을 동체로 한 헤더
  ㉯ 압력용기 중 동체의 두께가 6[mm] 미만인 것으로서 최고사용압력[MPa]과 내부 부피[m³]를 곱한 수치가 0.02 이하(난방용의 경우에는 0.05 이하)인 것
  ㉰ 전열교환식인 것으로서 최고사용압력이 0.35[MPa] 이하이고, 동체의 안지름이 600[mm] 이하인 것 **답** ①

71 폴스테라이트에 대한 설명으로 옳은 것은?

① 주성분은 Mg_2SiO_4이다.
② 내식성이 나쁘고 기공률은 작다.
③ 돌로마이트에 비해 소화성이 크다.
④ 하중연화점은 크나 내화도는 SK28로 작다.

해설 폴스테라이트의 특징
㉮ 사문석, 감람석이 주원료이며, 주성분은 폴스테라이트($2MgO \cdot SiO_2$)이다.
㉯ 내화도가 SK36 이상으로 높다.
㉰ 염기성에 대한 저항성이 크다.
㉱ 하중연화점이 높고, 내스폴링성이 있다.
㉲ 고온에서 체적변화가 적고, 열전도율이 낮다. **답** ①

72 선철을 강철로 만들기 위하여 고압 공기나 산소를 취입시키고, 산화열에 의해 노 내 온도를 유지하며 용강을 얻는 노(furnace)는?

① 평로   ② 고로
③ 반사로 ④ 전로

해설 전로 : 용융 선철을 장입하고 고압의 공기나 산소를 취입하여 제련하는 것으로 산화열에 의해 불순물을 제거하므로 별도의 연료가 필요 없다. **답** ④

73 에너지이용 합리화법령상 에너지사용량이 대통령령으로 정하는 기준량 이상인 자는 산업통상자원부령으로 정하는 바에 따라 매년 언제까지 시·도지사에게 신고하여야 하는가?

① 1월 31일까지
② 3월 31일까지
③ 6월 30일까지
④ 12월 31일까지

해설 에너지다소비사업자의 신고(에너지이용 합리화법 제31조) : 매년 1월 31일까지 시·도지사에 신고

답 ①

74 다음 중 에너지이용 합리화법령상 에너지이용 합리화 기본계획에 포함될 사항이 아닌 것은?

① 열사용기자재의 안전관리
② 에너지절약형 경제구조로의 전환
③ 에너지이용 합리화를 위한 기술개발
④ 한국에너지공단의 운영 계획

해설 에너지이용 합리화 기본계획 포함 사항 : 에너지이용 합리화법 제4조 2항
㉮ 에너지절약형 경제구조로의 전환
㉯ 에너지이용효율의 증대
㉰ 에너지이용 합리화를 위한 기술개발
㉱ 에너지이용 합리화를 위한 홍보 및 교육
㉲ 에너지원간 대체(代替)
㉳ 열사용기자재의 안전관리
㉴ 에너지이용합리화를 위한 가격예시제의 시행에 관한 사항
㉵ 에너지의 합리적인 이용을 통한 온실가스의 배출을 줄이기 위한 대책
㉶ 그 밖에 에너지이용 합리화를 추진하기 위하여 필요한 사항으로서 산업통상자원부령으로 정하는 사항

답 ④

75 에너지이용 합리화법령상 효율관리기자재의 제조업자가 효율관리시험기관으로부터 측정 결과를 통보받은 날 또는 자체 측정을 완료한 날부터 그 측정결과를 며칠 이내에 한국에너지공단에 신고하여야 하는가?

① 15일
② 30일
③ 60일
④ 90일

해설 효율관리 기자재 측정 결과의 신고(에너지이용 합리화법 시행규칙 제9조) : 효율관리기자재의 제조업자 또는 수입업자는 효율관리시험기관으로부터 측정결과를 통보받은 날 또는 자체측정을 완료한 날부터 각각 90일 이내에 그 측정결과를 한국에너지공단에 신고하여야 한다.

답 ④

76 제강 평로에서 채용되고 있는 배열회수 방법으로서 배기가스의 현열을 흡수하여 공기나 연료가스 예열에 이용될 수 있도록 한 장치는?

① 축열실
② 환열기
③ 폐열 보일러
④ 판형 열교환기

해설 축열실 : 평로에서 연소온도를 높이고 연료 소비량을 절감하기 위하여 배기가스 현열을 흡수하여 공기나 연료가스 예열에 이용될 수 있도록 한 장치로 축열기라 한다.

답 ①

77 산(酸) 등의 화학약품을 차단하는 데 주로 사용하며 내약품성, 내열성의 고무로 만든 것을 밸브시트에 밀어붙여 기밀용으로 사용하는 밸브는?

① 다이어프램 밸브
② 슬루스밸브
③ 버터플라이 밸브
④ 체크 밸브

해설 다이어프램밸브(diaphragm valve) : 기밀을 유지하기 위한 패킹이 불필요하고 금속부분이 부식될 염려가 없어 산 등의 화학약품의 유량을 조절, 차단하는 데 주로 사용하는 밸브로 유체의 흐름이 주는 영향이 비교적 적다.

답 ①

78 용광로에 장입하는 코크스의 역할이 아닌 것은?

① 철광석 중의 황분을 제거
② 가스상태로 선철 중에 흡수
③ 선철을 제조하는데 필요한 열원을 공급
④ 연소 시 환원성가스를 발생시켜 철의 환원을 도모

해설 코크스의 역할
㉮ 선철을 제조하는 열원으로 사용
㉯ 연소 시 환원성 가스 생성에 의해서 광석을 가스 환원하는 동시에 직접 그 탄소에 의해서 광석을 환원 → 흡탄작용
㉰ 일부 탄소는 가스 상태로 선철 중에 흡수되어 선철 성분이 된다. **답** ①

79 고알루미나질 내화물의 특징에 대한 설명으로 거리가 가장 먼 것은?

① 중성 내화물이다.
② 내식성, 내마모성이 적다.
③ 내화도가 높다.
④ 고온에서 부피변화가 적다.

해설 고 알루미나질 내화물 : 알루미나 함유율이 50 [%] 이상, SK35~38의 내화도가 높은 $Al_2O_3-SiO_2$ 계의 중성 내화물로 산성, 염기성 슬래그 용융물에 대한 내침식성이 크다. **답** ②

80 에너지이용 합리화법령상 검사에 불합격된 검사대상기기를 사용한 자의 벌칙 기준은?

① 5백만 원 이하의 벌금
② 1년 이하의 징역 또는 1천만 원 이하의 벌금
③ 2년 이하의 징역 또는 2천만 원 이하의 벌금
④ 3천만 원 이하의 벌금

해설 1년 이하의 징역 또는 1천만 원 이하의 벌금 : 에너지이용 합리화법 제73조
㉮ 검사대상기기의 검사를 받지 아니한 자
㉯ 검사에 불합격된 검사대상기기를 사용한 자 **답** ②

5과목 - 열설비 설계

81 저온가스 부식을 억제하기 위한 방법이 아닌 것은?

① 연료 중의 유황성분을 제거한다.
② 첨가제를 사용한다.
③ 공기예열기 전열면 온도를 높인다.
④ 배기가스 중 바나듐의 성분을 제거한다.

해설 저온부식 억제(방지) 방법
㉮ 연료 중의 황분(S)을 제거한다.
㉯ 연료에 첨가제를 사용하여 노점온도를 낮춘다.
㉰ 무수황산을 다른 생성물로 변경시킨다.
㉱ 배기가스의 온도를 노점온도 이상으로 유지한다.
㉲ 배기가스 온도가 황산증기의 노점까지 저하되기 전에 배출시킨다.
㉳ 연료가 완전연소할 수 있도록 연소방법을 개선한다.
㉴ 과잉공기를 적게 하여 배기가스 중의 산소를 감소시킨다.
㉵ 전열면 표면에 내식재료를 사용한다.
㉶ 공기예열기 전열면 온도를 높인다. **답** ④

82 보일러에서 과열기의 역할로 옳은 것은?

① 포화증기의 압력을 높인다.
② 포화증기의 온도를 높인다.
③ 포화증기의 압력과 온도를 높인다.
④ 포화증기의 압력은 낮추고 온도를 높인다.

해설 과열기(super heater)의 역할 : 보일러에서 발생한 습포화증기를 연소가스 여열(餘熱) 등을 이용하여 압력을 일정하게 유지하면서 온도만을 높여 과열증기를 만드는 장치이다. **답** ②

83 맞대기 용접은 용접방법에 따라서 그루브를 만들어야 한다. 판의 두께가 50[mm] 이상인 경우에 적합한 그루브의 형상은? (단, 자동용접은 제외한다.)

① V형　　② R형
③ H형　　④ A형

해설 ▶ 판의 두께에 따른 그루브의 형상 : 열사용기자재 검사기준 12.2.4.5

판의 두께	그루브의 형상
6[mm] 이상 16[mm] 이하	V형, R형 또는 J형
12[mm] 이상 38[mm] 이하	X형, K형, 양면 J형 또는 U형
19[mm] 이상	H형

답 ③

84 연료 1[kg]이 연소하여 발생하는 증기량의 비를 무엇이라고 하는가?

① 열발생률 ② 증발배수
③ 전열면 증발률 ④ 증기량 발생률

해설 ▶ 증발계수 및 증발배수
(1) 증발계수 : 상당증발량(G_e)과 실제 증발량(G_a)의 비

$$\therefore 증발계수 = \frac{G_e}{G_a} = \frac{h_2 - h_1}{539}$$

(2) 증발배수
㉮ 실제 증발배수 : 1시간 동안 실제 증발량(G_a)과 연료 소비량(G_f)의 비

$$\therefore 실제 증발배수 = \frac{G_a}{G_f}$$

㉯ 환산(상당) 증발배수 : 1시간 동안 환산 증발량(G_e : 상당증발량)과 연료 소비량(G_f)의 비

$$\therefore 환산 증발배수 = \frac{G_e}{G_f}$$

답 ②

85 노통연관 보일러의 노통의 바깥면과 이것에 가장 가까운 연관의 면 사이에는 몇 [mm] 이상의 틈새를 두어야 하는가?

① 10 ② 20
③ 30 ④ 50

해설 ▶ 노통과 연관의 틈새(열사용기자재 검사기준 7.8) : 노통연관 보일러의 노통 바깥면과 이것에 가장 가까운 연관의 면과는 50[mm] 이상의 틈새를 두어야 한다. 다만, 노통에 파형 또는 보강링 등의 돌기를 설비할 때에는 이들 돌기물의 바깥면과 이것에 가장 가까운 연관의 틈새는 30[mm] 이상으로 하여도 지장이 없다.

답 ④

86 열매체 보일러에 대한 설명으로 틀린 것은?

① 저압으로 고온의 증기를 얻을 수 있다.
② 겨울철에도 동결의 우려가 적다.
③ 물이나 스팀보다 전열특성이 좋으며, 열매체 종류와 상관없이 사용온도한계가 일정하다.
④ 다우섬, 모빌섬, 카네크롤 보일러 등이 이에 해당한다.

해설 ▶ 열매체 보일러(특수 유체보일러)의 특징
㉮ 열매체의 종류에는 다우삼, 모빌섬, 카네크롤 등이 해당한다.
㉯ 저압에서 고온의 증기를 얻기 위하여 사용되는 보일러이다
㉰ 타 보일러에 비해 부식의 정도가 적다.
㉱ 겨울철에도 동결의 우려가 적다.
㉲ 인화성증기를 발생하는 열매체 보일러에서는 안전밸브를 밀폐식구조로 하든가 또는 안전밸브로부터의 배기를 보일러실 밖의 안전한 장소에 방출시키도록 한다.

답 ③

87 파형노통의 최소 두께가 10[mm], 노통의 평균지름이 1200[mm]일 때, 최고사용압력은 약 몇 [MPa]인가? (단, 끝이 평형부 길이가 230[mm] 미만이며, 정수 C는 985이다.)

① 0.56 ② 0.63
③ 0.82 ④ 0.95

해설 ▶ ㉮ 파형노통의 최소두께(열사용기자재 검사기준 7.6.2) : 파형노통으로서 그 끝의 평행부 길이가 230[mm] 미만인 것의 관 최소두께 계산식으로부터 최고사용압력을 계산한다.

$$\therefore t = \frac{10PD}{C}$$

㉯ 최고사용압력[MPa] 계산

$$\therefore P = \frac{Ct}{10D} = \frac{985 \times 10}{10 \times 1200} = 0.820[MPa]$$

답 ③

88 보일러수에 녹아있는 기체를 제거하는 탈기기가 제거하는 대표적인 용존 가스는?

① O_2 ② H_2SO_4
③ H_2S ④ SO_2

해설 용존가스 처리법
㉮ 기폭법(폭기법) : 헨리의 법칙을 이용한 것으로 급수 중에 포함되어 있는 탄산가스(CO_2), 황화수소(H_2S), 암모니아(NH_3) 등의 기체성분과 철(Fe), 망간(Mn) 등을 제거하는 방법으로 공기 중에서 물을 아래로 뿌려 내리는 강수방식과 급수 중에 공기를 흡입하는 방법이 있다.
㉯ 탈기법 : 탈기기(deaerator)를 이용하여 급수 중의 산소(O_2), 탄산가스(CO_2) 등의 용존가스를 제거하는 방법으로 진공 탈기법과 가열 탈기법이 있다. **답** ①

89 보일러의 과열 방지책이 아닌 것은?
① 보일러수를 농축시키지 않을 것
② 보일러수의 순환을 좋게 할 것
③ 보일러의 수위를 낮게 유지할 것
④ 보일러 동내면의 스케일 고착을 방지할 것

해설 과열방지 대책
㉮ 적정 보일러수위를 유지한다.
㉯ 동 내면에 스케일 생성을 방지하고 고착되지 않도록 한다.
㉰ 보일러 수가 농축되지 않도록 하고, 순환을 교란시키지 않도록 한다.
㉱ 전열면에 국부적인 과열을 방지한다.
㉲ 연소실 열부하가 너무 높지 않도록 한다. **답** ③

90 프라이밍이나 포밍의 방지대책에 대한 설명으로 틀린 것은?
① 주증기 밸브를 급히 개방한다.
② 보일러수를 농축시키지 않는다.
③ 보일러수 중의 불순물을 제거한다.
④ 과부하가 되지 않도록 한다.

해설 프라이밍, 포밍의 방지대책
㉮ 보일러수를 농축시키지 않는다.
㉯ 보일러수 중의 불순물을 제거한다.
㉰ 과부하가 되지 않도록 한다.
㉱ 비수방지관을 설치한다.
㉲ 주증기 밸브를 급격히 개방하지 않는다.
㉳ 수위를 고수위로 하지 않는다. **답** ①

91 물의 탁도에 대한 설명으로 옳은 것은?
① 카올린 1[g]이 증류수 1[L] 속에 들어 있을 때의 색과 같은 색을 가지는 물을 탁도 1도의 물이라 한다.
② 카올린 1[mg]이 증류수 1[L] 속에 들어 있을 때의 색과 같은 색을 가지는 물을 탁도 1도의 물이라 한다.
③ 탄산칼슘 1[g]이 증류수 1[L] 속에 들어 있을 때의 색과 같은 색을 가지는 물을 탁도 1도의 물이라 한다.
④ 탄산칼슘 1[mg]이 증류수 1[L] 속에 들어 있을 때의 색과 같은 색을 가지는 물을 탁도 1도의 물이라 한다.

해설 탁도(濁度) : 물의 흐린 정도를 나타내는 것으로 증류수 1[L] 중에 고령토(kaolin) 1[mg] 함유하는 때의 색을 가지는 물을 탁도 1도로 한다. **답** ②

92 그림과 같이 가로×세로×높이가 3[m]×1.5[m]×0.03[m]인 탄소 강판이 놓여 있다. 강판의 열전도율은 43[W/m·K]이고, 탄소강판 아래면에 열유속 700[W/m²]을 가한 후, 정상상태가 되었다면 탄소강판의 윗면과 아랫면의 표면온도 차이는 약 몇 [℃]인가? (단, 열유속은 아래에서 위 방향으로만 진행한다.)

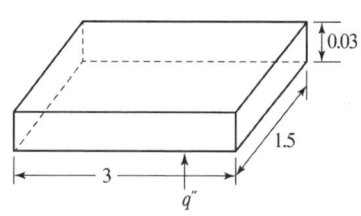

① 0.243 ② 0.264
③ 0.488 ④ 1.973

해설 ㉮ 열전달 후 탄소강판의 윗면과 아랫면의 표면온도 차이 계산 :
$Q = \dfrac{\lambda}{b} \times A \times (T_2 - T_1)$이고, 열유속(전달열량)이 강판 1[m²]에 대한 양으로 주어졌다.

$$\therefore T_2 - T_1 = \frac{b \times Q}{\lambda \times A} = \frac{0.03 \times 700}{43 \times 1}$$
$$= 0.4883 [K] = 0.4883 [℃]$$

㈏ 탄소강판의 윗면과 아랫면의 표면온도 차이는 절대온도[K]로 표시하는 것과 섭씨온도[℃]로 표시하는 것은 같다. 일례로 100[℃]와 90[℃] 온도차이는 섭씨온도로 10[℃]가 되며, 절대온도로 온도차이는 (273+100)[K] − (273+90)[K] = 10[K]가 되는 것과 같다.   답 ③

93 연관보일러에서 연관의 최소 피치를 구하는 데 사용하는 식은? (단, p는 연관의 최소 피치[mm], t는 관판의 두께[mm], d는 관 구멍의 지름[mm]이다.)

① $p = \left(1 + \dfrac{t}{4.5}\right)d$

② $p = (1 + d)\dfrac{t}{4.5}$

③ $p = \left(1 + \dfrac{4.5}{t}\right)d$

④ $p = \left(1 + \dfrac{d}{4.5}\right)t$

해설 연관보일러 연관의 최소 피치 계산식 : 열사용기자재 검사기준 6.4

$$\therefore p = \left(1 + \dfrac{4.5}{t}\right)d$$ 답 ③

94 증기보일러에 수질관리를 위한 급수처리 또는 스케일 부착방지 및 제거를 위한 시설을 해야 하는 용량 기준은 몇 [t/h] 이상인가?

① 0.5 ② 1
③ 3   ④ 5

해설 용량 1[t/h] 이상의 증기보일러에는 수질관리를 위한 급수처리(수처리시설) 또는 스케일 부착방지 및 제거를 위한(음향처리시설)시설을 하여야 한다.

참고 수처리시설 및 음향처리시설의 인증기준
  ㈎ 이온교환처리법
    ㉠ 이온교환수지의 성능은 이온교환수지 1[L]당 $CaCO_3$ 환산 60[g] 이상
    ㉡ 이온교환수지량은 시간당 원수통과 수량 1[m³] 기준으로 최소 20[L] 이상
    ㉢ 원수 수질기준 : 경도 250[mg] $CaCO_3$/[L] 이상
    ㉣ 이온교환된 수질기준 : 경도 1[mg] $CaCO_3$/[L] 이상
    ㉤ 용기의 조건 : 내식성 재질
    ㉥ 기기의 구성 : 이온교환수지탑, 약품용해조, 자동경도측정장치, 자동절환장치
  ㈏ 음향처리법
    ㉠ 초음파의 주파수 조정가능 : 사용 주파수 범위 15~22[kHz]
    ㉡ 발생파형 : 펄스파형으로서 한 파형의 지속시간이 5[ms] 이하일 것
    ㉢ 최대진폭 : 모든 시험조건에서 peak to peak 치가 0.7[μm] (용접 후) 이상
    ㉣ 변환기 권선의 재질 : 내전압 100[V] 이상, 내사용온도 −190~260[℃]의 자재   답 ②

95 보일러의 열정산 시 출열항목이 아닌 것은?

① 배기가스에 의한 손실열
② 발생증기 보유열
③ 불완전연소에 의한 손실열
④ 공기의 현열

해설 열정산 시 입·출열 항목
(1) 입열(入熱) 항목
  ㈎ 연료의 발열량(연료의 연소열)
  ㈏ 연료의 현열
  ㈐ 공기의 현열
  ㈑ 노 내 취입 증기 또는 온수에 의한 입열
(2) 출열(出熱) 항목
  ㈎ 배기가스 보유열량
  ㈏ 증기의 보유열량
  ㈐ 불완전연소에 의한 열손실
  ㈑ 미연분에 의한 열손실
  ㈒ 노벽의 흡수열량
  ㈓ 재의 현열   답 ④

96 보일러에서 사용하는 안전밸브의 방식으로 가장 거리가 먼 것은?

① 중추식   ② 탄성식
③ 지렛대식   ④ 스프링식

해설 보일러 안전밸브의 종류 : 스프링식, 중추식, 레버(지렛대)식 등 답 ②

97 내경 200[mm], 외경 210[mm]의 강관에 증기가 이송되고 있다. 증기 강관의 내면온도는 240[℃], 외면온도는 25[℃]이며, 강관의 길이는 5[m]일 경우 발열량[kW]은 얼마인가? (단, 강관의 열전도율은 50[W/m·℃], 강관의 내외면의 온도는 시간 경과에 관계없이 일정하다.)

① 6.6×10^3 ② 6.9×10^3
③ 7.3×10^3 ④ 7.6×10^3

해설 ㉮ 내경 200[mm]의 반지름(r_i)은 100[mm]이므로 0.1[m]이다.
㉯ 외경 210[mm]의 반지름(r_o)은 105[mm]이므로 0.105[m]이다.
㉰ 발열량[kW] 계산

$$\therefore Q = \frac{2\pi L(t_1 - t_2)}{\frac{1}{\lambda} \ln\left(\frac{r_2}{r_1}\right)}$$

$$= \frac{2 \times \pi \times 5 \times (240 - 25)}{\frac{1}{50} \times \ln\left(\frac{0.105}{0.1}\right)}$$

$= 6924911.742[W]$
$= 6924.911[kW]$
$= 6.9 \times 10^3 [kW]$ 답 ②

98 보일러에 대한 용어의 정의 중 잘못된 것은?

① 1종 관류보일러 : 강철제 보일러 중 전열면적이 5[m²] 이하이고 최고사용압력이 0.35[MPa] 이하인 것
② 설계압력 : 보일러 및 그 부속품 등의 강도계산에 사용되는 압력으로서 가장 가혹한 조건에서 결정한 압력
③ 최고사용온도 : 설계압력을 정할 때 설계압력에 대응하여 사용조건으로부터 정해지는 온도
④ 전열면적 : 한쪽 면이 연소가스 등에 접촉하고 다른 면이 물에 접촉하는 부분의 면을 연소가스 등의 쪽에서 측정한 면적

해설 1종 관류보일러 및 2종 관류보일러 : 에너지이용 합리화법 시행규칙 별표1
㉮ 1종 관류보일러 : 강철제 보일러 중 헤더의 안지름이 150[mm] 이하이고, 전열면적이 5[m²] 초과 10[m²] 이하이며, 최고사용압력이 1[MPa] 이하인 관류보일러(기수분리기를 장치한 경우에는 기수분리기의 안지름이 300[mm] 이하이고, 그 내부 부피가 0.07[m³] 이하인 것만 해당한다.)
㉯ 2종 관류보일러 : 강철제 보일러 중 헤더의 안지름이 150[mm] 이하이고, 전열면적이 5[m²] 이하이며, 최고사용압력이 1[MPa] 이하인 관류보일러(기수분리기를 장치한 경우에는 기수분리기의 안지름이 200[mm] 이하이고, 그 내부 부피가 0.02[m³] 이하인 것에 한정한다.) 답 ①

99 다음 중 보일러수의 pH를 조절하기 위한 약품으로 적당하지 않은 것은?

① NaOH ② Na_2CO_3
③ Na_3PO_4 ④ $Al_2(SO_4)_3$

해설 ㉮ pH 및 알칼리 조정제 : 급수 및 보일러수의 pH 및 알칼리도를 조절하여 스케일 부착을 방지하고 부식을 방지하는 역할을 한다.
㉯ 종류 : 수산화나트륨(NaOH : 가성소다), 탄산나트륨(Na_2CO_3), 제1인산나트륨(NaH_2PO_4 : 제1인산소다), 제3인산나트륨(Na_3PO_4 : 제3인산소다), 인산(H_3PO_4), 암모니아(NH_3) 답 ④

100 육용강제 보일러에서 길이 스테이 또는 경사 스테이를 핀 이음으로 부착할 경우, 스테이 휠 부분의 단면적은 스테이 소요 단면적의 얼마 이상으로 하여야 하는가?

① 1.0배 ② 1.25배
③ 1.5배 ④ 1.75배

해설 핀 이음에 의한 스테이의 부착 : 봉스테이 또는 경사 스테이를 핀 이음으로 부착할 때는 핀이 2곳에서 전단력을 받도록 하고, 핀의 단면적은 스테이 소요 단면적의 3/4 이상으로 하며, 스테이 링부의 단면적은 스테이 소요 단면적의 1.25배 이상으로 하여야 한다. 답 ②

2022년 1회
에너지관리기사필기

1과목 - 연소공학

01 보일러 등의 연소장치에서 질소산화물(NOx)의 생성을 억제할 수 있는 연소 방법이 아닌 것은?
① 2단 연소
② 저산소(저공기비) 연소
③ 배기의 재순환 연소
④ 연소용 공기의 고온 예열

해설 질소산화물의 생성을 억제하는 방법
㉮ 저공기비로 연소한다.
㉯ 열부하를 감소시킨다.
㉰ 공기온도를 저하시킨다.
㉱ 2단 연소법을 사용한다.
㉲ 배기가스를 재순환시킨다.
㉳ 물이나 증기를 분사한다.
㉴ 저NOx 버너를 사용한다.
㉵ 연료를 전처리하여 사용한다.   답 ④

02 다음 중 연료 연소 시 최대탄산가스농도(CO_2max)가 가장 높은 것은?
① 탄소   ② 연료유
③ 역청탄   ④ 코크스로 가스

해설 탄소(C)가 완전연소하면 배기가스는 CO_2뿐이므로 배기가스 중 탄산가스 비율이 100[%]가 되기 때문에 제시된 연료 중 비율이 가장 높다.   답 ①

03 체적비로 메탄이 15[%], 수소가 30[%], 일산화탄소가 55[%]인 혼합기체가 있다. 각각의 폭발 상한계가 다음 표와 같을 때, 이 기체의 공기 중에서 폭발 상한계는 약 몇 [vol%]인가?

구분	메탄	수소	일산화탄소
폭발 상한계 [vol%]	15	75	74

① 46.7   ② 45.1
③ 44.3   ④ 42.5

해설 르샤틀리에의 혼합가스 폭발범위 계산식
$\frac{100}{L} = \frac{V_1}{L_1} + \frac{V_2}{L_2} + \frac{V_3}{L_3}$ 에서 폭발범위 상한계를 구한다.
$\therefore L_h = \frac{100}{\frac{V_1}{L_1} + \frac{V_2}{L_2} + \frac{V_3}{L_3}} = \frac{100}{\frac{15}{15} + \frac{30}{75} + \frac{55}{74}}$
$= 46.658 [vol\%]$ 답 ①

04 어떤 고체연료를 분석하니 중량비로 수소 10[%], 탄소 80[%], 회분 10[%]이었다. 이 연료 100[kg]을 완전연소시키기 위하여 필요한 이론공기량은 약 몇 [Nm^3]인가?
① 206   ② 412
③ 490   ④ 978

해설 연료 100[kg]에 대한 이론공기량[Nm^3] 계산
$\therefore A_0 = 8.89C + 26.67\left(H - \frac{O}{8}\right) + 3.33S$
$= (8.89 \times 0.8 + 26.67 \times 0.1) \times 100$
$= 977.9 [Nm^3]$ 답 ④

05 점화에 대한 설명으로 틀린 것은?
① 연료가스의 유출속도가 너무 느리면 실화가 발생한다.
② 연소실의 온도가 낮으면 연료의 확산이 불량해진다.
③ 연료의 예열온도가 낮으면 무화불량이 발생한다.
④ 점화시간이 늦으면 연소실 내로 역화가 발생한다.

해설 ▶ 점화조작 시 주의사항
㉮ 연료가스의 유출속도가 너무 빠르면 실화 등이 일어나고, 너무 늦으면 역화가 발생한다.
㉯ 연소실의 온도가 낮으면 연료의 확산이 불량해지며 착화가 잘 안 된다.
㉰ 연료의 예열온도가 낮으면 무화불량, 화염의 편류, 그을음, 분진이 발생한다.
㉱ 연료의 예열온도가 높으면 기름이 분해되고, 분사각도가 흐트러져 분무상태가 불량해지며, 탄화물이 생성된다.
㉲ 유압이 낮으면 점화 및 분사가 불량하고, 높으면 그을음이 축적된다.
㉳ 무화용 매체가 과다하면 연소실 온도가 떨어지고 점화가 불량해지고, 과소일 경우는 불꽃이 발생하고 역화 발생의 원인이 된다.
㉴ 점화시간이 늦으면 연소실 내로 연료가 유입되어 역화의 원인이 된다.
㉵ 프리퍼지 시간(30초~3분 정도)이 너무 길면 연소실의 냉각을 초래하고, 너무 짧으면 역화를 일으킨다.　　　　　　　　　　　답 ①

06 고체연료의 일반적인 특징에 대한 설명으로 틀린 것은?

① 회분이 많고 발열량이 적다.
② 연소효율이 낮고 고온을 얻기 어렵다.
③ 점화 및 소화가 곤란하고 온도조절이 어렵다.
④ 완전연소가 가능하고 연료의 품질이 균일하다.

해설 ▶ 고체연료의 특징
(1) 장점
㉮ 노천 야적이 가능하다.
㉯ 저장 및 취급이 편리하다.
㉰ 구입이 쉽고, 가격이 저렴하다.
㉱ 연소장치가 간단하고, 특수목적에 이용된다.
(2) 단점
㉮ 완전연소가 곤란하다.
㉯ 연소효율이 낮고 고온을 얻기 곤란하다.
㉰ 회분이 많고 처리가 곤란하다.
㉱ 점화 및 소화가 어렵다.
㉲ 연소조절이 어렵다.　　　　　　　　　답 ④

07 등유, 경유 등의 휘발성이 큰 연료를 접시모양의 용기에 넣어 증발 연소시키는 방식은?

① 분해연소　　② 확산연소
③ 분무연소　　④ 포트식 연소

해설 ▶ 포트식 연소(port type combustion) : 휘발성이 큰 등유, 경유 등의 액면에서 증발한 연료의 기체성분이 주위의 공기와 혼합하면서 연소하는 방식이다.
　　　　　　　　　　　　　　　　　　　　답 ④

08 액체 연소장치 중 회전식 버너의 일반적인 특징으로 옳은 것은?

① 분사각은 20~50° 정도이다.
② 유량조절범위는 1 : 3 정도이다.
③ 사용 유압은 30~50[kPa] 정도이다.
④ 화염이 길어 연소가 불안정하다.

해설 ▶ 회전식(rotary type) 버너의 특징
㉮ 분무컵을 고속으로 회전시켜 연료를 분출하고, 1차 공기를 이용하여 무화시키는 방식이다.
㉯ 사용유압은 30~50[kPa](0.3~0.5[kgf/cm^2]) 정도이다.
㉰ 분무각은 30~80° 정도, 유량 조절범위는 1 : 5 정도이다.
㉱ 회전수는 직결식이 3000~3500rpm, 벨트식이 7000~10000rpm 정도이다.
㉲ 설비가 간단하고 자동화가 쉽다.
㉳ 점도가 작을수록 분무상태가 좋아진다.
㉴ 고점도 연료는 예열이 필요하다.
㉵ 청소, 점검, 수리가 간편하다.　　　　　답 ③

09 C_mH_n 1[Nm^3]를 공기비 1.2로 연소시킬 때 필요한 실제 공기량은 약 몇 [Nm^3]인가?

① $\dfrac{1.2}{0.21}\left(m + \dfrac{n}{2}\right)$　　② $\dfrac{1.2}{0.21}\left(m + \dfrac{n}{4}\right)$
③ $\dfrac{1.2}{0.79}\left(m + \dfrac{n}{2}\right)$　　④ $\dfrac{1.2}{0.79}\left(m + \dfrac{n}{4}\right)$

해설 ▶ ㉮ 탄화수소(C_mH_n)류 완전연소 반응식 :
$$C_mH_n + \left(m + \dfrac{n}{4}\right)O_2 \rightarrow mCO_2 + \dfrac{n}{2}H_2O$$

㉯ 탄화수소(C_mH_n)류 1[Nm^3]를 연소할 때 필요로 하는 산소량[Nm^3]은 연소반응식에서 몰(mol)수에 해당된다.
㉰ 실제공기량[Nm^3] 계산 : 공기 중 산소의 체적비는 21[%]이다.

$$\therefore A = m \times A_o = m \times \frac{O_0}{0.21}$$
$$= 1.2 \times \frac{\left(m + \frac{n}{4}\right)}{0.21} = \frac{1.2}{0.21} \times \left(m + \frac{n}{4}\right)$$
$$= 5.714 \times \left(m + \frac{n}{4}\right) = 5.714m + \frac{5.714n}{4}$$
$$= 5.714m + 1.428n$$

답 ②

10 메탄올(CH_3OH) 1[kg]을 완전연소 하는데 필요한 이론공기량은 약 몇 [Nm^3]인가?

① 4.0   ② 4.5
③ 5.0   ④ 5.5

해설 ㉮ 메탄올(CH_3OH)의 완전연소 반응식 :
$CH_3OH + 1.5O_2 \rightarrow CO_2 + 2H_2O$
㉯ 이론공기량[Nm^3] 계산 : 메탄올(CH_3OH) 분자량은 32이다.
32[kg] : 1.5×22.4[Nm^3] = 1[kg] : $x(O_0)$[Nm^3]

$$\therefore A_0 = \frac{O_0}{0.21} = \frac{1 \times 1.5 \times 22.4}{32 \times 0.21}$$
$$= 5 [Nm^3]$$

답 ③

11 중량비가 C : 87[%], H : 11[%], S : 2[%]인 중유를 공기비 1.3으로 연소할 때 건조배출가스 중 CO_2의 부피비는 약 몇 [%]인가?

① 8.7   ② 10.5
③ 12.2   ④ 15.6

해설 ㉮ 이론공기량 계산

$$\therefore A_0 = 8.89\,C + 26.67\left(H - \frac{O}{8}\right) + 3.33\,S$$
$$= (8.89 \times 0.87) + (26.67 \times 0.11) + (3.33 \times 0.02)$$
$$= 10.734 [Nm^3/kg]$$

㉯ 이론 건연소가스량 계산

$$\therefore G_{0d} = 8.89\,C + 21.1\,H - 2.63\,O + 3.33\,S + 0.8\,N$$
$$= (8.89 \times 0.87) + (21.1 \times 0.11) + (3.33 \times 0.02)$$
$$= 10.121 [Nm^3/kg]$$

㉰ 실제 건연소가스량 계산
$$\therefore G_d = G_{0d} + B = G_{0d} + (m-1)A_0$$
$$= 10.121 + \{(1.3 - 1) \times 10.734\}$$
$$= 13.341 [Nm^3/kg]$$

㉱ 중유 1[kg]을 연소했을 때 CO_2 발생량 계산 : CO_2는 탄소(C) 성분에 의해 발생하고, 중량비로 87[%] 함유하고 있다.
$C + O \rightarrow CO_2$
12[kg] : 22.4[Nm^3] = 1[kg]×0.87 : x[Nm^3]

$$\therefore x = \frac{(1 \times 0.87) \times 22.4}{12} = 1.624 [Nm^3]$$

㉲ 실제 건연소가스량 중 CO_2의 부피비 계산

$$\therefore CO_2 \text{부피비} = \frac{CO_2\text{량}}{G_d} \times 100$$
$$= \frac{1.624}{13.341} \times 100$$
$$= 12.17 [\%]$$

답 ③

12 액체의 인화점에 영향을 미치는 요인으로 가장 거리가 먼 것은?

① 온도   ② 압력
③ 발화지연시간   ④ 용액의 농도

해설 인화점(인화온도) : 가연물질이 공기 중에서 점화원에 의하여 연소를 시작하는 최저 온도로 액체 가연물의 인화점은 비중, 점도가 낮을수록 주위온도와 용액의 온도, 압력이 높을수록 낮아진다. 용액의 농도는 클수록 증기압이 낮아져 인화점은 높아진다.

답 ③

13 고위발열량이 37.7[MJ/kg]인 연료 3[kg]이 연소할 때의 저위발열량은 몇 [MJ]인가? (단, 이 연료의 중량비는 수소 15[%], 수분 1[%]이다.)

① 52   ② 103
③ 184   ④ 217

해설 연료 3[kg]이 연소하였을 때 저위발열량[MJ]을 구하는 것이다.

$$\therefore H_l = H_h - 2.5(9H + W)$$
$$= \{37.7 - 2.5 \times (9 \times 0.15 + 0.01)\} \times 3$$
$$= 102.9 [MJ]$$

답 ②

14 다음 중 고속운전에 적합하고 구조가 간단하며 풍량이 많아 배기 및 환기용으로 적합한 송풍기는?

① 다익형 송풍기
② 플레이트형 송풍기
③ 터보형 송풍기
④ 축류형 송풍기

해설 축류형 송풍기 특징
㉮ 고속운전에 적합하고 고압력 발생을 필요로 하는 경우에는 다단구조로 할 수 있다.
㉯ 구조가 간단하고 소형이며, 설치공간이 작으며, 관로 도중에 부착하기 쉽다.
㉰ 효율이 양호하고 고장 발생이 적다.
㉱ 소음 발생이 심하다.
㉲ 배기 및 환기용으로 적합하다. 답 ④

15 통풍방식 중 평형통풍에 대한 설명으로 틀린 것은?

① 통풍력이 커서 소음이 심하다.
② 안정한 연소를 유지할 수 있다.
③ 노내 정압을 임의로 조절할 수 있다.
④ 중형 이상의 보일러에는 사용할 수 없다.

해설 평형 통풍의 특징
㉮ 압입통풍과 흡입통풍을 병행하는 방식이다.
㉯ 대형보일러나 통풍력 손실이 큰 보일러에 사용한다.
㉰ 연소실 내의 압력을 정압이나 부압으로 조절할 수 있다.
㉱ 동력소비가 커 유지비가 많이 소요된다.
㉲ 초기 설비비가 많이 소요된다.
㉳ 강한 통풍력을 얻을 수 있다.
㉴ 배기가스 유속은 10[m/s] 이상이다. 답 ④

16 저위발열량 7470[kJ/kg]의 석탄을 연소시켜 13200[kg/h]의 증기를 발생시키는 보일러의 효율은 약 몇 [%]인가? (단, 석탄의 공급은 6040[kg/h]이고, 증기의 엔탈피는 3107[kJ/kg], 급수의 엔탈피는 96[kJ/kg]이다.)

① 64
② 74
③ 88
④ 94

해설
$$\eta = \frac{G_a \times (h_2 - h_1)}{G_f \times H_l} \times 100$$
$$= \frac{13200 \times (3107 - 96)}{6040 \times 7470} \times 100$$
$$= 88.090[\%]$$
답 ③

17 불꽃연소(flaming combustion)에 대한 설명으로 틀린 것은?

① 연소속도가 느리다.
② 연쇄반응을 수반한다.
③ 연소사면체에 의한 연소이다.
④ 가솔린의 연소가 이에 해당한다.

해설 (1) 불꽃연소(flaming combustion) : 가연성 물질에서 발생된 증기가 공기 중의 산소와 혼합기를 형성하여 연소하는 것으로 연소속도가 빠르고 불꽃과 열을 발생하면서 연소하는 것을 말한다.
(2) 불꽃연소의 특징 : ②, ③, ④ 외
㉮ 고체연료는 열분해, 액체연료는 증발에 의한 기체의 확산이 이루어져 연소상태가 매우 복잡하다.
㉯ 연료의 표면에서 불꽃이 발생하며 연소한다.
㉰ 연소속도가 매우 빠르다.
㉱ 단위시간당 방출열량이 크다. 답 ①

18 폭굉 유도거리(DID)가 짧아지는 조건으로 틀린 것은?

① 관지름이 크다.
② 공급압력이 높다.
③ 관 속에 방해물이 있다.
④ 연소속도가 큰 혼합가스이다.

해설 폭굉 유도거리(DID)가 짧아지는 조건
㉮ 정상 연소속도가 큰 혼합가스일수록
㉯ 관 속에 방해물이 있거나 관지름이 가늘수록
㉰ 압력이 높을수록
㉱ 점화원의 에너지가 클수록 답 ①

19 버너에서 발생하는 역화의 방지대책과 거리가 먼 것은?

① 버너 온도를 높게 유지한다.
② 리프트 한계가 큰 버너를 사용한다.
③ 다공 버너의 경우 각각의 연료분출구를 작게 한다.
④ 연소용 공기를 분할 공급하여 1차 공기를 착화범위보다 적게 한다.

해설 버너에서 발생하는 역화의 방지대책
㉮ 버너의 온도가 높게 유지되지 않도록 한다.
㉯ 리프트 한계가 큰 버너를 사용한다.
㉰ 다공 버너의 경우 각각의 연료분출구를 작게 하여 연료의 분출속도를 높인다.
㉱ 연소용 공기를 분할 공급하여 1차 공기를 착화범위보다 적게 하고 1차 공기압력을 적절히 유지한다.
㉲ 점화 시 착화시간이 지연되지 않게 한다.
㉳ 프리퍼지, 포스트 퍼지를 충분히 한다. **답** ①

20 다음 기체 연료 중 단위질량당 고위발열량이 가장 큰 것은?

① 메탄 ② 수소
③ 에탄 ④ 프로판

해설 단위질량 당 고위발열량[MJ/kg]

연료 성분	고위발열량[MJ/kg]
메탄(CH_4)	55.5
수소(H_2)	120.5
에탄(C_2H_6)	51.8
프로판(C_3H_8)	50.4

답 ②

2과목 - 열역학

21 순수물질로 된 밀폐계가 가역단열 과정 동안 수행한 일의 양과 같은 것은? (단, U는 내부에너지, H는 엔탈피, Q는 열량이다.)

① $-\Delta H$ ② $-\Delta U$
③ 0 ④ Q

해설 내부에너지(U) 변화량 $\Delta U = Q - W$에서 외부에 행한 일 $W = Q - \Delta U$이고, 열(Q) 출입이 없는 가역단열 과정이므로 수행한 일의 양과 같은 것은 $-\Delta U$이다. **답** ②

22 물체의 온도변화 없이 상(phase, 相) 변화를 일으키는데 필요한 열량은?

① 비열 ② 점화열
③ 잠열 ④ 반응열

해설 현열과 잠열
㉮ 현열(감열) : 물질이 상태변화는 없이 온도변화에 총 소요된 열량
㉯ 잠열 : 물질이 온도변화는 없이 상태변화에 총 소요된 열량으로 증발열, 융해열, 승화열이 해당된다. **답** ③

23 다음 중 포화액과 포화증기의 비엔트로피 변화에 대한 설명으로 옳은 것은?

① 온도가 올라가면 포화액의 비엔트로피는 감소하고 포화증기의 비엔트로피는 증가한다.
② 온도가 올라가면 포화액의 비엔트로피는 증가하고 포화증기의 비엔트로피는 감소한다.
③ 온도가 올라가면 포화액과 포화증기의 비엔트로피는 감소한다.
④ 온도가 올라가면 포화액과 포화증기의 비엔트로피는 증가한다.

해설
㉮ 포화액의 비엔트로피 $s = s_0 + C \cdot \ln \dfrac{T_s}{273.16}$ 이므로 온도(T_s)가 올라가면 비엔트로피는 증가한다.

㉯ 포화증기의 비엔트로피 $\Delta s = \dfrac{\gamma}{T_s}$ 이므로 온도(T_s)가 올라가면 비엔트로피는 감소한다.

답 ②

24 다음 중 과열증기(superheated steam)의 상태가 아닌 것은?

① 주어진 압력에서 포화증기 온도보다 높은 온도
② 주어진 비체적에서 포화증기 압력보다 높은 압력
③ 주어진 온도에서 포화증기 비체적보다 낮은 비체적
④ 주어진 온도에서 포화증기 엔탈피보다 높은 엔탈피

해설 과열증기 : 건포화증기를 가열하면 수증기의 온도는 포화온도보다 높아지며 비체적은 증가한다. **답** ③

25 400[K], 1[MPa]의 이상기체 1[kmol]이 700[K], 1[MPa]으로 정압팽창할 때 엔트로피 변화는 약 몇 [kJ/K]인가? (단, 정압비열은 28 [kJ/kmol · K]이다.)

① 15.7　② 19.4
③ 24.3　④ 39.4

해설
$\Delta S = GC \ln \dfrac{T_2}{T_1}$
$= 1 \times 28 \times \ln \dfrac{700}{400}$
$= 15.669 [kJ/K]$

답 ①

26 체적이 일정한 용기에 400[kPa]의 공기 1[kg]이 들어있다. 용기에 달린 밸브를 열고 압력이 300[kPa]이 될 때까지 대기 속으로 공기를 방출하였다. 용기 내의 공기가 가역단열 변화라면 용기에 남아있는 공기의 질량은 약 몇 [kg]인가? (단, 공기의 비열비는 1.4이다.)

① 0.614　② 0.714
③ 0.814　④ 0.914

해설
㉮ 가역단열 과정이므로 $\dfrac{T_2}{T_1} = \left(\dfrac{P_2}{P_1}\right)^{\frac{k-1}{k}}$ 에서 공기 방출 후 온도 T_2를 구한다.

∴ $T_2 = T_1 \times \left(\dfrac{P_2}{P_1}\right)^{\frac{k-1}{k}} = T_1 \times \left(\dfrac{300}{400}\right)^{\frac{1.4-1}{1.4}}$
$= 0.921\, T_1$

㉯ 용기에 남아있는 공기 질량 계산 : 이상기체 상태방정식 $PV = GRT$에서 $G = \dfrac{PV}{RT}$이고, 방출 전후의 질량을 비례식으로 쓰면 $\dfrac{G_2}{G_1} = \dfrac{\dfrac{P_2 V_2}{R_2 T_2}}{\dfrac{P_1 V_1}{R_1 T_1}}$
이며, $V_1 = V_2$, $R_1 = R_2$이다.

∴ $G_2 = G_1 \times \dfrac{P_2 T_1}{P_1 T_2} = 1 \times \dfrac{300 \times T_1}{400 \times 0.921\, T_1}$
$= 0.814 [kg]$

답 ③

27 다음 중 이상기체에 대한 식으로 옳은 것은? (단, 각 기호에 대한 설명은 아래와 같다.)

- u : 단위질량당 내부에너지
- h : 비엔탈피　· T : 온도
- R : 기체상수　· P : 압력
- v : 비체적　· k : 비열비
- C_v : 정적비열　· C_p : 정압비열

① $\dfrac{du}{dT} - \dfrac{dh}{dT} = R$
② $h = u + \dfrac{Pv}{RT}$
③ $C_v = \dfrac{R}{k-1}$
④ $C_p = \dfrac{kC_v}{k-1}$

해설 이상기체에 대한 식

㉮ $\dfrac{dh}{dT} - \dfrac{du}{dT} = R$

㉯ $h = u + RT$

㉰ 정적비열 : $C_v = \dfrac{1}{k-1}R = \dfrac{R}{k-1}$

㉱ 정압비열 : $C_p = \dfrac{k}{k-1}R = \dfrac{kR}{k-1}$ **답** ③

28 밀폐된 피스톤-실린더 장치 안에 들어 있는 기체가 팽창을 하면서 일을 한다. 압력 P[MPa]와 부피 V[L]의 관계가 아래와 같을 때, 내부에 있는 기체의 부피가 5[L]에서 두 배로 팽창하는 경우 이 장치가 외부에 한 일은 약 몇 [kJ]인가? (단, $a=3$[MPa/L], $b=2$[MPa/L], $c=1$[MPa])

$$P = 5(aV^2 + bV + c)$$

① 4175　② 4375
③ 4575　④ 4775

해설 문제에서 주어진 식에 처음 부피 5[L], 팽창 후의 부피는 2배이므로 10[L]를 적용해 적분

$W = \displaystyle\int_{5}^{10} 5(aV^2 + bV + c)\,dV$

$= 5 \times \left[\dfrac{1}{3}aV^3 + \dfrac{1}{2}bV^2 + cV\right]_{5}^{10}$

$= 5 \times \left[\dfrac{1}{3}aV_2^3 + \dfrac{1}{2}bV_2^2 + cV_2 \right.$
$\left. -\dfrac{1}{3}aV_1^3 - \dfrac{1}{2}bV_1^2 - cV_1\right]$

$= 5 \times \left[\dfrac{1}{3}\times 3 \times 10^3 + \dfrac{1}{2}\times 2 \times 10^2 + 1\times 10\right.$
$\left. -\dfrac{1}{3}\times 3 \times 5^3 - \dfrac{1}{2}\times 2 \times 5^2 - 1\times 5\right]$

$= 4775$[kJ] **답** ④

29 다음 중 열역학 제2법칙에 대한 설명으로 틀린 것은?

① 에너지 보존에 대한 법칙이다.
② 제2종 영구기관은 존재할 수 없다.
③ 고립계에서 엔트로피는 감소하지 않는다.
④ 열은 외부 동력 없이 저온체에서 고온체로 이동할 수 없다.

해설 에너지보존의 법칙은 열역학 제1법칙에 해당된다. **답** ①

30 이상기체의 단위 질량당 내부에너지 u, 비엔탈피 h, 비엔트로피 s에 관한 다음의 관계식 중에서 모두 옳은 것은? (단, T는 온도, p는 압력, v는 비체적을 나타낸다.)

① $Tds = du - vdp,\ Tds = dh - pdv$
② $Tds = du + pdv,\ Tds = dh - vdp$
③ $Tds = du - vdp,\ Tds = dh + pdv$
④ $Tds = du + pdv,\ Tds = dh + vdp$

해설 비엔트로피 $ds = \dfrac{dq}{T}$에서 $dq = Tds$를 비유동 과정에 대한 일반 에너지식 $dq = du + pdv$와 $dq = dh - vdp$의 dq에 대입하면 $Tds = du + pdv$, $Tds = dh - vdp$와 같이 정리할 수 있다. **답** ②

31 폴리트로픽 과정에서의 지수(polytropic index)가 비열비와 같을 때의 변화는?

① 정적변화　② 가역단열변화
③ 등온변화　④ 등압변화

해설 폴리트로픽 과정의 폴리트로픽 지수(n)
㉮ $n = 0$: 정압과정
㉯ $n = 1$: 정온과정
㉰ $1 < n < k$: 폴리트로픽과정
㉱ $n = k$: 단열과정(등엔트로피과정)
㉲ $n = \infty$: 정적과정 **답** ②

32 체적 0.4[m³]인 단단한 용기 안에 100[℃]의 물 2[kg]이 들어있다. 이 물의 건도는 얼마인가? (단, 100[℃]의 물에 대해 포화수 비체적 $v_f = 0.00104$[m³/kg], 건포화증기 비체적 $v_g = 1.672$ [m³/kg]이다.)

① 11.9[%]   ② 10.4[%]
③ 9.9[%]   ④ 8.4[%]

해설 ㉮ 현재의 습증기 비체적 계산

$$\therefore v = \frac{V}{G} = \frac{0.4}{2} = 0.2 \, [\text{m}^3/\text{kg}]$$

㉯ 증기의 건조도(x) 계산

$v = v_f + x(v_g - v_f)$ 에서

$$\therefore x = \frac{v - v_f}{v_g - v_f} \times 100$$

$$= \frac{0.2 - 0.00104}{1.672 - 0.00104} \times 100$$

$$= 11.906[\%]$$

답 ①

33 그림과 같은 브레이튼 사이클에서 열효율(η)은? (단, P는 압력, v는 비체적이며, T_1, T_2, T_3, T_4는 각각의 지점에서의 온도이다. 또한 q_{in}과 q_{out}은 사이클에서 열이 들어오고 나감을 의미한다.)

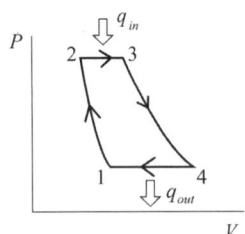

① $\eta = 1 - \dfrac{T_3 - T_2}{T_4 - T_1}$

② $\eta = 1 - \dfrac{T_1 - T_2}{T_3 - T_4}$

③ $\eta = 1 - \dfrac{T_4 - T_1}{T_3 - T_2}$

④ $\eta = 1 - \dfrac{T_3 - T_4}{T_1 - T_2}$

해설 (1) 브레이튼(Brayton) 사이클 : 2개의 단열과정과 2개의 정압과정으로 이루어진 가스터빈의 이상 사이클이다.
(2) 작동순서
  ㉮ 1 → 2 과정 : 단열압축과정(압축기)
  ㉯ 2 → 3 과정 : 정압가열과정(연소기)
  ㉰ 3 → 4 과정 : 단열팽창과정(터빈)
  ㉱ 4 → 1 과정 : 정압방열과정
(3) 이론 열효율 : 브레이튼 사이클의 열효율은 압력비(ϕ)만의 함수이다.

$$\therefore \eta = 1 - \frac{q_{out}}{q_{in}} = 1 - \frac{T_4 - T_1}{T_3 - T_2}$$

$$= 1 - \left(\frac{1}{\phi}\right)^{\frac{k-1}{k}}$$

답 ③

34 역카르노 사이클로 작동하는 냉동사이클이 있다. 저온부가 -10[℃], 고온부가 40[℃]로 유지되는 상태를 A상태라고 하고, 저온부가 0[℃], 고온부가 50[℃]로 유지되는 상태를 B상태라 할 때, 성능계수는 어느 상태의 냉동사이클이 얼마나 더 높은가?

① A상태의 사이클이 0.8만큼 더 높다.
② A상태의 사이클이 0.2만큼 더 높다.
③ B상태의 사이클이 0.8만큼 더 높다.
④ B상태의 사이클이 0.2만큼 더 높다.

해설 A와 B의 성능계수 비교
㉮ A사이클 성능계수 계산

$$\therefore COP_A = \frac{Q_2}{W} = \frac{T_2}{T_1 - T_2}$$

$$= \frac{273 - 10}{(273 + 40) - (273 - 10)}$$

$$= 5.26$$

㉯ B사이클 성능계수 계산

$$\therefore COP_B = \frac{Q_2}{W} = \frac{T_2}{T_1 - T_2}$$

$$= \frac{273 + 0}{(273 + 50) - (273 + 0)}$$

$$= 5.46$$

㉰ 성능계수 비교 : B상태의 사이클이 약 0.2만큼 높다.

답 ④

35 가솔린 기관의 이상 표준사이클인 오토 사이클(Otto cycle)에 대한 설명 중 옳은 것을 모두 고른 것은?

> ㉠ 압축비가 증가할수록 열효율이 증가한다.
> ㉡ 가열 과정은 일정한 체적 하에서 이루어진다.
> ㉢ 팽창 과정은 단열 상태에서 이루어진다.

① ㉠, ㉡　　② ㉠, ㉢
③ ㉡, ㉢　　④ ㉠, ㉡, ㉢

해설 오토 사이클(Otto cycle) : 전기점화기관(가솔린 기관)의 이상 사이클로 가열과정(폭발)은 정적 하에서, 동력이 발생되는 팽창과정은 단열상태에서 이루어진다. 압축비가 클수록 열효율은 증가하므로 열효율은 압축비의 함수이다.　　**답** ④

36 다음과 같은 특징이 있는 냉매의 종류는?

> • 냉동창고 등 저온용으로 사용
> • 산업용의 대용량 냉동기에 널리 사용
> • 아연 등을 침식시킬 우려가 있음
> • 연소성과 폭발성이 있음

① R-12　　② R-22
③ R-134a　　④ NH_3

해설 암모니아(NH_3) 냉매의 특징
㉮ 증발잠열이 커서 냉동효과가 좋으며 열전도율이 좋고 점도가 적당하다.
㉯ 증발압력, 응축압력, 임계온도 및 응고점이 적당하다.
㉰ 물에는 잘 용해되나 기름에는 용해되지 않는다.
㉱ 금속(아연, 구리, 주석 등)을 부식시키며, 독성가스이며 가연성가스이다.
㉲ 전기절연성이 좋지 않아 밀폐식 압축기에는 부적합하다.
㉳ 냉동창고 등 저온용과 산업용의 대용량 냉동기에 널리 사용된다.　　**답** ④

37 압축기에서 냉매의 단위 질량당 압축하는데 요구되는 에너지가 200[kJ/kg]일 때, 냉동기에서 냉동능력 1[kW]당 냉매의 순환량은 약 몇 [kg/h]인가? (단, 냉동기의 성능계수는 5.0이다.)

① 1.8　　② 3.6
③ 5.0　　④ 20.0

해설 ㉮ 냉동력 계산 : $COP_R = \dfrac{Q_2}{W}$ 에서 냉동력 Q_2를 구한다.
$$\therefore Q_2 = COP_R \times W = 5 \times 200 = 1000 \,[kJ/kg]$$
㉯ 냉매순환량 계산 : 1[kW] = 3600[kJ/h]이다.
$$\therefore 냉매\ 순환량 = \dfrac{냉동능력}{냉동력} = \dfrac{1 \times 3600}{1000} = 3.6\,[kg/h]$$　　**답** ②

38 40[m^3]의 실내에 있는 공기의 질량은 약 몇 [kg]인가? (단, 공기의 압력은 100[kPa], 온도는 27[℃]이며, 공기의 기체상수는 0.287[kJ/kg · K]이다.)

① 93　　② 46
③ 10　　④ 2

해설 이상기체 상태방정식 $PV = GRT$ 에서 질량 G를 구한다.
$$\therefore G = \dfrac{PV}{RT} = \dfrac{100 \times 40}{0.287 \times (273+27)} = 46.457\,[kg]$$　　**답** ②

39 동일한 최고 온도, 최저 온도 사이에 작동하는 사이클 중 최대의 효율을 나타내는 사이클은?

① 오토 사이클　　② 디젤 사이클
③ 카르노 사이클　　④ 브레이튼 사이클

해설 동일한 조건에서 작동되는 사이클 중 최대의 효율을 갖는 것은 이상적인 사이클인 카르노 사이클이다.

참고 각 사이클의 효율 비교
㉮ 최저온도 및 압력, 공급열량과 압축비가 같은 경우 : 오토사이클 > 사바테사이클 > 디젤사이클
㉯ 최저온도 및 압력, 공급열량과 최고압력이 같은 경우 : 디젤사이클 > 사바테사이클 > 오토사이클

답 ③

40 랭킨(Rankine) 사이클에서 응축기의 압력을 낮출 때 나타나는 현상으로 옳은 것은?

① 이론 열효율이 낮아진다.
② 터빈 출구의 증기건도가 낮아진다.
③ 응축기의 포화온도가 높아진다.
④ 응축기 내의 절대압력이 증가한다.

해설 복수기(응축기) 압력을 낮출 때 나타나는 현상
㉮ 배출열량이 작아지고, 이론 열효율이 높아진다.
㉯ 응축기의 포화온도가 낮아진다.
㉰ 터빈 출구의 증기건도가 낮아지며, 습기가 증가한다. → 이런 이유로 터빈 출구부에 부식문제가 생긴다.
㉱ 터빈에서의 엔탈피 낙차가 커진다.

답 ②

3과목 - 계측방법

41 다음 가스 분석법 중 흡수식인 것은?

① 오르사트법   ② 밀도법
③ 자기법   ④ 음향법

해설 흡수분석법의 종류 : 오르사트법, 헴펠법, 게겔법

답 ①

42 상온, 1기압에서 공기유속을 피토관으로 측정할 때 동압이 100[mmAq]이면 유속은 약 몇 [m/s]인가? (단, 공기의 밀도는 1.3[kg/m³]이다.)

① 3.2   ② 12.3
③ 38.8   ④ 50.5

해설 동압 100[mmAq]는 100[kgf/m²]과 같고, 피토관 계수(C)는 1을 적용한다)
$$\therefore V = C\sqrt{2g\frac{P}{\gamma}} = 1 \times \sqrt{2 \times 9.8 \times \frac{100}{1.3}}$$
$$= 38.829 \, [m/s]$$

답 ③

43 유량 측정에 쓰이는 탭(tap)방식이 아닌 것은?

① 베나 탭   ② 코너 탭
③ 압력 탭   ④ 플랜지 탭

해설 차압을 취출하는 방법
㉮ 베나탭(vena tap) : 유입은 배관 안지름 만큼의 거리, 유출측은 가장 낮은 압력이 걸리는 부분거리(0.2~0.8D)
㉯ 플랜지탭(flange tap) : 교축기구 25.4[mm] 전후 거리로 75[mm] 이하의 관에 사용한다.
㉰ 코너탭(corner tap) : 교축기구 직전, 직후에 설치

답 ③

44 보일러의 자동제어에서 제어장치의 명칭과 제어량의 연결이 잘못된 것은?

① 자동연소 제어장치 - 증기압력
② 자동급수 제어장치 - 보일러 수위
③ 과열증기온도 제어장치 - 증기온도
④ 캐스케이드 제어장치 - 노내 압력

해설 보일러 자동제어(A·B·C)의 종류

명 칭	제어량	조작량	제어장치
자동연소제어 (ACC)	증기압력	공기량, 연료량	모듈레이팅 제어장치
	노내압	연소가스량	배기댐퍼조절 장치
급수제어 (FWC)	보일러 수위	급수량	급수펌프
증기온도제어 (STC)	증기온도	전열량	연료공급밸브, 급기댐퍼
증기압력제어 (SPC)	증기압력	연료공급량, 연소용 공기량	압력조절기

답 ④

45 측정하고자 하는 상태량과 독립적 크기를 조정할 수 있는 기준량과 비교하여 측정, 계측하는 방법은?

① 보상법 ② 편위법
③ 치환법 ④ 영위법

해설 측정방법
㉮ 편위법 : 부르동관 압력계와 같이 측정량과 관계있는 다른 양으로 변환시켜 측정하는 방법으로 정도는 낮지만 측정이 간단하다.
㉯ 영위법 : 기준량과 측정하고자 하는 상태량을 비교 평형 시켜 측정하는 것으로 천칭을 이용하여 질량을 측정하는 것이 해당된다.
㉰ 치환법 : 지시량과 미리 알고 있는 다른 양으로부터 측정량을 나타내는 방법으로 다이얼게이지를 이용하여 두께를 측정하는 것이 해당된다.
㉱ 보상법 : 측정량과 거의 같은 미리 알고 있는 양을 준비하여 측정량과 그 미리 알고 있는 양의 차이로써 측정량을 알아내는 방법이다. **답** ④

46 다음 비례-적분동작에 대한 설명에서 ( ) 안에 들어갈 알맞은 용어는?

| 비례동작에 발생하는 ( )을[를] 제거하기 위해 적분동작과 결합한 제어 |

① 오프셋 ② 빠른 응답
③ 지연   ④ 외란

해설 비례-적분동작(PI동작) 특징
㉮ 비례동작의 결점인 잔류편차(off set)을 제거하기 위하여 비례동작과 적분동작과 결합한 제어이다.
㉯ 부하변화가 커도 잔류편차(offset)이 남지 않는다.
㉰ 전달 느림이나 쓸모없는 시간이 크면 사이클링의 주기가 커진다.
㉱ 급변할 때는 큰 진동이 생긴다.
㉲ 반응속도가 빠른 프로세스나 느린 프로세스에 사용된다. **답** ①

47 안지름 1000[mm]의 원통형 물탱크에서 안지름 150[mm]인 파이프로 물을 수송할 때 파이프의 평균 유속이 3[m/s]이었다. 이 때 유량(Q)과 물탱크 속의 수면이 내려가는 속도(V)는 약 얼마인가?

① $Q = 0.053$[m/s], $V = 6.75$[cm/s]
② $Q = 0.831$[m/s], $V = 6.75$[cm/s]
③ $Q = 0.053$[m/s], $V = 8.31$[cm/s]
④ $Q = 0.831$[m/s], $V = 8.31$[cm/s]

해설 ㉮ 유량(Q) 계산
$$\therefore Q = A \times V' = \frac{\pi}{4} \times 0.15^2 \times 3$$
$$= 0.0530 \text{[m/s]}$$
㉯ 물탱크 속의 수면이 내려가는 속도(V) 계산 : 연속의 법칙에 따라 150[mm] 파이프를 통해 유출되는 유량과 안지름 1000[mm]의 원통형 물탱크에서 유출되는 유량은 같다.
$$\therefore V = \frac{Q}{A} = \frac{0.0530}{\frac{\pi}{4} \times 1^2} = 0.06748 \text{[m/s]} \times 100$$
$$= 6.748 \text{[cm/s]}$$ **답** ①

48 램, 실린더, 기름탱크, 가압펌프 등으로 구성되어 있으며 탄성식 압력계의 일반 교정용으로 주로 사용되는 압력계는?

① 분동식 압력계
② 격막식 압력계
③ 침종식 압력계
④ 벨로스식 압력계

해설 (1) 분동식 압력계 : 탄성식 압력계의 교정에 사용되는 1차 압력계로 램, 실린더, 기름탱크, 가압펌프 등으로 구성되며 사용유체에 따라 측정범위가 다르게 적용된다.
(2) 사용유체에 따른 측정범위
  ㉮ 경유 : 40~100[kgf/cm²]
  ㉯ 스핀들유, 피마자유 : 100~1000[kgf/cm²]
  ㉰ 모빌유 : 3000[kgf/cm²] 이상
  ㉱ 점도가 큰 오일을 사용하면 5000[kgf/cm²]까지도 측정이 가능하다. **답** ①

49 다음 측정관련 용어에 대한 설명으로 틀린 것은?

① 측정량 : 측정하고자 하는 양
② 값 : 양의 크기를 함께 표현하는 수와 기준
③ 제어편차 : 목표치에 제어량을 더한 값
④ 양 : 수와 기준으로 표시할 수 있는 크기를 갖는 현상이나 물체 또는 물질의 성질

해설 제어편차(制御偏差) : 자동제어계에서 목표량(목표치)과 제어량의 차이이다. **답** ③

50 부자식(float) 면적 유량계에 대한 설명으로 틀린 것은?

① 압력손실이 적다.
② 정밀측정에는 부적합하다.
③ 대유량의 측정에 적합하다.
④ 수직배관에만 적용이 가능하다.

해설 면적식 유량계의 특징 : ①, ②, ④ 외
㉮ 유량에 따라 직선 눈금이 얻어진다.
㉯ 유량계수는 레이놀즈수가 낮은 범위까지 일정하다.
㉰ 고점도 유체나 작은 유체에 대해서도 측정할 수 있다.
㉱ 차압이 일정하면 오차의 발생이 적다.
㉲ 측정하려는 유체의 밀도를 미리 알아야 한다.
㉳ 압력손실이 적고 균등 유량을 얻을 수 있다.
㉴ 슬러리나 부식성 액체의 측정이 가능하다.
㉵ 정도는 ±1~2[%], 용량범위는 100~5000[m³/h]이다. **답** ③

51 액주식 압력계에 필요한 액체의 조건으로 틀린 것은?

① 점성이 클 것
② 열팽창계수가 작을 것
③ 성분이 일정할 것
④ 모세관현상이 작을 것

해설 액주식 액체의 구비조건
㉮ 점성(점도)이 적을 것
㉯ 열팽창계수가 적을 것
㉰ 밀도변화가 적을 것
㉱ 모세관 현상 및 표면장력이 적을 것
㉲ 화학적으로 안정할 것
㉳ 휘발성 및 흡수성이 적을 것
㉴ 항상 액면은 수평을 만들고 높이를 정확히 읽을 수 있을 것 **답** ①

52 서미스터의 재질로서 적합하지 않은 것은?

① Ni   ② Co
③ Mn   ④ Pb

해설 서미스터(thermistor)의 재질 : 금속산화물을 사용하여 압축, 소결시켜 만든 것으로 사용원료는 니켈(Ni), 코발트(Co), 망간(Mn), 철(Fe), 구리(Cu) 등을 사용한다. **답** ④

53 저항식 습도계의 특징으로 틀린 것은?

① 저온도의 측정이 가능하다.
② 응답이 늦고 정밀도가 좋지 않다.
③ 연속기록, 원격측정, 자동제어에 이용된다.
④ 교류전압에 의하여 저항치를 측정하여 상대습도를 표시한다.

해설 저항식 습도계 : 염화리튬(LiCl₂) 용액을 절연판 위에 바르고 전기(교류)를 통하면 상대습도에 따라 저항치를 변화하는 것을 이용하여 습도를 측정하는 것이다.
(1) 장점
㉮ 상대습도와 저온도의 측정이 가능하다.
㉯ 감도가 크며, 응답이 빠르다.
㉰ 연속 기록, 원격 측정, 자동제어에 이용된다.
㉱ 전기 저항의 변화가 쉽게 측정된다.
(2) 단점
㉮ 고습도 중에 장시간 방치하면 감습막(感濕膜)이 유동한다.
㉯ 다소의 경년변화가 있어 온도계수가 비교적 크다. **답** ②

54 가스미터의 표준기로도 이용되는 가스미터의 형식은?

① 오벌형
② 드럼형
③ 다이어프램형
④ 로터리 피스톤형

해설 드럼(drum)형 가스미터 : 습식 가스미터로 유입된 가스가 일정한 액면 안에 있는 계량통을 회전시켜 이 회전수로 가스유량을 측정하는 것으로 정확한 계량이 가능하여 기준기로 많이 사용되나, 설치공간이 크고 수위조절 등의 관리가 필요하다. **답** ②

55 물체의 온도를 측정하는 방사고온계에서 이용하는 원리는?

① 제백 효과
② 필터 효과
③ 윈-프랑크의 법칙
④ 스테판-볼츠만의 법칙

해설 ㉮ 방사(복사)온도계의 측정원리 : 스테판-볼츠만 법칙
㉯ 스테판-볼츠만 법칙 : 단위표면적당 복사되는 에너지는 절대온도의 4제곱에 비례한다. **답** ④

56 자동제어의 특성에 대한 설명으로 틀린 것은?

① 작업능률이 향상된다.
② 작업에 따른 위험 부담이 감소된다.
③ 인건비는 증가하나 시간이 절약된다.
④ 원료나 연료를 경제적으로 운영할 수 있다.

해설 자동제어의 특성
㉮ 작업능률 향상
㉯ 인건비 감소 및 작업시간의 절약
㉰ 생산원가의 절감 및 제품의 균일성
㉱ 작업에 따른 위험 부담 감소 **답** ③

57 1000[℃] 이상인 고온의 노 내 온도측정을 위해 사용되는 온도계로 가장 적합하지 않은 것은?

① 제겔콘(seger cone) 온도계
② 백금저항 온도계
③ 방사 온도계
④ 광고온계

해설 백금저항온도계(백금 측온저항체)의 사용범위는 -200~500[℃]로 고온의 로(爐)내의 온도를 측정하기는 부적합하다. 일반적으로 비접촉식 온도계를 사용한다. **답** ②

58 내열성이 우수하고 산화분위기 중에서도 강하며, 가장 높은 온도까지 측정이 가능한 열전대의 종류는?

① 구리-콘스탄탄
② 철-콘스탄탄
③ 크로멜-알루멜
④ 백금-백금·로듐

해설 백금-백금·로듐(P-R) 열전대 특징
㉮ 다른 열전대 온도계보다 안정성이 우수하여 고온측정(0~1600℃)에 적합하다.
㉯ 산화성 분위기에 강하지만, 환원성 분위기에 약하다.
㉰ 내열도, 정도가 높고 정밀 측정용으로 주로 사용된다.
㉱ 열기전력이 다른 열전대에 비하여 작다.
㉲ 가격이 비싸다.

참고 열전대 온도계의 종류 및 측정온도 범위

열전대 종류	측정온도 범위
R형[백금-백금로듐](P-R)	0~1600[℃]
K형[크로멜-알루멜](C-A)	-20~1200[℃]
J형[철-콘스탄탄](I-C)	-20~800[℃]
T형[동-콘스탄탄](C-C)	-180~350[℃]

답 ④

59 열전대 온도계에 대한 설명으로 틀린 것은?

① 보호관 선택 및 유지관리에 주의한다.
② 단자의 (+)와 보상도선의 (−)를 결선해야 한다.
③ 주위의 고온체로부터 복사열의 영향으로 인한 오차가 생기지 않도록 주의해야 한다.
④ 열전대는 측정하고자 하는 곳에 정확히 삽입하여 삽입한 구멍을 통하여 냉기가 들어가지 않게 한다.

해설 열전대 온도계 취급 시 주의사항
㉮ 충격을 피하고 습기, 먼지, 직사광선 등에 노출되지 않도록 할 것
㉯ 온도계 사용 한계를 넘지 않을 것
㉰ 측정 전에 지시계로 도선 접촉선에 영점 보정을 할 것
㉱ 표준계기와 정기적으로 비교 검정하여 지시차를 교정할 것
㉲ 단자와 보상도선의 +, − 가 바뀌지 않도록 연결한다.
㉳ 측정할 장소에 열전대를 바르게 설치한다.
㉴ 열전대를 삽입하는 구멍으로 찬 공기가 유입되지 않게 한다.
㉵ 열전대를 배선할 때에는 접속에 의한 절연 불량을 고려하여야 한다. **답** ②

60 압력센서인 스트레인 게이지의 응용원리로 옳은 것은?

① 온도의 변화
② 전압의 변화
③ 저항의 변화
④ 금속선의 굵기 변화

해설 스트레인게이지 : 전기식 압력계로 압력변화에 따른 저항의 변화를 휘스톤브리지 회로를 이용하여 압력을 측정한다. **답** ③

4과목 - 열설비재료 및 관계법

61 다음 중 중성내화물에 속하는 것은?

① 납석질 내화물
② 고알루미나질 내화물
③ 반규석질 내화물
④ 샤모트질 내화물

해설 내화물의 분류 및 종류
㉮ 산성 내화물 : 규석질 내화물, 반규석질 내화물, 납석질 내화물, 샤모트질 내화물
㉯ 염기성 내화물 : 마그네시아 내화물, 불소성 마그네시아 내화물, 개량 마그네시아 내화물, 포스 체라이트 내화물, 마그크로질 내화물, 돌로마이트질 내화물
㉰ 중성 내화물 : 고알루미나질 내화물, 탄화 규소질 내화물, 크롬질 내화물, 탄소질 내화물
㉱ 부정형 내화물 : 캐스터블 내화물, 플라스틱 내화물, 레밍믹스, 내화 피복제, 내화 몰타르
㉲ 특수 내화물 : 지르콘 내화물, 지르코니아질 내화물, 베릴리아 내화물, 토리아 내화물 **답** ②

62 에너지이용 합리화법상 검사대상기기에 대한 검사의 종류가 아닌 것은?

① 계속사용검사 ② 개방검사
③ 개조검사   ④ 설치장소 변경검사

해설 검사의 종류 : 에너지이용 합리화법 시행규칙 31조의 7, 별표3의4
㉮ 제조검사 : 용접검사, 구조검사
㉯ 설치검사
㉰ 개조검사
㉱ 설치장소 변경검사
㉲ 재사용검사
㉳ 계속사용검사 : 안전검사, 운전성능검사 **답** ②

63 에너지이용 합리화법상 규정된 특정열사용기자재 품목이 아닌 것은?

① 축열식 전기보일러 ② 태양열 집열기
③ 철금속 가열로   ④ 용광로

해설 특정 열사용 기자재 종류 : 에너지이용 합리화법 시행규칙 제31조의5, 별표3의2

구 분	품 목 명
보일러 (기관)	강철제보일러, 주철제보일러, 온수보일러, 구멍탄용 온수보일러, 축열식 전기보일러, 캐스케이드 보일러, 가정용 화목보일러
태양열 집열기	태양열 집열기
압력용기	1종 압력용기, 2종 압력용기
요업요로	연속식 유리용융가마, 불연속식 유리용융가마, 유리용융도가니가마, 터널가마, 도염식 가마, 셔틀가마, 회전가마, 석회용선가마
금속요로	용선로, 비철금속용융로, 금속 소둔로, 철금속가열로, 금속균열로

답 ④

64 회전가마(rotary kiln)에 대한 설명으로 틀린 것은?

① 일반적으로 시멘트, 석회석 등의 소성에 사용된다.
② 온도에 따라 소성대, 가소대, 예열대, 건조대 등으로 구분된다.
③ 소성대에는 황산염이 함유된 클링커가 용융되어 내화벽돌을 침식시킨다.
④ 시멘트 클링커의 제조방법에 따라 건식법, 습식법, 반건식법으로 분류된다.

해설 회전가마(rotary kiln)의 특징
㉮ 시멘트, 석회석 등의 소성에 사용되는 연속요이다.
㉯ 100~160[m] 정도의 원통형으로 만들어지며, 가마의 경사는 5/100 정도이다.
㉰ 온도에 따라 소성대, 가소대, 예열대, 건조대 등으로 구분된다.
㉱ 원료와 연소가스는 서로 반대방향으로 이동함으로써 열교환이 일어난다.
㉲ 열효율이 불량하여 연소가스의 여열을 회수하는 장치의 설치가 필요하다.
㉳ 시멘트 클링커의 제조방법에 따라 건식법, 습식법, 반건식법으로 분류된다.

답 ③

65 에너지이용 합리화법상 검사대상기기 관리자를 해임한 경우 한국에너지공단 이사장에게 그 사유가 발생한 날부터 신고해야하는 기간은 며칠 이내인가? (단, 국방부장관이 관장하고 있는 검사대상기기 관리자는 제외한다.)

① 7일 ② 10일
③ 20일 ④ 30일

해설 검사대상기기관리자의 선임신고 등 : 에너지이용 합리화법 시행규칙 제31조의 28
㉮ 검사대상기기 설치자는 검사대상기기 관리자를 선임·해임하거나 검사대상기기 관리자가 퇴직한 경우에는 검사대상기기 관리자 선임(해임, 퇴직) 신고서에 자격증 수첩과 관리할 검사대상기기 검사증을 첨부하여 공단이사장에게 제출하여야 한다. 다만 국방부장관이 관장하고 있는 검사대상기기 관리자의 경우에는 국방부장관이 정하는 바에 따른다.
㉯ 신고는 신고사유가 발생한 날부터 30일 이내에 하여야 한다.

답 ④

66 강관 이음 방법이 아닌 것은?

① 나사이음 ② 용접이음
③ 플랜지이음 ④ 플레어이음

해설 강관의 이음방법 : 나사이음, 용접이음, 플랜지이음, 턱걸이 이음
※ 플레어이음(flare joint) : 용접이음이 곤란한 곳이나, 분리 결합이 요구될 때 동관의 끝부분을 접시모양으로 가공하여 이음 하는 방식으로 압축이음이라 한다.

답 ④

67 다이어프램 밸브(diaphragm valve)의 특징이 아닌 것은?

① 유체의 흐름이 주는 영향이 비교적 적다.
② 기밀을 유지하기 위한 패킹이 불필요하다.
③ 주된 용도가 유체의 역류를 방지하기 위한 것이다.
④ 산 등의 화학 약품을 차단하는데 사용하는 밸브이다.

해설 다이어프램밸브(diaphragm valve) : 기밀을 유지하기 위한 패킹이 불필요하고 금속부분이 부식될 염려가 없어 산 등의 화학약품의 유량을 조절, 차단하는데 주로 사용하는 밸브로 유체의 흐름이 주는 영향이 비교적 적다.
※ 유체의 역류를 방지하는데 사용하는 밸브는 체크밸브이다.
답 ③

68 연속가마, 반연속가마, 불연속가마의 구분방식은 어떤 것인가?

① 온도상승속도
② 사용목적
③ 조업방식
④ 전열방식

해설 조업방법(작업진행 방법)에 의한 분류
㉮ 연속가마(요) : 윤요, 연속식 가마, 터널가마, 반터널식 가마 등
㉯ 반연속가마(요) : 등요, 셔틀가마 등
㉰ 불연속가마(요) : 승염식요, 횡염식요, 도염식요, 종가마 등
답 ③

69 다음 보온재 중 최고 안전 사용온도가 가장 낮은 것은?

① 유리섬유
② 규조토
③ 우레탄 폼
④ 펄라이트

해설 각 보온재의 안전사용온도

명칭	안전사용온도
석면	350~550℃
규조토	석면사용(500℃) 삼여물 사용(250℃)
우레탄폼	130℃
탄산마그네슘	250℃

답 ③

70 윤요(ring kiln)에 대한 일반적인 설명으로 옳은 것은?

① 종이 칸막이가 있다.
② 열효율이 나쁘다.
③ 소성이 균일하다.
④ 석회소성용으로 사용된다.

해설 윤요(ring kiln)의 특징
㉮ 고리가마라 불려지는 연속식 가마이다.
㉯ 소성실을 12~18개 정도 설치하며 종이 칸막이라 하는 칸막이를 옮겨가면서 일부는 소성가마내기, 재임 등을 연속적으로 행할 수 있다.
㉰ 배기가스의 현열을 이용하여 제품을 예열하고, 제품의 현열을 이용하여 연소용 2차 공기를 예열한다.
㉱ 단가마보다 열효율이 좋고, 연료 절약이 65[%]나 된다.
㉲ 벽돌, 기와 등의 건축 재료를 소성하는데 사용한다.
답 ①

71 에너지이용 합리화법상 에너지절약전문기업의 사업이 아닌 것은?

① 에너지사용시설의 에너지절약을 위한 관리·역사업
② 에너지절약형 시설투자에 관한 사업
③ 신에너지 및 재생에너지원의 개발 및 보급사업
④ 에너지절약 활동 및 성과에 대한 금융상·세제상의 지원

해설 에너지절약 전문기업(에너지이용 합리화법 제25조)의 사업
㉮ 에너지사용시설의 에너지절약을 위한 관리·용역사업
㉯ 에너지절약형 시설투자에 관한 사업
㉰ 대통령령으로 정하는 에너지절약을 위한 사업
  ㉠ 신에너지 및 재생에너지원의 개발 및 보급사업
  ㉡ 에너지절약형 시설 및 기자재의 연구개발 사업
답 ④

72 에너지이용 합리화법상 검사대상기기의 계속사용검사 유효기간 만료일이 9월 1일 이후인 경우 계속사용검사를 연기할 수 있는 기간 기준은 몇 개월 이내인가?

① 2개월
② 4개월
③ 6개월
④ 10개월

해설 계속사용검사의 연기(에너지이용 합리화법 시행규칙 제31조의 20) : 계속사용검사는 검사유효기간의 만료일에 속하는 연도의 말까지 연기할 수 있다. 다만, 검사유효기간 만료일이 9월 1일 이후인 경우에는 4개월 이내에서 계속사용검사를 연기할 수 있다.
답 ②

73 에너지이용 합리화법에 따라 에너지이용 합리화에 관한 기본계획 사항에 포함되지 않은 것은?

① 에너지절약형 경제구조로의 전환
② 에너지이용 합리화를 위한 기술개발
③ 열사용기자재의 안전관리
④ 국가에너지정책목표를 달성하기 위하여 대통령령으로 정하는 사항

해설 에너지이용 합리화 기본계획 포함 사항 : 에너지이용 합리화법 제4조 2항
㉮ 에너지절약형 경제구조로의 전환
㉯ 에너지이용효율의 증대
㉰ 에너지이용 합리화를 위한 기술개발
㉱ 에너지이용 합리화를 위한 홍보 및 교육
㉲ 에너지원간 대체(代替)
㉳ 열사용기자재의 안전관리
㉴ 에너지이용합리화를 위한 가격예시제의 시행에 관한 사항
㉵ 에너지의 합리적인 이용을 통한 온실가스의 배출을 줄이기 위한 대책
㉶ 그 밖에 에너지이용 합리화를 추진하기 위하여 필요한 사항으로서 산업통상자원부령으로 정하는 사항
답 ④

74 에너지이용 합리화법상 시공업자단체에 대한 설명으로 틀린 것은?

① 시공업자는 산업통상자원부장관의 인가를 받아 시공업자단체를 설립할 수 있다.
② 시공업자단체는 개인으로 할 수 있다.
③ 시공업자는 시공업자단체에 가입할 수 있다.
④ 시공업자단체는 시공업에 관한 사항을 정부에 건의할 수 있다.

해설 시공업자단체 : 에너지이용 합리화법 제41조~제44조
㉮ 시공업자단체의 설립 : 제41조
  ㉠ 시공업자는 품위 유지, 기술향상, 기공방법 개선, 그 밖에 시공업의 건전한 발전을 위하여 산업통상자원부장관의 인가를 받아 시공업자단체를 설립할 수 있다.
  ㉡ 시공업자단체는 법인으로 한다.
  ㉢ 시공업자단체는 설립등기를 함으로써 성립한다.
㉯ 시공업자단체의 회원자격(제42조) : 시공업자는 시공업자단체에 가입할 수 있다.
㉰ 건의와 자문(제43조) : 시공업자단체는 시공업에 관한 사항을 정부에 건의하거나 정부의 자문에 응할 수 있다.
㉱ 민법의 준용(제44조) : 시공업자단체에 관하여 에너지이용 합리화법에 규정한 것 외에는 민법 중 사단법인에 관한 규정을 준용한다.
답 ②

75 에너지이용 합리화법상 검사대상기기에 해당되지 않는 것은?

① 2종 관류보일러
② 정격용량이 1.2[MW]인 철금속가열로
③ 도시가스 사용량이 300[kW]인 소형온수보일러
④ 최고사용압력이 0.3[MPa], 내부 부피가 0.04 [m^3]인 2종 압력용기

해설 검사대상기기 : 에너지이용 합리화법 시행규칙 제31조의6, 별표3의3

구분	검사대상기기명	적용범위
보일러	강철제보일러 주철제보일러	다음 각호의 어느 하나에 해당하는 것을 제외한다. 1. 최고사용압력이 0.1[MPa] 이하이고, 동체의 안지름이 300[mm] 이하이며, 길이가 600[mm] 이하인 것 2. 최고사용압력이 0.1[MPa] 이하이고, 전열면적이 5[m^2] 이하인 것 3. 2종 관류보일러 4. 온수를 발생시키는 보일러로서 대기개방형인 것
	소형온수보일러	가스를 사용하는 것으로서 가스사용량이 17[kg/h](도시가스는 232.6[kW])를 초과하는 것

구분	검사대상기기명	적용범위
압력용기	1종압력기	별표1의 규정에 의한 압력용기의 적용범위에 의한다.
	2종압력기	
요로	철금속가열로	정격용량이 0.58[MW]를 초과하는 것

답 ①

76 두께 230[mm]의 내화벽돌이 있다. 내면의 온도가 320[℃]이고 외면의 온도가 150[℃]일 때 이 벽면 10[m²]에서 손실되는 열량[W]은? (단, 내화벽돌의 열전도율은 0.96[W/m·℃]이다.)

① 710　　② 1632　　③ 7096　　④ 14391

해설
$$Q = K \times F \times \Delta t = \frac{1}{\frac{b}{\lambda}} \times F \times \Delta t$$
$$= \frac{1}{\frac{0.23}{0.96}} \times 10 \times (320-150) = 7095.652[W]$$

답 ③

77 에너지법령상 에너지원별 에너지열량 환산기준으로 총발열량이 가장 낮은 연료는? (단, 1[L] 기준이다.)

① 윤활유　　② 항공유
③ B-C유　　④ 휘발유

해설 에너지원별 에너지열량 환산기준 : 에너지법 시행규칙 제5조, 별표

연료 명칭	총발열량
윤활유	40.0[MJ/L]
항공유	36.5[MJ/L]
B-C유	41.7[MJ/L]
휘발유	32.7[MJ/L]

답 ④

78 보온재의 구비조건으로 가장 거리가 먼 것은?

① 밀도가 작을 것
② 열전도율이 작을 것
③ 재료가 부드러울 것
④ 내열, 내약품성이 있을 것

해설 보온재의 구비조건(선정 시 고려사항)
㉮ 열전도율이 작을 것
㉯ 흡습, 흡수성이 작을 것
㉰ 적당한 기계적 강도를 가질 것
㉱ 시공성이 좋고, 경제적일 것
㉲ 부피, 비중(밀도)이 작을 것
㉳ 내열, 내약품성이 있을 것
㉴ 안전 사용온도 범위에 적합할 것

답 ③

79 에너지이용 합리화법령상 연간 에너지사용량이 20만 티오이 이상인 에너지다소비사업자의 사업장이 받아야 하는 에너지진단주기는 몇 년인가? (단, 에너지진단은 전체 진단이다.)

① 3　　② 4
③ 5　　④ 6

해설 에너지진단 주기 : 에너지이용 합리화법 시행령 제36조, 별표 3

연간 에너지사용량	에너지진단 주기
20만 티오이 이상	1. 전체진단 : 5년 2. 부분진단 : 3년
20만 티오이 미만	5년

답 ③

80 감압밸브에 대한 설명으로 틀린 것은?

① 작동방식에는 직동식과 파일럿식이 있다.
② 증기용 감압밸브의 유입측에는 안전밸브를 설치하여야 한다.
③ 감압밸브를 설치할 때는 직관부를 호칭경의 10배 이상으로 하는 것이 좋다.
④ 감압밸브를 2단으로 설치할 경우에는 1단의 설정압력을 2단보다 높게 하는 것이 좋다.

해설 감압밸브의 유입측에는 여과기(strainer)를, 유출측에는 안전밸브를 설치하여야 한다.

답 ②

5과목 - 열설비 설계

81 epm(equivalents per million)에 대한 설명으로 옳은 것은?

① 물 1[L]에 함유되어 있는 불순물의 양을 [mg]으로 나타낸 것
② 물 1[톤]에 함유되어 있는 불순물의 양을 [mg]으로 나타낸 것
③ 물 1[L] 중에 용해되어 있는 물질을 [mg] 당량수로 나타낸 것
④ 물 1[gallon] 중에 함유된 grain의 양을 나타낸 것

해설 수질에 관한 농도 단위
㉮ ppm(parts per million) : $\frac{1}{10^6}$ 함유량으로 [mg/L], [mg/kg]로 나타낸다.
㉯ ppb(parts per billion) : $\frac{1}{10^9}$ 함유량으로 [mg/m³]로 나타낸다.
㉰ epm(equivalents per million) : 물 1[L] (또는 1[kg]) 중에 용해되어 있는 물질을 [mg]당량수로 표시한다. 답 ③

82 증기트랩 장치에 관한 설명으로 옳은 것은?

① 증기관의 도중이나 상단에 설치하여 압력의 급상승 또는 급히 물이 들어가는 경우 다른 곳으로 빼내는 장치이다.
② 증기관의 도중이나 말단에 설치하여 증기의 일부가 응축되어 고여 있을 때 자동적으로 빼내는 장치이다.
③ 보일러 동에 설치하여 드레인을 빼내는 장치이다.
④ 증기관의 도중이나 말단에 설치하여 증기를 함유한 침전물을 분리시키는 장치이다.

해설 증기트랩(steam trap)의 기능 : 증기 사용설비 및 배관 내의 응축수를 제거하여 증기의 잠열을 유효하게 이용할 수 있도록 하고, 수격작용을 방지하는 역할을 한다. 답 ②

83 저온부식의 방지 방법이 아닌 것은?

① 과잉공기를 적게 하여 연소한다.
② 발열량이 높은 황분을 사용한다.
③ 연료첨가제(수산화마그네슘)를 이용하여 노점온도를 낮춘다.
④ 연소 배기가스의 온도가 너무 낮지 않게 한다.

해설 저온부식 방지 대책
㉮ 연료 중의 황분(S)을 제거한다.
㉯ 연료에 첨가제를 사용하여 노점온도를 낮춘다.
㉰ 무수황산을 다른 생성물로 변경시킨다.
㉱ 배기가스의 온도를 노점온도 이상으로 유지한다.
㉲ 배기가스 온도가 황산증기의 노점까지 저하되기 전에 배출시킨다.
㉳ 연료가 완전 연소할 수 있도록 연소방법을 개선한다.
㉴ 과잉공기를 적게 하여 배기가스 중의 산소를 감소시킨다.
㉵ 전열면 표면에 내식재료를 사용한다. 답 ②

84 급수처리에서 양질의 급수를 얻을 수 있으나 비용이 많이 들어 보급수의 양이 적은 보일러 또는 선박보일러에서 해수로부터 청수(pure water)를 얻고자 할 때 주로 사용하는 급수처리 방법은?

① 증류법   ② 여과법
③ 석회소다법   ④ 이온교환법

해설 증류법 : 물을 가열하여 발생된 수증기를 냉각시켜 응축수로 만드는 방법으로 경제성이 높지 않아 일반적인 보일러에서는 사용되지 않고, 선박용 보일러에 사용되는 방법이다. 답 ①

85 보일러 설치·시공 기준상 대형보일러를 옥내에 설치할 때 보일러 동체 최상부에서 보일러실 상부에 있는 구조물까지의 거리는 얼마 이상이어야 하는가? (단, 주철제보일러는 제외한다.)

① 60[cm]   ② 1[m]
③ 1.2[m]   ④ 1.5[m]

해설) 보일러 동체 최상부로부터(보일러의 검사 및 취급에 지장이 없도록 작업대를 설치한 경우에는 작업대로부터) 천정, 배관 등 보일러 상부에 있는 구조물까지의 거리는 1.2[m] 이상이어야 한다. 다만, 소형보일러 및 주철제 보일러의 경우에는 0.6[m] 이상으로 할 수 있다. **답 ③**

86 보일러에 설치된 과열기의 역할로 틀린 것은?
① 포화증기의 압력증가
② 마찰저항 감소 및 관내부식 방지
③ 엔탈피 증가로 증기소비량 감소 효과
④ 과열증기를 만들어 터빈의 효율 증대

해설) (1) 과열기(super heater)의 역할 : 보일러에서 발생한 습포화증기를 연소가스 여열(餘熱) 등을 이용하여 압력을 일정하게 유지하면서 온도만을 높여 과열증기를 만드는 장치이다.
(2) 과열기 사용 시 특징
 ㉮ 열효율 증가
 ㉯ 수격작용 방지
 ㉰ 관내 마찰저항 감소
 ㉱ 장치 내 부식 방지
 ㉲ 적은 증기로 많은 열을 얻는다.
 ㉳ 가열 표면의 일정온도 유지 곤란
 ㉴ 가열장치에 큰 열응력 발생
 ㉵ 직접 가열 시 열손실 증가
 ㉶ 제품의 손상 우려
 ㉷ 과열기 표면에 고온부식 발생 **답 ①**

87 지름이 d[cm], 두께가 t[cm]인 얇은 두께의 밀폐된 원통 안에 압력 P[MPa]가 작용할 때 원통에 발생하는 원주방향의 인장응력 [MPa]을 구하는 식은?

① $\dfrac{\pi d P}{2t}$　② $\dfrac{\pi d P}{4t}$
③ $\dfrac{d P}{2t}$　④ $\dfrac{d P}{4t}$

해설) ③ 원둘레(원주)방향 인장응력 계산식
④ 길이방향 인장응력 계산식 **답 ③**

88 일반적으로 리벳이음과 비교할 때 용접이음의 장점으로 옳은 것은?
① 이음효율이 좋다.
② 잔류응력이 발생되지 않는다.
③ 진동에 대한 감쇠력이 높다.
④ 응력집중에 대하여 민감하지 않다.

해설) 용접이음의 특징
(1) 장점
 ㉮ 이음부 강도가 크고, 하자 발생이 적다.
 ㉯ 이음부 관 두께가 일정하므로 마찰저항이 적다.
 ㉰ 배관의 보온, 피복 시공이 쉽다.
 ㉱ 시공기간을 단축할 수 있고 유지비, 보수비가 절약된다.
(2) 단점
 ㉮ 재질의 변형이 일어나기 쉽다.
 ㉯ 용접부의 변형과 수축이 발생한다.
 ㉰ 용접부의 잔류응력이 현저하다.
 ㉱ 진동에 대한 감쇠력이 낮다.
 ㉲ 응력집중에 대하여 민감하다. **답 ①**

89 보일러 설치검사기준에 대한 사항 중 틀린 것은?
① 5[t/h] 이하의 유류 보일러의 배기가스 온도는 정격 부하에서 상온과의 차가 300[℃] 이하이어야 한다.
② 저수위 안전장치는 사고를 방지하기 위해 먼저 연료를 차단한 후 경보를 울리게 해야 한다.
③ 수입 보일러의 설치검사의 경우 수압시험은 필요하다.
④ 수압시험 시 공기를 빼고 물을 채운 후 천천히 압력을 가하여 규정된 시험 수압에 도달된 후 30분이 경과된 뒤에 검사를 실시하여 검사가 끝날 때까지 그 상태를 유지한다.

해설) 저수위 안전장치는 사고를 방지하기 위해 연료를 차단하기 전에 경보를 울리게 해야 한다. **답 ②**

90 열사용기자재의 검사 및 검사면제에 관한 기준상 보일러 동체의 최소 두께로 틀린 것은?

① 안지름이 900[mm] 이하의 것 : 6[mm] (단, 스테이를 부착할 경우)
② 안지름이 900[mm] 초과 1350[mm] 이하의 것 : 8[mm]
③ 안지름이 1350[mm] 초과 1850[mm] 이하의 것 : 10[mm]
④ 안지름이 1850[mm] 초과하는 것 : 12[mm]

해설 동체의 최소 두께 기준 : 열사용기자재 검사기준 4.1
㉮ 안지름 900[mm] 이하인 것은 6[mm] 다만, 스테이를 부착하는 경우는 8[mm]
㉯ 안지름 900[mm]를 초과하고 1350[mm] 이하인 것은 8[mm]
㉰ 안지름 1350[mm]를 초과하고 1850[mm] 이하인 것은 10[mm]
㉱ 안지름 1850[mm]를 초과하는 것은 12[mm]
답 ①

91 노통 보일러 중 원통형의 노통이 2개 설치된 보일러를 무엇이라고 하는가?

① 라몬트 보일러   ② 바브콕 보일러
③ 다우섬 보일러   ④ 랭커셔 보일러

해설 노통 보일러의 종류
㉮ 코르니쉬(Cornish) 보일러 : 노통이 1개
㉯ 랭커셔(Lancashire) 보일러 : 노통이 2개
답 ④

92 급수온도 20[℃]인 보일러에서 증기압력이 1[MPa]이며 이때 온도 300[℃]의 증기가 1[t/h]씩 발생될 때 상당증발량은 약 몇 [kg/h]인가? (단, 증기압력 1[MPa]에 대한 300[℃]의 증기엔탈피는 3052[kJ/kg], 20[℃]에 대한 급수엔탈피는 83[kJ/kg]이다.)

① 1315   ② 1565
③ 1895   ④ 2325

해설 ㉮ 물의 증발잠열은 539[kcal/kg]이므로 SI단위로 2257[kJ/kg]을 적용한다.

㉯ 상당증발량 계산

$$\therefore G_e = \frac{G_a(h_2 - h_1)}{2257}$$
$$= \frac{1000 \times (3052 - 83)}{2257}$$
$$= 1315.463 [kg/h]$$

답 ①

93 전열면에 비등 기포가 생겨 열유속이 급격하게 증대하며, 가열면상에 서로 다른 기포의 발생이 나타나는 비등과정을 무엇이라고 하는가?

① 단상액체 자연대류
② 핵비등
③ 천이비등
④ 포밍

해설 핵비등(nuclear boiling) : 전열면을 사이에 두고 가열해 액체가 포화온도에 도달하면 전열면에서 거품이 발생하는 현상으로 전열면이 거칠수록, 열전달속도가 클수록 거품이 많이 발생한다. 전열면의 온도가 액체의 포화온도보다 높아지는 것에 따라 거품의 발생속도는 커진다.
답 ②

94 고압 증기터빈에서 팽창되어 압력이 저하된 증기를 가열하는 보일러의 부속장치는?

① 재열기   ② 과열기
③ 절탄기   ④ 공기예열기

해설 재열기(reheater)의 역할 : 고압 증기터빈에서 일정한 팽창을 하고 포화상태에 가까워진 증기를 모두 회수하여 재차 열을 가하여 과열증기로 만들어 저압 터빈에서 팽창하도록 하는 장치이다.
답 ①

95 보일러 슬러지 중에 염화마그네슘이 용존되어 있을 경우 180[℃] 이상에서 강의 부식을 방지하기 위한 적정 pH는?

① 5.2±0.7   ② 7.2±0.7
③ 9.2±0.7   ④ 11.2±0.7

해설 염화마그네슘($MgCl_2$)에 의한 부식
㉮ 염화마그네슘은 고온의 전열면에서 가수분해되고 이때 생성된 염산(HCl)에 의해 전열면을 부식시킨다.

$MgCl_2 + 2H_2O \rightarrow Mg(OH)_2 + 2HCl$

㉯ 염화마그네슘의 가수분해는 일반적으로 180[℃] 이상의 온도에서 일어나기 쉽고, 보일러 수의 pH를 적당히 높혀두면(pH 11.2±0.7) 염화마그네슘이 불용성의 수산화마그네슘[$Mg(OH)_2$]로 변화되어 강을 부식시키는 염산의 생성을 방지할 수 있다. 답 ④

96 다음 중 보일러 내처리에 사용하는 pH 조정제가 아닌 것은?

① 수산화나트륨 ② 탄닌
③ 암모니아 ④ 제3인산나트륨

해설 ㉮ pH 및 알칼리 조정제 : 급수 및 보일러수의 pH 및 알칼리도를 조절하여 스케일 부착을 방지하고 부식을 방지하는 역할을 한다.
㉯ 종류 : 수산화나트륨(가성소다 : NaOH), 탄산나트륨(Na_2CO_3), 제1인산나트륨(NaH_2PO_4 : 제1인산소다), 제3인산나트륨(Na_3PO_4 : 제3인산소다), 인산(H_3PO_4), 암모니아(NH_3) 답 ②

97 소용량 주철제보일러에 대한 설명에서 ( ) 안에 들어갈 내용으로 옳은 것은?

> 소용량 주철제보일러는 주철제보일러 중 전열면적이 (㉠)[m^2] 이하이고 최고사용압력이 (㉡)[MPa] 이하인 보일러다.

① ㉠ 4 ㉡ 0.1　② ㉠ 5 ㉡ 0.1
③ ㉠ 4 ㉡ 0.5　④ ㉠ 5 ㉡ 0.5

해설 보일러 : 화염, 연소가스, 그 밖의 고온가스(이하 연소가스 등이라 한다)에 의하여 증기, 온수 또는 고온의 열매를 발생시키는 장치
㉮ 소용량 강철제 보일러 : 강철제 보일러 중 전열면적이 5[m^2] 이하이고 최고사용압력이 0.35[MPa] 이하인 것
㉯ 1종 관류보일러 : 강철제 보일러 중 헤더의 안지름이 150[mm] 이하이고, 전열면적이 5[m^2] 초과 10[m^2] 이하이며 최고사용압력이 1[MPa] 이하인 관류보일러. 다만, 그 중 기수분리기를 장치한 것은 기수분리기의 안지름이 300[mm] 이하이고 그 내용적이 0.07[m^2] 이하인 것에 한한다.
㉰ 소용량 주철제 보일러 : 주철제 보일러 중 전열면적이 5[m^2] 이하이고 최고사용압력이 0.1[MPa] 이하인 것 답 ②

98 외경 30[mm], 벽두께 2[mm]의 관 내측과 외측의 열전달계수는 모두 3000[$W/m^2 \cdot K$]이다. 관 내부온도가 외부보다 30[℃]만큼 높고, 관의 열전도율이 100[$W/m \cdot K$]일 때 관의 단위길이당 열손실량은 약 몇 [W/m]인가?

① 2979 ② 3324
③ 3824 ④ 4174

해설 ㉮ 강관 외측 반지름(r_o) 계산 : 외경(바깥지름) 30[mm]는 0.03[m]이다.

$$\therefore r_o = \frac{0.03}{2} = 0.015[m]$$

㉯ 내측 반지름(r_i) 계산 : 내경(안지름)은 외경에서 좌,우 두께를 빼주면 계산된다.

$$\therefore r_i = \frac{0.03 - 2 \times 0.002}{2} = 0.013[m]$$

㉰ 대수평균면적(F_m) 계산

$$\therefore F_m = \frac{2\pi L(r_o - r_i)}{\ln\left(\frac{r_o}{r_i}\right)}$$

$$= \frac{2 \times \pi \times 1 \times (0.015 - 0.013)}{\ln\left(\frac{0.015}{0.013}\right)}$$

$$= 0.0878[m^2]$$

㉱ 관의 단위길이당 열손실량 계산 : 관 내부와 외부의 온도차 30[℃]를 절대온도로 표시하면 30[K]이다.

$$\therefore Q = K \times F_m \times \Delta T$$

$$= \frac{1}{\frac{1}{\alpha_1} + \frac{b}{\lambda} + \frac{1}{\alpha_2}} \times F_m \times \Delta T$$

$$= \frac{1}{\frac{1}{3000} + \frac{0.002}{100} + \frac{1}{3000}} \times 0.0878 \times 30$$

$$= 3835.922[W/m]$$ 답 ③

99 다음 그림과 같은 V형 용접이음의 인장응력 (σ)을 구하는 식은?

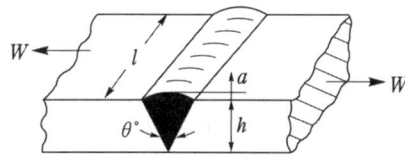

① $\sigma = \dfrac{W}{hl}$ ② $\sigma = \dfrac{2W}{hl}$

③ $\sigma = \dfrac{W}{ha}$ ④ $\sigma = \dfrac{W}{2hl}$

해설 V형 용접이음의 인장응력(σ) 계산식

∴ $\sigma = \dfrac{W}{hl}$

여기서, σ : 인장응력[kgf/mm²]
   W : 하중[kgf]
   h : 판의 두께[mm]
   l : 용접부 길이[mm]   **답** ①

100 대향류 열교환기에서 고온 유체의 온도는 T_{H_1}에서 T_{H_2}로, 저온 유체의 온도는 T_{C_1}에서 T_{C_2}로 열교환에 의해 변화된다. 열교환기의 대수평균온도차(LMTD)를 옳게 나타낸 것은?

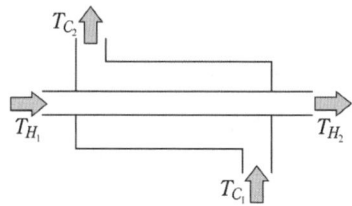

① $\dfrac{(T_{H_1} - T_{H_2}) + (T_{C_2} - T_{C_1})}{\ln\left(\dfrac{T_{H_1} - T_{C_1}}{T_{H_2} - T_{C_2}}\right)}$

② $\dfrac{T_{H_1} + T_{H_2} - T_{C_1} - T_{C_2}}{\ln\left(\dfrac{T_{H_1} - T_{H_2}}{T_{C_2} - T_{C_1}}\right)}$

③ $\dfrac{T_{H_2} - T_{H_1} + T_{C_2} - T_{C_1})}{\ln\left(\dfrac{T_{H_1} - T_{C_2}}{T_{H_2} - T_{C_1}}\right)}$

④ $\dfrac{T_{H_1} - T_{H_2} + T_{C_1} - T_{C_2}}{\ln\left(\dfrac{T_{H_1} - T_{C_2}}{T_{H_2} - T_{C_1}}\right)}$

해설 대향류 열교환기의 흐름 상태에서 좌측을 Δt_1, 우측을 Δt_2라 하면 다음과 같이 표시할 수 있다.

$\Delta t_1 = $ 고온유체입구온도 (T_{H_1}) $-$ 저온유체출구온도 (T_{C_2})

$\Delta t_2 = $ 고온유체출구온도 (T_{H_2}) $-$ 저온유체입구온도 (T_{C_1})

∴ $\Delta t_m = \dfrac{\Delta t_1 - \Delta t_2}{\ln \dfrac{\Delta t_1}{\Delta t_2}}$

$= \dfrac{(T_{H_1} - T_{C_2}) - (T_{H_2} - T_{C_1})}{\ln\left(\dfrac{T_{H_1} - T_{C_2}}{T_{H_2} - T_{C_1}}\right)}$

$= \dfrac{T_{H_1} - T_{H_2} + T_{C_1} - T_{C_2}}{\ln\left(\dfrac{T_{H_1} - T_{C_2}}{T_{H_2} - T_{C_1}}\right)}$ **답** ④

2022년 2회
에너지관리기사필기

1과목 - 연소공학

01 세정 집진장치의 입자 포집원리에 대한 설명으로 틀린 것은?

① 액적에 입자가 충돌하여 부착한다.
② 입자를 핵으로 한 증기의 응결에 의하여 응집성을 증가시킨다.
③ 미립자의 확산에 의하여 액적과의 접촉을 좋게 한다.
④ 배기의 습도 감소에 의하여 입자가 서로 응집한다.

해설 세정식 집진장치
(1) 원리 : 분진이 포함된 배기가스를 세정액이나 액막 등에 충돌시키거나 접촉시켜 액체에 의해 포집하는 방식이다.
(2) 종류
  ㉮ 유수식 : S형, 임펠러형, 회전형, 분수형 및 나선 가이드베인형
  ㉯ 가압수식 : 벤투리 스크러버, 제트 스크러버, 사이클론 스크러버, 충전탑(세정탑)
  ㉰ 회전식 : 타이젠 와셔, 충격식 스크러버

답 ④

02 저위발열량 93766[kJ/Nm³]의 C_3H_8을 공기비 1.2로 연소시킬 때 이론 연소온도는 약 몇 [K]인가? (단, 배기가스의 평균비열은 1.653 [kJ/Nm³·K]이고 다른 조건은 무시한다.)

① 1656 ② 1756
③ 1856 ④ 1956

해설 (1) 실제공기량에 의한 프로판(C_3H_8)의 완전연소 반응식
$$C_3H_8 + 5O_2 + (N_2) + B \rightarrow 3CO_2 + 4H_2O + (N_2) + B$$
(2) 프로판 1[Nm³]에 대한 연소가스 체적[Nm³] 계산
  ㉮ CO_2 계산
  $22.4[Nm^3] : 3 \times 22.4[Nm^3] = 1[Nm^3] : CO_2[Nm^3]$
  $\therefore CO_2 = \dfrac{1 \times 3 \times 22.4}{22.4} = 3 [Nm^3]$
  ㉯ H_2O 계산
  $22.4[Nm^3] : 4 \times 22.4[Nm^3] = 1[Nm^3] : H_2O[Nm^3]$
  $\therefore H_2O = \dfrac{1 \times 4 \times 22.4}{22.4} = 4 [Nm^3]$
  ㉰ N_2 계산 : 공기 중 산소의 체적 함유율이 21[%]이므로 질소는 $\dfrac{79}{21} \times O_2 = 3.76 \times O_2$ 에 해당한다.
  $22.4[Nm^3] : 5 \times 22.4[Nm^3] = 1[Nm^3] : O_2[Nm^3]$
  $\therefore N_2 = 3.76 \times O_2$
  $= 3.76 \times \dfrac{1 \times 5 \times 22.4}{22.4} = 18.8[Nm^3]$
  ㉱ 과잉공기량(B) 계산 : 이론공기량에 과잉공기비를 곱한 값에 해당한다.
  $\therefore B = $ 과잉공기비 $\times A_0$
  $= $ 과잉공기비 $\times \dfrac{O_0}{0.21}$
  $= 0.2 \times \dfrac{1 \times 5 \times 22.4}{22.4 \times 0.21} = 4.76 [Nm^3]$
  ㉲ 연소가스 합계량(G_s) 계산
  $\therefore G_s = CO_2 + H_2O + N_2 + B$
  $= 3 + 4 + 18.8 + 4.76$
  $= 30.56 [Nm^3/Nm^3]$
(3) 이론연소온도 계산
$\therefore T = \dfrac{H_l}{G_s \times C_p} = \dfrac{93766}{30.56 \times 1.653}$
$= 1856.176 [K]$

답 ③

03 탄소(C) 84[w%], 수소(H) 12[w%], 수분 4[w%]의 중량조성을 갖는 액체연료에서 수분을 완전히 제거한 다음 1시간당 5[kg]을 완전연소시키는데 필요한 이론공기량은 약 몇 [Nm³/h]인가?

① 55.6 ② 65.8
③ 73.5 ④ 89.2

해설 ㉮ 수분을 완전히 제거한 상태의 탄소(C)와 수소(H)의 함유율 계산

$$\therefore C = \frac{84}{84+12} \times 100 = 87.5\,[\%]$$

$$\therefore H = \frac{12}{84+12} \times 100 = 12.5\,[\%]$$

㉰ 5[kg] 연소 시 이론공기량[Nm³/h] 계산

$$\therefore A_0 = 8.89\,C + 26.67\left(H - \frac{O}{8}\right) + 3.33\,S$$
$$= (8.89 \times 0.875 + 26.67 \times 0.125) \times 5$$
$$= 55.562\,[Nm^3/h] \quad \text{답 ①}$$

04 다음 체적비[%]의 코크스로 가스 1[Nm³]를 완전연소시키기 위하여 필요한 이론공기량은 약 몇 [Nm³]인가?

| CO_2 : 2.1, C_2H_4 : 3.4, O_2 : 0.1, N_2 : 3.3 |
| CO : 6.6, CH_4 : 32.5, H_2 : 52 |

① 0.97 ② 2.97
③ 4.97 ④ 6.97

해설 ㉮ 코크스로 가스 성분 중 가연성 성분의 완전연소 반응식과 함유율[%]
- 에틸렌(C_2H_4) : $C_2H_4 + 3O_2 \rightarrow 2CO_2 + 2H_2O$: 3.4[%]
- 일산화탄소(CO) : $CO + \frac{1}{2}O_2 \rightarrow CO_2$: 6.6[%]
- 메탄(CH_4) : $CH_4 + 2O_2 \rightarrow CO_2 + 2H_2O$: 32.5[%]
- 수소(H_2) : $H_2 + \frac{1}{2}O_2 \rightarrow H_2O$: 52[%]

㉯ 이론공기량(A_0) 계산 : 기체 연료 1[Nm³]가 연소할 때 필요로 하는 이론산소량(O_0)은 연소반응식에서 산소 몰수에 해당하는 양[Nm³]에 체적비를 곱한 값을 합산한 양이며, 가스 성분에 포함된 산소는 제외하고 계산하여야 하며, 공기 중 산소는 체적비로 21[%]이다.

$$\therefore A_0 = \frac{O_0}{0.21}$$
$$= \frac{(3 \times 0.034) + \left(\frac{1}{2} \times 0.066\right) + (2 \times 0.325) + \left(\frac{1}{2} \times 0.52\right) - 0.001}{0.21}$$
$$= 4.971\,[Nm^3] \quad \text{답 ③}$$

05 표준상태에서 메탄 1[mol]이 연소할 때 고위발열량과 저위발열량의 차이는 약 몇 [kJ]인가? (단, 물의 증발잠열은 44[kJ/mol]이다.)

① 42 ② 68
③ 76 ④ 88

해설 ㉮ 메탄(CH_4)의 완전연소 반응식
$CH_4 + 2O_2 \rightarrow CO_2 + 2H_2O$

㉯ 메탄 1[mol]이 연소할 때 수증기(H_2O)는 2[mol]이 발생한다.

㉰ 고위발열량과 저위발열량의 차이(ΔH)는 연소 시 생성된 물의 증발잠열에 의한 것이고, 물의 증발잠열이 포함된 것이 고위발열량, 포함되지 않은 것이 저위발열량이다.
$\therefore \Delta H$ = 발생수증기량[mol] × 물의 증발잠열[kJ/mol]
$= 2 \times 44 = 88\,[kJ]$ 　답 ④

06 가연성 혼합가스의 폭발한계 측정에 영향을 주는 요소로 가장 거리가 먼 것은?

① 온도
② 산소농도
③ 점화에너지
④ 용기의 두께

해설 가연성 혼합가스의 폭발한계 측정에 영향을 주는 요소 : 점화에너지, 온도, 산소농도(불연성가스의 농도), 압력　답 ④

07 가스폭발 위험 장소의 분류에 속하지 않은 것은?

① 제0종 위험장소
② 제1종 위험장소
③ 제2종 위험장소
④ 제3종 위험장소

해설 가스시설의 위험장소 분류
㉮ 제0종 위험장소
㉯ 제1종 위험장소
㉰ 제2종 위험장소　답 ④

08 기계분(스토커) 화격자 중 연소하고 있는 석탄의 화층 위에 석탄을 기계적으로 산포하는 방식은?

① 횡입(쇄상)식　② 상입식
③ 하입식　　　　④ 계단식

해설 상입식 스토커(stoker) : 인력으로 연소하고 있는 석탄의 화층 위에 투탄하는 것을 기계가 투탄하는 방식으로 산포식 스토커, 계단식 스토커가 해당된다.

답 ②

09 중유를 연소하여 발생된 가스를 분석하였더니 체적비로 CO_2는 14[%], O_2는 7[%], N_2는 79[%]이었다. 이때 공기비는 약 얼마인가? (단, 연료에 질소는 포함하지 않는다.)

① 1.4　　② 1.5
③ 1.6　　④ 1.7

해설
$$m = \frac{N_2}{N_2 - 3.76 O_2} = \frac{79}{79 - 3.76 \times 7}$$
$$= 1.499$$

답 ②

10 일반적인 천연가스에 대한 설명으로 가장 거리가 먼 것은?

① 주성분은 메탄이다.
② 옥탄가가 높아 자동차 연료로 사용이 가능하다.
③ 프로판가스보다 무겁다.
④ LNG는 대기압 하에서 비등점이 −162[℃]인 액체이다.

해설 천연가스(natural gas)의 주성분은 메탄(CH_4)으로 분자량이 16이므로 분자량이 44인 프로판(C_3H_8)보다 가볍다.

답 ③

11 다음 중 일반적으로 연료가 갖추어야 할 구비조건이 아닌 것은?

① 연소 시 배출물이 많아야 한다.
② 저장과 운반이 편리해야 한다.
③ 사용 시 위험성이 적어야 한다.
④ 취급이 용이하고 안전하며 무해하여야 한다.

해설 연료(fuel)의 구비조건
㉮ 공기 중에서 연소하기 쉬울 것
㉯ 저장 및 운반, 취급이 용이할 것
㉰ 발열량이 클 것
㉱ 구입하기 쉽고 경제적일 것
㉲ 인체에 유해성이 없을 것
㉳ 휘발성이 좋고 내한성이 우수할 것
㉴ 연소 시 회분 등 배출물이 적을 것

답 ①

12 코크스의 적정 고온 건류온도[℃]는?

① 500~600　　② 1000~1200
③ 1500~1800　④ 2000~2500

해설 코크스로 건류온도
㉮ 고온건류 : 1000~1200[℃]
㉯ 저온건류 : 500~600[℃]

참고 건류 : 공기의 공급이 없는 상태에서 가열하여 열분해를 시키는 조작

답 ②

13 수소 4[kg]을 과잉공기계수 1.4의 공기로 완전 연소시킬 때 발생하는 연소가스 중의 산소량은 약 몇 [kg]인가?

① 3.20　　② 4.48
③ 6.40　　④ 12.8

해설 ㉮ 실제 공기량에 의한 수소(H_2)의 완전연소 반응식
$H_2 + \frac{1}{2} O_2 + (N_2) + B \rightarrow H_2O + (N_2) + B$

㉯ 이론 산소량[kg] 계산
$2[kg] : \frac{1}{2} \times 32[kg] = 4[kg] : x(O_0)[kg]$

$\therefore O_0 = \frac{\frac{1}{2} \times 32 \times 4}{2} = 32[kg]$

㉰ 과잉공기량(B) 계산 : 공기 중 산소는 23.2[wt%]이다.

$$\therefore B = (m-1) \times A_0 = (1.4-1) \times \frac{32}{0.232}$$
$$= 55.172[kg]$$
㉣ 연소가스 중 산소량[kg] 계산
$$\therefore O_2 = B \times 0.232 = 55.172 \times 0.232$$
$$= 12.79[kg]$$ 답 ④

14 액화석유가스(LPG)의 성질에 대한 설명으로 틀린 것은?

① 인화폭발의 위험성이 크다.
② 상온, 대기압에서는 액체이다.
③ 가스의 비중은 공기보다 무겁다.
④ 기화잠열이 커서 냉각제로도 이용 가능하다.

해설 액화석유가스(LPG, LP가스)의 일반특징
㉮ LP가스는 공기보다 무겁다.
㉯ 액상의 LP가스는 물보다 가볍다.
㉰ 액화, 기화가 쉽다.
㉱ 기화하면 체적이 커진다.
㉲ 기화열(증발잠열)이 크다.
㉳ 물에는 잘 녹지 않으며 무색, 무취, 무미하다.
㉴ 천연고무, 윤활유, 구리스 등에 용해성이 있다.
㉵ 정전기 발생이 쉽다.
※ 상온, 상압(대기압)에서 액화석유가스는 기체 상태이다. 답 ②

15 다음 대기오염 방지를 위한 집진장치 중 습식 집진장치에 해당하지 않는 것은?

① 백필터
② 충진탑
③ 벤투리 스크러버
④ 사이클론 스크러버

해설 집진장치의 분류 및 종류
㉮ 건식 집진장치 : 중력식 집진장치, 관성력식 집진장치, 원심력식 집진장치, 여과 집진장치 등
㉯ 습식집진장치 : 벤투리 스크러버, 제트 스크러버, 사이클론 스크러버, 충전탑(充塡塔)[세정탑] 등
㉰ 전기식 집진장치 : 코트렐 집진기
※ '충전탑'을 '충진탑'으로도 불려지고 있음
 (塡 : 메울전, 진) 답 ①

16 황(S) 1[kg]을 이론공기량으로 완전연소시켰을 때 발생하는 연소가스량은 약 몇 [Nm³]인가?

① 0.70
② 2.00
③ 2.63
④ 3.33

해설 ㉮ 이론공기량에 의한 황(S)의 완전연소 반응식
$$S + O_2 + (N_2) \rightarrow SO_2 + (N_2)$$
㉯ 연소 가스량(Nm^3) 계산 : 연소 가스량은 SO_2량과 공기 중 함유된 질소량(N_2)이 되며, 질소량은 산소량의 $\frac{79}{21}$ 배가 된다.
$\therefore SO_2$량 →
$32[kg] : 22.4[Nm^3] = 1[kg] : x(SO_2)[Nm^3]$
$\therefore N_2$량 →
$32[kg] : 22.4[Nm^3] = 1[kg] : y(N_2)[Nm^3]$
$$\therefore G_{0d} = SO_2 + N_2$$
$$= \left(\frac{1 \times 22.4}{32}\right) + \left(\frac{1 \times 22.4}{32} \times \frac{79}{21}\right)$$
$$= 3.33[Nm^3/kg]$$ 답 ④

17 대도시의 광화학 스모그(smog) 발생의 원인 물질로 문제가 되는 것은?

① NOx
② He
③ CO
④ CO_2

해설 질소산화물(NOx)은 연료가 연소할 때 공기중의 질소와 산소가 반응하여 발생되는 것으로 연소온도가 높고, 과잉공기량이 많을 때 발생량이 증가하며 대도시의 광화학적 스모그(smog)의 발생 원인이 된다. 답 ①

18 기체연료의 일반적인 특징으로 틀린 것은?

① 연소효율이 높다.
② 고온을 얻기 쉽다.
③ 단위 용적당 발열량이 크다.
④ 누출되기 쉽고 폭발의 위험성이 크다.

해설 기체연료의 특징
(1) 장점
㉮ 연소효율이 높고 연소제어가 용이하다.
㉯ 회분 및 황성분이 없어 전열면 오손이 없다.
㉰ 적은 공기비로 완전연소가 가능하다.

㉱ 저발열량의 연료로 고온을 얻을 수 있다.
㉮ 완전연소가 가능하여 공해문제가 없다.
(2) 단점
㉮ 저장 및 수송이 어렵다.
㉯ 가격이 비싸고 시설비가 많이 소요된다.
㉰ 누설 시 화재, 폭발의 위험이 크다. 답 ③

19 다음 반응식으로부터 프로판 1[kg]의 발열량은 약 몇 [MJ]인가?

$$C + O_2 \rightarrow CO_2 + 406 \text{ [kJ/mol]}$$
$$H_2 + \frac{1}{2}O_2 \rightarrow H_2O + 241 \text{ [kJ/mol]}$$

① 33.1 ② 40.0
③ 49.6 ④ 65.8

해설 프로판(C_3H_8)의 조성은 탄소(C) 원소가 3개, 수소(H) 원소가 8개로 이루어진 혼합물이며, 탄소 및 수소 1[mol]이 연소할 때 발열량이 406[kJ/mol], 241[kJ/mol]이므로 1[kmol]에 해당하는 발열량으로 변환하여 여기에 프로판의 탄소와 수소에 해당하는 양을 곱한 값을 합산하여 프로판의 1[kmol] 분자량 44[kg]으로 나누어 주면 프로판 1[kg]당 발열량이 된다. 수소(H_2)는 수소원소 2개가 연소하는 것을 감안해 주어야 한다.

$$\therefore Q = \frac{\text{탄소 발열량} + \text{수소 발열량}}{\text{프로판 1[kmol] 분자량}}$$

$$= \frac{(3 \times 406 \times 10^3) + \left(\frac{8}{2} \times 241 \times 10^3\right)}{44}$$

$$= 49590.909 \text{[kJ/kg]}$$
$$\fallingdotseq 49.590 \text{[MJ/kg]} \qquad \text{답 ③}$$

20 석탄, 코크스, 목재 등을 적열상태로 가열하고, 공기로 불완전 연소시켜 얻는 연료는?

① 천연가스 ② 수성가스
③ 발생로가스 ④ 오일가스

해설 발생로가스 : 적열상태로 가열한 탄소분이 많은 고체연료에 공기나 산소를 공급하여 불완전연소로 얻은 가스로 발열량이 1100[kcal/m³] 정도이다. 성분은 CO 24[%], H_2 13[%], CH_4 3[%], N_2 55[%], CO_2 5[%] 으로 질소함유량이 높다. 답 ③

2과목 - 열역학

21 다음 중 물의 임계압력에 가장 가까운 값은?

① 1.03[kPa] ② 100[kPa]
③ 22[MPa] ④ 63[MPa]

해설 물의 임계온도, 임계압력
㉮ 임계온도 : 374.15[℃]
㉯ 임계압력 : 225.65[kgf/cm² · a], 22.09[MPa] 답 ③

22 27[℃], 100[kPa]에 있는 이상기체 1[kg]을 700[kPa]까지 가역 단열압축 하였다. 이때 소요된 일의 크기는 몇 [kJ]인가? (단, 이 기체의 비열비는 1.4, 기체상수는 0.287[kJ/kg·K]이다.)

① 100 ② 160
③ 320 ④ 400

해설 ㉮ 단열압축 후 온도계산 :

$$\frac{T_2}{T_1} = \left(\frac{P_2}{P_1}\right)^{\frac{k-1}{k}} \text{에서 } T_2\text{를 구한다.}$$

$$\therefore T_2 = T_1 \times \left(\frac{P_2}{P_1}\right)^{\frac{k-1}{k}}$$

$$= (273 + 27) \times \left(\frac{700}{100}\right)^{\frac{1.4-1}{1.4}}$$

$$= 523.091 \text{[K]}$$

㉯ 소요일 계산 : 가역 단열압축은 밀폐계인 압축기에서 일어나는 것이므로 절대일로 계산한다.

$$\therefore W_a = \frac{1}{k-1} R(T_1 - T_2)$$

$$= \frac{1}{1.4-1} \times 0.287 \times (300 - 523.091)$$

$$= -160.067 \text{[kJ]}$$

※ "–" 부호는 압축을 의미함 답 ②

23 "$PV^n =$ 일정"인 과정에서 밀폐계가 하는 일을 나타낸 식은? (단, P는 압력, V는 부피, n은 상수이며, 첨자 1, 2는 각각 과정 전·후 상태를 나타낸다.)

① $P_2 V_2 - P_1 V_1$

② $\dfrac{P_1 V_1 - P_2 V_2}{n-1}$

③ $\dfrac{P_2 V_2^{n-1} - P_1 V_1^{n-1}}{n-1}$

④ $P_1 V_1^n (V_2 - V_1)$

해설 폴리트로픽과정($PV^n =$일정)에서 절대일

$$\therefore W_a = \int_1^2 P dV = \dfrac{R}{n-1}(T_1 - T_2)$$
$$= \dfrac{1}{n-1}(P_1 V_1 - P_2 V_2) = \dfrac{P_1 V_1 - P_2 V_2}{n-1}$$
$$= \dfrac{RT_1}{n-1}\left(1 - \dfrac{T_2}{T_1}\right)$$

답 ②

24 압력 1[MPa]인 포화액의 비체적 및 비엔탈피는 각각 0.0012[m³/kg], 762.8[kJ/kg]이고, 포화증기의 비체적 및 비엔탈피는 각각 0.1944[m³/kg], 2778.1[kJ/kg]이다. 이 압력에서 건도가 0.7인 습증기의 단위 질량당 내부에너지는 약 몇 [kJ/kg]인가?

① 2037.1 ② 2173.8
③ 2251.3 ④ 2393.5

해설 ㉮ 포화액(포화수)의 내부에너지 계산 : 압력 1[MPa]은 1000[kPa]이다.
$\therefore u' = h' - Pv$
$= 762.8 - 1000 \times 0.0012$
$= 761.6$ [kJ/kg]

㉯ 포화증기의 내부에너지 계산
$\therefore u'' = h' - Pv''$
$= 2778.1 - 1000 \times 0.1944$
$= 2583.7$ [kJ/kg]

㉰ 습증기의 내부에너지 계산
$\therefore u_x = u' + x(u'' - u')$
$= 761.6 + 0.7 \times (2583.7 - 761.6)$
$= 2037.07$ [kJ/kg]

답 ①

25 냉동능력을 나타내는 단위로 0[℃]의 물 1000[kg]을 24시간 동안에 0[℃]의 얼음으로 만드는 능력을 무엇이라 하는가?

① 냉동계수 ② 냉동마력
③ 냉동톤   ④ 냉동률

해설 냉동톤 : 0[℃] 물 1000[kg]을 0[℃] 얼음으로 만드는 데 1일(24시간) 동안 제거하여야 할 열량으로 3320 [kcal/h]에 해당된다.

답 ③

26 압축비가 5인 오토 사이클기관이 있다. 이 기관이 15~1500[℃]의 온도범위에서 작동할 때 최고압력은 약 몇 [kPa]인가? (단, 최저압력은 100[kPa], 비열비는 1.4이다.)

① 3080 ② 2650
③ 1961 ④ 1247

해설 ㉮ 압축 후의 온도 계산

$$\therefore T_2 = T_1 \times \left(\dfrac{V_1}{V_2}\right)^{k-1} = T_1 \times \epsilon^{k-1}$$
$$= (273 + 15) \times 5^{1.4-1} = 548.25 \text{ [K]}$$

㉯ 압축 후의 압력 계산

$$\therefore P_2 = P_1 \times \left(\dfrac{V_1}{V_2}\right)^k = P_1 \times \epsilon^k$$
$$= 100 \times 5^{1.4} = 951.83 \text{ [kPa]}$$

㉰ 최고압력 계산

$$\therefore P_{\max} = P_2 \times \left(\dfrac{T_3}{T_2}\right)$$
$$= 951.83 \times \dfrac{273 + 1500}{548.25}$$
$$= 3078.147 \text{ [kPa]}$$

답 ①

27 온도 30[℃], 압력 350[kPa]에서 비체적이 0.449[m³/kg]인 이상기체의 기체상수는 약 몇 [kJ/kg·K]인가?

① 0.143 ② 0.287
③ 0.518 ④ 0.842

해설 이상기체 상태방정식 $PV = GRT$에서 비체적 $v = \dfrac{V}{G}$이다.

$$\therefore R = \dfrac{PV}{GT} = v \times \dfrac{P}{T} = 0.449 \times \dfrac{350}{273+30}$$
$$= 0.5186 [kJ/kg \cdot K]$$

답 ③

28 브레이턴 사이클의 이론 열효율을 높일 수 있는 방법으로 틀린 것은?

① 공기의 비열비를 감소시킨다.
② 터빈에서 배출되는 공기의 온도를 낮춘다.
③ 연소기로 공급되는 공기의 온도를 낮춘다.
④ 공기압축기의 압력비를 증가시킨다.

해설 브레이턴(Brayton) 사이클의 열효율
㉮ 열효율 계산식

$$\therefore \eta = 1 - \dfrac{Q_2}{Q_1} = 1 - \dfrac{T_4 - T_1}{T_3 - T_2}$$
$$= 1 - \left(\dfrac{1}{\phi}\right)^{\dfrac{k-1}{k}} = 1 - \dfrac{h_4 - h_1}{h_3 - h_2}$$

㉯ 브레이턴 사이클의 열효율은 압력비(ϕ)만의 함수이다.
※ 공기의 비열비(k)를 감소시키면 열효율이 낮아진다.

답 ①

29 다음 중 이상적인 랭킨 사이클의 과정으로 옳은 것은?

① 단열압축 → 정적가열 → 단열팽창 → 정압방열
② 단열압축 → 정압가열 → 단열팽창 → 정적방열
③ 단열압축 → 정압가열 → 단열팽창 → 정압방열
④ 단열압축 → 정적가열 → 단열팽창 → 정압방열

해설 ㉮ 랭킨 사이클 : 2개의 정압변화와 2개의 단열변화로 구성된 증기원동소의 이상 사이클로 보일러에서 발생된 증기를 증기터빈에서 단열팽창하면서 외부에 일을 한 후 복수기(condenser)에서 냉각되어 포화액이 된다.
㉯ 작동순서 : 단열압축 → 정압가열 → 단열팽창 → 정압방열

답 ③

30 열역학 제1법칙을 설명한 것으로 옳은 것은?

① 절대 영도 즉 0[K]에는 도달할 수 없다.
② 흡수한 열을 전부 일로 바꿀 수는 없다.
③ 열을 일로 변환할 때 또는 일을 열로 변환할 때 전체 계의 에너지 총량은 변하지 않고 일정하다.
④ 제3의 물체와 열평형에 있는 두 물체는 그들 상호간에도 열평형에 있으며, 물체의 온도는 서로 같다.

해설 열역학 법칙
㉮ 열역학 제0법칙 : 열평형의 법칙
㉯ 열역학 제1법칙 : 에너지보존의 법칙
㉰ 열역학 제2법칙 : 방향성의 법칙
㉱ 열역학 제3법칙 : 어떤 계 내에서 물체의 상태변화 없이 절대온도 0도에 이르게 할 수 없다.

답 ③

31 냉매가 구비해야 할 조건 중 틀린 것은?

① 증발열이 클 것
② 비체적이 작을 것
③ 임계온도가 높을 것
④ 비열비가 클 것

해설 냉매의 구비조건
㉮ 응고점이 낮고 임계온도가 높으며 응축, 액화가 쉬울 것
㉯ 증발잠열이 크고 기체의 비체적이 적을 것
㉰ 오일과 냉매가 작용하여 냉동장치에 악영향을 미치지 않을 것
㉱ 화학적으로 안정하고 분해하지 않을 것
㉲ 금속에 대한 부식성 및 패킹재료에 악영향이 없을 것
㉳ 인화 및 폭발성이 없을 것
㉴ 인체에 무해할 것(비독성 가스일 것)
㉵ 액체의 비열은 작고, 기체의 비열은 클 것

㉠ 경제적일 것(가격이 저렴할 것)
㉡ 비열비가 작을 것
※ 비열비가 작아야 압축기 토출가스 온도가 낮아진다. 답 ④

32 성능계수가 4.3인 냉동기가 1시간 동안 30[MJ]의 열을 흡수한다. 이 냉동기를 작동하기 위한 동력은 약 몇 [kW]인가?

① 0.25 ② 1.94
③ 6.24 ④ 10.4

해설 ㉮ 1[kW]는 3.6[MJ/h]이다.
㉯ 동력 계산 : 냉동기 성능계수 $COP_R = \dfrac{Q_2}{W}$ 에서 동력 W를 구한다.
$$\therefore W = \dfrac{Q_2}{COP_R} = \dfrac{30}{4.3 \times 3.6}$$
$$= 1.937[kW]$$
답 ②

33 단열 밀폐되어 있는 탱크 A, B가 밸브로 연결되어 있다. 두 탱크에 들어있는 공기(이상기체)의 질량은 같고, A탱크의 체적은 B탱크 체적의 2배, A탱크의 압력은 200[kPa], B탱크의 압력은 100[kPa]이다. 밸브를 열어서 평형이 이루어진 후 최종 압력은 약 몇 [kPa]인가?

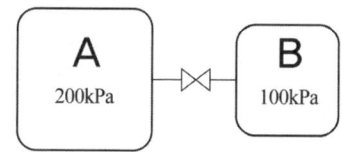

① 120 ② 133 ③ 150 ④ 167

해설 ㉮ A탱크와 B탱크의 체적이 제시되지 않았으므로 B탱크의 체적을 1로 가정하면 A탱크의 체적은 2가 된다.
㉯ 최종압력 계산
$$\therefore P = \dfrac{P_1 V_1 + P_2 V_2}{V_1 + V_2}$$
$$= \dfrac{(200 \times 2) + (100 \times 1)}{2 + 1}$$
$$= 166.666[kPa]$$
답 ④

34 한 과학자가 자기가 만든 열기관이 80[℃]와 10[℃] 사이에서 작동하면서 100[kJ]의 열을 받아 20[kJ]의 유용한 일을 할 수 있다고 주장한다. 이 주장에 위배되는 열역학 법칙은?

① 열역학 제0법칙
② 열역학 제1법칙
③ 열역학 제2법칙
④ 열역학 제3법칙

해설 고열원에서 열을 공급받아 저열원에 열을 방출하며 일은 하는 과정 중 등온과정에서는 열전환을 할 수 없으므로 실현이 불가능하고 열역학 제2법칙에 어긋난다. 답 ③

35 랭킨 사이클로 작동하는 증기 동력 사이클에서 효율을 높이기 위한 방법으로 거리가 먼 것은?

① 복수기(응축기)에서의 압력을 상승시킨다.
② 터빈 입구의 온도를 높인다.
③ 보일러의 압력을 상승시킨다.
④ 재열 사이클(reheat cycle)로 운전한다.

해설 증기 사이클(랭킨 사이클)의 이론 열효율은 초압 및 초온이 높을수록, 배압(터빈 배출압력)이 낮을수록 증가한다.
※ 복수기의 압력을 낮게 유지시켜야 효율이 증가한다. 답 ①

36 CH_4의 기체상수는 약 몇 [kJ/kg·K]인가?

① 3.14 ② 1.57
③ 0.83 ④ 0.52

해설 ㉮ 메탄(CH_4)의 분자량은 16이다.
㉯ 기체상수 계산
$$\therefore R = \dfrac{8.314}{M} = \dfrac{8.314}{16}$$
$$= 0.519[kJ/kg \cdot K]$$
답 ④

37 압력 300[kPa]인 이상기체 150[kg]이 있다. 온도를 일정하게 유지하면서 압력을 100[kPa]로 변화시킬 때 엔트로피 변화는 약 몇 [kJ/K]인가? (단, 기체의 정적비열은 1.735 [kJ/kg·K], 비열비는 1.299이다.)

① 62.7　② 73.1　③ 85.5　④ 97.2

해설 ㉮ 기체상수 계산 :

정적비열 $C_v = \dfrac{1}{k-1}R$ 에서 기체상수 R을 구한다.

$$\therefore R = \dfrac{C_v}{\dfrac{1}{k-1}} = \dfrac{1.735}{\dfrac{1}{1.299-1}}$$

$= 0.5187 [\text{kJ/kg·K}]$

㉯ 정온과정의 엔트로피 변화량 계산

$$\therefore \Delta S = GR \ln \dfrac{P_1}{P_2}$$

$= 150 \times 0.5187 \times \ln \dfrac{300}{100}$

$= 85.477 [\text{kJ/K}]$　　답 ③

38 밀폐계가 300[kPa]의 압력을 유지하면서 체적이 0.2[m³]에서 0.4[m³]로 증가하였고 이 과정에서 내부에너지는 20[kJ] 증가하였다. 이때 계가 받은 열량은 약 몇 [kJ]인가?

① 9　② 80　③ 90　④ 100

해설 $dq = dU + PdV$
$= 20 + 300 \times (0.4 - 0.2) = 80 [\text{kJ}]$　답 ②

39 그림에서 이상기체를 A에서 가역적으로 단열 압축시킨 후 정적과정으로 C까지 냉각시키는 과정에 해당되는 것은?

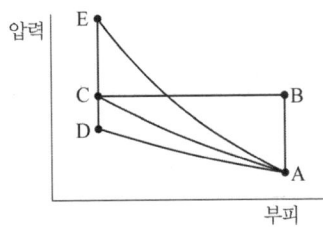

① A - B - C　② A - C
③ A - D - C　④ A - E - C

해설 ㉮ 이상기체를 단열압축시키면 부피가 감소되고 압력은 크게 상승되므로 'A'에서 'E'로 변화하는 과정이 된다.
㉯ 정적과정으로 부피가 일정한 과정이고 'C'까지 냉각하므로 'E'에서 'C'로 변화하는 과정이 된다.
답 ④

40 다음 식 중 이상기체 상태에서의 가역 단열과정을 나타내는 식으로 옳지 않은 것은?
(단, P, T, V, k는 각각 압력, 온도, 부피, 비열비이고, 아래 첨자 1, 2는 과정 전·후를 나타낸다.)

① $\dfrac{T_2}{T_1} = \left(\dfrac{V_1}{V_2}\right)^{k-1}$

② $\dfrac{V_1}{V_2} = \left(\dfrac{P_2}{P_1}\right)^{\frac{1}{k}}$

③ $P_1 V_1^k = P_2 V_2^k$

④ $\dfrac{T_2}{T_1} = \left(\dfrac{P_2}{P_1}\right)^{\frac{1-k}{k}}$

해설 가역 단열과정의 온도(T), 압력(P), 부피(V)의 관계식

㉮ $\dfrac{T_2}{T_1} = \left(\dfrac{P_2}{P_1}\right)^{\frac{k-1}{k}} = \left(\dfrac{V_1}{V_2}\right)^{k-1}$

㉯ $Pv^k = C$, $Tv^{k-1} = C$, $TP^{\frac{1-k}{k}} = C$ 이므로
$P_1 V_1^k = P_2 V_2^k$ 이다.

㉰ $\dfrac{V_1}{V_2} = \left(\dfrac{P_2}{P_1}\right)^{\frac{1}{k}}$　　답 ④

3과목 - 계측방법

41 링밸런스식 압력계에 대한 설명으로 옳은 것은?
① 도압관은 가늘고 긴 것이 좋다.
② 측정 대상 유체는 주로 액체이다.
③ 계기를 압력원에 가깝게 설치해야 한다.
④ 부식성 가스나 습기가 많은 곳에서도 정밀도가 높다.

해설 › 링밸런스식 압력계의 특징
㉮ 원형상의 관상부에 2개의 구멍을 뚫고 측정압력과 대기압의 도입관으로 하고 도입관에 의해 양면에 압력이 가해져 압력이 불균형해 지면 링이 회전하며, 그 회전각은 압력차에 비례한 것을 이용하여 압력차를 측정한다.
㉯ 도압관은 될 수 있는 한 짧게하고 압력원에 가깝도록 계기를 설치한다.
㉰ 회전력이 커서 기록이 용이하고, 원격 전송이 가능하다.
㉱ 평형추의 증감, 취부장치의 이동으로 측정 범위 변경이 가능하다.
㉲ 액체 압력측정은 곤란하고 기체 압력측정에 이용된다.
㉳ 저압 가스의 압력 및 통풍계(draft gauge)로 사용된다. **답** ③

42 다음과 같이 자동제어에서 응답속도를 빠르게 하고 외란에 대해 안정적으로 제어하려 한다. 이 때 추가해야 할 제어 동작은?

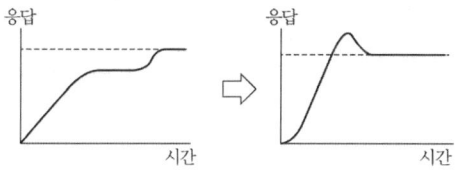

① 다위치동작　② P동작
③ I동작　　　④ D동작

해설 › 미분(D) 동작 : 조작량이 동작신호의 미분치에 비례하는 동작으로 비례동작과 함께 쓰이며 일반적으로 진동이 제어되어 빨리 안정된다. **답** ④

43 가스 온도를 열전대 온도계를 사용하여 측정할 때 주의해야 할 사항이 아닌 것은?
① 열전대는 측정하고자 하는 곳에 정확히 삽입하며 삽입된 구멍에 냉기가 들어가지 않게 한다.
② 주위의 고온체로부터 복사열의 영향으로 인한 오차가 생기지 않도록 해야 한다.
③ 단자와 보상도선의 +, −를 서로 다른 기호끼리 연결하여 감온부의 열팽차에 의한 오차가 발생하지 않도록 한다.
④ 보호관의 선택에 주의한다.

해설 › 열전대 온도계 취급 시 주의사항
㉮ 충격을 피하고 습기, 먼지, 직사광선 등에 노출되지 않도록 할 것
㉯ 온도계 사용 한계를 넘지 않을 것
㉰ 측정 전에 지시계로 도선 접촉선에 영점 보정을 할 것
㉱ 표준계기와 정기적으로 비교 검정하여 지시차를 교정할 것
㉲ 단자와 보상도선의 +, − 가 바뀌지 않도록 연결한다.
㉳ 측정할 장소에 열전대를 바르게 설치한다.
㉴ 열전대를 삽입하는 구멍으로 찬 공기가 유입되지 않게 한다.
㉵ 열전대를 배선할 때에는 접속에 의한 절연 불량을 고려하여야 한다. **답** ③

44 다음 중에서 측온저항체로 사용되지 않는 것은?
① Cu　　② Ni
③ Pt　　④ Cr

해설 › 측온 저항체의 종류 및 측정범위

종 류	측정범위
백금(Pt) 측온 저항체	−200～500[℃]
니켈(Ni) 측온 저항체	−50～150[℃]
동(Cu) 측온 저항체	0～120[℃]

답 ④

45 다음 중 용적식 유량계에 해당하는 것은?

① 오리피스미터
② 습식가스미터
③ 로터미터
④ 피토관

해설 유량계의 구분 및 종류
㉮ 용적식 : 오벌기어식, 루트(roots)식, 로터리 피스톤식, 회전 원판식, 로터리 베인식, 습식가스미터, 막식 가스미터 등
㉯ 간접식 : 차압식, 유속식, 면적식, 전자식, 와류식 등

답 ②

46 측정온도 범위가 약 0~700[℃] 정도이며, (−)측이 콘스탄탄으로 구성된 열전대는?

① J형
② R형
③ K형
④ S형

해설 열전대에 따른 사용금속 및 측정온도범위

종류 및 약호	사용금속 + 극	사용금속 − 극	측정온도 범위
R형[백금−백금로듐] (P−R)	백금로듐	Pt(백금)	0~1600[℃]
K형[크로멜−알루멜] (C−A)	크로멜	알루멜	−20~1200[℃]
J형[철−콘스탄탄] (I−C)	순철(Fe)	콘스탄탄	−20~800[℃]
T형[동−콘스탄탄] (C−C)	순구리	콘스탄탄	−180~350[℃]

답 ①

47 측온 저항체에 큰 전류가 흐를 때 줄열에 의해 측정하고자 하는 온도보다 높아지는 현상인 자기가열(自己加熱) 현상이 있는 온도계는?

① 열전대 온도계
② 압력식 온도계
③ 서미스터 온도계
④ 광고온계

해설 자기가열(自己加熱) 현상 : 서미스터(thermistor) 온도계와 같은 저항온도계에서는 측온 저항체에 전류가 흐르기 때문에 온도가 상승하는 현상이다.

답 ③

48 중유를 사용하는 보일러의 배기가스를 오르사트 가스분석계의 가스뷰렛에 시료 가스량을 50[mL] 채취하였다. CO_2 흡수피펫을 통과한 후 가스뷰렛에 남은 시료는 44[mL]이었고, O_2 흡수피펫에 통과한 후에는 41.8[mL], CO 흡수피펫에 통과한 후 남은 시료량은 41.4[mL]이었다. 배기가스 중에 CO_2, O_2, CO는 각각 몇 [vol%]인가?

① 6, 2.2, 0.4
② 12, 4.4, 0.8
③ 15, 6.4, 1.2
④ 18, 7.4, 1.8

해설 (1) 오르사트 분석법에서 성분 계산식

$$\therefore 성분율[\%] = \frac{체적감량}{시료가스량} \times 100$$
$$= \frac{현재부피 - 남은양}{시료량} \times 100$$

※ 현재부피는 전단계에서 흡수되고 남은 양이 된다.

(2) 각 성분 비율[%] 계산
㉮ $CO_2 = \dfrac{50-44}{50} \times 100 = 12 \,[vol\%]$
㉯ $O_2 = \dfrac{44-41.8}{50} \times 100 = 4.4 \,[vol\%]$
㉰ $CO = \dfrac{41.8-41.4}{50} \times 100 = 0.8 \,[vol\%]$

답 ②

49 세라믹(ceramic)식 O_2계의 세라믹 주원료는?

① Cr_2O_3
② Pb
③ P_2O_5
④ ZrO_2

해설 세라믹식 O_2 분석기(지르코니아식 O_2 분석기) : 지르코니아(ZrO_2)를 주원료로 한 특수세라믹은 온도 850℃ 이상에서 산소이온만 통과시키는 특수한 성질을 이용한 것으로 산소이온이 통과할 때 발생되는 기전력을 측정하여 산소농도를 측정한다.

답 ④

50 국제단위계(SI)에서 길이의 설명으로 틀린 것은?

① 기본단위이다.
② 기호는 'm'이다.
③ 명칭은 '미터'이다.
④ 소리가 진공에서 1/229792458초 동안 진행한 경로의 길이이다.

해설 국제단위계(SI)의 기본단위 중 하나인 길이의 단위 미터(m)는 빛이 진공에서 1/229792458초 동안 진행한 경로의 길이이다. **답** ④

51 오벌(oval)식 유량계로 유량을 측정할 때 지시값의 오차 중 히스테리시스 차의 원인이 되는 것은?

① 내부 기어의 마모
② 유체의 압력 및 점성
③ 측정자의 눈의 위치
④ 온도 및 습도

해설 히스테리시스(hysteresis) 오차 : 계측기를 구성하고 있는 톱니바퀴의 틈이나 운동부의 마찰 또는 탄성변형 등에 의하여 생기는 오차로 바이메탈 온도계, 벨로스 압력계, 오벌식 유량계 등에서 발생한다. **답** ①

52 다음 중 압전 저항효과를 이용한 압력계는?

① 액주형 압력계
② 아네로이드 압력계
③ 박막식 압력계
④ 스트레인 게이지식 압력계

해설 스트레인 게이지(strain gauge)식 압력계 : 금속, 합금이나 반도체 등의 변형계 소자는 압력에 의해 변형을 받으면 전기저항이 변화는 것을 이용한 전기식 압력계이다. **답** ④

53 가스분석계에서 연소가스 분석 시 비중을 이용하여 가장 측정이 용이한 기체는?

① NO_2
② O_2
③ CO_2
④ H_2

해설 밀도식 CO_2계 : CO_2는 공기에 비하여 밀도가 크다는 것을 이용한 것으로 비중식 CO_2계라 한다. 취급 및 보수가 비교적 용이하고, 측정실과 비교실 내의 온도와 압력을 같도록 하여야 하며, 가스 및 공기는 항상 동일 습도로 유지하여야 한다. **답** ③

54 전자유량계에서 안지름이 4[cm]인 파이프에 3[L/s]의 액체가 흐르고, 자속밀도 1000[gauss]의 평등자계 내에 있다면 이 때 검출되는 전압은 약 [mV]인가? (단, 자속분포의 수정 계수는 1이고, 액체의 비중은 1이다.)

① 5.5
② 7.5
③ 9.5
④ 11.5

해설 ㉮ 유체의 평균속도 계산 : 1[L]는 1000[cm^3]이다.

$$\therefore \overline{V} = \frac{Q}{\frac{\pi}{4} \times D^2} = \frac{3 \times 1000}{\frac{\pi}{4} \times 4^2}$$
$$= 238.732 [cm/s]$$

㉯ 검출 전압계산
$$\therefore E = \epsilon \times B \times D \times \overline{V} \times 10^{-5}$$
$$= 1 \times 1000 \times 4 \times 238.732 \times 10^{-5}$$
$$= 9.549 [mV]$$ **답** ③

55 액주형 압력계 중 경사관식 압력계의 특징에 대한 설명으로 옳은 것은?

① 일반적으로 U자관보다 정밀도가 낮다.
② 눈금을 확대하여 읽을 수 있는 구조이다.
③ 통풍계로는 사용할 수 없다.
④ 미세압 측정이 불가능하다.

해설 경사관식 액주압력계 : 수직관을 각도 θ만큼 경사지게 부착하여 작은 압력을 정확하게 측정할 수 있어 실험실 등에서 사용한다. **답** ②

56 자동제어에서 비례동작에 대한 설명으로 옳은 것은?

① 조작부를 측정값의 크기에 비례하여 움직이게 하는 것
② 조작부를 편차의 크기에 비례하여 움직이게 하는 것
③ 조작부를 목표값의 크기에 비례하여 움직이게 하는 것
④ 조작부를 외란의 크기에 비례하여 움직이게 하는 것

해설 P동작(비례동작 : proportional action) : 동작신호에 대하여 조작량의 출력변화가 일정한 비례관계에 있는 제어동작이다. **답** ②

57 흡착제에서 관을 통해 각각 기체의 독자적인 이동속도에 의해 분리시키는 방법으로 CO_2, CO, N_2, H_2, CH_4 등을 모두 분석할 수 있어 분리 능력과 선택성이 우수한 가스분석계는?

① 밀도법
② 기체크로마토그래피법
③ 세라믹법
④ 오르사트법

해설 기체크로마토그래피(gas chromatography) : 흡착제를 충전한 관속에 혼합시료를 넣고, 용제를 유동시켜 흡수력 차이에 따라 성분의 분리가 일어나는 것을 이용한 것으로 연소기체의 분석에 적합하다. **답** ②

58 보일러의 자동제어에서 인터록 제어의 종류가 아닌 것은?

① 고온도
② 저연소
③ 불착화
④ 압력초과

해설 보일러 인터록의 종류
㉮ 압력초과 인터록 : 증기압력이 일정압력에 도달할 때 전자밸브를 닫아 보일러의 가동을 정지시키는 것으로 증기압력 제한기가 해당된다.
㉯ 저수위 인터록 : 보일러 수위가 안전 저수위에 도달할 때 전자밸브를 닫아 보일러 가동을 정지시키는 것으로 저수위 경보기가 해당된다.
㉰ 불착화 인터록 : 버너 착화 시 점화되지 않거나 운전 중 실화가 될 경우 전자밸브를 닫아 연료 공급을 중지하여 보일러 가동을 정지시키는 것으로 화염검출기가 해당된다.
㉱ 저연소 인터록 : 보일러 운전 중 연소상태가 불량하거나 저연소 상태로 유량조절밸브가 조절되지 않으면 전자밸브를 닫아 보일러 가동을 정지시킨다.
㉲ 프리퍼지 인터록 : 점화 전 일정시간 동안 송풍기가 작동되지 않으면 전자밸브가 열리지 않아 점화가 되지 않는다. **답** ①

59 광고온계의 특징에 대한 설명으로 옳은 것은?

① 비접촉식 온도 측정법 중 가장 정밀도가 높다.
② 넓은 측정온도(0~3000[℃]) 범위를 갖는다.
③ 측정이 자동적으로 이루어져 개인오차가 발생하지 않는다.
④ 방사온도계에 비하여 방사율에 대한 보정량이 크다.

해설 광고온계의 특징
㉮ 고온에서 방사되는 에너지 중 가시광선을 이용하여 사람이 직접 조작한다.
㉯ 700~3000[℃]의 고온도 측정에 적합하다. (700[℃] 이하는 측정이 곤란하다.)
㉰ 광전관 온도계에 비하여 구조가 간단하고 휴대가 편리하다.
㉱ 움직이는 물체의 온도 측정이 가능하고, 측온체의 온도를 변화시키지 않는다.
㉲ 비접촉식 온도계에서 가장 정확한 온도 측정을 할 수 있다.
㉳ 빛의 흡수 산란 및 반사에 따라 오차가 발생한다.
㉴ 방사온도계에 비하여 방사율에 대한 보정량이 작다.
㉵ 원거리 측정, 경보, 자동기록, 자동제어가 불가능하다.
㉶ 측정에 수동으로 조작함으로서 개인 오차가 발생할 수 있다. **답** ①

60 열전대 온도계의 보호관으로 석영관을 사용하였을 때의 특징으로 틀린 것은?

① 급냉, 급열에 잘 견딘다.
② 기계적 충격에 약하다.
③ 산성에 대하여 약하다.
④ 알칼리에 대하여 약하다.

[해설] 석영관의 특징
㉮ 급냉, 급열에 잘 견디지만 기계적 충격에 약하다.
㉯ 알칼리에는 약하지만 산에는 강하다.
㉰ 환원성 가스에는 기밀성이 다소 떨어진다.
㉱ 상용 사용온도는 1000[℃] 이다. 답 ③

4과목 - 열설비재료 및 관계법

61 다음은 보일러의 급수밸브 및 체크밸브 설치 기준에 관한 설명이다. ( ) 안에 알맞은 것은?

> 급수밸브 및 체크밸브의 크기는 전열면적 10[m²] 이하의 보일러에서는 호칭 (㉠) 이상, 전열면적 10[m²]를 초과하는 보일러에서는 호칭 (㉡) 이상이어야 한다.

① ㉠ 5[A], ㉡ 10[A]
② ㉠ 10[A], ㉡ 15[A]
③ ㉠ 15[A], ㉡ 20[A]
④ ㉠ 20[A], ㉡ 30[A]

[해설] 급수밸브의 크기 : 급수밸브 및 체크밸브의 크기는 전열면적 10[m²] 이하의 보일러에서는 호칭 15[A]이상, 전열면적 10[m²]를 초과하는 보일러에서는 호칭 20[A] 이상이어야 한다. 답 ③

62 에너지이용 합리화법령상 에너지사용계획을 수립하여 산업통상자원부장관에게 제출하여야 하는 공공사업주관자의 설치 시설 기준으로 옳은 것은?

① 연간 2천5백 티오이 이상의 연료 및 열을 사용하는 시설
② 연간 5천 티오이 이상의 연료 및 열을 사용하는 시설
③ 연간 2천5백만 킬로와트시 이상의 전력을 사용하는 시설
④ 연간 5천만 킬로와트시 이상의 전력을 사용하는 시설

[해설] 에너지사용계획 제출대상사업 : 에너지이용 합리화법 시행령 제20조
(1) 공공사업주관자
　㉮ 연간 2천5백 티오이 이상의 연료 및 열을 사용하는 시설
　㉯ 연간 1천만[kWh] 이상의 전력을 사용하는 시설
(2) 민간사업주관자
　㉮ 연간 5천 티오이 이상의 연료 및 열을 사용하는 시설
　㉯ 연간 2천만[kWh] 이상의 전력을 사용하는 시설 답 ①

63 에너지이용 합리화법령에 따라 에너지관리산업기사 자격을 가진 자는 관리가 가능하나, 에너지관리기능사 자격을 가진 자는 관리할 수 없는 보일러 용량의 범위는?

① 5[t/h] 초과 10[t/h] 이하
② 10[t/h] 초과 30[t/h] 이하
③ 20[t/h] 초과 40[t/h] 이하
④ 30[t/h] 초과 60[t/h] 이하

[해설] 관리자의 자격 및 관리범위 : 에너지이용 합리화법 시행규칙 제31조의26, 별표3의9

관리자의 자격	관리범위
에너지관리기능장 또는 에너지관리기사	용량이 30[t/h]를 초과하는 보일러
에너지관리기능장, 에너지관리기사 또는 에너지관리산업기사	용량이 10[t/h]를 초과하고 30[t/h] 이하인 보일러
에너지관리기능장, 에너지관리기사, 에너지관리산업기사 또는 에너지관리기능사	용량이 10[t/h] 이하인 보일러

관리자의 자격	관리범위
에너지관리기능장, 에너지관리기사, 에너지관리산업기사, 에너지관리기능사 또는 인정검사대상기기 조종자의 교육을 이수한 자	1. 증기보일러로서 최고사용압력이 1[MPa] 이하이고, 전열면적이 10[m²] 이하인 것 2. 온수 발생 또는 열매체를 가열하는 보일러로서 출력이 581.5[kW] 이하인 것 3. 압력용기

답 ②

64 터널가마의 일반적인 특징이 아닌 것은?

① 소성이 균일하여 제품의 품질이 좋다.
② 온도조절의 자동화가 쉽다.
③ 열효율이 좋아 연료비가 절감된다.
④ 사용연료의 제한을 받지 않고 전력소비가 적다.

해설 터널가마(tunnel kiln)의 특징
㉮ 예열, 소성, 냉각이 연속적으로 이루어지며 대차의 진행방향과 반대 방향으로 연소가스가 진행된다.
㉯ 소성이 균일하여 제품의 품질이 좋다.
㉰ 온도조절과 자동화가 용이하다.
㉱ 열효율이 좋아 연료비가 절감된다.
㉲ 배기가스 현열을 이용하여 제품을 예열한다.
㉳ 제품의 현열을 이용하여 연소용 공기를 예열한다.
㉴ 능력에 비해 설비면적이 작다.
㉵ 소성시간이 단축되며, 대량생산에 적합하다.
㉶ 능력에 비해 건설비가 비싸다.
㉷ 생산량 조정이 곤란하다.
㉸ 제품구성에 제한이 있고, 다종 소량생산에는 부적당하다.
㉹ 제품을 연속적으로 처리할 수 있는 시설이 있어야 한다.

답 ④

65 점토질 단열재의 특징으로 틀린 것은?

① 내스폴링성이 작다.
② 노벽이 얇아져서 노의 중량이 적다.
③ 내화재와 단열재의 역할을 동시에 한다.
④ 안전사용온도는 1300~1500[℃] 정도이다.

해설 점토질 단열재는 고온에 사용하는 것으로 내스폴링성이 크다.

답 ①

66 에너지이용 합리화법령상 에너지다소비사업자는 산업통상자원부령으로 정하는 바에 따라 에너지사용기자재의 현황을 매년 언제까지 시·도지사에게 신고하여야 하는가?

① 12월 31일까지
② 1월 31일까지
③ 2월 말까지
④ 3월 31일까지

해설 에너지다소비사업자의 신고 기한(에너지이용 합리화법 제31조) : 매년 1월 31일까지 시·도지사에게 신고

답 ②

67 글로브 밸브(globe valve)에 대한 설명으로 틀린 것은?

① 밸브 디스크 모양은 평면형, 반구형, 원뿔형, 반원형이 있다.
② 유체의 흐름방향이 밸브 몸통 내부에서 변한다.
③ 디스크 형상에 따라 앵글밸브, Y형밸브, 니들밸브 등으로 분류된다.
④ 조작력이 적어 고압의 대구경 밸브에 적합하다.

해설 글로브 밸브(globe valve)의 특징
㉮ 유체의 흐름방향이 밸브 몸통 내부에서 변하므로 마찰손실(저항)이 크다.
㉯ 개폐가 쉽고 유량 조절용으로 사용된다.
㉰ 유체의 흐름 방향과 평행하게 밸브가 개폐된다.
㉱ 밸브의 디스크 모양은 평면형, 반구형, 원뿔형, 반원형이 있다.
㉲ 디스크 형상에 따라 앵글밸브, Y형밸브, 니들밸브 등으로 분류된다.
㉳ 조작력이 크고 차단성능이 우수하여 고압배관에 적합하다.
㉴ 슬루스밸브에 비하여 가볍고 가격이 저렴하다.

답 ④

68 에너지법령에 의한 에너지 총조사는 몇 년 주기로 시행하는가? (단, 간이조사는 제외한다.)
① 2년 ② 3년
③ 4년 ④ 5년

해설 에너지 총조사(에너지법 시행령 제15조) : 에너지 총조사는 3년마다 실시하되, 산업통상자원부장관이 필요하다고 인정할 때에는 간이조사를 실시할 수 있다. **답** ②

69 캐스터블 내화물의 특징이 아닌 것은?
① 소성할 필요가 없다.
② 접합부 없이 노체를 구축할 수 있다.
③ 사용 현장에서 필요한 형상으로 성형할 수 있다.
④ 온도의 변동에 따라 스폴링을 일으키기 쉽다.

해설 캐스터블(castable) 내화물의 특징
㉠ 부정형 내화물로 소성이 불필요하다.
㉡ 사용현장에서 필요한 형상이나 치수로 자유롭게 성형할 수 있다.
㉢ 접합부 없이 축요가 가능하고 시공 후 건조, 소성 시 수축이 적다.
㉣ 내스폴링성이 크다.
㉤ 시공 후 약 24시간 후에 건조, 승온이 가능하고 경화제로 알루미나시멘트를 사용한다.
㉥ 점토질이 많이 사용되고 용도에 따라 고알루미나질이나 크롬질도 사용된다. **답** ④

70 다음 중 보냉재가 구비해야 할 조건이 아닌 것은?
① 탄력성이 있고 가벼워야 한다.
② 흡수성이 적어야 한다.
③ 열전도율이 적어야 한다.
④ 복사열의 투과에 대한 저항성이 없어야 한다.

해설 보냉재(保冷材) 구비조건
㉠ 열전도율이 작을 것
㉡ 흡습, 흡수성이 작을 것
㉢ 적당한 기계적 강도를 가질 것
㉣ 시공성이 좋고, 경제적일 것
㉤ 탄력성이 있고 비중(밀도)가 작을 것(가벼울 것)
㉥ 내약품성이 있을 것
㉦ 복사열의 투과에 대한 저항성이 있을 것 **답** ④

71 열팽창에 의한 배관의 측면 이동을 구속 또는 제한하는 장치가 아닌 것은?
① 앵커 ② 스토퍼
③ 브레이스 ④ 가이드

해설 리스트레인트(restraint)
㉠ 역할 : 열팽창에 의한 배관의 이동을 저지(구속) 또는 제한한다.
㉡ 종류 : 앵커(anchor), 스톱(stop, stoper), 가이드(guide)
※ 브레이스(brace) : 펌프, 압축기 등에서 발생하는 진동을 흡수하여 배관계통에 전달되는 것을 방지하는 역할을 하는 것으로 방진구와 완충기가 있다. **답** ③

72 다음 중 에너지이용 합리화법령에 따라 에너지다소비사업자에게 에너지관리 개선명령을 할 수 있는 경우는?
① 목표원단위보다 과다하게 에너지를 사용하는 경우
② 에너지관리지도 결과 10[%] 이상의 에너지효율 개선이 기대되는 경우
③ 에너지 사용실적이 전년도보다 현저히 증가한 경우
④ 에너지 사용계획 승인을 얻지 아니한 경우

해설 개선명령의 요건(에너지이용 합리화법 시행령 제40조 1항) : 산업통상자원부장관이 에너지다소비사업자에게 개선명령을 할 수 있는 경우는 에너지관리지도 결과 10[%] 이상의 에너지효율 개선이 기대되고 효율 개선을 위한 투자의 경제성이 있다고 인정되는 경우로 한다. **답** ②

73 에너지이용 합리화법령에 따라 에너지사용계획에 대한 검토 결과 공공사업주관자가 조치 요청을 받은 경우, 이를 이행하기 위하여 제출하는 이행계획에 포함되어야 할 내용이 아닌 것은? (단, 산업통상자원부장관으로부터 요청 받은 조치의 내용은 제외한다.)
① 이행 주체
② 이행 방법
③ 이행 장소
④ 이행 시기

해설 ▶ 이행계획에 포함되어야 할 내용 : 에너지이용 합리화법 시행규칙 5조
㉮ 산업통상자원부장관으로부터 요청받은 조치의 내용
㉯ 이행 주체
㉰ 이행 방법
㉱ 이행 시기
답 ③

74 도염식요는 조업방법에 의해 분류할 경우 어떤 형식인가?
① 불연속식
② 반연속식
③ 연속식
④ 불연속식과 연속식의 절충형

해설 ▶ 조업방법(작업진행 방법)에 의한 분류
㉮ 연속요 : 윤요, 연속식 가마, 터널가마, 반터널식 가마 등
㉯ 반연속요 : 등요, 셔틀가마 등
㉰ 불연속요 : 승염식요, 횡염식요, 도염식요, 종가마 등
답 ①

75 에너지이용 합리화법에 따라 산업통상자원부장관이 국내외 에너지 사정의 변동으로 에너지 수급에 중대한 차질이 발생될 경우 수급안정을 위해 취할 수 있는 조치 사항이 아닌 것은?
① 에너지의 배급
② 에너지의 비축과 저장
③ 에너지의 양도·양수의 제한 또는 금지
④ 에너지 수급의 안정을 위하여 산업통상자원부령으로 정하는 사항

해설 ▶ 수급안정을 위한 조치 사항(에너지이용 합리화법 제7조 2항)
㉮ 지역별·주요 수급자별 에너지 할당
㉯ 에너지 공급설비의 가동 및 조업
㉰ 에너지의 비축과 저장
㉱ 에너지의 도입·수출입 및 위탁가공
㉲ 에너지공급자 상호 간의 에너지의 교환 또는 분배 사용
㉳ 에너지의 유통시설과 그 사용 및 유통경로
㉴ 에너지의 배급
㉵ 에너지의 양도·양수의 제한 또는 금지
㉶ 에너지사용의 시기·방법 및 에너지사용 기자재의 사용 제한 또는 금지 등 대통령령으로 정하는 사항
㉷ 그 밖에 에너지수급을 안정시키기 위하여 대통령령으로 정하는 사항
답 ④

76 에너지이용 합리화법령에 따라 효율관리기자재의 제조업자는 효율관리시험기관으로부터 측정 결과를 통보받은 날부터 며칠 이내에 그 측정 결과를 한국에너지공단에 신고하여야 하는가?
① 15일
② 30일
③ 60일
④ 90일

해설 ▶ 효율관리 기자재 측정 결과의 신고(에너지이용 합리화법 시행규칙 제9조) : 효율관리기자재의 제조업자 또는 수입업자는 효율관리시험기관으로부터 측정 결과를 통보받은 날 또는 자체측정을 완료한 날부터 각각 90일 이내에 그 측정결과를 한국에너지공단에 신고하여야 한다.
답 ④

77 에너지이용 합리화법령에 따라 산업통상자원부장관이 위생 접객업소 등에 에너지사용의 제한 조치를 할 때에는 며칠 이전에 제한 내용을 예고하여야 하는가?
① 7일
② 10일
③ 15일
④ 20일

해설 ▶ 에너지사용의 제한 또는 금지(에너지이용 합리화법 시행령 제14조 3항) : 산업통상자원부장관이 위생 접객업소 등에 에너지사용의 제한 조치를 할 때에는 조

치를 하기 7일 이전에 제한 내용을 예고하여야 한다. 다만, 긴급히 제한할 필요가 있을 때에는 그 제한 전일까지 이를 공고할 수 있다. 답 ①

78 에너지이용 합리화법령상 에너지다소비사업자의 신고와 관련하여 다음 ( ) 속에 들어갈 수 없는 것은? (단, 대통령령은 제외한다.)

> 산업통상자원부장관 및 시·도지사는 에너지다소비사업자가 신고한 사항을 확인하기 위하여 필요한 경우 ( )에 대하여 에너지다소비사업자에게 공급한 에너지의 공급량 자료를 제출하도록 요구할 수 있다.

① 한국전력공사
② 한국가스공사
③ 한국가스안전공사
④ 한국지역난방공사

해설 에너지다소비사업자의 신고 등(에너지이용 합리화법 제31조 3항) : 산업통상자원부장관 및 시·도지사는 에너지다소비사업자가 신고한 사항을 확인하기 위하여 필요한 경우 에너지다소비사업자에게 공급한 에너지의 공급량 자료를 제출하도록 요구할 수 있는 경우에 해당하는 기관
㉮ 한국전력공사
㉯ 한국가스공사
㉰ 도시가스사업자
㉱ 한국지역난방공사
㉲ 그 밖에 대통령령으로 정하는 에너지공급기관 또는 관리기관
답 ③

79 다음 보온재 중 재질이 유기질 보온재에 속하는 것은?
① 우레탄폼
② 펄라이트
③ 세라믹 파이버
④ 규산칼슘 보온재

해설 재질에 의한 보온재 분류
㉮ 유기질 보온재 : 펠트, 코르크, 기포성 수지(우레탄폼)
㉯ 무기질 보온재 : 석면, 암면, 규조토, 탄산마그네슘, 유리섬유
㉰ 금속질 보온재 : 알루미늄 박(泊)
답 ①

80 다음 중 제강로가 아닌 것은?
① 고로
② 전로
③ 평로
④ 전기로

해설 고로 : 선철을 제조하는 것으로 용광로를 지칭하는 것이다.
답 ①

5과목 - 열설비 설계

81 급수처리 방법 중 화학적 처리방법은?
① 이온교환법
② 가열연화법
③ 증류법
④ 여과법

해설 급수 외처리 방법 분류
㉮ 물리적 방법 : 여과법, 침강법, 기폭법, 탈기법, 증류법, 가열연화법
㉯ 화학적 방법 : 약제 첨가법, 이온교환법, 응집법
답 ①

82 서로 다른 고체 물질 A, B, C인 3개의 평판이 서로 밀착되어 복합체를 이루고 있다. 정상 상태에서의 온도 분포가 [그림]과 같을 때, 어느 물질의 열전도도가 가장 작은가? (단, T_1 1000[℃], T_2 800[℃], T_3 550[℃], T_4 250[℃]이다.)

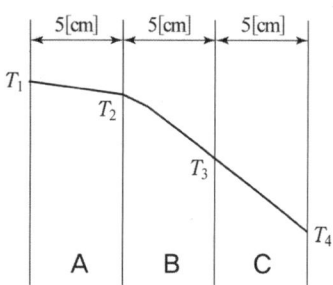

① A
② B
③ C
④ 모두 같다.

해설 열전달량 계산식 $Q = \dfrac{1}{\dfrac{b}{\lambda}} \times F \times \Delta t$에서 열전도도($\lambda$)를 계산하는 식을 유도하면 다음의 식이 도출된다.

∴ $\lambda = \dfrac{Q \times b}{F \times \Delta t}$에서 면적($F$)은 1[m²]를 적용해서 3개의 평판 각각에 대하여 열전도도(λ)를 계산하여 가장 적게 나오는 것이 열전도도[kcal/m·h·℃]가 작은 것이다.

㉮ A평판:
$\lambda_A = \dfrac{Q \times 0.05}{1 \times (1000-800)} = 2.5 \times 10^{-4} Q$

㉯ B평판:
$\lambda_B = \dfrac{Q \times 0.05}{1 \times (800-550)} = 2.0 \times 10^{-4} Q$

㉰ C평판:
$\lambda_C = \dfrac{Q \times 0.05}{1 \times (550-250)} = 1.67 \times 10^{-4} Q$

답 ③

83 다음 중 사이폰관이 직접 부착된 장치는?

① 수면계 ② 안전밸브
③ 압력계 ④ 어큐뮬레이터

해설 사이폰관(siphon tube): 압력계를 보호하기 위하여 안지름 6.5[mm] 이상의 관을 한 바퀴 돌려 가공된 것으로 관내부에 물을 투입하여 고온증기가 부르동관에 영향을 미치지 않도록 한다. **답** ③

84 파이프의 내경 D[mm]를 유량 Q[m³/s]와 평균속도 V[m/s]로 표시한 식으로 옳은 것은?

① $D = 1128\sqrt{\dfrac{Q}{V}}$

② $D = 1128\sqrt{\dfrac{\pi V}{Q}}$

③ $D = 1128\sqrt{\dfrac{Q}{\pi V}}$

④ $D = 1128\sqrt{\dfrac{V}{Q}}$

해설 체적유량 계산식 $Q = A \times V = \dfrac{\pi}{4} \times D^2 \times V$에서 파이프 내경(안지름) D를 구하는 식을 유도하고, 내경의 단위가 'mm'이므로 유도하는 식에 '1000'을 곱한다.

∴ $D = \sqrt{\dfrac{4 \times Q}{\pi \times V}} \times 1000$

$= \sqrt{\dfrac{4}{\pi}} \times 1000 \times \sqrt{\dfrac{Q}{V}}$

$= 1128.379 \times \sqrt{\dfrac{Q}{V}} ≒ 1128 \sqrt{\dfrac{Q}{V}}$

답 ①

85 수관 보일러와 비교한 원통 보일러의 특징에 대한 설명으로 틀린 것은?

① 구조상 고압용 및 대용량에 적합하다.
② 구조가 간단하고 취급이 비교적 용이하다.
③ 전열면적당 수부의 크기는 수관보일러에 비해 크다.
④ 형상에 비해서 전열면적이 작고 열효율은 낮은 편이다.

해설 수관 보일러와 비교한 원통형 보일러의 특징
㉮ 구조가 간단하고 취급 및 청소, 검사가 용이하다.
㉯ 설비비가 저렴하다.
㉰ 기동으로부터 증기 발생까지는 시간이 걸리지만 부하의 변동에 따른 압력변동이 적다.
㉱ 전열면적당 수부의 크기는 수관보일러에 비해 크다.
㉲ 형상에 비해서 전열면적이 작고 열효율은 낮은 편이다.
㉳ 구조상 고압이나 대용량에는 부적합하다.
㉴ 보유수량이 많으며, 파열의 경우 피해가 크다.

답 ①

86 보일러의 강도 계산에서 보일러 동체 속에 압력이 생기는 경우 원주방향의 응력은 축방향 응력의 몇 배 정도인가? (단, 동체 두께는 매우 얇다고 가정한다.)

① 2배 ② 4배 ③ 8배 ④ 16배

해설) 원주방향 응력과 축방향 응력 비교
㉮ 원주(원둘레)방향 인장응력 : $\sigma_A = \dfrac{PD}{2t}$
㉯ 축(세로, 길이)방향 인장응력 : $\sigma_B = \dfrac{PD}{4t}$
㉰ 원주방향 응력과 축방향 응력 비교
$$\therefore \dfrac{\sigma_A}{\sigma_B} = \dfrac{\frac{PD}{2t}}{\frac{PD}{4t}} = \dfrac{4tPD}{2tPD} = \dfrac{4}{2} = 2배$$
∴ 원주(원둘레)방향 응력은 축(길이)방향 응력의 2배 이다. 답 ①

87 다음 중 특수열매체 보일러에서 가열 유체로 사용되는 것은?
① 폴리아미드 ② 다우섬
③ 텍스크린 ④ 에스테르

해설) 열매체의 종류 : 다우섬(dowtherm), 수은, 모빌섬, 카네크롤 등 답 ②

88 다음 중 보일러 안전장치로 가장 거리가 먼 것은?
① 방폭문 ② 안전밸브
③ 체크밸브 ④ 고저수위경보기

해설) 안전장치의 종류 : 안전밸브, 저수위 경보기, 방폭문, 가용전, 화염검출기, 증기압력 제한기, 전자밸브 등 답 ③

89 보일러의 만수보존법에 대한 설명으로 틀린 것은?
① 밀폐 보존방식이다.
② 겨울철 동결에 주의하여야 한다.
③ 보통 2~3개월의 단기보존에 사용된다.
④ 보일러 수는 pH6 정도 유지되도록 한다.

해설) 만수(滿水) 보존법 특징
㉮ 보일러 내부에 관수를 충만시켜 보존하는 밀폐식 보존방식이다.
㉯ 보존 기간이 보통 2~3개월 정도인 경우에 적합 하다.
㉰ 보일러 구조상 건식 보존법이 곤란한 경우에 적용한다.
㉱ 겨울철 동결에 주의하여야 한다.
㉲ 가성소다(NaOH), 아황산소다(Na_2SO_4), 히드라진 등의 알칼리성 약제를 사용한다.
㉳ 보일러수는 pH11 정도로 유지되도록 한다. 답 ④

90 유체의 압력손실에 대한 설명으로 틀린 것은? (단, 관마찰계수는 일정하다.)
① 유체의 점성으로 인해 압력손실이 생긴다.
② 압력손실은 유속의 제곱에 비례한다.
③ 압력손실은 관의 길이에 반비례한다.
④ 압력손실은 관의 내경에 반비례한다.

해설) 달시-바이스 바하 방정식
$h_f = f \times \dfrac{L}{D} \times \dfrac{V^2}{2g}$ 에서 압력손실(h_f)은
㉮ 관마찰계수(f)에 비례한다.
㉯ 관의 길이(L)에 비례한다.
㉰ 유속(V)의 제곱에 비례한다
㉱ 관 지름(D)에 반비례한다.
㉲ 관 내부 표면조도(표면 거칠기)에 영향을 받는다.
㉳ 유체의 밀도(ρ), 점도(μ)의 영향을 받는다.
㉴ 압력(P)의 영향은 받지 않는다.
(압력과는 무관하다.) 답 ③

91 다음 중 고압보일러용 탈산소제로서 가장 적합한 것은?
① $(C_6H_{10}O_5)n$ ② Na_2SO_3
③ N_2H_4 ④ $NaHSO_3$

해설) 탈산소제의 종류 및 특징
㉮ 아황산나트륨(Na_2SO_3) : 취급하기 쉽고 가격이 비교적 저렴하며 물리적인 탈기 후나 급수 중에 남아있는 용존산소에 대하여 사용된다.
㉯ 히드라진(N_2H_4) : 용존산소와 반응하여 생성되는 반응생성물은 질소와 물로 이루어져 보일러수의 용해고형물 농도를 상승시키지 않아 고압보일러

및 관류보일러에 사용된다.
  ※ 탈산소 반응 : N₂H₄ + O₂ → N₂ + 2H₂O
  ㉰ 탄닌(C₇₆H₅₂O₄₆) : 저압보일러 탈산소제 및 슬러리 조정제로도 사용된다. 🔳 ③

92 인젝터의 특징으로 틀린 것은?
① 급수온도가 높으면 작동이 불가능하다.
② 소형 저압보일러용으로 사용된다.
③ 구조가 간단하다.
④ 열효율은 좋으나 별도의 소요동력이 필요하다.

해설 인젝터의 특징
(1) 장점
  ㉮ 구조가 간단하고, 가격이 저렴하다.
  ㉯ 급수가 예열되고, 열효율이 좋아진다.
  ㉰ 설치 장소가 적게 필요하다.
  ㉱ 별도의 동력원이 필요 없다.
(2) 단점
  ㉮ 흡입양정이 작고, 효율이 낮다.
  ㉯ 급수 온도가 높으면(50[℃] 이상) 2급수 불량이 발생한다.
  ㉰ 증기압력이 너무 높거나 낮으면 급수 불량이 발생한다.
  ㉱ 급수량 조절이 어렵다. 🔳 ④

93 일반적인 주철제 보일러의 특징으로 적절하지 않은 것은?
① 내식성이 좋다.
② 인장 및 충격에 강하다.
③ 복잡한 구조라도 제작이 가능하다.
④ 좁은 장소에서도 설치가 가능하다.

해설 주철제 보일러의 특징
  ㉮ 주물로 제작하기 때문에 복잡한 구조도 제작이 가능하다.
  ㉯ 전열면적이 크고, 효율이 좋다.
  ㉰ 내식성, 내열성이 우수하다.
  ㉱ 섹션의 증감으로 용량조절이 가능하다.
  ㉲ 조립식이므로 반입 및 해체작업이 용이하다.
  ㉳ 굽힘, 충격, 열충격, 인장 등에 약해서 내압강도가 떨어진다.

  ㉴ 구조가 복잡하여 청소, 검사, 수리가 어렵다.
  ㉵ 부동팽창이 발생하기 쉽다.
  ㉶ 대용량, 고압에는 부적합하다. 🔳 ②

94 프라이밍 및 포밍 발생 시 조치사항에 대한 설명으로 틀린 것은?
① 안전밸브를 전개하여 압력을 강하시킨다.
② 증기 취출을 서서히 한다.
③ 연소량을 줄인다.
④ 수위를 안정시킨 후 보일러수의 농도를 낮춘다.

해설 프라이밍, 포밍 발생 시 조치 사항
  ㉮ 연소를 억제하여 연소량을 저연소율로 낮춘다.
  ㉯ 주증기 밸브를 천천히 닫아 이상증발을 억제시킨다.
  ㉰ 증기 취출을 해야 할 경우 서서히 한다.
  ㉱ 수위가 높으면 분출밸브를 천천히 열어 수위를 표준수위까지 낮추고, 반대로 수위가 낮는 경우에는 급수해서 표준수위로 회복시켜 수위를 안정시킨다.
  ㉲ 수위가 안정되면 급수 및 분출작업을 반복하여 보일러수의 농도를 낮춘다.
  ㉳ 계기류의 기능테스트를 실시하여 기능을 점검한다. 🔳 ①

95 이온 교환체에 의한 경수의 연화 원리에 대한 설명으로 옳은 것은?
① 수지의 성분과 Na형의 양이온과 결합하여 경도성분 제거
② 산소 원자와 수지가 결합하여 경도성분 제거
③ 물속의 음이온과 양이온이 동시에 수지와 결합하여 경도성분 제거
④ 수지가 물속의 모든 이물질과 결합하여 경도성분 제거

해설 연화장치
  ㉮ 원리 : 경도성분을 함유한 원수를 Na형 강산성 양이온 교환수지를 통과시켜 경도성분을 수지 중의 Na와 치환시켜 연수를 생산한다.

㉯ 반응식 : R(-SO₃Na) + Ca(HCO₃)₂
　　　　→ R(-SO₃)₂Ca + 2NaHCO₃ 답 ①

96 수관 1개의 길이가 2200[mm], 수관의 내경이 60[mm], 수관의 두께가 4[mm]인 수관 100개를 갖는 수관 보일러의 전열면적은 약 몇 [m²]인가?

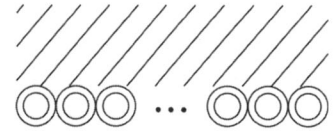

① 42　　　　② 47
③ 52　　　　④ 57

해설 ㉮ 수관보일러의 전열면적을 계산할 때 수관의 지름은 바깥지름[m]을 적용해야 하며, 안지름과 두께를 이용하여 바깥지름을 계산하는 과정이다.

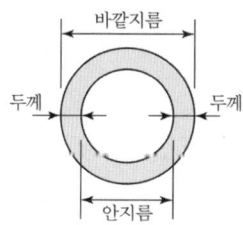

★ 바깥지름 = 안지름 + (왼쪽두께 + 오른쪽두께)
　　　　　 = 안지름 + (2 × 두께)

㉯ 전열면적 계산 : 수관의 길이, 내경, 두께의 단위를 '미터[m]'로 변환하여 적용하여야 한다.
$$\therefore A = \pi \times D \times L \times n$$
$$= \pi \times \left(\frac{60 + 2 \times 4}{1000}\right) \times 2.2 \times 100$$
$$= 46.998 [m^2]$$

참고 제시된 수관의 조립상태 그림에서 빗금친 부분은 단열재 등으로 피복된 연소실 벽으로 판단할 수 있으며 이 경우의 전열면적 계산식과 결과값은 다음과 같다.
$$\therefore A = \frac{\pi}{2} \times D \times L \times n$$
$$= \frac{\pi}{2} \times \left(\frac{60 + 2 \times 4}{1000}\right) \times 2.2 \times 100$$
$$= 23.499 [m^2]$$ 답 ②

97 방사 과열기에 대한 설명 중 틀린 것은?
① 주로 고온, 고압 보일러에서 접촉 과열기와 조합해서 사용한다.
② 화실의 천장부 또는 노벽에 설치한다.
③ 보일러 부하와 함께 증기온도가 상승한다.
④ 과열온도의 변동을 적게하는데 사용된다.

해설 방사 과열기(복사 과열기) 특징
㉮ 주로 고온, 고압 보일러에서 접촉 과열기와 조합해서 사용한다.
㉯ 화실의 천장부 또는 노벽에 설치한다.
㉰ 연소가스와 직접 접촉하지 않으므로 통풍저항을 주지 않는다.
㉱ 과열온도의 변동을 적게하는데 사용된다.
㉲ 보일러 시동시에는 과열의 우려가 있어 크리프현상이 발생할 수 있다.
※ 보일러 부하가 증가하면 증기발생에 연소열을 많이 사용하므로 과열기에서의 증기온도 상승은 제한적일 수 있다. 답 ③

98 내압을 받는 어떤 원통형 탱크의 압력이 0.3 [MPa], 직경이 5[m], 강판 두께가 10[mm] 이다. 이 탱크의 이음 효율을 75[%]로 할 때 강판의 인장응력[N/mm²]는 얼마인가? (단, 탱크의 반경방향으로 두께에 응력이 유기되지 않는 이론값을 계산한다.)
① 200　　　　② 100
③ 20　　　　　④ 10

해설 ㉮ 원통형 탱크의 두께 계산식
$$t = \frac{PD_i}{2\sigma_a\eta - 2P} + \alpha$$에서 부식여유치 α는 언급이 없으므로 생략하고, 재료의 허용인장응력 [N/mm] σ_a를 구한다.

㉯ $10 = \dfrac{0.3 \times (5 \times 1000)}{2 \times \sigma_a \times 0.75 - 2 \times 0.3}$ → 공학용 계산기 "SOLVE" 기능을 이용하여 계산하면 σ_a는 약 100.4[N/mm²]로 계산된다.

참고 편법 계산 방법 : 원통형 탱크의 두께 계산식에 예제에 주어진 허용인장응력 4가지를 각각 대입하여 두께가 10[mm]가 나오는 항목을 선택하면 된다.

또는 $\sigma = \dfrac{PD}{\dfrac{t}{2\eta}} + 2P$

$= \dfrac{\dfrac{0.3 \times 5000}{10}}{2 \times 0.75} + 2 \times 0.3$

$= 100.6 \,[\text{N/mm}^2]$ 답 ②

99 물을 사용하는 설비에서 부식을 초래하는 인자로 가장 거리가 먼 것은?

① 용존 산소
② 용존 탄산가스
③ pH
④ 실리카

해설 물을 사용하는 설비에서 부식을 초래하는 인자 : 용존 산소, pH, 용존 탄산가스, 부식생성물의 성질, 농담전지, 유속, 온도 등 답 ④

참고 실리카(SiO_2)의 영향
㉮ 칼슘 및 알루미늄 등과 결합하여 스케일을 형성한다.
㉯ 저압 보일러에서는 알칼리도를 높여 스케일화를 방지할 수 있다.
㉰ 보일러수에 실리카가 다량으로 용해되어 있으면 캐리오버 등으로 터빈날개 등을 부식한다.
㉱ 실리카 함유량이 많은 스케일은 경질이기 때문에 기계적 및 화학적 방법으로 제거하기가 곤란하다.

100 보일러의 모리슨형 파형노통에서 노통의 최소 안지름이 950[mm], 최고사용압력을 1.1[MPa]이라 할 때 노통의 최소두께는 몇 [mm]인가? (단, 평형부 길이가 230[mm] 미만이며, 상수 C는 1100이다.)

① 5
② 8
③ 10
④ 13

해설 ㉮ 모리슨형 노통에서는 최소 내경에 50[mm]를 더한 값을 'D'에 적용한다.

㉯ 두께 계산
$\therefore t = \dfrac{10PD}{C} = \dfrac{10 \times 1.1 \times (950+50)}{1100}$
$= 10\,[\text{mm}]$ 답 ③

2022년 3회차부터 기사 전종목 필기시험이 CBT로 시행되어 문제가 공개되지 않고 있습니다.

에너지관리기사 필기

CBT 복원문제

2022 ~ 2025

- 2022년 제3회 필기시험부터 기사 전 종목 필기시험이 CBT로 시행되어 문제가 공개되지 않고 있습니다.
- CBT 시험은 문제은행에서 랜덤으로 문제가 제시되고, 응시자 및 시험시간에 따라 다른 문제가 제시되고 있습니다.
- CBT 필기시험 복원문제는 수험자의 기억에 의하여 복원한 것이므로 실제 출제문제와는 차이가 있을 수 있습니다.

2022년 01
에너지관리기사필기 CBT 복원문제

1과목 - 연소공학

01 중유의 탄수소비가 증가함에 따른 발열량의 변화는?
① 무관하다.
② 증가한다.
③ 감소한다.
④ 초기에는 증가하다가 점차 감소한다.

해설 ㉮ 탄수소비(C/H)가 증가하는 것은 탄소량이 많고 수소량이 적은 경우로 관계는 다음과 같다.

구 분	C/H 비 증가	C/H 비 감소
발열량	감소	증가
공기량	감소	증가
비중	증가	감소
화염방사율	증가	감소
배기가스량	감소	증가
인화점	높아진다.	낮아진다.
동점도	증가	감소

㉯ 1[kg]당 저위발열량을 비교하면 탄소(C)가 약 8100[kcal/kg], 수소(H_2)가 약 28800[kcal/kg]이기 때문에 탄수소비가 증가하면 발열량은 감소하는 것이다.

02 연료시험에 사용되는 장치 중에서 주로 기체 연료 시험에 사용되는 것은?
① 세이볼트(saybolt) 점도계
② 톰슨(Thomson) 열량계
③ 오르사트(Orsat) 분석장치
④ 펜스키 마텐스(Pensky martens) 장치

해설 오르사트(Orsat) 분석장치 : 연료가스가 알칼리에 흡수되는 성질을 이용한 것으로 기체 연료 시험에 사용된다.

03 저위발열량이 93766[kJ/Nm^3]인 프로판(C_3H_8)가스를 30[%] 과잉공기로 연소시킬 때 이론 연소온도는 약 몇 [K]인가? (단, 배기가스 평균비열은 1.653[$kJ/Nm^3 \cdot K$]로 하며 다른 조건은 무시한다.)
① 2316
② 1956
③ 1722
④ 1615

해설 (1) 실제공기량에 의한 프로판(C_3H_8)의 완전연소 반응식
$C_3H_8 + 5O_2 + (N_2) + B$
$\rightarrow 3CO_2 + 4H_2O + (N_2) + B$

(2) 프로판 1[Nm^3]에 대한 연소가스 체적[Nm^3] 계산

㉮ CO_2 계산
22.4[Nm^3] : 3×22.4[Nm^3] = 1[Nm^3] : CO_2[Nm^3]
$\therefore CO_2 = \dfrac{1 \times 3 \times 22.4}{22.4} = 3[Nm^3]$

㉯ H_2O 계산
22.4[Nm^3] : 4×22.4[Nm^3] = 1[Nm^3] : H_2O[Nm^3]
$\therefore H_2O = \dfrac{1 \times 4 \times 22.4}{22.4} = 4[Nm^3]$

㉰ N_2 계산 : 공기 중 산소의 체적 함유율이 21[%]이므로 질소는 $\dfrac{79}{21} \times O_2 = 3.76 \times O_2$에 해당한다.
22.4[Nm^3] : 5×22.4[Nm^3] = 1[Nm^3] : O_2[Nm^3]
$\therefore N_2 = 3.76 \times O_2$
$= 3.76 \times \dfrac{1 \times 5 \times 22.4}{22.4} = 18.8[Nm^3]$

㉱ 과잉공기량(B) 계산 : 이론공기량에 과잉공기비를 곱한 값에 해당한다.
$\therefore B = $ 과잉공기비 $\times A_0$
$= $ 과잉공기비 $\times \dfrac{O_0}{0.21}$
$= 0.3 \times \dfrac{1 \times 5 \times 22.4}{22.4 \times 0.21} = 7.142[Nm^3]$

㉲ 연소가스 합계량(G_s) 계산
$\therefore G_s = CO_2 + H_2O + N_2 + B$
$= 3 + 4 + 18.8 + 7.142$
$= 32.942[Nm^3/Nm^3]$

정답 1. ③ 2. ③ 3. ③

(3) 이론연소온도 계산

$$\therefore T = \frac{H_l}{G_s \times C_p} = \frac{93766}{32.942 \times 1.653}$$
$$= 1721.958 [K]$$

04 다음과 같이 조성된 발생로 내 가스를 15[%]의 과잉공기로 완전 연소시켰을 때 건연소가스량[Sm³/Sm³]은? (단, 발생로 가스의 조성은 CO 31.3[%], CH₄ 2.4[%], H₂ 6.3[%], CO₂ 0.7[%], N₂ 59.3[%]이다.)

① 1.99 ② 2.54
③ 2.87 ④ 3.01

해설 ㉮ 발생로 가스 중 가연성분은 일산화탄소(CO), 메탄(CH₄), 수소(H₂)이다.
㉯ 가연성분의 완전연소 반응식
$CO + \frac{1}{2}O_2 \to CO_2$
$CH_4 + 2O_2 \to CO_2 + 2H_2O$
$H_2 + \frac{1}{2}O_2 \to H_2O$
㉰ 이론 건연소 가스량 계산
$\therefore G_{0d} = CO_2 + N_2 + 1.88H_2 + 2.88CO$
$\qquad + 8.52CH_4 + 13.3C_2H_4 - 3.76O_2$
$= 0.007 + 0.593 + 1.88 \times 0.063$
$\qquad + 2.88 \times 0.313 + 8.52 \times 0.024$
$= 1.824 [Sm^3/Sm^3]$
㉱ 과잉공기량 계산
$\therefore B = (m-1) \times \frac{O_0}{0.21} = (1.15 - 1)$
$\qquad \times \frac{(0.5 \times 0.313) + (2 \times 0.024) + (0.5 \times 0.063)}{0.21}$
$= 0.168 [Sm^3/Sm^3]$
㉲ 실제 건연소 가스량 계산
$\therefore G_d = G_{0d} + B$
$= 1.824 + 0.168 = 1.992 [Sm^3/Sm^3]$

05 고체연료의 고정층을 만들고 공기를 통하여 연소시키는 방법은?

① 화격자 연소 ② 유동층 연소
③ 미분탄 연소 ④ 훈연 연소

해설 화격자 연소 : 고체연료 중에서 석탄을 연소하는 방법으로 가장 많이 사용되었던 것으로 연소용 공기가 유통하는 다수의 간극을 갖는 화격자는 연료를 지지하고 화격자 하부에서 1차 공기가 유입되고, 부족분은 연소실 측부에서 2차 공기로 공급된다. 인력으로 석탄을 공급하는 수분(手焚)과 기계를 이용하여 자동연소시키는 스토커(stoker)로 구분한다.

06 다음 중 회(灰)가 부착하여 고온부식이 발생할 가능성이 가장 큰 것은?

① 절탄기 ② 과열기
③ 보일러 본체 ④ 공기예열기

해설 과열기(super heater) : 보일러에서 발생한 습포화증기를 연소가스 여열(餘熱) 등을 이용하여 압력을 일정하게 유지하면서 온도만을 높여 과열증기를 만드는 장치로 과열기 표면에 회(灰)가 부착하여 고온부식이 발생할 가능성이 있다.

07 연돌의 높이가 50[m]이고, 0[℃], 1[atm]에서 배기가스와 외기의 비중량이 각각 1.2[kgf/m³], 1.05[kgf/m³]이고 배기가스의 평균온도가 130[℃]이라면 이 굴뚝의 이론 통풍력은 얼마인가?

① 73.5[Pa] ② 116.2[Pa]
③ 191.1[Pa] ④ 232.3[Pa]

해설
$Z = 273 H \left(\frac{\gamma_a}{T_a} - \frac{\gamma_g}{T_g} \right) g$
$= 273 \times 50 \times \left(\frac{1.05}{273+0} - \frac{1.2}{273+130} \right) \times 9.8$
$= 116.177 [Pa]$

참고 통풍력의 공학단위[mmH₂O, mmAq, kgf/m²]에 중력가속도(g) 9.8[m/s²]을 곱하면 SI단위 [Pa]로 변환된다.

08 다음 연소에 대한 설명 중 틀린 것은?
 ① 연소의 목적은 연소에 의해 생기는 열을 이용하는 것이다.
 ② 연료의 성분은 주로 탄소와 수소이며 공기 중의 산소와 반응한다.
 ③ 연소가 일어나기 위해서는 착화온도 이하에서 충분한 산소의 공급이 있어야 한다.
 ④ 가연물질이 공기 중의 산소와 반응을 일으키며 산화열을 발생시키는 현상을 연소라 한다.

해설 연소가 일어나기 위해서는 인화온도 이상이 유지되어야 한다.

09 탄화도를 기준으로 석탄을 분류할 때 탄화도 증가에 따라 석탄의 일반적인 성질 변화로 옳은 것은?
 ① 휘발성이 증가한다.
 ② 고정탄소량이 감소한다.
 ③ 수분이 감소한다.
 ④ 착화온도가 낮아진다.

해설 (1) 탄화도 : 석탄의 성분이 변화되는 진행정도를 말한다.
 (2) 탄화도 증가에 따라 나타나는 특성
  ㉮ 발열량이 증가한다.
  ㉯ 연료비가 증가한다.
  ㉰ 열전도율이 증가한다.
  ㉱ 비열이 감소한다.
  ㉲ 연소속도가 늦어진다.
  ㉳ 수분, 휘발분이 감소한다.
  ㉴ 인화점, 착화온도가 높아진다.

10 각종 천연가스(유전가스, 수용성가스, 탄전가스 등)의 성분 중 대부분을 차지하는 것은?
 ① CH_4
 ② C_2H_6
 ③ C_3H_8
 ④ C_4H_{10}

해설 천연가스(NG)의 주성분은 메탄(CH_4)이고 에탄(C_2H_6) 및 프로판(C_3H_8), 부탄(C_4H_{10})이 소량 함유되어 있다.

11 각 공급 물질이나 생성 물질의 양을 직접 측정할 수 없는 경우에 원소분석이나 가스분석에 의해 계산하여 구하는 것을 통칭하여 무엇이라 하는가?
 ① 물질정산
 ② 연료분석
 ③ 열정산
 ④ 공업분석

해설 물질정산 : 열정산 시 각 공급 물질이나 생성 물질의 양을 직접 측정할 수 없는 경우에 원소분석이나 가스분석에 의해 계산하여 구하는 것이다.

12 1차, 2차 연소 중 2차 연소에 대한 설명으로 가장 적절한 것은?
 ① 완전 연소에 의한 연소가스가 2차 공기에 의해서 폭발되는 것
 ② 점화할 때 착화가 늦었을 경우 재점화에 의해서 연소하는 것
 ③ 불완전연소에 의해 발생한 미연가스가 연도 내에서 다시 연소하는 것
 ④ 공기보다 먼저 연료를 공급했을 경우 1차, 2차 반응에 의해서 연소하는 것

해설 2차 연소를 재연소라 하며 완전 연소되지 않고 불완전연소가 되어 발생된 미연가스(CO, H_2 등)가 연도 내에서 인화되어 다시 연소하는 현상을 말한다.

13 다음 중 가연원소(可燃元素)가 아닌 것은?
 ① 탄소
 ② 수소
 ③ 산소
 ④ 황

해설 연료의 성분
 ㉮ 가연원소 : 탄소(C), 수소(H), 황(S)
 ㉯ 불순물 : 산소(O), 질소(N), 황(S), 수분(W), 회(灰)분(A) 등

정답 8. ③ 9. ③ 10. ① 11. ① 12. ③ 13. ③

14 화염온도를 높이려고 할 때 조작방법으로 틀린 것은?

① 공기를 예열한다.
② 과잉공기를 사용한다.
③ 연료를 완전 연소시킨다.
④ 노벽(爐壁) 등의 열손실을 막는다.

해설 화염온도(연소온도)를 높이는 방법
㉮ 발열량이 높은 연료를 사용한다.
㉯ 연료를 완전 연소시킨다.
㉰ 가능한 한 적은 과잉공기를 사용한다.
㉱ 연료, 공기를 예열하여 사용한다.
㉲ 노 벽 등의 열손실을 차단한다.
㉳ 복사 전열을 감소시키기 위해 연소속도를 빨리 할 것

15 수소 1[Nm^3]를 이론공기량으로 완전 연소시켰을 때 생성되는 이론 습윤 연소가스량[Nm^3]은?

① 1.88
② 2.88
③ 3.88
④ 4.88

해설 ㉮ 이론공기량에 의한 수소(H_2)의 완전연소 반응식
$$H_2 + \frac{1}{2}O_2 + (N_2) \rightarrow H_2O + (N_2)$$
㉯ 연소가스 중 H_2O량[Nm^3] 계산
22.4[Nm^3] : 22.4[Nm^3] = 1[Nm^3] : x[Nm^3]
$$\therefore x = \frac{1 \times 22.4}{22.4} = 1 \, [Nm^3]$$
㉰ 연소가스 중 질소(N_2)량[Nm^3] 계산 : 질소(N_2)량은 산소량의 $\frac{79}{21}$배가 된다.
$$\therefore 22.4[Nm^3] : \frac{1}{2} \times 22.4 \times \frac{79}{21}[Nm^3]$$
$$= 1[Nm^3] : y[Nm^3]$$
$$\therefore y = \frac{1 \times \frac{1}{2} \times 22.4 \times \frac{79}{21}}{22.4} = 1.88 \, [Nm^3]$$
㉱ 이론 습윤 연소가스량[Nm^3] 계산
$$\therefore G_{0w} = x + y = 1 + 1.88 = 2.88 \, [Nm^3]$$

16 액체연료는 고체연료 등에 비하여 연료로는 우수하지만 다음과 같은 결점도 있다. 결점 내용이 틀린 것은?

① 화재, 역화 등의 위험이 크다.
② 국내 자원이 없고, 모두 수입에 의존한다.
③ 사용버너의 종류에 따라 연소할 때 소음이 난다.
④ 연소온도가 낮기 때문에 국부과열을 일으키기 쉽다.

해설 액체연료의 특징
(1) 장점
㉮ 완전연소가 가능하고 발열량이 높다.
㉯ 연소효율이 높고 고온을 얻기 쉽다.
㉰ 연소조절이 용이하고 회분이 적다.
㉱ 품질이 균일하고 저장, 취급이 편리하다.
㉲ 파이프라인을 통한 수송이 용이하다.
(2) 단점
㉮ 연소온도가 높아 국부과열의 위험이 크다.
㉯ 화재, 역화의 위험성이 높다.
㉰ 일반적으로 황성분을 많이 함유하고 있다.
㉱ 버너의 종류에 따라 연소 시 소음이 발생한다.

17 수소가 완전 연소할 때의 고위발열량과 저위발열량의 차이는 약 몇 [kJ/kmol]인가? (단, 물의 증발잠열은 0[℃] 포화상태에서 2501.6 [kJ/kg]이다.)

① 5003
② 10006
③ 44570
④ 45029

해설 ㉮ 고위발열량과 저위발열량의 차이는 수소(H) 성분에 의한 것이고, 수소 1[kmol]이 완전 연소하면 $H_2O(g)$ 18[kg]이 생성되며, 여기에 물의 증발잠열 2501.6[kJ/kg]에 해당하는 열량이 차이가 된다.
㉯ 고위발열량과 저위발열량 차이 계산
$$H_2 + \frac{1}{2}O_2 \rightarrow H_2O$$
$\therefore 18 \, [kg/kmol] \times 2501.6 \, [kJ/kg]$
$= 45028.8 \, [kJ/kmol]$

18 고부하 연소 중 내연기관의 동작과 같은 흡입, 연소, 팽창, 배기를 반복하면서 연소를 일으키는 것은?

① 펄스연소
② 에멀전연소
③ 촉매연소
④ 고농도산소연소

해설 펄스연소(pulse combustion) : 연소실에 가스와 공기의 혼합물이 단속적으로 공급되어 폭발 연소를 반복시키는 연소방식이다.

19 보일러의 흡인통풍(Induced draft) 방식에 가장 많이 사용되는 송풍기의 형식은?

① 플레이트형　② 터보형
③ 축류형　　　④ 다익형

해설 플레이트형 송풍기의 특징
㉮ 방사형 날개를 6~12개 정도 설치한 형식이다.
㉯ 풍압이 비교적 낮은 편이다.
㉰ 효율은 비교적 높은 편이다.
㉱ 플레이트의 교체가 용이하다.
㉲ 흡인통풍 방식 송풍기로 적당하다.

20 가스의 연소 시 연소파의 유무 및 전파속도에 따라 연소상태를 몇 가지 유형으로 구분하는데 다음 중 연소파의 전파속도가 초음속이 되는 경우는?

① 폭발연소
② 충격파 연소
③ 디플러그레이션
④ 데토네이션

해설 데토네이션(detonation) : 폭굉이라 하며, 가스 중의 음속보다도 화염의 전파속도가 큰 경우로 파면선단에 충격파라고 하는 압력파가 생겨 격렬한 파괴작용을 일으키는 현상으로 가스의 경우 1000~3500[m/s]로 초음속에 해당된다.

2과목 - 열역학

21 어느 과열증기의 온도가 220[℃]일 때 과열도를 구하면 얼마인가? (단, 이 증기의 포화온도는 179[℃]이다.)

① 4.1[%]　　② 0.41[%]
③ 4.1[℃]　　④ 41[℃]

해설 과열도 = 과열증기온도 - 포화증기온도
= 220 - 179 = 41[℃]

22 증기가 압력 2[MPa], 온도 300[℃]에서 노즐을 통하여 압력 300[kPa]으로 단열 팽창할 때 증기의 분출속도는 몇 [m/s]가 되는가? (단, 입구와 출구 엔탈피 h_1 3022[kJ/kg], h_2 2636[kJ/kg]이고, 입구속도는 무시한다.)

① 220　　② 330
③ 672　　④ 879

해설 $w_2 = \sqrt{2 \times (h_1 - h_2)}$
$= \sqrt{2 \times (3022 - 2636) \times 1000}$
$= 878.635 \, [\text{m/s}]$

23 1[kmol]의 이상기체(C_p는 30[kJ/kmol·K], C_v는 21[kJ/kmol·K])가 단열 가역적으로 P_1은 10[atm], V_1은 600[L]에서 P_2는 1[atm]으로 변한다. 이 과정에 대한 일(W) 및 내부에너지 변화(ΔU)를 계산하면?

① $W = 708 \times 10^3 [\text{J}]$, $\Delta U = 708 \times 10^3 [\text{J}]$
② $W = 708 \times 10^3 [\text{J}]$, $\Delta U = -708 \times 10^3 [\text{J}]$
③ $W = 0 [\text{J}]$, $\Delta U = 708 \times 10^3 [\text{J}]$
④ $W = -708 \times 10^3 [\text{J}]$, $\Delta U = 0 [\text{J}]$

정답 18. ① 19. ① 20. ④ 21. ④ 22. ④ 23. ②

해설 ㉮ 비열비 계산

$$\therefore k = \frac{C_p}{C_v} = \frac{30}{21} = 1.428$$

㉯ 단열과정의 팽창일 계산 : 1[atm]은 101.325 [kPa]이고, 1[m³]는 1000[L]이다.

$$\therefore W_a = \frac{P_1 V_1}{k-1}\left\{1-\left(\frac{P_2}{P_1}\right)^{\frac{k-1}{k}}\right\}$$

$$= \frac{(10 \times 101.325) \times 0.6}{1.428-1}$$

$$\times \left\{1-\left(\frac{1 \times 101.325}{10 \times 101.325}\right)^{\frac{1.428-1}{1.428}}\right\}$$

$$= 708.076\,[kJ] ≒ 708\,[kJ]$$

$$= 708 \times 10^3\,[J]$$

㉰ 내부에너지 변화 계산

$$\therefore \Delta U = C_v(T_2-T_1) = -W_a$$

$$\therefore \Delta U = -708 \times 10^3\,[J]$$

24 자동차 타이어의 초기 온도와 압력은 각각 15[℃], 150[kPa]이었다. 이 타이어에 공기를 주입하여 타이어 안의 온도가 30[℃]가 되었다고 하면 타이어의 압력은 약 몇 [kPa] 인가? (단, 타이어 내의 부피는 0.1[m³]이고, 부피 변화는 없다고 가정한다.)

① 158 ② 177 ③ 211 ④ 233

해설 보일-샤를의 법칙 $\frac{P_1 V_1}{T_1} = \frac{P_2 V_2}{T_2}$ 에서 타이어 내의 부피 변화는 없으므로 $V_1 = V_2$이다.

$$\therefore P_2 = \frac{P_1 T_2}{T_1} = \frac{150 \times (273+30)}{273+15}$$

$$= 157.812\,[kPa]$$

25 비열비 1.3의 고온 공기를 작동 물질로 하는 압축비 5의 오토 사이클에서 최소 압력이 206[kPa], 최고압력이 5400[kPa]일 때 평균 유효압력은 약 몇 [kPa]인가?

① 594 ② 794 ③ 1190 ④ 1390

해설 ㉮ 압축 후의 압력 계산

$$\therefore P_2 = P_1 \times \gamma^k = 206 \times 5^{1.3}$$

$$= 1669.276\,[kPa]$$

㉯ 압력비 계산

$$\therefore \alpha = \frac{P_3}{P_2} = \frac{5400}{1669.276} = 3.234$$

㉰ 평균유효압력 계산

$$\therefore P_{me} = P_1 \times \frac{\alpha-1}{k-1} \times \frac{\gamma^k-\gamma}{\gamma-1}$$

$$= 206 \times \frac{3.234-1}{1.3-1} \times \frac{5^{1.3}-5}{5-1}$$

$$= 1190.119\,[kPa]$$

26 다음 내용과 관계있는 법칙은?

> 실제기체를 다수의 작은 구멍을 갖는 다공물질을 통하여 고압에서 저압측으로 연속적으로 팽창시킬 때 온도는 변화한다.

① 헨리의 법칙 ② 샤를의 법칙
③ 돌턴의 법칙 ④ 줄-톰슨의 법칙

해설 줄-톰슨의 법칙 : 압축가스(실제기체)를 단열을 배관에서 단면적이 변화가 큰 곳을 통과시키며(교축팽창) 압력이 하강함과 동시에 온도가 하강하는 현상을 말한다.

27 유체가 담겨 있는 밀폐계가 어떤 과정을 거칠 때 그 에너지식은 $\Delta U_{12} = Q_{12}$으로 표현된다. 이 밀폐계와 관련된 일은 팽창일 또는 압축일 뿐이라고 가정할 경우 이 계가 거쳐 간 과정에 해당하는 것은? (단, U는 내부에너지를, Q는 전달된 열량을 나타낸다.)

① 등온과정 ② 정압과정
③ 단열과정 ④ 정적과정

해설 정적과정에서는 절대일량(팽창일)은 없고, 공급열량(Q) 전부가 내부에너지(U) 변화로 표시된다.

28 다음 중 각 과정을 표시한 것으로 틀린 것은?
(단, Q는 열량, H는 엔탈피, W는 일, U는 내부에너지이다.)

① 등온과정에서 $Q = W$
② 단열과정에서 $Q = W$
③ 등압과정에서 $Q = \Delta H$
④ 등적과정에서 $Q = \Delta U$

해설 단열과정에서는 열의 출입이 없는 과정이므로 열량 변화(dQ)는 0 이다.

29 다음 중 열역학적 성질이 아닌 것은?

① 일   ② 내부에너지
③ 엔트로피   ④ 비체적

해설 열역학적 성질 : 어떤 물질이 열에 의하여 변화를 일으킬 수 있는 관계로 온도, 내부에너지, 엔탈피, 엔트로피, 비체적, 비열 등이 해당된다.

30 절대온도 1[K] 만큼의 온도차는 섭씨온도로 몇 [℃]의 온도차와 같은가?

① 1[℃]   ② $\dfrac{5}{9}$[℃]
③ 273[℃]   ④ 274[℃]

해설 절대온도 1[K] 만큼의 온도차는 섭씨온도로 1[℃]의 온도차와 같다. (섭씨온도로 1[℃] 만큼의 온도차는 절대온도로 1[K]의 온도차와 같다.)

참고 1[℃]를 절대온도 274[K]로 표시하는 것과 구별하길 바랍니다.

31 지름 3[m]인 완전한 구(sphere)형의 풍선 안에 6[kg]의 기체가 있다. 기체의 비체적 [m³/kg]은?

① $\dfrac{\pi}{4}$ ② $\dfrac{\pi}{2}$ ③ $\dfrac{3\pi}{4}$ ④ π

해설 ㉮ 비체적[m³/kg]은 단위질량[kg]에 대한 체적[m³]이다.
㉯ 구형의 풍선 체적 계산
$$\therefore V = \dfrac{\pi}{6} \times D^3 = \dfrac{\pi}{6} \times 3^3 = \dfrac{27\pi}{6}$$
㉰ 비체적 계산
$$\therefore v = \dfrac{V}{m} = \dfrac{\dfrac{27\pi}{6}}{6} = \dfrac{27\pi}{6 \times 6} = \dfrac{27\pi}{36} = \dfrac{3\pi}{4}$$

32 15[%] 실린더 극간(cylinder clearance)을 갖는 Otto 사이클의 효율은? (단, k는 1.4이다.)

① 61.7[%]   ② 55.7[%]
③ 40.4[%]   ④ 72[%]

해설 ㉮ 압축비 계산 : 행정체적이 100[%]일 때 통극체적(실린더 극간)이 행정체적에 15[%]이다.
$$\therefore \gamma = \dfrac{\text{실린더 체적}}{\text{통극체적}}$$
$$= \dfrac{\text{행정체적} + \text{통극체적}}{\text{통극체적}}$$
$$= \dfrac{1 + 0.15}{0.15} = 7.666 ≒ 7.67$$
㉯ 이론 열효율 계산
$$\therefore \eta = \left\{1 - \left(\dfrac{1}{\gamma}\right)^{k-1}\right\} \times 100$$
$$= \left\{1 - \left(\dfrac{1}{7.67}\right)^{1.4-1}\right\} \times 100$$
$$= 55.732[\%]$$

33 다음 중 증기의 교축과정과 관계있는 것은?

① 습증기 구역에서 포화온도가 일정한 과정
② 습증기 구역에서 포화압력이 일정한 과정
③ 가역과정에서 엔트로피가 일정한 과정
④ 엔탈피가 일정한 비가역 정상류 과정

해설 증기의 교축과정은 비가역과정으로 외부와의 열전달이 없고, 하는 일이 없고, 엔탈피가 일정한 과정으로 엔트로피는 항상 증가하고 압력은 강하한다.

정답 28. ② 29. ① 30. ① 31. ③ 32. ② 33. ④

34 다음은 물의 압력-온도 선도를 나타낸다. 고체가 녹아 액체로 되는 상태를 가장 잘 나타내는 점 또는 선은?

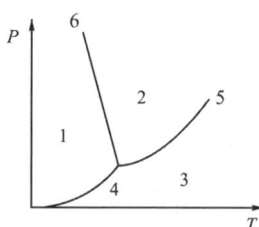

① 점 4 　　② 선 4-6
③ 점 5 　　④ 선 4-5

해설) 물의 압력-온도 선도
　㉮ 1 구역 : 고체상태　　㉯ 2 구역 : 액체상태
　㉰ 3 구역 : 증기상태　　㉱ 점 4 : 삼중점
　㉲ 선 4-6 : 융해곡선　　㉳ 선 4-5 : 증발곡선
　㉴ 선 0-4 : 승화곡선

35 지름 4[cm]의 피스톤 위에 추가 올려져 있고, 기체가 실린더 속에 가득 차 있다. 기체를 가열하여 피스톤과 추기 50[cm] 위로 올라간다면 기체가 한 일은 약 몇 [J]인가? (단, 이곳에 작용하는 중력은 9.5[m/s²], 추와 피스톤의 무게를 합하면 3[kg]이며 마찰은 없는 것으로 가정한다.)

① 0.1425　　② 1.425
③ 14.25　　④ 142.5

해설) ㉮ 피스톤에 작용하는 압력 계산 : 피스톤에 작용하는 힘(F)은 질량(m)에 중력가속도(a)를 곱한다.

$$\therefore P = \frac{F}{A} = \frac{m \times a}{A} = \frac{3 \times 9.5}{\frac{\pi}{4} \times 0.04^2}$$
$$= 22679.579 \,[\text{N/m}^2] = 22679.579 \,[\text{Pa}]$$

㉯ 기체가 한 일의 양 계산 : 피스톤과 추가 올라간 체적은 피스톤 단면적에 올라간 높이를 곱한다.

$$\therefore W = P \times V = 22679.579 \times \left(\frac{\pi}{4} \times 0.04^2 \times 0.5\right)$$
$$= 14.249 \,[\text{N} \cdot \text{m}] = 14.249 \,[\text{J}]$$

36 프로판 1[mol]을 1[atm]의 압력하의 흐름공정에서 25[℃]에서 400[℃]까지 온도를 올리는데 필요한 열량은 얼마인가?
(단, $C_p = 2.410 + 57.195 \times 10^{-3}\,T$
　　　　$- 17.533 \times 10^{-6}\,T^2$[cal/mol·K]
이며, 위치에너지와 운동에너지의 변화는 무시하고 이상기체로 가정한다.)

① 4620[cal/mol]　　② 8020[cal/mol]
③ 9690[cal/mol]　　④ 16850[cal/mol]

해설) ㉮ 평균정압비열 계산

$$\therefore C_{p_m} = \frac{1}{\Delta T}\int_{T_1}^{T_2}(2.410 + 57.195 \times 10^{-3}\,T$$
$$- 17.533 \times 10^{-6}\,T^2)dT$$
$$= \frac{1}{(273+400)-(273+25)}$$
$$\times [\{2.410 \times ((273+400)-(273+25)\}$$
$$+ \left\{\frac{57.195 \times 10^{-3}}{2} \times ((273+400)^2 - (273+25)^2)\right\}$$
$$- \left\{\frac{17.533 \times 10^{-6}}{3} \times ((273+400)^3 - (273+25)^3)\right\}]$$
$$= \frac{1}{375} \times (903.75 + 10413.064 - 1626.814)$$
$$= \frac{1}{375} \times 9690 = 25.84\,[\text{cal/mol}\cdot\text{K}]$$

㉯ 열량 계산

$$\therefore Q = C_{p_m} \times \Delta T$$
$$= 25.84 \times \{(273+400)-(273+25)\}$$
$$= 9690\,[\text{cal/mol}]$$

37 브레이턴(Brayton) 사이클은 어떤 기관에 대한 이상적인 사이클인가?

① 가스터빈 기관　　② 증기 기관
③ 가솔린 기관　　　④ 디젤 기관

해설) 브레이턴(Brayton) 사이클 : 2개의 단열과정과 2개의 정압과정으로 이루어진 가스터빈의 이상 사이클이다.

38 $k = 1.4$의 공기를 작동유체로 하는 디젤엔진의 최고온도(T_3) 2500[K], 최저온도(T_1)가 300[K], 최고압력(P_3)가 4[MPa], 최저압력(P_1)이 100[kPa]일 때 차단비(cut off ratio : r_c)는 얼마인가?

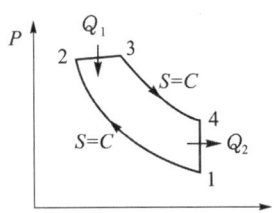

① 2.4 ② 2.9
③ 3.1 ④ 3.6

해설 ㉮ 압축비(ϵ) 계산

$$\therefore \epsilon = \frac{V_1}{V_2} = \left(\frac{P_3}{P_1}\right)^{\frac{1}{k}}$$

$$= \left(\frac{4 \times 1000}{100}\right)^{\frac{1}{1.4}} = 13.942$$

㉯ 차단비(r_c) 계산

$$\therefore r_c = \frac{V_3}{V_2} = \frac{T_3}{T_2} = \frac{T_3}{T_1 \times \epsilon^{k-1}}$$

$$= \frac{2500}{300 \times 13.942^{(1.4-1)}} = 2.904$$

39 1 냉동톤이란 0[℃]의 물 1톤을 24시간 동안 0[℃]의 얼음으로 냉동시키는 능력으로 정의된다. 얼음 1[kg]의 융해열이 79.68[kcal/kg]이라면 1 냉동톤은 몇 [kcal/h]인가?

① 1 ② 79.68
③ 2400 ④ 3320

해설 냉동톤 : 0[℃] 물 1톤(1000[kg])을 0[℃] 얼음으로 만드는데 1일 동안 제거하여야 할 열량으로 3320 [kcal/h]에 해당된다.

$$\therefore Q = G \times \gamma = 1000 \times 79.68 \times \frac{1}{24}$$

$$= 3320 \, [\text{kcal/h}]$$

40 흡입압력 105[kPa], 토출압력 480[kPa], 흡입공기량 3[m³/min]인 공기압축기의 등온 압축일은 약 몇 [kW]인가?

① 2 ② 4
③ 6 ④ 8

해설
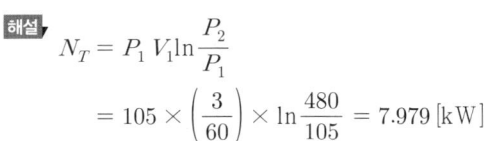

3과목 - 계측방법

41 피드백(feedback) 제어계에 대한 설명으로 틀린 것은?

① 입력과 출력을 비교하는 장치는 반드시 필요하다.
② 다른 제어계보다 정확도가 증가된다.
③ 다른 제어계보다 제어 폭이 감소된다.
④ 급수제어에 사용된다.

해설 피드백 제어(feed back control : 폐[閉]회로) : 제어량의 크기와 목표값을 비교하여 그 값이 일치하도록 되돌림 신호(피드백 신호)를 보내어 수정동작을 하는 제어방식이다.

42 지름 400[mm]인 관속을 5[kg/s]로 공기가 흐르고 있다. 관속의 압력은 200[kPa], 온도는 23[℃], 공기의 기체상수 R이 287[J/kg·K]라 할 때 공기의 평균속도는 약 몇 [m/s]인가?

① 2.4 ② 7.7
③ 16.9 ④ 24.1

해설 ㉮ 200[kPa], 23[℃] 상태의 공기 밀도 계산 : 이상 기체 상태방정식 $PV=GRT$를 이용하여 계산한다.

$$\therefore \rho = \frac{G}{V} = \frac{P}{RT} = \frac{200}{0.287 \times (273+23)}$$
$$= 2.354 [\text{kg/m}^3]$$

㉯ 공기의 평균속도 계산 : 질량유량 $m = \rho A V$에서 속도 V를 구한다.

$$\therefore V = \frac{m}{\rho A} = \frac{5}{2.354 \times \frac{\pi}{4} \times 0.4^2}$$
$$= 16.902 [\text{m/s}]$$

43 가스 분석계의 측정법 중 전기적 성질을 이용한 것은?
① 세라믹식 측정방법
② 연소열식 측정방법
③ 자동 오르자트법
④ 가스크로마토그래피법

해설 세라믹식 O_2 분석기(지르코니아식 O_2 분석기) : 지르코니아(ZrO_2)를 주원료로 한 특수세라믹은 온도 850℃ 이상에서 산소이온만 통과시키는 특수한 성질을 이용한 것으로 산소이온이 통과할 때 발생되는 기전력을 측정하여 산소농도를 측정한다.

44 Flow type area flowmeter의 특징 중 틀린 것은?
① 눈금은 거의 균등한 직선눈금이다.
② 부식성의 가스체나 액체의 유량측정은 곤란하다.
③ 낮은 레이놀즈수에 있어서의 유량을 측정할 수 있다.
④ 유효측정 범위가 넓고, 최소눈금 값은 일반적으로 최대눈금 값의 $\frac{1}{10}$ 이다.

해설 면적식 유량계(Flow type area flowmeter)의 특징
㉮ 유량에 따라 직선 눈금이 얻어진다.
㉯ 유량계수는 레이놀즈수가 낮은 범위까지 일정하다.
㉰ 고점도 유체나 작은 유체에 대해서도 측정할 수 있다.
㉱ 차압이 일정하면 오차의 발생이 적다.
㉲ 측정하려는 유체의 밀도를 미리 알아야 한다.
㉳ 압력손실이 적고 균등 유량을 얻을 수 있다.
㉴ 슬러리나 부식성 액체의 측정이 가능하다.
㉵ 정도는 ±1~2[%] 정도로 정밀측정에는 부적당하다.

45 시정수에 대한 설명으로 올바른 것은?
① 2차 지연요소에서 출력이 최대 출력의 63[%]에 도달할 때까지의 시간
② 1차 지연요소에서 출력이 최대 입력의 63[%]에 도달할 때까지의 시간
③ 2차 지연요소에서 입력이 최대 출력의 63[%]에 도달할 때까지의 시간
④ 1차 지연요소에서 출력이 최대 출력의 63[%]에 도달할 때까지의 시간

해설 시정수와 낭비시간
㉮ time constant(T) : 시간정수라 하며 최종값의 63[%]에 도달하기까지 시간이다.
㉯ dead time(L) : 낭비시간, 지연시간으로 실내 난방의 경우 송풍기가 가동되어도 일정시간이 경과되어야만 실내온도가 상승되기 시작하는 시간이다.

46 차압식 유량계는 어떤 원리를 이용한 것인가?
① 토리첼리의 정리
② 베르누이의 정리
③ 아르키메데스의 정리
④ 달톤의 정리

해설 차압식 유량계
㉮ 측정원리 : 베르누이 방정식(또는 베르누이의 정리)
㉯ 종류 : 오리피스미터, 플로 노즐, 벤투리미터
㉰ 측정방법 : 조리개 전후에 연결된 액주계의 압력차를 이용하여 유량을 측정

정답 43. ① 44. ② 45. ④ 46. ②

47 노 내의 온도 측정이나 벽돌의 내화도 측정용으로 사용되는 온도계는?

① 제겔콘
② 바이메탈 온도계
③ 색온도계
④ 서미스터 온도계

해설 제겔콘(Seger cone) 온도계 : 점토, 규석질 등 내연성의 금속산화물로 만든 것으로 내화물의 내화도 측정 등에 사용한다.

48 융커스식 열량계의 특징에 관한 설명으로 틀린 것은?

① 가스의 발열량 측정에 가장 많이 사용된다.
② 열량측정 시 시료가스 온도 및 압력을 측정한다.
③ 구성 요소로는 가스 계량기, 압력 조정기, 기압계, 온도계, 저울 등이 있다.
④ 열량측정 시 가스 열량계의 배기 온도는 측정하지 않는다.

해설 융커스(Junker)식 열량계 : 기체 연료의 발열량 측정에 사용되며 시그마 열량계와 융커스식 유수형 열량계로 구분된다. 열량 측정 시 가스 열량계의 배기 온도도 측정한다.

49 방안의 온도가 25[℃]인데 온도를 낮추어 20[℃]에서 물방울이 생성되었다고 하면 방안의 온도가 25[℃]일 때의 상대습도는? (단, 20[℃], 25[℃]에서의 포화 수증압은 각각 2.23[kPa], 3.15[kPa]이다.)

① 0.708
② 0.724
③ 0.735
④ 0.832

해설 $\phi = \dfrac{P_w}{P_s} = \dfrac{2.23}{3.15} = 0.7079$

50 전기저항 온도계의 특징에 대한 설명으로 틀린 것은?

① 원격측정에 편리하다.
② 자동제어의 적용이 용이하다.
③ 1000[℃] 이상의 고온 측정에서 특히 정확하다.
④ 온도가 상승함에 따라 금속의 전기 저항이 증가하는 현상을 이용한 것이다.

해설 저항온도계의 일반적인 특징
㉮ 원격 측정에 적합하고 자동제어, 기록, 조절이 가능하다.
㉯ 비교적 낮은 온도(500℃ 이하)의 정밀측정에 적합하다.
㉰ 검출시간이 지연될 수 있다.
㉱ 측온 저항체가 가늘어(ϕ 0.035) 진동에 단선되기 쉽다.
㉲ 구조가 복잡하고 취급이 어려워 숙련이 필요하다.
㉳ 정밀한 온도측정에는 백금 저항온도계가 쓰인다.
㉴ 측온 저항체에 전류가 흐르기 때문에 자기가열에 의한 오차가 발생한다.
㉵ 일반적으로 온도가 증가함에 따라 금속의 전기저항이 증가하는 현상을 이용한 것이다. (단, 서미스터는 온도가 상승에 따라 저항치가 감소한다.)
㉶ 저항체는 저항온도계수가 커야 한다.
㉷ 저항체로서 주로 백금(Pt), 니켈(Ni), 동(Cu)가 사용된다.

51 열전대 보호관의 구비조건으로 틀린 것은?

① 기밀(氣密)을 유지할 것
② 사용온도에 견딜 것
③ 화학적으로 강할 것
④ 열전도율이 낮을 것

해설 열전대 보호관의 구비조건
㉮ 고온에서도 기계적 강도를 유지하고, 급격한 온도변화에 견딜 것
㉯ 내식성, 내열성이 우수하고 가스에 대한 기밀성이 좋을 것
㉰ 압력에 충분히 견디고, 진동이나 충격에 파손되지 않을 것

정답 47. ① 48. ④ 49. ① 50. ③ 51. ④

㉣ 보호관 자체로부터 열전대에 유해한 가스를 발생시키지 않을 것
㉤ 외부의 온도변화를 열전대에 신속히 전달할 것 (열전도율이 클 것)
㉥ 화학적으로 안정하고, 사용온도에 견딜 것
㉦ 구입하기 쉽고, 가격이 저렴할 것

52 물이 흐르고 있는 공정 상의 두 지점에서 압력 차이를 측정하기 위해 그림과 같은 압력계를 사용하였다. 압력계 내 액의 밀도는 1.1이고 양쪽 관의 높이가 그림과 같을 때 지점 (1)과 (2)에서의 압력 차이는 몇 [dyne/cm²]인가?

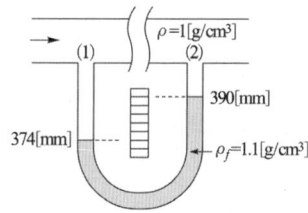

① 5
② 48
③ 157
④ 1568

해설 ㉮ 중력가속도(g)는 9.8[m/s²] = 980[cm/s²]이고, dyne = [g·cm/s²]이다.
㉯ 압력 차이 계산 : CGS 단위로 계산
∴ $P_1 - P_2 = (\rho_f - \rho) \times h \times g$
  $= \{(1.1 - 1) \times (39 - 37.4)\} \times 980$
  $= 156.8 [g \cdot cm/cm^2 \cdot s^2]$
  $= 156.8 [dyne/cm^2]$

53 고압 밀폐 탱크의 액면 제어용으로 가장 많이 이용되는 액면계는?
① 편위식 액면계   ② 차압식 액면계
③ 부자식 액면계   ④ 기포식 액면계

해설 부자(float)식 액면계는 액면 위에 떠 있는 부자(float)의 움직이는 변위를 이용하여 액면을 측정하는 것으로 고압 밀폐탱크의 액면 제어용으로 많이 사용된다.

54 보일러에 있어서의 자동제어가 아닌 것은?
① 급수제어   ② 위치제어
③ 연소제어   ④ 온도제어

해설 보일러 자동제어(A·B·C)의 종류

명칭	제어량	조작량
자동연소제어 (ACC)	증기압력	공기량, 연료량
	노내압	연소가스량
급수제어(FWC)	보일러 수위	급수량
증기온도제어 (STC)	증기온도	전열량
증기압력제어 (SPC)	증기압력	연료공급량, 연소용 공기량

55 미세압 측정용으로 가장 적합한 압력계는?
① 부르동관 압력계
② 경사관식 액주형 압력계
③ U자관 압력계
④ 전기식 압력계

해설 경사관식 액주압력계 : 수직관을 각도 θ만큼 경사지게 부착하여 작은 압력을 정확하게 측정할 수 있어 실험실 등에서 사용한다.

56 압력계 선택 시 유의하여야 할 사항으로 틀린 것은?
① 진동이나 충격 등을 고려하여 필요한 부속품을 준비하여야 한다.
② 사용목적에 따라 크기, 등급, 정도를 결정한다.
③ 사용압력에 따라 압력계의 범위를 결정한다.
④ 사용 용도는 고려하지 않아도 된다.

해설 압력계 선택 시 사용용도 등은 고려하여야 한다.

57 다음 중 용적식 유량계가 아닌 것은?
① 벤투리식 ② 오벌기어식
③ 로터리피스톤식 ④ 루트식

해설 유량계의 구분 및 종류
㉮ 용적식 : 오벌기어식, 루트(roots)식, 로터리 피스톤식, 로터리 베인식, 습식가스미터, 막식 가스미터 등
㉯ 간접식 : 차압식, 유속식, 면적식, 전자식, 와류식 등

58 내경 100[mm]의 관로에 직경 50[mm]의 오리피스가 설치되어 있다. 관내를 10[℃]의 물이 흐르고 오리피스 전후의 차압이 0.6[kgf/cm²]일 때 유량은 약 몇 [m³/h]인가? (단, 유량계수는 0.625, 물의 비중량은 1000[kgf/m³]이다.)
① 28 ② 38
③ 48 ④ 58

해설 ㉮ 교축비(m) 계산

$$\therefore m = \left(\frac{D_2}{D_1}\right)^2 = \left(\frac{0.05}{0.1}\right)^2 = 0.25$$

㉯ 유량 계산 : 오리피스 전후의 차압은 [kgf/m²] 단위를 적용하며, 시간당 유량으로 계산하기 위하여 3600을 곱한다.

$$\therefore Q = C \times A \times \sqrt{\frac{2 \times g}{1-m^4} \times \frac{P_1 - P_2}{\gamma}}$$
$$= 0.625 \times \left(\frac{\pi}{4} \times 0.05^2\right)$$
$$\times \sqrt{\frac{2 \times 9.8}{1-0.25^4} \times \frac{0.6 \times 10^4}{1000}} \times 3600$$
$$= 48.002 \, [\text{m}^3/\text{h}]$$

별해
$$\therefore Q = C \times A \times \frac{1}{\sqrt{1-m^2}} \times \sqrt{2 \times g \times \frac{P_1 - P_2}{\gamma}}$$
$$= 0.625 \times \left(\frac{\pi}{4} \times 0.05^2\right) \times \frac{1}{\sqrt{1-0.25^2}}$$
$$\times \sqrt{2 \times 9.8 \times \frac{0.6 \times 10^4}{1000}} \times 3600$$
$$= 49.48 \, [\text{m}^3/\text{h}]$$

59 가스 채취 시 주의하여야 할 사항에 대한 설명으로 틀린 것은?
① 가스의 구성 성분의 비중을 고려하여 적정 위치에서 측정하여야 한다.
② 가스 채취구는 외부에서 공기가 잘 통할 수 있도록 하여야 한다.
③ 채취된 가스의 온도, 압력의 변화로 측정오차가 생기지 않도록 한다.
④ 가스성분과 화학반응을 일으키지 않는 관을 이용하여 채취한다.

해설 가스 채취 장치 취급 주의사항
㉮ 시료가스 채취구 위치에 주의해야 한다.
㉯ 공기 유입방지 및 연도 중심부의 시료 채취가 필요하다.
㉰ 가스성분과 반응하는 배관은 사용을 금지해야 한다.
㉱ 장치 내에서 시료가스의 시간지연을 적게 하고 배관은 짧게 한다.
㉲ 배관에는 경사를 두고 최하단에는 드레인 장치가 필요하다.
㉳ 보수가 용이한 장소에 설치해야 한다.

60 약 300[MPa]정도의 고압을 가장 정도가 높게 측정하고자 할 때 주로 사용하는 압력계는?
① 액주형 압력계
② 부르동관식 압력계
③ 환상스프링식 압력계
④ 모빌유 사용 분동식 압력계

해설 (1) 기준 분동식 압력계 : 탄성식 압력계의 교정에 사용되는 1차 압력계로 램, 실린더, 기름탱크, 가압펌프 등으로 구성되며 사용유체에 따라 측정범위가 다르게 적용된다.
(2) 사용유체에 따른 측정범위
㉮ 경유 : 4~10[MPa]
㉯ 스핀들유, 피마자유 : 10~100[MPa]
㉰ 모빌유 : 300[MPa] 이상
㉱ 점도가 큰 오일을 사용하면 500[MPa]까지도 측정이 가능하다.

정답 57. ① 58. ③ 59. ② 60. ④

4과목 - 열설비재료 및 관계법

61 에너지이용 합리화법에 따라 열사용기자재 중 소형 온수보일러는 최고사용압력 얼마 이하의 온수를 발생하는 보일러를 의미하는가?

① 0.35[MPa] 이하
② 0.5[MPa] 이하
③ 0.65[MPa] 이하
④ 0.85[MPa] 이하

해설 소형온수보일러의 적용범위(에너지이용 합리화법 시행규칙 별표1) : 전열면적이 14[m²] 이하이며, 최고사용압력이 0.35[MPa] 이하의 온수를 발생하는 것. 다만, 구멍탄용 온수보일러, 축열식 전기보일러, 가정용 화목보일러 및 가스사용량이 17[kg/h](도시가스는 232.6[kW]) 이하인 가스용 온수보일러를 제외한다.

62 폴리스틸렌 폼의 최고 안전사용온도[℃]는?

① 50 ② 70
③ 100 ④ 130

해설 폴리스틸렌 폼(스티로폼)의 특징
㉮ 냉수, 온수배관 등에 가장 쉽게 시공할 수 있다.
㉯ 내수성이 우수하여 많이 사용한다.
㉰ 화기에 약하다.
㉱ 열전도율 : 0.016~0.030[kcal/h·m·℃]
㉲ 안전 사용온도 : 70[℃]

63 다음 중 주물 용해로가 아닌 것은?

① 반사로   ② 큐폴라
③ 회전로   ④ 불림로

해설 주물 용해로 : 주물을 용해하기 위한 것으로 큐폴라(용선로), 반사로, 회전로 등이 사용된다.

64 파이프의 재질이나 안지름, 두께는 다음 조건을 고려하여 정한다. 다음 중 관계없는 인자는?

① 수송거리
② 유체의 순도
③ 유체의 종류
④ 유속, 유량

해설 배관재료 선택 시 고려해야 할 사항
(1) 화학적 성질
  ㉮ 수송 유체에 따른 관의 내식성
  ㉯ 수송 유체와 관의 화학반응으로 유체의 변질 여부
  ㉰ 지중 매설 배관할 때 토질과의 화학 변화
  ㉱ 유체의 온도 및 농도변화에 따른 화학변화
(2) 물리적 성질
  ㉮ 관내 유체의 압력 및 관의 내마모성
  ㉯ 유체의 온도변화에 따른 물리적 성질의 변화
  ㉰ 맥동 및 수격작용이 발생할 때의 내압강도
  ㉱ 지중 매설 배관할 때 외압으로 인한 강도
(3) 기타 성질
  ㉮ 지리적 조건에 따른 수송 문제
  ㉯ 진동을 흡수할 수 있는 이음법의 가능 여부
  ㉰ 사용 기간

65 다음 중 증기 배관용으로 사용하지 않는 것은?

① 인라인 증기믹서
② 시스턴 밸브
③ 사일렌서
④ 벨로즈형 신축관이음

해설 시스턴 밸브 : 급수탱크의 유량조절용으로 사용하는 밸브이다.
※ 사일렌서(silencer)는 중앙식 급탕법의 기수혼합법에서 스팀의 소음을 차단하는 용도로 사용되는 부품이다.

정답 61. ① 62. ② 63. ④ 64. ② 65. ②

66 에너지이용 합리화법에 따라 특정열사용기자재를 설치, 시공이나 세관을 업으로 하는 자는 누구에게 등록을 하여야 하는가?
① 국토교통부장관
② 산업통상자원부장관
③ 시・도지사
④ 한국에너지공단이사장

해설 특정열사용기자재 시공업 등록(에너지이용 합리화법 제37조) : 열사용기자재 중 제조, 설치, 시공 및 사용에서의 안전관리, 위해방지 또는 에너지이용의 효율관리가 특히 필요하다고 인정되는 것으로서 산업통상자원부령으로 정하는 열사용기자재(특정열사용기자재라 한다)의 설치, 시공이나 세관을 업으로 하는 자는 건설산업기본법에 따라 시・도지사에게 등록하여야 한다.

67 용광로에서 선철을 만들 때 사용되는 주원료가 아닌 것은?
① 규선석(珪線石)
② 석회석(石灰石)
③ 철광석(鐵鑛石)
④ 코크스(cokes)

해설 용광로를 고로하며, 선철을 만들 때 주원료는 철광석, 코크스, 석회석, 망간광석이 사용된다.

68 에너지법에 따른 용어의 정의에 대한 설명으로 틀린 것은?
① 에너지사용시설이란 에너지를 사용하는 공장, 사업장 등의 시설이나 에너지를 전환하여 사용하는 시설을 말한다.
② 에너지사용자란 에너지를 사용하는 소비자를 말한다.
③ 에너지공급자란 에너지를 생산, 수입, 전환, 수송, 저장 또는 판매하는 사업자를 말한다.
④ 에너지란 연료, 열 및 전기를 말한다.

해설 에너지 사용자(에너지법 제2조) : 에너지사용시설의 소유자 또는 관리자를 말한다.

69 파이프의 열변형에 대응하기 위해 설치하는 이음은?
① 가스이음
② 플랜지이음
③ 신축이음
④ 소켓이음

해설 신축이음(expansion joint) : 열팽창으로 인한 배관의 신축을 흡수 완화시켜 장치 파손 및 고장을 방지하기 위하여 배관 중에 설치하는 기기로 슬리브형, 벨로즈형, 루프형, 스위블이음, 볼조인트 등이 있다.

70 호칭지름 15[A] 강관을 곡률반경 150[mm]로 90° 구부림을 할 경우 곡선길이는 약 몇 [mm]인가?
① 150
② 236
③ 300
④ 436

해설
$$L = \frac{\theta}{360} \times \pi \times D = \frac{\theta}{360} \times \pi \times (2 \times R)$$
$$= \frac{90}{360} \times \pi \times (2 \times 150) = 235.619 [mm]$$

71 검사대상기기의 검사종류 중 제조검사에 해당 되는 것은?
① 구조검사
② 개조검사
③ 설치검사
④ 계속사용검사

해설 검사의 종류 : 에너지이용 합리화법 시행규칙 별표3의4
㉮ 제조검사 : 용접검사, 구조검사
㉯ 설치검사
㉰ 개조검사
㉱ 설치장소 변경검사
㉲ 재사용검사
㉳ 계속사용검사 : 안전검사, 운전성능검사

72 요로(窯爐)의 정의를 설명한 것으로 가장 적절한 것은?

① 물을 가열하여 수증기를 만드는 장치이다.
② 열을 이용하여 물체를 가열시켜 소성 또는 용융시키는 공업적 장치이다.
③ 금속을 녹이는 장치이다.
④ 도자기를 굽는 장치이다.

해설 요로(窯爐)의 정의 : 열을 이용하여 물체를 가열, 용융, 소성하는 장치로서 화학적 및 물리적 변화를 강제적으로 행하는 공업적 장치이다.
㉮ 요(窯, kiln) : 물체를 가열하여 소성하는 것을 목적으로 하는 것으로 가마라 불리운다.
㉯ 로(爐, furnace) : 물체를 가열하여 용융시키는 것을 목적으로 하는 것으로 주로 금속류를 취급한다.

73 가마를 축조할 때 단열재를 사용함으로써 얻을 수 있는 효과로 틀린 것은?

① 가마의 벽을 얇게 할 수 있다.
② 가마 내의 온도분포가 균일하게 된다.
③ 내화벽돌의 내·외부 온도가 급격히 상승된다.
④ 작업 온도까지 가마의 온도를 빨리 올릴 수 있다.

해설 단열재(단열벽돌) 사용 시 효과
㉮ 축열 손실이 적어진다.
㉯ 전열 손실이 적어진다.
㉰ 노내 온도가 균일해진다.
㉱ 내화물의 배면에 사용하면 내화물의 내구력이 커진다.
㉲ 내화재의 내구력을 증가시킬 수 있다.
㉳ 열손실을 방지하여 연료사용량을 줄일 수 있다.
㉴ 노벽의 온도구배를 줄여 스폴링현상을 방지한다.

74 캐스터블(castable) 내화물에 대한 설명으로 틀린 것은?

① 사용현장에서 필요한 형상이나 치수로 자유롭게 성형할 수 있다.
② 잔존수축과 열팽창이 크고 노내 온도가 변화하면 스폴링을 잘 일으킨다.
③ 점토질이 많이 사용되고 용도에 따라 고알루미나질이나 크롬질도 사용된다.
④ 시공 후 약 24시간 후에 건조, 승온이 가능하고 경화제로 알루미나시멘트를 사용한다.

해설 캐스터블(castable) 내화물의 특징
㉮ 부정형 내화물로 소성이 불필요하다.
㉯ 사용현장에서 필요한 형상이나 치수로 자유롭게 성형할 수 있다.
㉰ 접합부 없이 축요가 가능하고 시공 후 건조, 소성 시 수축이 적다.
㉱ 내스폴링성이 크다.
㉲ 시공 후 약 24시간 후에 건조, 승온이 가능하고 경화제로 알루미나시멘트를 사용한다.
㉳ 점토질이 많이 사용되고 용도에 따라 고알루미나질이나 크롬질도 사용된다.

75 에너지관리자에 대한 교육을 실시하는 기관은?

① 시·도
② 한국에너지공단
③ 안전보건공단
④ 한국산업인력공단

해설 에너지관리자에 대한 교육 : 에너지이용 합리화법 시행규칙 별표4
㉮ 교육과정 : 에너지관리자 기본교육과정
㉯ 교육기간 : 1일
㉰ 교육대상자 : 법 제31조 제1항 제1호부터 제4호까지의 사항에 관한 업무를 담당하는 사람으로 신고된 사람
㉱ 교육기관 : 한국에너지공단

정답 72. ② 73. ③ 74. ② 75. ②

76 내화물의 제조공정의 순서로 옳은 것은?

① 혼련 → 성형 → 분쇄 → 소성 → 건조
② 분쇄 → 성형 → 혼련 → 건조 → 소성
③ 혼련 → 분쇄 → 성형 → 소성 → 건조
④ 분쇄 → 혼련 → 성형 → 건조 → 소성

해설 내화물의 제조 공정
(1) 제조순서 : 분쇄 → 혼련(混練) → 성형 → 건조 → 소성
(2) 각 공정의 특징
  ㉮ 분쇄 : 표면적 증가, 이물질 분리, 균일한 혼합을 위하여 분쇄
  ㉯ 혼련 : 물이나 기타 첨가제를 배합하여 고루 분포가 되도록 잘 섞고 이기는 과정
  ㉰ 성형 : 혼련 된 배토를 일정한 형상을 가질 수 있도록 만드는 과정
  ㉱ 건조 : 수분을 제거하는 과정
  ㉲ 소성 : 원료에 열화학적 변화를 일으켜 내화물로서 필요한 모양과 강도를 가지게 하는 과정

77 셔틀요(shuttle kiln)의 특징에 대한 설명으로 가장 거리가 먼 것은?

① 가마 1개당 2대 이상의 대차가 있어야 한다.
② 가마의 보유열이 주로 제품의 예열에 쓰인다.
③ 급냉파가 생기지 않을 정도의 고온에서 제품을 꺼낸다.
④ 가마의 보유열보다 대차의 보유열이 열절약의 요인이 된다.

해설 셔틀요(shuttle kiln) : 단가마의 단점을 줄이기 위하여 이용되는 것으로 가마 1개당 2대 이상의 대차를 준비하여 1개 대차에서 소성작업을 한 후 냉각파가 생기지 않는 한 대차를 끌어내고, 다른 대차를 밀어 넣어 소성작업을 한다.

78 다음 중 에너지원별 에너지열량 환산기준으로 틀린 것은? (단, 총발열량기준이다.)

① 원유 : 45[MJ/kg]
② 도시가스(LNG) : 43.1[MJ/Nm³]
③ 등유 : 36.7[MJ/L]
④ 전기(소비기준) : 860[kcal/kWh]

해설 에너지원별 에너지열량 환산기준 : 에너지법 시행규칙 별표

구분	총발열량	순발열량
원유	45.0[MJ/kg]	42.2[MJ/kg]
도시가스(LNG)	43.1[MJ/Nm³]	38.9[MJ/Nm³]
등유	36.7[MJ/L]	34.2[MJ/L]
전기(발전기준)	8.9[MJ/kWh]	8.9[MJ/kWh]
전기(소비기준)	9.6[MJ/kWh]	9.6[MJ/kWh]

※ ④번 항목은 '최종 에너지사용자가 사용하는 전력량 값을 열량 값으로 환산할 경우에 1[kWh] = 860[kcal]를 적용'하는 값이다.

79 다음 중 에너지이용 합리화법에 따라 2년 이하의 징역 또는 2000만원 이하의 벌금 기준에 해당하는 것은?

① 에너지 저장의무를 이행하지 아니한 경우
② 검사대상기기 조종자를 선임하지 아니한 경우
③ 검사대상기기의 사용정지 명령에 위반한 경우
④ 검사대상기기를 설치하고 검사를 받지 아니하고 사용한 경우

해설 2년 이하의 징역 또는 2000만원 이하의 벌금 : 에너지이용 합리화법 제72조
  ㉮ 에너지저장시설의 보유 또는 저장의무의 부과 시 정당한 이유 없이 이를 거부하거나 이행하지 아니한 자
  ㉯ 수급안정을 위한 조치에 따른 조정, 명령 등의 조치(법 제7조 2항)를 위반한 자
  ㉰ 법 제63조에 따른 공단의 임직원으로 근무하거나 근무하였던 사람이 그 직무상 알게 된 비밀을 누설하거나 도용하였을 때

정답 76. ④ 77. ② 78. ④ 79. ①

80. 알루미늄박 보온재는 어떤 특성을 이용한 것인가?
   ① 복사열의 통과특성
   ② 복사열의 대류특성
   ③ 복사열에 대한 반사특성
   ④ 복사열에 대한 흡수특성

   해설 알루미늄박 보온재는 금속질 보온재로 복사열에 대한 반사특성을 이용한 것이다.

5과목 - 열설비 설계

81. 보일러 수 100[cc] 중에 CaO이 2[mg], MgO이 2[mg] 존재할 경우 독일경도는 얼마인가?
   ① 2.2[°dH]
   ② 3.7[°dH]
   ③ 4.8[°dH]
   ④ 5.4[°dH]

   해설 독일경도[°dH] : 수중의 칼슘(Ca)과 마그네슘(Mg) 이온의 양을 산화칼슘(CaO)의 양으로 환산해서 나타내는 것으로, 산화마그네슘(MgO)을 산화칼슘(CaO)으로 환산할 때는 1.4를 하여 계산한다.
   ∴ 독일경도[°dH]
   = 산화칼슘(CaO) + 산화마그네슘(MgO) × 1.4
   = 2 + (2 × 1.4) = 4.8[°dH]

82. 절대압력 10[kg/cm²]의 포화수가 증기트랩에서 760[mmHg]의 압력으로 대기 중에 방출될 때 포화수 1[kg]당 약 몇 [kg]의 증기가 발생하는가? (단, 방출전의 포화수 엔탈피는 181.2[kcal/kg]이다.)
   ① 0.15
   ② 0.27
   ③ 0.34
   ④ 0.44

   해설 대기압상태에서 포화온도는 100[℃]이므로 포화수 엔탈피는 100[kcal/kg]이고, 증발잠열은 539[kcal/kg]이다.
   $$\therefore 발생증기량 = \frac{181.2 - 100}{539} = 0.1506 [kg]$$

83. 보일러 절탄기(economizer)에 대한 설명으로 옳은 것은?
   ① 보일러의 연소량을 일정하게 하고 과잉열량을 물에 저장하여 과부하시 증기 방출하여 증기 부족을 보충시키는 장치
   ② 연소가스의 여열을 이용하여 보일러 급수를 예열하는 장치이다.
   ③ 연도로 흐르는 연소가스의 여열을 이용하여 연소실에 공급되는 연소공기를 예열시키는 장치이다.
   ④ 보일러에서 발생한 습포화증기를 압력은 일정하게 유지하면서 온도면 높여 과열증기로 바꾸어 주는 장치이다.

   해설 급수예열기(economizer) : 보일러 급수를 연소가스 여열(餘熱)을 이용하여 예열시키는 장치로 절탄기(節炭器)라 한다. 급수예열기 출구의 급수온도는 그 급수의 포화온도 이하의 적당한 온도로 한다.
   ※ ①번 항목 : 증기축열기(steam accumulator)에 대한 설명
   ②번 항목 : 절탄기(급수예열기)에 대한 설명
   ③번 항목 : 공기예열기에 대한 설명
   ④번 항목 : 과열기에 대한 설명

84. 대향류 열교환기에서 가열유체는 260[℃]에서 120[℃]로 나오고 수열유체는 70[℃]에서 110[℃]로 가열될 때 전열면적은 약 몇 [m²]인가? (단, 열관류율은 125[W/m²·℃]이고, 총 열부하는 160000[W]이다.)
   ① 7.24
   ② 14.06
   ③ 16.04
   ④ 23.32

정답 80. ③ 81. ③ 82. ① 83. ② 84. ②

해설 ㉮ 온도차 계산
∴ $\Delta t_1 = 260 - 110 = 150\,[℃]$
∴ $\Delta t_2 = 120 - 70 = 50\,[℃]$
㉯ 대수평균온도 계산
∴ $\Delta t_m = \dfrac{\Delta t_1 - \Delta t_2}{\ln \dfrac{\Delta t_1}{\Delta t_2}} = \dfrac{150 - 50}{\ln \dfrac{150}{50}}$
$= 91.023\,[℃]$
㉰ 전열면적 계산 : $Q = KF\Delta t_m$에서 전열면적 F를 구한다.
∴ $F = \dfrac{Q}{K\Delta t_m} = \dfrac{160000}{125 \times 91.023}$
$= 14.062\,[m^2]$

85 다음은 보일러 설치 시공기준에 대한 설명으로 틀린 것은?

① 전열면적 10[m^2]를 초과하는 보일러에서 급수밸브 및 체크밸브의 크기는 호칭 20[A] 이상이어야 한다.
② 최대증발량이 5[t/h] 이하인 관류보일러의 안전밸브는 호칭지름 25[A] 이상이어야 한다.
③ 2개 이상의 원격지시 수면계를 시설하는 경우에 한하여 유리수면계는 1개 이상으로 할 수 있다.
④ 증기보일러의 압력계에는 물을 넣은 안지름 6.5[mm] 이상의 사이폰관 또는 동등한 작용을 하는 장치를 부착해야 한다.

해설 안전밸브 및 압력방출장치의 크기 : 호칭지름 25[A] 이상으로 하여야 한다. 다만, 다음 보일러에서는 호칭지름 20[A] 이상으로 할 수 있다.
㉮ 최고사용압력 0.1[MPa] 이하의 보일러
㉯ 최고사용압력 0.5[MPa] 이하의 보일러로 동체의 안지름이 500[mm] 이하이며 동체의 길이가 1000[mm] 이하의 것
㉰ 최고사용압력 0.5[MPa] 이하의 보일러로 전열면적 2[m^2] 이하의 것
㉱ 최대증발량 5[t/h] 이하의 관류보일러
㉲ 소용량 강철제 보일러, 소용량 주철제 보일러

86 프라이밍 및 포밍 발생 시의 조치에 대한 설명 중 틀린 것은?

① 연소를 억제한다.
② 보일러수에 대하여 검사한다.
③ 수위가 출렁거리면 조용히 취출을 한다.
④ 안전밸브를 전개하여 압력을 강하시킨다.

해설 프라이밍, 포밍 발생 시 조치 사항
㉮ 연소를 억제하여 연소량을 저연소율로 낮춘다.
㉯ 주증기 밸브를 천천히 닫아 이상증발을 억제시킨다.
㉰ 증기 취출을 해야 할 경우 서서히 한다.
㉱ 수위가 높으면 분출밸브를 천천히 열어 수위를 표준수위까지 낮추고, 반대로 수위가 낮은 경우에는 급수해서 표준수위로 회복시켜 수위를 안정시킨다.
㉲ 수위가 안정되면 급수 및 분출작업을 반복하여 보일러수의 농도를 낮춘다.
㉳ 계기류의 기능테스트를 실시하여 기능을 점검한다.

87 태양열 보일러가 800[W/m^2]의 비율로 열을 흡수한다. 열효율이 9[%]인 장치로 12[kW]의 동력을 얻으려면 전열면적의 최소 크기는 약 몇 [m^2]인가?

① 0.17 ② 16.6
③ 17.8 ④ 166.7

해설 태양열 보일러가 얻는 동력(L)은 단위면적당 흡수열(Q)에 전열면적(F)과 효율(η)을 곱하면 계산할 수 있다.
∴ $F = \dfrac{L}{Q \times \eta} = \dfrac{12 \times 1000}{800 \times 0.09} = 166.666\,[m^2]$

88 전열면적 10[m^2]를 초과하는 보일러에서의 급수밸브 및 체크밸브는 관의 호칭 지름이 몇 [mm] 이상이어야 하는가?

① 10 ② 15
③ 20 ④ 25

89 100[kN]의 인장하중을 받는 한쪽 덮개판 맞대기 리벳이음이 있다. 리벳의 지름이 15[mm], 리벳의 허용전단응력이 60[MPa]일 때 최소 몇 개의 리벳이 필요한가?
① 10 ② 8
③ 6   ④ 4

해설 ▶ 한 쪽 덮개판 맞대기 리벳이음의 전단응력
$W = n\tau \dfrac{\pi D^2}{4}$ 에서 리벳의 수(n)를 구한다.
$$\therefore n = \dfrac{4W}{\tau \pi D^2} = \dfrac{4 \times (100 \times 10^3)}{60 \times \pi \times 15^2}$$
$= 9.431 ≒ 10$ [개]

참고 [Pa] = [N/m²]이므로
전단응력 60[MPa] = 60[MN/m²] = 60×10⁶[N/m²]
이고, 1[m] = 100[mm]이므로
60[MPa] = 60[N/mm²]이다.
(∵ 60×10⁶[N/m²]×{[1m]²/[1000mm]²}
= 60[N/mm²])

90 초임계압력 이상의 고압증기를 얻을 수 있으며 증기드럼을 없애고 긴 관으로만 이루어진 수관식 보일러는?
① 노통 보일러   ② 연관 보일러
③ 열매체 보일러 ④ 관류 보일러

해설 ▶ 관류 보일러 : 급수펌프에 의해 급수를 압입하여 하나로 된 관에서 가열, 증발, 과열시켜 과열증기를 얻는 보일러로 드럼이 없는 강제 순환식 수관식 보일러이다.

해설 ▶ 급수밸브의 크기 : 급수밸브 및 체크밸브의 크기는 전열면적 10[m²] 이하의 보일러에서는 호칭 15[A] 이상, 전열면적 10[m²]를 초과하는 보일러에서는 호칭 20[A] 이상이어야 한다.

91 급수온도 20[℃]인 보일러에서 증기압력이 1[MPa]이며 이때 온도 300[℃]의 증기가 1[t/h]씩 발생될 때 상당증발량은 약 몇 [kg/h]인가? (단, 증기압력 1[MPa]에 대한 300[℃]의 증기엔탈피는 3052[kJ/kg], 20[℃]에 대한 급수엔탈피는 83[kJ/kg]이다.)
① 1315 ② 1565
③ 1895 ④ 2325

해설 ▶ ㉮ 물의 증발잠열은 539[kcal/kg]이므로 SI 단위로 2257[kJ/kg]을 적용한다.
㉯ 상당증발량 계산
$$\therefore G_e = \dfrac{G_a(h_2 - h_1)}{2257}$$
$= \dfrac{1000 \times (3052 - 83)}{2257}$
$= 1315.463$ [kg/h]

92 관 스테이를 용접으로 부착하는 경우에 대한 설명으로 옳은 것은?
① 용접의 다리길이는 10[mm] 이상으로 한다.
② 관 스테이의 두께는 4[mm] 이상으로 한다.
③ 스테이의 끝은 관의 외면보다 안쪽에 있어야 한다.
④ 스테이의 끝은 화염에 접촉하는 관의 바깥으로 5[mm]를 초과하여 돌출해서는 안 된다.

해설 ▶ 관 스테이를 용접으로 부착하는 경우
㉮ 스테이 재료의 탄소 함유량은 0.35[%] 이하로 한다.
㉯ 스테이를 판의 구멍에 삽입하여 그 주위를 용접하며, 또한 스테이의 축에 평행하게 전단력이 작용하는 면을 스테이가 필요한 단면적의 1.25배 이상으로 한다.
㉰ 용접의 다리길이는 4[mm] 이상으로 하며, 또한 관의 두께 이상으로 한다.
㉱ 스테이의 끝은 판의 외면보다 안쪽에 있어서는 안 된다.

정답 89.① 90.④ 91.① 92.②

⑪ 스테이의 끝은 화염에 접촉하는 판의 바깥으로 10[mm]를 초과하여 돌출해서는 안 된다.
⑪ 관스테이의 두께는 4[mm] 이상으로 한다.
⑰ 관스테이는 용접하기 전에 가볍게 롤 확관한다.

93 원수(原水) 중의 용존 산소를 제거할 목적으로 사용하는 탈산소 방법이 아닌 것은?

① 탈기기   ② 히드라진
③ 아황산나트륨   ④ 기폭장치

해설 원수(原水) 중의 용존 산소 제거방법
㉮ 탈기법 : 탈기기(deaerator)를 이용하여 급수 중의 산소(O_2), 탄산가스(CO_2) 등의 용존가스를 제거하는 방법으로 진공 탈기법과 가열 탈기법 및 2가지를 병용한 방법이 있다.
㉯ 탈산소제 : 급수 중의 용존산소를 제거하여 부식(점식)을 방지하기 위한 것으로 종류에는 아황산나트륨(Na_2SO_3), 히드라진(N_2H_4), 탄닌 등이 있다.
㉰ 기폭법(폭기법, 기폭장치) : 헨리의 법칙을 이용한 것으로 급수 중에 포함되어 있는 탄산가스(CO_2), 황화수소(H_2S), 암모니아(NH_3) 등의 기체성분과 철(Fe), 망간(Mn) 등을 제거하는 방법으로 공기 중에서 물을 아래로 뿌려 내리는 강수방식과 급수 중에 공기를 흡입하는 방법이 있다. (기폭장치로는 산소를 제거하지 못함)

94 외경과 내경이 각각 6[cm], 4[cm]이고 길이가 2[m]인 강관이 두께 2[cm]인 단열재로 둘러 쌓여 있다. 이때 관으로부터 주위공기로의 열손실이 400[W]라 하면 관 내벽과 단열재 외면의 온도차는? (단, 주어진 강관과 단열재의 열전도율은 각각 15[W/m·℃], 0.2[W/m·℃]이다.)

① 53.5[℃]   ② 82.2[℃]
③ 120.6[℃]   ④ 155.6[℃]

해설 ㉮ 강관 내측 반지름(r_1), 강관 외측 반지름(r_2), 보온재 피복 후 외측 반지름(r_3) 계산

$$\therefore r_1 = \frac{0.04}{2} = 0.02 \,[\text{m}]$$

$$\therefore r_2 = \frac{0.06}{2} = 0.03 \,[\text{m}]$$

$$\therefore r_3 = \frac{0.06}{2} + 0.02 = 0.05 \,[\text{m}]$$

㉯ 관 내벽과 단열재 외면의 온도차 계산 : 다층 원형관에서 전열량 $Q = \dfrac{2\pi L (t_1 - t_3)}{\dfrac{1}{\lambda_1}\ln\dfrac{r_2}{r_1} + \dfrac{1}{\lambda_2}\ln\dfrac{r_3}{r_2}}$ 이다.

$$\therefore (t_1 - t_3) = \frac{Q \times \left(\dfrac{1}{\lambda_1}\ln\dfrac{r_2}{r_1} + \dfrac{1}{\lambda_2}\ln\dfrac{r_3}{r_2}\right)}{2 \times \pi \times L}$$

$$= \frac{400 \times \left(\dfrac{1}{15} \times \ln\dfrac{0.03}{0.02} + \dfrac{1}{0.2} \times \ln\dfrac{0.05}{0.03}\right)}{2 \times \pi \times 2}$$

$$= 82.1608 \,[\text{℃}]$$

95 전기저항로에 발열체 저항이 $R[\Omega]$, 여기에 $I[A]$의 전류를 흘렸을 때 발생하는 이론 열량은 시간당 얼마인가?

① 864 IR[cal]   ② 846 IR[cal]
③ 864 I^2R[cal]   ④ 846 I^2R[cal]

해설 $H = 0.24 I^2 Rt$
$= 0.24 \times I^2 \times R \times 3600 = 864 I^2 R \,[\text{cal/h}]$

참고 줄의 법칙 : 전류에 의해 도선에 발생하는 열량(H)은 전류(I) 세기의 제곱과 도선의 저항(R) 및 흐르는 시간(s)에 비례한다.
$\therefore H = I^2 Rt \,[\text{J}] = 0.24 \, I^2 Rt \,[\text{cal}]$

96 복사과열기에 대한 설명으로 틀린 것은?

① 연소실 내의 전열 면적의 부족을 보충한다.
② 과열온도의 변동을 적게 하기 위하여 사용한다.
③ 고온, 고압 보일러에서 접촉 과열기와 조합하여 사용한다.
④ 포화증기의 온도를 일정하게 유지하면서 압력을 높이는 장치이다.

정답 93. ④ 94. ② 95. ③ 96. ④

해설▶ 과열기는 보일러에서 발생한 습포화증기를 연소가스 여열(餘熱) 등을 이용하여 압력을 일정하게 유지하면서 온도만을 높여 과열증기를 만드는 장치이다.

97. 지역난방의 장점에 대한 설명으로 틀린 것은?

① 각 건물에는 보일러가 필요 없고 인건비와 연료비가 절감된다.
② 건물 내의 유효면적이 감소되며, 열효율이 좋다.
③ 설비의 합리화에 의해 매연처리를 할 수 있다.
④ 대규모 시설을 관리할 수 있으므로 효율이 좋다.

해설▶ 지역난방의 특징
㉮ 연료비와 인건비를 줄일 수 있다.
㉯ 설비의 고도화에 따른 도시 대기오염을 감소시킬 수 있다.
㉰ 각 건물에 위험물을 취급하지 않으므로 화재의 위험이 적다.
㉱ 각 건물에 보일러를 설치하는 경우에 비해 건물의 유효면적이 증대된다.
㉲ 각 건물에 보일러를 설치하는 경우에 비해 열효율이 좋다.
㉳ 온수를 사용하는 것이 관내 저항 손실이 크고, 증기를 사용하면 관내저항 손실이 작다.

98. 수관식과 비교하여 노통연관식 보일러의 특징으로 옳은 것은?

① 청소가 곤란하다.
② 설치 면적이 크다.
③ 파열 시 비교적 위험하다.
④ 연소실을 자유로운 형상으로 만들 수 있다.

해설▶ 수관식과 비교한 노통연관식 보일러의 특징
㉮ 패키지 형태로 제작, 운반, 설치, 취급이 용이하다.
㉯ 구조가 복잡하여 청소, 검사, 수리가 어렵지만 수관식보다는 양호하다.
㉰ 수관식보다는 제작비가 저렴하다.
㉱ 내분식이므로 연소실을 자유로운 형상으로 만들기 어렵다.
㉲ 수관식보다 보유수량이 많아 파열 시 위험성이 크고, 증기 발생시간이 길다.
㉳ 구조상 고압, 대용량 제작이 어렵다.

99. 보일러 1마력을 상당 증발량으로 환산하면 약 몇 [kg/h]가 되는가?

① 10.65 ② 12.68
③ 15.65 ④ 17.64

해설▶ 보일러 마력 : 1 보일러 마력이란 1시간에 15.65[kg]의 상당 증발량을 갖는 보일러의 동력. 즉, 100[℃] 물 15.65[kg]을 1시간에 같은 온도의 증기로 변화시킬 수 있는 능력이며, 약 8435.35[kcal/h] 열을 흡수하여 증기를 발생할 수 있는 능력이다.

$$\therefore 보일러\ 마력 = \frac{G_e}{15.65} = \frac{G_a(h_2 - h_1)}{539 \times 15.65}$$

100. 상변화를 수반하는 물 또는 유체의 가열 변화과정 중 전열면에 비등기포가 생겨 열유속이 급격히 증대되고 가열면 상에 서로 다른 기포의 발생이 나타나는 비등과정은?

① 자연대류비등 ② 핵비등
③ 천이비등   ④ 막비등

해설▶ 핵비등(nuclear boiling) : 전열면을 사이에 두고 가열해 액체가 포화온도에 도달하면 전열면에서 거품이 발생하는 현상으로 전열면이 거칠수록, 열전달속도가 클수록 거품이 많이 발생한다. 전열면의 온도가 액체의 포화온도보다 높아지는 것에 따라 거품의 발생속도는 커진다.

정답 97. ② 98. ③ 99. ③ 100. ②

2023년 01

에너지관리기사필기 CBT 복원문제

1과목 - 연소공학

01 탄소 87[%], 수소 10[%], 황 3[%]의 중유가 있다. 이 때 중유의 탄산가스 최대량 $(CO_2)max$는 약 몇 [%]인가?

① 10.23 ② 16.58
③ 21.35 ④ 25.83

해설 CO_2max

$$= \frac{1.867C + 0.7S}{8.89C + 21.1H - 2.63O + 3.33S + 0.8N} \times 100$$

$$= \frac{1.867 \times 0.87 + 0.7 \times 0.03}{8.89 \times 0.87 + 21.1 \times 0.1 + 3.33 \times 0.03} \times 100$$

$$= 16.545 [\%]$$

02 액체연료의 연소방법에 해당되는 것이 아닌 것은?

① 유동층연소
② 등심연소
③ 분무연소
④ 증발연소

해설 액체 연료의 연소방식
㉮ 기화연소방식 : 포트식, 심지식(등심연소), 증발식
㉯ 무화연소(분무연소)방식 : 유압식 버너, 기류식 버너, 회전분무식(회전컵식), 건타입 버너

참고 유동층 연소 : 화격자 연소와 미분탄 연소방식을 혼합한 형식으로 화격자 하부에서 강한 공기를 송풍기로 불어넣어 화격자 위의 탄층을 유동층에 가까운 상태로 형성하면서 700~900[℃] 정도의 저온에서 연소시키는 방법이다.

03 링겔만 매연 농도표를 이용한 매연농도측정에 대한 설명 중 틀린 것은?

① 링겔만 농도표는 각각 5[%]씩 흑색도가 다르다.
② 매연 농도표는 측정자의 전방 16[m] 위치에 놓는다.
③ 굴뚝과 측정자와의 거리는 30~39[m] 정도가 보편적이다.
④ 연돌에서 배출한 연기를 격자상의 농도표와 비교하여 측정한 농도를 0~5도까지 구분한다.

해설 링겔만 매연 농도표는 배출가스의 매연 농도를 측정하는 것으로 No 0~5번까지 6종으로 구분하고 번호 1의 증가에 따라 매연농도는 20[%]씩 증가한다.

$$\therefore 농도율[\%] = \frac{총\ 매연값}{측정시간} \times 20$$

참고 링겔만 농도표를 이용한 매연농도측정 방법
㉮ 링겔만 농도표를 16[m] 정도 관측자의 전방에 수직으로 놓는다.
㉯ 관측자와 연돌(굴뚝)으로부터 30~39[m] 정도 떨어진 위치에서 측정한다.
㉰ 연기의 색도 측정위치는 연돌 상단의 30~45[cm] 정도 떨어진 부분으로 한다.
㉱ 링겔만 농도표는 0번에서 5번까지 6종으로 분류하며 4번, 5번의 경우는 연소 상태가 나쁘고, 2번 이하로 유지되면 연소상태가 양호한 것이다.

04 고위발열량이 25.1[MJ/kg]인 석탄의 성분을 조사하였더니 회분 6[%], 수분 3[%], 수소 5[%]일 때 저위발열량은 약 몇 [MJ/kg]인가?

① 14.2 ② 18.4
③ 23.9 ④ 26.5

정답 01. ② 02. ① 03. ① 04. ③

해설
$$H_l = H_h - 2.5(9H + W)$$
$$= 25.1 - 2.5 \times (9 \times 0.05 + 0.03)$$
$$= 23.9 \,[\text{MJ/kg}]$$

05 다음에 설명하는 연료의 성질 중 옳지 않은 것은?

① 중유의 인화점은 60~140[℃]이다.
② 가솔린의 비점은 30~200[℃]이다.
③ 역청탄의 착화온도는 300~400[℃]이다.
④ 발생로가스의 발열량은 23.74[MJ/Nm³]이다.

해설 발생로가스의 발열량은 4.60[MJ/Nm³] 정도이다.

참고 발생로가스 : 적열상태로 가열한 탄소분이 많은 고체 연료에 공기나 산소를 공급하여 불완전연소로 얻은 가스로 질소 함유량이 높고, 발열량이 4.60[MJ/Nm³] (1100[kcal/m³]) 정도이다.

06 각 공급 물질이나 생성 물질의 양을 직접 측정할 수 없는 경우에 원소분석이나 가스분석에 의해 계산하여 구하는 것을 통칭하여 무엇이라 하는가?

① 물질정산   ② 연료분석
③ 열정산   ④ 공업분석

해설 물질정산 : 열정산 시 각 공급 물질이나 생성 물질의 양을 직접 측정할 수 없는 경우에 원소분석이나 가스분석에 의해 계산하여 구하는 것이다.

07 기체 연료를 일정한 체적을 유지하고 있는 저장탱크에 저장된 기체 연료의 재고 관리상 확인해야 할 사항으로 적합한 것은?

① 압력과 습도   ② 압력과 부피
③ 온도와 압력   ④ 온도와 습도

해설 기체 연료는 압축성이기 때문에 온도와 압력의 영향을 받으므로 재고 관리를 할 때 온도와 압력을 확인하고 체크하여야 한다.

08 회분이 연소에 미치는 영향에 대한 설명으로 틀린 것은?

① 연소실의 온도를 높인다.
② 통풍에 지장을 지어 연소효율을 저하시킨다.
③ 보일러 벽이나 내화벽돌에 부착되어 장치를 손상 시킨다.
④ 용융 온도가 낮은 회분은 클링커(clinker)를 발생시켜 통풍을 방해한다.

해설 회분(灰分)의 영향
㉮ 연료의 발열량이 감소한다.
㉯ 연소상태가 불량해 진다.
㉰ 연소 후 재(ash) 발생량이 증가한다.
㉱ 보일러 벽이나 내화벽돌에 부착되어 장치을 손상 시킨다.
㉲ 용융 온도가 낮은 회분은 클링커(clinker)를 발생 시켜 통풍을 방해한다.
㉳ 통풍에 지장을 주어 연소효율을 저하시킨다.

09 연소 배기가스 성분 중 완전연소에 가까울수록 감소되는 성분은?

① CO_2 ② H_2O
③ CO ④ N_2

해설 연료가 완전 연소에 가까울수록 미연소가스인 일산화탄소(CO), 수소(H_2)의 발생량은 적어진다.

10 그림은 어떤 로의 열정산도이다. 발열량이 2000[kcal/Nm³]인 연료를 이 가열로에서 연소시켰을 때 강재가 함유하는 열량은 약 몇 [kcal/Nm³] 인가?

정답 05. ④ 06. ① 07. ③ 08. ① 09. ③ 10. ④

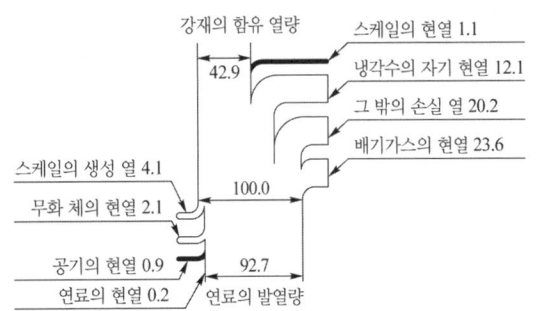

① 259.75 ② 592.25
③ 867.43 ④ 925.57

해설 ㉮ 열정산도에서 강재의 함유열량 비율 계산

∴ 강재의 함유열량비율 = $\dfrac{강재의\ 함유열량}{연료의\ 발열량} \times 100$

$= \dfrac{42.9}{92.7} \times 100$

$= 46.278\,[\%]$

㉯ 2000[kcal/Nm³]인 연료 연소 시 강재가 함유하는 열량 계산 : 열정산도에서 계산된 함유율 만큼 함유한다.

∴ 강재 함유 열량 = 연료 발열량 × 함유율
= 2000 × 0.46278
= 925.56[kcal/Nm³]

11 미분탄 연소장치의 특징을 설명한 것으로 잘못된 것은?

① 사용연료의 범위가 비교적 넓다.
② 연소효율은 높지만 연소조절이 용이하지 못하다.
③ 소요동력이 크고 회의 비산이 많아서 집진장치가 필요하다.
④ 미분탄은 표면적이 크므로 낮은 공기비로도 완전연소가 가능하다.

해설 미분탄 연소의 특징
㉮ 적은 공기비로 완전연소가 가능하다.
㉯ 점화, 소화가 쉽고 부하변동에 대응하기 쉽다.
㉰ 대용량에 적당하고, 사용연료 범위가 넓다.
㉱ 연소실 공간을 유효하게 이용할 수 있다.
㉲ 설비비, 유지비가 많이 소요된다.
㉳ 회(灰), 먼지 등이 많이 발생하여 집진장치가 필요하다.
㉴ 연소실 면적이 크고, 폭발의 위험성이 있다.
※ 부하변동에 대응하기 쉽다는 것이 연소조절이 용이하다는 것이다.

12 이론 공기량에 대하여 가장 바르게 설명한 것은?

① 완전연소에 필요한 1차 공기량이다.
② 완전연소에 필요한 2차 공기량이다.
③ 완전연소에 필요한 최대 공기량이다.
④ 완전연소에 필요한 최소 공기량이다.

해설 이론공기량 : 단위량의 연료가 완전 연소할 때 필요로 하는 최소공기량이다.

13 중유를 버너로 연소시킬 때 연소상태에 가장 적게 영향을 미치는 것은?

① 황분 ② 점도
③ 인화점 ④ 유동점

해설 중유의 연소상태에 영향을 주는 것 : 비중, 점도, 인화점, 유동점, 비열 등

14 어느 보일러의 시간당 연료 사용량이 300[kg], 연돌 출구의 배기가스 평균온도가 250[℃], 유속이 4[m/s], 연돌 내의 가스압력이 780[mmHg]일 때 연돌의 상부 단면적은 약 몇 [m²]인가? (단, 연료 1[kg] 연소 시 배기가스량은 20[Nm³]이다.)

① 0.58 ② 0.68
③ 0.78 ④ 0.88

해설
$$F = \frac{G(1+0.0037t) \times \left(\frac{760}{P_a}\right)}{3600\,W}$$

$$= \frac{(300 \times 20) \times (1+0.0037 \times 250) \times \left(\frac{760}{780}\right)}{3600 \times 4}$$

$$= 0.781\,[m^2]$$

참고 보일-샤를의 법칙과 체적유량 계산식을 이용하여 풀이하는 방법
㉮ 배기가스량 20[Nm³]는 표준상태(0[℃], 1기압)의 체적이므로 보일-샤를의 법칙을 이용하여 현재 상태(온도 250[℃], 압력 780[mmHg])로 변환하고, 연료사용량 300[kg]을 적용하여 계산하면 현재 상태의 조건에서 시간당 배출하는 배기가스량이 계산된다.
㉯ 현재 상태의 배기가스량을 계산하였으면 체적유량 계산식 $Q = AV$를 이용하여 연돌의 단면적 A를 구하면서 배기가스량[m³/h]과 배기가스 유속[m/s]의 단위를 맞춰준다.

15 가스버너로 연료가스를 연소시키면서 가스의 유출속도를 점차 빠르게 하였다. 이때 어떤 현상이 발생하겠는가?
① 별다른 변화를 찾기 힘들다.
② 불꽃이 엉클어지면서 짧아진다.
③ 불꽃이 엉클어지면서 길어진다.
④ 불꽃 형태는 변함없으나 밝아진다.

해설 가스의 유출속도를 점차 빠르게 하면 난류현상으로 연소속도가 빨라지며 불꽃은 엉클어지면서 짧아진다.

16 일반적인 정상연소에 있어서 연소 속도를 지배하는 주된 요인은?
① 연료의 착화온도
② 화학반응의 속도
③ 공기 중 산소의 확산속도
④ 배기가스 중의 CO_2 농도

해설 연소속도에 영향을 주는 인자(요소)
㉮ 기체의 확산 및 산소와의 혼합
㉯ 연소용 공기 중 산소의 농도 : 산소 농도가 클수록 연소속도가 빨라진다.
㉰ 연소 반응물질 주위의 압력 : 압력이 높을수록 연소속도가 빨라진다.
㉱ 온도 : 온도가 상승하면 연소속도가 빨라진다.
㉲ 촉매

17 분자식이 C_mH_n인 탄화수소가스 1[Nm³]를 완전 연소시키는데 필요한 이론공기량[Nm³]은? (단, C_mH_n의 m, n은 상수이다.)
① $4.76m + 1.19n$
② $1.19m + 4.7n$
③ $m + \frac{n}{4}$
④ $4m + 0.5n$

해설 ㉮ 탄화수소(C_mH_n)의 완전연소 반응식
$$C_mH_n + \left(m + \frac{n}{4}\right)O_2 \rightarrow mCO_2 + \frac{n}{2}H_2O$$
㉯ 이론공기량[Nm³] 계산
$$\therefore A_0 = \frac{O_0}{0.21} = \frac{m + \frac{n}{4}}{0.21} = \frac{m}{0.21} + \frac{\frac{n}{4}}{0.21}$$
$$= \frac{m}{0.21} + \frac{n}{4 \times 0.21}$$
$$= 4.76m + 1.19n$$

18 다음 중 중유연소의 장점이 아닌 것은?
① 회분을 전혀 함유하지 않으므로 이것에 의한 장해는 없다.
② 재가 적게 남으며, 발열량, 품질 등이 고체연료에 비해 일정하다.
③ 발열량이 석탄보다 크고, 과잉공기가 적어도 완전 연소시킬 수 있다.
④ 점화 및 소화가 용이하며, 화력의 가감이 자유로워 부하 변동에 적용이 용이하다.

해설 중유 중에 회분이 일부 함유되어 있으며, 무기물질 중 바나듐은 고온부식의 원인이 된다.

정답 15. ② 16. ③ 17. ① 18. ①

19 H_2 50[%], CO 50[%]인 기체연료의 연소에 필요한 이론공기량[Sm^3/Sm^3]은 얼마인가?

① 0.50 ② 1.00
③ 2.38 ④ 3.30

해설 ㉮ 수소(H_2)와 일산화탄소(CO)의 완전연소 반응식

$H_2 + \frac{1}{2}O_2 \rightarrow H_2O$: 50[%]

$CO + \frac{1}{2}O_2 \rightarrow CO_2$: 50[%]

㉯ 이론공기량 계산 : 체적으로 계산할 때 반응식에서 몰[mol]수가 필요한 산소량이고, 수소와 일산화탄소의 체적함유율이 각각 50[%]이므로 필요한 산소량(또는 공기량)도 각각 50[%] 이다.

$$\therefore A_0 = \frac{O_0}{0.21} = \frac{\left(\frac{1}{2}+\frac{1}{2}\right)\times 0.5}{0.21}$$
$$= 2.3809 \, [Sm^3/Sm^3]$$

20 다음 중 연소효율(η_c)을 옳게 나타낸 식은? (단, H_l : 저위발열량, L_i : 불완전연소에 따른 손실열, L_c : 탄 찌꺼기 속의 미연탄소분에 의한 손실열이다.)

① $\dfrac{H_l - (L_c + L_i)}{H_l}$

② $\dfrac{H_l + (L_c - L_i)}{H_l}$

③ $\dfrac{H_l}{H_l + (L_c + L_i)}$

④ $\dfrac{H_l}{H_l - (L_c - L_i)}$

해설 연소효율(η_c) : 이론발열량(저위발열량 : H_l)에 대한 실제 발생열량의 비이다.

$$\therefore \eta_c = \frac{H_l - (L_c + L_i)}{H_l}$$

2과목 - 열역학

21 공기 온도가 15[℃], 대기압이 101.15[kPa]인 때에 습도계로 공기 중의 분압이 1.27[kPa]임을 알았을 때 건조공기의 밀도는 약 얼마인가? (단, 0[℃], 101.325[kPa] 때의 건조공기의 밀도는 1.293[kg/m^3]이다.)

① 1.02[kg/m^3] ② 1.21[kg/m^3]
③ 1.40[kg/m^3] ④ 1.61[kg/m^3]

해설 ㉮ 밀도(ρ)는 단위 체적[m^3]당 질량[kg]이다.
㉯ SI단위 이상기체 상태방정식 $PV = GRT$에서 질량 G와 체적 V를 이용하여 현재 조건의 밀도를 구하며, 습도계로 측정된 분압은 수증기의 압력이므로 대기압에서 제외시키고, 공기의 분자량은 29를 적용한다.

$$\therefore \rho = \frac{G}{V} = \frac{P}{RT} = \frac{101.15 - 1.27}{\frac{8.314}{29}\times(273+15)}$$
$$= 1.209 \, [kg/m^3]$$

22 밀폐 시스템 내의 이상기체에 대하여 단위 질량당 일(W)이 다음과 같은 식으로 표시될 때 이 식은 어떤 과정에 대하여 적용할 수 있는가? (단, R은 기체상수, T는 온도, V는 체적이다.)

$$W = RT\ln\frac{V_2}{V_1}$$

① 단열과정 ② 등압과정
③ 등온과정 ④ 등적과정

해설 등온과정의 압축일 $P_1V_1 = RT_1$ 이다.

$$\therefore W = P_1V_1\ln\frac{P_1}{P_2} = P_1V_1\ln\frac{V_2}{V_1}$$
$$= RT_1\ln\frac{P_1}{P_2} = RT_1\ln\frac{V_2}{V_1}$$

정답 19. ③ 20. ① 21. ② 22. ③

※ 등온과정에서 절대일(팽창일)과 공업일(압축일)은 같다.

23 증기 터빈을 출입하는 증기의 엔탈피가 각각 4186.8[kJ/kg], 5647.99[kJ/kg]이고, 열손실은 증기 1[kg]당 20.93[kJ]일 때 증기 1[kg]당 터빈이 한 일은 약 몇 [kJ]인가? (단, 운동에너지와 위치에너지는 무시한다.)

① 1440.26 ② -1440.26
③ 1461.19 ④ -1461.19

해설 ㉮ 터빈이 한 일량(출력)은 터빈입구와 출구의 엔탈피차에 증기 질량을 곱한 값과 같다.
㉯ 증기 1[kg]당 터빈 일량 계산
∴ $W_T = (h_1 - h_2) - 열손실량$
$= (5647.99 - 4186.8) - 20.93$
$= 1440.26 [kJ]$

24 어떤 시스템이 비가역과정에 의해 열역학적 상태가 변했을 때 이 시스템의 엔트로피 변화는?

① 변화가 없다.
② 항상 감소한다.
③ 항상 증가한다.
④ 시스템의 열역학적 상태에 따라 증가하기도 하고, 감소하기도 한다.

해설 가역과정일 경우 엔트로피변화는 없지만, 자유팽창 종류가 다른 가스의 혼합, 액체 내의 분자의 확산 등의 비가역과정일 때는 엔트로피가 증가한다.

25 압력 1[MPa]의 포화수가 증기트랩으로부터 대기압 상태의 대기 중으로 방출될 때 포화수 1[kg]당 약 몇 [kg]의 수증기가 발생하는가? (단, 1[MPa]의 포화온도는 179[℃], 대기압에서 증발열은 2256[kJ/kg]이다.)

① 0.015 ② 0.147
③ 0.25   ④ 2.5

해설 ㉮ 1[kcal]는 약 4.1868[kJ]에 해당되고, 대기압 상태에서 포화온도는 100[℃]이고, 포화수 엔탈피는 100[kcal/kg]이므로 SI단위로 변환하면 418.68[kJ/kg]이다. 179[℃]의 포화수 엔탈피는 179[kcal/kg]이므로 SI단위로는 749.43[kJ/kg]에 해당된다.
㉯ 발생 수증기량 계산
∴ 발생 수증기량
$= \dfrac{179[℃]엔탈피 - 100[℃]엔탈피}{증발잠열}$
$= \dfrac{749.43 - 418.68}{2257} = 0.1465 [kg]$

26 정압비열(C_p)이 1.848[kJ/kg·K]이고, 정적비열(C_v)이 1.386[kJ/kg·K]인 이상기체가 단열된 실린더 내에서 팽창한다. 처음의 압력(P_1)이 0.98[MPa], 처음의 체적(V_1)이 0.111[m³]이라면, 이 기체 0.5[kg]이 용적 0.3[m³]으로 될 때까지 행하여진 일량은 약 몇 [kJ]인가? (단, 기체상수 R은 460.6[N·m/kg·K]이다.)

① 7.31 ② 8.31
③ 71.4 ④ 92.1

해설 ㉮ 비열비 계산
∴ $k = \dfrac{C_p}{C_v} = \dfrac{1.848}{1.386} = 1.333 ≒ 1.33$
㉯ 일량 계산 : '단열된 실린더'이므로 단열과정의 절대일로 계산하며, $P_1 V_1 = GRT_1$ 이다.
∴ $W_a = \dfrac{GRT_1}{k-1}\left[1 - \left(\dfrac{T_2}{T_1}\right)\right]$
$= \dfrac{1}{k-1} P_1 V_1 \left[1 - \left(\dfrac{V_1}{V_2}\right)^{k-1}\right]$
$= \dfrac{1}{1.33-1} \times (0.98 \times 10^3) \times 0.111$
$\times \left[1 - \left(\dfrac{0.111}{0.3}\right)^{1.33-1}\right]$
$= 92.203 [kJ]$

정답 23. ① 24. ③ 25. ② 26. ④

※ $W_a = \dfrac{GRT_1}{k-1}\left[1-\left(\dfrac{T_2}{T_1}\right)\right]$ 이 식으로는 온도가 제시되지 않아 풀이할 수가 없음

27 열펌프(heat pump)의 성능계수에 대한 설명으로 옳은 것은?

① 냉동 사이클의 효율과 같다.
② 저온체와 고온체의 절대온도만의 함수이다.
③ 고온체에 방출한 열량과 가해준 일의 비이다.
④ 저온체에서 흡수한 열량과 가해준 일의 비이다.

해설) 열펌프(heat pump)의 성능계수 : 고온체에 방출한 열량(Q_1)과 가해준 일(W)의 비이다.

$$\therefore CPO_H = \dfrac{Q_1}{W} = \dfrac{Q_1}{Q_1-Q_2}$$

$$\dfrac{T_1}{T_1-T_2} = 1 + COP_R$$

28 다음 중 과열증기(superheated steam)의 상태가 아닌 것은?

① 주어진 압력에서 포화증기 온도보다 높은 온도
② 주어진 비체적에서 포화증기 압력보다 높은 압력
③ 주어진 온도에서 포화증기 비체적보다 낮은 비체적
④ 주어진 온도에서 포화증기 엔탈피보다 높은 엔탈피

해설) 과열수증기 : 건포화증기를 가열하면 수증기의 온도는 포화온도보다 높아지며 비체적은 증가한다.

29 랭킨(Rankine) 사이클에서 응축기의 압력을 낮출 때 나타나는 현상으로 옳은 것은?

① 이론 열효율이 낮아진다.
② 터빈 출구의 증기건도가 낮아진다.
③ 응축기의 포화온도가 높아진다.
④ 응축기 내의 절대압력이 증가한다.

해설) 복수기(응축기) 압력을 낮출 때 나타나는 현상
㉮ 배출열량이 작아지고, 이론 열효율이 높아진다.
㉯ 응축기의 포화온도가 낮아진다.
㉰ 터빈 출구의 증기건도가 낮아지며, 습기가 증가한다. → 이런 이유로 터빈 출구부에 부식문제가 생긴다.
㉱ 터빈에서의 엔탈피 낙차가 커진다.

30 증기의 몰리에(Mollier) 선도로부터 파악하기 곤란한 것은?

① 포화수의 엔탈피
② 과열증기의 과열도
③ 포화증기의 엔탈피
④ 과열증기의 단열팽창 후 습도

해설) 증기의 몰리에 선도에서는 건도 0.7 이상의 포화증기와 과열증기의 값만 알 수 있으므로 포화수의 엔탈피는 파악하기 곤란하다.

31 97[℃]로 유지되고 있는 항온조가 실내 온도 27[℃]인 방에 놓여 있다. 어떤 시간에 1000[kJ]의 열이 항온조에서 실내로 방출되었다면 다음 설명 중 틀린 것은?

① 이 과정은 비가역적이다.
② 항온조와 실내 공기의 총 엔트로피는 감소하였다.
③ 실내 공기의 엔트로피의 변화는 약 3.3[kJ/K]이다.
④ 항온조속의 물질의 엔트로피 변화는 약 -2.7[kJ/K]이다.

정답 27. ③ 28. ③ 29. ② 30. ① 31. ②

해설 ㉮ 문제에서 설명하고 있는 과정은 비가역적이다.
㉯ 항온조와 실내 공기 총 엔트로피 변화량 계산

$$\therefore \Delta S = \frac{Q(T_1 - T_2)}{T_1 \times T_2}$$

$$= \frac{1000 \times \{(273+97)-(273+27)\}}{(273+97) \times (273+27)}$$

$$= 0.6306 \,[kJ/K]$$

㉰ 실내공기 엔트로피 변화

$$\therefore \Delta S = \frac{dQ}{T} = \frac{1000}{273+27} = 3.333 \,[kJ/K]$$

㉱ 항온조 내의 엔트로피 변화량 계산 : 열이 항온조에서 실내로 방출되었으므로 엔탈피 변화는 −1000[kJ]이다.

$$\therefore \Delta S = \frac{dQ}{T} = \frac{-1000}{273+97} = -2.702 \,[kJ/K]$$

32 기체가 168[kJ]의 열을 흡수하면서 동시에 외부로부터 20[kJ]의 일을 받으면 내부에너지의 변화는 약 몇 [kJ]인가?

① 20 ② 148
③ 168 ④ 188

해설 내부에너지 변화(U_2)는 물질의 내부에너지(U_1)와 물질에 전달해순 열(q) 및 일(W)합한 것이다.

$$\therefore U_2 = U_1 + q + W$$
$$= 168 + 20 = 188 \,[kJ]$$

33 300[℃], 200[kPa]인 공기가 탱크가 밀폐되어 대기 공기로 냉각되었다. 이 과정에서 탱크 내 공기 엔트로피의 변화량을 ΔS_1, 대기 공기의 엔트로피의 변화량을 ΔS_2라 할 때 엔트로피 증가의 원리를 옳게 나타낸 것은?

① $\Delta S_1 + \Delta S_2 \leq 0$
② $\Delta S_1 + \Delta S_2 < 0$
③ $\Delta S_1 + \Delta S_2 > 0$
④ $\Delta S_1 + \Delta S_2 = 0$

해설 엔트로피 증가의 원리 : 비가역변화를 하는 경우 엔트로피는 항상 증가한다는 것으로 $\Delta S_1 + \Delta S_2 > 0$으로 표시할 수 있다.

34 −5[℃]와 35[℃] 사이에서 작동하는 카르노 사이클 냉동기의 성적계수는 얼마인가?

① 0.13 ② 0.87
③ 1.15 ④ 6.7

해설 $COP_R = \dfrac{Q_2}{W} = \dfrac{T_2}{T_1 - T_2}$

$$= \frac{273+(-5)}{(273+35)-\{273+(-5)\}}$$
$$= 6.7$$

35 표에 나타낸 물성치를 갖는 기체 0.1[kmol]의 온도를 298[K]에서 308[K]로 일정 압력 하에서 증가시키는데 필요한 에너지는 약 몇 [J]인가?

온도[K]	내부에너지[J/kmol]	엔탈피[J/kmol]
298	0	24.78×10⁵
308	2.917×10⁵	28.53×10⁵

① 2.75×10^4 ② 2.917×10^4
③ 3.75×10^4 ④ 4.325×10^4

해설 $Q = G(h_2 - h_1)$
$= 0.1 \times \{(28.53 \times 10^5) - (24.78 \times 10^5)\}$
$= 37500 \,[J] = 3.75 \times 10^4 \,[J]$

36 어떤 압력의 포화수를 가열하여 동일한 압력의 건포화증기로 만들고자 한다. 이 때 소요되는 증발열이 가장 큰 포화수는 다음 중 어떤 압력일 경우인가?

① 0.5[kPa] ② 1.0[kPa]
③ 10[kPa] ④ 100[kPa]

정답 32. ④ 33. ③ 34. ④ 35. ③ 36. ①

해설 압력이 증가하면 물의 현열이 증가하고, 증발 잠열이 감소하므로 증발잠열(증발열)이 가장 큰 것은 압력이 낮은 포화수가 해당된다.

37 어떤 가역 열기관이 400[℃]에서 1000[kJ]을 흡수하여 일을 생산하고 100[℃]에서 열을 방출한다. 이 과정에서 전체 엔트로피 변화는 약 몇 [kJ/K]인가?

① 0   ② 2.5
③ 3.3 ④ 4

해설 가역과정에서는 엔트로피는 불변이므로 엔트로피의 변화는 0이 된다.

38 가스 터빈에 대한 이상적인 공기 표준 사이클로서 정압연소 사이클이라고도 하는 것은?

① Stirling 사이클   ② Ericsson 사이클
③ Diesel 사이클   ④ Brayton 사이클

해설 브레이턴(Brayton) 사이클 : 2개의 단열과정과 2개의 정압과정으로 이루어진 가스터빈의 이상 사이클이다.

39 밀폐된 피스톤-실린더 장치 안에 들어 있는 기체가 팽창을 하면서 일을 한다. 압력 P[MPa]와 부피 V[L]의 관계가 아래와 같을 때, 내부에 있는 기체의 부피가 5[L]에서 두 배로 팽창하는 경우 이 장치가 외부에 한 일은 약 몇 [kJ]인가? (단, $a = 3$[MPa/L²], $b = 2$[MPa/L], $c = 1$[MPa])

$$P = 5(aV^2 + bV + c)$$

① 4175   ② 4375
③ 4575   ④ 4775

해설 주어진 식에 처음의 부피 5[L], 팽창 후의 부피 10[L]를 적분하여 일량을 계산한다.

$$\therefore W = \int_5^{10} P\,dV = \int_5^{10} 5(aV^2 + bV + c)\,dV$$

$$= 5 \times \left[\frac{1}{3}aV^3 + \frac{1}{2}bV^2 + cV\right]_5^{10}$$

$$= 5 \times \left[\frac{1}{3}a(V_2^3 - V_1^3) + \frac{1}{2}b(V_2^2 - V_1^2) + c(V_2 - V_1)\right]$$

$$= 5 \times \left[\frac{1}{3} \times 3 \times (10^3 - 5^3) + \frac{1}{2} \times 2 \times (10^2 - 5^2) + 1 \times (10 - 5)\right]$$

$$= 4775 \,[\text{kJ}]$$

참고 [fx-570ES PLUS 계산기 사용법]

$$\therefore W = \int_5^{10} P\,dV = \int_5^{10} 5(aV^2 + bV + c)\,dV 에$$

문제에서 주어진 a, b, c값을 각각 대입하면 식을 쓰면 다음과 같다.

$$\int_5^{10} 5(3V^2 + 2V + 1)\,dV = \int_5^{10} 5(3x^2 + 2x + 1)\,dx$$

'인터그랄 키 누름 - 나오는 □ 안에 5×(3 ALPHA X x^2 + 2 ALPHA X + 1) ☞ 커서를 인터그랄 위로 이동하여 10, 인터그랄 아래로 이동하여 5 ☞ 커서를 dx 끝으로 이동하여 = 4775'

40 공기가 표준 대기압 상태에 있을 때 산소의 분압은 약 몇 [Pa]인가?

① 17171.92   ② 21278.25
③ 23518.06   ④ 24704.63

해설 ㉮ 공기 중 산소의 체적비는 21[%]이고, 대기압은 101325[Pa]이다.
㉯ 산소의 분압 계산 : 대기압 101325[Pa] 중 산소가 차지하는 분압은 체적비의 비율에 해당된다.
$\therefore P_{O_2}$ = 전압 × 산소체적비
$= 101325 \times 0.21$
$= 21278.25\,[\text{Pa}]$

정답 37. ① 38. ④ 39. ④ 40. ②

3과목 - 계측방법

41 연소식 O₂ 계에서 산소측정용 촉매로 주로 사용되는 것은?
① 팔라듐   ② 탄소
③ 구리   ④ 니켈

해설 연소식 O₂계 : 측정해야 할 가스와 수소(H_2) 등의 가연성가스를 혼합하고 촉매로 연소시켜 산소농도에 따라 반응열이 변화하는 현상을 이용하여 산소(O_2)의 농도를 측정하는 분석계로, 가스의 유량이 변동하면 오차가 발생한다. 촉매로는 팔라듐을 사용하며, 과잉공기계라고도 한다.

42 Flow type area flowmeter의 특징 중 틀린 것은?
① 눈금은 거의 균등한 직선눈금이다.
② 부식성의 가스체나 액체의 유량측정은 곤란하다.
③ 낮은 레이놀즈수에 있어서의 유량을 측정할 수 있다.
④ 유효측정 범위가 넓고, 최소눈금 값은 일반적으로 최대눈금 값의 $\frac{1}{10}$ 이다.

해설 면적식 유량계(Flow type area flowmeter)의 특징
㉮ 유량에 따라 직선 눈금이 얻어진다.
㉯ 유량계수는 레이놀즈수가 낮은 범위까지 일정하다.
㉰ 고점도 유체나 작은 유체에 대해서도 측정할 수 있다.
㉱ 차압이 일정하면 오차의 발생이 적다.
㉲ 측정하려는 유체의 밀도를 미리 알아야 한다.
㉳ 압력손실이 적고 균등 유량을 얻을 수 있다.
㉴ 슬러리나 부식성 액체의 측정이 가능하다.
㉵ 정도는 ±1~2[%] 정도로 정밀측정에는 부적당하다.

43 압력식 온도계의 특징이 아닌 것은?
① 자동조절이 가능하다.
② 고온 측정에 유리하다.
③ 진동 및 충격에 강하다.
④ 연속적으로 원격측정이 가능하다.

해설 압력식 온도계의 특징
㉮ 진동 및 충격에 비교적 강하다.
㉯ 저온 측정에 유리하다.
㉰ 원격 측정이 가능하고 연속사용이 가능하다.
㉱ 미소한 온도 변화나 600[℃] 이상의 고온 측정은 불가능하다.
㉲ 경년 변화가 있어 정기적인 검사가 필요하다.
㉳ 모세관이 도중에 파손될 우려가 있다.
㉴ 외기 온도나 유도관 온도에 의한 영향으로 온도 지시가 느리다.

참고 압력식 온도계의 종류 및 사용물질
㉮ 액체 압력(팽창)식 온도계 : 수은, 알코올, 아닐린
㉯ 기체 압력식 온도계 : 질소, 헬륨
㉰ 증기 압력식 온도계 : 프레온, 에틸에테르, 염화메틸, 염화에틸, 톨루엔, 아닐린

44 압력을 측정하는 계기가 그림과 같을 때 용기 안에 들어있는 물질로 적절한 것은?
① 알코올
② 물
③ 공기
④ 수은

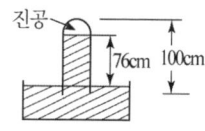

해설 대기압 상태에서 수은주의 높이는 76[cm] 이므로 용기 안에 들어있는 물질은 수은(Hg)이다.

45 건습구 습도계에 대한 설명으로 틀린 것은?
① 2개의 수은 유리온도계를 사용한 것이다.
② 자연 통풍에 의한 간이 건습구 습도계도 있다.
③ 정확한 습도를 구하려면 3~5[m/s] 정도의 통풍이 필요하다.

정답 41. ① 42. ② 43. ② 44. ④ 45. ④

④ 통풍형 건습구 습도계는 연료 탱크 속에 부착하여 사용한다.

해설 건습구 습도계 특징
㉮ 2개의 수은 온도계를 사용하여 습도, 온도를 측정한다.
㉯ 휴대용으로 사용되는 통풍형 건습구 습도계와 자연 통풍에 의한 간이 건습구 습도계가 있다.
㉰ 구조가 간단하고 취급이 쉽다.
㉱ 가격이 저렴하고, 휴대하기 편리하다.
㉲ 헝겊이 감긴 방향, 바람에 따라 오차가 발생한다.
㉳ 물이 항상 있어야 하며, 상대습도를 바로 나타내지 않는다.
㉴ 정확한 습도를 측정하기 위하여 3~5[m/s] 정도의 통풍(바람)이 필요하다.
※ 통풍형 건습구 습도계는 공기 중의 습도를 측정하는 것이다.

46 보일러의 자동제어에 해당되지 않는 것은?
① 연소제어
② 온도제어
③ 급수제어
④ 위치제어

해설 보일러 자동제어(A·B·C)의 종류

명칭	제어량	조작량
자동연소제어 (ACC)	증기압력	공기량, 연료량
	노내압	연소가스량
급수제어(FWC)	보일러 수위	급수량
증기온도제어 (STC)	증기온도	전열량
증기압력제어 (SPC)	증기압력	연료공급량, 연소용 공기량

47 PR 열전대에 사용하는 보상도선의 허용오차는 몇 [%] 이내인가?
① 0.5　② 3　③ 5　④ 10

해설 보상도선 : 동선과 동-니켈 합금선으로 만들어지는 보호관 단자로부터 냉접점까지의 전선으로 허용오차는 0.5[%] 이내이다.

48 활성탄, 실리카겔, 활성 알루미나 등의 흡착제와 N_2, H_2, He 등의 캐리어 가스를 이용하여 가스를 분석하는 것은?
① 연소열법
② 헴펠분석법
③ 오르사트분석법
④ 가스 크로마토그래피법

해설 가스 크로마토그래피(gas chromatography) : 흡착제를 충전한 관속에 혼합시료를 넣고, 용제를 유동시켜 흡수력 차이에 따라 성분의 분리가 일어나는 것을 이용한 것으로 캐리어가스, 압력조정기, 유량조절밸브, 압력계, 분리관(컬럼), 검출기, 기록계 등으로 구성된다.

49 변환기는 그 작용에 따라 분류되는데 다음 설명 중 틀린 것은?
① 전송기란 전송을 위한 변환기를 말한다.
② 검출기란 피측정량(被測定量)을 검출한다.
③ A-D 변환기는 디지털 양을 아날로그 양으로 변환시킨다.
④ 증폭기 및 감쇄기는 출력 신호와 압력 신호가 동종(同種)의 양으로 크기를 변화시킨다.

해설 A-D 변환기는 아날로그 양(신호)을 디지털 양(신호)으로 변환시키는 것이다.

50 차압식 유량계에 관한 설명으로 옳은 것은?
① 유량은 교축기구 전후의 차압에 비례한다.
② 유량은 교축기구 전후의 차압의 근사값이다.
③ 유량은 교축기구 전후의 차압에 반비례한다.
④ 유량은 교축기구 전후의 차압의 평방근에 비례한다.

정답　46. ④　47. ①　48. ④　49. ③　50. ④

해설 차압식 유량계의 특징
㉮ 관로에 오리피스, 플로 노즐 등이 설치되어 있다.
㉯ 규격품이라 정도(精度)가 좋다.
㉰ 유량은 압력차의 평방근에 비례한다.
㉱ 레이놀즈수가 10^5 이상에서 유량계수가 유지된다.
㉲ 고온 고압의 액체, 기체를 측정할 수 있다.
㉳ 유량계 전후의 동일한 지름의 직선관이 필요하다.
㉴ 통과 유체는 동일한 유체이어야 하며, 압력손실이 크다.

51 계측기의 측정재료로 사용하는 것 중 전기저항을 이용한 것은?

① 서미스터(thermistor)
② 백금로듐합금
③ 크로멜(Chromel)
④ 알루멜(Alumel)

해설 서미스터(thermistor) : 온도변화에 따라 저항값이 변하는(온도상승에 따라 저항값이 감소한다.) 반도체를 이용한 것으로 온도계에 사용된다.

52 보일러 자동연소장치의 광전관 화염검출기가 정상적으로 작동하고 있는지를 간단히 점검할 수 있는 가장 좋은 방법은?

① 광전관 회로의 전류를 측정해 본다.
② 광전관 회로의 연결선을 제거해 본다.
③ 화염검출기(火炎檢出器) 앞을 가려 본다.
④ 파일럿 버너(pilot burner)에 점화하여 본다.

해설 광전관 화염검출기(플레임 아이 : flame eye) : 화염이 발광체임을 이용하여 화염의 방사선을 감지하여 화염의 유무를 검출하는 것으로 화염검출기 앞을 가려 빛을 차단하면 연료가 차단되고 보일러가 정지되어야 정상이다.

53 주로 낮은 압력을 측정하는데 사용되는 피라니 게이지(Pirani gauge)의 원리는 압력에 따른 기체의 어떤 성질의 변화를 이용한 것인가?

① 비중
② 열전도
③ 비열
④ 압축인자

해설 피라니(pirani) 진공계 : 기체의 열전도는 저압에서는 압력에 비례하는 것을 이용한 진공계로 필라멘트를 발열체 및 저항 온도계로 하여 진공 중에서 발열체로부터 외부로 도피되는 열은 필라멘트의 지름, 용기의 지름, 가스의 종류 및 온도 등에 따라서 다른 점을 이용한 것이다.

54 다음 유량계 중 용적식 유량계가 아닌 것은?

① 로터미터
② 오벌식 유량계
③ 루트식 유량계
④ 로터리 피스톤식 유량계

해설 유량계의 구분 및 종류
㉮ 용적식 : 오벌기어식, 루트(roots)식, 로터리 피스톤식, 회전 원판식, 로터리 베인식, 습식가스미터, 막식 가스미터 등
㉯ 간접식 : 차압식, 유속식, 면적식, 전자식, 와류식 등
※ 로터미터는 면적식 유량계에 해당된다.

55 액주식 압력계에서 압력측정에 사용되는 액체의 구비조건으로 틀린 것은?

① 점성이 클 것
② 열팽창계수가 적을 것
③ 모세관현상이 적을 것
④ 일정한 화학성분을 가질 것

해설 액주식 액체의 구비조건
㉮ 점성(점도)이 적을 것
㉯ 열팽창계수가 적을 것
㉰ 밀도변화가 적을 것

정답 51. ① 52. ③ 53. ② 54. ① 55. ①

㉣ 모세관 현상 및 표면장력이 적을 것
㉤ 화학적으로 안정할 것
㉥ 휘발성 및 흡수성이 적을 것
㉦ 항상 액면은 수평을 만들고 높이를 정확히 읽을 수 있을 것

56 정상편차(offset) 현상이 발생하는 제어동작은?

① 비례제어동작(P 동작)
② 비례적분동작(PI 동작)
③ 비례적분미분동작(PID 동작)
④ 온-오프(on-off)의 2위치 동작

해설 비례동작(P 동작) : 동작신호에 대하여 조작량의 출력변화가 일정한 비례계에 있는 제어로 잔류편차(off set, 정상편차)가 생긴다.

57 비접촉식 온도계의 특성 중에서 잘못 짝지어진 것은?

① 색온도계 : 고온체의 색 측정
② 서모컬러 : 내화물의 내화도 측정
③ 광고온계 : 한 파장의 방사에너지 측정
④ 방사온도계 : 전파장의 방사에너지 측정

해설 ㉮ 서모컬러(thermo color) : 온도에 따라 색이 변화되는 도료와 같은 것으로 측정하고자 하는 물체의 표면에 도포하여 온도를 측정하는 것으로 표면의 열분포나 열의 전도속도를 조사하는데 사용된다.
㉯ 내화물의 내화도 측정에 사용되는 온도계는 제겔콘(Seger cone)이다.

58 서멀플로미터(thermal flow meter)로 측정하는 것은?

① 질량(mass) 측정
② 체적(volume) 측정
③ 면적(area) 측정
④ 수두(head) 측정

해설 서멀플로미터(thermal flow meter) : 열선식 유량계로 기체의 질량유량을 측정한다.

59 내경이 50[mm]인 원관에 20[℃] 물이 흐르고 있다. 층류로 흐를 수 있는 최대 유량은 약 몇 [m³/s]인가? (단, 20[℃]일 때 동점성계수(ν)는 1.0064×10^{-6}[m²/s]이고, 레이놀즈(Re)수는 2320 이다.)

① 5.33×10^{-5}
② 7.33×10^{-5}
③ 9.22×10^{-5}
④ 15.23×10^{-5}

해설 ㉮ 속도 계산
레이놀즈수 $Re = \dfrac{\rho DV}{\mu} = \dfrac{DV}{\nu}$ 에서 속도 V를 구하며, 내경 50[mm]는 0.05[m]에 해당된다.
$$\therefore V = \dfrac{Re \times \nu}{D} = \dfrac{2320 \times 1.0064 \times 10^{-6}}{0.05}$$
$$= 0.0466 ≒ 0.047 \,[\text{m/s}]$$

㉯ 유량계산
$$\therefore Q = A \times V = \left(\dfrac{\pi}{4} \times D^2\right) \times V$$
$$= \left(\dfrac{\pi}{4} \times 0.05^2\right) \times 0.047$$
$$= 9.228 \times 10^{-5} \,[\text{m}^3/\text{s}]$$

※ ㉮에서 구한 속도를 소숫점 몇 자리에서 반올림한 값을 적용하느냐에 따라 유량값은 오차가 크게 발생할 수 있음

60 다음 압력계 중 가장 높은 압력을 측정할 수 있는 것은?

① 다이어프램식 압력계
② 벨로스식 압력계
③ 부르동관식 압력계
④ U자관식 압력계

해설 부르동관(bourdon tube) 압력계 : 2차 압력계중 대표적인 것으로 측정범위가 0~3000[kgf/cm²]으로 고압측정이 가능하다.

4과목 - 열설비재료 및 관계법규

61 고온용 요로의 벽 구조로 가장 합리적인 것은?

① 내화벽돌만으로 쌓은 것
② 저온부는 보통벽돌과 고온부는 단열벽돌로 한 것
③ 고온부는 내화벽돌로 하고, 저온부는 보통벽돌로 할 것
④ 고온부는 내화벽돌로 쌓고, 저온부분은 보통벽돌로 하되 그 사이에 단열벽돌을 쌓은 것

[해설] 고온용 요로의 벽 구조는 고온부는 고온에 견딜 수 있는 내화벽돌로 쌓고, 저온부분은 보통벽돌로 하며 그 사이에 단열벽돌을 쌓아 열손실을 적게 한다.

62 그림에서 보여주는 주철 밸브의 재질로 옳은 것은?

① 회주철
② 가단주철
③ 고급주철
④ 구상흑연주철

[해설] 회주철 : 보통주철이라 하며 재질 기호로 GC200으로 표시한다. 선철과 고철을 용해하여 만든 주철로 주조 시 탄소가 흑연으로 석출하여 파단면이 회색을 나타낸다.

63 보온재 선정 시 고려하여야 할 조건 중 틀린 것은?

① 부피비중이 적어야 한다.
② 열전도율이 가능한 높아야 한다.
③ 흡수성이 적고, 가공이 용이하여야 한다.
④ 불연성이고 화재 시 유독가스를 발생하지 않아야 한다.

[해설] 보온재의 구비조건(선정 시 고려사항)
㉮ 열전도율이 작을 것
㉯ 흡습, 흡수성이 작을 것
㉰ 적당한 기계적 강도를 가질 것
㉱ 시공성이 좋고, 경제적일 것
㉲ 부피, 비중(밀도)이 작을 것
㉳ 내열, 내약품성이 있을 것
㉴ 안전 사용온도 범위에 적합할 것
㉵ 불연성이고 화재 시 유독가스를 발생하지 않아야 한다.

64 에너지기본계획의 효율적인 달성과 지역경제의 발전을 위한 지역에너지계획기간은?

① 1년 이상   ② 3년 이상
③ 5년 이상   ④ 10년 이상

[해설] 지역에너지계획의 수립(에너지법 제7조) : 특별시장, 광역시장, 도지사 또는 특별자치도지사는 관할 구역의 지역적 특성을 고려하여 에너지기본계획의 효율적인 달성과 지역경제의 발전을 위한 지역에너지계획을 5년마다 5년 이상을 계획기간으로 하여 수립·시행하여야 한다.

65 전기전도도 및 열전도도가 비교적 크고, 내식성과 굴곡성이 풍부하여 전기단자, 압력계관, 급수관, 냉난방관에 사용되는 관은?

① 강관   ② 동관
③ 스테인리스강관   ④ PVC관

[해설] 동관의 특징
㉮ 담수(淡水)에 대한 내식성이 우수하다.
㉯ 열전도율이 좋고, 가공성이 좋아 배관시공이 용이하다.
㉰ 아세톤, 프레온 가스 등 유기약품에 침식되지 않는다.
㉱ 관 내부에서 마찰저항이 적다.
㉲ 연수(軟水)에는 부식된다.
㉳ 외부의 기계적 충격에 약하다.
㉴ 가격이 비싸다.

㉮ 암모니아(NH_3), 초산, 진한황산(H_2SO_4)에는 심하게 부식된다.

[참고] 담수(淡水)와 연수(軟水)
㉮ 담수 : 칼슘, 마그네슘이 탄산수소염, 염화물, 황산염 형태로 들어 있는 물로 센물이라 한다.
→ 비누 거품이 생기지 않는 물로 지하수, 온천수 등이 해당
㉯ 연수 : 칼슘, 마그네슘이 탄산수소염, 염화물, 황산염 형태로 들어 있지 않은 물로 단물이라 한다.
→ 비누 거품이 잘 생기는 물로 빗물, 수돗물 등이 해당

66 검사대상기기의 용접검사를 받으려는 자는 검사대상기기 용접검사 신청서와 함께 검사기관의 장에게 제출해야 하는 서류에 해당하지 않는 것은?
① 용접 부위도
② 연간 판매 실적
③ 검사대상기기의 설계도면
④ 검사대상기기의 강도계산서

[해설] 용접검사 신청(에너지이용 합리화법 시행규칙 제31조의14) : 검사대상기기의 용접검사를 받으려는 자는 신청서에 다음 각 호의 서류를 첨부하여야 한다.
㉮ 용접 부위도 1부
㉯ 검사대상기기의 설계도면 2부
㉰ 검사대상기기의 강도계산서 1부

67 연속식 요에서 터널요의 구성요소가 아닌 것은?
① 건조대
② 예열대
③ 소성대
④ 냉각대

[해설] 터널요(tunnel kiln)는 예열, 소성, 냉각이 연속적으로 이루어지며 대차의 진행방향과 반대 방향으로 연소가스가 진행된다.

68 마그네시아 또는 돌로마이트를 원료로 하는 내화물이 수증기의 작용을 받아 $Ca(OH)_2$나 $Mg(OH)_2$를 생성하게 된다. 이 때 체적변화로 인해 노벽에 균열이 발생하거나 붕괴하는 현상을 무엇이라고 하는가?
① 버스팅(bursting)
② 스폴링(spalling)
③ 슬래킹(slaking)
④ 에로존(erosion)

[해설] 내화물에서 나타나는 현상
㉮ 스폴링(spalling) 현상 : 박락현상이라 하며 내화물이 사용하는 도중에 갈라지든지, 떨어져 나가는 현상을 말한다.
㉯ 슬래킹(slacking) 현상 : 수증기를 흡수하여 체적변화를 일으켜 균열이 발생하거나 떨어져 나가는 현상으로 염기성 내화물에서 공통적으로 일어난다.
㉰ 버스팅(bursting) 현상 : 크롬 철광을 원료로 하는 내화물이 1600[℃] 이상에서 산화철을 흡수하여 표면이 부풀어 오르고 떨어져 나가는 현상으로 크롬질 내화물에서 발생한다.

69 회전가마(rotary kiln)에 대한 설명으로 틀린 것은?
① 일반적으로 시멘트, 석회석 등의 소성에 사용된다.
② 온도에 따라 소성대, 가소대, 예열대, 건조대 등으로 구분된다.
③ 소성대에는 황산염이 함유된 클링커가 용융되어 내화벽돌을 침식시킨다.
④ 시멘트 클링커의 제조방법에 따라 건식법, 습식법, 반건식법으로 분류된다.

[해설] 회전가마(rotary kiln)의 특징
㉮ 시멘트, 석회석 등의 소성에 사용되는 연속요이다.
㉯ 100~160[m] 정도의 원통형으로 만들어지며, 가마의 경사는 5/100 정도이다.
㉰ 온도에 따라 소성대, 가소대(하소대), 예열대, 건조대 등으로 구분된다.

[정답] 66. ② 67. ① 68. ③ 69. ③

㉣ 원료와 연소가스는 서로 반대방향으로 이동함으로써 열교환이 일어난다.
㉤ 열효율이 불량하여 연소가스의 여열을 회수하는 장치의 설치가 필요하다.
㉥ 시멘트 클링커의 제조방법에 따라 건식법, 습식법, 반건식법으로 분류된다.

70 산성 내화물의 중요 화학성분의 형은?

① R_2O형 ② RO형
③ RO_2형 ④ R_2O_3형

해설 내화물의 화학성분의 형
㉮ 산성 내화물 : RO_2 형
㉯ 중성 내화물 : R_2O_3 형
㉰ 염기성 내화물 : RO 형

71 배관용 밸브의 역할이 아닌 것은?

① 유체 흐름 단속   ② 유체 방향 전환
③ 유체 유량 조절   ④ 유체 속도 조절

해설 배관용 밸브의 역할 및 해당 밸브
㉮ 유체의 흐름 단속 ; 슬루스밸브
㉯ 유체의 방향 전환 : 앵글밸브
㉰ 유체 유량 조절 : 글로브 밸브
※유체 속도(유속) 조절과는 거리가 먼 내용이다.

72 내화도가 높고 용융점 부근까지 하중에 견디기 때문에 각종 가마의 천장에 주로 사용되는 내화물은?

① 규석내화물
② 납석내화물
③ 샤모트내화물
④ 마그네시아내화물

해설 규석질 벽돌의 특징
㉮ 내화도가 높고, 고온강도가 매우 크다.
㉯ 내마모성이 좋고 열전도율은 비교적 크다.
㉰ 하중연화점이 1750[℃] 정도로 높다.

㉣ 고온에서 팽창계수가 적고 안정하다.
㉤ 저온에서 스폴링이 발생되기 쉽다.
㉥ 산성 내화물이며, 각종 가마의 천정에 주로 사용된다.

73 에너지이용 합리화법상 검사대상기기 설치자가 해당기기의 검사를 받지 않고 사용하였을 경우 벌칙기준으로 옳은 것은?

① 2년 이하의 징역 또는 2천만원 이하의 벌금
② 1년 이하의 징역 또는 1천만원 이하의 벌금
③ 2천만원 이하의 벌금
④ 1천만원 이하의 과태료

해설 1년 이하의 징역 또는 1천만원 이하의 벌금 : 에너지이용 합리화법 제73조
㉮ 검사대상기기의 검사를 받지 아니한 자
㉯ 검사에 합격되지 아니한 검사대상기기를 사용한 자
㉰ 검사에 합격되지 아니한 검사대상기기를 수입한 자

74 내화벽돌에 SK34는 몇 도까지 견딜 수 있는가?

① 1350[℃]   ② 1580[℃]
③ 1750[℃]   ④ 1930[℃]

해설 SK번호에 따른 온도

SK No	온도[℃]	SK No	온도[℃]
26	1580	35	1770
27	1610	36	1790
28	1630	37	1825
29	1650	38	1850
30	1670	39	1880
31	1690	40	1920
32	1710	41	1960
33	1730	42	2000
34	1750		

정답 70. ③ 71. ④ 72. ① 73. ② 74. ③

75 관을 구부렸다가 힘을 제거하면 탄성이 작용하여 다시 펴지는 현상을 무엇이라 하는가?

① 스프링백 ② 브레이스
③ 플렉시블 ④ 벨로즈

해설 스프링 백(spring back) : 강관의 탄성 때문에 관을 벤딩(bending) 후에 힘을 제거하면 벤딩이 약간 펴지는 현상이 발생한다. 이를 고려하여 굽힘 각도 보다 조금 더 구부려 작업을 한다.

76 에너지이용 합리화법령상 검사대상기기의 검사유효기간에 대한 설명으로 옳은 것은?

① 설치 후 3년이 지난 보일러로서 설치장소 변경검사 또는 재사용검사를 받은 보일러는 검사 후 1개월 이내에 운전성능검사를 받아야 한다.
② 보일러의 계속사용검사 중 운전성능검사에 대한 검사유효기간은 해당 보일러가 산업통상자원부장관이 정하여 고시하는 기준에 적합한 경우에는 3년으로 한다.
③ 개조검사 중 연료 또는 연소방법의 변경에 따른 개조검사의 경우에는 검사유효기간을 1년으로 한다.
④ 철금속가열로의 재사용검사의 검사유효기간은 1년으로 한다.

해설 ㉮ 검사의 유효기간 : 에너지이용 합리화법 시행규칙 별표3의5

검사의 종류	검사유효기간
설치검사	- 보일러:1년(운전성능부문의 경우 3년 1개월로 한다.) - 압력용기 및 철금속가열로:2년
개조검사	- 보일러:1년 - 압력용기 및 철금속가열로:2년
설치장소 변경검사	- 보일러:1년 - 압력용기 및 철금속가열로:2년
재사용검사	- 보일러:1년 - 압력용기 및 철금속가열로:2년

검사의 종류		검사유효기간
계속 사용검사	안전검사	- 보일러:1년 - 압력용기:2년
	운전성능 검사	- 보일러:1년 - 철금속가열로:2년

㉯ 비고
  ㉠ 보일러의 계속사용검사 중 운전성능검사에 대한 유효기간은 해당 보일러가 산업통상자원부장관이 정하여 고시하는 기준에 적합한 경우에는 2년으로 한다.
  ㉡ 설치 후 3년이 지난 보일러로서 설치장소 변경검사 또는 재사용검사를 받은 보일러는 검사 후 1개월 이내에 운전성능검사를 받아야 한다.
  ㉢ 개조검사 중 연료 또는 연소방법의 변경에 따른 개조검사의 경우에는 검사유효기간을 적용하지 않는다.
※ 예제 ①, ②, ③번 항목은 해설 ㉯번을 적용하고, 예제 ④번 항목은 해설 ㉮번을 적용하여야 함

77 에너지이용 합리화법령에서 에너지사용의 제한 또는 금지에 대한 내용으로 틀린 것은?

① 에너지 사용 설비에 관한 사항
② 에너지 사용의 시기 및 방법의 제한
③ 특정 지역에 대한 에너지 사용의 제한
④ 에너지 사용시설 및 에너지사용기자재에 사용할 에너지의 지정 및 사용에너지의 전환

해설 에너지사용의 제한 또는 금지 내용 : 에너지이용 합리화법 시행령 제14조
  ㉮ 에너지사용시설 및 에너지사용기자재에 사용할 에너지의 지정 및 사용 에너지의 전환
  ㉯ 위생 접객업소 및 그 밖의 에너지사용시설에 대한 에너지사용의 제한
  ㉰ 차량 등 에너지사용기자재의 사용제한
  ㉱ 에너지사용의 시기 및 방법의 제한
  ㉲ 특정 지역에 대한 에너지사용의 제한

78 보온재 내 공기 이외의 가스를 사용하는 경우 가스분자량이 공기의 분자량보다 적으면 보온재의 열전도율의 변화는?

① 동일하다.
② 낮아진다.
③ 높아진다.
④ 높아지다가 낮아진다.

해설 열전도율에 영향을 주는 요소
㉮ 온도 : 온도가 상승되면 열전도율은 직선적으로 상승한다. ($\lambda = \lambda_0 + \alpha \Delta t$)
㉯ 수분이나 습기를 함유(흡습)하면 상승한다.
㉰ 보온재의 비중(밀도)이 크면 열전도율이 증가한다.
※ 기체의 경우 분자량이 작을수록 열전도율은 크게 된다.

참고 기체의 열전도율

명칭	분자량	열전도율 [kcal/m·h·℃]
수소(H_2)	2	0.153
공기	29	0.022
산소(O_2)	32	0.022
이황산가스(SO_2)	04	0.00750

79 배관재료 중 온도범위 0~100[℃] 사이에서 온도변화에 의한 팽창계수가 가장 큰 것은?

① 동　　　　　② 철
③ 알루미늄　　④ 스테인리스강

해설 ㉮ 각 재료의 선팽창계수

구분	선팽창계수[℃$^{-1}$]
동(구리)	1.67×10^{-5}
철	1.25×10^{-5}
알루미늄	2.38×10^{-5}
스테인리스강	1.60×10^{-5}

㉯ 선팽창계수가 큰 것이 온도변화에 따른 신축이 큰 재료이다.

80 에너지이용 합리화법에 의한 강철제 보일러에 해당되는 것은?

① 소형 온수보일러
② 구멍탄용 온수보일러
③ 축열식 전기보일러
④ 금속으로 만든 것

해설 강철제 보일러, 주철제 보일러 적용 범위 : 에너지이용 합리화법 시행규칙 별표 1
㉮ 1종 관류보일러 : 강철제 보일러 중 헤더(여러 관이 붙어 있는 용기)의 안지름이 150[mm] 이하이고, 전열면적이 5[m²] 초과 10[m²] 이하이며, 최고사용압력이 1[MPa] 이하인 관류보일러(기수분리기를 장치한 경우에는 기수분리기의 안지름이 300[mm] 이하이고, 그 내부 부피가 0.07[m³] 이하인 것만 해당한다)
㉯ 2종 관류보일러 : 강철제 보일러 중 헤더의 안지름이 150[mm] 이하이고, 전열면적이 5[m²] 이하이며, 최고사용압력이 1[MPa] 이하인 관류보일러(기수분리기를 장치한 경우에는 기수분리기의 안지름이 200[mm] 이하이고, 그 내부 부피가 0.02[m³] 이하인 것에 한정한다)
㉰ ㉮항 및 ㉯항 외의 금속(주철을 포함한다)으로 만든 것. 다만, 소형 온수보일러·구멍탄용 온수보일러·축열식 전기보일러 및 가정용 화목보일러는 제외한다.
※ 열사용기자재 중 보일러에 해당되는 품목명 : 강철제보일러 및 주철제 보일러, 소형 온수보일러, 구멍탄용 온수보일러, 축열식 전기보일러, 가정용 화목 보일러

> **5과목 - 열설비 설계**

81 관의 안지름을 D[cm], 평균유속을 V[m/s]라 하면 평균 유량 Q[m³/s]를 구하는 식은?

① $Q = DV$
② $Q = \pi D^2 V$
③ $Q = \dfrac{\pi}{4}\left(\dfrac{D}{100}\right)^2 V$
④ $Q = \left(\dfrac{V}{100}\right)^2 D$

해설
㉮ 체적 유량[m³/s] 계산식
$$\therefore Q[\text{m}^3/\text{s}] = A[\text{m}^2] \times V[\text{m/s}]$$
$$= \left(\frac{\pi}{4} \times (D'[\text{m}])^2\right) \times V[\text{m/s}]$$

㉯ 관 안지름을 센티미터[cm : D]에서 미터[m : D']로 환산하는 것을 적용하여 공식을 정리 :
1[cm]는 $\frac{1}{100}$[m]에 해당된다.
$$\therefore Q[\text{m}^3/\text{s}] = A[\text{m}^2] \times V[\text{m/s}]$$
$$= \left(\frac{\pi}{4} \times (D'[\text{m}])^2\right) \times V[\text{m/s}]$$
$$= \left\{\frac{\pi}{4} \times \left(\frac{D}{100}[\text{m}]\right)^2\right\} \times V[\text{m/s}]$$

82 100[kN]의 인장하중을 받는 양쪽 덮개판 맞대기 리벳이음이 있다. 리벳의 지름이 15[mm], 리벳의 허용전단력이 60[MPa] 일 때 최소 몇 개의 리벳이 필요한가?

① 3   ② 5   ③ 7   ④ 10

해설
㉮ 1[MPa]은 1[N/mm²]이므로 인장하중은 [N]단위를 적용한다.
㉯ 양쪽 덮개판 맞대기 리벳이음의 전단응력
$W = 2n\tau\frac{\pi D^2}{4}$ 에서 리벳의 수(n)를 구한다.
$$\therefore n = \frac{4W}{2\tau\pi D^2} = \frac{4 \times (100 \times 10^3)}{2 \times 60 \times \pi \times 15^2}$$
$$= 4.715 ≒ 5 개$$

참고 문제의 조건이 '한쪽 덮개판 맞대기 리벳이음'인지, '양쪽 맞대기 리벳이음'인지 구별을 하기 바랍니다. (한쪽 덮개판 맞대기 리벳이음은 21년 2회, 22년 4회 문제를 참고하길 바랍니다.)

83 일반적인 강관에서 스케줄 번호(schedule number)는 무엇을 의미하는가?

① 파이프의 외경   ② 파이프의 두께
③ 파이프의 내경   ④ 파이프의 단면적

해설
㉮ 스케줄 번호(schedule number) : 사용압력(P)과 배관재료의 허용응력(S)과의 비에 의하여 배관(pipe) 두께의 체계를 표시한 것이다.
$$\therefore \text{Sch No} = 10 \times \frac{\text{사용압력}[\text{kgf/cm}^2]}{\text{허용응력}[\text{kgf/mm}^2]}$$
㉯ 허용응력 = $\frac{\text{인장강도}[\text{kgf/mm}^2]}{\text{안전율}(4)}$

※ 스케줄 번호는 단위정리가 되지 않는 공식이다.

84 수관 보일러와 비교하여 원통 보일러의 특징으로 틀린 것은?

① 구조가 간단하므로 취급이 쉽다.
② 구조상 고압용 및 대용량에 적합하다.
③ 전열면적당 수부의 크기는 수관보일러에 비해 크다.
④ 형상에 비해서 전열면적이 적고, 열효율은 수관보일러보다 낮다.

해설 원통형 보일러의 특징
㉮ 구조가 간단하므로 취급 및 청소, 검사가 용이하고, 설비비가 저렴하다.
㉯ 고압이나 대용량에는 부적합하다.
㉰ 기동으로부터 증기 발생까지는 시간이 걸리지만 부하의 변동에 따른 압력변동이 적다.
㉱ 보유수량이 많으며 파열의 경우 피해가 크다.
㉲ 형상에 비해서 전열면적이 적고, 열효율은 수관보일러보다 낮다.
㉳ 전열면적당 수부의 크기는 수관보일러에 비해 크다.

85 압력용기의 설치상태에 대한 설명으로 틀린 것은?

① 압력용기의 본체는 바닥보다 30[mm] 이상 높이 설치되어야 한다.
② 압력용기를 옥내에 설치하는 경우 유독성 물질을 취급하는 압력용기는 2개 이상의 출입구 및 환기장치가 되어 있어야 한다.

③ 압력용기를 옥내에 설치하는 경우 압력용기의 본체와 벽과의 거리는 0.3[m] 이상이어야 한다.
④ 압력용기의 기초가 약하여 내려앉거나 갈라짐이 없어야 한다.

[해설] ㉮ 압력용기의 설치상태
  ㉠ 기초가 약하여 내려앉거나 갈라짐이 없어야 한다.
  ㉡ 압력용기는 1개소 이상 접지되어 있어야 한다.
  ㉢ 압력용기 본체는 바닥보다 100[mm] 이상 높이 설치되어 있어야 한다.
  ㉣ 압력용기와 접속된 배관은 팽창과 수축의 장애가 없어야 한다.
  ㉤ 압력용기 본체는 보온되어야 한다. 다만, 공정상 냉각을 필요로 하는 등 부득이한 경우에는 예외로 한다.
  ㉥ 압력용기의 본체는 충격 등에 의하여 흔들리지 않도록 충분히 지지되어야 한다.
  ㉦ 횡형식 압력용기의 지지대는 본체 원둘레의 1/3 이상을 받쳐야 한다.
  ㉧ 압력용기의 사용압력이 어떠한 경우에도 최고사용압력을 초과할 수 없도록 설치하여야 한다.
  ㉨ 압력용기를 바닥에 설치하는 경우에는 바닥 지지물에 반드시 고정시켜야 한다.
㉯ 압력용기 옥내 설치 기준
  ㉠ 압력용기와 천정과의 거리는 압력용기 본체 상부로부터 1[m] 이상이어야 한다.
  ㉡ 압력용기의 본체와 벽과의 거리는 0.3[m] 이상이어야 한다.
  ㉢ 인접한 압력용기와의 거리는 0.3[m] 이상이어야 한다. 다만, 2개 이상의 압력용기가 한 장치를 이룬 경우에는 예외로 한다.
  ㉣ 유독성 물질을 취급하는 압력용기는 2개 이상의 출입구 및 환기장치가 되어 있어야 한다.

86 보일러의 전열효율을 향상시키기 위한 장치로 가장 거리가 먼 것은?
① 슈트 블로어 ② 인젝터
③ 공기예열기 ④ 절탄기

[해설] ㉮ 전열효율(η_f)은 실제 연소된 연료의 연소열(필요한 공급열량)에 대한 전열면을 통하여 유효하게 이용된 열(증기발생에 필요한 열)과의 비율이다.
㉯ 슈트 블로어, 공기예열기, 절탄기 등 보일러의 전열효율을 향상시킬 수 있다.
㉰ 인젝터는 급수장치로 급수가 예열되어 보일러 열효율이 향상될 수 있다.

87 이온 교환제에 의한 경수의 연화 원리에 대한 설명으로 옳은 것은?
① 수지가 물속의 모든 이물질과 결합하기 때문이다.
② 산소 원자와 수지가 결합하여 경도 성분이 제거되기 때문이다.
③ 물속의 음이온과 양이온이 동시에 수지와 결합하여 제거되기 때문이다.
④ 수지의 성분과 Na형의 양이온이 결합하여 경도성분이 제거되기 때문이다.

[해설] 연화장치
㉮ 원리 : 경도성분을 함유한 원수를 Na형 강산성 양이온 교환수지를 통과시켜 경도성분을 수지 중의 Na와 치환시켜 연수를 생산한다.
㉯ 반응식 : R(-SO$_3$Na) + Ca(HCO$_3$)$_2$
  → R(-SO$_3$)$_2$Ca + 2NaHCO$_3$

88 [그림]과 같은 측면 필릿용접이음에서 허용전단응력이 50[MPa]일 때 약 몇 [N]의 하중(W)에 견딜 수 있는가?

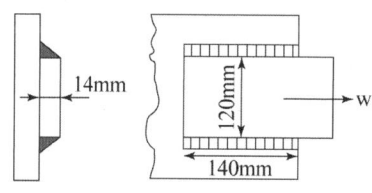

① 6500 ② 7000
③ 15500 ④ 138500

해설 $W = 2 \times \tau \times (0.707 \times h) \times L$
$= 2 \times 50(0.707 \times 14) \times 140$
$= 138572 [N]$

89 보일러 구멍의 보강 시 보강재의 허용인장응력이 모재보다 클 때의 강도 계산은 어떻게 하는가?

① 응력치에 역비례하여 단면적을 증가시킨다.
② 모재와 같은 강도로 취급하여 계산한다.
③ 모재와 비례하여 보강재를 감소시킨다.
④ 무시하고 별도로 계산한다.

해설 보강재의 강도(열사용기자재 검사기준 10.6) : 보강재의 허용인장응력이 보강되는 것(모재)의 허용인장응력보다 클 때는 허용인장응력이 동일한 것으로 간주하고, 작을 때는 응력값에 반비례하여 보강재의 단면적을 증가시켜야 한다.

90 방사율이 0.8, 물체의 표면온도가 300[℃], 물체 벽면체 온도가 25[℃]일 때 공간에 방출하는 단위 면적당 방사에너지는 약 몇 [W/m²]인가? (단, 스테판-볼츠만 상수는 5.67[W/m²·K⁴]이다.)

① 2300   ② 3781
③ 4532   ④ 5760

해설 면적 1[m²]에 대하여 계산하므로 풀이과정에 면적(F)은 생략한다.
$\therefore Q = \epsilon C_b \left\{ \left(\frac{T_1}{100}\right)^4 - \left(\frac{T_2}{100}\right)^4 \right\}$
$= 0.8 \times 5.67 \times \left\{ \left(\frac{273+300}{100}\right)^4 - \left(\frac{273+25}{100}\right)^4 \right\}$
$= 4532.089 [W/m^2]$

91 보일러 운전 정지 시 주의사항으로 틀린 것은?

① 작업종료 시까지 증기의 필요량을 남긴 채 운전을 정지한다.
② 보일러의 압력을 급히 내리거나 벽돌 등을 급냉시키지 않는다.
③ 벽돌 쌓은 부분이 많은 보일러는 압력 상승 방지를 위해 급히 증기밸브를 닫는다.
④ 보일러 수는 정상수위보다 약간 높게 급수하고, 급수 후 증기밸브를 닫고, 증기관의 드레인 밸브를 열어 놓는다.

해설 보일러 운전 정지 시 주의사항
㉮ 증기의 사용처와 미리 연락을 하여 작업종료 시까지 필요한 증기를 남겨놓고 운전을 정지한다.
㉯ 벽돌 쌓은 부분이 많은 보일러는 벽돌의 여열로 압력이 상승하는 경우가 없는지 확인하고 주증기 밸브를 닫는다.
㉰ 보일러의 압력을 급히 내리거나 벽돌 등을 급냉시키지 않는다.
㉱ 보일러의 정상수위보다 높게 급수를 해 놓는다. 급수 후에는 급수밸브, 주증기 밸브를 닫고 주증기관 및 헤더의 드레인 밸브를 확실히 열어 놓는다.
㉲ 다른 보일러와 증기관이 연결되어 있는 경우에는 그 연결 밸브를 닫는다.

92 열정산 조건에 대한 설명으로 틀린 것은?

① 연료의 발열량은 고위발열량으로 한다.
② 시험은 시험 보일러를 다른 보일러와 무관한 상태에서 시행한다.
③ 시험부하는 원칙적으로 정격부하 이상으로 하고 필요에 따라 $\frac{3}{4}, \frac{1}{2}, \frac{1}{4}$ 등으로 시행한다.
④ 기준온도는 실내온도를 원칙으로 하며, 실내온도가 없는 경우는 25[℃]를 기준으로 한다.

해설 열정산의 기준온도는 시험 시의 외기온도를 기준으로 하나, 필요에 따라 주위 온도 또는 압입 송풍기 출구 등의 공기 온도로 할 수 있다.

정답 89. ② 90. ③ 91. ③ 92. ④

93 보일러의 가용전(가용마개)에 사용되는 금속의 성분은?

① 납과 알루미늄의 합금
② 구리와 아연의 합금
③ 납과 주석의 합금
④ 구리와 주석의 합금

해설 가용전(fusible plug) : 주석(Sn)과 납(Pb)의 합금으로 노통 또는 화실 천장부에 나사를 조립하여 관수의 이상감수 시 과열로 인한 동체의 파열사고를 방지한다.

94 보일러 설치·시공 기준상 대형보일러를 옥내에 설치할 때 보일러 동체 최상부에서 보일러실 상부에 있는 구조물까지의 거리는 얼마 이상이어야 하는가? (단, 주철제보일러는 제외한다.)

① 60[cm] ② 1[m]
③ 1.2[m] ④ 1.5[m]

해설 보일러 동체 최상부로부터(보일러의 검사 및 취급에 지장이 없도록 작업대를 설치한 경우에는 작업대로부터) 천정, 배관 등 보일러 상부에 있는 구조물까지의 거리는 1.2[m] 이상이어야 한다. 다만, 소형보일러 및 주철제 보일러의 경우에는 0.6[m] 이상으로 할 수 있다.

95 보일러실에 자연환기가 안될 때 실외로부터 공급하여야 할 공기는 벙커C유 1[L]당 최소 몇 [Nm³]이 필요한가? (단, 벙커C유의 이론 공기량은 10.24[Nm³/kg], 비중은 0.96, 연소장치의 공기비는 1.3으로 한다.)

① 11.34 ② 12.78
③ 15.69 ④ 17.85

해설 실외로부터 공급하여야 할 최소 공기량은 실제연소에 필요한 최소 공기량에 해당된다.
∴ 최소공기량 $= m \times A_0 \times d$
$= 1.3 \times 10.24 \times 0.96$
$= 12.779 \, [Nm^3]$

96 열교환기의 격벽을 통해 정상적으로 열교환이 이루어지고 있을 경우 단위시간에 대한 교환열량 $\dot{q}$(열유속, [W/m²])의 식은? (단, $\dot{Q}$는 열교환량[W], A는 전열면적[m²]이다.)

① $\dot{q} = A\dot{Q}$ ② $\dot{q} = \dfrac{A}{\dot{Q}}$

③ $\dot{q} = \dfrac{\dot{Q}}{A}$ ④ $\dot{q} = A(\dot{Q}-1)$

해설 열교환기에서 단위시간에 대한 교환열량($\dot{q}$)은 단위시간당 열교환량($\dot{Q}$)을 전열면적(A)으로 나눈 값이다.
∴ $\dot{q} = \dfrac{\dot{Q}}{A}$

97 보일러 설치 시 안전밸브 작동시험에 관한 설명으로 틀린 것은?

① 안전밸브의 분출압력은 안전밸브가 1개인 경우 최고사용압력 이하이어야 한다.
② 발전용 보일러에 부착하는 안전밸브의 분출정지 압력은 분출압력의 1.07배 이상이어야 한다.
③ 재열기 및 독립과열기에 있어서 안전밸브가 하나인 경우 최고사용압력 이하에서 분출하여야 한다.
④ 안전밸브의 분출압력은 안전밸브가 2개 이상인 경우 그 중 1개는 최고사용압력 이하, 기타는 최고사용압력의 1.03배 이하이어야 한다.

해설 안전밸브 작동시험
㉮ 안전밸브 분출압력은 1개일 경우 최고사용압력 이하, 안전밸브가 2개 이상인 경우 그중 1개는 최고사용압력 이하 기타는 최고사용압력의 1.03배 이하일 것
㉯ 과열기의 안전밸브 분출압력은 증발부 안전밸브의 분출압력 이하일 것
㉰ 재열기 및 독립과열기의 경우 안전밸브가 하나인 경우 최고사용압력 이하, 2개인 경우 하나는 최

정답 93. ③ 94. ③ 95. ② 96. ③ 97. ②

고사용압력 이하이고 다른 하나는 최고사용압력의 1.03배 이하에서 분출하여야 한다. 다만, 출구에 설치하는 안전밸브의 분출압력은 입구에 설치하는 안전밸브의 설정압력보다 낮게 조정되어야 한다.
㉣ 발전용 보일러에 부착하는 안전밸브의 분출정지압력은 분출압력의 0.93배 이상이어야 한다.

98 증기와 응축수의 온도 차이를 이용하여 작동하는 증기트랩은?

① 바이메탈식 ② 상향버킷식
③ 플로트식 ④ 오리피스식

해설 작동원리에 의한 트랩의 분류

구 분	작 동 원 리	종 류
기계식 트랩	증기와 응축수의 비중차 이용(플로트 또는 버킷의 부력 이용)	상향 버킷식, 향 버킷식, 레버 플로트식, 자유 플로트식
온도조절식 트랩	증기와 응축수의 온도차 이용(금속의 신축성을 이용)	바이메탈식, 벨로스식, 열동식
열역학 트랩	증기와 응축수의 열역학, 유체역학적 특성차 이용	오리피스식, 디스크식

99 유량 2200[kg/h]인 80[℃]의 벤젠을 40[℃]까지 냉각시키고자 한다. 냉각수 온도를 입구 30[℃], 출구 45[℃]로 하여 대향류 열교환기 형식의 이중관식 냉각기를 설계할 때 적당한 관의 길이[m]는? (단, 벤젠의 평균비열은 1884[J/kg·℃], 관 내경 0.0427[m], 총괄전열계수는 600[W/m²·℃]이다.)

① 8.7 ② 18.7
③ 28.6 ④ 38.7

해설 ㉮ 대향류이므로 고온유체와 저온유체의 흐름이 반대 방향이 된다.
∴ Δt_1 = 고온유체입구온도 − 저온유체출구온도
= 80 − 45 = 35[℃]

∴ Δt_2 = 고온유체출구온도 − 저온유체입구온도
= 40 − 30 = 10[℃]

㉯ 평균온도차 계산

$$\therefore \Delta t_m = \frac{\Delta t_1 - \Delta t_2}{\ln\left(\frac{\Delta t_1}{\Delta t_2}\right)} = \frac{35 - 10}{\ln\left(\frac{35}{10}\right)}$$

= 19.955[℃]

㉰ 벤젠이 냉각될 때 현열량 계산
∴ $Q = G \times C \times \Delta t$
= 2200 × 1884 × (80 − 40)
= 165792000 [J/h] × $\frac{1}{3600}$
= 46053.333 [W]

※ 1[W] = 1[J/s]이므로 벤젠이 냉각될 때 현열량을 3600[s/h]으로 나눠주면 [W]단위로 변환된다.

㉱ 관의 길이 계산 : 관의 전열면적 $F = \pi DL$ 이고, 벤젠이 냉각될 때 현열량이 2중관식 열교환기의 전열량이 된다.
∴ $Q = kF\Delta t_m = k\pi DL\Delta t_m$
에서 관의 길이(L)을 구한다.

$$\therefore L = \frac{Q}{k\pi D\Delta t_m}$$

$$= \frac{46053.333}{600 \times \pi \times 0.0427 \times 19.955}$$

= 28.673 [m]

100 최고사용압력이 1.5[MPa]를 초과한 강철제 보일러의 수압시험압력은 그 최고사용압력의 몇 배로 하는가?

① 1.5 ② 2 ③ 2.5 ④ 3

해설 강철제 보일러의 수압시험 압력
㉮ 보일러의 최고사용압력이 0.43[MPa] 이하일 때에는 그 최고사용압력의 2배의 압력으로 한다. 다만, 그 시험압력이 0.2[MPa] 미만인 경우에는 0.2[MPa]로 한다.
㉯ 보일러의 최고 사용압력이 0.43[MPa] 초과 1.5[MPa] 이하일 때에는 그 최고사용압력의 1.3배에 0.3[MPa]를 더한 압력으로 한다.
㉰ 보일러의 최고사용압력이 1.5[MPa]를 초과할 때에는 그 최고사용압력의 1.5배의 압력으로 한다.

2023년 02
에너지관리기사필기 CBT 복원문제

1과목 - 연소공학

01 메탄(CH_4)가스를 공기 중에 연소시키려 한다. CH_4의 저위발열량이 50000[kJ/kg]이라면 고위발열량은 약 몇 [kJ/kg]인가? (단, 물의 증발잠열은 2450[kJ/kg]으로 한다.)

① 51700 ② 55500
③ 58600 ④ 64200

해설 ㉮ 메탄(CH_4)의 완전연소 반응식
$CH_4 + 2O_2 \rightarrow CO_2 + 2H_2O$

㉯ 메탄 1[kg] 연소 시 발생되는 수증기량 계산

[CH_4]	[H_2O]
16[kg]	2×18[kg]
1[kg]	x[kg]

$\therefore x = \dfrac{1 \times 2 \times 18}{16} = 2.25 \, [\text{kg}]$

㉰ 고위발열량 계산 : 메탄 연소 시 발생되는 수증기량과 증발잠열을 곱한 수치를 저위발열량(H_l)에 더한 값이 고위발열량이 된다.

$\therefore H_h = H_l + (증발잠열 \times 수증기량)$
$= 50000 + (2450 \times 2.25)$
$= 55512.5 \, [\text{kJ/kg}]$

02 액체연료의 특징에 대한 설명으로 틀린 것은?

① 액체연료는 기체연료에 비해 밀도가 크다.
② 액체연료는 고체연료에 비해 단위 질량당 발열량이 크다.
③ 액체연료는 고체연료에 비해 완전 연소시키기가 어렵다.
④ 액체연료는 고체연료에 비해 연소장치를 작게 할 수 있다.

해설 액체연료의 특징
㉮ 장점
  ㉠ 완전연소가 가능하고 발열량이 높다.
  ㉡ 연소효율이 높고 고온을 얻기 쉽다.
  ㉢ 연소조절이 용이하고 회분이 적다.
  ㉣ 품질이 균일하고 저장, 취급이 편리하다.
  ㉤ 파이프라인을 통한 수송이 용이하다.
㉯ 단점
  ㉠ 연소온도가 높아 국부과열의 위험이 크다.
  ㉡ 화재, 역화의 위험성이 높다.
  ㉢ 일반적으로 황성분을 많이 함유하고 있다.
  ㉣ 버너의 종류에 따라 연소 시 소음이 발생한다.

03 공기보다 비중이 커서 누설이 되면 낮은 곳에 체류하여 인화폭발의 원인이 되는 가스는?

① 수소   ② 메탄
③ 일산화탄소 ④ 프로판

해설 ㉮ 각 기체의 분자량

명 칭	분자량
수소(H_2)	2
메탄(CH_4)	16
일산화탄소(CO)	28
프로판(C_3H_8)	44

㉯ 분자량이 공기의 평균분자량 29보다 큰 가스가 공기보다 비중이 커서 누설이 되면 낮은 곳에 체류한다.

04 액체연료 관리를 위해 최저의 온도로 위험도를 표시하는 인화점 시험 방법이 아닌 것은?

① 태그식(tag type) 시험법
② 봄브식(bomb type) 시험법
③ 클리브렌드식(cleveland type) 시험법
④ 아벨펜스키식(Abel pensky type) 시험법

정답 01. ② 02. ③ 03. ④ 04. ②

해설 인화점 시험방법의 종류

구 분		인화점
개방식	클리브렌드식	80[℃] 이상
	태그법	80[℃] 이하
밀폐식	태그법	80[℃] 이하
	아벨펜스키식	50[℃] 이하
	펜스키마르텐스식	50[℃] 이상

※ 봄브식(bomb type) 시험법은 석유류에 유황분을 시험하는 방법에 해당된다.

05 연료 1[kg]을 연소시키는데 이론적으로 2.5[Nm³]의 산소가 소요된다. 이 연료 1[kg]을 공기비 1.2로 연소시킬 때 필요한 실제 공기량은 약 몇 [Nm³/kg]인가?

① 11.9 ② 14.3
③ 18.5 ④ 24.4

해설 $A = m \times A_0 = m \times \dfrac{O_0}{0.21}$

$= 1.2 \times \dfrac{2.5}{0.21} = 14.285 \, [\text{Nm}^3/\text{kg}]$

06 연돌의 높이 100[m], 배기가스의 평균온도 210[℃], 외기온도 20[℃], 대기의 비중량 (γ_a) 12.64[N/Nm³], 배기가스의 비중량 (γ_g) 13.23[N/Nm³]일 때 연돌의 통풍력은 약 몇 [Pa]인가?

① 155.82 ② 160.72
③ 429.94 ④ 516.46

해설 $Z = 273 H \left(\dfrac{\gamma_a}{T_a} - \dfrac{\gamma_g}{T_g} \right)$

$= 273 \times 100 \times \left(\dfrac{12.64}{273 + 20} - \dfrac{13.23}{273 + 210} \right)$

$= 429.937 \, [\text{Pa}]$

07 탄산가스 최대량(CO_2max)에 대한 설명 중 ( )에 알맞은 것은?

( )으로 연료를 완전 연소시킨다고 가정을 할 경우에 연소가스 중의 탄산가스량을 이론 건연소 가스량에 대한 백분율로 표시한 것이다.

① 실제공기량 ② 과잉공기량
③ 부족공기량 ④ 이론공기량

해설 탄산가스 최대량(CO_2max) : 이론공기량으로 완전연소 할 때 배기가스(연소가스) 중의 이론 건연소 가스량에 대한 탄산가스량을 백분율[%]로 표시한 것이다.

∴ $CO_2\text{max} = \dfrac{CO_2 량}{이론 건연소 가스량(G_{0d})} \times 100$

08 슬래그 연소의 특징으로 옳지 않은 것은?

① 분쇄기가 필요해서 설비비와 유지비가 비싸다.
② 노내 분위기 온도를 고온으로 유지해야 하므로 특별한 구조가 필요하다.
③ fly ash가 적어 전열면의 오손이 적고, 재가 용융되므로 미연소물의 배출이 적다.
④ 과잉공기량이 적어 연소 배출가스에 의한 열손실이 적고, 높은 온도를 유지할 수 있어 보일러 열효율이 높다.

해설 ㉮ 슬래그 연소 : 미분탄의 연소장치 중 하나로 노내의 온도를 재의 융점이상으로 높여 재를 용융시켜 이를 노의 하부로 유출시키는 방법으로 연소하는 장치이다.
㉯ 특징
  ㉠ 비산회(fly ash)가 적어 전열면 오손이 적다.
  ㉡ 재가 용융되므로 미연소물의 배출이 적고, 미연소에 의한 열손실이 적다.
  ㉢ 공기비가 적어 배기가스에 의한 손실열이 적다.
  ㉣ 가동시간이 길고, 노의 온도를 고온으로 유지할 수 있다.
  ㉤ 로내 분위기 온도를 고온으로 유지해야 하므로 특별한 구조가 필요하다.

정답 05. ② 06. ③ 07. ④ 08. ①

ⓗ 노내의 온도를 회(ash)의 용융온도보다 200[℃] 정도 높게 고온으로 유지해야 하므로 사용연료에 제한이 있다.

09 연소를 계속 유지시키는데 필요한 조건을 바르게 나타낸 것은?

① 연료에 공기를 접촉시켜 연소속도를 저하시킨다.
② 연료에 산소를 공급하고 착화온도 이하로 억제한다.
③ 연료에 발화온도 미만의 저온 분위기를 유지시킨다.
④ 연료에 산소를 공급하고 착화온도 이상으로 유지한다.

[해설] 연료의 착화온도(발화온도) 이하로 유지하면 연소가 유지되기 어렵고, 인화점 이하로 되면 소화가 되므로 연료에 산소를 공급하고 착화온도 이상으로 하는 것이 연소를 유지할 수 있는 조건이 된다.

10 다음 중 착화온도(ignition temperature)가 가장 높은 것은?

① 탄소   ② 목탄
③ 역청탄   ④ 무연탄

[해설] 각 연료의 착화온도

명칭	착화온도
탄소(C)	약 800[℃]
목탄(흑탄)	320~370[℃]
역청탄	325~400[℃]
무연탄	440~500[℃]

11 석탄을 공업분석하여 휘발분 33.1[%], 회분 14.8[%], 수분 5.7[%]의 결과를 얻었을 때 이 석탄의 연료비는 약 얼마인가?

① 1.4   ② 3.1   ③ 8.1   ④ 46.4

[해설] ㉮ 고정탄소 계산
∴ 고정탄소 = 100 - (수분+회분+휘발분)
= 100 - (5.7+14.8+33.1)
= 46.4[%]
㉯ 연료비 계산
∴ 연료비 = $\frac{고정탄소}{휘발분} = \frac{46.4}{33.1} = 1.401$

12 질소산화물의 생성을 억제하는 방법이 아닌 것은?

① 물분사법
② 2단 연소법
③ 배출가스 재순환법
④ 고농도(高濃度) 산소 연소법

[해설] 질소산화물의 생성을 억제하는 방법
㉮ 저공기비로 연소한다.
㉯ 열부하를 감소시킨다.
㉰ 공기온도를 저하시킨다.
㉱ 2단 연소법을 사용한다.
㉲ 배기가스를 재순환시킨다.
㉳ 물이나 증기를 분사한다.
㉴ 저NOx 버너를 사용한다.
㉵ 연료를 전처리하여 사용한다.

13 [보기]의 특징을 가지는 버너는?

[보기]
- 구조가 비교적 간단하다.
- 무화 매체인 증기나 공기가 필요 없다.
- 소음발생이 거의 없다.
- 유량조절 범위가 좁다.
- 무화 특성이 좋지 않다.

① 회전분무식   ② 증기분무식
③ 유압분무식   ④ 외부혼합식

[해설] 유압분무식 버너의 특징
㉮ 연료유를 가압하여 노즐을 이용, 고속 분사하여 무화시키는 방식이다.
㉯ 종류에는 환류형과 비환류형으로 분류된다.

정답 09. ④ 10. ① 11. ① 12. ④ 13. ③

㉰ 부하변동에 적응성이 적다.
㉱ 무화매체가 필요 없고, 대용량에 적합하다.
㉲ 유량은 유압의 평방근에 비례한다.
㉳ 분사각도는 40~90° 정도이다.
㉴ 사용유압은 0.5~2[MPa] 이다.
㉵ 유량 조절범위가 환류식 1 : 3, 비환류식 1 : 6 정도로 좁다.

14 어떤 기체연료의 고위발열량이 101.153 [MJ/kg]이고 표준상태에서 질량이 1.96[kg]이라면 이 기체의 명칭은?

① 메탄   ② 에탄
③ 프로판 ④ 부탄

해설 ㉮ 표준상태에서 질량 1.96[kg]은 기체연료 1[L]의 무게이고, 1몰[mol]의 체적은 22.4[L]에 해당된다.
㉯ 기체의 분자량(M) 계산 :
기체연료 1[L]의 질량 $= \dfrac{M}{22.4}$ 에서 분자량(M)을 구한다.
∴ M = 기체 1[L]의 질량 × 22.4
 = 1.96 × 22.4 = 43.904
∴ 분자량이 약 44에 해당하는 기체는 프로판(C_3H_8)이다.

15 액체연료를 연소시킬 때 공기량이 부족하면 노내 화염의 색깔은 주로 어떤 색을 띠는가?

① 청색   ② 백색
③ 오렌지색 ④ 암적색

해설 노내 화염의 색깔
㉮ 공기량이 많은 경우 : 회백색
㉯ 공기량이 부족한 경우 : 암적색
㉰ 공기량이 적당한 경우 : 엷은 주황색(오렌지색)

16 다음 조성의 액체연료를 완전 연소시키기 위해 필요한 이론공기량은 약 몇 [Sm³/kg] 인가?

C : 0.70[kg],	H : 0.10[kg]
O : 0.05[kg],	S : 0.05[kg]
N : 0.09[kg],	ash : 0.01[kg]

① 8.9   ② 11.5
③ 15.7   ④ 18.9

해설 ㉮ 연료 조성으로 주어진 것을 합산하면 1[kg]이 되므로 각 조성의 연료량이 중량(질량)비율이 된다.
㉯ 이론공기량 계산
∴ $A_0 = 8.89C + 26.67\left(H - \dfrac{O}{8}\right) + 3.33S$
$= 8.89 × 0.70 + 26.67 × \left(0.10 - \dfrac{0.05}{8}\right)$
$+ 3.33 × 0.05$
$= 8.889 [Sm^3/kg]$

17 표준상태에 있는 공기 1[m³]속에 산소는 약 몇 [g]이 함유되어 있는가?

① 100   ② 200
③ 300   ④ 400

해설 ㉮ 공기 중에 산소의 체적비율은 21[%]이고, 산소의 분자량은 32 이다.
㉯ 산소의 질량 계산 : 공기 1[m³]는 1000[L]이므로 비례식을 이용하여 계산한다.
32[g] : 22.4[L] = x[g] : 1000 × 0.21[L]
∴ $x = \dfrac{32 × 1000 × 0.21}{22.4} = 300 [g]$

18 CO_2와 연료 중의 탄소분을 알고 있을 때 건연소가스량(G')을 구하는 식은?

① $\dfrac{1.867 \cdot C}{(CO_2)} [Nm^3/kg]$

② $\dfrac{(CO_2)}{1.867 \cdot C} [Nm^3/kg]$

③ $\dfrac{1.867 \cdot C}{21 \cdot (CO_2)} [Nm^3/kg]$

④ $\dfrac{21 \cdot (CO_2)}{1.867 \cdot C} [Nm^3/kg]$

정답 14. ③ 15. ④ 16. ① 17. ③ 18. ①

해설 고체연료에서 연료 중의 성분비율에 따른 배기가스 중 CO_2의 비율 계산식

$$CO_2[\%] = \frac{1.867C + 0.7S}{G'} \times 100$$

에서 건연소가스량($G'[Nm^3/kg]$) 계산식을 유도하면

$$G' = \frac{1.867C + 0.7S}{CO_2}$$

에서 황성분을 무시하면

$$G' = \frac{1.867C}{CO_2} [Nm^3/kg] \text{ 이다.}$$

19 다음 중 BLEVE(Boiling Liquid Expanding Vapour Explosion)현상을 가장 올바르게 설명한 것은?

① 물이 점성이 크고 뜨거운 기름 표면 아래서 끓을 때 연소를 동반하지 않고 over flow되는 현상
② 물이 연소유(oil)의 뜨거운 표면에 들어갈 때 발생되는 over flow되는 현상
③ 탱크 바닥에 물과 기름의 에멀젼이 섞여 있을 때 물의 비등으로 인하여 급격하게 over flow되는 현상
④ 과열 상태의 탱크에서 내부의 액화 가스가 분출하여 기화되어 착화되었을 때 폭발하는 현상

해설 BLEVE 현상 : 가연성 액체 저장탱크 주변에서 화재가 발생하여 기상부의 탱크가 국부적으로 가열되면 그 부분이 강도가 약해져 탱크가 파열된다. 이때 내부의 액화가스가 급격히 유출 팽창되어 기화되면서 화구(fire ball)를 형성하여 폭발하는 형태를 말한다.

20 집진장치의 선정을 위한 고려사항으로 거리가 먼 것은?

① 분진의 색상   ② 설치장소
③ 예상 집진효율   ④ 분진의 입자크기

해설 집진장치 선정 시 고려사항
㉮ 분진의 입도 및 분포
㉯ 집진기의 처리효율
㉰ 집진장치에 의한 압력손실
㉱ 제거하여야 할 분진의 양
㉲ 집진시설 설치장소 및 관리 유지비
㉳ 집진 후 폐기물의 처리문제

2과목 - 열역학

21 20[MPa], 0[℃]의 공기를 100[kPa]로 교축(throttling)하였을 때의 온도는 약 몇 [℃]인가? (단, 엔탈피는 20[MPa], 0[℃]에서 439 [kJ/kg], 100[kPa], 0[℃]에서 485[kJ/kg]이고, 압력이 100[kPa]인 등압과정에서 평균비열은 1.0[kJ/kg·℃] 이다.

① -11   ② -22
③ -36   ④ -46

해설 교축은 단열팽창과정이며, 온도와 압력이 강하하며 엔탈피 변화 $\Delta h = C_p(T_2 - T_1)$에서 교축 후의 온도 T_2를 구한다.

$$\therefore T_2 = \frac{\Delta h}{C_p} + T_1 = \frac{439 - 485}{1} + (273 + 0)$$
$$= 227[K] - 273 = -46[℃]$$

※ 평균비열은 1.0[kJ/kg·℃]는 1.0[kJ/kg·K]과 같으며, 온도를 섭씨온도로 대입하여 계산하여도 최종값은 동일하다.

22 비열비는 1.3이고 정압비열이 0.845[kJ/kg·K]인 기체의 기체상수[kJ/kg·K]는 얼마인가?

① 0.195   ② 0.5
③ 0.845   ④ 1.345

해설 ㉮ 정적비열 계산

비열비 $k = \dfrac{C_p}{C_v}$ 에서 정적비열 C_v를 구한다.

$$\therefore C_v = \frac{C_p}{k} = \frac{0.845}{1.3} = 0.65 [\text{kJ/kg} \cdot \text{K}]$$

㉔ 기체상수 계산
$$\therefore R = C_p - C_v = 0.845 - 0.65$$
$$= 0.195 [\text{kJ/kg} \cdot \text{K}]$$

23 증기원동소 내 보일러의 평균온도는 165[℃]이고, 입출구에서의 단위 질량당 엔탈피 차이는 2066.3[kJ/kg]이며, 응축기의 평균온도는 54[℃], 입출구에서의 단위 질량당 엔탈피 차이는 1898.4[kJ/kg]이다. 펌프 및 터빈에서의 열전달율을 무시할 때 단순 증기원동소 내 엔트로피 변화율은 약 몇 [kJ/kg·K]인가?

① -22.6 ② 47.6
③ -1.09 ④ 10.5

해설 ㉮ 보일러에서의 엔트로피 변화
$$\therefore s_1 = \frac{dQ}{T} = \frac{2066.3}{273+165}$$
$$= 4.717 [\text{kJ/kg} \cdot \text{K}]$$
㉯ 응축기에서의 엔트로피 변화
$$\therefore s_2 = \frac{dQ}{T} = \frac{1898.4}{273+54}$$
$$= 5.805 [\text{kJ/kg} \cdot \text{K}]$$
㉰ 증기원동소 내 엔트로피 변화율 계산
$$\therefore \Delta s = s_1 - s_2 = 4.717 - 5.805$$
$$= -1.088 [\text{kJ/kg} \cdot \text{K}]$$

24 열역학 제1법칙을 가장 잘 설명한 것은?
① 시스템과 주위의 총 엔트로피는 계속 증가한다.
② 열에너지가 기계적 에너지보다 고급의 에너지 형태이다.
③ 열은 일과 같이 에너지의 이동 형태의 하나로 일과 열은 서로 변환될 수 있다.
④ 제1종의 영구기관은 에너지의 공급 없이 영구히 일할 수 있는 기관으로 실현 가능하다.

해설 ㉮ 열역학 제1법칙: 에너지보존의 법칙으로 열에너지는 다른 에너지로, 다른 에너지는 열에너지로 전환이 가능(열과 일은 서로 전환이 가능)한 것으로 설명되는 것이다.
㉯ 제1종 영구 운동기관: 입력보다 출력이 더 큰 기관으로 효율이 100[%] 이상인 기관으로 열역학 제1법칙에 위배되며 실현 불가능한 기관이다.

25 재생 랭킨 사이클을 사용하는 주된 목적으로 가장 타당한 것은?
① 펌프일의 감소
② 공급열량 감소
③ 터빈출구 건도 향상
④ 터빈일의 증가

해설 재생 사이클: 팽창 도중의 증기를 터빈에서 추출하여 급수의 가열에 사용하는 사이클로 공급열량을 감소하여 열효율이 랭킨사이클에 비해 증가한다.

26 430[K]에서 2093[kJ]의 열을 공급받아 300[K]에서 방열시키는 카르노 사이클의 열효율[%]과 일량[kJ]으로서 옳은 것은?
① 30.2[%], 151.3[kJ]
② 30.2[%], 632.7[kJ]
③ 69.8[%], 151.3[kJ]
④ 69.8[%], 632.7[kJ]

해설 ㉮ 열효율[%] 계산
$$\therefore \eta = \frac{W}{Q_1} \times 100 = \frac{T_1 - T_2}{T_1} \times 100$$
$$= \frac{430 - 300}{430} \times 100 = 30.232 [\%]$$
㉯ 일량[kJ] 계산 : 카르노 사이클 효율 $\eta = \frac{W}{Q_1}$에서 일량 W를 구한다.
$$\therefore W = Q_1 \times \eta = 2093 \times 0.30232$$
$$= 632.755 [\text{kJ}]$$

정답 23. ③ 24. ③ 25. ② 26. ②

27 어떤 기체가 압력 300[kPa], 체적 2[m³]의 상태로부터 압력 500[kPa], 체적 3[m³]의 상태로 변화하였다. 이 과정 중에 내부에너지의 변화가 없다고 하면 엔탈피의 변화량은 약 몇 [kJ]인가?

① 570 ② 870
③ 900 ④ 975

해설 '엔탈피(dh)=내부에너지(U)+외부에너지(PV)'에서 내부에너지 변화가 없다.
∴ $dh = P_2 V_2 - P_1 V_1$
$= 500 \times 3 - 300 \times 2 = 900$ [kJ]

28 포화증기를 등엔트로피 과정으로 압축시키면 상태는 어떻게 되는가?

① 습증기가 된다.
② 과열증기가 된다.
③ 포화액이 된다.
④ 임계성을 띤다.

해설 포화증기(습증기)를 단열과정(등엔트로피 과정)으로 압축시키면 압력과 온도가 상승하여 과열증기가 되며, 엔탈피는 증가한다.

29 20[℃], 100[kPa]에서 상대습도가 80[%]인 공기의 몰습도는 약 얼마인가? (단, 20[℃]에서 물의 포화증기압은 2.3[kPa]이다.)

① 0.019 ② 0.023
③ 0.035 ④ 0.041

해설 ㉮ 수증기 분압(P_w) 계산 : 상대습도
$\phi = \dfrac{수증기\ 분압(P_w)}{t[℃]에서의\ 포화증기압(P_s)}$
에서 수증기 분압 P_w를 구한다.
∴ $P_w = \phi \times P_s = 0.8 \times 2.3 = 1.84$ [kPa]
㉯ 몰습도[mol·H₂O/mol·dry air] 계산
∴ 몰습도 $= \dfrac{P_w}{P - P_w} = \dfrac{1.84}{100 - 1.84} = 0.0187$

30 다음 중 세기성질(intensive property)이 아닌 것은?

① 압력 ② 밀도
③ 비체적 ④ 체적

해설 세기성질(intensive property) : 시강변수, 강도변수라 하며 양에 관계없이 일정한 값으로 온도, 압력, 밀도, 몰분율 등이 해당된다.

31 임계점(critical point)에 대한 설명 중 옳은 것은?

① 고체, 액체, 기체가 공존하는 3중점을 뜻한다.
② $T-s$선도, $h-s$선도에서 선도의 양 끝점을 말한다.
③ 어떤 압력 하에서도 증발이 시작되는 점과 끝나는 점이 일치하는 곳이다.
④ 임계온도 이하에서는 증기와 액체가 평형으로 존재할 수 없는 상태의 점이다.

해설 임계점(critical point) : 어떤 압력 상태에서 포화액선과 포화증기선의 간격이 전차 좁아져서 증발의 시작점과 끝나는 점이 일치하는(포화액선과 건포화증기선이 만나는 점) 곳으로 증발현상이 없이 액체에서 기체로 변화한다. 이때의 압력을 임계압력(critical pressure), 온도를 임계온도(critical temperature)라 한다.

32 냉매의 일반적인 구비조건이 아닌 것은?

① 증발잠열이 클 것
② 증발압력은 가급적 대기압보다 높을 것
③ 단위 냉동능력당 냉매 순환량이 적을 것
④ 액체의 비열은 크고, 기체의 비열은 작을 것

해설 냉매의 구비조건
㉮ 응고점이 낮고 임계온도가 높으며 응축, 액화가 쉬울 것

정답 27. ③ 28. ② 29. ① 30. ④ 31. ③ 32. ④

㉯ 응축압력이 높지 않을 것
㉰ 증발잠열이 크고 기체의 비체적이 적을 것
㉱ 오일과 냉매가 작용하여 냉동장치에 악영향을 미치지 않을 것
㉲ 화학적으로 안정하고 분해하지 않을 것
㉳ 금속에 대한 부식성 및 패킹재료에 악영향이 없을 것
㉴ 인화 및 폭발성이 없을 것
㉵ 인체에 무해할 것(비독성가스 일 것)
㉶ 액체의 비열은 작고, 기체의 비열은 클 것
㉷ 경제적일 것(가격이 저렴할 것)

33 디젤 사이클에서 압축비가 20, 단절비(cut-off ratio)가 1.7일 때 열효율은 약 몇 [%]인가? (단, 비열비는 1.4이다.)

① 43 ② 66
③ 72 ④ 84

해설
$$\eta_d = \left\{1 - \left(\frac{1}{\epsilon}\right)^{k-1} \times \left(\frac{\sigma^k - 1}{k(\sigma-1)}\right)\right\} \times 100$$
$$= \left\{1 - \left(\frac{1}{20}\right)^{1.4-1} \times \left(\frac{1.7^{1.4} - 1}{1.4 \times (1.7-1)}\right)\right\} \times 100$$
$$= 66.07 [\%]$$

34 체적 20[m³]의 용기 내에 공기가 채워져 있으며, 이때 온도는 25[℃]이고, 압력은 200[kPa]이다. 용기 내의 공기온도를 65[℃]까지 가열시키는 경우에 소요 열량은 약 몇 [kJ]인가? (단, 기체상수는 0.287[kJ/kg·K], 정적비열은 0.71[kJ/kg·K]이다.)

① 240 ② 330
③ 1330 ④ 2840

해설
㉮ 20[m³]의 용기 속의 공기 질량 계산 : SI단위 이상기체 상태방정식 $PV = GRT$에서 질량 G를 구한다.
$$\therefore G = \frac{PV}{RT} = \frac{200 \times 20}{0.287 \times (273 + 25)}$$
$$= 46.769 [kg]$$

㉯ 가열량 계산
$$\therefore Q_a = m C_v (T_2 - T_1)$$
$$= 46.769 \times 0.71 \times \{(273 + 65) - (273 + 25)\}$$
$$= 1328.239 [kJ]$$

35 출력 50[kW]의 가솔린 엔진이 매시간 10[kg]의 가솔린을 소모한다. 이 엔진의 효율은 약 몇 [%]인가? (단, 가솔린의 발열량은 42000[kJ/kg]이다.)

① 21 ② 32
③ 43 ④ 60

해설
㉮ 1[kW] = 860[kcal/h] = 3600[kJ/h] 이다.
㉯ 가솔린 엔진의 효율 계산
$$\therefore \eta = \frac{실제 소요동력의 열당량}{공급열량} \times 100$$
$$= \frac{50 \times 3600}{10 \times 42000} \times 100 = 42.857 [\%]$$

36 2[kg], 30[℃]인 이상기체가 100[kPa]에서 300[kPa]까지 가역 단열과정으로 압축되었다면 최종온도[℃]는? (단, 이 기체의 정적비열은 750[J/kg·K], 정압비열은 1000[J/kg·K]이다.)

① 99 ② 126
③ 267 ④ 399

해설
㉮ 비열비 계산
$$\therefore k = \frac{C_p}{C_v} = \frac{1000}{750} = 1.33$$

㉯ 단열압축 후 온도 계산
$$\frac{T_2}{T_1} = \left(\frac{P_2}{P_1}\right)^{\frac{k-1}{k}}$$에서 압축 후 온도 T_2를 구한다.
$$\therefore T_2 = T_1 \times \left(\frac{P_2}{P_1}\right)^{\frac{k-1}{k}}$$
$$= (273 + 30) \times \left(\frac{300}{100}\right)^{\frac{1.33-1}{1.33}}$$
$$= 397.947 [K] - 273 = 124.947 [℃]$$

정답 33. ② 34. ③ 35. ③ 36. ②

37 산소를 일정 체적하에서 온도를 27[℃]로부터 −3[℃]로 강하시켰을 경우 산소의 엔트로피[kJ/kg·K]의 변화는 얼마인가? (단, 산소의 정적비열은 0.654 [kJ/kg·K] 이다.)

① −0.0689　② 0.0689
③ −0.0582　④ 0.0582

해설
$$\Delta S = C_v \ln \frac{T_2}{T_1}$$
$$= 0.654 \times \ln \frac{273-3}{273+27}$$
$$= -0.0689 \, [kJ/kg \cdot K]$$

38 성능계수가 4.3인 냉동기가 1시간 동안 30[MJ]의 열을 흡수한다. 이 냉동기를 작동하기 위한 동력은 약 몇 [kW]인가?

① 0.25　② 1.94
③ 6.24　④ 10.4

해설 ㉮ 1[kW]는 3600[kJ/h]이므로 3.6[MJ/h]이다.
㉯ 동력 계산 : 냉동기 성능계수 $COP_R = \frac{Q_2}{W}$에서 동력 W를 구한다.
$$\therefore W = \frac{Q_2}{COP_R} = \frac{30}{4.3 \times 3.6} = 1.937 \, [kW]$$

39 그래프는 어떤 순수한 물질의 $P-T$ 선도이다. 이 선도에서 영역 A는 무슨 상인가?

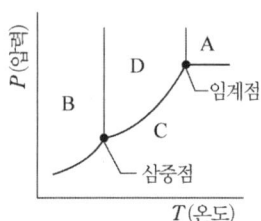

① 기체(vapor)　② 고체(solid)
③ 유체(fluid)　④ 액체(liquid)

해설 $P-T$ 선도의 상태
㉮ A 구역 : 임계점에서는 증발현상이 없이 액체에서 기체로 변화하므로 A구역은 액체와 기체상태이므로 유체라고 할 수 있다.
㉯ B 구역 : 고체상태
㉰ C 구역 : 증기상태
㉱ D 구역 : 액체상태

40 "2개의 물체가 또 다른 물체와 서로 열평형을 이루고 있으면 그들 상호 간에도 서로 열평형 상태에 있다."라는 것은 열역학 몇 법칙인가?

① 열역학 제0법칙
② 열역학 제1법칙
③ 열역학 제2법칙
④ 열역학 제3법칙

해설 열역학 제0법칙 : 온도가 서로 다른 물질이 접촉하면 고온은 저온이 되고, 저온은 고온이 되어서 결국 시간이 흐르면 두 물질의 온도는 같게 된다. 이것을 열평형이 되었다고 하며, 열평형의 법칙이라 한다.

3과목 - 계측방법

41 오리피스(orifice), 벤투리관(Venturi tube)을 이용하여 유량을 측정하고자 할 때 필요한 값으로 가장 적절한 것은?

① 측정기구의 출구 압력
② 측정기구 전후의 압력차
③ 측정기구 전후의 온도차
④ 측정기구 입구에 가해지는 압력

해설 차압식 유량계
㉮ 측정원리 : 베르누이 방정식
㉯ 종류 : 오리피스미터, 플로 노즐, 벤투리미터
㉰ 측정방법 : 조리개 전후에 연결된 액주계의 압력차를 이용하여 유량을 측정

42 휴대용으로 상온에서 비교적 정도가 좋은 아스만(Asman) 습도계는 다음 중 어디에 속하는가?

① 간이 건습구 습도계
② 저항 습도계
③ 통풍형 건습구 습도계
④ 냉각식 노점계

해설 아스만(Asman) 습도계 : 태엽의 힘으로 통풍하는 통풍형 건습구 습도계로서 휴대가 편리하고 필요 풍속이 약 3[m/s] 정도이다.

43 열전대 온도계에 적용되는 원리(효과)가 아닌 것은?

① 제베크효과   ② 틴들효과
③ 톰슨효과   ④ 펠티어효과

해설 열전대 온도계에 적용되는 원리(효과)
㉮ 제베크효과(Seebeck effect) : 2종류의 금속선을 접속하여 하나의 회로를 만들어 2개의 접점에 온도차를 부여하면 회로에 접점의 온도에 거의 비례한 전류(열기전력)가 흐르는 현상으로 열전대 온도계의 측정원리이다.
㉯ 톰슨효과(Thomson effect) : 온도가 다른 금속에 전류를 통했을 때 금속에는 전기저항으로 인한 줄(Joul) 열 이외의 열의 발생과 흡수가 일어나는 현상이다.
㉰ 펠티어효과(Peltier effect) : 서로 다른 도체로 이루어진 회로를 통해 직류전류를 흐르게 하면 전류의 방향에 따라 서로 다른 도체 사이의 접합의 한 쪽은 가열되는 반면 다른 한 쪽은 냉각되는 현상이다.
※ 제베크효과, 톰슨효과, 펠티어효과 3가지를 열과 전기의 상관현상으로 열전효과, 열전현상이라 하며 열전대온도계의 원리와 관계된다.

참고 틴들(Tyndall)효과 : 가시광선의 파장과 비슷한 미립자가 분산되어 있을 때 빛을 비추면 산란되어 빛의 통로가 생기는 현상으로 빛이 산란되는 정도는 미립자의 크기가 클수록 심해지기 때문에 이를 이용하여 미립자의 크기를 알 수 있다. 맑은 하늘이 푸르게 보이는 것이 대표적인 현상이다.

44 다음 중 기본단위의 정의가 잘못된 것은?

① "미터"는 빛이 진공에서 1/299792458초 동안 진행한 경로의 길이
② "초"는 세슘 133 원자의 바닥상태에 있는 두 초미세준위 사이의 전이에 대응하는 복사선의 9192631770 주기의 지속시간
③ "켈빈"은 물의 삼중점에 해당하는 열역학적 온도의 1/273.16
④ "몰"은 수소 2g의 0.012 키로그램에 있는 원자의 개수와 같은 수의 구성요소를 포함한 어떤 계의 물질량

해설 기본단위의 정의(국가표준기본법 시행령 별표1) : "몰(mol)"은 물질량의 단위로서 $6.02214076 \times 10^{23}$개의 구성요소를 포함한다. 이 숫자는 아보가드로 상수 N_A를 mol^{-1} 단위로 나타낼 때 정해지는 수치로서 아보가드로 수라고 부른다. 어떤 계의 물질량(기호 : n)은 명시된 특정 구성 요소들의 수를 나타내는 척도이다. 특정 구성요소들이란 원자, 분자, 이온, 전자, 그 외의 입자 또는 그런 입자들의 특정한 집합체가 될 수 있다.

45 수은 온도계의 상용 온도범위는 얼마인가?

① $-60[℃] \sim 200[℃]$
② $-35[℃] \sim 350[℃]$
③ $-15[℃] \sim 300[℃]$
④ $0[℃] \sim 400[℃]$

해설 수은 온도계 특징
㉮ 비열은 적고, 열전도율은 크기 때문에 응답속도가 비교적 빠르다.
㉯ 경년변화(經年變化)에 의한 오차가 발생한다.
㉰ 팽창계수는 적은 편이다.
㉱ 내부에 질소를 충전한 것은 650[℃]까지 측정이 가능하다.

정답 42. ③ 43. ② 44. ④ 45. ②

46 다이얼 게이지를 이용하여 두께를 측정하는 방법 등이 이에 해당하며, 정확한 기준과 비교 측정하여 측정기 자신의 부정확한 원인이 되는 오차를 제거하기 위하여 사용되는 방법은?

① 편위법 ② 영위법
③ 치환법 ④ 보상법

해설 측정방법
㉮ 편위법 : 부르동관 압력계와 같이 측정량과 관계 있는 다른 양으로 변환시켜 측정하는 방법으로 정도는 낮지만 측정이 간단하다.
㉯ 영위법 : 기준량과 측정하고자 하는 상태량을 비교 평형 시켜 측정하는 것으로 천칭을 이용하여 질량을 측정하는 것이 해당된다.
㉰ 치환법 : 지시량과 미리 알고 있는 다른 양으로부터 측정량을 나타내는 방법으로 다이얼게이지를 이용하여 두께를 측정하는 것이 해당된다.
㉱ 보상법 : 측정량과 거의 같은 미리 알고 있는 양을 준비하여 측정량과 그 미리 알고 있는 양의 차이로써 측정량을 알아내는 방법이다.

47 그림과 같은 경사관식 압력계에서 압력 P_1과 P_2의 압력차는 약 몇 [kPa]인가?
(단, $\theta = 30°$, $x = 100$[cm], 액체의 비중량은 8820[N/m³]이다.)

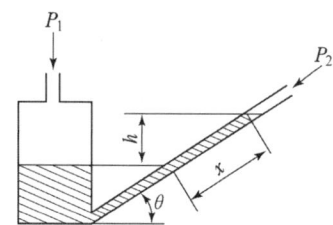

① 4.4   ② 44
③ 8.8   ④ 88

해설 액체의 비중량 단위는 [kN/m³]을 적용해야 압력차 단위 [kPa]로 계산된다.
∴ $P_1 - P_2 = \gamma \times x \times \sin\theta$
$= (8820 \times 10^{-3}) \times 1 \times \sin 30$
$= 4.41$ [kPa]

48 열전대 온도계 중에서 가장 높은 온도의 측정에 사용되는 형식은?

① T형 ② K형
③ R형 ④ J형

해설 열전대 온도계의 종류 및 측정온도 범위

열전대 종류	측정온도 범위
R형[백금-백금로듐](P-R)	0~1600[℃]
K형[크로멜-알루멜](C-A)	-20~1200[℃]
J형[철-콘스탄탄](I-C)	-20~800[℃]
T형[동-콘스탄탄](C-C)	-180~350[℃]

49 관로의 유속을 피토관으로 측정할 때 수주의 높이가 30[cm] 이었다. 이 때 유속은 약 몇 [m/s]인가?

① 1.88 ② 2.42
③ 3.88 ④ 5.88

해설 $V = \sqrt{2gh}$
$= \sqrt{2 \times 9.8 \times 0.3} = 2.424$ [m/s]

50 보일러 급수제어의 3요소식과 관련이 없는 것은?

① 연소량 ② 수위
③ 증기유량 ④ 급수유량

해설 급수제어방법의 종류 및 검출대상(요소)

명칭	검출대상
1요소식	수위
2요소식	수위, 증기량
3요소식	수위, 증기량, 급수유량

51 압력식 온도계가 아닌 것은?

① 액체 팽창식 ② 전기 저항식
③ 기체 압력식 ④ 증기 압력식

해설 ▶ 압력식 온도계의 종류 및 사용물질
㉮ 액체 압력(팽창)식 온도계 : 수은, 알코올, 아닐린
㉯ 기체 압력식 온도계 : 질소, 헬륨
㉰ 증기 압력식 온도계 : 프레온, 에틸에테르, 염화메틸, 염화에틸, 톨루엔, 아닐린

52 층류와 난류의 유동상태 판단의 척도가 되는 무차원 수는?

① 마하 수
② 프란틀 수
③ 넛셀 수
④ 레이놀즈 수

해설 ▶ ㉮ 레이놀즈수(Reynolds number) : 실제유체의 유동에서 관성력과 점성력의 비로 나타내는 무차원 수이다.
㉯ 레이놀즈수(Re)에 의한 유체의 유동상태 구분
  ㉠ 층류 : $Re < 2100$ (또는 2300, 2320)
  ㉡ 난류 : $Re > 4000$
  ㉢ 천이구역 : $2100 < Re < 4000$
  ㉣ 임계 레이놀즈수 : 2320

53 벤투리미터(Venturi meter)의 특징 중 맞지 않는 것은?

① 구조가 복잡하고 대형이다.
② 압력손실이 적고 측정 정도도 높다.
③ 점도가 큰 액체의 측정에서도 오차가 발생치 않는다.
④ 레이놀즈수가 10^5 정도 이하에서는 유량계수가 변화한다.

해설 ▶ 벤투리(Venturi) 유량계의 특징
㉮ 압력차가 적고, 압력손실이 적다.
㉯ 내구성이 좋고, 정밀도가 높다.
㉰ 대형으로 제작비가 비싸다.
㉱ 레이놀즈수가 10^5 이상에서 유량계수가 유지된다.
㉲ 구조가 복잡하고, 교환이 어렵다.
※ 레이놀즈수가 10^5 이상에서 유량계수가 유지되는 것이므로, 반대로 레이놀즈수가 10^5 이하에서는 유량계수가 변화하는 것으로 설명할 수 있는 것이다.

54 자동제어에서 미분동작을 설명한 것으로 가장 적절한 것은?

① 조절계의 출력 변화가 편차에 비례하는 동작
② 조절계의 출력 변화의 크기와 지속시간에 비례하는 동작
③ 조절계의 출력 변화가 편차의 변화 속도에 비례하는 동작
④ 조작량이 어떤 동작 신호의 값을 경계로 하여 완전히 전개 또는 전폐되는 동작

해설 ▶ 미분(D) 동작 : 조작량이 동작신호의 미분치에 비례하는 동작으로 비례동작과 함께 쓰이며 일반적으로 진동이 제어되어 빨리 안정된다.

55 가스 분석에서 시료가스 채취시의 주의사항으로 잘못된 것은?

① 고온 가스의 채취관은 석영관, 자기관을 사용한다.
② 저온 가스의 채취관은 동관, 황동관을 사용한다.
③ 시료가스의 채취구 위치에 주의하여야 채취한다.
④ 채취배관은 되도록 깊게 하고 기울어지지 않게 수평으로 배관한다.

해설 ▶ 시료가스 채취시의 주의사항
㉮ 시료가스 채취구 위치에 주의해야 한다.
㉯ 공기 유입방지 및 연도 중심부의 시료 채취가 필요하다.
㉰ 가스성분과 반응하는 배관은 사용을 금지해야 한다.
㉱ 장치 내에서 시료가스의 시간지연을 적게 하고 배관은 짧게 한다.
㉲ 배관에는 경사를 두고 최하단에는 드레인 장치가 필요하다.
㉳ 보수가 용이한 장소에 설치해야 한다.

56 열전대에 사용하는 보상도선은 다음 중 어느 원리에 해당하는가?

① 제베크(Seebeck)효과
② 톰슨(Thomson)효과
③ 중간금속의 법칙
④ 중간온도의 법칙

해설 중간금속의 법칙 : 열전대를 구성하는 두 금속의 한쪽 접점은 서로 접해있고, 반대편 접점은 제3의 금속과 연결되어 있을 때 두 접점이 같은 온도라면 기전력이 발생하지 않는다는 것으로 열전대 보상도선에 적용된다.

57 정확한 온도정점을 구하기 위한 온도의 정의 정점 중에서 국제 실용온도 정의 정점에 해당되지 않는 것은?

① 물의 3중점
② 금의 응고점
③ 산소의 비점
④ 납의 응고점

해설 ㉮ 온도 정점 : 온도 눈금의 기준이 정점으로 국제적으로 정해 있다.
㉯ 온도의 정의 정점

정의 정점	절대온도[K]
평형수소의 3중점	13.81
평형수소의 17.042[K]점	17.042
평형수소의 끓는점	20.28
네온의 끓는점	27.102
산소의 3중점	54.361
산소의 끓는점	90.188
물의 3중점	273.16
물의 끓는점	373.16
주석의 응고점	505.118
아연의 응고점	692.73
은의 응고점	1235.08
금의 응고점	1337.58

58 비접촉식 온도측정 방법 중 가장 정확한 측정을 할 수 있으나 기록, 경보, 자동제어가 불가능한 단점이 있는 온도계는?

① 압력식 온도계
② 방사온도계
③ 열전온도계
④ 광고온계

해설 광고온계의 특징
㉮ 고온에서 방사되는 에너지 중 가시광선을 이용하여 사람이 직접 조작한다.
㉯ 700~3000[℃]의 고온도 측정에 적합하다. (700[℃] 이하는 측정이 곤란하다.)
㉰ 광전관 온도계에 비하여 구조가 간단하고 휴대가 편리하다.
㉱ 움직이는 물체의 온도 측정이 가능하고, 측온체의 온도를 변화시키지 않는다.
㉲ 비접촉식 온도계에서 가장 정확한 온도 측정을 할 수 있다.
㉳ 빛의 흡수 산란 및 반사에 따라 오차가 발생한다.
㉴ 방사온도계에 비하여 방사율에 대한 보정량이 작다.
㉵ 원거리 측정, 경보, 자동기록, 자동제어가 불가능하다.
㉶ 측정에 수동으로 조작함으로서 개인 오차가 발생할 수 있다.

59 연소가스의 통풍계로 주로 사용되는 압력계는?

① 다이어프램식 압력계
② 벨로즈식 압력계
③ 링밸런스식 압력계
④ 분동식 압력계

해설 다이어프램식 압력계의 특징
㉮ 응답속도가 빠르나 온도의 영향을 받는다.
㉯ 극히 미세한 압력 측정에 적당하다.
㉰ 부식성 유체의 측정이 가능하다.
㉱ 압력계가 파손되어도 위험이 적다.
㉲ 연소로의 통풍계(draft gauge)로 사용한다.
㉳ 측정범위는 0.2~50[kPa]이다.

정답 56. ③ 57. ④ 58. ④ 59. ①

60 자동제어계와 직접 관련이 없는 장치는?
① 기록부 ② 검출부
③ 조절부 ④ 조작부

해설 자동제어계의 구성 요소
㉮ 검출부 : 제어대상을 계측기를 사용하여 검출하는 과정이다.
㉯ 조절부 : 2차 변환기, 비교기, 조절기 등의 기능 및 지시기록 기구를 구비한 계기이다.
㉰ 비교부 : 기준입력과 주피드백량과의 차를 구하는 부분으로서 제어량의 현재값이 목표치와 얼마만큼 차이가 나는가를 판단하는 기구
㉱ 조작부 : 조작량을 제어하여 제어량을 설정치와 같도록 유지하는 기구이다.

해설 내화재, 단열재, 보온재 및 보냉재의 구분

구분	온도범위
내화재	내화도가 SK26(1580[℃]) 이상에서 사용
내화단열재	내화재와 단열재의 중간으로 SK10(1300[℃]) 이상에 견디는 것
단열재	내화벽과 외벽의 사이에 끼워 단열효과를 얻는 것으로 800~1200[℃]에 견디는 것
무기질 보온재	300~800[℃] 정도까지 사용
유기질 보온재	100~300[℃] 정도까지 사용
보냉재	100[℃] 이하에서 보냉을 목적으로 사용

4과목 - 열설비재료 및 관계법규

61 판상보온재를 사용하는 경우 소정의 두께의 보온판을 철사로 묶어서 밀착시킨다. 보온재의 두께가 다음 중 어느 정도가 넘을 경우 가능한 한 2층으로 나누어 시공하는가?
① 25[mm] ② 50[mm]
③ 75[mm] ④ 100[mm]

해설 보온재 시공 방법
㉮ 물 반죽 시공을 할 경우 보호망을 25[mm] 마다 설치하고, 70[%] 이상 건조되었을 때 2차 시공을 한다.
㉯ 관이나 판상의 보온재를 시공할 경우 75[mm]를 넘으면 2층으로 시공한다.
㉰ 고온에 접촉하는 부분에는 보온재를 2층으로 시공한다.
㉱ 고온부에는 내열성이 우수한 재료를 사용하고, 다음에는 보냉 효과가 우수한 보온재를 사용한다.

62 내화단열벽돌의 사용 온도는 얼마인가?
① 600[℃] 이상 ② 800[℃] 이상
③ 1000[℃] 이상 ④ 1300[℃] 이상

63 단조용 가열로에서 재료에 산화스케일이 가장 많이 생기는 가열방식은?
① 반간접식 ② 직화식
③ 무산화 가열방식 ④ 급속 가열방식

해설 단조용 가열로 중 직화식(直火式)은 가열실 내에서 연소를 하는 방식으로 신속히 가열이 되어 연료소비량이 적어도 되지만 산화스케일(scale)이 가장 많이 발생할 수 있다.

64 에너지이용 합리화법상 검사대상기기가 아닌 것은?
① 정격용량이 0.58[MW]를 초과하는 철금속가열로
② 가스 사용량이 17[kg/h]를 초과하는 소형온수보일러
③ 최고사용압력이 0.2[MPa]를 초과하는 증기를 보유하는 용기로서 내용적이 0.004[m^3] 이상인 용기
④ 최고사용압력[MPa]과 내용적[m^3]을 곱한 수치가 0.004를 초과하는 것으로 용기 안이 대기압을 넘는 반응기

정답 60.① 61.③ 62.④ 63.② 64.③

해설 검사대상기기 : 에너지이용 합리화법 시행규칙 별표 3의3

구분	검사대상기기명	적용범위
보일러	강철제보일러 주철제보일러	다음 각 호의 어느 하나에 해당하는 것을 제외한다. 1. 최고사용압력이 0.1[MPa] 이하이고, 동체의 안지름이 300[mm] 이하이며, 길이가 600[mm] 이하인 것 2. 최고사용압력이 0.1[MPa] 이하이고, 전열면적이 5[m^2] 이하인 것 3. 2종 관류보일러 4. 온수를 발생시키는 보일러로서 대기 개방형인 것
	소형온수보일러	가스를 사용하는 것으로서 가스사용량이 17[kg/h](도시가스는 232.6[kW])를 초과하는 것
압력용기	1종압력용기 2종압력용기	별표1에 따른 압력용기의 적용범위에 따른다.
요로	철금속가열로	정격용량이 0.58[MW]를 초과하는 것

참고 압력용기 적용범위 : 시행규칙 별표 1
㉮ 1종 압력용기 : 최고사용압력[MPa]과 내부 부피[m^3]를 곱한 수치가 0.004를 초과하는 다음 각 호의 어느 하나에 해당하는 것
  ㉠ 증기 그 밖의 열매체를 받아들이거나 증기를 발생시켜 고체 또는 액체를 가열하는 기기로서 용기안의 압력이 대기압을 넘는 것
  ㉡ 용기 안의 화학반응에 따라 증기를 발생시키는 용기로서 용기 안의 압력이 대기압을 넘는 것
  ㉢ 용기 안의 액체의 성분을 분리하기 위하여 해당 액체를 가열하거나 증기를 발생시키는 용기로서 용기 안의 압력이 대기압을 넘는 것
  ㉣ 용기 안의 액체의 온도가 대기압에서의 비점을 넘는 것
㉯ 2종 압력용기 : 최고사용압력이 0.2[MPa]를 초과하는 기체를 그 안에 보유하는 용기로서 다음 각 호의 어느 하나에 해당하는 것
  ㉠ 내부 부피가 0.04[m^3] 이상인 것
  ㉡ 동체의 안지름이 200[mm] 이상(증기헤더의 경우에는 동체의 안지름이 300[mm] 초과)이고, 그 길이가 1천[mm] 이상인 것

※ 정답 ③번 중에 내용적 수치가 0.04가 되어야 하는데 0.004로 제시되어 검사대상기기에 포함되지 않는 것이다.

65 에너지이용 합리화법에 따라 산업통상자원부장관은 에너지를 합리적으로 이용하게 하기 위하여 몇 년 마다 에너지이용 합리화에 관한 기본계획을 수립하여야 하는가?

① 2년　　② 3년
③ 5년　　④ 10년

해설 에너지이용 합리화 기본계획(시행령 제3조) : 산업통상자원부장관은 5년마다 에너지이용 합리화에 관한 기본계획을 수립하여야 한다.

66 SK35~38의 내화도를 가지며 내식성, 내마모성이 매우 커서 소성가마 등에 사용되는 내화물은?

① 고알루미나 벽돌
② 규석질 벽돌
③ 샤모트질 벽돌
④ 마그네시아 벽돌

해설 고 알루미나질 내화물 : 알루미나 함유율이 50[%] 이상, SK35~38의 내화도가 높은 Al_2O_3-SiO_2 계이 중성 내화물로 산성, 염기성 슬래그 용융물에 대한 내침식성이 크다.

67 제강 평로에서 축열실의 역할로 가장 옳은 것은?

① 원료를 예열한다.
② 제품을 가열한다.
③ 연소용 공기를 예열한다.
④ 연소용 중유를 가열한다.

해설 축열실 : 평로에서 연소온도를 높이고 연료 소비량을 절감하기 위하여 배기가스 현열을 흡수하여 공기나 연료가스 예열에 이용될 수 있도록 한 장치로 축열기라 한다.

68 검사대상기기를 개조하였을 때 개조검사를 받아야할 자는?

① 검사대상기기 제조업자
② 검사대상기기 시공업자
③ 검사대상기기 설치자
④ 검사대상기기 관리자

해설 검사대상기기의 검사(법 제39조) : 다음 각 호의 어느 하나에 해당하는 자("검사대상기기 설치자"라 한다)는 산업통상자원부령으로 정하는 바에 따라 시·도지사의 검사를 받아야 한다.
㉮ 검사대상기기를 설치하거나 개조하여 사용하려는 자
㉯ 검사대상기기의 설치장소를 변경하여 사용하려는 자
㉰ 검사대상기기를 사용 중지한 후 재사용하려는 자

69 노재의 하중연화점을 측정하는 방법으로 옳은 것은?

① 소정의 온도에서 압축강도를 측정한다.
② 하중과 온도를 동시에 변화시키면서 변형을 측정한다.
③ 하중과 온도를 일정하게 하고 일정시간 후의 변형을 측정한다.
④ 하중을 일정하게 하고 온도를 높이면서 그 하중에 견디지 못하고 변형하는 온도를 측정한다.

해설 ㉮ 하중연화점 : 내화물을 축요 하였을 때 일정한 하중을 받는 조건하에서 연화 변형하는 온도이다.
㉯ 측정(시험방법) : 하중을 일정하게 하고 온도를 높이면서 그 하중에 견디지 못하고 변형하는 온도를 측정한다.

70 에너지이용 합리화법에 따라 산업통상자원부장관은 에너지사정 등의 변동으로 에너지수급에 중대한 차질이 발생할 우려가 있다고 인정되면 필요한 범위에서 에너지 사용자, 공급자 등에게 조정·명령 그 밖에 필요한 조치를 할 수 있다. 이에 해당되지 않는 항목은?

① 에너지의 개발
② 지역별·주요 수급자별 에너지 할당
③ 에너지의 비축
④ 에너지의 배급

해설 수급안정을 위한 조치 사항(에너지이용 합리화법 제7조 2항)
㉮ 지역별·주요 수급자별 에너지 할당
㉯ 에너지 공급설비의 가동 및 조업
㉰ 에너지의 비축과 저장
㉱ 에너지의 도입·수출입 및 위탁가공
㉲ 에너지공급자 상호 간의 에너지의 교환 또는 분배 사용
㉳ 에너지의 유통시설과 그 사용 및 유통경로
㉴ 에너지의 배급
㉵ 에너지의 양도·양수의 제한 또는 금지
㉶ 에너지사용의 시기·방법 및 에너지사용 기자재의 사용 제한 또는 금지 등 대통령령으로 정하는 사항
㉷ 그 밖에 에너지수급을 안정시키기 위하여 대통령령으로 정하는 사항

71 탄화 규소질 내화물의 특징에 대한 설명으로 옳은 것은?

① 화학적으로 산성이고 열전도율이 작다.
② 마그네사이트를 주원료로 하는 천연광물이다.
③ 내식성은 우수하나 내스폴링성, 내열성이 약하다.
④ 고온의 중성 및 환원염 분위기에서는 안정하지만 산화염 분위기에서는 산화되기 쉽다.

해설 탄화 규소질 내화물의 특징
㉮ 규소 65[%], 탄소 30[%] 및 알루미나, 산화 제2철, 석회로 구성되어 있다.
㉯ 화학적으로 중성이고 열전도율이 크다.
㉰ 고온에서 산화되기 쉽다.
㉱ 내화도가 높고, 내스폴링성이 크다.
㉲ 열팽창계수가 적고, 하중연화온도가 높다.

정답 68. ③ 69. ④ 70. ① 71. ④

72 검사대상기기 관리자의 신고 사유가 발생한 경우 발생한 날로부터 며칠 이내에 신고하여야 하는가?

① 7일　　② 10일
③ 15일　　④ 30일

해설, 검사대상기기 관리자의 선임신고 등(시행규칙 제31조의 28) : 검사대상기기의 설치자는 검사대상기기 관리자를 선임·해임하거나 검사대상기기 관리자가 퇴직한 경우 등 신고사유가 발생하면 신고사유가 발생한 날로부터 30일 이내에 신고하여야 한다.

73 에너지이용 합리화법에 따라 에너지다소비사업자라 함은 연료·열 및 전력의 연간 사용량의 합계가 몇 티오이(TOE) 이상인가?

① 1000　　② 1500
③ 2000　　④ 3000

해설, 에너지다소비사업자(에너지이용 합리화법 시행령 제35조) : 연료, 열 및 전력의 연간 사용량의 합계가 2천 TOE 이상인 자를 에너지다소비사업자라 한다.

74 유리섬유의 내열도에 있어서 안전사용 온도 범위를 크게 개선시킬 수 있는 결합체는?

① 페놀 수지　　② 메틸 수지
③ 실리카켈　　④ 멜라민 수지

해설, 유리섬유(glass wool)에 실리카켈을 첨가하여 안전 사용 온도범위를 개선시켜 내열도를 향상시킨다.

75 가마를 사용하는데 있어 내용수명(耐用壽命)과의 관계가 가장 먼 것은?

① 온도의 급변
② 열처리 온도
③ 피열물의 열용량
④ 가마 내의 부착물(휘발분 및 연료의 재)

해설, 내용수명(耐用壽命) : 고정 자산의 수명으로 건물, 기계, 장치 등의 유형자산에 대해서 자산을 취득했을 때부터 폐기할 때까지의 기간으로 나타낸다. 가마의 수명을 지배하는 요소로는 열처리 온도, 가마 내의 부착물(휘발분 및 연료의 재), 온도의 급변 등이 해당 된다.

76 요로에 대한 설명으로 틀린 것은?

① 사용목적은 연료를 가열하여 수증기를 만들기 위함이다.
② 조업방식에 따라 불연속식, 반연속식, 연속식으로 분류된다.
③ 재료를 가열하여 물리적 및 화학적 성질을 변화시키는 가열장치이다.
④ 석탄, 석유, 가스, 전기 등의 에너지를 다량으로 사용하는 설비이다.

해설, 요로(窯爐)의 정의 : 열을 이용하여 물체를 가열, 용융, 소성하는 장치로서 화학적 및 물리적 변화를 강제적으로 행하는 공업적 장치이다.
　㉮ 요(窯, kiln) : 물체를 가열하여 소성하는 것을 목적으로 하는 것으로 가마라 불리운다.
　㉯ 로(爐, furnace) : 물체를 가열하여 용융시키는 것을 목적으로 하는 것으로 주로 금속류를 취급한다.

77 안전밸브에 관한 설명에서 틀린 것은?

① 스프링식 안전밸브는 고압 대용량에 적합하다.
② 스프링식 안전밸브는 스프링의 신축으로 취출압력을 조정한다.
③ 지렛대식 안전밸브는 추의 이동으로 증기의 취출압력을 조정한다.
④ 중추식 안전밸브는 주철제 원반을 겹친 다음 원판의 회전운동으로 증기압력을 조정한다.

해설, 중추식 안전밸브는 주철제 원반을 겹쳐 올린 다음 이 것의 무게에 의하여 증기압력(취출압력)을 조정한다.

정답 72. ④　73. ③　74. ③　75. ③　76. ①　77. ④

78 터널가마에서 샌드실(sand seal) 장치가 마련되어 있는 주된 이유는?

① 열 절연의 역할을 하기 위하여
② 요차를 잘 움직이게 하기 위하여
③ 찬바람이 가마 내로 들어가지 않도록 하기 위하여
④ 내화벽돌 조각이 아래로 떨어지는 것을 막기 위하여

해설 샌드실(sand seal) : 고온부의 열이 레일이 위치한 저온부로 이동하지 않도록 하기 위하여 설치하는 것으로 열 절연의 역할을 한다.

79 보온재의 열전도율에 대한 설명으로 옳은 것은?

① 온도에 관계없이 일정하다.
② 온도가 높아질수록 커진다.
③ 온도가 높아질수록 작아진다.
④ 온도가 낮아질수록 커진다.

해설 열전도율에 영향을 주는 요소
㉮ 온도 : 온도가 상승되면 열전도율은 직선적으로 상승한다. ($\lambda = \lambda_0 + \alpha \Delta t$)
㉯ 수분이나 습기를 함유(흡습)하면 상승한다.
㉰ 보온재의 비중(밀도)이 크면 열전도율이 증가한다.

80 열사용기자재를 바르게 설명한 것은?

① 일명 특정 열사용기자재라고도 한다.
② 연료 및 열을 사용하는 기기만을 말한다.
③ 연료 및 열을 사용하는 기기, 축열식 전기기기와 단열성 자재를 말한다.
④ 기기의 설치 및 시공에 있어 안전관리, 위해방지 또는 에너지이용의 효율관리가 특히 필요하다고 인정되는 기자재를 말한다.

해설 열사용기자재(에너지법 제2조) : 연료 및 열을 사용하는 기기, 축열식 전기기기와 단열성 자재로서 산업통상자원부령으로 정하는 것을 말한다.

5과목 - 열설비 설계

81 다음 중 수관식 보일러의 장점이 아닌 것은?

① 드럼이 작아 구조상 고온 고압의 대용량에 적합하다.
② 연소실 설계가 자유롭고 연료의 선택범위가 넓다.
③ 보일러 수의 순환이 좋고 전열면 증발율이 크다.
④ 보유수량이 많아 부하변동에 대하여 압력변동이 적다.

해설 수관식 보일러의 특징
㉮ 보유수량이 적어 증기 발생시간이 빠르며, 고압대용량에 적합하다.
㉯ 외분식이므로 연료 선택범위가 넓고, 연소상태가 양호하다.
㉰ 전열면적이 크고, 열효율이 높다.
㉱ 수관의 배열이 용이하고, 패키지형으로 제작이 가능하다.
㉲ 관수처리에 주의에 요한다.
㉳ 구조가 복잡하여 청소, 검사, 수리가 어렵고 스케일 부착이 쉽다.
㉴ 부하변동에 따른 압력 및 수위변동이 심하다.

82 연소가스의 성분 중 절탄기의 전열면을 부식시키는 성분은?

① 질소산화물(NO_2)
② 탄소산화물(CO_2)
③ 황산화물(SO_2)
④ 질소(N_2)

해설 외부부식의 종류 및 원인 성분

구분	발생장소	원인성분
고온부식	과열기	바나듐(V)
저온부식	절탄기, 공기예열기	황(S) 및 황산화물(SO_2)

정답 78. ① 79. ② 80. ③ 81. ④ 82. ③

83 보일러 장치에 대한 설명으로 틀린 것은?
① 과열기는 포화증기를 가열시키는 장치이다.
② 재열기는 원동기에서 팽창한 포화증기를 재가열시키는 장치이다.
③ 절탄기는 연료공급을 적당히 분배하여 완전연소를 위한 장치이다.
④ 공기예열기는 연소가스의 예열로 공급공기를 가열시키는 장치이다.

해설 절탄기(節炭器) : 보일러 급수를 연소가스 여열(餘熱) 등을 이용하여 예열시키는 장치로 급수가열기(economizer)라 한다.

84 보일러수를 pH 10.5~11.5의 약알칼리로 유지하는 주된 이유는?
① 첨가된 염산이 강재를 보호하기 때문에
② 보일러의 부식 및 스케일 부착을 방지하기 위하여
③ 표면에 딱딱한 스케일이 생성되어 부식을 방지하기 때문에
④ 과잉 알칼리성이 더 좋으나 약품이 많이 소요되므로 원가를 절약하기 위하여 표면에 딱딱한 스케일이 생성되어 부식을 방지하기 때문에

해설 보일러수(水)에 알칼리성 물질인 수산화나트륨(NaOH)을 적당량 포함시켜 pH를 10.5~11.5의 약알칼리로 유지시켜 부식 및 스케일 부착을 방지한다.

85 육용강재 보일러에서 길이 스테이 또는 경사 스테이를 핀 이음으로 부착할 경우, 스테이 링 부분의 단면적은 스테이 소요 단면적의 얼마 이상으로 하여야 하는가?
① 1.0배 ② 1.25배
③ 1.5배 ④ 1.75배

해설 핀 이음에 의한 스테이의 부착 : 봉스테이 또는 경사 스테이를 핀 이음으로 부착할 때는 핀이 2곳에서 전단력을 받도록 하고, 핀의 단면적은 스테이 소요 단면적의 3/4 이상으로 하며, 스테이 링부의 단면적은 스테이 소요 단면적의 1.25배 이상으로 하여야 한다.

86 랭커셔 보일러에 대한 설명 중 틀린 것은?
① 노통이 1개이다.
② 노내 온도의 급강하가 적다.
③ 원통형 보일러로 노통이 2개이다.
④ 같은 지름의 코르니쉬 보일러와 비교하면 전열면적이 크다.

해설 노통 보일러의 종류
㉮ 코르니쉬(Cornish) 보일러 : 노통이 1개
㉯ 랭커셔(Lancashire) 보일러 : 노통이 2개

87 증기로 공기를 가열하는 열교환기에서 가열원으로 150[℃]의 증기가 열교환기 내부에서 포화상태를 유지하고 이때 유입공기의 입·출구 온도는 20[℃]와 70[℃]이다. 열교환기에서의 전열량이 3090[kJ/h], 전열면적이 12[m²]이라고 할 때 열교환기의 총괄열전달계수는 약 몇 [kJ/h·m²·℃]인가?
① 2.5 ② 2.9
③ 3.1 ④ 3.5

해설 $Q = kF\Delta t_m$ 에서 총괄열전달계수 k를 구한다.
$$\therefore k = \frac{Q}{F \times \Delta t_m}$$
$$= \frac{3090}{12 \times \left(150 - \frac{70+20}{2}\right)}$$
$$= 2.452 \, [\text{kJ/h} \cdot \text{m}^2 \cdot \text{℃}]$$

정답 83. ③ 84. ② 85. ② 86. ① 87. ①

88 스케일의 영향으로 보일러 설비에 나타나는 현상으로 가장 거리가 먼 것은?
① 전열면의 국부과열
② 배기가스 온도 저하
③ 보일러의 효율 저하
④ 보일러의 순환 장애

해설 스케일의 영향
㉮ 전열면에 부착하여 전열을 방해한다.
㉯ 보일러 효율이 저하하고, 연료소비량이 증가한다.
㉰ 전열면의 국부과열로 인한 파열사고의 우려가 있다.
㉱ 보일러수의 순환을 방해하고, 수면계 등 연락관을 폐쇄시킨다.
㉲ 연료의 연소열량을 보일러수에 전달하지 못하므로 배기가스 온도가 상승된다.

89 전열면적 10[m^2]를 초과하는 보일러에서의 급수밸브 및 체크밸브는 관의 호칭 지름이 몇 [mm] 이상이어야 하는가?
① 10   ② 15
③ 20   ④ 25

해설 급수밸브의 크기 : 급수밸브 및 체크밸브의 크기는 전열면적 10[m^2] 이하의 보일러에서는 호칭 15[A] 이상, 전열면적 10[m^2]를 초과하는 보일러에서는 호칭 20[A] 이상이어야 한다.

90 연료소비량이 50[kg/h]인 로(爐)의 연소실 체적이 35[m^3], 사용연료의 저위발열량이 22.61[MJ/kg]라 할 때 연소실 열발생률 [MJ/$m^3 \cdot h$]은 약 얼마인가? (단, 공기의 예열온도에 의한 영향은 무시한다.)
① 20.9   ② 28.1
③ 32.3   ④ 37.7

해설 연소실 열발생률 : 1시간 동안 발생되는 열량과 연소실 체적 1[m^3]의 비이다.

$$\therefore 연소실\ 열부하 = \frac{G_f(H_l + Q_1 + Q_2)}{연소실\ 체적}$$
$$= \frac{50 \times 22.61}{35}$$
$$= 32.3\,[MJ/m^3 \cdot h]$$

※ 문제에서 연료의 현열(Q_1), 공기의 현열(Q_2)은 언급이 없으므로 생략하면 된다.

91 최고사용압력이 1[MPa]인 수관보일러의 보일러수 수질관리 기준으로 옳은 것은? (pH는 25[℃] 기준으로 한다.)
① pH 7∼9, M알칼리도 100∼800 [mg $CaCO_3$/L]
② pH 7∼9, M알칼리도 80∼600 [mg $CaCO_3$/L]
③ pH 11∼11.8, M알칼리도 100∼800 [mg $CaCO_3$/L]
④ pH 11∼11.8, M알칼리도 80∼600 [mg $CaCO_3$/L]

해설 최고사용압력이 1[MPa]인 수관보일러의 보일러수 수질관리 기준
㉮ pH(25[℃] 기준) : 11∼11.8
㉯ M알칼리도 : 100∼800[mg$CaCO_3$/L]
㉰ 인산이온 : 20∼40[mg PO_4^{3-}/L]
㉱ 아황산이온 : 10∼50[mg SO_3^{2-}/L]
㉲ 히드라진 : 0.1∼1.0[mg N_2H_4/L]

92 노통보일러에서 일어나는 열팽창을 흡수하는 역할을 하는 것은?
① 엔드플레이트
② 아담슨조인트
③ 가셋트 스테이
④ 프라이밍 방지기

해설 아담슨 조인트(Adamson joint) : 평형 노통을 일체형으로 제작하면 강도가 약해지는 결점을 보완하기 위하여 노통을 여러 개로 분할 제작하여 플랜지형으로 연결한 것으로 이 이음부를 아담슨 조인트라 한다.

93 구조상 고압에 적당하여 배압이 높아도 작동하며, 드레인 배출온도를 변화시킬 수 있고 증기누출이 없는 트랩은?

① 디스크(disk)식
② 플로트(float)식
③ 상향 버킷(bucket)식
④ 바이메탈(bimetal)식

해설 바이메탈 트랩의 특징
㉮ 응축수(drain) 온도에 따라 작동한다.
㉯ 응축수(drain) 온도를 조절할 수 있다.
㉰ 증기 누설이 없고, 설치 위치에 제한이 없다.
㉱ 공기와 불응축가스를 자유로이 배출할 수 있어 배기능력이 양호하다.
㉲ 구조상 고압에 적당하여 배압이 높아도 작동이 양호하다.
㉳ 온도변화에 따른 반응시간이 필요하므로 온도, 압력변화에 따른 작동의 어려움이 있다.

94 보일러 수냉관과 연소실벽 내에 설치된 복사 과열기의 특징은?

① 보일러 부하증대에 따라 과열온도가 상승
② 보일러 부하증대에 따라 과열온도가 강하
③ 보일러 부하증대가 최대일 때 과열온도가 최대
④ 보일러 부하증대가 최대일 때 과열온도는 일정

해설 보일러 부하가 증가하면 연소량이 증가하고 발생열량의 대부분은 증기발생에 소요되므로 연소실 고온부에 설치되는 복사 과열기의 과열온도는 강하한다.

95 압력이 2[MPa], 건도가 95[%]인 습포화증기를 시간당 5[ton]을 발생하는 보일러에서 급수온도가 50[℃]라면 상당증발량은 약 몇 [kg/h]인가? (단, 2[MPa]의 포화수와 건포화증기의 엔탈피는 각각 903.59[kJ/kg], 2798.87[kJ/kg]이고, 50[℃] 급수엔탈피는 209.34[kJ/kg]이다.)

① 5528[kg/h]
② 8345[kg/h]
③ 10258[kg/h]
④ 12573[kg/h]

해설 ㉮ 습포화증기 엔탈피 계산

$$\therefore h_2 = h' + (h'' - h')x$$
$$= 903.59 + \{(2798.87 - 903.59) \times 0.95\}$$
$$= 2704.106 \, [\text{kcal/kg}]$$

㉯ 상당증발량(G_e) 계산 : 물의 증발잠열은 539[kcal/kg]이므로 SI단위로 2257[kJ/kg]을 적용한다.

$$\therefore G_e = \frac{G_a(h_2 - h_1)}{2257}$$
$$= \frac{5 \times 10^3 \times (2704.106 - 209.34)}{2257}$$
$$= 5526.730 \, [\text{kg/h}]$$

※ SI단위로 물의 증발잠열이 제시되지 않으면 2256[kJ/kg]을 적용할 수도 있음

96 원통 보일러의 노통은 주로 어떤 열응력을 받는가?

① 압축 응력
② 인장 응력
③ 굽힘 응력
④ 전단 응력

해설 ㉮ 압축응력을 받는 부분 : 노통, 연소실, 연관, 관판
→ 압궤(collapse)가 발생
㉯ 인장응력을 받는 부분 : 동체, 수관, 겔로웨이관
→ 팽출(bulge)이 발생

정답 93. ④ 94. ② 95. ① 96. ①

97 노통의 안지름이 2536[mm], 길이가 5300[mm]인 보일러의 전열면적은 약 몇 [m²]가 되는가?

① 34.3　　② 42.2
③ 59.8　　④ 70.1

해설 ㉮ 노통의 안지름과 길이는 미터[m] 단위로 변환하여 적용한다.
㉯ 전열면적 계산
$$\therefore A = \pi \times D \times L = \pi \times 2.536 \times 5.3$$
$$= 42.225 \, [m^2]$$
※ 풀이에 파이(π) 대신에 '3.14'를 적용하면 최종값에서 오차가 발생하니 선택하여 적용하길 바랍니다.

98 두께 25[mm], 넓이 1[m²]의 철판의 전열량이 1163[W]가 되려면 양면의 온도차는 얼마 이어야 하는가? (단, 철판의 열전도율은 58.15[W/m·℃]이다.)

① 0.5[℃]　　② 1[℃]
③ 1.5[℃]　　④ 2[℃]

해설 전열량 계산식
$$Q = KF\Delta t = \frac{1}{\frac{b}{\lambda}} F \Delta t$$

에서 온도차 Δt를 구한다.
$$\therefore \Delta t = \frac{Q}{\frac{\lambda}{b} \times F} = \frac{1163}{\frac{58.15}{0.025} \times 1} = 0.5 \, [℃]$$

99 수관식 보일러에 급수되는 TDS가 2500[μS/cm]이고, 보일러수의 TDS는 5000[μS/cm]이다. 최대증기 발생량이 10000[kg/h]라고 할 때 블로다운량[kg/h]은?

① 2000　　② 4000
③ 8000　　④ 10000

해설 ㉮ 최대증기 발생량10000[kg/h]이 급수량이 된다.
㉯ 응축수는 회수하지 않으므로 응축수 회수율(R)은 0 이다.
㉰ 블로다운량 계산
$$\therefore X = \frac{W(1-R)d}{r-d}$$
$$= \frac{10000 \times (1-0.0) \times 2500}{5000 - 2500}$$
$$= 10000 \, [kg/h]$$
※ TDS(total dissolved solid) : 용존고형물총량을 의미한다.

100 배관용 탄소강관을 압력용기의 부분에 사용할 때에는 설계압력이 몇 [MPa] 이하일 때 가능한가?

① 0.1　　② 1
③ 2　　④ 3

해설 배관용 탄소강관(SPP) : 사용압력이 비교적 낮은 1[MPa](10[kgf/cm²])이하의 증기, 물, 기름, 가스 및 공기 배관용으로 사용되며 백관과 흑관이 있다. 호칭지름 6~500[A]까지 있다.

2024년 01
에너지관리기사필기 CBT 복원문제

1과목 - 연소공학

01 미분탄 연소장치의 특징을 설명한 것으로 잘못된 것은?
① 사용연료의 범위가 비교적 넓다.
② 소용량에 적당하고, 사용연료 범위가 좁다.
③ 소요동력이 크고 회의 비산이 많아서 집진장치가 필요하다.
④ 미분탄은 표면적이 크므로 적은 과잉공기율로도 완전연소가 가능하다.

해설 미분탄 연소의 특징
㉮ 적은 공기비로 완전연소가 가능하다.
㉯ 점화, 소화가 쉽고 부하변동에 대응하기 쉽다.
㉰ 대용량에 적당하고, 사용연료 범위가 넓다.
㉱ 연소실 공간을 유효하게 이용할 수 있다.
㉲ 설비비, 유지비가 많이 소요된다.
㉳ 회(灰), 먼지 등이 많이 발생하여 집진장치가 필요하다.
㉴ 연소실 면적이 크고, 폭발의 위험성이 있다.

02 기체연료의 체적 분석결과 H_2가 30[%], CO가 20[%], C_3H_8가 50[%]이다. 이 연료 1[Nm^3]를 완전연소하는데 필요한 이론공기량은 약 몇 [Nm^3]인가? (단, 공기 중 산소의 체적비는 21[%]이다.)
① 11.1
② 12.1
③ 13.1
④ 14.1

해설 (1) 비례식으로 혼합기체 성분당 이론산소량[Nm^3] 계산 : 필요한 이론산소량은 체적비만큼 해당된다.

㉮ 수소(H_2) : 30[%]
$$H_2 + \frac{1}{2}O_2 \rightarrow H_2O$$
$[H_2]$ $\qquad$ $[O_2]$
$22.4[Nm^3]$ $\qquad$ $\frac{1}{2} \times 22.4[Nm^3]$
$1 \times 0.30[Nm^3]$ $\qquad$ $x(O_0)[Nm^3]$
$$\therefore x(O_0) = \frac{\frac{1}{2} \times 22.4 \times 1 \times 0.30}{22.4}$$
$$= 0.15 [Nm^3]$$

㉯ 일산화탄소(CO) : 20[%]
$$CO + \frac{1}{2}O_2 \rightarrow CO_2$$
$22.4[Nm^3] : \frac{1}{2} \times 22.4[Nm^3]$
$= 1 \times 0.2[Nm^3] : y(O_0)[Nm^3]$
$$\therefore y = \frac{\frac{1}{2} \times 22.4 \times 1 \times 0.2}{22.4}$$
$$= 0.1 [Nm^3]$$

㉰ 프로판(C_3H_8) : 50[%]
$$C_3H_8 + 5O_2 \rightarrow 3CO_2 + 4H_2O$$
$22.4[Nm^3] : 5 \times 22.4[Nm^3]$
$= 1 \times 0.50[Nm^3] : z(O_0)[Nm^3]$
$$\therefore z = \frac{5 \times 22.4 \times 1 \times 0.50}{22.4} = 2.5 [Nm^3]$$

(2) 이론공기량[Nm^3] 계산
$$\therefore A_0 = \frac{O_0}{0.21} = \frac{x+y+z}{0.21}$$
$$= \frac{0.15 + 0.1 + 2.5}{0.21}$$
$$= 13.095 [Nm^3]$$

정답 01. ② 02. ③

03 질소산화물을 경감시키는 방법으로 틀린 것은?

① 과잉공기량을 감소시킨다.
② 연소온도를 낮게 유지한다.
③ 로내 가스의 잔류시간을 늘려준다.
④ 질소성분을 함유하지 않은 연료를 사용한다.

해설 질소산화물을 경감시키는 방법
㉮ 연소온도를 낮게 유지한다.
㉯ 노내압을 낮게 유지한다.
㉰ 연소가스 중 산소농도를 저하시킨다.
㉱ 로내 가스의 잔류시간을 감소시킨다.
㉲ 과잉공기량을 감소시킨다.
㉳ 질소성분 함유량이 적은 연료를 사용한다.

04 탄소 1[kg]을 완전히 연소시키는데 요구되는 이론산소량은 약 몇 [Nm³]인가?

① 0.82 ② 1.23
③ 1.87 ④ 2.45

해설 ㉮ 탄소(C)의 완전연소 반응식
$$C + O_2 \rightarrow CO_2$$
㉯ 이론산소량 계산
$12[kg] : 22.4[Nm^3] = 1[kg] : x(O_0)[Nm^3]$
$$\therefore x = \frac{1 \times 22.4}{12} = 1.867 [Nm^3]$$

05 프로판 1[Nm³]를 공기비 1.2로서 완전연소시킬 경우 건연소가스량은 약 몇 [Nm³]인가?

① 20.2 ② 24.2
③ 26.6 ④ 33.6

해설 ㉮ 실제공기량에 의한 프로판(C_3H_8)의 완전연소 반응식 : $C_3H_8 + 5O_2 + (N_2) + B$
$\rightarrow 3CO_2 + 4H_2O + (N_2) + B$
㉯ 실제 건연소 가스량 계산 :
프로판 1[Nm³]가 완전연소할 때 발생하는 CO_2량[Nm³]은 연소반응식에서 몰[mol]수에 해당되고, N_2량[Nm³]은 산소 몰수의 79/21배(3.76배)에 해당된다.
$\therefore G_d = G_{0d} + B$
$= CO_2 + N_2 + \left\{(m-1) \times \dfrac{O_0}{0.21}\right\}$
$= 3 + (5 \times 3.76) + \left\{(1.2-1) \times \dfrac{5}{0.21}\right\}$
$= 26.561 [Nm^3]$

06 전기식 집진장치의 특징에 관한 설명으로 틀린 것은?

① 압력손실이 크다.
② 미세입자 처리도 가능하다.
③ 고전압장치 및 정전설비가 필요하다.
④ 집진효율이 90~99.5[%] 정도로 높다.

해설 전기식 집진장치 특징
㉮ 집진효율이 90~99.9[%]로서 가장 높다.
㉯ 압력손실이 적고, 미세한 입자 제거에 용이하다.
㉰ 대량의 가스를 취급할 수 있다.
㉱ 보수비, 운전비가 적다.
㉲ 설치 소요면적이 크고, 설비비가 많이 소요된다.
㉳ 부하변동에 적응이 어렵다.
㉴ 포집입자의 지름은 0.05~20[μm] 정도이다.

07 과잉공기량이 너무 많을 때 발생하는 현상으로 틀린 것은?

① 연소실의 온도 저하
② 배기가스에 의한 열손실 증가
③ 불완전연소에 의한 매연 증가
④ 연소가스 중의 N_2O 발생이 심하여 대기오염 초래

해설 공기비의 영향
(1) 공기비가 클 경우(과잉공기량이 많을 때)
㉮ 연소실내의 온도가 낮아진다.
㉯ 배기가스로 인한 손실열이 증가한다.

정답 03. ③ 04. ③ 05. ③ 06. ① 07. ③

㉰ 배기가스 중 질소산화물(NO_x)이 많아져 대기오염 및 저온부식을 초래한다.
㉱ 연료소비량이 증가한다.
(2) 공기비가 작을 경우
㉮ 불완전연소가 발생하기 쉽다.
㉯ 연소효율이 감소한다.
㉰ 열손실이 증가한다.
㉱ 미연소 가스로 인한 역화의 위험이 있다.

08 중유의 점도가 높을 경우 발생되는 현상으로 틀린 것은?

① 분무상태가 양호해진다.
② 불완전연소가 발생한다.
③ 화염에 스파크가 발생한다.
④ 버너 선단에 카본(carbon)이 부착한다.

해설 중유의 점도 영향
(1) 점도가 높을 때
㉮ 오일 공급(송유)이 곤란하다.
㉯ 무화불량으로 불완전연소 발생
㉰ 버너 선단에 카본(C) 부착
㉱ 연소상태 불량
㉲ 화염 스파크 발생
(2) 점도가 낮을 때
㉮ 연료소비량 증가
㉯ 불완전 연소 발생
㉰ 역화의 원인

09 중유를 A, B, C로 구분하는 기준은 무엇인가?

① 발열량   ② 인화점
③ 착화점   ④ 점도

해설 중유의 분류 기준
㉮ 점도에 의한 분류 : A중유 < B중유 < C중유
㉯ 유황분 함량에 의한 분류 :
A급(1호, 2호), B급, C급(1호, 2호, 3호, 4호)의 7종으로 구분

10 다음 중 습식집진장치의 종류가 아닌 것은?

① 멀티크론(multiclone)
② 제트 스크러버(jet scrubber)
③ 사이클론 스크러버(cyclone scrubber)
④ 벤투리 스크러버(venturi scrubber)

해설 집진장치의 분류 및 종류
㉮ 건식 집진장치 : 중력식 집진장치, 관성력식 집진장치, 원심력식 집진장치(사이클론, 멀티크론), 여과 집진장치 등
㉯ 습식집진장치 : 벤투리 스크러버, 제트 스크러버, 사이클론 스크러버, 충전탑(세정탑) 등
㉰ 전기식 집진장치 : 코트렐 집진기

11 그림은 어떤 로의 열정산도이다. 발열량이 2000[kcal/Nm³]인 연료를 이 가열로에서 연소시켰을 때 강재가 함유하는 열량은 약 몇 [kcal/Nm³]인가?

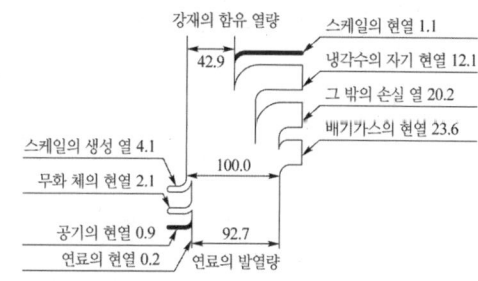

① 259.75   ② 592.25
③ 867.43   ④ 925.57

해설 ㉮ 열정산도에서 강재의 함유열량 비율 계산

$$\therefore 강재의\ 함유열량비율 = \frac{강재의\ 함유열량}{연료의\ 발열량} \times 100$$

$$= \frac{42.9}{92.7} \times 100$$

$$= 46.278[\%]$$

㉯ 2000[kcal/Nm³]인 연료 연소 시 강재가 함유하는 열량 계산 : 열정산도에서 계산된 함유율만큼 함유한다.

$\therefore$ 강재 함유 열량 = 연료 발열량 × 함유율
$= 2000 \times 0.46278$
$= 925.56[kcal/Nm^3]$

12 고체연료의 연소방식이 아닌 것은?

① 화격자 연소방식
② 확산 연소방식
③ 미분탄 연소방식
④ 유동층 연소방식

해설 고체연료(석탄)의 연소방식 : 화격자 연소방식, 미분탄 연소방식, 유동층 연소방식
※ 확산 연소방식은 기체연료의 연소방법이다.

13 가솔린기관 내의 연소와 같이 간헐적인 연소를 일정주기 반복하여 연소시키는 방식은?

① pulse 연소
② EGR 연소
③ blast 연소
④ slit 연소

해설 (1) 펄스(pulse) 연소 : 가솔린기관 내의 연소와 같이 흡기, 연소, 팽창, 배기 과정을 반복하며 간헐적인 연소를 일정주기 반복하여 연소시키는 방식
(2) 펄스연소의 특징
 ㉮ 연소실로 연소가스 역류로 연소온도 상승이 제한적이다.
 ㉯ 연소기의 형상 및 구조가 간단하고 설비비가 저렴하다.
 ㉰ 저공기비 연소가 가능하고, 공기비 제어장치가 불필요하다.
 ㉱ 효율이 높아 연료가 절약된다.
 ㉲ 연소조절범위가 좁다.
 ㉳ 시동용 팬 설치가 필요하고, 소음이 발생한다.

14 오일의 점도가 높아도 비교적 무화가 잘 되고 버너의 방식이 외부혼합형과 내부혼합형이 있는 것은?

① 저압기류식 버너
② 고압기류식 버너
③ 회전분무식 버너
④ 유압분무식 버너

해설 고압 기류식 분무버너(고압공기 분무식) 특징
 ㉮ 종류 : 증기분무식, 내부혼합식, 외부혼합식, 중간혼합식
 ㉯ 분무매체 : 공기, 증기($2 \sim 7[kgf/cm^2]$)
 ㉰ 연료유압 : $0.3 \sim 6[kgf/cm^2]$
 ㉱ 분무각도 : 30°
 ㉲ 유량 조절범위 1 : 10이다.
 ㉳ 고점도 연료도 무화가 가능하다.
 ㉴ 연소 시 소음발생이 심하다.
 ㉵ 부하변동이 큰 곳에 적당하다.
 ㉶ 분무용 공기량은 이론공기량의 $7 \sim 12[\%]$ 정도 소요된다.

15 기체 연료를 가스홀더에 저장하는 주목적은?

① 저장의 편리를 위해서
② 최소 보유시간을 위해서
③ 보안상 안전을 도모하기 위해서
④ 품질을 균일하게 하고 압력을 일정하게 하기 위해서

해설 도시가스 공급용 가스홀더의 기능(역할)
 ㉮ 가스수요의 시간적 변동에 대하여 공급가스량을 확보한다.
 ㉯ 공급설비의 일시적 중단에 대하여 어느 정도 공급량을 확보한다.
 ㉰ 공급가스의 성분, 열량, 연소성 등의 성질을 균일화 한다.
 ㉱ 소비지역 근처에 설치하여 피크시의 공급, 수송 효과를 얻는다.

16 연돌의 평균가스온도가 300[℃], 외기온도(대기온도)가 27[℃]일 때 통풍력으로서 20 [mmH_2O]를 얻기 위해 필요한 연돌의 높이는 약 몇 [m]인가?

① 23.1
② 28.3
③ 31.7
④ 35.5

정답 12.② 13.① 14.② 15.④ 16.④

해설▶ 배기가스와 외기의 비중량이 없으므로 통풍력 계산식 $Z = 355H\left(\dfrac{1}{T_a} - \dfrac{1}{T_g}\right)$에서 연돌의 높이 H를 구한다.

$$\therefore H = \dfrac{Z}{355 \times \left(\dfrac{1}{T_a} - \dfrac{1}{T_g}\right)}$$

$$= \dfrac{20}{355 \times \left(\dfrac{1}{273+27} - \dfrac{1}{273+300}\right)}$$

$$= 35.474 [m]$$

17 고위발열량과 저위발열량의 차이는?

① 수분의 증발잠열
② 연료의 증발 잠열
③ 수분의 비열
④ 연료의 비열

해설▶ 고위발열량과 저위발열량의 차이는 연소 시 생성된 물의 증발잠열에 의한 것이고, 증발잠열이 포함된 것이 고위발열량, 증발잠열을 포함하지 않은 것이 저위발열량이다.

18 보일러실에 자연환기가 안될 때 실외로부터 공급하여야 할 공기는 벙커C유 1[L]당 최소 몇 [Nm³]이 필요한가? (단, 벙커C유의 이론 공기량은 10.24[Nm³/kg], 비중은 0.96, 연소장치의 공기비는 1.3으로 한다.)

① 11.34   ② 12.78
③ 15.69   ④ 17.85

해설▶ 실외로부터 공급하여야 할 최소 공기량은 실제연소에 필요한 최소 공기량에 해당된다.

$\therefore$ 최소공기량 $= m \times A_0 \times d$
$= 1.3 \times 10.24 \times 0.96$
$= 12.779 \, [Nm^3]$

19 1[Nm³]의 메탄가스를 공기를 사용하여 연소시킬 때 이론 연소온도는 약 몇 [℃]인가? (단, 대기 온도는 15[℃]이고, 메탄가스의 고발열량은 39767[kJ/Nm³]이고, 물의 증발 잠열은 2017.7[kJ/Nm³]이고, 연소가스의 평균정압비열은 1.423[kJ/Nm³·℃]이다.)

① 2387   ② 2402
③ 2417   ④ 2432

해설▶ ㉮ 이론공기량에 의한 메탄(CH_4)의 완전연소 반응식
  $CH_4 + 2O_2 + (N_2) \rightarrow CO_2 + 2H_2O + (N_2)$
㉯ 메탄 1[Nm³]가 연소할 때 발생되는 이산화탄소(CO_2)양은 1[Nm³], 수증기(H_2O)양은 2[Nm³], 질소가스량은 산소량의 $\dfrac{79}{21}$배(3.76배)이므로 2 × 3.76[Nm³]이다.
㉰ 메탄의 저위발열량 계산
  $\therefore H_l = H_h -$ 물의 증발잠열
    $= 39767 - (2 \times 2017.7)$
    $= 35731.6 \, [kJ/Nm^3]$
㉱ 이론 연소온도 계산
  $\therefore t = \dfrac{H_l}{G_T \cdot C_p} + t_a$
    $= \dfrac{35731.6}{\{1+2+(2\times 3.76)\} \times 1.423} + 15$
    $= 2401.886 \, [℃]$

20 폭발범위가 2.2~9.5[%]인 기체 연료는?

① 수소   ② 프로판
③ 일산화탄소   ④ 아세틸렌

해설▶ 각 가스의 공기 중 폭발범위

명칭	폭발범위
수소(H_2)	4~75[%]
프로판(C_3H_8)	2.2~9.5[%]
일산화탄소(CO)	12.5~74[%]
아세틸렌(C_2H_2)	2.5~81[%]

정답 17. ① 18. ② 19. ② 20. ②

2과목 - 열역학

21 0[℃]와 100[℃] 사이에서 작동되는 냉동기의 성적계수(COP)는 얼마인가?
① 1.69 ② 2.73
③ 3.56 ④ 4.20

해설 $COP = \dfrac{Q_2}{W} = \dfrac{T_2}{T_1 - T_2}$
$= \dfrac{273}{(273+100) - 273} = 2.73$

22 다음 $T-S$선도는 어떤 사이클에 가장 가까운가? (단, T는 온도, S는 엔트로피이며, 사이클 순서는 A → B → C → D → E → F → A 순으로 작동한다.)

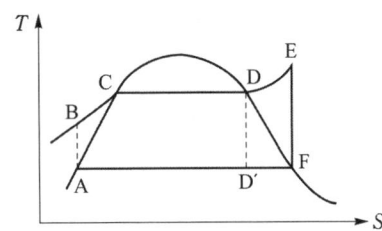

① 디젤 사이클   ② 냉동 사이클
③ 오토 사이클   ④ 랭킨 사이클

해설 랭킨 사이클 : 2개의 정압변화와 2개의 단열변화로 구성된 증기원동소의 이상 사이클이다.
㉮ A → B 과정 : 급수펌프의 단열 압축과정
㉯ B → E 과정 : 보일러에서 정압가열과정
㉰ E → F 과정 : 터빈에서 단열 팽창과정
㉱ F → A 과정 : 복수기에서 정압 방열(냉각)과정

23 이상 및 실제 사이클 과정 중 항상 성립하는 것은? (단, Q는 시스템에 가해지는 열량, T는 절대온도이다.)
① $\oint \dfrac{\delta Q}{T} = 0$
② $\oint \dfrac{\delta Q}{T} > 0$
③ $\oint \dfrac{\delta Q}{T} \geq 0$
④ $\oint \dfrac{\delta Q}{T} \leq 0$

해설 클라지우스(Clausius)의 사이클간 적분에서
가역과정 $\oint \dfrac{\delta Q}{T} = 0$, 비가역과정 $\oint \dfrac{\delta Q}{T} < 0$
이므로 이상 및 실제 사이클 과정에서 항상 성립하는 것은 $\oint \dfrac{\delta Q}{T} \leq 0$ 이다.

24 냉동사이클에서 냉매의 구비조건으로 가장 거리가 먼 것은?
① 증발열이 클 것
② 임계온도가 높을 것
③ 인화 및 폭발의 위험성이 낮을 것
④ 저온, 저압에서 응축이 잘 되지 않을 것

해설 냉매의 구비조건
㉮ 응고점이 낮고 임계온도가 높으며 응축, 액화가 쉬울 것
㉯ 응축압력이 높지 않을 것
㉰ 증발잠열이 크고 기체의 비체적이 적을 것
㉱ 오일과 냉매가 작용하여 냉동장치에 악영향을 미치지 않을 것
㉲ 화학적으로 안정하고 분해하지 않을 것
㉳ 금속에 대한 부식성 및 패킹재료에 악영향이 없을 것
㉴ 인화 및 폭발성이 없을 것
㉵ 인체에 무해할 것(비독성가스 일 것)
㉶ 액체의 비열은 작고, 기체의 비열은 클 것
㉷ 경제적일 것(가격이 저렴할 것)

정답 21. ② 22. ④ 23. ④ 24. ④

25 내용적 20[m³]의 용기에 공기가 들어 있다. 처음에 그 압력 및 온도를 측정하였더니 6[kPa], 20[℃]이었는데 열을 공급하고 1시간 후에 측정하였더니 압력이 7[kPa]이었다. 이 사이에 용기 내에 있는 공기에 전해진 열량은 약 몇 [kJ]인가? (단, 공기 정적비열 0.17[kJ/kg·K], 용기 변형은 없다.)

① 11.58　　② 11.85
③ 12.50　　④ 18.00

해설 ㉮ 20[m³]의 용기 속의 공기 무게 계산 : SI 단위 이상기체 상태방정식 $PV = GRT$를 이용하여 질량 G를 구하며, 공기의 분자량은 29를 적용한다.

$$\therefore G = \frac{PV}{RT} = \frac{6 \times 20}{\frac{8.314}{29} \times (273 + 20)}$$
$$= 1.428 [kg]$$

㉯ 열을 공급한 후 온도 계산 : 보일-샤를의 법칙 $\frac{P_1 V_1}{T_1} = \frac{P_2 V_2}{T_2}$에서 T_2를 구하며, 용기 변형은 없으므로 $V_1 = V_2$ 이다.

$$\therefore T_2 = \frac{P_2 T_1}{P_1} = \frac{7 \times (273 + 20)}{6}$$
$$= 341.833 [K]$$

㉰ 가열량 계산 : 현열식을 이용하여 구한다.

$$\therefore Q = G \times C_v \times (T_2 - T_1)$$
$$= 1.428 \times 0.17 \times \{341.833 - (273 + 20)\}$$
$$= 11.854 [kJ]$$

26 -50[℃]의 탄산가스가 있다. 이 가스가 정압과정으로 0[℃]가 되었을 때 변경 후의 체적은 변경 전의 체적 대비 약 몇 배가 되는가? (단, 탄산가스는 이상기체로 간주한다.)

① 1.094배　　② 1.224배
③ 1.375배　　④ 1.512배

해설 보일-샤를의 법칙 $\frac{P_1 V_1}{T_1} = \frac{P_2 V_2}{T_2}$에서 변경 후의 체적 V_2를 구하며, 정압과정이므로 $P_1 = P_2$이다.

$$\therefore V_2 = \frac{T_2 \times V_1}{T_1} = \frac{(273 + 0) \times V_1}{273 - 50}$$
$$= 1.2242 V_1$$

∴ V_2는 V_1의 1.2242배로 체적이 증가한다.

27 이상기체의 상태변화와 관련하여 폴리트로픽(Polytropic) 지수 n에 대한 설명 중 옳은 것은?

① $n = 0$이면 단열변화
② $n = 1$이면 등온변화
③ $n = k$이면 정적변화
④ $n = \infty$이면 등압변화

해설 폴리트로픽 과정의 폴리트로픽 지수(n)
㉮ $n = 0$: 정압과정
㉯ $n = 1$: 정온과정
㉰ $1 < n < k$: 폴리트로픽과정
㉱ $n = k$: 단열과정(등엔트로피과정)
㉲ $n = \infty$: 정적과정

28 물 1[kg]이 100[℃]의 포화액 상태로부터 동일 압력에서 100[℃]의 건포화증기로 증발할 때까지 2280[kJ]을 흡수하였다. 이 때 엔트로피의 증가는 약 몇 [kJ/K]인가?

① 6.1　　② 12.3
③ 18.4　　④ 25.6

해설 $\Delta s = \frac{dQ}{T} = \frac{2280}{273 + 100} = 6.112 [kJ/K]$

29 증기의 압력이 상승할 때 나타나는 현상에 대한 설명으로 틀린 것은?

① 포화수의 온도가 상승한다.
② 포화수의 부피가 증가한다.
③ 증기의 비체적이 증가한다.
④ 건포화증기의 엔탈피가 증가한다.

정답 25. ②　26. ②　27. ②　28. ①　29. ③

해설 증기 압력이 상승할 때 나타나는 현상
㉮ 포화수의 온도가 상승한다.
㉯ 포화수의 부피가 증가한다.
㉰ 포화수의 비중이 감소한다.
㉱ 물의 현열이 증가하고, 증기의 잠열이 감소한다.
㉲ 건포화증기 엔탈피가 증가한다.
㉳ 증기의 비체적이 감소한다.

30 실온이 25[℃]인 방에서 역카르노 사이클 냉동기가 작동하고 있다. 냉동공간은 -30[℃]로 유지되며, 이 온도를 유지하기 위해 작동 유체가 냉동공간으로부터 100[kW]를 흡열하려할 때 전동기가 해야 할 일은 약 몇 [kW]인가?

① 22.6　　② 81.5
③ 207　　④ 414

해설 ㉮ 냉동기의 성능계수(COP_R) 계산

$$\therefore COP_R = \frac{Q_2}{W} = \frac{T_2}{T_1 - T_2}$$
$$= \frac{273 - 30}{(273 + 25) - (273 - 30)}$$
$$= 4.418$$

㉯ 전동기 용량 계산 : 냉동기 성능계수 계산식
$COP_R = \frac{Q_2}{W}$ 에서 전동기 용량 W를 구한다.

$$\therefore W = \frac{Q_2}{COP_R} = \frac{100}{4.418} = 22.634 \, [kW]$$

별해 $COP_R = \frac{Q_2}{W} = \frac{Q_2}{Q_1 - Q_2} = \frac{T_2}{T_1 - T_2}$ 에서

$\frac{Q_2}{W} = \frac{T_2}{T_1 - T_2}$ 이다.

$$\therefore W = \frac{Q_2 \times (T_1 - T_2)}{T_2}$$
$$= \frac{100 \times \{(273 + 25) - (273 - 30)\}}{273 - 30}$$
$$= 22.633 \, [kW]$$

31 그림과 같이 작동하는 열기관 사이클(cycle)은? (단, γ는 비열비이고, P는 압력, V는 체적, T는 온도, S는 엔트로피이다.)

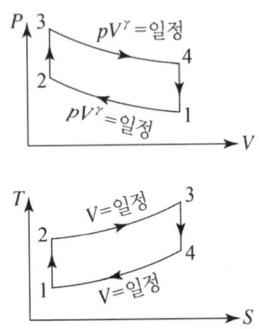

① 스털링(Stirling) 사이클
② 브레이턴(Brayton) 사이클
③ 오토(Otto) 사이클
④ 카르노(Carnot) 사이클

해설 ⑴ 오토 사이클(Otto cycle) : 전기점화기관(가솔린기관)의 이상 사이클로 가열과정(폭발)은 정적 하에서, 동력이 발생되는 팽창과정은 단열상태에서 이루어진다. 압축비가 클수록 열효율은 증가하므로 열효율은 압축비의 함수이다. 일정한 체적(정적)에서 열방출을 한다.
⑵ 오토(Otto) 사이클 순환과정
㉮ 1 → 2 과정 : 단열압축과정
㉯ 2 → 3 과정 : 정적가열과정(폭발)
㉰ 3 → 4 과정 : 단열팽창과정
㉱ 4 → 1 과정 : 정적방열과정

32 단열처리된 밀폐용기 내에 물이 0.09[m³] 채워져 있을 때 800[℃]의 철 3[kg]을 넣어 평형온도 20[℃]로 되었다면 이때 물의 온도 상승은 약 몇 [℃]인가? (단, 철의 비열은 0.46[kJ/kg·℃]이며, 물의 비열은 4.2[kJ/kg·℃]이다.)

① 2.85　　② 19.61
③ 27.65　　④ 47.36

해설 ㉮ 처음 상태 물의 온도 계산 : 물 $0.09[m^3]$는 $90[L]$이며, 물의 비중은 1이므로 $90[kg]$에 해당된다.

$$t_m = \frac{G_1 C_1 t_1 + G_2 C_2 t_2}{G_1 C_1 + G_2 C_2}$$

에서 처음 상태의 온도 t_1을 구한다.

$$\therefore t_1 = \frac{\{t_m(G_1 C_1 + G_2 C_2)\} - G_2 C_2 t_2}{G_1 C_1}$$

$$= \frac{\{20 \times (90 \times 4.2 + 3 \times 0.46)\} - 3 \times 0.46 \times 800}{90 \times 4.2}$$

$$= 17.152[℃]$$

㉯ 물의 온도 상승 계산
$\therefore$ 상승온도 = 평형온도 - 처음 상태의 온도
$= 20 - 17.152 = 2.848[℃]$

---

33 압력 $1000[kPa]$, 부피 $1[m^3]$의 이상기체가 등온과정으로 팽창하여 부피가 $1.2[m^3]$이 되었다. 이 때 기체가 한 일은 약 몇 [kJ]인가?

① 82.3　　② 182.3
③ 282.3　　④ 382.3

해설 $W_a = P_1 V_1 \ln \frac{V_2}{V_1}$

$= 1000 \times 1 \times \ln \frac{1.2}{1}$

$= 182.321[kJ]$

---

34 애드벌룬에 이상기체 $100[kg]$을 주입하였더니 팽창 후의 압력이 $150[kPa]$, 온도 $300[K]$가 되었다. 애드벌룬의 반지름은 약 몇 [m]인가? (단, 애드벌룬은 완전한 구형(sphere)이라고 가정하며, 기체상수는 $250[J/kg·K]$이다.)

① 2.29　　② 2.73
③ 3.16　　④ 3.62

해설 ㉮ 애드벌룬 내용적$[m^3]$ 계산 : 이상기체 상태방정식 $PV = GRT$에서 내용적 V를 구하며, 기체상수 R의 단위는 $[kJ/kg·K]$로 변환하여 적용한다.

$$\therefore V = \frac{GRT}{P} = \frac{100 \times 0.250 \times 300}{150}$$

$$= 50[m^3]$$

㉯ 애드벌룬의 반지름[m] 계산 : 구형 용기의 내용적 계산식 $V = \frac{\pi}{6} D^3 = \frac{4}{3} \pi r^3$에서 반지름 r을 구한다.

$$\therefore r = \sqrt[3]{\frac{3V}{4\pi}} = \sqrt[3]{\frac{3 \times 50}{4 \times \pi}} = 2.285[m]$$

---

35 피스톤이 장치된 단열 실린더에 $300[kPa]$, 건도 0.4인 포화액-증기 혼합물이 $0.1[kg]$이 들어 있고, 실린더 내에는 전열기가 장치되어 있다. $220[V]$의 전원으로부터 $0.5[A]$의 전류를 5분 동안 흘려보냈을 때 이 혼합물의 건도는 약 얼마인가? (단, 이 과정은 정압과정이고 $300[kPa]$에서 포화액의 엔탈피는 $561.43[kJ/kg]$이고, 포화증기의 엔탈피는 $2724.9[kJ/kg]$이다.)

① 0.553　　② 0.568
③ 0.571　　④ 0.587

해설 ㉮ 전열기에서 공급된 열량[kJ] 계산
$\therefore W[J]$ = 전력$[P]\times$시간$[s]$
= (전압$[V]\times$전류$[A]$)$\times$시간$[s]$
$= 220 \times 0.5 \times (5 \times 60)$
$= 33000[J] = 33[kJ]$

㉯ 혼합물 $0.1[kg]$의 잠열 계산
$\therefore \gamma = (h'' - h')$
$= (2724.9 - 561.43) \times 0.1$
$= 216.347[kJ]$

㉰ 혼합물의 건도 계산
$\therefore x' = x + \frac{W}{\gamma} = 0.4 + \frac{33}{216.347} = 0.5525$

정답 33. ②　34. ①　35. ①

36 수증기의 내부에너지 및 엔탈피가 터빈 입구에서 각각 2900[kJ/kg], 3200[kJ/kg]이고 터빈 출구에서 2300[kJ/kg], 2500[kJ/kg]일 때 터빈의 출력은 몇 [kW]인가? (단, 터빈은 단열되어 있으며 발생되는 수증기의 질량유량은 2[kg/s]이다.)

① 600 ② 700
③ 1200 ④ 1400

해설 ㉮ 1[W]는 1[J/s]이므로 1[kW]는 1[kJ/s]이다.
㉯ 터빈 출력[kW] 계산
∴ $N_T = m \times$(터빈 입구엔탈피-터빈 출구엔탈피)
$= 2 \times (3200 - 2500)$
$= 1400 \,[\text{kJ/s}] = 1400 \,[\text{kW}]$

37 랭킨사이클에서 높은 압력으로 열효율을 증가시키고 저압측에서 과도한 습도를 피하는 한편 터빈일을 증가시키는 목적으로 고안된 사이클은?

① 브레이턴 사이클 ② 재생 사이클
③ 재열 사이클 ④ 카르노 사이클

해설 재열사이클 : 증기의 초압을 높이면서 팽창 후의 증기 건조도가 낮아지지 않도록 한 것으로 효율증대보다는 터빈의 복수장해를 방지하여 수명연장에 주안점을 둔 사이클이다.

38 다음 중 시스템의 경계를 통하여 일, 열 등 어떠한 형태의 에너지와 물질도 통과할 수 없는 시스템은?

① 밀폐시스템 ② 개방시스템
③ 고립시스템 ④ 단열시스템

해설 계(system) : 물질의 일정한 양이나 한정된 공간내의 구역이다.
㉮ 개방시스템 : 동작물질이 계와 주위의 경계를 통하여 열과 일을 주고 받으면서 유동하는 시스템
㉯ 밀폐시스템 : 열이나 일은 전달하지만 동작물질이 유동하지 않는 시스템
㉰ 단열시스템 : 경계를 통하여 열의 출입이 없는 시스템
㉱ 고립시스템 : 경계를 통하여 일, 열 등 어떠한 형태의 에너지와 물질도 통과할 수 없는 시스템

39 밀폐계가 300[kPa]의 압력을 유지하면서 체적이 0.2[m³]에서 0.5[m³]로 증가하였고 이 과정에서 내부에너지는 10[kJ] 증가하였다. 이 때 계가 받은 열량은 몇 [kJ]인가?

① 9 ② 80
③ 90 ④ 100

해설 ㉮ 계가 한 일량 계산
∴ $W = P(V_2 - V_1) = 300 \times (0.5 - 0.2)$
$= 90 \,[\text{kJ}]$
㉯ 계가 받은 열량(계에 가한 열량) 계산 : 계가 받은 열량은 내부에너지(U)와 외부에너지(PV)의 합이다.
∴ $Q = U + W = 10 + 90 = 100 \,[\text{kJ}]$

40 정상상태에 있는 열린계(open system)에 대한 에너지식을 다음과 같이 표현할 경우 ( ) 부분에 들어가야 할 변수의 의미에 해당하는 것은? (단, ΔU는 속도변화, ΔZ는 기준면으로부터의 높이 변화, Q는 계에 가해진 열량, W_s는 압축일이다.)

$$Q = \Delta(\quad) + \frac{1}{2}\Delta U^2 + g\Delta Z + W_s$$

① 내부에너지
② 깁스(Gibbs) 자유에너지
③ 엔트로피
④ 엔탈피

해설 정상상태의 일반 에너지식은 외부에서 유동계에 가한 열과 계가 외부에 대해 한 일은 같다는 것으로

정답 36. ④ 37. ③ 38. ③ 39. ④ 40. ④

$$h_1 + \frac{U_1^2}{2} + gZ_1 + Q = h_2 + \frac{U_2^2}{2} + gZ_2 + W_s$$

이다. 여기서 계에 가한 열량 Q로 식을 정리하면 다음과 같다.

$$\therefore Q = (h_2 - h_1) + \frac{1}{2}(U_2^2 - U_1^2) + g(Z_2 - Z_1) + W_s$$

$$= \Delta h + \frac{1}{2}\Delta U^2 + g\Delta Z + W_s$$

∴ 괄호에 들어갈 변수의 의미는 엔탈피(h)이다.

3과목 - 계측방법

41 액주식 압력계에 사용되는 액체의 구비조건이 아닌 것은?

① 점도가 적을 것
② 모세관 현상이 클 것
③ 열팽창계수가 적을 것
④ 화학적으로 안정할 것

해설 액주식 액체의 구비조건
㉮ 점성(점도)이 적을 것
㉯ 열팽창계수가 적을 것
㉰ 밀도변화가 적을 것
㉱ 모세관 현상 및 표면장력이 적을 것
㉲ 화학적으로 안정할 것
㉳ 휘발성 및 흡수성이 적을 것
㉴ 항상 액면은 수평을 만들고 높이를 정확히 읽을 수 있을 것

42 다음 [보기]의 특징을 가지는 제어동작은?

[보기]
- 부하변화가 커도 잔류편차가 남지 않는다.
- 전달느림이나 쓸모없는 시간이 크면 사이클링의 주기가 커진다.
- 급변할 때는 큰 진동이 생긴다.
- 반응속도가 빠른 프로세스나 느린 프로세스에 주로 사용된다.

① PID 동작
② 뱅뱅 동작
③ PI 동작
④ P 동작

해설 비례-적분동작(PI동작) : 비례동작의 결점인 잔류편차(off set)을 제거하기 위하여 비례동작과 적분동작과 결합한 제어이다.

43 측정 대상과 같은 종류이며 크기 조정이 가능한 기준량을 준비하여 기준량을 측정량에 평행시켜 계측기의 지시가 0위치를 나타낼 때의 기준량의 크기를 측정하는 방법이 있다. 정밀도가 좋은 이러한 측정방법은 무엇인가?

① 편위법
② 영위법
③ 보상법
④ 치환법

해설 측정방법
㉮ 편위법 : 부르동관 압력계와 같이 측정량과 관계있는 다른 양으로 변환시켜 측정하는 방법으로 정도는 낮지만 측정이 간단하다.
㉯ 영위법 : 기준량과 측정하고자 하는 상태량을 비교 평형 시켜 측정하는 것으로 천칭을 이용하여 질량을 측정하는 것이 해당된다.
㉰ 치환법 : 지시량과 미리 알고 있는 다른 양으로부터 측정량을 나타내는 방법으로 다이얼게이지를 이용하여 두께를 측정하는 것이 해당된다.
㉱ 보상법 : 측정량과 거의 같은 미리 알고 있는 양을 준비하여 측정량과 그 미리 알고 있는 양의 차이로써 측정량을 알아내는 방법이다.

44 접촉식 온도측정 방법의 특징에 대한 설명으로 틀린 것은?

① 측정온도의 오차가 비교적 적다.
② 이동하는 물체의 측정이 곤란하다.
③ 비접촉식에 비하여 내구성이 떨어진다.
④ 방사온도계에 비하여 방사율에 대한 보정량이 크다.

정답 41. ② 42. ③ 43. ② 44. ④

해설 접촉식 온도계의 특징
㉮ 측온 소자 접촉에 의한 열손실이 있다.
㉯ 내구성이 비접촉식에 비하여 떨어진다.
㉰ 이동물체와 고온 측정이 어렵다.
㉱ 방사율에 의한 보정이 필요 없다.
㉲ 일반적으로 1000[℃] 이하의 측정에 적합하다.
㉳ 측정온도의 오차가 적다.
㉴ 내부온도 측정이 가능하다.

45 그림과 같은 오리피스미터에 대한 유량 계산식으로 알맞은 것은?

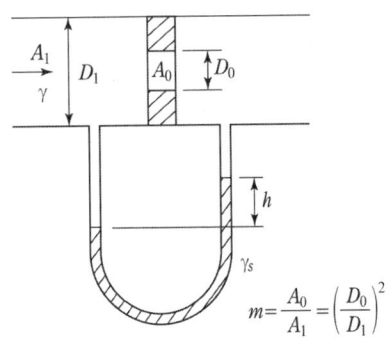

① $Q = \dfrac{CA_0}{\sqrt{1-m^2}} \sqrt{\dfrac{2gh(\gamma_s - \gamma)}{\gamma}}$

② $Q = \dfrac{CA_0}{\sqrt{1-m^2}} \sqrt{\dfrac{2gh(\gamma - \gamma_s)}{\gamma_s}}$

③ $Q = \dfrac{CA_1}{\sqrt{1-m^2}} \sqrt{\dfrac{2gh(\gamma_s - \gamma)}{\gamma}}$

④ $Q = \dfrac{CA_1}{\sqrt{1-m^2}} \sqrt{\dfrac{2gh(\gamma - \gamma_s)}{\gamma_s}}$

해설 차압식 유량계 유량 계산식

$$Q = CA \dfrac{1}{\sqrt{1-m^2}} \sqrt{2 \times g \times \dfrac{P_1 - P_2}{\gamma}}$$

$$= CA \dfrac{1}{\sqrt{1-m^2}} \sqrt{2gh \times \dfrac{\gamma_m - \gamma}{\gamma}}$$

46 구조와 원리가 간단하여 고압 밀폐탱크의 액면제어용으로 주로 사용되는 액면계는?
① 편위식 액면계
② 차압식 액면계
③ 부자식 액면계
④ 기포식 액면계

해설 부자(float)식 액면계는 액면 위에 떠 있는 부자(float)의 움직이는 변위를 이용하여 액면을 측정하는 것이다.

47 중유를 사용하는 보일러의 배기가스를 오르사트 가스분석계의 가스뷰렛에 시료 가스량을 50[mL]채취하였다. CO_2 흡수피펫을 통과한 후 가스뷰렛에 남은 시료는 44[mL]이었고, O_2 흡수피펫에 통과한 후에는 41.8[mL], CO 흡수피펫에 통과한 후 남은 시료량은 41.4[mL]이었다. 배기가스 중에 CO_2, O_2, CO는 각각 몇 [vol%]인가?

① 6, 2.2, 0.4
② 12, 4.4, 0.8
③ 15, 6.4, 1.2
④ 18, 7.4, 1.8

해설 (1) 오르사트 분석법에서 성분 계산식

$$\therefore 성분율[\%] = \dfrac{체적감량}{시료가스량} \times 100$$

$$= \dfrac{현재부피 - 남은양}{시료량} \times 100$$

※ 현재부피는 전단계에서 흡수되고 남은양이 된다.

(2) 각 성분 비율[%] 계산

㉮ $CO_2 = \dfrac{50-44}{50} \times 100 = 12\,[\text{vol\%}]$

㉯ $O_2 = \dfrac{44-41.8}{50} \times 100 = 4.4\,[\text{vol\%}]$

㉰ $CO = \dfrac{41.8-41.4}{50} \times 100 = 0.8\,[\text{vol\%}]$

48 내열성이 우수하고 산화분위기 중에서도 강하며, 가장 높은 온도까지 측정이 가능한 열전대의 종류는?

① 구리–콘스탄탄
② 철–콘스탄탄
③ 크로멜–알루멜
④ 백금–백금·로듐

[해설] 백금–백금·로듐(P-R) 열전대 특징
㉮ 다른 열전대 온도계보다 안정성이 우수하여 고온측정(0~1600[℃])에 적합하다.
㉯ 산화성 분위기에 강하지만, 환원성 분위기에 약하다.
㉰ 내열도, 정도가 높고 정밀 측정용으로 주로 사용된다.
㉱ 열기전력이 다른 열전대에 비하여 작다.
㉲ 가격이 비싸다.

[참고] 열전대 온도계의 종류 및 측정온도 범위

열전대 종류	측정온도 범위
R형[백금–백금로듐](P-R)	0~1600[℃]
K형[크로멜–알루멜](C-A)	-20~1200[℃]
J형[철–콘스탄탄](I-C)	-20~800[℃]
T형[동–콘스탄탄](C-C)	-180~350[℃]

49 열전대 온도계에 대한 설명으로 틀린 것은?

① 보호관 선택 및 유지관리에 주의한다.
② 단자의 (+)와 보상도선의 (-)를 결선해야 한다.
③ 주위의 고온체로부터 복사열의 영향으로 인한 오차가 생기지 않도록 주의해야 한다.
④ 열전대는 측정하고자 하는 곳에 정확히 삽입하여 삽입한 구멍을 통하여 냉기가 들어가지 않게 한다.

[해설] 열전대 온도계 취급 시 주의사항
㉮ 충격을 피하고 습기, 먼지, 직사광선 등에 노출되지 않도록 할 것
㉯ 온도계 사용 한계를 넘지 않을 것
㉰ 측정 전에 지시계로 도선 접촉선에 영점 보정을 할 것
㉱ 표준계기와 정기적으로 비교 검정하여 지시차를 교정할 것
㉲ 단자와 보상도선의 +, - 가 바뀌지 않도록 연결한다.
㉳ 측정할 장소에 열전대를 바르게 설치한다.
㉴ 열전대를 삽입하는 구멍으로 찬 공기가 유입되지 않게 한다.
㉵ 열전대를 배선할 때에는 접속에 의한 절연 불량을 고려하여야 한다.

50 국소대기압이 740[mmHg]인 곳에서 게이지압력이 0.4[bar]일 때 절대압력[kPa]은?

① 100   ② 121
③ 139   ④ 156

[해설] 1[atm] = 760[mmHg] = 101.325[kPa]
= 1.01325[bar] 이다.
∴ 절대압력 = 대기압 + 게이지압력
$= \left(\dfrac{740}{760} \times 101.325\right) + \left(\dfrac{0.4}{1.01325} \times 101.325\right)$
$= 138.658 [kPa]$

51 서미스터(thermistor)는 어떤 현상을 이용한 온도계인가?

① 밀도의 변화   ② 전기저항의 변화
③ 치수의 변화   ④ 압력의 변화

[해설] 서미스터(thermistor) : 온도변화에 따라 저항값이 변하는(온도상승에 따라 저항값이 감소한다.) 반도체를 이용한 것이다.

52 20[L]인 물의 온도를 15[℃]에서 80[℃]로 상승시키는데 필요한 열량은 약 몇 [kJ]인가?

① 4680   ② 5442
③ 6320   ④ 6860

해설: 물의 비중은 1이므로 20[L]는 20[kg]에 해당되며, 비열은 1[kcal/kg·℃]이므로 4.1868[kJ/kg·℃]로 적용하여 계산한다.

$$\therefore Q = G \cdot C \cdot \Delta t$$
$$= 20 \times 4.1868 \times (80-15)$$
$$= 5442.84 [kJ]$$

53 유효숫자를 고려하여 52.2+0.032+3.5171 을 계산할 때 맞는 것은?

① 55.74 ② 55.75
③ 55.7   ④ 55.8

해설:
㉮ 제시된 값을 계산하면
52.2+0.032+3.5171 = 55.7491이다.
㉯ 유효숫자는 주어진 수치를 계산한 값 '55.7491'을 예제에서 주어진 숫자 중 소수점 이하 자리수가 가장 작은 '52.2'와 같이 소수점 첫째자리까지 반올림(사사오입) 한다. 그러면 계산한 값 '55.7491'을 반올림하면 '55.749'가 되고, 다시 반올림하면 '55.75'가 되며, 다시 반올림하면 '55.8'이 된다.

54 가스크로마토그래피의 구성요소가 아닌 것은?

① 검출기   ② 기록계
③ 컬럼(분리관) ④ 지르코니아

해설: 가스크로마토그래피 장치 구성요소 : 캐리어가스, 압력조정기, 유량조절밸브, 압력계, 분리관(컬럼), 검출기, 기록계 등

55 오리피스 유량계의 교축기구 바로 직전과 직후에 차압을 추출하는 방식의 탭으로서 정압 분포가 편중되어도 환상실에 의하여 평균된 차압을 추출할 수 있는 것은?

① 베나탭   ② 코너탭
③ 니플탭   ④ 플랜지탭

해설: 차압을 취출하는 방법
㉮ 베나탭(vena tap) : 유입은 배관 안지름 만큼의 거리, 유출측은 가장 낮은 압력이 걸리는 부분거리(0.2∼0.8D)
㉯ 플랜지탭(flange tap) : 교축기구 25.4[mm] 전후 거리로 75[mm] 이하의 관에 사용한다.
㉰ 코너탭(corner tap) : 교축기구 직전, 직후에 설치

56 내경 10[cm]의 관에 물이 흐를 때 피토관에 의해 측정된 유속이 5[m/s]이라면 유량은 약 몇 [kg/s]인가?

① 19   ② 29
③ 39   ④ 49

해설: 물의 밀도에 대한 언급이 없으므로 물의 밀도는 1000[kg/m³]를 적용하여 질량유량을 계산한다.

$$\therefore m = \rho \times A \times V$$
$$= 1000 \times \frac{\pi}{4} \times 0.1^2 \times 5 = 39.269 [kg/s]$$

57 베르누이 방정식을 적용할 수 있는 가정으로 옳게 나열된 것은?

① 무마찰, 압축성유체, 정상상태
② 비점성유체, 등유속, 비정상상태
③ 뉴턴유체, 비압축성유체, 정상상태
④ 비점성유체, 비압축성유체, 정상상태

해설:
㉮ 베르누이 방정식 : 모든 단면에서 작용하는 위치수두(Z), 압력수두$\left(\dfrac{P}{\gamma}\right)$, 속도수두$\left(\dfrac{V^2}{2g}\right)$의 합은 항상 일정하다로 정의된다.
㉯ 베르누이 방정식이 적용되는 조건
  ㉠ 베르누이 방정식이 적용되는 임의 두 점은 같은 유선상에 있다.
  ㉡ 정상 상태의 흐름이다.
  ㉢ 마찰이 없는 이상유체의 흐름이다.
  ㉣ 비압축성 유체의 흐름이다.
  ㉤ 외력은 중력만 작용한다.

58 유수형 열량계로 5[L]의 기체 연료를 연소시킬 때 냉각수량이 2500[g]이었다. 기체 연료의 온도가 20[℃], 전체압이 750[mmHg], 발열량이 22766[kJ/Nm³]일 때 유수 상승온도는 약 몇 [℃]인가?

① 8.8　　② 10.9
③ 12.4　　④ 14.7

해설 $H_h = \dfrac{냉각수량 \times 냉각수 비열 \times \Delta t}{시료량}$

에서 상승온도(온도변화 폭) Δt를 구하며, 물의 비열은 1[kcal/kg·℃]이므로 SI단위로 4.1868[kJ/kg·℃]를 적용한다.

$\therefore \Delta t = \dfrac{H_h \times 시료량}{냉각수량 \times 냉각수 비열}$

$= \dfrac{22766 \times 0.005}{2.5 \times 4.1868} = 10.875[℃]$

※ 문제에서 묻는 것은 연료가 연소한 후의 냉각수 온도를 구하는 것이 아니라 온도변화 폭을 묻고 있는 것이다.
※ 냉각수의 현재 온도가 주어지지 않아 연소 후의 냉각수 온도는 구할 수 없는 상태이다.

59 어떤 측정대상의 참값이 2.15인데, 측정값이 2.19 이었다면 오차율은 약 몇 [%] 인가?

① 1.63　　② 18.6
③ 1.86　　④ 16.3

해설 오차율 $= \dfrac{측정값 - 참값}{참값} \times 100$

$= \dfrac{2.19 - 2.15}{2.15} \times 100 = 1.86[\%]$

60 국제단위계(SI)에서 길이의 설명으로 틀린 것은?

① 기본단위이다.
② 기호는 'm'이다.
③ 명칭은 '미터'이다.
④ 소리가 진공에서 1/229792458초 동안 진행한 경로의 길이이다.

해설 국제단위계(SI)의 기본단위 중 하나인 길이의 단위 미터(m)는 빛이 진공에서 1/229792458초 동안 진행한 경로의 길이이다.

4과목 - 열설비재료 및 관계법규

61 에너지이용 합리화법상 검사대상기기 설치자가 해당기기의 검사를 받지 않고 사용하였을 경우 벌칙기준으로 옳은 것은?

① 2년 이하의 징역 또는 2천만원 이하의 벌금
② 1년 이하의 징역 또는 2천만원 이하의 벌금
③ 1년 이하의 징역 또는 1천만원 이하의 벌금
④ 2년 이하의 징역 또는 1천만원 이하의 벌금

해설 1년 이하의 징역 또는 1천만원 이하의 벌금 : 에너지이용 합리화법 제73조
㉮ 검사대상기기의 검사를 받지 아니한 자
㉯ 검사에 합격되지 아니한 검사대상기기를 사용한 자
㉰ 검사에 합격되지 아니한 검사대상기기를 수입한 자

62 캐스터블(castable) 내화물에 대한 설명으로 틀린 것은?

① 사용현장에서 필요한 형상이나 치수로 자유롭게 성형할 수 있다.
② 잔존수축과 열팽창이 크고 노내 온도가 변화하면 스폴링을 잘 일으킨다.
③ 점토질이 많이 사용되고 용도에 따라 고알루미나질이나 크롬질도 사용된다.
④ 시공 후 약 24시간 후에 건조, 승온이 가능하고 경화제로 알루미나시멘트를 사용한다.

정답　58. ②　59. ③　60. ④　61. ③　62. ②

해설 ▶ 캐스터블(castable) 내화물의 특징
㉮ 부정형 내화물로 소성이 불필요하다.
㉯ 사용현장에서 필요한 형상이나 치수로 자유롭게 성형할 수 있다.
㉰ 접합부 없이 축요가 가능하고 시공 후 건조, 소성 시 수축이 적다.
㉱ 내스폴링성이 크다.
㉲ 시공 후 약 24시간 후에 건조, 승온이 가능하고 경화제로 알루미나시멘트를 사용한다.
㉳ 점토질이 많이 사용되고 용도에 따라 고알루미나질이나 크롬질도 사용된다.

63 그림과 같이 25[A] 강관을 곡률반지름 150[mm]로 90° 구부림할 때 구부림한 바깥쪽의 곡선부의 길이는 약 몇 [mm]인가?

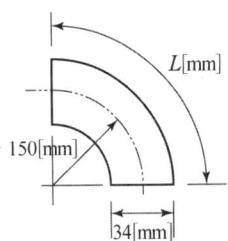

① 235 ② 247
③ 262 ④ 274

해설 ▶ ㉮ 90° 구부림한 부분의 바깥쪽 곡선부 길이를 구하는 것이므로 중심선 지름(D)에서 관의 좌측면과 우측면의 반지름(r)을 더해 준다. (즉, 중심선 지름에 강관의 지름을 더해서 구부림한 부분의 바깥쪽 지름(D')을 적용다.)
㉯ 안쪽 곡선부 길이 계산

$$\therefore L = \frac{90}{360} \times \pi D'$$
$$= \frac{90}{360} \times \pi \times \{(2 \times 150) + 34\}$$
$$= 262.3229 [mm]$$

64 조업방식에 따른 요의 분류 시 반연속요에 해당되는 것은?
① 등요 ② 윤요
③ 터널가마 ④ 도염식요

해설 ▶ 조업방법(작업진행 방법)에 의한 분류
㉮ 연속요 : 윤요, 연속식 가마, 터널가마, 반터널식 가마 등
㉯ 반연속요 : 등요, 셔틀가마 등
㉰ 불연속요 : 승염식요, 횡염식요, 도염식요, 종가마 등

65 볼 밸브(ball valve)의 특징에 대한 설명 중 틀린 것은?
① 유체의 저항이 적다.
② 설치공간을 작게 차지한다.
③ 개폐조작이 신속하고 간편하다.
④ 고압에서 기밀유지가 양호하다.

해설 ▶ 볼 밸브의 특징
㉮ 유로가 배관과 같은 형상으로 유체의 저항이 적다.
㉯ 밸브의 개폐가 쉽고 조작이 간편하여 자동조작밸브로 활용된다.
㉰ 이음쇠 구조가 없기 때문에 설치공간이 작아도 되고 보수가 쉽다.
㉱ 밸브대가 90° 회전하므로 패킹과의 원주방향 움직임이 작아 신속히 개폐가 가능하지만 기밀성은 나쁘다.

66 노재의 성분에 의한 분류 중 산성내화물에 속하는 것은?
① 규석질 ② 크롬질
③ 탄화 규소질 ④ 마그네시아질

해설 ▶ 내화물의 분류 및 종류
㉮ 산성 내화물 : 규석질 내화물, 반규석질 내화물, 납석질 내화물, 샤모트질 내화물

㉯ 염기성 내화물 : 마그네시아 내화물, 불소성 마그네시아 내화물, 개량 마그네시아 내화물, 포스 체라이트 내화물, 마크크로질 내화물, 돌로마이트질 내화물
㉰ 중성 내화물 : 고알루미나질 내화물, 탄화 규소질 내화물, 크롬질 내화물, 탄소질 내화물
㉱ 부정형 내화물 : 캐스터블 내화물, 플라스틱 내화물, 레밍믹스, 내화 피복제, 내화 몰타르
㉲ 특수 내화물 : 지르콘 내화물, 지르코니아질 내화물, 베릴리아 내화물, 토리아 내화물

67 에너지이용 합리화법에 따라 용접검사가 면제되는 대상범위에 해당되지 않는 것은?

① 주철제 보일러
② 강철제 보일러 중 전열면적이 5[m²] 이하이고, 최고사용압력이 0.35[MPa] 이하인 것
③ 온수보일러로서 전열면적이 20[m²] 이하이고, 최고사용압력이 0.35[MPa] 이하인 것
④ 압력용기 중 동체의 두께가 6[mm] 미만인 것으로서 최고사용압력[MPa]과 내부부피[m³]를 곱한 수치가 0.02 이하인 것

해설 용접검사의 면제 대상 범위 : 에너지이용 합리화법 시행규칙 별표 3의6
(1) 강철제 보일러, 주철제 보일러
 ㉮ 강철제 보일러 중 전열면적이 5[m²] 이하이고, 최고사용압력이 0.35[MPa] 이하인 것
 ㉯ 주철제 보일러
 ㉰ 1종 관류보일러
 ㉱ 온수보일러 중 전열면적이 18[m²] 이하이고, 최고사용압력이 0.35[MPa] 이하인 것
(2) 1종 압력용기, 2종 압력용기
 ㉮ 용접이음(동체와 플랜지와의 용접이음은 제외)이 없는 강관을 동체로 한 헤더
 ㉯ 압력용기 중 동체의 두께가 6[mm] 미만인 것으로서 최고사용압력[MPa]과 내부 부피[m³]를 곱한 수치가 0.02 이하(난방용의 경우에는 0.05 이하)인 것
 ㉰ 전열교환식인 것으로서 최고사용압력이 0.35[MPa] 이하이고, 동체의 안지름이 600[mm] 이하인 것

68 에너지이용 합리화법에 따라 에너지 저장의무 부과 대상자가 아닌 자는?

① 전기사업법에 따른 전기 사업자
② 석탄산업법에 따른 석탄가공업자
③ 액화가스사업법에 따른 액화가스 사업자
④ 연간 2만 석유환산톤 이상의 에너지를 사용하는 자

해설 에너지저장의무 부과 대상자 : 에너지이용 합리화법 시행령 제12조 1항
 ㉮ 전기사업법에 따른 전기사업자
 ㉯ 도시가스사업법에 따른 도시가스사업자
 ㉰ 석탄산업법에 따른 석탄가공업자
 ㉱ 집단에너지법에 따른 집단에너지사업자
 ㉲ 연간 2만 석유환산톤(TOE) 이상의 에너지를 사용하는 자

69 판상보온재를 사용하는 경우 소정의 두께의 보온판을 철사로 묶어서 밀착시킨다. 보온재의 두께가 다음 중 어느 정도가 넘을 경우 가능한 한 2층으로 나누어 시공하는가?

① 25[mm] ② 50[mm]
③ 75[mm] ④ 100[mm]

해설 보온재 시공 방법
 ㉮ 물 반죽 시공을 할 경우 보호망을 25[mm] 마다 설치하고, 70[%] 이상 건조되었을 때 2차 시공을 한다.
 ㉯ 관이나 판상의 보온재를 시공할 경우 75[mm]를 넘으면 2층으로 시공한다.
 ㉰ 고온에 접촉하는 부분에는 보온재를 2층으로 시공한다.
 ㉱ 고온부에는 내열성이 우수한 재료를 사용하고, 다음에는 보냉 효과가 우수한 보온재를 사용한다.

정답 67. ③ 68. ③ 69. ③

70 노체 상부로부터 노구(throat), 샤프트(shaft), 보시(bosh), 노상(hearth)으로 구성된 노(爐)는?

① 평로 ② 고로
③ 전로 ④ 코크스로

해설 고로 : 선철을 제조하는 용광로를 지칭하는 것으로 노구(throat), 샤프트(shaft), 보시(bosh), 노상(hearth)으로 구성된다.

71 에너지이용 합리화법에 따라 검사를 받아야 하는 검사대상기기 중 소형온수보일러의 적용범위 기준은?

① 가스사용량이 10[kg/h]를 초과하는 보일러
② 가스사용량이 17[kg/h]를 초과하는 보일러
③ 가스사용량이 21[kg/h]를 초과하는 보일러
④ 가스사용량이 25[kg/h]를 초과하는 보일러

해설 검사대상기기 중 소형온수보일러 적용범위(에너지이용 합리화법 시행규칙 제31조의6, 별표3의3) : 가스를 사용하는 것으로서 가스사용량이 17[kg/h](도시가스는 232.6[kW])를 초과하는 것

72 다음 중 전기로가 아닌 것은?

① 퓨셔로 ② 아크로
③ 저항로 ④ 유도로

해설 전기로(electric furnace) : 전열을 사용하여 선철과 고철을 용해하여 강을 만드는 것으로 가열방식에 의하여 저항로, 아크로, 유도로 등으로 분류한다.

73 철금속가열로는 정격용량이 얼마를 초과하는 경우에 검사대상기기에 해당되는가?

① 0.48[MW] ② 0.58[MW]
③ 0.68[MW] ④ 0.78[MW]

해설 검사대상기기 : 에너지이용 합리화법 시행규칙 제31조의6, 별표3의3

구분	검사대상기기명	적용범위
보일러	강철제보일러 주철제보일러	다음 각호의 어느 하나에 해당하는 것을 제외한다. 1. 최고사용압력이 0.1[MPa] 이하이고, 동체의 안지름이 300[mm] 이하이며, 길이가 600[mm] 이하인 것 2. 최고사용압력이 0.1[MPa] 이하이고, 전열면적이 5[m^2] 이하인 것 3. 2종 관류보일러 4. 온수를 발생시키는 보일러로서 대기개방형인 것
	소형온수보일러	가스를 사용하는 것으로서 가스사용량이 17[kg/h](도시가스는 232.6[kW])를 초과하는 것
압력용기	1종압력용기 2종압력용기	별표1의 규정에 의한 압력용기의 적용범위에 의한다.
요로	철금속가열로	정격용량이 0.58[MW]를 초과하는 것

74 요·로의 열효율을 높이는 방법으로 가장 거리가 먼 것은?

① 폐가스의 폐열회수
② 적정한 연소장치 선택
③ 발열량이 높은 연료 사용
④ 요·로의 적정 압력 유지

해설 요·로의 열효율 향상 방법 : ①, ②, ④ 외
㉮ 손실열을 적게 한다.
㉯ 연속조업을 한다.
㉰ 장치의 설계조건과 운전조건을 일치시킨다.
㉱ 전열량을 증가시킨다.

정답 70. ② 71. ② 72. ① 73. ② 74. ③

75 큐폴라(cupola)에 대한 설명으로 옳은 것은?

① 열효율이 나쁘다.
② 용해시간이 느리다.
③ 제강로의 한 형태이다.
④ 대량의 쇳물을 얻을 수 있다.

해설 (1) 큐폴라(cupola) : 용선로라 하며 주물을 용해하기 위한 것으로 강판으로 만든 원형 내부를 내화벽돌로 쌓고 내화 점토로 만든 직접형 노로 가장 많이 사용된다.
(2) 특징
  ㉮ 대량의 쇳물을 얻을 수 있다.
  ㉯ 다른 용해로 보다 열효율이 좋다.
  ㉰ 용해 시간이 빠르다.
  ㉱ 주철이 탄소(C), 황(S), 인(P)의 성분을 흡수하면 품질이 저하된다.
  ㉲ 용량은 1시간당 용해량을 톤[ton]으로 표시한다.

76 단열재의 기본적인 필요 요건으로 옳은 것은?

① 유효 열전도율이 커야 한다.
② 유효 열전도율이 작아야 한다.
③ 소성이나 유효 열전도율과는 무관하다.
④ 소성(燒成)에 의하여 생긴 큰 기포(氣泡)를 가진 것이어야 한다.

해설 단열재는 가마 밖으로 방산되는 열손실을 방지하는 것이므로 열전도율이 작은 재료이어야 한다.

77 고온용 무기질 보온재로서 경량이고 기계적 강도가 크며 내열성, 내수성이 강하고 내마모성이 있어 탱크, 노벽 등에 적합한 보온재는?

① 암면   ② 석면
③ 규산칼슘   ④ 탄산마그네슘

해설 규산칼슘 보온재의 특징
  ㉮ 규산질, 석회질, 암면 등을 혼합하여 만든 결정체 보온재이다.
  ㉯ 압축강도가 크며 반영구적이다.
  ㉰ 내수성, 내구성이 우수하며 시공이 편리하다.
  ㉱ 고온 공업용에 가장 많이 사용된다.
  ㉲ 열전도율 : 0.053~0.065[kcal/h·m·℃]
  ㉳ 안전 사용온도 : 650[℃]

78 에너지이용 합리화법에 따라 산업통상자원부장관 또는 시·도지사가 한국에너지공단이사장에게 위탁한 업무가 아닌 것은?

① 에너지사용계획의 검토
② 에너지절약형 전문기업의 등록
③ 에너지이용 합리화 기본계획의 수립
④ 냉난방온도의 유지·관리 여부에 대한 점검 및 실태 파악

해설 공단에 위탁된 업무 : 에너지이용 합리화법 제69조
ⓐ 에너지사용계획의 검토
ⓑ 에너지사용계획 이행여부의 점검 및 실태파악
ⓒ 효율관리기자재의 측정 결과 신고의 접수
ⓓ 대기전력경고표지 대상제품의 측정 결과 신고의 접수
ⓔ 대기전력저감대상제품의 측정 결과 신고의 접수
ⓕ 고효율에너지기자재 인증 신청의 접수 및 인증
ⓖ 고효율에너지기자재의 인증취소 또는 인증사용 정지명령
ⓗ 에너지절약전문기업의 등록
ⓘ 온실가스배출 감축실적의 등록 및 관리
ⓙ 에너지다소비사업 신고의 접수
ⓚ 진단기관의 관리, 감독
ⓛ 에너지관리지도
ⓜ 냉난방온도의 유지·관리 여부에 대한 점검 및 실태 파악
ⓝ 검사대상기기의 검사 및 검사증의 발급
ⓞ 검사대상기기의 폐기, 사용 중지, 설치자 변경 및 검사의 전부 또는 일부가 면제된 검사대상기기의 설치에 대한 신고의 접수
ⓟ 검사대상기기조종자의 선임, 해임 또는 퇴직신고의 접수
※ 에너지이용 합리화 기본계획은 법 제4소에 의하여 산업통상자원부장관이 수립한다.

정답 75. ④ 76. ② 77. ③ 78. ③

79 길이 7[m], 외경 200[mm], 내경 190[mm]의 탄소강관에 360[℃] 과열증기를 통과시키면 이 때 늘어나는 관의 길이는 몇 [mm]인가? (단, 주위온도는 20[℃]이고, 관의 선팽창계수는 0.000013[mm/mm·℃]이다.)

① 21.15 ② 25.71
③ 30.94 ④ 36.48

해설 $\Delta L = L \times \alpha \times \Delta t$
$= 7 \times 1000 \times 0.000013 \times (360-20)$
$= 30.94 \text{[mm]}$

80 [보기]의 ( ) 안에 알맞은 수치는?

[보기]
보온재는 일반적으로 상온(20[℃])에서 열전도율이 ( )[kcal/m·h·℃] 이하인 열차단재를 통칭한다.

① 0.1 ② 1
③ 10   ④ 100

해설 보온재 및 단열재의 열전도율 : 상온(20[℃])에서 0.1[kcal/m·h·℃](0.42[kJ/m·h·℃]) 이하

5과목 - 열설비 설계

81 노통보일러 중 원통형의 노통이 2개 설치된 보일러를 무엇이라고 하는가?

① 랭커셔 보일러
② 라몬트 보일러
③ 바브콕 보일러
④ 다우삼 보일러

해설 노통 보일러의 종류
㉮ 코르니쉬(Cornish) 보일러 : 노통이 1개
㉯ 랭커셔(Lancashire) 보일러 : 노통이 2개

82 최고사용압력이 2[MPa] 초과 3[MPa] 이하인 수관보일러의 급수 수질에 대한 기준으로 옳은 것은?

① pH(25[℃]) : 8.0~9.5, 경도 : 0[mg CaCO₃/L], 용존산소 : 0.1[mg O/L] 이하
② pH(25[℃]) : 10.5~11.0, 경도 : 2[mg CaCO₃/L], 용존산소 : 0.1[mg O/L] 이하
③ pH(25[℃]) : 8.5~9.6, 경도 : 0[mg CaCO₃/L], 용존산소 : 0.007[mg O/L] 이하
④ pH(25[℃]) : 8.5~9.6, 경도 : 2[mg CaCO₃/L], 용존산소 : 1[mg O/L] 이하

해설 최고사용압력 2[MPa] 초과 3[MPa] 이하인 수관보일러의 급수 수질관리 기준
㉮ pH(25[℃] 기준) : 8.0~9.5
㉯ 경도 : 0[mg CaCO₃/L]
㉰ 용존산소 : 0.1[mg O/L] 이하
㉱ 철 : 0.1[mg Fe/L] 이하
㉲ 히드라진 : 0.2[mg N₂H₄/L] 이상

83 보일러 1마력을 상당 증발량으로 환산하면 약 몇 [kg/h]가 되는가?

① 3.05
② 15.65
③ 30.05
④ 34.55

해설 보일러 마력 : 1 보일러 마력이란 1시간에 15.65[kg]의 상당 증발량을 갖는 보일러의 동력. 즉, 100[℃] 물 15.65[kg]을 1시간에 같은 온도의 증기로 변화시킬 수 있는 능력이며, 8435.35[kcal/h] 열을 흡수하여 증기를 발생할 수 있는 능력이다.

∴ 보일러 마력 $= \dfrac{G_e}{15.65} = \dfrac{G_a(h_2 - h_1)}{539 \times 15.65}$

84 보일러 운전 시 캐리오버(carry-over)를 방지하기 위한 방법으로 틀린 것은?

① 과부하를 피한다.
② 증기관을 냉각한다.
③ 관수의 농축을 방지한다.
④ 주증기 밸브를 서서히 연다.

해설 캐리오버(carry-over) 방지 방법
㉮ 보일러수를 농축시키지 않는다.
㉯ 보일러수 중의 불순물을 제거한다.
㉰ 과부하가 되지 않도록 한다.
㉱ 비수방지관을 설치한다.
㉲ 주증기 밸브를 급격히 개방하지 않는다.
㉳ 수위를 고수위로 하지 않는다.
㉴ 압력을 규정압력으로 유지해야 한다.

85 보일러를 만수로 보존할 때 관수(보일러수)의 pH는 얼마로 유지하는 것이 가장 적당한가?

① 7 ② 9
③ 11 ④ 13

해설 만수보존법에서 보일러수의 pH는 11 정도로 유지되도록 한다.

86 노통보일러에서 노통이 열응력에 의해서 신축이 일어나므로 노통의 신축 작용에 대처하기 위해 설치하는 이음방법은?

① 평형조인트
② 브레이징 스페이스
③ 가셋 스테이
④ 아담스 조인트

해설 아담슨 조인트(Adamson joint) : 평형 노통을 일체형으로 제작하면 강도가 약해지는 결점을 보완하기 위하여 노통을 여러 개로 분할 제작하여 플랜지형으로 연결한 것으로 이 이음부를 아담슨 조인트라 한다.

87 관판의 두께가 10[mm]이고, 관 구멍의 지름이 25[mm]인 연관의 최소피치는 약 몇 [mm]인가?

① 36.3 ② 45.4
③ 52.5 ④ 65.6

해설 $P = \left(1 + \dfrac{4.5}{t}\right) \times d = \left(1 + \dfrac{4.5}{10}\right) \times 25$
$= 36.25 [mm]$

88 증기보일러에는 원칙적으로 2개 이상의 안전밸브를 설치하여야 하지만, 1개를 설치할 수 있는 최대 전열면적 기준은?

① $10[m^2]$ ② $30[m^2]$
③ $50[m^2]$ ④ $100[m^2]$

해설 안전밸브의 개수
㉮ 증기보일러에는 2개 이상의 안전밸브를 설치하여야 한다. 다만, 전열면적 $50[m^2]$ 이하의 증기보일러에서는 1개 이상으로 한다.
㉯ 관류보일러에서 보일러와 압력방출장치와의 사이에 체크밸브를 설치할 경우 압력방출장치는 2개 이상이어야 한다.

89 [그림]과 같이 열전도계수 K가 $25[W/m \cdot ℃]$인 중공구(中空球)가 있다. 이때 온도는 r_i가 $3[cm]$일 때 T_i은 $300[K]$, r_o가 $6[cm]$일 때 T_o는 $200[K]$로 나타났다. 중공구를 통한 열이동량 약 몇 [W]인가?

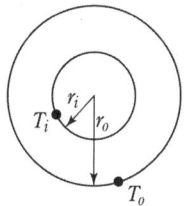

① 177[W] ② 1885[W]
③ 1993[W] ④ 2827[W]

[해설] r_i 3[cm]는 0.03[m], r_o 6[cm]는 0.06[m]이다.

$$\therefore Q = K\frac{4\pi(T_i - T_o)}{\frac{1}{r_i} - \frac{1}{r_o}}$$

$$= 25 \times \frac{4 \times \pi \times (300-200)}{\frac{1}{0.03} - \frac{1}{0.06}}$$

$$= 1884.955 [W]$$

[참고] 일반적으로 열전도계수(또는 열전도율, 열전도도)의 기호는 λ(람다)를 사용하는데 문제에서는 K로 제시되어 공식에 λ(람다) 대신 K로 표시한 것입니다. (일반적으로 K는 열관류율을 표시합니다.)

90 노통 보일러에 두께 13[mm] 이하의 경판을 부착하였을 때 가셋트 스테이의 하단과 노통 상단과의 완충폭(브리징 스페이스)은 몇 [mm] 이상으로 하여야 하는가?

① 230[mm]   ② 260[mm]
③ 280[mm]   ④ 300[mm]

[해설] ㉮ 브리징 스페이스(breathing space) : 고온에 의한 노통의 신축작용으로 응력이 발생하고 이로 인하여 평형 경판이 손상되는 것을 방지하기 위하여 가셋트 스테이(gusset stay) 하단부와 노통의 상단부와의 거리로 최소 230[mm] 이상을 유지한다.

㉯ 노통 보일러의 완충 폭(breathing space)

경판의 두께[mm]	완충 폭
13[mm] 이하	230[mm] 이상
15[mm] 이하	260[mm] 이상
17[mm] 이하	280[mm] 이상
19[mm] 이하	300[mm] 이상
19[mm] 초과	320[mm] 이상

91 보일러의 열정산 시 출열에 해당하지 않는 것은?

① 급수의 현열
② 건연소배가스의 현열
③ 불완전연소에 의한 손실열
④ 연소배가스 중 수증기의 보유열

[해설] 열정산 시 입·출열 항목
(1) 입열(入熱) 항목
  ㉮ 연료의 발열량(연료의 연소열)
  ㉯ 연료의 현열
  ㉰ 공기의 현열
  ㉱ 노내 취입 증기 또는 온수에 의한 입열
(2) 출열(出熱) 항목
  ㉮ 배기가스 보유열량
  ㉯ 증기의 보유열량
  ㉰ 불완전연소에 의한 열손실
  ㉱ 미연분에 의한 열손실
  ㉲ 노벽의 흡수열량
  ㉳ 재의 현열

92 사이폰 관(siphon tube)과 관련이 있는 것은?

① 수면계   ② 안전밸브
③ 압력계   ④ 어큐뮬레이터

[해설] 사이폰관(siphon tube) : 압력계를 보호하기 위하여 안지름 6.5[mm] 이상의 관을 한 바퀴 돌려 가공된 것으로 관내부에 물을 투입하여 고온증기가 부르동관에 영향을 미치지 않도록 한다.

93 최고사용압력이 490[kPa], 내경이 0.6[m]인 주철제 드럼이 있다. 드럼 강판에 대한 최대인장강도는 78.4[N/mm²], 안전계수는 5일 때 드럼 동체에 대한 강판 두께는 약 몇 [mm]인가? (단, 부식을 고려하지 않으며, 이음 효율은 0.94이다.)

① 7.2   ② 8.5   ③ 10.3   ④ 13.2

해설 ㉮ 최고사용압력 490[kPa]은 0.49[MPa]이고, 허용 인장응력 σ_a는 인장강도[N/mm²]를 안전계수 (안전율)로 나눈 값을 적용한다.
㉯ 동판 두께 계산 : 부식여유치 α는 고려하지 않고, 동체의 증기온도에 대응하는 값 k는 주어지지 않았으므로 무시하고 계산한다.

$$\therefore t = \frac{PD_i}{2 \times \sigma_a \times \eta - 2P(1-k)} + \alpha$$

$$= \frac{0.49 \times 600}{2 \times \left(\frac{78.4}{5}\right) \times 0.94 - 2 \times 0.49}$$

$$= 10.316 [mm]$$

94 기수분리기에 대한 설명으로 옳은 것은?

① 보일러 급수 중에 포함되어 있는 공기를 제거하는 장치
② 증기 사용처에 증기사용 후 물과 증기를 분리하는 장치
③ 보일러에 투입되는 연소용 공기 중에서 수분을 제거하는 장치
④ 보일러에서 발생한 증기 중에 남아 있는 물방울을 제거하는 장치

해설 기수 분리기 : 수관식 보일러의 기수드럼에 부착하여 승수관을 통하여 상승하는 증기 중에 혼입된 수분을 분리하기 위한 장치로 다음의 종류가 있다.
㉮ 사이클론형 : 원심 분리기를 사용
㉯ 스크러버형 : 파형의 다수 강판을 조합한 것
㉰ 건조 스크린형 : 금속망판을 이용한 것
㉱ 배플형 : 급격한 방향 전환을 이용한 것
㉲ 다공판형 : 다수의 구멍판을 이용한 것

95 실리카의 영향으로 틀린 것은?

① 캐리오버 등으로 터빈 날개를 부식시킨다.
② 칼슘 및 알루미늄과 결합하여 스케일을 생성한다.
③ 저압 보일러에서는 실리카 농도를 높여 스케일화를 방지한다.
④ 생성된 스케일은 경질이기 때문에 기계적 및 화학적방법으로 제거가 곤란하다.

해설 실리카(SiO_2)의 영향
㉮ 칼슘 및 알루미늄 등과 결합하여 스케일을 형성한다.
㉯ 저압 보일러에서는 알칼리도를 높여 스케일화를 방지할 수 있다.
㉰ 보일러수에 실리카가 다량으로 용해되어 있으면 캐리오버 등으로 터빈날개 등을 부식한다.
㉱ 실리카 함유량이 많은 스케일은 경질이기 때문에 기계적 및 화학적 방법으로 제거하기가 곤란하다.

96 압력 1[MPa]인 포화수가 압력 0.4[MPa]인 재증발기(flash vessel)에 들어올 때, 포화수 100[kg]당 약 몇 [kg]의 증기가 발생하는가? (단, 1[MPa]에서 포화수 엔탈피는 775.1 [kJ/kg], 0.4[MPa]에서 포화수 엔탈피는 636.8[kJ/kg] 이고 0.4[MPa]의 증기 엔탈피는 2748.4[kJ/kg] 이다.)

① 5.0 ② 6.5
③ 28.2 ④ 36.7

해설 발생증기량 = $\frac{포화수량 \times 포화수 엔탈피 차}{증발잠열}$

$$= \frac{100 \times (775.1 - 636.8)}{2748.4 - 636.8}$$

$$= 6.549 [kg]$$

97 외경 30[mm], 벽두께 2[mm]의 관 내측과 외측의 열전달계수는 모두 3000[W/m²·K] 이다. 관 내부온도가 외부보다 30[℃]만큼 높고, 관의 열전도율이 100[W/m·K]일 때 관의 단위길이당 열손실량은 약 몇 [W/m]인가?

① 2979 ② 3324
③ 3824 ④ 4174

해설 ㉮ 강관 외측 반지름(r_o) 계산 : 외경(바깥지름) 30 [mm]는 0.03[m]이다.

$$\therefore r_o = \frac{0.03}{2} = 0.015[m]$$

㉯ 내측 반지름(r_i) 계산 : 내경(안지름)은 외경에서 좌, 우 두께를 빼주면 계산된다.

$$\therefore r_i = \frac{0.03 - 2 \times 0.002}{2} = 0.013[m]$$

㉰ 대수평균면적(F_m) 계산

$$\therefore F_m = \frac{2\pi L(r_o - r_i)}{\ln\left(\dfrac{r_o}{r_i}\right)}$$

$$= \frac{2 \times \pi \times 1 \times (0.015 - 0.013)}{\ln\left(\dfrac{0.015}{0.013}\right)}$$

$$= 0.0878[m^2]$$

㉱ 관의 단위길이당 열손실량 계산 : 관 내부와 외부의 온도차 30[℃]를 절대온도로 표시하면 30[K]이다.

$$\therefore Q = K \times F_m \times \Delta T$$

$$= \frac{1}{\dfrac{1}{\alpha_1} + \dfrac{b}{\lambda} + \dfrac{1}{\alpha_2}} \times F_m \times \Delta T$$

$$= \frac{1}{\dfrac{1}{3000} + \dfrac{0.002}{100} + \dfrac{1}{3000}} \times 0.0878 \times 30$$

$$= 3835.922[W/m]$$

98 맞대기 용접이음에서 인장하중이 19600[N], 강판의 두께가 6[mm]라 할 때 용접길이는 약 몇 [mm]인가? (단, 용접부의 허용인장응력은 68.6[N/mm²]이다.)

① 40 ② 44
③ 48 ④ 52

해설 허용인장응력 $\sigma = \dfrac{W}{h \times l}$ 에서 용접길이 l을 구한다.

$$\therefore l = \frac{W}{\sigma \times h} = \frac{19600}{68.6 \times 6} = 47.619[mm]$$

99 보일러 안전밸브 설치 기준 중 틀린 것은?

① 안전밸브는 쉽게 검사할 수 있는 장소에 밸브 축을 수직으로 하여 가능한한 보일러의 동체에 직접 부착시킨다.
② 증기보일러에는 2개 이상의 안전밸브를 설치하여야 한다. 다만, 전열면적 50[m²] 이하의 증기보일러에는 1개 이상으로 한다.
③ 최고사용압력 0.5[MPa] 이하의 보일러로 동체의 안지름이 500[mm] 이하이며 동체의 길이가 1000[mm] 이하의 것에 대해서는 안전밸브 및 압력방출장치의 크기는 호칭지름 25[A] 이상으로 한다.
④ 과열기에는 그 출구에 1개 이상의 안전밸브가 있어야 하며, 그 분출용량은 과열기의 온도를 설계온도 이하로 유지하는데 필요한 양(보일러의 최대증발량의 15[%]를 초과하는 경우에는 15[%]) 이상이어야 한다.

해설 안전밸브 및 압력방출장치의 크기는 호칭지름 25[A] 이상으로 하여야 한다. 다만, 다음 보일러에서는 호칭지름 20[A] 이상으로 할 수 있다.
㉮ 최고사용압력 0.1[MPa] 이하의 보일러
㉯ 최고사용압력 0.5[MPa] 이하의 보일러로 동체의 안지름이 500[mm] 이하이며 동체의 길이가 1000[mm] 이하의 것
㉰ 최고사용압력 0.5[MPa] 이하의 보일러로 전열면적 2[m²] 이하의 것
㉱ 최대증발량 5[t/h] 이하의 관류보일러
㉲ 소용량 강철제 보일러, 소용량 주철제 보일러

100 보일러 맨홀의 형상은 원형과 타원형이 있으며, 원형인 경우에 안지름은 얼마 이상이어야 하는가?

① 300[mm] ② 350[mm]
③ 375[mm] ④ 400[mm]

정답 98. ③ 99. ③ 100. ③

해설 맨홀, 청소구멍 및 검사구멍 설치

㉮ 맨홀의 크기는 긴지름 375[mm] 이상, 짧은지름 275[mm] 이상의 타원형 또는 긴원형 혹은 안지름 375[mm] 이상의 원형으로 하여야 한다.

㉯ 청소 또는 검사를 하기 위하여 손을 넣을 필요가 있는 구멍(손구멍)의 크기는 긴지름 90[mm] 이상, 짧은지름 70[mm] 이상인 타원형이나 또는 지름 90[mm] 이상의 원형(각형으로 할 때에는 안치수 90[mm] 이상)으로 하여야 한다. 또, 검사구멍은 지름 30[mm] 이상의 원형으로 하여야 한다.

2024년 02
에너지관리기사필기 CBT 복원문제

1과목 - 연소공학

01 연소 시 발생하는 질소산화물(NO)의 감소 방안으로 틀린 것은?

① 화실을 크게 한다.
② 화염의 온도를 높게 연소한다.
③ 배기가스 순환을 원활하게 한다.
④ 질소 성분이 적은 연료를 사용한다.

해설 질소산화물을 경감시키는 방법
㉮ 연소온도를 낮게 유지한다.
㉯ 노내압을 낮게 유지한다.
㉰ 연소가스 중 산소농도를 저하시킨다.
㉱ 노내가스의 잔류시간을 감소시킨다.
㉲ 과잉공기량을 감소시킨다.
㉳ 질소성분 함유량이 적은 연료를 사용한다.

02 탄소 6[kg]을 이론공기량으로 완전 연소시 켰을 때 발생하는 연소가스량은 약 몇 [Nm³] 인가?

① 8.9   ② 22.4
③ 53.3   ④ 66.7

해설 (1) 이론공기량에 의한 탄소(C)의 완전 연소반응식 :
$C + O_2 + (N_2) \rightarrow CO_2 + (N_2)$
(2) 연소 가스량(Nm³) 계산 : 연소 가스량은 CO_2량 과 공기 중 함유된 질소량(N_2)이 되며, 질소량은 산소량의 $\frac{79}{21}$ 배가 된다. 탄소(C)의 분자량은 12, 1[kmol]의 체적은 22.4[Nm³]이다.

㉮ CO_2량 계산
[C]   [CO_2]
12[kg]   22.4[Nm³]
6[kg] x[Nm³]

㉯ N_2량 계산
[C]   [N_2]
12[kg]   22.4[Nm³]
6[kg] y[Nm³]

∴ $G_{0d} = x(CO_2) + y(N_2)$
$= \left(\frac{6 \times 22.4}{12}\right) + \left(\frac{6 \times 22.4}{12} \times \frac{79}{21}\right)$
$= 53.333 [Nm^3]$

03 액체연료 중 고온 건류하여 얻은 타르계 중 유의 특징에 대한 설명으로 틀린 것은?

① 황의 영향이 적다.
② 슬러지를 발생시킨다.
③ 화염의 방사율이 크다.
④ 단위 용적당의 발열량이 극히 적다.

해설 타르계 중유의 특징
㉮ 종류 : 고온 타르, 저온 타르, 석유계 타르
㉯ 화염 방사율이 크다.
㉰ 유황의 영향이 적다.(피해가 적다.)
㉱ 슬러지(침전물, 찌꺼기)가 생성된다.

04 연소속도와 가장 밀접한 관계가 있는 것은?

① 산화속도
② 환원속도
③ 염의 발생속도
④ 착화속도

해설 연소속도 : 가연물과 산소와의 반응속도(산화속도) 로 화염면이 그 면에 직각으로 미연소부에 진입하는 속도이다.

정답 01. ② 02. ③ 03. ④ 04. ①

05 연소를 계속 유지시키는데 필요한 조건을 가장 바르게 설명한 것은?

① 연료에 공기를 접촉시켜 연소속도를 저하시킨다.
② 연료에 산소를 공급하고 착화온도 이하로 억제한다.
③ 연료에 발화온도 미만의 저온 분위기를 유지시킨다.
④ 연료에 산소를 공급하고 착화온도 이상으로 유지한다.

해설 연료의 착화온도(발화온도) 이하로 유지하면 연소가 유지되지 어렵고, 인화점 이하로 되면 소화가 되므로 연료에 산소를 공급하고 착화온도 이상으로 하는 것이 연소를 유지할 수 있는 조건이 된다.

06 연소의 정의를 가장 옳게 설명한 것은?

① 연료가 환원하면서 발열하는 현상
② 화학변화에서 산화로 인한 흡열반응
③ 물질의 산화로 에너지의 전부가 직접 빛으로 변하는 현상
④ 온도가 높은 분위기 속에서 산소와 화합하여 빛과 열을 발생하는 현상

해설 연소의 정의 : 가연성 물질이 공기 중의 산소와 반응하여 빛과 열을 발생하는 화학반응으로 연소의 3요소는 가연성 물질, 산소 공급원, 점화원이 해당된다.

07 연소에 사용되는 일반 공기 성분의 체적비율로 옳은 것은?

① 산소 21[%], 질소 79[%]
② 산소 23.2[%], 질소 76.8[%]
③ 산소 25[%], 질소 75[%]
④ 산소 27.3[%], 질소 72.7[%]

해설 연소계산에서는 공기의 성분을 산소와 질소 2가지로 한다.

구분	산소	질소
체적비	21[%]	79[%]
질량비	23.2[%]	76.8[%]

08 석탄을 연료 분석한 결과 다음과 같은 결과를 얻었다면 고정탄소분은 약 몇 [%]인가?

[수분] - 시료량 : 1.0030[g], 건조감량 : 0.0232[g]
[회분] - 시료량 : 1.0070[g], 잔류회분량 : 0.2872[g]
[휘발분] - 시료량 : 0.9998[g], 가열감량 : 0.3432[g]

① 21.72
② 32.53
③ 37.15
④ 53.17

해설
㉮ 수분의 함유율 계산

$$\therefore 수분 = \frac{건조감량}{시료무게} \times 100$$

$$= \frac{0.0232}{1.0030} \times 100$$

$$= 2.313 ≒ 2.31 [\%]$$

㉯ 회분의 함유율 계산

$$\therefore 회분 = \frac{잔류회분량}{시료무게} \times 100$$

$$= \frac{0.2872}{1.0070} \times 100 = 28.52 [\%]$$

㉰ 휘발분의 함유율 계산

$$\therefore 휘발분 = \left(\frac{가열감량}{시료무게} \times 100\right) - 수분[\%]$$

$$= \left(\frac{0.3432}{0.9998} \times 100\right) - 2.31$$

$$= 32.02[\%]$$

㉱ 고정탄소 계산

$$\therefore 고정탄소 = 100 - (수분+회분+휘발분)$$
$$= 100 - (2.31+28.52+32.02)$$
$$= 37.15[\%]$$

정답 05. ④ 06. ④ 07. ① 08. ③

09 황 1[kg]을 완전 연소시키는데 필요한 산소의 양은 몇 [Nm³]인가? (단, S의 원자량은 32 이다.)

① 0.70 ② 1.00
③ 2.63 ④ 3.33

해설
㉮ 황(S)의 완전연소 반응식
  $S + O_2 \rightarrow SO_2$
㉯ 이론산소량 계산

  [S]   [O₂]
  32[kg]   22.4[Nm³]

  1[kg] $x(O_0)$[Nm³]

  $\therefore x(O_0) = \dfrac{1 \times 22.4}{32} = 0.7 \, [Nm^3]$

10 발열량이 21000[kJ/kg]인 고체연료를 연소할 때 불완전 연소에 의한 열손실이 5[%], 연소재에 의한 열손실이 5[%] 이었다면 연소효율은?

① 80[%]   ② 85[%]
③ 90[%]   ④ 95[%]

해설
$\eta = \left(1 - \dfrac{열손실\ 합계}{입열\ 합계}\right) \times 100$
$= \left(1 - \dfrac{21000 \times (0.05 + 0.05)}{21000}\right) \times 100$
$= 90\,[\%]$

11 고체연료인 석탄의 성질에 대한 설명 중 틀린 것은?

① 휘발분이 증가하면 비열이 증가한다.
② 탄수소비가 증가하면 비열도 상승한다.
③ 열전도율은 0.12~0.29[kcal/m·h·℃] 정도로 작다.
④ 탄화도가 진행하면 착화온도가 상승하는 경향이 있다.

해설 탄수소비(C/H)가 증가하는 것은 탄소량이 많아지고, 수소량은 감소하는 것이다. 일반적으로 탄소량이 많으면 비열은 감소한다.

12 연소계산에서 열정산에 대한 정의로 옳은 것은?

① 발생하는 모든 발열량의 합계
② 발생하는 모든 열의 이용 효율
③ 발생하는 모든 입열과 출열의 수지계산
④ 연소장치에서 손실되는 모든 열량의 합계

해설 열정산(熱精算) : 열장치에 공급된 열량(입열)과 소비된 열량(출열)과의 열의 분포상태를 파악하는 열수지를 계산하는 것이다.

참고 보일러 열정산 목적
㉮ 열의 이동 상태를 파악하기 위하여
㉯ 열의 손실을 파악하기 위하여
㉰ 열설비의 성능을 파악하기 위하여
㉱ 보일러의 성능 개선 자료를 얻기 위하여
㉲ 보일러의 효율을 파악하기 위하여
㉳ 조업 방법을 개선하기 위하여

13 질량으로 C 84.1[%], H 15.9[%]의 조성을 가지는 탄화수소 연료의 분자량은 114이다. 이 연료 1몰의 완전연소에 필요한 공기의 몰수는 약 얼마인가? (단, 원자량은 각각 C는 12, H는 1이다.)

① 40   ② 46
③ 60   ④ 64

해설
㉮ 분자량이 114인 탄화수소는 옥탄(C_8H_{18})이다.
㉯ 옥탄의 완전연소반응식
  $C_8H_{18} + 12.5O_2 \rightarrow 8CO_2 + 9H_2O$
㉰ 공기 몰수 계산
  $\therefore 공기\ 몰수 = \dfrac{산소\ 몰수}{공기\ 중\ 산소\ 체적비율}$
  $= \dfrac{12.5}{0.21} = 59.523\ 몰$

정답 09. ① 10. ③ 11. ② 12. ③ 13. ③

14 기체연료에 대한 설명 중 틀린 것은?
① 연소조절 및 점화, 소화가 용이하다.
② 연료의 예열이 쉽고 전열효율이 좋다.
③ 고온연소에 의한 국부가열의 염려가 크다.
④ 적은 공기로 완전 연소시킬 수 있으며 연소효율이 높다.

해설 기체연료의 특징
(1) 장점
　㉮ 연소효율이 높고 연소제어가 용이하다.
　㉯ 회분 및 황성분이 없어 전열면 오손이 없다.
　㉰ 적은 공기비로 완전연소가 가능하다.
　㉱ 저발열량의 연료로 고온을 얻을 수 있다.
　㉲ 완전연소가 가능하여 공해문제가 없다.
(2) 단점
　㉮ 저장 및 수송이 어렵다.
　㉯ 가격이 비싸고 시설비가 많이 소요된다.
　㉰ 누설 시 화재, 폭발의 위험이 크다.

15 고체연료의 연소방법 중 미분탄연소의 특징이 아닌 것은?
① 소형의 연소로에 적합하다.
② 부하변동에 대한 응답성이 우수하다.
③ 연소실의 공간을 유효하게 이용할 수 있다.
④ 낮은 공기비로 높은 연소효율을 얻을 수 있다.

해설 미분탄 연소의 특징
㉮ 적은 공기비로 완전연소가 가능하다.
㉯ 점화, 소화가 쉽고 부하변동에 대응하기 쉽다.
㉰ 대용량에 적당하고, 사용연료 범위가 넓다.
㉱ 연소실 공간을 유효하게 이용할 수 있다.
㉲ 설비비, 유지비가 많이 소요된다.
㉳ 회(灰), 먼지 등이 많이 발생하여 집진장치가 필요하다.
㉴ 연소실 면적이 크고, 폭발의 위험성이 있다.

16 체적비로 C_3H_8 70[%], C_4H_{10} 30[%]의 혼합가스 1[Nm^3]가 완전연소할 때 이론 공기량 [Nm^3/Nm^3]은 약 얼마인가?
① 24　　② 26
③ 28　　④ 30

해설 단위부피[Nm^3]당 이론공기량[Nm^3] 계산
㉮ 프로판(C_3H_8) : 70[%]
$$C_3H_8 + 5O_2 \rightarrow 3CO_2 + 4H_2O$$
　[C_3H_8]　　　[O_2]
　22.4[Nm^3]　　5×22.4[Nm^3]

　1×0.7[Nm^3]　　$x(O_0)$[Nm^3]

㉯ 부탄(C_4H_{10}) : 30[%]
$$C_4H_{10} + 6.5O_2 \rightarrow 4CO_2 + 5H_2O$$
　[C_4H_{10}]　　　[O_2]
　22.4[Nm^3]　　6.5×22.4[Nm^3]

　1×0.3[Nm^3]　　$y(O_0)$[Nm^3]

$$\therefore A_0 = \frac{O_0}{0.21} = \frac{x+y}{0.21}$$
$$= \left(\frac{1 \times 0.7 \times 5 \times 22.4}{22.4 \times 0.21}\right) + \left(\frac{1 \times 0.3 \times 6.5 \times 22.4}{22.4 \times 0.21}\right)$$
$$= 25.952 \, [Nm^3/Nm^3]$$

17 석유제품에 포함된 황분에 대한 시험방법이 아닌 것은?
① 램프식　　② 봄브식
③ 연소관식　　④ 타그식

해설 유황분 시험방법 분류
㉮ 램프식 : 황성분이 0.002[%] 이상의 정량에 사용하는 부피법과 황성분이 0.002[%] 이상의 가솔린 정량에 사용하는 중량법으로 구분
㉯ 봄브식 : 램프식으로 시험할 수 없는 석유류에 사용
㉰ 연소관식 : 경유 등의 전황분을 정량하는 공기법과 램프식으로 시험할 수 없는 경유, 중유 등의 전황분을 정량하는 산소법으로 구분

정답 14. ③　15. ①　16. ②　17. ④

18 예혼합연소의 특징에 대한 설명으로 옳은 것은?
① 역화의 위험성이 없다.
② 로(爐)의 체적이 커야 한다.
③ 연소실 부하율을 높게 얻을 수 있다.
④ 화염대에 해당하는 두께는 10~100[mm] 정도로 두껍다.

해설 예혼합연소(내부혼합식)의 특징
㉮ 가스와 공기의 사전 혼합형이다.
㉯ 화염이 짧으며, 고온의 화염을 얻을 수 있다.
㉰ 공기와 가스를 예열하여 사용할 수 없다.
㉱ 연소부하가 크고, 역화의 위험성이 크다.

19 물의 증발잠열이 2.5[MJ/kg]일 때 프로판 1[kg]의 완전연소 시 고위발열량은 약 몇 [MJ/kg]인가?
(단, $C + O_2 \rightarrow CO_2 + 360[MJ]$,
$H_2 + \frac{1}{2}O_2 \rightarrow H_2O + 280[MJ]$ 이다.)
① 50   ② 54
③ 58   ⑤ 62

해설 ㉮ 프로판(C_3H_8)의 완전연소 반응식
$C_3H_8 + 5O_2 \rightarrow 3CO_2 + 4H_2O$
㉯ C_3H_8은 탄소(C) 원소가 3개, 수소(H) 원소가 8개로 이루어진 혼합물이며, C_3H_8 1몰이 완전연소 시 H_2O가 4몰이 발생한다.
∴ $H_h = \frac{\text{탄소발열량} + \text{수소발열량} + \text{물의 증발잠열}}{\text{프로판 1[kmol] 분자량}}$
$= \frac{(3 \times 360) + \left(\frac{8}{2} \times 280\right) + (4 \times 18 \times 2.5)}{44}$
$= 54.09 [MJ/kg]$

20 연료 성분 중 가연 성분이 아닌 것은?
① 탄소   ② 수소
③ 황   ④ 수분

해설 ㉮ 가연 원소(성분) : 탄소(C), 수소(H), 황(S)
㉯ 연료의 주성분 : 탄소(C), 수소(H)

2과목 - 열역학

21 카르노 사이클을 이루는 네 개의 가역과정이 아닌 것은?
① 가역 단열팽창   ② 가역 단열압축
③ 가역 등온압축   ④ 가역 등압팽창

해설 카르노 사이클 : 2개의 단열과정과 2개의 등온과정으로 구성된 열기관의 이론적인 사이클이다.

22 증기압축 냉동사이클에서 응축온도가 10[℃]로 동일하고 증발온도가 다음과 같을 때 성능계수가 가장 큰 것은?
① $-20[℃]$ ② $-25[℃]$
③ $-30[℃]$ ④ $-40[℃]$

해설 $COP_R = \frac{Q_2}{W} = \frac{Q_2}{Q_1 - Q_2} = \frac{T_2}{T_1 - T_2}$
∴ 응축온도(T_1)가 동일할 때 증발온도(T_2)가 높을수록 성능계수(COP_R)는 커진다.

23 공기는 부피로 산소 21[%]와 질소 79[%]로 되어 있다. 공기가 표준대기압 하에 있을 때 질소의 분압은 약 몇 [kPa]인가?
① 70   ② 80
③ 90   ④ 100

해설 ㉮ 표준대기압은 101.325[kPa]이다.
㉯ 질소의 분압 계산
∴ 분압 = 전압 × 체적비
$= 101.325 \times 0.79$
$= 80.046[kPa]$

정답 18. ③ 19. ② 20. ④ 21. ④ 22. ① 23. ②

24 열역학적계란 고려하고자 하는 에너지 변화에 관계되는 물체를 포함하는 영역을 말하는데 이 중 폐쇄계(closed system)는 어떤 양의 교환이 없는 계를 말하는가?

① 질량 ② 에너지
③ 일   ④ 열

해설 계(system) : 물질의 일정한 양이나 한정된 공간 내의 구역이다.
㉮ 개방시스템(open system) : 동작물질이 계와 주위의 경계를 통하여 열과 일을 주고받으면서 유동하는 시스템
㉯ 밀폐시스템(closed system) : 열이나 일은 전달하지만 동작물질이 유동하지 않는 시스템으로 질량의 교환이 없다.
㉰ 단열시스템(adiabatic system) : 경계를 통하여 열의 출입이 없는 시스템
㉱ 고립시스템(isolated system) : 경계를 통하여 일, 열 등 어떠한 형태의 에너지와 물질도 통과할 수 없는 시스템

25 어떤 기체의 정압비열(C_p)이 [보기]의 식으로 표현될 때 32[℃]와 800[℃] 사이에서 이 기체의 평균 정압 비열(C_p)은 약 몇 [kJ/kg·℃]인가? (단, C_p의 단위는 [kJ/kg·℃], T의 단위는 [℃]이다.)

[보기]
$C_p = 353 + 0.24T - 0.9 \times 10^{-4} T^2$

① 353 ② 433
③ 574 ④ 698

해설
$$C_{pm} = \frac{1}{\Delta T}\int_{T_1}^{T_2}(353 + 0.24T - 0.9 \times 10^{-4} T^2)dT$$
$$= \frac{1}{800-32} \times [\{353 \times (800-32)\} + \{\frac{0.24}{2} \times (800^2 - 32^2)\}$$
$$- \{\frac{0.9 \times 10^{-4}}{3} \times (800^3 - 32^3)\}]$$
$$= \frac{1}{768} \times (271104 + 76677.12 - 15359.016)$$
$$= 432.841 \,[kJ/kg \cdot ℃]$$

26 교축(throttling)과정을 전후하여 일반적으로 변화하지 않는 열역학적 양은?

① 내부에너지
② 엔탈피
③ 엔트로피
④ 압력

해설 교축(throttling)과정에서는 엔탈피가 일정하고, 단열과정에서는 엔트로피가 일정하다.

27 폐쇄계에서 경로 A → C → B를 따라 100[J]의 열이 계로 들어오고 40[J]의 일을 외부에 할 경우 B → D → A를 따라 계가 되돌아 올 때 계가 30[J]의 일을 받는다면 이 과정에서 계는 얼마의 열을 방출 또는 흡수하는가?

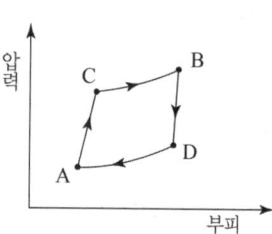

① 30[J] 흡수 ② 30[J] 방출
③ 90[J] 흡수 ④ 90[J] 방출

해설 공급받은 열량과 계에서 이루어진 일과 방출열량은 같아야 하므로 100-40 = 60[J]의 열을 방출하여야 하는데 30[J]의 열을 받으므로 결국 90[J] 열을 방출하여야 한다.

28 "에너지의 공급 없이 영구히 일할 수 있는 기관"은 열역학 몇 법칙에 위배되는가?

① 열역학 제0법칙
② 열역학 제1법칙
③ 열역학 제2법칙
④ 열역학 제3법칙

해설 영구기관
㉮ 제1종 영구기관 : 입력보다 출력이 더 큰 기관으로 효율이 100[%] 이상인 것으로 열역학 제1법칙에 위배된다.
㉯ 제2종 영구기관 : 입력과 출력이 같은 기관으로 효율이 100[%]인 것으로 열역학 제2법칙에 위배된다.

29 400[K]로 유지되는 항온조 내의 기체에 100[kJ]의 열이 공급되었다. 이 때 기체의 엔트로피 변화량이 0.3[kJ/K]이라면 생성엔트로피의 값은 몇 [kJ/K]인가?

① 0.01
② 0.03
③ 0.05
④ 0.30

해설 ㉮ 항온조 내의 엔트로피 변화 계산
$$\therefore S_1 = \frac{dQ}{T} = \frac{100}{400} = 0.25 [kJ/K]$$
㉯ 생성엔트로피 계산 : 엔트로피 변화량 $\Delta S = S_1 + S_2$에서 생성엔트로피 S_2를 구한다.
$$\therefore S_2 = \Delta S - S_1 = 0.3 - 0.25 = 0.05 [kJ/K]$$

30 어떤 열기관이 열펌프와 냉동기로 작동될 수 있다. 동일한 고온열원과 저온열원에서 작동될 때, 열펌프(heat pump)와 냉동기의 성능계수 COP는 다음과 같은 관계식으로 표시될 수 있다. ( ) 안에 알맞은 값은?

$$COP_{열펌프} = COP_{냉동기} + (\quad)$$

① 0.0
② 1.0
③ 1.5
④ 2.0

해설 ㉮ 냉동기의 성능계수 $COP_R = \frac{Q_2}{W}$와 열펌프의 성능계수 $COP_H = \frac{Q_1}{W}$에서 $W = Q_1 - Q_2$이므로 $Q_1 = Q_2 + W$이다.
㉯ 열펌프 성능계수를 구하는 식 Q_1에 $Q_2 + W$를 대입하여 정리한다.
$$\therefore COP_H = \frac{Q_1}{W} = \frac{Q_2 + W}{W}$$
$$= \frac{Q_2}{W} + \frac{W}{W} = \frac{Q_2}{W} + 1$$
$$= COP_R + 1$$

31 외부에서 가열되는 수평코일 속을 물이 흐르고 있다. 입구의 압력과 온도가 2[MPa], 71[℃]이고 출구에서는 100[kPa], 105[℃]라면 물 1[kg]당 코일에 가하여진 열량은 약 몇 [kJ]인가? (단, 입구속도는 0.1524[m/s]이고, 출구속도는 5.24[m/s]이며 산정 소요표는 다음과 같다.)

구분	71[℃] 물	100[kPa], 105[℃] 수증기
h[kJ/kg]	297	2680

① 297
② 2383
③ 2680
④ 2977

해설 정상류의 일반에너지식
$$Q = (h_2 - h_1) + \frac{w_2^2 - w_1^2}{2} + g\Delta Z + W_t$$ 에서 $\Delta Z = 0$으로 판단하고, W_t는 생략하여 계산한다.
$$\therefore Q = (2680 - 297) + \left(\frac{5.24^2 - 0.1524^2}{2} \times 10^{-3}\right)$$
$$= 2383.013 [kJ]$$

정답 28. ③ 29. ③ 30. ② 31. ②

32 가스 터빈에 의한 발전기에서 발전기 출력이 14070[kW], 열교환기 입구 가스온도는 470[℃], 출구 가스온도는 170[℃]이고 열효율은 22[%]이다. 만약 저위발열량이 40000[kJ/kg]인 C 중유를 연료로 사용한다면 C 중유의 소요량은 약 몇 [kg/h]인가?

① 279 ② 752
③ 4752 ④ 5756

해설 ㉮ 1[kW]는 3600[kJ/h]에 해당된다.
㉯ C 중유 소요량 계산

$$\therefore G_f = \frac{Q}{H_l \times \eta} = \frac{14070 \times 3600}{40000 \times 0.22}$$
$$= 5755.9 \, [kg/h]$$

33 비열이 3.2[kJ/kg·℃]인 액체 10[kg]을 20[℃]로부터 80[℃]까지 전열기로 가열시키는데 필요한 소요 전력량은 약 몇 [kWh]인가? (단, 전열기의 효율은 90[%]이다.)

① 0.46 ② 0.59
③ 46.8 ④ 59.3

해설 ㉮ 1[kW] = 860[kcal/h] = 3600[kJ/h] 이다.
㉯ 소요 전력량 계산 : 20[℃]로부터 80[℃]까지 온도를 상승시키는데 필요한 현열량[kJ]을 1[kW]당 열량[kJ]과 전열기 효율로 나눠준다.

$$\therefore kWh = \frac{G \times C \times \Delta t}{W \times \eta}$$
$$= \frac{10 \times 3.2 \times (80-20)}{3600 \times 0.9}$$
$$= 0.5925 \, [kWh]$$

34 500[K], 1[MPa]의 이상기체 1[mol]이 1000[K], 1[MPa]으로 팽창할 때 엔트로피 변화는 약 몇 [kJ/K]인가? (단, 정압비열 C_p는 28[kJ/mol·K]이다.)

① 14.3 ② 19.4
③ 24.3 ④ 39.4

해설 처음의 압력과 팽창 후의 압력이 1[MPa]으로 동일하므로 이 과정은 정압과정이다.

$$\therefore \Delta s = C_p \ln \frac{T_2}{T_1} = 28 \times \ln \frac{1000}{500}$$
$$= 19.408 \, [kJ/K]$$

35 1기압 30[℃]의 물 2[kg]을 1기압 건포화 증기로 만들려면 약 몇 [kJ]의 열량을 가하여야 하는가? (단, 30[℃]와 100[℃] 사이의 물의 평균 정압비열은 4.19[kJ/kg·K], 1기압 100[℃]에서의 증발잠열은 2257[kJ/kg], 1기압 30[℃] 물의 엔탈피는 126[kJ/kg]이다.)

① 2250 ② 4510
③ 5100 ④ 9460

해설 ㉮ 30[℃] 물을 100[℃]까지 가열한 열량 계산 : 현열

$$\therefore Q_1 = G \times C \times \Delta T$$
$$= 2 \times 4.19 \times \{(273+100)-(273+30)\}$$
$$= 586.6 \, [kJ]$$

㉯ 100[℃] 물을 100[℃] 건포화증기로 만들기 위한 가열량 계산 : 잠열

$$\therefore Q_2 = G \times \gamma = 2 \times 2257 = 4514 \, [kJ]$$

㉰ 합계 열량 계산

$$\therefore Q = Q_1 + Q_2 = 586.6 + 4514 = 5100.6 \, [kJ]$$

36 랭킨사이클에서 각 지점의 엔탈피가 다음과 같을 때 사이클의 효율은 약 얼마인가?

– 펌프 입구 : 190[kJ/kg]
– 보일러 입구 : 200[kJ/kg]
– 터빈 입구 : 2800[kJ/kg]
– 응축기 입구 : 2000[kJ/kg]

① 0.1 ② 0.25
③ 0.3 ④ 0.5

정답 32. ④ 33. ② 34. ② 35. ③ 36. ③

해설 $\eta_R = \dfrac{W_{net}}{Q_1} = \dfrac{W_T - W_P}{Q_1}$

$= \dfrac{(h_3 - h_4) - (h_2 - h_1)}{h_3 - h_2}$

$= \dfrac{(2800 - 2000) - (200 - 190)}{2800 - 200}$

$= 0.303$

여기서, h_1 : 펌프입구 엔탈피[kJ/kg]
h_2 : 보일러 입구 엔탈피[kJ/kg]
h_3 : 터빈 입구 엔탈피[kJ/kg]
h_4 : 응축기 입구 엔탈피[kJ/kg]

37 평균 유효압력이 0.5[MPa]이고, 행정체적이 2000[mL]의 가솔린 엔진에서 사이클당 엔진이 하는 일은 약 몇 [kJ]인가?

① 1   ② 2
③ 3   ④ 4

해설 ㉮ 1[m³]는 1000[L], 1[L]는 1000[mL]이다.
㉯ 엔진이 하는 일 계산 : 압력[kPa]과 체적[m³]의 곱은 [kJ]이다.
∴ $W = PV = (0.5 \times 10^3) \times (2000 \times 10^{-6})$
$= 1 \,[\text{kJ}]$

38 그림과 같은 T – S 선도를 갖는 사이클은?

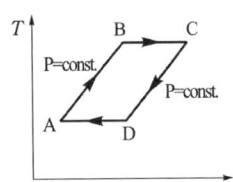

① Brayton 사이클
② Ericsson 사이클
③ Carnot 사이클
④ Stirling 사이클

해설 에릭슨(Ericsson) 사이클 : 2개의 등온과정과 2개의 정압과정으로 구성된 가스 사이클의 이상 사이클로 실현이 불가능한 사이클이다.

39 냉난방 겸용의 열펌프 사이클을 구성하기 위한 주요 요소가 아닌 것은?

① 전기구동 압축기   ② 4방 밸브
③ 매니폴드 게이지   ④ 전자팽창밸브

해설 매니폴드 게이지(manifold gauge) : 압력계, 연성계, 충전호스 및 니플 등이 함께 설치된 것으로 소형 냉동기의 보수작업 등에 사용하는 것이다.

40 지름 1[cm]의 피스톤을 가진 시하중압력계 위에 6.14[kgf](피스톤, 팬 포함)의 중량을 주면 평형을 이룬다. 중력가속도가 9.8[m/s²]이라면 측정하려는 게이지압력은 약 얼마인가?

① 9.82[N/cm²]   ② 6.14[N/cm²]
③ 60.30[N/cm²]   ④ 76.61[N/cm²]

해설 ㉮ 압력의 정의는 단위면적당 작용하는 힘이다.
㉯ 게이지압력 계산 : 뉴턴[N]은 [kg·m/s²]이다.
∴ $P = \dfrac{F}{A} = \dfrac{6.14}{\dfrac{\pi}{4} \times 1^2}\,[\text{kg/cm}^2] \times 9.8\,[\text{m/s}^2]$
$= 76.613\,[\text{kg·m/s}^2\cdot\text{cm}^2]$
$= 76.613\,[\text{N/cm}^2]$

3과목 - 계측방법

41 경사관식 액주계에 대한 설명 중 틀린 것은?

① U자관 액주계의 변형 구조이다.
② 구조상 고압인 경우에 한정되어 사용되고 있다.
③ 눈금을 확대해서 읽을 수 있기 때문에 U자관 액주계보다 정밀한 측정을 할 수 있다.
④ 한 쪽의 관 직경이 다른 한 쪽에 비해서 현저하게 크기 때문에 압력차가 발생하더라도 액면 변화가 무시될 수 있다.

정답 37. ① 38. ② 39. ③ 40. ④ 41. ②

해설 경사관식 액주계의 특징
㉮ 액주식 압력계 중에서 정도가 높다.
㉯ 통풍계(draft gauge)로 사용한다.
㉰ 눈금을 확대해서 읽을 수 있는 구조이다.
㉱ 미세압 측정이 가능하여 실험실 등에서 사용한다.
㉲ 측정범위가 10~50[mmH₂O] 정도로 저압 측정에 적당하다.

42 다음 계측기 중 열관리용에 사용되지 않는 것은?

① 유량계
② 온도계
③ 부르동관 압력계
④ 다이얼 게이지

해설 다이얼 게이지 : 스핀들의 직선변위를 래크와 피니언에 의해 회전변위로 바꾸고 이것을 기어로 확대하여 회전바늘운동으로 변환시켜 원형눈금에 지시하도록 한 측정기로 정반에 블록게이지를 이용하여 높이 등을 측정하는 비교측정기이다.

43 화씨[℉]와 섭씨[℃]의 눈금이 같게 되는 온도는 몇 [℃]인가?

① 40   ② 20
③ -20   ④ -40

해설 섭씨온도[℃]를 화씨온도[℉]로 변환하는 식
$℉ = \frac{9}{5}℃ + 32$에서 섭씨온도[℃]와 화씨온도[℉]가 같으므로 x로 놓으면 $x = \frac{9}{5}x + 32$가 되고, 이것을 다시 정리하면 다음과 같다.
$x - \frac{9}{5}x = 32$
$x\left(1 - \frac{9}{5}\right) = 32$
$\therefore x = \frac{32}{1 - \frac{9}{5}} = -40$

44 2요소식(二要素式)의 수위제어에 대한 설명으로 옳은 것은?

① 수위의 역응답을 제거하기 위하여 사용하는 방식이다.
② 수위 쪽에 증기압력을 검출하여 급수량을 조절하는 방식이다.
③ 구성이 단요소식(單要素式)에 비해 복잡하므로 자력(自力)제어는 불가능하다.
④ 부하(負荷)가 변동할 때 수위가 변화하여 급수량이 조절되는 것으로 부하변동에 의한 수위의 변화폭이 적다.

해설 2 요소식(二要素式) : 드럼 내의 수위 외에 증기 유량을 검출하여 부하변동이 없어도 급수조절밸브의 개도를 조절하여 잔류편차(off set)를 줄이는 방법이다.

45 전기식 압력계의 특징에 대한 설명 중 틀린 것은?

① 정밀도가 좋다.
② 반응속도가 느리다.
③ 지시 및 기록이 쉽다.
④ 원격측정이 가능하다.

해설 전기식 압력계의 특징
㉮ 압력을 전기량으로의 변환을 이용한 것이다.
㉯ 정도(精度)가 높다.
㉰ 자동제어나 계측 및 기록장치와 조합이 용이하다.
㉱ 반응속도가 빠르다.(응답속도가 빠르다.)
㉲ 장치가 비교적 소형으로 가볍다.
㉳ 종류에는 전기저항 압력계, 스트레인게이지, 피에조 전기압력계 등이 있다.

46 조절계의 동작에는 연속, 불연속 동작을 이용한다. 다음 중 불연속 동작을 이용하는 것은?

① 뱅뱅동작   ② 비례동작
③ 적분동작   ④ 미분동작

해설 ▶ 제어동작에 의한 분류
  ㉮ 연속동작 : 비례동작, 적분동작, 미분동작, 비례적분동작, 비례 미분동작, 비례 적분 미분 동작
  ㉯ 불연속 동작 : 2위치 동작(on-off 동작, 뱅뱅동작), 다위치 동작, 불연속 속도 동작(단속도 제어 동작)

47 사하중계(dead weight gauge)의 주된 용도로 옳은 것은?
① 압력계 보정
② 온도계 보정
③ 유체 밀도 측정
④ 기체 무게 측정

해설 ▶ 사하중계(dead weight gauge) : 분동식 압력계로 탄성식 압력계의 교정(보정)에 사용되는 1차 압력계이다. 램, 실린더, 기름탱크, 가압펌프 등으로 구성되며 사용유체에 따라 측정범위가 다르게 적용된다.

48 국제단위계(SI)에서 사용되는 접두어 중 가장 작은 값은?
① n
② p
③ d
④ μ

해설 ▶ 국제단위계의 접두어 : 국가표준기본법 시행령 제10조, 별표4

인자	접두어	기호	인자	접두어	기호
10^1	데카	da	10^{-1}	데시	d
10^2	헥토	h	10^{-2}	센티	c
10^3	킬로	k	10^{-3}	밀리	m
10^6	메가	M	10^{-6}	마이크로	μ
10^9	기가	G	10^{-9}	나노	n
10^{12}	테라	T	10^{-12}	피코	p

49 초음파 유량계의 특징이 아닌 것은?
① 압력손실이 없다.
② 대 유량 측정용으로 적합하다.
③ 비전도성 액체의 유량측정이 가능하다.
④ 미소기전력을 증폭하는 증폭기가 필요하다.

해설 ▶ 초음파 유량계의 특징
  ㉮ 초음파의 유속과 유체 유속의 합이 비례한다는 도플러 효과를 이용한 유량계이다.
  ㉯ 측정체가 유체와 접촉하지 않아 압력손실이 없다.
  ㉰ 정확도가 아주 높으며 대 유량 측정용으로 적합하다.
  ㉱ 비전도성 액체의 유량측정이 가능하다.
  ㉲ 고온, 고압, 부식성 유체에도 사용이 가능하다.

50 온도 15[℃], 대기압 상태의 공기 풍속을 피토관으로 측정하였더니 전압(全壓)이 대기압보다 510[Pa] 높았다. 이 때 풍속은 약 몇 [m/s]인가? (단, 피토관의 속도계수 C는 0.9, 공기의 기체상수 R은 287[J/kg·K]이다.)
① 16
② 26
③ 33
④ 37

해설 ▶ ㉮ 비중량(γ), 밀도(ρ), 중력가속도(g)의 관계식
$\gamma = \rho \cdot g$에서 $\rho = \dfrac{\gamma}{g}$이므로 $\dfrac{1}{\rho} = \dfrac{g}{\gamma}$이다.
  ㉯ 이상기체 상태방정식 $PV = GRT$에서
$\rho = \dfrac{G}{V} = \dfrac{P}{RT}$이므로 $\dfrac{1}{\rho} = \dfrac{RT}{P}$이다.
  ㉰ 풍속 계산 : ㉮항과 ㉯항에서 유도된 식과 압력 $P = \gamma \cdot h$을 이용하여 풍속을 구하며, 대기압은 101325[Pa]을 적용한다.

$$\therefore V = C\sqrt{2g\Delta h} = C\sqrt{2g\dfrac{\Delta P}{\gamma}}$$
$$= C\sqrt{\dfrac{2\Delta P}{\rho}} = C\sqrt{\dfrac{2RT\Delta P}{P}}$$
$$= 0.9 \times \sqrt{\dfrac{2 \times 287 \times (273+15) \times 510}{101325}}$$
$$= 25.961[m/s]$$

51 보일러에서 가장 기본이 되는 제어는?
① 수치 제어   ② 시퀀스 제어
③ 피드백 제어   ④ 자동 조절

해설 보일러의 기본이 되는 제어는 피드백 제어(feed back control)이고, 연소제어에는 시퀀스 제어가 적용된다.

참고 피드백 제어와 시퀀스 제어
㉮ 피드백 제어(feed back control : 폐[閉]회로) : 제어량의 크기와 목표값을 비교하여 그 값이 일치하도록 되돌림 신호(피드백 신호)를 보내어 수정동작을 하는 제어방식이다.
㉯ 시퀀스 제어(sequence control : 개[開]회로) : 미리 순서에 입각해서 다음 동작이 연속 이루어지는 제어로 보일러의 점화, 자동판매기 등이 해당된다.

52 차압식 유량계에서 압력손실의 크기를 바르게 나열한 것은?
① 오리피스 < 벤투리 < 플로노즐
② 벤투리 < 플로노즐 < 오리피스
③ 플로노즐 < 벤투리 < 오리피스
④ 벤투리 < 오리피스 < 플로노즐

해설 차압식 유량계에서 압력손실이 가장 큰 것은 오리피스미터, 가장 작은 것은 벤투리미터이다.

53 제어회로에 사용되는 기본논리가 아닌 것은?
① OR   ② NOT
③ AND   ④ FOR

해설 회로명칭과 논리식
㉮ 논리적(AND)회로 : 입력되는 복수의 조건이 모두 충족될 경우 출력이 나오는 회로로 논리식은 $A \cdot B = R$이다.
㉯ 논리합(OR)회로 : 입력되는 복수의 조건 중 어느 한 개라도 입력 조건이 충족되면 출력이 나오는 회로로 논리식은 $A + B = R$이다.
㉰ 논리부정(NOT)회로 : 신호 입력이 1이면 출력은 0이되고, 신호 입력이 0이면 출력은 1이 되는 부정의 논리를 갖는 회로로 논리식은 $\overline{A} = R$이다.
㉱ 기억(NOR)회로 : 논리합(OR)회로 출력의 반대로서 모든 입력 포트에 신호가 없을 때만 출력이 나오는 회로로 논리식은 $\overline{A + B} = R$이다.

54 점성계수 μ = 0.85poise, 밀도 ρ = 85 [N·s²/m⁴]인 유체의 동점성계수는?
① $1[m^2/s]$ ② $0.1[m^2/s]$
③ $0.01[m^2/s]$ ④ $0.001[m^2/s]$

해설 ㉮ 점성계수 μ = 0.85poise = 0.85[g/cm·s]
= 0.085[kg/m·s] 이다.
㉯ 뉴턴[N] = [kg·m/s²]
을 밀도값에 대입하여 단위를 정리하면
ρ = 85[N·s²/m⁴] = 85[(kg·m/s²)·s²/m⁴]
= 85[kg·m/m⁴] = 85[kg/m³] 이다.
㉰ 동점성계수 계산
$$\therefore \nu = \frac{\mu}{\rho} = \frac{0.085}{85} = 0.001[m^2/s]$$

55 도너츠형의 측정실이 있고, 온도변화가 적고 부식성 가스나 습기가 적은 곳에 주로 사용되며 저압기체 및 배기가스의 압력측정에 적합한 압력계는?
① 침종식 압력계
② 환상천평식 압력계
③ 분동식 압력계
④ 부르동관식 압력계

해설 링밸런스식(환상천평식) 압력계의 특징
㉮ 원형상의 관 상부에 2개의 구멍을 뚫고 측정압력과 대기압의 도입관으로 하고 도입관에 의해 양면에 압력이 가해져 압력이 불균형해 지면 링이 회전하며, 그 회전각은 압력차에 비례한 것을 이용하여 압력차를 측정한다.
㉯ 회전력이 커서 기록이 용이하고, 원격 전송이 가능하다.

㈐ 평형추의 증감, 취부장치의 이동으로 측정범위 변경이 가능하다.
㈑ 액체 압력측정은 곤란하고 기체 압력측정에 이용된다.
㈒ 저압 가스의 압력 및 통풍계(draft gauge)로 사용된다.

참고 가소성(可塑性 : plasticity) : 고체가 외부로부터 어떤 힘을 받아 형태가 변형된 후에 그 힘을 제거해도 원래 모양으로 돌아가지 않는 성질이다.

56 122[°F]를 켈빈온도로 표시하면 약 몇 [K]인가?
① 313 ② 323
③ 413 ④ 423

해설 ㈎ 화씨온도[°F]를 섭씨온도[℃]로 환산
$$\therefore [℃] = \frac{5}{9}([°F] - 32)$$
$$= \frac{5}{9} \times (122 - 32) = 50\,[℃]$$
㈏ 섭씨온도[℃]를 켈빈온도로 환산
$$\therefore T = [℃] + 273 = 50 + 273 = 323\,[K]$$

별해 랭킨온도[°R]는 켈빈온도[K]의 1.8이다.
$$\therefore T = \frac{[°R]}{1.8} = \frac{t[°F] + 460}{1.8}$$
$$= \frac{122 + 460}{1.8} = 323.333\,[K]$$

57 시이드(sheath)형 측온 저항체의 특성이 아닌 것은?
① 진동에 강하다.
② 가소성이 없다.
③ 응답성이 빠르다.
④ 국부적인 측온에 사용된다.

해설 시이드(sheath)형 측온 저항체 : 백금 측온 저항체가 가는 소선으로 가공되어 기계적 강도가 약한 것을 보완하기 위하여 스테인리스 보호관(sheath)에 산화마그네슘(MgO)를 채워 저항체 소자와 도선이 하나의 구조체를 형성하여 외부환경과 차단되어 인출선의 산화현상 등이 발생하지 않고, 내구성이 양호하며, 가소성이 있다.

58 다음 중 가장 높은 진공도를 측정할 수 있는 계기는?
① Mcleed 진공계 ② Pirani 진공계
③ 열전대 진공계   ④ 전리 진공계

해설 진공계의 측정범위

명 칭		측정범위
매클라우드 진공계		10^{-4} torr
전리 진공계		10^{-10} torr
열전도형	피라니 진공계	$10 \sim 10^{-5}$ torr
	서미스터 진공계	–
	열전대 진공계	$1 \sim 10^{-3}$ torr

59 가스크로마토그래피의 캐리어가스(carrier gas)로 사용되지 않는 것은?
① Ar   ② N_2
③ H_2 ④ O_2

해설 캐리어가스의 종류 : 수소(H_2), 헬륨(He), 아르곤(Ar), 질소(N_2)

60 계측기의 성능을 나타내는 용어로서 가장 거리가 먼 것은?
① 정도   ② 감도
③ 정밀도 ④ 편차

해설 계측기의 성능을 나타내는 용어
㈎ 정도 : 계측기의 측정 결과에 대한 신뢰도를 수량적으로 표시한 척도
㈏ 감도 : 계측기가 측정량의 변화에 민감한 정도를 나타내는 값으로 감도가 좋으면 측정시간이 길어지고, 측정범위는 좁아진다.

정답 56. ② 57. ② 58. ④ 59. ④ 60. ④

㉯ 정밀도 : 같은 계기로서 같은 양을 몇 번이고 반복하여 측정하면 측정값은 흩어진다. 이 흩어짐이 작은 정도(程度)를 정밀도라 한다.
㉰ 정확도 : 같은 조건하에서 무한히 많은 회수의 측정을 하여 그 측정값을 평균값으로 계산하여도 참값에는 일치하지 않으며 이 평균값과 참값의 차를 쏠림(bias)이라 하고 쏠림의 작은 정도를 정확도라 한다.

4과목 - 열설비재료 및 관계법규

61 다음 중 제강로가 아닌 것은?
① 고로
② 전로
③ 평로
④ 전기로

해설 고로 : 선철을 제조하는 것으로 용광로를 지칭하는 것이다.

62 청동 또는 스테인리스강을 파형으로 주름을 잡아서 아코디언과 같이 만들고, 이 주름의 신축으로 온도 변화에 따른 배관의 길이 방향 신축을 흡수하는 이음은?
① 루프형
② 스위블형
③ 슬리브형
④ 벨로즈형

해설 벨로즈형(bellows type) : 팩리스(packless)형이라 하며, 관의 신축에 따라 파형의 주름통이 함께 신축하는 것으로, 설치장소에 구애받지 않고 가스, 증기, 물 등 2[MPa], 450[℃]까지 축 방향 신축흡수에 사용된다.

63 연료를 사용하지 않고 용선의 보유열과 용선 속의 불순물의 산화열에 의해서 노내 온도를 유지하면서 용강을 얻는 것은?
① 평로
② 고로
③ 반사로
④ 전로

해설 전로 : 용융 선철을 장입하고 고압의 공기나 산소를 취입하여 제련하는 것으로 산화열에 의해 불순물을 제거하므로 별도의 연료가 필요 없다.

64 각종 내화벽돌을 쌓을 때 결합재로 사용되는 내화모르타르의 분류에 속하지 않는 것은?
① 열경성 내화모르타르
② 화경성 내화모르타르
③ 기경성 내화모르타르
④ 수경성 내화모르타르

해설 내화모르타르 : 내화 시멘트라 하며 내화 벽돌의 접합용(줄눈용)이나, 노벽이 손상되었을 때 보수용으로 사용하는 것으로 열경화성(열경성), 기경성, 수경성으로 분류된다.

65 열팽창에 의한 배관의 이동을 구속 또는 제한하는 것을 리스트레인트(restraint)라 한다. 리스트레인트의 종류에 해당하지 않는 것은?
① 앵커(anchor)
② 스토퍼(stopper)
③ 리지드(rigid)
④ 가이드(guide)

해설 리스트레인트(restraint)의 종류 및 역할
㉮ 앵커(anchor) : 이동 및 회전을 방지하기 위하여 지지부분에 완전히 고정하여 사용한다.
㉯ 스톱(stop, stoper) : 회전 및 배관 축과 직각방향의 이동을 구속하고 나머지 방향의 이동은 자유롭다.
㉰ 가이드(guide) : 신축이음(루프형, 슬리브형) 등에 설치하는 것으로 축과 직각방향의 이동은 구속하고, 축 방향의 이동은 허용 및 안내하는 역할을 한다.

정답 61. ① 62. ④ 63. ④ 64. ② 65. ③

66 에너지이용 합리화법에 따라 에너지다소비 사업자는 연료·열 및 전력의 연간 사용량의 합계가 얼마 이상인자를 나타내는가?

① 1천 티오이 이상인 자
② 2천 티오이 이상인 자
③ 3천 티오이 이상인 자
④ 5천 티오이 이상인 자

해설 에너지다소비사업자(에너지이용 합리화법 시행령 제35조) : 연료, 열 및 전력의 연간 사용량의 합계가 2천 TOE 이상인 자를 에너지다소비사업자라 한다.

67 반규석질 내화물의 특징에 대한 설명으로 옳은 것은?

① 염기성내화물이다.
② 저온에서 강도가 작다.
③ 열에 의한 치수변동율이 작다.
④ MgO, ZnO를 50~80[%] 함유한다.

해설 반규석질 내화물의 특징
㉮ 규석과 샤모트로 만들며, SiO_2를 50~80[%] 함유하고 있다.
㉯ 산성 내화물로 규석질 내화물과 점토질 내화물의 절충형이다.
㉰ 수축 팽창이 적고, 저온에서 강도가 크다.
㉱ 내스폴링성이 크며, 가격이 저렴하다.
㉲ 내화도 SK28~30 정도이다.

68 유리 용융용으로 대량 생산 시 사용하는 가마(요)는?

① 탱크요
② 회전요
③ 등요
④ 터널요

해설 탱크요 : 직화식 구조로 유리 용해량이 수십[kg]에서 2000[톤] 정도로 대량 생산 시 사용하는 것으로 용해부, 청정부, 작업부로 구성되어 있다.

69 유체의 역류를 방지하기 위한 것으로 밸브의 무게와 밸브의 양면 간 압력차를 이용하여 밸브를 자동으로 작동시켜 유체가 한쪽 방향으로만 흐르도록 한 밸브는?

① 슬루스밸브
② 회전밸브
③ 체크밸브
④ 버터플라이밸브

해설 체크밸브(check valve) : 역류방지밸브라 하며 유체의 역류를 방지할 목적으로 사용되는 밸브로 리프트식과 스윙식으로 구별된다.

70 염기성 슬래그에 대한 내침식성이 가장 큰 내화물은?

① 샤모트질 내화로재
② 마그네시아질 내화로재
③ 납석질 내화로재
④ 고알루미나질 내화로재

해설 마그네시아질 내화로재 : 염기성 내화물로 염기성 슬래그 및 용융금속에 대하여 내침식성이 크다.

71 사용압력이 비교적 낮은 배관에 사용하며, 백관과 흑관으로 구분되는 강관의 종류는?

① SPP
② SPPH
③ SPPY
④ SPA

해설 SPP(배관용 탄소강관) : 사용압력이 비교적 낮은 1[MPa] 이하의 증기, 물, 기름, 가스 및 공기의 배관용으로 사용되며 백관과 흑관이 있다. 호칭지름 6~500[A]까지 있다.

72 에너지이용 합리화법령상 연간 에너지사용량이 20만 티오이 이상인 에너지다소비사업자의 사업장이 받아야 하는 에너지진단주기는 몇 년인가? (단, 에너지진단은 전체 진단이다.)

① 3
② 4
③ 5
④ 6

정답 66. ② 67. ③ 68. ① 69. ③ 70. ② 71. ① 72. ③

해설: 에너지진단 주기 : 에너지이용 합리화법 시행령 별표 3

연간 에너지사용량	에너지진단 주기
20만 티오이 이상	1. 전체진단 : 5년 2. 부분진단 : 3년
20만 티오이 미만	5년

73 마그네시아 벽돌에 대한 설명으로 틀린 것은?
① 열팽창성이 크며 스폴링이 약하다.
② 산성벽돌로서 비중과 열전도율이 크다.
③ 1500[℃] 이상으로 가열하여 소성한다.
④ 마그네사이트 또는 수산화마그네슘을 주원료로 한다.

해설: 마그네시아 내화물(벽돌)의 특징
㉮ 마그네사이트 또는 수산화마그네슘을 주원료로 한다.
㉯ 염기성 벽돌이며 내화도가 SK36 이상이다.
㉰ 열팽창성이 크며 하중 연화점이 높다.
㉱ 염기성 슬래그나 용융금속에 대하여 저항성이 크다.
㉲ 1500[℃] 이상으로 가열하여 소성한다.
㉳ 열전도율 및 내스폴링성이 작고, 슬래킹 현상이 발생한다.

74 로 속에 목탄이나 코크스와 침탄 촉진제를 이용하여 강의 표면에 탄소를 침입시켜 표면을 경화시키기 위한 로내의 가열 온도는?
① 650~750[℃]
② 750~850[℃]
③ 850~950[℃]
④ 950~1050[℃]

해설: 고체 침탄법 : 목탄, 코크스 등 침탄제와 침탄촉진제를 6 : 4의 비율로 넣고 내화점토로 밀봉하여 850~950[℃] 정도로 4~6시간 가열하여 표면을 경화시키는 방법이다.

75 에너지이용 합리화법에 따라 1년 이하의 징역 또는 1천만원 이하의 벌금기준에 해당하는 자는?
① 검사대상기기의 검사를 받지 아니한 자
② 생산 또는 판매 금지명령을 위반한 자
③ 검사대상기기조종자를 선임하지 아니한 자
④ 효율관리기자재에 대한 에너지사용량의 측정결과를 신고하지 아니한 자

해설: 1년 이하의 징역 또는 1천만원 이하의 벌금 : 에너지이용 합리화법 제73조
㉮ 검사대상기기의 검사를 받지 아니한 자
㉯ 검사에 불합격된 검사대상기기를 사용한 자

76 연속식 가마로서 피열물을 정지시켜 놓고 소성대의 위치를 바꾸어 가며 주로 벽돌, 기와 등의 건축재료를 소성하는 가마는?
① 오름가마(등요)
② 꺽임불꽃식 가마(도염식요)
③ 터널가마(터널요)
④ 고리가마(윤요)

해설: 윤요(ring kiln)의 특징
㉮ 고리가마라 불려지는 연속식 가마이다.
㉯ 소성실을 12~18개 정도 설치하며 종이 칸막이라 하는 칸막이를 옮겨가면서 일부는 소성가마내기, 재임 등을 연속적으로 행할 수 있다.
㉰ 배기가스의 현열을 이용하여 제품을 예열하고, 제품의 현열을 이용하여 연소용 2차 공기를 예열한다.
㉱ 단가마보다 열효율이 좋고, 연료 절약이 65[%]나 된다.
㉲ 벽돌, 기와 등의 건축 재료를 소성하는데 사용한다.

정답 73. ② 74. ③ 75. ① 76. ④

77 에너지이용 합리화법에 따라 검사대상기기 관리자의 해임신고는 신고 사유가 발생한 날로부터 며칠 이내에 하여야 하는가?

① 15일　② 20일
③ 30일　④ 60일

해설 검사대상기기 관리자의 선임신고(에너지이용 합리화법 시행규칙 제31조의28) : 검사대상기기의 설치자는 검사대상기기 관리자를 선임, 해임하거나 검사대상기기 관리자가 퇴직한 경우에는 신고 사유가 발생한 날부터 30일 이내에 공단이사장에게 하여야 한다.

78 보온재의 구비조건으로 틀린 것은?

① 무게가 가벼워야 한다.
② 흡수성이 뛰어나야 한다.
③ 견고하고 시공이 용이해야 한다.
④ 장시간 사용해도 재질이 유지되어야 한다.

해설 보온재의 구비조건(선정 시 고려사항)
㉮ 열전도율이 작을 것
㉯ 흡습, 흡수성이 작을 것
㉰ 적당한 기계적 강도를 가질 것
㉱ 시공성이 좋고, 경제적일 것
㉲ 부피, 비중(밀도)이 작을 것
㉳ 내열, 내약품성이 있을 것
㉴ 안전 사용온도 범위에 적합할 것

79 주철관에 대한 설명 중 틀린 것은?

① 제조방법은 수직법과 원심력법이 있다.
② 수도용, 배수용, 가스용으로 사용된다.
③ 탄소함량이 약 2% 이상인 것을 주철로 분류한다.
④ 주철관은 인성이 풍부하여 나사이음과 용접이음에 적합하다.

해설 주철관은 인성(질긴 성질)이 부족하며, 나사이음과 용접이음은 부적합하며, 소켓이음, 플랜지이음, 기계식이음, 빅토리이음, 타이톤이음 등이 주철관 이음방법에 해당된다.

80 축요(築窯) 시 가장 중요한 것은 적합한 지반(地盤)을 고르는 것이다. 다음 중 지반의 적부 결정과 가장 거리가 먼 것은?

① 지내력시험　② 토질시험
③ 팽창시험　④ 지하탐사

해설 지반 적부 시험(결정)에는 지하 탐사, 토질 시험, 지내력 시험을 행한다.

5과목 - 열설비 설계

81 횡형 보일러의 종류가 아닌 것은?

① 노통식 보일러
② 연관식 보일러
③ 노통연관식 보일러
④ 수관식 보일러

해설 원통형 보일러 : 보일러 본체가 동(胴)으로 구성되어 있으며 이곳에서 증기를 발생시킨다.
㉮ 직립형(입형) 보일러 : 직립 횡관식 보일러, 직립 연관식 보일러, 코크란 보일러
㉯ 수평형(횡형) 보일러 : 노통 보일러, 연관 보일러, 노통 연관 보일러

82 보일러의 연소가스에 의해 보일러 급수를 예열하는 장치는?

① 절탄기　② 과열기
③ 재열기　④ 복수기

해설 절탄기(節炭器) : 보일러 급수를 연소가스 여열(餘熱) 등을 이용하여 예열시키는 장치로 급수가열기(economizer)라 한다.

83 상향 버킷식 증기트랩에 대한 설명으로 잘못된 내용은?

① 장치의 설치는 수평으로 한다.
② 배관계통에 장치하여 배출용으로 사용된다.
③ 가동 시 공기빼기를 하여야 하며 형체가 비교적 대형이다.
④ 응축수의 유입구와 유출구의 차압이 커서 20[%] 정도의 차압이라도 배출이 가능하다.

해설 응축수의 유입구와 유출구의 차압이 80[%] 정도의 차압이라도 배출이 가능하다.

84 보일러 급수 내처리제 중 연화제가 아닌 것은?

① 탄닌   ② 탄산나트륨
③ 인산나트륨   ④ 수산화나트륨

해설 연화제
㉮ 보일러 수 중의 경도성분을 불용성의 화합물(슬러지)로 만들어 침전시켜 스케일 부착을 방지한다.
㉯ 연화제 종류 : 수산화나트륨(NaOH), 탄산나트륨(Na_2CO_3), 인산나트륨(Na_3PO_4)
※ 탄닌($C_{76}H_{52}O_{46}$)은 슬러지 조정제, 탈산소제, 가성취화 방지제로 사용되는 내처리제이다.

85 보일러 안전밸브에서 증기의 누설 원인으로 틀린 것은?

① 밸브 시트가 오염되어 있다.
② 밸브와 밸브 시트 사이에 이물질이 존재한다.
③ 밸브가 밸브 시트를 균일하게 누르지 못한다.
④ 밸브 입구의 직경이 증기압력에 비해서 너무 작다.

해설 안전밸브 누설원인
㉮ 작동압력이 낮게 조정되었을 때
㉯ 스프링의 장력이 약할 때
㉰ 밸브 디스크와 밸브 시트에 이물질이 있을 때
㉱ 밸브 시트가 불량 또는 오염되어 있을 때
㉲ 밸브 축이 이완되었을 때

86 삽입형으로 보일러의 고온전열면 또는 과열기 등에 사용되고 증기 및 공기를 동시에 분사시켜 취출작업을 하는 슈트 블로워의 종류는?

① 로터리형
② 에어 히터 크리너형
③ 쇼트 리트랙터블형
④ 롱 리트랙터블형

해설 슈트 블로워의 종류
㉮ 장발형(long retractable type) 슈트 블로워 : 과열기와 같이 고온의 열가스가 통하는 부분에 사용한다.
㉯ 단발형(short retractable type) 슈트 블로워 : 분사관이 짧으며 1개의 노즐을 설치하여 연소로벽에 부착되어 있는 이물질을 제거하는데 사용한다.
㉰ 정치 회전형(로터리형) : 전열면이나 절탄기에 고정 설치하여 매연을 제거하는 것으로 정지된 상태로 회전하는 분사관에 다수의 구멍이 뚫려 있고 이곳으로 증기가 분사된다.
㉱ 공기예열기(air heater) 크리너 : 관형 공기예열기에 사용하는 것으로 자동식과 수동식이 있다.
㉲ 건타입 : 보일러의 연소로벽 등에 부착하는 타고 남은 찌꺼기를 제거하는데 적합하며 특히, 미분탄 연소 보일러 및 폐열보일러 같은 타고 남은 연재가 많이 부착하는 보일러에 사용한다.

87 보일러 제조검사 중 용접검사를 기계적 시험으로 하려 한다. 표면굽힘 시험에서 용접부의 넓은 폭이 바깥이 되도록 미리 시험편의 양 끝 각 $\frac{1}{3}$을 약 30도 굽혀 양끝을 서서히 눌러 용접부 표점간의 연신율을 얼마 이상 굽어질 때까지 실시하여야 하는가?

① 10[%] ② 20[%]
③ 30[%] ④ 40[%]

해설 표면굽힘 시험 결과의 판정(열사용기자재 검사기준 14-4-2) : 용접부의 넓은 쪽이 바깥쪽이 되도록 미리 시험편의 양 끝 각 $\frac{1}{3}$을 약 30도 굽혀 그 시험편의 양끝을 서서히 눌러서 용접부 표점간의 연신율 30[%] 이상 굽어질 때까지 용접부의 바깥쪽에 길이 1.5[mm] 이상의 터짐이 나서는 안 된다. 다만, 가장자리에 생긴 균열은 무방하다.

88 열교환기의 효율을 향상시키기 위한 방법으로 틀린 것은?

① 전열면적을 크게 한다.
② 유체의 유속을 빠르게 한다.
③ 유체의 흐름 방향을 병류로 한다.
④ 열전도율이 높은 재질을 사용한다.

해설 열교환할 유체와 열매가 반대방향으로 흐르는 향류형이 효율을 향상시킬 수 있다.

89 압력용기의 설치상태에 대한 설명으로 틀린 것은?

① 압력용기는 1개소 이상 접지되어야 한다.
② 압력용기의 화상 위험이 있는 고온배관은 보온되어야 한다.
③ 압력용기의 기초는 약하여 내려앉거나 갈라짐이 없어야 한다.
④ 압력용기의 본체는 바닥에서 30[mm] 이상 높이 설치되어야 한다.

해설 압력용기의 설치상태
㉮ 기초가 약하여 내려앉거나 갈라짐이 없어야 한다.
㉯ 압력용기 본체는 바닥보다 100[mm] 이상 높이 설치되어 있어야 한다.
㉰ 압력용기와 접속된 배관은 팽창과 수축의 장애가 없어야 한다.
㉱ 압력용기 본체는 보온되어야 한다. 다만, 공정상 냉각을 필요로 하는 등 부득이한 경우에는 예외로 한다.
㉲ 압력용기의 본체는 충격 등에 의하여 흔들리지 않도록 충분히 지지되어야 한다.
㉳ 횡형식 압력용기의 지지대는 본체 원둘레의 1/3 이상을 받쳐야 한다.
㉴ 압력용기의 사용압력이 어떠한 경우에도 최고사용압력을 초과할 수 없도록 설치되어야 한다.
㉵ 압력용기를 바닥에 설치하는 경우에는 바닥 지지물에 반드시 고정시켜야 한다.
㉶ 압력용기는 1개소 이상 접지되어야 한다.
㉷ 압력용기의 화상 위험이 있는 고온배관은 보온되어야 한다.

90 강판의 두께가 10[mm]이고 리벳의 직경이 16.8[mm]이며 리벳 구멍의 피치가 60.2 [mm]의 1줄 겹치기 리벳조인트가 있을 때 이 강판의 효율은 약 몇 [%]인가?

① 58 ② 62
③ 68 ④ 72

해설 $\eta_1 = \left(1 - \dfrac{d}{P}\right) \times 100 = \left(1 - \dfrac{16.8}{60.2}\right) \times 100$
$= 72.093[\%]$

91 실제증발량이 1800[kg/h]인 보일러에서 상당증발량은 약 몇 [kg/h]인가? (단, 증기엔탈피와 급수엔탈피는 각각 2780[kJ/kg], 80[kJ/kg]이다.)

① 1210 ② 1480
③ 2020 ④ 2150

해설
$$G_e = \frac{G_a(h_2 - h_1)}{2256}$$
$$= \frac{1800 \times (2780 - 80)}{2256}$$
$$= 2154.255 \,[\text{kg/h}]$$

참고 물의 증발잠열은 539[kcal/kg]이고, 1[kcal]는 약 4.1868[kJ]이므로 SI단위는 별도로 언급이 없으면 2255~2260[kJ/kg]에서 선택하여 적용할 수 있습니다.

92 플래시탱크(flash tank)의 기능을 옳게 설명한 것은?

① 증기 건도를 높이는 장치이다.
② 증기를 단순히 저장하는 장치이다.
③ 고압 응축수를 저압증기로 이용하는 장치이다.
④ 저압 응축수를 고압증기로 이용하는 장치이다.

해설 플래시탱크(flash tank) : 고압의 응축수가 많이 발생하는 증기사용시설에 설치하여 재증발 되는 저압의 증기를 분리하여 이용하는 장치이다.

93 보일러 수면계 유리관의 파손 원인으로 가장 거리가 먼 것은?

① 외부에서 충격을 받았을 때
② 유리관의 재질이 불량한 경우
③ 프라이밍 또는 포밍 현상이 발생한 때
④ 수면계의 너트를 너무 무리하게 조인 경우

해설 수면계의 파손 원인
㉮ 상하 조임 너트를 무리하게 조였을 때
㉯ 외부로부터 충격을 받았을 때
㉰ 장기간 사용으로 노후 되었을 때
㉱ 상하의 바탕쇠 중심선이 일치하지 않았을 때
㉲ 유리관의 재질이 불량할 때

94 2중관 단일통과 열교환기의 외관에서 고온유체의 입구온도는 140[℃]이며, 출구의 온도는 90[℃]이었다. 또한 내관의 저온유체의 입구온도는 40[℃]이며, 출구온도는 70[℃]이었을 때 향류인 경우 평균온도차는 약 얼마인가? (단, 열교환 중 응축은 발생하지 않는다.)

① 49.7[℃]
② 59.4[℃]
③ 69.7[℃]
④ 79.4[℃]

해설 ㉮ 향류이므로 고온유체와 저온유체의 흐름이 반대 방향이 된다.
∴ Δt_1 = 고온유체 입구온도 − 저온유체 출구온도
= 140 − 70 = 70 [℃]
∴ Δt_2 = 고온유체 출구온도 − 저온유체 입구온도
= 90 − 40 = 50 [℃]
㉯ 평균온도차 계산
$$\therefore \Delta t_m = \frac{\Delta t_1 - \Delta t_2}{\ln\left(\frac{\Delta t_1}{\Delta t_2}\right)} = \frac{70 - 50}{\ln\left(\frac{70}{50}\right)}$$
$$= 59.4402 \,[\text{℃}]$$

95 보일러의 부대장치 중 공기예열기 사용 시의 장점이 아닌 것은?

① 과잉공기가 많아진다.
② 연소 효율이 증가한다.
③ 연료의 착화열을 줄인다.
④ 보일러 효율이 높아진다.

해설 공기예열기 사용 시 특징
(1) 장점
㉮ 전열효율, 연소효율이 향상된다.
㉯ 예열공기의 공급으로 불완전 연소가 감소된다.
㉰ 보일러 열효율이 향상된다.
㉱ 품질이 낮은 연료도 사용할 수 있다.
(2) 단점
㉮ 통풍저항이 증가한다.
㉯ 연돌의 통풍력이 저하된다.
㉰ 저온부식의 원인이 된다.
㉱ 연도의 청소, 검사, 점검이 곤란하다.

정답 92. ③ 93. ③ 94. ② 95. ①

96 물의 탁도(turbidity)에 대한 설명으로 옳은 것은?
① 증류수 1[L] 속에 황산칼슘 1[g]을 함유하고 있는 색과 동일한 색의 물을 탁도 1도의 물로 한다.
② 증류수 1[L] 속에 정제카올린 1[g]을 함유하고 있는 색과 동일한 색의 물을 탁도 1도의 물로 한다.
③ 증류수 1[L] 속에 황산칼슘 1[mg]을 함유하고 있는 색과 동일한 색의 물을 탁도 1도의 물로 한다.
④ 증류수 1[L] 속에 정제카올린 1[mg]을 함유하고 있는 색과 동일한 색의 물을 탁도 1도의 물로 한다.

해설 탁도(濁度) : 물의 흐린 정도를 나타내는 것으로 증류수 1[L] 중에 고령토(kaolin) 1[mg] 함유하는 것을 탁도 1도로 한다.

97 안전밸브의 작동시험에 대한 설명 중 틀린 것은?
① 안전밸브의 분출압력은 1개일 경우 최고사용압력 이하이어야 한다.
② 과열기의 안전밸브 분출압력은 증발부 안전밸브의 분출압력 이하이어야 한다.
③ 발전용 보일러에 부착하는 안전밸브의 분출정지압력은 최고사용압력 이하이어야 한다.
④ 재열기 및 독립과열기에 있어서는 안전밸브가 하나인 경우 최고사용압력 이하이어야 한다.

해설 안전밸브의 작동시험(열사용기자재 검사기준 23.2.5.1) : 발전용 보일러에 부착하는 안전밸브의 분출정지 압력은 분출압력의 0.93배 이상이어야 한다.

98 보일러 구성의 3대 요소에 해당되지 않는 것은?
① 본체
② 분출장치
③ 연소장치
④ 부속장치

해설 보일러의 3대 구성요소 : 본체, 연소장치, 부속설비(장치)

99 보일러 수의 분출 목적이 아닌 것은?
① 가성취화를 방지한다.
② 물의 순환을 촉진한다.
③ 관수의 pH를 조절한다.
④ 프라이밍 및 포밍을 촉진한다.

해설 보일러 수(水)의 분출의 목적
㉮ 슬러지 생성 및 스케일 방지
㉯ 보일러수의 pH 조절 및 가성취화를 방지한다.
㉰ 프라이밍, 포밍 현상을 방지
㉱ 보일러수의 농축방지 및 순환을 양호하게 유지
㉲ 고수위 방지
㉳ 세관작업 후 폐액을 배출시키기 위하여

100 노통보일러에서 경판 두께가 15[mm] 이하인 경우 브레이징 스페이스(Breathing space)는 얼마 이상이어야 하는가?
① 230[mm]
② 260[mm]
③ 280[mm]
④ 300[mm]

해설 노통 보일러의 완충 폭(breathing space)

경판의 두께[mm]	완충 폭
13[mm] 이하	230[mm] 이상
15[mm] 이하	260[mm] 이상
17[mm] 이하	280[mm] 이상
19[mm] 이하	300[mm] 이상
19[mm] 초과	320[mm] 이상

정답 96. ④ 97. ③ 98. ② 99. ④ 100. ②

2025년 01
에너지관리기사필기 CBT 복원문제

1과목 - 연소공학

01 연소의 3요소에 해당하지 않는 것은?
① 가연물
② 인화점
③ 점화원
④ 산소공급원

해설 연소의 3요소 : 가연물, 산소공급원, 점화원

02 기체 연료의 발열량[kcal/m³] 순서로 옳은 것은?
① 수성가스 > 석탄가스 > 발생로가스 > 고로가스
② 수성가스 > 석탄가스 > 고로가스 > 발생로가스
③ 석탄가스 > 수성가스 > 발생로가스 > 고로가스
④ 석탄가스 > 수성가스 > 고로가스 > 발생로가스

해설 각 기체 연료의 특징 및 발열량
㉮ 석탄가스 : 석탄을 1000[℃] 내외로 건류할 때 얻어지는 가스로 메탄(CH_4)과 수소(H_2)가 주성분이며, 발열량이 5000[kcal/m³] 정도이다.
㉯ 수성가스 : 고온의 코크스에 수증기를 작용시켜 제조되는 가스로 일산화탄소(CO)와 수소(H_2)가 주성분이며, 발열량이 2700[kcal/m³] 정도이다.
㉰ 증열 수성가스 : 수성가스에 석유를 열분해하여 만든 발열량이 높은 가스를 혼합하여 발열량을 증가시킨 것으로 발열량이 5000[kcal/m³] 정도이다.
㉱ 발생로가스 : 적열상태로 가열한 탄소분이 많은 고체연료에 공기나 산소를 공급하여 불완전연소로 얻은 가스로 질소함유량이 높고, 발열량이 1100[kcal/m³] 정도이다.
㉲ 고로가스 : 용광로에서 얻어지는 부산물 가스로 다량의 질소와 일산화탄소(CO)로 구성되며, 발열량이 900[kcal/m³]로 낮다.

03 어떤 연료의 성분을 분석한 결과 C 0.85, H 0.13, O 0.02일 때 이론공기량은 약 몇 [Nm³/kg]인가?
① 8.89 ② 9.6
③ 10.96 ④ 12.85

해설 $A_0 = 8.89C + 26.67\left(H - \dfrac{O}{8}\right) + 3.33S$
$= 8.89 \times 0.85 + 26.67 \times \left(0.13 - \dfrac{0.02}{8}\right)$
$= 10.956 \, [Nm^3/kg]$

04 연소관리에 있어서 과잉공기량 조절 시 [보기] 중에서 최소가 되게 조절하여야 할 것은?

[보기]
L_s : 배가스에 의한 열손실량
L_i : 불완전연소에 의한 열손실량
L_c : 연소에 의한 열손실량
L_r : 열복사에 의한 열손실량

① L_i ② $L_s + L_r$
③ $L_s + L_i$ ④ $L_i + L_c$

해설 연소관리 중 과잉공기량을 조절할 때 과잉공기량이 과대하면(공기비가 큰 경우) 배기가스(배가스)량이 많아져 열손실이 증가하고, 반대로 과잉공기량이 적으면(공기비가 작은 경우) 불완전연소가 발생하여 열손실이 발생할 수 있다. 그러므로 배기가스와 불완전연소에 의한 열손실량을 최소가 되도록 조절해야 한다.

정답 01. ② 02. ③ 03. ③ 04. ③

05 수소 1[Nm³]를 이론공기량으로 완전 연소시켰을 때 생성되는 이론 습윤 연소가스량[Nm³]은?

① 1.88 ② 2.88
③ 3.88 ④ 4.88

해설 ㉮ 이론공기량에 의한 완전연소 반응식

$$H_2 + \frac{1}{2}O_2 + (N_2) \rightarrow H_2O + (N_2)$$

㉯ 연소가스 중 H_2O량[Nm³] 계산
22.4[Nm³] : 22.4[Nm³] = 1[Nm³] : x[Nm³]

$$\therefore x = \frac{1 \times 22.4}{22.4} = 1[Nm^3]$$

㉰ 연소가스 중 질소(N_2)량[Nm³] 계산 : 질소(N_2)량은 산소량의 $\frac{79}{21}$배가 된다.

$$22.4[Nm^3] : \frac{1}{2} \times 22.4 \times \frac{79}{21}[Nm^3]$$
$$= 1[Nm^3] : y[Nm^3]$$

$$\therefore y = \frac{1 \times \frac{1}{2} \times 22.4 \times \frac{79}{21}}{22.4} = 1.88[Nm^3]$$

㉱ 이론 습윤 연소가스량[Nm³] 계산

$$\therefore G_{0w} = x + y = 1 + 1.88 = 2.88[Nm^3]$$

06 1차, 2차 연소 중 2차 연소에 대한 설명으로 가장 적절한 것은?

① 완전 연소에 의한 연소가스가 2차 공기에 의해서 폭발되는 것
② 점화할 때 착화가 늦었을 경우 재점화에 의해서 연소하는 것
③ 불완전연소에 의해 발생한 미연가스가 연도 내에서 다시 연소하는 것
④ 공기보다 먼저 연료를 공급했을 경우 1차, 2차 반응에 의해서 연소하는 것

해설 2차 연소를 재연소라 하며 완전 연소되지 않고 불완전연소가 되어 발생된 미연가스(CO, H_2 등)가 연도 내에서 인화되어 다시 연소하는 현상을 말한다.

07 중유 연소의 장점이 아닌 것은?

① 재가 적게 남으며 발열량, 품질 등이 고체연료에 비해 일정하다.
② 발열량이 석탄보다 크고, 과잉공기가 적어도 완전 연소시킬 수 있다.
③ 회분을 전혀 함유하지 않으므로 이것에 의한 여러 가지 장해가 없다.
④ 점화 및 소화가 용이하며, 화력의 가감이 자유로워서 부하 변동에 적용이 용이하다.

해설 중유는 회분을 함유하고 있으며 이것에 의해 발열량이 감소하며, 분진발생으로 대기오염을 유발한다.

08 연소용 공기나 연료의 예열효과를 설명한 것 중 잘못된 것은?

① 연소실 온도를 높게 유지
② 착화열을 감소시켜 연료를 절약
③ 연소효율 향상과 연소상태의 안정
④ 더 적은 이론공기량으로도 연소 가능

해설 이론공기량보다 공기량이 적으면 불완전연소가 발생한다.

09 분젠 버너를 사용할 때 가스의 유출속도를 점차 빠르게 하면 불꽃 모양은 어떻게 되는가?

① 아무런 변화가 없다.
② 불꽃이 엉클어지면서 짧아진다.
③ 불꽃이 엉클어지면서 길어진다.
④ 불꽃의 형태는 변화 없고 밝아진다.

해설 가스의 유출속도를 점차 빠르게 하면 난류현상으로 연소속도가 빨라지며 불꽃은 엉클어지면서 짧아진다.

정답 05. ② 06. ③ 07. ③ 08. ④ 09. ②

10 C 85[%], H 15[%]의 조성을 가진 중유를 10[kg/h]의 비율로 연소시키는 가열로가 있다. 오르사트 분석 결과가 [보기]와 같았다면 연소 시 필요한 시간당 실제공기량은 약 몇 [Nm³]인가?

[보기]
CO_2 : 12.5[%], O_2 : 3.2[%], N_2 : 84.3[%]

① 121 ② 124
③ 135 ④ 143

해설 ㉮ 연소가스 조성을 이용한 공기비 계산

$$\therefore m = \frac{N_2}{N_2 - 3.76 O_2}$$
$$= \frac{84.3}{84.3 - 3.76 \times 3.2}$$
$$= 1.166 \fallingdotseq 1.17$$

㉯ 중유 10[kg/h]에 대한 이론공기량 계산

$$\therefore A_0 = 8.89 C + 26.67\left(H - \frac{O}{8}\right) + 3.33 S$$
$$= \{(8.89 \times 0.85) + (26.67 \times 0.15)\} \times 10$$
$$= 115.57 [Nm^3]$$

㉰ 실제 공기량 계산

$$\therefore A = m A_0 = 1.17 \times 115.57$$
$$= 135.216 [m^3/h]$$

11 기체연료를 가스 홀더(gas holder)에 저장하는 이유로 옳은 것은?

① 가스의 온도상승을 미연에 방지하기 위하여
② 연료의 품질과 압력을 일정하게 유지하기 위하여
③ 취급과 사용이 간편하고, 저장을 손쉽게 하기 위하여
④ 누기를 방지하여 인화폭발의 위험성을 줄이기 위하여

해설 도시가스 공급용 가스홀더의 기능(역할)
㉮ 가스수요의 시간적 변동에 대하여 공급가스량을 확보한다.
㉯ 공급설비의 일시적 중단에 대하여 어느 정도 공급량을 확보한다.
㉰ 공급가스의 성분, 열량, 연소성 등의 성질을 균일화 한다.
㉱ 소비지역 근처에 설치하여 피크시의 공급, 수송효과를 얻는다.
※ 예제 ④번의 누기(漏氣)란 누설되는 기체를 의미한다.

12 고체연료의 연소가스 관계식으로 옳은 것은? (단, G : 연소가스량, G_o : 이론연소가스량, A : 실제공기량, A_o : 이론공기량, a : 연소생성 수증기량)

① $G_o = A_o + 1 - a$
② $G = G_o - A + A_o$
③ $G = G_o + A - A_o$
④ $G_o = A_o - 1 + a$

해설 연소가스량 = 이론연소가스량 + 과잉공기량
= 이론연소가스량 + (공기비 − 1) × 이론공기량
= 이론연소가스량 + 실제공기량 − 이론공기량
= $G_o + A - A_o$

13 프로판(propane)가스 2[kg]을 완전 연소시킬 때 필요한 이론공기량은 약 몇 [Nm³]인가?

① 6 ② 8 ③ 16 ④ 24

해설 ㉮ 프로판(C_3H_8)의 완전연소 반응식
$C_3H_8 + 5O_2 \rightarrow 3CO_2 + 4H_2O$

㉯ 이론공기량[Nm³] 계산 : 프로판 1[kmol]의 질량은 44[kg]이고, 체적은 22.4[Nm³] 이다.

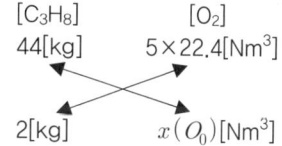

$$\therefore A_0 = \frac{O_0}{0.21} = \frac{2 \times 5 \times 22.4}{44 \times 0.21}$$
$$= 24.242 [Nm^3]$$

14 습한 함진가스에 가장 적절하지 않은 집진장치는?
① 사이클론 ② 멀티크론
③ 스크러버 ④ 여과식 집진기

해설 여과식 집진기(장치) : 함진가스를 여과재(filter)에 통과시켜 입자를 분리, 포집하는 여과식 집진기는 습한 함진가스를 처리하기가 부적당하다.

15 통풍압력을 2배로 높이려면 원심형 송풍기의 회전수를 몇 배로 높여야 하는가? (단, 다른 조건은 동일하다고 본다.)
① 1 ② $\sqrt{2}$
③ 2 ④ 4

해설 터보형(원심식) 송풍기 상사의 법칙에서

풍압 $P_2 = P_1 \times \left(\frac{N_2}{N_1}\right)^2$ 이다.

$\therefore \left(\frac{N_2}{N_1}\right)^2 = \frac{P_2}{P_1}$ 에서 P_2는 처음압력(P_1)의 2배에 해당되므로 $P_2 = 2P_1$으로 할 수 있다.

$\therefore \frac{N_2}{N_1} = \sqrt{\frac{P_2}{P_1}} = \sqrt{\frac{2P_1}{P_1}} = \sqrt{2}$

∴ 원심 송풍기에서 통풍압력을 2배로 높이려면 회전수는 $\sqrt{2}$배로 증가시키면 된다.

16 고체연료의 전황분 측정방법에 해당되는 것은?
① 중량법 ② 리비히법
③ 에슈카법 ④ 세필드 고온법

해설 석탄의 원소분석 방법
㉮ 탄소, 수소 : 세필드법, 리비히법
㉯ 질소 : 켈달법
㉰ 전황분 : 에슈카법, 연소 용량법, 산소 봄브법
㉱ 불연성 황분 : 연소 중량법, 연소용량법

17 압력 120[kPa], 온도 40[℃]인 배기가스 분석결과 N_2 70[vol%], CO_2 15[vol%], O_2 11[vol%], CO 4[vol%]일 때 배기가스 0.2[m³]의 질량은 약 몇 [kg]인가?
① 0.11 ② 0.13
③ 0.25 ④ 0.28

해설 ㉮ 배기가스 평균분자량 계산 : 배기가스 성분의 고유분자량에 체적비를 곱한 값을 합산한 것이 평균분자량이며, 각 성분의 분자량은 질소(N_2) 28, 이산화탄소(CO_2) 44, 산소(O_2) 32, 일산화탄소(CO) 28이다.
$\therefore M = (28 \times 0.7) + (44 \times 0.15)$
$\quad\quad + (32 \times 0.11) + (28 \times 0.04)$
$\quad = 30.84$

㉯ 배기가스 0.2[m³]의 질량 계산 : SI단위 이상기체 상태방정식 $PV = GRT$를 이용하여 질량 G를 구한다.

$\therefore G = \frac{PV}{RT} = \frac{120 \times 0.2}{\frac{8.314}{30.84} \times (273 + 40)}$
$\quad = 0.284 [kg]$

18 배출가스 탈황법에 사용되는 물질이 아닌 것은?
① 석회석 ② 생석회
③ 수산화나트륨 ④ 헬륨 또는 네온

해설 배출가스 탈황법
㉮ 흡수법 : 아황산가스와 화학적으로 반응하기 쉬운 화합물을 흡수제로 사용하는 것으로 습식법과 건식법으로 분류된다. 석회석, 생석회, 가성소다(NaOH) 등을 사용한다.

정답 14. ④ 15. ② 16. ③ 17. ④ 18. ④

㉯ 흡착법 : 활성탄을 이용하여 아황산가스를 흡착시켜 제거하는 방법이다.
㉰ 접촉산화법 : 촉매(오산화바나듐)를 이용하여 아황산가스를 접촉적으로 산화해서 무수황산으로 해서 제거하는 방법이다.

19 회(灰)의 부착으로 인하여 고온부식이 잘 생기는 곳은?

① 절탄기
② 과열기
③ 공기예열기
④ 보일러 본체

해설 여열 회수장치에서 발생하는 부식
㉮ 고온부식 : 과열기
㉯ 저온부식 : 절탄기, 공기예열기

참고 고온부식 : 중유를 연료로 하는 보일러에서 중유 중에 포함되어 있는 바나듐(V)이 연소용 공기 중의 산소와 반응하여 산화된 후 오산화바나듐(V_2O_5)으로 되어 고온 전열면에 부착하여 500[℃] 이상이 되면 그 부분을 부식시키는 현상이다.

20 석탄의 성분 중에서 휘발분이 연소에 미치는 영향을 서술한 것이다. 틀린 것은?

① 착화가 용이하다.
② 연소속도가 빠르다.
③ 불꽃이 짧게 된다.
④ 검은 연기를 내기 쉽다.

해설 휘발분의 영향
㉮ 연소 시 매연(그을음)이 발생된다.
㉯ 점화(착화)가 쉽고, 연소속도가 빠르다.
㉰ 불꽃이 장염이 되기 쉽다.
㉱ 역화(back fire)를 일으키기 쉽다.
㉲ 발열량이 감소한다.

2과목 - 열역학

21 브레이턴 사이클과 관계되는 것은?

① 가스터빈의 이상 사이클
② 증기원동소의 이상 사이클
③ 가솔린기관의 이상 사이클
④ 압축점화기관의 이상 사이클

해설 브레이턴(Brayton) 사이클 : 2개의 단열과정과 2개의 정압과정으로 이루어진 가스터빈의 이상 사이클이다.

22 랭킨 사이클에서 재열을 사용하는 주목적은?

① 연료를 절약하기 위해서
② 터빈 압력을 높이기 위해서
③ 보일러 압력을 낮추기 위해서
④ 터빈 출구의 건도를 조절하기 위해서

해설 랭킨 사이클에서 재열을 사용하는 목적은 팽창 후 (터빈 출구)의 증기 건도가 낮아지지 않도록 하고, 증기의 온도를 높여서 열효율을 증대(개선)하기 위하여 사용한다.

23 오존층 파괴와 지구 온난화 문제로 인해 냉동장치에 사용하는 냉매의 선택에 있어서 주의를 요한다. 이와 관련하여 다음 중 오존파괴지수가 가장 큰 냉매는?

① R-134a
② R-123
③ 암모니아
④ R-11

해설 ㉮ 오존파괴지수 : 한 화합물의 오존파괴 정도를 숫자로 표시한 것으로 삼염화불화탄소($CFCl_3$)의 오존파괴 능력을 1로 보았을 때 상대적인 파괴능력을 나타내고 있다. 오존파괴지수 숫자가 클수록 오존파괴 정도가 크다는 의미이다.

정답 19. ② 20. ③ 21. ① 22. ④ 23. ④

㉯ 각 물질의 오존파괴지수

명칭	오존파괴지수
R-134a	0
R-123	0.02~0.06
암모니아	0
R-11	1.0

24 열역학 제2법칙의 내용과 직접적인 관련이 없는 것은?

① 가역 열기관의 효율
② 내부 에너지의 정의
③ 엔트로피(entropy)의 정의
④ 자연 발생적인 열의 흐름 방향

해설 내부 에너지는 열역학 제1법칙과 관계있다.

25 랭킨 사이클에서 터빈 복수기의 진공도를 높일 때 나타나는 현상으로 옳은 것은?

① 이론 열효율이 낮아진다.
② 복수기의 포화온도가 높아진다.
③ 터빈 출구의 증기건도가 낮아진다.
④ 터빈 출구의 증기건도가 높아진다.

해설 복수기(응축기) 압력을 낮출 때 나타나는 현상
㉮ 배출열량이 작아지고, 이론 열효율이 높아진다.
㉯ 복수기의 포화온도가 낮아진다.
㉰ 터빈 출구의 증기건도가 낮아지며, 습기가 증가한다. → 이런 이유로 터빈 출구부에 부식문제가 생긴다.
㉱ 터빈에서의 엔탈피 낙차가 커진다.

26 물체의 상태변화에서 고체에서 곧바로 기체로 변화하는 것은?

① 승화 ② 액화
③ 기화 ④ 응고

해설 물체의 상태변화
㉮ 액화 : 기체가 냉각되어 액체로 변화하는 것
㉯ 기화 : 액체가 열을 받아 기체로 변화하는 것
㉰ 응고 : 액체가 냉각되어 고체로 변화하는 것
㉱ 융해 : 고체가 열을 받아 액체로 변화하는 것
㉲ 승화 : 고체가 기체로 또는 기체에서 고체로 변화하는 것

27 완전기체(perfect gas) 법칙에 해당되지 않는 것은? (단, a, b는 상수이다.)

① 보일(boyle)의 법칙
② 등온상태에서 PV=일정
③ $\left(P+\dfrac{a}{V^2}\right)(V-b) = RT$
④ 보일-샤를(Boyle-Charles)의 법칙

해설 반데르 발스의 실제기체 상태방정식
㉮ 1몰인 상태 : $\left(P+\dfrac{a}{V^2}\right)(V-b) = RT$
㉯ n몰인 상태 :
$\left(P+\dfrac{n^2 \cdot a}{V^2}\right)(V-n \cdot b) = nRT$
a : 기체분자간의 인력[atm·L²/mol²]
b : 기체분자 자신이 차지하는 부피[L/mol]

28 Otto cycle의 $P-V$ 선도에서 일(work) 생산과정에 해당하는 것은?

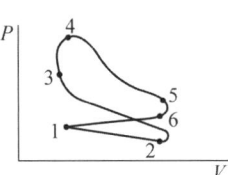

① 1 → 2 ② 3 → 4
③ 4 → 5 ④ 5 → 6

해설 오토 사이클(Otto cycle) : 전기점화기관의 이상 사이클로 일정체적 상태에서 열공급과 방출이 이루어지는 동력 사이클로 각 과정은 다음과 같다.

㉮ 1 → 2 : 흡입과정
㉯ 2 → 3 : 단열압축과정
㉰ 3 → 4 : 정적가열과정(폭발)
㉱ 4 → 5 : 단열팽창과정(동력발생)
㉲ 5 → 6 : 정적방열과정
㉳ 6 → 1 : 배기과정

29 가역 단열과정에서 엔트로피 변화량은 어떻게 되는가?

① 증가 ② 감소
③ 불변 ④ 일정하지 않음

해설 가역 단열과정에서 엔트로피는 변화가 없어 등엔트로피 과정이라 한다.

30 상율에 대한 설명 중 틀린 것은?

① 평형에서만 존재하는 관계식이다.
② 개방계에서 존재하는 관계식이다.
③ 시간변수들이 주로 결정되는 관계식이다.
④ 평형이든 비평형이든 무관하게 존재하는 관계식이다.

해설 상율(phase rule) : 여러 개의 상(相, phase)이 평형을 이루고 있는 계의 자유도 수를 정하는 법칙으로 깁스(Gibbs)의 상율이라 한다.

31 체적이 3[L], 질량이 15[kg]인 물질의 비체적[cm³/g]은?

① 0.2 ② 1.0
③ 3.0 ④ 5.0

해설 ㉮ 비체적[m³/kg]은 단위체적[m³]당 질량[kg] 이다.
㉯ 비체적 계산 : 1[L]은 1000[cm³], 1[kg]은 1000[g]에 해당된다.
$$\therefore v = \frac{V}{m} = \frac{3 \times 10^3}{15 \times 10^3} = 0.2[cm^3/g]$$

32 일반적으로 팽창밸브(expansion valve)에서의 냉매 상태 변화는 다음 중 어디에 속하는가?

① 등온팽창과정 ② 정압팽창과정
③ 등엔트로피과정 ④ 등엔탈피과정

해설 증기압축 냉동사이클에서 팽창밸브에서는 단열팽창과정에 해당되므로 엔탈피가 일정한 등엔탈피과정이 된다.

33 평균유효압력이 500[kPa]이고 행정체적이 2000[cc]인 가솔린 엔진에서 사이클당 이 엔진이 하는 일은 약 몇 [kJ]인가?

① 1.0 ② 2.1
③ 2.75 ④ 4.2

해설 ㉮ 1[L]은 1000[cc]이고, 1[m³]는 1000[L]이므로 행정체적 2000[cc]는 0.002[m³]이다.
㉯ 엔진이 하는 일[kJ]은 압력[kPa]과 체적[m³]의 곱이다.
$$\therefore W = P \times V = 500 \times 0.002 = 1[kJ]$$

34 중간 냉각기를 사용하여 다단압축을 하는 이유로서 가장 적합한 것은?

① 압축기의 크기가 제한되어 있기 때문이다.
② 압축기의 일을 적게 할 수 있기 때문이다.
③ 압축기의 일을 크게 할 수 있기 때문이다.
④ 공기가 너무 뜨거워지면 위험하기 때문이다.

해설 다단 압축의 목적
㉮ 1단 단열압축과 비교한 일량의 절약
㉯ 이용효율(체적효율, 압축효율, 기계효율)의 증가
㉰ 힘의 평형이 양호해진다.
㉱ 온도상승을 피할 수 있다.

정답 29. ③ 30. ④ 31. ① 32. ④ 33. ① 34. ②

35 랭킨 사이클(Rankine cycle)의 $T-S$ 선도에서 사선부분 4-5-6-7은 무엇을 나타내는가?

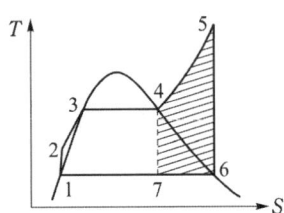

① 보일러(boiler)의 열부하
② 응축기에서 제거되어야 할 열량
③ 수증기 과열을 위한 추가적 열량
④ 수증기의 과열에 의한 추가적 일(work)

해설) 사선 부분 4-5-6-7 : 보일러에서 발생된 건포화증기를 과열기에서 가열하여 고온, 고압의 과열증기가 추가적으로 한 일(work)을 나타낸다.

36 노즐을 통해 증기를 단열 팽창시켜 300[m/s]의 속도를 얻기 위한 노즐 입구와 출구에서의 엔탈피 차이는 약 몇 [kJ/kg]인가?

① 15 ② 25
③ 35 ④ 45

해설) 노즐 출구에서의 속도 계산식
$w_2 = \sqrt{2 \times (h_0 - h_1) \times 1000}$
에서 엔탈피 차이 $h_0 - h_1$를 구한다.
$$\therefore (h_0 - h_1) = \frac{w_2^2}{2 \times 1000} = \frac{300^2}{2 \times 1000}$$
$$= 45[kJ/kg]$$

37 표준압력(1[atm])하에서 순수한 물의 빙점은 랭킨(Rankine) 온도로 몇 [°R]이 되는가?

① 0 ② 100
③ 273.15 ④ 491.67

해설) ㉮ 표준압력(1[atm])하에서 순수한 물의 빙점은 0[°C], 32[°F]이다.
㉯ 화씨온도[°F]를 랭킨온도[°R]로 변환할 때에는 화씨온도에 459.67(약 460)을 더한다.
$\therefore$ 랭킨온도 $= t[°F] + 459.67$
$= 32 + 459.67 = 491.67[°R]$

38 아음속(亞音速) 유동에서 유체가 팽창하여 가속되려면 노즐 단면적은 유동방향에 따라 어떻게 되어야 하는가?

① 감소되어야 한다.
② 증대되어야 한다.
③ 최소 단면이 되어야 한다.
④ 최대 단면이 되어야 한다.

해설) 음속보다 낮은 아음속흐름에서 노즐의 단면적이 감소되면 속도는 증가한다.

39 100[kPa], 60[°C]에서 질소 2.3[kg], 산소 1.8[kg]으로 된 기체 혼합물이 등엔트로피 상태로 압축되어 350[kPa]로 되었을 때 내부에너지 변화는 약 몇 [kJ]인가? (단, C_v은 0.711[kJ/kg·°C], C_p은 1.004[kJ/kg·°C]이고, 비열비(k)는 1.4이다.)

① 336.2 ② 417.8
③ 434.2 ④ 449.2

해설) ㉮ 압축 후 온도 계산 : 등엔트로피 상태로 압축되었으므로 단열과정이다. 단열과정의 온도, 압력의 관계식 $\frac{T_2}{T_1} = \left(\frac{P_2}{P_1}\right)^{\frac{k-1}{k}}$에서 T_2를 구한다.
$$\therefore T_2 = T_1 \times \left(\frac{P_2}{P_1}\right)^{\frac{k-1}{k}}$$
$$= (273 + 60) \times \left(\frac{350}{100}\right)^{\frac{1.4-1}{1.4}}$$
$$= 476.312[K]$$

㉴ 내부에너지 변화 계산 : 정적비열(C_v), 정압비열(C_p)은 섭씨온도[℃]와 켈빈온도[K]와 관계없이 동일하다.

$$\therefore du = m \times C_v \times dT$$
$$= (2.3 + 1.8) \times 0.711$$
$$\times \{476.312 - (273 + 60)\}$$
$$= 417.768 [kJ]$$

40 냉동(refrigeration) 사이클에 대한 성능계수(COP)는 다음 중 어느 것을 해 준 일(work input)로 나누어 준 것인가?

① 저온측에서 방출된 열량
② 저온측에서 흡수한 열량
③ 고온측에서 방출된 열량
④ 고온측에서 흡수한 열량

해설 냉동 사이클의 성능계수(COP) : 저온측에서 흡수한 열량(Q_2)을 제거하는 일(W)로 나누어 준 것이다.

$$\therefore COP_R = \frac{Q_2}{W} = \frac{Q_2}{Q_1 - Q_2} = \frac{T_2}{T_1 - T_2}$$

3과목 - 계측방법

41 하겐-포아젤의 법칙을 이용한 점도계는?

① 세이볼트 점도계
② 낙구식 점도계
③ 스토머 점도계
④ 맥미첼 점도계

해설 세이볼트(Saybolt) 점도계 : 연료유 등으로 사용하는 액체의 점도를 측정하는 것으로 일정량의 연료유가 작은 구멍을 통해서 유출하는데 필요로 하는 시간을 측정하는 것으로 점도는 다음의 식으로 계산한다.

$$\therefore \nu = 0.0022t - \frac{1.8}{t} [St]$$

※ 하겐-포아젤(Hagen-Poiseuille) 법칙을 이용한 점도계에는 오스트발트(Ostwald) 점도계와 세이볼트(Saybolt) 점도계가 있다.

42 오르사트(Orsat) 분석기에서 CO_2의 흡수액은?

① 염화암모늄 용액
② 수산화칼륨 용액
③ 산성 염화 제1구리 용액
④ 알칼리성 염화 제1구리 용액

해설 오르사트식 가스분석 순서 및 흡수제

순서	분석가스	흡수제
1	CO_2	KOH 30[%] 수용액
2	O_2	알칼리성 피로갈롤용액
3	CO	암모니아성 염화 제1구리 용액

43 가스 채취 시 주의하여야 할 사항에 대한 설명으로 틀린 것은?

① 가스성분과 화학반응을 일으키지 않는 관을 이용하여 채취한다.
② 가스 채취구는 외부에서 공기가 잘 통할 수 있도록 하여야 한다.
③ 가스의 구성 성분의 비중을 고려하여 적정 위치에서 측정하여야 한다.
④ 채취된 가스의 온도, 압력의 변화로 측정오차가 생기지 않도록 한다.

해설 가스 채취 장치 취급 주의사항
㉮ 시료가스 채취구 위치에 주의해야 한다.
㉯ 공기 유입방지 및 연도 중심부의 시료 채취가 필요하다.
㉰ 가스성분과 반응하는 배관은 사용을 금지해야 한다.
㉱ 장치 내에서 시료가스의 시간지연을 적게 하고 배관은 짧게 한다.

정답 40. ② 41. ① 42. ② 43. ②

㉲ 배관에는 경사를 두고 최하단에는 드레인 장치가 필요하다.
㉳ 보수가 용이한 장소에 설치해야 한다.

44 세라믹 O_2 계의 특징을 설명한 것 중 틀린 것은?
① 주로 저농도가스 분석에 적합하다.
② 측정부의 온도유지를 위하여 온도조절 전기로를 필요로 한다.
③ 측정 범위도 [ppm]으로부터 [%]까지 광범위하게 측정할 수 있다.
④ 비교적 응답이 빠르며(5~30초) 측정가스의 유량이나 설치장소의 주위온도 변화에 의한 영향이 적다.

해설 세라믹식 O_2계의 특징
㉮ 비교적 응답이 빠르며(5~30초) 측정가스의 유량이나 설치장소의 주위온도 변화에 의한 영향이 적다.
㉯ 연속측정이 가능하며, 측정 범위가 [ppm]으로부터 [%]까지 광범위하게 측정할 수 있다.
㉰ 측정부의 온도유지를 위하여 온도조절 전기로를 필요로 한다.
㉱ 기전력을 이용하여 산소의 농도를 측정한다.
㉲ 가연성 가스 혼입은 오차를 발생시킨다.
㉳ 자동제어장치와 연결하여 사용이 가능하다.

45 부자식 면적유량계에 대한 통과 유량을 구하는 공식에서 A는 무엇인가?

$$Q = C \cdot A \cdot \sqrt{\frac{2gW}{\gamma F}}$$

① 유량계수
② 부자의 중량
③ 부자 전후의 압력
④ 부자와 테이퍼관과의 사이에 환상(環狀) 틈새 면적

해설 공식의 각 인자의 의미와 단위
㉮ Q : 유량[m³/s]
㉯ C : 유량계수
㉰ A : 부자와 테이퍼관과의 사이에 환상(環狀)틈새 면적[m²]
㉱ g : 중력가속도(9.8[m²/s])
㉲ W : 플로트 무게[kg]
㉳ γ : 유체의 비중량[kgf/m³]
㉴ F : 플로트 단면적[m²]

46 분동식 압력계에서 300[MPa] 이상 측정할 수 있는 것에 사용되는 액체로 가장 적합한 것은?
① 경유
② 모빌유
③ 피마자유
④ 스핀들유

해설 분동식 압력계의 사용유체에 따른 측정범위
㉮ 경유 : 4~10[MPa]
㉯ 스핀들유, 피마자유 : 10~100[MPa]
㉰ 모빌유 : 300[MPa] 이상
㉱ 점도가 큰 오일을 사용하면 500[MPa]까지도 측정이 가능하다.

47 대류에 의한 열전달에 있어서의 경막계수를 결정하기 위한 무차원 함수 중 유체의 흐름상태(난류, 층류)를 구별하는 것은?
① Grashof 수
② Prandtl 수
③ Nusselt 수
④ Reynolds 수

해설 레이놀즈수와 유체 흐름의 구분
㉮ 레이놀즈수(Reynolds number) : 실제유체의 유동에서 관성력과 점성력의 비로 나타내는 무차원수이다.
㉯ 레이놀즈수(Re)에 의한 유체의 유동상태 구분
  ㉠ 층류 : Re < 2100 (또는 2300, 2320)
  ㉡ 난류 : Re > 4000
  ㉢ 천이구역 : 2100 < Re < 4000
  ㉣ 임계 레이놀즈수 : 2320

48 광고온계의 측정원리는?

① 열에 의한 금속팽창을 이용하여 측정
② 피측정물의 휘도와 전구의 휘도를 비교하여 측정
③ 피측정물의 전파장의 복사 에너지를 열전대로 측정
④ 이종(異種)금속 접합점의 온도차에 따른 열기전력을 측정

해설 광고온계 : 측정대상 물체에서 방사되는 빛과 표준전구에서 나오는 필라멘트의 휘도를 같게 하여 표준전구의 전류 또는 저항을 측정하여 온도를 측정하는 것으로 비접촉식 온도계이다.

참고 각 항의 온도계
① 바이메탈 온도계
③ 복사온도계
④ 열전대 온도계

49 피토관(Pitot tube)의 유속 V[m/s]를 구하는 식으로 옳은 것은? (단, P_t : 전압[kgf/m²], P_s : 정압[kgf/m²], γ : 비중량[kgf/m³], g : 중력가속도[m/s²]이다.)

① $V = \sqrt{2g(P_s + P_t)/\gamma}$
② $V = \sqrt{2g^2(P_s + P_t)/\gamma}$
③ $V = \sqrt{2g(P_s^2 - P_t^2)/\gamma}$
④ $V = \sqrt{2g(P_t - P_s)/\gamma}$

해설 ㉮ 피토관의 유량식
$$Q = CA\sqrt{2g \times \frac{P_t - P_s}{\gamma}}$$
$$= CA\sqrt{2gh \times \frac{\gamma_m - \gamma}{\gamma}}$$

㉯ 유속을 구하는 식
$$V = \sqrt{2g \times \frac{P_t - P_s}{\gamma}}$$
$$= \sqrt{2gh \times \frac{\gamma_m - \gamma}{\gamma}}$$

50 자동제어계에서 안정성의 척도가 되는 것은?

① 감쇠
② 정상편차
③ 지연시간
④ 오버슈트(overshoot)

해설 오버슈트(over shoot) : 동작간격으로부터 벗어나 초과되는 오차를 말하며, 반대로 나타나는 오차를 언더슈트(under shoot)라 한다. 오버슈트는 자동제어계에서 안정성의 척도가 된다.

51 단요소식(單要素式) 수위제어에 대하여 서술한 것 중 옳은 것은?

① 부하변동에 의한 수위의 변화 폭이 지극히 적다.
② 수위조절기의 제어동작에는 PID 동작이 채용된다.
③ 발전용 고압 대용량 Boiler의 수위제어에 사용된다.
④ Boiler의 수위만을 검출하여 급수량을 조절하는 방식이다.

해설 단요소식(1 요소식) 수위제어 : 가장 간단한 수위제어 방식으로 보일러 드럼 내의 수위만을 검출하고 그 변화에 대하여 급수량을 조절하는 방식으로 잔류편차(off set)가 발생된다.

52 가스분석계의 특징에 관한 설명으로 틀린 것은?

① 선택성에 대한 고려가 필요 없다.
② 적정한 시료가스의 채취장치가 필요하다.
③ 시료가스의 온도 및 압력의 변화로 측정오차를 유발할 우려가 있다.
④ 계기의 교정에는 화학분석에 의해 섬성된 표준시료 가스를 이용한다.

정답 48. ② 49. ④ 50. ④ 51. ④ 52. ①

해설 가스분석계가 분석할 가스의 선택성에 대한 고려가 필요하다.

참고 선택성(選擇性) : 화학반응에서 어떤 물질이 여러 물질 중에서 특정의 물질만을 선택하여 반응하는 경향이다.

53 열전대 보호관이 갖추어야 할 구비조건 중 잘못된 것은?

① 급격한 온도변화에도 잘 견딜 것
② 열에 대하여 불량도체이고 또한 단열재일 것
③ 높은 온도에서 기계적으로 강하고 변형되지 않을 것
④ 가스에 대하여 기밀성이 있고 유해가스에 대하여도 전혀 부식성이 없을 것

해설 열전대 보호관의 구비조건
㉮ 고온에서도 기계적 강도를 유지하고, 급격한 온도변화에 견딜 것
㉯ 내식성, 내열성이 우수하고 가스에 대한 기밀성이 좋을 것
㉰ 압력에 충분히 견디고, 진동이나 충격에 파손되지 않을 것
㉱ 보호관 자체로부터 열전대에 유해한 가스를 발생시키지 않을 것
㉲ 외부의 온도변화를 열전대에 신속히 전달할 것 (열전도율이 클 것)
㉳ 화학적으로 안정하고, 사용온도에 견딜 것
㉴ 구입하기 쉽고, 가격이 저렴할 것

54 서로 맞서 있는 2개 전극사이의 정전 용량은 전극사이에 있는 물질 유전율의 함수이다. 이러한 원리를 이용한 액면계는?

① 초음파식 액면계
② 중추식 액면계
③ 방사선식 액면계
④ 정전 용량식 액면계

해설 정전 용량식 액면계 : 정전 용량 검출 탐사침(probe)을 액 중에 넣어 검출되는 물질의 유전율을 이용하여 액면을 측정하는 것으로 온도에 따라 유전율이 변화되는 곳에서는 사용이 부적합하다.

55 화씨[°F]와 섭씨[℃]의 눈금이 같게 되는 온도는?

① 40
② 20
③ −20
④ −40

해설 $°F = \dfrac{9}{5}℃ + 32$ 에서 [°F]와 [℃]가 같으므로 x로 놓으면 $x = \dfrac{9}{5}x + 32$ 가 된다.

$\therefore x - \dfrac{9}{5}x = 32, \quad x\left(1 - \dfrac{9}{5}\right) = 32$

$\therefore x = \dfrac{32}{1 - \dfrac{9}{5}} = -40$

56 광고온계를 써서 용융 철의 온도를 측정하는 경우 주의하여야 할 사항은?

① 거리계수에 주의
② 원격지시에 주의
③ 개인측정 오차에 주의
④ CO_2 및 H_2에 의한 가스흡수의 영향에 주의

해설 광고온계를 이용한 온도 측정은 수동으로 조작함으로서 개인 오차가 발생할 수 있기 때문에 이 부분을 주의하여야 한다.

57 자동제어의 일반적인 동작순서로 옳은 것은?

① 검출 → 판단 → 비교 → 조작
② 검출 → 비교 → 판단 → 조작
③ 비교 → 검출 → 판단 → 조작
④ 비교 → 판단 → 검출 → 조작

정답 53. ② 54. ④ 55. ④ 56. ③ 57. ②

해설 자동제어계의 동작 순서
㉮ 검출 : 제어대상을 계측기를 사용하여 측정하는 부분
㉯ 비교 : 목표값(기준입력)과 주피드백량과의 차를 구하는 부분
㉰ 판단 : 제어량의 현재값이 목표치와 얼마만큼 차이가 나는가를 판단하는 부분
㉱ 조작 : 판단된 조작량을 제어하여 제어량을 목표값과 같도록 유지하는 부분

58 제어시스템에서 제어결과가 [그림]과 같은 동작은?

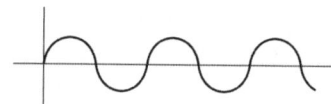

① 비례동작 ② 적분동작
③ 미분동작 ④ ON-OFF 동작

해설 ON-OFF 동작(2위치 동작) : 제어량이 설정치에서 벗어났을 때 조작부를 ON(개[(開)]) 또는 OFF(폐[(閉)]의 동작 중 하나로 동작시키는 것으로 조작신호가 최대, 최소가 되며 전자밸브(solenoid valve)의 동작이 대표적이다.

59 유량측정의 원리와 유량계를 바르게 연결한 것은?
① 유체에 작용하는 힘 – 터빈 유량계
② 파동의 전파 시간차 – 조리개 유량계
③ 흐름에 의한 냉각효과 – 전자기 유량계
④ 유속변화로 인한 압력차 – 용적식 유량계

해설 유량측정의 원리와 유량계
㉮ 유체에 작용하는 힘 : 터빈식 유량계
㉯ 유속변화로 인한 압력차 : 차압식 유량계
㉰ 전자유도법칙 : 전자식 유량계
㉱ 와류의 주파수 변화 : 와류식 유량계
㉲ 도플러 효과 : 초음파 유량계

60 부르동관 게이지(Bourdon tube gauge)는 유체의 무엇을 측정하기 위한 기기인가?
① 유량 ② 온도
③ 압력 ④ 밀도

해설 부르동관 게이지(bourdon tube gauge) : 탄성식 압력계로 부르동관의 탄성을 이용한 2차 압력계이다.

4과목 - 열설비재료 및 관계법규

61 보온을 두껍게 하면 방산열량(Q)은 적게 되지만 보온재의 비용(P)은 증대된다. 이 때 경제성을 고려한 최소치의 보온재 두께를 구하는 식은?
① $Q+P$ ② Q^2+P
③ $Q+P^2$ ④ Q^2+P^2

해설 최소 보온재 두께=방산열량(Q)+보온재의 비용(P)

62 전로법에 의한 제강 작업 시의 열원은?
① 가스의 연소열
② 코크스의 연소열
③ 석회석의 반응열
④ 용선 속 불순 원소의 산화열

해설 전로법 : 용융 선철을 장입하고 고압의 공기나 산소를 취입하여 제련하는 것으로 산화열에 의해 불순물을 제거하므로 별도의 연료가 필요 없다.

63 일반적으로 압력 배관용에 사용되는 강관의 온도 범위는?
① 350[℃] 이하 ② 450[℃] 이하
③ 550[℃] 이하 ④ 650[℃] 이하

정답 58. ④ 59. ① 60. ③ 61. ① 62. ④ 63. ①

해설 압력배관용 탄소강관(SPPS) : 350[℃] 이하의 온도에서 압력 1~10[MPa]까지의 배관에 사용한다. 호칭은 호칭지름과 두께(스케줄 번호)에 의하며 호칭지름 6~500[A]까지 해당된다.

64 파이프 설계 시 수압 3[MPa], 유량 0.5[m³/s]를 상온에서 이음매없는 강관을 사용할 때 외경은 약 몇 [mm]로 하는가? (단, 허용인장응력은 78.4[N/mm²], 유속 5[m/s], 부식여유는 1[mm], 이음효율은 1이다.)

① 331   ② 373
③ 401   ④ 413

해설 ㉮ 관 내경 계산 : 체적유량 $Q = \frac{\pi}{4}D_i^2 V$에서 내경 D_i를 구한다.

$$\therefore D_i = \sqrt{\frac{4Q}{\pi V}} = \sqrt{\frac{4 \times 0.5}{\pi \times 5}}$$
$$= 0.356824[m] = 356.824[mm]$$

㉯ 두께 계산

$$\therefore t = \frac{PD_i}{2S\eta - 1.2P} + C$$
$$= \frac{3 \times 356.824}{2 \times 78.4 \times 1 - 1.2 \times 3} + 1$$
$$= 7.987[mm]$$

㉰ 외경 계산 : 관 외경은 내경에 관 양쪽 두께를 더하여 구한다.

$$\therefore D_o = D_i + 2t$$
$$= 356.824 + 2 \times 7.987$$
$$= 372.798[mm]$$

65 산성내화물의 주요 화학 성분은?

① SiO_2 ② MgO
③ FeO ④ SiC

해설 산성 내화물의 주요 성분은 산화규소(SiO_2)로 규석질 내화물, 반규석질 내화물, 납석질 내화물, 샤모트질 내화물 등이 있다.

66 도자기 소성 시 노내 분위기의 순서를 바르게 나타낸 것은?

① 산화성 분위기 → 환원성 분위기 → 중성 분위기
② 산화성 분위기 → 중성 분위기 → 환원성 분위기
③ 환원성 분위기 → 중성 분위기 → 산화성 분위기
④ 환원성 분위기 → 산화성 분위기 → 중성 분위기

해설 도자기 소성과 분위기
㉮ 제1단계 : 산화성 분위기로 하며, 피열물에 함유되어 있는 유기물을 연소시키고 금속염을 산화시키는데, 이때 산화가 충분하지 못하면 도자기 내부에 흑색의 심(芯)이 남게 되어 장애를 일으킨다.
㉯ 제2단계 : 환원성 분위기로 하고, 산화로 생긴 황적색의 산화철을 환원시켜 청색의 규산철로 만들며 환원성이 적당하면 청색을 가미한 백색으로 된다.
㉰ 제3단계 : 중성 분위기로 하며 이때 자기화(磁氣化)를 시킨다.

67 플라스틱 내화물의 설명으로 틀린 것은?

① 팽창 수축이 적다.
② 소결력이 좋고 내식성이 크다.
③ 내화도가 높고 하중 연화점이 낮다.
④ 캐스터블 소재보다 고온에 적합하다.

해설 플라스틱 내화물의 특징
㉮ 시공할 때에는 해머로 두들겨 가며 한다.
㉯ 천정 등에는 금속물을 사용한다.
㉰ 소결성, 내식성 및 내마모성이 양호하다.
㉱ 캐스터블에 비교하여 고온에서 사용한다.
㉲ 팽창 수축이 적고, 내스폴링성이 크다.
㉳ 하중 연화온도가 높다.
㉴ 내화도 SK35~37이다.

정답 64. ② 65. ① 66. ① 67. ③

68 단조용 가열로 중 무산화 가열방식에서 무산화 분위기 조성 방법은?

① 가열실을 진공으로 한다.
② 가열실을 머플구조로 한다.
③ 발생로 가스를 가열실에 도입한다.
④ 연료의 열분해 가스를 가열실에 도입한다.

해설 단조용 가열로 무산화 가열방식 : 직접 가열실 내로 가스연료를 도입하고, 열분해를 하여 무산화 분위기로 해서 강재를 가열하는 방식으로 스케일 발생량이 적다.

69 특정열사용기자재와 설치, 시공 범위가 바르게 연결된 것은?

① 강철제 보일러 : 해당 기기의 설치, 배관 및 세관
② 태양열 집열기 : 해당 기기의 설치를 위한 시공
③ 비철금속 용융로 : 해당 기기의 설치, 배관 및 세관
④ 축열식 전기보일러 : 해당 기기의 설치를 위한 시공

해설 특정열사용기자재 및 설치·시공범위 : 에너지이용 합리화법 시행규칙 별표3의2

구분	품목명	설치, 시공범위
보일러	강철제 보일러, 주철제 보일러, 온수 보일러, 구멍탄용 온수보일러, 축열식 전기 보일러, 캐스케이드 보일러, 가정용 화목보일러	해당기기의 설치·배관 및 세관
태양열 집열기	태양열 집열기	해당기기의 설치, 배관 및 세관
압력 용기	1종 압력용기, 2종 압력용기	해당기기의 설치, 배관 및 세관
요업 요로	연속식 유리용융가마, 불연속식 유리용융가마, 유리용융도가니가마, 터널가마, 도염식 가마, 셔틀가마, 회전가마, 석회용선가마	해당기기의 설치를 위한 시공
금속 요로	용선로, 비철금속용융로, 금속 소둔로, 철금속가열로, 금속균열로	해당기기의 설치를 위한 시공

70 보일러 검사를 받는 자에게는 그 검사의 종류에 따라 필요한 사항에 대한 조치를 하게 할 수 있다. 그 조치에 해당되지 않는 것은?

① 수압시험의 준비
② 비파괴검사의 준비
③ 운전성능 측정의 준비
④ 보온단열재의 열전도 시험 준비

해설 검사에 필요한 조치 등(에너지이용 합리화법 시행규칙 제31조의22)
㉮ 기계적 시험의 준비
㉯ 비파괴검사의 준비
㉰ 검사대상기기의 정비
㉱ 수압시험의 준비
㉲ 안전밸브 및 수면측정장치의 분해, 정비
㉳ 검사대상기기의 피복물 제거
㉴ 조립식인 검사대상기기의 조립 해체
㉵ 운전성능 측정의 준비

71 실리카를 주성분으로 하는 내화벽돌은?

① 규석 벽돌
② 샤모트 벽돌
③ 반규석질 벽돌
④ 탄화규소 벽돌

해설 규석질 벽돌 : 실리카(SiO_2 : 이산화규소)를 주성분으로 하여 석영, 규사를 870[℃] 이상 가열 전이시켜 만든다.

72 에너지이용 합리화법에 따라 검사대상기기 검사 중 개조검사의 적용 대상이 아닌 것은?

① 온수보일러를 증기보일러로 개조하는 경우
② 보일러 섹션의 증감에 의하여 용량을 변경하는 경우
③ 동체·경판·관판·관모음 또는 스테이의 변경으로서 산업통상자원부장관이 정하여 고시하는 대수리의 경우
④ 연료 또는 연소방법을 변경하는 경우

해설 개조검사 대상 : 에너지이용 합리화법 시행규칙 별표3의 4
㉮ 증기보일러를 온수보일러로 개조하는 경우
㉯ 보일러 섹션의 증감에 의하여 용량을 변경하는 경우
㉰ 동체, 돔, 노통, 연소실, 경판, 천정판, 관판, 관모음 또는 스테이의 변경으로서 산업통상자원부장관이 정하여 고시하는 대수리의 경우
㉱ 연료 또는 연소방법을 변경하는 경우
㉲ 철금속가열로로서 산업통상자원부장관이 정하여 고시하는 경우의 수리

73 에너지이용 합리화법에서 정한 에너지절약 전문기업 등록의 취소요건이 아닌 것은?

① 규정에 의한 등록기준에 미달하게 된 경우
② 사업수행과 관련하여 다수의 민원을 일으킨 경우
③ 동법에 따른 에너지절약 전문기업에 대한 업무에 관한 보고를 하지 아니하거나 거짓으로 보고한 경우
④ 정당한 사유 없이 등록 후 3년 이상 계속하여 사업수행실적이 없는 경우

해설 에너지절약 전문기업 등록의 취소 등 : 에너지이용 합리화법 제26조
㉮ 거짓이나 그 밖의 부정한 방법으로 등록을 한 경우
㉯ 거짓이나 그 밖의 부정한 방법으로 규정에 따른 지원을 받거나 지원받은 자금을 다른 용도로 사용한 경우
㉰ 에너지절약 전문기업으로 등록한 업체가 그 등록의 취소를 신청한 경우
㉱ 타인에게 자기의 성명이나 상호를 사용하여 규정에 해당하는 사업을 수행하게 하거나 등록증을 대여한 경우
㉲ 규정에 의한 등록기준에 미달하게 된 경우
㉳ 동법에 따른 보고를 하지 아니하거나 거짓으로 보고한 경우 또는 검사를 거부·방해 또는 기피한 경우
㉴ 정당한 사유 없이 등록한 후 3년 이내에 사업을 시작하지 아니하거나 3년 이상 계속하여 사업수행실적이 없는 경우

74 다이어프램 밸브(diaphragm valve)에 대한 설명으로 틀린 것은?

① 저항이 적어 유체의 흐름이 원활하다.
② 기밀을 유지하기 위한 패킹을 필요로 하지 않는다.
③ 화학약품을 차단함으로써 금속부분의 부식을 방지한다.
④ 유체가 일정 이상의 압력이 되면 작동하여 유체를 분출시킨다.

해설 다이어프램밸브(diaphragm valve) : 기밀을 유지하기 위한 패킹이 불필요하고 금속부분이 부식될 염려가 없어 산 등의 화학약품의 유량을 조절, 차단하는 데 주로 사용하는 밸브로 유체의 흐름이 주는 영향이 비교적 적다.

75 산성 슬래그와 접촉하여 가장 쉽게 침식되는 내화물은?

① 납석질 내화물
② 탄소질 내화물
③ 규석질 내화물
④ 마그네시아질 내화물

해설 마그네시아질 내화물은 염기성 내화물로 산성 슬래그와 접촉하면 침식이 된다.

76 동관의 공작에 사용되는 공구가 아닌 것은?

① 리머
② 티뽑기
③ 확관기
④ 만능관 공작기

해설 동관 작업용 공구
㉮ 튜브 커터(tube cutter) : 동관을 절단할 때 사용
㉯ 튜브 벤더(tube bender) : 동관의 구부릴 때 사용
㉰ 플레어링 공구 : 압축이음하기 위하여 관끝을 나팔관 모양으로 넓힐 때 사용

정답 73. ② 74. ④ 75. ④ 76. ④

㉣ 리머(reamer) : 관 내면의 거스러미를 제거하는 데 사용
㉤ 사이징 툴(sizing tools) : 동관 끝부분을 원형으로 교정할 때 사용
㉥ 확관기(expander) : 관 끝을 넓혀 소켓으로 만들 때 사용
㉦ 티 뽑기(extractor) : 직관에서 분기관 성형 시 사용

77 전형적으로 흑운모의 변질작용으로 생성되는 광물로서 급열처리에 의하여 겉보기 비중과 열전도율이 낮아 단열재로 주로 사용되는 광물은?

① 펄라이트(perlite)
② 질석(vermiculite)
③ 팽창점토(expanded clay)
④ 팽창혈암(expanded shale)

해설 질석(vermiculite) : 팽창질석이라 하며 질석을 1000[℃] 정도로 갑자기 가열하여 체적을 팽창시켜, 다공질로 만든 것이다. 열전도율이 0.1~0.2 [kcal/m·h·℃], 안전사용온도는 650[℃] 정도이다.

78 밸브의 몸통이 둥근 달걀형 밸브로서 유체의 압력 감소가 크므로 압력이 필요로 하지 않을 경우나 유량 조절용이나 차단용으로 적합한 밸브는?

① 글로브 밸브
② 체크 밸브
③ 버터플라이 밸브
④ 슬루스 밸브

해설 글로브 밸브(glove valve) : 구조상 디스크와 시트가 원추상으로 접촉되어 폐쇄하는 밸브로서 유체는 디스크 부근에서 상하방향으로 평행하게 흐르므로 근소한 디스크의 리프트라도 예민하게 유량에 관계되므로 쬠 밸브로서 유량조절에 사용되는 밸브이다.

79 보일러 급수 중에 함유되어 있는 칼슘(Ca) 및 마그네슘(Mg)의 농도를 나타내는 척도는?

① 탁도
② 경도
③ BOD
④ pH

해설 경도 : 수중에 용존되어 있는 칼슘(Ca) 및 마그네슘(Mg) 이온의 농도를 나타내는 것으로 탄산칼슘($CaCO_3$) 경도와 독일경도(dH)로 구분된다.

80 외경 30[mm], 길이 15[m]인 증기관에 두께 15[mm]의 보온재를 시공하였다. 관 표면온도 100[℃], 보온재 외부 온도 20[℃]일 때 손실열량은 약 몇 [kJ/h]인가? (단, 보온재의 열전도율은 0.2093[kJ/m·h·℃]이다.)

① 1277
② 1727
③ 2277
④ 2727

해설 ㉮ 보온재 시공 후 외측 반지름(r_o) 및 내측 반지름 [강관 외측 반지름](r_i) 계산

$$\therefore r_o = \frac{강관\,외경}{2} + 보온재\,두께$$
$$= \frac{0.03}{2} + 0.0015 = 0.03\,[\text{m}]$$
$$\therefore r_i = \frac{강관\,외경}{2} = \frac{0.03}{2} = 0.015\,[\text{m}]$$

㉯ 손실열량 계산

$$\therefore Q = \frac{2\pi L(t_1 - t_o)}{\frac{1}{\lambda} \times \ln\frac{r_o}{r_i}}$$
$$= \frac{2 \times \pi \times 15 \times (100-20)}{\frac{1}{0.2093} \times \ln\frac{0.03}{0.015}}$$
$$= 2276.695\,[\text{kJ/h}]$$

정답 77. ② 78. ① 79. ② 80. ③

5과목 - 열설비 설계

81 보일러 파열을 방지하기 위해 설치하는 안전밸브의 분출압력 조정형식이 아닌 것은?

① 중추식
② 전자식
③ 스프링식
④ 레버식(지렛대식)

해설 안전밸브의 종류(분출압력 조정형식)
㉮ 스프링식 : 스프링의 탄성 조절로 분출압력을 조정한다.
㉯ 중추식 : 추의 무게로 분출압력을 조정한다.
㉰ 레버식(지렛대식) : 추와 지렛대를 이용하며, 추의 위치에 따라 분출압력을 조정한다.

82 보일러에 공기예열기를 설치하였을 때의 효과에 대한 설명 중 틀린 것은?

① 연소효율을 증가시킨다.
② 저질탄을 연소시킬 수 있다.
③ 배기가스의 열손실을 감소시켜서 보일러 전체의 효율을 높인다.
④ 연소실의 온도를 높게 할 수 있고, 연소속도를 크게 할 수 있어 연소실의 형상을 복잡하게 한다.

해설 공기예열기 사용 시 특징
㉮ 장점
 ㉠ 전열효율, 연소효율이 향상된다.
 ㉡ 예열공기의 공급으로 불완전 연소가 감소된다.
 ㉢ 보일러 열효율이 향상된다.
 ㉣ 품질이 낮은 연료도 사용할 수 있다.
㉯ 단점
 ㉠ 통풍저항이 증가한다.
 ㉡ 연돌의 통풍력이 저하된다.
 ㉢ 저온부식의 원인이 된다.
 ㉣ 연도의 청소, 검사, 점검이 곤란하다.

83 열교환기에서 전열면적 $A[m^2]$와 전열량 Q [kJ/h] 사이에는 어떠한 관계가 있는가? (단, $\Delta\theta_m$은 대수평균온도차이고, K는 열관류율이다.)

① $Q = A \cdot \Delta\theta_m$
② $A = K \cdot \Delta\theta_m$
③ $K = \dfrac{A \cdot \Delta\theta_m}{Q}$
④ $\Delta\theta_m = \dfrac{Q}{A \cdot K}$

해설 열교환기에서 전열량 $Q = K \cdot A \cdot \Delta\theta_m$이므로
$\Delta\theta_m = \dfrac{Q}{A \cdot K}$, $K = \dfrac{Q}{A \cdot \Delta\theta_m}$ 이다.

84 지름이 d[cm], 두께가 t[cm]인 얇은 두께의 밀폐된 원통 안에 압력 P[MPa]가 작용할 때 원통에 발생하는 원주방향의 인장응력 [MPa]을 구하는 식은?

① $\dfrac{\pi d P}{2t}$
② $\dfrac{\pi d P}{4t}$
③ $\dfrac{d P}{2t}$
④ $\dfrac{d P}{4t}$

해설 ③ 원둘레(원주)방향 인장응력 계산식
④ 길이방향 인장응력 계산식

85 결정조직을 조정하고 연화시키기 위한 열처리 조작으로 용접에서 발생한 잔류응력을 제거하기 위한 것은?

① 뜨임(temperring)
② 풀림(annealing)
③ 담금질(quenching)
④ 불림(normalizing)

해설 풀림(annealing) : 가공 중에 생긴 내부응력(잔류응력)을 제거하거나, 가공 경화된 재료를 연화시켜 상

정답 81. ② 82. ④ 83. ④ 84. ③ 85. ②

온가공을 용이하게 할 목적으로 노 중에서 가열하여 서서히 냉각시키는 열처리 방법이다.

86 급수에서 [ppm] 단위를 사용할 때 이에 대하여 가장 잘 나타낸 것은?

① 물 1[L] 중에 함유한 시료의 양을 [g]으로 표시한 것
② 물 1[L] 중에 함유한 시료의 양을 [mg]으로 표시한 것
③ 물 1[cc] 중에 함유한 시료의 양을 [mg]으로 표시한 것
④ 물 100[cc] 중에 함유한 시료의 양을 [mg]으로 표시한 것

해설 ppm(parts per million) : $\frac{1}{10^6}$ 함유량으로 [mg/L], [mg/kg], [g/ton]으로 나타낸다.

87 보온재의 보온성능은 그 재료의 열전도율로서 판단될 수 있는데 열전도율의 단위로 옳은 것은?

① $kJ/m \cdot h \cdot ℃$
② $kJ/m^2 \cdot h \cdot ℃$
③ $kJ/m^3 \cdot h \cdot ℃$
④ $kJ/m^4 \cdot h \cdot ℃$

해설
㉮ 열전도율의 단위 : $kJ/m \cdot h \cdot ℃$
㉯ 열전달율의 단위 : $kJ/m^2 \cdot h \cdot ℃$

88 증기트랩은 기계식 트랩, 온도조절식 트랩, 열역학적 트랩과 같은 3가지 대표적인 유형으로 분류할 수 있는데, 이 중에서 기계식 트랩의 기본 작동 원리는?

① 부력 원리
② 마찰 원리
③ 압력차 원리
④ 열팽창 원리

해설 작동원리에 의한 증기트랩의 분류

구 분	작동 원리	종 류
기계식 트랩	증기와 응축수의 비중차 이용(플로트 또는 버킷의 부력 이용)	상향 버킷식, 하향 버킷식, 레버 플로트식, 자유 플로트식
온도조절식 트랩	증기와 응축수의 온도차 이용(금속의 신축성을 이용)	바이메탈식, 벨로스식, 열동식
열역학적 트랩	증기와 응축수의 열역학, 유체역학적 특성차 이용	오리피스식, 디스크식

89 증기 및 온수보일러를 포함한 주철 보일러의 경우 최고사용압력이 0.43[MPa] 이하일 경우의 수압시험 압력은?

① 0.2[MPa]로 한다.
② 최고사용압력의 2.0배의 압력으로 한다.
③ 최고사용압력의 2.5배의 압력으로 한다.
④ 최고사용압력의 1.3배에 0.3[MPa]를 더한 압력으로 한다.

해설 ㉮ 강철제 보일러의 수압시험 압력
  ㉠ 보일러의 최고사용압력이 0.43[MPa] 이하일 때에는 그 최고사용압력의 2배의 압력으로 한다. 다만, 그 시험압력이 0.2[MPa] 미만인 경우에는 0.2[MPa]로 한다.
  ㉡ 보일러의 최고 사용압력이 0.43[MPa] 초과 1.5[MPa] 이하일 때에는 그 최고사용압력의 1.3배에 0.3[MPa]를 더한 압력으로 한다.
  ㉢ 보일러의 최고사용압력이 1.5[MPa]를 초과할 때에는 그 최고사용압력의 1.5배의 압력으로 한다.
㉯ 주철제 보일러 수압시험 압력
  ㉠ 보일러의 최고사용압력이 0.43[MPa] 이하일 때는 그 최고사용압력의 2배의 압력으로 한다. 다만, 시험압력이 0.2[MPa] 미만인 경우에는 0.2[MPa]로 한다.
  ㉡ 보일러의 최고사용압력이 0.43[MPa]를 초과할 때는 그 최고사용압력의 1.3배에 0.3[MPa]을 더한 압력으로 한다.

정답 86. ② 87. ① 88. ① 89. ②

90 프라이밍 현상을 설명한 것으로 틀린 것은?
① 절탄기의 내부에 스케일이 생긴다.
② 안전밸브, 압력계의 기능을 방해한다.
③ 워터해머(water hammer)를 일으킨다.
④ 수면계의 수위가 요동해서 수위를 확인하기 어렵다.

해설 ▶ 프라이밍 발생 시 나타나는 현상
㉮ 캐리오버(carry over)현상이 발생한다.
㉯ 수위계의 수위 확인이 곤란하다.
㉰ 계기류 연락관의 막힘으로 기능을 방해한다.
㉱ 송기되는 증기에 불순물이 함유된다.
㉲ 증기의 열량 감소한다.
㉳ 배관의 부식을 초래한다.
㉴ 배관, 기관 내에서 수격작용이 발생한다.

91 노통연관식 보일러에서 평형부의 길이가 230[mm] 미만인 파형노통의 최소 두께[mm]를 결정하는 식은?(단, P는 최고사용압력[MPa], D는 노통의 파형부에서의 최대 내경과 최소 내경의 평균치(모리슨형 노통에서는 최소 내경에 50[mm]를 더한 값)[mm], C는 노통의 종류에 따른 상수이다.)

① $10PDC$ ② $\dfrac{10PC}{D}$
③ $\dfrac{C}{10PD}$ ④ $\dfrac{10PD}{C}$

해설 ▶ 파형노통의 최소두께(열사용기자재 검사기준 7.6.2) : 파형노통으로서 그 끝의 평행부 길이가 230[mm] 미만인 것의 관의 최소두께는 다음 계산식으로 계산한다.
$$t = \dfrac{10PD}{C}$$
여기서, t : 노통의 최소두께[mm]
P : 최고사용압력[MPa]
D : 노통의 파형에서의 최대내경과 최소내경의 평균치(모리슨형 노통에서는 최소 내경에 50[mm]를 더한 값)
C : 노통 종류에 따른 상수

참고 ▶ 최고사용압력이 [kgf/cm²]이면 $t = \dfrac{PD}{C}$ 이다.

92 보일러 상부 드럼에서 기수공발(carry over) 현상이 발생할 때 이 현상을 방지하기 위한 신속한 조치가 아닌 것은?
① 청관제 투입
② 블로다운 조절
③ 드럼 저수위 유지
④ 밸브의 급격한 개방 방지

해설 ▶ 캐리오버(carry-over) 방지 방법
㉮ 보일러수를 농축시키지 않는다.
㉯ 보일러수 중의 불순물을 제거한다.
㉰ 과부하가 되지 않도록 한다.
㉱ 비수방지관을 설치한다.
㉲ 주증기 밸브를 급격히 개방하지 않는다.
㉳ 수위를 고수위로 하지 않는다.
㉴ 압력을 규정압력으로 유지해야 한다.

93 급수 불순물과 그에 따른 보일러 장해와의 연결이 틀린 것은?
① 철 – 수지산화
② 용존산소 – 부식
③ 실리카 – 캐리오버
④ 경도성분 – 스케일 부착

해설 ▶ 불순물에 따른 보일러 장해
㉮ 용존산소 : 부식
㉯ 실리카 : 캐리오버, 스케일 생성
㉰ 염류(경도성분) : 스케일 생성(부착)
㉱ 고형 협잡물 : 프라이밍, 포밍 발생

94 보일러의 과열에 의한 압궤의 발생부분이 아닌 것은?
① 노통 상부   ② 화실 천장
③ 연관   ④ 거싯 스테이

정답 90. ① 91. ④ 92. ① 93. ① 94. ④

해설 압궤와 팽출이 발생하는 부분
㉮ 압궤(collapse) : 노통, 연소실, 연관, 관판 등으로 압축응력을 받는 부분이다.
㉯ 팽출(bulge) : 동체, 수관, 겔로웨이관 등으로 인장응력을 받는 부분이다.

95 아래 벽체구조의 열관류율[kcal/h·m²·℃]은? (단, 내측 열전도저항 값은 0.05[m²·h·℃/kcal]이며, 외측 열전도저항 값은 0.13[m²·h·℃/kcal]이다.)

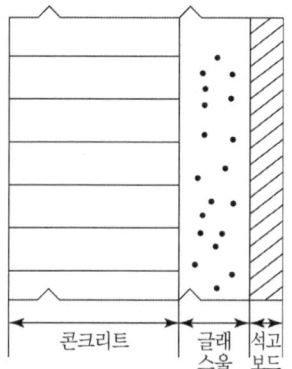

재료	두께 [mm]	열전도율 [kcal/h·m·℃]
내측		
① 콘크리트	200	1.4
② 글라스울	75	0.033
③ 석고보드	20	0.21
외측		

① 0.37 ② 0.57
③ 0.87 ④ 0.97

해설 $K = \dfrac{1}{R_1 + \dfrac{b_1}{\lambda_1} + \dfrac{b_2}{\lambda_2} + \dfrac{b_3}{\lambda_3} + R_2}$

$= \dfrac{1}{0.05 + \dfrac{0.2}{1.4} + \dfrac{0.075}{0.033} + \dfrac{0.02}{0.21} + 0.13}$

$= 0.371 [kcal/m^2 \cdot h \cdot ℃]$

96 육용 강재 보일러의 구조에 있어서 동체의 최소 두께 기준으로 틀린 것은?
① 안지름이 900[mm] 이하의 것은 4[mm]
② 안지름이 900[mm] 초과 1350[mm] 이하의 것은 8[mm]
③ 안지름이 1350[mm] 초과 1850[mm] 이하의 것은 10[mm]
④ 안지름이 1850[mm] 초과하는 것은 12[mm]

해설 동체의 최소 두께 기준 : 열사용기자재 검사기준 4.1
㉮ 안지름 900[mm] 이하인 것은 6[mm] 다만, 스테이를 부착하는 경우는 8[mm]
㉯ 안지름 900[mm]를 초과하고 1350[mm] 이하인 것은 8[mm]
㉰ 안지름 1350[mm]를 초과하고 1850[mm] 이하인 것은 10[mm]
㉱ 안지름 1850[mm]를 초과하는 것은 12[mm]

97 보일러의 효율을 입·출열법에 의하여 계산하려고 할 때 입열항목에 속하지 않는 것은?
① 공기의 현열
② 연료의 현열
③ 연소가스의 현열
④ 연료의 저위발열량

해설 열정산 시 입열 및 출열 항목
㉮ 입열(入熱) 항목
 ㉠ 연료의 발열량(연료의 연소열)
 ㉡ 연료의 현열
 ㉢ 공기의 현열
 ㉣ 노내 취입 증기 또는 온수에 의한 입열
㉯ 출열(出熱) 항목
 ㉠ 배기가스 보유열량
 ㉡ 증기의 보유열량
 ㉢ 불완전연소에 의한 열손실
 ㉣ 미연분에 의한 열손실
 ㉤ 노벽의 흡수열량
 ㉥ 재의 현열

정답 95. ① 96. ① 97. ③

98 프라이밍과 포밍의 발생 원인이 아닌 것은?
① 증기부하가 과대할 때
② 주증기 밸브를 급히 열었을 때
③ 수면과 증기 취출구가 작을 때
④ 보일러수에 불순물, 유지분이 많이 포함되어 있을 때

해설 프라이밍(priming), 포밍(foaming) 발생 원인
㉮ 보일러 관수의 농축
㉯ 유지분, 알칼리분, 부유물 함유
㉰ 주증기 밸브의 급격한 개방
㉱ 부하의 급격한 변화
㉲ 증기발생 속도가 빠를 때
㉳ 청관제 사용이 부적합
㉴ 보일러 수위가 높을 때

99 거싯 스테이(gusset stay)를 사용하는 보일러는?
① 수관 보일러
② 주철제 보일러
③ 직립형 보일러
④ 노통연관 보일러

해설 거싯 스테이(gusset stay)는 원통형 보일러에서 보강판(gusset)을 동판과 경판을 연결하여 경판의 강도를 보강한다.

100 보일러 수의 불순물 농도가 400[ppm]이고, 1일 급수량이 5000[L]일 때, 이 보일러의 1일 분출량[L/day]은 얼마인가? (단, 급수 중의 불순물 농도는 50[ppm]이고, 응축수는 회수하지 않는다.)
① 688
② 714
③ 785
④ 828

해설 응축수는 회수하지 않으므로 응축수 회수율(R)은 0이다.
$$\therefore X = \frac{W(1-R)d}{r-d}$$
$$= \frac{5000 \times (1-0.0) \times 50}{400-50}$$
$$= 714.285 [L/day]$$

2025년 02
에너지관리기사필기 CBT 복원문제

1과목 – 연소공학

01 고체연료의 단점으로 틀린 것은?
① 회분이 많고 발열량이 낮다.
② 연소효율이 낮고, 고온을 얻기 어렵다.
③ 연료비가 비싸고 연료를 구하기 어렵다.
④ 점화 및 소화가 어렵고, 온도조절이 곤란하다.

해설 고체연료의 특징
㉮ 장점
 ㉠ 노천 야적이 가능하다.
 ㉡ 저장 및 취급이 편리하다.
 ㉢ 구입이 쉽고, 가격이 저렴하다.
 ㉣ 연소장치가 간단하고, 특수목적에 이용된다.
㉯ 단점
 ㉠ 완전연소가 곤란하다.
 ㉡ 연소효율이 낮고 고온을 얻기 곤란하다.
 ㉢ 회분이 많고 처리가 곤란하다.
 ㉣ 점화 및 소화가 어렵다.
 ㉤ 연소조절이 어렵다.
 ㉥ 연료의 품질이 불균일하다.

02 다음 기체연료 중 고발열량[kcal/Sm³]이 가장 큰 것은?
① 고로가스   ② 수성가스
③ 도시가스   ④ 액화석유가스

해설 각 연료의 고발열량

구분	고발열량[kcal/Sm³]
고로가스	900
수성가스	2500
도시가스	10550
액화석유가스	24000

03 기체연료의 연소방식을 크게 2가지로 분류한 것은?
① 등심연소(wick combustion)와 분산연소(spray combustion)
② 예혼합연소(premixing burning)와 확산연소(diffusive burnin)
③ 액면연소(pool burnin)와 증발연소(evaporating combustion)
④ 증발연소(evaporating combustion)와 분해연소(decomposing combustion)

해설 기체연료의 연소방식
㉮ 예혼합 연소 : 가스와 공기(산소)를 버너에서 혼합시킨 후 연소실에 분사하는 방식이다. 화염이 자력으로 전파해 나가는 내부 혼합방식으로 화염이 짧고 높은 화염온도를 얻을 수 있지만 역화의 위험성이 크다.
㉯ 확산연소 : 공기와 가스를 따로 버너 슬롯(slot)에서 연소실에 공급하고, 이것들의 경계면에서 난류와 자연확산으로 서로 혼합하여 연소하는 외부 혼합방식이다.

04 상당 증발량이 0.05[ton/min]의 보일러에 24280[kJ/kg]의 석탄을 태우고자 한다. 보일러의 효율이 87[%]이라 할 때 필요한 화상면적은 약 몇 [m²]인가? (단, 무연탄의 화상 연소율은 73[kg/m²·h]이다.)
① 2.3   ② 4.4
③ 6.7   ④ 10.9

해설 ㉮ 연료사용량 계산 : 보일러 효율 계산식
$\eta = \dfrac{2257\, G_e}{G_f H_l} \times 100$ 에서 연료 사용량 G_f를 구한다.
$\therefore G_f = \dfrac{2257\, G_e}{H_l \eta}$

정답 01. ③ 02. ④ 03. ② 04. ②

$$= \frac{2257 \times (0.05 \times 10^3 \times 60)}{24280 \times 0.87}$$
$$= 320.541 \, [\text{kg/h}]$$

④ 화상면적 계산

$$\therefore \text{화상면적} = \frac{G_f}{\text{화상 연소율}}$$
$$= \frac{320.541}{73} = 4.390 \, [\text{m}^2]$$

05 코크스로가스를 $100[\text{Nm}^3]$ 연소한 경우 습연소가스량과 건연소가스량의 차이는 약 몇 $[\text{Nm}^3]$ 인가? (단, 코크스로가스의 조성(용량[%])은 CO_2 3[%], CO 8[%], CH_4 30[%], C_2H_4 4[%], H_2 50[%] 및 N_2 5[%] 이다.)

① 108　　② 118
③ 128　　④ 138

해설 ⑦ 이론 습연소가스량 계산
$$\therefore G_{0w} = CO_2 + N_2 + 2.88(H_2 + CO)$$
$$+ 10.5 CH_4 + 15.3 C_2H_4 - 3.76 O_2 + W$$
$$= (0.03 + 0.05 + 2.88 \times (0.5 + 0.08)$$
$$+ 10.5 \times 0.3 + 15.3 \times 0.04) \times 100$$
$$= 551.24 \, [\text{Nm}^3][\text{Nm}^3]$$

④ 이론 건연소가스량 계산
$$\therefore G_{0d} = CO_2 + N_2 + 1.88 H_2 + 2.88 CO$$
$$+ 8.52 CH_4 + 13.3 C_2H_4 - 3.76 O_2$$
$$= (0.03 + 0.05 + 1.88 \times 0.5 + 2.88$$
$$\times 0.08 + 8.52 \times 0.3 + 13.3 \times 0.04)$$
$$\times 100$$
$$= 433.84 \, [\text{Nm}^3][\text{Nm}^3]$$

④ 이론 습연소가스량과 건연소 가스량 차이 계산
$$\therefore \text{차이} = G_{ow} - G_{od}$$
$$= 551.24 - 433.84$$
$$= 117.4 [\text{Nm}^3]$$

06 중유에 대한 설명으로 틀린 것은?

① 비중은 약 $0.79 \sim 0.85$이다.
② 비점이 $300[℃]$ 이상인 갈색 액체이다.
③ 인화점은 약 $60 \sim 150[℃]$ 정도이다.
④ 점도에 따라 A급, B급, C급으로 나눈다.

해설 중유의 성질
㉮ 중유(heavy oil)는 비점이 300[℃] 이상인 갈색 또는 암갈색의 액체로 탄소(C)가 가장 많이 함유하고 있다.
㉯ 정제과정에 의한 분류 : 직류 중유, 분해 중유
㉰ 점도에 의한 분류 : A중유 < B중유 < C중유
㉱ 유황분 함량에 의한 분류 : A급(1호, 2호), B급, C급(1호, 2호, 3호, 4호)의 7종으로 구분
㉲ 비중 : $0.856 \sim 1$
㉳ 인화점 : 약 $60 \sim 150[℃]$ 정도

07 석탄, 코크스, 목재 등을 적열상태로 가열하고, 공기 혹은 산소로 불완전 연소시켜 얻는 연료는?

① 수성가스　　② 석탄가스
③ 발생로가스　　④ 증열수성가스

해설 발생로가스 : 적열상태로 가열한 탄소분이 많은 고체연료에 공기나 산소를 공급하여 불완전연소로 얻은 가스로 발열량이 $1100[\text{kcal/m}^3]$ 정도이다. 성분은 CO 24[%], H_2 13[%], CH_4 3[%], N_2 55[%], CO_2 5[%] 으로 질소함유량이 높다.

08 송풍기의 출구 풍압을 $h[\text{mmAq}]$, 송풍량을 $V[\text{m}^3/\text{min}]$, 송풍기 효율을 $[\eta]$으로 표기하면 송풍기 마력 $[N]$은 어떻게 표시되는가?

① $N = \dfrac{h^2 V}{60 \times 75 \times \eta}$

② $N = \dfrac{h V}{60 \times 75 \times \eta}$

③ $N = \dfrac{h V \eta}{60 \times 75}$

④ $N = \dfrac{\eta}{60 \times 75 \times h V}$

해설 송풍기 축동력 계산식
㉮ 마력(PS) : $N = \dfrac{h V}{60 \times 75 \times \eta}$
㉯ 킬로와트 : $kW = \dfrac{h V}{60 \times 102 \times \eta}$

정답 05. ② 06. ① 07. ③ 08. ②

09 관성력 집진장치의 집진율을 높이는 방법이 아닌 것은?

① 방해판이 많을수록 제진효율이 우수하다.
② 충돌 직전 처리가스 속도가 느릴수록 좋다.
③ 출구가스속도가 느릴수록 미세한 입자가 제거된다.
④ 기류의 방향 전환각도가 작고, 전환회수가 많을수록 제진효율이 증가한다.

해설 관성력 집진장치 : 기류에 급격한 방향 전환을 주어 배기가스 중의 함진 입자의 관성력에 의하여 분리하는 방식으로 함진가스의 속도는 충돌 전에 함진 입자의 성상에 따라 적당한 속도로 하고 충돌 후에는 배기가스의 속도가 느릴수록 집진율이 높아진다.

10 옥탄(g)의 연소 엔탈피는 반응물 중의 수증기가 응축되어 물이 되었을 때 25[℃]에서 −48220[kJ/kg]이다. 이 상태에서 옥탄(g)의 저위발열량은 약 몇 [kJ/kg]인가? (단, 25[℃] 물의 증발엔탈피 h_{fg}는 2441.8 [kJ/kg]이다.)

① 40750 ② 42320
③ 44750 ④ 45778

해설 ㉮ 옥탄(C_8H_{18})의 완전연소 반응식
$C_8H_{18} + 12.5O_2 \rightarrow 8CO_2 + 9H_2O$

㉯ 옥탄 1[kg] 연소 시 발생되는 수증기량 계산 : 분자량은 옥탄이 114, 수증기(H_2O)가 18이다.
114[kg] : 9×18[kg] = 1[kg] : x[kg]
∴ $x = \dfrac{1 \times 9 \times 18}{114} = 1.421$[kg]

㉰ 저위발열량 계산 : 옥탄의 연소 엔탈피 −48220 [kJ/kg]는 옥탄의 고위발열량이 48220[kJ/kg]이 라는 것이며, 옥탄 연소 시 발생되는 수증기량과 증발잠열을 곱한 수치를 고위발열량에서 뺀 값이 저위발열량이 된다.
∴ $H_L = 48220 - (2441.8 \times 1.421)$
$= 44750.202$[kJ/kg]

11 고체연료의 연료비(fuel ratio)를 옳게 나타낸 것은?

① $\dfrac{\text{고정탄소}[\%]}{\text{휘발분}[\%]}$ ② $\dfrac{\text{휘발분}[\%]}{\text{고정탄소}[\%]}$

③ $\dfrac{\text{고정탄소}[\%]}{\text{수분}[\%]}$ ④ $\dfrac{\text{수분}[\%]}{\text{고정탄소}[\%]}$

해설 연료비는 고정탄소와 휘발분의 비이다.
∴ 연료비$= \dfrac{\text{고정탄소}[\%]}{\text{휘발분}[\%]}$

12 연소 배기가스량[Nm³/kg]의 계산식으로 틀린 것은? (단, 습연소가스량 V, 건연소가스량 V', 공기비 m, 이론공기량 A이고, H, O, N, C, S는 원소, W는 수분이다.)

① $V' = mA - 5.6H - 0.7O + 0.8N$
② $V' = (m-1)A + 1.87C + 0.7S + 0.8N$
③ $V = mA + 5.6H + 0.7O + 0.8N + 1.25W$
④ $V = (m-1)A + 1.87C + 11.2H + 0.7S + 0.8N + 1.25W$

해설 $V' = mA - 5.6H + 0.7O + 0.8N$

13 저위발열량이 41860[kJ/kg]인 중유 1[kg]을 연소시킨 결과 연소열이 31400[kJ/kg]이고 유효 출열이 30270[kJ/kg]일 때, 전열효율과 연소효율은 각각 얼마인가?

① 96.4[%], 70[%]
② 96.4[%], 75[%]
③ 72.3[%], 75[%]
④ 72.3[%], 96.4[%]

해설 ㉮ 전열효율 계산 : 전열효율은 실제 연소된 연료의 연소열에 대한 전열면을 통하여 유효하게 이용된 열과의 비율이다.

$$\therefore \eta_f = \frac{유효열}{실제 발생열량} \times 100$$

$$= \frac{30270}{31400} \times 100 = 96.401[\%]$$

㉯ 연소효율 계산 : 연소효율은 연료 단위량에 대하여 완전연소를 기준으로 한 이론상의 발열량에 대한 실제 연소했을 때의 발열량의 비율이다.

$$\therefore \eta_c = \frac{실제 발생열량}{연료의 저위발열량} \times 100$$

$$= \frac{31400}{41860} \times 100 = 75.011[\%]$$

14 보일러 효율이 비례식 자동제어를 할 때에 가장 큰 이유로 옳게 설명한 것은?

① 증기압에 큰 변동이 없기 때문에
② 급수의 시간 격차가 작아지기 때문에
③ 보일러의 수위가 합리적인 선에 유지되기 때문에
④ 연료량과 공기량이 일정한 비율로 자동제어되기 때문에

해설 보일러 부하에 맞춰 연료량과 공기량을 일정한 비율로 자동제어되기 때문에 효율이 가장 좋게 나타난다.

15 탄소 72[%], 수소 5.3[%], 황 0.4[%], 산소 8.9[%], 질소 1.5[%], 수분 0.9[%], 회분 11.0[%]의 조성을 갖는 석탄의 고위발열량은 약 몇 [MJ/kg]인가?

① 20.9   ② 24.7
③ 28.2   ④ 30.5

해설 $H_h = 33.9\,\mathrm{C} + 144\left(\mathrm{H} - \frac{\mathrm{O}}{8}\right) + 10.5\,\mathrm{S}$

$= 33.9 \times 0.72 + 144 \times \left(0.053 - \frac{0.089}{8}\right)$

$\quad + 10.5 \times 0.004$

$= 30.48[\mathrm{MJ/kg}]$

16 공기비(m)에 대한 식으로 옳은 것은?

① $\dfrac{실제공기량}{이론공기량}$

② $\dfrac{이론공기량}{실제공기량}$

③ $1 - \dfrac{과잉공기량}{이론공기량}$

④ $\dfrac{실제공기량}{과잉공기량} - 1$

해설 공기비(공기 과잉계수) : 실제공기량(A)과 이론공기량(A_0)의 비이다.

$$\therefore m = \frac{실제공기량(A)}{이론공기량(A_0)}$$

$$= \frac{A_0 + B}{A_0} = 1 + \frac{B}{A_0}$$

17 [보기]와 같이 조성된 발생로 내 가스를 15[%]의 과잉공기로 완전 연소시켰을 때 건연소가스량[Sm³/Sm³]은?

[보기]
CO 31.3[%], CH₄ 2.4[%], H₂ 6.3[%],
CO₂ 0.7[%], N₂ 59.3[%]

① 1.99   ② 2.54
③ 2.87   ④ 3.01

해설 ㉮ 발생로 가스 중 가연성분은 일산화탄소(CO), 메탄(CH₄), 수소(H₂)이다.

㉯ 가연성분의 완전연소 반응식

$\mathrm{CO} + \frac{1}{2}\mathrm{O}_2 \rightarrow \mathrm{CO}_2$

$\mathrm{CH}_4 + 2\mathrm{O}_2 \rightarrow \mathrm{CO}_2 + 2\mathrm{H}_2\mathrm{O}$

$\mathrm{H}_2 + \frac{1}{2}\mathrm{O}_2 \rightarrow \mathrm{H}_2\mathrm{O}$

㉰ 이론 건연소 가스량 계산

$\therefore G_{0d} = \mathrm{CO}_2 + \mathrm{N}_2 + 1.88\mathrm{H}_2 + 2.88\mathrm{CO}$
$\quad + 8.52\mathrm{CH}_4 + 13.3\mathrm{C}_2\mathrm{H}_4 - 3.76\mathrm{O}_2$

$= 0.007 + 0.593 + 1.88 \times 0.063$
$\quad + 2.88 \times 0.313 + 8.52 \times 0.024$

$= 1.824[\mathrm{Sm^3/Sm^3}]$

정답 14. ④ 15. ④ 16. ① 17. ①

㉣ 과잉공기량 계산

$$\therefore B = (m-1) \times \frac{O_0}{0.21} = (1.15-1)$$
$$\times \frac{(0.5 \times 0.313) + (2 \times 0.024) + (0.5 \times 0.063)}{0.21}$$
$$= 0.168 [Sm^3/Sm^3]$$

㉤ 실제 건연소 가스량 계산

$$\therefore G_d = G_{0d} + B = 1.824 + 0.168$$
$$= 1.992 [Sm^3/Sm^3]$$

18 석탄을 산포식 스토커로 연소시킬 때 불꽃층이 형성되는 순서로 맞는 것은?

① 건류층 → 환원층 → 산화층 → 회분층
② 회분층 → 산화층 → 환원층 → 건류층
③ 건류층 → 산화층 → 환원층 → 회분층
④ 산화층 → 환원층 → 건류층 → 회분층

해설 산포식 스토커 : 휘발분이 적은 연료에 사용하며 회전날개식 급탄기로 석탄을 뿌리면 작은 덩어리는 가까운쪽에, 큰 덩어리는 멀리 떨어져 연소되는 것으로 불꽃(연소)층은 '건류(건조)층 → 환원층 → 산화층 → 회분층' 순서로 형성된다.

19 석탄을 분석한 결과가 아래와 같을 때 연소성 황은 약 몇 [%]인가?

[보기]
탄소 68.52[%], 수소 5.79[%],
전체 황 0.72[%], 불연성 황 0.21[%],
회분 23.21[%], 수분 2.45[%]

① 0.53　　② 0.65
③ 0.70　　④ 0.82

해설 연소성황 = 전체 황 × $\frac{100}{100-수분}$ - 불연성황

$$= 0.72 \times \frac{100}{100-2.45} - 0.21$$
$$= 0.528 [\%]$$

20 공기보다 비중이 커서 누설이 되면 낮은 곳에 고여 인화폭발의 원인이 되는 가스는?

① 수소
② 메탄
③ 프로판
④ 일산화탄소

해설 ㉮ 각 가스의 분자량 및 비중

명칭	분자량	비중
수소(H_2)	2	0.069
메탄(CH_4)	16	0.55
프로판(C_3H_8)	44	1.52
일산화탄소(CO)	28	0.966

㉯ 가스 비중 = $\frac{분자량}{공기의\ 평균분자량(29)}$ 이므로 분자량이 공기의 평균 분자량 29보다 큰 것(또는 가스 비중이 1보다 큰 것)이 공기보다 무거워 누설이 되면 낮은 곳에 체류한다.

2과목 - 열역학

21 엔탈피 104.7[kJ/kg]인 물을 보일러에서 가열하여 엔탈피 3165.2[kJ/kg]인 증기를 10[t/h]의 비율로 만들어 이것 전체를 증기터빈에 송입하였더니 출구 엔탈피는 2495.3[kJ/kg]이었다. 보일러에서 가열량은 약 몇 [kJ/h]인가?

① 1.08×10^7
② 3.06×10^7
③ 5.77×10^7
④ 10.5×10^7

해설 $Q_1 = G \times (h_2 - h_1)$
$$= (10 \times 10^3) \times (3165.2 - 104.7)$$
$$= 30605000$$
$$\fallingdotseq 3.06 \times 10^7 [kJ/h]$$

22 물의 삼중점(triple point) 온도는?
① 0[K] ② 273.16[℃]
③ 73[K] ④ 273.16[K]

해설 물의 삼중점 : 물, 수증기, 얼음이 공존하는 영역(평형온도)인 273.16[K](0.01[℃])이다.

23 이상기체 상수 R의 값이 다른 것은?
① 1.987[cal/mol·K]
② 0.8205[erg/mol·K]
③ 8.314[J/mol·K]
④ 82.05[cc·atm/mol·K]

해설 기체상수 R = 0.08205[L·atm/mol·K]
= 82.05[cm³·atm/mol·K]
= 82.05[cc·atm/mol·K]
= 1.987[cal/mol·K]
= 8.314×10⁷[erg/mol·K]
= 8.314[J/mol·K]
= 8.314[m³·Pa/mol·K]

24 압력 10[atm], 건도 0.9의 습증기 100[kg]의 총열량은 약 몇 [kJ]인가? (단, 10[atm]의 포화증기 엔탈피는 2775.43[kJ/kg], 포화수 엔탈피는 758.86[kJ/kg]이다.)
① 201657.2
② 241415.1
③ 257377.3
④ 345829.6

해설 ㉮ 습포화증기 엔탈피 계산
∴ $h_2 = h' + x(h'' - h')$
= 758.86 + 0.9 × (2775.43 - 758.86)
= 2573.773[kJ/kg]
㉯ 습증기 100[kg]의 총열량 계산
∴ $Q = G \times h_2$
= 100 × 2573.773
= 257377.3[kJ]

별해 $Q = G \times h_2$
= $G \times \{h' + x(h'' - h')\}$
= 100 × {758.86 + 0.9 × (2775.43 - 758.86)}
= 257377.3[kJ]

25 100[kPa]의 포화수를 500[kPa]까지 단열 압축하는데 필요한 펌프 일은 약 몇 [kJ/kg]인가? (단, 100[kPa]에서 v' = 0.001048, v'' = 1.725[m³/kg]이다.)
① 0.051 ② 0.165
③ 0.210 ④ 0.419

해설 $W_p = (P_2 - P_1) \times v'$
= (500 - 100) × 0.001048
= 0.4192[kJ/kg]

26 동일한 온도, 압력의 포화수 1[kg]과 포화증기 4[kg]을 혼합하였을 때 이 증기의 건도는 약 몇 [%]인가?
① 20 ② 25
③ 75 ④ 80

해설 $x = \dfrac{G_w}{G_a} \times 100 = \dfrac{4}{4+1} \times 100 = 80[\%]$

27 0[℃]와 100[℃] 사이에서 작동되는 Carnot 냉동기의 성적계수(COP)는 얼마인가?
① 1.69 ② 2.73
③ 3.56 ④ 4.20

해설 $COP = \dfrac{Q_2}{W} = \dfrac{T_2}{T_1 - T_2}$
= $\dfrac{273}{(273+100) - 273}$ = 2.73

정답 22. ④ 23. ② 24. ③ 25. ④ 26. ④ 27. ②

28 랭킨 사이클(Rankine cycle)과 관계되는 것은?

① 가스 터빈
② 가솔린 기관
③ 증기 원동소
④ Carnot 열 기관

해설 ▶ 랭킨 사이클 : 2개의 정압변화와 2개의 단열변화로 구성된 증기원동소의 이상 사이클이다.

29 압력을 일정하게 유지하면서 15[kg]의 이상기체를 300[K]에서 500[K]까지 가열하였다. 엔트로피 변화는 약 몇 [kJ/K]인가? (단, 기체상수는 0.189[kJ/kg·K], 비열비는 1.289이다.)

① 5.273
② 6.459
③ 7.441
④ 8.175

해설 ▶ ㉮ 정압비열 계산
$$\therefore C_p = \frac{k}{k-1} \times R$$
$$= \frac{1.289}{1.289-1} \times 0.189$$
$$= 0.8429 [kJ/kg \cdot K]$$
㉯ 정압과정의 엔트로피 변화량 계산
$$\therefore \Delta S = G \times C_p \times \ln\left(\frac{T_2}{T_1}\right)$$
$$= 15 \times 0.8429 \times \ln\left(\frac{500}{300}\right)$$
$$= 6.4586 [kJ/K]$$

30 일반적인 냉매로 쓰이지 않는 것은?

① 암모니아
② CO
③ CO_2
④ 할로겐화탄소

해설 ▶ 일산화탄소(CO)는 비점이 −192[℃]이고, 가연성, 독성가스이기 때문에 냉매로는 부적합하다.

31 내부로부터 155[mm], 97[mm], 224[mm]의 두께를 가지는 3층의 노벽이 있다. 이들의 열전도율[W/m·℃]은 각각 0.121, 0.069, 1.21이다. 내부의 온도 710[℃], 외벽의 온도 23[℃]일 때, 1[m²]당 열손실량은 약 몇 [W]인가?

① 58
② 120
③ 239
④ 564

해설 ▶ $Q = K \times F \times \Delta t$
$$= \frac{1}{\frac{b_1}{\lambda_1} + \frac{b_2}{\lambda_2} + \frac{b_3}{\lambda_3}} \times F \times \Delta t$$
$$= \frac{1}{\frac{0.155}{0.121} + \frac{0.097}{0.069} + \frac{0.224}{1.21}} \times 1 \times (710-23)$$
$$= 239.213 [W]$$

32 상태량 간의 관계식 $TdS = dH - vdP$에 관한 설명으로 옳지 않은 것은? (단, T는 절대온도, S는 엔트로피, H는 엔탈피, v는 비체적, P는 압력이다.)

① 이 식은 가역과정에 대해서 성립한다.
② 이 식은 비가역과정에 대해서도 성립한다.
③ 이 식은 가역과정의 경로에 따라 적분할 수 있다.
④ 이 식은 비가역과정의 경로에 대하여도 적분할 수 있다.

해설 ▶ 이 식은 이상기체의 엔트로피와 엔탈피와의 관계식으로 비가역과정의 경로에 대하여 적분할 수 없다.

33 Otto cycle에서 압축비가 8일 때 열효율은 약 몇 [%]인가? (단, 비열비는 1.4이다.)

① 26.4
② 36.4
③ 46.4
④ 56.4

해설 $\eta = 1 - \left(\dfrac{1}{\gamma}\right)^{k-1} = 1 - \left(\dfrac{1}{8}\right)^{1.4-1}$
$= 0.5647 = 56.47[\%]$

34 온도 250[℃], 질량 50[kg]인 금속을 20[℃]의 물속에 넣었다. 최종 평형 상태에서의 온도가 30[℃]이면 물의 양은 약 몇 [kg]인가? (단, 열손실은 없으며, 금속의 비열은 0.5[kJ/kg·K], 물의 비열은 4.18[kJ/kg·K]이다.)

① 108.3 ② 131.6
③ 167.7 ④ 182.3

해설 열평형 온도 $t_m = \dfrac{G_1 C_1 t_1 + G_2 C_2 t_2}{G_1 C_1 + G_2 C_2}$ 에서 물의 양 G_2를 구하며, 비열 단위의 온도는 섭씨온도[℃]와 절대온도[K]와 관계없이 동일한 값을 가지므로 단위를 변환하지 않고 그대로 적용한다.
$\therefore G_2 = \dfrac{t_m G_1 C_1 - G_1 C_1 t_1}{C_2 t_2 - t_m C_2}$
$= \dfrac{30 \times 50 \times 0.5 - 50 \times 0.5 \times 250}{4.18 \times 20 - 30 \times 4.18}$
$= 131.578[kg]$

35 이상기체 1몰이 온도 $T[K]$에서 체적이 V_1에서 V_2로 등온 가역적으로 팽창될 때 엔트로피 변화를 구하는 식으로 옳은 것은? (단, R은 기체상수, P는 압력, S는 엔트로피이다.)

① $\Delta S = R \ln \dfrac{P_1}{P_2}$

② $\Delta S = \dfrac{V_2}{V_1} \ln R$

③ $\Delta S = -R \ln \dfrac{V_2}{V_1}$

④ $\Delta S = T \ln \dfrac{V_2}{V_1}$

해설 정온과정의 엔트로피 변화 계산식
$\therefore \Delta S = R \ln \dfrac{P_1}{P_2} = R \ln \dfrac{V_2}{V_1}$

36 증기를 터빈 내부에서 팽창하는 도중에 몇 단으로 나누어 그중 일부를 빼내어 급수의 가열에 사용하는 증기 사이클은?

① 랭킨 사이클(Rankine cycle)
② 재열 사이클(Reheating cycle)
③ 재생 사이클(Regenerative cycle)
④ 추가 사이클(Supplement cycle)

해설 재생 사이클 : 팽창 도중의 증기를 터빈에서 추출하여 급수의 가열에 사용하는 사이클로 공급열량을 감소하여 열효율이 랭킨사이클에 비해 증가한다.

37 열역학 제1법칙에 대한 설명이 아닌 것은?

① 에너지는 따로 생성되지도 소멸되지도 않는다.
② 일과 열 사이에는 에너지보존의 법칙이 성립한다.
③ 일과 열 사이의 에너지는 한 형태에서 다른 형태로 바뀔 뿐이다.
④ 열은 그 자신만으로는 저온 물체에서 고온 물체로 이동할 수 없다.

해설 열역학 법칙
㉮ 열역학 제0법칙 : 열평형의 법칙
㉯ 열역학 제1법칙 : 에너지보존의 법칙
㉰ 열역학 제2법칙 : 방향성의 법칙
㉱ 열역학 제3법칙 : 어떤 계 내에서 물체의 상태변화 없이 절대온도 0도에 이르게 할 수 없다.
※ ④번 항목은 열역학 제2법칙 설명이다.

정답 34. ② 35. ① 36. ③ 37. ④

38 증기에 대한 설명 중 틀린 것은?

① 동일압력에서 포화수보다 포화증기는 온도가 높다.
② 동일압력에서 건포화증기를 가열한 것이 과열증기이다.
③ 동일압력에서 과열증기는 건포화증기보다 온도가 높다.
④ 동일압력에서 습포화증기와 건포화증기는 온도가 같다.

해설 동일압력에서 포화수와 포화증기의 온도는 같다.

39 다음 중 열역학적 경로함수는?

① 밀도 ② 압력
③ 일량 ④ 점도

해설 상태함수와 비상태함수

㉮ 상태함수 : 계의 상태에 이르는 과정과 경로에 무관한 것으로 상태량이라 한다.
 ㉠ 강도성 상태량(함수) : 물질의 양(질량)에 관계없이 강도(세기)만을 고려한 것으로 압력, 온도, 진압, 높이, 짐도 등으로 시킹변수, 강노 변수라 한다.
 ㉡ 용량성 상태량(함수) : 물질의 양(질량)에 비례하는 성질의 상태량으로 체적, 내부에너지, 엔탈피, 엔트로피, 전기저항 등으로 종량성 상태량, 시량성 성질이라 한다.
㉯ 비상태함수 : 상태가 변화할 때 과정과 경로에 따라 그 변화량이 변화하는 것으로 열량, 일량 등으로 경로함수, 도정함수라 한다.

40 수은의 정상 비등점은 356.9[℃]이다. 이 온도와 25[℃] 사이에서 작동하는 수은 열기관의 최대 이론 열효율은 약 얼마인가?

① 0.450 ② 0.527
③ 0.635 ④ 0.735

해설 $\eta = \dfrac{W}{Q_1} = \dfrac{Q_1 - Q_2}{Q_1} = \dfrac{T_1 - T_2}{T_1}$

$= \dfrac{(273 + 356.9) - (273 + 25)}{(273 + 356.9)}$

$= 0.5269$

3과목 - 계측방법

41 마노미터의 종류로는 open-end 마노미터, 차압 마노미터, sealed-end 마노미터 등이 있다. 한쪽 끝이 대기 중에 개방되어 있는 것은 open-end 마노미터, 한쪽 끝이 진공상태로 막혀 있는 것은 sealed-end 마노미터이며, 공정흐름 선상에 두 지점의 압력차를 측정하는 것은 차압 마노미터이다. 이 중 압력 계산 시 유체의 밀도에는 무관하고 단지 마노미터 액의 밀도에만 관계되는 마노미터는?

① open-end 마노미터
② sealed-end 마노미터
③ 차압(differential) 마노미터
④ open-end 마노미터와 sealed-end 마노미터

해설 차압(differential) 마노미터 : 두 개의 탱크나 배관에서 두 점 사이의 압력차를 측정하는 것으로 탱크나 배관 내의 유체의 밀도에는 무관하고 액주계(manometer) 액의 밀도에만 관계되는 것으로 시차 액주계(differential manometer)라 한다.

42 열전대 온도계를 설명한 것으로 옳은 것은?

① 밀도차를 이용한 것이다.
② 자기가열에 주의해야 한다.
③ 흡습 등으로 열화(劣化)된다.
④ 온도에 대한 열기전력이 크며 내구성, 재현성이 좋다.

정답 38. ① 39. ③ 40. ② 41. ③ 42. ④

해설 ▶ 열전대 온도계 : 2종류의 금속선을 접속하여 하나의 회로를 만들어 2개의 접점에 온도차를 부여하면 회로에 접점의 온도에 거의 비례한 전류(열기전력)가 흐르는 현상인 제베크(Seebeck) 효과를 이용한 것으로 열전대, 보상도선, 측온접점(열접점, 감온접점), 기준접점(냉접점), 보호관 등으로 구성된다.

43 유체의 와류 현상을 이용하여 유량을 측정하는 계측기는?

① 오벌(oval) 유량계
② 델타(delta) 유량계
③ 로터미터(rotameter)
④ 로터리 피스톤(rotary piston) 유량계

해설 ▶ 와류식 유량계(vortex flow meter) : 와류(소용돌이)를 발생시켜 그 주파수의 특성이 유속과 비례관계를 유지하는 것을 이용한 것으로 델타 유량계, 스와르 유량계, 칼만 유량계 등이 있다.

44 서미스터(thermistor)의 특징을 설명한 것 중 틀린 것은?

① 상온에 있어서의 온도계수는 약 $-5[\%/℃]$로 백금의 약 10배에 해당한다.
② 단점으로 흡습 등에 의해서 열화되고, 자기가열에 주의하여 사용하여야 한다.
③ 서미스터의 온도계수는 금속에 비하여 매우 작으며 또한 절대온도의 제곱에 비례하는 정(正)의 계수를 갖는다.
④ 서미스터 온도계는 저항 온도계와 같은 측정회로로써 구성되어 있으며 좁은 측정범위에서 국소적인 온도측정에 적합하다.

해설 ▶ 서미스터 온도계 특징
㉮ 온도변화에 따라 저항치가 크게 변하는 반도체로 Ni, Co, Mn, Fe 및 Cu 등의 금속 산화물을 혼합하여 만든 것이다.
㉯ $25[℃]$에서 서미스터 온도계수는 약 $-2~6[\%/℃]$의 매우 큰 값으로서 백금선의 약 10배 이다.
㉰ 감도가 크고 응답성이 빨라 온도변화가 작은 부분 측정에 적합하다.
㉱ 온도 상승에 따라 저항치가 감소한다.
(저항온도계수가 부특성(負特性)이다.)
㉲ 소형으로 협소한 장소의 측정에 유리하다.
㉳ 소자의 균일성 및 재현성이 없다.
㉴ 흡습에 의한 열화가 발생할 수 있고, 자기가열에 주의해야 한다.
㉵ 측정범위는 $-100~300[℃]$ 정도이다.

45 미세한 압력차를 측정하기에 적합한 압력계는?

① 경사 마노미터
② 부르동 게이지
③ 수직 마노미터
④ 파이로미터(pyrometer)

해설 ▶ 경사관식 액주압력계 : 수직관을 각도 θ 만큼 경사지게 부착하여 작은 압력을 정확하게 측정할 수 있어 실험실 등에서 사용한다.

46 다음 압력값 중 그 크기가 다른 것은?

① 760[mmHg]
② 1[kgf/cm²]
③ 1[atm]
④ 14.7[psi]

해설 ▶ 1[atm] = 760[mmHg] = 76[cmHg]
= 0.76[mHg] = 29.9[inHg] = 760[torr]
= 10332[kgf/m²] = 1.0332[kgf/cm²]
= 10.332[mH₂O] = 10332[mmH₂O]
= 101325[N/m²] = 101325[Pa]
= 1012.25[hPa] = 101.325[kPa]
= 0.101325[MPa] = 1013250[dyne/cm²]
= 1.01325[bar] = 1013.25[mbar]
= 14.7[lb/in²] = 14.7[psi]

정답 43. ② 44. ③ 45. ① 46. ②

47 가스크로마토그래피는 다음 중 어떤 원리를 응용한 것인가?
① 증발   ② 증류
③ 건조   ④ 흡착

해설 가스크로마토그래피의 측정원리 : 운반기체(carrier gas)의 유량을 조절하면서 측정하여야 할 시료기체를 도입부를 통하여 공급하면 운반기체와 시료기체가 분리관을 통과하는 동안 분리되어 시료의 각 성분의 흡수력 차이(시료의 확산속도)에 따라 성분의 분리가 일어나고 시료의 각 성분이 검출기에서 측정된다.

48 U자관 마노미터를 사용하여 오리피스에 걸리는 압력차를 측정하였다. 마노미터 유체는 비중 13.6인 수은이고, 오리피스 유체는 물이다. 마노미터 읽음이 30[cm]일 때 오리피스에 걸리는 차압은 약 몇 [kPa]인가?
① 37.04   ② 37.84
③ 42.04   ④ 42.84

해설 ㉮ 수은(Hg)의 비중량(γ_2)은 13600[kgf/m³], 물의 비중량(γ_1)은 1000[kgf/m³]을 적용한다.
㉯ 차압 계산
$$\therefore \Delta P = (\gamma_2 - \gamma_1) \times h \times g$$
$$= (13600 - 1000) \times 0.3 \times 9.8$$
$$= 37044 [\text{kg} \cdot \text{m/s}^2 \cdot \text{m}^2]$$
$$= 37044 [\text{N/m}^2]$$
$$= 37044 [\text{Pa}] = 37.044 [\text{kPa}]$$

49 내경이 50[mm]인 원관에 20[℃] 물이 흐르고 있다. 층류로 흐를 수 있는 최대 유량은 약 몇 [m³/s]인가? (단, 임계 레이놀즈수(Re)는 2320이고, 20[℃]일 때 동점성계수(ν) = 1.0064×10^{-6}[m²/s] 이다.)
① 5.33×10^{-5}
② 7.36×10^{-5}
③ 9.16×10^{-5}
④ 15.23×10^{-5}

해설 ㉮ 레이놀즈수를 이용하여 속도 계산 : 레이놀즈수 $Re = \dfrac{\rho D V}{\mu} = \dfrac{DV}{\nu}$ 에서 속도 V를 구한다.
$$\therefore V = \dfrac{Re \, \nu}{D} = \dfrac{2320 \times 1.0064 \times 10^{-6}}{0.05}$$
$$= 0.04669 \fallingdotseq 0.0467 [\text{m/s}]$$
㉯ 유량계산
$$\therefore Q = A \times V = \left(\dfrac{\pi}{4} \times D^2\right) \times V$$
$$= \dfrac{\pi}{4} \times 0.05^2 \times 0.0467$$
$$= 0.0000916 [\text{m}^3/\text{s}]$$
$$= 9.16 \times 10^{-5} [\text{m}^3/\text{s}]$$

50 백금 측온 저항체 온도계에서 표준 측온 저항체로 주로 사용되는 것은? (단, 0[℃] 기준이다.)
① 0.1[Ω]
② 10[Ω]
③ 100[Ω]
④ 1000[Ω]

해설 공칭 저항값(표준 저항값)은 0[℃]일 때 50[Ω], 100[Ω]의 것이 표준적인 측온 저항체로 사용된다.

51 다음 온도계 중에서 가장 낮은 온도를 측정할 수 있는 것은?
① 색온도계
② 바이메탈식 온도계
③ 기체팽창식 압력 온도계
④ 수은 봉입식 유리 온도계

해설 각 온도계의 측정범위

온도계	측정범위
색온도계	650~2500[℃]
바이메탈식 온도계	−50~500[℃]
기체 팽창식 압력 온도계	−130~430[℃]
수은 봉입식 유리 온도계	−60~350[℃]

정답 47. ④ 48. ① 49. ③ 50. ③ 51. ③

52. 증기 압력제어의 병렬 제어방식의 구성을 나타낸 것이다. ( ) 안에 알맞은 용어는?

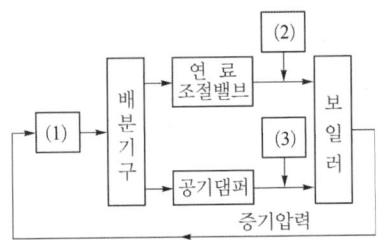

① (1) 동작신호 (2) 목표치 (3) 제어량
② (1) 조작량 (2) 설정신호 (3) 공기량
③ (1) 압력조절기 (2) 연료공급량 (3) 공기량
④ (1) 압력조절기 (2) 공기량 (3) 연료공급량

해설 증기압력 제어의 병렬 제어방식 : 증기압력에 따라 압력 조절기가 제어동작을 하여 그 출력신호를 배분기구(모츄럴모터)에 의하여 연료 조절밸브 및 공기 댐퍼에 분배하여 두 부분의 개도치를 동시에 조절하여 연료 공급량과 공기량을 조절하는 방식이다.

53. 다음 온도계 중 기록, 경보, 자동제어가 불가능한 것은?
① 광고온계 ② 방사온도계
③ 열전온도계 ④ 압력식 온도계

해설 광고온계 : 측정대상 물체에서 방사되는 빛과 표준 전구에서 나오는 필라멘트의 휘도를 같게 하여 표준 전구의 전류 또는 저항을 측정하여 수동으로 온도를 측정하는 비접촉식 온도계로 기록, 경보, 자동제어에 이용하기가 어렵다.

54. 기전력을 이용한 것으로서 응답이 빠르고 급격히 변화하는 압력의 측정에 적당한 압력계는?
① 캐피시탄스(capacitance)형
② 피에조 일렉트릭(piezoelectric)형
③ 스트레인 게이지(strain gauge)형
④ 포텐시오메트릭(potentiometric)형

해설 피에조 전기 압력계(압전기식) : 수정이나 전기석 또는 로셸염 등의 결정체의 특정 방향에 압력이나 충격을 가하면 기전력이 발생하고 이 때 발생한 기전력은 압력에 비례하는 것을 이용한 것으로 가스 폭발이나 급격한 압력 변화 등의 측정에 사용된다.

55. 연소가스 중 미연소가스계로 측정 가능한 것은?
① CO ② CO_2
③ NH_3 ④ CH_4

해설 미연가스계 : 연소식 O_2 계의 원리와 비슷한 것으로 미연소가스와 산소를 공급하고 백금 촉매로 연소시켜 온도 상승에 의한 휘스톤 브리지 회로의 저항선 저항 변화를 이용하여 CO와 H_2를 측정한다.

56. 보일러 수위를 직접 육안으로 확인할 수 있는 계측기는?
① 부자식 ② 차압식
③ 평형 반사식 ④ 다이어프램식

해설 보일러 수면계로 사용하는 액면계(수면계) 중 유리관식(직관식) 종류에는 평형 반사식, 평형 투시식이 있다.

57. 가스분석계인 자동화학식 CO_2계에 대한 설명 중 틀린 것은?
① 조작은 모두 자동화되어 있다.
② 흡수액 선정에 따라 O_2 및 CO의 분석계로도 사용할 수 있다.
③ 피스톤의 운동으로 일정한 용적의 시료가스가 KOH용액 중에 분출되어 CO_2는 여기서 용액에 흡수되지 않는다.
④ 오르사트(Orsat)식 가스분석계와 같이 CO_2를 흡수액에 흡수시켜서 이것에 의한 시료 가스 용액의 감소를 측정하고 CO_2 농도를 지시한다.

해설 자동화학식 CO_2계는 오르사트식의 원리와 같은 방법으로 측정하는 것으로 유리 실린더를 이용하여 시료가스를 연속적으로 흡수제에 흡수시켜 시료가스의 체적변화로부터 연속적으로 측정할 수 있다.

참고 자동화학식 CO_2계 특징
㉮ 조작은 모두 자동화되어 있다.
㉯ 선택성이 좋고 정도가 높다.
㉰ 구조가 유리부품이어서 파손이 많다.
㉱ 흡수액 선정에 따라 O_2 및 CO의 분석계로도 사용할 수 있다.
㉲ 점검과 소모품 보수가 필요하다.

58 용적식 유량계에 대한 설명으로 옳은 것은?

① 종류에는 부유식과 면적식이 있다.
② 일반적으로 많이 사용되지 않고 있다.
③ 일정한 용적의 용기에 유체를 도입시켜 유량을 측정하는 방법이다.
④ 유체를 관에 흐르게 하고 각 측정공에서 발생하는 압력의 차를 측정하는 방법이다.

해설 용적식 유량계 : 직접식 유량계로 유체의 흐름에 따라 움직이는 운동체와 그 용적에 해당하는 일정한 부피를 갖는 공간을 만들어 그 속으로 유체를 연속으로 통과시키면서 체적유량을 적산하는 방식이다.

참고 용적식 유량계의 일반적인 특징
㉮ 정도가 높아 상거래용(적산용)으로 사용된다.
㉯ 유체의 물성치(온도, 압력 등)에 의한 영향을 거의 받지 않는다.
㉰ 외부 에너지의 공급이 없어도 측정할 수 있다.
㉱ 고점도 유체나 점도변화가 있는 유체에 적합하다.
㉲ 맥동의 영향을 적게 받고, 압력손실도 적다.
㉳ 이물질 유입을 차단하기 위하여 입구에 여과기(strainer)를 설치하여야 한다.

59 부자식(float) 면적 유량계에 대한 설명 중 틀린 것은?

① 기구가 간단하나 고장이 많다.
② 측정 범위를 크게 할 수 있다.
③ 액면이 많이 흔들리는 곳은 사용하기 곤란하다.
④ 액면의 변화량에 따라 경보장치를 부착할 수 있다.

해설 면적식 유량계의 특징 : ②, ③, ④ 외
㉮ 유량에 따라 직선 눈금이 얻어진다.
㉯ 유량계수는 레이놀즈수가 낮은 범위까지 일정하다.
㉰ 고점도 유체나 작은 유체에 대해서도 측정할 수 있다.
㉱ 차압이 일정하면 오차의 발생이 적다.
㉲ 측정하려는 유체의 밀도를 미리 알아야 한다.
㉳ 압력손실이 적고 균등 유량을 얻을 수 있다.
㉴ 슬러리나 부식성 액체의 측정이 가능하다.
㉵ 정도는 ±1~2[%], 용량범위는 100~5000[m^3/h]이다.

60 적분동작(I동작)에 가장 많이 사용되는 제어는?

① 증기압력제어
② 유량압력제어
③ 증기속도제어
④ 유량속도제어

해설 적분동작(I동작) : 제어량에 편차가 생겼을 때 편차의 적분차를 가감하여 조작단의 이동 속도가 비례하는 동작으로 잔류편차가 남지 않으며, 유량제어나 관로의 압력제어와 같은 경우에 적합하다.

정답 58. ③ 59. ① 60. ②

4과목 - 열설비재료 및 관계법규

61 터널요에 대한 설명으로 옳은 것은?
① 가마 내의 온도분포가 균일하다.
② 온도조절의 자동화가 쉬우며, 제품의 품질, 크기, 형상 등에 제한 받는다.
③ 작업이 간편하고 조업주기가 단축되며, 요체의 보유열을 이용할 수 있어 경제적이다.
④ 예열, 소성, 냉각이 연속적으로 이루어지며 대차의 진행방향과 같은 방향으로 연소가스가 진행된다.

해설 터널가마(tunnel kiln)의 특징
㉮ 예열, 소성, 냉각이 연속적으로 이루어지며 대차의 진행방향과 반대 방향으로 연소가스가 진행된다.
㉯ 소성이 균일하여 제품의 품질이 좋다.
㉰ 온도조절과 자동화가 용이하다.
㉱ 열효율이 좋아 연료비가 절감된다.
㉲ 배기가스 현열을 이용하여 제품을 예열한다.
㉳ 제품의 현열을 이용하여 연소용 공기를 예열한다.
㉴ 능력에 비해 설비면적이 작다.
㉵ 소성시간이 단축되며, 대량생산에 적합하다.
㉶ 능력에 비해 건설비가 비싸다.
㉷ 생산량 조정이 곤란하다.
㉸ 제품구성에 제한이 있고, 다종 소량생산에는 부적당하다.
㉹ 제품을 연속적으로 처리할 수 있는 시설이 있어야 한다.

62 노통연관보일러에서 파형노통에 대한 설명으로 틀린 것은?
① 강도가 크다.
② 제작비가 비싸다.
③ 스케일의 생성이 쉽다.
④ 열의 신축에 의한 탄력성이 나쁘다.

해설 파형노통의 특징
㉮ 장점
  ㉠ 열에 의한 신축 탄력성이 크다.
  ㉡ 외압에 대하여 강도가 크다.
  ㉢ 평형노통보다 전열면적이 크다.
㉯ 단점
  ㉠ 내부 청소 및 검사가 어렵다.
  ㉡ 평형노통에 비하여 통풍저항이 크다.
  ㉢ 스케일이 부착하기 쉽다.
  ㉣ 제작이 어려우며, 가격이 비싸다.

63 단열의 효과로 볼 수 없는 것은?
① 축열용량이 커진다.
② 열전도도가 작아진다.
③ 노내의 온도가 균일하게 된다.
④ 노벽의 온도구배를 줄여 스폴링현상을 방지한다.

해설 단열재는 열전도율이 적은 재료를 사용하여 가마 밖으로 방산되는 열손실을 방지하여 내부와 외부의 온도구배가 작아져서 축열용량이 적어지는 효과를 볼 수 있다.

64 샤모트(chamotte) 벽돌에 관한 설명으로 옳은 것은?
① 하중 연화점이 높고 가소성이 커 염기성 제강로에 주로 사용된다.
② 내식성과 내마모성이 크며 내화도는 SK35 이상으로 주로 고온부에 사용된다.
③ 흑연질 등을 사용하며 내화도와 하중연화점이 높고 열 및 전기전도도가 크다.
④ 일반적으로 기공률이 크고 비교적 낮은 온도에서 연화되며 내스폴링성이 좋다.

해설 샤모트(chamotte) 벽돌의 특징
㉮ 가소성이 없어 10~30[%] 정도의 생점토를 첨가한다.
㉯ 소성온도 SK10~14, 내화도 SK28~34이다.
㉰ 제작이 쉽고, 가격이 저렴하다.

정답 61. ② 62. ④ 63. ① 64. ④

㉣ 열팽창, 열전도도가 작다.
㉤ 내스폴링성이 크며, 고온 강도는 낮다.
㉥ 일반용 가마, 보일러 등에 사용된다.

65 유리면 보온재에 관한 설명으로 올바르지 않은 것은?

① 형상에 따라 보온판, 보온대, 블랭킷, 보온통으로 분류된다.
② 유리원료를 용융하여 원심법, 와류법 및 화염법 등에 의해 섬유상태로 만들어진다.
③ 강산화제와 강알칼리를 제외하고는 내약품성이 좋으며 품질의 변화와 변형이 적어 수명이 길다.
④ 공조, 위생, 플랜트설비의 보온과 보냉에 사용되며 최고사용온도는 300~350[℃]로 암면 보온재보다 높다.

[해설] 유리면(glass wool) 보온재의 특징
㉮ 용융 유리를 압축공기나 원심력을 이용하여 섬유 형태로 제조한다.
㉯ 흡습성이 크기 때문에 방수처리를 하여야 한다.
㉰ 보온, 보냉재로 일반건축의 벽체, 덕트 등에 사용한다.
㉱ 열전도율은 0.036~0.057[kcal/h·m·℃] 정도이다.
㉲ 안전 사용온도는 350[℃] 이하이다.
(단, 방수처리 시 600[℃] 이하이다.)
※ 암면 보온재의 안전 사용온도는 400~600[℃]이다.

66 산성내화물의 중요 화학성분의 형태는?
(단, R은 금속 원소, O는 산소 원소이다.)

① R_2O ② RO
③ RO_2 ④ R_2O_3

[해설] 내화물의 화학성분의 형태
㉮ 산성 내화물 : RO_2
㉯ 중성 내화물 : R_2O_3
㉰ 염기성 내화물 : RO

67 광석을 공기의 존재 하에서 가열하여 금속산화물 또는 산소를 함유한 금속화합물로 바꾸는 조작을 무엇이라고 하는가?

① 염화배소   ② 환원배소
③ 산화배소   ④ 황산화배소

[해설] 산화배소(酸化焙燒 : roasting) : 공기 존재 하에서 광석을 용융하지 않을 정도로 가열하여 장석에 화학변화를 주는 조작이다.

68 유체가 관로 내를 흐를 때 유체가 갖고 있는 에너지 일부가 유체 상호간 혹은 유체와 내벽과의 마찰로 인해 소모되는 것을 마찰손실이라 하는데, 다음 마찰 손실 중 국부저항 손실수두가 아닌 것은?

① 관의 굴곡부분에 의한 것
② 관의 축소, 확대에 의한 것
③ 배관 중의 밸브, 이음쇄류 등에 의한 것
④ 관내에서 유체와 관 내벽과의 마찰에 의한 것

[해설] 국부저항 손실수두 : 무자석 손실이라 하며 관로에 유체가 흐를 때 관 마찰손실을 제외한 단면적의 변화, 방향의 전환, 엘보, 밸브 등 배관 부속에서 생기는 손실 등이 해당된다.

69 트랩이나 스트레이너 등의 고장, 수리, 교환 등에 대비하여 설치하는 것은?

① 냉각 레그
② 체크 밸브
③ 드레인 포켓
④ 바이패스 배관

[해설] 바이패스 배관 : 트랩, 감압밸브 등과 같이 주요 부품이나 기기 등의 고장, 수리, 교환 등에 대비하여 설치하는 것으로 유량조절이 가능한 스톱밸브를 부착한다.

정답 65.④ 66.③ 67.③ 68.④ 69.④

70 대부분의 보온재는 열전도율이 온도에 따라 직선적으로 증가하며 $\lambda = \lambda_0 + m\theta$의 형으로 되나, $-40[℃]$ 부근에서 그 경향을 크게 벗어나는 보온재는? (단, λ : 열전도율, λ_0 : $0[℃]$에서의 열전도율, θ : 온도, m : 온도계수이다.)

① 탄화 폼   ② 다포유리
③ 탄화콜크   ④ 경질 우레탄폼

[해설] 경질 우레탄 폼 : 폴리올(polyol)과 이소시아네이트(isocyanate)를 주재료로 해서 발포제와 촉매제, 안정제, 난연제 등을 혼합하여 만든 발포 생성물을 지칭하는 것으로 현장 발포 및 다른 재료와의 접착성능이 좋기 때문에 철판 패널 등에 접착시켜 사용하는 경우도 있다. 냉장고, 건축물 단열재, 냉동선, LNG 탱커, 석유 플랜트 등 다양한 분야에 사용되고 있으며, 경질 폴리우레탄 폼으로도 불리운다.

[참고] 다포유리(多泡琉璃) : 유리 가루에 거품제를 넣고 높은 열을 가하여 거품이 안에 빽빽이 생기도록 한 유리로 단열재로 쓰인다.

71 용선로(cupola)에 대한 설명으로 틀린 것은?

① 대량생산이 가능하다.
② 용해 특성상 용탕에 탄소, 황, 인 등의 불순물이 들어가기 쉽다.
③ 다른 용해로에 비해 열효율이 좋고 용해 시간이 빠르다.
④ 동합금, 경합금 등 비철금속 용해로로 주로 사용된다.

[해설] 큐폴라(cupola) : 용선로라 하며 주물을 용해하기 위한 것으로 강판으로 만든 원형 내부를 내화벽돌로 쌓고 내화 점토로 만든 직접형 노로 가장 많이 사용된다.
㉮ 대량의 쇳물을 얻을 수 있다.
㉯ 다른 용해로 보다 열효율이 좋다.
㉰ 용해 시간이 빠르다.
㉱ 주철이 탄소(C), 황(S), 인(P)의 성분을 흡수하면 품질이 저하된다.
㉲ 용량은 1시간당 용해량을 톤[ton]으로 표시한다.

72 에너지이용 합리화법에 따라 에너지다소비사업자가 매년 1월 31일까지 신고해야 할 사항이 아닌 것은?

① 전년도의 수지계산서
② 에너지사용기자재의 현황
③ 해당 연도의 분기별 에너지사용 예정량
④ 전년도의 분기별 에너지이용 합리화 실적

[해설] 에너지다소비사업자의 신고 사항(에너지이용 합리화법 제31조) : 매년 1월 31일까지 시도지사에 신고
㉮ 전년도의 분기별 에너지 사용량, 제품 생산량
㉯ 해당 연도의 분기별 에너지사용 예정량, 제품생산 예정량
㉰ 에너지사용기자재의 현황
㉱ 전년도의 분기별 에너지이용 합리화 실적 및 해당 연도의 계획
㉲ 에너지관리자의 현황

73 셔틀요(shuttle kiln)의 특징에 대한 설명으로 가장 거리가 먼 것은?

① 작업이 불편하여 조업하기가 어렵다.
② 가마 1개당 2대 이상의 대차가 있어야 한다.
③ 급랭파가 생기지 않을 정도의 고온에서 제품을 꺼낸다.
④ 가마의 보유열보다 대차의 보유열이 열절약의 요인이 된다.

[해설] 셔틀요(shuttle kiln) : 단가마의 단점을 줄이기 위하여 이용되는 것으로 가마 1개당 2대 이상의 대차를 준비하여 1개 대차에서 소성작업을 한 후 냉각파가 생기지 않는 한 대차를 끌어내고, 다른 대차를 밀어 넣어 소성작업을 한다.

74 용광로의 종류가 아닌 것은?

① 전로식   ② 철피식
③ 철대식   ④ 절충식

해설 용광로(고로)의 종류
- ㉮ 철피식 : 노용부를 철피로 보강한 것으로 6~8개의 지주로 지탱한다.
- ㉯ 철대식 : 노상층부의 하중의 철탑으로 지지하고, 노용부는 철대를 두르고 6~8개의 지주로 지탱한다.
- ㉰ 절충식 : 노상층부 하중은 철탑으로 지지하고, 노용부 하중은 철피로 지지한다.

75 에너지이용 합리화법의 제정 목적으로 틀린 것은?
① 에너지의 수급안정을 기하기 위해
② 에너지를 개발하고 촉진하기 위해
③ 에너지의 합리적이고 효율적인 이용을 위해
④ 에너지 소비로 인한 환경 피해를 줄이기 위해

해설 에너지이용 합리화법의 목적(법 제1조) : 에너지의 수급을 안정시키고 에너지의 합리적이고 효율적인 이용을 증진하며 에너지소비로 인한 환경피해를 줄임으로써 국민경제의 건전한 발전 및 국민복지의 증진과 지구온난화의 최소화에 이바지함을 목적으로 한다.

76 에너지이용 합리화법에 따라 산업통상자원부장관이 에너지저장의무를 부과할 수 없는 자는?
① 석탄산업법에 의한 석탄가공업자
② 석유사업법에 의한 석유판매업자
③ 집단에너지사업법에 의한 집단에너지사업자
④ 연간 2만 석유환산톤 이상의 에너지를 사용하는 자

해설 에너지저장의무 부과 대상자 : 에너지이용 합리화법 시행령 제12조 1항
- ㉮ 전기사업법에 따른 전기사업자
- ㉯ 도시가스사업법에 따른 도시가스사업자
- ㉰ 석탄산업법에 따른 석탄가공업자
- ㉱ 집단에너지법에 따른 집단에너지사업자
- ㉲ 연간 2만 석유환산톤(TOE) 이상의 에너지를 사용하는 자

77 검사대상기기 관리대행기관으로 지정을 받기 위하여 산업통상자원부장관에게 신청하여야 하는 서류로 옳은 것은?
① 법인등기부등본
② 장비명세서 및 기술인력 명세서
③ 향후 3년간의 안전관리대행 사업계획서
④ 기술인력에 대한 자격을 증명할 수 있는 서류와 고용계약서 사본

해설 검사대상기기 관리대행기관의 지정 등 : 에너지이용 합리화법 시행규칙 제31조의 29
- ㉮ 지정 신청 서류
  - ㉠ 장비명세서 및 기술인력명세서
  - ㉡ 향후 1년간의 안전관리대행 사업계획서
  - ㉢ 변경사항을 증명할 수 있는 서류 : 변경지정의 경우만 해당
- ㉯ 신청을 받은 산업통상자원부장관은 전자정부법에 따른 행정정보의 공동이용을 통하여 법인 등기사항 증명서(신청인이 법인인 경우만 해당한다)를 확인하여야 한다.
- ㉰ 지정 및 변경지정 서류 제출처 : 산업통상자원부장관

78 버터플라이 밸브(butterfly valve)의 특징에 대한 설명으로 옳지 않은 것은?
① 유량조절이 가능하다.
② 90° 회전으로 개폐가 가능하다.
③ 완전 열림 시 유체저항이 크다.
④ 대구경의 관로에 적용되며 조름밸브(throttle valve)로 사용된다.

해설 버터 플라이 밸브(butterfly valve) : 원통형 몸체 속에 밸브 봉을 축으로 하여 원형 평판이 회전함으로써 개폐동작이 이루어지는 구조이다.

㉮ 저압의 액체 배관에 주로 사용된다.
㉯ 완전폐쇄가 어려워 고압에는 부적합하다.
㉰ 와류나 저항이 적게 발생된다.
㉱ 개폐동작을 신속히 할 수 있다.
㉲ 종류 : 록 레버식, 웜 기어식, 압축 조작식, 전동 조작식

79 보일러 계속사용검사 유효기간 만료일이 9월 1일 이후인 경우 연기할 수 있는 최대 기한의 범위는?

① 2개월 이내
② 4개월 이내
③ 6개월 이내
④ 10개월 이내

해설 계속사용검사의 연기(에너지이용 합리화법 시행규칙 제31조의 20) : 계속사용검사는 검사유효기간의 만료일이 속하는 연도의 말까지 연기할 수 있다. 다만, 검사유효기간 만료일이 9월 1일 이후인 경우에는 4개월 이내에서 계속사용검사를 연기할 수 있다.

80 보온면의 방산열량 1100[kJ/m²], 나면의 방산열량 1600[kJ/m²]일 때 보온재의 효율은 약 몇 [%]인가?

① 25
② 31
③ 45
④ 69

해설
$$\eta = \frac{Q_1 - Q_2}{Q_1} \times 100$$
$$= \frac{1600 - 1100}{1600} \times 100$$
$$= 31.25[\%]$$

5과목 - 열설비 설계

81 열정산을 할 때 입열 항목에 들어가지 않는 것은?

① 연료의 현열
② 공기의 현열
③ 연도가스 현열
④ 연료의 연소열

해설 열정산 시 입열 및 출열 항목
㉮ 입열(入熱) 항목
  ㉠ 연료의 발열량(연료의 연소열)
  ㉡ 연료의 현열
  ㉢ 공기의 현열
  ㉣ 노내 취입 증기 또는 온수에 의한 입열
㉯ 출열(出熱) 항목
  ㉠ 배기가스 보유열량
  ㉡ 증기의 보유열량
  ㉢ 불완전연소에 의한 열손실
  ㉣ 미연분에 의한 열손실
  ㉤ 노벽의 흡수열량
  ㉥ 재의 현열

82 완전 흑체의 복사열량(E_b)은 상수(C_b)와 절대온도(T)와의 관계식으로 옳은 것은?

① $E_b = C_b \left(\dfrac{T}{100}\right)^2$
② $E_b = C_b \left(\dfrac{T}{100}\right)^4$
③ $E_b = C_b \left(\dfrac{T}{100}\right)^6$
④ $E_b = C_b \left(\dfrac{T}{100}\right)^8$

해설 스테판 볼츠만(Stefan Boltzmann)의 법칙 : 완전 흑체의 단위 표면적당 복사되는 에너지는 절대온도의 4승에 비례한다.
$$\therefore E_b = \epsilon \cdot C_b \cdot \left[\left(\dfrac{T_1}{100}\right)^4 - \left(\dfrac{T_2}{100}\right)^4\right]$$
E_b : 복사에너지[W/m²] ϵ : 흑도(방사율)
C_b : 스테판-볼츠만 상수(5.67[W/m²·K⁴])

83 공기예열기를 설치할 때 얻어지는 장점이 아닌 것은?

① 과잉공기량 감소
② 통풍 저항의 감소
③ 보일러 효율의 증가
④ 노의 연소효율 증가

해설 공기예열기 사용 시 특징
㉮ 장점
  ㉠ 전열효율, 연소효율이 향상된다.
  ㉡ 예열공기의 공급으로 불완전 연소가 감소된다. (과잉공기량이 감소된다)
  ㉢ 보일러 열효율이 향상된다.
  ㉣ 품질이 낮은 연료도 사용할 수 있다.
㉯ 단점
  ㉠ 통풍저항이 증가한다.
  ㉡ 연돌의 통풍력이 저하된다.
  ㉢ 저온부식의 원인이 된다.
  ㉣ 연도의 청소, 검사, 점검이 곤란하다.

84 보일러 급수의 탈기방법 중 물리적 방법에 대한 설명으로 적합한 것은?

① 휘발성분을 쉬이 공기와 같이 방출되게 한다.
② 기체를 파이프 중에서 모아 공기로 방출되게 한다.
③ 물을 고압 용기 속에 분무시켜 압력차로 인해 기체를 분리한다.
④ 물을 진공 용기 중에 작은 방울로 떨어뜨려 기체분압이 낮아지도록 하여 탈기한다.

해설 탈기장치
㉮ 탈기기(deaerator)를 이용하여 급수 중의 산소(O_2), 탄산가스(CO_2) 등의 용존가스를 제거하는 물리적 탈기방법이다.
㉯ 동일한 수온에서는 기상압력이 낮을수록, 동일한 증기압력에서는 수온이 높을수록 산소의 용해도가 적다.
㉰ 탈기법에는 진공 탈기법과 가열 탈기법 및 2가지를 병용한 방법이 있다.
㉱ 진공 탈기법은 진공으로 하면 기체의 분압이 낮게 되고, 물의 용해도가 감소하여 탈기된다.
㉲ 가열 탈기법은 증기로 가열시키면 기체의 용해도가 감소하고 다시 교반, 비등에 의한 탈기가 용이하게 된다.

85 보일러 내 수중의 용존 산소를 처리하는 목적으로 사용되는 약품으로 제일 적당한 것은?

① 탄닌
② 전분
③ 히드라진
④ 탄산나트륨

해설 ㉮ 보일러 내처리에 사용되는 탈산소제는 오래전부터 탄닌($C_{76}H_{52}O_{46}$), 아황산나트륨(Na_2SO_3) 등이 사용되어 왔으나 최근에는 히드라진(N_2H_4)이 주로 사용되고 있다.
㉯ 탄닌은 슬러지 조정제로도 사용되며, 저압보일러용 탈산소제로 사용될 수 있으며, 원료가 되는 나무의 종류에 따라 구조가 달라질 수 있다.

86 [보기]에서 제시하는 절탄기용 주철관의 최소두께는 약 몇 [mm]인가?

[보기]
- 릴리프밸브의 분출압력(P) : 2[MPa]
- 주철관의 안지름(D) : 200[mm]
- 재료의 허용인장응력(σ_a) : 100[N/mm²]
- 핀을 부착하지 않은 구조(α)이다.

① 3
② 4
③ 5
④ 6

해설 ㉮ 핀을 부착하지 않은 구조의 α값은 4[mm]를 적용한다.
㉯ 두께 계산

$$\therefore t = \frac{PD}{2\sigma_a - 1.2P} + \alpha$$
$$= \frac{2 \times 200}{2 \times 100 - 1.2 \times 2} + 4$$
$$= 6.024 [mm]$$

정답 83. ② 84. ④ 85. ③ 86. ④

[참고] 절탄기용 주철관의 최소두께

$$t = \frac{PD}{2\sigma_a - 1.2P} + \alpha$$

- t : 주철관의 최소두께[mm]
- P : 급수에 지장이 없는 압력 또는 릴리프밸브의 분출압력[MPa]
- D : 주철관의 안지름[mm]
- σ_a : 재료의 허용인장응력[N/mm²]
- α : 핀을 부착하지 않는 것은 4[mm], 핀을 부착한 것은 2[mm]

87 증기 엔탈피가 2800[kJ/kg]이고, 급수 엔탈피가 125[kJ/kg]일 때 증발계수는 약 얼마인가? (단, 100[℃] 포화수가 증발하여 100[℃]의 건포화증기로 되는데 필요한 열량은 2256.9[kJ/kg]이다.)

① 1.0 ② 1.2
③ 1.4 ④ 1.6

[해설] 증발계수 $= \dfrac{G_e}{G_a} = \dfrac{h_2 - h_1}{2256.9} = \dfrac{2800 - 125}{2256.9}$
$= 1.185$

88 10[bar]의 포화증기를 4.2[kg/s]로 생산하는 보일러가 있다. 연료소비량이 0.4[kg/s]이고, 연료의 저위발열량이 40[MJ/kg]일 때 보일러의 효율은 약 몇 [%]인가? (단, 급수온도는 15[℃](엔탈피 62.97[kJ/kg])이고, 10[bar] 포화증기의 엔탈피는 2778[kJ/kg]이다.)

① 61 ② 66
③ 71 ④ 76

[해설] ㉮ 연료의 저위발열량 단위를 [MJ/kg]에서 [kJ/kg]으로 변환하여 적용하며, 1[MJ] = 1000[kJ]이다.

㉯ 보일러 효율[%] 계산

$$\therefore \eta = \frac{G_a \times (h_2 - h_1)}{G_f \times H_l} \times 100$$
$$= \frac{4.2 \times (2778 - 62.97)}{0.4 \times (40 \times 1000)} \times 100$$
$$= 71.269[\%]$$

89 절탄기(economizer)에 대한 설명으로 옳은 것은?

① 배기가스로 공기를 예열한다.
② 배기가스로 연료를 예열한다.
③ 석탄을 연소시키는 부속품이다.
④ 배기가스로 보일러 급수를 예열한다.

[해설] 급수예열기(economizer) : 보일러 급수를 연소가스 여열(餘熱)을 이용하여 예열시키는 장치로 절탄기(節炭器)라 한다. 급수예열기 출구의 급수온도는 그 급수의 포화온도 이하의 적당한 온도로 한다.

90 보일러 손상 중 팽출(bulge)에 대한 설명으로 맞는 것은?

① 온도의 상승에 따라 2개의 층으로 되어 있던 강관이나 강판이 파열되는 현상
② 전열면의 과열이 지나치면 내부 압력을 견디지 못하여 바깥쪽으로 부풀어 오르는 현상
③ 강판이나 강관이 파열되어 함유탄소의 일부가 소실되고 강재로서의 원래 성질을 잃는 현상
④ 보일러 노통이나 화실과 같은 부분이 외측의 압력에 견디지 못하고 눌려 찌그러지는 현상

[해설] 보일러 손상의 종류
㉮ 팽출(bulge) : 동체, 수관, 겔로웨이관 등과 같이 인장응력을 받는 부분이 압력에 견디지 못하고 바깥쪽으로 부풀어 나오는 현상이다.

[정답] 87. ② 88. ③ 89. ④ 90. ②

㉯ 압궤(collapse) : 노통, 연소실, 연관, 관판 등과 같이 압축응력을 받는 부분이 압력에 견디지 못하고 안쪽으로 들어가는 현상이다.
㉰ 라미네이션(lamination) : 압연 강판이나 관의 두께 내부에 가스가 존재한 상태로 가공을 하였을 때 판이나 관이 2장의 층을 형성하며 분리되는 현상이다.
㉱ 브리스터(blister) : 라미네이션 부분이 가열로 인하여 부풀어 오르는 현상이다.

91 노통보일러의 원통 연소실 또는 노통의 길이이음에 적합한 용접방법은?
① 필릿 용접   ② 비트 용접
③ 플러그 용접 ④ 맞대기 양쪽 용접

해설 원통화실(연소실) 또는 노통의 이음(열사용기자재검사 기준 7.2) : 원통화실 또는 노통(파형노통을 포함한다)의 길이이음은 맞대기 양쪽 용접 또는 단접으로 한다. 용접인 경우에는 방사선 검사는 필요로 하지 않는다.

92 열사용기자재 검사기준에서 정한 용어의 정의로 틀린 것은?
① 압력은 절대압 이상의 압력이다.
② 보일러는 화염, 연소가스, 그밖의 고온가스에 의하여 증기, 온수 또는 고온의 열매를 발생시키는 장치이다.
③ 사용압력은 보일러를 실제로 사용할 때의 압력으로서 보통의 상태에 있어서는 보일러의 동체에서의 압력이다.
④ 설계압력은 보일러 및 그 부속품 등의 강도계산에 사용되는 압력으로서 사용압력 및 사용온도와 관련하여 가장 가혹한 조건에서 결정한 압력이다.

해설 압력은 대기압 이상의 압력. 즉, 압력계에 지시된 압력이다.

93 연소실에서 연도까지 배치된 보일러 부속 설비의 순서를 바르게 나타낸 것은?
① 절탄기 → 과열기 → 공기 예열기
② 과열기 → 절탄기 → 공기 예열기
③ 공기 예열기 → 과열기 → 절탄기
④ 과열기 → 공기 예열기 → 절탄기

해설 연소실에서 연도까지 여열회수장치 설치 순서 : 과열기 → 재열기 → 절탄기 → 공기예열기

94 보일러 사용 중 이상 감수의 원인과 거리가 먼 것은?
① 급수밸브에서 누설될 때
② 증기의 발생량이 많을 때
③ 분출콕 또는 분출밸브에서 누설될 때
④ 수면계의 연락관이 막혀 수위를 모를 때

해설 이상 감수(이상 저수위) 원인
㉮ 급수장치의 고장이나 이상에 의한 급수능력 저하 또는 급수불능이 된 경우
㉯ 분출장치의 분출밸브(콕)의 고장 또는 죔의 불충분으로 보일러수가 누설되는 되는 경우
㉰ 급수밸브나 급수체크밸브의 고장 등으로 보일러수가 급수배관이나 급수탱크로 역류한 경우
㉱ 급수내관의 구멍이 스케일 등으로 막혀 급수불능 또는 급수량이 감소한 경우
㉲ 수면계 유리의 오손에 의하여 수위를 오인한 경우
㉳ 수면계의 막힘이나 고장 또는 각 밸브의 개폐 잘못으로 수면계에 정확한 수위가 나타나지 않은 경우
㉴ 자동급수제어장치의 고장 또는 이상이 생겨 작동불량이나 작동불능이 된 경우
㉵ 증기취출량이 과대한 경우
㉶ 급수장치가 증발능력에 비해 과소한 경우
㉷ 캐리오버 발생에 의해 보일러수가 증기와 함께 취출되는 경우
㉸ 보일러 연결부에서 누설이 되는 경우
㉹ 급수탱크 내 급수량이 부족한 경우
㉺ 급수탱크 내 급수온도가 너무 높은 경우
㉻ 정전이 발생한 경우

95 보일러의 용량을 산출하거나 표시하는 양으로서 적합하지 않은 것은?

① 연소율 ② 증발율
③ 재열계수 ④ 상당증발량

해설 보일러 용량 표시방법
- ㉮ 시간당 최대증발량 : [kg/h], [ton/h]
- ㉯ 상당(환산) 증발량 : [kg/h]
- ㉰ 최고 사용압력 : [kgf/cm²], [MPa]
- ㉱ 보일러 마력
- ㉲ 전열면적 : [m²]
- ㉳ 과열증기온도 : [℃]

96 그림과 같은 지렛대식 안전밸브에서 추(W)의 무게는 약 몇 [kg]인가? (단, 1[MPa]은 10[kgf/cm²]이다.)

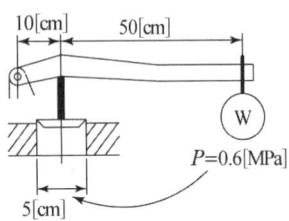

① 19.6 ② 21.6
③ 23.6 ④ 25.6

해설
$$W = \left(\frac{\pi}{4} \times D^2\right) \times P \times \frac{l}{L}$$
$$= \left(\frac{\pi}{4} \times 5^2\right) \times (0.6 \times 10) \times \frac{10}{10+50}$$
$$= 19.634 \text{[kg]}$$

※ 중력가속도 9.8[m/s²]이 작용하는 지구에서 질량 1[kg]이 중량 1[kgf]이 되기 때문에 질량[kg]으로 묻는 것으로 판단하여 해설에도 동일하게 표시한 것임

참고 공식 중 각 기호의 의미와 단위
- W : 추의 무게[kg]
- D : 밸브의 지름[cm]
- P : 증기 압력[kgf/cm²]
- l : 지지점에서 밸브 중심까지의 거리[cm]
- L : 지지점에서 추까지의 거리[cm]

97 보일러 구성의 3대 요소 중 부속장치에 해당되지 않는 것은?

① 보일러에 물을 급수하는 장치
② 연소용 공기를 공급하는 통풍장치
③ 연도로 배출되는 배기가스열을 이용하여 급수를 예열하는 장치
④ 보일러 내부의 증기압이 일정압력을 초과할 때 외부로 증기압을 방출하는 장치

해설 보일러의 3대 구성 요소
- ㉮ 보일러 본체 : 연소열을 받아 증기를 발생시키는 동체 및 관군(管群), 노통, 노벽 등이다.
- ㉯ 연소장치 : 연료를 연소시키기 위한 장치로써 연소실, 연도, 연돌 등이다.
- ㉰ 부속설비(장치) : 보일러를 안전하고 효율적으로 운전하기 위한 장치로서 안전장치, 급수장치, 송기장치, 폐열회수장치, 각종 계기류 등이다.

98 보일러의 보존을 위한 보일러 청소에 관한 설명으로 틀린 것은?

① 내부 청소법은 수세법과 물리적 방법으로 나뉘어진다.
② 보일러 청소의 목적은 사용 수명을 연장하고 사고를 방지하며 열효율을 향상시키기 위함이다.
③ 보일러 청소 횟수를 결정하는 요소에는 보일러 부하, 보일러의 종류, 급수의 성질 등을 들 수 있다.
④ 외부 청소법의 종류에는 증기 청소법, 워터 쇼킹법, 샌드블라스트법, 스틸쇼트 세정법 등을 들 수 있다.

해설 청소 방법의 분류
- ㉮ 내부 청소방법 : 보일러수 및 증기가 접촉되는 부분의 스케일 등을 청소하는 방법으로 기계적인 방법과 화학적인 방법이 있다.
- ㉯ 외부 청소방법 : 화염 및 연소가스가 접촉되는 노통이나 연관을 청소하는 방법이다.

정답 95. ③ 96. ① 97. ② 98. ①

99 증발량 2[ton/h], 최고사용압력이 10[kgf/cm²], 급수온도 20[℃], 최대전열면 증발률 25[kg/m²·h]인 원통 보일러에서 평균 증발률을 최대 증발량률의 90[%]로 할 때, 평균 증발량[kg/h]은?

① 1200　　② 1500
③ 1800　　④ 2100

해설 ㉮ 이 보일러의 최대 증발량은 2[ton/h]이므로 2000[kg/h]이다.
㉯ 평균 증발량 계산 :
평균 증발율 [%] = $\dfrac{평균 증발량}{최대 증발량} \times 100$ 에서 평균 증발량을 구한다.
∴ 평균 증발량 = 최대 증발량 × 평균 증발률
= 2000 × 0.9
= 1800[kg/h]

100 보일러 5마력의 상당증발량은 약 몇 [kg/h] 인가?

① 55.65　　② 78.25
③ 86.45　　④ 98.35

해설 ㉮ 보일러 1마력의 상당증발량은 15.65[kg/h]이다.
㉯ 5보일러 마력의 상당증발량은
5 × 15.65 = 78.25[kg/h]이다.

정답 99. ③　100. ②

MEMO

과년도 출제문제 중심
완벽대비 에너지관리기사 필기

발　　　행 / 2025년 10월 30일

저　　　자 / 서 상 희
펴 낸 이 / 정 창 희
펴 낸 곳 / 동일출판사
주　　　소 / 서울시 강서구 곰달래로31길7 (2층)
전　　　화 / 02) 2608-8250
팩　　　스 / 02) 2608-8265
등록번호 / 제109-90-92166호

ISBN 978-89-381-1714-4 13570
값 / 30,000원

이 책은 저작권법에 의해 저작권이 보호됩니다.
동일출판사 발행인의 승인자료 없이 무단 전재하거나 복제하는 행위는 저작권법 제136조에 의해 5년 이하의 징역 또는 5,000만원 이하의 벌금에 처하거나 이를 병과(倂科)할 수 있습니다.